国家科学技术学术著作出版基金资助出版
中国建筑工业出版社学术著作出版基金项目

岩土塑性力学(第二版)

Geotechnical Plastic Mechanics

郑颖人 孔 亮 著

中国建筑工业出版社

图书在版编目(CIP)数据

岩土塑性力学/郑颖人，孔亮著. —2版. —北京：中国建筑工业出版社，2019.2

ISBN 978-7-112-23173-7

Ⅰ.①岩… Ⅱ.①郑…②孔… Ⅲ.①岩土力学-塑性力学 Ⅳ.①TU4

中国版本图书馆CIP数据核字(2019)第007510号

本书以系统阐述岩土塑性基本理论、岩土类材料实用建模方法与极限分析方法为目的，既能提供反映岩土类摩擦材料力学特征与变形机制的塑性理论，又能较系统、简明地阐述岩土塑性力学原理。内容包括应力与应变、岩土弹性力学与弹性变形能、屈服条件与破坏条件、塑性位势理论、加载条件与硬化规律、弹塑性本构关系与加卸载准则、应变空间中表述的弹塑性理论、考虑应力主轴旋转的广义塑性力学、岩土非线性弹性模型、岩土弹塑性静力模型、土的动力模型、平面应变极限分析理论、平面应变问题应力场的滑移线解答、经典塑性与广义塑性中极限分析的上限法、有限元极限分析法及其应用等。全书有相当的学术深度和广度，是一本基础理论著作，也是一本具有较多原创性论著的学术著作。

本书可作为土建类专业研究生教材与参考书，也可供岩土力学与工程领域的科研、教学与工程设计技术人员参考。

责任编辑：赵梦梅 辛海丽
责任校对：芦欣甜

国家科学技术学术著作出版基金资助出版
岩土塑性力学（第二版）
Geotechnical Plastic Mechanics
郑颖人 孔 亮 著

*

中国建筑工业出版社出版、发行（北京海淀三里河路9号）
各地新华书店、建筑书店经销
北京红光制版公司制版
北京圣夫亚美印刷有限公司印刷

*

开本：787×1092毫米 1/16 印张：27¾ 字数：693千字
2019年5月第二版 2019年12月第四次印刷
定价：**86.00**元
ISBN 978-7-112-23173-7
(33248)

前 言

本书目的是编著一本比较系统和实用的岩土塑性力学基本理论的学术著作，并适用于作为研究生教材与参考书。因而要求既能提供反映岩土类摩擦材料力学特征与变形机制的塑性理论，而区别于经典塑性理论；又能较系统、简明地阐明岩土塑性力学原理，适应不同层次的读者与研究生。

本书最早版《岩土塑性力学基础》油印稿于 1983 年初出版，曾先后在西安、重庆与北京三地举办学习班。1987 的正式出版（作者郑颖人、龚晓南），获水利部优秀科技图书一等奖。2002 年出版了《广义塑性力学—岩土塑性力学原理》（作者郑颖人、沈珠江、龚晓南），获国家科学技术著作出版基金资助。该版修正了经典塑性理论中的三个假设，将经典塑性力学开拓为既适用于岩土又适用于金属的广义塑性力学。2010 年获国家科学技术著作出版基金资助出版的《岩土塑性力学》（作者郑颖人、孔亮），对之前版作了较大修改和大量补充，新增岩土摩擦体弹性力学、岩土极限分析等 7 章内容。本书在这一版的基础上更正了发现的错误，增加了极限应变分析的内容。

本书以系统阐述岩土塑性基本理论、岩土类材料实用建模方法与极限分析方法为目的，以提炼与推广新理论、新方法为宗旨，强调系统性和完整性，便于读者自学和研究生教学，因而本书具有如下两个特点：

一、内容新颖、有足够的深度与广度，努力引进与推广国内外具有实用价值的新理论与新方法，包含作者及其学生三十多年来的研究积累。其主要创新内容：

1. 在国际上率先提出了岩土摩擦体弹性力学模型及其求解方法，在弹性力学中考虑了摩擦力，体现了岩土的特色。从而使弹性地基的计算结果更接近实际情况；

2. 提出了材料屈服条件应遵循的力学原则及其检验标准，发展了材料强度理论。首次提出了岩土三剪能量屈服准则，形成了岩土与金属材料的屈服准则体系；

3. 本次修改中又增加了“破坏函数与破坏面”一节，提出了破坏的充要条件必须是应力达到强度和应变达到塑性极限应变，或者应变达到弹塑性极限应变的新概念。由此提出了点破坏条件，给出了金属与岩土类材料相应的破坏条件，包括破坏函数与破坏面。

4. 保留了原版的创新内容，剖析了经典塑性力学中三个假设，即传统塑性势假设、关联流动法则假设与应力主轴不旋转假设。通过消除原有假设，建立了广义塑性力学体系，发展了包括加载条件、硬化定律、加卸载准则、本构关系、应变空间表述、应力主轴旋转等系列理论。既适用于岩土又适用于金属材料；

5. 在叙述经典的岩土模型基础上，增加了剑桥模型的发展内容；突出了广义塑性本构建模，一方面采用严格的广义塑性力学理论框架，另一方面采用试验拟合方法客观地确定岩土加载条件，尽可能消除模型的人为性。依据广义塑性建模方法，提出了静力、动力与应变梯度塑性的三类岩土模型；

6. 岩土极限分析十分贴近工程实际，是有效的设计方法，本版增补 6 章内容，提出了一种新的既适应非关联流动法则，又适应关联流动法则的应力特征线场，由此求得非关联流动法则下的滑移线解与极限分析上限法解。分析比较了两者的差异，指出了两种方法都可以得到满意的极限荷载解，但速度解有明显的差异。发展了有限元极限分析法，使极限分析方法大为简化与快速化。并在各类岩土工程设计中逐渐得到应用，产生了良好的社会效益和经济效益，为岩土工程的设计方法的改革奠定了基础。

二、本书以岩土力学与工程领域科研、教学与工程设计人员与不同层次的研究生为对象，要求内容系统、全面、清晰，全书包括相关基础知识、岩土塑性力学基本理论、岩土本构模型建模、岩土极限分析四个方面，力求形成较为完善的力学体系，便于自学与理解。为便于读者学习，各部分自成体系，章节安排中基础部分与专题部分分开，读者可择其所需进行阅读。

编著者希望本书能对我国岩土力学的教学、科研与设计工作有所帮助，这是我们最大的愿望。鉴于本书引入的新内容较多，有些内容还在研究发展中，书中难免有错误与不当之处，恳请国内外专家和读者批评指正。

本书在郑颖人、沈珠江、龚晓南所编著的《岩土塑性力学与原理》基础上作了修改和补充，这里对原书合作者沈珠江、龚晓南表示深切的谢意。书中引用了杨光华、俞茂宏、熊祝华、沈珠江、殷宗泽、李广信、姚仰平、张学言等研究成果。刘元雪提供了第 10 章的素材，姚仰平提供了第 11 章的部分素材，徐干成提供了第 13 章的部分素材，王敬林提供了第 17、18 章中部分素材。赵尚毅、高红、楚剑、陈长安、段建立、陈瑜瑶、郑璐石、严德俊、姚焕忠、许金余、张鲁渝、时卫民、邓楚键、雷文杰、唐晓松、董诚、宋雅坤、梁斌、阿比尔的、赖杰、董彤、辛建平、王乐等提供了部分素材与诸多帮助，并付出了辛勤劳动。著者在此一并表示衷心的感谢。

目 录

第一章 概　　论

1.1 岩土塑性力学的发展史与研究方向

任何物体从受力到破坏一般要经历三个阶段：弹性、塑性与破坏。研究弹性阶段的受力与形变应采用弹性力学，在这一阶段内力与变形存在着完全对应的关系，当力消除后变形就完全恢复。塑性力学用来研究材料在塑性阶段内的受力与变形，这一阶段内的应力应变关系要受到加载状态、应力水平、应力历史与应力路径的影响。连续介质力学中，应力平衡方程和应变、位移的几何关系都是与材料性质及应力状态无关的，因而弹性力学与塑性力学的差别在于应力与应变之间的物理关系不同，即本构关系不同。弹性力学中，材料的本构关系服从广义虎克定律，应力-应变关系是线性的。而塑性力学中，应力-应变关系是非线性的。然而，应力-应变关系的非线性并不是弹、塑性的最本质差别。有些弹性材料也具有非线性性质。例如有一种非线性弹簧，它的力与位移之间的关系是非线性的，但是这种弹簧卸载后仍能恢复原状，因此它具非线性弹性性质，而不具备塑性性质。塑性与弹性的本质差别在于材料是否存在不可逆的塑性变形，还在于塑性变形中加载和卸载时的变形规律不同，以及塑性应力-应变关系与应力历史和应力路径有关。

弹性力学中，应力与应变之间的关系是一一对应的，知道了应力立即可求出应变。这种应力和应变之间能建立一一对应关系的称全量关系。塑性力学中，由于塑性变形中加卸载规律不一样，当应力 σ 一定时，由于加载路径不同，可以对应不同的应变 ε 值如图 1-1（a）所示。反之，当给定 ε 值时，也可以对应于不同的 σ 值如图 1-1（b）所示。这说明在进入塑性状态后，如不给定加载路径是无法建立应力-应变之间的全量关系的。因而，通常在塑性理论中建立应力增量与应变增量的增量关系，而只有一些简单加载情况下（例如不卸载）才可能建立全量关系。在岩土塑性力学中一般只采用增量关系，只有在研究极

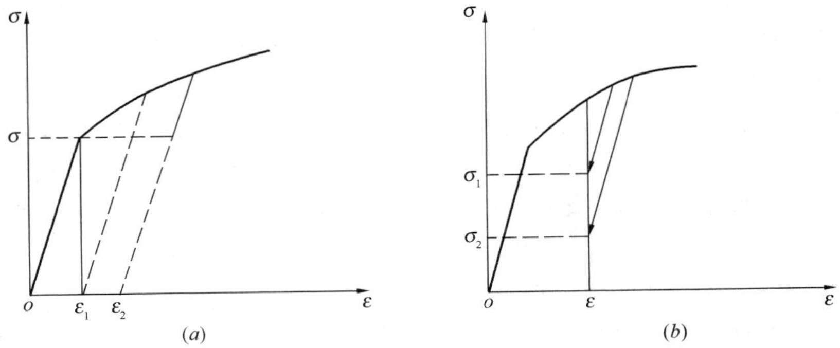

图 1-1　塑性状态下应力应变不对应关系

（a）同一应力对应不同应变；（b）同一应变对应不同应力

限承载力问题时采用全量关系。

基于金属材料变形机制的传统塑性力学，作为一门独立学科距今已有百余年历史，一般认为它是在1864年屈瑞斯卡（Tresca）公布了最大剪应力屈服准则开始的。随后1870年圣维南（Saint-Venant）提出了平面情况下联系应力和应变的方程组。他认识到应力和塑性总应变之间没有一一对应关系，因而假设应变增量主轴与应力主轴重合。

适用于岩土类介质材料的塑性力学起源很早，例如土力学中1773年库仑（Coulomb）提出的土质破坏条件，其后推广为莫尔-库仑准则。1857年朗肯（Rankine）研究了半无限体的极限平衡，提出了滑移面概念。20世纪初考特尔Kotter（1903）建立了滑移线方法。弗雷尼斯Fellenius（1929）提出了极限平衡法。其后，索柯洛夫斯基（Scokolvskii）（1965）发展了滑移线法，太沙基（Terzaghi）（1943）等人发展了Fellenius的理论，用来求解土力学中的各种稳定问题。德鲁克（Drucker）和普拉格（Prager）等人，在1952～1955年间发展了极限分析方法，其后陈惠发（W. F. Chen）等人又在发展土的极限分析方面作过许多工作。可见，岩土材料的塑性解析方法已有了较大的发展。不过，上述方法一般只限于求解岩土极限承载力，而且不考虑材料的应力应变关系，因而有一定的局限性。

岩土塑性力学的最终形成主要在20世纪50年代末期以后，随着传统塑性力学、近代土力学、岩石力学及有限元法等数值计算方法的发展，岩土塑性力学逐渐形成一门独立的学科。1957年，德鲁克等人首先指出了平均应力或体应变会导致岩土材料产生体积屈服，因而需在莫尔-库仑（Mohr-Coulomb）的锥形的空间屈服面上再加上一族帽形的屈服面，这是岩土塑性理论的一大进展。1958年，英国剑桥大学罗斯科（Roscoe）及其同事提出了土的临界状态概念，此后又提出了剑桥黏土的弹塑性本构模型（1963），从理论上阐明了岩土弹塑性变形的特征，开创了土体的实用计算模型。自70年代前后到今岩土本构模型的研究十分活跃。迄今，它仍然处于百花齐放，方兴未艾的阶段。归纳起来，这一阶段的工作主要有以下几个方面：

1. 愈来愈发现，传统塑性力学不能充分反映岩土材料的变形机制。除了应考虑岩土材料的体积屈服、破坏准则中内摩擦影响及软化特性等外，还发现岩土材料具有塑性应变增量方向与应力增量的相关性，应用关联流动法则难以反映实际岩土的剪胀与剪缩状况，以及由于主应力轴旋转引起塑性变形等问题。这些都表明，传统塑性力学难以充分反映岩土材料的变形机制，从而导致一些新的模型不断出现：如所谓的不服从塑性势理论的模型、应用非关联流动法则的模型、封闭型屈服面模型、双屈服面模型或部分屈服面模型、多重屈服面模型、应力主轴旋转的模型、考虑应力洛德角影响的三维模型、应变空间表述的弹塑性模型以及基于内时理论的本构模型等。概括起来说，目前的岩土本构模型完全基于传统塑性力学逐渐减少，为了适应岩土变形机制，基于对传统塑性力学作部分修正的岩土模型愈来愈多，如有些采用广义塑性位势理论或分量理论取代传统塑性势理论；有些采用非关联流动法则取代关联法则。与此同时，它也推动了岩土塑性力学基本理论的发展，导致适应岩土材料变形机制的广义塑性力学的出现。

2. 建立了一些深层次岩土本构模型。除了各向同性等向硬化模型外，出现了考虑初始各向异性和后继各向异性的非等向硬化模型，复杂应力路径下的本构模型，动力本构模型以及黏弹塑性模型等。这类模型正在日趋完善，开始进入应用阶段。

3. 探索了一些新的本构模型，如岩土损伤模型、细观力学模型、应变软化模型、特殊土模型、结构性土模型、非饱和土模型以及基于神经网络、遗传算法等智能化方法的土体本构模型。最近还提出了基于能量耗散原理的土体热力学建模方法。

在此期间，国内外相继出版了一些岩土塑性力学方面的专著。1969 年，罗斯科等人出版了《临界状态土力学》专著，这是世界上第一本关于岩土塑性理论的专著，详细研究了土的实用模型。1982 年，（W. F. Chen）出版了《土木工程材料的本构方程》第一卷（弹性与建模），随后又出版了第二卷（塑性与建模）；1984 年德赛 Desai 等人也出版了一本《工程材料本构定律》专著，进一步阐明了岩土材料变形机制，形成了较系统的岩土塑性力学。1982 年，Zienkiewicz 提出了广义塑性力学的概念，指出岩土塑性力学是传统塑性力学的推广。但他没有说明广义塑性力学的实质性含义。在国内，20 世纪 80 年代，清华模型、"南水"模型及其他双屈服面模型和多重屈服面模型相继出现。沈珠江院士 2000 年出版的《理论土力学》对土力学理论研究中取得的进展进行了较好的总结。本书的第一版《岩土塑性力学基础》（1983，1989）专著问世，该书收集和发展了新的岩土塑性力学内容，如不服从传统塑性位势理论的部分屈服面理论、考虑应力洛德角影响的三维空间模型，应变空间表述的塑性理论与多重屈服面塑性理论及岩土耦合理论等。本书的第二版《岩土塑性力学原理》指出传统塑性力学所作的假设，提出并建立了广义塑性力学。然而，当前的岩土塑性理论远未发展完备，有些基本概念还不清晰并没有得到一致的理解；有些理论和模型缺乏科学的实验验证，因而岩土塑性理论当前正处于发展阶段，尚有待不断发展和深化。下面提出几点岩土塑性力学及其本构模型的发展方向：

1）当前发展的岩土模型种类繁多，但有些不能反映岩土变形机制，有些又缺乏严密的理论依据。因而当务之急，是明确广义塑性力学的含义与概念，建立和发展适应岩土类材料机制的广义塑性力学体系，形成系统、严密的理论体系。这正是本书的目的，力求系统阐明广义塑性力学概念、内容与方法，建立基于广义塑性力学的本构模型，并使其日益普及。

2）力学计算的准确性，既取决于科学严密的理论，又取决于符合实际的力学参数。因而，必须在岩土力学的发展中，坚持理论、试验及工程实践相结合的研究方法，完善测试仪器与方法。本书把如何通过试验确定屈服条件及其参数作为一项重要研究内容，以提供客观与符合实际的力学参数。

3）进一步发展深层次的岩土塑性理论与模型，建立复杂加荷条件下、各向异性情况下、动力加荷情况下以及非饱和土的各类实用模型。

4）探索新理论和新模型，在岩土塑性力学中引入损伤力学、非连续介质力学以及智能算法等新理论；以连续介质不可逆热力学为基础，基于能量耗散原理，开展能量屈服准则的研究，宏细观结合，开创土的新一代本构模型。

5）研究岩土材料的稳定性、应变软化、损伤、应变局部化（应变集中）与剪切带等问题。这是描述岩土介质真实破坏过程的理论，虽然这项研究起步不久，但对判断岩土工程的失稳与破坏起着重大的作用，因而岩土材料的整体破坏条件必将成为岩土塑性力学中的重要组成部分。

1.2 金属和岩土材料的试验结果

1.2.1 金属材料的基本试验

在传统塑性力学中，有两个基本试验，一个是金属材料的单向拉伸试验；另一个是材料在静水压力作用下，物体体积变形的试验，这两个试验是建立传统塑性理论的基础。

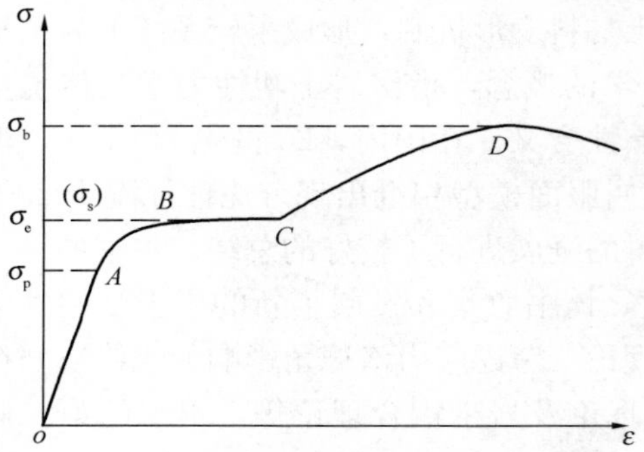

图 1-2 金属的应力-应变曲线

1. 金属材料简单拉压试验

图 1-2 是钢材圆柱形试件在常温静载下的一条典型应力-应变曲线。其中 A 点是材料的比例极限 σ_p，B 点是材料的弹性极限 σ_e，对某些金属材料如低碳钢，这时出现一段应力不变而应变可以增长的屈服阶段，因此又称屈服应力 σ_s。在比例极限以前，应力与应变成线性关系，可以严格用虎克定律表示，在 A 点以后应力与应变进入非线性阶段。在超过弹性极限以后，如果在任一点 C 处卸载，应力与应变之间，将不再沿原有曲线退回原点，而是沿一条接近平行于 OA 线的 CFG 线［图 1-3（a）］变化，直到应力下降为零，这时应变并不退回到零。OG 是保留下来的永久应变，称为塑性应变，以 ε^p 表示。如果从 G 点重新开始拉伸，应力与应变将沿一条很接近于 CFG 的线 $GF'C'$ 变化，直至应力超过 C 点的应力以后才又发生新的塑性变形。表明经过前次塑性变形以后弹性极限提高了，新的弹性极限以 σ_s^+ 代表，为了与初始屈服应力相区别，称为加载应力（$\sigma_s^+>\sigma_s$），这种现象称为加工硬化或应变硬化。对于低碳钢材料，在屈服阶段中，卸载后重新加载并没有上述强化现象，被称为理想塑性或塑性流动阶段。

线段 CFG 和 $GF'C'$ 组成一个滞后回线，对于一般金属来说，其平均斜率和初始弹性阶段的弹性模量 E 相近，从而可将加卸载的过程理想化为图 1-3（b）的形式，并取 CG 的斜率$=E$。在 CG 段中变形处于弹性阶段，它和 OA 段的区别只是多了一个初始应变 ε^p，

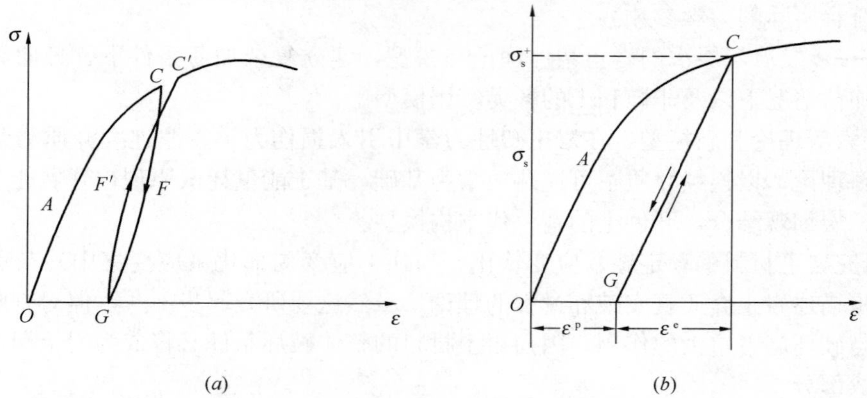

图 1-3 加卸载过程的应力-应变曲线

（a）实际状况；（b）理想化状况

总的应变是：$\varepsilon=\varepsilon^{e}+\varepsilon^{p}$，$\varepsilon^{p}=\varepsilon-\sigma/E$。在 CG 段中 ε^{p} 不变，在 BCD 曲线上（图 1-2）ε_{p} 随应力而改变 $\varepsilon^{p}=\varepsilon^{p}(\sigma)$。

D 点是载荷达到最高时的应力，称为强度极限 σ_{b}。在 D 点以后应力开始下降。以上描述的是简单拉伸过程，单向压缩时一般也有类似情况，压缩时的弹性极限与拉伸时的弹性极限相近（图 1-4（a）中 B 与 B' 两点）。

如果试验中，在卸去全部拉伸荷载之后，继续在相反方向加上压缩载荷，则从 σ-ε 图以可以看到（图 1-4（a））在 σ 轴的负方向，继续有一直线 GH，以对应于 H 点的应力为 σ_{s}^{-}，当压应力增长时，将出现压缩的塑性变形。如果 $|\sigma_{s}^{-}|<\sigma_{s}$，表明经过拉伸塑性变形后改变了材料内部的微观结构，使得压缩的屈服应力有所降低，同样在压缩时经过压缩塑性变形提高压缩的屈服应力后，拉伸的屈服应力也会有所降低，这种现象叫做包辛格（Bauschinger）效应，或简称包氏效应，这时 $\sigma_{s}^{+}+|\sigma_{s}^{-}|=2\sigma_{s}$，有些材料并没有包氏效应，相反，由于拉伸而提高其加载应力时，在压缩时的加载应力也同样得到提高，如图 1-4（b）所示，这时 $\sigma_{s}^{+}=|\sigma_{s}^{-}|>\sigma_{s}$。

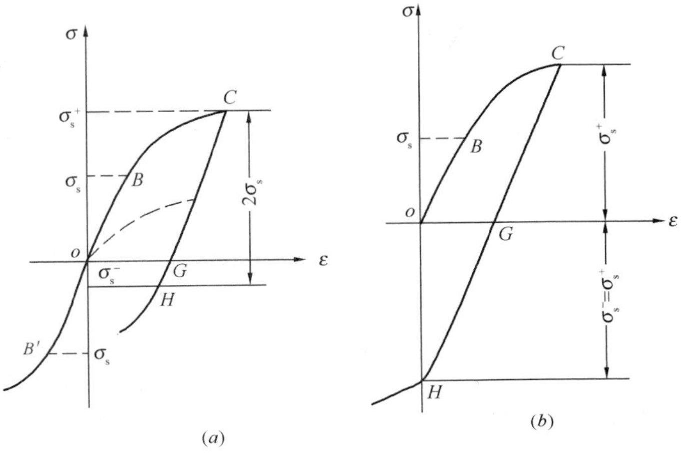

图 1-4　屈服应力的变化

（a）有包辛格效应；（b）无包辛格效应

2. 静水压力（各向均匀受压）试验结果

勃里奇曼（Bridgman）通过试验曾对静水压力对变形过程影响作了比较全面的研究。

试验表明，在压力不太大的情况下，体积应变实际上与静水压力呈线性关系。对于一般金属材料，可以认为体积变化基本上是弹性的，除去静水压力后体积变形可以完全恢复，没有残余的体积变形。因此，在传统塑性理论中常假定不产生塑性体积变形，而且在塑性变形过程中，体积变形与塑性变形相比，往往是可以忽略的，因此在塑性变形较小时，忽略体积变化，认为材料是不可压缩的假设是有实验基础的。

Bridgman 和其他研究人员的实验结果确认，在静水压力不大条件下，静水压力对材料屈服极限的影响完全可以忽略。因此在传统塑性力学中，完全不考虑体积变形对塑性变形的影响。但也有一些金属例外，如铸造金属等，则不能忽略静水压力的影响。

1.2.2　岩石类介质的压缩试验结果

岩石类介质在一般材料试验机上不能获得全应力-应变曲线，它仅能获得破坏前期的应力-应变曲线，因为岩石在猛烈的破坏之后便失去了承载力。这是由于一般材料试验机的刚度小于岩石试块刚度的缘故。因此，在试验中，试验机的变形量大于试件的变形量，试验机储存的弹性变形能大于试件贮存的弹性变形能。这样，当试件产生破坏时，试验机储存的大量弹性能也立即释放，并对试件产生冲击作用，使试件产生剧烈破坏，实际上，多数岩石从开始破坏到完全失去承载能力，是一个渐变过程。采用刚性试验机和伺服控制系统，控制加载速度以适应试件变形速度，就可以得到岩石全程应力-应变曲线。

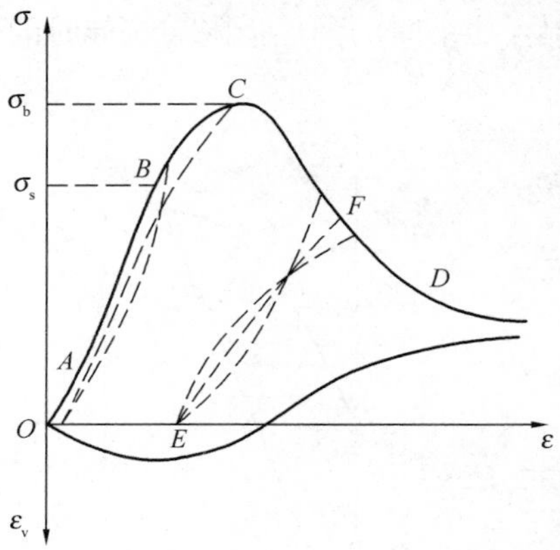

图 1-5 岩石的应力-应变曲线

岩石和混凝土等材料的典型全应力-应变曲线，如图 1-5 所示。

图 1-5 中 OA 段曲线缓慢增大，反映岩石试件内裂缝逐渐压密，体积缩小。进入 AB 段曲线斜率为常数或接近常数，可视为弹性阶段，此时体积仍有所压缩，B 点称为屈服强度。BC 段随着荷载继续增大，变形和荷载呈非线性关系，这种非弹性变形是由于岩石内微裂隙的发生与发展，以及结晶颗粒界面的滑动等塑性变形两者共同产生。对于脆性非均质的岩石，前者往往是主要的，这是破坏的先行阶段。从 B 点开始，岩石就出现剪胀现象（即在剪应力作用下出现体积膨胀）的趋势，通常体应变速率在峰值 C 点左右达到最大，并在 C 点附近总体积变形已从收缩转化为扩胀。CD 段曲线下降，岩石开始解体，岩石强度从峰值强度下降至残余强度，这种情况叫做应变软化或加工软化，这是岩土类材料区别于金属材料的一个特点。在软化阶段内，岩土材料成为不稳定材料，传统塑性力学中的一些结论不适用于这种材料。从上述试验还可以看出，岩土材料还具有剪胀（缩）性，亦即在纯剪应力的作用下岩土材料也会产生塑性的体积应变（膨胀或收缩），这也是岩土不同于金属材料的一个特点。

当反复加载时，实际上应力应变曲线形成一定的滞环（图 1-5），但通常仍可近似按图中 EF 代替，且认为 OA 段可忽略，卸载是弹性的，卸载模量与初始阶段弹性模量相等，这叫做弹塑性不耦合。不过实验表明，在较大变形时，岩石的卸载弹性模量将要变化，即卸载模量不等于初始弹性模量，这种情况叫做弹塑性耦合。这又是岩土类介质材料不同于金属材料的又一个特点。

对于岩石应用更广的是岩石的三轴压缩试验，三轴压缩试验有两种方式：一种是主应力 $\sigma_1>\sigma_2>\sigma_3$，称三向不等压试验，要采用真三轴压力机进行试验。另一种是 $\sigma_1>\sigma_2=\sigma_3$，这是常用的三轴压缩试验，为获得全应力-应变曲线还应采用刚性三轴压力机。

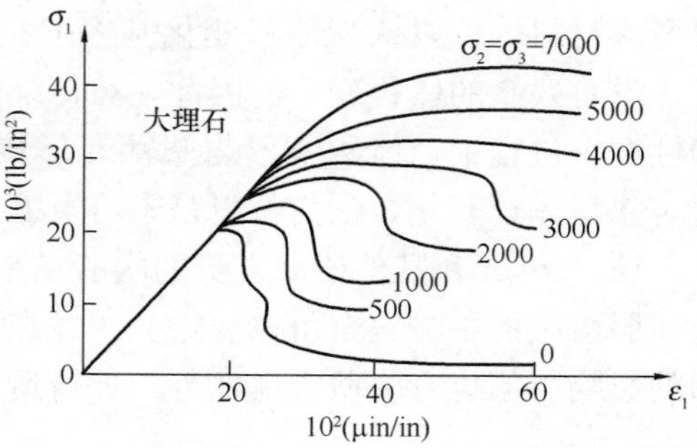

图 1-6 岩石的三轴试验应力-应变曲线

岩石的典型的三轴试验应力-应变曲线，如图 1-6 所示。由图可见，围压 $\sigma_2=\sigma_3$ 对应力应变曲线和岩体塑性性质有明显影响。当围压低时，屈服强度低，软化现象明显。随着围压增大，岩石的峰值强度和屈服强度都增高，塑性性质明显增加。

1.2.3 土的压缩试验结果

1. 土的单向固结压缩试验与三向固结压缩试验

从单向固结试验或三向固结试验可得出，在固结应力条件下孔隙比 e 与固结应力 p 的关系曲线，或在静水压力条件下体应变 ε_v 与静水压力 p 的关系曲线，如图 1-7（a）所示。无论是正常固结土或松砂，还是超固结土或密砂，图 1-7 的曲线形状都适用。但超固结的应力不同，得出的 ε_v-p 或 e-p 曲线的位置也不同，超固结应力小，曲线位置高，超固结应力大，位置低。

静水压力或固结条件下的 ε_v-p 或 e-p 关系曲线显然是非线性的，但对于初始加载时的正常固结土或松砂 ε_v-ln$p$ 或 e-ln$p$ 关系曲线常接近于一条直线，如图 1-7（b）所示，因此可用下列方程表示：

$$e = e_0 - \lambda \ln p \tag{1.2.1}$$

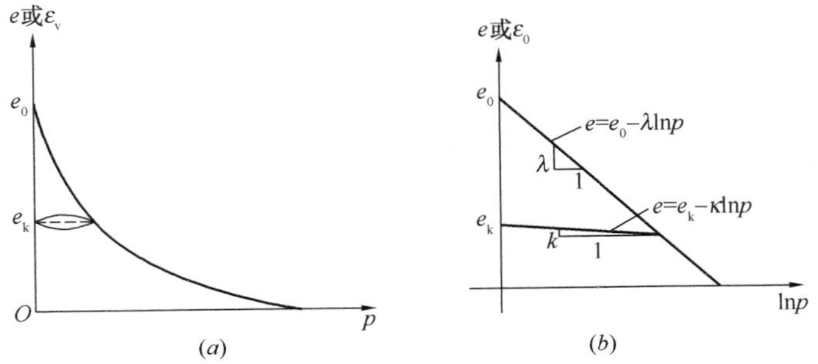

图 1-7　固结应力下土的应力-应变曲线

上述公式中，按岩土力学中的一般规定，p 以压为正。e_0 为 $p=1.04\text{kN/m}^2$ 时的孔隙比，λ 为压缩指数。卸载与再加载时 e-p 关系曲线为

$$e = e_k - \kappa \ln p \tag{1.2.2}$$

其中 e_k 为卸载时，$p=1.04\text{kN/m}^2$ 时的孔隙比，κ 为膨胀指数。

由上可见，土与岩石一样，其体应变不是纯弹性的，这与金属材料是不同的。

2. 土的三轴剪切试验结果

（1）常规三轴试验

应用三轴不等压压缩试验（即三轴剪切试验），可测得土的应力-应变曲线。试验的具体方法一般有如下两种。一是 σ_r 不变的三向压缩固结试验，即试验时径向压力 $\sigma_r=\sigma_2=\sigma_3$ 不变，增加轴向压力 σ_z（$=\sigma_1$）直到破坏。然后再另取一土样，采用一新的 σ_r 值，再做同样试验，如此可得一组应力-应变曲线。另一是试验时减小 σ_r 值，加大 σ_z 值，但 $3p=\sigma_1+\sigma_2+\sigma_3=\sigma_z+2\sigma_r$ 维持不变的一组试验。排水条件下的试验曲线，按岩土材料的不同基本上有如下几种情况。

对于正常固结黏土与松砂，其应力-应变曲线为双曲线（图 1-8（a）、（b）），其曲线方程为：

$$q = \sigma_1 - \sigma_3 = \frac{\varepsilon_1}{a + b\varepsilon_1} \tag{1.2.3}$$

式中　a、b——实验常数；

ε_1——轴向应变。

从图 1-8（a）表明，从 O 至 A 土是线弹性的，A 点以上变形可以部分恢复，即出现塑性。C 点处应变是弹性部分 $C''C'$ 与塑性部分 $C'C$ 之和。如 C 点处卸载，则自 CDE 进行卸载与再加载，一般 DC 段斜率也近似等于 OC' 的斜率。AC 段是应变硬化段，体积应变

ε_v为压缩变形。

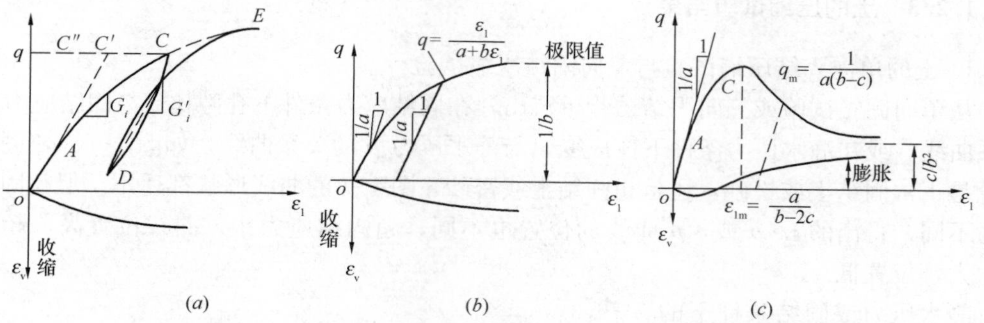

图 1-8 土的三轴应力-应变曲线

对于超固结黏土或密实砂，其应力-应变曲线见图 1-8（c），方程可写成

$$q=\sigma_1-\sigma_3=\frac{\varepsilon_1(a+c\varepsilon_3)}{(a+b\varepsilon_1)^2} \tag{1.2.4}$$

其中 a、b、c 为实验常量。当加载时，开始时土体体积稍有收缩，此后随即膨胀，曲线有两个阶段，应变硬化阶段与软化阶段。实际上，当应变具有硬化与软化两个阶段时，常在硬化阶段后期就开始出现体积膨胀。一些中密砂、弱超固结土等即使不发生应变软化，也会出现体积膨胀。此外，在软化段，弹塑性耦合现象也较为明显，即随着软化现象的增大，土的变形模量逐渐减小。

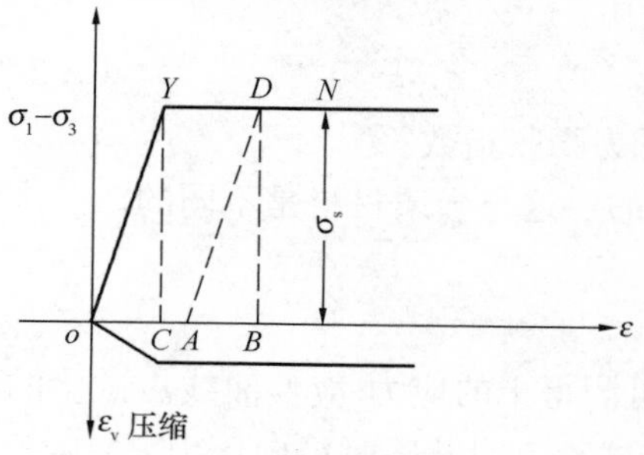

图 1-9 理想塑性材料应力-应变曲线

介于硬化与软化之间的应力-应变曲线，就是理想塑性材料的应力-应变曲线（图 1-9）。这种应力-应变曲线在传统塑性理论中应用很广，但在岩土中所遇不多。尽管这种曲线与岩土性质有较大差别，但由于简单，所以实际上仍被应用。图中 OY 代表弹性阶段应力-应变关系，Y 点就是屈服点，过 Y 点后，应力-应变关系是一条水平线 YN，这条水平线代表塑性阶段。在这阶段应力不能增大，而变形却逐渐增大，自 Y 点起所产生变形都是不可逆变形。卸荷时卸荷曲线坡度与 OY 线坡度相等，重复加荷时亦将沿这条曲线回到原处。在塑性阶段，材料的体积将保持不变，亦即泊松比 $\nu=1/2$。显然，这种材料与应变硬化和软化的材料有很大的不同。

（2）真三轴试验

土体在真三轴试验条件下，其应力-应变曲线的形态是会变化的。例如图 1-10 中，当 $\sigma_2=\sigma_3$时，即常规三轴试验条件下，应力-应变曲线是应变硬化的（图 1-10（a）），而真三轴试验条件下为一驼峰形曲线，既有应变硬化段，又有应变软化段（图 1-10（b）、（c））。令

$$b=\frac{\sigma_2-\sigma_3}{\sigma_1-\sigma_3} \tag{1.2.5}$$

随着 b 的增大，加、卸载曲线变陡；（$\sigma_1-\sigma_3$）的峰值点提前；材料的破坏更接近于脆性破坏；卸载时体积有些回弹、剪胀量减小。由图 1-10（a）可见，并非所有应变硬化曲线

都出现剪缩，而是一般在低应力下出现剪缩现象，因而在应变硬化情况下，也应视土性情况考虑剪胀。试验表明，岩石和土具有同样的性质，随着试验条件的不同，应力-应变曲线都会发生变化。

综上所述，土在三轴情况下，随土性和应力路径不同，应力-应变曲线有两种形式：一是硬化型，一般为双曲线；另一为软化型，一般为驼峰曲线。而体变曲线，对应变硬化型应力-应变曲线：一种是压缩型（图 1-8（*b*）），不出现体胀；另一种是压缩剪胀型（图 1-10（*a*）），先缩后胀。对应软化型应力-应变曲线，体变曲线总是先缩后胀（图 1-8（*c*））。基于上述，可把岩土材料分为三类：压缩型，如松砂、正常固结土；硬化剪胀型，如中密砂、弱超固结土；软化剪胀型，如岩石、密砂与超固结土。

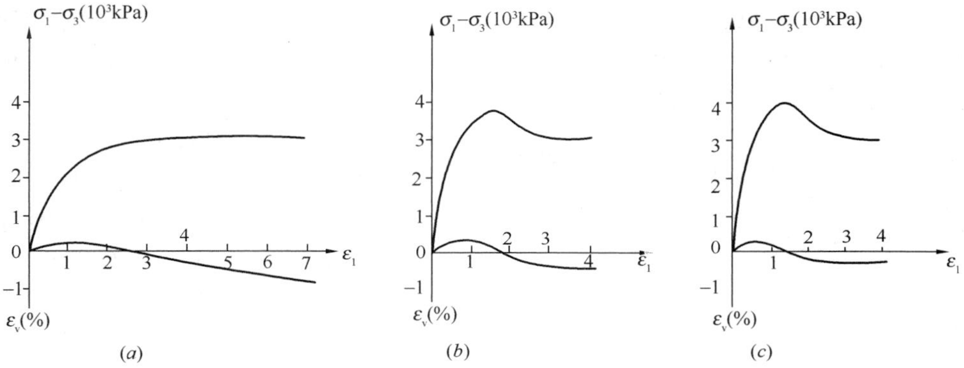

图 1-10 承德中密砂真三轴的试验（$\sigma_3=100$kPa）

（引自清华大学李广信博士论文）

（*a*）$b=0$；（*b*）$b=0.5$；（*c*）$b=1.0$

1.3 岩土塑性力学的基本假设及其特点

1.3.1 岩土类材料的基本材料特征与力学特点

岩土塑性力学与传统塑性力学的区别，在于岩土类材料与金属材料具有不同的力学特征。金属是人工形成的晶体材料，而岩土类材料是由颗粒组成的多相体，是天然形成的，也称为多相体的摩擦型材料。正是由于岩土类材料具有与金属材料不同的材料特性，决定了岩土类材料有许多不同于金属的力学特征。

1. 岩土类材料最基本的材料特性，大致可归纳为以下三点：

（1）岩土的摩擦特征。大家知道，岩土的抗剪强度不仅由黏聚力产生，而且由内摩擦角产生。这是因为岩土由颗粒材料堆积或胶结而成，属于摩擦型材料，因而它的抗剪强度与内摩擦角及压应力有关，而金属材料不具这种特性，抗剪强度与压应力无关。

（2）岩土的多相特征。岩土颗粒中含有孔隙，因而在各向等压作用下，岩土颗粒中的水汽排出，就能产生塑性体变，出现屈服，而金属材料在等压作用下是不会产生体变的。尤其是土体，正是由于土体的三相特征，而将土体分为饱和与非饱和土。

（3）岩土的双强度特征。由于岩土存在黏聚力和摩擦力，从而显示岩土具有双强度特征，而与金属材料显然不同。两种强度的发挥与消散决定了岩土材料的硬化与软化。

2. 岩土的力学特点：

（1）岩土的压硬性。由于岩土的摩擦特征，必然导致岩土抗剪强度和刚度随压应力的增大而增大，这种特性可称为岩土的压硬性。这是岩土不同于金属的最重要的力学特点。

（2）岩土材料的等压屈服特性与剪胀性。由于岩土中的孔隙可以排出水，体积压缩，因而与金属不同，既可在等压受力情况下压缩而屈服，也可在剪应力作用下产生体变，前者称为等压屈服特性，后者称为岩土的剪胀性（包括剪缩性），显示出体变与剪应力有关，剪应变与平均应力有关，即存在应力的球张量与偏张量的交叉作用，而金属材料中是不存在的。

（3）岩土材料的硬化与软化特性。由于岩土是双强度材料，存在着两种强度不同的发挥与衰减效应，通常黏聚力发挥得早，摩擦力发挥得晚，因而岩土材料具有硬化效应；而黏聚力衰减得快，摩擦力衰减得慢，因而一些黏聚力大的岩土体具有明显的软化特征。这就是岩土的硬化与软化特性。

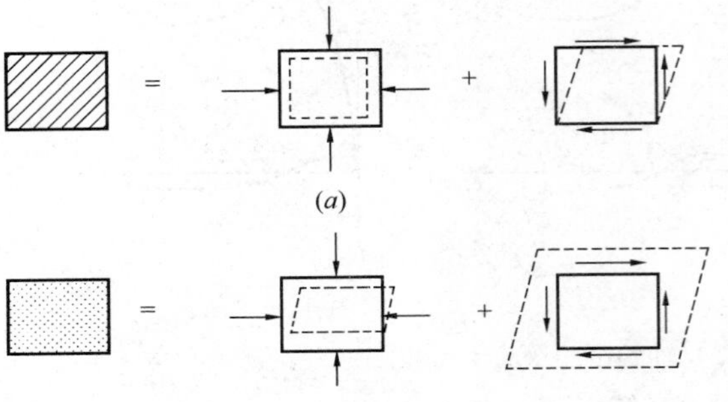

图 1-11 连续介质材料与颗粒摩擦材料的力学模型
（a）连续介质材料；（b）颗粒摩擦材料

由于岩土材料存在上述力学特性，因而岩土材料的力学单元也与金属的力学单元不同。下面考察颗粒摩擦材料与金属连续介质材料的两个微单元，图 1-11（a）是金属连续介质材料，球应力只产生球应变，偏应力只产生偏应变；而图 1-11（b）表示颗粒摩擦材料微元，球张量与偏张量存在交叉影响。严格来说，偏应力中不仅包含着剪应力，还包含着摩擦应力，是剪应力与摩擦应力之和，但目前岩土弹性力学计算中，一般不作考虑。显然，这在传统连续介质力学概念上是不合情理的。因而严格来说，颗粒摩擦材料微元不宜作为连续材料微元，采用图 1-11（b）力学模型更为合理。

（4）土体塑性变形依赖于应力路径已经逐步为人们所公认。亦即土的本构模型，计算参数的选用都应与应力路径相关。例如，应力路径的突然转折会引起塑性应变增量方向的改变，也就是说，塑性应变增量的方向与应力增量的方向有关，而不像传统塑性位势理论中规定的塑性应变增量方向只与应力状态有关，而与应力增量无关。还有，当主应力值不变，主应力轴方向发生改变时土体也会产生塑性变形，而基于传统塑性力学的本构模型不可能算出这种塑性变形。目前，塑性变形对应力路径的依赖性问题尚未得到圆满解决，有待塑性力学的进一步发展。

岩土类材料的上述四种特性可视为基本性质，表示当代水平的岩土本构模型及其相应理论，应当充分反映这些性质。此外，岩土类材料还有一些不同于金属材料的特性：如抗拉压不等性，初始各向异性和应力引起的各向异性，岩土的结构性，岩土的固、水两相组成和固、水、气三相组成等特性。

1.3.2 广义塑性力学与传统塑性力学

传统塑性力学基于金属材料的变形机制而发展起来。它的理论是传统的塑性位势理论，亦即只采用一个塑性势函数或一个塑性势面，并服从德鲁克塑性公设，屈服面与塑性势面相同，因而塑性应变增量正交于屈服面。由此得出塑性应变增量方向与应力具有唯一性的假设。此外，传统塑性力学是针对各向同性材料的，不可能考虑应力主轴旋转产生的塑性变形，而实际上应力主轴旋转会对岩土材料产生塑性变形。由于传统塑性力学基于金属材料的变形机制，而岩土材料的变形机制与金属材料的变形机制不同。金属材料变形机制较为简单，可以在塑性理论上作一定的假设，使理论简化，而岩土材料则不能。正是因为传统塑性力学中作了这些假设，使传统塑性力学不能很好地反映岩土材料的变形机制。

广义塑性力学是在岩土类材料的变形机制和在传统塑性力学的基础上发展起来的，它消除了传统塑性力学中的一些假设。既适用于岩土类材料，也适用于金属材料，传统塑性力学是它的特例。广义塑性力学的基础是广义塑性位势理论，它要求采用三个塑性势函数或分量理论。它不服从德鲁克塑性公设，需采用非关联流动法则。与传统塑性力学不同，它可以反映塑性变形增量方向与应力增量的相关性及主应力轴旋转产生的塑性变形。可见，广义塑性力学是对传统塑性力学的重大发展，也是多重屈服面理论和非正交流动法则与应力主轴旋转理论的进一步完善。本书的一个重要目的是建立与形成系统的广义塑性力学体系，并以此理论为依据建立起岩土本构模型。

1.3.3 岩土塑性力学中的基本假设

由于塑性变形十分复杂，因此无论传统塑性力学还是岩土塑性力学都要做一些基本假设，只不过岩土塑性力学所作的假设条件要比传统塑性力学少些。这是因为影响岩土材料塑性变形的因素比较多，而且有些因素决不能被忽视和简化。例如，传统塑性力学中认为金属的塑性体积变形极小，因而假设不产生塑性体积变形。然而岩土材料中必须考虑这种变形。塑性力学最基本的假设有如下两点，无论传统塑性力学还是广义塑性力学，都要服从这些假设：

（1）忽略温度与时间影响及率相关影响的假设

就一般工程岩土而言，温度变化通常是不大的。多数情况下，蠕变与松弛的效应可以忽略，在应变率不大的情况下，也可以忽略应变率对塑性变形规律的影响。作了这些假设以后，在描述塑性变形过程时，时间度量的绝对值对问题的分析没有影响，只要任意取一个单调变化的量作为时间参数，以代表荷载和变形的先后次序就行。对于另一些岩土工程问题，需要考虑时间影响，即黏弹塑性问题，一般归流变学中研究。

（2）连续性假设

本书讨论的工程岩土塑性力学属于连续介质的力学范围，而且假设材料有无限塑性变形能力而不考虑它的破坏和破裂。与弹性力学一样，一般情况下还要求假设材料均质、各向同性和具有小变形。岩土介质的显著特点是肉眼可见的尺度内，就呈现不均一性和不连续性。因而严格来说，应采用能反映颗粒成分影响的细观力学模型。然而在多数情况下，只要在宏观上考虑岩土材料的某些变形特性，仍可把这些材料近似看作为连续介质。那就是说，这里是在更大的尺度范围内来考虑各种力学量的统计平均值。在某些情况下，岩土介质宜视作非连续介质，如在破碎和有裂隙的岩体中采用非连续介质力学方法更为合适，但本书不讨论视作非连续介质的岩土力学问题。

1.3.4 岩土塑性力学与传统塑性力学的不同点

如上所述，岩土比金属有更加复杂的强度特性和变形特性，如压硬性、剪胀性、等压屈服特性、硬化与软化特性、与路径的依赖性及拉压不等特性等。因而，岩土塑性力学与传统塑性力学相比，有许多不同的地方，主要不同点是：

（1）岩土材料的压硬性决定了岩土的剪切屈服与破坏必须考虑平均应力与岩土材料的内摩擦。因而，岩土材料必须采用不同于金属材料的屈服准则与破坏准则。

（2）传统塑性力学只考虑剪切屈服，而岩土塑性力学不仅考虑剪切屈服，还要考虑体积屈服。表现在屈服面上，传统塑性力学是开口的单一的剪切屈服面，而岩土塑性力学需考虑剪切屈服面与体积屈服面，以及在等压情况下产生屈服。

（3）根据岩土的剪胀性，不仅静水压力可能引起塑性体积变化，而且偏应力也可能引起体积变化；反之，平均应力也可能引起塑性剪切变形。这是与传统塑性力学不同的地方，即岩土的球应力与偏应力之间存在着交叉影响。

（4）传统塑性力学中屈服面都是对称的，由于岩土材料的拉压不等，而使屈服面不对称，如岩土的三轴压缩与三轴拉伸屈服面不对称。

（5）传统塑性力学的基础是传统的塑性势理论，它只具有一个塑性势面，服从塑性应变增量方向与应力的唯一性假设。岩土塑性力学基于广义塑性流动法则，它以应力分量方向为塑性势，因而在不考虑应力主轴旋转时有三个塑性势面，不服从塑性应变增量方向与应力的唯一性假设。

（6）传统塑性力学中势函数确定了塑性应变增量总量的方向，屈服面确定了总量的大小；岩土塑性力学中势函数确定了塑性应变增量三个分量的方向，相应的三个屈服函数确定了分量的大小，因而岩土塑性力学采用了分量理论。

（7）传统塑性力学中，塑性势函数与屈服函数相同，称为关联流动法则，这时塑性应变增量方向与屈服面正交。岩土塑性力学中，塑性势函数与屈服函数不同，属于非关联流动法则，这时塑性应变增量方向与屈服面不正交，但仍保持着与塑性势面正交。

（8）岩土塑性力学中应力路径的影响较传统塑性力学中更为复杂，塑性变形和应力路径的相关性也更为明显。在传统塑性力学中，假设塑性应变增量的主轴与应力主轴一致；而在岩土塑性力学中一般应当考虑两者不共主轴产生的塑性变形，即应考虑主应力轴旋转产生的塑性变形。

（9）传统塑性力学中，只考虑稳定材料，不允许出现应变软化现象。岩土塑性力学中可以是稳定材料，也可以是不稳定材料，它不受稳定材料的限制，亦即允许出现应变软化。

（10）传统塑性理论中，材料的弹性系数与塑性变形无关，称为弹塑性不耦合。而岩土塑性理论中，有时要考虑弹塑性耦合，即弹性系数随塑性变形发展而减小。

有些学者对弹塑性耦合的提法尚有不同的看法，认为问题在于如何划分弹性应变与塑性应变。定义弹性应变与塑性应变有两种不同方法（图 1-12）。第一种是把全部应力卸除，可恢复部分定义为弹性应变，残余部分则为塑性应变。第二种是按不产生滞回进行少量卸荷，测定弹性模量，以此推算弹性应变和塑性应变。按第二种方法测得的弹模 G_u' 要比按第一种方法测得的弹模 G_u 高得多，因而认为并不存在耦合问题。

由上可见，岩土类介质与金属有很大不同，建立的塑性力学方法也有很大不同。因此，对岩土类材料不能完全套用传统塑性力学。反之，针对岩土类材料而建立起来的广义塑性力学，既适用于岩土类材料，又适用于金属材料。

1.3.5 岩土本构模型的建立

岩土本构模型的建立，需要通过实验手段，确定各类屈服条件，以及选用合理的试验参数，再引用塑性力学的基本理论，从而建立起岩土本构模型。模型还要通过实验与现场测试的验证，这样才算形成一个比较完善的本构模型。

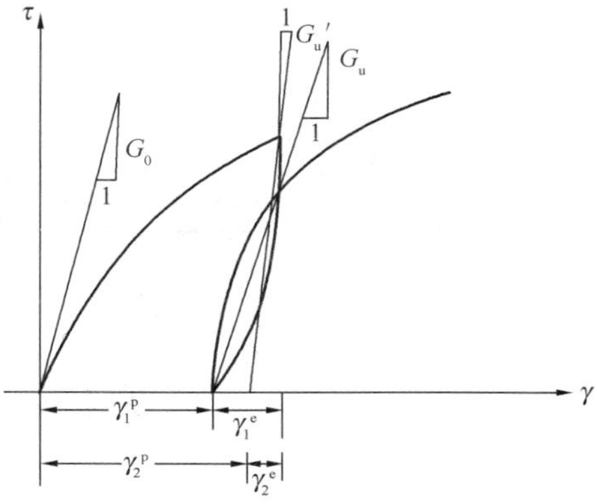

图 1-12 定义弹性应变和塑性应变的两种方法

从实用的角度来说，一个合理的本构模型除了要符合力学和热力学的基本原则和反映岩土实际状态外，还必须进行适当的简化，使参数的选择和计算方法的处理上尽量的简便。因此，要建立一个包罗万象的岩土模型是不可能的，一般应根据岩土特性，工程对象及其要求（如应力路径，排水或是不排水状态，变形量的大小等），去寻找最简单，却又说明最主要问题的数学模型。

当前采用的岩土本构模型，一般是根据岩土材料的特性，对传统塑性位势理论加以改造与扩充，使之适应岩土材料的变形机制，也就是正在由传统塑性力学向广义塑性力学转换。还有一些岩土本构模型基于塑性内时理论（Plastic Endochonic Theory），它是一种没有屈服面概念，而引入反映材料累计塑性应变的材料内部时间的塑性理论，但这类模型没有得到广泛的应用。

塑性状态下，应力-应变关系是非线性的，而且还与应力路径、应力历史、加载、卸载等状态有关，因而简单地说成应力-应变关系已不能完全反映实际情况，所以称此为本构关系，这比弹性力学中的线性关系复杂得多。

岩土本构关系的建立，通常是通过一些试验，测试少量弹塑性应力-应变关系曲线，然后再通过岩土塑性理论以及某些必要的补充假设，把这些试验结果推广到复杂应力组合状态上去，以求取应力-应变的普遍关系。这种应力-应变关系的数学表达式叫做岩土本构模型或者叫本构关系的数学模型。不过，建立一个合适的本构模型是十分困难的。首先，人们对岩土塑性理论的认识还不够全面，尤其是岩土塑性力学还没有被广大岩土工作者所认识；其次，应力历史、应力路径等对试验结果有影响。虽然从理论上说，应选择与原型受力过程相同的应力路径来进行试验才合适。但实际上岩土内各单元的应力路径不同，也不知道原型各单元的应力历史，因此要严格按照这种理论去做试验，事实上也难以做到。何况，目前国内真三轴仪、平面应变仪等先进土工仪器还应用不多。再说，有时还会在整理试验数据和推导本构关系时做一些缺乏充足理论依据的补充假设。因而建立的模型与实际情况会有一定的出入。据此，在建立模型之后，还需要通过模型试验和原型观察进一步验证和修正模型。

本书建立的广义塑性理论为岩土本构模型提供了理论基础，同时严格依据试验确定本构方程进一步增强了岩土本构的客观性，从而把岩土本构模型提高到新的高度。

第二章　应 力 与 应 变

2.1　一点的应力状态

对于一般空间问题，一点的应力状态可以由九个应力分量表示，如 p 点处应力状态在直角坐标系可表示为

$$S=\sigma_{ij}=\begin{bmatrix}\sigma_x & \tau_{xy} & \tau_{xz}\\ \tau_{yx} & \sigma_y & \tau_{yz}\\ \tau_{zx} & \tau_{zy} & \sigma_z\end{bmatrix} \tag{2.1.1}$$

如图 2-1 所示。在固定受力情况下，应力分量大小与坐标轴方向有关，但由弹性力学可知，新旧坐标的应力分量具有一定变换关系。通常，我们称这种具有特定变换关系的一些量为张量。式（2.1.1）就是应力张量，它是二阶对称张量。因为它具有 $\tau_{zx}=\tau_{xz}$，$\tau_{yz}=\tau_{zy}$，$\tau_{xy}=\tau_{yx}$。

已知物体内某点 p 的九个应力分量，则可求过该点的任意倾斜面上的应力。在 p 点处取出一无限小四面体 $oabc$（图 2-2）。

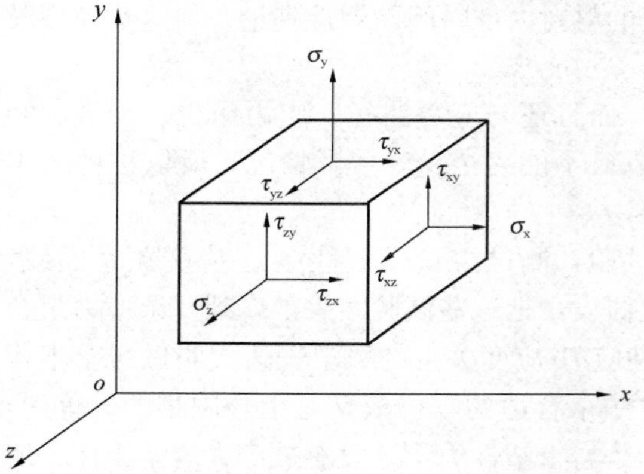

图 2-1　一点的应力状态

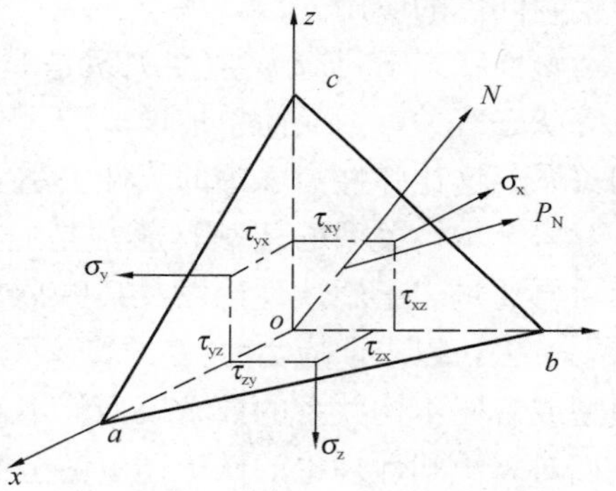

图 2-2　倾斜面上的应力

它的三个面分别与 x、y、z 三个轴相垂直。另一面即为任意倾斜面，它的法线 N，其方向余弦为 l、m、n。分别以 $\mathrm{d}F$、$\mathrm{d}F_x$、$\mathrm{d}F_y$、$\mathrm{d}F_z$ 代表 abc、obc、oac、oab 三角形面积。

$$\left.\begin{aligned}\mathrm{d}F_x&=l\mathrm{d}F\\ \mathrm{d}F_y&=m\mathrm{d}F\\ \mathrm{d}F_z&=n\mathrm{d}F\end{aligned}\right\} \tag{2.1.2}$$

在三个垂直于坐标的平面上有应力分量，在倾斜面 abc 上有合应力 p_N，它可分解为

正应力 σ_N 及切向剪应力 τ_N，即

$$p_N^2=\sigma_N^2+\tau_N^2 \tag{2.1.3}$$

p_N 沿坐标轴方向分量为 x_N、y_N、z_N，由平衡条件可得

$$\left.\begin{aligned}x_N&=\sigma_x l+\tau_{xy}m+\tau_{zx}n\\y_N&=\tau_{xy}l+\sigma_y m+\tau_{zy}n\\z_N&=\tau_{xz}l+\tau_{yz}m+\sigma_z n\end{aligned}\right\} \tag{2.1.4}$$

求出 x_N、y_N、z_N 在法线方向上的投影之和，即得正应力 σ_N

$$\sigma_N=x_N l+y_N m+z_N n=\sigma_x l^2+\sigma_y m^2+\sigma_z n^2+2\tau_{xy}lm+2\tau_{yz}mn+2\tau_{zx}nl \tag{2.1.5}$$

而剪应力则由式（2.1.3）得

$$\tau_N^2=p_N^2-\sigma_N^2 \tag{2.1.6}$$

在空间状态下一点的应力张量有三个主方向、三个主应力。在垂直主方向的面上，$\tau_N=0$，σ_N 即为主应力，等于合应力 p_N，而主应力在坐标轴上的分量为

$$\left.\begin{aligned}x_N&=\sigma_N l\\y_N&=\sigma_N m\\z_N&=\sigma_N n\end{aligned}\right\} \tag{2.1.7}$$

将式（2.1.7）代入式（2.1.4）整理后得

$$\left.\begin{aligned}(\sigma_x-\sigma_N)l+\tau_{yx}m+\tau_{zx}n&=0\\\tau_{xy}l+(\sigma_y-\sigma_N)m+\tau_{zy}n&=0\\\tau_{xz}l+\tau_{yz}m+(\sigma_z-\sigma_N)n&=0\end{aligned}\right\} \tag{2.1.8}$$

此外，法线 N 的三个方向余弦应满足

$$l^2+m^2+n^2=1 \tag{2.1.9}$$

由上面 4 个方程可求得 σ_N 及方向余弦 l、m、n。如果将 l、m、n 看作未知量，则由式（2.1.9）可见，l、m、n 不能同时为零。因此线性方程组式（2.1.8）有非零解的充要条件为系数行列式等于零。

$$\begin{vmatrix}(\sigma_x-\sigma_N) & \tau_{yx} & \tau_{zx}\\\tau_{xy} & (\sigma_y-\sigma_N) & \tau_{zy}\\\tau_{xz} & \tau_{yz} & (\sigma_z-\sigma_N)\end{vmatrix}=0 \tag{2.1.10}$$

展开行列式得到

$$\sigma_N^3-I_1\sigma_N^2-I_2\sigma_N-I_3=0 \tag{2.1.11}$$

式中

$$\left.\begin{aligned}I_1&=\sigma_x+\sigma_y+\sigma_z\\I_2&=-\sigma_x\sigma_y-\sigma_y\sigma_z-\sigma_z\sigma_x+\tau_{xy}^2+\tau_{yz}^2+\tau_{zx}^2\\I_3&=\sigma_x\sigma_y\sigma_z+2\tau_{xy}\tau_{yz}\tau_{zx}-\sigma_x\tau_{yz}^2-\sigma_y\tau_{zx}^2-\sigma_z\tau_{xy}^2\end{aligned}\right\} \tag{2.1.12}$$

式（2.1.11）有三个实根，即三个主应力。按三个主应力数值，分别由式（2.1.8）求出三个主方向。

当坐标方向改变时，应力分量均将改变，但主应力的数值是不变的，即式（2.1.11）的根不变，因此该式的关系也不变。由于系数 I_1、I_2、I_3 与坐标无关，故称作应力张量不

变量，通常分别叫做应力张量第一不变量、第二不变量与第三不变量。应力张量不变量除由式（2.1.12）表示外，还可由主应力表示，因为主平面上无剪应力，则由式（2.1.12）可得

$$\left.\begin{aligned} I_1 &= \sigma_1 + \sigma_2 + \sigma_3 \\ I_2 &= -(\sigma_1\sigma_2 + \sigma_2\sigma_3 + \sigma_3\sigma_1) \\ I_3 &= \sigma_1\sigma_2\sigma_3 \end{aligned}\right\} \tag{2.1.13}$$

主应力与应力张量不变量均不随坐标而变，因而在岩土塑性理论中应用甚为方便，以后将广为应用，尤其是应力张量第一不变量 I_1，它的物理意义是平均应力（三个正应力的平均值）的三倍，表示了平均应力的大小。

2.2 应力张量分解及其不变量

设三个正应力的平均值为平均应力，用 σ_m 或 p 表示

$$\sigma_m = p = \frac{1}{3}(\sigma_x + \sigma_y + \sigma_z) = \frac{1}{3}(\sigma_1 + \sigma_2 + \sigma_3) \tag{2.2.1}$$

于是

$$\begin{aligned} \sigma_x &= \sigma_m + (\sigma_x - \sigma_m) \\ \sigma_y &= \sigma_m + (\sigma_y - \sigma_m) \\ \sigma_z &= \sigma_m + (\sigma_z - \sigma_m) \end{aligned}$$

由此，应力张量可分解为两个分量

$$\sigma_{ij} = \begin{bmatrix} \sigma_m & 0 & 0 \\ 0 & \sigma_m & 0 \\ 0 & 0 & \sigma_m \end{bmatrix} + \begin{bmatrix} \sigma_x - \sigma_m & \tau_{xy} & \tau_{xz} \\ \tau_{yx} & \sigma_y - \sigma_m & \tau_{yz} \\ \tau_{zx} & \tau_{zy} & \sigma_z - \sigma_m \end{bmatrix} \tag{2.2.2}$$

等式右端第一个张量称应力球张量（球应力张量），第二个张量称应力偏量（偏应力张量）。

$$\begin{bmatrix} \sigma_m & 0 & 0 \\ 0 & \sigma_m & 0 \\ 0 & 0 & \sigma_m \end{bmatrix} = \sigma_m\delta_{ij} \tag{2.2.3}$$

式中 δ_{ij} 定义为

$$\delta_{ij} = \begin{cases} 1 & 当(i = j) \\ 0 & 当(i \neq j) \end{cases}$$

令 $S_x=\sigma_x-\sigma_m$，$S_y=\sigma_y-\sigma_m$，$S_z=\sigma_z-\sigma_m$，$S_{xy}=\tau_{xy}$，$S_{yx}=\tau_{yx}$，$S_{yz}=\tau_{yz}$……，则应力偏量 S_{ij} 即为

$$S_{ij} = \sigma_{ij} - \sigma_m\delta_{ij} = \begin{bmatrix} S_x & S_{xy} & S_{xz} \\ S_{yx} & S_y & S_{yz} \\ S_{zx} & S_{zy} & S_z \end{bmatrix} = \begin{bmatrix} S_x & \tau_{xy} & \tau_{xz} \\ \tau_{yx} & S_y & \tau_{zy} \\ \tau_{zx} & \tau_{zy} & S_z \end{bmatrix} \tag{2.2.4}$$

若以主应力表示一点应力，则可写成

$$\begin{bmatrix} \sigma_1 & 0 & 0 \\ 0 & \sigma_2 & 0 \\ 0 & 0 & \sigma_3 \end{bmatrix} = \begin{bmatrix} \sigma_m & 0 & 0 \\ 0 & \sigma_m & 0 \\ 0 & 0 & \sigma_m \end{bmatrix} + \begin{bmatrix} \sigma_1 - \sigma_m & 0 & 0 \\ 0 & \sigma_2 - \sigma_m & 0 \\ 0 & 0 & \sigma_3 - \sigma_m \end{bmatrix} \tag{2.2.5}$$

如图 2-3 所示，应力可分解为应力球张量与应力偏量。应力球张量表示各向等值应力状态，即静水压力情况。应力偏量是应力张量与静水压力之差。在传统塑性理论中，由第一章中试验证实，静水压力不影响屈服，所以塑性变形与静水压力无关，而只与应力偏量有关，因此在传统塑性理论中，只有应力偏量才显示出与塑性有关的部分。但由岩土的试验表明，塑性变形既与应力偏量有关，也与应力球张量有关，这正是岩土塑性理论的特点。此外，在弹性力学和传统塑性理论中，认为应力球张量只产生体积改变，不产生形状改变；应力偏量只产生形状改变，不产生体积改变。即有

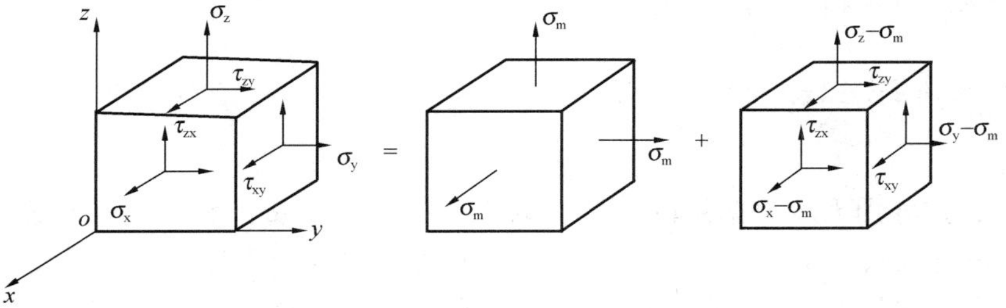

图 2-3 应力张量的分解

$$\left.\begin{aligned}\varepsilon_v &= \frac{p}{K} + 0 \cdot \tau \\ \gamma &= 0 \cdot p + \frac{\tau}{G_s}\end{aligned}\right\} \tag{2.2.6}$$

式中 ε_v、γ 分别是体积应变、剪切应变；K 为体积模量、G_s 为弹塑性剪切模量，弹性状态下 $G_s=G$，G 为弹性剪切模量。同样，在岩土塑性理论中，式（2.2.6）不再适用，目前一般推广为下式。

$$\left.\begin{aligned}\varepsilon_v &= \frac{P}{K_p} + \frac{\tau}{K_s} \\ \gamma &= -\frac{P}{G_p} + \frac{\tau}{G_s}\end{aligned}\right\} \tag{2.2.7}$$

式中 K_p、K_s、G_p、G_s 可分别称为弹塑性体积模量，剪缩模量，压硬模量，弹塑性剪切模量。弹性状态下 $K_p=K$，K_s 与 $G_p \to \infty$，$G_s=G$。

应力球张量与应力偏量 S_{ij} 都是一种应力状态参量，因而也同样存在不变量，进行与应力张量不变量类似推导，即令 $\sigma_1=\sigma_2=\sigma_3=\sigma_m$ 代入式（2.1.13）中，得应力球张量的不变量

$$\left.\begin{aligned}I_1 &= 3\sigma_m = I_1 \\ I_2 &= -3\sigma_m^2 = -\frac{1}{3}I_1^2 \\ I_3 &= \sigma_m^3 = \frac{1}{27}I_1^3\end{aligned}\right\} \tag{2.2.8}$$

因此应力球张量可用 I_1 一个参量来表示。

应力偏量 S_{ij} 的不变量（在式（2.1.12）中以 S_x、S_y、S_z 代替 σ_x、σ_y、σ_z 而得）

$$\left.\begin{aligned}J_1&=(\sigma_x-\sigma_m)+(\sigma_y-\sigma_m)+(\sigma_z-\sigma_m)=S_x+S_y+S_z=S_1+S_2+S_3=0\\J_2&=\frac{1}{6}[(\sigma_x-\sigma_y)^2+(\sigma_y-\sigma_z)^2+(\sigma_z-\sigma_x)^2+6(\tau_{xy}^2+\tau_{yz}^2+\tau_{zx}^2)]\\&=-(S_xS_y+S_yS_z+S_zS_x-\tau_{xy}^2-\tau_{yz}^2-\tau_{zx}^2)=\frac{1}{2}(S_x^2+S_y^2+S_z^2)+\tau_{xy}^2+\tau_{yz}^2+\tau_{zx}^2\\&=\frac{1}{6}[(\sigma_1-\sigma_2)^2+(\sigma_2-\sigma_3)^2+(\sigma_3-\sigma_1)^2]=-S_1S_2-S_2S_3-S_3S_1\\&=\frac{1}{2}S_{ij}S_{ij}=\frac{1}{3}(I_1^2+3I_2)\\J_3&=S_xS_yS_z+2\tau_{xy}\tau_{yz}\tau_{zx}-S_x\tau_{yz}^2-S_y\tau_{zx}^2-S_z\tau_{xy}^2=S_1S_2S_3=\frac{1}{27}(2I_1^3+9I_1I_2+27I_3)\end{aligned}\right\}\tag{2.2.9}$$

式中J_1、J_2、J_3分别为应力偏量的第一、第二、第三不变量。S_1、S_2、S_3为主应力偏量$(\sigma_1-\sigma_m)$、$(\sigma_2-\sigma_m)$、$(\sigma_3-\sigma_m)$。由式（2.2.9）可看出，应力偏量可以J_2、J_3两个参量来表示。因此，一点的应力状态可由I_1、J_2、J_3表示。这种表示方法在岩土塑性理论中应用极广，后面会经常用到它。应力偏量的第二不变量J_2具有一定的物理意义，后面说到，它在数值上是八面体平面上剪应力的倍数，又是π平面上的矢径大小，这个数值无论在传统塑性理论中，还是岩土塑性理论中都是十分重要的。

2.3 八面体应力、广义剪应力与纯剪应力

研究塑性状态时，采用应力张量不变量可减少表示应力状态所必需的参量，但采用八面体上的应力也可以达到同样目的，因为它与应力张量不变量密切相关。

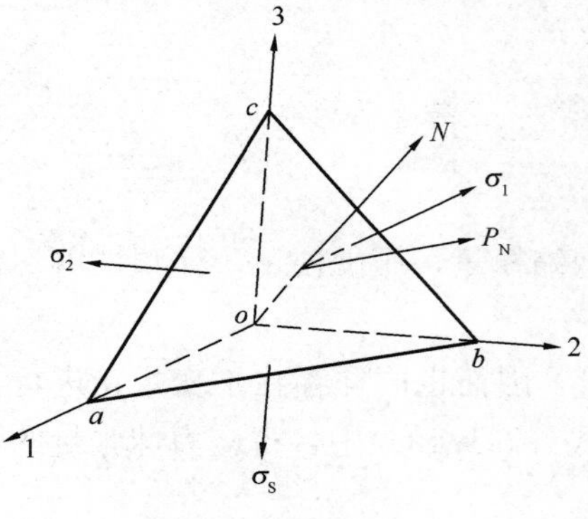

图 2-4 等斜面图

已知物体内某点的主应力及应力主轴，通过该点作一平面，使平面法线 N 与三个主轴夹角相等，夹角为 54°44″，此平面称为等斜面，法线 N 称为等倾线。利用前节求倾斜面上应力公式可以求出等斜面上应力，取主应力方向为坐标方向，物体内所取四面体受力情况如图 2-4 所示。

abc 是等斜面，它的法线方向余弦彼此相等，且它的平方和为 1，因此有

$$l=m=n=\frac{1}{\sqrt{3}}\tag{2.3.1}$$

由式（2.1.4）得等斜面上的合应力的分量为

$$x_N=\frac{\sigma_1}{\sqrt{3}},y_N=\frac{\sigma_2}{\sqrt{3}},z_N=\frac{\sigma_3}{\sqrt{3}}\tag{2.3.2}$$

所以合应力数值为

$$P_N=\frac{1}{\sqrt{3}}\sqrt{\sigma_1^2+\sigma_2^2+\sigma_3^2}\tag{2.3.3}$$

由式（2.1.5）可得到等斜面上正应力 σ_N

$$\sigma_N=\sigma_1 l^2+\sigma_2 m^2+\sigma_3 n^2=\frac{1}{3}(\sigma_1+\sigma_2+\sigma_3)=\sigma_m=\frac{I_1}{3} \tag{2.3.4}$$

等斜面上正应力等于平均应力，而等斜面上剪应力 τ_N 亦可得到

$$\tau_N=\sqrt{P_N^2-\sigma_N^2}=\frac{1}{3}\sqrt{(\sigma_1-\sigma_2)^2+(\sigma_2-\sigma_3)^2+(\sigma_3-\sigma_1)^2} \tag{2.3.5}$$

与式（2.2.9）中的第二式比较，可见等斜面上剪应力 τ_N 与应力偏量第二不变量 J_2 有如下关系

$$\tau_N=\sqrt{\frac{2}{3}}\sqrt{J_2} \tag{2.3.6}$$

因为在物体内某点附近可作出上述八个等斜面，构成如图 2-5 所示正八面体，故上述正应力和剪应力也称为八面体上正应力与剪应力，通常以 $\sigma_8(=\sigma_N)$ 和 $\tau_8(=\tau_N)$ 表示。可见，八面体上应力可分为两部分：一为与应力球张量（I_1 或 σ_m）有关的正应力；另一为与应力偏量第二不变量有关的剪应力。这两个数值在岩土塑性理论中经常引用。

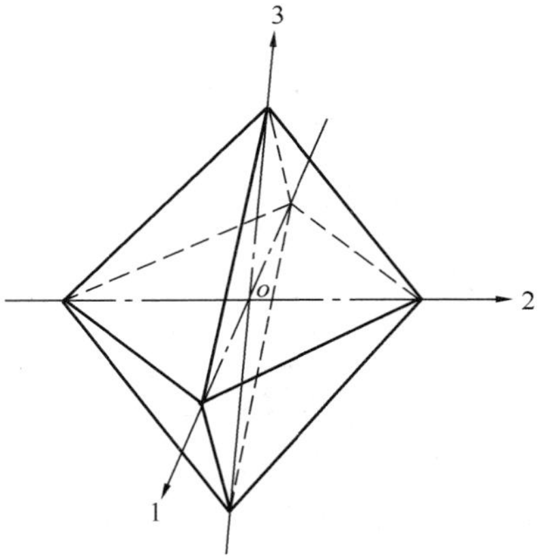

图 2-5　正八面体

为了使用方便起见，塑性理论中将 τ_8 乘以系数 $\frac{3}{\sqrt{2}}$ 称为广义剪应力 q 或应力强度 σ_i。

$$q=\sigma_i=\frac{3}{\sqrt{2}}\tau_8=\frac{1}{\sqrt{2}}\sqrt{(\sigma_1-\sigma_2)^2+(\sigma_2-\sigma_3)^2+(\sigma_3-\sigma_1)^2}$$
$$=\frac{1}{\sqrt{2}}\left[(\sigma_x-\sigma_y)^2+(\sigma_y-\sigma_z)^2+(\sigma_z-\sigma_x)^2+6(\tau_{xy}^2+\tau_{yz}^2+\tau_{zx}^2)\right]^{\frac{1}{2}} \tag{2.3.7}$$

当单向拉伸时，$\sigma_2=\sigma_3=0$ 则 $q=\sigma_i=\sigma_1$ 与单向应力相等，故也将 q 或 σ_i 称作等效应力。

当一般三轴压缩试验时，并设以压为正，则 $\sigma_1=\sigma_2$，因此

$$q=\sigma_1-\sigma_3 \tag{2.3.8}$$

将 τ_8 乘以 $\sqrt{\frac{3}{2}}$ 得 $\sqrt{J_2}$，我们以此定义纯剪应力 τ_s，也称剪应力强度，因为纯剪时 $\sigma_1=\tau>0$，$\sigma_2=0$，$\sigma_3=-\tau$，由此得

$$\tau_s=\sqrt{J_2}=\tau \tag{2.3.9}$$

即与剪应力相等。

上述八面体剪应力、广义剪应力、纯剪应力均是 J_2 的函数，且与坐标选择及应力球张量无关。各正应力增减一个数值，均不影响上述剪应力值。

2.4　应力空间与 π 平面上的应力分量

塑性理论中所考虑的问题通常是各向同性的，因此对方向问题并不十分重要，只要注意主应力的大小，可不考虑它们的方向。我们可采用三个主应力 σ_1、σ_2、σ_3 所构成的三维应力空间来研究问题，由此可获得直观的几何图像。

应力空间中的一定点对应着一定的应力状态。图 2-6 表示三个互相垂直的轴 $O\sigma_1$、

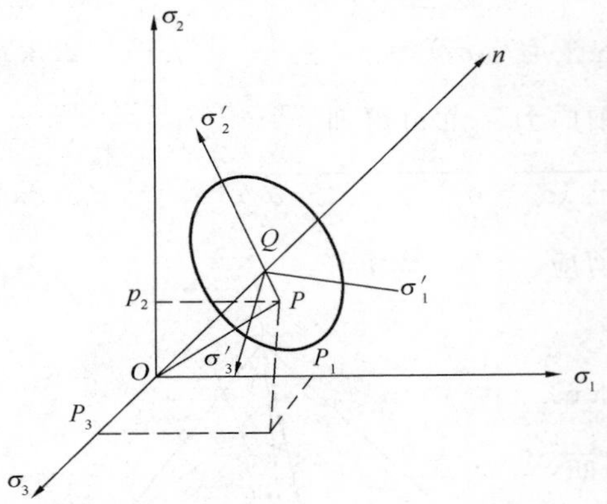

图 2-6 π平面

$O\sigma_2$、$O\sigma_3$的主应力空间。如果一物体内一点处的主应力为（σ_1、σ_2、σ_3），则这种应力状态可由主应力空间中一点 P 表示。P 点的坐标为 σ_1、σ_2、σ_3，这个应力状态可写为三个矢量 $OP_1(=\sigma_1)$，$OP_3(=\sigma_3)$，$OP_2(=\sigma_2)$ 的矢量和。

通过原点 O 与三个坐标之间夹角相等的一条空间对角线 On，即等倾线，其方向余弦均为 $1/\sqrt{3}$，在该线上 $\sigma_1=\sigma_2=\sigma_3=\sigma_m$。我们把垂直于这条空间对角线的任一平面称为 π 平面，其方程为

$$\sigma_1+\sigma_2+\sigma_3=\sqrt{3}r \tag{2.4.1}$$

式中 r——沿等倾线 On 方向由坐标原点到该平面的距离。

可见在给定 r 的 π 平面上，$\sigma_1+\sigma_2+\sigma_3=$常数；在过原点的 π 平面上 $\sigma_1+\sigma_2+\sigma_3=0$。而在传统塑性理论中，只把其中过原点的平面作为 π 平面。

OP 在空间对角线上的投影为 OQ（即 r），则

$$OQ=r=\sqrt{\frac{1}{3}}(\sigma_1+\sigma_2+\sigma_3)=\frac{I_1}{\sqrt{3}}=\sqrt{3}\sigma_m \tag{2.4.2}$$

可把 OQ 称为作用在 π 平面上的正应力分量，因为它是一点的应力在 π 平面法线方向上的投影，有些书上把它叫做 π 平面上的法向应力，可记作 σ_π，它是与应力球张量相对应的。

PQ 是在 π 平面上的，并垂直于等倾线 On，其值为

$$\begin{aligned}\overline{PQ}^2&=\overline{OP}^2-\overline{OQ}^2=(\sigma_1^2+\sigma_2^2+\sigma_3^2)-\frac{1}{3}(\sigma_1+\sigma_2+\sigma_3)^2\\&=\frac{1}{3}[(\sigma_1-\sigma_2)^2+(\sigma_2-\sigma_3)^2+(\sigma_3-\sigma_1)^2]=2J_2=\frac{2}{3}q^2\end{aligned} \tag{2.4.3}$$

PQ 是在 π 平面上的剪应力分量，它是一点的应力状态在 π 平面上的投影，记作 τ_π，也称作偏剪应力，有些书上把它叫做 π 平面上的剪应力，它与应力偏量相对应，有

$$\tau_\pi=PQ=\sqrt{2J_2}=\sqrt{\frac{2}{3}}q \tag{2.4.4}$$

与 σ_8 和 τ_8 相似，π 平面上的应力分量 σ_π 与 τ_π 也是塑性理论中常用的一种参量，它与 I_1 及 J_2 密切相关。由于 π 平面本身内只有应力偏量，因此还把 π 平面叫做偏量平面。

我们顺着 $\overrightarrow{On}$ 轴的反方向，即从上向下看 π 平面，则在图 2-7（a）中 π 平面上出现了正的主轴 $O'\sigma_1'$、$O'\sigma_2'$、$O'\sigma_3'$，彼此之间的夹角为 120°，它们是主应力空间三个垂直轴的投影。图 2-7（a）中虚线表示负的主应力轴，则 π 平面全部面积分成了六个等扇形。

主应力空间中一点与 π 平面上的一点存在对应关系，由图 2-7（b）可见

$$\sigma_1'=\sigma_1\cos\beta=\sqrt{\frac{2}{3}}\sigma_1$$

$$\sigma_2'=\sigma_2\cos\beta=\sqrt{\frac{2}{3}}\sigma_2$$

$$\sigma_3' = \sigma_3 \cos\beta = \sqrt{\frac{2}{3}}\sigma_3$$

$$\cos\alpha = \frac{1}{\sqrt{3}}$$

在图 2-7（a）中，P 点的坐标在 σ_1' 上的投影长度，即为 $O'P_1' = \sqrt{2/3}\sigma_1$，在 σ_2' 上的投影长度为 $O'P_2' = \sqrt{2/3}\sigma_2$（相当于图中的 $P_1'M'$），在 σ_3' 投影长度为 $O'P_3' = \sqrt{2/3}\sigma_3$（相当于图中的 $M'P'$）。

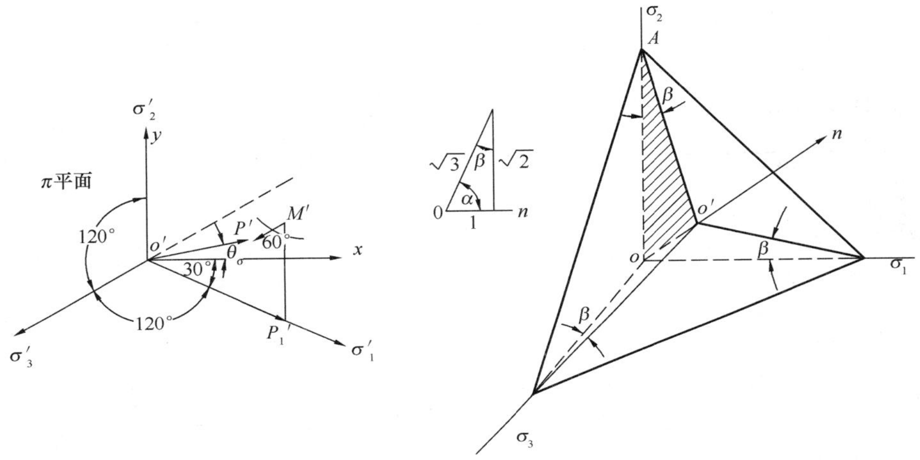

(a) (b)

图 2-7 屈服轨迹上一点的位置

如果 π 平面上取直角坐标系 Oxy，其中 y 轴方向与 σ_2 轴在 π 平面上投影一致。由图 2-7（a），则 π 平面上应力在 x、y 轴上的投影为

$$\left.\begin{aligned} x &= O'P_1'\cos 30° - O'P_3'\cos 30° = (\sigma_1 - \sigma_3)\sqrt{\frac{2}{3}}\frac{\sqrt{3}}{2} = \frac{1}{\sqrt{2}}(\sigma_1 - \sigma_3) \\ y &= O'P_2' + \frac{1}{2}(-O'P_1' - O'P_3') = \frac{2\sigma_2 - \sigma_1 - \sigma_3}{2} \times \sqrt{\frac{2}{3}} = \frac{1}{\sqrt{6}}(2\sigma_2 - \sigma_1 - \sigma_3) \end{aligned}\right\} \tag{2.4.5}$$

如果在 π 平面上取极坐标 r_σ、θ_σ，则

$$r_\sigma = \sqrt{x^2 + y^2} = \frac{1}{\sqrt{3}}\left[(\sigma_1 - \sigma_2)^2 + (\sigma_2 - \sigma_3)^2 + (\sigma_3 - \sigma_1)^2\right]^{\frac{1}{2}} = \tau_\pi = PQ$$

$$\mathrm{tg}\theta_\sigma = \frac{y}{x} = \frac{1}{\sqrt{3}}\frac{2\sigma_2 - \sigma_1 - \sigma_3}{\sigma_1 - \sigma_3} = \frac{1}{\sqrt{3}}\mu_\sigma \tag{2.4.6}$$

式中 θ_σ——洛德角，π 平面上应力 PQ 与 σ_2' 轴的垂线间的夹角；

μ_σ——洛德参数。

由图 2-7（a）还可以看出，$\overrightarrow{O'P'} = \overrightarrow{O'P'_1} + \overrightarrow{P'_1M'_1} + \overrightarrow{M'P'}$，也可由此得到

$$PQ = \gamma_\sigma = \frac{1}{\sqrt{3}}\left[(\sigma_1 - \sigma_2)^2 + (\sigma_2 - \sigma_3)^2 + (\sigma_3 - \sigma_1)^2\right]^{\frac{1}{2}} = \tau_\pi \tag{2.4.7}$$

各正应力与应力张量第一不变量 I_1 之间的关系　　**表 2-1**

各正应力与 I_1		$\sigma_m=p$	σ_8	σ_π	I_1
平均应力	$\sigma_m=p$	σ_m	σ_8	$\frac{\sigma_\pi}{\sqrt{3}}$	$\frac{I_1}{3}$
八面体正应力	σ_8	σ_m	σ_8	$\frac{\sigma_\pi}{\sqrt{3}}$	$\frac{I_1}{3}$
π 平面上正应力分量	σ_π	$\sqrt{3}\sigma_m$	$\sqrt{3}\sigma_8$	σ_π	$\frac{I_1}{\sqrt{3}}$
应力张量第一不变量	I_1	$3\sigma_m$	$3\sigma_8$	$\sqrt{3}\sigma_\pi$	I_1

各剪应力与应力偏量第二不变量 J_2 之间的关系　　**表 2-2**

各剪应力与 J_2		q	τ_8	τ_s	τ_π	J_2	S_{ij}
广义剪应力	$q=\sigma_i$	q	$\frac{3}{\sqrt{2}}\tau_8$	$\sqrt{3}\tau_S$	$\sqrt{\frac{3}{2}}\tau_\pi$	$\sqrt{3J_2}$	$\sqrt{\frac{3}{2}S_{ij}S_{ij}}$
八面体剪应力	τ_8	$\frac{\sqrt{2}}{3}q$	τ_8	$\sqrt{\frac{2}{3}}\tau_S$	$\frac{1}{\sqrt{3}}\tau_\pi$	$\sqrt{\frac{2}{3}J_2}$	$\sqrt{\frac{1}{3}S_{ij}S_{ij}}$
纯剪应力	τ_s	$\frac{1}{\sqrt{3}}q$	$\sqrt{\frac{3}{2}}\tau_8$	τ_s	$\frac{1}{\sqrt{2}}\tau_\pi$	$\sqrt{J_2}$	$\sqrt{\frac{1}{2}S_{ij}S_{ij}}$
π 平面剪应力分量（偏剪应力）	τ_π	$\sqrt{\frac{2}{3}}q$	$\sqrt{3}\tau_8$	$\sqrt{2}\tau_S$	τ_π	$\sqrt{2J_2}$	$\sqrt{S_{ij}S_{ij}}$
应力偏量第二不变量	J_2	$\frac{1}{3}q^2$	$\frac{3}{2}\tau_8^2$	τ_S^2	$\frac{1}{2}\tau_\pi^2$	J_2	$\frac{1}{2}S_{ij}S_{ij}$

可见，π 平面上剪应力分量 τ_π 的大小方向将由两个参数确定，或由直角系的坐标 x、y 来定，或则由极坐标 r_σ、θ_σ 来定。其中 r_σ 确定应力偏量数值大小，而洛德角 θ_σ 或洛德参数 μ_σ 确定应力偏量在 π 平面上位置。

无论是八面体应力，还是 π 平面上的应力分量都是与应力张量第一不变量 I_1（或平均应力 σ_m）及应力偏量的第二不变量 J_2 有关。表 2-1 及表 2-2 中列出了其间的相应关系。

2.5　洛德（Lode）参数与洛德角

在传统塑性理论中，认为应力球张量不影响屈服，所以对应力偏量特别感兴趣，而洛德参数或洛德角都是应力偏量的特征量。此外，采用洛德参数或洛德角研究塑性问题十分方便，因而在岩土塑性理论中应用极广。

设横坐标为正应力 σ，纵坐标为剪应力 τ，设已知应力 σ_1、σ_2、σ_3 令

$$OP_1=\sigma_1, OP_2=\sigma_2, OP_3=\sigma_3$$

以 P_1P_2，P_2P_3，P_1P_3，为直径画三个圆，如图 2-8（a）。

其半径为

$$\frac{P_1P_2}{2}=\frac{\sigma_1-\sigma_2}{2}=\tau_3$$

$$\frac{P_2P_3}{2}=\frac{\sigma_2-\sigma_3}{2}=\tau_1$$

$$\frac{P_1P_3}{2}=\frac{\sigma_1-\sigma_3}{2}=\tau_2$$

τ_1、τ_2、τ_3称为主剪应力，半径最大者为最大剪应力 τ_{max}，如果把图 2-8（a）中坐标原点 O 点移到新的位置 O'，使

$$OO'=\frac{\sigma_1+\sigma_2+\sigma_3}{3}=\sigma_m$$

这时

$$O'P_1=\sigma_1-\sigma_m=S_1$$
$$O'P_2=\sigma_2-\sigma_m=S_2$$
$$O'P_1=\sigma_3-\sigma_m=S_3$$

由此所得移轴后应力圆即是描述应力偏量的应力圆（2-8（b））。

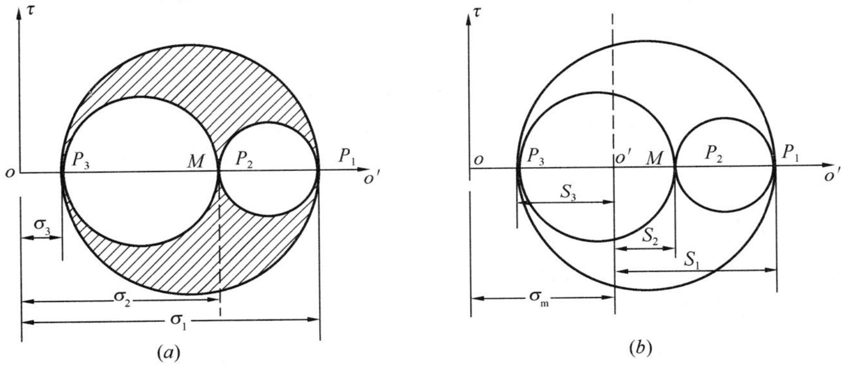

图 2-8　莫尔圆

原点任意平移一个距离，就相当于在原有应力状态下叠加一个静水压力。在传统塑性力学中，这个叠加并不影响屈服函数和塑性变形。因此，对塑性变形有决定性意义的是应力圆本身。若以 M 表示 P_1P_3的中点，则

$$MP_1=\tau_{max}=\frac{1}{2}(\sigma_1-\sigma_3)$$

$$MP_2=\frac{1}{2}(2\sigma_2-\sigma_1-\sigma_3)$$

若考虑到中间主应力 σ_2对屈服函数的影响，可由 MP_2与 MP_1之比确定 σ_2的相对位置，其比值用洛德参数 μ_σ表示。

若主应力次序为 $\sigma_1\geqslant\sigma_2\geqslant\sigma_3$，则

$$\mu_\sigma=\frac{MP_2}{MP_1}=\frac{2\sigma_2-\sigma_1-\sigma_3}{\sigma_1-\sigma_3}=2\frac{\sigma_2-\sigma_3}{\sigma_1-\sigma_3}-1=2b-1 \qquad (2.5.1a)$$

或

$$\sigma_2=\frac{1}{2}(\sigma_1+\sigma_3)+\mu_\sigma\frac{1}{2}(\sigma_1-\sigma_3) \qquad (2.5.1b)$$

式中 $b=(\sigma_2-\sigma_3)/(\sigma_1-\sigma_3)$。$P_2$ 由 P_3 变到 P_1，因此 μ_σ 和 θ_σ 的变化范围为

$$-1\leqslant\mu_\sigma\leqslant 1,-30^\circ\leqslant\theta_\sigma\leqslant 30^\circ$$

由式（2.5.1）可见，μ_σ为主应力差值的函数，说明是应力差的比例关系，而与应力

大小无关。不管坐标纵轴原点位置移动多少，其 μ_σ 不变，可见 μ_σ 是描述应力偏量的特征值，它与应力偏量不变量 J_2、J_3 有关，而与应力球张量无关。

由上可见，洛德参数或洛德角都不能表示一点的应力状态的特征值，因为它不表示应力球张量。然而它却能反映受力状态的形式，即主应力分量之间的比例关系。因而不同的洛德参数与洛德角可以反映材料的不同受力状态（图 2-9，图 2-10）。

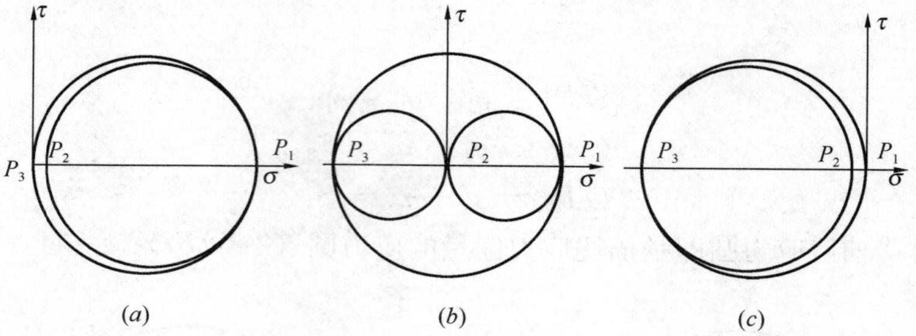

图 2-9 简单应力状态的莫尔圆

（a）纯拉伸；（b）纯剪切；（c）纯压缩

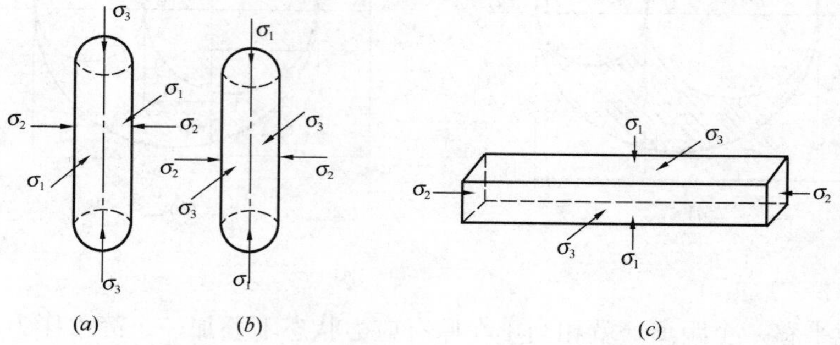

图 2-10 岩土在压缩、伸长和平面应变下受力状态

（a）压缩；（b）拉伸；（c）平面应变

在弹性力学和传统塑性力学中，符号一般都规定以拉为正，但在岩土力学都一般规定以压为正。本书在一般情况下也规定以拉为正，但研究岩土问题时，有时也规定以压为正，以便与岩土力学保持一致。当以压为正时，书中都予以说明。下面说明不同的 μ_σ 或 θ_σ 值反映了不同的受力状态。

纯拉时，$\sigma_2=\sigma_3=0$，$\sigma_1=\sigma_s$，$\mu_\sigma=-1$，$\theta_\sigma=-30°$；

纯剪时，$\sigma_2=0$，$\sigma_1=\tau$，$\sigma_3=-\tau$，$\mu_\sigma=0$，$\theta_\sigma=0°$；

纯压时，$\sigma_1=\sigma_2=0$，$\sigma_3=-\sigma_s$，$\mu_\sigma=1$，$\theta_\sigma=30°$；

注意 σ_1、σ_2、σ_3 均为负值，常规三轴伸长（拉伸）试验时，$\sigma_1>\sigma_2=\sigma_3$（图 2-10（$b$）），$\mu_\sigma=-1$，$\theta_\sigma=-30°$；常规三轴压缩试验时，$\sigma_1=\sigma_2>\sigma_3$（图 2-10（$a$）），$\mu_\sigma=1$，$\theta_\sigma=30°$。

一点的应力状态通常可用 σ_1、σ_2、σ_3；I_1、I_2、I_3；I_1、J_2、J_3 表示，但岩土塑性理论中，引用最多的是 p、q、μ_σ（或 θ_σ）或 σ_m、J_2、θ_σ 的应力体系。前面已经将洛德角与不变量都写成了主应力的函数。下面则将主应力写成洛德角与不变量的函数，并将洛德角也改写成不变量的函数。

仿照式（2.1.11）写出的主偏应力方程式

$$S^3 - J_2 S - J_3 = 0 \tag{2.5.2}$$

三个主偏应力 S_1、S_2、S_3 是方程的三个根，直接解上述方程是困难的，但可用三角恒等模拟上述方程求解。

$$\sin^3\theta_\sigma - \frac{3}{4}\sin\theta_\sigma + \frac{1}{4}\sin 3\theta_\sigma = 0 \tag{2.5.3}$$

若以 $S = r\sin\theta_\sigma$ 代入式（2.5.2），即得

$$\sin^3\theta_\sigma - \frac{J_2}{r^2}\sin\theta_\sigma - \frac{J_3}{r^3} = 0 \tag{2.5.4}$$

与式（2.5.3）恒等，得

$$r = \frac{2}{\sqrt{3}}\sqrt{J_2} = \frac{2}{3}q = \sqrt{\frac{2}{3}}r_\sigma$$

$$\sin 3\theta_\sigma = -\frac{4J_3}{r^3} = -\frac{3\sqrt{3}}{2}\frac{J_3}{(J_2)^{\frac{3}{2}}} = -\frac{27J_3}{2q^3} \tag{2.5.5}$$

并有

$$-\frac{\pi}{6} \leqslant \theta_\sigma = \frac{1}{3}\sin^{-1}\left[\frac{-3\sqrt{3}}{2}\frac{J_3}{(J_2)^{\frac{3}{2}}}\right] = \frac{1}{3}\sin^{-1}\left(-\frac{27J_3}{2q^3}\right) \leqslant \frac{\pi}{6} \tag{2.5.6}$$

由上即能写出中间偏主应力

$$S_2 = \frac{2}{3}q\sin\theta_\sigma$$

考虑到 π 平面上三个主应力轴各相夹 120°，由此得 S_1、S_3 如下

$$S_1 = \frac{2}{3}q\sin\left(\theta_\sigma + \frac{2}{3}\pi\right)$$

$$S_3 = \frac{2}{3}q\sin\left(\theta_\sigma - \frac{2}{3}\pi\right)$$

按此，三个主应力 σ_1、σ_2、σ_3 可写成

$$\begin{aligned}\begin{bmatrix}\sigma_1\\ \sigma_2\\ \sigma_3\end{bmatrix} &= \frac{2}{3}q\begin{bmatrix}\sin\left(\theta_\sigma + \frac{2}{3}\pi\right)\\ \sin\theta_\sigma\\ \sin\left(\theta_\sigma - \frac{2}{3}\pi\right)\end{bmatrix} + \begin{bmatrix}\sigma_m\\ \sigma_m\\ \sigma_m\end{bmatrix}\\ &= \frac{2}{\sqrt{3}}\sqrt{J_2}\begin{bmatrix}\sin\left(\theta_\sigma + \frac{2}{3}\pi\right)\\ \sin\theta_\sigma\\ \sin\left(\theta_\sigma - \frac{2}{3}\pi\right)\end{bmatrix} + \begin{bmatrix}\sigma_m\\ \sigma_m\\ \sigma_m\end{bmatrix} \qquad (2.5.7)\\ &= \frac{2}{\sqrt{3}}r_\sigma\begin{bmatrix}\sin\left(\theta_\sigma + \frac{2}{3}\pi\right)\\ \sin\theta_\sigma\\ \sin\left(\theta_\sigma - \frac{2}{3}\pi\right)\end{bmatrix} + \begin{bmatrix}\sigma_m\\ \sigma_m\\ \sigma_m\end{bmatrix}\end{aligned}$$

其中 $\sigma_1 \geqslant \sigma_2 \geqslant \sigma_3$。式（2.5.7）十分有用，它以不变量和洛德角来表示主应力，使运算大为简便。在岩土塑性理论中，常以 p、q、μ_σ（或 θ_σ）表示应力状态。由上已知

$$\begin{aligned} p &= \frac{1}{3}(\sigma_1 + \sigma_2 + \sigma_3) \\ q &= \frac{1}{\sqrt{2}}\left[(\sigma_1 - \sigma_2)^2 + (\sigma_2 - \sigma_3)^2 + (\sigma_3 - \sigma_1)^2\right]^{\frac{1}{2}} \\ \mu_\sigma &= \frac{2\sigma_2 - \sigma_1 - \sigma_3}{\sigma_1 - \sigma_3}, \mathrm{tg}\theta_\sigma = \frac{1}{\sqrt{3}}\mu_\sigma \end{aligned} \tag{2.5.8}$$

当采用普通三轴压缩试验时，$\sigma_1 > \sigma_2 = \sigma_3$（取以压为正）故

$$\left.\begin{aligned} p &= \frac{1}{3}(\sigma_1 + 2\sigma_3) \\ q &= \sigma_1 - \sigma_3 \\ \mu_\sigma &= 1, \theta_\sigma = 30^\circ \end{aligned}\right\} \tag{2.5.9}$$

当采用普通三轴伸长试验时，$\sigma_1 = \sigma_2 > \sigma_3$（取以压为正）故

$$\left.\begin{aligned} p &= \frac{1}{3}(\sigma_3 + 2\sigma_1) \\ q &= \sigma_1 - \sigma_3 \\ \mu_\sigma &= -1, \theta_\sigma = -30^\circ \end{aligned}\right\} \tag{2.5.10}$$

在平面应变试验中，$\sigma_1 > \sigma_2 > \sigma_3$，$\varepsilon_2 = 0$（图 2-10（$c$）），$\mu_\sigma$ 值在 1～−1 间，θ_σ 在 30°～（−30°）之间。

2.6 各剪应力与最大主剪应力的比较

令 $\sigma_1 \geqslant \sigma_2 \geqslant \sigma_3$ 并设坐标轴与应力主轴一致，则得

$$\begin{aligned} \tau_1 &= \frac{\sigma_2 - \sigma_3}{2} \geqslant 0, l = 0, m = \pm\frac{1}{\sqrt{2}}, n = \pm\frac{1}{\sqrt{2}} \\ \tau_2 &= \frac{\sigma_3 - \sigma_1}{2} \leqslant 0, l = \pm\frac{1}{\sqrt{2}}, m = 0, n = \pm\frac{1}{\sqrt{2}} \\ \tau_3 &= \frac{\sigma_1 - \sigma_2}{2} \geqslant 0, l = \pm\frac{1}{\sqrt{2}}, m = \pm\frac{1}{\sqrt{2}}, n = 0, \end{aligned} \tag{2.6.1}$$

故最大剪应力 τ_{max}

$$\tau_{max} = -\tau_2 = \tau_1 + \tau_3 \tag{2.6.2}$$

并由式（2.5.7）、（2.6.1）与（2.6.2）得

$$\tau_{max} = \frac{1}{\sqrt{3}} q \cos\theta_\sigma \tag{2.6.3}$$

或

$$\frac{q}{\tau_{max}} = \frac{\sqrt{3}}{\cos\theta_\sigma}$$

令 $\theta_\sigma = 0$，$\pm\frac{\pi}{6}$，则得

$$\sqrt{3} \leqslant \frac{q}{\tau_{max}} \leqslant 2$$

故

$$q=\frac{1}{2}(\sqrt{3}+2)\tau_{\max}=1.85\tau_{\max} \tag{2.6.4}$$

由表 2-2 查得，$q=\sqrt{3}\tau_{s}$，代入式（2.6.3）得

$$\frac{\tau_{s}}{\tau_{\max}}=\frac{1}{\cos\theta_{\partial}}$$

或

$$1\leqslant\frac{\tau_{s}}{\tau_{\max}}\leqslant\frac{2}{\sqrt{3}}$$

则

$$\tau_{s}=\frac{1}{2}\left(1+\frac{2}{\sqrt{3}}\right)\tau_{\max}=1.08\tau_{\max} \tag{2.6.5}$$

由表 2-2 中 $q=\frac{3}{\sqrt{2}}\tau_{8}$ 代入式（2.6.3），得

$$\frac{\tau_{8}}{\tau_{\max}}=\frac{\sqrt{2}}{\sqrt{3}\cos\,\theta_{\sigma}}$$

$$\sqrt{\frac{2}{3}}\leqslant\frac{\tau_{8}}{\tau_{\max}}\leqslant\frac{2\sqrt{2}}{3}$$

$$\tau_{8}=\frac{1}{2}\left(\sqrt{\frac{2}{3}}+\frac{2\sqrt{2}}{3}\right)\tau_{\max}=0.878\tau_{\max} \tag{2.6.6}$$

由表 2-2 中查得 $q=\sqrt{\frac{3}{2}}\tau_{\pi}$ 代入式（2.6.3），得

$$\frac{\tau_{8}}{\tau_{\max}}=\frac{\sqrt{2}}{\cos\,\theta_{\sigma}}$$

$$\sqrt{2}\leqslant\frac{\tau_{\pi}}{\tau_{\max}}\leqslant\frac{2\sqrt{2}}{\sqrt{3}}$$

$$\tau_{\pi}=\frac{1}{2}\left[\sqrt{2}+\frac{2\sqrt{2}}{\sqrt{3}}\right]\tau_{\max}=1.524\tau_{\max} \tag{2.6.7}$$

由上可见，

$$q>\tau_{\pi}>\tau_{s}>\tau_{\max}>\tau_{8}$$

最大主剪应力不仅与广义剪应力及洛德角有关，而且也可写成广义剪应力与洛德参数的函数，由式（2.6.3）及式（2.4.6）可得

$$\tau_{\max}=\frac{q}{\sqrt{3+\mu_{\sigma}^{2}}} \tag{2.6.8}$$

工程上常应用 q 与 τ_{s}，但某些情况下应用 $\tau_{\max}$ 更简单，此时可应用式（2.6.8）。

2.7 孔隙应力、有效应力与总应力

在两相的孔隙介质分析（孔隙土的变形性状分析）中，常把总应力 $\{\sigma\}$ 的一部分理解为被土的颗粒骨架承担；而另一部分则被土的液体所承担，其应力状态可用一个单纯的静压力来描述，即使当液体处于运动中，静水压力状态的偏差也是微不足道的。

由试验可知，均匀增加孔隙水压力，仅能导致土的骨架产生微不足道的应变。从而可以说明，土的任何应变作用必须是由于总应力 $\{\sigma\}$ 和孔隙压力 $\{u\}$（孔隙水压力 u_w 和孔隙气压力 u_a）之压差所引起，我们称此压差为有效应力 $\{\sigma'\}$。对于饱和土，有效应力即为总应力与孔隙水压力 u_w 之差（图 2-11），即有

$$\{\sigma'\}^T = \{\sigma\}^T - \{u_w\}^T \tag{2.7.1}$$

式中

$$\{\sigma\}^T = [\sigma_x \quad \sigma_y \quad \sigma_z \quad \tau_{xy} \quad \tau_{yz} \quad \tau_{zx}] \tag{2.7.2}$$

$$\{u_w\}^T = [u_w \quad u_w \quad u_w \quad 0 \quad 0 \quad 0] \tag{2.7.3}$$

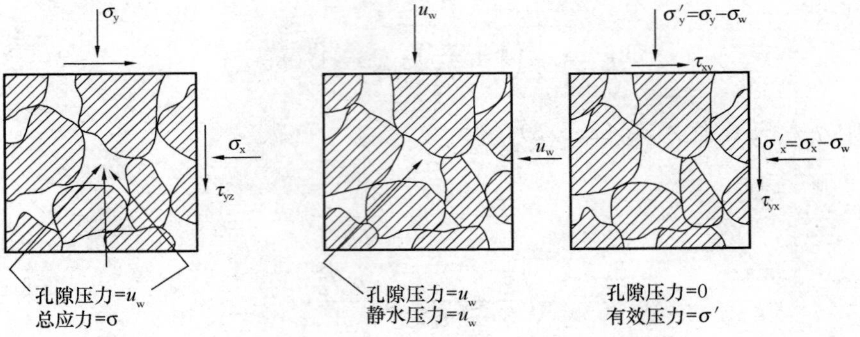

图 2-11 孔隙介质中的总应力和有效应力

因而土的本构定律可用骨架的可测应变

$$\{\varepsilon\}^T = [\varepsilon_x \quad \varepsilon_y \quad \varepsilon_z \quad \varepsilon_{xy} \quad \varepsilon_{yz} \quad \varepsilon_{zx}] \tag{2.7.4}$$

以及有效应力 $\{\sigma'\}$ 来适当地表达。

上述原理就是 1925 年太沙基提出来的有效应力原理，它反映了土的多相性质。

对于非饱和土，有

$$\sigma' = \sigma - [u_a - \chi(u_a - u_w)] \tag{2.7.5}$$

式中 u_a 是孔隙气压力，χ 是一个与饱和度有关的参数。对于饱和土，$\chi=1$，则式（2.7.5）与式（2.7.1）一样。对于干土 $\chi=0$，式（2.7.5）成为

$$\sigma' = \sigma - u_a \tag{2.7.6}$$

2.8 应力路径

2.8.1 应力路径的基本概念

岩土的性质与本构关系，与应力应变状态的变化过程有关，因此需要描述一个单元在它的加载过程中的应力或应变过程。通常称描述一单元应力状态变化的路线为应力路径，而称描述应变状态变化路线为应变路径，目前工程上应用较多的是应力路径。

对岩土来说，一点的应力状态完全可由总主应力及其方向和孔隙压力所确定。有效主应力可用计算算出。

我们令三个总主应力或有效主应力为坐标轴，而建立应力空间或有效应力空间。如图 2-12 所示，图 σ_1'、σ_2' 及 σ_3' 为三个有效主应力，将一单元的瞬时有效应力状态所有的点连

结起来的线，并标上箭头指明应力发展的趋向，就可得到有效应力路径，简称 ESP。同样可在主应力空间中给出总应力路径，简称 TSP。

通常，我们将总主应力轴与有效应力轴放在一起，在这张图上不仅能表示有效应力路径和总主应力路径，而且还能表示孔隙压力的大小。

当略去中间主应力 σ_2 和 σ'_2 时，则可在二向应力平面上绘制有效应力路径和总主应力路径。如图 2-13 所示。图中 $A'B'C'$ 为有效应力路径，若在 B' 的孔隙压力为 u 值，则 B 点代表瞬时总应力，因为有效应力与总应力之间的水平距离与垂直距离均为孔隙压力 u 值。由目测可知，瞬时总应力与有效应力的点，必定沿坐标轴倾斜成 45°的线上，$\sqrt{2}u$ 线段隔开，如图 2-13 所示。

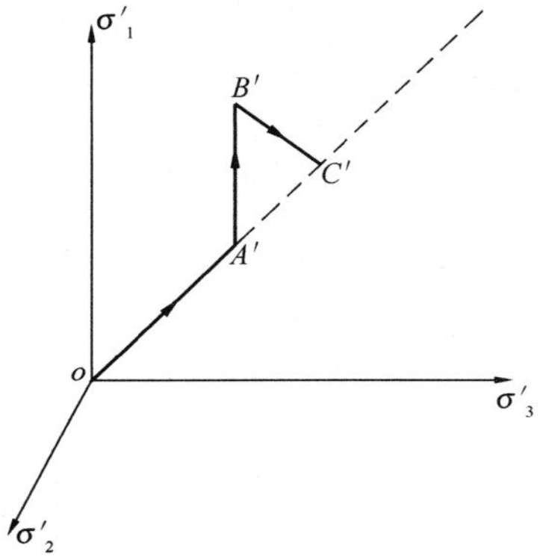

图 2-12 应力空间中的应力路径

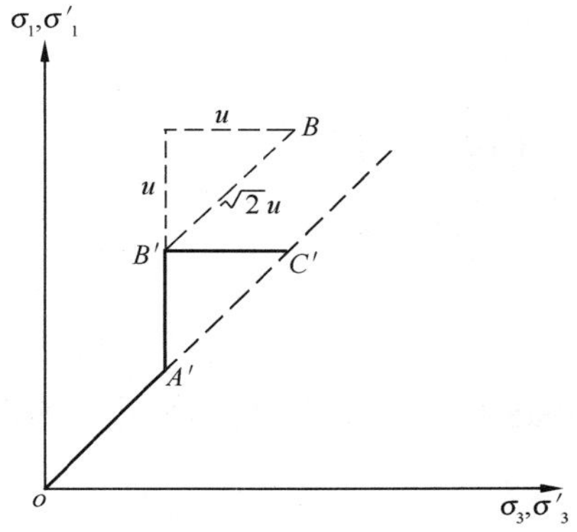

图 2-13 二向应力平面上的应力路径

2.8.2 应力路径的表示方法

在应力空间中绘制应力路径既不方便，也不便应用。通常，在两向应力状态用 s'，t' 及 s，t 坐标系上表示，而在三向应力状态则用 p'、q' 及 p、q 坐标来表示。

二向瞬时应力状态可用莫尔应力圆表示，如图 2-14 所示。莫尔圆的大小及其位置可用其顶点 M' 的坐标（s'，t'）表示，因而可在 s'，t' 坐标平面上绘制 M' 点的路径来描述一个单元的加载历史。在 s'，t' 坐标上描述有效应力路径，同样，能在 s、t 平面上描述总应力路径。

从图 2-14（a）中看出，t' 为莫尔有效应力圆半径，并等于最大剪应力；而 s' 为自坐标原点至莫尔圆圆心的距离，并等于 σ'_y 及 σ'_x 平均值。从图中的几何关系，并注意剪应力互等，则有

$$t' = \frac{1}{2}\left[(\sigma'_x - \sigma'_y)^2 + 4\tau_{xy}^2\right]^{\frac{1}{2}} \tag{2.8.1}$$

$$s' = \frac{1}{2}(\sigma'_x + \sigma'_y) \tag{2.8.2}$$

如以有效主应力表示，则为

$$t' = \frac{1}{2}(\sigma'_1 - \sigma'_3) \tag{2.8.3}$$

$$s' = \frac{1}{2}(\sigma'_1 + \sigma'_3) \tag{2.8.4}$$

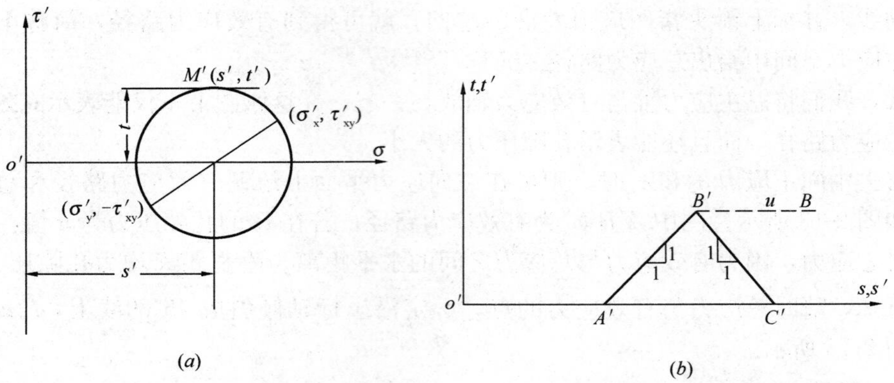

图 2-14 应力路径表示方法

对总应力则有

$$t = \frac{1}{2}(\sigma_1 - \sigma_3) \tag{2.8.5}$$

$$s = \frac{1}{2}(\sigma_1 + \sigma_3) \tag{2.8.6}$$

经简单运算，并用有效应力公式，即得

$$t' = t \tag{2.8.7}$$

$$s' = s - u \tag{2.8.8}$$

如将总应力路径与有效应力路径用叠合在一起的 t、s 及 t'、s' 坐标系作图，则图上两种路径的水平间距等于孔隙压力 u。

用 t'、s' 坐标系绘制图 2-13 的应力路径，其结果示于图 2-14（b）中。为了计算 $A'B'$ 及 $B'C'$ 的坡度，将式（2.8.3）及式（2.8.4）写成如下形式：

$$\mathrm{d}t' = \frac{1}{2}(\mathrm{d}\sigma_1' - \mathrm{d}\sigma_3') \tag{2.8.9}$$

$$\mathrm{d}s' = \frac{1}{2}(\mathrm{d}\sigma_1' + \mathrm{d}\sigma_3') \tag{2.8.10}$$

对于 $A'B'$，$\mathrm{d}\sigma_3'=0$ 及 $\mathrm{d}t'/\mathrm{d}s'=1$；同时对于 $B'C'$，$\mathrm{d}\sigma_1'=0$ 及 $\mathrm{d}t'/\mathrm{d}s'=-1$。相应于 B' 点有效应力的总应力状态，由 B 点表示，B' 与 B 点的水平距离就是孔隙压力 u。

对于三向应力状态，通常是在 p'、q' 和 p、q 坐标上表示。因而其应力需用广义剪应力或八面体应力等表示。已知

$$p = \frac{1}{3}(\sigma_1 + \sigma_2 + \sigma_3) = \sigma_8 \tag{2.8.11}$$

$$q = \frac{1}{\sqrt{2}}\left[(\sigma_1 - \sigma_2)^2 + (\sigma_2 - \sigma_3)^2 + (\sigma_3 - \sigma_1)^2\right]^{1/2} = \frac{3}{\sqrt{2}}\tau_8 \tag{2.8.12}$$

且第三不变量将不为零。相应有效应力可写成

$$p' = p - u = \frac{1}{3}(\sigma_1' + \sigma_2' + \sigma_3') = \sigma_8' \tag{2.8.13}$$

$$q' = \frac{1}{\sqrt{2}}\left[(\sigma_1' - \sigma_2')^2 + (\sigma_2' - \sigma_3')^2 + (\sigma_3' - \sigma_1')^2\right]^{1/2} = \frac{3}{\sqrt{2}}\tau_8' = q \tag{2.8.14}$$

以 p'、q' 和 p、q 为坐标系即可绘制有效应力路径和总应力路径，为计算 $A'B'$ 及 $B'C'$ 部分坡度，将式(2.8.13)、式(2.8.14) 改写，并考虑应用于轴对称情况。为了使所绘图形与常见图形一致，这里假设以 p 受压为正，则常规三轴压缩试验时有 $\sigma_1 > \sigma_2 = \sigma_3$。因而

$$dp' = \frac{1}{3}(d\sigma_1' + 2d\sigma_3') \tag{2.8.15}$$

$$dq' = d\sigma_1' - d\sigma_3' \tag{2.8.16}$$

对于 $A'B'$，$d\sigma_2' = d\sigma_3' = 0$ 及 $dq'/dp' = 3$；而对 $B'C'$，$d\sigma_1' = 0$，$d\sigma_2' = d\sigma_3'$，$dq'/dp' = -\frac{3}{2}$。B 点相应于 B' 有效应力状态的总应力状态，孔隙压力为 u。

2.8.3 不同加荷方式的应力路径

岩土工程中一点的应力路径是很复杂的，而且各点的应力路径也不相同。实验室中完全模拟实际路径几乎是不可能的，它要受到现有实验设备的限制。常规三轴仪、平面应变三轴仪及真三轴仪，可以控制不同的应力和排水条件，反映土中一些常规的应力路径。

常规三轴仪中的试样为圆柱形试样，受力的条件为轴对称条件。它可以进行等压固结、k_0（静止侧压力系数）固结，三轴压缩剪切与三轴伸长剪切等各种应力路径的试验。各种不同的试验方法的受力条件与变形条件如图 2-15（a）、（b）、（c）、（d）所示。

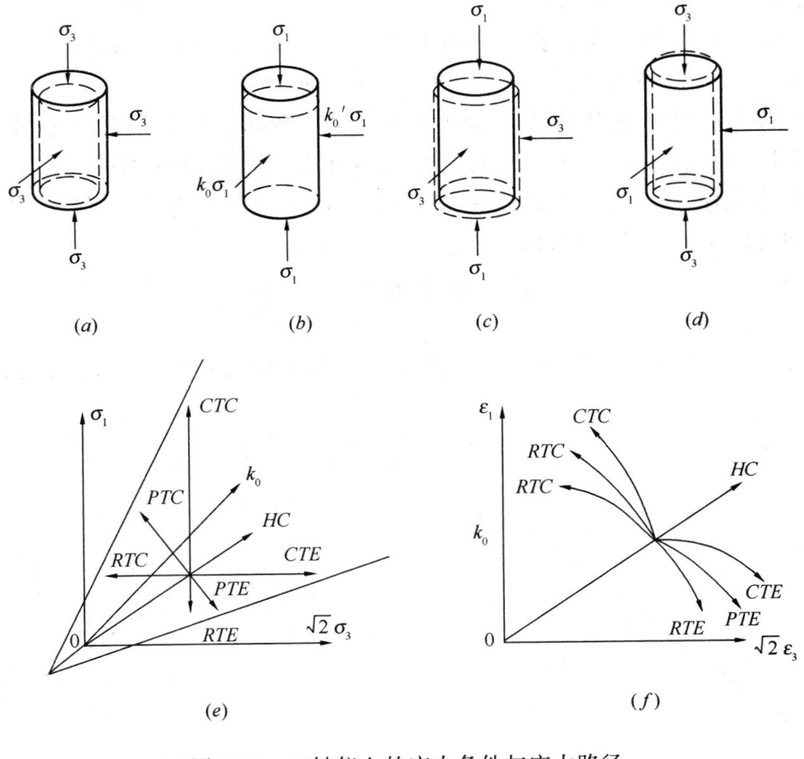

图 2-15 三轴仪上的应力条件与应力路径

1. 静水压力试验

简称 HC 试验，试验中 $\sigma_1 = \sigma_2 = \sigma_3$，故应力路径沿等应力线变化，如图 2-15（$e$）、（$f$）所示。

2. k_0试验

试验中保持$\varepsilon_2=\varepsilon_2=0$，$\sigma_3=k_0\sigma_1$，应力路径沿$k_0$线变化，如图2-15（$e$）、（$f$）所示。

3. 三轴压缩试验

简称TC试验，有三种试验方法：

（1）普通三轴压缩试验，简称CTC试验，此时增加σ_1，保持σ_3不变，进行压缩剪切试验。这时，$\Delta\sigma_3=0$，$\Delta\sigma_1>0$；$\Delta\varepsilon_1>0$，$\Delta\varepsilon_2=\Delta\varepsilon_3<0$其应力路径如图2-15（$e$）、（$f$）所示。

（2）减压三轴压缩试验，简称RTC试验。试验中减小σ_3，保持σ_1不变，进行压缩剪切试验。此时有$\Delta\sigma_1=0$，$\Delta\sigma_3<0$；$\Delta\varepsilon_1>0$，$\Delta\varepsilon_2=\Delta\varepsilon_3<0$，其应力路径如图2-15（$e$）、（$f$）所示。

（3）p=const的试验，简称PTC试验。试验中保持p不变，因而要求$\Delta\sigma_1>0$，而$\Delta\sigma_3<0$，相应的$\Delta\varepsilon_1>0$，$\Delta\varepsilon_2=\Delta\varepsilon_3<0$，其应力路径如图2-15（$e$）、（$f$）所示。

4. 三轴伸长试验

简称TE试验，也分三种试验方法：

（1）普通三轴伸长试验，简称CTE。此时$\Delta\sigma_1=0$，$\Delta\sigma_3>0$；相应有$\Delta\varepsilon_1<0$，$\Delta\varepsilon_2=\Delta\varepsilon_3>0$，其应力路径如图2-15（$e$）、（$f$）所示。

（2）减压三轴伸长试验，简称RTE。此时有$\Delta\sigma_3=0$，$\Delta\sigma_1<0$；$\Delta\varepsilon_1<0$，$\Delta\varepsilon_2=\Delta\varepsilon_3>0$，其相应路径如图2-15（$e$）、（$f$）所示。

（3）p=const的三轴伸长试验，简称PTE，此时有$\Delta\sigma_1<0$，而$\Delta\sigma_3>0$。相应有$\Delta\varepsilon_1<0$，$\Delta\varepsilon_2=\Delta_3>0$，应力路径如图2-15（$e$）、（$f$）所示。

在排水条件下，有效应力路径与总应力路径是一样的。图2-16示不排水条件下三轴压缩试验的总应力路径（AC）和有效应力路径（AB），破坏时孔隙压力为u_f。在偏平面上，θ_σ变动只能画出TC和TE试验（图2-17），要画出全部应力路径状况，需要采用真三轴试验仪。如要画出偏平面上的破坏曲线，可改变θ_σ：

$$\mathrm{tg}\theta_\sigma=\frac{2\sigma_2-\sigma_1-\sigma_3}{\sqrt{3}(\sigma_1-\sigma_3)}=\frac{u_\sigma}{\sqrt{3}}$$

亦即改变σ_1、σ_3主应力的比值，再改变σ_2试验直至破坏，由此来达到改变θ_σ的目的，再算出

$$r_\sigma=\frac{1}{\sqrt{3}}\sqrt{(\sigma_1-\sigma_2)^2+(\sigma_2-\sigma_3)^2+(\sigma_3-\sigma_1)^2}$$

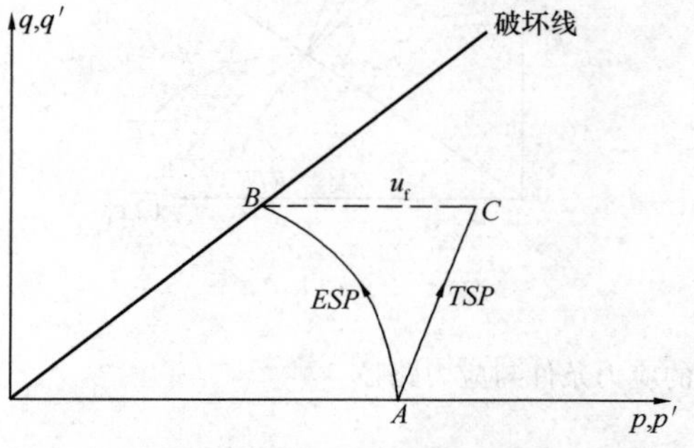

图2-16 不排水条件三轴压缩试验的总应力路径和有效应力路径

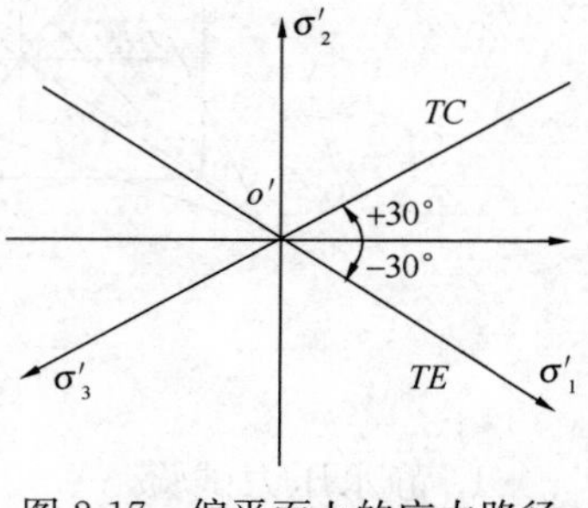

图2-17 偏平面上的应力路径

按试验得到的不同 θ_σ 与 r_σ 值，即能给出偏平面上的破坏曲线。

土体中一点的应力状态可以用六个独立的应力分量来描述，因而一个“完美”的土工试验仪器应当能够独立地变化六个应力分量并量测相应的六个应变分量。可惜这种仪器目前尚未问世。从这一角度出发，目前功能最好的室内试验仪器是空心圆柱压缩扭剪仪，简称空心扭剪仪。它可单独施加与改变空心圆柱试样的内外压力，可施加与改变轴向压力及绕轴扭矩。因而它可独立施加 σ_z、σ_r、σ_θ 与 $\tau_{\theta z}$（或 $\tau_{z\theta}$），或者是变化三个主应力的大小与实现应力主方向从轴向向切向的旋转。

2.9 一点的应变状态

在外力作用下，物体内各点的位置要发生变化，即发生位移。如果物体各点发生位移后仍保持各点间初始状态的相对位置，则物体实际上只产生了刚体移动和转动，称这种位移为刚体位移。如果物体各点发生位移后改变了各点间初始状态的相对位置，则物体就同时也产生了形状变化，统称为该物体产生了变形。

在外力作用下，物体内部质点产生相对位置的改变。设某点的坐标为（x、y、z），其邻近点坐标为（$x+\mathrm{d}x$，$y+\mathrm{d}y$，$z+\mathrm{d}z$）。该点的位移向量分量为 u、v、w，邻近点的位移向量分量为 u'、v'、w'。u、v、w 是坐标点 x、y、z 的函数，当 $\mathrm{d}x$、$\mathrm{d}y$、$\mathrm{d}z$ 很小时，可以利用泰勒公式展开，只需要保留一次项，得 u'、v'、w' 与 u、v、w 关系如下

$$\left.\begin{aligned}u' &= u+\frac{\partial u}{\partial x}\mathrm{d}x+\frac{\partial u}{\partial y}\mathrm{d}y+\frac{\partial u}{\partial z}\mathrm{d}z\\ v' &= v+\frac{\partial v}{\partial x}\mathrm{d}x+\frac{\partial v}{\partial y}\mathrm{d}y+\frac{\partial v}{\partial z}\mathrm{d}z\\ w' &= w+\frac{\partial w}{\partial x}\mathrm{d}x+\frac{\partial w}{\partial y}\mathrm{d}y+\frac{\partial w}{\partial z}\mathrm{d}z\end{aligned}\right\} \tag{2.9.1}$$

后面的九个量构成了位移梯度张量 $[u_{i,j}]$，一般是不对称的二阶张量

$$[u_{i,j}]=\begin{bmatrix}\dfrac{\partial u}{\partial x} & \dfrac{\partial u}{\partial y} & \dfrac{\partial u}{\partial z}\\ \dfrac{\partial v}{\partial x} & \dfrac{\partial v}{\partial y} & \dfrac{\partial v}{\partial z}\\ \dfrac{\partial w}{\partial x} & \dfrac{\partial w}{\partial y} & \dfrac{\partial w}{\partial z}\end{bmatrix} \tag{2.9.2}$$

矩阵 $[u_{i,j}]$ 可以分解为两部分

$$[u_{i,j}]=\begin{bmatrix}\dfrac{\partial u}{\partial x} & \dfrac{1}{2}\left(\dfrac{\partial v}{\partial x}+\dfrac{\partial u}{\partial y}\right) & \dfrac{1}{2}\left(\dfrac{\partial w}{\partial x}+\dfrac{\partial u}{\partial z}\right)\\ \dfrac{1}{2}\left(\dfrac{\partial v}{\partial x}+\dfrac{\partial u}{\partial y}\right) & \dfrac{\partial v}{\partial y} & \dfrac{1}{2}\left(\dfrac{\partial w}{\partial y}+\dfrac{\partial v}{\partial z}\right)\\ \dfrac{1}{2}\left(\dfrac{\partial w}{\partial x}+\dfrac{\partial u}{\partial z}\right) & \dfrac{1}{2}\left(\dfrac{\partial w}{\partial y}+\dfrac{\partial v}{\partial z}\right) & \dfrac{\partial w}{\partial z}\end{bmatrix}$$

$$+\begin{bmatrix} 0 & -\frac{1}{2}\left(\frac{\partial v}{\partial x}-\frac{\partial u}{\partial y}\right) & \frac{1}{2}\left(\frac{\partial u}{\partial z}-\frac{\partial w}{\partial x}\right) \\ \frac{1}{2}\left(\frac{\partial v}{\partial x}-\frac{\partial u}{\partial y}\right) & 0 & -\frac{1}{2}\left(\frac{\partial w}{\partial y}-\frac{\partial v}{\partial z}\right) \\ -\frac{1}{2}\left(\frac{\partial u}{\partial z}-\frac{\partial w}{\partial x}\right) & \frac{1}{2}\left(\frac{\partial w}{\partial y}-\frac{\partial v}{\partial z}\right) & 0 \end{bmatrix} \tag{2.9.3}$$

前一项是一个对称张量，就是在小变形条件下的应变张量，应变张量的矩阵形式是

$$\begin{bmatrix} \varepsilon_x & \frac{1}{2}\gamma_{xy} & \frac{1}{2}\gamma_{xz} \\ \frac{1}{2}\gamma_{yx} & \varepsilon_y & \frac{1}{2}\gamma_{yz} \\ \frac{1}{2}\gamma_{zx} & \frac{1}{2}\gamma_{zy} & \varepsilon_z \end{bmatrix} = \begin{bmatrix} \varepsilon_{xx} & \varepsilon_{xy} & \varepsilon_{xz} \\ \varepsilon_{yx} & \varepsilon_{yy} & \varepsilon_{yz} \\ \varepsilon_{zx} & \varepsilon_{zy} & \varepsilon_{zz} \end{bmatrix} \tag{2.9.4}$$

左式是工程力学中的习惯写法，右式适用于使用张量下标记号。式（2.9.3）的后一项是一个反对称张量，对应于单元体的刚体转动部分，其矩阵形式为

$$\begin{bmatrix} 0 & -\frac{1}{2}\omega_z & \frac{1}{2}\omega_y \\ \frac{1}{2}\omega_z & 0 & -\frac{1}{2}\omega_x \\ -\frac{1}{2}\omega_y & \frac{1}{2}\omega_x & 0 \end{bmatrix} \tag{2.9.5}$$

用张量下标记号，以 ε_{ij} 表示应变张量，令 $u=u_1$，$v=u_2$，$w=u_3$，则

$$\varepsilon_{xx}=\varepsilon_{11}=\frac{\partial u}{\partial x}=\frac{\partial u_1}{\partial x_1}=u_{1,1}$$

$$\varepsilon_{xy}=\varepsilon_{12}=\frac{1}{2}\left(\frac{\partial v}{\partial x}+\frac{\partial u}{\partial y}\right)=\frac{1}{2}(u_{2,1}+u_{1,2})$$

由此

$$\varepsilon_{i,j}=\frac{1}{2}(u_{i,j}+u_{j,i}) \tag{2.9.6}$$

与前相似，应变张量的坐标变换式是

$$\varepsilon_{ij}=l_{ik}l_{jl}\varepsilon_{kl} \tag{2.9.7}$$

应变张量的不变量是

$$\left.\begin{aligned} I'_1 &= \varepsilon_{xx}+\varepsilon_{yy}+\varepsilon_{zz}=\varepsilon_1+\varepsilon_2+\varepsilon_3 \\ I'_2 &= (\varepsilon_{xx}\varepsilon_{yy}+\varepsilon_{yy}\varepsilon_{zz}+\varepsilon_{zz}\varepsilon_{xx})+(\varepsilon_{xy}^2+\varepsilon_{yz}^2+\varepsilon_{zx}^2)=-(\varepsilon_1\varepsilon_2+\varepsilon_2\varepsilon_3+\varepsilon_3\varepsilon_1) \\ I'_3 &= \varepsilon_{xx}\varepsilon_{yy}\varepsilon_{zz}+2\varepsilon_{xy}\varepsilon_{yz}\varepsilon_{zx}-\varepsilon_{xx}\varepsilon_{yz}^2-\varepsilon_{yy}\varepsilon_{xz}^2-\varepsilon_{zz}\varepsilon_{xy}^2=\varepsilon_1\varepsilon_2\varepsilon_3 \end{aligned}\right\} \tag{2.9.8}$$

这里 ε_1、ε_2、ε_3 是三个主应变

平均正应变表示为

$$\varepsilon_m=\frac{1}{3}(\varepsilon_{xx}+\varepsilon_{yy}+\varepsilon_{zz})=\frac{1}{3}I'_1 \tag{2.9.9}$$

应变偏量定义为

$$e_{ij}=\varepsilon_{ij}-\varepsilon_m\delta_{ij}$$

将应变张量分解为应变球张量与应变偏量，与此相应表示变形可分解为纯体积变形和

纯形状变形两部分，如图 2-18 所示。

立方体变形＝纯体积变形＋纯畸变变形

$$\begin{bmatrix} \varepsilon_x & \frac{1}{2}\gamma_{xy} & \frac{1}{2}\gamma_{xz} \\ \frac{1}{2}\gamma_{yx} & \varepsilon_y & \frac{1}{2}\gamma_{yz} \\ \frac{1}{2}\gamma_{zx} & \frac{1}{2}\gamma_{zx} & \varepsilon_z \end{bmatrix} = \begin{bmatrix} \varepsilon_m & 0 & 0 \\ 0 & \varepsilon_m & 0 \\ 0 & 0 & \varepsilon_m \end{bmatrix} + \begin{bmatrix} \varepsilon_x-\varepsilon_m & \frac{1}{2}\gamma_{xy} & \frac{1}{2}\gamma_{xz} \\ \frac{1}{2}\gamma_{yx} & \varepsilon_y-\varepsilon_m & \frac{1}{2}\gamma_{yz} \\ \frac{1}{2}\gamma_{zx} & \frac{1}{2}\gamma_{zy} & \varepsilon_z-\varepsilon_m \end{bmatrix} \tag{2.9.10}$$

应变偏量的不变量是

$$\left.\begin{aligned} J'_1 &= e_x + e_y + e_z = 0 \\ J'_2 &= -(e_x e_y + e_y e_z + e_z e_x) + e_{xy}^2 + e_{yz}^2 + e_{zx}^2 = -(e_1 e_2 + e_2 e_3 + e_3 e_1) \\ &= \frac{1}{6}\left[(\varepsilon_x-\varepsilon_y)^2 + (\varepsilon_y-\varepsilon_z)^2 + (\varepsilon_z-\varepsilon_x)^2 + \frac{3}{2}(\gamma_{xy}^2+\gamma_{yz}^2+\gamma_{zx}^2)\right] \\ &= \frac{1}{6}\left[(\varepsilon_1-\varepsilon_2)^2 + (\varepsilon_2-\varepsilon_3)^2 + (\varepsilon_3-\varepsilon_1)^2\right] = \frac{1}{2}e_{ij}e_{ij} \\ J'_3 &= e_x e_y e_z + 2e_{xy}e_{yz}e_{zx} - e_x e_{yz}^2 - e_y e_{xz}^2 - e_z e_{xy}^2 = e_1 e_2 e_3 \end{aligned}\right\} \tag{2.9.11}$$

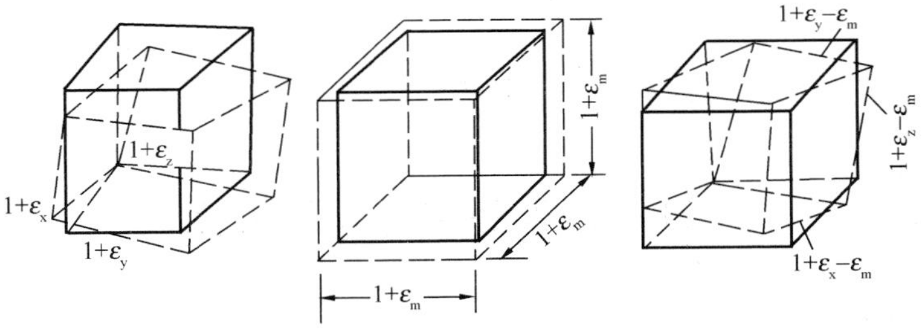

图 2-18　变形分解

2.10　应变空间与应变 π 平面

与应力空间一样，它是由三个主应变构成的三维空间，用来表示应变状态。应变空间中的一定点对应着一定的应变状态。图 2-19 中等倾线 On，在该线上 $\varepsilon_1=\varepsilon_2=\varepsilon_3=\varepsilon_m$。与此线垂直的平面称应变 π 平面。其方程为

$$\varepsilon_1+\varepsilon_2+\varepsilon_3=\sqrt{3}r \tag{2.10.1}$$

π 平面上的法向应变 ε_m 为

$$\varepsilon_\pi=\sqrt{3}\varepsilon_m \tag{2.10.2}$$

π 平面上的剪应变 γ_m，又称偏剪应变，为

$$\gamma_\pi=2\sqrt{e_{ij}e_{ij}}=2\sqrt{2}\sqrt{J'_2} \tag{2.10.3}$$

$\gamma_\pi/2$ 为应变空间中应变点在 π 平面上的投影。

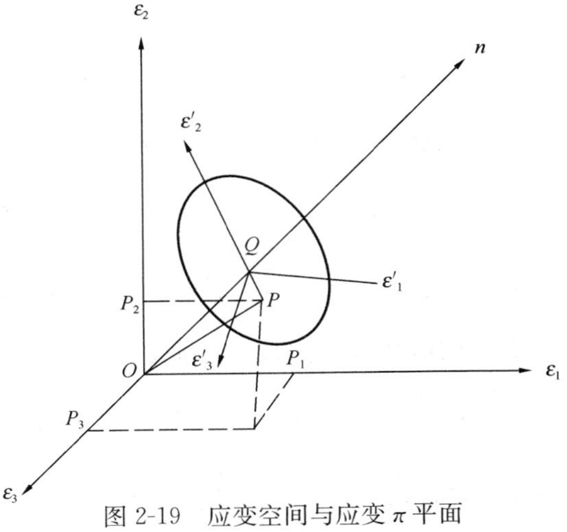

图 2-19　应变空间与应变 π 平面

如在应变π平面上取直角坐标Oxy，并使y轴方向与ε_2轴在π平面上的投影一致，则得

$$\left.\begin{aligned} x &= \frac{1}{\sqrt{2}}(\varepsilon_1-\varepsilon_3) \\ y &= \frac{1}{\sqrt{6}}(2\varepsilon_2-\varepsilon_1-\varepsilon_3) \end{aligned}\right\} \tag{2.10.4}$$

如π平面上取极坐标r_ε、θ_ε，则

$$r_\varepsilon=\sqrt{x^2+y^2}=\frac{1}{\sqrt{3}}\left[(\varepsilon_1-\varepsilon_2)^2+(\varepsilon_2-\varepsilon_3)^2+(\varepsilon_3-\varepsilon_1)^2\right]^{\frac{1}{2}}=\gamma_\pi/2$$

$$\mathrm{tg}\theta_\varepsilon=\frac{y}{x}=\frac{1}{\sqrt{3}}\frac{2\varepsilon_2-\varepsilon_1-\varepsilon_3}{\varepsilon_1-\varepsilon_3}=\frac{1}{\sqrt{3}}\mu_\varepsilon \tag{2.10.5}$$

式中 θ_ε，μ_ε——为应变洛德角与应变洛德参数。

$$\left.\begin{aligned} \varepsilon_1 &= \sqrt{\frac{2}{3}}r_\varepsilon\sin\left(\theta_\varepsilon+\frac{2\pi}{3}\right)+\varepsilon_m \\ \varepsilon_1 &= \sqrt{\frac{2}{3}}r_\varepsilon\sin\theta_\varepsilon+\varepsilon_m \\ \varepsilon_1 &= \sqrt{\frac{2}{3}}r_\varepsilon\sin\left(\theta_\varepsilon-\frac{2\pi}{3}\right)+\varepsilon_m \end{aligned}\right\} \tag{2.10.6}$$

2.11 各种剪应变间的关系

1. 八面体应变

八面体上正应变

$$\varepsilon_8=\frac{1}{3}(\varepsilon_1+\varepsilon_2+\varepsilon_3)=\varepsilon_m \tag{2.11.1}$$

八面体上剪应变

$$\begin{aligned} \gamma_8 &= 2\sqrt{\frac{1}{3}(\varepsilon_1^2+\varepsilon_2^2+\varepsilon_3^2)-\frac{1}{9}(\varepsilon_1+\varepsilon_2+\varepsilon_3)^2} \\ &= \frac{2}{3}\sqrt{(\varepsilon_1-\varepsilon_2)^2+(\varepsilon_2-\varepsilon_3)^2+(\varepsilon_3-\varepsilon_1)^2}=\frac{2\sqrt{2}}{\sqrt{3}}\sqrt{J_2'} \end{aligned} \tag{2.11.2}$$

2. 广义剪应变（又称应变强度）$\overline{\gamma}$

$$\overline{\gamma}=\frac{2}{\sqrt{3}}\sqrt{J_2'}=\sqrt{\frac{2}{9}\left[(\varepsilon_1-\varepsilon_2)^2+(\varepsilon_2-\varepsilon_3)^2+(\varepsilon_3-\varepsilon_1)^2\right]} \tag{2.11.3}$$

在简单位伸时，$\varepsilon_1=\varepsilon_0$，$\varepsilon_2=\varepsilon_3=-\frac{1}{2}\varepsilon_0$，$\mu_\varepsilon=-1$，$\theta_\varepsilon=-30°$得$\overline{\gamma}=\varepsilon_0$。

3. 纯剪应变（又称剪应变强度）

$$\gamma_s=2\sqrt{J_2'}=\sqrt{\frac{2}{3}\left[(\varepsilon_1-\varepsilon_2)^2+(\varepsilon_2-\varepsilon_3)^2+(\varepsilon_3-\varepsilon_1)^2\right]} \tag{2.11.4}$$

在纯剪时，$\varepsilon_1=-\varepsilon_3=\frac{1}{2}\gamma>0$，$\varepsilon_2=0$，$\mu_\varepsilon=0$，$\theta_\varepsilon=0°$，则$\gamma_s=\gamma$。

4. π 平面上的应变分量

π 平面上的正应变分量（见式（2.10.2））

$$\varepsilon_\pi = \sqrt{3}\varepsilon_m \tag{2.11.5}$$

π 平面上的剪应变分量（见式（2.10.3））

$$\gamma_\pi = 2\sqrt{2}\sqrt{J'_2} \tag{2.11.6}$$

令主剪应变

$$\left.\begin{aligned}\gamma_1 &= \varepsilon_2 - \varepsilon_3\\ \gamma_2 &= \varepsilon_3 - \varepsilon_1\\ \gamma_3 &= \varepsilon_1 - \varepsilon_2\end{aligned}\right\} \tag{2.11.7}$$

当规定 $\varepsilon_1 \geqslant \varepsilon_2 \geqslant \varepsilon_3$ 时

$$\gamma_{max} = \varepsilon_1 - \varepsilon_3 = -\gamma_2 = \gamma_1 + \gamma_3$$

与 2.6 节类似，令 $\theta_\varepsilon = 0, \pm\frac{\pi}{6}$，得

$$\frac{\sqrt{3}}{3} \leqslant \frac{\bar{\gamma}}{\gamma_{max}} \leqslant \frac{2}{3}$$

$$1 \leqslant \frac{\gamma_s}{\gamma_{max}} \leqslant \frac{2}{\sqrt{3}}$$

$$\sqrt{\frac{2}{3}} \leqslant \frac{\gamma_8}{\gamma_{max}} \leqslant \frac{2\sqrt{2}}{3}$$

$$\sqrt{2} \leqslant \frac{\gamma_\pi}{\gamma_{max}} \leqslant \frac{2\sqrt{2}}{\sqrt{3}}$$

由上可见 $\gamma_\pi > \gamma_s > \gamma_{max} > \gamma_8 > \bar{\gamma}$。

各剪应变与应变偏量第二不变量的关系 **表 2-3**

剪应变或偏应变第二不变量		$\bar{\gamma}$	γ_8	γ_s	γ_π	J'_2	e_{ij}
广义剪应变	$\bar{\gamma}$	$\bar{\gamma}$	$\frac{1}{\sqrt{2}}\gamma_8$	$\frac{1}{\sqrt{3}}\gamma_s$	$\frac{1}{\sqrt{6}}\gamma_\pi$	$\frac{2}{\sqrt{3}}\sqrt{J'_2}$	$\sqrt{\frac{2}{3}e_{ij}e_{ij}}$
八面体剪应变	γ_8	$\sqrt{2}\,\bar{\gamma}$	γ_8	$\sqrt{\frac{2}{3}}\gamma_s$	$\frac{1}{\sqrt{3}}\gamma_\pi$	$\sqrt{\frac{8}{3}}\sqrt{J'_2}$	$\sqrt{\frac{4}{3}e_{ij}e_{ij}}$
纯剪应变	γ_s	$\sqrt{3}\bar{\gamma}$	$\sqrt{\frac{3}{2}}\gamma_8$	γ_s	$\frac{1}{\sqrt{2}}\gamma_\pi$	$2\sqrt{J'_2}$	$\sqrt{2e_{ij}e_{ij}}$
π 平面上剪应变分量（偏剪应变）	γ_π	$\sqrt{6}\bar{\gamma}$	$\sqrt{3}\gamma_8$	$\sqrt{2}\gamma_s$	γ_π	$2\sqrt{2}\sqrt{J'_2}$	$2\sqrt{e_{ij}e_{ij}}$
偏应变张量第二不变量	J'_2	$\frac{3}{4}\bar{\gamma}^2$	$\frac{3}{8}\gamma_8^2$	$\frac{1}{4}\gamma_s^2$	$\frac{1}{8}\gamma_\pi^2$	J'_2	$\frac{1}{2}e_{ij}e_{ij}$

2.12 应 变 路 径

2.12.1 应变路径的表示方法

与应力路径相似，采用坐标轴 ε_1、ε_2、ε_3 的应变空间中，也能描述一单元应变状态的

历史。在平面应变问题中，其中一个主应变为零，只需要研究二向问题即可。此时，瞬时的应变状态可用一个莫尔应变圆来表示，如图 2-20（a）所示。应变莫尔圆是以法向应变及绝对剪应变为坐标轴，莫尔圆的位置和大小由其顶点 M 的坐标表示。

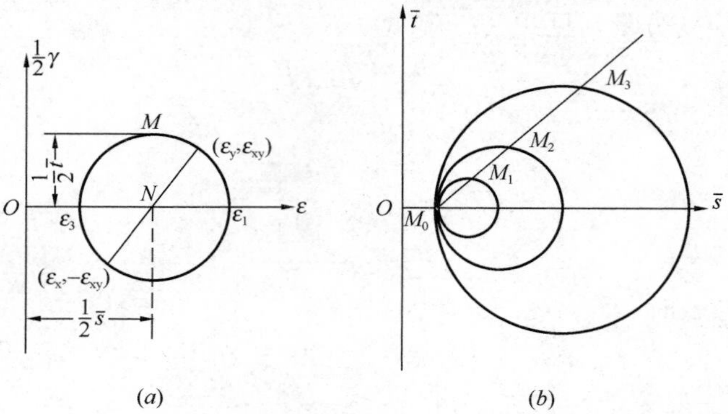

图 2-20 应变路径表示方法

令参数

$$\bar{t}=2MN=\left[(\varepsilon_x-\varepsilon_y)^2+4\varepsilon_{xy}^2\right]^{1/2}=\varepsilon_1-\varepsilon_3 \tag{2.12.1}$$

$$\bar{s}=2ON=\varepsilon_x+\varepsilon_y=\varepsilon_1+\varepsilon_3 \tag{2.12.2}$$

若以 $\bar{s}$、$\bar{t}$ 为参量建立坐标系，则 $\bar{s}$、$\bar{t}$ 平面上的一点就相当于某一莫尔圆顶点的应变状态的 2 倍。联系瞬时应变状态点，即得如图 2-20（b）所示的应变路径。

定义参量 $\bar{s}$、$\bar{t}$ 时引入了一个 2 的系数，目的是使 $\bar{s}$、$\bar{t}$ 恰好对应应力参量 s' 及 t'。容易证明，此时

$$\bar{t}=\gamma_{max} \tag{2.12.3}$$

$$\bar{s}=-\Delta V/V=\varepsilon_v \tag{2.12.4}$$

式中 γ_{max} 为工程剪应变最大值，ε_v 为体积应变，以压缩为正。

对于三向应变状态，必须引入广义应变或八面体应变的不变量表述。

相应的广义应变

$$\varepsilon_m=\frac{1}{3}(\varepsilon_1+\varepsilon_2+\varepsilon_3)=\varepsilon_8 \tag{2.12.5}$$

$$\bar{\gamma}=\frac{\sqrt{2}}{3}\left[(\varepsilon_1-\varepsilon_2)^2+(\varepsilon_2-\varepsilon_3)^2+(\varepsilon_3-\varepsilon_1)^2\right]^{1/2}=\frac{1}{\sqrt{2}}\gamma_8 \tag{2.12.6}$$

在轴对称的情况下，$\varepsilon_2=\varepsilon_3$ 则上两式为

$$\varepsilon_m=\frac{1}{3}(\varepsilon_1+2\varepsilon_3) \tag{2.12.7}$$

$$\bar{\gamma}=\frac{2}{3}(\varepsilon_1-\varepsilon_3) \tag{2.12.8}$$

为方便起见，可将上式系数拿掉，并记作 $\bar{p}$、$\bar{q}$：

$$\bar{p}=\varepsilon_1+2\varepsilon_3=\varepsilon_v \tag{2.12.9}$$

$$\bar{q}=\varepsilon_1-\varepsilon_3 \tag{2.12.10}$$

由式（2.12.9）看出，$\mathrm{d}\bar{p}=\mathrm{d}\varepsilon_v$。按一般假定，土粒和孔隙水不可压缩，则 $\mathrm{d}\varepsilon_v=\mathrm{d}\bar{p}$

$=0$，就表示不排水剪切状态；若 $d\bar{p}\neq 0$，则表示排水状态；若 $d\bar{p}>0$，表示体积压缩（规定以压应变为正），为三轴排水压缩状态；若 $d\bar{p}<0$，表示体积膨胀，为三轴排水拉伸状态。可见，采用 $\bar{p}$、$\bar{q}$ 坐标系的应变路径比应力路径更具有物理意义。

2.12.2 不同加荷方式时的应变路径

这里着重讨论采用常规应变控制式三轴试验路径。定义侧向变形系数 K_ε 为

$$K_\varepsilon=\varepsilon_H/\varepsilon_V \tag{2.12.11}$$

若三轴试验中，$\varepsilon_V\geqslant\varepsilon_H$，则 $\varepsilon_V=\varepsilon_1$，$\varepsilon_H=\varepsilon_3$，

$$\bar{q}/\bar{p}=\frac{\varepsilon_1-\varepsilon_3}{\varepsilon_1+2\varepsilon_3}=\frac{1-K_\varepsilon}{1+2K_\varepsilon} \tag{2.12.12}$$

若 $\varepsilon_H>\varepsilon_V$，则 $\varepsilon_H=\varepsilon_1$，$\varepsilon_V=\varepsilon_3$，

$$\bar{q}/\bar{p}=\frac{\varepsilon_1-\varepsilon_3}{\varepsilon_1+2\varepsilon_3}=-\frac{1-K_\varepsilon}{1+2K_\varepsilon} \tag{2.12.13}$$

针对试验中应变变化的几种情况可进行如下讨论：

设试样初始应变状态为 $\varepsilon_1=\varepsilon_3$，即 $\bar{p}=3\varepsilon_1$，$\bar{q}=0$，如图 2-21 中 O 点所示。

1. 若 $d\varepsilon_V=d\varepsilon_H$，则 $K_\varepsilon=1$，$\bar{q}/\bar{p}=0$，表示试样处于等向受力状态，如图 2-21 中 $\overline{OA}$（压缩）线及 $\overline{OA'}$（膨胀）线。

2. 若 $d\varepsilon_V>0$，$d\varepsilon_H=0$，$K_\varepsilon=0$，$\bar{q}/\bar{p}=1$，表示试样处于简单压缩状态，即相应于无侧向变形的压缩试验。在图 2-21 中用 $\overline{OC}$ 表示。

3. 若 $d\varepsilon_H=-\frac{1}{2}d\varepsilon_V$，$K_\varepsilon=-\frac{1}{2}$，$\bar{q}/\bar{p}=\infty$，如图 2-21 中 $\overline{OD}$ 路线。此时有

$$d\varepsilon_v=d\varepsilon_1+2d\varepsilon_3=d\varepsilon_V+2d\varepsilon_H=0$$

故相应于不排水试验。

4. 若 $d\varepsilon_H=-d\varepsilon_V$，则 $K_\varepsilon=-1$，$\bar{q}/\bar{p}=\pm 2$

（1）负号相应于轴向压缩，侧向膨胀的变形状态，为

$$d\varepsilon_v=d\varepsilon_V+2d\varepsilon_H=-d\varepsilon_V<0$$

相应的应变路线如图 2-21 中 $\overline{OE}$ 所示

（2）正号相应于轴向膨胀，侧向压缩变形状态，因为 $d\varepsilon_v=-d\varepsilon_V>0$，此时岩土体积缩小，相应于图 2-21 中 $\overline{OE}$ 所示。

5. 若 $d\varepsilon_H\leqslant d\varepsilon_V$，则 $0\leqslant K_\varepsilon\leqslant 1$，$0\leqslant\bar{q}/\bar{p}\leqslant 1$，则应变路线介于 $\overline{OA}$ 和 $\overline{OC}$ 之间，如图 2-21 中 $\overline{OB}$ 所示路径。

6. 若 $d\varepsilon_H>d\varepsilon_V$，则 $K_\varepsilon>1$，$-\infty\leqslant\bar{q}/\bar{p}<0$，则应变路径介于 $\overline{OA'}$ 和 $\overline{OD}$ 之间，如图 2-21 中 $\overline{OF}$ 所示。

应当注意，应用常规应变式三轴仪进行应变路径试验时，需要测定 ε_V 和 ε_H 两个量值。目前土工仪器尚不能同时测出这个值，但都可以通过测出 $d\varepsilon_v$ 进行换算，因为有

$$d\varepsilon_H=\frac{1}{2}(d\varepsilon_v-d\varepsilon_V) \tag{2.12.14}$$

则有

$$\left.\begin{aligned} d\overline{p} &= d\varepsilon_v \\ d\overline{q} &= d\varepsilon_V - d\varepsilon_H = \frac{1}{2}(3d\varepsilon_V - d\varepsilon_v) \end{aligned}\right\} \tag{2.12.15}$$

由上可绘制应变路径。

2.12.3　应变路径与应力路径的比较

土力学中，应力路径有总应力路径和有效应力路径。通常，总应力路径是一条直线，而有效应力路径是一条曲线，两条路径之间的水平距离就是孔隙压力 u。如图 2-16 所示不排水试验中，AC 直线为总应力路径，AB 曲线为有效应力路径。但与上述相应的应变路径总是唯一的一条直线，如图 2-22 所示。可见，应变路径表示比较简单，但不能表示孔隙压力。

另外，应变路径所显示的物理意义比较明显，可方便地判断土体是不排水剪切试验还是排水剪切试验；是体积膨胀还是体积压缩，而应力路径不具有这些特点。

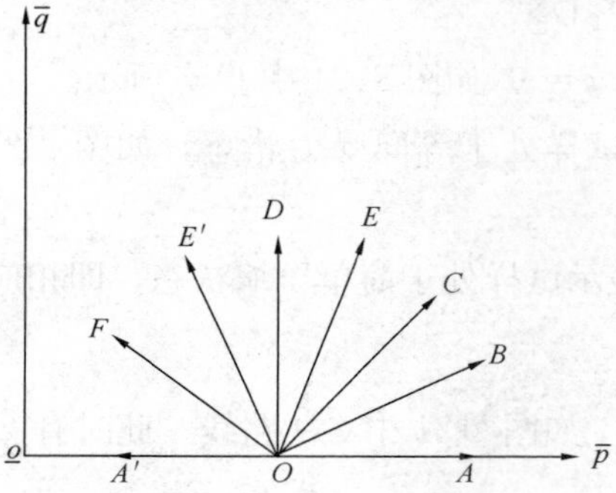

图 2-21　不同应变状态下的应变路径

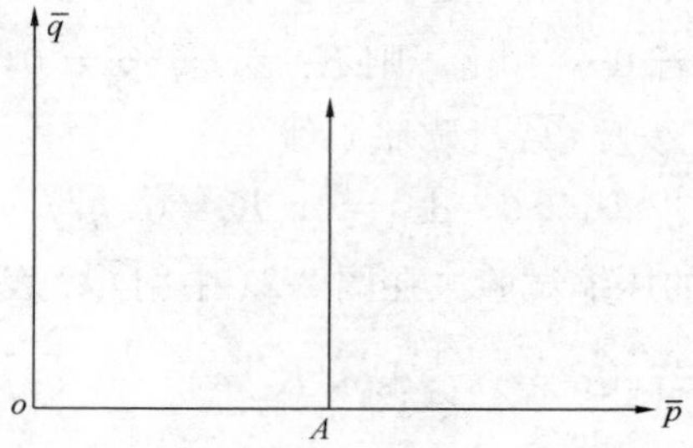

图 2-22　不排水条件下的应变路径

2.13　应变率、应变增量与应力增量

2.13.1　应变率

设介质处于运动状态，质点的速度可用 v_i 三个分量表示，它们是坐标位置和时间的函数。在微小时段 dt 内，位移为

$$u_i = v_i dt \tag{2.13.1}$$

由于 dt 是微量，因此对应的应变分量可用小变形公式。

$$\varepsilon_{ij} = \frac{1}{2}(u_{i,j} + u_{j,i}) = \frac{1}{2}(v_{ij} + v_{j,i})dt \tag{2.13.2}$$

令 $\dot{\varepsilon}_{ij} dt = \varepsilon_{ij}$，可得

$$\dot{\varepsilon}_{ij} = \frac{1}{2}(v_{i,j} + v_{j,i}) \tag{2.13.3}$$

$\dot{\varepsilon}_{ij}$ 称为应变率张量。

类似 ε_{ij} 可求出应变率的主方向及其大小，应变率张量的不变量等，因此，只需要在前面讨论应变张量的相应各量上面都加上点号就可以了。

应当指出，在大变形（有限变形）情况下，按瞬时位置计算 $\dot{\varepsilon}_{ij}$ 与按初始位置计算 ε_{ij} 之间，一般不存在如下等式，即

$$\dot{\varepsilon}_{ij} \neq \frac{\mathrm{d}\varepsilon_{ij}}{\mathrm{d}t} \tag{2.13.4}$$

只有在小变形情况下，才成立如下等式

$$\dot{\varepsilon}_{ij} = \frac{\mathrm{d}\varepsilon_{ij}}{\mathrm{d}t} \tag{2.13.5}$$

而且一般情况下，应变率主方向与应变主方向并不重合，即使在小变形情况下也是如此。只有在小变形情况下，而且各分量都按同一比例变化时，其主应变率方向才能保持不变，才能成立：

$$\dot{\varepsilon}_{ij} = \frac{\mathrm{d}\varepsilon_{ij}}{t} \quad (j = 1、2、3) \tag{2.13.6}$$

2.13.2 应变增量与应力增量

第一章中已经说过，塑性应变阶段应力与应变之间没有一一对应关系。但在某种给定的状态下，有一个应力增量，相应地必有唯一的应变增量。因此塑性条件下，只能建立应力与应变的增量关系。与一点的应变总量相似，一点的应变增量可分为弹性应变增量 $\mathrm{d}\varepsilon_{ij}^{\mathrm{e}}$ 与塑性应变增量 $\mathrm{d}\varepsilon_{ij}^{\mathrm{p}}$，即

$$\mathrm{d}\varepsilon_{ij} = \mathrm{d}\varepsilon_{ij}^{\mathrm{e}} + \mathrm{d}\varepsilon_{ij}^{\mathrm{p}} = [C]\mathrm{d}\sigma_{ij} + \mathrm{d}\varepsilon_{ij}^{\mathrm{p}} \tag{2.13.7}$$

式中 $\mathrm{d}\sigma_{ij}$ 是相应的应力增量；$[C]$ 是柔度矩阵。

根据本书中的基本假定，时间度量的绝对值对塑性规律没有影响，因此这里的 $\mathrm{d}t$ 可不代表真实时间，而是代表一个加载变形的过程。因而用应变增量 $\mathrm{d}\varepsilon_{ij}$ 来代替应变率张量 $\dot{\varepsilon}_{ij}$ 更能表示不受时间参数选择的特点。所以，若以 $\mathrm{d}u_i$ 表示位移增量，则 $\mathrm{d}\varepsilon_{ij}$ 可由位移增量微分而得

$$\mathrm{d}\varepsilon_{ij} = \frac{1}{2}(\mathrm{d}u_{i,j} + \mathrm{d}u_{j,i}) \tag{2.13.8}$$

式（2.13.8）可应用描述较大变形，这些比较大的变形可由无限小变形的总和而得。

注意，式（2.13.8）中应变分量的增量是相对于瞬时状态而起算的，而不是按初始状态起算的。例如简单拉伸时，轴向应变增量是

$$\mathrm{d}\varepsilon_l = \frac{\mathrm{d}l}{l}$$

式中 l 是柱体瞬时长度，$\mathrm{d}l$ 是它的无限小变化，其总和即是所谓自然长度（或称对数应变）。

$$\int_{l_0}^{l} \frac{\mathrm{d}l}{l} = \ln\left(\frac{l}{l_0}\right) \tag{2.13.9}$$

式中 l_0 是原始长度。

如果变形时主轴不旋转，则积分 $\int \mathrm{d}\varepsilon_{ij}$ 具有简单意义，等于相应的自然伸长。在一般

情况下，积分 $\int \mathrm{d}\varepsilon_{ij}$ 是计算不出来的，并且没有确定物理意义。但如果变形路径已知，即如果已知分量 $\mathrm{d}\varepsilon_{ij}$ 是某些参数的函数，则这些积分即可求得。

与应变增量相应，也需要引进应力增量 $\mathrm{d}\sigma_{ij}$ 的概念。$\mathrm{d}\sigma_{ij}$ 也是张量，它需要满足平衡方程和边界条件。

$$\mathrm{d}\sigma_{ij,j} + \mathrm{d}F_i = 0 \tag{2.13.10}$$

$$\mathrm{d}\sigma_{ij} l_j = \mathrm{d}S_{Ni} \tag{2.13.11}$$

式中 l_j 是边界点外法线的方向余弦，$\mathrm{d}F_i$ 是体力增量的三个分量，$\mathrm{d}S_{Ni}$ 是表面力增量的三个分量。同样，式（2.13.10）、式（2.13.11）也都是对瞬时状态成立。小变形情况下，已知应力路线时，应力增量的积分就是最终的应力值。

2.14 有限变形

当物体存在大变形时，不能忽略 $u_{i,j}$ 的二次项（或者说不能忽略转动力分量对变形的影响），这种变形叫做有限变形。在有限变形条件下，不仅应变一位移关系式是非线性的，而且平衡方程及应力边界条件都要考虑变形对物体几何尺寸的影响，因而也是非线性的。

建立有限变形基本方程有两种方法：第一种方法是以变形前的坐标作为自变量的描述方法，通常称为拉格朗日法。第二种方法是以变形后的坐标作为自变量的描述方法，通常称为欧拉法。它们都是建立按初始状态起算的应变张量表达式。

1. 欧拉法

设 A 点变形后的坐标 x_i 为自变量，变形前的坐标为 a_i，则 A 点的位移为

$$u_i(x_j) = x_i - a_i(x_j) \tag{2.14.1}$$

$$a_i = x_i - u_i \tag{2.14.2}$$

则

$$\mathrm{d}a_i = \mathrm{d}x_i - \mathrm{d}u_i = \mathrm{d}x_i - u_{i,j}\mathrm{d}x_j \tag{2.14.3}$$

设过 A 点有一微线段

$$\mathrm{d}S_0 = \sqrt{\mathrm{d}a_i \mathrm{d}a_i}$$

变形后变为

$$\mathrm{d}S = \sqrt{\mathrm{d}x_i \mathrm{d}x_i}$$

欧拉有限应变张量 ε_{ij}^* 的定义为

$$2\varepsilon_{ij}^* \mathrm{d}x_i \mathrm{d}x_i = \mathrm{d}S^2 - \mathrm{d}S_0^2 \tag{2.14.4}$$

利用式（2.14.4）

$$\begin{aligned}\mathrm{d}S^2 - \mathrm{d}S_0^2 &= \mathrm{d}x_i\mathrm{d}x_i - \mathrm{d}a_i\mathrm{d}a_i = \mathrm{d}x_i\mathrm{d}x_i - (\mathrm{d}x_i - u_{i,k}\mathrm{d}x_k)(\mathrm{d}x_i - u_{i,l}\mathrm{d}x_l) \\ &= u_{i,k}\mathrm{d}x_i\mathrm{d}x_k + u_{i,l}\mathrm{d}x_i\mathrm{d}x_l - u_{i,k}u_{i,j}\mathrm{d}x_k\mathrm{d}x_l \\ &= (u_{i,j} + u_{j,i} - u_{k,i}u_{k,j})\mathrm{d}x_i\mathrm{d}x_j\end{aligned} \tag{2.14.5}$$

由式（2.14.4）与式（2.14.5）得

$$\varepsilon_{ij}^* = \frac{1}{2}(u_{i,j} + u_{j,i} - u_{k,i}u_{k,j}) \tag{2.14.6}$$

当小变形时，$u_{ij}\ll 1$，略去上式的二次项，就得到通常的应变张量公式

$$\varepsilon_{ij}^{*}=\varepsilon_{ij}=\frac{1}{2}(u_{i,j}+u_{j,i}) \tag{2.14.7}$$

如将式（2.14.6）式展开得

$$\left.\begin{aligned}
\varepsilon_{x}^{*}&=\frac{\partial u}{\partial x}-\frac{1}{2}\left[\left(\frac{\partial u}{\partial x}\right)^{2}+\left(\frac{\partial v}{\partial x}\right)^{2}+\left(\frac{\partial w}{\partial x}\right)^{2}\right]\\
\varepsilon_{y}^{*}&=\frac{\partial v}{\partial y}-\frac{1}{2}\left[\left(\frac{\partial u}{\partial y}\right)^{2}+\left(\frac{\partial v}{\partial y}\right)^{2}+\left(\frac{\partial w}{\partial y}\right)^{2}\right]\\
\varepsilon_{z}^{*}&=\frac{\partial w}{\partial z}-\frac{1}{2}\left[\left(\frac{\partial u}{\partial z}\right)^{2}+\left(\frac{\partial v}{\partial y}\right)^{2}+\left(\frac{\partial w}{\partial z}\right)^{2}\right]\\
\gamma_{xy}^{*}&=\frac{\partial u}{\partial y}+\frac{\partial v}{\partial x}-\left(\frac{\partial u}{\partial x}\frac{\partial u}{\partial y}+\frac{\partial v}{\partial x}\frac{\partial v}{\partial y}+\frac{\partial w}{\partial x}\frac{\partial w}{\partial y}\right)\\
\gamma_{yz}^{*}&=\frac{\partial w}{\partial y}+\frac{\partial v}{\partial z}-\left(\frac{\partial u}{\partial y}\frac{\partial u}{\partial z}+\frac{\partial v}{\partial y}\frac{\partial v}{\partial z}+\frac{\partial w}{\partial y}\frac{\partial w}{\partial z}\right)\\
\gamma_{zx}^{*}&=\frac{\partial w}{\partial x}+\frac{\partial u}{\partial z}-\left(\frac{\partial u}{\partial z}\frac{\partial u}{\partial x}+\frac{\partial v}{\partial z}\frac{\partial v}{\partial x}+\frac{\partial w}{\partial z}\frac{\partial w}{\partial x}\right)
\end{aligned}\right\} \tag{2.14.8}$$

2. 拉格朗日法

拉格朗日方法以 a_i 作为自变量，有

$$\mathrm{d}x_i=\mathrm{d}a_i+\mathrm{d}u_i=\mathrm{d}a_i+u_{i,j}\mathrm{d}a_j \tag{2.14.9}$$

拉格朗日有限应变张量 ε_{ij} 的定义为

$$2\varepsilon_{ij}\mathrm{d}a_i\mathrm{d}a_j=\mathrm{d}S^2-\mathrm{d}S_0^2 \tag{2.14.10}$$

类似得式（2.14.5）式可得出

$$\mathrm{d}S^2-\mathrm{d}S_0^2=(u_{i,j}+u_{j,i}+u_{\mathrm{k},i}u_{\mathrm{k},j}\mathrm{d}a_i\mathrm{d}a_j) \tag{2.14.11}$$

因此得

$$\tilde{\varepsilon}_{ij}=\frac{1}{2}(u_{i,j}+u_{j,i}+u_{\mathrm{k},i}u_{\mathrm{k},j}) \tag{2.14.12}$$

如以 a、b、c 来表示 a_i 将上式展开得

$$\left.\begin{aligned}
\tilde{\varepsilon}_{a}&=\frac{\partial u}{\partial a}+\frac{1}{2}\left[\left(\frac{\partial u}{\partial a}\right)^{2}+\left(\frac{\partial v}{\partial a}\right)^{2}+\left(\frac{\partial w}{\partial a}\right)^{2}\right]\\
\tilde{\varepsilon}_{b}&=\frac{\partial v}{\partial b}+\frac{1}{2}\left[\left(\frac{\partial u}{\partial b}\right)^{2}+\left(\frac{\partial v}{\partial b}\right)^{2}+\left(\frac{\partial w}{\partial b}\right)^{2}\right]\\
\tilde{\varepsilon}_{c}&=\frac{\partial w}{\partial c}+\frac{1}{2}\left[\left(\frac{\partial u}{\partial c}\right)^{2}+\left(\frac{\partial v}{\partial c}\right)^{2}+\left(\frac{\partial w}{\partial c}\right)^{2}\right]\\
\tilde{\gamma}_{ab}&=\frac{\partial u}{\partial b}+\frac{\partial v}{\partial a}+\left(\frac{\partial u}{\partial a}\frac{\partial u}{\partial b}+\frac{\partial v}{\partial a}\frac{\partial v}{\partial b}+\frac{\partial w}{\partial a}\frac{\partial w}{\partial b}\right)\\
\tilde{\gamma}_{bc}&=\frac{\partial v}{\partial c}+\frac{\partial w}{\partial b}+\left(\frac{\partial u}{\partial b}\frac{\partial u}{\partial c}+\frac{\partial v}{\partial b}\frac{\partial v}{\partial c}+\frac{\partial w}{\partial b}\frac{\partial w}{\partial c}\right)\\
\tilde{\gamma}_{ca}&=\frac{\partial w}{\partial a}+\frac{\partial u}{\partial c}+\left(\frac{\partial u}{\partial c}\frac{\partial u}{\partial a}+\frac{\partial v}{\partial c}\frac{\partial v}{\partial a}+\frac{\partial w}{\partial c}\frac{\partial w}{\partial a}\right)
\end{aligned}\right\} \tag{2.14.13}$$

当小变形时

$$\varepsilon_{ij} = \varepsilon_{ij}^{*} = \varepsilon_{ij} \tag{2.14.14}$$

表明当变形小时欧拉描述法和拉格朗日描述法完全一致，无需区别。但大变形时它们是完全不同的。

$\tilde{\varepsilon}_{ij}$与ε_{ij}^{*}都是二阶对称张量，在处理大变形问题时，通常更多地采用应变增量的概念，它是对瞬时状态的无限小应变。

第三章　岩土弹性力学与弹性变形能

3.1　弹塑性力学基本方程

在弹塑性力学中，一般需建立应力基本方程——运动方程或平衡方程，应变基本方程——几何方程和连续方程，以及应力应变方程——本构方程。在求解弹塑性力学问题时，除满足基本方程外，还需满足边界条件和初始条件。因此，解弹塑性力学问题实质上是求解边值问题。15 个基本方程反映了问题的共性，而边界条件反映了问题的个性。

3.1.1　运动方程与平衡方程

在直角坐标系中，单元的运动微分方程式可表达为

$$\sigma_{ij,j}+F_i=\rho\ddot{u}_i \tag{3.1.1}$$

式中　ρ 为介质的密度，F_i 为单位体积的体力分量，$\ddot{u}_i$ 为$\dfrac{\mathrm{d}^2u_i}{\mathrm{d}t^2}$即加速度分量。

静力问题中式（3.1.1）成为平衡方程

$$\sigma_{ij,j}+F_i=0 \tag{3.1.2}$$

在小变形条件下，应力增量张量也应满足平衡方程，即

$$\mathrm{d}\sigma_{ij,j}+\mathrm{d}F_i=0 \tag{3.1.3}$$

对于岩土材料，在运动方程和平衡方程中还必须引用有效应力原理，对于饱和岩土

$$\sigma=\sigma'+u_{\mathrm{w}} \tag{3.1.4}$$

结合式（3.1.4），运动微分方程式可写成

$$\sigma'_{ij,}+(u_{\mathrm{w}})_{,j}+F_i=\rho\ddot{u}_i \tag{3.1.5}$$

当孔隙水压力 u_{w} 为零时，式（3.1.5）即还原为式（3.1.4）。

有效应力平衡方程为

$$\sigma'_{ij,j}+(u_{\mathrm{w}})_{,j}+F_i=0 \tag{3.1.6}$$

3.1.2　几何方程与连续方程

小变形情况下，几何方程可写为

$$\varepsilon_{ij}=\frac{1}{2}(u_{i,j}+u_{j,i}) \tag{3.1.7}$$

连续方程是表示连续体应变之间的关系的数学表达式。因为连续体变形时各小单元之间是相互有联系的，物体变形前连续，变形后仍要保持连续，因此，物体应变之间必然存在联系。以六个应变分量与三个位移分量相联系的几何方程中，消去位移分量，即可建立如下六个应变连续方程式

$$
\left.\begin{aligned}
L_{xx} &= \frac{\partial^2 \varepsilon_y}{\partial z^2} + \frac{\partial^2 \varepsilon_z}{\partial y^2} - \frac{\partial^2 \gamma_{yz}}{\partial y \partial z} = 0 \\
L_{yy} &= \frac{\partial^2 \varepsilon_z}{\partial x^2} + \frac{\partial^2 \varepsilon_x}{\partial z^2} - \frac{\partial^2 \gamma_{zx}}{\partial x \partial z} = 0 \\
L_{zz} &= \frac{\partial^2 \varepsilon_x}{\partial y^2} + \frac{\partial^2 \varepsilon_y}{\partial x^2} - \frac{\partial^2 \gamma_{xy}}{\partial x \partial y} = 0 \\
L_{yz} &= L_{zy} = -\frac{\partial^2 \varepsilon_x}{\partial y \partial z} + \frac{1}{2}\frac{\partial}{\partial x}\left(\frac{\partial \gamma_{zx}}{\partial y} + \frac{\partial \gamma_{xy}}{\partial z} - \frac{\partial \gamma_{yz}}{\partial x}\right) \\
L_{zx} &= L_{xz} = -\frac{\partial^2 \varepsilon_y}{\partial z \partial x} + \frac{1}{2}\frac{\partial}{\partial y}\left(\frac{\partial \gamma_{xy}}{\partial z} + \frac{\partial \gamma_{yz}}{\partial x} - \frac{\partial \gamma_{zx}}{\partial y}\right) \\
L_{xy} &= L_{yx} = -\frac{\partial^2 \varepsilon_z}{\partial x \partial y} + \frac{1}{2}\frac{\partial}{\partial z}\left(\frac{\partial \gamma_{yz}}{\partial x} + \frac{\partial \gamma_{zx}}{\partial y} - \frac{\partial \gamma_{xy}}{\partial z}\right)
\end{aligned}\right\} \tag{3.1.8}
$$

或者写成矩阵式

$$
[L_{ij}] = \begin{bmatrix} L_{xx} & L_{xy} & L_{xz} \\ L_{yx} & L_{yy} & L_{yz} \\ L_{zx} & L_{zy} & L_{zz} \end{bmatrix} \tag{3.1.9}
$$

易于证明，上述六个方程并不完全独立，它们满足下列恒等式

$$
L_{ij,j} = 0 \tag{3.1.10}
$$

可以证明，应变连续方程就是保证 $u_{i,j}$ 的可积条件，保证由六个应变分量积得三个连续位移分量（在单连域内）。

岩土材料是三相组合体，因而其连续条件还要进一步推广到三相状态。它表现为荷载作用下，其体积改变应是三相体积改变之和，即

$$
\mathrm{d}V = \mathrm{d}V_s + \mathrm{d}V_a + \mathrm{d}V_w \tag{3.1.11}
$$

式中 $\mathrm{d}V_s$ 表示固体颗粒本身的改变；$\mathrm{d}V_a$ 表示气体相体积的改变，它包括在荷载作用下，气体的逸出或吸入，本身体积压缩或膨胀，以及由于压力改变溶于水或由水中释放；$\mathrm{d}V_w$ 表示水的体积的改变，它包括要在荷载作用下，水的流出或流入，以及本身的体积压缩或膨胀。

对于三相非饱和土，三相相互之间体积变化关系相当复杂，尤其是气相和液相的耦合作用，因此非饱和土的总体变形也相当复杂。通常，一般只限于研究饱和土情况，并假定岩土骨架和水本身的体积是不可压缩的。因此，对饱和土，岩土体积的改变就等于其中水体积的改变（流出或流入），亦就是说，单位时间单元土体内的压缩量应等于流过单元体表面的流量变化之和，可表达为

$$
\frac{\mathrm{d}\varepsilon_v}{\mathrm{d}t} = k_x \frac{\partial^2 u_w}{\partial x^2} + k_y \frac{\partial^2 u_w}{\partial y^2} + k_z \frac{\partial^2 u_w}{\partial z^2} \tag{3.1.12}
$$

式中 k_x、k_y、k_z 为 x、y、z 方向的渗透系数，u_w 为孔隙水压力。

所以岩土材料的应变除必须满足方程式（3.1.8）外，尚须满足式（3.1.12）。

3.1.3 本构方程（物理方程）

本构关系是材料本身内在的关系，是指物体内某点的应力各分量与应变各分量间的关系，由本构关系可建立本构方程。在不同的受力状态下，应服从的本构方程不同。本构方

程分为弹性本构方程与塑性本构方程两种。

弹性本构方程服从广义虎克定律，详见 7.1 节，通常弹性本构方程叫做弹性应力-应变关系。

塑性力学基本方程和弹性力学基本方程的差别在于应力-应变关系。在塑性状态下，应变不仅于应力有关，还与加载历史、加卸载的状态、加载路径以及物质微观结构的变形等有关。因此，现在常用本构关系（consititutive relation）这个名词代替应力-应变关系，它更能反映物质本性的变化。其内容详见第 7 章。

3.1.4 边界条件和初始条件

在物体边界 N 上，可能给定边界力 S_{Ni}，也可能给定边界位移 u_{Ni}。应力边界条件时应满足

$$S_{Ni}=\sigma_{ij}l_j \tag{3.1.13}$$

或

$$dS_{Ni}=d\sigma_{ij}l_j \tag{3.1.14}$$

位移边界条件应满足

$$u_{Ni}=u_i \tag{3.1.15}$$

或

$$du_{Ni}=du_i \tag{3.1.16}$$

注意式（3.1.13）及式（3.1.14）中 σ_{ij} 或 $d\sigma_{ij}$ 中包含孔隙水压力在内。要求边界上孔隙水压力 $(u_w)_S=u_w$，边界上载荷 $p_{Ni}=\sigma'_{ij}l_j$。

如果是混合边值问题，这时边界一部分给定的是载荷条件和孔隙压力条件，另一部分是位移（或者速度）条件和流量条件。

如果变形是非定常的，并且它包含对于时间的导数或者对于某一个载荷参数的导数的方程式来描述，这时尚需给定物体的初始状态。

3.2 岩土摩擦体弹性力学

3.2.1 岩土摩擦体弹性力学模型

通常，所说的弹性力学是指线弹性力学，即材料的应力-应变曲线是线性。如金属材料弹性段应力-应变具有线性关系（图 1-2）。这种材料具有单一强度，即材料的黏聚力。然而岩土材料的试验应力应变曲线，通常是非线性的，一般常以双曲线形状表示，其初始阶段是弹性段，后半段是塑性段。按此岩土材料的弹性段应力-应变关系是非线性的，弹模逐渐降低。但一些岩石试验的典型应力-应变曲线与此相反，在弹性段弹模逐渐增加（图 1-5 与图 3-1）。而工程上为了应用方便，通常将弹性应力-应变关系视作线性，而构成理想弹塑性应力-应变关系。可见，把岩土材料视作线弹性材料只是一种假设，正是这种假设掩盖了岩土非线性弹性特征，因而使弹性地基内算得的弹性变形高于实测的弹性变形，而使其偏离实际。为

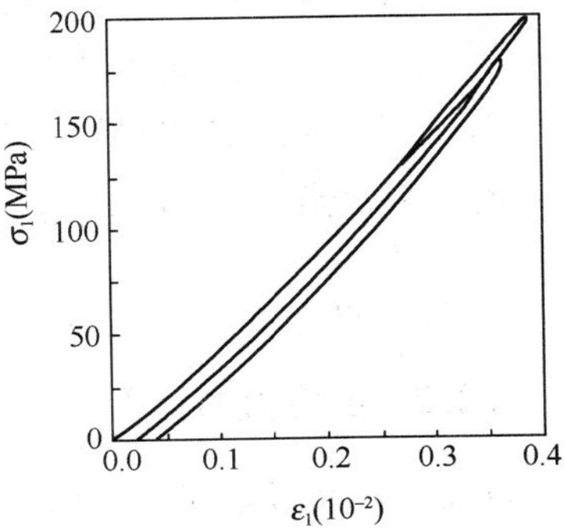

图 3-1 岩石的应力-应变曲线

了使计算更接近实际，本节提出了岩土摩擦体弹性力学。

第 1 章中已经说明，岩土材料是双强度材料，既具有粘结力强度，又具有摩擦强度，弹性力学计算中必须考虑摩擦力，而摩擦力的发挥受材料变形的约束，由试验可知，变形愈大摩擦系数也愈大，直到达到极限摩擦系数。这就决定岩土材料的应力-应变关系为非线性，因而，其相应的岩土弹性力学也将是非线性弹性力学。

岩土属于颗粒摩擦体，存在着内摩擦力，其力学单元与传统弹性力学单元不同，如图 3-2 所示。摩擦体的单元中存在摩擦力 s，在非极限状态下，仍假设摩擦力与法向力成正比，$s=p\mathrm{tg}\varphi'$，$\mathrm{tg}\varphi'$为摩擦系数，但它不是常数，随位移增大而增大，直至极限状态下 $\mathrm{tg}\varphi'=\mathrm{tg}\varphi$，此时内摩擦系数为一常数。

摩擦力的方向与剪力方向相反，因而摩擦力是有利的，相当于摩擦强度。极限状态下，$q^1-p\mathrm{tg}\varphi=c$，即为库仑公式，$q^1$ 为作用在土体单元上的总剪力，$p\mathrm{tg}\varphi$ 为极限摩擦强度，c 为粘结力。考虑摩擦力时，土体单元上总剪力 q^1 有两部分来承担：一是由土体的黏聚力承担，其值为 q；另一是由摩擦力 s 来承担。其中对土体黏聚力真正起作用的是 q 值，因而有 $q=q^1-s$，而且这部分的应力-应变关系仍然符合线弹性关系。当不考虑摩擦时，或者对于无摩擦体 $q=q^1$。当前岩土弹性力学中把岩土视作非摩擦材料，单元上的剪力就是 q^1。

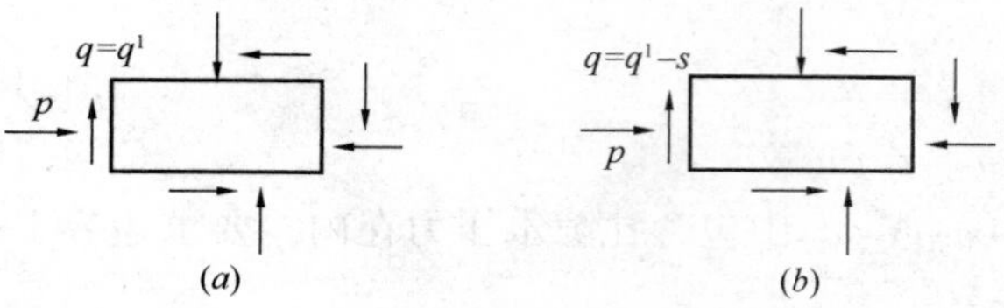

图 3-2 传统固体与摩擦体的力学单元模型
（a）传统固体；（b）摩擦体（p 为压应力且有剪切变形时）

从图 3-2 可见，摩擦体的基本力学特征是存在内摩擦力，无论材料处在弹性状态还是处在塑性状态，这种内摩擦力是始终都存在的，可见传统的弹性力学不适用于岩土材料，它们没有考虑摩擦力的存在。

对摩擦体单元，黏聚力承担的剪应力可表示：

$$\tau=\tau^1-\tau^s=\tau^1+pf \tag{3.2.1}$$

或

$$\tau^1=\tau+\tau^s=\tau-pf$$

并保证 $|\tau^1|\geqslant|pf|, p\leqslant 0$，计算中以拉应力为正。

式中 τ——摩擦体内排除了摩擦后的剪应力，也是摩擦体内黏聚力部分的剪应力，是岩土体真实承受的剪应力；

τ^1——既是未考虑摩擦时或把土体视作非摩擦体的剪应力，也是摩擦体内黏聚力部分的剪应力与内摩擦部分的剪应力之和；

τ^s——摩擦体内摩擦部分的剪应力，也就是摩擦应力；

$p=\dfrac{\sigma_x+\sigma_y+\sigma_z}{3}$——平均应力，当 $p>0$ 时取零；

$f=\tan\varphi'$——是一变量，极限状态下为 $\tan\varphi$，无切向位移时为零。

3.2.2 摩擦力的计算

目前，对在极限状态中的岩土体，c、φ 值获得充分的发挥，因而可以进行合理的力学计算。但当岩土处在非极限状态中时，至今尚不清楚 c、φ 值如何发挥作用，哪一种先发挥作用，这正是双强度岩土材料力学计算中遇到的新问题。尽管目前还缺乏研究，但仍可从土体的剪切试验的剪切强度与水平位移关系中看出。如图 3-3 所示，碎石含量 80%的碎石土，含水量 $w=9\%$，此时碎石土 $c=15\text{kPa}$，$\varphi=38°$，可见这是一种粘结力很低，内摩擦角很大的土体。由图 3-3 可见，当水平位移很小时，抗剪强度迅速增加，但增大幅度不大，表明粘结力发挥了作用。然后，随着水平位移增大，抗剪强度逐渐增大，表明摩擦力逐渐发挥作用，直至水平位移达到 28mm 时（约为试件尺寸的 11%），在法向力为 100kPa 的情况下，抗剪强度达到极限值 95kPa，基本满足库仑条件，$95\text{kPa}\approx 15+100\text{tg}38°=93\text{kPa}$；当水平位移达到 30mm 时，法向力 200kPa 情况下达到极限值，也近似满足库仑条件，但当法向力 300kPa 情况下达到极限值 230kPa，其值小于库仑条件，表明法向力高时，颗粒之间逐渐磨平，摩擦系数在极限情况下随法向力增高会有所下降。由上可见，抗剪强度中 c 值最早发挥作用，此时曲线很陡，但幅度不大。然后，摩擦力则随着水平位移增大而逐渐发挥作用。当法向力不高时，摩擦力发挥作用较快，达到极限状态时摩擦系数基本为一常数；但当法向力高时，极限状态时摩擦系数会有所降低。如图 3-4 所示，碎石含量 20%，$w=9\%$时，$c=30$，$\varphi=26°$，这是一种内摩擦角与粘结力相当的土体。由图 3-4 可见，水平位移很小时曲线很陡，c 值发挥作用；摩擦力随水平位移增大而增大，直至达到极限值。这种情况下，无论法向力多大，极限状态时摩擦系数基本不变，因而可视为常数。

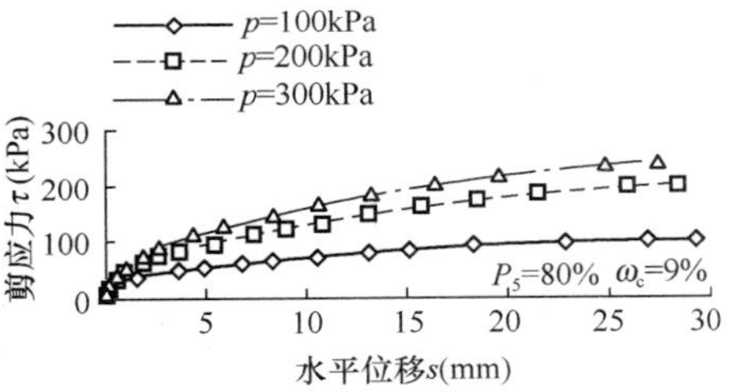

图 3-3 水平位移与剪应力关系曲线

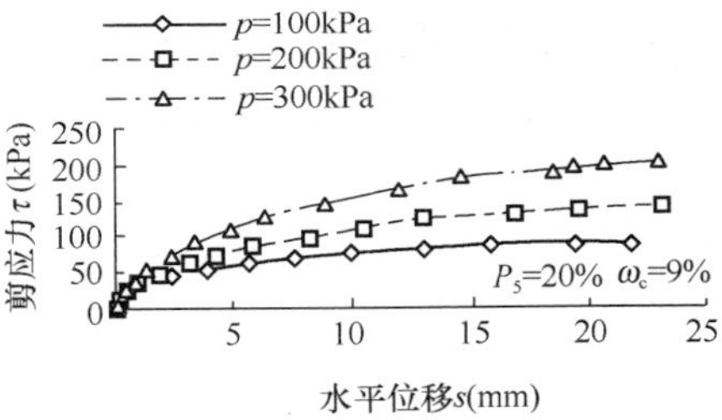

图 3-4 水平位移与剪应力关系曲线

综上所述，土体 c 值最早发挥作用，摩擦力随水平位移增大而逐渐发挥作用。在非极限状态下，摩擦系数并非常数，随水平位移增大近似按双曲线规律增大，直至到极限状态后为一常数。而对 c 值小，φ 值大的土体，当法向力高时，摩擦系数会有所降低。

为获得摩擦力，按上述土体剪切试验结果，在同一法向力作用下，摩擦应力随位移增长，直至达到极限状态。因而我们假设摩擦应力与剪应变成正比，摩擦系数取剪应变的函数形式，则有，摩擦应力＝正应力×剪应变×摩擦系数×比例因子

$$\tau=\tau^{1}-\tau^{s}=\tau^{1}+pf=\tau^{1}-|p|\cdot\gamma\cdot\tan\varphi\cdot k \tag{3.2.2}$$

在弹性阶段，比例因子 k 与剪应变的乘积必须小于 1，并使其在 0～1 之间变化。由于剪应变是一个很小的值，所以要乘一个比例系数 k，以便使 $k\gamma$ 在 0～1 之间变化。当土体逐渐加载使土体内部个别单元上刚出现极限状态时，就可在这种荷载作用下求得 k 值，即 $k=1/\gamma$，γ 是上述个别达到了极限状态单元的剪应变。由于摩擦力是逐渐发挥的，当岩土摩擦系数较小情况下，在应力水平不高时就开始进入塑性，因而可在低摩擦系数情况下（例如，内摩擦角为 5°，10°或 15°）来确定 k 值。一些算例说明，取不同 $\varphi=5°$、10°和 15°

时，尽管求得的 k 值不同，但求得的位移与应力值相差很小；若按 $\varphi=25°$ 求 k 值，其差值也只有 6%。当然，更加合理的确定 τ^{s}，还有待日后深入研究。

3.2.3 岩土弹性力学计算方法

摩擦体弹性力学的基本方程与线弹性力学的基本方程大体相同，平衡方程与几何方程两者相同，只有剪切分量物理方程不同。摩擦体弹性力学是非线性方程，而后者是线性方程。

1. 摩擦体平衡微分方程及剪应力互等定理

由静平衡条件可得摩擦体平衡微分方程，其形式与非摩擦体的平衡微分方程相同，但剪应力中已考虑了摩擦力，以 τ^{1} 作为摩擦体的总剪应力，包括黏聚力部分剪应力与摩擦应力，并保证剪应力互等定理成立。

平衡微分方程：

$$\left.\begin{aligned}\frac{\partial \sigma_{x}}{\partial x}+\frac{\partial \tau_{yx}^{1}}{\partial y}+\frac{\partial \tau_{zx}^{1}}{\partial z}+X=0\\ \frac{\partial \tau_{xy}^{1}}{\partial x}+\frac{\partial \sigma_{y}}{\partial y}+\frac{\partial \tau_{zy}^{1}}{\partial z}+Y=0\\ \frac{\partial \tau_{xz}^{1}}{\partial x}+\frac{\partial \tau_{yz}^{1}}{\partial y}+\frac{\partial \sigma_{z}}{\partial z}+Z=0\end{aligned}\right\} \tag{3.2.3}$$

剪应力互等定理：

由于 τ 符合线弹性关系，所以有

$$\left.\begin{aligned}\tau_{yz}=\tau_{zy}\\ \tau_{zx}=\tau_{xz}\\ \tau_{xy}=\tau_{yx}\end{aligned}\right\} \tag{3.2.4}$$

并有

$$\left.\begin{aligned}\tau_{yz}^{s}=\tau_{zy}^{s}=|p|.\gamma.\tan\varphi k\\ \tau_{zx}^{s}=\tau_{xz}^{s}=|p|.\gamma.\tan\varphi k\\ \tau_{xy}^{s}=\tau_{yx}^{s}=|p|.\gamma.\tan\varphi k\end{aligned}\right\}$$

因而剪应力互等定理成立

$$\left.\begin{aligned}\tau_{yz}^{1}=\tau_{zy}^{1}\\ \tau_{zx}^{1}=\tau_{xz}^{1}\\ \tau_{xy}^{1}=\tau_{yx}^{1}\end{aligned}\right\} \tag{3.2.5}$$

2. 摩擦体的切向虎克定律

虎克定律是指线弹性材料应力-应变关系，也就是非摩擦体的应力-应变关系。对摩擦体来说，其中非摩擦部分，即黏聚力部分的剪应力 τ 按线弹性理论应始终符合虎克定律。

因而具有 $\tau=G\cdot\gamma$，此时材料常数 E，v，G 为已知常数。由此可以推导出摩擦体剪应力 τ^1 与剪应变 γ 的关系，摩擦体切向分量虎克定律为：

$$\left.\begin{aligned}\tau_{xy}^1&=\tau_{xy}+\tau_{xy}^s=G\cdot\gamma_{xy}+\tau_{xy}^s=G\cdot\gamma_{xy}+|p|\cdot\gamma_{xy}\cdot\tan\varphi\cdot k=G^s\gamma_{xy}\\\tau_{yz}^1&=\tau_{yz}+\tau_{yz}^s=G\cdot\gamma_{yz}+\tau_{yz}^s=G\cdot\gamma_{yz}+|p|\cdot\gamma_{yz}\cdot\tan\varphi\cdot k=G^s\gamma_{yz}\\\tau_{zx}^1&=\tau_{zx}+\tau_{zx}^s=G\cdot\gamma_{zx}+\tau_{zx}^s=G\cdot\gamma_{zx}+|p|\cdot\gamma_{zx}\cdot\tan\varphi\cdot k=G^s\gamma_{zx}\end{aligned}\right\}\quad(3.2.6)$$

式中，$G^s=G+|p|\cdot\tan\varphi k\geqslant G$，为摩擦体的剪切模量。摩擦体的虎克定律由于剪应力中考虑了摩擦力，剪切模量将与摩擦力有关，不再为常数。这一方面说明了岩土类摩擦材料的压硬性，另一方面指出了式（3.2.6）是非线性关系，所以摩擦体在弹性范围内表现为非线性弹性，且剪切模量逐渐增大。

应当注意，应在小荷载作用下求材料常数。此时，可近似认为求得的材料常数是无摩擦情况下的岩土材料常数。

3. 摩擦体微分方程求解

由于已知摩擦体的 E、v、G^s，因而仍可采用非摩擦体的一般弹性力学方法求解，只要考虑 G^m 与 G 的代换关系，不过 G 是常数，而 G^s 是随应力而变的，不再是常数。因而摩擦体是一个非线性力学问题，求解过程中需要迭代。由此可求得摩擦体的剪应力 τ^1 与剪应变 γ 及其相应位移，以及黏聚部分的剪应力 τ。

4. 算例

下面通过两个算例，用摩擦体的弹性力学计算土体的位移与应力，并与非摩擦体传统弹性力学计算结果进行比较。

模型为长 20m，深 15m 地基，两侧水平及底部被约束的平面应变问题。单元剖分如图 3-5 所示。算例 1 中，模型参数为 $E=9000\text{kN/m}^2$，$v=0.3$，$c=20$ kPa，$\varphi=5°$，10°，15°，25°，35°。按 $\varphi=5°$计算出 $k=1/0.0045$，中间第 5、6 单元加均布荷载 $q=63\text{kPa}$。

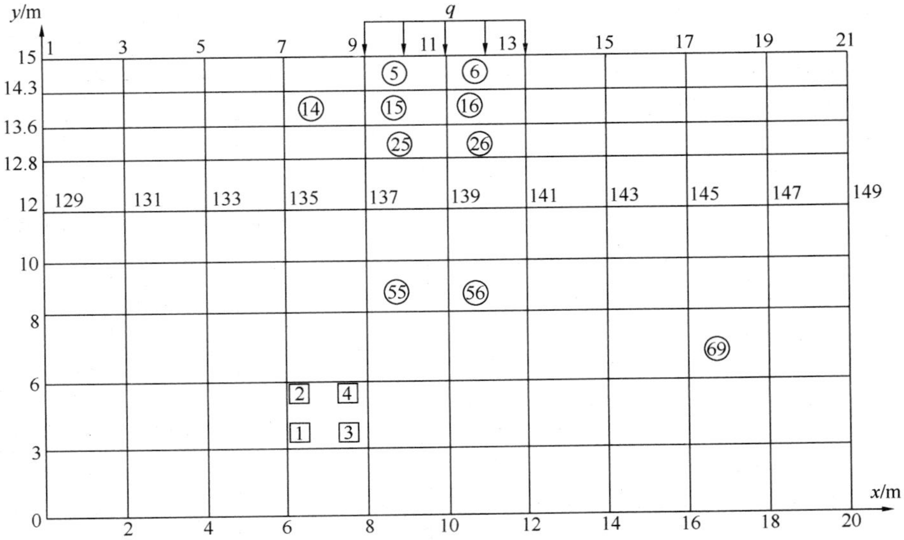

图 3-5 地基计算模型

不同情况 y 方向位移值 **表 3-1**（单位 m）

结点	情况 1 $(\varphi=0^{\circ})$	情况 2 $(\varphi=5^{\circ})$	情况 3 $(\varphi=10^{\circ})$	情况 4 $(\varphi=15^{\circ})$	情况 5 $(\varphi=25^{\circ})$	情况 6 $(\varphi=35^{\circ})$
5	−0.83397E−02	−0.83353E−02	−0.83149E−02	−0.82823E−02	−0.81857E−02	−0.80481E−02
7	−0.14154E−01	−0.14011E−01	−0.13849E−01	−0.13675E−01	−0.13294E−01	−0.12862E−01
9	−0.28317E−01	−0.27532E−01	−0.26777E−01	−0.26051E−01	−0.24647E−01	−0.23241E−01
11	−0.38624E−01	−0.36786E−01	−0.35200E−01	−0.33784E−01	−0.31258E−01	−0.28918E−01
13	−0.28317E−01	−0.27532E−01	−0.26777E−01	−0.26051E−01	−0.24647E−01	−0.23241E−01
133	−0.80788E−02	−0.80094E−02	−0.79404E−02	−0.78698E−02	−0.77178E−02	−0.75425E−02
135	−0.13361E−01	−0.13149E−01	−0.12940E−01	−0.12734E−01	−0.12317E−01	−0.11873E−01
137	−0.20921E−01	−0.20375E−01	−0.19858E−01	−0.19362E−01	−0.18403E−01	−0.17436E−01
139	−0.25135E−01	−0.24329E−01	−0.23577E−01	−0.22869E−01	−0.21526E−01	−0.20205E−01
141	−0.20921E−01	−0.20375E−01	−0.19858E−01	−0.19362E−01	−0.18403E−01	−0.17436E−01

当 $q=63$kPa，仅个别高斯点达到极限条件，所以可认为此时土体仍处于弹性状态。计算得到 y 方向位移变化见表 3-1，表中情况 1 为不考虑摩擦因素时的位移，情况 2-5 为不同土体摩擦角时的位移。结点位置如图 3-5 所示。

表 3-2 为第 5，6，14，15，16，55，56，69 单元 4 个高斯点的剪应力 τ_{xy} 及折减因子 F 值，表中 $F=k\gamma$ 为摩擦系数的折减因子，单元位置及高斯点位置如图 3-5 所示。

算例 2，模型参数为 $E=9000\text{kN/m}^2$，$\upsilon=0.3$，$c=8$kPa，$\varphi=5^{\circ}$，10°，15°，25°，35°。按 $\varphi=5^{\circ}$ 计算出 $k=1/0.0019$，中间第 5、6 单元加均布荷载 $q=30$kPa。计算得到 y 方向位移变化见表 3-3。表 3-4 为第 5，6，14，15，16，55，56，69 单元 4 个高斯点的剪应力 τ_{xy} 及折减因子 F 值，单元位置及高斯点位置如图 3-5 所示。

均为 7 次加载，每次加载最多迭代次数为 20 次。

第 5，6，14，15，16，25，26，55，56，69 号单元
4 个高斯点的剪应力 τ_{xy} 及折减因子 F 的值 **表 3-2**

单元	高斯点	情况 1	情况 2 $(\varphi=5^{\circ})$		情况 4 $(\varphi=15^{\circ})$		情况 5 $(\varphi=25^{\circ})$		情况 6 $(\varphi=35^{\circ})$	
		剪应力 (kN/m²)	F	剪应力 (kN/m²)	F	剪应力 (kN/m²)	F	剪应力 (kN/m²)	F	剪应力 (kN/m²)
5	1	−0.12593E+02	0.69	−0.10755E+02	0.53	−0.83159E+01	0.43	−0.66874E+01	0.35	−0.54553E+01
	2	−0.62476E+01	0.31	−0.48596E+01	0.21	−0.32496E+01	0.15	−0.23208E+01	0.11	−0.16944E+01
	3	−0.11583E+01	0.07	−0.11439E+01	0.07	−0.10572E+01	0.06	−0.95625E+00	0.05	−0.85562E+00
	4	0.58353E+01	0.31	0.48343E+01	0.23	0.35917E+01	0.18	0.28138E+01	0.14	0.22488E+01
6	1	0.11582E+01	0.07	0.11438E+01	0.07	0.10572E+01	0.06	0.95627E+00	0.05	0.85561E+00
	2	−0.58353E+01	0.31	−0.48344E+01	0.23	−0.35918E+01	0.18	−0.28139E+01	0.14	−0.22488E+01
	3	0.12592E+02	0.69	0.10755E+02	0.53	0.83163E+01	0.43	0.66873E+01	0.35	0.54552E+01
	4	0.62473E+01	0.31	0.48596E+01	0.21	0.32500E+01	0.15	0.23208E+01	0.11	0.16943E+01
14	1	−0.71382E+01	0.44	−0.68481E+01	0.41	−0.63963E+01	0.39	−0.60260E+01	0.36	−0.56830E+01
	2	−0.40983E+01	0.26	−0.40090E+01	0.25	−0.38760E+01	0.24	−0.37635E+01	0.23	−0.36514E+01
	3	−0.15970E+02	0.94	−0.14649E+02	0.81	−0.12662E+02	0.71	−0.11124E+02	0.63	−0.97957E+01
	4	−0.14943E+02	0.89	−0.13834E+02	0.78	−0.12110E+02	0.69	−0.10741E+02	0.61	−0.95388E+01

续表

单元	高斯点	情况 1	情况 2（φ=5°）		情况 4（φ=15°）		情况 5（φ=25°）		情况 6（φ=35°）	
		剪应力（kN/m^2）	F	剪应力（kN/m^2）	F	剪应力（kN/m^2）	F	剪应力（kN/m^2）	F	剪应力（kN/m^2）
15	1	−0.15021E+02	0.85	−0.13169E+02	0.68	−0.10599E+02	0.56	−0.87871E+01	0.47	−0.73465E+01
	2	−0.13911E+02	0.77	−0.11951E+02	0.60	−0.93177E+01	0.48	−0.75325E+01	0.40	−0.61618E+01
	3	−0.42098E+01	0.23	−0.35399E+01	0.17	−0.26766E+01	0.14	−0.21201E+01	0.11	−0.17098E+01
	4	−0.31330E+01	0.16	−0.25224E+01	0.11	−0.17778E+01	0.09	−0.13322E+01	0.07	−0.10257E+01
16	1	0.42096E+01	0.23	0.35399E+01	0.17	0.26767E+01	0.14	0.21201E+01	0.11	0.17098E+01
	2	0.31328E+01	0.16	0.25224E+01	0.11	0.17778E+01	0.09	0.13323E+01	0.07	0.10257E+01
	3	0.15021E+02	0.85	0.13169E+02	0.68	0.10599E+02	0.56	0.87870E+01	0.47	0.73466E+01
	4	0.13911E+02	0.77	0.11951E+02	0.60	0.93182E+01	0.48	0.75324E+01	0.40	0.61618E+01
25	1	−0.14003E+02	0.81	−0.12521E+02	0.66	−0.10347E+02	0.56	−0.87369E+01	0.48	−0.74109E+01
	2	−0.14851E+02	0.84	−0.13130E+02	0.69	−0.10674E+02	0.57	−0.89045E+01	0.48	−0.74790E+01
	3	−0.48812E+01	0.27	−0.42608E+01	0.22	−0.33880E+01	0.18	−0.27737E+01	0.15	−0.22912E+01
	4	−0.53848E+01	0.30	−0.46222E+01	0.23	−0.35821E+01	0.18	−0.28751E+01	0.15	−0.23353E+01
26	1	0.48811E+01	0.27	0.42608E+01	0.22	0.33882E+01	0.18	0.27738E+01	0.15	0.22912E+01
	2	0.53846E+01	0.30	0.46221E+01	0.23	0.35822E+01	0.18	0.28751E+01	0.15	0.23352E+01
	3	0.14003E+02	0.81	0.12521E+02	0.67	0.10347E+02	0.56	0.87368E+01	0.48	0.74110E+01
	4	0.14851E+02	0.84	0.13130E+02	0.69	0.10674E+02	0.57	0.89045E+01	0.48	0.74791E+01
55	1	−0.40507E+01	0.25	−0.38557E+01	0.22	−0.34993E+01	0.20	−0.31726E+01	0.18	−0.28563E+01
	2	−0.56107E+01	0.34	−0.52853E+01	0.30	−0.47165E+01	0.27	−0.42170E+01	0.24	−0.37491E+01
	3	−0.12197E+01	0.07	−0.11597E+01	0.07	−0.10500E+01	0.06	−0.94930E+00	0.00	−0.85182E+00
	4	−0.17668E+01	0.11	−0.16636E+01	0.10	−0.14820E+01	0.09	−0.13215E+01	0.00	−0.11707E+01
56	1	0.12196E+01	0.07	0.11597E+01	0.07	0.10501E+01	0.06	0.94932E+00	0.00	0.85184E+00
	2	0.17667E+01	0.11	0.16637E+01	0.10	0.14821E+01	0.00	0.13215E+01	0.00	0.11707E+01
	3	0.40507E+01	0.25	0.38557E+01	0.23	0.34994E+01	0.20	0.31727E+01	0.18	0.28563E+01
	4	0.56107E+01	0.34	0.52853E+01	0.30	0.47166E+01	0.27	0.42170E+01	0.24	0.37492E+01
69	1	0.33224E+01	0.21	0.32081E+01	0.19	0.29945E+01	0.18	0.27941E+01	0.17	0.25963E+01
	2	0.40104E+01	0.25	0.38616E+01	0.23	0.35908E+01	0.21	0.33424E+01	0.20	0.31009E+01
	3	0.23946E+01	0.15	0.23132E+01	0.14	0.35908E+01	0.13	0.20206E+01	0.12	0.18817E+01
	4	0.28094E+01	0.17	0.27078E+01	0.16	0.25234E+01	0.15	0.23548E+01	0.14	0.21914E+01

不同情况 y 方向位移值 **表 3-3**（单位 m）

结点	情况 1（φ=0°）	情况 2（φ=5°）	情况 3（φ=10°）	情况 4（φ=15°）	情况 5（φ=25°）	情况 6（φ=35°）
5	−0.38919E−02	−0.38890E−02	−0.38776E−02	−0.38600E−02	−0.38076E−02	−0.37446E−02
7	−0.66050E−02	−0.65306E−02	−0.64476E−02	−0.63596E−02	−0.61658E−02	−0.59649E−02
9	−0.13214E−01	−0.12814E−01	−0.12437E−01	−0.12083E−01	−0.11401E−01	−0.10766E−01

续表

结点	情况 1 ($\varphi=0°$)	情况 2 ($\varphi=5°$)	情况 3 ($\varphi=10°$)	情况 4 ($\varphi=15°$)	情况 5 ($\varphi=25°$)	情况 6 ($\varphi=35°$)
11	−0. 18025E−01	−0. 17099E−01	−0. 16330E−01	−0. 15665E−01	−0. 14568E−01	−0. 13733E−01
13	−0. 13215E−01	−0. 12814E−01	−0. 12437E−01	−0. 12083E−01	−0. 11401E−01	−0. 10766E−01
133	−0. 37701E−02	−0. 37349E−02	−0. 37005E−02	−0. 36656E−02	−0. 35920E−02	−0. 35127E−02
135	−0. 62353E−02	−0. 61264E−02	−0. 60216E−02	−0. 59195E−02	−0. 57181E−02	−0. 55115E−02
137	−0. 97630E−02	−0. 94842E−02	−0. 92253E−02	−0. 89823E−02	−0. 85256E−02	−0. 80783E−02
139	−0. 11730E−01	−0. 11318E−01	−0. 10944E−01	−0. 10599E−01	−0. 99624E−02	−0. 93440E−02
141	−0. 97630E−02	−0. 94843E−02	−0. 92253E−02	−0. 89823E−02	−0. 85256E−02	−0. 80783E−02

第 5，6，14，15，16，25，26，55，56，69 号单元 4 个高斯点的剪应力 τ_{xy} 及折减因子 F 的值 表 3-4

单元	高斯点	情况 1	情况 2 ($\varphi=5°$)		情况 4 ($\varphi=15°$)		情况 5 ($\varphi=25°$)		情况 6 ($\varphi=35°$)	
		剪应力 (kN/m²)	F	剪应力 (kN/m²)	F	剪应力 (kN/m²)	F	剪应力 (kN/m²)	F	剪应力 (kN/m²)
5	1	−0. 58766E+01	0. 75	−0. 49620E+01	0. 58	−0. 38373E+01	0. 47	−0. 31102E+01	0. 31	−0. 29197E+01
	2	−0. 29155E+01	0. 34	−0. 22315E+01	0. 23	−0. 15078E+01	0. 15	−0. 12119E+01	0. 10	−0. 11873E+01
	3	−0. 54052E+00	0. 08	−0. 53078E+00	0. 07	−0. 48523E+00	0. 05	−0. 37391E+00	0. 03	−0. 40410E+00
	4	0. 27231E+01	0. 34	0. 22301E+01	0. 25	0. 16714E+01	0. 15	0. 14887E+01	0. 10	0. 14397E+01
6	1	0. 54047E+00	0. 08	0. 53079E+00	0. 07	0. 48524E+00	0. 05	0. 37386E+00	0. 03	0. 40408E+00
	2	−0. 27232E+01	0. 34	−0. 22302E+01	0. 25	−0. 16714E+01	0. 15	−0. 14887E+01	0. 10	−0. 14397E+01
	3	0. 58764E+01	0. 75	0. 49620E+01	0. 58	0. 38371E+01	0. 47	0. 31102E+01	0. 31	0. 29196E+01
	4	0. 29154E+01	0. 34	0. 22315E+01	0. 23	0. 15077E+01	0. 15	0. 12118E+01	0. 10	0. 11873E+01
14	1	−0. 33312E+01	0. 48	−0. 31852E+01	0. 45	−0. 29603E+01	0. 42	−0. 27644E+01	0. 39	−0. 25822E+01
	2	−0. 19126E+01	0. 28	−0. 18667E+01	0. 27	−0. 17959E+01	0. 26	−0. 16976E+01	0. 25	−0. 16436E+01
	3	−0. 74526E+01	1. 00	−0. 67985E+01	0. 89	−0. 58363E+01	0. 78	−0. 51364E+01	0. 70	−0. 46135E+01
	4	−0. 69735E+01	0. 98	−0. 64145E+01	0. 85	−0. 55781E+01	0. 75	−0. 49555E+01	0. 66	−0. 43376E+01
15	1	−0. 70098E+01	0. 93	−0. 60876E+01	0. 74	−0. 48854E+01	0. 62	−0. 40986E+01	0. 51	−0. 35511E+01
	2	−0. 64920E+01	0. 84	−0. 55125E+01	0. 65	−0. 42929E+01	0. 53	−0. 35059E+01	0. 42	−0. 30895E+01
	3	−0. 19645E+01	0. 25	−0. 16338E+01	0. 19	−0. 12355E+01	0. 15	−0. 10031E+01	0. 10	−0. 91913E+00
	4	−0. 14620E+01	0. 18	−0. 11593E+01	0. 13	−0. 82456E+00	0. 09	−0. 67919E+00	0. 06	−0. 68195E+00
16	1	0. 19645E+01	0. 25	0. 16339E+01	0. 19	0. 12355E+01	0. 15	0. 10030E+01	0. 10	0. 91908E+00
	2	0. 14619E+01	0. 18	0. 11593E+01	0. 13	0. 82456E+00	0. 09	0. 67913E+00	0. 06	0. 68192E+00
	3	0. 70096E+01	0. 93	0. 60877E+01	0. 74	0. 48852E+01	0. 62	0. 40986E+01	0. 51	0. 35511E+01
	4	0. 64919E+01	0. 84	0. 55125E+01	0. 65	0. 42928E+01	0. 53	0. 35059E+01	0. 42	0. 30894E+01
25	1	−0. 65348E+01	0. 88	−0. 57902E+01	0. 72	−0. 47655E+01	0. 61	−0. 40435E+01	0. 54	−0. 35198E+01
	2	−0. 69306E+01	0. 92	−0. 60678E+01	0. 75	−0. 49174E+01	0. 63	−0. 41354E+01	0. 54	−0. 35719E+01
	3	−0. 22779E+01	0. 30	−0. 19672E+01	0. 24	−0. 15608E+01	0. 20	−0. 12849E+01	0. 17	−0. 11181E+01
	4	−0. 25129E+01	0. 32	−0. 21340E+01	0. 25	−0. 16512E+01	0. 20	−0. 13264E+01	0. 15	−0. 12230E+01

续表

单元	高斯点	情况 1	情况 2（φ=5°）		情况 4（φ=15°）		情况 5（φ=25°）		情况 6（φ=35°）	
		剪应力（kN/m²）	F	剪应力（kN/m²）	F	剪应力（kN/m²）	F	剪应力（kN/m²）	F	剪应力（kN/m²）
26	1	0.22778E+01	0.30	0.19672E+01	0.24	0.15607E+01	0.20	0.12849E+01	0.17	0.11181E+01
	2	0.25128E+01	0.32	0.21340E+01	0.25	0.16512E+01	0.20	0.13263E+01	0.15	0.12229E+01
	3	0.65347E+01	0.88	0.57902E+01	0.72	0.47654E+01	0.61	0.40435E+01	0.54	0.35198E+01
	4	0.69304E+01	0.92	0.60678E+01	0.75	0.49172E+01	0.63	0.41354E+01	0.54	0.35719E+01
55	1	−0.18903E+01	0.27	−0.17907E+01	0.25	−0.16139E+01	0.22	−0.14582E+01	0.20	−0.13081E+01
	2	−0.26183E+01	0.37	−0.24527E+01	0.33	−0.21735E+01	0.29	−0.19385E+01	0.26	−0.17206E+01
	3	−0.56917E+00	0.08	−0.53855E+00	0.07	−0.48409E+00	0.07	−0.43604E+00	0.06	−0.38949E+00
	4	−0.82453E+00	0.12	−0.77202E+00	0.10	−0.68269E+00	0.09	−0.60701E+00	0.08	−0.53594E+00
56	1	0.56915E+00	0.08	0.53852E+00	0.07	0.48410E+00	0.07	0.43603E+00	0.06	0.38948E+00
	2	0.82448E+00	0.12	0.77198E+00	0.10	0.68267E+00	0.09	0.60699E+00	0.08	0.53593E+00
	3	0.18903E+01	0.27	0.17906E+01	0.25	0.16139E+01	0.22	0.14583E+01	0.20	0.13081E+01
	4	0.26183E+01	0.37	0.24527E+01	0.33	0.21735E+01	0.29	0.19385E+01	0.26	0.17206E+01
69	1	0.15505E+01	0.23	0.14919E+01	0.21	0.13854E+01	0.20	0.12893E+01	0.18	0.11959E+01
	2	0.18715E+01	0.27	0.17955E+01	0.25	0.16613E+01	0.23	0.15429E+01	0.22	0.14306E+01
	3	0.11175E+01	0.16	0.10758E+01	0.15	0.10005E+01	0.14	0.93291E+00	0.13	0.86778E+00
	4	0.13110E+01	0.19	0.12591E+01	0.18	0.11679E+01	0.17	0.10877E+01	0.15	0.10121E+01

由表 3-1 可见，算例 1 中，节点 11 的 y 方向位移随着内摩擦角增大位移减少，在无摩擦情况下与 $\varphi=25\sim35°$情况下位移值降低将近 1/5～1/4。可见，发展摩擦体弹性计算是十分必要的。由表 3-2 可见，随着内摩擦角的增大，剪应力逐渐降低，15 单元高斯点 1 在无摩擦情况下与 $\varphi=25\sim35°$情况下剪应力降低将近 1/3～1/2。

由表 3-3 可见，算例 2 中，节点 11 的 y 方向位移随着内摩擦角增大位移减少，在无摩擦情况下与 $\varphi=25\sim35°$情况下，位移值降低将近 1/5～1/4。由表 3-4 可见，随着内摩擦角的增大，剪应力逐渐降低，15 单元高斯点 1 在无摩擦情况下与 $\varphi=25\sim35°$情况下剪应力降低将近 1/3～1/2。

图 3-6 列出例题 1 的单元平均剪应变与单元平均剪应力 γ_{xy}-τ_{xy}^{1} 曲线图。直线对应的是弹性情况 $G=3461$kPa。在图 3-5 中心线的右面选了七个单元，单元都选在中心线右边是为了取剪应变及剪应力的值为正值。每个单元都是按摩擦角为 0°，5°，10°，15°，20°，25°，30°，35°共八种情况计算的。由图看出，随摩擦角不同，τ_{xy}^{1}变化很小，因为 τ_{xy}^{1}取决于外荷载，外荷载不变，τ_{xy}^{1}也不变。还可看出直线以上部分为摩擦应力 τ_{xy}^{s}，直线以下部分为 τ_{xy}，随摩擦角不同，τ_{xy}^{s}与 τ_{xy}值也相应不同。

图 3-7 是算例 1 的 11 号结点的位移与荷载曲线。图中 1、2、3、4、5 表示不同摩擦系数对应的曲线。1 为传统弹性情况；2 为摩擦系数为 5°；3 为摩擦系数为 15°；4 为摩擦系数为 25°；5 为摩擦系数为 35°。由图可见，考虑摩擦以及不同摩擦角情况下计算的位移是不同的：同一载荷下，摩擦角越大，结点的位移越小；随着荷载与位移的增加，这种区

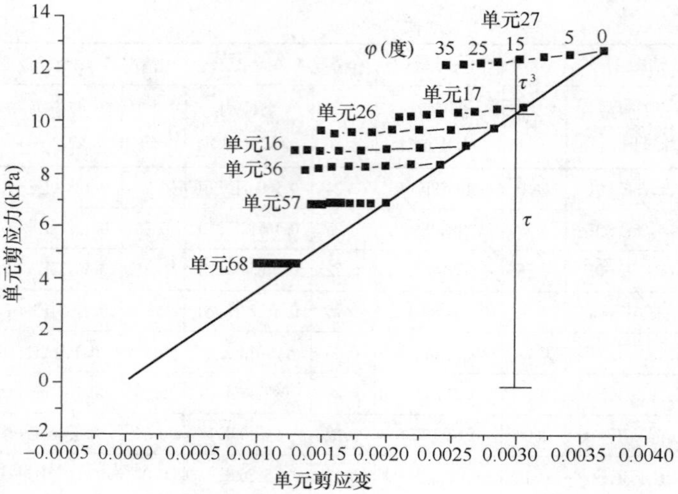

图 3-6 不同内摩擦角下单元平均剪应变与平均剪应力 γ_{xy}-τ^1_{xy}曲线图

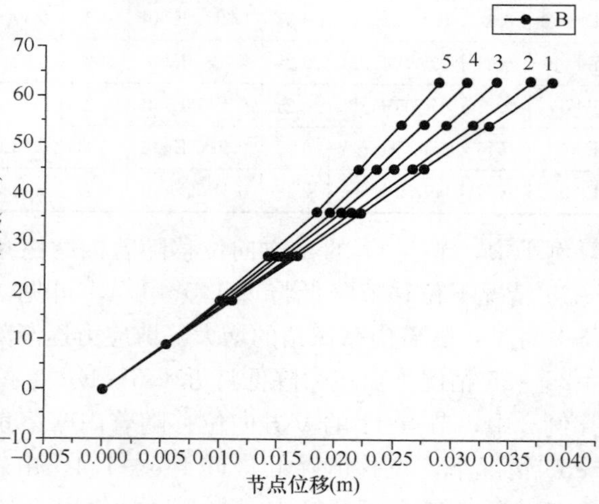

图 3-7 不同内摩擦角下结点荷载与位移曲线图

别更加明显。较多的工程实例表明，按不考虑摩擦影响的传统弹性理论计算的基础沉降量与实际监测结果相比偏大，如青岛中银大厦，按传统弹性理论计算的箱基沉降值为 99.4mm，而实测值为 74.27mm。考虑摩擦效应的岩土弹性力学较好地解释了这一实际现象，所计算的位移将与实际更加接近。

3.3 岩土材料的弹性剪切应变能

材料受外力作用而产生弹性变形时，物体内部应力、应变作弹性功，从而在物体内部将积蓄有弹性应变能。对于均匀无摩擦可压缩材料单元体将同时发生体积改变和形状改变，与单元体体积改变相应的那一部分比能称为体积变形比能或体积应变比能，与单元体形状改变相应的那一部分比能称为形状改变比能或剪切应变比能。对均匀有内摩擦可压缩材料，在形状改变比能内，显然还有摩擦比能，它会阻止弹性剪切变形，并在材料中积聚。摩擦体的真实弹性剪切应变比能应是无摩擦材料的剪切应变比能与摩擦比能之和，而目前岩土材料能量计算中均未考虑弹性摩擦能。

对于在线弹性范围内，小变形条件下受力的物体，其单元体的各部分比能为：

弹性体积应变比能：

$$w_v^e = \frac{1}{2}p\varepsilon_v = \frac{p^2}{2K} \tag{3.3.1}$$

弹性剪切应变比能（无摩擦材料）：

$$w_d^e = \frac{1}{2}q\bar{\gamma} = \frac{q^2}{6G} = \frac{J_2}{2G} \tag{3.3.2}$$

摩擦材料弹性摩擦比能（单剪情况下）：

非极限状态：

$$w_f^e = \frac{1}{2}\sigma_n \tan\varphi' \gamma_n \tag{3.3.3}$$

刚进入极限状态：

$$w_f^e = \frac{1}{2}\sigma_n \tan\varphi \gamma_n \tag{3.3.4}$$

式中 σ_n、γ_n——屈服面上的法向力与剪应变。

由莫尔-库仑定律可知：

$$\sigma_n = \frac{\sigma_1 + \sigma_3}{2} + \frac{\sigma_1 - \sigma_3}{2}\sin\varphi$$

$$\gamma_n = \frac{\sigma_n \tan\varphi}{G}$$

摩擦材料弹性摩擦比能（三剪情况下）：

刚进入极限时，

$$w_f^e = w_{f12}^e + w_{f23}^e + w_{f13}^e = \frac{1}{2}(\sigma_{n1}\tan\varphi_{12}\gamma_{12} + \sigma_{n2}\tan\varphi_{23}\gamma_{23} + \sigma_{n3}\tan\varphi_{13}\gamma_{13}) \tag{3.3.5}$$

式中 σ_{n1}、σ_{n2}、σ_{n3}；φ_{12}、φ_{23}、φ_{13}——三个屈服面上的法向力与土体的内摩擦角。

刚进入极限时刻材料处于弹性阶段与塑性阶段之间，其后材料进入塑性，摩擦能为塑性耗散能，能量不再在材料中积聚。

长期以来，人们一直认为材料的摩擦能是耗散能，所以没有引入摩擦产生的弹性应变能。实际上岩土材料是内摩擦材料，在弹性阶段也产生摩擦能，只要土体有剪切变形，它就会产生摩擦能，并储存在材料内而成为弹性应变能。材料的耗散能是塑性变形产生的，当岩土材料进入塑性状态后，岩土的摩擦能成为耗散能，是塑性剪变能的主要耗散形式之一。

第四章　屈服条件与破坏条件

4.1　屈服条件与屈服面

4.1.1　屈服条件与破坏条件的概念及其性质

固体受到荷载作用后，随着荷载增大，由弹性状态过渡到塑性状态，这种过渡叫做屈服，而物体内某一点开始产生塑性应变时，应力或应变所必须满足的条件叫做屈服条件。亦即是初始弹性条件下的界限，在单向受力条件下，就是屈服极限 σ_s。最初出现的屈服面称为初始屈服面，它是应力 σ_{ij}、应变 ε_{ij}、时间 t 及温度 T 的函数，其方程为

$$F(\sigma_{ij}, \varepsilon_{ij}, t, T) = 0 \tag{4.1.1}$$

但在不考虑时间效应以及在接近常温的情况下，时间 t 及温度 T 对塑性状态没有什么影响，那么 F 中将不包含 t 和 T，另外由于初始屈服之前是处于弹性状态的，应力与应变之间有一一对应关系。可将函数 ε_{ij} 用 σ_{ij} 表示，或将 σ_{ij} 用 ε_{ij} 表示。这样，屈服条件仅仅只是应力分量或应变分量的函数。通常，我们习惯于将其表达成应力的函数，则可写成

$$F(\sigma_{ij}) = 0 \tag{4.1.2}$$

在简单拉伸情况下，当拉应力达到材料拉伸屈服极限时，即 $\sigma=\sigma_s$；在纯剪状态，当剪应力达到材料剪切屈服极限 τ_s 时，即 $\tau=\tau_s$ 开始屈服，一般情况下，屈服条件与应力的六个分量有关，但在不考虑应力主轴旋转情况下，它与三个主应力分量或不变量有关，而且是它们的函数，这个函数 F 称为屈服函数。

$$\left.\begin{aligned} &F(\sigma_1, \sigma_2, \sigma_3) = 0 \\ &F(I_1, I_2, I_3) = 0 \\ &F(I_1, J_2, J_3) = 0 \\ &F(\sigma_m, J_2, \theta_\sigma) = 0 \\ &F(p, q, \theta_\sigma) = 0 \end{aligned}\right\} \tag{4.1.3}$$

在传统塑性力学中，由于体积变形或静水应力状态与塑性变形无关，因而上式中均与 I_1、σ_m、p 无关，则可写成应力偏量的函数，

$$\left.\begin{aligned} &F(\sigma_1, \sigma_2, \sigma_3) = 0 \\ &F(I_2, I_3) = 0 \\ &F(J_2, J_3) = 0 \\ &F(J_2, \theta_\sigma) = 0 \\ &F(q, \theta_\sigma) = 0 \\ &F(S_1, S_2, S_3) = 0 \end{aligned}\right\} \tag{4.1.4}$$

在应力空间内屈服函数表示为屈服曲面。当以应力分量作为变量时，则屈服面为六维

应力空间内的超曲面。若以主应力分量表示时，则为主应力空间内一个曲面，称为屈服曲面（图 4-1）。

屈服曲面也就是初次屈服的应力点连起来构成的一个空间曲面。它把应力空间分成两个部分，应力点在屈服面内属弹性状态。此时 $F(\sigma_{ij})<0$；在屈服面上材料开始屈服，$F(\sigma_{ij})=0$；对于理想塑性材料，应力点不可能跑出屈服面之外；对于硬化材料，在屈服面外则属塑性状态的继续，此时屈服函数 F 将是变化的，这种屈服函数一般叫做加载函数，亦称后继屈服面。

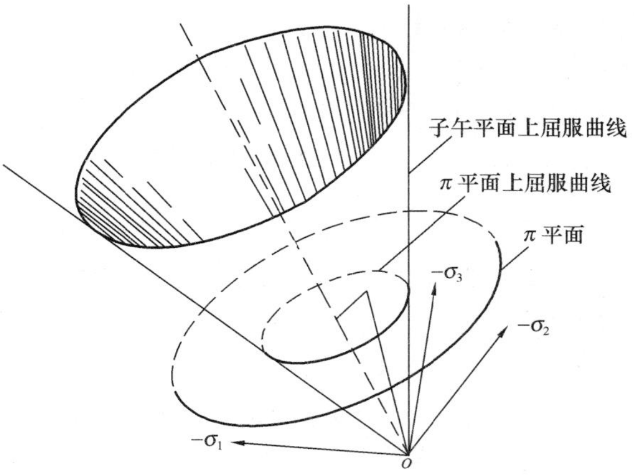

图 4-1　屈服曲线与屈服面

当前，塑性力学规定材料进入无限塑性状态（应力不变，应变无限增大）时称作破坏，因此，理想塑性的初始屈服面就是破坏面。不过这一破坏条件与破坏面只是塑性力学中的假定，真实的破坏条件，尤其是岩土工程中整体破坏条件，正是当前研究的热点问题。当前混凝土材料通过大量试验后提出，应力达到强度材料不会破坏，只有应变达到极限应变（弹塑性极限应变）材料才会出现破坏。这就表明弹塑性材料，应变不可能无限增大，达到极限应变后即从塑性进入破坏。表明当前塑性力学中破坏的观点有误，应力达到强度后应力不变，只是破坏的必要条件而非充分条件；应变不可能无限增大，材料中某点的应变达到极限应变，该点就发生破坏，可见应力和应变都要达到极限，材料才会发生破坏，这是破坏的充要条件，详见 4.7 节所述。

在不考虑主应力轴旋转情况下，一点的应力状态可由三个应力分量表示，也可由三个应力不变量表示。材料的屈服可以是在一个或两个应力分量或应力不变量作用下屈服，也可在三个应力分量或三个应力不变量作用下屈服。前者称为部分屈服，即材料在一个或两个应力分量方向上达到屈服，而在另外一个或两个应力分量方向上没有达到屈服；后者称为全部屈服，即三个应力分量方向上都达到屈服。由此可见，从应力分量达到屈服来看，屈服条件应是三个，即有三个屈服面，这正是广义塑性力学中屈服面的特点。表示在应力空间中，过某一应力点有三个屈服面，或在某些情况，可简化采用两个屈服面。如图 4-2 所示，过某一应力点，存在两个屈服面；一个是剪切屈服面，即是判断 q 方向上材料是否达到剪切屈服的条件；另一个是体积屈服面，即是判断 p 方向上材料是否达到体积屈服的条件。

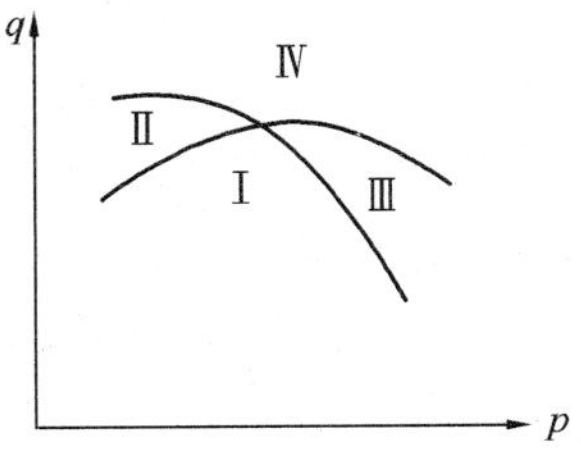

图 4-2　双屈服面

图 4-2 中两条屈服线把应力空间划分为四个区域：区域Ⅰ为弹性区，材料未达到屈服；区域Ⅱ、Ⅲ为部分屈服区，材料只在一个应力分量方向上达到屈服，Ⅳ区为完全屈服区，在两个应力分量方向上全部达到屈服。

广义塑性力学中，材料的屈服是相对应力分量来说的，相对于三个主应力方向可采用三个主应变屈服面，相对于广义应力 p、q、θ_σ 方向可采用体应变屈服面与 q 方向及 θ_σ 方向

（即法线与切线方向）的剪切屈服面。

屈服面在 π 平面上的迹线一般称为 π 平面上的屈服曲线；而屈服面与子午平面（指曲面母线与等倾线组成的平面）的交线称为子午平面上的屈服曲线（图 4-1）。

在应力空间中，当屈服条件写成应力张量不变量的函数时，可写成如下形式

$$F = F_1(I_1) + F_2(J_2, \theta_\sigma) \tag{4.1.5}$$

$F(J_2, \theta_\sigma)$ 决定了 π 平面上屈服迹线的形状，当 $F(I_1)$ 为常数时，即得 π 平面上屈服曲线。当 θ_σ 为常数时，即得子午平面上的屈服曲线，即 I_1 与 J_2 关系曲线。下面分别说明子午平面屈服曲线与 π 平面屈服曲线的一些特点。

在传统塑性理论中，由图 4-3 可见，在与空间等倾线平行的线上，应力点 S_1，P_1，P_1'……，其应力偏量都相同，均为 OS_1，由于塑性变形只取决于应力偏量，因此当 S_1 到达屈服时，则 AB 线上各点的应力也同时达到屈服。同理，当 S_2 达到屈服时，则 DE 线上各点的应力也都达到屈服，以此类推，可断定屈服面上的几何图形必是等截面的柱形体。它的母线与等倾线 $\sigma_1=\sigma_2=\sigma_3$ 平行。由此可见，在传统塑性理论中，各 π 平面上的屈服曲线都是一样的。

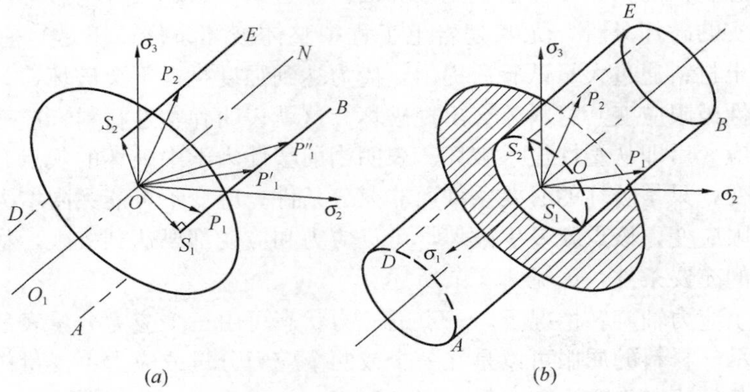

图 4-3　金属材料屈服面的几何图形

不过，上述结论并不适用于岩土塑性理论，因为岩土的屈服条件不仅取决于应力偏量，还与应力球张量有关。

在岩土塑性力学中，剪切屈服必须考虑内摩擦对抗剪强度的影响，因而它与应力张量第一不变量 I_1 有关。在应力空间中岩土的剪切屈服面为锥形体（图 4-4（a）、（c））或为曲线形锥形体（图 4-4（b）、（d））。当屈服函数内只含 I_1 项时为锥形体，而含 $I_1{}^2$ 项时为曲线形锥形体。岩土材料的体积屈服面，依据岩土材料的体积变形特性，可分为两种情况：图 4-5（a）为压缩型体积屈服面，体变只有压缩没有膨胀，当应力达到剪切破坏线上时，体积就不再改变。图 4-5（b）为压缩剪胀型体积屈服面，体变是先压缩后膨胀。

先体缩后体胀表明体变可以恢复，但它不属于弹性恢复，而是在两种应力状态下产生的两种不同的塑性体变。因为在低剪应力状态时（$\eta=q/p\leqslant\eta_{PT}$时，$\eta_{PT}$—状态变化线的斜率），即在状态变化线以下部位出现体缩，塑性体变一直在减少；反之，高剪应力状态下（$\eta>\eta_{PT}$），即在状态变化线以上部位时出现体胀，塑性体变始终在增大。从低剪应力状态到高剪应力状态，塑性体变可以产生部分恢复，但它不同于卸载时体变的弹性恢复。这也

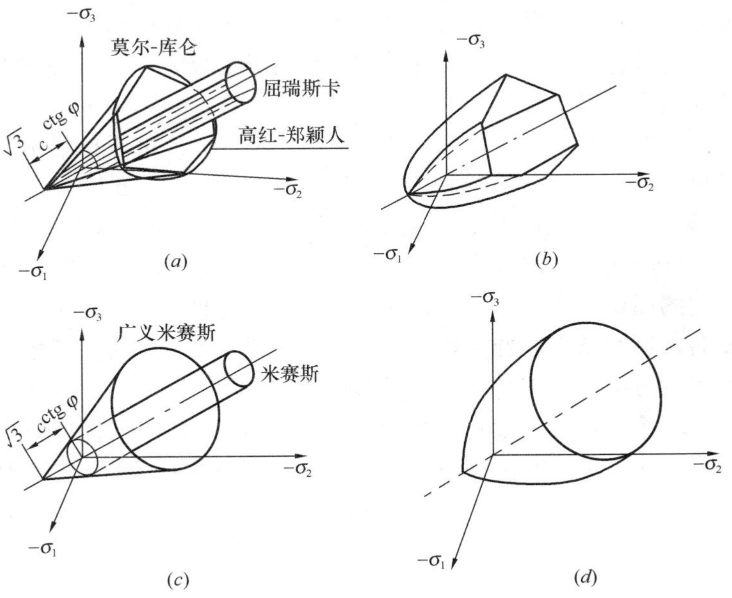

图 4-4 岩土材料的各种剪切屈服面图形

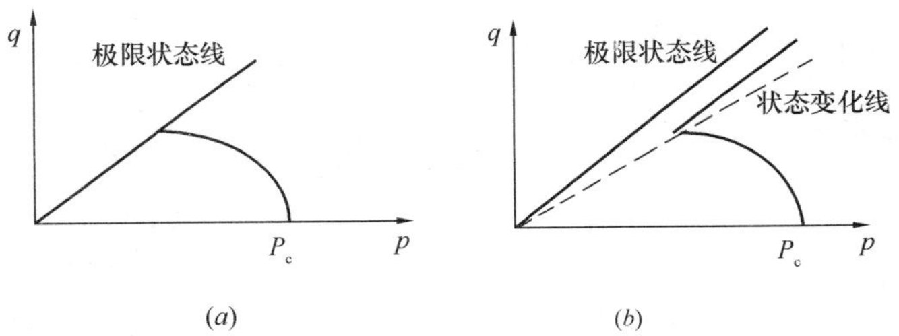

图 4-5 岩土材料的体积屈服

（*a*）压缩型；（*b*）压缩剪胀型

是岩土类颗粒材料的塑性不同于金属材料塑性的一个特点。此外，剪切屈服的发展会导致材料的破坏，因而存在破坏条件与破坏面，而体积屈服是可以无限发展的，不存在破坏面。

子午平面上，岩土剪切屈服面在 p 方向是不封闭的（如图 4-4（*a*）、（*b*）、（*c*）、（*d*）），金属也不例外（图 4-4（*a*）、（*c*））。因而，子午平面上的剪切屈服曲线是一条不封闭曲线。而子午平面上，体积屈服曲线是封闭的，它通常与破坏曲线相接而形成封闭曲线（图 4-5）。

在岩土塑性理论中，π 平面上的剪切屈服曲线具有如下性质：

（1）屈服曲线是一条封闭曲线，或是等倾线上的一个点。

材料在初始屈服面内属弹性应力状态，所以屈服曲线必定是封闭的，否则将出现某些情况下材料永不剪切屈服的情况，这是不可能的。但在传统塑性理论中，屈服由应力偏量所引起，所以屈服曲线不可能是等倾线上的一点。反之，在岩土塑性理论中，由于屈服强度不是常数，而随正应力而变，在某些情况下就会出现屈服强度为零的情况，此时屈服曲线表现为等倾线上的一点（图 4-4（*a*）、（*b*）、（*c*）、（*d*））。

(2) 屈服曲线与任一坐标原点出发的向径必相交一次，且仅相交一次，即屈服曲线不仅是封闭的，而且是单连通的，否则将导致同一应力状态既对应于弹性状态又对应于塑性状态，亦即初始屈服只有一次。

(3) 屈服曲线对称于π平面内的三个坐标轴σ_1'、σ_2'、σ_3'。由于材料均匀各向同性，若(S_1，S_2，S_3)是屈服线上的一点，则(S_1，S_3，S_2)点也必是屈服线上的一点，因此屈服曲线对σ_1'轴对称。就表明屈服对σ_1'、σ_2'、σ_3'可以互换，因此屈服曲线必在6个60°扇形区内有相同的形状(图4-6)。这个结论对岩土材料和金属材料均适用。不过金属材料拉伸与压缩具有相同的屈服极限。因此，在屈服曲线的对称性方面，还有进一步的特点。由于应力符号改变时，屈服条件不变，亦即F为σ_1、σ_2、σ_3或J_2的偶函数，这时屈服曲线对三个坐标轴的正负方向均为对称，即屈服曲线对称于$\perp AA'$，$\perp BB'$，$\perp CC'$三条直线(图4-6)，亦即在12个30°扇形区域内具有相同形状。这是传统塑性理论中屈服曲线的一个特点，而岩土塑性理论中，严格来说都不具有这一特点，只能在60°扇形区内具有相同的形状。

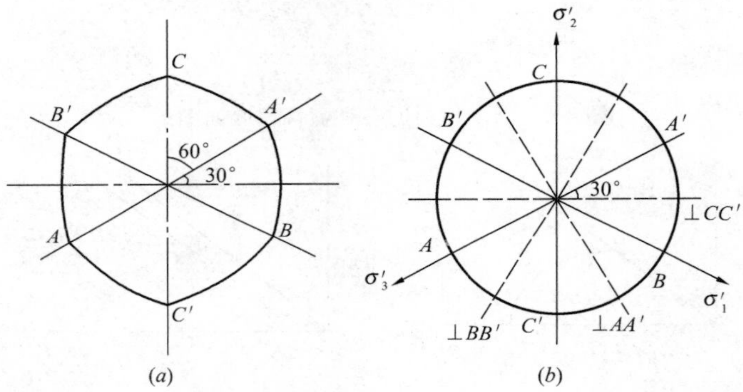

图4-6 π平面屈服曲线

(a)岩土材料的π平面屈服曲线；(b)金属材料的π平面屈服曲线

(4) 在传统塑性力学中，无论π平面还是在子午平面上，可以证明屈服曲线相对坐标原点为外凸曲线，屈服面为外凸面(图4-6)(证明见后)。广义塑性力学中，体积屈服面可以凸，也可凹。从概念说，剪切屈服面(破坏条件)应为凸面，但至今没有严格的证明。

4.1.2 屈服条件应遵循的力学原则及其检验标准

如上所述，屈服条件是弹塑性的分界点，是弹性的极限，屈服准则只代表材料某应力点达到了屈服或流动，但不能表示材料已出现整体破坏，因为该点旁边的点仍处于弹性状态，它会抑制材料的流动。可见屈服准则只是材料破坏的必要条件，而非充分条件。既然屈服是弹性的极限，因而可应用弹性力学来推导屈服条件，也就是说，不管屈服条件以何种形式表示，如应力、应变或能量形式，它们都必须满足弹性力学(线弹性与非线性弹性)基本理论，如弹性的应力-应变关系及弹性能量理论等。这就是屈服条件需要遵循的力学原则。对于金属，一般情况下，应力-应变关系为线性的，而对岩土，一般也可近似视为线弹性。因而应力与应变关系必须服从虎克定律，应力屈服条件与应变屈服条件可以依据虎克定律相互转换。同时，由于应力与应变成正比，材料的弹性应变能必须与应力或应变的平方成正比，因而材料的能量屈服条件必然与应力或应变条件成平方关系。可见，应力、应变与能量表述的屈服条件都必须满足上述力学关系。

材料的屈服条件一般是依据某种理论或者是某种实验现象而建立的，也有依据经验而建立的，其表达形式通常采用应力表示、应变表示或能量表示的形式。屈服条件的检验标准，最主要的当然是符合实验的结果。其次，建立准则的理论依据，必须明确、完备与符合实际状况。比如，Tresca 条件是基于材料单剪破坏时的准则，没有考虑材料的实际三剪状态，这样的理论不够完善，也不会充分符合实际状况。再次，应当满足力学的基本原则，对于屈服条件就是符合弹性力学基本原理。由此，应力表达的准则与应变表达的准则一定可以互换；能量表达的准则开方就是应力或应变表达的准则。反之，应力或应变表达的准则平方就是能量表达的准则。上述三条标准可认为是检验屈服条件是否科学合理的依据。由此也可看出，对于一定的力学模型只可能有一个屈服条件，而不是多个屈服条件，不同的力学模型才会有不同的屈服条件。

4.2　金属材料的屈服条件

4.2.1　屈瑞斯卡条件

在传统塑性理论中对金属材料应用最早的屈服条件是屈瑞斯卡条件，这是 1864 年由屈瑞斯卡提出来的，他假设当最大剪应力达到某一极限值 k 时，材料发生屈服，显然这是剪切屈服条件。如规定 $\sigma_1 \geqslant \sigma_2 \geqslant \sigma_3$ 时，屈瑞斯卡条件可表示为

$$\tau_{\max} = \frac{\sigma_1 - \sigma_3}{2} = k \tag{4.2.1}$$

在一般情况下，即 σ_1、σ_2、σ_3 不按大小次序排列，则下列表示最大剪应力的六条件中任一个成立，材料就开始屈服

$$\left.\begin{aligned} \sigma_1 - \sigma_2 &= \pm 2k \\ \sigma_2 - \sigma_3 &= \pm 2k \\ \sigma_3 - \sigma_1 &= \pm 2k \end{aligned}\right\} \tag{4.2.2}$$

或写成

$$[(\sigma_1 - \sigma_2)^2 - 4k^2][(\sigma_2 - \sigma_3)^2 - 4k^2][(\sigma_3 - \sigma_1)^2 - 4k^2] = 0 \tag{4.2.3}$$

如用不变量 J_2 和 J_3 表示则式（4.2.3）可写成

$$4J_2^3 - 27J_3^2 - 36k^2 J_2^2 + 96k^4 J_2 - 64k^6 = 0 \tag{4.2.4}$$

这个表达式太复杂，一般情况下不使用。当在主应力大小已知时，应用式（4.2.1）却是很方便的。

如用洛德角 θ_σ 和 J_2 表示，还可写成

$$\sqrt{J_2}\cos\theta_\sigma - k = 0 \qquad 其中 -\frac{\pi}{6} \leqslant \theta_\sigma \leqslant \frac{\pi}{6} \tag{4.2.5}$$

在应力空间中 $\sigma_1 - \sigma_3 = \pm 2k$ 表示一对平行于 σ_2 及 π 面法线 on（等倾线）的平面。因此按式（4.2.2）所建立的屈服面由三对相互平行的平面组成，为垂直于 π 平面的正六柱

体，在π平面上的屈服曲线如图 4-7（a）所示。

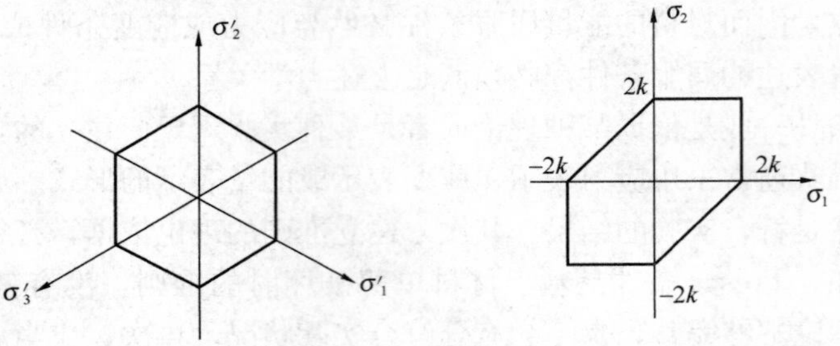

图 4-7 屈瑞斯卡条件

（a）π平面上屈瑞斯卡条件几何图形；（b）$\sigma_3=0$ 时的屈瑞斯卡条件

在π平面上，根据式（2.4.5）有

$$x=\sqrt{2}\,\frac{\sigma_1-\sigma_3}{2}=\sqrt{2}k=\text{常数} \tag{4.2.6}$$

这在$-30°\leqslant\theta_\sigma\leqslant30°$范围内，是一条平行于$y$轴的直线，将其对称开拓就成为正六角形。

在平面应力状态下，并规定$\sigma_3=0$情况下，则式（4.2.2）变为

$$\left.\begin{aligned}\sigma_1-\sigma_2&=\pm 2k\\ \sigma_2&=\pm 2k\\ \sigma_1&=\pm 2k\end{aligned}\right\} \tag{4.2.7}$$

在$\sigma_1-\sigma_2$应力平面上，相当于六条直线，构成如图 4-7（b）所示的六边形。

关于k值的确定，若作材料单向拉伸屈服试验，则有$\sigma_1=\sigma_s$，$\sigma_2=\sigma_3=0$，$\sigma_1-\sigma_3=2k=\sigma_s$得

$$k=\frac{\sigma_s}{2}$$

若作纯剪屈服试验，则有$\sigma_1=\tau_s$，$\sigma_2=0$，$\sigma_3=-\tau_s$，$\sigma_1-\sigma_3=2\tau_s=2k$，得

$$k=\tau_s$$

比较上两式，若屈瑞斯卡条件正确，则应有

$$\sigma_s=2\tau_s \tag{4.2.8}$$

屈瑞斯卡条件比较简单，但没有考虑中主应力影响，与试验结果稍有差异。

4.2.2 米赛斯条件

1. 米赛斯条件

屈瑞斯卡条件不考虑中间主应力影响，另外当应力处在两个屈服面交线上时，处理时要遇到数学上的困难。在主应力大小未知时，屈服条件又十分复杂，因此，米赛斯在研究了实验结果后，又提出了另一种屈服条件，即

$$J_2=C \tag{4.2.9}$$

或

$$(\sigma_1-\sigma_2)^2+(\sigma_2-\sigma_3)^2+(\sigma_3-\sigma_1)^2=6C$$

式（4.2.9）称为米赛斯条件，是屈服条件中一种最简单的形式，因为在这一条件中只含有J_2。

由式（2.4.7），对米赛斯屈服条件有

$$r_\sigma = \sqrt{2J_2} = \sqrt{2C} = \text{常数}$$

因此，在 π 平面上米赛斯条件必为一圆（图 4-8），它比有角点的曲线应用起来更为方便。米赛斯屈服面为正圆柱体。

若用简单拉伸来确定 C 值。此时

$$J_2 = \frac{\sigma_s^2}{3} = C$$

若用纯剪来确定 C 值，则有

$$J_2 = \tau_s^2 = C$$

因此，如果米赛斯条件成立，则有

$$\sigma_s = \sqrt{3}\tau_s \qquad (4.2.10)$$

对于多数金属，此式能较好符合。

如果规定简单拉伸时，米赛斯条件与屈瑞斯卡条件重合，则有：

$$J_2 = \frac{\sigma_s^2}{3} \quad (\text{对米赛斯})$$

$$\tau_{max} = \frac{\sigma_s}{2} \quad (\text{对屈瑞斯卡})$$

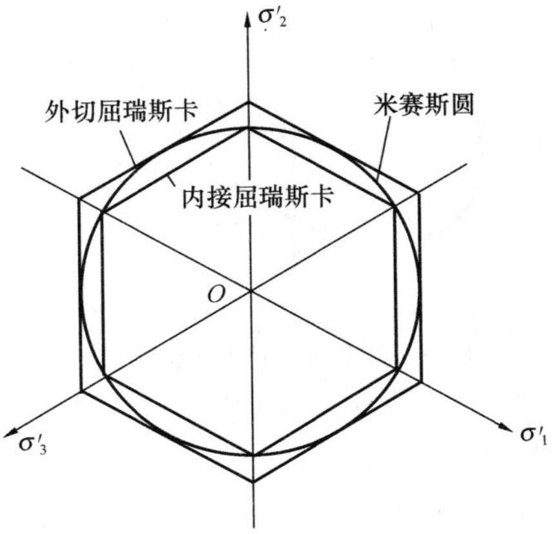

图 4-8 内接屈瑞斯卡六边形

此时，π 平面上，屈瑞斯卡六角形顶点到 O 点的距离 d 等于米赛斯圆半径 C，即

$$d = \sqrt{\frac{2}{3}}\sigma_s = \sqrt{2}\tau_s = C$$

所以屈瑞斯卡六边形将内接于米赛斯圆（如图 4-8）。

如规定纯剪时，两种屈服条件重合，则有

$$J_2 = \tau_s^2 \qquad (\text{对米赛斯})$$

$$\tau_{max} = \tau_s \qquad (\text{对屈瑞斯卡})$$

此时，π 平面上屈瑞斯卡六角形顶点到 O 点的距离 d' 为

$$d' = \sqrt{\frac{2}{3}}2\tau_s$$

每个三角形的高　$h = d'\cos 30^\circ = \sqrt{2}\tau_s$

米赛斯圆半径　$C = \sqrt{2}\tau_s$

所以此时米赛斯圆内切于屈瑞斯卡六边形（图 4-8）。

在 $\sigma_3 = 0$ 的平面应力情况下，米赛斯几何条件可表示为

$$\sigma_1^2 - \sigma_1\sigma_2 + \sigma_2^2 = 3C = \sigma_s^2$$

其形状如图 4-9 所示，这是一个椭圆，里面内接屈瑞斯卡屈服条件。

米赛斯屈服条件是 J_2 的函数，而 J_2 与八面体上的剪应力 τ_s 和 π 平面上的剪应力分量 τ_π 有关，而且还与物体形状改变的弹性比能有关，所以米赛斯服条件的物理意义可解释为，当八面体上的剪应力或 π 平面上的剪应力分量达到某一极限时，材料开始屈服；或解释为物体的形状改变弹性比（畸比能）达到某一极限时，材料开始屈服。所以，米赛斯

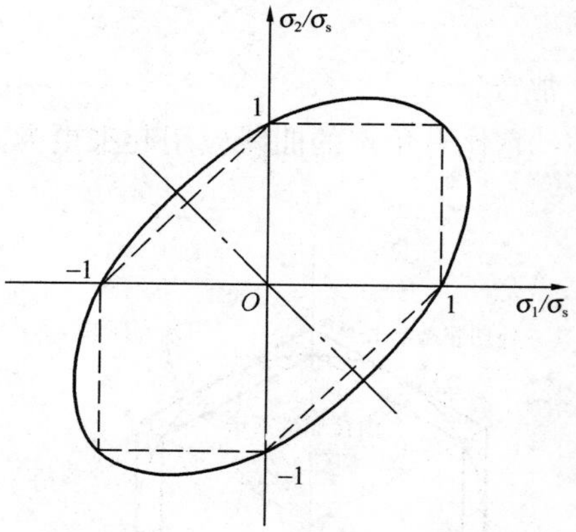

图 4-9 当 $\sigma_3=0$ 时的米赛斯和屈瑞斯卡屈服条件

屈服条件既是应力屈服条件，也是能量屈服条件。

2. 能量表述米赛斯条件的推导

上述米赛斯条件是从实验结果得出的，后来发现米赛斯准则就是能量屈服准则。下面将指出，米赛斯准则是金属材料的三剪能量屈服准则，又是三剪应力屈服准则，它们是三个主剪平面上能量的代数和，也是主剪应力的矢量和。

从能量角度对屈服进行分析，同样存在一个屈服极限能量 w_s 用以表征弹性极限，当储存材料内的弹性应变能达到极限能量时开始屈服，并且与之前的应力历史和经过的应力路径无关。

对于金属材料，在单元内积蓄的剪切应变比能达到极限状态时，有

$$w_d^e=\frac{1}{2}q\bar{\gamma}=\frac{q^2}{6G}=\frac{J_2}{2G}=w_s=k^2 \tag{4.2.11}$$

或

$$J_2=C$$

由此推出米赛斯准则。

除上述方法外，也可从单元体三个主剪切面上能量之和达到极限导出米赛斯准则，即三剪能量准则。

金属材料的破坏发生在最大剪应力 $\tau_{13}=\tau_{max}$ 的作用面上，因而材料的屈服与破坏与此主剪切面及主剪应力密切相关，从试验中得知，由于中主应力的影响，τ_{12}、τ_{23} 与材料的屈服与破坏也有关。也就是说屈服条件必须综合考虑三个剪切面上的应力。但是应力是矢量，三个不同剪切面上的应力不能简单相加。而能量是标量，三个剪切面上的弹性应变比能可以简单相加，因而容易从能量角度建立三剪能量屈服准则。

对于金属材料，三个最大剪应力作用面上的正应力及其相应剪应力分别为：

$$\sigma_{12}=\frac{\sigma_1+\sigma_2}{2},\tau_{12}=\frac{\sigma_1-\sigma_2}{2} \tag{4.2.12}$$

$$\sigma_{23}=\frac{\sigma_2+\sigma_3}{2},\tau_{23}=\frac{\sigma_2-\sigma_3}{2} \tag{4.2.13}$$

$$\sigma_{13}=\frac{\sigma_1+\sigma_3}{2},\tau_{13}=\frac{\sigma_1-\sigma_3}{2} \tag{4.2.14}$$

屈服时三个面上的剪切应变能分别为：

$$w_{d12}^e=\frac{1}{2}\tau_{12}\gamma_{12}=\frac{\tau_{12}^2}{2G}=\frac{1}{2G}\left(\frac{\sigma_1-\sigma_2}{2}\right)^2=\frac{(\sigma_1-\sigma_2)^2}{8G} \tag{4.2.15}$$

$$w_{d23}^e=\frac{1}{2}\tau_{23}\gamma_{23}=\frac{\tau_{23}^2}{2G}=\frac{1}{2G}\left(\frac{\sigma_2-\sigma_3}{2}\right)^2=\frac{(\sigma_2-\sigma_3)^2}{8G} \tag{4.2.16}$$

$$w_{d13}^{e}=\frac{1}{2}\tau_{13}\gamma_{13}=\frac{\tau_{13}^{2}}{2G}=\frac{1}{2G}\left(\frac{\sigma_1-\sigma_3}{2}\right)^2=\frac{(\sigma_1-\sigma_3)^2}{8G} \tag{4.2.17}$$

对于金属材料，认为当三个最大剪应力作用面上的剪切应变比能之和达到某个极限值时材料开始屈服，能量准则写为：

$$w_d=w_{d12}+w_{d23}+w_{d13}=k^2 \tag{4.2.18}$$

即

$$\frac{1}{8G}[(\sigma_1-\sigma_2)^2+(\sigma_2-\sigma_3)^2+(\sigma_1-\sigma_3)^2]=k^2 \tag{4.2.19}$$

或

$$J_2=C$$

上式即为 Mises 屈服准则，即 Mises 准则为金属材料的三剪能量屈服准则。它是形变能准则，从弹性力学可知，将形变能开方，就可得到应力，因而通常将 Mises 准则开方写成广义剪应力或八面体剪应力表达式$\sqrt{J_2}=\frac{q}{\sqrt{3}}=C$，所以 Mises 准则也是金属材料的三剪应力屈服准则。

3. 应力表述米赛斯条件的推导

应力形式的米赛斯准则也可由三个主剪切面上的主剪应力矢量相加得到。如图 4-10 所示，在主应力空间中，三个主剪应力的大小及方向矢量为：

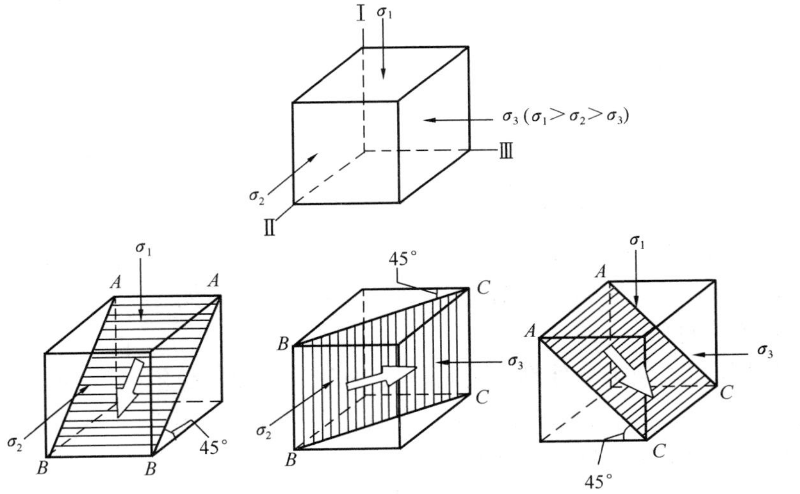

图 4-10 金属材料破坏面（主剪平面）

$$\tau_{12}=\frac{\sigma_1-\sigma_2}{2},[\cos(45°),\cos(45°),\cos(90°)] \tag{4.2.20}$$

$$\tau_{23}=\frac{\sigma_2-\sigma_3}{2},[\cos(90°),\cos(45°),\cos(45°)] \tag{4.2.21}$$

$$\tau_{13}=\frac{\sigma_1-\sigma_3}{2},[\cos(45°),\cos(90°),\cos(45°)] \tag{4.2.22}$$

剪应力矢量和的三个分量分别为：

$$P_x=\tau_{12}\cos(45°)+\tau_{23}\cos(90°)+\tau_{13}\cos(45°)=\frac{\sigma_1-\sigma_2}{2}\cdot\frac{\sqrt{2}}{2}+\frac{\sigma_1-\sigma_3}{2}\cdot\frac{\sqrt{2}}{2} \tag{4.2.23}$$

$$P_y = \tau_{12}\cos(45^\circ) + \tau_{23}\cos(45^\circ) + \tau_{13}\cos(90^\circ) = \frac{\sigma_1 - \sigma_2}{2}\cdot\frac{\sqrt{2}}{2} + \frac{\sigma_2 - \sigma_3}{2}\cdot\frac{\sqrt{2}}{2} \tag{4.2.24}$$

$$P_z = \tau_{12}\cos(90^\circ) + \tau_{23}\cos(45^\circ) + \tau_{13}\cos(45^\circ) = \frac{\sigma_2 - \sigma_3}{2}\cdot\frac{\sqrt{2}}{2} + \frac{\sigma_1 - \sigma_3}{2}\cdot\frac{\sqrt{2}}{2} \tag{4.2.25}$$

所以剪应力矢量和的大小为：

$$\begin{aligned}\| P \| &= \sqrt{P_x^2 + P_y^2 + P_z^2} \\ &= \mathrm{sqrt}\Big[\frac{1}{8}(\sigma_1 - \sigma_2)^2 + \frac{1}{8}(\sigma_1 - \sigma_3)^2 + \frac{1}{4}(\sigma_1 - \sigma_2)(\sigma_1 - \sigma_3) + \frac{1}{8}(\sigma_1 - \sigma_2)^2 \\ &\quad + \frac{1}{8}(\sigma_2 - \sigma_3)^2 + \frac{1}{4}(\sigma_1 - \sigma_2)(\sigma_2 - \sigma_3) + \frac{1}{8}(\sigma_2 - \sigma_3)^2 \\ &\quad + \frac{1}{8}(\sigma_1 - \sigma_3)^2 + \frac{1}{4}(\sigma_2 - \sigma_3)(\sigma_1 - \sigma_3)\Big] \\ &= \sqrt{\frac{(\sigma_1 - \sigma_2)^2}{4} + \frac{(\sigma_2 - \sigma_3)^2}{4} + \frac{(\sigma_1 - \sigma_3)^2}{4} + \frac{1}{4}(\sigma_1^2 + \sigma_2^2 + \sigma_3^2 - \sigma_1\sigma_3 - \sigma_1\sigma_2 - \sigma_2\sigma_3)} \\ &= \sqrt{\frac{3}{8}\left[(\sigma_1 - \sigma_2)^2 + (\sigma_2 - \sigma_3)^2 + (\sigma_1 - \sigma_3)^2\right]}\end{aligned} \tag{4.2.26}$$

令屈服准则为：$\| P \| = k$，则有：

$$\sqrt{(\sigma_1 - \sigma_2)^2 + (\sigma_2 - \sigma_3)^2 + (\sigma_1 - \sigma_3)^2} = k \quad 或 \quad J_2 = C \tag{4.2.27}$$

可见能量表述的与应力表述的米赛斯屈服条件一致，符合力学原理。

4. 米赛斯条件的验证

米赛斯条件与屈瑞斯卡条件都通过试验得以验证，试验表明，米赛斯条件一般更接近于实际情况（图 4-11）。因为从理论上说，米赛斯条件考虑了中间主应力的影响，尤其在简单加载情况下，米赛斯条件相当准确。

Taylor-Quinney 在 1931 年分别对铜、铝、软钢做成的薄圆筒，在拉伸和扭转联合作用下，进行试验。图 4-11 中画出了他们所做的结果（试验结果），由图可看出，对于这几种材料，米赛斯屈服条件比屈瑞斯卡条件更接近于实验数据，因而可以认为米赛斯条件来自试验。

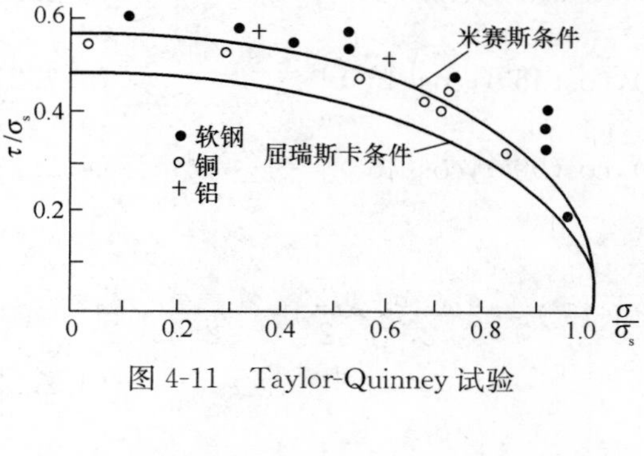

图 4-11 Taylor-Quinney 试验

上述两种屈服条件主要适用于金属材料，对于岩土类介质材料一般不能很好适用，这是因为岩土类介质材料的屈服与体积变形或静水应力状态有关。所以要使上述两个屈服条件适用于岩土类介质材料，还须将上述准则推广为广义米赛斯条件与广义屈瑞斯卡条件。

4.2.3 双剪应力条件

1961 年，俞茂宏提出了双剪应力屈服条件。各向同性材料的应力状态可以通过三个主应力或十二面体应力来表示（图 4-12）。十二面体应力与主应力的关系可由菱形十二面体和莫尔应力圆说明，如图 4-12 和图 4-13 所示。据此，可把从抗剪强度理论出发的破坏条件归结为单剪应力、双剪应力与三剪应力三种类型。屈瑞斯卡条件是单剪应力类型，米赛斯条件是三剪应力类型，下面叙述双剪应力类型。

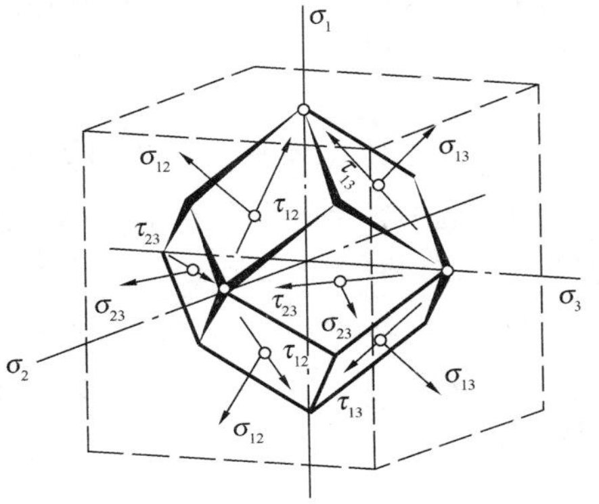

图 4-12 十二面体应力

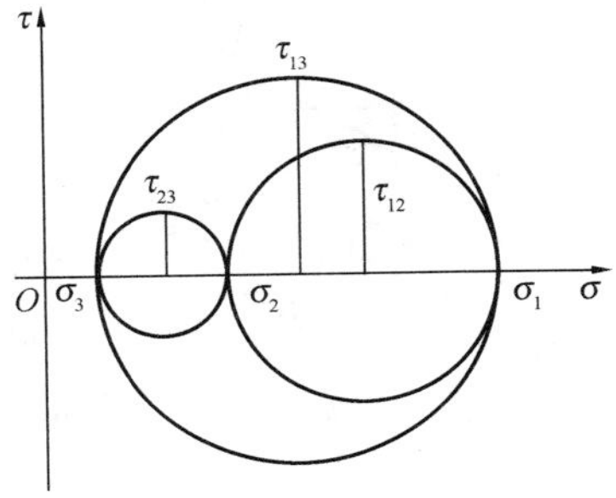

图 4-13 三向应力圆

如果假设三个主剪应力可以简单相加，那么三个主剪应力存在如下关系

$$\tau_{12}+\tau_{23}+\tau_{31}=0 \tag{4.2.28}$$

因而三个剪应力中只有两个是独立变量，因而双剪应力屈服条件认为只有两个较大的主剪应力造成剪切屈服与破坏。因此双剪应力条件为（图 4-14）

$$\begin{cases} F(\tau_{13},\tau_{12})=\dfrac{1}{2}(\tau_{13}+\tau_{12})=\dfrac{1}{2}\left[\sigma_1-\dfrac{1}{2}(\sigma_2+\sigma_3)\right]=k & (\tau_{12}>\tau_{23}) \\ F(\tau_{13},\tau_{23})=\dfrac{1}{2}(\tau_{13}+\tau_{23})=\dfrac{1}{2}\left[\dfrac{1}{2}(\sigma_1+\sigma_2)-\sigma_3\right]=k & (\tau_{12}<\tau_{23}) \end{cases} \tag{4.2.29}$$

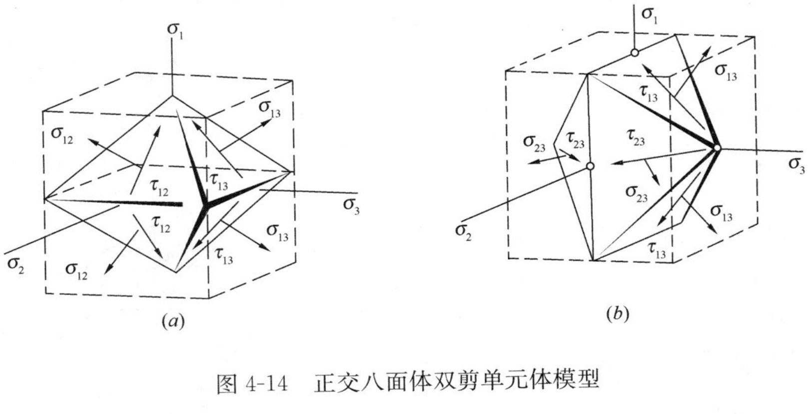

图 4-14 正交八面体双剪单元体模型

这一屈服条件中考虑了中主应力 σ_2 的影响，但应力是矢量，主剪应力能否代数相加尚需严格证明。

双剪应力条件除可写成式（4.2.21）外，还可写成下式

$$\begin{cases}\dfrac{1}{2}\left[\dfrac{3}{2}\cos\theta_\sigma-\dfrac{\sqrt{3}}{2}\sin\theta_\sigma\right]\sqrt{J_2}-k=0,(\theta_\sigma\leqslant 0)\\ \dfrac{1}{2}\left[\dfrac{3}{2}\cos\theta_\sigma+\dfrac{\sqrt{3}}{2}\sin\theta_\sigma\right]\sqrt{J_2}-k=0,(\theta_\sigma\geqslant 0)\end{cases}\tag{4.2.30}$$

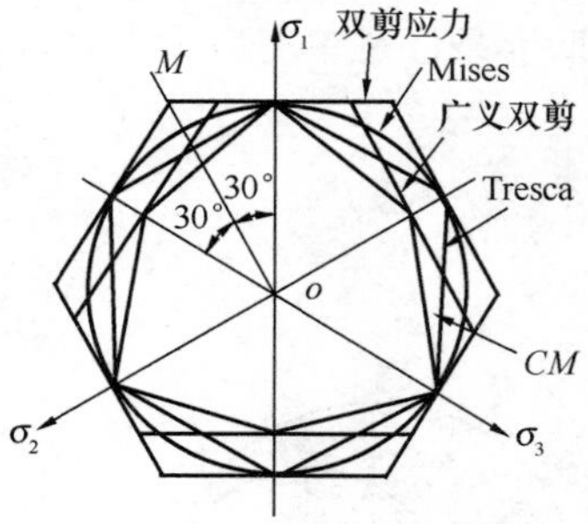

图 4-15 π 平面上的三类剪应力屈服条件

由式（4.2.30）可见，双剪应力条件在主应力空间中的屈服面为一个以空间对角线为轴线的等边六角柱面。在 π 平面上为一等边六角形，与屈瑞斯卡条件不同的是，它的六个顶点不在三个主轴上而是在三个主轴的平分线上，如图 4-15 所示。

双剪应力条件反映了两个较大的主剪应力对屈服与破坏的影响，也反映了中主应力和洛德角的影响。当 σ_2 由最小值 $\sigma_2=\sigma_3$ 开始增加时，材料的屈服极限较不考虑 σ_2 时有所提高，当 σ_2 增大至 $\sigma_2=(\sigma_1+\sigma_3)/2$ 或 $\theta_\sigma=0°$时，屈服极限就达到了最大值，如图 4-15 所示。由图还可看出，双剪应力条件是米赛斯条件与屈瑞斯卡条件的外包络线。

4.3 岩土材料的屈服条件

岩土屈服条件的特点是考虑了岩土体内的内摩擦力。应用的岩土屈服条件有多种，应用最广和应用时间最长的是莫尔-库仑条件，其他尚有广义米赛斯条件、广义屈瑞斯卡条件、辛克维兹-潘德条件、霍克-勃朗（Hoek-brown）条件等。最近又导出岩土三剪能量屈服条件（高红-郑颖人条件），它概括了一切线性屈服条件。

4.3.1 莫尔-库仑条件

1. 莫尔-库仑条件的形式

对于一般受力下的岩土，所考虑的任何一个受力面，其极限抗剪强度通常可用库仑定律表示

$$\tau_n=c-\sigma_n\mathrm{tg}\varphi \tag{4.3.1}$$

式中 τ_n——极限抗剪强度；

σ_n——受剪面上的法向压应力，以拉为正；

c、φ——岩土的黏聚力及内摩擦角。

式（4.3.1）库仑公式在 $\sigma\tau$ 平面上是线性关系。在更一般的情况下，$\sigma\tau$ 曲线可表达成双曲线、抛物线、摆线等非线性曲线，统称为莫尔强度条件。

利用莫尔定律，可以把式（4.3.1）推广到平面应力状态而成为莫尔-库仑条件（图 4-16）。

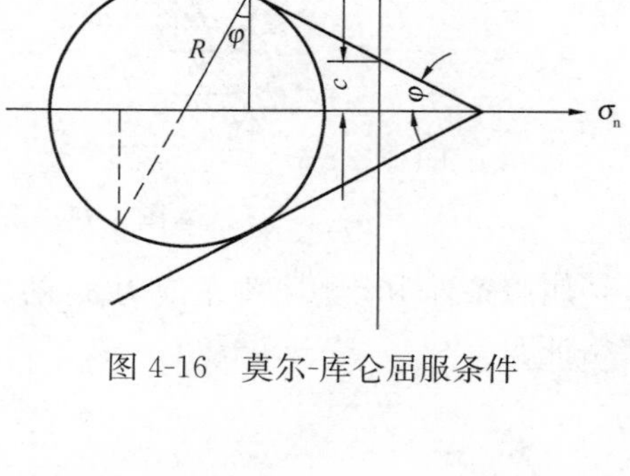

图 4-16 莫尔-库仑屈服条件

因为 $\tau_n = R\cos\varphi$

$$\sigma_n = \frac{1}{2}(\sigma_x + \sigma_y) + R\sin\varphi = \frac{1}{2}(\sigma_1 + \sigma_3) + R\sin\varphi$$

所以，由式（4.3.1）得：

$$R = c\cos\varphi - \frac{1}{2}(\sigma_x + \sigma_y)R\sin\varphi \tag{4.3.2}$$

式中 R 是莫尔应力圆半径：

$$R = \left[\frac{1}{4}(\sigma_x - \sigma_y)^2 + \tau_{xy}^2\right]^{\frac{1}{2}} = \frac{1}{2}(\sigma_1 - \sigma_3)$$

式（4.3.2）还可用主应力 σ_1、σ_3 表示成

$$\frac{1}{2}(\sigma_1 - \sigma_3) = c\cos\varphi - \frac{1}{2}(\sigma_1 + \sigma_3)\sin\varphi \tag{4.3.3}$$

或

$$\sigma_1(1 + \sin\varphi) - \sigma_3(1 - \sin\varphi) = 2c\cos\varphi \tag{4.3.4}$$

写成一般屈服条件形式，为

$$F = \frac{1}{2}(\sigma_1 - \sigma_3) + F_1\left[\frac{1}{2}(\sigma_1 + \sigma_3)\right] = 0 \tag{4.3.5}$$

由第二章式（2.5.7），以 I_1、J_2、θ_σ 代以 σ_1、σ_3，则可得

$$F = \frac{1}{3}I_1\sin\varphi + \left(\cos\theta_\sigma - \frac{1}{\sqrt{3}}\sin\theta_\sigma\sin\varphi\right)\sqrt{J_2} - c\cos\varphi = 0 \tag{4.3.6}$$

其中 $-\frac{\pi}{6} \leqslant \theta_\sigma \leqslant \frac{\pi}{6}$

2. 几何图形

莫尔-库仑屈服条件的屈服面是一个不规则的六角形截面的角锥体表面（图 4-17），其中 π 平面上的投影如图 4-18 所示。π 平面上的几何图形可按下述导出：

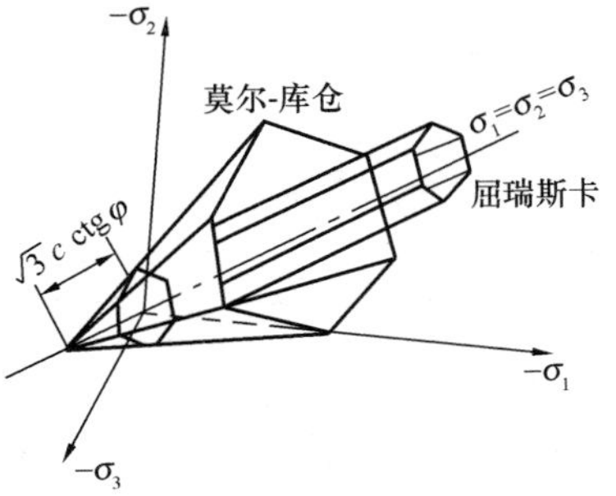

图 4-17 莫尔-库仑屈服面

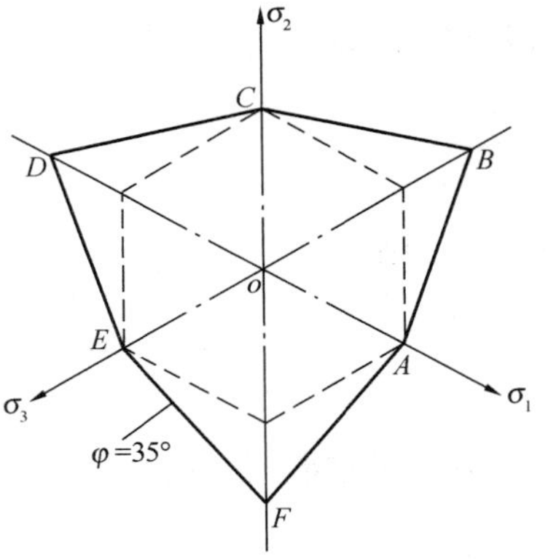

图 4-18 π 平面上的莫尔-库仑屈服曲线

在 π 平面上，莫尔-库仑条件（式 4.3.3）可写成

$$F(S_1, S_2, S_3, \sigma_m) = \frac{1}{2}(S_1 - S_3) + \frac{1}{2}(S_1 + S_3)\sin\varphi + \sigma_m\sin\varphi - c\cos\varphi = 0 \tag{4.3.7}$$

由式（2.4.5），并考虑 $S_2 = -(S_1 + S_3)$，得

$$x=\frac{\sqrt{2}}{2}(\sigma_1-\sigma_3)=\frac{\sqrt{2}}{2}(S_1-S_3)$$

$$y=\frac{2\sigma_2-\sigma_1-\sigma_3}{\sqrt{6}}=\frac{2S_2-S_1-S_3}{\sqrt{6}}=\frac{-3(S_1+S_3)}{\sqrt{6}}$$

若规定 $\sigma_1 \geqslant \sigma_2 \geqslant \sigma_3$，则求出图形对应于 $-30° \leqslant \theta_\sigma \leqslant 30°$，将 x、y 代入式（4.3.7），得

$$\frac{x}{\sqrt{2}}=c\cos\varphi+\frac{\sin\varphi}{\sqrt{6}}y-\sigma_m\sin\varphi \tag{4.3.8}$$

这就是图 4-18 中的 AB 线段方程，它对应于 $-30° \leqslant \theta_\sigma \leqslant 30°$ 范围。当 $\sigma_m=0$ 时，即为米赛斯圆的半径。可采用对称开拓方法得图 4-18，或采用 $(-1)^{i-1}\left(\theta_\sigma-\frac{(i-1)\pi}{3}\right)i=1, 2, \cdots, 6$，代替上述式中 θ_σ，即得图 4-18。

3. π 平面屈服曲线为不规则六角形的论证

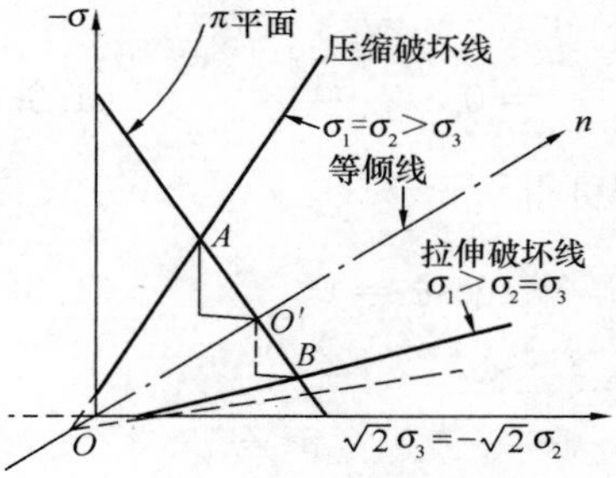

图 4-19 π 平面屈服曲线为不规则六角形的论证

图 4-19 中 A 与 B 两点分别是 π 平面迹线与压缩和拉伸试验破坏线的两个交点。π 平面迹线与静水应力线交点 O' 与 A 和 B 两点之间的距离分别为 $O'A=R_c$ 与 $O'B=R_l$。现比较 R_c 与 R_l 的大小。

当三轴压缩试验时，$\sigma_1=\sigma_2$，$\mu_\sigma=1$，$q=\sigma_1-\sigma_3$

$$R_c=(r_\sigma)_c=\sqrt{\frac{2}{3}}q=\sqrt{\frac{2}{3}}(\sigma_1-\sigma_3)_c \tag{4.3.9}$$

由式（2.5.1b），得

$$\sigma_m=\frac{1}{3}(\sigma_1+\sigma_2+\sigma_3)=\frac{\sigma_1+\sigma_3}{2}+\frac{\mu_\sigma}{6}(\sigma_1-\sigma_3)$$

$$\sigma_1+\sigma_3=2\sigma_m-\frac{\mu_\sigma}{3}(\sigma_1-\sigma_3)$$

代入莫尔-库仑式（4.3.3）得

$$\sigma_1-\sigma_3=(2c\cos\varphi-2\sigma_m\sin\varphi)\frac{1}{1-\frac{\mu_\sigma}{3}\sin\varphi} \tag{4.3.10}$$

由于 $\mu_\sigma=1$，则

$$(\sigma_1-\sigma_3)_c=(2c\cos\varphi-2\sigma_m\sin\varphi)\frac{1}{1-\frac{1}{3}\sin\varphi} \tag{4.3.11}$$

当三轴拉伸试验时，$\mu_\sigma=-1$，则

$$R_l=\sqrt{\frac{2}{3}}(\sigma_1-\sigma_3)_l$$

且

$$(\sigma_1-\sigma_3)_l=(2c\cos\varphi-2\sigma_m\sin\varphi)\frac{1}{1+\frac{1}{3}\sin\varphi} \tag{4.3.12}$$

因而

$$\frac{R_l}{R_c}=\frac{(\sigma_1-\sigma_3)_l}{(\sigma_1-\sigma_3)_c}=\frac{1-\frac{1}{3}\sin\varphi}{1+\frac{1}{3}\sin\varphi} \tag{4.3.13}$$

实际情况 $\varphi \geqslant 0$，因而 $0 \leqslant R_l/R_c \leqslant 1$。由此表明莫尔-库仑屈服曲线是不规则六角形。这是因为岩土压缩状态与伸长状态下洛德参数 μ_σ 不同而造成 π 平面屈服曲线成不规则六角形。当 $\varphi=0$，在 π 平面上就成为规则的六角形，即为屈瑞斯卡准则。

4. 莫尔-库仑条件的另一种表达形式

莫尔-库仑条件（式（4.3.6））还可写成如下形式：

$$F = p\sin\varphi + \frac{1}{\sqrt{3}}\left(\cos\theta_\sigma - \frac{1}{\sqrt{3}}\sin\theta_\sigma\sin\varphi\right)q - c\cos\varphi = 0 \tag{4.3.14}$$

或

$$q = \frac{-3\sin\theta}{\sqrt{3}\cos\theta - \sin\theta_\sigma\sin\varphi}p + \frac{3\cos\theta}{\sqrt{3}\cos\theta - \sin\theta_\sigma\sin\varphi} \tag{4.3.15}$$

式中 $q = \frac{1}{\sqrt{2}}[(\sigma_1-\sigma_2)^2+(\sigma_2-\sigma_3)^2+(\sigma_3-\sigma_1)^2]^{\frac{1}{2}}, p = \frac{1}{3}(\sigma_1+\sigma_2+\sigma_3)$。当 $\sigma_1=\sigma_2>\sigma_3$ 时（三轴伸长时），$q=\sigma_1-\sigma_3, p=(\sigma_3+2\sigma_1)/3$。

式（4.3.15）可表达成为莫尔-库仑条件的另一形式

$$q = -p\,\mathrm{tg}\bar{\varphi} + \bar{c} \tag{4.3.16}$$

其中

$$\mathrm{tg}\bar{\varphi} = \frac{3\sin\theta_\sigma}{\sqrt{3}\cos\theta_\sigma - \sin\theta_\sigma\sin\varphi}$$

$$\bar{c} = \frac{3c\cos\varphi}{\sqrt{3}\cos\theta_\sigma - \sin\theta_\sigma\sin\varphi}$$

4.3.2 广义米赛斯条件（德鲁克-普拉格条件）与广义屈瑞斯卡条件

1. 广义米赛斯条件（德鲁克-普拉格条件）

广义米赛斯条件是在米赛斯条件的基础上，对岩土材料需考虑平均应力 p（即 σ_m）或 I_1，而将米赛斯条件推广成为如下形式

$$\alpha I_1 + \sqrt{J_2} = k \tag{4.3.17}$$

此式是 1952 年由德鲁克-普拉格提出的，他们是在平面应变状态下应用关联流动法则与莫尔-库仑公式对比导出的

$$\alpha = \frac{\sin\varphi}{\sqrt{3}\sqrt{3+\sin^2\varphi}} \qquad k = \frac{\sqrt{3}c\cos\varphi}{\sqrt{3+\sin^2\varphi}}$$

所以通常也将式（4.3.17）叫做德鲁克-普拉格条件。当 $\varphi=0$ 时，式（4.3.17）即为米赛斯准则。

后来又导出许多式（4.3.17）的 α、k 值。为此，规定式（4.3.17）及其各种 α、k 值统称为广义米赛斯条件，或称为德鲁克-普拉格条件。

广义米赛斯条件在 π 平面上的屈服曲线图仍是一个圆，因为 αI_1 只影响 π 平面上圆的大小，不影响 π 平面上的图形。所以广义米赛斯条件的屈服曲面为一圆锥形（图 4-20（a））。

不同的 α、k 在 π 平面上代表不同的圆（图 4-21），共有五种与莫尔-库仑条件相关的 α、k 值，相对应的有五个圆：莫尔-库仑条件的外角点外接圆、内角点外接圆、等面积

圆、平面应变圆和内切圆。各准则的 α、k 见表 4-1。

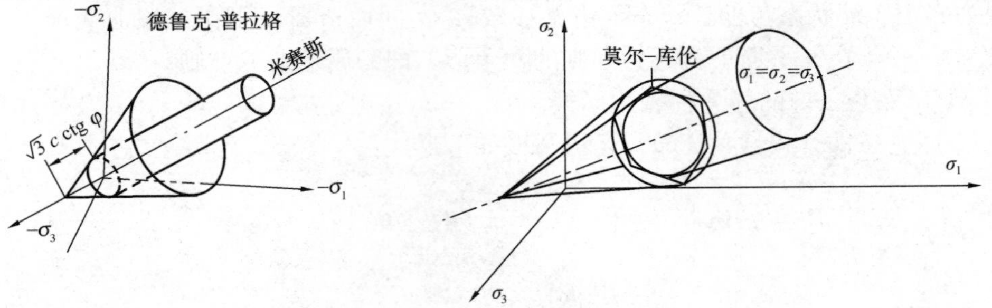

(a)　　(b)

图 4-20　广义米赛斯条件与广义屈瑞斯卡条件的屈服面

(a) 广义米赛斯条件；(b) 广义屈瑞斯卡条件

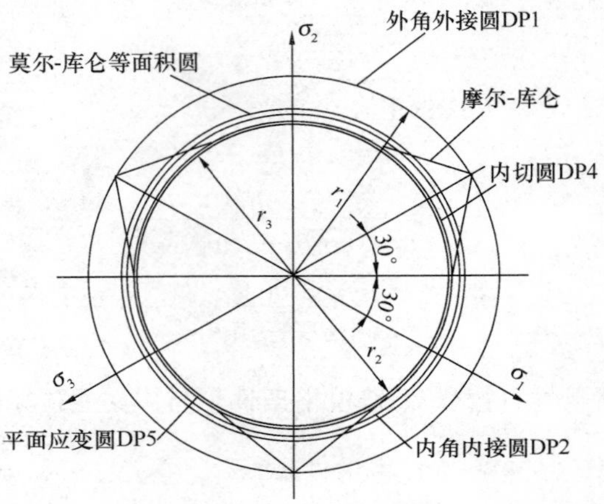

图 4-21　各屈服准则在 π 平面上的曲线

各准则 α、k 参数表　　**表 4-1**

编号	准则种类	α	k
DP1	外角点外接圆	$\dfrac{2\sin\varphi}{\sqrt{3}(3-\sin\varphi)}$	$\dfrac{6c\cos\varphi}{\sqrt{3}(3-\sin\varphi)}$
DP2	内角点外接圆	$\dfrac{2\sin\varphi}{\sqrt{3}(3+\sin\varphi)}$	$\dfrac{6c\cos\varphi}{\sqrt{3}(3+\sin\varphi)}$
DP3	莫尔-库仑等面积圆	$\dfrac{2\sqrt{3}\sin\varphi}{\sqrt{2\sqrt{3}\pi(9-\sin^2\varphi)}}$	$\dfrac{6\sqrt{3}c\cos\varphi}{\sqrt{2\sqrt{3}\pi(9-\sin^2\varphi)}}$
DP4	内切圆（平面应变关联法则下莫尔-库仑条件）	$\dfrac{\sin\varphi}{\sqrt{3(3+\sin^2\varphi)}}$	$\dfrac{3c\cos\varphi}{\sqrt{3(3+\sin^2\varphi)}}$
DP5	平面应变圆（平面应变非关联法则下莫尔-库仑条件）	$\dfrac{\sin\varphi}{3}$	$c\cos\varphi$

从图 4-21 可见，不同的圆都是相应于莫尔-库仑准则对不同洛德角为常数情况下获得的，因而可用莫尔-库仑条件推导 α、k 值。

广义米赛斯准则在主应力空间的屈服面为一圆锥面，在 π 平面上为圆形，不存在尖顶产生的数值计算问题，因此目前国际上流行的大型有限元软件 ANSYS 以及美国 MSC 公司的

MARC、NASTRAN 等均采用了广义米赛斯准则，一般用它来近似替代莫尔-库仑准则。

2. 用莫尔-库仑条件推导 α、k 值

式（4.3.3）、式（4.3.6）及式（4.3.14）、式（4.3.15）是考虑了摩擦分量的摩擦型准则，莫尔-库仑条件可以概括屈瑞斯卡条件、米赛斯条件、广义米赛斯条件（德鲁克-普拉格条件）。

当 $\varphi=0$ 时，式（4.3.6）可写成

$$\sqrt{J_2}\cos\theta_\sigma - C = \sqrt{J_2}\cos\theta - k = 0$$

此即屈瑞斯卡条件，它在 π 平面上的图形是外接米赛斯圆的六角形。

如上式 θ_σ 再等于零，即得米赛斯条件

$$\sqrt{J_2} - C = 0$$

注意这 C 与米赛斯原式中 C 不同，差一平方，因含义不同。

当 θ_σ =常数时，屈服函数不再与 θ_σ 或第三不变量 J_3 有关。它在 π 平面上为一个圆，这就是式（4.3.17），即广义米赛斯条件或德鲁克-普拉格条件。

在式（4.3.17）中取不同的 θ_σ 值，即有不同的 α、k 值，由此可得到大小不同的圆锥形屈服面。当取 $\theta=\dfrac{\pi}{6}$ 时为受压破坏，可得外角内接圆 α、k 值

$$\alpha = \frac{2\sin\varphi}{\sqrt{3}(3-\sin\varphi)},\ k = \frac{6c\cos\varphi}{\sqrt{3}(3-\sin\varphi)} \tag{4.3.18}$$

式（4.3.16）中 $\mathrm{tg}\bar{\varphi}$，$\bar{c}$ 为

$$\mathrm{tg}\bar{\varphi} = \frac{6\sin\varphi}{3-\sin\varphi},\ \bar{c} = \frac{6c\cos\varphi}{(3-\sin\varphi)}$$

当取 $\theta_\sigma=-\dfrac{\pi}{6}$ 时，为受拉破坏，可得内角外接圆 α、k 值

$$\alpha = \frac{2\sin\varphi}{\sqrt{3}(3+\sin\varphi)},\ k = \frac{6c\cos\varphi}{\sqrt{3}(3+\sin\varphi)} \tag{4.3.19}$$

$$\mathrm{tg}\bar{\varphi} = \frac{6\sin\varphi}{3+\sin\varphi},\ \bar{c} = \frac{6c\cos\theta}{3+\sin\varphi}$$

由此可绘出 p-q 平面上绘出了两条莫尔-库仑破坏线，如图 4-22 所示。

如将式（4.3.17）对 θ_σ 微分，并使之等于零，这时 F 取极小，可得

$$\mathrm{tg}\theta_\sigma = \frac{\sin\varphi}{\sqrt{3}}$$

取此 θ_σ 值时，可得内切圆的 α、k 值

$$\alpha = \frac{\sin\varphi}{\sqrt{3}(\sqrt{3+\sin^2\varphi})} = \frac{\mathrm{tg}\varphi}{(9+12\mathrm{tg}^2\varphi)^{\frac{1}{2}}},$$

$$k = \frac{\sqrt{3}\cos\varphi\cdot c}{\sqrt{3+\sin^2\varphi}} = \frac{3c}{(9+12\mathrm{tg}^2\varphi)^{\frac{1}{2}}} \tag{4.3.20}$$

$$\mathrm{tg}\bar{\varphi} = \frac{\sin\varphi}{\sqrt{3}\sqrt{3+\sin^2\varphi}},\ \bar{c} = \frac{\sqrt{3}c\cos\varphi}{\sqrt{3-\sin^2\varphi}}$$

式（4.3.20）即为德鲁克-普拉格最早导出的屈服条件。后面证明，它就是平面应变条件下采用关联流动法则时的莫尔-库仑条件。

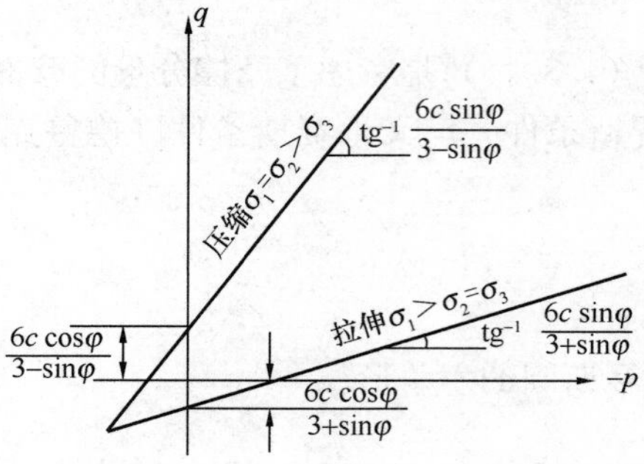

图 4-22　p-q 平面上两个莫尔-库仑破坏线

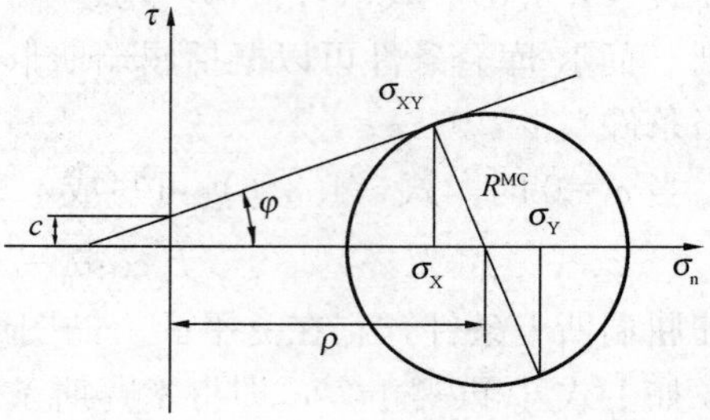

图 4-23　二维应力空间的莫尔-库仑屈服条件

比较式（4.3.18）与式（4.3.19）可见，当 φ 较小时，两者的差别较小，$\varphi=0$ 时，差别消失，因为这时实质上等同于米赛斯条件了，$\varphi=0$ 时，式（4.3.18）或式（4.3.19）仍与式（4.3.20）有差别，前者表示为屈瑞斯卡等边六角形的外接圆，而式（4.3.20）表示等边六边形的内切圆。

由于用 c、φ 值去计算 α、k 值可以有好些公式，用不同公式计算结果也不一样。据辛克维兹及本书作者等人研究，按不同 α、k 值所求极限荷载甚至相差达 4～5 倍之多。

徐干成、郑颖人、姚焕忠（1990）提出了一种与莫尔-库仑条件等面积圆的屈服条件，依据偏平面上等效圆的面积与莫尔-库仑条件的面积相等，得等面积圆的 α、k 值

$$\theta_\sigma=\sin^{-1}\left\{\frac{-\dfrac{2}{3}A\sin\varphi+\left[\dfrac{4A^2}{9}\sin^2\varphi-4\left(\dfrac{\sin^2\varphi}{3}+1\right)\left(\dfrac{A^2}{3}-1\right)\right]^{\frac{1}{2}}}{2\left(\dfrac{\sin^2\varphi}{3}+1\right)}\right\}\tag{4.3.21}$$

$$A=\sqrt{\frac{\pi(9-\sin^2\varphi)}{6\sqrt{3}}}$$

$$\alpha=\frac{\sin\varphi}{\sqrt{3}(\sqrt{3}\cos\theta_\sigma-\sin\theta_\sigma\sin\varphi)},k=\frac{\sqrt{3}c\cos\theta}{\sqrt{3}\cos\theta_\sigma-\sin\theta_\sigma\sin\varphi}\tag{4.3.22}$$

按式（4.3.22）计算结果与按空间条件下莫尔-库仑条件中计算结果接近，但计算要方便得多。式（4.3.2）求 α、k 值较为麻烦，下面给出更为简便的公式。

由图 4-21 可以看出，莫尔-库仑准则构成的六角形面积可以用正弦定理求得：

$$S_{\text{morl}}=6\times\frac{1}{2}\times r_1\times r_2\times\sin\frac{\pi}{3}=\frac{3\sqrt{3}}{2}r_1r_2$$

对于半径为 r 的圆锥面积为：$S=\pi r^2$，令 $S=S_{\text{morl}}$ 可得：

$$r=\sqrt{\frac{3\sqrt{3}}{2\pi}r_1r_2}=\frac{\sqrt{3}}{\sqrt{2\sqrt{3}\pi(9-\sin^2\varphi)}}\sqrt{2}(6c\cos\varphi-2I_1\sin\varphi)$$

$$\frac{r}{\sqrt{2}}=\sqrt{J_2}=\frac{6\sqrt{3}c\cos\varphi}{\sqrt{2\sqrt{3}\pi(9-\sin^2\varphi)}}-\frac{2\sqrt{3}\sin\varphi}{\sqrt{2\sqrt{3}\pi(9-\sin^2\varphi)}}I_1$$

由此可得：

$$\alpha=\frac{2\sqrt{3}\sin\varphi}{\sqrt{2\sqrt{3}\pi(9-\sin^2\varphi)}},\ k=\frac{6\sqrt{3}c\cos\varphi}{\sqrt{2\sqrt{3}\pi(9-\sin^2\varphi)}}$$

下面叙述平面应变条件下莫尔-库仑条件的推导。由此得出平面应变条件下的莫尔-库仑条件及其相应的 α、k 值。

按式（4.3.17），在三维应力空间中德鲁克-普拉格可定义为

$$F(\sigma)=\alpha_\varphi I_1+\sqrt{J_2}-k=0 \tag{4.3.23}$$

式中 I_1，J_2 分别为应力张量的第一不变量和应力偏张量的第二不变量。σ_1，σ_2，σ_3 为应力空间的三个主应力，规定压为负，拉为正。α_φ、k 是与岩土材料内摩擦角 φ 和黏聚力 c 有关的常数。对于关联流动法则，屈服函数与塑性势函数相同，$F=Q$，其流动矢量 r 可表示为（以张量表示）：

$$r_{ij}=\frac{\partial F}{\partial\sigma}=\alpha_\varphi\delta_{ij}+\frac{1}{2\sqrt{J_2}}S_{ij}$$

其中 $\delta_{ij}=\begin{cases}1 & i=j\\0 & i\neq j\end{cases}$，$S_{ij}$ 为应力偏量。对于非关联流动法则，$F\neq Q$，可假定 Q 与 F 的形式相同，只是将 α_ψ 代替 α_φ。

$$r_{ij}=\frac{\partial Q}{\partial\sigma}=\alpha_\psi\delta_{ij}+\frac{1}{2\sqrt{J_2}}S_{ij}$$

对于理想弹塑性材料进入塑性屈服后，假定弹性应变不变，所以弹性应变增量 $d\varepsilon_{ij}^{e}=0$，总应变增量等于总的塑性应变增量，$d\varepsilon_{ij}=d\varepsilon_{ij}^{p}$。对于平面应变：$d\varepsilon_z^p=d\varepsilon_{xz}^p=d\varepsilon_{yz}^p=0$，根据流动方程：

$$d\varepsilon_{ij}^p=d\lambda\frac{\partial Q}{\partial\sigma}=d\lambda\left(\alpha_\psi\delta_{ij}+\frac{1}{2\sqrt{J_2}}S_{ij}\right)$$

有：

$$d\varepsilon_z^p=d\lambda\frac{\partial Q}{\partial\sigma}=d\lambda\left(\alpha_\psi+\frac{1}{2\sqrt{J_2}}S_z\right)=0$$

$$d\varepsilon_{xz}^p=d\lambda\frac{\partial Q}{\partial\sigma}=d\lambda\frac{1}{2\sqrt{J_2}}S_{xz}=0$$

$$d\varepsilon_{yz}^p=d\lambda\frac{\partial Q}{\partial\sigma}=d\lambda\frac{1}{2\sqrt{J_2}}S_{yz}=0$$

得到　$S_z=-2\alpha_\psi\sqrt{J_2}=S_3=\sigma_3-\dfrac{I_1}{3}$，$S_{xz}=\tau_{xz}=S_{yz}=\tau_{yz}=0$。

因为　$I_1=\sigma_1+\sigma_2+\sigma_3=\sigma_1+\sigma_2+S_3+\dfrac{I_1}{3}$，

所以　$I_1=\dfrac{3}{2}(\sigma_1+\sigma_2)-3\alpha_\psi\sqrt{J_2}$。

$$\sigma_z=S_3+\frac{I_1}{3}=-2\alpha_\psi\sqrt{J_2}+\frac{1}{2}(\sigma_1+\sigma_2)-\alpha_\psi\sqrt{J_2}=\frac{1}{2}(\sigma_1+\sigma_2)-3\alpha_\psi\sqrt{J_2}$$

由于　$\sigma_1+\sigma_2=\sigma_x+\sigma_y$

所以　$\sigma_x-\sigma_z=\sigma_x-\dfrac{1}{2}(\sigma_1+\sigma_2)+3\alpha_\psi\sqrt{J_2}=\dfrac{1}{2}(\sigma_x-\sigma_y)+3\alpha_\psi\sqrt{J_2}$

同样得　$\sigma_y-\sigma_z=\dfrac{1}{2}(\sigma_y-\sigma_x)+3\alpha_\psi\sqrt{J_2}$

因而 $J_2=\frac{1}{6}[(\sigma_x-\sigma_y)^2+(\sigma_x-\sigma_z)^2+(\sigma_y-\sigma_z)^2+6\tau_{xy}^2+6\tau_{yz}^2+6\tau_{xz}^2]$

$=\frac{1}{6}\left[\frac{3}{2}(\sigma_x-\sigma_y)^2+18\alpha_\psi^2 J_2+6\tau_{xy}^2\right]$

与平面应变情况下莫尔-库仑条件拟合，进一步得到：

$$J_2=\frac{\frac{1}{4}(\sigma_x-\sigma_y)^2+\tau_{xy}^2}{1-3\alpha_\psi^2}=\frac{(R^{MC})^2}{1-3\alpha_\psi^2}$$

将 I_1，J_2 代入式（4.3.23）得：

$$\frac{3}{2}\alpha_\varphi(\sigma_x+\sigma_y)+\frac{R^{MC}(1-3\alpha_\varphi\alpha_\psi)}{\sqrt{1-3\alpha_\psi^2}}-k=0$$

$$R^{MC}=\frac{\sqrt{1-3\alpha_\psi^2}}{1-3\alpha_\varphi\alpha_\psi}\left[-\frac{3}{2}\alpha_\varphi(\sigma_x+\sigma_y)+k\right] \tag{4.3.24}$$

联立式（4.3.23），式（4.3.24）可得

$$\sin\varphi=3\alpha_\varphi\frac{\sqrt{1-3\alpha_\psi^2}}{1-3\alpha_\varphi\alpha_\psi},\ c\cos\varphi=k\frac{\sqrt{1-3\alpha_\psi^2}}{1-3\alpha_\varphi\alpha_\psi}$$

进一步可得：

$$\alpha_\varphi=\frac{\sin\varphi}{3}\left(\alpha_\psi\sin\varphi+\sqrt{1-3\alpha_\psi^2}\right)^{-1},\ k=c\cos\varphi\left(\alpha_\psi\sin\varphi+\sqrt{1-3\alpha_\psi^2}\right)^{-1}$$

当采用关联流动法则时，有 $\alpha_\psi=\alpha_\varphi$，可得

$$\left.\begin{aligned}\alpha_\varphi&=\frac{\tan\varphi}{\sqrt{9+12\tan^2\varphi}}=\frac{\sin\varphi}{\sqrt{3(3+\sin^2\varphi)}}\\ k&=\frac{3c}{\sqrt{9+12\tan^2\varphi}}=\frac{3c\cos\varphi}{\sqrt{3(3+\sin^2\varphi)}}\end{aligned}\right\} \tag{4.3.25}$$

式（4.3.25）表明，此时为内切圆，它就是采用关联法则时在平面应变条件下导出的莫尔-库仑条件。可见平面应变条件下，莫尔-库仑屈服面已由六角形转变为圆形。

当采用非关联流动法则时，设体变为零，表明塑性势面采用了米赛斯准则，此时有 $\alpha_\psi=0$，可得平面应变圆的 α、k 值：

$$\left.\begin{aligned}\alpha_\varphi&=\frac{\sin\varphi}{3}\\ k&=c\cos\varphi\end{aligned}\right\} \tag{4.3.26}$$

式（4.3.26）在 π 平面上对应的 $\theta_\sigma=0$ 平面应变圆，它是采用非关联流动法则时在平面应变条件下导出的莫尔-库仑条件。由于体变为零，材料处于纯剪状态，即有 $\theta_\sigma=0$，将此代入莫尔-库仑条件式（4.3.6）也可得到式（4.3.26）。

3. 广义屈瑞斯卡条件

将屈瑞斯卡条件加以推广，同样可得广义屈瑞斯卡条件

$$F=[\sigma_1-\sigma_2-k+\alpha I_1][\sigma_2-\sigma_3-k+\alpha I_1][\sigma_3-\sigma_1-k+\alpha I_1]=0 \tag{4.3.27}$$

或写成

$$\sqrt{J_2}\cos\theta_\sigma+\alpha I_1-k=0 \tag{4.3.28}$$

其中 $30°\leqslant\theta_\sigma\leqslant30°$。

当式（4.3.28）中 $\theta_\sigma=0°$时，即为广义米赛斯条件。

广义屈瑞斯卡条件在 π 平面上的屈服曲线为一外接于米赛斯圆的正六角形。屈服面为一外接圆锥的正六角锥体，如图 4-17 和图 4-20（*b*）所示。广义屈瑞斯卡条件可以有各种

定义，库仑-莫尔公式也可视作广义屈瑞斯卡条件。此外还有如下形式的定义：

$$F=\left[\frac{\sigma_1-\sigma_2}{2}+(\tan\varphi\,\sigma_m-c)^2\right]\left[\left(\frac{\sigma_2-\sigma_3}{2}\right)^2+(\tan\varphi\,\sigma_m-c)^2\right]\times\left[\left(\frac{\sigma_3-\sigma_1}{2}\right)^2+(\tan\varphi\,\sigma_m-c)^2\right]=0 \tag{4.3.29}$$

式中 σ_m 以受拉为正，显然，上述这些广义屈瑞斯卡条件都是不同的，但 $\varphi=0$ 时，都可获得屈瑞斯卡条件。

4.3.3 高红-郑颖人三维能量屈服条件

1. 岩土材料应变比能的计算

剪切应变对材料的破坏起着决定性作用，因而应进行极限状态下剪切应变能的计算。由于岩土材料和金属材料变形破坏机制的不同，导致两类材料的破坏性质也存在较大差异。金属材料的破坏发生在最大剪应力 τ_{max} 的作用面（$\alpha=45°$），岩土材料的破坏发生在剪应力与垂直应力比最大 $(\tau/\sigma)_{max}$ 的作用面（$\alpha=45°+\varphi/2$）（图 4-24），其中 α 表示破坏面与最大主应力作用面的夹角。由于岩土材料的变形和破坏遵守摩擦法则，所以破坏面上的摩擦应力对材料的屈服有着至关重要的作用，计算岩土材料屈服时的剪切应变能时必须考虑摩擦应力的作用。岩土材料还会有体积应变能，但由于对材料的剪切破坏影响不大，一般在剪切屈服中不予考虑。

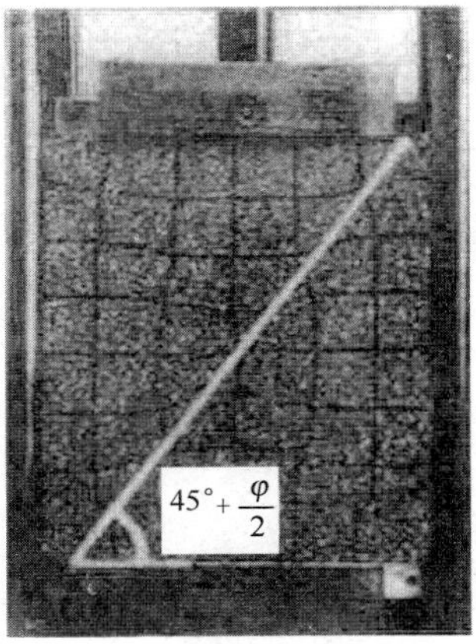

图 4-24 岩土材料破坏面

对于岩土类摩擦材料，在三个不同的主应力作用下，可以画出三个莫尔圆，相应存在三个最大摩擦角作用面即三个 $\alpha=45°+\varphi/2$ 面，根据莫尔圆几何关系可求得三个面上的正应力及相应剪应力分别为：

$$\sigma_{12}=\frac{\sigma_1+\sigma_2}{2}+\frac{\sigma_1-\sigma_2}{2}\sin\varphi_{12},\ \tau_{12}=\frac{\sigma_1-\sigma_2}{2}\cos\varphi_{12} \tag{4.3.30}$$

$$\sigma_{23}=\frac{\sigma_2+\sigma_3}{2}+\frac{\sigma_2-\sigma_3}{2}\sin\varphi_{23},\ \tau_{23}=\frac{\sigma_2-\sigma_3}{2}\cos\varphi_{23} \tag{4.3.31}$$

$$\sigma_{13}=\frac{\sigma_1+\sigma_3}{2}+\frac{\sigma_1-\sigma_3}{2}\sin\varphi_{13},\ \tau_{13}=\frac{\sigma_1-\sigma_3}{2}\cos\varphi_{13} \tag{4.3.32}$$

则三个面上考虑摩擦应力影响时极限状态下的剪切应变能分别为：

$$\begin{aligned}w_{f12}&=\frac{(\tau_{12}+\sigma_{12}\tan\varphi_{12})^2}{2G}\\&=\frac{1}{2G}\left(\frac{\sigma_1-\sigma_2}{2}\cos\varphi_{12}+\frac{\sigma_1+\sigma_2}{2}\tan\varphi_{12}+\frac{\sigma_1-\sigma_2}{2}\sin\varphi_{12}\tan\varphi_{12}\right)^2\\&=\frac{1}{2G}\left(\frac{\sigma_1-\sigma_2}{2\cos\varphi_{12}}+\frac{\sigma_1+\sigma_2}{2}\tan\varphi_{12}\right)^2\end{aligned} \tag{4.3.33}$$

$$w_{f23}=\frac{(\tau_{23}+\sigma_{23}\tan\varphi_{23})^2}{2G}=\frac{1}{2G}\left(\frac{\sigma_2-\sigma_3}{2\cos\varphi_{23}}+\frac{\sigma_2+\sigma_3}{2}\tan\varphi_{23}\right)^2 \tag{4.3.34}$$

$$w_{f13}=\frac{(\tau_{13}+\sigma_{13}\tan\varphi_{13})^2}{2G}=\frac{1}{2G}\left(\frac{\sigma_1-\sigma_3}{2\cos\varphi_{13}}+\frac{\sigma_1+\sigma_3}{2}\tan\varphi_{13}\right)^2 \tag{4.3.35}$$

假设在以下的推导过程中满足 $\sigma_1\geqslant\sigma_2\geqslant\sigma_3$，根据主应力与应力不变量 p，q，θ_σ 之间的

转换关系（参见式（2.5.7）），岩土材料剪切应变能用应力不变量表示为：

$$w_{f12}=\frac{1}{2G\cos^2\varphi_{12}}\left[p\sin\varphi_{12}+\frac{q}{\sqrt{3}}\cos\left(\theta_\sigma+\frac{\pi}{3}\right)+\frac{q}{3}\sin\left(\theta_\sigma+\frac{\pi}{3}\right)\sin\varphi_{12}\right]^2 \quad (4.3.36)$$

$$w_{f23}=\frac{1}{2G\cos^2\varphi_{23}}\left[p\sin\varphi_{23}+\frac{q}{\sqrt{3}}\cos\left(\theta_\sigma-\frac{\pi}{3}\right)+\frac{q}{3}\sin\left(\theta_\sigma-\frac{\pi}{3}\right)\sin\varphi_{23}\right]^2 \quad (4.3.37)$$

$$w_{f13}=\frac{1}{2G\cos^2\varphi_{13}}\left[p\sin\varphi_{13}+\frac{q}{\sqrt{3}}\cos\theta_\sigma-\frac{q}{3}\sin\theta_\sigma\sin\varphi_{13}\right]^2 \quad (4.3.38)$$

2. 岩土材料屈服准则

已知应力表述岩土材料的单剪应力屈服准则就是莫尔-库仑准则，下面从能量角度探讨岩土材料的屈服，将莫尔-库仑准则推广建立岩土材料的单剪能量准则，最后建立岩土材料三剪能量准则，并对其进行分析，它是单剪能量准则的推广，也是米赛斯准则的推广。

（1）岩土材料单剪能量屈服准则

对于岩土材料，当 $\sigma_1\geqslant\sigma_2\geqslant\sigma_3$ 时，有 $\varphi_{13}>\varphi_{12}$ 及 $\varphi_{13}>\varphi_{23}$，则 $\varphi_{13}=\varphi$，$c_{13}=c$，即通常所说的内摩擦角和黏聚力。考虑最大摩擦角 φ_{13} 作用面即 $\alpha=45^\circ+\varphi_{13}/2$ 面上的剪切应变能，将单剪能量屈服准则写为：

$$w_{df13}=\frac{1}{2G\cos^2\varphi_{13}}\left[p\sin\varphi_{13}+\frac{q}{\sqrt{3}}\cos\theta_\sigma-\frac{q}{3}\sin\theta_\sigma\sin\varphi_{13}\right]^2=k \quad (4.3.39)$$

假设法向应力为 0 时，剪应力为其黏聚力 c，即

$$\sigma_{13}=0\ ,\tau_{13}=c \quad (4.3.40)$$

则可求得

$$k=\frac{c^2}{2G} \quad (4.3.41)$$

开方后，则能量屈服准则变为：

$$p\sin\varphi+\frac{q}{3}(\sqrt{3}\cos\theta_\sigma-\sin\theta_\sigma\sin\varphi)=c\cos\varphi \quad (4.3.42)$$

上式即为莫尔-库仑屈服准则，也就是说，莫尔-库仑准则不仅是单剪应力准则，也是岩土材料的单剪能量屈服准则。当 $\varphi=0$ 时，即对于金属材料，准则退化为屈瑞斯卡最大剪应力准则，这与前述金属准则是一致的。

（2）岩土材料三剪能量屈服准则

与单剪应力准则一样，单剪能量准则也不能考虑中间主应力的影响，因此考虑三个破坏面上的能量之和，将材料的三剪能量准则写为：

$$w_{df}=w_{df12}+w_{df23}+w_{df13}=k \quad (4.3.43)$$

对于金属材料，认为当三个面上的剪切应变比能之和达到某个极限值时材料开始屈服，上式变为：

$$\frac{1}{8G}[(\sigma_1-\sigma_2)^2+(\sigma_2-\sigma_3)^2+(\sigma_1-\sigma_3)^2]=k \quad (4.3.44)$$

上式即为米赛斯屈服准则，所以米赛斯准则为金属材料的三剪能量准则。

对于岩土材料，考虑摩擦能的影响，认为当三个最大摩擦角作用面上的剪切应变比能之和达到某个极限值时材料开始屈服，此时，破坏面上的摩擦能都达到极限状态，将三剪能量屈服准则写为：

$$w_{\mathrm{f}}=w_{\mathrm{f12}}+w_{\mathrm{f23}}+w_{\mathrm{f13}}=k \tag{4.3.45}$$

即

$$\begin{aligned}&\frac{1}{2G\cos^2\varphi_{12}}\left[p\sin\varphi_{12}+\frac{q}{\sqrt{3}}\cos\left(\theta_\sigma+\frac{\pi}{3}\right)+\frac{q}{3}\sin\left(\theta_\sigma+\frac{\pi}{3}\right)\sin\varphi_{12}\right]^2+\\&\frac{1}{2G\cos^2\varphi_{23}}\left[p\sin\varphi_{23}+\frac{q}{\sqrt{3}}\cos\left(\theta_\sigma-\frac{\pi}{3}\right)+\frac{q}{3}\sin\left(\theta_\sigma-\frac{\pi}{3}\right)\sin\varphi_{23}\right]^2+\\&\frac{1}{2G\cos^2\varphi_{13}}\left[p\sin\varphi_{13}+\frac{q}{\sqrt{3}}\cos\theta_\sigma-\frac{q}{3}\sin\theta_\sigma\sin\varphi_{13}\right]^2=k\end{aligned} \tag{4.3.46}$$

由上式可见，对于 $\varphi=0$ 的金属材料，退化为米赛斯准则，与前述金属准则一致。

一般三向应力情况下，此时三组圆存在三条公切线，且在横轴上交于一点即材料的抗拉强度（见图 4-25)，根据右图的几何关系可以推出三个黏聚力和三个摩擦角的关系如下：

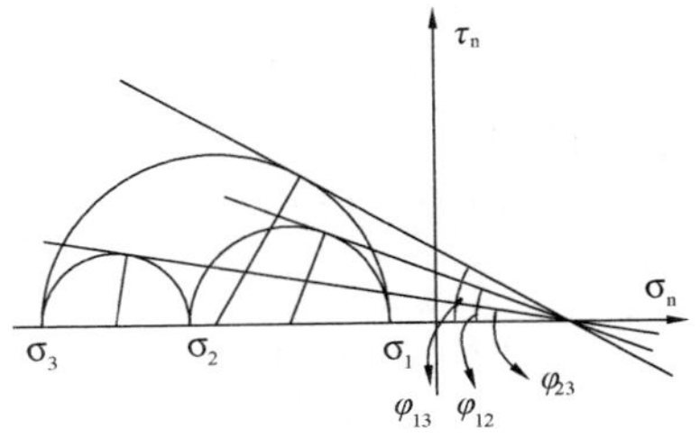

图 4-25　三向应力情况下莫尔圆及其公切线

$$\sin\varphi_{12}=\frac{(1-\sqrt{3}\tan\theta_\sigma)\sin\varphi}{2-\sin\varphi-\sqrt{3}\tan\theta_\sigma\sin\varphi} \tag{4.3.47}$$

$$\cos\varphi_{12}=\frac{2\sqrt{(1-\sin\varphi)(1-\sqrt{3}\tan\theta_\sigma\sin\varphi)}}{2-\sin\varphi-\sqrt{3}\tan\theta_\sigma\sin\varphi} \tag{4.3.48}$$

$$\sin\varphi_{23}=\frac{(1+\sqrt{3}\tan\theta_\sigma)\sin\varphi}{2+\sin\varphi-\sqrt{3}\tan\theta_\sigma\sin\varphi} \tag{4.3.49}$$

$$\cos\varphi_{23}=\frac{2\sqrt{(1+\sin\varphi)(1-\sqrt{3}\tan\theta_\sigma\sin\varphi)}}{2+\sin\varphi-\sqrt{3}\tan\theta_\sigma\sin\varphi} \tag{4.3.50}$$

最后得到岩土材料的一般三剪准则：

$$\begin{aligned}&\frac{1}{8G(1-\sin\varphi)(1-\sqrt{3}\tan\theta_\sigma\sin\varphi)}\left\{p(1-\sqrt{3}\tan\theta_\sigma)\sin\varphi+\frac{q}{3}\left[\sqrt{3}\cos\left(\theta_\sigma+\frac{\pi}{3}\right)\right.\right.\\&\qquad\left.\left.\times(2-\sin\varphi-\sqrt{3}\tan\theta_\sigma\sin\varphi)+\sin\left(\theta_\sigma+\frac{\pi}{3}\right)(1-\sqrt{3}\tan\theta_\sigma)\sin\varphi\right]\right\}^2\\&+\frac{1}{8G(1+\sin\varphi)(1-\sqrt{3}\tan\theta_\sigma\sin\varphi)}\left\{p(1+\sqrt{3}\tan\theta_\sigma)\sin\varphi+\frac{q}{3}\left[\sqrt{3}\cos\left(\theta_\sigma-\frac{\pi}{3}\right)\right.\right.\\&\qquad\left.\left.\times(2+\sin\varphi-\sqrt{3}\tan\theta_\sigma\sin\varphi)+\sin\left(\theta_\sigma-\frac{\pi}{3}\right)(1+\sqrt{3}\tan\theta_\sigma)\sin\varphi\right]\right\}^2\\&+\frac{1}{2G\cos^2\varphi}\left[p\sin\varphi+\frac{q}{3}(\sqrt{3}\cos\theta_\sigma-\sin\theta_\sigma\sin\varphi)\right]^2=k\end{aligned} \tag{4.3.51}$$

下面通过常规三轴试验来求得常数 k 值。对于常规三轴压缩情况，满足以下条件：

$$\theta_\sigma=30^\circ,\sigma_1=\sigma_2>\sigma_3,\varphi_{12}=0,\varphi_{13}=\varphi_{23}=\varphi \tag{4.3.52}$$

能量准则可写为：

$$\frac{1}{G\cos^2\varphi}\left(p\sin\varphi+\frac{3-\sin\varphi}{6}q\right)^2=k \tag{4.3.53}$$

常数 k 的确定采用与前面相同的方法，可得：

$$k=\frac{c^2}{G} \tag{4.3.54}$$

则能量准则为：

$$p\sin\varphi+\frac{3-\sin\varphi}{6}q=c\cos\varphi \tag{4.3.55}$$

对于常规三轴拉伸情况，满足以下条件：

$$\theta_\sigma=-30°,\sigma_1>\sigma_2=\sigma_3,\varphi_{23}=0,\varphi_{12}=\varphi_{13}=\varphi \tag{4.3.56}$$

能量准则可写为：

$$\frac{1}{G\cos^2\varphi}\left(p\sin\varphi+\frac{3+\sin\varphi}{6}q\right)^2=k \tag{4.3.57}$$

同样可求得能量准则为：

$$p\sin\varphi+\frac{3+\sin\varphi}{6}q=c\cos\varphi \tag{4.3.58}$$

可以看出，常规三轴情况下的三剪能量准则与单剪能量准则是一致的，即与莫尔-库仑准则是一样的。

利用常规三轴情况求得的 k 值，将一般三剪能量准则写为：

$$\begin{aligned}&\frac{1}{8(1-\sin\varphi)(1-\sqrt{3}\tan\theta_\sigma\sin\varphi)}\left\{p(1-\sqrt{3}\tan\theta_\sigma)\sin\varphi+\frac{q}{3}\left[\sqrt{3}\cos\left(\theta_\sigma+\frac{\pi}{3}\right)\right.\right.\\&\left.\left.(2-\sin\varphi-\sqrt{3}\tan\theta_\sigma\sin\varphi)+\sin\left(\theta_\sigma+\frac{\pi}{3}\right)(1-\sqrt{3}\tan\theta_\sigma)\sin\varphi\right]\right\}^2\\&+\frac{1}{8(1+\sin\varphi)(1-\sqrt{3}\tan\theta_\sigma\sin\varphi)}\\&\times\left\{p(1+\sqrt{3}\tan\theta_\sigma)\sin\varphi+\frac{q}{3}\left[\sqrt{3}\cos\left(\theta_\sigma-\frac{\pi}{3}\right)(2+\sin\varphi-\sqrt{3}\tan\theta_\sigma\sin\varphi)\right.\right.\\&\left.\left.+\sin\left(\theta_\sigma-\frac{\pi}{3}\right)(1+\sqrt{3}\tan\theta_\sigma)\sin\varphi\right]\right\}^2+\frac{1}{2\cos^2\varphi}\left[p\sin\varphi+\frac{q}{3}(\sqrt{3}\cos\theta_\sigma-\sin\theta_\sigma\sin\varphi)\right]^2=c^2\end{aligned} \tag{4.3.59}$$

将上式经过化简后变为了一次式：

$$\left[p\sin\varphi+\frac{q}{3}(\sqrt{3}\cos\theta_\sigma-\sin\theta_\sigma\sin\varphi)\right]^2=\left[2c\cos\varphi\sqrt{\frac{1-\sqrt{3}\tan\theta_\sigma\sin\varphi}{3+3\tan^2\theta_\sigma-4\sqrt{3}\tan\theta_\sigma\sin\varphi}}\right]^2 \tag{4.3.60}$$

经开方后，表示为：

$$p\sin\varphi+\frac{q}{3}(\sqrt{3}\cos\theta_\sigma-\sin\theta_\sigma\sin\varphi)=2c\cos\varphi\sqrt{\frac{1-\sqrt{3}\tan\theta_\sigma\sin\varphi}{3+3\tan^2\theta_\sigma-4\sqrt{3}\tan\theta_\sigma\sin\varphi}} \tag{4.3.61}$$

式（4.3.60）表示岩土材料的三剪能量条件，由于推导中采用了常规三轴条件，因而它也可称为常规三轴三维能量屈服条件，该条件对金属材料即可直接退化为米赛斯准则。对岩土材料可直接退化为莫尔-库仑条件。但它不适用于岩土真三轴情况，也没有考虑在三维空间状态下岩土强度的提高，与实际会有所出入。

式（4.3.61）与莫尔-库仑式相似，只是常数项为一与洛德角 θ_σ 有关的常数。由此可知，其子午平面上的屈服曲线为一直线（图 4-26），并与莫尔-库仑线平行，只是其值略大于莫尔-库仑线。表明莫尔-库仑准则比三剪能量准则更为保守。在偏平面上屈服曲线为一曲边三角形（见图 4-27），这与国内外大量真三轴的试验结果一致，如国外 Lade | Masouka、Desai 等，国内清华大学、郑颖人、陈瑜瑶等按土体真三轴试验拟合得到的屈服曲线基本上都是曲边三角形，表明了三剪能量屈服准则符合岩土材料实际。同样，偏平面上屈服曲线也稍大于莫尔-库仑屈服曲线，而且偏平面上屈服面六个角点与莫尔-库仑条件重合（见图 4-27）。

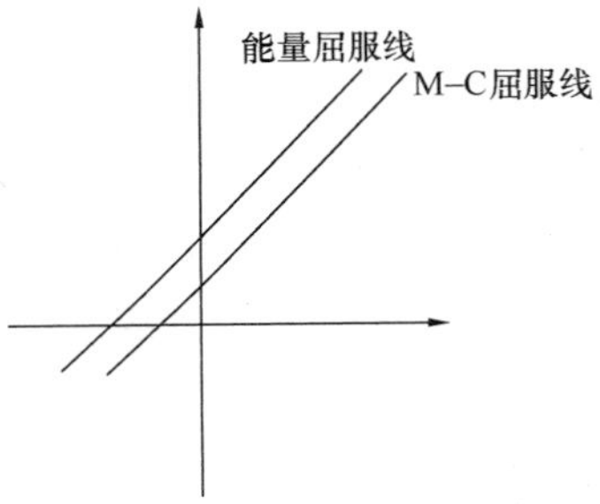

图 4-26 子午面上能量屈服曲线图

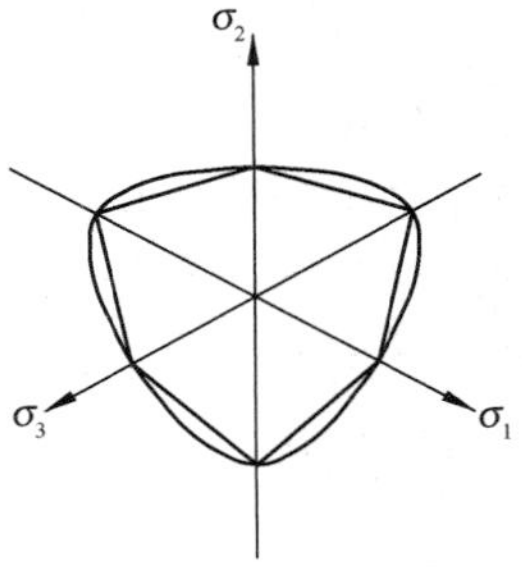

图 4-27 偏平面上能量屈服曲线

式（4.3.61）中常数项含有洛德角 θ_σ，反映了中主应力的影响。常规三轴压缩试验时，$\sigma_2=\sigma_3$，$\theta_\sigma=30°$，此时式（4.3.61）即为莫尔-库仑准则；同理，常规三轴拉伸试验时，$\sigma_1=\sigma_2$，$\theta_\sigma=-30°$，此时式（4.3.61）也为莫尔-库仑准则。表明这种情况下，三剪能量准则与莫尔-库仑准则一致。

与莫尔-库仑准则相似，当洛德角 θ_σ 为常数时，可得到单剪应力状态下 Drucker-Plager 准则。同样，可由式（4.3.61）写出三剪能量与三剪应力状态下的 Drucker-Plager 准则。

$$\alpha_a I_1+\sqrt{J_2}-k_a=0 \tag{4.3.62}$$

当 $\theta_\sigma=30°$，有 q_{max}，它与莫尔-库仑的三轴压缩试验情况相当，

$$\alpha_a=\frac{2\sin\varphi}{\sqrt{3}(3-\sin\varphi)},k_a=\frac{6c\cos\varphi}{\sqrt{3}(3-\sin\varphi)} \tag{4.3.63}$$

当 $\theta_\sigma=-30°$，有 q_{min}，它与莫尔-库仑的三轴拉伸试验情况相当，

$$\alpha_a=\frac{2\sin\varphi}{\sqrt{3}(3+\sin\varphi)},k_a=\frac{6c\cos\varphi}{\sqrt{3}(3+\sin\varphi)} \tag{4.3.64}$$

当 $\theta_\sigma=0$ 时，为采用非关联流动法则的平面应变情况，三剪应力情况与莫尔-库仑单剪应力情况是不同的，三剪应力情况下有

$$p\sin\varphi+\frac{q}{3}(\sqrt{3}\cos\theta-\sin\theta_\sigma\sin\varphi)=\frac{2c\cos\varphi}{\sqrt{3}} \tag{4.3.65}$$

表明此种情况下，式（4.3.61）中的常数项比莫尔-库仑公式增大了 1.157 倍。并有，

$$\alpha_a=\sin\varphi,k_a=\frac{2}{\sqrt{3}}c\cos\varphi \tag{4.3.66}$$

最后应当指出，式（4.3.61）不适用于 $c=0$ 的情况下，因为此时常数项为零，不能反映中主应力的影响，此时，式（4.3.61）与莫尔-库仑公式相同。

与金属材料一样，采用三个破坏面上剪应力矢量相加的方法，也可以推导出岩土材料应力表述的岩土三剪应力屈服条件。由于数学推演的复杂性，暂时未能推导出一般形式，

但在特殊情况下，如常规三轴试验情况下，可以导出与能量表述相同的应力屈服条件，推导过程可见有关文献。

3. 材料屈服准则的体系

历史上屈服条件的建立：一是依据一定的理论条件，二是依据试验结果拟合；此外，也有按经验建立的。传统塑性力学中，屈瑞斯卡屈服条件与莫尔-库仑条件是依据理论建立的。但这一理论，没有考虑中主应力的影响，而且也不能很好的与试验结果吻合。表明这种理论存在一定缺陷。反之，米赛斯条件最初是拟合试验结果提出的，后来又发现它有明确的物理意义，因而它是既有充分理论依据，又符合实际的屈服条件，但它只适用于金属材料。本文提出的三剪能量屈服准则同样既有充分理论依据，又符合实际的屈服条件。它既适用于岩土材料，又适用于金属材料。

应力表述的屈服准则体系　　　　**表 4-2**

剪切状态	单剪情况		三剪情况	
	名　称	公　式	名　称	公　式
金属材料	Tresca	$\sigma_1-\sigma_3=k$	Mises	$J_2=C$
岩土材料	莫尔-库仑	$p\sin\varphi+\frac{q}{3}(\sqrt{3}\cos\theta_\sigma-\sin\theta_\sigma\sin\varphi)=c\cos\varphi$	高红-郑颖人	$p\sin\varphi+\frac{q}{3}(\sqrt{3}\cos\theta_\sigma-\sin\theta_\sigma\sin\varphi)=2c\cos\varphi\times\sqrt{\frac{1-\sqrt{3}\tan\theta\sin\varphi}{3+3\tan^2\theta-4\sqrt{3}\tan\theta\sin\varphi}}$
	Drucker-Prager	$\alpha I_1+\sqrt{J_2}-k=0$	三剪 Drucker-Prager	$\alpha_a I_1+\sqrt{J_2}-k_a=0$
	θ_σ 为常数　$\theta_\sigma=30°$（三轴压缩）	$\alpha=\frac{2\sin\varphi}{\sqrt{3}(3-\sin\varphi)}$ $k=\frac{6c\cos\varphi}{\sqrt{3}(3-\sin\varphi)}$	θ_σ 为常数　$\theta_\sigma=30°$（三轴压缩）	$\alpha_a=\frac{2\sin\varphi}{\sqrt{3}(3-\sin\varphi)}$ $k_a=\frac{6c\cos\varphi}{\sqrt{3}(3-\sin\varphi)}$
	θ_σ 为常数　$\theta_\sigma=-30°$（三轴拉伸）	$\alpha=\frac{2\sin\varphi}{\sqrt{3}(3+\sin\varphi)}$ $k=\frac{6c\cos\varphi}{\sqrt{3}(3+\sin\varphi)}$	θ_σ 为常数　$\theta_\sigma=-30°$（三轴拉伸）	$\alpha_a=\frac{2\sin\varphi}{\sqrt{3}(3+\sin\varphi)}$ $k_a=\frac{6c\cos\varphi}{\sqrt{3}(3+\sin\varphi)}$
	θ_σ 为常数　$\theta_\sigma=0°$（非关联平面应变）	$\alpha=\sin\varphi/3$ $k=c\cos\varphi$	θ_σ 为常数　$\theta_\sigma=0°$（非关联平面应变）	$\alpha_a=\sin\varphi/3$ $k_a=\frac{2}{\sqrt{3}}c\cos\varphi$

表 4-2 列出了应力表述的几种屈服准则。这里不包括一些试验拟合得到的准则，也不包括双剪应力，松冈元三剪切角准则。同时只适用于极限曲线为直线的情况，不包括双曲线，椭圆等二次极限曲线。能量表述的屈服准则与应力表述的屈服准则只差一个平方关系，且后者更为简洁，因而这里不再列出。应变表述的屈服准则可通过力学换算获得，列在第 9 章中。

无论是采用应力、应变或能量表述，只是其形式不同，而其实质是一致的，表明上述几种屈服条件符合力学的基本理论。高红-郑颖人条件适用于任何情况，这是岩土与金属材料的三剪与单剪条件的统一表达式。莫尔-库仑条件是单剪应力条件，也是单剪能量条件，它是单剪情况下的统一表达式。Mises 条件既是金属材料三剪能量条件，也是三剪应力条件，是金属材料的统一条件。应用很广的 Drucker-Plager 条件是岩土材料在单剪

情况下洛德角 θ_σ 为常数时的屈服条件，因而在偏平面上都为一圆。与此相应，作者又提出了岩土材料三剪情况下洛德角 θ_σ 为常数时的屈服条件，也可称为三剪 Drucker-Plager 条件。上述三种准则都是高红-郑颖人屈服条件的特殊情况。

4.3.4 广义双剪应力条件

广义双剪应力条件要在双剪应力条件基础上考虑静水压力及拉压强度不等的影响，显然它也做了破坏面上剪应力可进行代数相加的假设。它的数学表达式可以有如下两种形式，并考虑 $\sigma_{ij}=(\sigma_i+\sigma_j)/2$。

(1)
$$\begin{aligned}F&=\frac{1}{2}[\tau_{13}+\tau_{12}+\beta(\sigma_{13}+\sigma_{12})-k]\\&=\frac{1}{2}\left[\sigma_1-\frac{1}{2}(\sigma_2+\sigma_3)\right]+\beta\left[\sigma_1+\frac{1}{2}(\sigma_2+\sigma_3)\right]-k\Big]=0\end{aligned}\tag{4.3.67}$$

当广义压缩时，即 $\sigma_2\leqslant\frac{1}{2}(\sigma_2+\sigma_3)+\frac{1}{2}\beta(\sigma_2-\sigma_3)$ 时。

$$\begin{aligned}F&=\frac{1}{2}[\tau_{13}+\tau_{23}+\beta(\sigma_{13}+\sigma_{23})-k]\\&=\frac{1}{2}\left[\frac{1}{2}(\sigma_1+\sigma_2-\sigma_3)\right]+\beta\left[\frac{1}{2}(\sigma_1+\sigma_2)+\sigma_3\right]-k\Big]=0\end{aligned}\tag{4.3.68}$$

当广义拉伸时，即 $\sigma_2\geqslant\frac{1}{2}(\sigma_2+\sigma_3)+\frac{1}{2}\beta(\sigma_2-\sigma_3)$ 时。

上式中 β、k 为广义双剪应力材料常数，可以由单向拉伸与压缩试验确定，有

$$\begin{cases}\beta=\dfrac{\sigma_c-\sigma_l}{\sigma_c+\sigma_l}\\[2ex]k=\dfrac{2\sigma_c\sigma_l}{\sigma_c+\sigma_l}\end{cases}\tag{4.3.69}$$

(2) 当 β、k 与莫尔-库仑条件中 c、φ 建立关系，可以令两者单轴压缩与单轴拉伸时强度相同得出：

$$\beta=\sin\varphi,k=2c\cos\varphi\tag{4.3.70}$$

由此有

$$F=\frac{1}{3}I_1\sin\varphi+(3+\sin\varphi)\left(\frac{1}{4}\cos\theta_\sigma-\frac{1}{4\sqrt{3}}\sin\theta_\sigma\right)\sqrt{J_2}-c\cos\varphi=0,\tag{4.3.71}$$

当 $\theta_\sigma\leqslant\mathrm{tg}^{-1}\left(\frac{1}{\sqrt{3}}\sin\varphi\right)$ 时

$$F=\frac{1}{3}I_1\sin\varphi+(3-\sin\varphi)\left(\frac{1}{4}\cos\theta_\sigma+\frac{1}{4\sqrt{3}}\sin\theta_\sigma\right)\sqrt{J_2}-c\cos\varphi=0,\tag{4.3.72}$$

当 $\theta_\sigma\geqslant\mathrm{tg}^{-1}\left(\frac{1}{\sqrt{3}}\sin\varphi\right)$ 时

由式（4.3.71）与式（4.3.72）可见，当 $\varphi=0$ 时，即为双剪应力条件。

广义双剪应力条件的屈服面在主应力空间是一个以静水压力线为轴的不等边六角锥体面，在偏平面上是一个顶点不在主轴而与主轴对称的不等边六角形，如图 4-15 所示。图 4-28 绘出了 $\varphi=0°$，30°，90°（相应 $\theta_\sigma=0$，16.12°，30°）时的莫尔-库仑条件和广义双剪

应力条件在 π 平面上 $-30^\circ \leqslant \theta_\sigma \leqslant 30^\circ$ 范围内的屈服曲线。当 $\varphi=0^\circ$ 时，莫尔-库仑条件简化为屈瑞斯卡条件，如图 4-28 中的 AC 线所示。广义双剪应力条件的折点应在 $\theta_\sigma=0^\circ$ 处，如图 4-28 中的 B 点所示。当 $\varphi=90^\circ$ 时，广义双剪应力条件与莫尔-库仑条件重合。通常 φ 在 $0^\circ \sim 90^\circ$ 之间，例如 $\varphi=30^\circ$ 时（$\theta_\sigma=-16.1^\circ$ 时），广义双剪应力的屈服曲线为图中的 AB_1C_1。

4.3.5　辛克维兹-潘德条件

辛克维兹-潘德（Zienkiewicz-Pande）认为，莫尔-库仑屈服面是比较可靠的。它的缺点是存在尖顶和棱角的间断点、线，致使计算变繁与收敛缓慢。为此，他们提出一些修正的形式。总的说来，这种屈服面，在 π 平面上的迹线是抹圆了角的六角形，而其子午线是二次式。

由式（4.3.6）可见，将 I_1（或 σ_m）$=$const 代入此式，即得出 π 平面内 $\sqrt{J_2}$ 与 θ_σ 的关系式（图 4-29），将 $\theta_\sigma=$const 代入即得子午面上 I_1 与 $\sqrt{J_2}$ 或 p、q 之间的关系曲线。由此可见：π 平面上的屈服曲线总是几何相似，而子午面上的子午线总是在随 θ_σ 值按比例变化。一般来说，下列形式的曲面

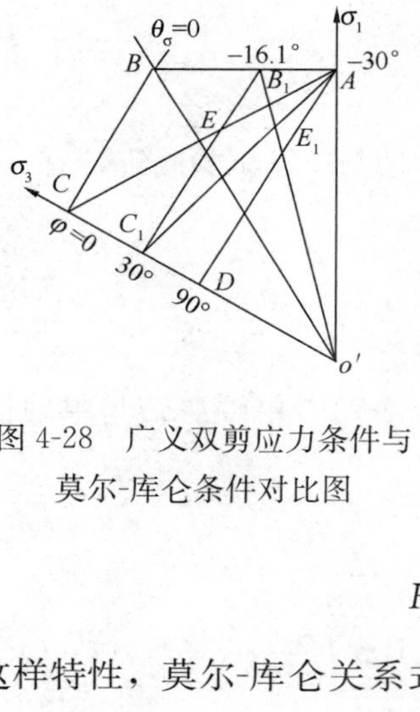

图 4-28　广义双剪应力条件与莫尔-库仑条件对比图

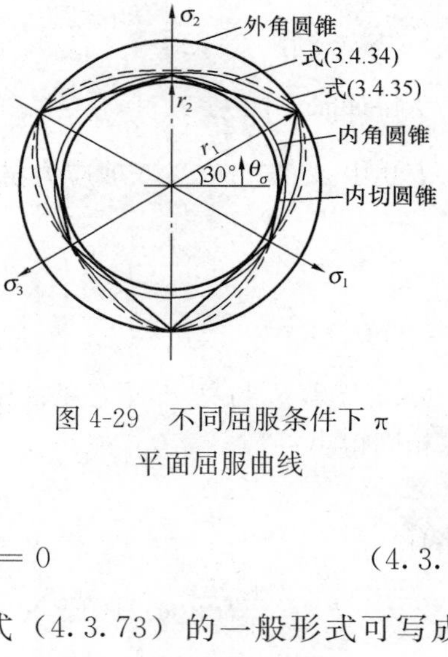

图 4-29　不同屈服条件下 π 平面屈服曲线

$$F=\delta(\sigma_m)+h\left(\frac{\sqrt{J_2}}{g(\theta_\sigma)}\right)=0 \tag{4.3.73}$$

都有这样特性，莫尔-库仑关系式只是其中的一种。式（4.3.73）的一般形式可写成二次型：

$$F=\beta\sigma_m^2+\alpha_1\sigma_m-k+\bar{\sigma}_+^2=0 \tag{4.3.74}$$

式中　$\bar{\sigma}_+=\dfrac{\sqrt{J_2}}{g\ (\theta_\sigma)}$

$g\ (\theta_\sigma)$ 表示 π 平面上屈服曲线随洛德角 θ_σ 变化的规律，可用如下三种公式来逼近莫尔-库仑不规则六角形。

Willians 和 Warnke 建议一个椭圆表示式：

$$g(\theta_\sigma)=\frac{\{(1-K^2)(\sqrt{3}\cos\theta_\sigma-\sin\theta_\sigma)+(2K-1)\left[(2+\cos2\theta_\sigma-\sqrt{3}\sin\theta_\sigma)(1-K^2)-5K^2-4K\right]^{1/2}\}}{(1-K^2)(2+\cos2\theta_\sigma-\sqrt{3}\sin2\theta_\sigma)+(1-2K^2)} \tag{4.3.75}$$

Gudehus 和 Arygris 等则提出另一种简单形式，但 $K>7/9$（或 $\varphi<22°$）时才能保证屈服面的外凸性。

$$g(\theta_\sigma)=\frac{2K}{(1+K)-(1-K)\sin3\theta_\sigma} \tag{4.3.76}$$

本书作者等人提出将式（4.3.76）进行修正，以提高精度。采用下式

$$g(\theta_\sigma)=\frac{2K}{(1+K)-(1-K)\sin3\theta_\sigma+\alpha\cos^2 3\theta_\sigma} \tag{4.3.77}$$

式中　$\alpha=0.2\sim0.4$，其值由式（4.3.77）通过计算机作图使其逼近莫尔-库仑条件的几何图形而确定的。式（4.3.75）与式（4.3.76）计算结果相近，都有较大误差，目前已经很少采用。这三个式子均能满足 $\theta_\sigma=\pm\pi/6$ 时，$\mathrm{d}g(\theta_\sigma)/\mathrm{d}\theta_\sigma=0$ 的条件，所以 $\theta_\sigma=\pm30°$ 处曲线的切线是连续的，而不是角点。上述式子都保证 $g(\pi/6)=1$，由此 $\bar{\sigma}_+=\sqrt{J_2}=r_\sigma/\sqrt{2}$，可见 $\sqrt{2}\bar{\sigma}_+$ 代表 π 平面上外角圆半径 r_1。而 $g(-\pi/6)=K$，同样可得 $\sqrt{2}K\bar{\sigma}_+$ 代表 π 平面上内角圆半径 r_2（图 4-29）。总之，它们体现了抹圆了角的不等角六角形所应具备的条件。

对于莫尔-库仑条件，有

$$g(\theta_\sigma)=\frac{\cos(\pi/6)-\sin(\pi/6)\sin\varphi/\sqrt{3}}{\cos\theta_\sigma-\sin\theta_\sigma\sin\varphi/\sqrt{3}}=\frac{A}{\cos\theta_\sigma-\sin\theta_\sigma\sin\varphi/\sqrt{3}} \tag{4.3.78}$$

式中　$A=\dfrac{3-\sin\varphi}{2\sqrt{3}}$

此式表示为一直线，但在 $\theta_\sigma=\pm\pi/6$ 处有角点。

根据莫尔-库仑线内外角条件，由式（4.3.78）可导出

$$K=\frac{\cos(\pi/6)-\sin(\pi/6)\sin\varphi/\sqrt{3}}{\cos(-\pi/6)-\sin(-\pi/6)\sin\varphi/\sqrt{3}}=\frac{3-\sin\varphi}{3+\sin\varphi} \tag{4.3.79}$$

上式表明，K 值仅与内摩擦角 φ 有关，φ 愈小，K 愈大，当 $\varphi=0$ 时，$K=1$。

对于高红-郑颖人三剪能量屈服条件，目前暂无法求得 $g(\theta_\sigma)$ 显式表示式，但当 p 为常数时，可绘出 q 与 θ_σ 关系曲线，在 π 平面上为一曲边三角形。

辛克维兹-潘德条件在子午平面上采用二次式的屈服曲线，提出如下三种形式：

(1) 双曲线式

其屈服曲线方程为

$$F=\left(\frac{\sigma_{\mathrm{m}}-d}{a}\right)^2-\frac{\bar{\sigma}_+^2}{b^2}-1=0 \tag{4.3.80}$$

该双曲线以莫尔-库仑包络线为其渐近线，并考虑莫尔-库仑线在 $\bar{\sigma}_+-\sigma_{\mathrm{m}}$ 平面上，因此可导出式（4.3.74）中的系数为（图 4-30（a））

$$\left.\begin{aligned}\beta&=-\tan^2\bar{\varphi}\\ \alpha_1&=2\bar{c}\tan\bar{\varphi}\\ k&=-a^2\tan\bar{\varphi}+\bar{c}^2\end{aligned}\right\} \tag{4.3.81}$$

式中

$$\bar{c}=\frac{c\cos\varphi}{\sqrt{3}(3-\sin\varphi)},\tan\bar{\varphi}=\frac{6\sin\varphi}{\sqrt{3}(3-\sin\varphi)}$$

(2) 抛物线式

$$F=(\sigma_m-d)+a\bar{\sigma}_+^2=0 \tag{4.3.82}$$

与式(4.3.74)比较,可得(图 4-30(*b*))

$$\left.\begin{aligned}\beta&=0\\ \alpha_1&=\frac{1}{a}\\ k&=\frac{d}{a}\end{aligned}\right\} \tag{4.3.83}$$

对于 a、d,只能采用曲线拟合的方法,在实用范围内选取其最佳值。

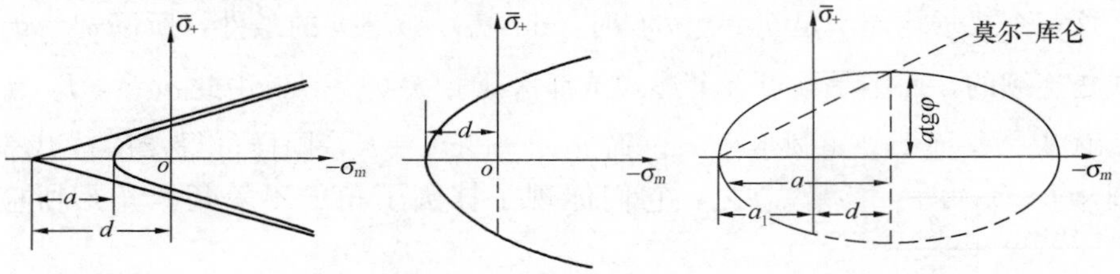

图 4-30 子午平面二次式屈服曲线的三种形式

(*a*)双曲线;(*b*)抛物线;(*c*)椭圆

(3) 椭圆式

$$F=\left(\frac{\sigma_m-d}{a}\right)^2+\frac{\bar{\sigma}_+^2}{b^2}-1=0 \tag{4.3.84}$$

椭圆子午线方程式的特点在于它是"封闭型"的曲线,正如前述,封闭型屈服面更符合岩土材料的实际。假设椭圆屈服面的两个顶点与莫尔-库仑线相交。根据以上条件,并考虑到莫尔-库仑线在 $\bar{\sigma}_+-\sigma_m$ 平面上,可求得式(4.3.74)中的系数为(图 4-30(*c*))

$$\left.\begin{aligned}\beta&=\tan^2\bar{\varphi}\\ \alpha_1&=-2(a-a_1)\tan^2\bar{\varphi}\\ k&=-[\bar{c}+(a-a_1)\tan\bar{\varphi}]^2\left[\left(\frac{a-a_1}{a}\right)^2-1\right]=\tan\bar{\varphi}(2a-\bar{c}\tan\bar{\varphi})\bar{c}\end{aligned}\right\} \tag{4.3.85}$$

注意,在式(4.3.81)及式(4.3.85)中,作者已对辛克维兹-潘德提出的系数值作了修正。

4.3.6 岩土材料的统一屈服条件

如果把辛克维兹给出的屈服函数一般公式再加以推广,可写出如下常用的屈服函数条件的统一表达式(其中 σ_m 用 p 代替)

$$F=\beta p^2+\alpha_1 p-k+\bar{\sigma}_+^n=0 \tag{4.3.86}$$

式中

$$\bar{\sigma}_+=\frac{\sqrt{J_2}}{g(\theta_\sigma)}$$

则此式可概括许多常用屈服函数,表 4-3 列出了 16 种屈服条件的有关系数,便于在编制数值计算程序时通用各种屈服条件,只有高红-郑颖人条件的 $g(\theta_\sigma)$ 尚未列出。

由式（4.3.73）可见，屈服条件写成

$$F = F(p, \sqrt{J_2}, \theta_\sigma) = \beta p^2 + \alpha_1 p + \frac{\sqrt{J_2}}{g(\theta_\sigma)} - k = 0 \tag{4.3.87}$$

令 θ_σ 等于常数，可得子午平面上的屈服条件

$$F_1 = F(p, \sqrt{J_2}) = \beta p^2 + \alpha_1 p + \frac{\sqrt{J_2}}{g(\theta_\sigma)_{\theta_\sigma = \mathrm{const}}} - k = 0 \tag{4.3.88}$$

令 p 等于常数，可得偏平面上的屈服条件

$$F_2 = F_2(\sqrt{J_2}, \theta_\sigma) = \frac{\sqrt{J_2}}{g(\theta_\sigma)} = k - (\beta p^2 + \alpha_1 p)_{p = \mathrm{const}} \tag{4.3.89}$$

不同屈服条件的系数值　　表 4-3

<table>
<tr><th colspan="2">屈服条件</th><th>n</th><th>β</th><th>α_1</th><th>k</th><th>$g(\theta_\sigma)$</th></tr>
<tr><td colspan="2">屈瑞斯卡条件</td><td>1</td><td>0</td><td>0</td><td>$2c/3^{1/2}$</td><td>$3^{1/2}/2\cos\theta_\sigma$</td></tr>
<tr><td colspan="2">米赛斯条件</td><td>1</td><td>0</td><td>0</td><td>c</td><td>1</td></tr>
<tr><td colspan="2">莫尔-库仑条件（非关联法则）</td><td>1</td><td>0</td><td>$\sin\varphi$</td><td>$c\cos\varphi$</td><td>$\dfrac{3-\sin\varphi}{2(\sqrt{3}\cos\theta_\sigma-\sin\theta_\sigma\sin\varphi)}$</td></tr>
<tr><td rowspan="5">德鲁克—普拉格条件</td><td>外角外接圆锥</td><td>1</td><td>0</td><td>$\dfrac{6\sin\varphi}{\sqrt{3}(3-\sin\varphi)}$</td><td>$\dfrac{6c\cos\varphi}{\sqrt{3}(3-\sin\varphi)}$</td><td>1</td></tr>
<tr><td>内角外接圆锥</td><td>1</td><td>0</td><td>$\dfrac{6\sin\varphi}{\sqrt{3}(3+\sin\varphi)}$</td><td>$\dfrac{6c\cos\varphi}{\sqrt{3}(3+\sin\varphi)}$</td><td>1</td></tr>
<tr><td>莫尔-库仑等面积圆锥</td><td>1</td><td>0</td><td>$\dfrac{6\sqrt{3}\sin\varphi}{\sqrt{2\sqrt{3}\pi(9-\sin^2\varphi)}}$</td><td>$\dfrac{6\sqrt{3}c\cos\varphi}{\sqrt{2\sqrt{3}\pi(9-\sin^2\varphi)}}$</td><td>1</td></tr>
<tr><td>关联法则平面应变（内切圆锥）</td><td>1</td><td>0</td><td>$\dfrac{3\sin\varphi}{\sqrt{3}\sqrt{3+\sin^2\varphi}}$</td><td>$\dfrac{3c\cos\varphi}{\sqrt{3}\sqrt{3+\sin^2\varphi}}$</td><td>1</td></tr>
<tr><td>非关联法则平面应变圆锥</td><td>1</td><td>0</td><td>$\sin\varphi$</td><td>$c\cos\varphi$</td><td>1</td></tr>
<tr><td colspan="2">高红-郑颖人条件（非关联法则）</td><td>1</td><td>0</td><td>$\sin\varphi$</td><td>$2c\cos\varphi\cdot\sqrt{\dfrac{1-\sqrt{3}\tan\theta\sin\varphi}{3+3\tan^2\theta-4\sqrt{3}\tan\theta\sin\varphi}}$</td><td></td></tr>
<tr><td colspan="2">广义屈瑞斯卡条件</td><td>1</td><td>0</td><td colspan="2">广义米赛斯条件确定</td><td>$3^{1/2}/2\cos\theta_\sigma$</td></tr>
<tr><td rowspan="3">三剪德鲁克—普拉格条件</td><td>外角外接圆锥</td><td>1</td><td>0</td><td>$\dfrac{6\sin\varphi}{\sqrt{3}(3-\sin\varphi)}$</td><td>$\dfrac{6c\cos\varphi}{\sqrt{3}(3-\sin\varphi)}$</td><td>1</td></tr>
<tr><td>内角外接圆锥</td><td>1</td><td>0</td><td>$\dfrac{6\sin\varphi}{\sqrt{3}(3+\sin\varphi)}$</td><td>$\dfrac{6c\cos\varphi}{\sqrt{3}(3+\sin\varphi)}$</td><td>1</td></tr>
<tr><td>非关联法则平面应变</td><td>1</td><td>0</td><td>$\sin\varphi$</td><td>$\dfrac{2}{\sqrt{3}}c\cos\varphi$</td><td>1</td></tr>
</table>

续表

屈服条件		n	β	α_1	k	$g(\theta_\sigma)$
辛克维兹—潘德条件	双曲线形	2	$-\mathrm{tg}^2\overline{\varphi}$	$2\overline{c}\mathrm{tg}\,\overline{\varphi}$	$\overline{c}^2-a^2\mathrm{tg}\,\overline{\varphi}$	$2K/[(1+K)-(1-K)\sin 3\theta_\sigma]$，$K=(3-\sin\varphi)/(3+\sin\varphi)$
	抛物线形	2	0	$1/a$	d/a	（同上）
	椭圆形	2	$\mathrm{tg}^2\overline{\varphi}$	$-2(a-a_1)\mathrm{tg}^2\overline{\varphi}$	$\mathrm{tg}\overline{\varphi}(2a-\overline{c}\mathrm{tg}\overline{\varphi})\overline{c}$	（同上）

注 $\overline{c}=6c\cos\varphi/[3^{1/2}(3-\sin\varphi)]$，$\mathrm{tg}\overline{\varphi}=6\sin\varphi/[3^{1/2}(3-\sin\varphi)]$

4.3.7 广义非线性强度条件

姚仰平等提出的广义非线性条件（GNST）将各向同性材料的强度特性分解为四个相互独立的方面，利用四个材料参数分别在两个正交的平面内建立其破坏函数。在主应力空间偏平面上的破坏函数包含了从下限 SMP（Spatially Mobilizde Plane，日本学者 Matsuoka 提出的空间滑动面强度准则）曲线到上限 Mises 圆之间的所有区域，利用参数 α 描述破坏曲线的形状，反映了材料强度的中主应力效应。破坏函数为

$$q_\alpha=\alpha\sqrt{I_1^2-3I_2}+\frac{2(1-\alpha)I_1}{3\sqrt{(I_1I_2-I_3)/(I_1I_2-9I_3)}-1} \tag{4.3.90}$$

式中，I_1、I_2、I_3 为主应力不变量；q_α 为等效三轴压缩条件下的破坏剪应力。破坏曲线如图 4-31 所示，当参数 $\alpha=1$ 时破坏函数简化为 Mises 准则；当参数 $\alpha=0$ 时破坏函数简化为 SMP 准则。在主应力空间子午面上的破坏函数为幂函数曲线（图 4-32），表达式为

$$q_\alpha=M_\mathrm{f}\left(\frac{p+\sigma_0}{p_\mathrm{r}}\right)^n p_\mathrm{r} \tag{4.3.91}$$

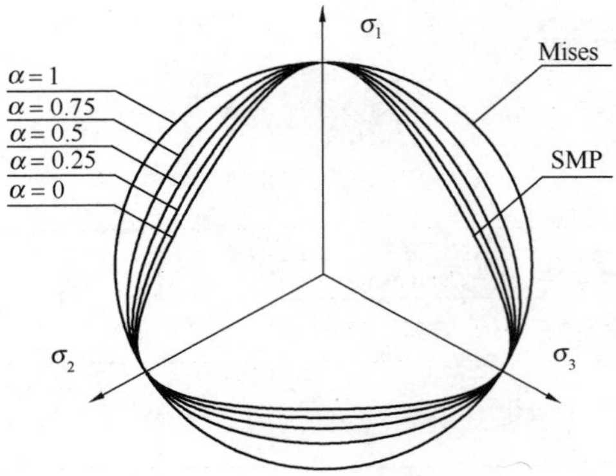

图 4-31 q_α 为常数 α 变化时偏平面上的破坏曲线

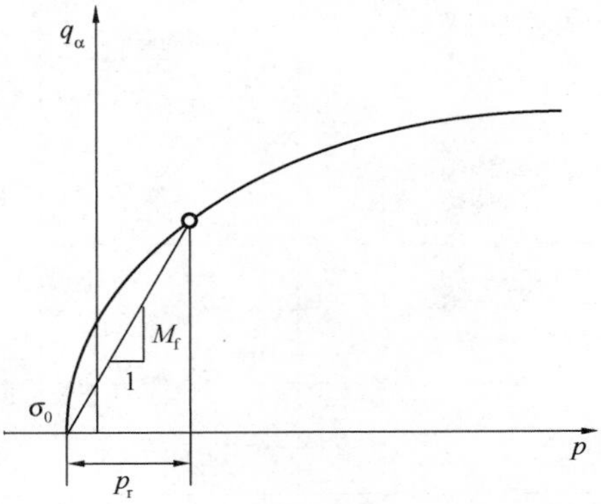

图 4-32 三轴压缩子午面上的破坏曲线

式中，p_r 是参考平均应力；M_f 为参考平均应力处的破坏应力比，描述了破坏曲线的开口程度，反映了材料的摩擦特性，与内摩擦角 φ 相对应；σ_0 为材料的三向拉伸强度，描述了破坏面在主应力空间的位置，反映了材料的黏聚力效应；n 描述了破坏曲线的弯曲程度，当 $n=1$ 时，破坏曲线为与平均应力轴成等倾角的直线，与莫尔-库仑准则、SMP

准则对应；当 $n=0$ 时，破坏曲线为与平均应力轴平行的直线，与米赛斯准则、屈瑞斯长准则对应；反映了材料的静水压力效应。由式（4.3.90）和式（4.3.91）形成主应力空间内的广义非线性强度理论为

$$\alpha\sqrt{I_1^2-3I_2}+\frac{2(1-\alpha)I_1}{3\sqrt{(I_1I_2-I_3)/(I_1I_2-9I_3)}-1}=M_f\left(\frac{p+\sigma_0}{p_r}\right)^n p_r \quad (4.3.92)$$

广义非线性强度理论在主应力空间的破坏面如图 4-33 所示，（1）具有三轴对称性，并且处处连续、光滑、外凸；（2）在静水压力轴的拉端有顶点，压端开口无交点；（3）在低平均应力处偏平面上的破坏曲线接近于圆形，随着平均应力增大破坏曲线逐渐趋近于三角形。可利用变换应力方法将广义非线性强度理论变换为另一应力空间内的广义米赛斯准则，如图 4-34 所示，进而与弹塑性本构模型结合用于有限元程序。变换应力三维化方法既不改变原模型的形式，也不增加任何新的土性参数。变换应力方法通过两步变换实现，第一步将子午面上幂函数形式的破坏曲线变换为直线，变换关系如下

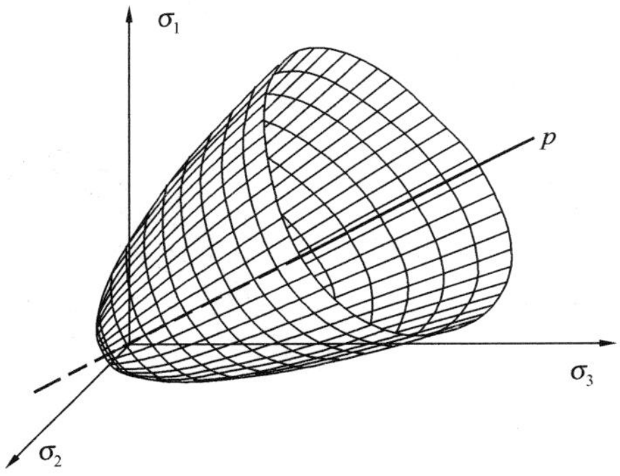

图 4-33 主应力空间内的广义非线性强度理论

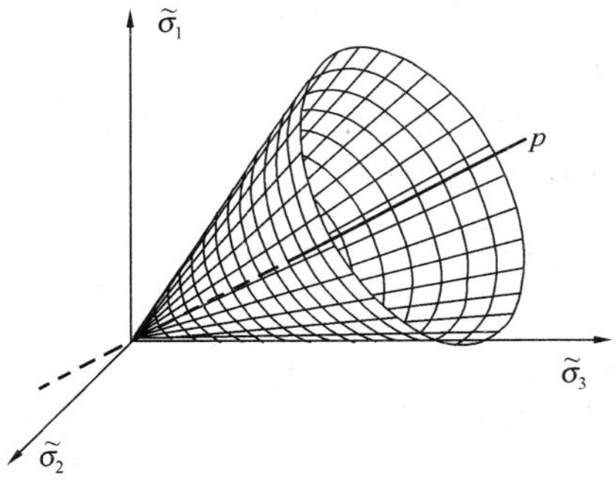

图 4-34 变换应力空间内的广义非线性强度理论

$$\bar{\sigma}_{ij}=\sigma_{ij}+\left[p_r\left(\frac{p+\sigma_0}{p_r}\right)^n-p\right]\delta_{ij} \quad (4.3.93)$$

第二步将偏平面上的破坏曲线变换为圆，如图 4-35 所示，变换关系如下

$$\tilde{\sigma}_{ij}=\bar{p}\delta_{ij}+\frac{\bar{q}_\alpha}{\bar{q}}(\bar{\sigma}_{ij}-\bar{p}\delta_{ij}) \quad (4.3.94)$$

式中

$$\begin{cases}\bar{q}_\alpha=\alpha\sqrt{\bar{I}_1^2-3\bar{I}_2}+\dfrac{2(1-\alpha)\bar{I}_1}{3\sqrt{(\bar{I}_1\bar{I}_2-\bar{I}_3)/(\bar{I}_1\bar{I}_2-9\bar{I}_3)}-1}\\ \bar{p}=\dfrac{1}{3}(\bar{\sigma}_1+\bar{\sigma}_2+\bar{\sigma}_3)\\ \bar{q}=\dfrac{1}{\sqrt{2}}\sqrt{(\bar{\sigma}_1-\bar{\sigma}_2)^2+(\bar{\sigma}_2-\bar{\sigma}_3)^2+(\bar{\sigma}_3-\bar{\sigma}_1)^2}\\ \bar{I}_1=\bar{\sigma}_1+\bar{\sigma}_2+\bar{\sigma}_3\\ \bar{I}_2=\bar{\sigma}_1\bar{\sigma}_2+\bar{\sigma}_2\bar{\sigma}_3+\bar{\sigma}_3\bar{\sigma}_1\\ \bar{I}_3=\bar{\sigma}_1\bar{\sigma}_2\bar{\sigma}_3\end{cases} \quad (4.3.95)$$

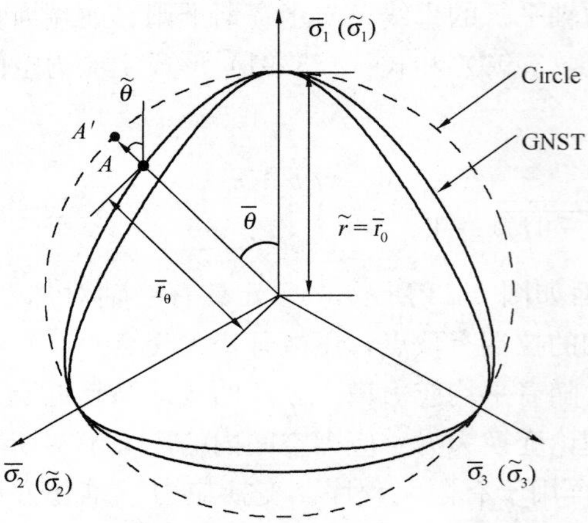

图 4-35 GNST 在偏平面上的变换关系

广义非线性强度条件不是一个单一的强度条件，而是一系列连续变化的非线性强度条件，通过四个相互独立的材料参数的变化实现统一，可用于土、岩石、混凝土、金属等各种材料。

4.3.8 Hoek-Brown 条件

1985 年 Hoek 和 Brown 依据列出的各类岩石的试验结果，提出了一个经验性的适用于岩体材料的破坏条件，一般叫做 Hoek-Brown 条件，其表达式为

$$F=\sigma_1-\sigma_3-\sqrt{m\sigma_c\sigma_3+s\sigma_c^2} \tag{4.3.96}$$

式中 σ_c——单轴抗压强度；

m、s——岩体材料常数，取决于岩石性质以及破碎程度。

在这一条件中考虑了岩体质量数据，即考虑了与围压有关的岩石强度，使它比莫尔-库仑条件更适用于岩体材料。

这一条件与莫尔-库仑条件一样没有考虑中主应力的影响。在子午平面上，它的极限包络线是一条曲线，而不是一条直线，这是与莫尔-库仑条件不同的。

当以应力不变量表述时，Hoek-Brown 条件，可写成

$$F=m\sigma_c\frac{I_1}{3}+4J_2\cos^2\theta_\sigma+m\sigma_c\sqrt{J_2}\left(\cos\theta_\sigma+\frac{\sin\theta_\sigma}{\sqrt{3}}\right)-s\sigma_c^2=0 \tag{4.3.97}$$

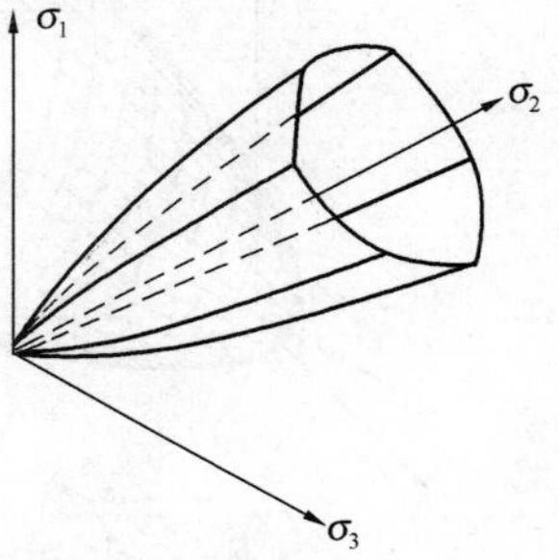

图 4-36 应力空间中的 Hoek-Brown 条件

在应力空间中，它是一个具有 6 个抛物面组成的锥形面，如图 4-36 所示。在 6 个抛物面的交线上具奇异性。

为了消除奇异性，用一椭圆函数逼近这一不规则的六角形，$g(\theta_\sigma)$ 被表述如下

$$g(\theta_\sigma)=\frac{4(1-e^2)\cos^2\left(\frac{\pi}{6}+\theta_\sigma\right)+(1-2e)^2}{2(1-e^2)\cos^2\left(\frac{\pi}{6}+\theta_\sigma\right)+(2e-1)D} \tag{4.3.98}$$

式中 $D=\sqrt{4(1-e^2)\cos^2\left(\frac{\pi}{6}+\theta_\sigma\right)+5e^2-4e}$；$e=\frac{q_l}{q_c}$；$q_c$，$q_l$ 为受压与受拉时的偏应力。

因而，式（4.3.97）的 Hoek-Brown 成为一个光滑、连续的凸曲面，并表示如下

$$F=q^2g^2(\theta_\sigma)+\bar{\sigma}_c qg(\theta_\sigma)+3\bar{\sigma}_c p-s\bar{\sigma}_c^2=0 \tag{4.3.99}$$

式中 $\bar{\sigma}_c=m\frac{\sigma_c}{3}$；$q=\sqrt{3J_2}$；$p=\frac{I_1}{3}$。

1992 年，Hoek 对 Hoek-Brown 条件做了一点修正，给出了更一般表达式

$$\sigma_1 = \sigma_3 + \sigma_c \left(m \frac{\sigma_3}{\sigma_c} + s\right)^{\alpha} \tag{4.3.100}$$

对于大多数岩石采用 $\alpha = \frac{1}{2}$。对于岩体质量差的岩体，式（4.3.100）不适用，建议改用下式

$$\sigma_1 = \sigma_3 + \sigma_c \left(m \frac{\sigma_3}{\sigma_c}\right)^{\alpha} \tag{4.3.101}$$

但修正公式没有得到广泛应用。

4.4 偏平面上屈服条件的形状函数

式（4.3.73）中的 $g(\theta_\sigma)$ 可写成

$$g(\theta_\sigma) = \frac{\sqrt{J_2}}{\sigma_+} = \frac{\sqrt{2J_2}}{\sqrt{2}\,\bar{\sigma}_+} = \frac{r_\sigma}{r_c} = \frac{q}{q_m} \tag{4.4.1}$$

式中 r_c，q_m——三轴压缩 π 平面上的半径和 q 值；

r_σ、q——π 平面上相应任一 θ_σ 的半径与 q 值。

而 $g(\theta_\sigma)$ 一般就称为 π 平面上屈服条件的形状函数，它能表达屈服条件的形状。

形状函数的选择，通常应根据试验结果来定，应用真三轴仪试验，就能确定 $g(\theta_\sigma)$。此外，它还应满足如下条件：

（1）它必须是凸曲线，即要求

$$\frac{1}{g(\theta_\sigma)} + \left(\frac{1}{g(\theta_\sigma)}\right)'' \geqslant 0 \tag{4.4.2}$$

（2）

$$g(30^\circ) = 1,\ r_\sigma(30^\circ) = r_c$$

$$g(-30^\circ) = K,\ r_\sigma(-30^\circ) = r_l \tag{4.4.3}$$

$$K = \frac{r_l}{r_c}$$

式中 r_l——三轴拉伸时 π 平面上的半径。$K=1$，最简单的凸曲线是圆；$K=1/2$ 时，唯一不凹的曲线是直线。

（3）当 $\theta_\sigma = 30^\circ$ 和 -30° 时，

$$\frac{\mathrm{d}g(\theta_\sigma)}{\mathrm{d}\theta_\sigma} = 0 \tag{4.4.4}$$

满足式（4.4.4）是为了消除奇异性，简化计算。式（4.3.75）、式（4.3.76）、式（4.3.77）都是消除了奇异性的角隅型莫尔-库仑条件。

式（4.3.78）是莫尔-库仑屈服条件的形状函数，但这一形状函数没有消除奇异性。当前国际上的一些通用程序在应用莫尔-库仑条件时，都作了消除奇异性的处理。

除了上述一些基于理论导出的屈服条件外，近年来还出现一些基于岩土材料真三轴试验而拟合得出的屈服条件。由于这些条件来自试验，因而不会有大的误差。国际上影响较大的有 Lade 条件（1972）和 Matsuoka-Nakai 条件（1974）。这两个屈服条件在 π 平面上都是不规则的形状，近似为一曲边三角形，如图 4-37 所示。这两种屈服条件没有角点，都是光滑曲线，而且 Lade 屈服曲线外接莫尔-库仑屈服条件的三个外角顶点，而 Matsuoka-Nakai 屈服曲线外接莫尔-库仑条件内外六个角点。

Lade 和 Matsuoka-Nakai 的屈服条件都是根据砂的真三轴试验得出的。Lade 屈服条件的表达式为

$$F=\frac{\sigma_1\sigma_2\sigma_3}{p^3}=\frac{I_3}{I_1^3}=k(\text{常数}) \tag{4.4.5}$$

或

$$F=-\frac{2}{3\sqrt{3}}J_2^{3/2}\sin 3\theta_\sigma-\frac{1}{3}I_1J_2+\left(\frac{1}{27}-\frac{1}{k}\right)I_1^2=0 \tag{4.4.6}$$

Matsuoka-Nakai 的屈服条件表达式为

$$\frac{I_1I_2}{I_3}=k(\text{常数}) \tag{4.4.7}$$

或

$$\frac{(\sigma_2-\sigma_3)^2}{\sigma_2\sigma_3}+\frac{(\sigma_3-\sigma_1)^2}{\sigma_3\sigma_1}+\frac{(\sigma_1-\sigma_2)^2}{\sigma_1\sigma_2}=k(\text{常数}) \tag{4.4.8}$$

式（4.4.5）与式（4.4.7）虽然没有给出 $g(\theta_\sigma)$ 式，但在 I_1 为常数时，即可绘出 π 平面上的形状曲线。

在国内，清华大学根据砂的真三轴试验，提出了双圆弧的 π 平面上屈服曲线的形式，如图 4-38 所示。双圆弧屈服曲线只需要用常规三轴拉伸和压缩试验，即能得到形状函数 $g(\theta_\sigma)$，而不需要作真三轴试验。

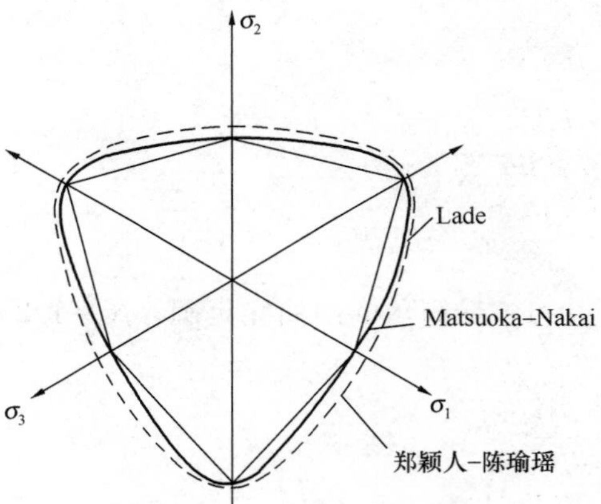

图 4-37 π 平面上 Lade、郑颖人-陈瑜瑶、Matsuoka-Nakai 屈服曲线

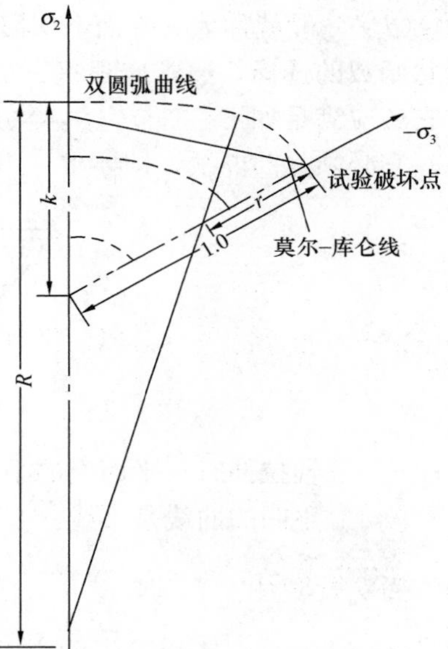

图 4-38 π 平渥太华砂真三轴试验结果

后勤工程学院郑颖人、陈瑜瑶根据重庆红黏土的三轴试验结果，应用式（4.4.9）进行拟合，提出了偏平面上屈服曲线得出形状函数 $g(\theta_\sigma)$

$$g(\theta_\sigma)=\frac{2K}{(1+K)-(1-K)\sin 3\theta_\sigma+\alpha_1\cos^2 3\theta_\sigma} \tag{4.4.9}$$

式中 K、α_1 为系数，可由试验数据拟合得出。本次试验中 $K=0.77$，$\alpha_1=0.45$。无真三轴试验数据时，K 由下式得到

$K=\dfrac{r_l}{r_c}$，r_l，r_c——三轴受拉压缩时偏平面上的半径。α_1 取经验值 0.4～0.5。

在莫尔-库仑条件下，近似取 $K=(3+\sin\varphi)/(3-\sin\varphi)$，此时式（4.4.9）即为式（4.3.77）。但两者 α_1、K 数值不同。图 4-37 中列出了郑颖人、陈瑜瑶拟合曲线，由于与 Lade 曲线十分接近，因而画在一条曲线上。

4.5　层状弱面体屈服条件与破坏条件

岩体的地质特征是岩体中存在着纵横交错的各类结构面，在力学上则表现为存在着弱面或弱夹层，这是岩体与其他均质连续体的本质区别。因而岩体力学方法必须考虑各向异性和非均匀强度的特点，其力学模型应当是具有各种弱面(或弱夹层)的各向异性和非均匀强度的弱面体。

层状岩体的破坏，通常是发生在弱面上。所以必须研究弱面的屈服条件和破坏条件。层状弱面体的屈服条件，不仅与岩体受力情况和弱面的强度有关，而且还与弱面的产状有关。对于平面弱面体问题，只与弱面的倾角有关；对于空间弱面体问题，除了倾角有关外，还与岩层的走向有关。

4.5.1　平面层状弱面的屈服条件

当弱面走向与所研究平面的法线平行时，这类弱面体问题称为平面弱面体情况。平面弱面体的屈服条件，可写成如下形式：

$$F(\sigma_{ij},\beta)=0 \tag{4.5.1a}$$

或

$$F(\sigma_1,\sigma_2,\sigma_3,\beta)=0 \tag{4.5.1b}$$

或

$$F(I_1,J_2,\theta_\sigma,\beta)=0 \tag{4.5.1c}$$

但通常采用前两种表达式。

按照莫尔-库仑条件，弱面体的屈服可写成如下形式：

$$\begin{aligned}&\sigma\leqslant R_l^j(\text{或 }0)\\&\tau\geqslant\sigma\mathrm{tg}\varphi^j+c^j\end{aligned} \tag{4.5.2}$$

式中　σ、τ——弱面的法向应力和剪应力；

R_l^j、φ^j、c^j——弱面的抗拉强度，内摩擦角和黏聚力。

设弱面与最小主应方向 σ_3 的夹角为 β，则按莫尔圆得

$$\left.\begin{aligned}\sigma&=\frac{1}{2}(\sigma_1+\sigma_3)+\frac{1}{2}(\sigma_1-\sigma_3)\cos2\beta\\\tau&=\frac{1}{2}(\sigma_1-\sigma_3)\sin2\beta\end{aligned}\right\} \tag{4.5.3}$$

本节中假定 σ 以压为正，设 σ_m 为平均应力，τ_m 为最大剪应力，则有

$$\left.\begin{aligned}\sigma_m&=\frac{1}{2}(\sigma_1+\sigma_3)\\\tau_m&=\frac{1}{2}(\sigma_1-\sigma_3)\end{aligned}\right\} \tag{4.5.4}$$

因而式（4.5.3）可写成

$$\left.\begin{aligned}\sigma &= \sigma_{\mathrm{m}} + \tau_{\mathrm{m}}\cos 2\beta \\ \tau_{\mathrm{m}} &= \tau_{\mathrm{m}}\sin 2\beta\end{aligned}\right\} \tag{4.5.5}$$

将式(4.5.5)代入式(4.5.2)得

$$\tau_{\mathrm{m}} a = \sigma_{\mathrm{m}} \mathrm{tg}\varphi^{j} + c^{j} \tag{4.5.6}$$

或

$$\tau_{\mathrm{m}} = (\sigma_{\mathrm{m}} + c^{j}\mathrm{ctg}\varphi^{j})\sin\varphi^{j}\cos(2\beta - \varphi^{j}) \tag{4.5.7}$$

式中 $a = \sin 2\beta - \mathrm{tg}\varphi^{j}\cos 2\beta$

以式(4.5.4)代入到式(4.5.6)

$$(\sigma_1 + \sigma_3)\mathrm{tg}\varphi^{j} - \alpha(\sigma_1 - \sigma_3) = -2c^{j} \tag{4.5.8}$$

$$\begin{aligned}(\sigma_1 - \sigma_3) &= \frac{2c^{j} + 2\sigma_3\mathrm{tg}\varphi^{j}}{a - \mathrm{tg}\varphi^{j}} = \frac{2c^{j} + 2\sigma_3\mathrm{tg}\varphi^{j}}{\sin 2\beta(1 - \mathrm{tg}\varphi^{j}\mathrm{ctg}\beta)} \\ &= \frac{2c^{j} + 2\sigma_3\mathrm{tg}\varphi^{j}}{\sin(2\beta - \varphi^{j}) - \sin\varphi^{j}}\end{aligned} \tag{4.5.9}$$

或

$$\sigma_1 = \frac{2c^{j} + \sigma_3(\mathrm{tg}\varphi^{j} + \alpha)}{a - \mathrm{tg}\varphi^{j}} \tag{4.5.10}$$

由式(4.5.7)可得

$$\sigma_1 = \frac{2c^{j}c\,\mathrm{tg}\varphi^{j}}{\left(1 - \dfrac{\sigma_3}{\sigma_1}\right)\sin(2\beta - \varphi^{j})\csc\varphi^{j} - \left(1 + \dfrac{\sigma_3}{\sigma_1}\right)} \tag{4.5.11}$$

上述式(4.5.2)、式(4.5.6)、式(4.5.7)、式(4.5.8)、式(4.5.9)、式(4.5.10)、式(4.5.11)都是弱面屈服条件。

从上述方程可知，当弱面进入塑性状态时，弱面上的应力及弱面强度均是弱面方向的函数，即$\sigma_1 = f(\beta)$。因此，岩体强度与岩石材料不同，它不是一个常数，而是随弱面的方向改变的。

弱面的莫尔-库仑屈服条件还可用图解形式表示。

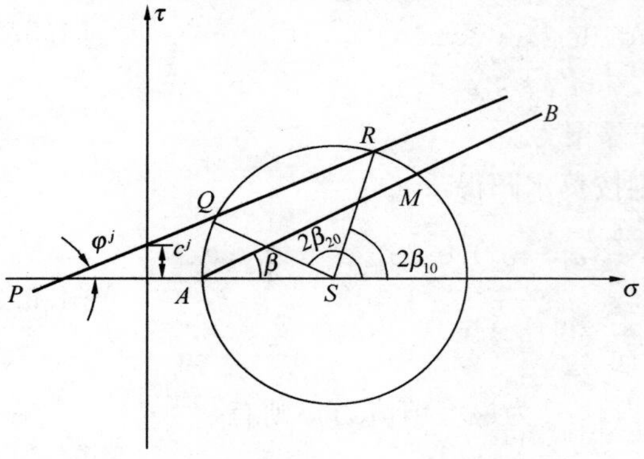

图 4-39 弱面的莫尔-库仑破坏条件

由图 4-39 可见，代表弱面应力状态的那个点就是与σ轴成β角的AB线与应力圆的交点M，AB线可称为弱面应力线，M点位于强度极限线下方，表示在该应力条件下，弱面不会屈服；如M点正好在强度极限曲线上，表示岩体沿此弱面屈服；当然M点超出强度极限曲线是不可能的。所以，图示的弱面屈服条件是弱面的强度极限曲线与弱面应力点相遇(与莫尔圆相交)。它显然不同于一般均质物体中莫尔圆与强度极限曲线相切屈服条件。

由图 4-40 还可以看出，当弱面的2β角落在$2\beta_{10}$和$2\beta_{20}$之间时，弱面就发生屈服。弱面屈服是由PQR线表示的，$\angle PRS$为$2\beta_{10} - \varphi^{j}$，则

$$\frac{SR}{\sin\varphi^j}=\frac{PS}{\sin(2\beta_{10}-\varphi^j)} \tag{4.5.12}$$

或

$$\tau_m\sin(2\beta_{10}-\varphi^j)=(\sigma_m+c^j\mathrm{ctg}\varphi^j)\sin\varphi^j \tag{4.5.13}$$

由此得

$$2\beta_{10}=\varphi^j+\sin^{-1}\left\{\frac{\sigma_m+c^j\mathrm{ctg}\varphi^j}{\tau_m}\sin\varphi^j\right\}$$

$$2\beta_{20}=\pi+\varphi^j-\sin^{-1}\left\{\frac{\sigma_m+c^j\mathrm{ctg}\varphi^j}{\tau_m}\sin\varphi^j\right\} \tag{4.5.14}$$

上述弱面破坏准则，都以主应力 σ_1 和 σ_3 表示。下面以更一般应力分量表示。由弹性力学中应力转换公式可确定弱面上的应力(图 4-40)。

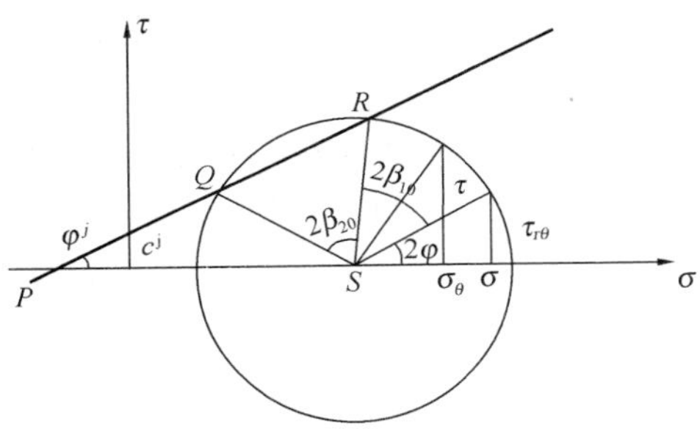

图 4-40　以一般应力分量表示的弱面破坏准则

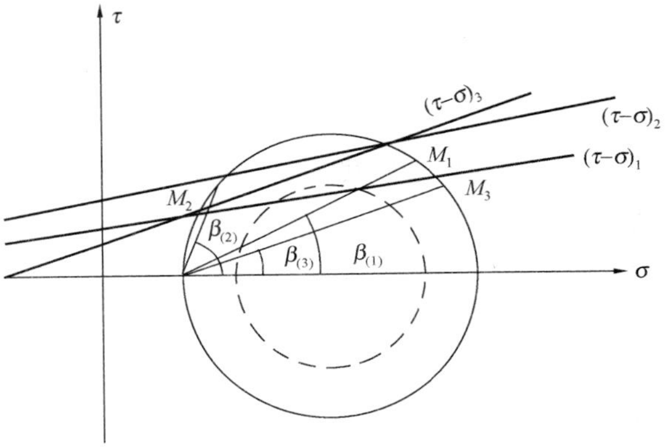

图 4-41　多组弱面时的弱面强度极限曲线

$$\sigma=\frac{1}{2}(\sigma_\theta+\sigma_r)+\frac{1}{2}(\sigma_\theta-\sigma_r)\cos2\beta_1-\tau_{r\theta}\sin2\beta_1$$

$$\tau=\frac{1}{2}(\sigma_\theta-\sigma_r)\sin2\beta_1+\tau_{r\theta}\cos2\beta_1 \tag{4.5.15}$$

式中　β_1——弱面与给定坐标轴之间的夹角。

当坐标轴方向为最小主应力方向时，$\beta_1=\beta$，可见式(4.5.3)为式(4.5.15)的特殊情况。将式(4.5.15)代入式(4.5.4)中第二式，可得

$$(\sigma_\theta+\sigma_\tau)\mathrm{tg}\varphi^j-a(\sigma_\theta-\sigma_r)=b\tau_{\theta r}-2c^j \tag{4.5.16}$$

$$\sigma_\theta=\frac{\sigma_r(\mathrm{tg}\varphi^j+a)-b\tau_{r\theta}+2c^j}{a-\mathrm{tg}\varphi^j} \tag{4.5.17}$$

式中　$a=\sin2\beta_1-\cos2\beta_1\mathrm{tg}\varphi^j$，$b=\cos2\beta_1+\sin2\beta_1\mathrm{tg}\varphi^j$。

式(4.5.16)和式(4.5.17)就是以一般应力分量所表示的弱面破坏准则。

图 4-40 相应于 PQR 线的弱面与给定坐标轴间的夹角 β_{10} 和 β_{20} 可按下式求得。设 ψ 为给定的坐标轴方向与最小主应力方向间的夹角，则可由式 (4.5.14)推广得：

$$2(\beta_{10}+\psi)=\varphi^j+\sin^{-1}\left(\frac{\sigma_m+c^j\mathrm{ctg}\varphi^j}{\tau_m}\sin\varphi^j\right)$$

$$2(\beta_{20}+\psi)=\pi+\varphi^j-\sin^{-1}\left(\frac{\sigma_m+c^j\mathrm{ctg}\varphi^j}{\tau_m}\sin\varphi^j\right) \tag{4.5.18}$$

式中　$\tau_m=\sqrt{\tau_{r\theta}^2+\left(\frac{\sigma_\theta-\sigma_r}{2}\right)^2}$，$\sigma_m=\frac{\sigma_\theta+\sigma_r}{2}$。

当 $\psi=0$ 时，$\tau_{r\theta}=0$，$\tau_m=\frac{\sigma_1-\sigma_3}{2}$，$\sigma_m=\frac{\sigma_1+\sigma_3}{2}$，此时式（4.5.18）即为式（4.5.14）。

当存在多组弱面时，就有多条弱面强度极限曲线 $(\tau-\sigma)_1$、$(\tau-\sigma)_2$……，也有同样多的 β 角（β_1，β_2……）。与上述一样可分别应用上述图示方法进行检验，以确定何组弱面进入破坏。

如图 4-41 所示，有三组弱面，相应强度极限曲线为 $(\tau-\sigma)_1$、$(\tau-\sigma)_2$、$(\tau-\sigma)_3$，β 角分别为 β_1，β_2 和 β_3，相应的弱面应力点为 M_1、M_2、M_3。M_2 点在 $(\tau-\sigma)_2$ 强度曲线下方，M_3 在 $(\tau-\sigma)_3$ 下方，表明这二组弱面不会屈服。但 M_1 在 $(\tau-\sigma)_1$ 上方，所以这组弱面在进入这一应力状态前早已发生屈服，因而其应力状态只能如图 4-41 中的虚线所示。

4.5.2　弱面的最不利位置

由弱面屈服准则式（4.5.9）可知，当 $\beta\to\varphi$ 或 $\pi/2$ 时，$\sigma_1-\sigma_3\to\infty$ 所以有 $\varphi^j<\beta<\pi/2$。图 4-42(*a*) 中示出了 σ_3 为常数情况下，弱面处于屈服状态时 σ_1 与 β 的关系曲线。图中水平迹线表示岩石的屈服迹线，它与弱面屈服曲线相交两点 β_{min} 和 β_{max}（图 3-37(*b*)），在此两点之间就是沿弱面屈服时的 $\sigma_1-\beta$ 关系曲线。在此两点之外，岩体只能通过岩石而发生屈服。显然，与图中 σ_1 极小值相应的 β 角，当弱面具有该角时最易出现剪裂。将弱面屈服式（4.5.9）对 β 求导，并令其为零，得

$$(\sigma_1-\sigma_3)(-\cos2\beta-\sin2\beta\mathrm{tg}\varphi^j)=0$$

即

$$\mathrm{ctg}2\beta=-\mathrm{tg}\varphi^j$$

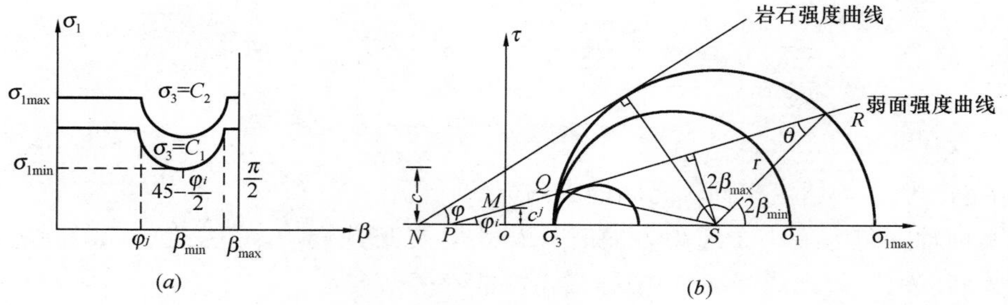

图 4-42　弱面最不利的位置图

(*a*)σ_1 与 β 关系曲线；(*b*)β_{max} 和 β_{min}

由此得弱面的最不利 β 角为 β_L，有

$$\beta_L=45^\circ+\frac{\varphi^j}{2} \tag{4.5.19}$$

代入式（4.5.9），则得 σ_1 的最小值 σ_{min}，有

$$\begin{aligned}\sigma_{1min}&=2(c^j+\sigma_3\mathrm{tg}\varphi^j)[(1+\mathrm{tg}^2\varphi^j)^{1/2}+\mathrm{tg}\varphi^j]+\sigma_3\\&=2(c^j+\sigma_3\mathrm{tg}\varphi^j)\mathrm{tg}\left(45^\circ+\frac{\varphi^j}{2}\right)+\sigma_3\end{aligned} \tag{4.5.20}$$

岩体的最小强度 σ_{1min} 表示在图 4-42(*b*)上，即为莫尔应力圆与弱面强度极限曲线相切

情况下的最大主应力值。而 σ_{1max} 是岩石材料达到极限平衡时的最大主应力值，其值亦可按式（4.5.20）计算，只不过需将 φ^j、c^j 改换成 φ 和 c，即

$$\begin{aligned}\sigma_{1min} &= 2(c+\sigma_3 \mathrm{tg}\varphi^j)[\sqrt{1+\mathrm{tg}^2\varphi}+\mathrm{tg}\varphi]+\sigma_3 \\ &= 2(c+\sigma_3 \mathrm{tg}\varphi)\mathrm{tg}\left(45^\circ+\frac{\varphi^j}{2}\right)+\sigma_3\end{aligned} \tag{4.5.21}$$

由图 4-42(b) 可知，极限莫尔圆半径 r 为

$$r=(r+\sigma_3+ON)\sin\varphi$$

$$ON = c\mathrm{ctg}\varphi$$

所以
$$r=\frac{\sigma_3\sin\varphi+c\cos\varphi}{1-\sin\varphi} \tag{4.5.22}$$

在 $\triangle PRS$ 中
$$2\beta_{min}=\varphi^j+\theta \tag{4.5.23}$$

在 $\triangle POM$ 中
$$OP=c^j \mathrm{ctg}\varphi^j \tag{4.5.24}$$

由正弦定律

$$\sin\theta=\frac{(r+\sigma_3+OP)\sin\varphi^j}{r}=\left(1+\frac{OP+\sigma_3}{r}\right)\sin\varphi^j \tag{4.5.25}$$

将式（4.5.22）和式（4.5.24）代入式（4.5.25）即得

$$\theta=\sin^{-1}\left\{\left[1+\frac{(c^j\mathrm{ctg}\varphi^j+\sigma_3)(1-\sin\varphi)}{\sigma_3\sin\varphi+c\cos\varphi}\right]\sin\varphi^j\right\} \tag{4.5.26}$$

把式（4.5.26）代入式（4.5.23），得

$$2\beta_{min}=\varphi^j+\sin^{-1}\left\{\left[1+\frac{(c^j\mathrm{ctg}\varphi^j+\sigma_3)(1-\sin\varphi)}{\sigma_3\sin\varphi+c\cos\varphi}\right]\sin\varphi^j\right\} \tag{4.5.27}$$

由图 4-42(b) 可知，

$$2\beta_{max}=180^\circ-(\theta-\varphi^j)$$

将式（4.5.23）代入，即为

$$\beta_{max}=90^\circ+\varphi^j-\beta_{min} \tag{4.5.28}$$

对于一般应力分量表示的弱面屈服准则方程式（4.5.16），同样可通过求导，并令其为零，求得最不利的 β_1 角为 $(\beta_1)_L$

$$(\beta_1)_L=\frac{\mathrm{arcctg}\left(\dfrac{\mathrm{tg}2\psi-\mathrm{tg}\varphi^j}{1+\mathrm{tg}2\psi\mathrm{tg}\varphi^j}\right)}{2} \tag{4.5.29}$$

由式（4.5.29）可见，弱面的最不利 β_1 角不仅与 φ^j 有关，而且还与主应力方向有关，所以，弱面的最不利 β_1 角随坐标位置而变。图 4-43 中关系曲线与图 4-42 一样，因为 β_1 与 β 两者只相差 ψ 角。

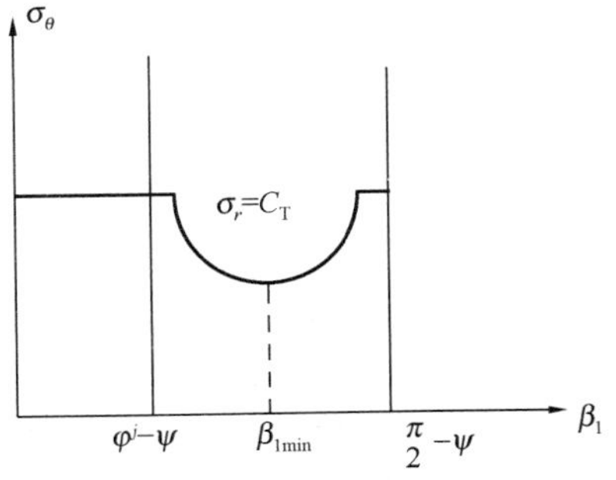

图 4-43　一般应力分量表示的最不利位置图

【算例】　绘制有一组弱面时岩体的强度曲线。设有一岩体，其岩石强度为 $c=2000\mathrm{kPa}$，$\varphi=45^\circ$ 含有

一组弱面，弱面强度性质为 $c^j=500\text{kPa}$，$\varphi^j=20°$。当 $\sigma_3=0$ 和 $\sigma_3=500\text{kPa}$ 时，对 $\theta=90°$ 的侧向岩体，作倾角 β_0 改变时（$\beta_0=\beta$）的岩体强度曲线。

（一）最小主应力 $\sigma_3=0$ 时的强度曲线

作强度曲线的步骤如下：

1. 把上述参数代入式（4.5.27）

$$\beta_{\min}=\frac{1}{2}\left\{20°+\sin^{-1}\left[\left(1+\frac{500\text{ctg}20°(1-\sin45°)}{2000\cos45°}\right)\times\sin20°\right]\right\}=23.03°$$

2. 代入式（4.5.9），有

$$\sigma_1=\frac{2\times500\cos20°}{\sin(2\beta-20°)-\sin20°}=\frac{939.7}{\sin(2\beta-20°)-0.342}$$

3. 代入式（4.5.28），有

$$\beta_{\max}=90°+20°-23.05°=86.97°$$

4. 代入式（4.5.21），有

$$\sigma_{1\max}=2\times2000\times\text{tg}\left(45°+\frac{45°}{2}\right)=9657\text{kPa}$$

5. 代入式（4.5.19），有

$$\beta_{\text{L}}=45°+\frac{20°}{2}=55°$$

$$\sigma_1=\frac{939.7}{\sin(2\beta-20°)-0.342}$$

列出计算数据表 4-4。

6. 由上述数据在图 4-44 中画出强度曲线，图中以实曲线表示。

计 算 系 数 **表 4-4**

弱面倾角 β	$2\beta-20°$	$\sin(2\beta-20°)$	σ_1(kPa)
(min)23.03°	26.06°	0.4393	9657(max)
30°	40°	0.6428	3124
40°	60°	0.8660	1793
45°	70°	0.9397	1572
50°	80°	0.9848	1462
55°	90°	1.0000	1428(min)
60°	100°	0.9848	1462
70°	120°	0.8660	1793
80°	140°	0.6428	3124
(max)86.97°	153.94°	0.4393	9657(max)

（二）最小主应力 $\sigma_3=2000\text{kPa}$ 时的强度曲线

按上述步骤 $\beta_{\min}=23.74°$，$\beta_{\max}=82.26°$

$$\sigma_1 = \frac{2307.8}{\sin(2\beta - 20^\circ) - 0.342} + 2000$$

$\sigma_{1max}=21314kPa$，$\beta_L=55°$。列出 σ_1 数据于表 4-5。

计 算 系 数 **表 4-5**

弱面倾角 β	$2\beta-20°$	$\sin(2\beta-20°)$	σ_1(kPa)
(min)23.74°	27.48°	0.4615	21314(max)
30°	40°	0.6428	9672
40°	60°	0.8660	6404
45°	70°	0.9397	5861
50°	80°	0.9848	5590
55°	90°	1.0000	5507
60°	100°	0.9848	5590
70°	120°	0.8660	6404
80°	140°	0.6428	9672
(max)86.26°	152.52°	0.4614	21314(max)

由上表数据画出的强度曲线列于图 4-44，图中曲线以虚线表示。有了这样的强度曲线就可以判断岩体的弱面或岩石是否已进入塑性状态。如果已知岩体的应力场，也即已知岩体中每一单元的主应力大小及方向，然后再把岩体中弱面方向标出，即可得出它与最小主应力方向之间的夹角 β。将这个 β 值与最大主应力值在强度曲线图上标出其位置，如这个标点落在强度曲线的内侧，表示岩体处于弹性状态，即岩体是稳定的。反之，如落在强度曲线外侧，则表示岩体(或是弱面或是岩石)进入塑性状态，当塑性发展到一定程度，岩体就失稳破坏。

在图 4-39 中，$\sigma_3=0$ 时的强度曲线位于内侧，它的弹性区范围较小，而 $\sigma_3=2000kPa$ 时的强度曲线位于外侧，它的弹性范围较大。还可见到 $\sigma_3=0$ 增到 $\sigma_3=2000kPa$ 值，那么强度曲线的最小值从 1428kPa 增加到 5507kPa，约提高三倍。最大强度从 9657kPa 增加到 21314kPa，提高一倍多。因此从岩体稳定的角度，就需要尽可能地提高 σ_3 值，从而增大弹性区的范围。另外，如果增大 φ、c、φ^j、c^j 也能起到增大岩体弹性区范围的作用。

在自然界与工程中，往往在岩体内有好几组结构面共生。在此复杂条件下，通常是采用叠加原理加以组合，以获得岩体强度曲线。但严格来说，这样的作法是值得商榷的，因为一组弱面进入屈服时就会影响另一组弱面的内力，不过一般可以先进入屈服的这组弱面来判断岩体的稳定状态。当有二组弱面时，弱面之间必有一交角 α(图 4-45)。此时可以令其中一组最发育的，或最有代表性的弱面法线方向与最大主应力方向之间夹角为 β，其他各组势必与最大主应力方向间有一 个($\beta\pm\alpha$)的夹角。先画出第一组弱面的强度曲线，而第二组弱面就要把相应的 β 值用($\beta\pm\alpha$)来代替后作图。只要把第二组所得的强度曲线 0°位置与第一组强度曲线上 α 重合即可。至于 0°～α 之间或者 0～90°之间的空缺，可按对称性画出。

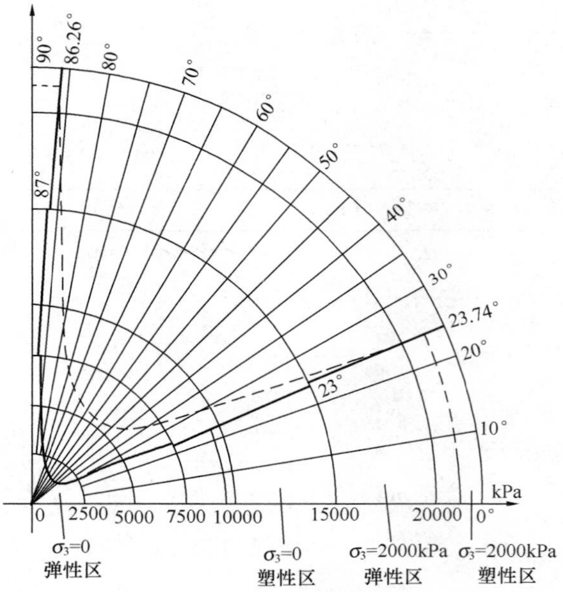

图 4-44 一组弱面的岩体强度曲线

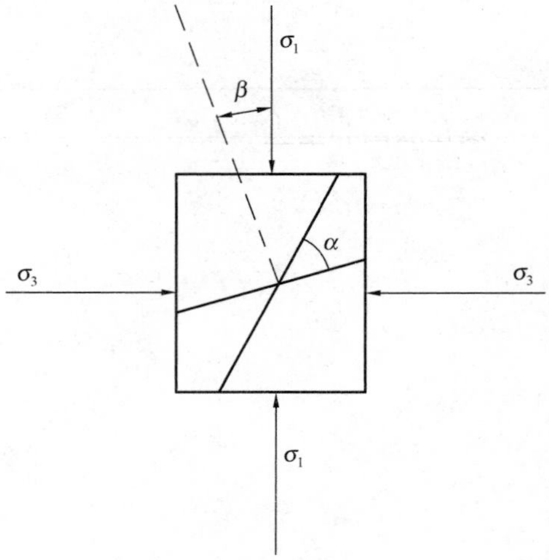

图 4-45 两组弱面的关系

对称性处理方法：凡出现β在90°～180°之间，都用换算角$\beta'_0=180°-\beta$来代替原来的β值代入公式计算；凡出现β在0°～90°之间的情况，都用$\beta'_0=-\beta$来代替原来的β值代入公式计算。

4.6 各向异性的屈服条件

希尔(Hill)提出了金属材料各向异性的屈服条件。他提出的各向异性的屈服条件，除应符合试验资料外，当略去各向异性不计时，应该还原成各向同性的屈服函数。Hill 建议的正交异性的屈服函数以应力分量表示(正交异性主轴与坐标轴重合)，屈服函数的形式如下：

$$F(\sigma_y-\sigma_z)^2+G(\sigma_z-\sigma_x)^2+H(\sigma_x-\sigma_y)^2+2L\tau_{xy}^2+2M\tau_{zx}^2+2N\tau_{yz}^2=0 \quad (4.6.1)$$

把上式推广用到岩土类材料，就需要在式中包括法向应力的线性项，因为它对岩土的屈服是有影响的。由此正交异性的屈服函数可以写成

$$[F(\sigma_y-\sigma_z)^2+G(\sigma_z-\sigma_x)^2+H(\sigma_x-\sigma_y)^2+2L\tau_{xy}^2+2M\tau_{zx}^2+2N\tau_{yz}^2]^{1/2}-(U\sigma_x+V\sigma_y+W\sigma_z)=0 \quad (4.6.2)$$

式中F、G，……，W是材料常数，其正交主轴与坐标轴重合。假如各向异性对z轴对称，上式对z轴转任何角度而维持不变，即为层状岩体，z轴垂直层面：

$$F=G,\ M=N,\ U=V,\ N=2F+4H \quad (4.6.3)$$

若同时也对x轴对称，则

$$G=H,\ M=L,\ V=W,\ L=2G+4F \quad (4.6.4)$$

也就是

$$F=G=H,\ L=M=N,\ U=V=W,\ L=6F \quad (4.6.5)$$

由此式(4.6.2)可写成

$$|J_2|^{\frac{1}{2}} = U(6F)^{-\frac{1}{2}}I_1 + (6F)^{-\frac{1}{2}}$$

实际上这就是还原到各向同性。

对于层状岩体的正交异性情况，还可将莫尔-库仑准则推广用到这种情况。

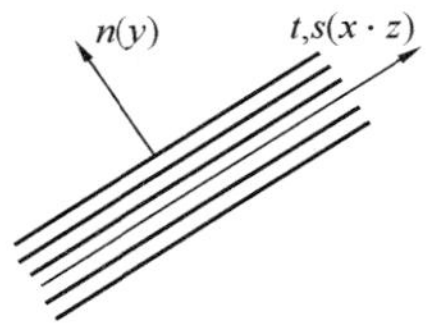

图 4-46

设在层面和垂直层面的三向 n 和 s、t(图 4-46)组成的坐标系里讨论应力-应变关系，且假定弹性变形是横观各向同性，这时屈服条件为

$$F = (\tau_{ns}^2 + \tau_{nt}^2)^{\frac{1}{2}} + \text{tg}\varphi^j \cdot \sigma_n - c^j = 0 \qquad (4.6.6)$$

考虑 t，n 平面上的平面应变问题，不计 c 值时，则

$$F = \tau_n + \text{tg}\varphi^j \cdot \sigma_n = 0 \qquad (4.6.7)$$

当以应变表达时，为

$$m\beta|r_n| + \text{tg}\varphi^j[nv_2(1+v_1)\varepsilon_t + (1-v_1)^2\varepsilon_n] = 0 \qquad (4.6.8)$$

式中 $n = E_1/E_2$；

$m = G_2/E_2$；

$\beta = (1+v_1)(1-v_1-2nv_2^2)$；

E_1，v_1 为岩层平面内的弹性模量和泊松比；

E_2，v_2 为垂直岩层方向的弹性模量和泊松比；

G_2 为 t、n 或 s、n 平面之间的剪切模量。

4.7 破坏函数与破坏面

4.7.1 概述

塑性材料的破坏过程必然从弹性进入塑性，然后塑性发展直至破坏。屈服与破坏两者含义不同，不能等同。关于工程材料的破坏，当前有许多不同的定义，有的以工程材料强度不足，或承载力不足定义为破坏；有的则以工程材料不能正常使用定义为破坏，这种破坏除上述承载力不足引起的破坏外，还包括工程材料变形过大而造成的破坏，工程设计通常需要兼顾这两种破坏定义。塑性力学中强度理论主要研究承载力控制的工程问题，需有平衡方程、屈服条件和破坏条件，而与岩土本构关系无关。

强度理论中以材料中某点的应力或应变达到屈服与破坏来定义屈服条件与破坏条件，它也是塑性力学中的初始屈服条件与极限屈服条件，屈服条件与破坏条件都是相对材料中一点的应力或应变而言。通常强度理论采用理想弹塑性材料，这种情况下研究屈服与破坏特别方便。对于初始屈服，弹性阶段应力与应变呈一一对应的线弹性关系，无论用应力表述还是用应变表述都可得到屈服条件。金属材料在应力和应变达到屈服应力和弹性极限应变时，材料出现初始屈服，它符合理想弹塑性材料定义，可由此导出屈服条件。岩土材料一般是硬化材料，往往在未达到弹性极限条件时就出现屈服，而后硬化过程中既会出现塑性应变，同时会出现弹性应变，推导较为麻烦。若将其视作理想弹塑性材料，则很容易导出屈服条件，岩土力学中莫尔-库仑条件就是按理想弹塑性材料导出的。

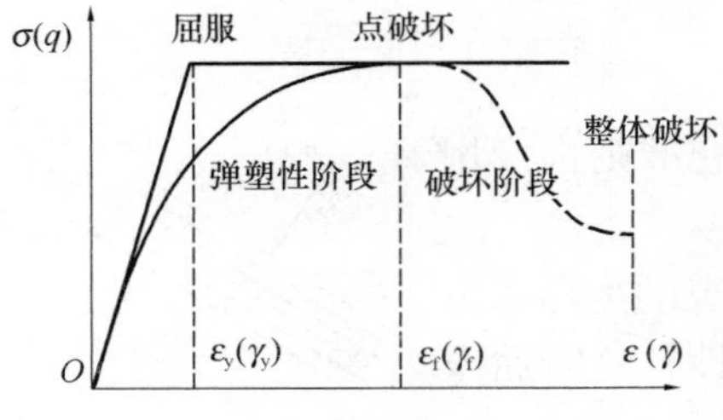

图 4-47 应力-应变曲线

与弹性阶段不同，在塑性阶段应力与应变没有一一对应关系。若视作理想弹塑性材料，塑性阶段应力不变，因此应力不能反映材料的塑性变化过程，无法用应力来表述破坏条件，它只是破坏的必要条件，而非充分条件。塑性阶段应变随受力增大而不断发展，直至应变达到弹塑性极限应变时该点材料破坏，它反映了材料从弹性到塑性阶段的变化全过程。由图 4-47 可见，此时应力和应变都达到了极限状态，它才是破坏的充要条件，因而强度理论中的破坏条件可用应变量导出。当前塑性力学中尚没有导出点破坏条件，常常把屈服条件与破坏条件混为一谈，这是因为对破坏的理念认知有误，误认为只要应力达到强度材料就破坏。屈服条件是判断材料从弹性进入塑性的条件，可用弹性力学导出；而破坏条件是判断材料从塑性进入破坏的条件，必须用弹塑性力学才能导出。可见屈服条件与破坏条件不同，屈服表明材料受力后进入塑性，材料性质发生变化，但它可以继续承载，尤其在岩土工程中，希望通过岩土进入塑性以充分发挥岩土的自承作用，减少支护结构的受力。破坏表示材料承载力逐渐丧失，直至完全丧失。如岩土、混凝土材料进入软化阶段后，应力逐渐降低表示强度逐渐丧失，同时材料中先在某些点出现开裂，出现局部宏观裂隙直至裂缝完全贯通材料导致整体破坏。由此可见，工程材料的破坏是一个渐进过程，先出现点破坏，但整体承载力并未完全丧失，然后随着破坏点的增多，承载力逐渐丧失直至形成破坏面导致整体破坏，从点破坏发展到整体破坏的过程可称为破坏阶段。依据上述，材料从受力到破坏经过了三个阶段，弹性阶段：随着受力增大材料从少数点受力发展至整体受力，此时变形可以恢复，材料性质不变。塑性阶段：先是少数点屈服进入塑性，随屈服点增多逐渐发展成塑性剪切带，此时出现不可恢复的变形并在塑性阶段的后期材料中会出现一些细微裂缝，材料性质变化。破坏阶段：剪切带内少数屈服点先达到点破坏而出现局部裂缝，随破坏点增多直至裂缝贯通整体，此时岩土类材料的黏聚力几乎完全丧失，剪切带破裂发生整体破坏。

在强度理论和传统极限分析中，通常以材料整体破坏作为破坏依据，即以破坏面贯通整体材料视作工程破坏，所以传统极限分析中的破坏是指材料整体破坏，并以整体破坏作为材料破坏判据。可见传统极限分析理论中已经给出了材料整体破坏条件，由此可求解材料整体稳定安全系数，但它不是任意点的破坏条件，不能作为塑性力学所需的点破坏条件。

应用上述极限应变作为点破坏条件可以判断材料中任一点是否破坏；随着材料中破坏点增多，当裂缝逐渐贯通成整体破坏面时材料发生整体破坏，可把破坏点贯通工程整体作为整体破坏的判据。当前，传统极限分析和有限元极限分析法中已经给出了各自的整体破坏判据，虽然不同的极限分析方法中整体破坏判据不同，但原理相同都可得到相同的稳定安全系数。

4.7.2 破坏条件与破坏曲面

如上所述，在理想弹塑性下塑性阶段应力虽然不变，但应变是在不断变化的，塑性应变从零达到塑性极限应变，反映了塑性阶段的受力变化过程，此时应力和应变都达到极限状态，它是破坏的充要条件。在 20 世纪 70 年代，拉德在岩土本构关系研究中就曾经提出基于点破坏的破坏条件，他认为破坏条件与屈服条件形式一致，只是常数项不同，因而提出通过试验拟合得到破坏条件，但没有从理论上形成破坏条件。

最近，郑颖人等提出了基于理想弹塑性模型的极限应变点破坏准则，即把物体内某一点开始出现破坏时应变所必须满足的条件，也就是将弹性与塑性应变都达到极限状态时的条件定义为点破坏条件。下面导出应变空间内破坏条件完整的力学表达式，其解析式称为破坏函数，其图示称为破坏曲面。

图 4-47 示出理想弹塑性材料与硬-软化材料的应力-应变关系曲线，左面为弹塑性阶段应力-应变曲线，右面为破坏阶段应力-应变曲线。理想弹塑性材料在弹性阶段应力与应变呈线性关系，当任一点的应力达到屈服强度时或剪应变达到弹性极限剪应变 γ_y 时材料发生屈服。但材料屈服并不代表破坏，只有塑性剪应变发展到塑性极限剪应变 γ_f^p 或总剪应变达到弹塑性极限剪应变 γ_f（简称极限应变）的时候才会破坏。由此可见，只要计算中某点的剪应变达到极限剪应变时该点就发生破坏，因而它可作为点破坏的判据。对于整体结构来说，虽然材料已局部破坏而出现裂缝，但受到周围材料的抑制，破坏过程中该点的应变仍然会增大，因此极限应变也是材料破坏阶段中的最小应变值。

按上所述，破坏条件可定义为物体内某一点开始破坏时应变所必须满足的条件。其物理意义就是材料中某点的剪应变（或主应变）达到极限剪应变 γ_f（或极限主应变 ε_{1f}）时，或者某点的塑性应变达到塑性极限应变 γ_f^p 时该点发生了破坏。由图 4-47 可见，无论是刚塑性材料、理想弹塑性材料还是硬软化材料都有一个共同的破坏点，该点在弹塑性阶段内应力与应变都达到了极限状态。正如英国土力学家罗斯科等人所说，破坏是一种临界状态，达到临界状态就发生破坏，它与应力路径无关。

破坏条件是应变的函数，称为破坏函数，其方程为

$$f_f(\varepsilon_{ij}) = 0 \tag{4.7.1}$$

或写成
$$f_f(\varepsilon_{ij},\gamma_f) = 0;\ f_f(\varepsilon_{ij},\gamma_y,\gamma_f^p) = 0$$

式中 γ_y、γ_f^p、γ_f——分别为弹性、塑性、弹塑性极限剪应变。

屈服面是屈服点的应变连起来构成的一个空间曲面（图 4-48、图 4-49），塑性理论指出，塑性材料的初始应力屈服面形状与应变空间中的初始应变屈服面都符合强化模型。对于金属材料，两者形状相同，中心点不动，只是大小相差一个倍数。应变空间中理想弹塑性材料的极限屈服面符合随动模型，因而破坏面的形状和大小与初始应变屈服面相同，而屈服面中心点的位置随塑性应变增大而移动（图 4-50、图 4-51）。应变表述的屈服函数与屈服面可由应力表述的屈服函数与屈服面转换得到，详见第 9 章所述，表 9-1 中列出了应变表述的各种屈服函数。

破坏面把应变空间分成几种状况：当应变在破坏面上 $\gamma=\gamma_f$ 时处于破坏状态；当应变在屈服面上和屈服面与破坏面之间 $\gamma_y \leqslant \gamma < \gamma_f$ 时，处于塑性状态；当应变在屈服面内 $\gamma < \gamma_y$ 时处于弹性状态。

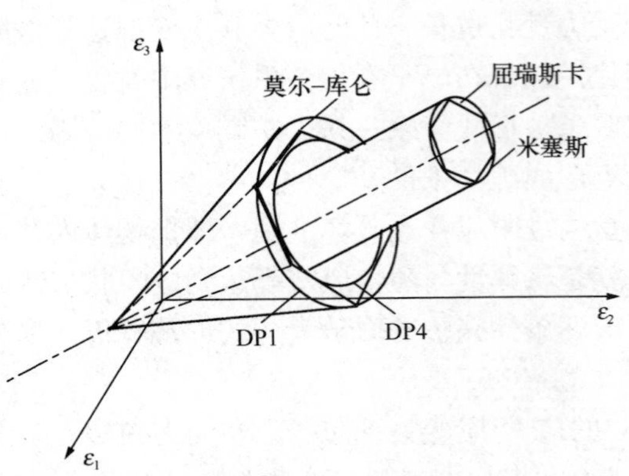

图 4-48 直角坐标中岩土与金属材料的屈服面

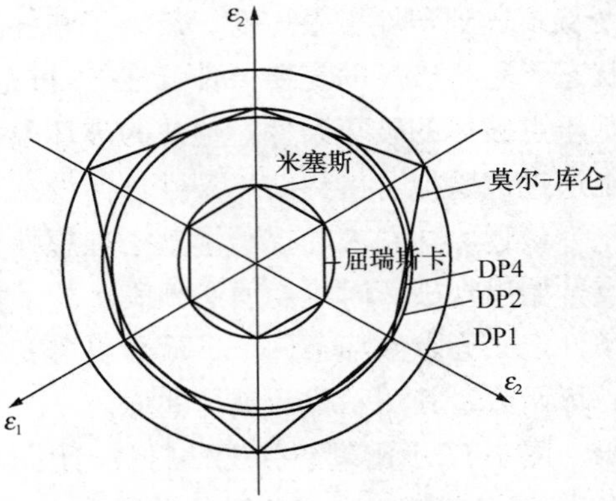

图 4-49 偏平面中岩土与金属材料的屈服面

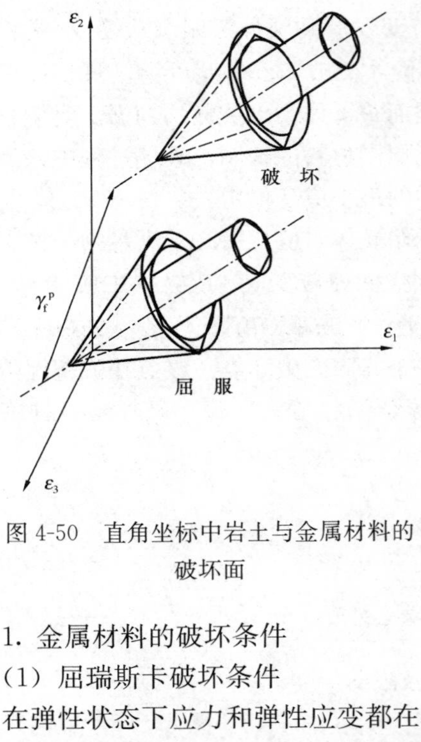

图 4-50 直角坐标中岩土与金属材料的破坏面

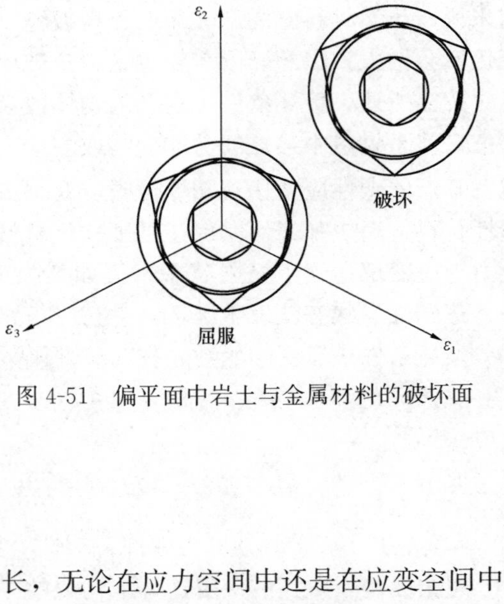

图 4-51 偏平面中岩土与金属材料的破坏面

1. 金属材料的破坏条件

(1) 屈瑞斯卡破坏条件

在弹性状态下应力和弹性应变都在不断增长，无论在应力空间中还是在应变空间中的屈服条件都属强化模型，两者的形状一致。屈瑞斯卡应变屈服条件可由应力屈服条件转化而来，由此得到应变表述的屈瑞斯卡屈服条件 $f=\varepsilon_1-\varepsilon_3-\gamma_y$。但开始出现塑性应变以后，理想弹塑性材料应力不变，应变不断增长，应变空间中力学模型为随动模型，屈服面形状不变，但屈服面中点随塑性应变增大而增大，直至达到塑性极限应变 γ_f^p，由此得到屈瑞斯卡破坏面。

按照上述意思，屈瑞斯卡破坏条件的破坏函数为

$$f_f=\varepsilon_1-\varepsilon_3-(\gamma_y+\gamma_f^p)=\varepsilon_1-\varepsilon_3-\gamma_f=0 \tag{4.7.2}$$

或

$$f_f=\sqrt{J'_2}\cos\theta_\varepsilon-\frac{\gamma_y+\gamma_f^p}{2}=\sqrt{J'_2}\cos\theta_\varepsilon-\frac{\gamma_f}{2}=0 \quad -\frac{\pi}{6}\leqslant\theta_\sigma\leqslant\frac{\pi}{6} \tag{4.7.3}$$

式中 $\gamma_y=\dfrac{\tau_y}{G}=\dfrac{1+\upsilon}{E}\sigma_s$——材料的弹性极限剪应变；

$\sqrt{J'_2}$——应变偏张量的第二不变量；

θ_ε——应变洛德角。

破坏面形状与屈服面相同，屈瑞斯卡破坏面为正六角形柱体（图 4-48），偏平面上为一正六角形（图 4-49），破坏面中心距应变屈服面中心 γ_f^p 距离，如图 4-50、图 4-51 所示。式(4.7.2)、(4.7.3) 和图 4-50、图 4-51 反映了材料从弹性到屈服直至破坏的全过程，也反映了破坏是屈服的延续，破坏函数和破坏面只是在屈服面和屈服函数后面增加了塑性项。

(2) 米赛斯破坏条件

同理，米赛斯破坏条件如下：

$$f_f=\sqrt{J'_2}-\frac{1}{\sqrt{3}}(\gamma_y+\gamma_f^p)=\sqrt{J'_2}-\frac{1}{\sqrt{3}}\gamma_f=0\text{（纯拉试验）}\tag{4.7.4}$$

$$f_f=\sqrt{J'_2}-\frac{\gamma_y+\gamma_f^p}{2}=\sqrt{J'_2}-\frac{\gamma_f}{2}=0\text{（纯剪试验）}\tag{4.7.5}$$

破坏面形状与屈服面相同，米赛斯破坏面为圆柱体（图 4-48），偏平面上为圆形（图 4-49），破坏面中心距应变屈服面中心 γ_f^p 距离，如图 4-50、图 4-51 所示。

2. 岩土类材料的破坏条件

弹性状态下，岩土类摩擦材料不考虑中间主应力时，即平面应变情况下通常采用莫尔-库仑屈服条件。下面先将应力表述的莫尔-库仑屈服条件换算成应变表述的莫尔-库仑屈服条件（以压为正）。然后导出莫尔-库仑破坏条件。

已知平面应变情况下，应力表述的莫尔-库仑条件：

$$\frac{1}{2}(\sigma_1-\sigma_3)-\frac{1}{2}(\sigma_1+\sigma_3)\sin\varphi-c\cos\varphi=0\tag{4.7.6}$$

依据平面应变条件 $\varepsilon_2=0$，得到广义虎克定律：

$$\begin{aligned}\sigma_1&=\frac{E(1-\nu)}{(1-2\upsilon)(1+\nu)}\left[\varepsilon_1+\frac{\nu}{1-\nu}\varepsilon_3\right]\\ \sigma_2&=\frac{E(1-\nu)}{(1-2\upsilon)(1+\nu)}\left[\frac{\nu}{1-\nu}(\varepsilon_1+\varepsilon_3)\right]\\ \sigma_3&=\frac{E(1-\nu)}{(1-2\upsilon)(1+\nu)}\left[\varepsilon_3+\frac{\nu}{1-\nu}\varepsilon_1\right]\end{aligned}\tag{4.7.7}$$

由式（4.7.7），可得：

$$\sigma_1-\sigma_3=\frac{E}{1+\upsilon}(\varepsilon_1-\varepsilon_3)$$

$$\sigma_1+\sigma_3=\frac{2\nu E}{(1-2\upsilon)(1+\nu)}(\varepsilon_1+\varepsilon_3)+\frac{E}{(1+\nu)}(\varepsilon_1+\varepsilon_3)=\frac{E(1-\nu)}{(1-2\upsilon)(1+\nu)}(\varepsilon_1+\varepsilon_3)\tag{4.7.8}$$

将式（4.7.8）代入式（4.7.6）可得：

$$\frac{\varepsilon_1-\varepsilon_3}{2}-\frac{\varepsilon_1+\varepsilon_3}{2}\sin\varphi=\frac{\gamma_y}{2}\cos\varphi+\frac{2\nu}{1-2\nu}\,\frac{\varepsilon_1+\varepsilon_3}{2}\sin\varphi\tag{4.7.9}$$

或

$$\frac{\varepsilon_1-\varepsilon_3}{2}-\frac{\varepsilon_1+\varepsilon_3}{2}\sin\varphi\frac{1}{1-2\nu}-\frac{\gamma_y}{2}\cos\varphi=0\tag{4.7.10}$$

由式（4.7.9）可以看出，应变表述的莫尔-库仑屈服条件比应力表述的多了一项 $\frac{2\nu}{1-2\nu}\frac{(\varepsilon_1+\varepsilon_3)}{2}\sin\varphi$，但该项是平均弹性应变而不是应变差，所以它不影响莫尔应变圆的形状，而转换过来的莫尔应变圆尚需要移动一个水平距离，即将圆心位置增大一个水平距离，才能构成真正的莫尔应变圆（屈服莫尔应变圆），由此得到应变表述的莫尔-库仑屈服条件，其屈服面如图 4-48、图 4-49 所示。当材料的弹性极限应变曲线与屈服莫尔应变圆相切时就得到图示的莫尔-库仑屈服条件，如图 4-52 左边所示（图中虚线圆边上的圆）。

通常，屈服莫尔应力圆与屈服莫尔应变圆都用在弹性情况，下面我们来探索能否用于弹塑性情况，由于理想弹塑性下破坏莫尔应变圆位于图中的弹性部位，因而可认为弹塑性情况下仍然可采用莫尔应变圆（破坏莫尔应变圆）。同上，将应变屈服面的中点移动 γ_f^p 距离后即可得到破坏莫尔应变圆。当破坏莫尔应变圆与材料弹塑性极限应变曲线相切，就可得图示的莫尔–库仑破坏条件或岩土常规三轴三维破坏条件。

由式（4.7.10）可得到以压为正的莫尔-库仑条件的破坏函数：

$$f_f=(\varepsilon_1-\varepsilon_3)-(\varepsilon_1+\varepsilon_3)\sin\varphi\frac{1}{1-2\nu}-(\gamma_y+\gamma_f^p)\cos\varphi$$
$$=(\varepsilon_1-\varepsilon_3)-(\varepsilon_1+\varepsilon_3)\sin\varphi\frac{1}{1-2\nu}-\gamma_f\cos\varphi=0 \tag{4.7.11}$$

或

$$f_f=-\sin\varphi\frac{1+\upsilon}{1-2\upsilon}\varepsilon_m+\left(\cos\theta_\varepsilon+\frac{1}{\sqrt{3}}\sin\theta_\varepsilon\sin\varphi\right)\sqrt{J_2'}-\left(\frac{\gamma_y+\gamma_f^p}{2}\right)\cos\varphi$$
$$=-\sin\varphi\frac{1+\upsilon}{1-2\upsilon}\varepsilon_m+\left(\cos\theta_\varepsilon+\frac{1}{\sqrt{3}}\sin\theta_\varepsilon\sin\varphi\right)\sqrt{J_2'}-\frac{\gamma_f}{2}\cos\varphi=0 \tag{4.7.12}$$

莫尔-库仑破坏面与莫尔–库仑屈服面的形状大小相同，它是一个不等角六角形锥体，偏平面上为一不等角六角形，破坏面中心距屈服面中心为 γ_f^p，(见图 4-50，图 4-51)。

同理可得到德鲁克–普拉格破坏条件，其破坏面是一个圆锥，偏平面上为一圆，破坏面中心距屈服面中心为 γ_f^p。也可得到常规三轴与真三轴三维能量破坏条件，这里不再详述。相关的各种破坏条件示于第九章表 9-2 中。

图 4-52 列出 C25 混凝土在单轴受压下（也是应变空间常规三轴下）图示的屈服条件与破坏条件，获得 $\gamma_y/2=0.52\times10^{-3}$ 与 $\gamma_f/2=1.09\times10^{-3}$ 与求解极限应变方法的计算结果一致，表明该方法可行，计算结果可信。求解极限应变的方法与公式推导过程详见作者相关书籍。

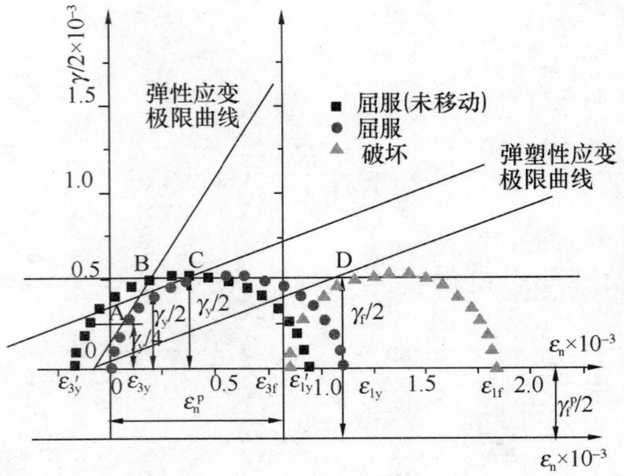

图 4-52 C25 混凝土的屈服条件与破坏条件的图示形式

第五章　塑 性 位 势 理 论

位势理论作为一种力学方法在弹性力学和塑性力学中都得到了广泛应用。米赛斯于1928年借用弹性势函数作为塑性势函数，并提出了按照塑性势函数的梯度方向确定塑性流动方向的传统塑性位势理论。后来又由德鲁克塑性公设，表明塑性势函数与屈服函数是一致的，从而形成了塑性应变增量方向必定正交于屈服面的关联流动法则，完善了传统塑性位势理论。塑性力学采用增量理论，通常已知应力增量求塑性应变增量的方向与大小，塑性势函数用来确定塑性应变增量方向，传统塑性理论中知道了屈服函数也就知道了塑性势函数，而传统塑性位势理论不适应岩土材料的变形机制，因而基于传统塑性位势理论而建立的岩土本构模型，不能反映岩土的实际变形。岩土材料的塑性势函数不能从屈服函数中得到。为了解决这一问题，双屈服面与多重屈服面的模型应运而生，它们以分量塑性势来取代总量的塑性势，以分量塑性势的梯度方向来确定塑性应变分量的流动方向，并以应力、塑性应变及其增量的主轴方向为应力空间的坐标轴方向，由此就能方便地确定分量塑性势函数。因而，双屈服面模型与多重屈服面模型的出现实质上已经扩展了塑性位势理论。作者在研究多重屈服面弹塑性理论时，指出建立岩土本构模型应采用三个塑性势面和三个屈服面，并建立了以三个主应力作为塑性势函数的岩土本构模型。此后，杨光华用张量定律从理论上导出以三个塑性势函数表述的塑性应变增量公式。作者在剖析传统塑性位势理论的基础上，提出了以三个塑性势函数表述的塑性应变增量公式，可作为不考虑应力主轴旋转时的广义塑性位势理论。并从基本力学概念出发，指出屈服函数与势函数必须相应，而不要求相等，相等只适用于金属情况。本书第10章中，作者又进一步发展建立了考虑应力主轴旋转情况下的广义塑性位势理论。

5.1　德鲁克塑性公设

5.1.1　德鲁克塑性公设及其应用

德鲁克塑性公设与伊留辛塑性公设是传统塑性力学的基础，它把塑性势函数与屈服函数紧密联系在一起。德鲁克公设只适用于稳定材料，而伊留辛公设既适用于稳定材料，又适用于不稳定材料。这里先来介绍什么是稳定材料，什么是非稳定材料。

图5-1中示出两类试验曲线。在图5-1(a)中当$\Delta\sigma\geqslant 0$时，$\Delta\varepsilon\geqslant 0$，这时附加应力$\Delta\sigma$对附加应变做功为非负，即有$\Delta\sigma\Delta\varepsilon\geqslant 0$。这种材料被德鲁克称为稳定材料。显然，应变硬化和理想塑性的材料属于稳定材料。图5-1(b)所示的试验曲线，当应力点超过p点以后，附加应力$\Delta\sigma<0$，而附加应变$\Delta\varepsilon>0$，故附加应力对附加应变做负功，即$\Delta\sigma\Delta\varepsilon<0$。这类材料称为不稳定材料，应变软化材料属于不稳定材料。

应当说明，德鲁克公设对稳定材料的定义只是充分条件，而非必要条件。因而，除了

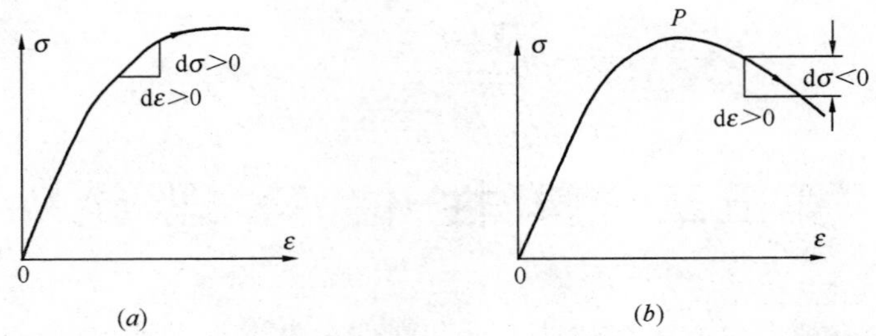

图 5-1 稳定与不稳定材料
(a) 稳定材料；(b) 不稳定材料

上述形式的不稳定材料外，还有其他形式的不稳定材料存在。

德鲁克公设可陈述为：对于处在某一状态下的稳定材料的质点（试件），借助于一个外部作用在其原有应力状态之上，缓慢地施加并卸除一组附加应力，在附加应力的施加和卸除循环内，外部作用所作之功是非负的。

设材料单元体经历任意应力历史后，在应力 σ_{ij}^0 下处于平衡（图 5-2），即开始应力 σ_{ij}^0 在加载面内，然后在单元体上缓慢地施加一个附加力，使 σ_{ij}^0 达到 σ_{ij}，刚好在加载面上，再继续在加载面上加载到 $\sigma_{ij}+\mathrm{d}\sigma_{ij}$，在这一阶段，将产生塑性应变 $\mathrm{d}\varepsilon_{ij}^{\mathrm{p}}$，最后将应力又卸回到 σ_{ij}^0。若在整个应力循环过程中，附加应力 $\mathrm{d}\sigma_{ij}$ 所做的塑性功不小于零，即附加应力的塑性功不出现负值，则这种材料就是稳定的，这就是德鲁克公设。

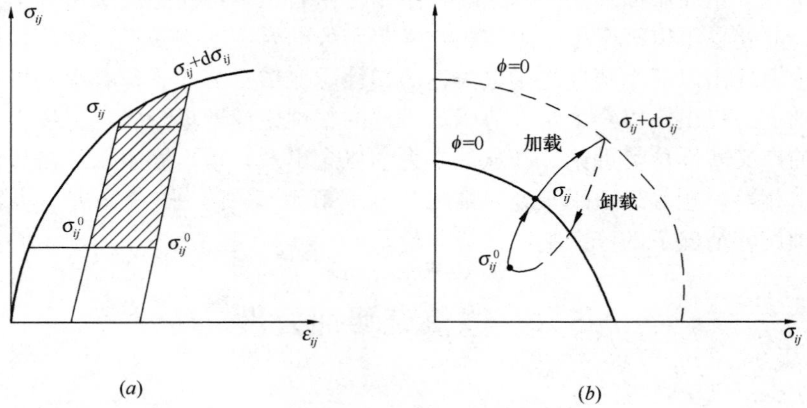

图 5-2 应力循环

在应力循环过程中，外载所做的功是

$$\oint_{\sigma_{ij}^0} \sigma_{ij}\,\mathrm{d}\varepsilon_{ij} \geqslant 0 \tag{5.1.1}$$

符号 $\oint_{\sigma_{ij}^0}$ 表示积分路径从 σ_{ij}^0 开始又回到 σ_{ij}^0，不论材料是不是稳定，上述总功不可能是负的。不然我们可通过应力循环不断从材料中吸取能量，这是不可能的。要判别材料稳定性必须依据德鲁克公设，即附加应力 $\sigma_{ij}-\sigma_{ij}^0$ 所作的塑性功不小于零得出。

$$W=\oint_{\sigma_{ij}^0}(\sigma_{ij}-\sigma_{ij}^0)\,\mathrm{d}\varepsilon_{ij} \geqslant 0 \tag{5.1.2}$$

由于弹性应变 ε_{ij}^{e} 在应力循环中是可逆的，因而

$$\oint_{\sigma_{ij}^{0}}(\sigma_{ij}-\sigma_{ij}^{0})\mathrm{d}\varepsilon_{ij}^{e}=0 \tag{5.1.3}$$

故由式（5.1.2）得

$$W_{\mathrm{D}}=W_{\mathrm{D}}^{\mathrm{p}}=\oint_{\sigma_{ij}^{0}}(\sigma_{ij}-\sigma_{ij}^{0})\mathrm{d}\varepsilon_{ij}^{\mathrm{p}}\geqslant 0 \tag{5.1.4}$$

但是整个应力循环中，只在应力达到 $\sigma_{ij}+\mathrm{d}\sigma_{ij}$ 时产生塑性应变 $\mathrm{d}\varepsilon_{ij}^{\mathrm{p}}$，循环的其余部分都不产生塑性变形，上述积分变为

$$W_{\mathrm{D}}^{\mathrm{p}}=(\sigma_{ij}+a\mathrm{d}\sigma_{ij}-\sigma_{ij}^{0})\mathrm{d}\varepsilon_{ij}^{\mathrm{p}}\geqslant 0 \tag{5.1.5}$$

其中
$$1\geqslant a\geqslant\frac{1}{2}$$

在一维情况下，可用图形表示式（5.1.5）的意义，这时有

$$W_{\mathrm{D}}^{\mathrm{p}}=(\sigma+a\mathrm{d}\sigma-\sigma^{0})\mathrm{d}\varepsilon^{\mathrm{p}}\geqslant 0 \tag{5.1.6}$$

这就是图 5-3(a) 所示阴影面积，对于稳定材料，这块面积一定不会小于零的；对于强化材料，只有纯弹性变形时所做的功才等于零。但对于图 5-3(b) 所示的不稳定材料，则式（5.1.6）就不一定成立，因为当 σ^{0} 很接近 σ 时，阴影面积就必定是负的。

应当指出，附加应力的塑性功并不是物理存在的某种功。因为在非稳定阶段式（5.1.5）做的功可能是负的，它表示可以把功释放出来，这样我们就可以通过反复循环，而不断得到功，这自然是不可能的。因此附加应力的塑性功只是一种假想的功，利用这个功的符号来判断材料是否处于稳定状态。

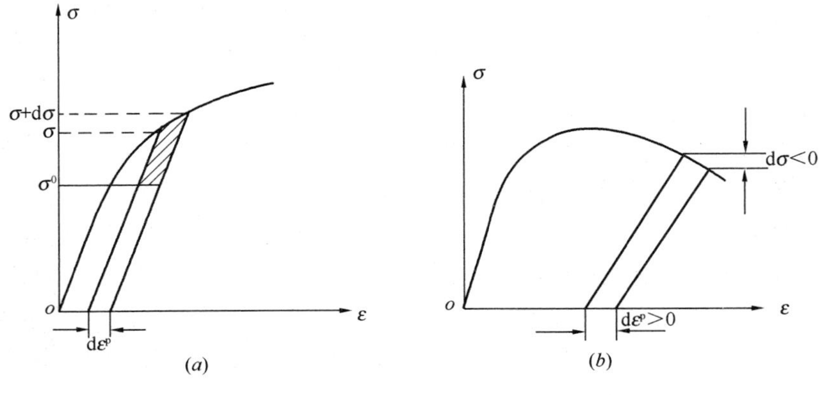

图 5-3　一维情况下应力循环所作的附加应力塑性功

由式（5.1.5）可导出两个重要不等式。当 $\sigma_{ij}^{0}\neq\sigma_{ij}$ 时，由于 $\mathrm{d}\sigma_{ij}$ 是无穷小量可以忽略，则得出

$$(\sigma_{ij}-\sigma_{ij}^{0})\mathrm{d}\varepsilon_{ij}^{\mathrm{p}}\geqslant 0 \tag{5.1.7}$$

当 $\sigma_{ij}^{0}=\sigma_{ij}$ 时则有

$$\mathrm{d}\sigma_{ij}\mathrm{d}\varepsilon_{ij}^{\mathrm{p}}\geqslant 0 \tag{5.1.8}$$

由此可对屈服面形状与塑性应变增量的特性导出两个重要结论：屈服面外凸和塑性应变增量方向与加载曲面正交。这是传统塑性增量理论的基础。

1. 屈服曲面的外凸性

在应力空间中，一点的应力状态可用矢量表示，而一点的应变状态也可用应变空间中矢量表示。设将应力空间 σ_{ij} 与塑性应变空间 ε_{ij}^{p} 的坐标重合，并将 $d\varepsilon_{ij}^{p}$ 的原点放在位于屈服面上的 σ_{ij} 点处。参看图 5-4，σ_{ij}^{0} 用矢量 $\overrightarrow{OA_0}$ 表示，σ_{ij} 用 $\overrightarrow{OA}$ 表示，$\overrightarrow{d\sigma_{ij}}$ 用 $\overrightarrow{d\sigma}$ 表示，$d\varepsilon_{ij}^{p}$ 用 $\overrightarrow{d\varepsilon^{p}}$ 表示，则式（5.1.7）为

$$(\sigma_{ij}-\sigma_{ij}^{0})d\varepsilon_{ij}^{p}=|A_0A||d\varepsilon^{p}|\cos\theta\geqslant 0 \tag{5.1.9}$$

此式限制了屈服面的形状，应力增量方向 $\overrightarrow{A_0A}$ 与塑性应变向量 $\overrightarrow{d\varepsilon^{p}}$ 之间所成的夹角不应该大于 90°，这个条件必然适用于任意应力状态。如果通过 σ_{ij} 作一个屈服面的切平面，则所有可能的 σ_{ij}^{0} 都应该在这个切平面的一边，最多只能在此平面上才能满足 $\cos\theta\geqslant 0$ 的条件。由此得出结论，稳定材料的屈服面必须是凸的，如果屈服面是凹的，则在屈服内立刻可找到一个应力状态（图 5-5(*b*)），使 $(\overrightarrow{\sigma_{ij}-\sigma_{ij}^{0}})$ 与 $\overrightarrow{d\varepsilon^{p}}$ 向量间的夹角 $\theta>\frac{\pi}{2}$ 满足不了式（5.1.9）的条件，这对稳定材料来说是不可能的。

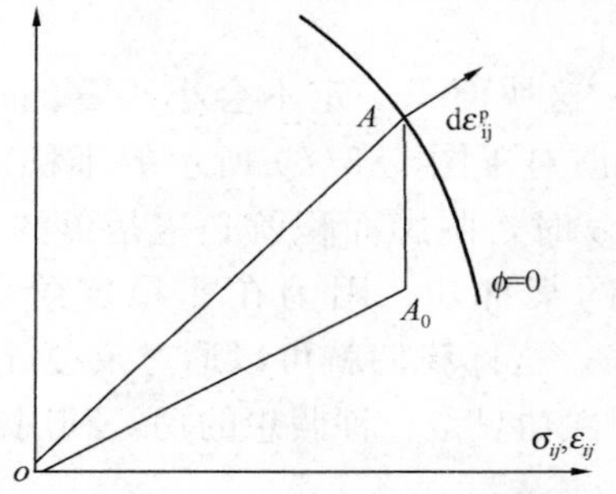

图 5-4 屈服曲面的外凸性

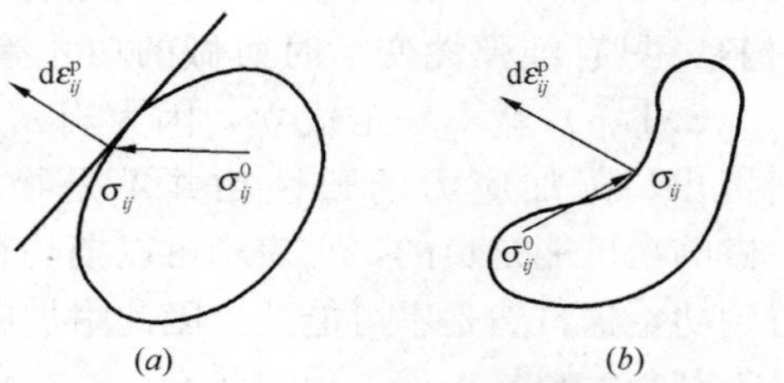

图 5-5 材料的稳定性与屈服面的凹凸性

（*a*）满足稳定材料的屈服面；（*b*）不满足稳定材料的屈服面

2. 塑性应变增量向量与屈服面法向平行

设加载面在 A 点的法向矢量为 $\vec{n}$（假设加载面在该点光滑），作一个切平面 T 与 $\vec{n}$ 垂直，如 $\overrightarrow{d\varepsilon^{p}}$ 与 $\vec{n}$ 不重合，则总可以找到 A_0 使 $\overrightarrow{A_0A}\cdot d\varepsilon^{p}\geqslant 0$ 不成立，即 $\overrightarrow{A_0A}$、$\overrightarrow{d\varepsilon^{p}}$ 的夹角大于 90°，如图 5-6 所示。因此 $d\varepsilon_{ij}^{p}$ 必与加载面 $\Phi=0$ 的外法线重合。由矢量分析知道，在数量场中，每一点的梯度垂于过该点处的等值面，并且指向函数增大的方向。根据这一性质，如果将加载曲面的外法线方向用加载函数的梯度矢量（其分量为 $\partial\Phi/\partial\sigma_{ij}$）来表示。则上述塑性应变增量的正交性可用下式表示：

$$d\varepsilon_{ij}^{p}=d\lambda\frac{\partial\Phi}{\partial\sigma_{ij}} \tag{5.1.10}$$

式中 $d\lambda\geqslant 0$ 为未定的标量因子，称塑性因子。上式表明，塑性应变分量之间的比例可由 σ_{ij} 在加载面 Φ 上的位置确定，而与 $d\sigma_{ij}$ 无关。

由于 $\overrightarrow{d\varepsilon^{p}}$ 与 $\vec{n}$ 重合，则式(5.1.8)可表示成

$$\overrightarrow{d\sigma}\cdot\vec{n}\geqslant 0 \tag{5.1.11}$$

这就是加载准则，它的意义是只有当应力增量指向加载面的外部时才能产生塑性变形。

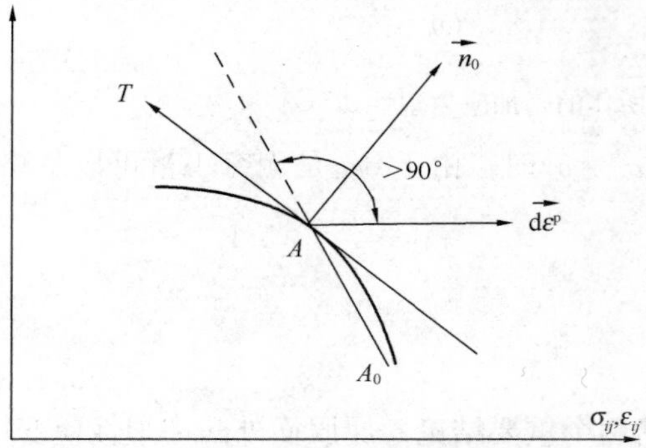

图 5-6 塑性应变增量的正交性

5.1.2 德鲁克塑性公设的评述

德鲁克塑性公设是传统塑性力学的基本出发点，用于金属材料获得成功，表明对于金属材料这一理论与实践基本上是一致的。近几十年来，传统塑性力学开始应用到岩土材料，越来越多试验表明，传统塑性力学不能较好地描述岩土材料的变形机制。表明德鲁克公设有一定局限性，因而又重新引起人们的关注。对于德鲁克公设的存在性及其适用条件，国内外有许多学者对此进行了探讨，至今还没有一致的看法。有些观点截然不同，有的认为德鲁克公设是基于热力学定律提出的；有的则认为德鲁克公设不符合热力学定律，只不过有些材料符合德鲁克公设。当前越来越多的学者认为，德鲁克公设本来是作为关于弹塑性稳定材料的定义提出来的，但并非普遍的客观规律，因此不是所有客观材料的力学行为都必须满足这个公设所导出的结论，而是由材料的客观力学行为来判定它是否适用。大量的实践表明，金属材料适应德鲁克公设，而岩土材料不适应这一公设。

下面试图通过一些理论分析，来说明德鲁克公设存在的条件，由此可以说明它为什么适用于金属而不适用于岩土。

按照功的定义，应力循环中外载所做的真实功如式（5.1.1）所示（图 5-7），此式表明，应力循环中所做的弹性功为零，按热力学定律，塑性功必为非负。由此说明式（5.1.1）必然成立。同时，它也表明应力循环中实际所做的功与起点应力 σ_{ij}^0 无关。从式（5.1.2）可以看出，附加应力功是达到塑性状态时的应力 σ_{ij} 与起点应力 σ_{ij}^0 之差与应变的乘积，显然这不符合功的定义，由此进一步证明了附加应力功不是物理存在的真实功，只能理解为应力循环中外载所做的真实功与起点应力 σ_{ij}^0 所做的虚功之差（图 5-7），因而不能用热力学定律来保证式（5.1.2）必为非负，也就是说德鲁克公设并非建立在热力学定律基础上。附加应力功为非负或负与 σ_{ij}^0 的位置密切有关，亦即只有在一定条件下才能保证附加应力功为非负，因此德鲁克公设的成立是有条件的，而非普遍的客观规律。即在某种情况下成立，而在另一种情况下不成立。

现用一张类似于图 5-6 的图来说明附加应力功为非负的条件（图 5-8）。

设图 5-8 中加载面在 A 点的塑性应变增量为$\overrightarrow{d\varepsilon^p}$，过 A 点作一条与$\overrightarrow{d\varepsilon^p}$垂直线称为势面线。$A$ 点的法向矢量为$\vec{n}$（假设加载面在该点光滑），作一个切平面 T 与$\vec{n}$ 垂直。从图 5-8

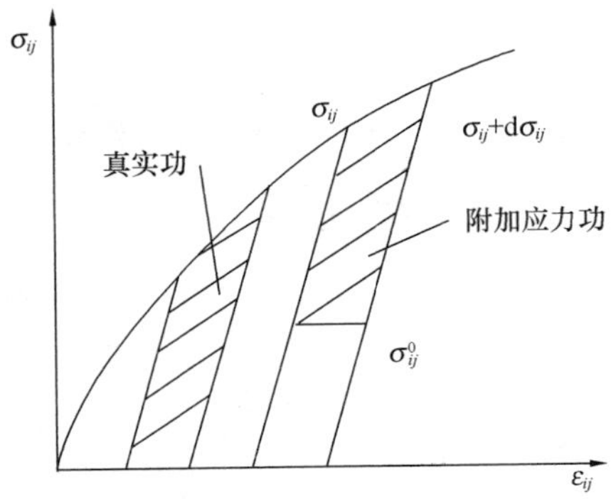

图 5-7 应力循环中外载所做真实功与附加应力功

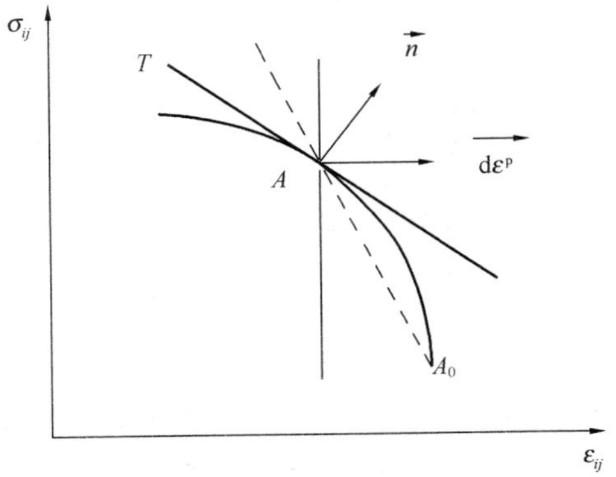

图 5-8 附加应力功为非负的条件

可见，如 A 点落在势面线与屈服线之间区域内时，必有 $\overrightarrow{A_0A}\cdot\overrightarrow{d\varepsilon^p}<0$，即必有 $\overrightarrow{A_0A}$ 与 $\overrightarrow{d\varepsilon^p}$ 的夹角大于 90°。反之，当 A_0 同时落在势面线与屈服曲线之内的区域时，则能保证 $\overrightarrow{A_0A}\cdot\overrightarrow{d\varepsilon^p}\geqslant 0$，即 $\overrightarrow{A_0A}$ 与 $\overrightarrow{d\varepsilon^p}$ 的夹角小于或等于 90°。由上可见，只有当 A_0 点始终落在势面线与屈服曲线之内的区面相同时才能保证附加应力功为非负。这就是德鲁克公设成立的条件。

试验表明，金属材料的塑性势面与屈服面基本一致，符合德鲁克公设成立的条件，所以适应德鲁克公设。而岩土类材料的塑性势面与屈服面不一致，因而不适应德鲁克公设。

5.2 伊留辛塑性公设

德鲁克公设只适用稳定材料，而伊留辛提出的“塑性公设”可同时适用于稳定和不稳定材料。

伊留辛公设可陈述为：在弹塑性材料的一个应变循环内，外部作用做功是非负的，如果做功是正的，表示有塑性变形，如果做功为零，只有弹性变形发生。

设材料单元体经历任意应变历史后，在应力 σ_{ij}^0 下处于平衡（图 5-9），即初始的应变 σ_{ij}^0 在加载面内，然后在单元体上缓慢地施加荷载，使应变点 ε_{ij} 达到加载面，再继续加载达到新的加载面应变点 $\varepsilon_{ij}+d\varepsilon_{ij}$，此时产生塑性应变。然后卸载使应变又回到原先的应变状态 ε_{ij}^0，并产生了与塑性变量所对应的残余应力增量 $d\sigma_{ij}^p$。

$$\{d\sigma^p\}=[D]\{d\varepsilon^p\} \tag{5.2.1}$$

式中　$[D]$弹性矩阵。

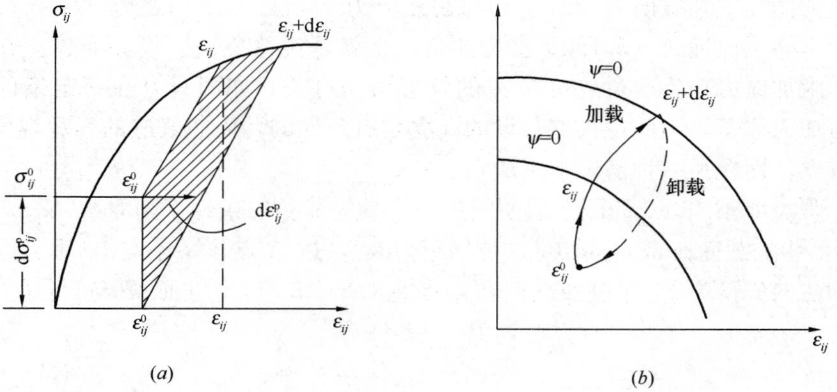

图 5-9　应变循环

根据伊留辛公设，在完成上述应变循环 ε_{ij}^0 中，外部功不为负，即

$$W_{\rm I}=\oint_{\varepsilon_{ij}^0}\sigma_{ij}\,d\varepsilon_{ij}\geqslant 0 \tag{5.2.2}$$

只有在弹性应变时，上述 $W_{\rm I}=0$。

由前述式（5.1.7），可将德鲁克公设改写成

$$W_{\rm D}=(\varepsilon_{ij}-\varepsilon_{ij}^0)d\sigma^p\geqslant 0 \tag{5.2.3}$$

并由图 5-9(a) 可见，对于弹性性质不随加载面改变的非耦合情况，外部作用在应变循环内做功 $W_{\rm I}$ 和应力循环中做功 $W_{\rm D}$ 的差别仅差一个正的附加项：

$$\frac{1}{2}\mathrm{d}\varepsilon^{p}\mathrm{d}\sigma^{p}$$

因此可将应变循环所作的外部功，写成

$$W_{\mathrm{I}}=\left(\varepsilon_{ij}-\varepsilon_{ij}^{0}+\frac{1}{2}\mathrm{d}\varepsilon_{ij}\right)\mathrm{d}\sigma_{ij}^{p}\geqslant W_{\mathrm{D}}\geqslant 0 \qquad (5.2.4)$$

上式表明，如果德鲁克公设成立，$W_{\mathrm{D}}\geqslant 0$，则塑性公设式（5.2.4）也一定成立，反之伊留辛塑性公设并不要求 $W_{\mathrm{D}}\geqslant 0$，也就是说，德鲁克公设只是伊留辛公设的充分条件，不是必要条件。

伊留辛塑性公设比德鲁克塑性公设适用的范围更广。它对不稳定材料也有效。例如在简单拉伸情况下，德鲁克公设只适用于 $\mathrm{d}\sigma/\mathrm{d}\varepsilon\geqslant 0$ 的情况，亦即稳定材料阶段。当 $\mathrm{d}\sigma/\mathrm{d}\varepsilon<0$ 时，德鲁克公设不成立，但伊留辛塑性公设仍然成立，在图5-10中，当应力点由 A 移到 B 时，$\mathrm{d}\sigma<0$，$\mathrm{d}\varepsilon^{e}<0$，但 $\mathrm{d}\varepsilon^{p}>0$ 且 $\mathrm{d}\varepsilon=\mathrm{d}\varepsilon^{e}+\mathrm{d}\varepsilon^{p}>0$，所以

$$\mathrm{d}\sigma\mathrm{d}\varepsilon^{p}<0$$

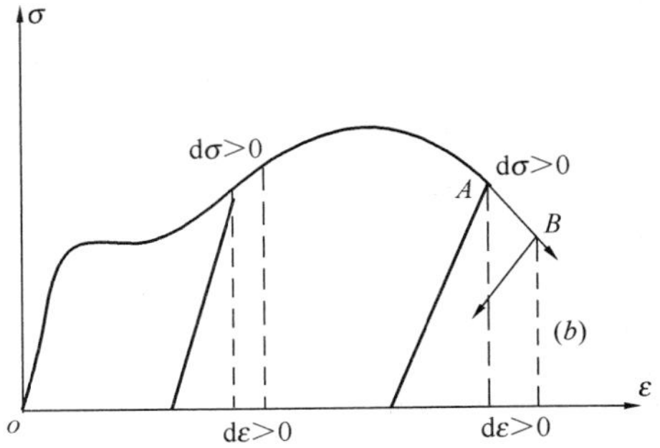

图 5-10 不稳定材料适应伊留辛公设

这不满足德鲁克公设，但仍满足式（5.2.2）伊留辛公设 $\sigma\mathrm{d}\varepsilon>0$，即此塑性公设能适用于不稳定材料。

式（5.2.4）中，如果初始应变点 ε_{ij}^{0} 在应变空间加载面 $\psi=0$ 之内，$\varepsilon_{ij}-\varepsilon_{ij}^{0}\neq 0$，在上式中略去高阶小项，可得

$$(\varepsilon_{ij}-\varepsilon_{ij}^{0})\mathrm{d}\sigma_{ij}^{p}\geqslant 0 \qquad (5.2.5)$$

由此可得在应变空间中的加载面 $\psi(\varepsilon_{ij})=0$ 外凸，及

$$\mathrm{d}\sigma_{ij}^{p}=\mathrm{d}\mu\frac{\partial\psi}{\partial\varepsilon_{ij}} \qquad (5.2.6)$$

而且可得 $\mathrm{d}\mu=\mathrm{d}\lambda$。

如果应变点在屈服点之上，$\varepsilon_{ij}=\varepsilon_{ij}^{0}$，由式（5.2.4）得

$$\mathrm{d}\varepsilon_{ij}\mathrm{d}\sigma_{ij}^{p}\geqslant 0 \qquad (5.2.7)$$

式（5.2.7）中，取大于号表示有新的塑性变形发生，即加载；取等号表示只有弹性变形，即中性变载。

应当说明，推导伊留辛公设时引用了德鲁克公设，所以伊留辛公设同样要满足塑性势面与屈服面相同的条件，因此它也不适用于岩土类材料。

5.3 传统塑性位势理论

5.3.1 传统塑性位势理论

1928年，米赛斯将弹性势概念推广到塑性理论中，假设对于塑性流动状态，也存在着类同弹性势函数的某种塑性势函数 $Q(\sigma_{ij})$，其塑性流动方向与塑性势函数 Q 的梯度或外法线方向一致，这就是传统塑性位势理论。它的数学公式可表示为

$$d\varepsilon_{ij}^{p} = d\lambda \frac{\partial Q}{\partial \sigma_{ij}} \tag{5.3.1}$$

式（5.3.1）表明，$d\varepsilon_{ij}^{p}$ 的方向始终与塑性势面方向正交。式中 $Q(\sigma_{ij})$ 一般写成主应力 σ_1、σ_2、σ_3 或不变量 I_1、J_2、J_3 或 p、q、θ_σ 的函数；$d\lambda$ 为一非负的比例系数。上述塑性势函数 $Q(\sigma_{ij})$ 在主应力空间形成一个塑性势面；在子午平面和偏平面上各形成一条塑性势线。

应当指出，塑性势函数 $Q(\sigma_{ij})$ 的准确定义应是：设在应力空间中有一函数 $Q(\sigma_{ij})$，如果应力主轴方向与塑性应变增量主轴方向一致，并满足式（5.3.1）的关系，则 $Q(\sigma_{ij})$ 称为塑性势函数，也就是说，传统塑性势函数理论上是有条件的，既要求存在满足式（5.3.1）的势函数，还要求应力主轴与塑性应变增量主轴一致，即不考虑应力主轴的旋转。式（5.3.1）只是一种假设，没有严格的理论证明，但用于金属材料已有大量实验证实而被公认。比较式（5.3.1）与式（5.1.10），可以看出服从于德鲁克公设的材料，塑性势函数 Q 就是屈服函数 Φ，即 $Q=\Phi$，由此所得的塑性应力-应变关系通常称为与加载条件相关联的流动法则。由于屈服面与塑性应变增量正交，也称正交流动法则。如果 $Q\neq\Phi$，即屈服面与塑性应变增量不正交，则其相应的塑性应力-应变关系称为非关联流动法则。

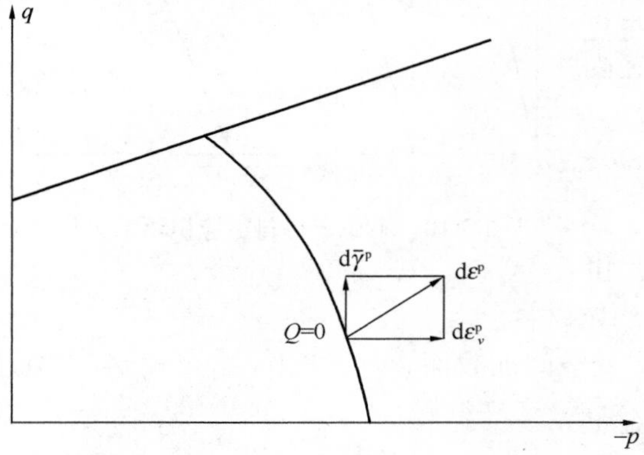

图 5-11 塑性应变的分解

5.3.2 分解为塑性体应变及塑性剪应变的流动法则

塑性应变增量可分为 $d\varepsilon_v^p$ 与 $d\bar{\gamma}^p$（图 5-11），因而流动法则也可相应分解成两个式子

$$d\varepsilon_v^p = d\varepsilon_{ii}^p = d\lambda \frac{\partial Q}{\partial \sigma_{ii}} = d\lambda\left(\frac{\partial Q}{\partial p}\frac{\partial p}{\partial \sigma_{ii}} + \frac{\partial Q}{\partial q}\frac{\partial q}{\partial \sigma_{ii}} + \frac{\partial Q}{\partial \theta_\sigma}\cdot\frac{\partial \theta_\sigma}{\partial \sigma_{ii}}\right) \tag{5.3.2}$$

因为

$$\frac{\partial p}{\partial \sigma_{ii}} = 1,\ \frac{\partial q}{\partial \sigma_{ii}} = 0,\ \frac{\partial \theta_\sigma}{\partial \sigma_{ii}} = 0 \tag{5.3.3}$$

所以有

$$d\varepsilon_v^p = d\lambda \frac{\partial Q}{\partial p} \tag{5.3.4}$$

$$\begin{aligned} de_{ij}^p &= d\varepsilon_{ij}^p - \frac{\delta_{ij}}{3} d\varepsilon_{kk}^p = d\lambda\left(\frac{\partial Q}{\partial \sigma_{ij}} - \frac{\delta_{ij}}{3}\frac{\partial Q}{\partial \sigma_{kk}}\right) \\ &= d\lambda\left[\frac{\sqrt{3}}{2\sqrt{J_2}}S_{ij}\frac{\partial Q}{\partial q} + \frac{\sqrt{3}}{\sqrt{4J_2^3 - 27J_3^2}}\left(\frac{3J_3}{2J_2}S_{ij} - S_{il}S_{lj} + \frac{2}{3}\delta_{ij}J_2\right)\frac{1}{q}\frac{\partial Q}{\partial \theta_\sigma}\right] \end{aligned} \tag{5.3.5}$$

将上式代入 $d\bar{\gamma}^p$ 表达式，得到

$$d\bar{\gamma}^p = \left(\frac{2}{3}de_{ij}^p de_{ij}^p\right)^{\frac{1}{2}} = d\lambda\left[\left(\frac{\partial Q}{\partial q}\right)^2 + \frac{6S_{il}S_{lj}S_{jk}S_{ki}J_2 - 8J_2^3 - 27J_3^2}{4J_2^3 - 27J_3^2}\left(\frac{1}{q}\frac{\partial Q}{\partial \theta_\sigma}\right)^2\right]^{1/2} \tag{5.3.6}$$

由于 $S_{il}S_{lj}S_{jk}S_{ki}=2J_2^2$，所以

$$d\bar{\gamma}^p = d\lambda \left[\left(\frac{\partial Q}{\partial q} \right)^2 + \left(\frac{1}{q} \frac{\partial Q}{\partial \theta_\sigma} \right)^2 \right]^{1/2} \tag{5.3.7}$$

有些情况下假设洛德角 θ_σ 与塑性势 Q 无关，则上式变为

$$d\bar{\gamma}^p = d\lambda \frac{\partial Q}{\partial q} \tag{5.3.8}$$

通过与上述类似的推导，还可得到塑性应变增量洛德角

$$\theta_{d\varepsilon^p} = \text{tg}^{-1} \frac{\sin\theta_\sigma \dfrac{\partial Q}{\partial q} + \cos\theta_\sigma \dfrac{1}{q} \dfrac{\partial Q}{\partial \theta_\sigma}}{\cos\theta_\sigma \dfrac{\partial Q}{\partial q} - \sin\theta_\sigma \dfrac{1}{q} \dfrac{\partial Q}{\partial \theta_\sigma}} \tag{5.3.9}$$

或写成

$$\frac{1}{q} \frac{\partial Q}{\partial \theta_\sigma} = \frac{\partial Q}{\partial q} \text{tg}(\theta_{d\varepsilon^p} - \theta_\sigma) \tag{5.3.10}$$

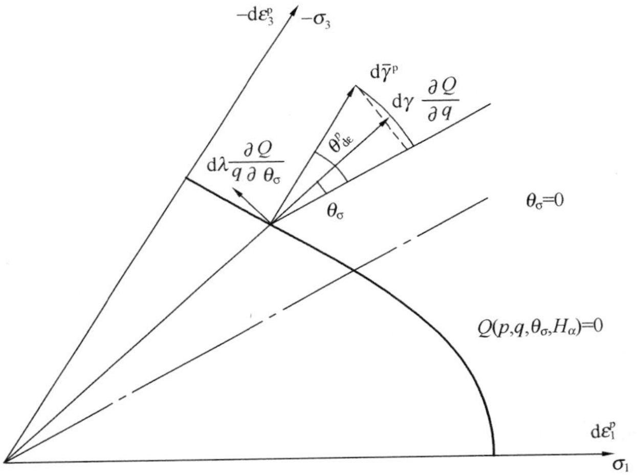

图 5-12 π 平面上流动法则的几何关系

将上式代入式（5.3.7）可得到

$$d\bar{\gamma}^p \cos(\theta_{d\varepsilon^p} - \theta_\sigma) = d\lambda \frac{\partial Q}{\partial q} \tag{5.3.11}$$

$$d\bar{\gamma}^p \sin(\theta_{d\varepsilon^p} - \theta_\sigma) = d\lambda \frac{1}{q} \frac{\partial Q}{\partial \theta_\sigma} \tag{5.3.12}$$

由式（5.3.9）可以看出，塑性应变增量洛德角 $\theta_{d\varepsilon}^p$ 是与应力洛德角 θ_σ 是不相等的。图 5-12 中示出 $\theta_{d\varepsilon}^p \neq \theta_\sigma$，应力偏量与塑性应变增量偏量的方向不重合。只有当塑性势面为一圆形时，即塑性势面与洛德角无关，此时 $\theta_{d\varepsilon}^p = \theta_\sigma$，应力偏量与塑性应变增量的方向一致。

由图 5-12 可见，$d\bar{\gamma}^p$ 由两部分塑性剪应变矢量组成，即

$$d\bar{\gamma}_q^p = d\lambda \frac{\partial Q}{\partial q} \tag{5.3.13}$$

$$d\overline{\gamma}_{\theta}^{p} = d\lambda \frac{1}{q} \frac{\partial Q}{\partial \theta_{\sigma}} \tag{5.3.14}$$

式中 $d\overline{\gamma}_{q}^{p}$ ——q 方向上的塑性剪应变增量；

$d\overline{\gamma}_{\theta}^{p}$ ——θ_{σ} 方向上的塑性剪应变增量。

5.3.3 关联流动法则举例

传统塑性力学中，采用关联流动法则，对于 Mises 条件有

$$Q = F = \sqrt{J_2} - \tau_s = 0，则有$$

$$d\overline{\gamma}_{q}^{p} = d\lambda \frac{\partial\sqrt{J_2}}{\partial q} = \frac{d\lambda}{\sqrt{3}}$$

$$d\overline{\gamma}_{\theta}^{p} = d\lambda \frac{1}{q} \frac{\partial\sqrt{J_2}}{\partial \theta_{\sigma}} = 0$$

$$d\overline{\gamma}^{p} = d\lambda \left[\left(\frac{\partial\sqrt{J_2}}{\partial q} \right)^2 + \left(\frac{1}{q} \frac{\partial\sqrt{J_2}}{\partial \theta_{\sigma}} \right)^2 \right]^{1/2} = \frac{d\lambda}{\sqrt{3}}$$

表明 Mises 条件只在 q 方向产生塑性剪应变。

对于屈瑞斯卡条件

$$Q = F = \sqrt{J_2}\cos\theta_{\sigma} - k = 0$$

$$d\overline{\gamma}_{q}^{p} = d\lambda \frac{\partial(\sqrt{J_2}\cos\theta_{\sigma})}{\partial q} = \frac{d\lambda}{\sqrt{3}}\cos\theta_{\sigma}$$

$$d\overline{\gamma}_{\theta}^{p} = d\lambda \frac{1}{q} \frac{\partial(\sqrt{J_2}\cos\theta_{\sigma})}{\partial \theta_{\sigma}} = \frac{d\lambda}{\sqrt{3}}\sin\theta_{\sigma}$$

$$d\overline{\gamma}^{p} = d\lambda \left[\left(\frac{\cos\theta_{\sigma}}{\sqrt{3}} \right)^2 + \left(\frac{\sqrt{J_2}\sin\theta_{\sigma}}{q} \right)^2 \right]^{1/2} = \frac{d\lambda}{\sqrt{3}}$$

用于岩土的单屈服面模型中，有些采用关联流动法则。对于统一剪切屈服条件（n=2 时），有

$$Q = F = \beta p^2 + \alpha_1 p + \frac{\sqrt{J_2}}{g(\theta_{\sigma})} - k = 0$$

则有

$$d\varepsilon_{v}^{p} = d\lambda \frac{\partial F}{\partial p} = (2\beta p + \alpha_1) d\lambda$$

$$d\overline{\gamma}_{q}^{p} = d\lambda \frac{\partial F}{\partial q} = \frac{d\lambda}{\sqrt{3}} \frac{1}{g(\theta_{\sigma})}$$

$$d\overline{\gamma}_{\theta}^{p} = d\lambda \frac{1}{q} \frac{\partial F}{\partial \theta_{\sigma}} = -\frac{d\lambda}{\sqrt{3}} \frac{g'(\theta_{\sigma})}{g^2(\theta_{\sigma})}$$

$$d\overline{\gamma}^{p} = \frac{d\lambda}{\sqrt{3}} \left[\left(\frac{1}{g(\theta_{\sigma})} \right)^2 + \left(\frac{g'(\theta_{\sigma})}{g^2(\theta_{\sigma})} \right)^2 \right]^{1/2}$$

对屈瑞斯卡条件，有

$$\beta = \alpha_1 = 0, \ g(\theta_\sigma) = \frac{\sqrt{3}}{2\cos\theta_\sigma}$$

则有

$$d\varepsilon_v^p = 0$$

$$d\bar{\gamma}_q^p = \frac{d\lambda}{\sqrt{3}} \frac{1}{g(\theta_\sigma)} = \frac{d\lambda}{\sqrt{3}}\cos\theta_\sigma$$

$$d\bar{\gamma}_\theta^p = -\frac{d\lambda}{\sqrt{3}} \frac{g'(\theta_\sigma)}{g^2(\theta_\sigma)} = \frac{d\lambda}{\sqrt{3}}\sin\theta_\sigma$$

$$d\bar{\gamma}^p = \frac{d\lambda}{\sqrt{3}}$$

对莫尔-库仑条件，有

$$\beta = 0, \ \alpha_1 = \frac{6\sin\varphi}{\sqrt{3}(3-\sin\varphi)}$$

$$g(\theta_\sigma) = \frac{A}{\cos\theta_\sigma - \sin\theta_\sigma\sin\varphi/\sqrt{3}}$$

$$g'(\theta_\sigma) = \frac{A(\sin\theta_\sigma + \cos\theta_\sigma\sin\varphi/\sqrt{3})}{[\cos\theta_\sigma - \sin\theta_\sigma\sin\varphi/\sqrt{3}]^2}$$

$$d\varepsilon_v^p = \alpha_1 d\lambda = \frac{6\sin\varphi}{\sqrt{3}(3-\sin\varphi)}d\lambda$$

$$d\bar{\gamma}_q^p = \frac{d\lambda}{\sqrt{3}} \frac{\cos\theta_\sigma - \sin\theta_\sigma\sin\varphi/\sqrt{3}}{A}$$

$$d\bar{\gamma}_\theta^p = d\lambda \frac{1}{q} \frac{\partial Q}{\partial \theta_\sigma} = -\frac{d\lambda}{\sqrt{3}A}(\sin\theta_\sigma + \cos\theta_\sigma\sin\varphi/\sqrt{3})$$

$$d\bar{\gamma}^p = [(d\bar{\gamma}_q^p)^2 + (d\bar{\gamma}_\theta^p)^2]^{\frac{1}{2}} = \frac{d\lambda}{\sqrt{3}A}(1+\sin^2\varphi/3)^{\frac{1}{2}}$$

5.4 传统塑性位势理论剖析

把适用于金属材料的传统塑性位势理论，用于岩土类材料，会出现许多不合实际的情况。大量的土工试验表明，岩土材料如下的几点变形机制，正在成为人们的共识：

1. 普鲁夏斯（Poorooshasb）、弗瑞德门（Frydman）、拉德（Lade）等人所做的试验证实，岩土类材料不遵守关联流动法则和德鲁克塑性公设。

2. 按照传统的塑性位势理论，塑性应变增量方向唯一地取决于应力状态，而与应力增量无关。Balashablamaniam、沈珠江等人通过试验证实，岩土材料的塑性应变增量方向与应力增量的方向有关，表明岩土材料不具有塑性应变增量方向与应力唯一性假设，亦即不遵守传统塑性位势理论。

3. 松冈元（Matsuoka）等人的试验证实，尽管主应力的大小相同，但应力主轴如果发生旋转，亦即主应力轴方向发生变化也会产生塑性变形，而按传统的塑性理论是算不出这种塑性变形的。

4. 基于传统塑性位势理论的单屈服面模型，当采用莫尔-库仑一类剪切屈服面作屈服面时，如果采用关联流动法则，将会导致出现远大于实际的剪胀变形。反之，采用剑桥模型的屈服面不能很好地反映剪切屈服，而且只能反映土的体缩，不能反映剪胀。因而，即使采用封闭型单屈服面模型，也不能完善地反映岩土材料的体缩与剪胀。

上述岩土材料变形机制与传统塑性力学的矛盾，诱发人们进一步追思，传统塑性位势理论究竟存在哪些假设条件，为何不符合岩土变形机制，这就是本节所要研究的内容。

显然，传统塑性位势理论是建立在承认式（5.3.1）的基础上，所以我们先来分析式（5.3.1）将引发出何种矛盾。

根据式（5.3.1），对三个主方向必有：

$$\begin{aligned} d\varepsilon_1^p &= d\lambda \frac{\partial Q}{\partial \sigma_1} \\ d\varepsilon_2^p &= d\lambda \frac{\partial Q}{\partial \sigma_2} \\ d\varepsilon_3^p &= d\lambda \frac{\partial Q}{\partial \sigma_3} \end{aligned} \tag{5.4.1}$$

故有

$$d\varepsilon_1^p : d\varepsilon_2^p : d\varepsilon_3^p = \frac{\partial Q}{\partial \sigma_1} : \frac{\partial Q}{\partial \sigma_2} : \frac{\partial Q}{\partial \sigma_3} \tag{5.4.2}$$

式（5.4.2）是传统塑性势理论的一个基本特征。由此可推证塑性主应变增量与主应力增量存在如下关系：

$$\{d\varepsilon_i^p\} = [A_p]\{d\sigma_i\} \tag{5.4.3}$$

式中矩阵［A_p］中的元素 a_{1i}、a_{2i}、a_{3i}（i=1、2、3）必存在如下关系：

$$a_{1i} : a_{2i} : a_{3i} = \frac{\partial Q}{\partial \sigma_1} : \frac{\partial Q}{\partial \sigma_2} : \frac{\partial Q}{\partial \sigma_3} \tag{5.4.4}$$

式（5.4.2）和式（5.4.4）表明，各塑性主应变增量或［A_p］中的各行元素成比例关系。

按照式（5.4.4），［A_p］可写成如下形式

$$[A_p] = \begin{bmatrix} A_1 \frac{\partial Q}{\partial \sigma_1} & A_2 \frac{\partial Q}{\partial \sigma_1} & A_3 \frac{\partial Q}{\partial \sigma_1} \\ A_1 \frac{\partial Q}{\partial \sigma_2} & A_2 \frac{\partial Q}{\partial \sigma_2} & A_3 \frac{\partial Q}{\partial \sigma_2} \\ A_1 \frac{\partial Q}{\partial \sigma_3} & A_2 \frac{\partial Q}{\partial \sigma_3} & A_3 \frac{\partial Q}{\partial \sigma_3} \end{bmatrix} \tag{5.4.5}$$

式中 A_1、A_2、A_3 为系数，后面可知它们都是屈服面硬化模量的函数。按式（5.4.5）还可证明矩阵［A_p］的秩为1，因为［A_p］的一阶顺序余子式

$$[A_p^{(1)}] = A_1 \frac{\partial Q}{\partial \sigma_1} \neq 0 \tag{5.4.6}$$

而二阶和三阶顺序余子式

$$[A_p^{(2)}] = \begin{bmatrix} A_1 \frac{\partial Q}{\partial \sigma_1} & A_2 \frac{\partial Q}{\partial \sigma_1} \\ A_1 \frac{\partial Q}{\partial \sigma_2} & A_2 \frac{\partial Q}{\partial \sigma_2} \end{bmatrix} = 0 \tag{5.4.7}$$

同理

$$[A_p^{(3)}] = 0 \tag{5.4.8}$$

式（5.4.2）或式（5.4.4）表明矩阵［A_p］只有一个基向量，也就是说，可用一个塑性势函数。式（5.4.2）或式（5.4.6）表明，塑性应变增量的方向与应力必具唯一性，而与应力增量无关，这也就是式（5.3.1）所表示的物理意义。表明传统塑性位势理论必然服从塑性应变增量方向与应力唯一性关系，而实际岩土并无此种关系，塑性应变增量方向与应力增量的方向、大小均有关，如图 5-13 所示，Balashablamaniam 最早通过试验证实了这点。

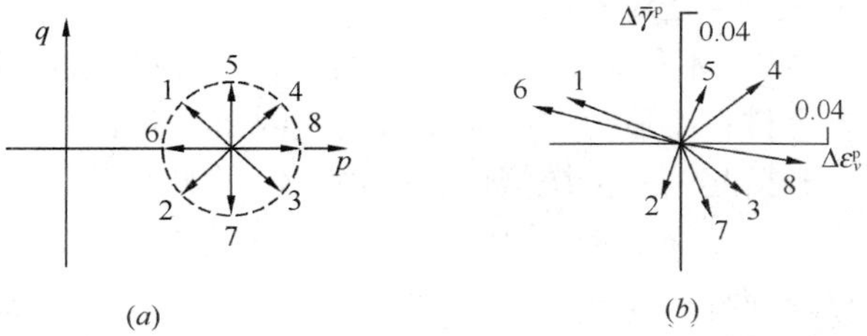

图 5-13　应力增量对岩土塑性应变增量方向的影响

（a）应力增量方向；（b）实测的塑性应变增量（%）

传统塑性力学中，屈服面写成三个不变量的函数，而不写成六个应力分量的函数，这就忽略了应力增量中三个剪应力增量 $d\tau$ 所引起的塑性变形。即传统塑性位势理论中，不考虑应力主轴旋转，假设应力主轴始终与应力增量主轴共轴，只有 $d\sigma_1$、$d\sigma_2$、$d\sigma_3$，而 $d\tau_{12}=d\tau_{23}=d\tau_{13}=0$。实际岩土工程中，应力主轴会发生旋转，即存在主轴旋转的应力增量分量 $d\tau$ 或主轴旋转角的增量 $d\alpha$，并由此产生相应的塑性变形，而按传统塑性力学无法算出这种塑性变形。

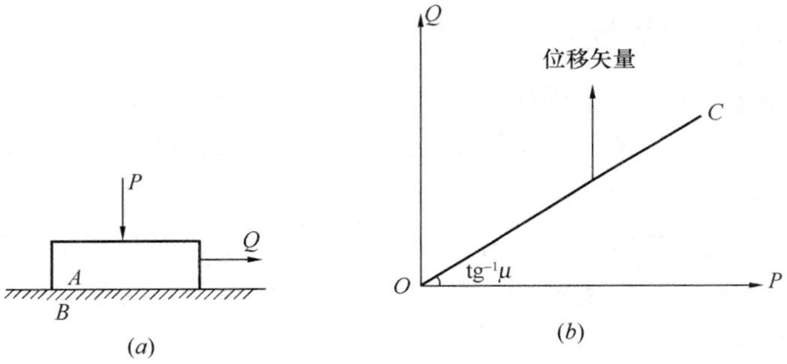

图 5-14　岩土材料不适用于正交流动法则示意图

此外，传统塑性位势理论中一直沿用关联流动法则，即塑性势函数与屈服函数相同。这在数学上表示塑性势函数梯度矢量$\vec{\beta}$与屈服函数梯度矢量$\vec{\alpha}$成比例，即有$\bar{\beta}=k\bar{\alpha}$，$k$ 为比例系数。此时矩阵［A_p］一定对称。实际土工试验表明，岩土材料不服从关联流动法则。表明服从关联流动法则也是一种假设，并不适用于岩土材料。下面考虑图 5-14 中的一个简单摩擦系统，也能一定程度上说明岩土类材料不符合正交流动法则。图 5-14 中 Q 是位移矢量的方向，而 OC 相当于子午平面上的屈服面，所以位移矢量与屈服面并不正交，即塑性势面与屈服面不同，这也表明德鲁克公设不适用于岩土类材料。

将式（5.4.8）写成增量形式，即有

$$\begin{aligned} d\varepsilon_v^p &= A\mathrm{d}p + B\mathrm{d}q \\ d\gamma^p &= C\mathrm{d}p + D\mathrm{d}q \end{aligned} \tag{5.4.9}$$

上式 A、B、C、D 系数矩阵就是塑性柔度矩阵，可以证明当采用关联流动法则时，该矩阵一定是对称的，即有 $B=C$。而实际上对常见剪缩性土进行土工试验，可得出 $B>0$，$C<0$，不仅数值上不等，而且符号相反，表明系数矩阵一定是非对称的，由此也可证明岩土材料不适应关联流动法则。因而，对岩土类材料应采用非关联流动法则。

概括起来，传统塑性位势理论作了如下假设：

1. 假定应力空间中只存在一个满足式（5.3.1）的塑性势函数，由于这一塑性势函数来自弹性势，导致塑性应变增量分量互成比例；塑性应变增量的方向只与应力有关，而与应力增量无关。

2. 假定应力与应力增量的主轴共轴，不考虑应力主轴旋转。

3. 材料服从关联流动法则。

由于传统塑性位势理论存在上述假设，因而不能适应岩土的变形机制。采用传统塑性位势理论，不能反映塑性应变增量方向与应力增量的相关性，也不能合理反映岩土的剪胀与压缩，还会由于采用剪切屈服面而出现过大体胀的不合理现象。同时，也无法计入由于应力主轴旋转所产生的塑性变形。显然，消除上述假设，把传统塑性位势理论改造成为广义塑性位势理论，才能使塑性位势理论符合岩土材料的变形机制。

5.5 不计应力主轴旋转的广义塑性位势理论

5.5.1 不计应力主轴旋转的广义塑性位势理论

消除上节所述的三条假设，即能建立起能反映应变增量方向与应力增量相关性和应力主轴旋转的广义塑性位势理论。本节讨论不计应力主轴旋转的广义塑性位势理论，此时有三个应力分量需要采用三个塑性势函数。

假设应力空间中任一应力点存在着三个线性无关的屈服面与相应的塑性势面。总的塑性应变增量是各个屈服面产生的塑性应变增量之和。由此就可将单屈服面流动法则推广得出有三个塑性势面的流动法则

$$d\varepsilon_{ij}^{p}=\sum_{k=1}^{3}d\lambda_k\frac{\partial Q_k}{\partial\sigma_{ij}}\tag{5.5.1}$$

式中 Q_k——三个塑性势函数；

$d\lambda_k$——三个塑性因子。

式（5.5.1）是一种简单推广，缺少理论依据。杨光华（1991）在不计应力主轴旋转的情况下，引用张量定律，从理论上导出了式（5.5.1）。

应力和应变都是二阶张量，当塑性应变增量主轴、应力与应力增量主轴共轴时，按照张量定律必有

$$d\varepsilon_{ij}^{p}=\sum_{k=1}^{3}d\varepsilon_k^{p}\frac{\partial\sigma_k}{\partial\sigma_{ij}}\quad(k=1,2,3)\tag{5.5.2}$$

式中 σ_k 与 ε_k^{p} 分别为三个主应力和三个塑性主应变。容易证明式（5.5.2），因为当张量 A_{ij}（如为 ε_{ij}^{p}）的三个主方向 A_k（如为 ε_k^{p}）与张量 B_{ij}（如为 σ_{ij}）的三个主方向 B_k（如为 σ_k）相同，则有

$$A_{ij}=A_k\frac{\partial B_k}{\partial B_{ij}}\tag{5.5.3}$$

则式（5.5.2）得证。

根据梯度定义，有

$$d\varepsilon_i^{p} = \sum_{k=1}^{3} d\lambda_k \operatorname{grad}(G_k) = \sum_{k=1}^{3} d\lambda_k \frac{\partial Q_k}{\partial \sigma_i} \tag{5.5.4}$$

式中 Q_k 为三个线性无关的任意势函数。将式（5.5.4）代入式（5.5.2），则有

$$d\varepsilon_{ij}^{p} = \sum_{k=1}^{3} d\lambda_k \frac{\partial \sigma_k}{\partial \sigma_{ij}} \quad (k = 1,2,3) \tag{5.5.5}$$

我们把式（5.5.5）称为不计应力主轴旋转的广义塑性位势理论，它与传统塑性位势理论有如下区别：

（1）广义塑性位势理论有三个塑性势面，且三个塑性势面必须线性无关；而传统塑性位势理论只有一个塑性势面。

（2）广义塑性位势理论中，塑性应变增量方向由三个塑性应变增量分量的方向和大小来定，而三个分量既与塑性势面有关，又与屈服面及应力增量有关。传统塑性位势理论是其特例，此时塑性应变增量分量成比例，因而可采用一个塑性势函数，塑性应变增量方向由此势函数唯一地确定，而与应力增量无关。由此表明，传统塑性力学中可事先确定塑性应变增量总量的方向与势面。而广义塑性力学中，因塑性应变增量总量方向与应力增量有关，无法事先确定塑性应变增量总量方向（即势面）。但可事先确定塑性应变增量的三个分量方向，亦即知道三个分量的势面。可见广义塑性位势理论是分量理论，与传统塑性的总量理论不同，各分量间不成比例。分量理论已知三个势面，可以按塑性位势理论求解，但不必再求势面了，本书正是遵照这一思路。当然，理论中也可以不引进势面，直接求出各分量的塑性应变，如国内南水模型，也属于广义塑性位势理论范畴。上述两种算法都基于同样的力学理论。

（3）实际上，广义塑性位势理论还是分量塑性理论，它也可采用三个坐标轴方向作为塑性应变增量方向，因而三个塑性应变增量方向成为已知。这意味着不需要引入塑性势的概念，而可直接引用分量理论求解。采用广义塑性这一名称是为了更好地与传统塑性力学接轨。

（4）三个塑性因子 $d\lambda_k$（$k=1，2，3$）不要求都大于或等于零。$d\lambda_k$ 与屈服面有关，当屈服面与塑性势面同向，$d\lambda_k>0$；屈服面与塑性势面反向，则 $d\lambda_k<0$。岩土材料的体积屈服面既可与塑性势面同向（体缩），也可与塑性势面反向（体胀）。而传统塑性力学中只有一个塑性势面和一个与塑性势面同向的屈服面，因而 $d\lambda$ 一定大于零或等于零。应当指出，岩土体胀时体积功为负功，但这不违背热力学定律，因为其总功不为负值。

式（5.5.5）中三个塑性势函数是可任选的，但必须保持线性无关，最符合这一条件并应用最方便的，是选用主应力空间中的三个坐标轴作塑性势函数，如选 σ_1、σ_2、σ_3 或 p、q、θ_σ 不变量为势函数。这种情况下构造屈服函数也最为方便。这说明势函数可采用任何一种形式的三个张量不变量。

当取 σ_1、σ_2、σ_3 的等值面为三个塑性势函数时，即有 $\sigma_1=Q_1$，$\sigma_2=Q_2$，$\sigma_3=Q_3$，则式（5.5.5）变为

$$d\varepsilon_{ij}^{p} = d\lambda_1 \frac{\partial \sigma_1}{\partial \sigma_{ij}} + d\lambda_2 \frac{\partial \sigma_2}{\partial \sigma_{ij}} + d\lambda_3 \frac{\partial \sigma_3}{\partial \sigma_{ij}} \tag{5.5.6}$$

式中 $d\lambda_1$、$d\lambda_2$、$d\lambda_3$ 分别为相应上述三个势面的塑性因子，将 $\sigma_1=Q_1$，$\sigma_2=Q_2$，$\sigma_3=Q_3$ 代入式（5.5.6）或按其物理意义均能得到

$$\begin{cases} d\lambda_1 = d\varepsilon_1^p \\ d\lambda_2 = d\varepsilon_2^p \\ d\lambda_3 = d\varepsilon_3^p \end{cases} \tag{5.5.7}$$

可见 $d\lambda_k$ 有着明确的物理意义。

如果 p、q、θ_σ 取为塑性势函数，有

$$d\varepsilon_{ij}^p = d\lambda_1 \frac{\partial p}{\partial \sigma_{ij}} + d\lambda_2 \frac{\partial p}{\partial \sigma_{ij}} + d\lambda_3 q \frac{\partial p}{\partial \sigma_{ij}} \tag{5.5.8}$$

同理有

$$\begin{cases} d\lambda_1 = d\varepsilon_v^p \\ d\lambda_2 = d\bar{\gamma}_q^p \\ d\lambda_3 = d\bar{\gamma}_\theta^p \end{cases} \tag{5.5.9}$$

式中 $d\varepsilon_v^p$——塑性体应变增量(图 5-15)；

$d\bar{\gamma}_q^p$——q 方向上的塑性剪应变增量(图 5-15)；

$d\bar{\gamma}_\theta^p$——θ_σ 方向上的塑性剪应变增量(图 5-15)。

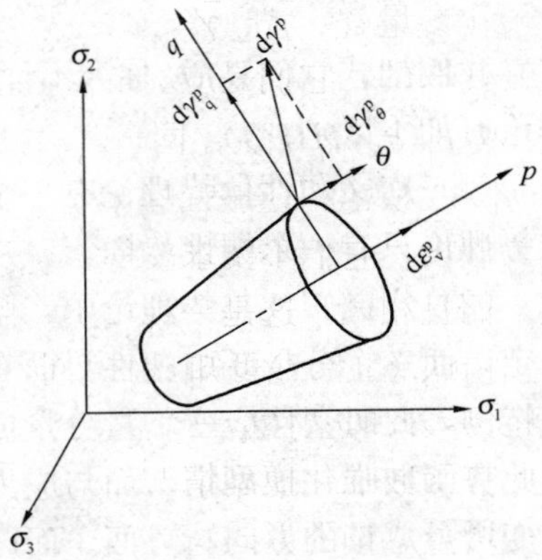

图 5-15 塑性应变增量分解

塑性应变增量可分解为塑性体应变增量与塑性剪应变增量

$$d\varepsilon_v^p = \sum_{k=1}^{3} d\lambda_k \frac{\partial Q_k}{\partial p} = d\lambda_1$$

$$d\bar{\gamma}^p = \sum_{k=1}^{3} \left[\left(d\lambda_k \frac{\partial Q_k}{\partial q} \right)^2 + \left(d\lambda_k \frac{1}{q} \frac{\partial Q_k}{\partial \theta_\sigma} \right)^2 \right]^{1/2} \tag{5.5.10}$$

塑性剪应变增量可分为 q 方向上的塑性剪应变增量 $d\bar{\gamma}_q^p$，θ_σ 方向上的塑性剪应变增量 $d\bar{\gamma}_\theta^p$

$$d\bar{\gamma}_q^p = \sum_{k=1}^{3} d\lambda_k \frac{\partial Q_k}{\partial q} = d\lambda_2$$

$$d\bar{\gamma}_\theta^p = \sum_{k=1}^{3} d\lambda_k \frac{1}{q} \frac{\partial Q_k}{\partial \theta_\sigma} = d\lambda_3 \tag{5.5.11}$$

$$d\bar{\gamma}^p = [(d\bar{\gamma}_q^p)^2 + (d\bar{\gamma}_\theta^p)^2]^{1/2} = [(d\lambda_2)^2 + (d\lambda_3)^2]^{1/2}$$

从实际情况来看，无论是岩土或金属材料，$d\bar{\gamma}_\theta^p$ 一般不大，如果再假定在 $d\bar{\gamma}_q^p$ 中忽略 θ_σ 的影响，就相当于忽略了洛德角的影响，即有

$$d\varepsilon_{ij}^p = d\lambda_1 \frac{\partial p}{\partial \sigma_{ij}} + d\lambda_2 \frac{\partial q}{\partial \sigma_{ij}} = d\varepsilon_v^p \frac{\partial p}{\partial \sigma_{ij}} + d\bar{\gamma}_q^p \frac{\partial q}{\partial \sigma_{ij}} \tag{5.5.12}$$

这就是国内常用的“南水”双屈服面模型。

对于金属材料，$d\varepsilon_v^p=0$，因而式(5.5.12)变为单屈服面模型，即有 $Q=Q_2=q$，此时，在子午平面上塑性应变增量方向在 q 方向上。其实，对于塑性体变为零的金属材料，塑性应变增量方向只能在 q 方向，所以金属材料的塑性势面是已知的。

5.5.2 塑性势面与屈服面的关系

塑性势面是用来确定塑性应变增量方向的，而屈服面是用来确定塑性应变增量大小

的，亦即确定 $d\lambda_1$、$d\lambda_2$、$d\lambda_3$。一个确定矢量的方向，另一个确定矢量的大小，可见两者必然关联。在传统塑性力学中，假定屈服面与塑性势面相同，这对金属材料是适用的，而对岩土材料不适用。广义塑性力学需要从固体力学的基本概念与基本原理出发，建立塑性势面与屈服面之间的联系。从固体力学基本概念出发，屈服面必须与塑性势面相应，塑性势面的法线方向也就是给定的塑性应变增量方向，即塑性应变增量的三个分量方向，如 $d\varepsilon_v^p$、$d\bar{\gamma}_q^p$、$d\bar{\gamma}_\theta^p$。那么按屈服面定义，与三个塑性势面相应的屈服面必须分别具有如下三个硬化参量 ε_v^p、$\bar{\gamma}_q^p$、$\bar{\gamma}_\theta^p$，亦即三个屈服面分别为 ε_v^p、$\bar{\gamma}_q^p$、$\bar{\gamma}_\theta^p$ 的等值面。由此可见，屈服面不是任取的，它们是应力与塑性势面相应的硬化参量的函数，如体积屈服面必为 $f_v(\sigma_{ij},\varepsilon_v^p)$ 或 $f_v(\sigma_{ij},H(\varepsilon_v^p))$。同理，$q$ 方向与 θ_σ 方向的剪切屈服面必为 $f_q(\sigma_{ij},H(\bar{\gamma}_q^p))$ 与 $f_\theta(\sigma_{ij},H(\bar{\gamma}_\theta^p))$。所以，屈服面必须与塑性势面相应的关系是依据力学基本原理得出的，而不是人为假设，它们不要求塑性势面与屈服面相同。对于金属材料塑性势面与屈服面不仅相应，而且相同，这是一种特例。

由式（5.5.7)可知，要确定 $d\lambda_1$、$d\lambda_2$、$d\lambda_3$，先要确定三个塑性应变 ε_i^p 的等值面，即确定与 Q_1、Q_2、Q_3 三个塑性势面相应的三个屈服面。

在等向强化模型情况下，如果塑性应变总量与应力存在唯一性关系，则三个主应变屈服面可写成如下形式：

$$\varepsilon_i^p = f_i(\sigma_1,\sigma_2,\sigma_3) \tag{5.5.13}$$

将式（5.5.13)微分，即得相应的塑性应变增量

$$d\varepsilon_i^p = \frac{\partial f_i}{\partial \sigma_1}d\sigma_1 + \frac{\partial f_i}{\partial \sigma_2}d\sigma_2 + \frac{\partial f_i}{\partial \sigma_3}d\sigma_3 \quad (i=1,2,3) \tag{5.5.14}$$

由于 $d\lambda_i = d\varepsilon_i^p$，即可求得塑性因子。

同理要确定式（5.5.9)中的 $d\lambda_1$、$d\lambda_2$、$d\lambda_3$，要分别采用 ε_v^p、$\bar{\gamma}_q^p$、$\bar{\gamma}_\theta^p$、等值面，即有

$$\begin{cases} \varepsilon_v^p = f_v(p,q,\theta_\sigma) \\ \bar{\gamma}_q^p = f_q(p,q,\theta_\sigma) \\ \bar{\gamma}_\theta^p = f_\theta(p,q,\theta_\sigma) \end{cases} \tag{5.5.15}$$

式（5.5.15)中的第一个式子是体积屈服面，一般可略去 θ_σ 对 $\varepsilon^p{}_v$ 影响；第二个式子是 $\bar{\gamma}_q^p$ 剪切屈服面；第三个屈服面是 $\bar{\gamma}_\theta^p$ 剪切屈服面，通常 p 对 $\bar{\gamma}_\theta^p$ 的影响也可以略去。式(5.5.15)变为

$$\begin{cases} \varepsilon_v^p = f_v(p,q) \\ \bar{\gamma}_q^p = f_q(p,q,\theta_\sigma) \\ \bar{\gamma}_\theta^p = f_\theta(q,\theta_\sigma) \end{cases} \tag{5.5.16}$$

微分式（5.5.16)，即得

$$\begin{cases} d\varepsilon_v^p = \dfrac{\partial f_v}{\partial p}dp + \dfrac{\partial f_v}{\partial q}dq \\ d\bar{\gamma}_q^p = \dfrac{\partial f_q}{\partial p}dp + \dfrac{\partial f_q}{\partial q}dq + \dfrac{\partial f_q}{\partial \theta_\sigma}d\theta_\sigma \\ d\bar{\gamma}_\theta^p = \dfrac{\partial f_\theta}{\partial q}dq + \dfrac{\partial f_\theta}{\partial \theta_\sigma}d\theta_\sigma \end{cases} \tag{5.5.17}$$

由上看出，塑性势面与屈服面存在如下关系：

(1) 塑性势面可以任取，但必须保证各势面间线性无关，屈服面则不可任取，它必须与塑性势面相对应，并有明确的物理意义。例如取 σ_1 为势面，则对应的屈服面必为塑性主应变 ε_1^p 的等值面。可见，屈服面必然与塑性势面相关联，但关联并不意味着塑性势面与屈服面相同，而是必须保持屈服面与塑性势面相对应。在特殊情况下亦可相同，如服从 Mises 屈服条件的金属材料，屈服面与塑性势面同为圆筒形。

(2) 取 σ_1、σ_2、σ_3 或 p、q、θ_σ 为塑性势面，相应的屈服面最简单，并具有明确的物理意义，即为三个塑性主应变的等值面或为塑性体应变、q 方向塑性剪切应变与 θ_σ 方向塑性剪应变的等值面。

(3) 由于三个塑性势面线性无关，则相应的三个屈服面也必然互相独立。例如体积屈服面与 q 方向上及 θ_σ 方向上的剪切屈服面都各自独立。这表明体积屈服面只能用来计算塑性体积变形，而与塑性剪切变形无关，反之亦然。因而广义塑性力学中不能应用关联流动法则，否则就违反了剪切屈服面与体积屈服面原有的含义。

5.6 广义塑性力学的基本特征

上节所述不计应力主轴旋转的广义塑性位势理论及后述 10.2 节考虑应力主轴旋转的广义塑性位势理论，反映了广义塑性力学的一些基本特征，可概括如下：

1. 塑性应变增量分量不成比例

传统塑性力学假设塑性应变增量互成比例，而广义塑性力学塑性应变增量分量不成比例。由于传统塑性力学中塑性应变增量互成比例，因而可只用一个塑性势函数，它表示塑性应变增量总量的方向。不管应力增量如何，一旦应力确定，塑性势函数与塑性应变增量方向也就确定。所以传统塑性力学中，塑性应变增量的方向与应力具有唯一性而与应力增量无关。

广义塑性力学不具上述特点，它基于塑性分量理论。当不计应力主轴旋转时，它需要采用三个线性无关的势函数来表述塑性应变增量分量的方向；当考虑应力主轴旋转时，它需要采用六个线性无关的势函数来表述塑性应变增量分量的方向。塑性应变增量的方向不仅取决于屈服面与应力状态，还与应力增量的方向与大小有关。

2. 塑性势面与屈服面相应

传统塑性力学给出一个塑性势面和一个屈服面，它们不仅要求两者相应而且相同，即服从关联流动法则。广义塑性力学给出三个(或六个)塑性势面与屈服面，它们要求塑性势面与屈服面相应，但不要求相同，相同只是一种特例。因而它们既可适用于岩土，也可适用于金属。对于岩土，广义塑性力学采用非关联流动法则，而这种非关联流动法则与当前应用的非关联流动法则不同，当前应用的非关联流动法则常是一个屈服面可允许对应任意假设的塑性势面，而广义塑性力学中只允许一个屈服面对应一个唯一的势面。

3. 允许应力主轴旋转

传统塑性力学不考虑应力主轴的旋转，无法计算由应力主轴旋转所产生的塑性变形。在实际岩土工程中，应力主轴会发生旋转，尤其是动力问题，会由于应力主轴旋转而产生不容忽视的塑性变形。第十章将要介绍应力主轴旋转时塑性变形的算法。

4. 解具有唯一性

由于广义塑性力学基于固体力学原理导出，因而与实际吻合。它能考虑应力路径转折的影响，能考虑应力主轴的旋转，也不会出现过大的剪胀，因而具有科学性。如果依据试验获得客观的屈服条件，那么它的解具有唯一性。然而，当前的岩土塑性力学，由于理论上的混乱，加上选定屈服条件的任意性，其解是不唯一的，各种模型计算结果差异较大，而且有许多模型出现定性的错误。

由上可见，广义塑性理论避免了传统塑性理论中所作的假设，它可以严格科学地将塑性理论用于岩土类材料，形成了严格的塑性理论体系。除了理论严格以外，广义塑性理论基于塑性分量理论，避免了求总量塑性势的困难；同时分量理论与当前的岩土试验方法十分适应。试验中体变分量与剪切分量是分别给出的，便于求分量屈服面，而不需作任何人为假设，更加保证了求解的客观性。

应当指出，广义塑性力学还不能充分反映应力路径的影响，这是因为当前采用的屈服条件只写成应力水平与应力历史的函数，而实际上屈服条件还与应力增量有关，正是由于屈服条件的不完善，造成了广义塑性力学不能充分完善地反映应力路径的影响。

5.7　考虑弹塑性耦合的正交流动法则

殷有泉等人在传统塑性力学基础上，考虑了弹塑性耦合影响提出了考虑弹塑性耦合的正交流动法则，本节予以介绍。

考虑弹塑性耦合的流动法则是认为屈服过程中应变增量的不可逆部分（指塑性应变增量与弹塑性耦合引起的应变增量之和）与应力空间的屈服面正交。应变增量 $d\varepsilon$ 看做是可逆部分 $d\varepsilon^R$ 和不可逆部分 $d\varepsilon^I$ 组成，而 $d\varepsilon^I$ 部分由塑性部分 $d\varepsilon^p$ 和耦合部分 $d\varepsilon^C$ 组成，即

$$d\varepsilon = d\varepsilon^R + d\varepsilon^I = d\varepsilon^R + d\varepsilon^P + d\varepsilon^C \tag{5.7.1}$$

$$d\varepsilon^R = [D_e]^{-1} d\sigma \tag{5.7.2}$$

图 5-16 中画出了各应变增量在一维情况下的含义。为表达方便，相应地定义不可逆应力增量

$$d\sigma^I = [D_e] d\varepsilon^I \tag{5.7.3}$$

由式(5.7.1)和式(5.7.2)

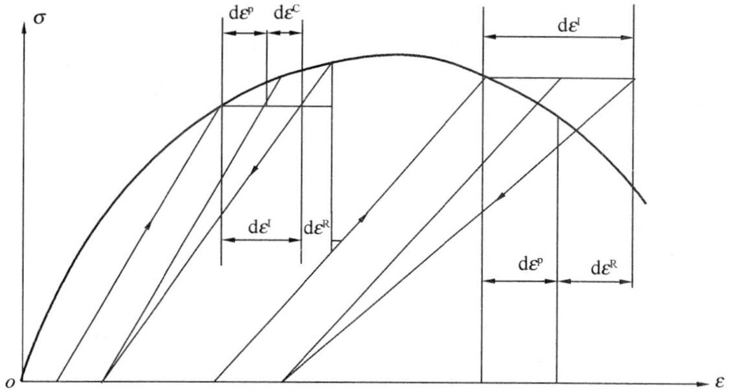

图 5-16　一维情况下弹塑性耦合材料的应变分解

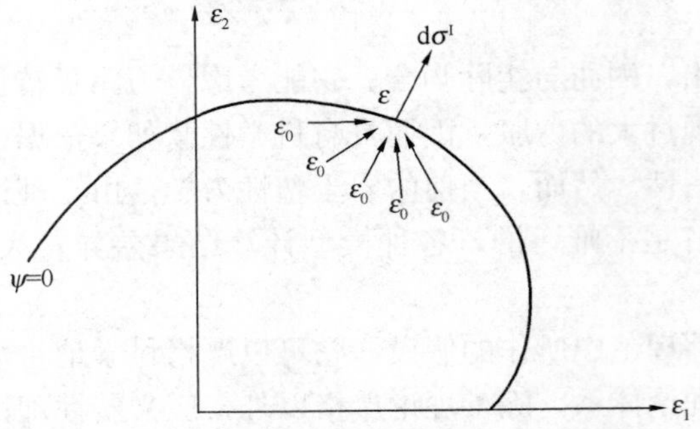

图 5-17 应变空间中考虑弹塑性耦合的法则
（不可逆应力增量与加载面正交性）

$$d\sigma^I = [D_e]d\varepsilon - d\sigma \tag{5.7.4}$$

在弹塑性耦合情况下，$[D_e]$和$[D_e]^{-1}$为硬化参量 H_α 的函数，耦合应变增量是因为屈服（内变量变化）导致弹性模量变化而引起的。

$$d\varepsilon^C = d[D_e]^{-1}\sigma \tag{5.7.5}$$

$$d[D_e]^{-1} = \frac{\partial[D_e]^{-1}}{\partial H_\alpha}dH_\alpha \tag{5.7.6}$$

设应变空间加载函数 $\Psi(\varepsilon,\varepsilon^p,H_\alpha)$，应力空间中加载的函数 $\Phi(\sigma,\sigma^p,H_\alpha)$。殷有泉等写出了弹塑性耦合情况下的伊留辛公设

$$W_D = (\varepsilon - \varepsilon_0)d\sigma^I \geqslant 0 \tag{5.7.7}$$

也即 $d\sigma^I$ 为应变加载面外法线方向（图 5-17）。

$$d\sigma^I = d\lambda\frac{\partial\psi}{\partial\varepsilon} \tag{5.7.8}$$

式中 $d\lambda$ 为正的标量因子，式（5.7.8）是应变空间表达的考虑弹塑性耦合的正交流动法则。写成应力空间表达的法则时

$$d\varepsilon^I = d\lambda\frac{\partial\phi}{\partial\sigma} \tag{5.7.9}$$

由上可见，式（5.7.8）与式（5.7.9）是传统塑性力学的推广，并仍然要求满足伊留辛塑性公设或德鲁克塑性公设。即推广为不可逆应力（或不可逆应变）增量与应变（或应力）加载面具有正交性。在非耦合情况下，$d\sigma^I$ 和 $d\varepsilon^I$ 分别为 $d\sigma^p$ 和 $d\varepsilon^p$，即为传统塑性的正交流动法则。

第六章　加载条件与硬化规律

6.1 加载条件概述

钢材在简单拉伸时，弹性变形后，屈服应力提高了，称之为应变强化或应变硬化。在复杂状态下，发生塑性变形后，屈服条件也将发生变化，不仅屈服应力，而且所有其他应力组合的屈服应力也发生了变化。这种变化的屈服条件称为加载条件（硬化条件与软化条件）。加载条件与屈服条件不同，屈服条件是初始弹性状态的界限，它与应力历史无关，而加载条件是后继弹性状态的界限，它随着塑性变形的发展而不断变化，一般来说，它与应力历史有关。上章提到，从塑性力学角度看，对于金属材料和某些只有应变硬化的岩土，在达到初始屈服面后，其屈服面连续地扩大，达到破坏时，屈服面就与破坏面重合。最初的弹性界限通常称为初始屈服面，即初始屈服时的屈服面，其应力表达式就是屈服条件。而材料发生塑性变形后的弹性范围边界，叫做加载屈服面或后继屈服面，简称加载面。最终的后继屈服面就是破坏面，岩土材料在应变软化阶段，屈服面不断收缩，但材料软化实际上意味着已处于破坏状态，因为材料的强度在不断降低，待收缩到最终屈服面时，岩土进入塑性流动状态。此时的破坏面，叫做残余破坏面。对于理想塑性材料，加载屈服面、初始屈服面和破坏面都是重合的，所以它的加载条件和破坏条件也就是一般的屈服条件。

前面我们用 $F(\sigma_{ij})=0$ 表示屈服条件（初始屈服条件），现在用 $\Phi(\sigma_{ij})=0$ 表示加载屈服条件，显然，对于理想塑性材料 $\Phi=F$。一般情况下材料塑性变形时，内部物质结构发生变化。因此，加载面中，虽然仍可以 σ_{ij} 或 ε_{ij} 作为变量（这种变量通常是可以在试验中被直接量测出来的，称为外变量），但它还依赖于整个应变历史，因此，还要以表达应变历史的 H_α 作为参量，故在应力空间中将加载条件表示为

$$\Phi(\sigma_{ij},H_\alpha)=0 \tag{6.1.1}$$

而在应变空间中表示为

$$\psi(\varepsilon_{ij},H_\alpha)=0 \tag{6.1.2}$$

根据土工试验资料，加载条件还与应力路径密切有关，但目前加载条件中一般都不考虑应力路径影响，因而在建立与选用加载条件时应考虑它的影响。

式（6.1.1）和式（6.1.2）中 H_α（$\alpha=1$，2，……）是表征由于塑性变形引起物质微观结构变化的参量，称为硬化参量（不可逆过程的某种度量），它们与塑性变形、应力历史有关，可以是塑性应变各分量，塑性功或代表热力学状态的内变量。这些力学量是不能在试验中直接观察与测量的量，所以叫做内变量。在应力空间或应变空间内，它们都是一组以 H_α 为参量的曲面。加载曲面随 H_α 的变化而改变其形状、大小和位置。对于硬化材料，当加载面（这时的加载面称硬化屈服面或硬化面）与 H_α 无关时，即为破坏面或称最

终屈服面。对于软化材料，当加载面（这时可称软化屈服面或软化面）达到与 H_α 无关时，即为残余破坏面。

传统塑性力学中，加载条件中应用一个硬化参量，常用塑性功 W^p、塑性剪应变 $\bar{\gamma}^p$、或总塑性应变 ε^p。由于金属材料不存在塑性体应变，因而总塑性应变与塑性剪应变等价，无论采用何种硬化参量，其计算结果是唯一的。

当前岩土塑性力学中，硬化参量的选用十分混乱。单屈服面模型中，多数采用单硬化参量或分段选用单硬化参量，常用塑性体应变 ε_v^p、塑性剪应变 $\bar{\gamma}^p$、塑性总应变 ε_{ij}^p、塑性功 W^p 等，而且选用不同的硬化参量，其计算结果也不相同。尤其采用单一的塑性体应变或塑性剪应变硬化参量不够合理，因为岩土材料既包含塑性体应变又包含塑性剪应变，只采用其中一个作硬化参量均不能全面反映岩土材料的硬化过程。由此导致双硬化参量加载面的出现，一般采用 ε_v^p、$\bar{\gamma}^p$ 作硬化参量，加载面写成

$$\Phi(\sigma_{ij}, H_1, H_2) = \Phi(\sigma_{ij}, \varepsilon_v^p, \bar{\gamma}^p) \tag{6.1.3}$$

20 世纪 70 年代出现了双屈服面土体模型，将加载面分别画在两个子空间上，如

$$\begin{cases} G_1(\sigma_{ij}, \varepsilon_v^p) = 0 \\ G_2(\sigma_{ij}, \bar{\gamma}^p) = 0 \end{cases} \tag{6.1.4}$$

式（6.1.4）中第一个式子就是体积屈服面（或叫压缩屈服面），第二个式子就是剪切屈服面。此后又出现了多重屈服面等岩土模型，但在历史上乃至当前，多重屈服面模型中的某些概念常是模糊不清的，主要有如下几点：

（1）多重屈服面模型中究竟应采用几个屈服面不明确。广义塑性位势理论中则明确指出，不考虑应力主轴旋转情况下理论上应有三个屈服面，某些情况下可简化为两个屈服面或一个屈服面。

（2）多重屈服面模型中，屈服面与塑性势面关系不清。有的采用关联流动法则；有的虽采用非关联流动法则，但凭经验选用塑性势面。而广义塑性力学指出，屈服面与塑性势面必须完全对应，而不是任取的。例如取 p 为塑性势函数，则对应的屈服面必须是体积屈服面，而不能是其他屈服面，反之，体积屈服面必须对应等 p 塑性势面，而不能是其他势面。

（3）当前的多重屈服面模型中常采用正交流动法则，它不符合广义塑性力学原理。由于三个屈服面是各自独立的，如体积屈服面只能用于计算塑性体积变形，不能用于计算塑性剪切变形，因而多重屈服面模型不能采用正交流动法则。

（4）对剪切屈服面与体积屈服面的定义也相当混乱。例如剪切屈服面有下列定义：(1)q=常数(图 6-1(a) ①)；(2)q/p=常数(图 6-1(a) ②)；(3)塑性剪应变等值线 $\bar{\gamma}^p = G_2(\sigma_{ij}, \bar{\gamma}^p)$=常数(图 6-1($a$) ③)。体积屈服面也有多种定义：(1)$p$=常数(图 6-1($b$)①)；(2) $p+Mq$=常数(图 6-1(b)②)；(3)塑性体应变等值线 $\varepsilon_v^p = G_1(\sigma_{ij}, \varepsilon_v^p)$=常数(图 6-1($b$)③)。显然，按照等值面硬化规律，体积屈服面自然就是 ε_v^p 等于常数的等值面，剪切屈服面就是 $\bar{\gamma}^p$ 等于常数的等值面，而不能有其他定义。

广义塑性力学中的加载面按选取的三个塑性势面不同而不同。当选三个主应力 σ_1、σ_2、σ_3 为三个势函数时，则三个加载面为 ε_1^p、ε_2^p、ε_3^p 主应变等值面。而当选应力不变量 p、q、θ_σ 为三个塑性势函数时，则三个加载面为体积屈服面，q 方向与 θ_σ 方向的剪切屈服面。

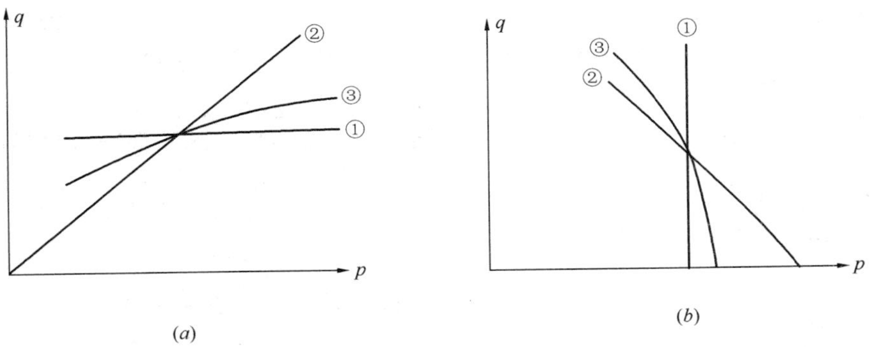

图 6-1 剪切屈服面与体积屈服面的几种定义方法
(a)剪切屈服面；(b)体积屈服面

即有

$$\begin{cases}\varepsilon_k^{\mathrm{p}} = F_k(\sigma_i) & (k,i=1,2,3)\\ \varepsilon_k^{\mathrm{p}} = F_k(v,q,\theta_\sigma) & (k=v,q,\theta)\end{cases} \tag{6.1.5}$$

式中 F_{v}——体积屈服面；

F_{q}——q 方向上剪切屈服面；

F_θ——θ_σ 方向上剪切屈服面。

6.2 硬 化 模 型

硬化材料在加载过程中，随着加载应力及加载路径的变化，加载面的形状、大小、加载面中心的位置以及加载面的主方向都可能发生变化。加载面在应力空间中的位置、大小、形状的变化规律称为硬化规律。而把确定加载面依据哪些具体的硬化参量而产生硬化的规律称为硬化定律。对于复杂应力状态来说，目前的实验资料还不足以完整地确定加载面的变化规律，因而需要对加载面的运动与变化规律做一些假设，所以也把硬化规律称为硬化模型。

现有的岩土静力弹塑性模型，大多数采用等值面硬化理论，即把屈服面看做是某一硬化参量的等值面。为了使问题简化，一般假设加载面在主应力空间内不发生转动，即主应力方向保持不变；同时还假设加载面的形状保持不变。在此基础上，如果加载面在应力空间内只做形状相似的扩大(硬化)或缩小(软化)，称各向同性硬化或软化；如果加载面在应力空间内同时发生形状与大小不变的平移运动，称为随动或运动硬化；当加载面在应力空间同时发生形状相似的大小变化与平移运动时，称混合硬化。金属材料一般采用等向硬化或随动硬化；而岩土材料，静力问题一般采用等向硬化，循环荷载与动力问题采用随动硬化或混合硬化。岩土类材料的加载面通常在主应力空间内发生转动，如假设加载面只做形状及大小不变的刚体转动，则称旋转硬化模型，可较好地反映岩土材料的各向异性与应力主轴旋转引起的塑性变形。

6.2.1 等向硬化模型

这种模型无论在哪个方向加载，拉伸和压缩硬化总是相等的产生和开展；在复杂加载

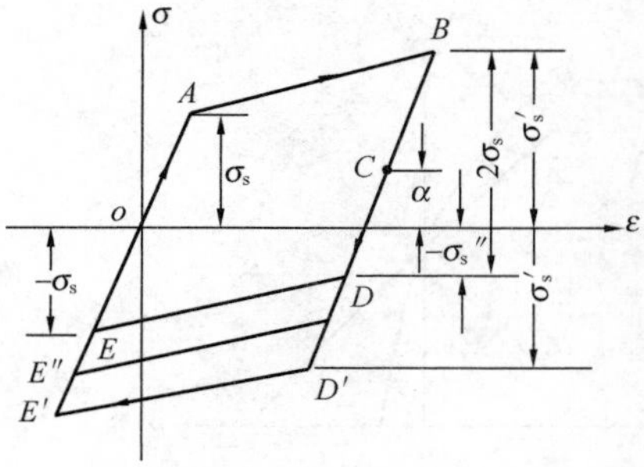

图 6-2 等向硬化、随动硬化和混合硬化示意图

条件下，即表示应力空间中作形状相似的扩大，如图 6-2 中 $OABDD'E'$ 代表等向硬化，图中 B 与 D' 点所对应的应力值均为 σ_s'（指绝对值），在这种情况下，压缩屈服应力和弹性区间都随着材料硬化而增大。等向硬化加载面用数学式可以表达如下：

$$\Phi(\sigma_{ij}, H_\alpha) = F(I_1, J_2, J_3) - K = 0 \tag{6.2.1}$$

式中 K 叫硬化系数，是硬化参量 H_α 的函数。当 $K=0$ 时，即为初始屈服面 $F(I_1, J_2, J_3)=0$。下面将要谈到硬化系数 K 可以有多种表示形式，对于金属材料通常采用单元所经历的塑性功 W^p 或塑性剪应变 $\bar{\gamma}^p$ 的函数来表示。通常，应当采用沿应变路径积分所得的总塑性功或总塑性变形量作为参量，因为硬化程度取决于塑性功或塑性变形，而塑性变形历史又影响着塑性功与塑性变形量。

$$\int dW^p = \int \sigma_{ij} d\varepsilon_{ij}^p \tag{6.2.2}$$

或

$$\int d\bar{\gamma}^p = \int \sqrt{\frac{2}{3}} \sqrt{de_{ij}^p de_{ij}^p} \tag{6.2.3}$$

式中 $\int d\bar{\gamma}^p$ 并不等于

$$\bar{\gamma}^p = \sqrt{\frac{2}{3} e_{ij}^p e_{ij}^p} \tag{6.2.4}$$

只有在塑性应变增量各分量之间的比例保持不变时，两者才相等。这时 K 可表达如下：

$$K = H\left(\int dW^p\right) = H\left(\int d\bar{\gamma}^p\right) \tag{6.2.5}$$

对于初始屈服条件是 Mises 条件情形

$$F(I_1, J_2, J_3) = q - \sigma_S = 0 \tag{6.2.6}$$

这时，等向硬化条件变成

$$q - \sigma_S - H\left(\int dW^p\right) = 0 \tag{6.2.7}$$

或
$$q - \sigma_S - H\left(\int d\bar{\gamma}^p\right) = 0 \tag{6.2.8}$$

在简单拉伸时，上式成为
$$\sigma - \sigma_S - H\left(\int \sigma d\varepsilon^p\right) = 0 \tag{6.2.9}$$

或
$$\sigma - \sigma_S - H\left(\int \sigma d\bar{\gamma}^p\right) = 0 \tag{6.2.10}$$

由此就可利用简单拉伸实验曲线，确定函数 H 的曲线规律。而当初始屈服条件是屈瑞斯卡条件（当 $\sigma_1 \geqslant \sigma_2 \geqslant \sigma_3$ 时）

$$\sigma_1 - \sigma_3 - \sigma_S - H\left(\int dW^p\right) = 0 \tag{6.2.11}$$

或
$$\sigma_1 - \sigma_3 - \sigma_S - H\left(\int d\bar{\gamma}^p\right) = 0 \tag{6.2.12}$$

而当初始屈服条件是广义 Mises 条件时

$$\alpha I_1+\sqrt{J_2}-k-H\left(\int \mathrm{d}W^{\mathrm{p}}\right)=0 \tag{6.2.13}$$

或

$$\alpha I_1+\sqrt{J_2}-k-H\left(\int \mathrm{d}\bar{\gamma}^{\mathrm{p}}\right)=0 \tag{6.2.14}$$

在应力空间中，这种加载面的大小只与最大的广义剪应力 q 有关，而与中间的加载路径无关。在图 6-3(a) 中，路径 1 与路径 2 的最终应力状态都刚好对应于加载过程中的最大广义剪应力，因此两者的加载面是一样的，而路径 3 的最终状态不是最大广义剪应力，它的加载面由加载路径中的最大广义剪应力来定。

对于 Mises 材料和广义 Mises 材料的等向硬化模型，屈瑞斯卡材料和莫尔-库仑材料等向硬化模型在偏平面上的图形分别表示于图 6-3(a)、(b)、(c) 中。

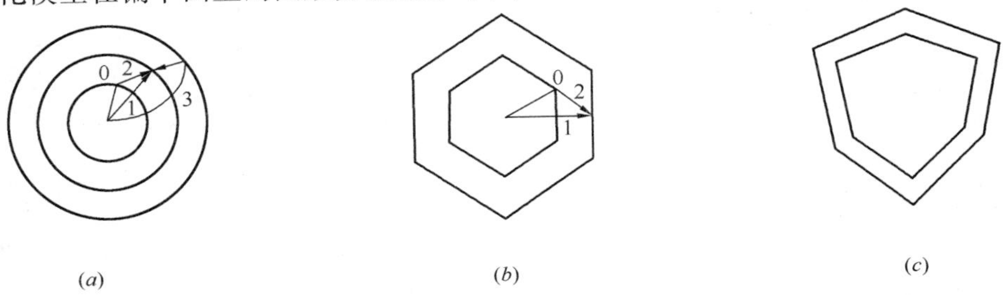

图 6-3 等向硬化(偏平面上)

当变形量不大或 σ_{ij} 各应力分量之比变化不很大的情况下，采用此模型还较符合实际。岩土材料在静荷载作用下的弹塑性模型一般采用各向同性硬化模型。它的优点是简单，但是它完全没有考虑 Bauschinger 效应以及岩土材料的拉压强度不同的特性和应力导致的各向异性。

6.2.2 随动硬化模型

随动或运动硬化模型假设加载面在一个方向发生硬化后，会在相反的方向产生同样程度的弱化。图 6-2 中的 OABCDE 代表随动硬化模型，弹性卸载区间是初始屈服应力 σ_S 的两倍，材料的弹性区间保持不变，但是由于拉伸时的硬化而使压缩屈服应力幅值减小。

与等向硬化模型不同，随动硬化模型是考虑包辛格效应(即拉伸或压缩时的硬化影响到压缩或拉伸时的弱化的现象)的。在单向拉压情况下，随动硬化模型可用下式表示：

$$\sigma'_S-\sigma''_S=2\sigma_S \tag{6.2.15}$$

普拉格将这个模型推广到复杂应力状态中，他假定在塑性变形过程中，屈服曲面的形状和大小都不改变，只是在应力空间内作刚性平移(图 6-4)。设在应力空间中，屈服面内部中心的坐标用 α_{ij} 表示。它在初始屈服时等于零，它表示应力空间内初始屈服面的位移(可用一某参考点，例如曲面中心的位移)，叫移动张量。这样，随动硬化加载曲面可表示成

$$\Phi(\sigma_{ij},H_\alpha)=\Phi(\sigma_{ij}-\alpha_{ij})=F(\sigma_{ij}-\alpha_{ij})-K_0=0 \tag{6.2.16}$$

式中 K_0 为常数。这里以 $F(\sigma_{ij})-K_0=0$ 为初始屈服曲面，与初始屈服曲面不同之处在于以 $\sigma_{ij}-\alpha_{ij}$ 代替 σ_{ij}，它随 α_{ij} 而移动。α_{ij} 为移动应力张量，也叫反应力，具有应力的单位，物理上反映加载面移动之后中心位置的应力大小，几何上反映主应力空间加载面中心的平

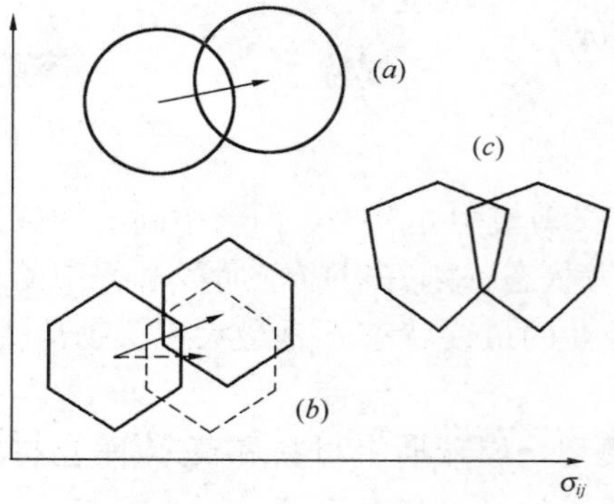

图 6-4 随动硬化(偏平面上)

移距离。它与塑性加载历史有关。在轴向拉压情况下，已经证明对线性硬化情况，可令

$$\alpha_{ij} = c\varepsilon_{ij}^{p} \tag{6.2.17}$$

式中 c 为常数。在复杂应力状态下，已有文献提出对线性硬化材料也可采用式（6.2.17)。这个模型称线性随动硬化模型，这时加载面沿应力点的外法线(即 $d\varepsilon_{ij}^{p}$) 方向移动，并可写成

$$F(\sigma_{ij} - c\varepsilon_{ij}^{p}) - K_0 = 0 \tag{6.2.18}$$

对于初始屈服面为 Mises 屈服条件的情形（图 6-4 (a))，有

$$F(\sigma_{ij}) = q - \sigma_S = \sqrt{\frac{3}{2}S_{ij}S_{ij}} - \sigma_S = 0$$

现改为

$$F = \sqrt{\frac{3}{2}(S_{ij} - \alpha'_{ij})(S_{ij} - \alpha'_{ij})} - \sigma_S = 0 \tag{6.2.19}$$

其中 α'_{ij} 为 α_{ij} 的偏张量。

$$\Phi = \sqrt{\frac{3}{2}(S_{ij} - c\varepsilon_{ij}^{p})(S_{ij} - c\varepsilon_{ij}^{p})} - \sigma_S = 0 \tag{6.2.20}$$

系数 c 可根据简单拉伸实验来定。此时可将 $S_1 = \frac{2}{3}\sigma$, $S_2 = S_3 = -\frac{1}{3}\sigma$, $\varepsilon_1^p = \varepsilon^p$, $\varepsilon_2^p = \varepsilon_3^p = -\frac{1}{2}\varepsilon^p$，代入式 (6.2.20)得

$$\sigma = \sigma_S + \frac{3c}{2}\varepsilon^p \tag{6.2.21}$$

线性硬化简单拉伸时的曲线是 $\sigma = H(\varepsilon^p) = \sigma_S + H'\varepsilon^p$，其中 $H' = dH/d\varepsilon^p$，两者比较即得

$$c = \frac{2}{3}H' \tag{6.2.22}$$

对于 Mises 材料和广义 Mises 材料、屈瑞斯卡材料、莫尔-库仑材料的随动硬化模型，它们在 π 平面上的加载曲线如图 (6-4(a)、(b)、(c)) 所示。运动硬化模型考虑了 Bauschinger 效应，适用于周期性或反复加载下的动力弹塑性模拟及静力模拟。但是，它把 Bauschinger 效应绝对化或夸大了。

6.2.3 混合硬化模型

混合硬化是等向硬化与运动硬化模型的组合，其加载面在主应力空间既可以平移，又可以作形状相似的扩大或缩小。对于单向拉压时，当压缩硬化后再反向加载，拉伸方向也可以硬化，但硬化的程度没有压缩时那么大，弱化的程度也没有运动硬化时那么强，如图 6-2 中 $OABDD''E''$ 折线所示。混合硬化模型的加载面用数学式可表达为

$$\Phi(\sigma_{ij}, \alpha_{ij}, H_\alpha) = F(\sigma_{ij} - \alpha_{ij}) - K = 0 \tag{6.2.23}$$

式中 α_{ij} 及 K 与上面的意义相同，但变化规律不同。这时，后继屈服面既有位置改变，也产生均匀膨胀，但保持形状不变。混合硬化模型可以反映不同程度的 Bauschinger 效应以及初始各向异性与应力导致的各向异性，更适用于全面反映周期性或反向加载时的材料特性。

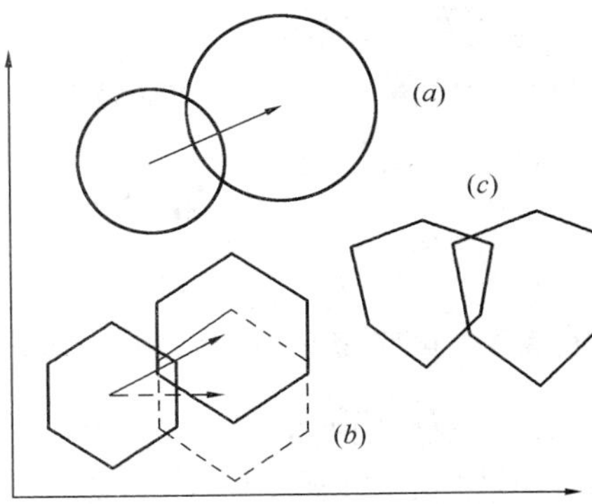

图 6-5 混合硬化(偏平面上)

仿照上面的方法，可以导出初始屈服面为米赛斯屈服条件的混合硬化加载条件。对于米赛斯材料和广义米赛斯材料、屈瑞斯卡材料、莫尔-库仑材料的混合硬化模型，它们在 π 平面上的加载曲线如图 (6-5(a)、(b)、(c)) 所示。

6.2.4 旋转硬化模型

旋转硬化模型假设在主应力空间中加载面的中心轴围绕坐标原点旋转，即加载面只做形状及大小不变的刚体转动。为了恰当地描述应力引起的各向异性的程度，假设存在一个旋转硬化极限面，其中心轴与静水轴一致。每一个应力状态在极限面上确定一条对偶线，加载面的中心轴就朝着这条线作旋转运动。加载面的旋转可看作为加载面的中心在 π 平面上的移动。旋转硬化模型的加载面用数学式可表达为

$$\Phi(\sigma_{ij}, H_\alpha) = F(\sigma_{ij}, \delta_{ij}^\alpha) = F(\sigma_{ij}^\alpha) = 0 \tag{6.2.24}$$

式中 δ_{ij}^α 为加载面中心轴的方向张量；δ_{ij}^α 为旋转后的应力张量。初始加载面的中心轴与静水压力轴夹角的大小反映初始各向异性，而其旋转过程则反映应力引起的各向异性的演化过程。所以，旋转硬化模型能较好地反映材料的初始各向异性与应力引起的各向异性，特别适合用来描述应力主轴旋转引起的土体变形。但是它的形式较为复杂。

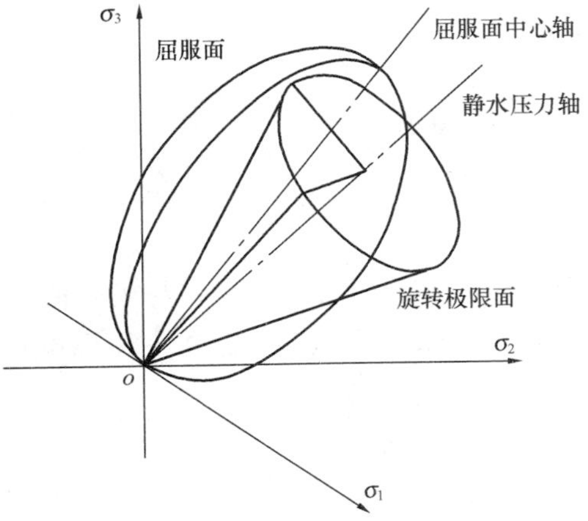

图 6-6 旋转硬化(主应力空间)

给出加载面中心轴的方向张量 δ_{ij}^α 随硬化参量的演化规律，即可建立相应的旋转硬化模型。Sekiguchi 和 Ohta(1977)、Hashiguchi(1977、1979、1998)、Lade 和 Inel(1997)等都提出了各自的旋转硬化模型。其中，Hashiguchi(1998)结合次加载面提出的旋转硬化机制较有代表性，如图 6-6 所示。椭圆形屈服面绕应力空间的原点旋转，并以 $q/p=$ 常数的圆锥面为旋转极限面，塑性剪切应变为硬化参量，建立了屈服面中心轴与静水压力轴夹角随硬化参量而变化的硬化规则。

一般岩土材料在沉积或地质形成的过程中，都具有不同程度的初始各向异性(例如沉积岩或土类在沉积过程中形成的正交各向异性)，而且还具有应力导致的各向异性或 Bauschinger 效应，因此应使用随动硬化模型、混合硬化模型或旋转硬化模型。这三类模

型一般称为非等向硬化模型。目前在岩土工程中，对于静力和单调加载的情况，一般使用各向同性硬化模型；而对于周期性及随机动力加载情况，则采用非等向硬化模型。

6.3 岩土材料的加载条件

6.3.1 单屈服面模型中的加载条件

当前广泛应用的单屈服面模型中，加载条件大致有如下三类：

1. 剪切型开口锥形加载面（图 6-7(*a*)）

这类屈服面形状与剪切屈服面相似，常用 $\bar{\gamma}^p$、ε_{ij}^p、W^p 等作硬化参量。一般为曲线形开口锥体（图 6-7(*a*)），特殊情况下为直线形锥体。加载面随着硬化参量的发展而发展，最终成为破坏条件，这类屈服面不能良好反映塑性体变，如果采用关联流动法则会出现过大剪胀现象。

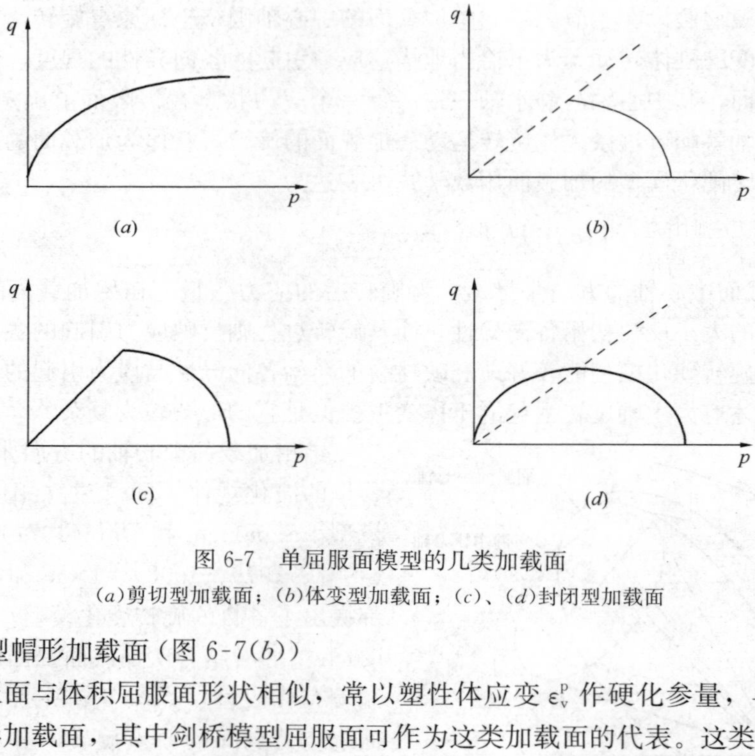

图 6-7 单屈服面模型的几类加载面
(*a*)剪切型加载面；(*b*)体变型加载面；(*c*)、(*d*)封闭型加载面

2. 体变型帽形加载面（图 6-7(*b*)）

这类屈服面与体积屈服面形状相似，常以塑性体应变 ε_v^p 作硬化参量，与极限曲线相接而形成帽形加载面，其中剑桥模型屈服面可作为这类加载面的代表。这类屈服面没有充分考虑塑性剪应变，而且只能反映体缩。

3. 封闭型加载面（图 6-7(*c*)、(*d*)）

这类加载面有两种类型：一类是由开口锥形加载面与帽形加载面组合而成（图 6-7(*c*)）。锥形加载面采用 $\bar{\gamma}^p$ 硬化参量，帽形加载面采用 ε_v^p 作硬化参量。另一类采用连续光滑的封闭型加载面（图 6-7(*d*)），它们以 $\bar{\gamma}^p$ 与 ε_v^p 作硬化参量。这类封闭型屈服面当前国外应用较广，如 Desai 系列模型、Lade 的新模型等。

Desai 系列模型是国外应用较广的一种模型，以 $\bar{\gamma}^p$ 与 ε_v^p 作硬化参量，其加载面是反子弹头形的，见图 6-8。表达式如下：

$$F = J_2 - (-\alpha I_1^n + \gamma I_1^2)(1 - \beta S_r)^m \qquad (6.3.1)$$

式中 $S_r = \sqrt[3]{J_3}/\sqrt{J_2} = \frac{\sqrt{27}}{2}\frac{J_3}{J_2^{2/3}}$

α、γ、β、n、m——试验系数。

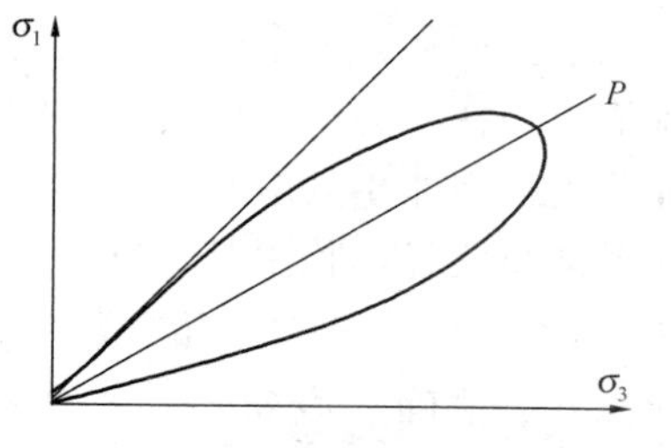

图 6-8 Desai 系列模型的加载面

6.3.2 主应变加载条件

广义塑性力学中，当采用 $Q_1 = \sigma_1$，$Q_2 = \sigma_2$，$Q_3 = \sigma_3$ 三个塑性势函数时，其相应屈服面为主应变屈服面，其硬化参量为塑性主应变 $\varepsilon_i^p (i = 1, 2, 3)$。郑颖人等(1989)通过真三轴试验拟合给出了上述三个主应变屈服面。

在主应力空间内，屈服面

$$\Phi_K = \Phi_K(\sigma_i, \varepsilon_i^p) \quad (K, i = 1, 2, 3) \qquad (6.3.2)$$

在等向硬化情况下，上式可写成

$$H(\varepsilon_i^p) = F_K(\sigma_i) \qquad (6.3.3)$$

或在塑性总应变与应力具有唯一性时，写成

$$\varepsilon_i^p = F_K(\sigma_i) \qquad (6.3.4)$$

上述式子就是后继屈服面，当 $\varepsilon_i^p = 0$ 时为初始屈服面。

下面以对塑性应变分量 ε_1^p 的研究为例，来说明三个主应变屈服面的建立过程。

由室内试验可测出总应变，减去弹性应变，即可将塑性应变从总应变中分离出来，这样便可得到塑性应变与应力的关系，例如对于塑性应变分量 $\varepsilon_1^p = b_1$ 的不同值，我们可相应地在不同的应力路径上找出其对应的应力状态(图 6-9)，如 $\varepsilon_1^p = b_2$，则可在应力空间中找出其对应的应力状态 d_1、d_2 和 d_3。这样就可在 $\sigma_1 = \sqrt{2}\sigma_2 = \sqrt{2}\sigma_3$ 平面内作出等 $\varepsilon_i^p = b_i$ $(i=1, 2, 3)$的空间曲线来(图 6-10)。

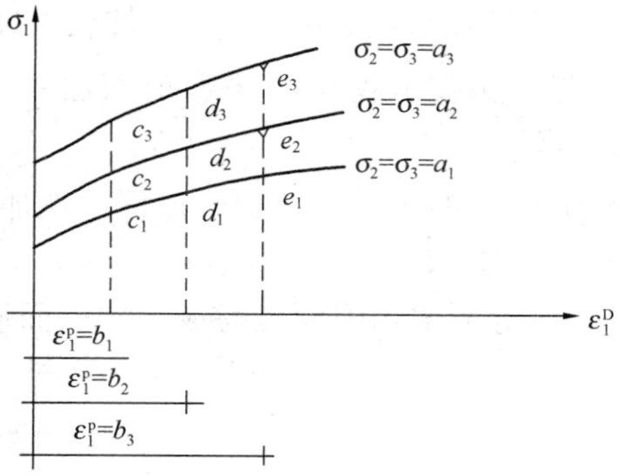

图 6-9 塑性应变与应力的关系

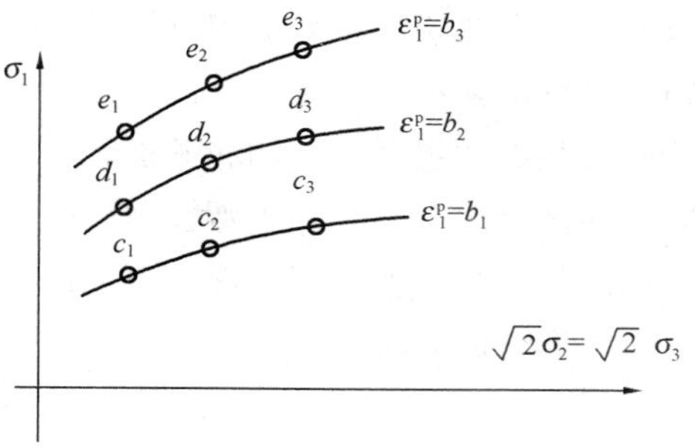

图 6-10 屈服面

由此推得，对于等 $\varepsilon_i^p = b_i$，在应力空间内必有一连续空间曲面 $\Phi_i(\sigma_j) = 0$ 与之对应(图 6-11)。如给定 $\varepsilon_i^p = b_i$，则可得加载面 $\Phi_i(\sigma_j) = 0$，由此可写成

$$\begin{cases} \varepsilon_1^p = F_1(\sigma_j) \\ \varepsilon_2^p = F_2(\sigma_j) \\ \varepsilon_3^p = F_3(\sigma_j) \end{cases} \qquad (6.3.5)$$

如上所述，三个塑性主应变的等值面，可根据不同应力路径上某一塑性主应变分量的等值点，在应力空间内所构成的连续曲面来建立。由于试验条件的限制，不可能在每一种加荷路径下作出其应力-应变关系，只能寻求几种比较简单，但又能反映整个应力空间的典型加荷路径，找出其塑性应变与应力关系。具体地说，就是假设一个空间曲面的函数形式 $\Phi_i(\sigma_j)=0$；其次在几个典型加荷路径上，分别找出 $\varepsilon_i^{\mathrm{p}}=b_i$ 的不同应力状态，然后用曲面拟合方法确定 $\Phi_i(\sigma_j)=0$ 的参数。对于不同的 $\varepsilon_i^{\mathrm{p}}=b_i$，相应的可求出不同的空间曲面 $\Phi_i(\sigma_j)=0$ 与之对应，将所有 $\Phi_i(\sigma_j)=0$ 中的系数看做是 $\varepsilon_1^{\mathrm{p}}$ 的函数，先假设其函数形式，再用曲线拟合的方法求出该系数函数的参数。由此就能确定 $F_1(\sigma_j)$，同理即得 $F_2(\sigma_j)$ 与 $F_3(\sigma_j)$。设 $F_i(\sigma_j)$ 为二次曲面形式，则有

$$\varepsilon_i^{\mathrm{p}}=A_i\sigma_1^2+B_i\sigma_2^2+C_i\sigma_3^2+D_i\sigma_1\sigma_2+E_i\sigma_2\sigma_3+F_i\sigma_3\sigma_1+R_i\sigma_1+S_i\sigma_2+J_i\sigma_3+P_i \tag{6.3.6}$$

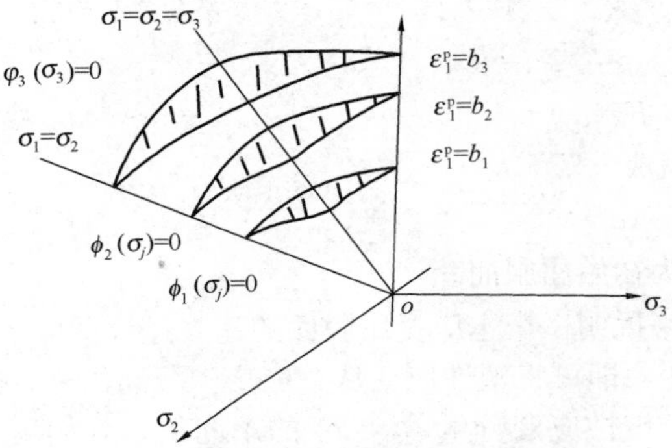

图 6-11 应力空间塑性应变分量等值面

为了确定参数 $A_i\sim P_i$，可选择几种典型加荷路径试验，使其塑性应变与应力的关系都能满足上式，用曲线拟合方法即可求得参数。

为便于实际应用，可选择下列三种典型加荷路径试验来确定其参数。

(1) 单轴压缩试验（$\sigma_2=\sigma_3=0$，$\sigma_1\uparrow$）；

(2) 拉伸试验（$\sigma_3=0$，$\sigma_1=\sigma_2\uparrow$）；

(3) 三向等压试验（$\sigma_1=\sigma_2=\sigma_3\uparrow$）。

6.3.3 剪切加载面

如果采用 p、q、θ_σ 作为三个塑性势函数，则相应的加载函数可分为剪切加载函数与体积加载函数，而剪切加载函数又可分为 q 方向的剪切加载函数与 θ_σ 方向剪切加载函数。由它们就可分别确定 p、q、θ_σ 方向上三个塑性应变增量分量的大小。

按照加载面的定义，剪切屈服面就是以 $\bar{\gamma}^{\mathrm{p}}$ 作硬化参量的 $\bar{\gamma}^{\mathrm{p}}$ 等值面，依据中性加载定义，应力在这个面上不会产生塑性剪应变，但会产生塑性体应变。

根据试验可知，剪切屈服面常有双曲面，抛物面等形式，因而可写成二次曲面形式，这也是剪切加载面的统一表达式，一般写作

$$\phi(\sigma_{ij},\bar{\gamma}^{\mathrm{p}})=\beta p^2+\alpha_1 p+\bar{\sigma}_+^2-k \tag{6.3.7a}$$

式中 $\bar{\sigma}_+=\dfrac{\sqrt{J_2}}{g(\theta_\sigma)}$；$g(\theta_\sigma)$ ——偏平面上的形状函数；

β、α_1、k——试验参数，与 $\bar{\gamma}^{\mathrm{p}}$ 有关。

等向硬化下可写作

$$H(\bar{\gamma}^{\mathrm{p}})=\beta p^2+\alpha_1 p+\bar{\sigma}_+^2-k \tag{6.3.7b}$$

式中 β、α_1、k——试验参数，与 $\bar{\gamma}^{\mathrm{p}}$ 无关。

可表述成显式时写作

$$\bar{\gamma}^{p}=\beta p^{2}+\alpha_{1}p+\bar{\sigma}_{+}^{2}-k \tag{6.3.7c}$$

在广义塑性力学中，通常将塑性剪切应变分解在 q 方向与 θ_σ 方向。若已知 $\bar{\gamma}^{p}$ 与 q 轴的夹角为 α，则有

$$\begin{cases}\bar{\gamma}_{q}^{p}=\bar{\gamma}^{p}\cos\alpha \\ \bar{\gamma}_{\theta}^{p}=\bar{\gamma}^{p}\sin\alpha\end{cases} \tag{6.3.8}$$

还有一种简单的处理方法，令

$$\begin{cases}\bar{\gamma}_{q}^{p}=\bar{\gamma}^{p} \\ \bar{\gamma}_{\theta}^{p}=0\end{cases} \tag{6.3.9}$$

加载面反映了岩土材料的实际塑性变形过程，因而它应当来自实际试验，不能人为随意假设。从试验得到的结果看，岩土的剪切加载面一般为二次曲面，较多的为双曲线、抛物线。对于密砂、超固结土是应变软化的曲线，一般为驼峰曲线，尚需进一步研究。

如果令式(6.3.7)中的 θ_σ 等于常数，即为子午平面上的剪切屈服曲线，该曲线为一不封闭的向上外凸的曲线(图 6-12)，例如为二次曲线或指数曲线。对岩土类材料，试验表明，q 最初随 p 值增大而增大，但到一定值后，q 就不随 p 增大而为一常数，表示子午平面上的剪切屈服曲线为一不封闭曲线。而金属材料为一与 p 轴平行的直线(图 6-12)，也是一条不封闭的曲线。曲线向上外凸或为一直线，表明 $d\lambda_2\geqslant0$，而不会小于零。

如果令式(6.3.7)中 p 等于常数，即为偏平面上的剪切屈服曲线，该曲线为一封闭形曲线，在 6 个 60°扇形区内具有相同的形状，屈服面形状见第 4 章。

由式(5.3.9)可知，一般情况下 $\theta_{d\varepsilon^p}\neq\theta_\sigma$，即应力增量方向与塑性应变增量方向不重合，即存在 θ_σ 方向上的塑性剪切变形 $\bar{\gamma}_{\theta}^{p}$。$\bar{\gamma}_{\theta}^{p}$ 的等值面就是 θ_σ 方向上的剪切加载面。当前国内外对此研究不多，陈瑜瑶、郑颖人通过对重庆红黏土的真三轴试验(图 6-13(a))，试验表明塑性情况下，应力增量方向与塑性应变增量方向确有偏离，但偏离角的数值及其变化量均不大，这与近年国外所作的一些类似试验(图 6-13(b))的结论相似。据此，孔亮、

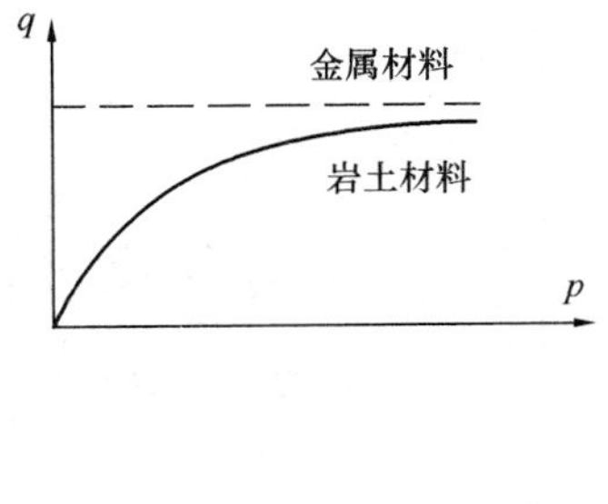

图 6-12 子午平面上的剪切屈服曲线

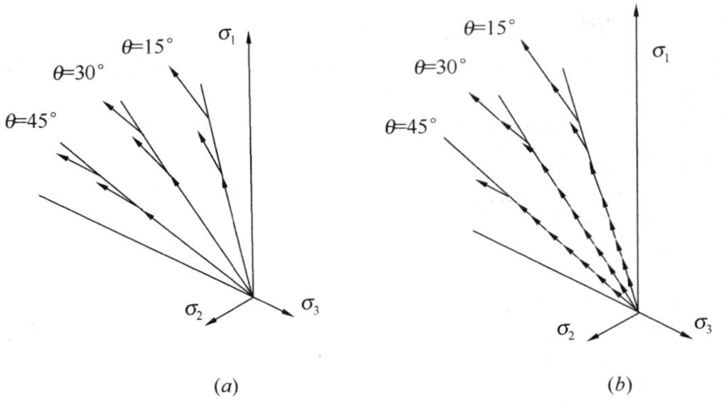

图 6-13 试验所得应力增量与塑性应变增量的偏离状况

(a)重庆红黏土；(b)水泥土

陈瑜瑶、郑颖人等从实用出发，并考虑到$\overline{\gamma}_\theta^p$在总剪切变形中的份额不大，因而假设偏离角为一常量，即得$d\overline{\gamma}_\theta^p$与$d\overline{\gamma}_q^p$成比例，由此得出偏平面上$q$方向与$\theta_\sigma$方向上的两个加载面相似，即形状相同大小不同。

$$F_\theta(p,q,\theta_\sigma)=\text{tg}\alpha\cdot F_q(p,q,\theta_\sigma) \tag{6.3.10}$$

式中 α——偏平面上应力增量方向与塑性剪切应变增量方向的偏离角，亦即$\overline{\gamma}^p$与q轴的夹角。

6.3.4 体积加载面

体积加载面是硬化参量ε_v^p的等值面，最早由罗斯科等人依据剑桥软土的试验面得出，后来发展成为著名的土的临界状态模型(剑桥模型)。本节先介绍土的临界状态线和罗斯科面，然后再介绍由罗斯科面发展起来的适用于硬化压缩型土的体积加载面。最后介绍由郑颖人、段建立建立起来的硬化压缩剪胀型的体积加载面。

1. 土的临界状态线

罗斯科等人所作的试验主要是正常固结土和超固结土的排水和不排水常规三轴试验，试验的参量是有效应力p'(本章也以p表示)、q和比容υ，可以在一三维空间图中来描述。比容υ是取决于孔隙比e或体应变ε_v的，因而也就描述了孔隙比或体应变的变化。试验应用常规三轴试验，因而没有引入洛德参数。

对于正常固结土，进行三轴剪切不排水试验时，先使试样在不同的各向等压状态(a，$2a$，……)下固结，然后，增加垂直偏压力$q=\sigma_1-\sigma_3$直到土样破坏。最后可绘出一组不同的应力-应变曲线，如图6-14。由图可见，围压越高，其q值也越高。一组这样曲线的试验中，试验的应力路线可以在q-p坐标面内表示出来，如图6-15(a)所示，可以发现这些不同应力路线的形状是相似的，这样就意味着若采用q/p_c和p/p_c坐标，所有应力路线曲线就会归一化为一条线。

正常固结试样不排水试验在υ-p坐标平面上的应力路径如图6-15(b)所示。可以看出，试样从正常固结线A_1、A_2、A_3出发，由于是不排水试验，所以试样在比容保持常量的情况下移动，直到B_1、B_2、B_3各点破坏为止。显然，B_1、B_2、B_3各点意味着土体发生了剪切破坏。

试验表明，B_1、B_2、B_3这些破坏点在图6-15(b)的υ-p坐标面内，连成一条光滑的曲线，曲线外观上与正常固结线形状相似。而在图6-15(a)的q-p坐标面上，呈一条直线。

正常各向等压固结黏土试样的排水三轴压缩试验，可获得与图6-14相似的一族曲线

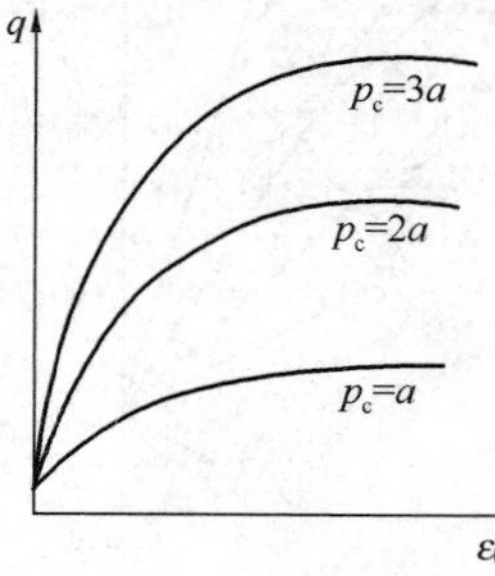

图6-14 正常固结土的三轴不排水

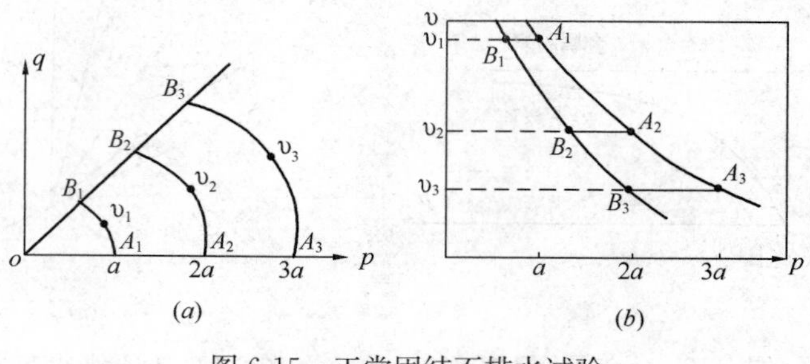

图6-15 正常固结不排水试验

(a)q-p坐标面上的应力路线；(b)υ-p坐标面上的应力路线

(图 6-16)。图 6-17 示 q-p 和 υ-p 平面内的应力路线，由此，可以看出，所有试验路线的破坏点在 q-p 平面内都是直线，从各试样的平均固结有效应力 p 开始，以斜率 3 上升，达 q_f、p_f 破坏，构成 q-p 坐标内的 B_1、B_2、B_3 破坏曲线。这些路径在 υ-p 坐标面是曲线。各试样随着 p 值增大而压缩，B_1、B_2、B_3 这类破坏点连成一条光滑曲线，其形状与正常固结线相似，但随着偏压力 q 增大比容也相应变化，如 A_1B_1、A_2B_2 矢线所示。

上述论述了黏土试样先经过各向等压压缩后，再加荷载作排水和不排水剪切试验的破坏情况。从图 6-15 和图 6-17 可以看出两族试验破坏点的连线十分相近。为了比较其同一性，可将这些数据点画在一起(图 6-18)。在 q-p 坐标面内这些点构成一条通过原点的直线，而在 υ-p 坐标面内将构成一条形状与正常固结线相似的曲线。可见，排水和不排水两类试验的破坏点均落在一条线上。

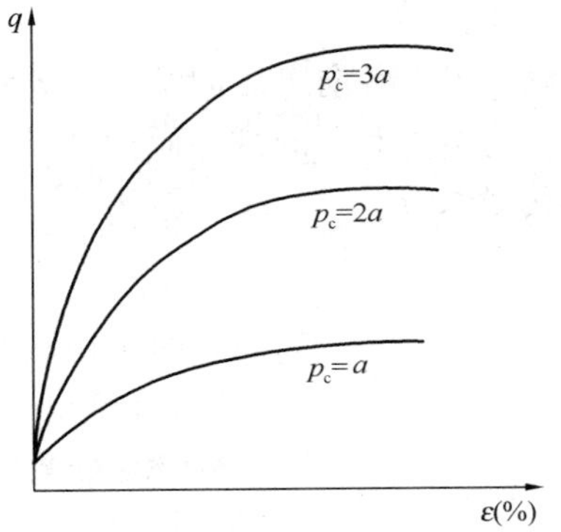

图 6-16 正常固结土的三轴排水试验的 q-ε_1 曲线

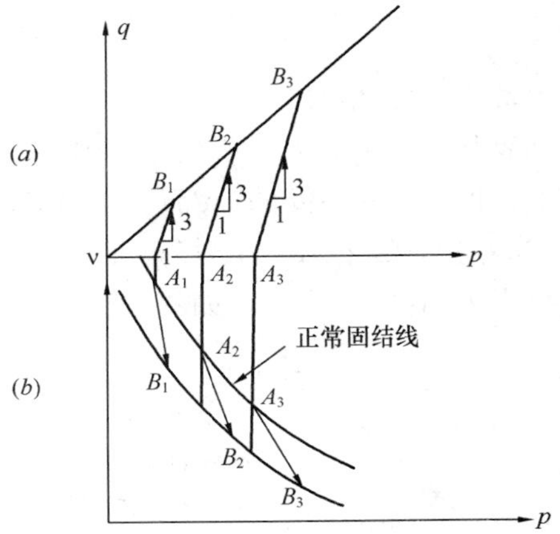

图 6-17 正常固结试样排水试验

(a)q-p 坐标面上的应力路线；

(b)υ-p 坐标面上的应力路线

这条线表示了一种临界状态，称为临界状态线(Critical State Line)写作 CSL 线。该线的特点是：

(1)一旦试样的应力状态达到此线，原先经过各向等压压缩的试样就会产生破坏，所以它意味着是一条破坏状态线，或叫极限状态线。但破坏与试样从正常固结状态达到临界状态过程中所走的试验路径无关，即无论是排水与不排水试验，或通过任何一种应力路径，只要达到这一状态就发生破坏。

(2)达到这种破坏状态表现为试样产生很大的塑性剪切变形，而达到此线后，应力 p、q，体积(或比容和孔隙比)均将不再发生变化，剪切变形继续增大直至破坏，可见这是由于剪切变形所引起的破坏。从应力不变和没有体积变形及剪切变形很大的状态来看，这正是出现塑性流动的特点，所以临界状态也应当意味着理想塑性状态。而且对既有硬化又有软化的岩土材料来说，临界状态线也就是硬化面与软化面的分界线。

(3)临界状态线在 p-q 平面上的投影可用下式表示

$$q_{cs} = Mp_{cs} \tag{6.3.11}$$

式中 M 是该线的梯度。实际中，式(6.3.11)常采用莫尔-库仑极限曲线，当土体进入理想塑性后，以应力表述的莫尔-库仑极限曲线既是屈服曲线，也是破坏曲线，很难表述破坏的真实情况。作者认为，采用应变表述临界状态线或许能更好地反映土体的破坏。

在 υ-p 平面上的投影如图 6-18(b)。若用同样的数据，改用 υ-ln$p$ 坐标面重新作图，该线将表现为一直线如图 6-18(c)。这个线的梯度与正常固结线相同，其式如下：

$$\upsilon_{cs} = r - \lambda \ln p_{cs} \tag{6.3.12}$$

式中 r——定义为临界状态线上与 $p=1.04\text{kN/m}^2$ 相应的 υ 值；

λ——线的坡度；

υ——ln$p$ 平面上的正常固结线与临界状态线几乎平行，已知正常固结线的方程如下

$$\upsilon = N - \lambda \ln p \tag{6.3.13}$$

式中参数 N 与 r 相似。

临界状态线在 q-p-υ 三维空间内是 q、p、υ 的函数，正常各向等压固结线在 $q=0$ 的平面上，即 q-p-υ 空间的“底面”上。临界状态线随着 p 的增大和 υ 的减小而抬高(即 q 增大)。临界状态线上 A、B、C 点在 q-p 平面上的投影为 A_1、B_1、C_1 线，而在 $q=0$ 平面上的投影为 A_2、B_2、C_2，如图 6-19。

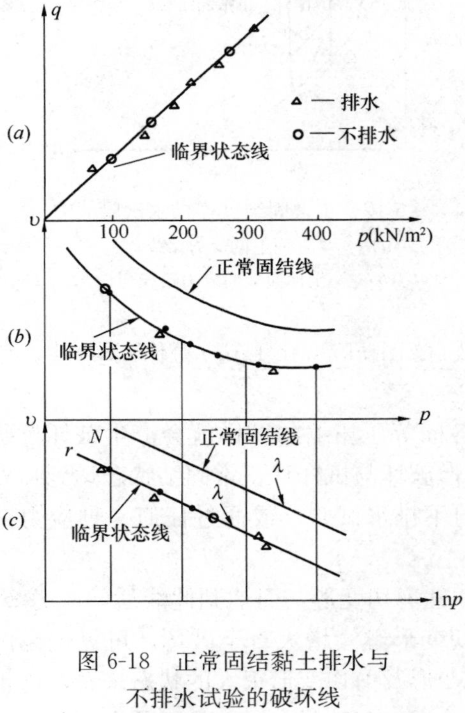

图 6-18 正常固结黏土排水与不排水试验的破坏线

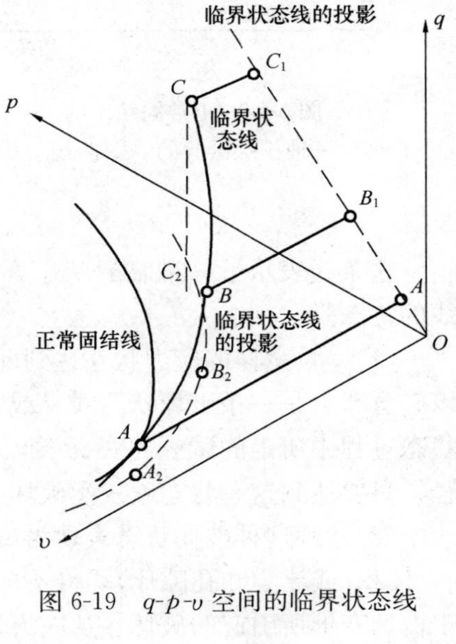

图 6-19 q-p-υ 空间的临界状态线

临界状态线可以通过实验测定。如果已知临界状态线的位置，只需知道破坏时的一个变量(p、q 或 υ 值)，就可求出其他两个变量值。

2. 罗斯科(Roscoe)面

罗斯科在建立剑桥模型时，详细研究了正常固结土，在排水和不排水条件下的体积屈

服面。

试验证明，对于正常固结黏土，排水和不排水两类试验的试验路线在 q-p-υ 空间走的是同一曲面。我们称此面为罗斯科曲面。此曲面将正常固结线与临界状态线在 q-p-υ 空间联结起来。任一试样的试验面(指不排水平面或排水平面)与罗斯科面的交线确定该试样在 q-p-υ 空间整个试验路线的位置。图 6-20 所示为四个不排水平面及其试验路线。图 6-21 所示两个排水平面及其试验路线。图 6-22 所示为罗斯科面及其试验路线。图 6-23 所示为排水和不排水情况下的等 υ 线。两种试验的等 υ 线形状相似，表明两种试验的试验路线都在罗斯科面上。它在 q/p_c—p/p_c 坐标面内归一化成一条曲线，如图 6-24(b)所示。p_c 相当于在正常固结线上与比容 υ 相应的各向等压力，p_c 可用现时比容 υ 值，由正常固结线方程式(6.3.13)求之如下：

$$p_c = \exp[(N-\upsilon)/\lambda] \tag{6.3.14}$$

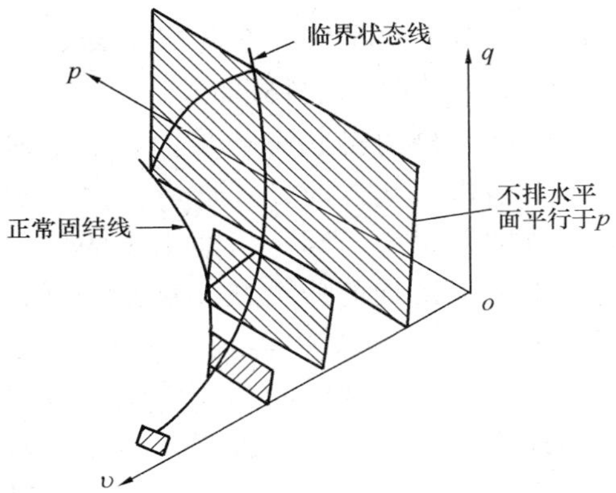

图 6-20　q-p-υ 空间的四个不排水平面及其试验路线

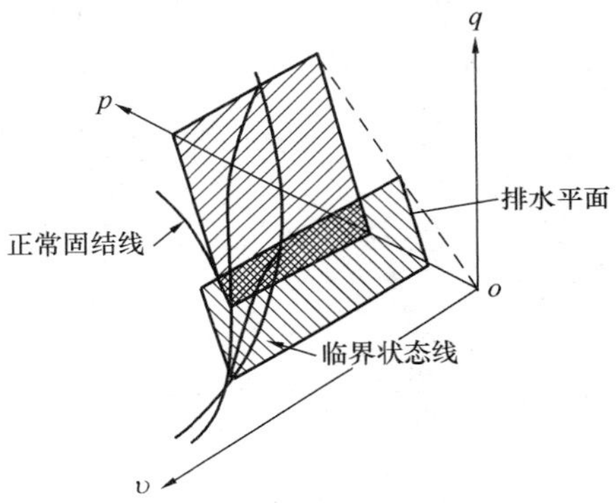

图 6-21　q-p-υ 空间的两个排水平面及其试验路线

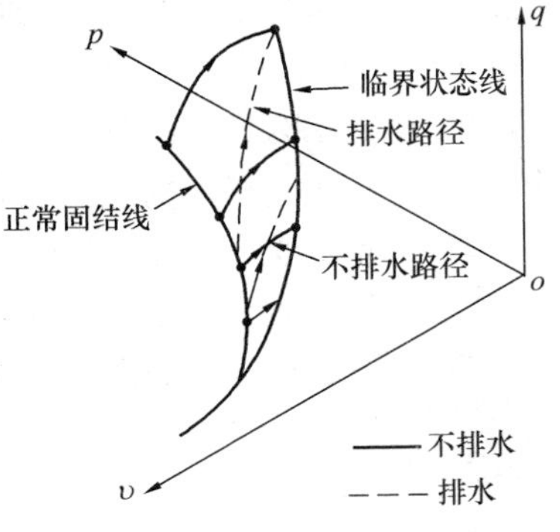

图 6-22　罗斯科面及其试验路线

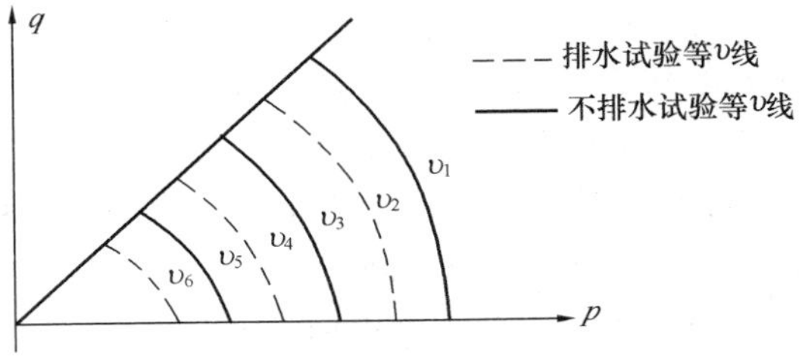

图 6-23　排水和不排水试验的等 υ 线

由此可以做出结论：对所有压缩试验，罗斯科面是唯一的，与加荷路线无关。

试验表明，无论是正常固结或弱超固结试样的试验路径，都逾越不了罗斯科界面(如图 6-24(b))。与正常固结线相似，特定的应力状态对应一定的比容。比容高于此应力状态下正常固结线所对应的数值是不可能的。因此可以认为，罗斯科面是将试样可能和不可能的状态分开，形成一个分界面，因此将罗斯科面称之为状态边界面，如图 6-24(b)所示。

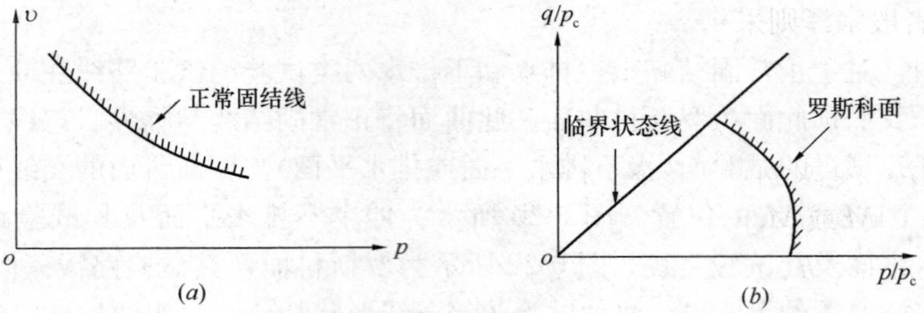

图 6-24 正常固结线和罗斯科面

综上所述，我们可以这样来理解罗斯科面：

①罗斯科面是从正常固结状态线到临界状态线所走路径的曲面。试样的试验面与罗斯科面的交线确定了试样的应力路线。

②在 p-q 平面上的罗斯科截面是一个等体积面。它与正常固结线或临界状态线一样，特定的应力状态对应着特定的比容，不同的比容对应着不同的罗斯科截面。

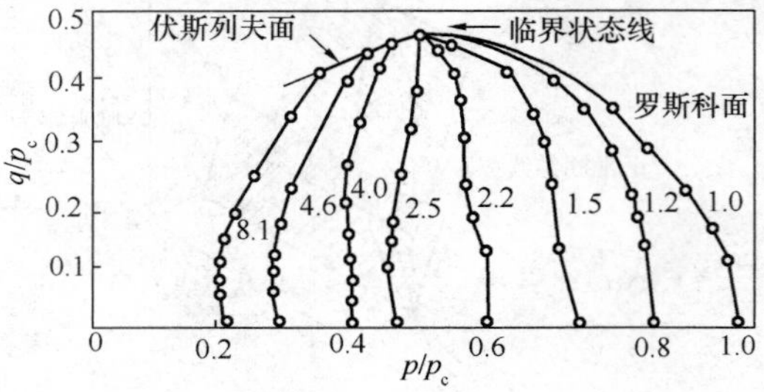

图 6-25 不排水试验的应力路线

③罗斯科面是状态边界面，无论何种情况，当进入塑性时，一切应力路线都不能逾越罗斯科面。即把可能出现的应力状态与不可能出现的应力状态截然分开，所以罗斯科面是状态边界面。如图 6-25 可见，对于正常固结土与弱超固结土各种应力路线当从弹性进入塑性后，都要沿罗斯科面进入到临界状态。因而，在罗斯科面以下及其面上是应力可能的状态，而在罗斯科面以上和以外，则是应力不可能的状态。

由上可见罗斯科面具有屈服面的性质。然而，罗斯科面又不是完全的屈服面。按照塑性理论，对具有硬化和软化特性的岩土材料来说，应力在屈服面上移动不应当产生塑性变形，而在罗斯科屈服面上的移动却是可能产生塑性剪切变形的。

④q-p 平面上的罗斯科截面可以近似视作体积屈服面，即当应力状态在这条路线上移动时，虽然可以产生塑性剪切变形，但体积变形为零。若略去其弹性变形，即可认为塑性体积变形为零，因此可近似视作体积屈服面。在这个面上，塑性剪切变形随 q 而增大，直至达到临界状态线，剪切变形将无限增大，即达到破坏状态。罗斯科面是体现正常固结土和弱超固结土的特性的，这类土都属于硬化材料，因此，这类屈服面是硬化屈服面，随着体积变化，屈服面就会不断增大。

3. 硬化压缩型土的体积加载面

硬化压缩型土的体积变形只有体缩，没有体胀，罗斯面就是描述这种体积变形的体积加载面。压缩型土的加载面为封闭形，一端与 p 相接，另一端与极限状态线相接。常用的子午平面上的曲线形状为椭圆形(修正剑桥模型)及子弹头形(剑桥模型)，其方程如下：

椭圆形：

$$p\left[1+\left(\frac{\eta}{M}\right)^2\right]=p_c=\exp\left(\frac{\upsilon}{\lambda-k}\varepsilon_v^p\right) \tag{6.3.15a}$$

我国学者殷宗泽则采用了如下形式：

$$p+\frac{q^2}{M_1^2(p+p_r)}=\frac{h\varepsilon_v^p}{1-t\varepsilon_v^p}p_a \tag{6.3.15b}$$

式中 $\eta=q/p$，p_c 或 p_r——屈服曲线与 p 轴交点；

M 或 M_1——根据状态线斜率；$p_a=1.04$

υ、λ、k、h、t——试验确定。

子弹头形：

$$p\exp\left(\frac{\eta}{M}\right)=p_c \tag{6.3.16}$$

在体积加载面中一般不计洛德角的影响。

4. 硬化压缩剪胀型土的体积加载面

目前采用的加载面都不能反映中密砂、弱超固结土的先压缩后剪胀的体变特性。段建立、郑颖人通过试验得出了一种反映土体先压缩后剪胀的体积加载面。试验得出，这类土的塑性体应变的等值面近似为S形。图 6-26 中列出中密砂在排水状态时的体积加载面。这是一种由颗粒材料引发的体积屈服面，显示出塑性体变可以部分回复，它不同于弹性回复，而是在两种应力状态下土体产生两种不同方向的塑性体变，这正是颗粒材料塑性体变不同于金属材料的地方。由图 6-26 可见，应力在屈服面内为弹性；在低剪应力状态下，$\eta=q/p\leqslant\eta_{pT}=(q/p)_{pT}$，$\eta_{pT}$ 称为状态变化线，即在状态变化线以下，随着加荷出现体积收缩；反之，在高剪应力状态下，$\eta>\eta_{pT}$，即在状态变化以上，随着加荷体积在增长。尽管从低剪应力状态转入高剪应力状态时，出现了部分塑性体变回复，但在一定应力状态下，体变或随着加荷一直在收缩，或随着加荷始终在增大，而具有明显塑性特征。这类屈服面呈凹形，并存在一条状态变化线，可采用分段函数拟合试验曲线。试验表明，状态变化线以下部分，加载曲线与压缩型土的加载面类似，可采用压缩型土的加载面，此时 $d\lambda_1=d\varepsilon_v^p$ 为正，出现体积收缩。状态变化线以上部分，加载面近似为直线，可采用直线加载面，此时 $d\lambda_1=-d\varepsilon_v^p$ 为负，出现体积膨胀。显然，这不符合传统塑性力学中要求 $d\lambda\geqslant0$ 的规定，而这恰恰是颗粒材料的一种变形特性。

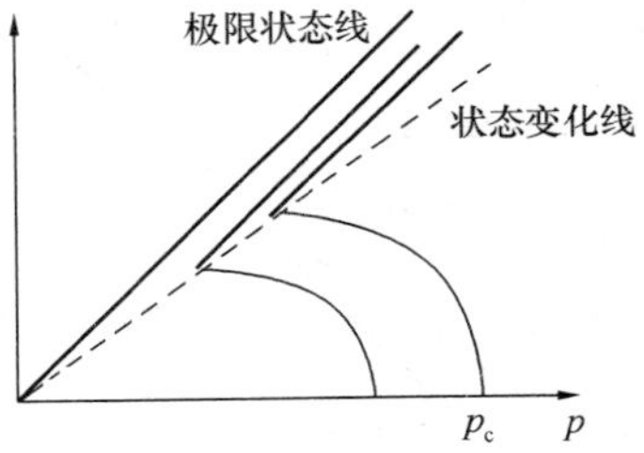

图 6-26 硬化压缩剪胀型土的体积加载面

6.3.5 应变软化土的剪切加载面——伏斯列夫(Hvorslev)面

如第一章中图 1-8(c)所示，超固结土和岩石在 q-ε_1 曲线上出现驼峰，即有应变软化阶段。而 ε_v-ε_1 曲线除开始一阶段试样出现体积压缩外，随后大部分是体积膨胀。图 6-27 是超固结试样在 q-p 坐标面内应力路线。可以看出该试验路线，在临界状态线投影的上方移动到破坏点以后，沿着同一路线朝临界状态线退回。这是它与正常固结试样不同之处，因此也可预料到，超固结试样的状态边界面一定在 q-p 坐标面内有一个投影，这个投影在临界状态线的上方。

图 6-28 是韦尔特(Weald)对黏土作一系列压缩试验的结果。在此图上排水试验与不排水试验的破坏点均落在一条线上，这些破坏点的轨迹可以近似归一化为如图 6-29 所示的

直线 AB。此轨迹右边以临界状态线(B 点)和罗斯科面(BC)为限，而左边以相应于拉伸破坏时的斜率为 3 的 OA 线为限，因为通常假定土不能承受有效拉应力，此时 $\sigma_1=0$，$q=\sigma_3$，所以 $q/p=3$。

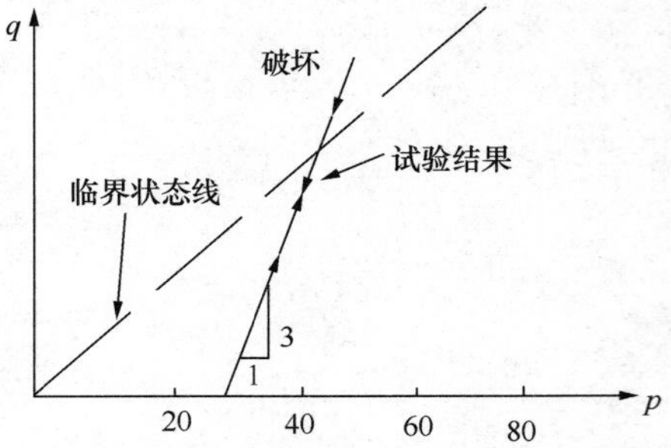

图 6-27 超固结土的排水试验的路径

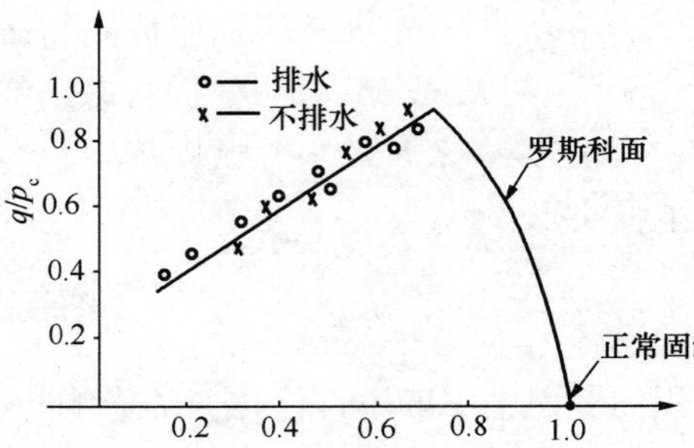

图 6-28 Weald 黏土超固结试样排水和不排水试验的破坏状态

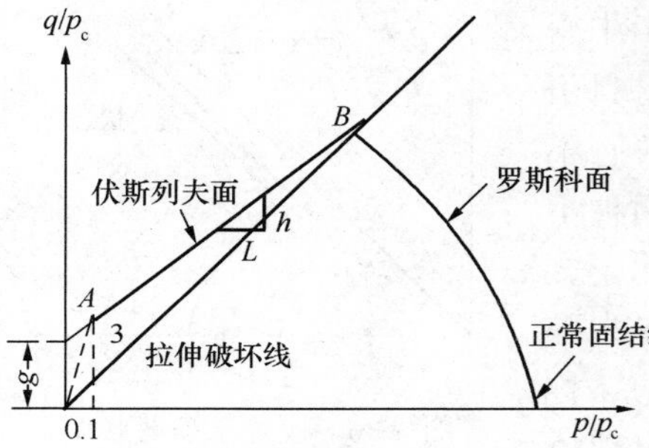

图 6-29 q/p_c-p/p_c 坐标面上的状态全界面

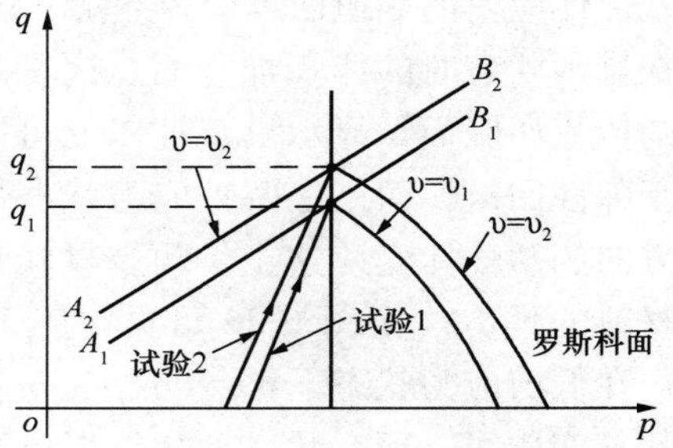

图 6-30 不同比容的排水试样的破坏状态

通常将图 6-29 所示破坏点的轨迹 AB 称伏斯列夫(Hvorslev)面。

伏斯列夫指出，试样破坏时的抗剪强度为试样破坏时的平均应力 p 和比容 υ 的函数，比容在图 6-29 中以其对等值应力 p_c 的影响而表现出来，等值应力直接取决于比容。若将伏斯列夫面理想化为一条直线就能说明这一点，这一直线方程为：

$$q/p_c = g + hp/p_c \tag{6.3.17}$$

式中 g 和 h 如图 6-29 所示，是土性常数。

式(6.3.17)也可以写成为

$$q = g \cdot p_c + h \cdot p \tag{6.3.18}$$

由于

$$p_c = \exp[(N-\upsilon)/\lambda] \tag{6.3.19}$$

将式(6.3.19)代入式(6.3.18)则得

$$q = g \cdot \exp[(N-\upsilon)/\lambda] + h \cdot p \tag{6.3.20}$$

因伏斯列夫面与临界状态线相交于 q_f、p_f 和 υ_f 点，则满足

$$q_f = Mp_f,\ \upsilon_f = r-\lambda\ln p_f \tag{6.3.21}$$

将此式代入式(6.3.20)得

$$(M-h)p_f = g \cdot \exp\left[\left(\frac{N-r}{\lambda}\right)+\ln p_f\right] \tag{6.3.22}$$

或
$$q=(M-h)/\exp\left(\frac{r-\upsilon}{\lambda}\right)+hp \tag{6.3.23}$$

式(6.3.23)就是伏斯列夫面的方程式。此式表明，超固结试样破坏时的偏应力分量由两个分量组成。第一个分量 $h \cdot p$ 与平均有效正应力成比例，可认为是摩擦分量；第二分量 $(M-h)/\exp[(r-\upsilon)]/\lambda]$ 仅取决于该时的比容 (υ) 和某些土性常数 $(r、\lambda)$。指数项这种形式表明强度 q 第二分量，随试样比容减小而增大。同时也说明，土的剪切破坏不仅与 p 有关，而且还与土的比容或体积变形有关(图 6-30)。由此可见，伏斯列夫面是超固结土的剪切屈服面。

下面我们讨论伏斯列夫面的一些性质，并与罗斯科面进行比较。

①伏斯列夫面与罗斯科面都是状态边界面。

罗斯科面是反映正常固结土的状态边界面，而伏斯列夫面是反映超固结土的状态边界面。如图 6-31 所示，超固结土达到塑性状态时，一切应力路线都要沿着此面移动。因而，在伏斯列夫面以下是可能的应力状态，而在其上则是不可能的应力状态。

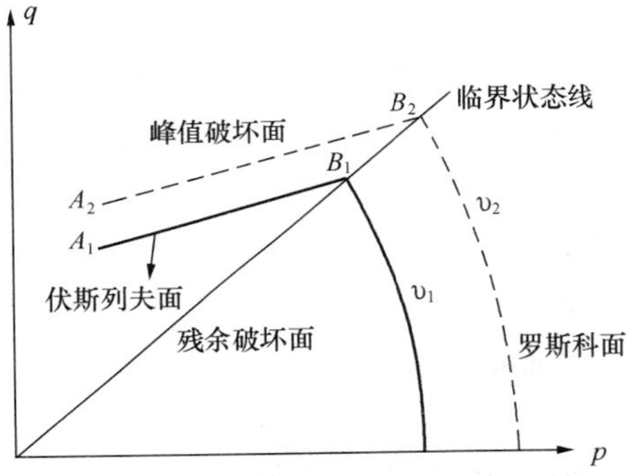

图 6-31 排水试验的应力路线

②在 p-q 平面上的伏斯列夫面，既是剪切屈服面，又是近似的体积屈服面。因而它可以认为是完全的屈服面，而罗斯科面只是体积屈服面，但不是剪切屈服面。伏斯列夫面反映了土的软化屈服性质，而罗斯科面反映土的体积硬化的屈服性质。在伏斯列夫面上，如 υ 不变，既不产生塑性体积变形，也不产生塑性剪切变形，而在罗斯科面上虽不产生塑性体积变形，却要产生塑性剪切变形。

假如两个试样在排水试验中，在相同的有效正应力 p 作用下产生破坏，但具体有不同的 υ_1 和 υ_2，而且 $\upsilon_1>\upsilon_2$。因此试样的破坏就会在不同的 q 值下出现，如图 6-31 所示，A_1B_1 和 A_2B_2 线相应于 υ_1 和 υ_2 的伏斯列夫面的两个截面。同样，也存在相应 υ_1 和 υ_2 的罗斯科面的两个截面。因此，p-q 平面上，伏斯列夫面与罗斯科面都是随 υ 而不同的。

③伏斯列夫面是随 υ 而变的，相应于 υ 最小时(即相应于某土样历史上最大固结压力时)的伏斯列夫面，就是峰值破坏面(图 6-31)。随着土样体积膨胀，伏斯列夫面向下移动，直至达到残余破坏面，这时伏斯列夫面与临界状态破坏面重合，这表示了排水状态下伏斯列夫面的变化情况。

在不排水状态下，体积是不变的，因而应力路径如图 6-32 所示。在一定的 υ 状态下，超固结土随着 p 的增大沿着伏斯列夫面达到临界状态。

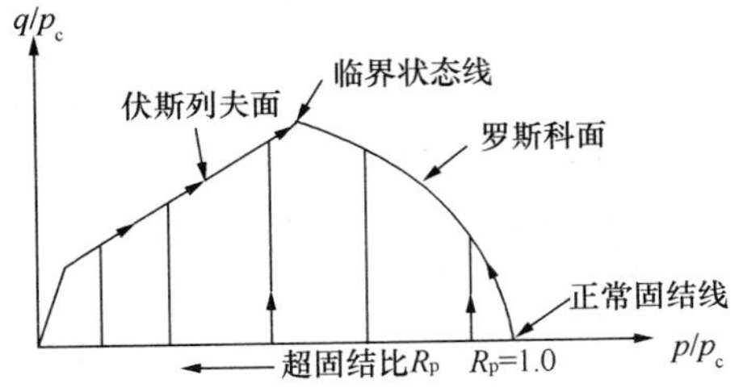

图 6-32 不排水试样的简化应力路线

由上可见，伏斯列夫面可作为应变软化岩土材料的剪切屈服面与体积屈服面。实用中，由于岩土材料总是先硬化，后软化，因而把硬化体积屈服面与软化体积屈服面连在一起而成为软化型体积屈服面。

6.4 硬化定律的一般形式

传统塑性力学中，求解弹塑性问题不仅需要流动法则与加载面，还需要引用硬化定律。从广义上来说，硬化定律是确定给定的应力增量条件下会引起多大塑性应变的一条准则，也是确定从某个屈服面如何进入后继屈服面的一条准则。也可说，它是如何来确定塑性因子 $\mathrm{d}\lambda$ 值的一条准则。考虑到加载状态有 $\mathrm{d}\Phi=\frac{\partial \Phi}{\partial \sigma_{ij}}\mathrm{d}\sigma_{ij}>0$，即有 $\mathrm{d}\lambda>0$，因而就自然想到 $\mathrm{d}\lambda$ 与 $\frac{\partial \Phi}{\partial \sigma_{ij}}\mathrm{d}\sigma_{ij}$ 有关；同时考虑到塑性变形过程也是材料硬化过程，$\mathrm{d}\lambda$ 与硬化参量的函数有关，即有

$$\mathrm{d}\lambda=h\mathrm{d}\Phi=h\frac{\partial \Phi}{\partial \sigma_{ij}}\mathrm{d}\sigma_{ij}=\frac{1}{A}\frac{\partial \Phi}{\partial \sigma_{ij}}\mathrm{d}\sigma_{ij} \tag{6.4.1}$$

式中 h 和 A 都称硬化函数，两者呈倒数关系。h 或 A 都是反映应力历史的函数，是一个正的标量函数，h 与 $\mathrm{d}\sigma_{ij}$ 无关，因而 $\mathrm{d}\varepsilon_{ij}^{\mathrm{p}}$ 或 $\mathrm{d}\lambda$ 与 $\mathrm{d}\sigma_{ij}$ 具有线性关系，所以人们把这种理论称做线性增量理论。当已知加载面时，求 $\mathrm{d}\lambda$ 值的关键问题是建立 h 或 A 的表达式，这种表达式与硬化参量有关，通常就把引用何种硬化参量来建立 h 或 A 表达式，称为某硬化参量的硬化定律。本节只讨论硬化定律的一般形式，即针对不同硬化模型建立硬化函数 A 的表达式。

我们研究一般情况，设混合硬化的加载函数为

$$\Phi(\sigma_{ij}-\zeta_{ij},H)=0 \tag{6.4.2}$$

当应力增加 $\mathrm{d}\sigma_{ij}$ 之后，加载面扩大，相应的加载函数为

$$\Phi(\sigma_{ij}+\mathrm{d}\sigma_{ij},\zeta_{ij}+\mathrm{d}\zeta_{ij},H+\mathrm{d}H)=\Phi(\sigma_{ij}-\zeta_{ij},H)+\mathrm{d}\Phi=0 \tag{6.4.3}$$

由于加载 $\mathrm{d}\sigma_{ij}$ 之后，应力点仍保持在扩大后的加载面上，因此得

$$\mathrm{d}\Phi=\frac{\partial \Phi}{\partial \sigma_{ij}}\mathrm{d}\sigma_{ij}+\frac{\partial \Phi}{\partial \zeta_{ij}}\mathrm{d}\zeta_{ij}+\frac{\partial \Phi}{\partial H}\mathrm{d}H=0 \tag{6.4.4}$$

上式称为相容性条件或一致性条件。对于等向硬化来说，ζ_{ij} 不变，对 H 微分有

$$\mathrm{d}H=\frac{\partial H}{\partial \varepsilon_{ij}^{\mathrm{p}}}\mathrm{d}\varepsilon_{ij}^{\mathrm{p}}=\frac{1}{A}\frac{\partial H}{\partial \varepsilon_{ij}^{\mathrm{p}}}\frac{\partial Q}{\partial \sigma_{ij}}\frac{\partial \Phi}{\partial \sigma_{kl}}\mathrm{d}\sigma_{kl} \tag{6.4.5}$$

对于随动硬化来说，H 不变，则有

$$\mathrm{d}\zeta_{ij}=c\mathrm{d}\varepsilon_{ij}^{\mathrm{p}}=c\frac{1}{A}\frac{\partial Q}{\partial \sigma_{ij}}\frac{\partial \Phi}{\partial \sigma_{kl}}\mathrm{d}\sigma_{kl} \tag{6.4.6}$$

式中 c 为常数，说明 $\mathrm{d}\zeta_{ij}$ 与 $\mathrm{d}\varepsilon_{ij}^{\mathrm{p}}$ 呈线性关系，因此称为线性随动硬化。由式(6.4.2)可得

$$\frac{\partial \Phi}{\partial \sigma_{ij}}\mathrm{d}\sigma_{ij}=-\frac{\partial \Phi}{\partial \zeta_{ij}}\mathrm{d}\zeta_{ij} \tag{6.4.7}$$

将式(6.4.5)、式(6.4.6)及式(6.4.7)代入式(6.4.4)中，有

$$\mathrm{d}\Phi=\frac{\partial \Phi}{\partial \sigma_{ij}}\mathrm{d}\sigma_{ij}-c\frac{1}{A}\frac{\partial \Phi}{\partial \sigma_{ij}}\frac{\partial Q}{\partial \sigma_{ij}}\frac{\partial \Phi}{\partial \sigma_{kl}}\mathrm{d}\sigma_{kl}+\frac{1}{A}\frac{\partial \Phi}{\partial H}\frac{\partial H}{\partial \varepsilon_{ij}^{\mathrm{p}}}\frac{\partial Q}{\partial \sigma_{ij}}\frac{\partial \Phi}{\partial \sigma_{kl}}\mathrm{d}\sigma_{kl}=0 \tag{6.4.8}$$

由此求得

$$A=-\frac{\partial \Phi}{\partial H}\frac{\partial H}{\partial \varepsilon_{ij}^{p}}\frac{\partial Q}{\partial \sigma_{ij}}+c\frac{\partial Q}{\partial \sigma_{ij}}\frac{\partial \Phi}{\partial \sigma_{ij}}=A_1+A_2 \tag{6.4.9}$$

式中 $A_1=-\frac{\partial \Phi}{\partial H}\frac{\partial H}{\partial \varepsilon_{ij}^{p}}\frac{\partial Q}{\partial \sigma_{ij}}$ 为等向硬化模量；

$A_2=c\frac{\partial Q}{\partial \sigma_{ij}}\frac{\partial \Phi}{\partial \sigma_{ij}}$ 为随动硬化模量。 (6.4.10)

可见，h 或 A 都是应力和硬化参量的函数，假设不同的硬化函数 H 和 c，就形成不同的硬化定律。

6.5 硬化定律

6.5.1 传统塑性力学中采用的硬化定律

研究硬化定律，首先应正确选用硬化参量，它应当能表征材料硬化的程度，充分反映材料硬化的历史。金属材料不存在体应变，一般选用塑性剪应变 $\bar{\gamma}^{p}$、塑性总应变 ε^{p} 或塑性功 W^{p}。布兰特(Bland)曾经证明，当 Φ 为应力分量的一次或二次齐次函数时，如果屈服面是正则的，则表征硬化程度的两个量(记录历史参量)W^{p} 和 $\bar{\gamma}^{p}$ 是等价的。

1. 等向硬化模量

(1)W^{p} 硬化定律

这种硬化定律以塑性功作硬化参量，即设

$$H=H(W^{p})=W^{p}=\int \sigma_{ij}\,d\varepsilon_{ij}^{p} \tag{6.5.1}$$

由式(6.4.10)

$$A=-\frac{\partial \Phi}{\partial W^{p}}\frac{\partial W^{p}}{\partial \varepsilon_{ij}^{p}}\frac{\partial Q}{\partial \sigma_{ij}}=-\frac{\partial \Phi}{\partial W^{p}}\sigma_{ij}\frac{\partial Q}{\partial \sigma_{ij}} \tag{6.5.2}$$

如果 Q 为 n 阶齐次函数，则根据欧拉齐次函数定理

$$\sigma_{ij}\frac{\partial Q}{\partial \sigma_{ij}}=nQ \tag{6.5.3}$$

则式(6.5.2)可写成

$$A=-nQ\frac{\partial \Phi}{\partial W^{p}} \tag{6.5.4}$$

将式(6.5.2)写成矩阵式为

$$A=-\frac{\partial \Phi}{\partial W^{p}}\{\sigma\}^{T}\left\{\frac{\partial Q}{\partial \sigma}\right\} \tag{6.5.5}$$

(2)ε^{p} 硬化定律

设

$$H=H(\varepsilon_{ij}^{p})=\varepsilon_{ij}^{p} \tag{6.5.6}$$

由式(6.4.10)可写成

$$A=-\frac{\partial \Phi}{\partial \varepsilon_{ij}^{p}}\frac{\partial Q}{\partial \sigma_{ij}} \tag{6.5.7}$$

其矩阵形式为

$$A=-\frac{\partial\Phi}{\partial\varepsilon^{\mathrm{p}}}\left[\left\{\frac{\partial Q}{\partial\sigma}\right\}^{\mathrm{T}}\left\{\frac{\partial Q}{\partial\sigma}\right\}\right]^{1/2} \tag{6.5.8}$$

(3)$\bar{\gamma}^{\mathrm{p}}$ 硬化定律

设

$$H=H(\bar{\gamma}^{\mathrm{p}})=\bar{\gamma}^{\mathrm{p}} \tag{6.5.9}$$

由式(6.4.10)得

$$A=-\frac{\partial\Phi}{\partial\bar{\gamma}^{\mathrm{p}}}\sqrt{\frac{\partial Q}{\partial\sigma_{ij}}\frac{\partial Q}{\partial\sigma_{ij}}} \tag{6.5.10}$$

依据式(5.3.11)，式(6.5.11)还可写成

$$A=-\frac{\partial\Phi}{\partial\bar{\gamma}^{\mathrm{p}}}\frac{\partial Q}{\partial q}\frac{1}{\cos(\theta_{\mathrm{d}\varepsilon^{\mathrm{p}}}-\theta_{\sigma})} \tag{6.5.11}$$

当 Φ、Q 均与洛德角无关时，则上式为

$$A=-\frac{\partial\Phi}{\partial\bar{\gamma}^{\mathrm{p}}}\frac{\partial Q}{\partial q} \tag{6.5.12}$$

其矩阵形式为

$$A=-\frac{\partial\Phi}{\partial\bar{\gamma}^{\mathrm{p}}}\left[\left\{\frac{\partial Q}{\partial\sigma}\right\}^{\mathrm{T}}\left\{\frac{\partial Q}{\partial\sigma}\right\}\right]^{1/2}$$

2. 随动硬化模量

Prager 硬化定律。Prager 假设加载面中心位置移动的移动增量 $\mathrm{d}\zeta_{ij}$ 与 $\mathrm{d}\varepsilon_{ij}^{\mathrm{p}}$ 有关，即

$$\mathrm{d}\zeta_{ij}=c\mathrm{d}\varepsilon_{ij}^{\mathrm{p}} \tag{6.5.13}$$

式中 c 为反映材料性质的比例系数，一般设 c 为常数，可由单向拉、压试验确定。这说明 Prager 硬化定律为线性随动硬化。$\mathrm{d}\zeta_{ij}$ 与 $\mathrm{d}\varepsilon_{ij}^{\mathrm{p}}$ 方向相同，即加载面中心沿着塑性应变增量方向或加载面(传统塑性力学中即为塑性势面)的法线方向移动。按式(6.5.14)随动硬化模量为

$$A=c\frac{\partial Q}{\partial\sigma_{ij}}\frac{\partial\Phi}{\partial\sigma_{ij}} \tag{6.5.14}$$

6.5.2 岩土塑性力学中的硬化定律

在岩土静力模型中，一般采用等向硬化假设，并引用等值面硬化模型。采用单屈服面模型时，求塑性系数要引用硬化定律；采用多重屈服面模型时，一般不需引入硬化定律，若要采用硬化定律，则可求得其硬化模量 A 均为 1。

(1)$\varepsilon_{\mathrm{v}}^{\mathrm{p}}$ 硬化定律

设

$$H=H(\varepsilon_{\mathrm{v}}^{\mathrm{p}})=\varepsilon_{\mathrm{v}}^{\mathrm{p}} \tag{6.5.15}$$

$$A=-\frac{\partial\Phi}{\partial\varepsilon_{\mathrm{v}}^{\mathrm{p}}}\frac{\partial\varepsilon_{\mathrm{v}}^{\mathrm{p}}}{\partial\varepsilon_{ij}^{\mathrm{p}}}\frac{\partial Q}{\partial\sigma_{ij}}=-\frac{\partial\Phi}{\partial\varepsilon_{\mathrm{v}}^{\mathrm{p}}}\delta_{ij}\frac{\partial Q}{\partial\sigma_{ij}} \tag{6.5.16}$$

$$A=-\frac{\partial\Phi}{\partial\varepsilon_{\mathrm{v}}^{\mathrm{p}}}\frac{\partial Q}{\partial p} \tag{6.5.17}$$

其矩阵形式为

$$A=-\frac{\partial \Phi}{\partial \varepsilon_{\mathrm{v}}^{\mathrm{p}}}\{\delta\}^{\mathrm{T}}\left\{\frac{\partial Q}{\partial \sigma}\right\} \tag{6.5.18}$$

式中 $\{\delta\}^{\mathrm{T}}=[1\ 1\ 1\ 0\ 0\ 0]$

广义塑性力学中，并当塑性总应变与应力具有唯一性时，$\Phi=f_{\mathrm{v}}(\sigma_{ij})-\varepsilon_{\mathrm{v}}^{\mathrm{p}}$，$Q=p$，此时 $A=1$。

(2)$\varepsilon_i^{\mathrm{p}}$ 硬化定律

$\varepsilon_i^{\mathrm{p}}$ 是塑性主应变，设

$$H=H(\varepsilon_i^{\mathrm{p}})=\varepsilon_i^{\mathrm{p}} \tag{6.5.19}$$

$$A=-\frac{\partial \Phi}{\partial \varepsilon_i^{\mathrm{p}}}\frac{\partial Q}{\partial \sigma_i} \tag{6.5.20}$$

在广义塑性力学中，并当塑性总应变与应力具有唯一性时，$\Phi=f_i(\sigma_{ij})-\varepsilon_i^{\mathrm{p}}$，$Q=\sigma_i$，此时有 $A=1$。

(3)$\bar{\gamma}_{\mathrm{q}}^{\mathrm{p}}$ 硬化定律

$\bar{\gamma}_{\mathrm{q}}^{\mathrm{p}}$ 是 q 方向上的塑性剪应变，设

$$H=H(\bar{\gamma}_{\mathrm{q}}^{\mathrm{p}})=\bar{\gamma}_{\mathrm{q}}^{\mathrm{p}} \tag{6.5.21}$$

则有

$$A=-\frac{\partial \Phi}{\partial \bar{\gamma}_{\mathrm{q}}^{\mathrm{p}}}\frac{\partial Q}{\partial q} \tag{6.5.22}$$

在广义塑性力学中，并当塑性总应变与应力具有唯一性时，$\Phi=f_{\mathrm{q}}(\sigma_{ij})-\bar{\gamma}_{\mathrm{q}}^{\mathrm{p}}$，$Q=q$，因而 $A=1$。

(4)$\bar{\gamma}_{\theta}^{\mathrm{p}}$ 硬化定律

$\bar{\gamma}_{\theta}^{\mathrm{p}}$ 是 θ_{σ} 方向上的塑性剪应变，设

$$H=H(\bar{\gamma}_{\theta}^{\mathrm{p}})=\bar{\gamma}_{\theta}^{\mathrm{p}} \tag{6.5.23}$$

则有

$$A=-\frac{\partial \Phi}{\partial \bar{\gamma}_{\theta}^{\mathrm{p}}}\frac{\partial Q}{\partial \theta_{\sigma}} \tag{6.5.24}$$

广义塑性力学中，并当塑性总应变与应力具有唯一性时，$\Phi=f_{\theta}(\sigma_{ij})-\bar{\gamma}_{\theta}^{\mathrm{p}}$，$Q=\theta_{\sigma}$，因而 $A=1$。

(5) $H(\varepsilon_{\mathrm{v}}^{\mathrm{p}},\bar{\gamma}^{\mathrm{p}})$ 硬化定律

采用 $\varepsilon_{\mathrm{v}}^{\mathrm{p}}$、$\bar{\gamma}^{\mathrm{p}}$ 双硬化参量，并假设 Φ、Q 与洛德角无关。

设 $H_1=\varepsilon_{\mathrm{v}}^{\mathrm{p}}$，$H_2=\bar{\gamma}^{\mathrm{p}}$，$H=H(\varepsilon_{\mathrm{v}}^{\mathrm{p}},\ \bar{\gamma}^{\mathrm{p}})$

则由上述式(6.5.17)与式(6.5.12)相加，得

$$A=-\frac{\partial \Phi}{\partial H}\left(\frac{\partial H}{\partial \varepsilon_{\mathrm{v}}^{\mathrm{p}}}\frac{\partial Q}{\partial p}+\frac{\partial H}{\partial \bar{\gamma}^{\mathrm{p}}}\frac{\partial Q}{\partial q}\right) \tag{6.5.25}$$

若 Φ、Q 与洛德角有关时，则式(6.5.25)改为

$$A=-\frac{\partial \Phi}{\partial H}\left[\left(\frac{\partial H}{\partial \varepsilon_{\mathrm{v}}^{\mathrm{p}}}\frac{\partial Q}{\partial p}+\frac{\partial H}{\partial \bar{\gamma}^{\mathrm{p}}}\frac{\partial Q}{\partial q}\right)/\cos(\theta_{\mathrm{d}\varepsilon^{\mathrm{p}}}-\theta_{\sigma})\right] \tag{6.5.26}$$

表 6-1 中列出各种硬化参量时的硬化定律。表中特殊情况是指广义塑性力学中，当塑

性总应变与应力具有唯一性时，各分量屈服面的硬化函数 A_k。

对于岩土材料，当采用单屈服面模型时，选用不同硬化参量得到不同形式的加载面。清华大学对一种击实黏土进行试验，按不同硬化定律整理得出 $H(H_\alpha)$，如图 6-33 所示。图 6-33 表明采用不同硬化定律，H 等值线不同，表明单屈服面模型不能保证给定边值问题解的唯一性，因而合理选用硬化定律十分重要。显然，在单屈服面模型中，单纯采用 ε_v^p 或 $\bar{\gamma}^p$ 作为硬化参量是不合理的，因为它们不能全面地反映岩土材料的硬化程度，从图6-33中也可看出，它们的 H 等值线明显不同于 $H(W^p)$ 或 $H(\varepsilon^p)$ 等值线，同时也不能满足中性变载时应力在屈服面上移动不会出现塑性变形的原则。在广义塑性力学中，采用各种屈服面有明确的物理意义，按物理意义选用相应硬化参量，因而就不会出现上述情况。

采用各种硬化参量的硬化定律 **表 6-1**

H	$A_{一般}$	$A_{特殊}(k,i=1,2,3)$
塑性功 W^p	$-\dfrac{\partial \Phi}{\partial W^p}\sigma_{ij}\dfrac{\partial Q}{\partial \sigma_{ij}}$	
塑性应变 ε_{ij}^p	$-\dfrac{\partial \Phi}{\partial \varepsilon_{ij}^p}\dfrac{\partial Q}{\partial \sigma_{ij}}$	
塑性主应变 ε_i^p	$-\dfrac{\partial \Phi}{\partial \varepsilon_i^p}\dfrac{\partial Q}{\partial \sigma_i}$	1 $(\Phi_k=-\varepsilon_1^p, Q_k=\sigma_1)$
塑性体应变 ε_v^p	$-\dfrac{\partial \Phi}{\partial \varepsilon_v^p}\dfrac{\partial Q}{\partial p}$	1 $(\Phi=-\varepsilon_v^p, Q=p)$
q 方向塑性剪应变 $\bar{\gamma}_q^p$	$-\dfrac{\partial \Phi}{\partial \bar{\gamma}_q^p}\dfrac{\partial Q}{\partial q}$	1 $(\Phi=-\bar{\gamma}_q^p, Q=q)$
θ_σ 方向塑性剪应变 $\bar{\gamma}_\theta^p$	$-\dfrac{\partial \Phi}{\partial \gamma_\theta^p}\dfrac{\partial Q}{\partial \theta_\sigma}$	1 $(\Phi=-\bar{\gamma}_\theta^p, Q=\theta_\sigma)$

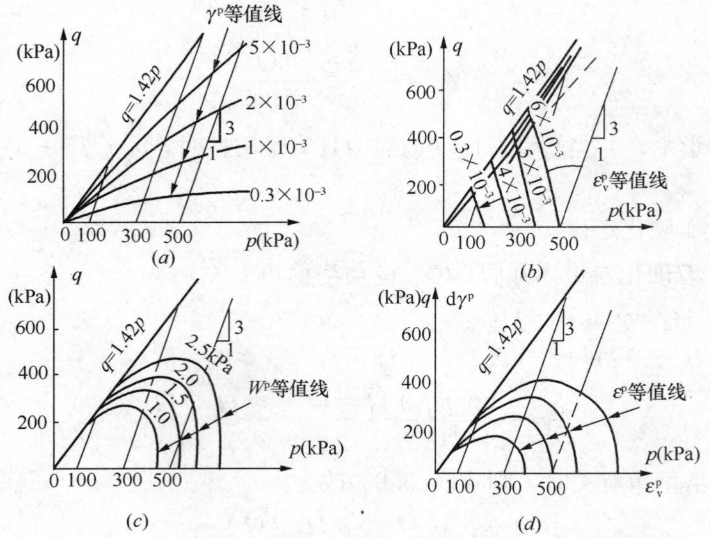

图 6-33 不同的硬化定律对应的加载面

(a)$\bar{\gamma}^p$ 硬化定律；(b)ε_v^p 硬化定律；(c)W^p 硬化定律；(d)ε^p 硬化定律

6.6 广义塑性力学中的硬化规律

广义塑性力学中，硬化规律有三种模式：一是给出多重屈服面的硬化定律（上节已述）；二是直接基于塑性总应变与应力具有唯一性关系；三是通过实验数据拟合直接确定塑性系数，不过目前还没有应当如何进行试验拟合的规定。

广义塑性力学中三个屈服面可写成如下形式

$$\left.\begin{aligned}\Phi_{\mathrm{v}}(\sigma_{ij},H(\varepsilon_{\mathrm{v}}^{\mathrm{p}}))=0\\\Phi_{\mathrm{q}}(\sigma_{ij},H(\overline{\gamma}_{\mathrm{q}}^{\mathrm{p}}))=0\\\Phi_{\theta}(\sigma_{ij},H(\overline{\gamma}_{\theta}^{\mathrm{p}}))=0\end{aligned}\right\}\tag{6.6.1}$$

当采用等向硬化模型时，即有

$$\left.\begin{aligned}\Phi_{\mathrm{v}}(\sigma_{ij},H(\varepsilon_{\mathrm{v}}^{\mathrm{p}}))=F_{\mathrm{v}}(\sigma_{ij})-H(\varepsilon_{\mathrm{v}}^{\mathrm{p}})=0\\\Phi_{\mathrm{q}}(\sigma_{ij},H(\overline{\gamma}_{\mathrm{q}}^{\mathrm{p}}))=F_{\mathrm{q}}(\sigma_{ij})-H(\overline{\gamma}_{\mathrm{q}}^{\mathrm{p}})=0\\\Phi_{\theta}(\sigma_{ij},H(\overline{\gamma}_{\theta}^{\mathrm{p}}))=F_{\theta}(\sigma_{ij})-H(\overline{\gamma}_{\theta}^{\mathrm{p}})=0\end{aligned}\right\}\tag{6.6.2}$$

微分式(6.6.1)并写成矩形式

$$\begin{bmatrix}\mathrm{d}\varepsilon_{\mathrm{v}}^{\mathrm{p}}\\\mathrm{d}\overline{\gamma}_{\mathrm{q}}^{\mathrm{p}}\\\mathrm{d}\overline{\gamma}_{\theta}^{\mathrm{p}}\end{bmatrix}=\begin{bmatrix}\frac{1}{A_1}\frac{\partial\Phi_{\mathrm{v}}}{\partial p}&\frac{1}{A_1}\frac{\partial\Phi_{\mathrm{v}}}{\partial q}&\frac{1}{A_1}\frac{\partial\Phi_{\mathrm{v}}}{\partial\theta_\sigma}\\\frac{1}{A_2}\frac{\partial\Phi_{\mathrm{q}}}{\partial p}&\frac{1}{A_2}\frac{\partial\Phi_{\mathrm{q}}}{\partial q}&\frac{1}{A_2}\frac{\partial\Phi_{\mathrm{q}}}{\partial\theta_\sigma}\\\frac{1}{A_3}\frac{\partial\Phi_{\theta}}{\partial p}&\frac{1}{A_3}\frac{\partial\Phi_{\theta}}{\partial q}&\frac{1}{A_3}\frac{\partial\Phi_{\theta}}{\partial\theta_\sigma}\end{bmatrix}\begin{bmatrix}\mathrm{d}p\\\mathrm{d}q\\\mathrm{d}\theta_\sigma\end{bmatrix}\tag{6.6.3}$$

式中 $A_1=-\dfrac{\partial\Phi_{\mathrm{v}}}{\partial\varepsilon_{\mathrm{v}}^{\mathrm{p}}}$，$A_2=-\dfrac{\partial\Phi_{\mathrm{q}}}{\partial\overline{\gamma}_{\mathrm{q}}^{\mathrm{p}}}$，$A_3=-\dfrac{\partial\Phi_{\theta}}{\partial\overline{\gamma}_{\theta}^{\mathrm{p}}}$

当塑性总应变与应力具有唯一性时，则可写成

$$\varepsilon_{ij}^{\mathrm{p}}=F(\sigma_{ij})\tag{6.6.4}$$

如写成

$$\varepsilon_{\mathrm{k}}^{\mathrm{p}}=F_{\mathrm{k}}(\sigma_i)\quad(k,i=1,2,3)\tag{6.6.5}$$

或写成

$$\begin{cases}\varepsilon_{\mathrm{v}}^{\mathrm{p}}=F_{\mathrm{v}}(p,q,\theta_\sigma)\\\overline{\gamma}_{\mathrm{q}}^{\mathrm{p}}=F_{\mathrm{q}}(p,q,\theta_\sigma)\\\overline{\gamma}_{\theta}^{\mathrm{p}}=F_{\theta}(p,q,\theta_\sigma)\end{cases}\tag{6.6.6}$$

式中 F_{k}、F_{v}、F_{q}、F_{θ} 为经过转换的主应变屈服面、体积屈服面、q 方向剪切屈服面及 θ_σ 方向的剪切屈服面。

如果将式(6.6.5)微分，则有

$$\mathrm{d}\lambda_{\mathrm{k}}=\mathrm{d}\varepsilon_{\mathrm{k}}^{\mathrm{p}}=\sum_{k=1}^{3}\frac{\partial F_{\mathrm{k}}}{\partial\sigma_i}\mathrm{d}\sigma_i\tag{6.6.7}$$

或写成矩阵形式

$$\begin{bmatrix} d\varepsilon_1^p \\ d\varepsilon_2^p \\ d\varepsilon_3^p \end{bmatrix} = \begin{bmatrix} \dfrac{\partial F_1}{\partial \sigma_1} & \dfrac{\partial F_1}{\partial \sigma_2} & \dfrac{\partial F_1}{\partial \sigma_3} \\ \dfrac{\partial F_2}{\partial \sigma_1} & \dfrac{\partial F_2}{\partial \sigma_2} & \dfrac{\partial F_2}{\partial \sigma_3} \\ \dfrac{\partial F_3}{\partial \sigma_1} & \dfrac{\partial F_3}{\partial \sigma_2} & \dfrac{\partial F_3}{\partial \sigma_3} \end{bmatrix} \begin{bmatrix} d\sigma_1 \\ d\sigma_2 \\ d\sigma_3 \end{bmatrix} \tag{6.6.8}$$

将式(6.6.6)微分，即有

$$\begin{cases} d\lambda_1 = d\varepsilon_v^p = \dfrac{\partial F_v}{\partial p}dp + \dfrac{\partial F_v}{\partial q}dq + \dfrac{\partial F_v}{\partial \theta_\sigma}d\theta_\sigma \\ d\lambda_2 = d\,\overline{\gamma}_q^p = \dfrac{\partial F_q}{\partial p}dp + \dfrac{\partial F_q}{\partial q}dq + \dfrac{\partial F_q}{\partial \theta_\sigma}d\theta_\sigma \\ d\lambda_3 = d\,\overline{\gamma}_\theta^p = \dfrac{\partial F_\theta}{\partial p}dp + \dfrac{\partial F_\theta}{\partial q}dq + \dfrac{\partial F_\theta}{\partial \theta_\sigma}d\theta_\sigma \end{cases} \tag{6.6.9}$$

或写成

$$\begin{bmatrix} d\varepsilon_v^p \\ d\,\overline{\gamma}_q^p \\ d\,\overline{\gamma}_\theta^p \end{bmatrix} = \begin{bmatrix} \dfrac{\partial F_v}{\partial p} & \dfrac{\partial F_v}{\partial q} & \dfrac{\partial F_v}{\partial \theta_\sigma} \\ \dfrac{\partial F_q}{\partial p} & \dfrac{\partial F_q}{\partial q} & \dfrac{\partial F_q}{\partial \theta_\sigma} \\ \dfrac{\partial F_\theta}{\partial p} & \dfrac{\partial F_\theta}{\partial q} & \dfrac{\partial F_\theta}{\partial \theta_\sigma} \end{bmatrix} \begin{bmatrix} dp \\ dq \\ d\theta_\sigma \end{bmatrix} \tag{6.6.10}$$

实际岩土模型中，常略去 $d\,\overline{\gamma}_\theta^p$ 及 $\dfrac{\partial F_v}{\partial \theta_\sigma}$，简化成双屈服面模型，则有

$$\begin{bmatrix} d\varepsilon_v^p \\ d\,\overline{\gamma}_q^p \end{bmatrix} = \begin{bmatrix} \dfrac{\partial F_v}{\partial p} & \dfrac{\partial F_v}{\partial q} & 0 \\ \dfrac{\partial F_q}{\partial p} & \dfrac{\partial F_q}{\partial q} & \dfrac{\partial F_q}{\partial \theta_\sigma} \end{bmatrix} \begin{bmatrix} dp \\ dq \\ d\theta_\sigma \end{bmatrix} \tag{6.6.11}$$

6.7 用试验拟合确定加载函数的方法

6.7.1 加载函数的物理含义

无论是弹性力学还是塑性力学，一般情况下，都是给出应力或应力增量的方向与大小，求得应变或应变增量的方向与大小，由此即可获得变形与位移。例如在线弹性情况下，当单轴加载时，弹性应变与应力的关系为 $\varepsilon = 1/E \cdot \sigma$，$1/E$ 称为弹性系数，E 称为弹性模量。在弹性力学中，应变与应力的方向是一致的，知道了应力方向也就知道了应变方向。弹性应变的大小为弹性系数与应力的乘积，可见力学参数弹性模量是用来确定应变大小的系数。众所周知，弹性模量是通过试验获得的，而且只与材料性质有关，因而它是由试验获得的状态参数。在非线性弹性情况下，当单轴加载时，弹性系数为 $1/E_t$，E_t 为切线弹性模量，此时弹性系数既与材料性质有关还与应力状态有关。

在塑性力学中，应力与应变关系需用增量表述，还要在关系式中给出塑性应变的方向，因为塑性应变增量方向与应力增量方向并非一致。在传统塑性力学中，应力与塑性应

变的关系为

$$d\varepsilon_{ij}^{p}=d\lambda\frac{\partial Q}{\partial\sigma_{ij}}=h\frac{\partial F}{\partial\sigma_{ij}}d\sigma_{ij}\frac{\partial Q}{\partial\sigma_{ij}} \tag{6.7.1}$$

式中右面最后一项 $\frac{\partial Q}{\partial\sigma_{ij}}$ 是势面(即屈服面)的法线方向，表示了塑性应变增量的方向，即塑性应变增量方向正交于屈服面。$h\frac{\partial F}{\partial\sigma_{ij}}\frac{\partial Q}{\partial\sigma_{ij}}$ 称为塑性系数，h 是硬化函数，Q 是与屈服条件及硬化参量相关的量。可见在传统塑性状态下，塑性系数只与包含硬化参量在内的屈服条件有关，亦即与材料性质，应力状态及应力历史三者有关。同样，它们也应当是由试验得到的状态参数。在广义塑性力学中，应力塑性应变关系写成

$$d\varepsilon_{ij}^{p}=\sum_{k=1}^{3}d\lambda_{k}\frac{\partial Q_{k}}{\partial\sigma_{ij}} \tag{6.7.2}$$

式中

$$d\lambda_{k}=\frac{1}{A_{k}}\frac{\partial F_{k}}{\partial p}dp+\frac{1}{A_{k}}\frac{\partial F_{k}}{\partial q}dq+\frac{1}{A_{k}}\frac{\partial F_{k}}{\partial\theta_{\sigma}}d\theta_{\sigma} \tag{6.7.3}$$

$$A_{k}=\frac{\partial H_{k}(\varepsilon_{ij}^{p})}{\partial\varepsilon_{ij}^{p}}$$

广义塑性力学中分量塑性势面 Q_k 决定塑性应变增量分量的方向，它们是分量塑性势面的法线方向。亦即塑性应变增量分量方向就是应力增量分量方向。而塑性应变增量的总方向，由三个塑性应变增量分量合成，所以塑性应变增量的方向既与应力状态有关，还与应力增量状态有关。

上式中 $\frac{1}{A_{k}}\frac{\partial F_{k}}{\partial p}$，$\frac{1}{A_{k}}\frac{\partial F_{k}}{\partial q}$，$\frac{1}{A_{k}}\frac{\partial F_{k}}{\partial\theta_{\sigma}}$ 称为分量塑性系数，它们与传统塑性力学一样，也是与材料性质、应力状态与应力历史有关。与传统塑性力学不同的是三个分量塑性系数，而不是总塑性系数。

线弹性、非线性弹性、传统塑性、广义塑性下应力-应变关系 **表 6-2**

	线弹性（单轴情况）	非线弹性（单轴情况）	传统塑性	广义塑性
应力-应变关系	$\varepsilon_i=\sigma/E$	$\varepsilon_t=\sigma/E_t$	$d\varepsilon_{ij}^{p}=h\frac{\partial F}{\partial\sigma_{ij}}d\sigma_{ij}\frac{\partial F}{\partial\sigma_{ij}}$	$d\varepsilon_{ij}^{p}=\sum_{k=1}^{3}d\lambda_{k}\frac{\partial Q_{k}}{\partial\sigma_{ij}}$ $d\lambda_{k}=\frac{1}{A_{k}}\frac{\partial F_{k}}{\partial p}dp+$ $\frac{1}{A_{k}}\frac{\partial F_{k}}{\partial q}dq+\frac{1}{A_{k}}\frac{\partial F_{k}}{\partial\theta_{\sigma}}d\theta_{\sigma}$
弹性系数或塑性系数	$1/E$ 只与材性有关	$1/E_t$ 与材性及应力水平有关	$h\frac{\partial F}{\partial\sigma_{ij}}\frac{\partial F}{\partial\sigma_{ij}}$ 与材性、应力水平及应力历史有关	$\frac{1}{A_{k}}\frac{\partial F_{k}}{\partial p}$，$\frac{1}{A_{k}}\frac{\partial F_{k}}{\partial q}$，$\frac{1}{A_{k}}\frac{\partial F_{k}}{\partial\theta_{\sigma}}$ 与材性、应力水平及应力历史有关
应变方向	与应力方向相同	与应力方向相同	屈服面法线方向	由三个塑性应变增量分量合成

续表

	线弹性 （单轴情况）	非线弹性 （单轴情况）	传统塑性	广义塑性
力学参数 （弹性模量或 屈服条件）	E：应力-应变 直线的斜率 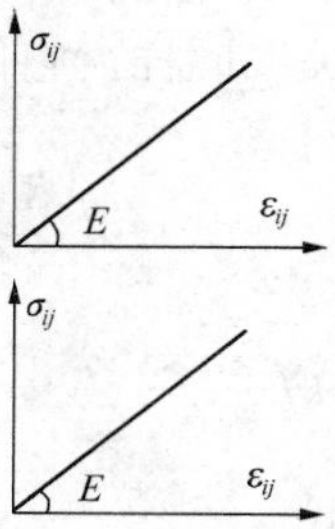	E_t：应力-应变 曲线的斜率 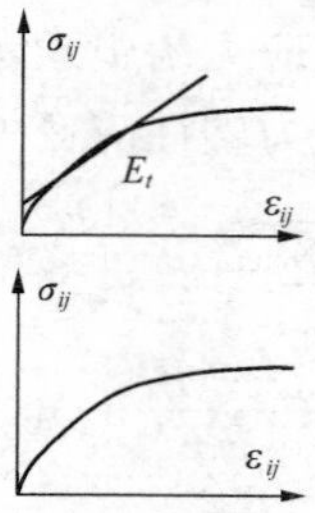	$\Phi(\sigma_{ij},H)$：屈服条件 （屈服面） 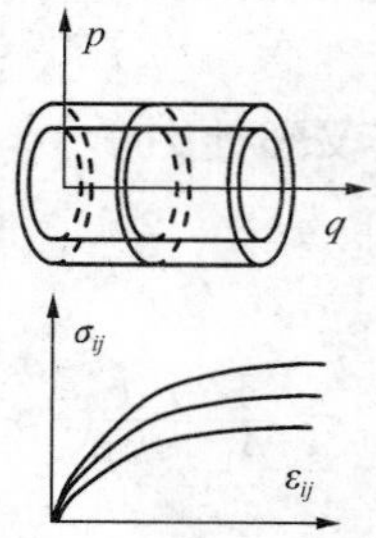	$\Phi(\sigma_{ij},H)$：分量屈服面 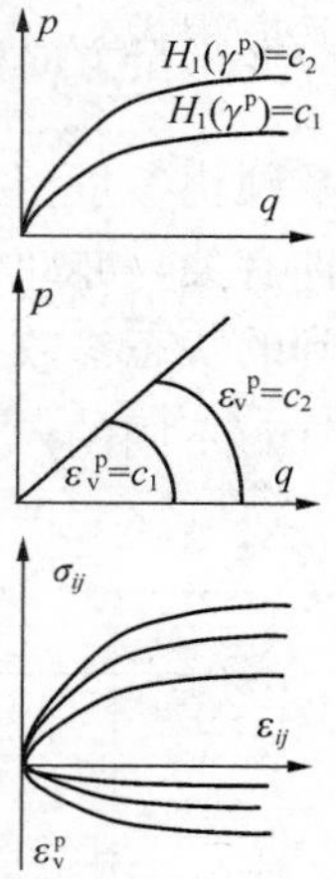

表 6-2 列出了线弹性、非线性弹性单轴情况下及传统塑性、广义塑性情况下的应力-应变关系。

由上表可见，屈服条件的物理含义与弹性模量类似，只不过是表征材性与应力状态的力学参数，只是塑性条件下它不仅与材性与应力水平有关，还与应力历史有关。同时还可从表 6-2 看出，屈服条件也应该由当地岩土的试验获得，它反映了岩土的实际屈服特性，只不过塑性情况下，需要通过试验拟合将试验曲线转化为屈服条件。

6.7.2 由试验曲线拟合屈服面的方法

屈服面包括子午平面上的屈服曲线与偏平面上的屈服曲线。前者可由常规三轴试验得到，后者需由真三轴试验得到。本节只述如何拟合子午平面上屈服曲线的方法，如何由试验获得偏平面上的屈服曲线，请见第 4、6、12 章中所述。

先由常规三轴试验获得多种应力路径下的试验曲线（如图 6-9），由此得出硬化函数 $H_1(\varepsilon_1^p)=b_1$ 时不同试验曲线上的应力点 C_1、C_2、C_3（图 6-9），同理找出对应 $H_1(\varepsilon_1^p)=b_2$ 时不同试验曲线上的相应点 d_1、d_2、d_3，这样就可得到许多 $H_1(\varepsilon_1^p)=b_i(i=1,2,3\cdots)$ 时的应力点。由此可在应力空间内找出一组连续的等（$H_1(\varepsilon_1^p)$）值的空间曲线（图 6-10），按照屈服面就是塑性应变等值面的定义，它就是子午平面上的屈服曲线。同理还可得到另二组 $H_2(\varepsilon_2^p)=b_i$、$H_3(\varepsilon_3^p)=b_i$ 时的屈服曲线。由此得出主应变屈服曲线为

$$\begin{cases}H_1(\varepsilon_1^p)=\Phi_1(\sigma_{ij})\\H_2(\varepsilon_2^p)=\Phi_2(\sigma_{ij})\\H_3(\varepsilon_3^p)=\Phi_3(\sigma_{ij})\end{cases}\tag{6.7.4}$$

6.7.3 剪切屈服面的拟合

下面以重庆红黏土的剪切屈服面为例详细介绍屈服面的拟合。首先在 p-q 平面内作出 $\bar{\gamma}^{\mathrm{p}}$ 面，此即为剪切屈服面。其形状常用有双曲线型和抛物线形。

(1)双曲线形

其方程为

$$q = \frac{p}{a + bp} \tag{6.7.5}$$

将式(6.7.5)转换为：

$$a + bp = p/q$$

针对不同的$\bar{\gamma}^{\mathrm{p}}$ 值，可以拟合出不同的 a，b 值，见表 6-3。

a，b 与$\bar{\gamma}^{\mathrm{p}}$ 的关系 **表 6-3**

$\bar{\gamma}^{\mathrm{p}}$	a	b	$\bar{\gamma}^{\mathrm{p}}$	a	b
1	1.899	−0.000506	7	1.115	0.0000893
2	1.689	−0.00043	8	1.058	0.000135
3	1.439	−0.000104	9	1.021	0.0001819
4	1.293	−0.000105	10	0.969	0.000357
5	1.17	0.0001699	11	0.944	0.0003478
6	1.123	0.000141	12	0.914	0.000574

从表 6-3 中可以看出 a，b 值与$\bar{\gamma}^{\mathrm{p}}$ 有关，通过拟合可以得出以下关系式：

$$a = -0.11\,\bar{\gamma}^{\mathrm{p}} + 2.2$$

$$b = 8 \times 10^{-5}\,\bar{\gamma}^{\mathrm{p}} - 0.0005$$

则双曲线型剪切屈服函数为：

$$a + bp = p/q$$

其中：$a = -0.11\,\bar{\gamma}^{\mathrm{p}} + 2.2$

$b = 8 \times 10^{-5}\,\bar{\gamma}^{\mathrm{p}} - 0.0005$

(2)抛物线形

其方程为：

$$q^2 = ap \tag{6.7.6}$$

转换为：

$$a = q^2/p$$

同理，针对不同的$\bar{\gamma}^{\mathrm{p}}$ 值，可以拟合出不同的 a 值，a 是$\bar{\gamma}^{\mathrm{p}}$ 的函数，写成二次式

$$a = a_0 + a_1\,\bar{\gamma}^{\mathrm{p}} + a_2\,(\bar{\gamma}^{\mathrm{p}})^2$$

其中 a_0，a_1，a_2 为试验拟合参数。对于重庆红黏土 $a_0 = -9.6$，$a_1 = 4280$，$a_2 = -12587$。

则抛物线型剪切屈服面为：

$$-9.6 + 4280\,\bar{\gamma}^{\mathrm{p}} - 12587(\bar{\gamma}^{\mathrm{p}})^2 = q^2/p$$

拟合得出的屈服曲线不一定与实际试验的应力点有较好的吻合，因而还需要将拟合屈服曲线与试验点进行对比验证。图 6-34 与图 6-35 分别给出了双曲线形拟合屈服曲线与抛

物线形拟合屈服曲线与试验点的对比。由图可以看出双曲线形的拟合屈服曲线拟合结果较好可作为剪切屈服曲线。如果上述二条拟合屈服曲线拟合结果都不理想，则应另设拟合曲线进行重新拟合。

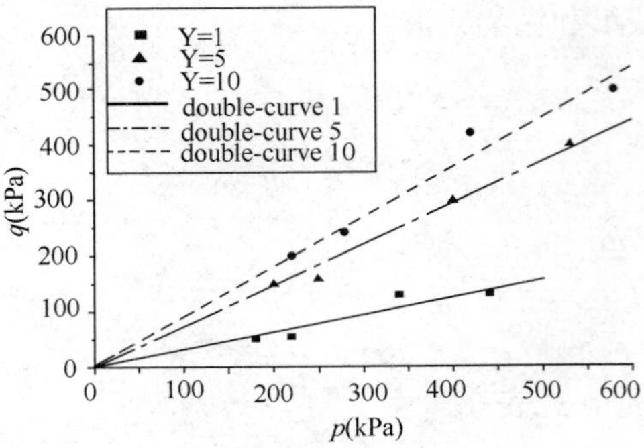

图 6-34 双曲线形拟合屈服曲线与试验点的对比

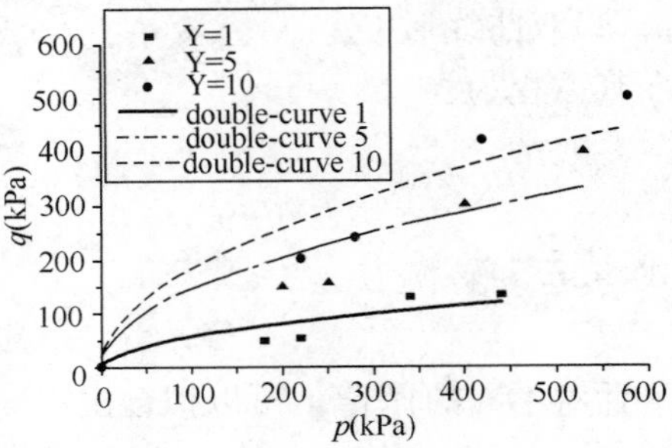

图 6-35 抛物线形拟合屈服曲线与试验点的对比

如何将$\overline{\gamma}^{p}$ 分解为$\overline{\gamma}_{q}^{p}$ 与$\overline{\gamma}_{\theta}^{p}$ 可参见式(6.3.8)和式(6.3.9)。

6.7.4 体积屈服面的拟合

(1)压缩型体积屈服面

同理，用上述方法，在 p-q 平面内作出等 ε_{v}^{p} 面，此即为体积屈服面。这类体积屈服面是封闭形的，一端与 p 轴相接，另一端与极限线相接。其形状常用的是椭圆形曲线。

从重庆红黏土的试验数据可以得出椭圆的拟合关系式如下：

$$\frac{p^2}{a^2}+\frac{q^2}{b^2}=1 \tag{6.7.7}$$

针对不同的 ε_{v}^{p} 值，可以拟合出不同的 a^2，b^2 值，见表 6-4。从 a^2，b^2 值中就可拟合出 a^2，b^2 与 ε_{v}^{p} 关系。

a^2，b^2 与 ε_{v}^{p} 的关系 **表 6-4**

ε_{v}^{p}(%)	$a^2(\times 10^4)$	$b^2(\times 10^4)$	ε_{v}^{p}(%)	$a^2(\times 10^4)$	$b^2(\times 10^4)$
0.5	2.3	0.65	2	8.6	3.2
0.8	3.55	1	2.5	10.7	4.1
1	4.4	1.5	3	12.8	5.2
1.5	6.5	2.13	3.5	14.9	6.25
1.8	7.75	2.6	4	16.99	7.5

由表 6-4 的数据，可看出 a^2，b^2 随着 ε_{v}^{p} 的增大而增大。通过拟合得出下面关系式：

$$a^2=4.2\times 10^4\varepsilon_{v}^{p}+1.92\times 10^3$$

$$b^2=1.96\times 10^3\,(\varepsilon_{v}^{p})^2+1.08\times 10^4\varepsilon_{v}^{p}+640$$

将拟合出的屈服条件与试验数据对比，见图 6-36。

从图 6-36 中可以看出拟合出的椭圆形屈服条件与试验的比较吻合的。

(2)压缩剪胀型屈服面

压缩剪胀型土体的屈服面是一个S形曲线，在状态变化线以上部分近似为直线，以下部分近似为椭圆(图6-36)。因此我们用分段曲线来拟合这类体积屈服条件。

直线段：

$$q = a_1 p + b_1 \tag{6.7.8}$$

曲线段：

$$\frac{p^2}{a_2^2} + \frac{q^2}{b_2^2} = 1 \tag{6.7.9}$$

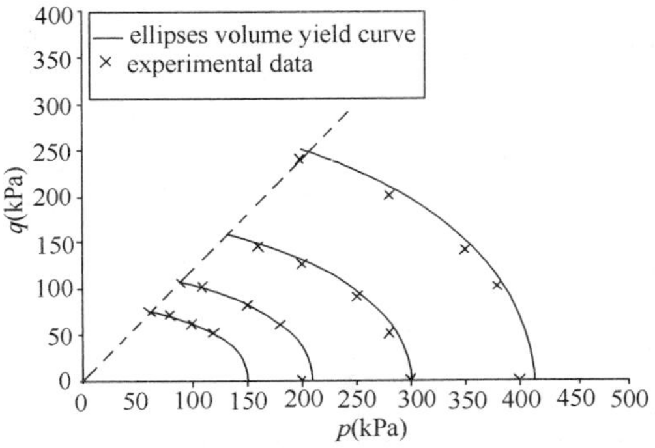

图6-36 压缩型土体(重庆红黏土)的椭圆形体积屈服条件与试验数据的验证

由福建标准砂的试验数据可以找到针对不同的ε_v^p值，a_1，b_1，a_2^2，b_2^2的值，见表6-5和表6-6。

直线段a_1，b_1与ε_v^p的关系 表6-5

ε_v^p(%)	a_1	b_1
0.03	1.38	−3.0818
0.05	1.38	−5.843
0.1	1.4	−12.746
0.12	1.42	−15.507
0.15	1.39	−19.65
0.2	1.38	−26.56
0.25	1.41	−33.48
0.3	1.4	−40.35
0.35	1.37	−47.26
0.4	1.4	−54.18

曲线段a_2^2，b_2^2与ε_v^p的关系 表6-6

ε_v^p(%)	a_2^2	b_2^2
0.03	0.2	−0.17
0.05	0.17	−0.14
0.1	0.15	−0.06
0.12	0.17	−0.02
0.15	0.22	0.07
0.2	0.4	0.25
0.25	0.65	0.5
0.3	1.02	0.78
0.35	1.5	1.12
0.4	2.01	1.5

从表6-5可以看出，a_1随ε_v^p的变化不大，可以认为直线段的体积屈服曲线的斜率是一定的，对于福建标准砂取1.4。

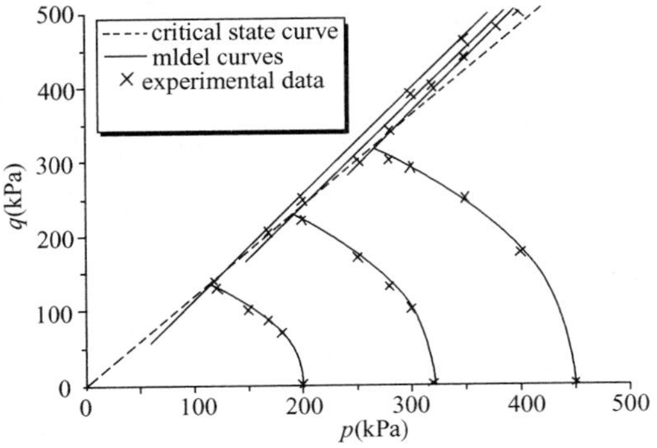

图6-37 压缩剪胀型土体(福建标准砂)的S形体积屈服条件与试验数据的验证

由表6-5和表6-6的数据，可由此拟合出a_1，b_1，a_2^2，b_2^2与ε_v^p关系式。

$a_1 = 1.4$；$b_1 = -138.06\varepsilon_v^p + 1.06$

$a_2 = 1.89 \times 10^6 (\varepsilon_v^p)^2 - 3.19 \times 10^5 \varepsilon_v^p + 28300$

$b_2 = 1.05 \times 10^6 (\varepsilon_v^p)^2 + 5.5 \times 10^5 \varepsilon_v^p - 17300$

将拟合出的屈服条件与试验数据对比，见图6-37。

从图6-37中可以看出拟合的屈服条件与试验曲线是比较吻合的。

第七章　弹塑性本构关系

塑性力学基本方程和弹性力学基本方程的差别在于应力-应变关系。在弹性状态下，应变唯一地决定应力状态；在塑性状态下，应变不仅与应力有关，还与加载历史、加卸载的状态、加载路径以及物质微观结构的变形等有关。因此，现在常用本构关系(consititutive relation)这个名词代替应力-应变关系，它更能反映物质本性的变化。由于加、卸载时规律不同，因此在塑性状态下，我们通常只能建立应力与应变之间的增量关系。但如果加载路径已知，则可通过对增量的应力-应变关系的积分，得到应力与应变之间的全量关系。

7.1 广义虎克定律

当材料处于弹性状态。材料的本构关系就是广义虎克定律

$$\left.\begin{aligned}\varepsilon_x &= \frac{1}{E}[\sigma_x - \nu(\sigma_y + \sigma_z)], \gamma_{yz} = \frac{\tau_{yz}}{G}\\ \varepsilon_y &= \frac{1}{E}[\sigma_y - \nu(\sigma_z + \sigma_x)], \gamma_{zx} = \frac{\tau_{zx}}{G}\\ \varepsilon_z &= \frac{1}{E}[\sigma_z - \nu(\sigma_x + \sigma_y)], \gamma_{xy} = \frac{\tau_{xy}}{G}\end{aligned}\right\} \tag{7.1.1}$$

这里 E 是弹性模量，ν 为泊松比，$G = E/2(1+\nu)$。式(7.1.1)还可写为

$$\left.\begin{aligned}\varepsilon_x &= \frac{1}{E}[(1+\nu)\sigma_x - \nu(\sigma_x + \sigma_y + \sigma_z)] = \frac{\sigma_x}{2G} - \frac{3\nu}{E}\sigma_m\\ \varepsilon_y &= \frac{\sigma_y}{2G} - \frac{3\nu}{E}\sigma_m\\ \varepsilon_z &= \frac{\sigma_z}{2G} - \frac{3\nu}{E}\sigma_m\\ \varepsilon_{xy} &= \frac{\tau_{xy}}{2G}\\ \varepsilon_{yz} &= \frac{\tau_{yz}}{2G}\\ \varepsilon_{zx} &= \frac{\tau_{zx}}{2G}\end{aligned}\right\} \tag{7.1.2}$$

上式也可用张量下标记号写成

$$\varepsilon_{ij} = \frac{\sigma_{ij}}{2G} - \frac{3\nu}{E}\sigma_m\delta_{ij} \tag{7.1.3}$$

三个正应变相加，得

$$\varepsilon_{ii} = \frac{\sigma_{ii}}{2G} - \frac{3\nu}{E}\sigma_{ii} = \frac{1-2\nu}{E}\sigma_{ii} = \frac{1}{K}\sigma_{\mathrm{m}} \tag{7.1.4}$$

$$K = \frac{E}{3(1-2\nu)} \tag{7.1.5}$$

K 称为体积弹性模量，记 $\varepsilon_{\mathrm{m}} = \frac{\varepsilon_{ii}}{3}$ 为体应变，则由上式得

$$\sigma_{\mathrm{m}} = 3K\varepsilon_{\mathrm{m}} \tag{7.1.6}$$

如用应力偏量 S_{ij} 来表示应变偏量 e_{ij}，式(7.1.3)还可以进一步化为

$$\begin{aligned} e_{ij} &= \varepsilon_{ij} - \varepsilon_{\mathrm{m}}\delta_{ij} = \frac{\sigma_{ij}}{2G} - \left(\frac{3\nu\sigma_{\mathrm{m}}}{E} + \varepsilon_{\mathrm{m}}\right)\delta_{ij} = \frac{S_{ij}}{2G} + \left(\frac{\sigma_{\mathrm{m}}}{2G} - \frac{3\nu\sigma_{\mathrm{m}}}{E} - \varepsilon_{\mathrm{m}}\right)\delta_{ij} \\ &= \frac{S_{ij}}{2G} + \left(\frac{\sigma_{\mathrm{m}}}{3K} - \varepsilon_{\mathrm{m}}\right)\delta_{ij} = \frac{1}{2G}S_{ij} \end{aligned} \tag{7.1.7}$$

由于 $S_{ii}=0$，因此式(7.1.7)中只有 5 个方程是独立的，需要补充式(7.1.6)，式(7.1.7)才能和式(7.1.3)等价，进一步可导出

$$\left.\begin{aligned} \tau_{\mathrm{s}} &= \sqrt{J_2} = G\gamma_{\mathrm{s}} \\ q &= 3G\bar{\gamma} \\ \tau_8 &= G\gamma_8 \\ \tau_{\max} &= G\gamma_{\max} \end{aligned}\right\} \tag{7.1.8}$$

由上式(7.1.7)还可写成

$$S_{ij} = \frac{2\tau_{\mathrm{s}}}{\gamma_{\mathrm{s}}}e_{ij} = \frac{2q}{3\gamma}e_{ij} \tag{7.1.9}$$

当应力从加载面卸载时，应力增量与应变增量之间也满足广义虎克定律，即

$$\left.\begin{aligned} \mathrm{d}S_{ij} &= 2G\mathrm{d}e_{ij} \\ \mathrm{d}\sigma_m &= 3K\mathrm{d}\varepsilon_{\mathrm{m}} \end{aligned}\right\} \tag{7.1.10}$$

如果采用以应变表示应力的广义虎克定律，则有

$$\left.\begin{aligned} \sigma_{\mathrm{x}} &= 3\lambda\varepsilon_{\mathrm{m}} + 2G\varepsilon_{\mathrm{x}}, \tau_{\mathrm{zx}} = G\gamma_{\mathrm{zx}} \\ \sigma_{\mathrm{y}} &= 3\lambda\varepsilon_{\mathrm{m}} + 2G\varepsilon_{\mathrm{y}}, \tau_{\mathrm{xy}} = G\gamma_{\mathrm{xy}} \\ \sigma_{\mathrm{z}} &= 3\lambda\varepsilon_{\mathrm{m}} + 2G\varepsilon_{\mathrm{z}}, \tau_{\mathrm{yz}} = G\gamma_{\mathrm{yz}} \end{aligned}\right\} \tag{7.1.11}$$

这里 λ 是拉梅常数，并有

$$\lambda = \frac{E\nu}{(1+\nu)(1-2\nu)}$$

采用张量下标记号，式(7.1.11)可写成

$$\sigma_{ij} = 2G\varepsilon_{ij} + 3\lambda\varepsilon_{\mathrm{m}}\delta_{ij} \tag{7.1.12}$$

比较式(7.1.3)与式(7.1.12)，可得

$$\lambda=\frac{3\nu K}{1+\nu} \tag{7.1.13}$$

在岩土力学中，还常采用侧限变形模量 M 这一材料常数，这个参数是使轴向应力与轴向应变发生关系，同时另外两个轴向应变为零，即

$\sigma_x=M\varepsilon_x$，所有其他应变 $\varepsilon=0$，

$$M=\frac{E(1-\nu)}{(1+\nu)(1-2\nu)} \tag{7.1.14}$$

六个弹性常数 E、ν、G、K、λ、M 之间的关系列于表 7-1 中，其中只有两个是独立的。

为了数值计算中方便使用，以矩阵形式表达的应力应变关系如下：

$$\{\sigma\}=[D_e]\{\varepsilon\} \tag{7.1.15}$$

六个弹性常数 E、ν、G、K、λ、M 的关系表 **表 7-1**

系　统	E，ν	K，G	λ，μ	K，ν	K，λ
弹性模量 $E=$	E	$\frac{9KG}{3K+G}$	$\frac{3\lambda+2\mu}{\lambda+\mu}\mu$	$3K(1-2\nu)$	$\frac{9K(K-\lambda)}{3K-\lambda}$
泊松比 $\nu=$	ν	$\frac{3K-2G}{2(3K+G)}$	$\frac{\lambda}{2(\lambda+\mu)}$	ν	$\frac{\lambda}{3K-\lambda}$
剪切模量 $G=$	$\frac{E}{2(1+\nu)}$	G	μ	$\frac{3K(1-2\nu)}{2(1+\nu)}$	$\frac{3}{2}(K-\lambda)$
体积模量 $K=$	$\frac{E}{3(1-2\nu)}$	K	$\lambda+\frac{2}{3}\mu$	K	K
拉梅常数 $\lambda=$	$\frac{E\nu}{(1+\nu)(1-2\nu)}$	$K-\frac{2}{3}G$	λ	$\frac{3K\nu}{1+\nu}$	λ
压缩模量 $M=$	$\frac{E(1-\nu)}{(1+\nu)(1-2\nu)}$	$K+\frac{4}{3}G$	$\lambda+2\mu$	$\frac{3K(1-\nu)}{1+\nu}$	$3K-2\lambda$
系　统	K，E	G，ν	E，G	λ，ν	M，G
弹性模量 $E=$	E	$2G(1+\nu)$	E	$\frac{\lambda(1+\nu)(1-2\nu)}{\nu}$	$\frac{3M-4G}{M-G}G$
泊松比 $\nu=$	$\frac{3K-G}{6K}$	ν	$\frac{E}{2G}-1$	ν	$\frac{M-2G}{2(M-G)}$
剪切模量 $G=$	$\frac{3KE}{9K-E}$	G	G	$\frac{\lambda(1-\nu)}{2\nu}$	G
体积模量 $K=$	K	$\frac{2G(1+\nu)}{3(1-2\nu)}$	$\frac{GE}{3(3G-E)}$	$\frac{\lambda(1+\nu)}{3\nu}$	$M-\frac{4}{3}G$
拉梅常数 $\lambda=$	$\frac{3K(3K-E)}{9K-E}$	$\frac{2G\nu}{1-2\nu}$	$\frac{G(E-2G)}{3G-E}$	λ	$M-2G$
压缩模量 $M=$	$\frac{3K(3K+E)}{9K-E}$	$\frac{2G(1-\nu)}{1-2\nu}$	$\frac{4G-E}{3G-E}G$	$\frac{1-\nu}{\nu}\lambda$	M

$$[D_e]=\frac{E}{(1+\nu)(1-2\nu)}\begin{bmatrix}1-\nu & \nu & \nu & 0 & 0 & 0\\ \nu & 1-\nu & \nu & 0 & 0 & 0\\ \nu & \nu & 1-\nu & 0 & 0 & 0\\ 0 & 0 & 0 & 1-2\nu & 0 & 0\\ 0 & 0 & 0 & 0 & 1-2\nu & 0\\ 0 & 0 & 0 & 0 & 0 & 1-2\nu\end{bmatrix}$$

$$=\begin{bmatrix}K+\frac{4}{3}G & K-\frac{2}{3}G & K-\frac{2}{3}G & 0 & 0 & 0\\ K-\frac{2}{3}G & K+\frac{4}{3}G & K-\frac{2}{3}G & 0 & 0 & 0\\ K-\frac{2}{3}G & K-\frac{2}{3}G & K+\frac{4}{3}G & 0 & 0 & 0\\ 0 & 0 & 0 & 2G & 0 & 0\\ 0 & 0 & 0 & 0 & 2G & 0\\ 0 & 0 & 0 & 0 & 0 & 2G\end{bmatrix}$$

$$=\begin{bmatrix}M & M-2G & M-2G & 0 & 0 & 0\\ M-2G & M & M-2G & 0 & 0 & 0\\ M-2G & M-2G & M & 0 & 0 & 0\\ 0 & 0 & 0 & 2G & 0 & 0\\ 0 & 0 & 0 & 0 & 2G & 0\\ 0 & 0 & 0 & 0 & 0 & 2G\end{bmatrix} \tag{7.1.16}$$

$[D_e]$称为弹性刚度矩阵，也可以用应力应变的逆形式表示

$$\{\varepsilon\}=[C_e]\{\sigma\} \tag{7.1.17}$$

$$[C_e]=\frac{1}{E}\begin{bmatrix}1 & -\nu & -\nu & 0 & 0 & 0\\ -\nu & 1 & -\nu & 0 & 0 & 0\\ -\nu & -\nu & 1 & 0 & 0 & 0\\ 0 & 0 & 0 & 1+\nu & 0 & 0\\ 0 & 0 & 0 & 0 & 1+\nu & 0\\ 0 & 0 & 0 & 0 & 0 & 1+\nu\end{bmatrix} \tag{7.1.18}$$

$[C_e]$成为弹性柔度矩阵。

在平面应变条件下，ε_{yz}，ε_{zx}，ε_z 均为零，所以应力应变关系为

$$\{\sigma\}=[D_e]\{\varepsilon\} \tag{7.1.19}$$

同时

$$\{\sigma\}^{T}=[\sigma_x \quad \sigma_y \quad \tau_{xy}]$$

$$\{\varepsilon\}^{T}=[\varepsilon_x \quad \varepsilon_y \quad \gamma_{xy}]$$

$$[D_e]=\begin{bmatrix}K+\frac{4}{3}G & K-\frac{2}{3}G & 0\\ K-\frac{2}{3}G & K+\frac{4}{3}G & 0\\ 0 & 0 & 2G\end{bmatrix}$$

$$
=\frac{E}{(1+\nu)(1-2\nu)}\begin{bmatrix}1-\nu & \nu & 0\\ \nu & 1-\nu & 0\\ 0 & 0 & 1-2\nu\end{bmatrix}
$$

$$
=\begin{bmatrix}M & M-2G & 0\\ M-2G & M & 0\\ 0 & 0 & 2G\end{bmatrix} \tag{7.1.20}
$$

$$
[C_e]=\frac{1}{E}\begin{bmatrix}1 & -\nu & 0\\ -\nu & 1 & 0\\ 0 & 0 & 1+\nu\end{bmatrix} \tag{7.1.21}
$$

7.2 各向异性弹性应力-应变关系

一般的各向异性体的应力应变关系，在采用直角坐标时，可以由一个六阶系数的矩阵来表达。最普通的法则。需要 36 个系数建立应力-应变的线性关系，考虑其对称性，可将独立项目减少到 21 个，这个关系可用矩阵表示：

$$
\{\sigma\}=[D_e]\{\varepsilon\} \tag{7.2.1}
$$

其中

$$
[D_e]=\begin{bmatrix}D_{11} & D_{12} & D_{13} & D_{14} & D_{15} & D_{16}\\ & D_{22} & D_{23} & D_{24} & D_{25} & D_{26}\\ & & D_{33} & D_{34} & D_{35} & D_{36}\\ & & & D_{44} & D_{45} & D_{46}\\ & 对 & & & D_{55} & D_{56}\\ & & 称 & & & D_{66}\end{bmatrix} \tag{7.2.2}
$$

通过设定材料中的各向同性平面或各向同性轴，可使独立项数目大为减少。若岩土工程中，最常用的两种模型是完全各向同性和交叉各向异性(即横观各向同性)。当有某一平面其上的应力-应变关系是各向同性时，交叉的各向异性是适用的，也就是不论在平面上如何选择坐标轴，其结果都是一样的，即弹性常数相同。而在本平面之外的应力-应变弹性常数是不同的。如果 z 轴与各向同性平面正交，矩阵$[D_e]$有五个独立常数，矩阵则变为

$$
[D_e]=\begin{bmatrix}D_{11} & D_{12} & D_{13} & 0 & 0 & 0\\ D_{12} & D_{11} & D_{13} & 0 & 0 & 0\\ D_{13} & D_{13} & D_{33} & 0 & 0 & 0\\ 0 & 0 & 0 & D_{44} & 0 & 0\\ 0 & 0 & 0 & 0 & D_{11}-D_{12} & 0\\ 0 & 0 & 0 & 0 & 0 & D_{44}\end{bmatrix} \tag{7.2.3}
$$

此矩阵内只有 D_{11}、D_{12}、D_{13}、D_{33}、D_{44} 五个常数。

交叉各向异性应力-应变矩阵$[D_e]$，也可写成逆形式$[C_\varepsilon]$(应变-应力矩阵)：

$$[C_e]=\begin{bmatrix} \frac{1}{E_H} & -\frac{\nu_{HH}}{E_H} & -\frac{\nu_{HV}}{E_V} & 0 & 0 & 0 \\ -\frac{\nu_{HH}}{E_H} & \frac{1}{E_H} & -\frac{\nu_{HV}}{E_V} & 0 & 0 & 0 \\ -\frac{\nu_{HV}}{E_V} & -\frac{\nu_{HV}}{E_V} & \frac{1}{E_V} & 0 & 0 & 0 \\ 0 & 0 & 0 & \frac{1}{2G_{VH}} & 0 & 0 \\ 0 & 0 & 0 & 0 & \frac{1+\nu_{HH}}{E_H} & 0 \\ 0 & 0 & 0 & 0 & 0 & \frac{1}{2G_{VH}} \end{bmatrix} \tag{7.2.4}$$

E_H 及 E_V 可分别解释为在水平面内或沿垂直轴加荷载时的弹性模量。泊松比为 ν_{HH}，它使沿一个水平轴的荷载与沿另一水平轴的应变发生关系。在水平面的伸张性应变和垂直荷载之间，或在垂直伸张性应变和水平荷载之间的关系由另外两个泊松比 ν_{HV} 或 ν_{VH} 控制。第五个常数 G_{VH} 使垂直层面方向的剪应力与剪应变发生关系。

Drnevich 提出了求交叉各向异性材料的$[D_e]$矩阵中各项系数的试验方法。他建议使用侧限变形模量和剪切模量，并以实际测量来表示这五个独立项。

$$\left.\begin{aligned} & D_{11}=D_{22}=M_H, D_{33}=M_V, D_{44}=D_{66}=2G_{VH} \\ & D_{55}=2G_{HH}, D_{12}=D_{21}=M_H-2G_{HH} \\ & D_{13}=D_{23}=D_{31}=D_{32}\approx\frac{M_H+M_V}{2-2G_{VH}} \end{aligned}\right\} \tag{7.2.5}$$

最后的式子仅仅是近似正确的，它只有四个独立参量，需要进行四次独立量测。

各向异性矩阵$[D_e]$中各项还可以通过逆变换$[C_\varepsilon]$矩阵求得

$$\left.\begin{aligned} & D_{11}=D_{22}=A\left(\frac{E_H}{E_V}-\nu_{VH}^2\right)=M_H \\ & D_{33}=A(1-\nu_{HH}^2)=M_V \\ & D_{12}=D_{21}=A\left(\frac{E_H}{E_V}\nu_{HH}+\nu_{HH}^2\right) \\ & D_{13}=D_{31}=D_{23}=D_{32}=A\nu_{HH}(1+\nu_{HH}) \\ & D_{44}=D_{66}=2G_{VH} \\ & D_{55}=\frac{E_H}{1+\nu_{HH}}=2G_{HH} \end{aligned}\right\} \tag{7.2.6}$$

式中 $A=\dfrac{E_H}{(1+\nu_{HH})[(E_H/E_V)(1-\nu_{HH})-2\nu_{VH}^2]}$,所有其他 $D_{ij}=0$。

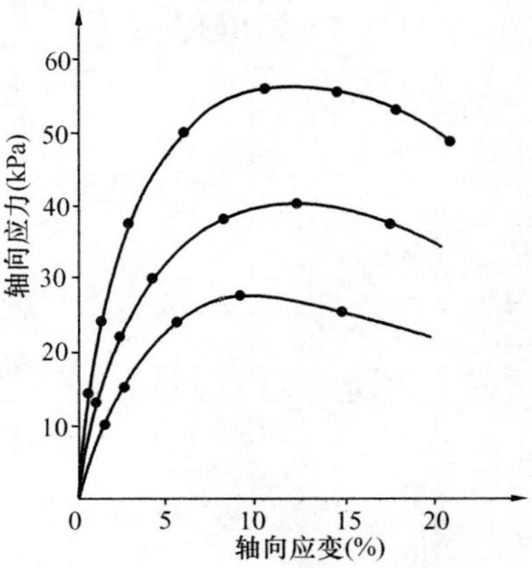

图 7-1 不同方向土样无侧限压缩试验应力-应变关系

龚晓南曾对金山黏土进行各向异性的试验(龚晓南，1984)。土体试样认为是横观各向异性的，在竖直方向、水平方向和 45°斜方向分别进行试验，测得其应力-应变关系如图 7-1 所示。

通过水平方向和竖直方向土样的实验可以确定水平向模量 E_H 和竖直向模量 E_V，以及泊松比 ν_{VH} 及 ν_{HH}，不过实际上限于测试条件，ν_{HH} 得测试还没有很好解决，工程上近似取 ν_{HH} 等于 ν_{VH}。

根据坐标转换，对横观各向同性体可以导出与水平向成 θ 角的方向上的弹性模量 E_θ 的表达式：

$$\frac{1}{E_\theta}=\frac{\cos^4\theta}{E_H}+\frac{\sin^4\theta}{E_V}+\left(\frac{1}{G_V}-\frac{2\nu_{HH}}{E_V}\right)\times\cos^2\theta\sin^2\theta \tag{7.2.7}$$

令

$$n=\frac{E_H}{E_V},n_{45}=\frac{E_{45}}{E_V}$$

式中 E_{45}——试样在 45°方向上测得的模量。由式(7.2.7)得

$$G_V=\frac{E_V}{A+2(1+\nu_{VH})} \tag{7.2.8}$$

$$A=\frac{4n-n_{45}-3nn_{45}}{nn_{45}} \tag{7.2.9}$$

对于岩石试样，简易的测试方法是通过声波测试，以确定上述力学参数。

7.3 无静水压力影响的理想塑性材料的本构关系

无静水压力影响的理想塑性材料的本构关系适用于金属材料，传统塑性力学中著名的普朗特尔-路埃斯(Prandtl-Reuss)关系或列维-米赛斯(Levy-Mises)关系就是与米赛斯屈服条件相关联的流动法则。

对于理想塑性材料，屈服函数 F 和塑性势 Q 相等，由此有

$$d\varepsilon_{ij}^p=d\lambda\frac{\partial Q}{\partial\sigma_{ij}}=d\lambda\frac{\partial F}{\partial\sigma_{ij}} \tag{7.3.1}$$

式中

$$d\lambda\begin{cases}=0,当 F<0 或 F=0,\dfrac{\partial F}{\partial\sigma_{ij}}d\sigma_{ij}<0\\[2ex]>0,当 F=0,\dfrac{\partial F}{\partial\sigma_{ij}}d\sigma_{ij}=0\end{cases}$$

对一个单元来说，理想塑性材料达到屈服后，$d\varepsilon_{ij}^p$ 的大小就没有限制，因此 $d\lambda$ 是任意的正值。如果单元周围的物体还处在弹性阶段，它将限制这个单元体的塑性应变，使它不能任意增长，这时 $d\lambda$ 的值是确定的，但它不能靠该单元本身的应力应变关系求出，而是由问题的整体来定。

对于由 n 个光滑屈服面构成的非正则加载面，将有

$$d\varepsilon_{ij}^{p} = \sum_{k=1}^{n} d\lambda_{K} \frac{\partial F_{K}}{\partial \sigma_{ij}} \tag{7.3.2}$$

式中

$$d\lambda_{K} \begin{cases} = 0, \text{当 } F_{K} < 0 \text{ 或 } F_{K} = 0, \dfrac{\partial F_{K}}{\partial \sigma_{ij}} d\sigma_{ij} < 0 \\ > 0, \text{当 } F_{K} = 0, \dfrac{\partial F_{K}}{\partial \sigma_{ij}} d\sigma_{ij} = 0 \end{cases} \quad K = 1, 2 \cdots\cdots n$$

上式说明，在 n 个屈服面的交点处，塑性应变增量是各有关面上塑性应变增量的线性组合。对于理想塑性材料，从单元体本身无法确定 $d\lambda_{K}$，只有从整个问题的解才能将 $d\lambda_{K}$ 确定下来。

静水压力不影响塑性变形，只有米赛斯和屈瑞斯卡两种屈服条件。下面分别讨论与米赛斯和屈瑞斯卡两种屈服条件相关联的流动法则。

7.3.1 与米赛斯屈服条件相关联的流动法则

这时 $F = J_{2} - \tau_{s}^{2} = 0$，并有

$$d\varepsilon_{ij}^{p} = d\lambda \frac{\partial F}{\partial \sigma_{ij}} = d\lambda \frac{\partial J_{2}}{\partial \sigma_{ij}} = d\lambda S_{ij} \tag{7.3.3}$$

加上弹性应变增量 $d\varepsilon_{ij}^{e}$，得

$$\left.\begin{aligned} de_{ij} &= \frac{1}{2G} dS_{ij} + d\lambda S_{ij} \\ d\varepsilon_{m} &= \frac{1-2\nu}{E} d\sigma_{m} \end{aligned}\right\} \tag{7.3.4}$$

式中

$$d\lambda \begin{cases} = 0, \text{当 } J_{2} < \tau_{s}^{2}, \text{或 } J_{2} = \tau_{s}^{2}, \dfrac{\partial J_{2}}{\partial \sigma_{ij}} d\sigma_{ij} < 0 \\ > 0, \text{当 } J_{2} = \tau_{s}^{2}, \dfrac{\partial J_{2}}{\partial \sigma_{ij}} d\sigma_{ij} = 0 \end{cases}$$

上式称为普朗特尔-路埃斯(Prandtl-Reuss)关系，式中 de_{ij} 只有五个是独立的，因此要加上 $d\varepsilon_{m}$ 的一个方程，增加的 $d\lambda$ 要联系屈服条件来解。式中还要考虑到在弹性和卸载时不产生塑性应变，$d\lambda=0$。

当弹性应变可以略去时，得

$$d\varepsilon_{ij} = d\lambda S_{ij} \tag{7.3.5}$$

上式称为列维-米赛斯(Levy-Mises)关系式，它表示应变增量和应力偏量成比例。

当给定 σ_{ij} 与 $d\sigma_{ij}$ 后，$d\lambda$ 还是定不出来。因此 $d\varepsilon_{ij}$ 也定不出来。但反过来，如给定 σ_{ij} 与 $d\varepsilon_{ij}$，则 $d\sigma_{ij}$ 可以求出。这时

$$J_{2} = \frac{1}{2} S_{ij} S_{ij} = \frac{1}{2} d\varepsilon_{ij}^{p} d\varepsilon_{ij}^{p} / (d\lambda)^{2} = \tau_{s}^{2} \tag{7.3.6}$$

由此得 $$dW = S_{ij} de_{ij} = S_{ij} \left(\frac{dS_{ij}}{2G} + d\lambda S_{ij} \right) = \frac{1}{2G} dJ_{2} + d\lambda (2J_{2}) = 2\tau_{s}^{2} d\lambda$$

因此 $$d\lambda = \frac{dW}{2\tau_{s}^{2}} \tag{7.3.7}$$

将上式(7.3.7)代入式(7.3.4)，归并各项得

$$dS_{ij}=2Gde_{ij}-\frac{GdW}{\tau_s^2}S_{ij} \tag{7.3.8}$$

现在加入八面体各项，而整套方程可以写成

$$\{d\sigma\}=[D_e]\{d\varepsilon\}-[D_p]\{d\varepsilon\} \tag{7.3.9}$$

塑性矩阵$[D_p]$为

$$[D_p]=\frac{G}{J_2}\begin{bmatrix} S_{xx}^2 & S_{xx}S_{yy} & S_{xx}S_{zz} & S_{xx}S_{yz} & S_{xx}S_{xz} & S_{xx}S_{xy} \\ & S_{yy}^2 & S_{yy}S_{zz} & S_{yy}S_{yz} & S_{yy}S_{xz} & S_{yy}S_{xy} \\ & & S_{zz}^2 & S_{zz}S_{yz} & S_{zz}S_{xz} & S_{zz}S_{xy} \\ & & & S_{yz}^2 & S_{yz}S_{xz} & S_{yz}S_{xy} \\ & & & & S_{xz}^2 & S_{xz}S_{xy} \\ & & & & & S_{xy}^2 \end{bmatrix} \tag{7.3.10}$$

式(7.3.9)也就是普朗特尔-路埃斯关系。

对于列维-米赛斯关系，在给定 S_{ij} 后不能确定 $d\varepsilon_{ij}$，但却可由 $d\varepsilon_{ij}$ 确定 S_{ij}，由式(7.3.6)可得

$$d\lambda=\frac{1}{\sqrt{2}\tau_s}\sqrt{d\varepsilon_{ij}^p d\varepsilon_{ij}^p} \tag{7.3.11}$$

于是可求得

$$S_{ij}=\sqrt{2}\tau_s\frac{d\varepsilon_{ij}^p}{\sqrt{d\varepsilon_{ij}^p d\varepsilon_{ij}^p}} \tag{7.3.12}$$

从上式看，$d\varepsilon_{ij}^p$ 按比例增大时，S_{ij} 不变，它是 $d\varepsilon_{ij}^p$ 的零阶齐次函数。

可以用实验方法验证式(7.3.5)的正确性，将它写成

$$\frac{d\varepsilon_x^p}{S_x}=\frac{d\varepsilon_y^p}{S_y}=\frac{d\varepsilon_z^p}{S_z}=\frac{d\varepsilon_{yz}^p}{S_{yz}}=\frac{d\varepsilon_{xz}^p}{S_{xz}}=\frac{d\varepsilon_{xy}^p}{S_{xy}} \tag{7.3.13}$$

用后三式表示 S_{ij} 的主轴与 $d\varepsilon_{ij}^p$ 的主轴一致；前三式只有两个是独立的(因为 $d\varepsilon_{ii}^p=0$)。从 π 平面上看，它们要求应力主偏量 S_i 的 θ_σ 和 $d\varepsilon_i^p$ 的 $\theta_{d\varepsilon^p}$ 相等(参看图 7-2)。注意到

$$\mu_\sigma=\sqrt{3}\,\mathrm{tg}\theta_\sigma$$

$$\mu_{d\varepsilon^p}=\sqrt{3}\,\mathrm{tg}\theta_{d\varepsilon^p}$$

$$\mu_\sigma=\frac{2S_2-S_1-S_3}{S_1-S_3}$$

$$\mu_{d\varepsilon^p}=\frac{2d\varepsilon_2^p-d\varepsilon_1^p-d\varepsilon_3^p}{d\varepsilon_1^p-d\varepsilon_3^p}$$

也即要

$$\mu_\sigma=\mu_{d\varepsilon^p} \tag{7.3.14}$$

Taylor 和 Quinney 用铜、铝、软钢作的薄管进行了联合拉扭试验(图 7-3)。在试验中，让应力主轴不断变化，结果发现塑性应变增量主轴与应力主轴基本上是重合的，误差不超过 2°，但对式(7.3.14)，试验结果发现 $|\mu_\sigma|\gtrsim|\mu_{d\varepsilon^p}|$。后来 Ohashi 又重新作了试验，消除了管中各向异性的影响，试验结果就与式(7.3.14)吻合很好。

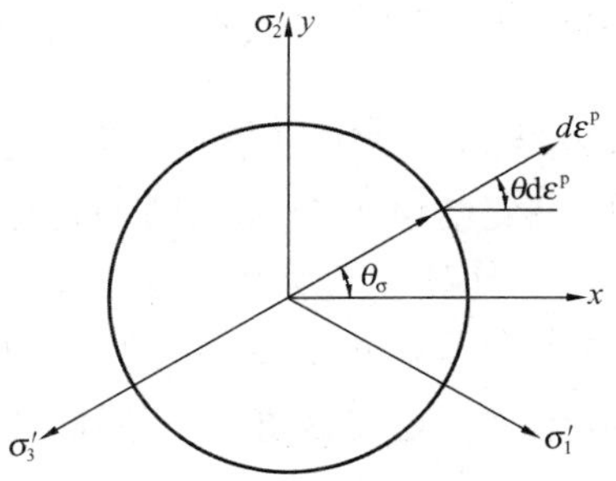

图 7-2 S_{ij} 和 $d\varepsilon_{ij}^p$ 共轴

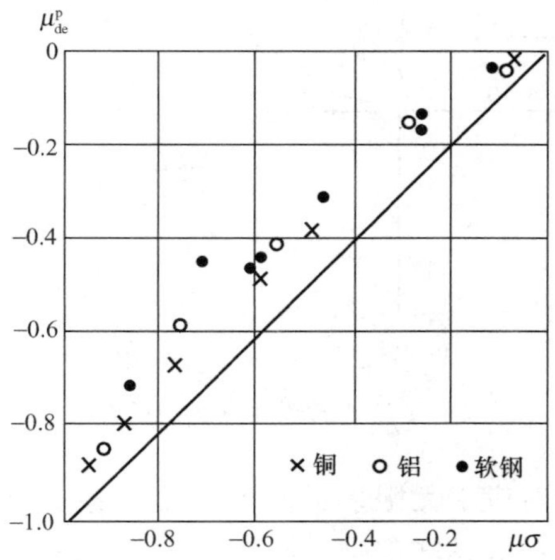

图 7-3 Taylor 和 Quinney 实验

7.3.2 与屈瑞斯卡屈服条件相关联的流动法则

在主应力空间中，屈瑞斯卡屈服面由六个平面组成

$$\left.\begin{array}{l} F_1=\sigma_2-\sigma_3-\sigma_s=0, F_2=-\sigma_3+\sigma_1-\sigma_s=0 \\ F_3=\sigma_1-\sigma_2-\sigma_s=0, F_4=-\sigma_2+\sigma_3-\sigma_s=0 \\ F_5=\sigma_3-\sigma_1-\sigma_s=0, F_6=-\sigma_1+\sigma_2-\sigma_s=0 \end{array}\right\} \tag{7.3.15}$$

当应力点处在 $F_1=0$ 面上时，将有

$$\left.\begin{array}{l} d\varepsilon_1^p=d\lambda_1\dfrac{\partial F_1}{\partial\sigma_1}=0 \\ d\varepsilon_2^p=d\lambda_1\dfrac{\partial F_1}{\partial\sigma_2}=d\lambda_1 \\ d\varepsilon_3^p=d\lambda_1\dfrac{\partial F_1}{\partial\sigma_3}=-d\lambda_1 \end{array}\right\} \tag{7.3.16}$$

当应力点在 $F_2=0$ 面上时，将有

$$\left.\begin{array}{l} d\varepsilon_1^p=d\lambda_2\dfrac{\partial F_2}{\partial\sigma_1}=d\lambda_2 \\ d\varepsilon_2^p=d\lambda_2\dfrac{\partial F_2}{\partial\sigma_2}=0 \\ d\varepsilon_3^p=d\lambda_2\dfrac{\partial F_2}{\partial\sigma_3}=-d\lambda_2 \end{array}\right\} \tag{7.3.17}$$

当应力处在 $F_1=0$ 及 $F_2=0$ 的交点上时，可将式(7.3.16)及式(7.3.17)叠加在一起，得

$$d\varepsilon_1^p : d\varepsilon_2^p : d\varepsilon_3^p = d\lambda_2 : d\lambda_1 : -(d\lambda_1+d\lambda_2) = 1-\mu : \mu : -1 \tag{7.3.18}$$

其中

$$0\leqslant\mu=\frac{d\lambda_1}{d\lambda_1+d\lambda_2}\leqslant 1$$

交点处的塑性应变增量的方向介于 $F_1=0$ 面上的法线 $\vec{n}_1$ 和 $F_2=0$ 面上的法线方向 $\vec{n}_2$ 之间

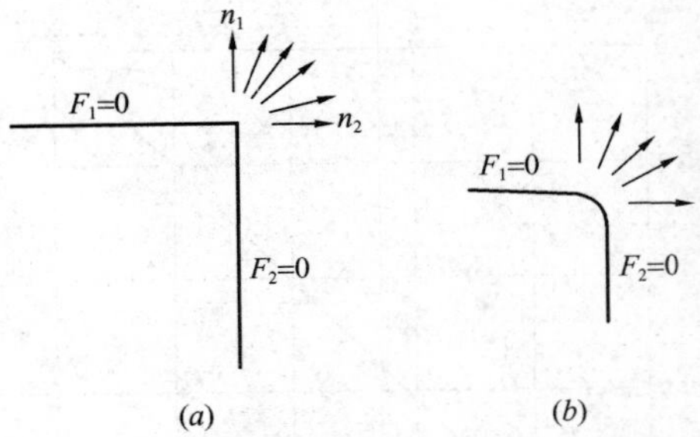

图 7-4 交点处的塑性应变增量方向

变化(图 7-4(a))。实际上交点也可以看成是曲率变化很大的光滑曲面(图 7-4(b)),在该处塑性应变增量方向从 $\vec{n}_1$,很快变化到 $\vec{n}_2$。在交点处的塑性应变增量方向,将根据周围单元对它的约束来确定。

从图上可以看出,当应力在同一直线 $F_k=0$ 上时,其塑性应变增量方向是相同的,即同一塑性应变增量方向对应着无限多的应力状态。另一方面,当应力点在角点上时。同一应力状态则对应于无限多的塑性应变增量方向。但是不论是在面上还是在角上,塑性比功率 dW^p 的表达式都是一样的。

$$dW^p=\sigma_{ij}d\varepsilon_{ij}^p=\sigma_1 d\varepsilon_1^p+\sigma_2 d\varepsilon_2^p+\sigma_3 d\varepsilon_3^p \tag{7.3.19}$$

当应力点 $F_1=\sigma_2-\sigma_3-\tau_s=0$ 时,$d\varepsilon_1^p:d\varepsilon_2^p:d\varepsilon_3^p=0:1:-1$,则有

$$dW^p=\sigma_2 d\varepsilon_2^p+\sigma_3 d\varepsilon_3^p=(\sigma_2-\sigma_3)d\varepsilon_2^p=\sigma_s d\varepsilon_2^p=\sigma_s|d\varepsilon_i^p|_{max} \tag{7.3.20a}$$

当应力点在 $F_1=0$ 及 $F_2=0$ 的交点上时有

$$\sigma_1=\sigma_2, d\varepsilon_1^p:d\varepsilon_2^p:d\varepsilon_3^p=1-\mu:\mu:-1$$

$$\begin{aligned}dW^p&=\sigma_1 d\varepsilon_1^p+\sigma_2 d\varepsilon_2^p+\sigma_3 d\varepsilon_3^p=-d\varepsilon_3^p[(1-\mu)\sigma_1+\mu\sigma_1-\sigma_3]\\&=-d\varepsilon_3^p(\sigma_1-\sigma_3)=\sigma_s|d\varepsilon_3^p|=\sigma_s|d\varepsilon_i^p|_{max}\end{aligned} \tag{7.3.20b}$$

对于其他的边和角可以证明式(7.3.20)同样成立。

对于平面应变问题,屈瑞斯卡屈服条件可写成

$$F(\sigma_{ij})=\left(\frac{\sigma_x-\sigma_y}{2}\right)^2+\tau_{xy}^2-\tau_s^2=0 \tag{7.3.21}$$

塑性应变增量分量为

$$\left.\begin{aligned}d\varepsilon_x^p&=d\lambda\frac{\sigma_x-\sigma_y}{2}\\d\varepsilon_y^p&=-d\lambda\frac{\sigma_x-\sigma_y}{2}\\d\varepsilon_{xy}^p&=d\varepsilon_{yx}=d\lambda\tau_{xy}=d\lambda\tau_{yx}\end{aligned}\right\} \tag{7.3.22}$$

由于正八面体的正塑性应变增量为零,故塑性应变增量的偏分量为

$$\left.\begin{aligned}de_x^p&=d\lambda\frac{\sigma_x-\sigma_y}{2}=d\lambda\frac{S_x-S_y}{2}\\de_y^p&=-d\lambda\frac{\sigma_x-\sigma_y}{2}=-d\lambda\frac{S_x-S_y}{2}\\de_{xy}^p&=d\lambda\tau_{xy}=d\lambda S_{xy}\end{aligned}\right\} \tag{7.3.23}$$

偏应力和偏应变的弹性增量为

$$\left.\begin{aligned} de_x^e &= \frac{1}{2G}dS_x \\ de_y^e &= \frac{1}{2G}dS_y \\ de_{xy}^e &= \frac{1}{2G}dS_{xy} \end{aligned}\right\} \tag{7.3.24}$$

偏应变总增量的分量为

$$\left.\begin{aligned} de_x &= \frac{1}{2G}dS_x + \frac{d\lambda(S_x - S_y)}{2} \\ de_y &= \frac{1}{2G}dS_y - \frac{d\lambda(S_x - S_y)}{2} \\ de_{xy} &= \frac{1}{2G}dS_{xy} + d\lambda S_{xy} \\ de_{yx} &= \frac{1}{2G}dS_{yx} + d\lambda S_{yx} \end{aligned}\right\} \tag{7.3.25}$$

现在把第一个方程乘以 $(S_x - S_y)/2$，第二个方程乘以 $(S_y - S_x)/2$，第三个方程乘以 S_{yx}，第四个方程乘以 S_{xy} 其结果相加后得出

$$\begin{aligned} &\frac{(de_x - de_y)(S_x - S_y)}{2} + de_{xy}\cdot S_{yx} + de_{yx}S_{xy} \\ &= \frac{1}{2G}\left(\frac{S_x - S_y}{2}dS_x - \frac{S_x - S_y}{2}dS_y + S_{yx}dS_{xy} + S_{xy}dS_{yx}\right) + 2d\lambda\left[\left(\frac{S_x - S_y}{2}\right)^2 + S_{xy}^2\right] \\ &= \frac{1}{2G}dF + 2d\lambda\tau_s^2 = 2d\lambda\tau_s^2 \end{aligned} \tag{7.3.26}$$

上面方程的左边为 dW，故上式可写为

$$d\lambda = \frac{dW}{2\tau_s^2} \tag{7.3.27}$$

dW 可以用总应力和总应变表示

$$dW = \frac{\sigma_x - \sigma_y}{2}(d\varepsilon_x - d\varepsilon_y) + \tau_{xy}d\varepsilon_{xy} + \tau_{yx}d\varepsilon_{yx} \tag{7.3.28}$$

将式(7.3.27)和式(7.3.28)代入式(7.3.25)得偏应力与偏应变的增量关系。对于平面应变情况，将八面体应力分量相加，归并各项得：

$$\begin{Bmatrix} d\sigma_x \\ d\sigma_y \\ d\tau_{xy} \end{Bmatrix} = \begin{bmatrix} K + \frac{3}{4}G - \frac{G}{\tau_s^2}\left(\frac{\sigma_x - \sigma_y}{2}\right)^2 & K - \frac{2}{3}G - \frac{G}{\tau_s^2}\left(\frac{\sigma_x - \sigma_y}{2}\right)^2 & -\frac{G}{\tau_s^2}\tau_{xy}\frac{\sigma_x - \sigma_y}{2} \\ 对 & K + \frac{4}{3}G - \frac{G}{\tau_s^2}\left(\frac{\sigma_x - \sigma_y}{2}\right)^2 & \frac{G}{\tau_s^2}\tau_{xy}\frac{\sigma_x - \sigma_y}{2} \\ & 称 & G - \frac{G}{\tau_s^2}\tau_{xy}^2 \end{bmatrix} \begin{Bmatrix} d\varepsilon_x \\ d\varepsilon_y \\ d\varepsilon_{xy} \end{Bmatrix} \tag{7.3.29}$$

7.4 与广义米赛斯条件相关联流动法则

上节讨论的屈服条件都与静水应力无关，这只对金属材料适用。然而，一般岩土问题中静水应力对岩土塑性是有影响的。因此屈服条件也应用 $F(I_1, J_2, J_3)=0$ 的一般形式。

广义米赛斯条件为

$$F=\alpha I_1+(J_2)^{\frac{1}{2}}-k=0 \tag{7.4.1}$$

按照塑性势理论，得与广义米赛斯条件相联系的流动法则为

$$\mathrm{d}\varepsilon_{ij}^{\mathrm{p}}=\mathrm{d}\lambda\frac{\partial F}{\partial\sigma_{ij}}=\mathrm{d}\lambda\left[\alpha\delta_{ij}+\frac{S_{ij}}{2(J_2)^{\frac{1}{2}}}\right] \tag{7.4.2}$$

由此还可获得体应变塑性增量为

$$\mathrm{d}\varepsilon_{ii}^{\mathrm{p}}=\mathrm{d}\varepsilon_{\mathrm{v}}^{\mathrm{p}}=3\alpha\mathrm{d}\lambda \tag{7.4.3}$$

这表明塑性体应变增量为正，有塑性体积膨胀，即剪胀现象，不过实际的膨胀值远没有理论计算得到的那么大，这是因为正交法则不适用岩土材料所造成。

若要求式(7.4.1)采用关联流动法则，在平面应变情况下与库仑破坏准则完全一致，由此可写出 α，k 与 c，φ 的关系(见4.3节式4.3.25)。

总的应变增量是在式(7.4.2)上增加弹性应变部分，得

$$\mathrm{d}\varepsilon_{ij}=\frac{1}{2G}\mathrm{d}S_{ij}+\mathrm{d}\lambda\left[\alpha\delta_{ij}+\frac{S_{ij}}{2\sqrt{J_2}}\right] \tag{7.4.4}$$

与上述一样，dλ 将由应力保持在屈服面上来定。求解 dλ 按类同于米赛斯条件的方法，可得出与式(7.3.8)及式(7.3.10)类同的公式，其推导细节见参考文献(ReyesS. F.，1966)，最后的公式为

$$\frac{\mathrm{d}\sigma_{ij}}{2G}=\mathrm{d}\varepsilon_{ij}-[A(\sigma_{kl}\delta_{ij}+\sigma_{ij}\delta_{kl})+B\delta_{kl}\delta_{ij}+C\sigma_{ij}\sigma_{kl}]\mathrm{d}\varepsilon_{kl} \tag{7.4.5}$$

式中

$$A=\frac{h}{\beta k}$$

$$B=\left(\alpha-\frac{I_1}{6\sqrt{J_2}}\right)\frac{\beta-1}{3\alpha\beta}-\frac{\nu}{(1-2\nu)}\beta$$

$$C=\frac{1}{2k\beta\sqrt{J_2}}$$

$$\beta=\frac{\sqrt{J_2}}{k}\left[1+\frac{6(1+\nu)\alpha^2}{1-2\nu}\right]$$

$$k=\frac{\alpha(1+\nu)}{1-2\nu}-\frac{I_1}{6\sqrt{J_2}}$$

对于平面应变情况，则变为

$$
\left.
\begin{aligned}
\frac{d\sigma_x}{2G} &= (1-2A\sigma_x-B-C\sigma_x^2)d\varepsilon_x+[(\sigma_x+\sigma_y)A \\
&\quad -B-C\sigma_x\sigma_y]d\varepsilon_y+(-A\tau_{xy}-C\sigma_x\tau_{xy})d\gamma_{xy} \\
\frac{d\sigma_y}{2G} &= [-(\sigma_x+\sigma_y)A-B-C\sigma_x\sigma_y]d\varepsilon_x+(1-2A\sigma_y \\
&\quad -B-C\sigma_y^2)d\varepsilon_y+(-A\tau_{xy}-C\sigma_y\tau_{xy})d\gamma_{xy} \\
\frac{d\tau_{xy}}{2G} &= (-A\sigma_y-C\sigma_x\tau_{xy})d\varepsilon_x+(-A\tau_{xy}-C\sigma_y\tau_{xy})d\varepsilon_y \\
&\quad +\left(\frac{1}{2}-C\tau_{xy}^2\right)d\gamma_{xy}
\end{aligned}
\right\}
\tag{7.4.6}
$$

在式(7.4.6)的平面应变情况下，弹性刚度矩阵为

$$
[D_e]=\frac{2G}{1-2\nu}\begin{bmatrix} 1-\nu & \nu & 0 \\ \nu & 1-\nu & 0 \\ 0 & 0 & \frac{1}{2}(1-\nu) \end{bmatrix} \tag{7.4.7}
$$

而塑性刚度矩阵导出为

$$
[D_p]=2G\begin{bmatrix} d_{11} & d_{12} & d_{13} \\ d_{21} & d_{22} & d_{23} \\ d_{31} & d_{32} & d_{33} \end{bmatrix} \tag{7.4.8}
$$

式中

$$
\begin{aligned}
d_{11} &= 1-2A\sigma_x-B-C\sigma_x^2 \\
d_{22} &= 1-2A\sigma_y-B-C\sigma_y^2 \\
d_{33} &= \frac{1}{2}-C\tau_{xy}^2 \\
d_{12} &= d_{21} = -A(\sigma_x+\sigma_y)-B-C\sigma_x\sigma_y \\
d_{13} &= d_{31} = -A\tau_{xy}-C\sigma_x\tau_{xy} \\
d_{23} &= d_{32} = -A\tau_{xy}-C\sigma_y\tau_{xy}
\end{aligned}
$$

而弹塑性刚度矩阵

$$
[D_{ep}]=[D_e]-[D_p] \tag{7.4.9}
$$

与莫尔-库仑屈服条件相关联的理想塑性材料的本构关系，亦可按上述类似解出，不过推导十分繁复。若采用后述第 7.5 节中弹塑性一般应力应变关系公式，则容易导得与莫尔-库仑条件相关联的弹塑性矩阵。应当指出，当采用关联流动法则时，无论采用与广义米赛斯条件相关联的流动法则，还是与莫尔-库仑条件相关联的流动法则，都会计算出过大的剪胀现象。

7.5 传统塑性力学中的一般应力-应变关系

7.5.1 弹塑性刚度矩阵［D_{ep}］的物理意义

塑性力学发展初期，都是针对某一屈服条件导出相应的弹塑性应力-应变关系。此后又发展了适用任意屈服条件的弹塑性一般应力-应变关系。本章分别阐述传统塑性力学中与广义塑性力学中的一般应力-应变关系。

传统塑性力学中通常应用关联流动法则，而在岩土单屈服面模型中有时也采用非关联流动法则，以避免出现过大剪胀现象。不过，目前流行的非关联流动法则塑性势面的选取有很大随意性，一般假设塑性势面与屈服面有类似形式，只是常数值取值不同。

例如莫尔-库仑的塑性势方程为

$$Q=\sigma_m\sin\psi+\sqrt{J_2}\left(\cos\theta_\sigma-\frac{\sin\theta_\sigma\sin\psi}{\sqrt{3}}\right)=\text{常数} \tag{7.5.1}$$

式中 ψ 是用以描述塑性势的角度，$0\leqslant\psi\leqslant\varphi$，$\psi$ 值表示了剪胀现象的大小，当 $\psi=0$ 时，无剪胀现象；$\psi=\varphi$ 时，即为莫尔-库伦屈服条件，具有最大的剪胀现象。为消除算得过大的剪胀现象，通常令 $\psi<\varphi$，以便使算得的体积变形与实际相近。

又如，Lade-Duncan 对砂土的加载条件为

$$\Phi=\frac{I_1^3}{I_3}-k=0 \tag{7.5.2}$$

k 是硬化参量，表示不同的应力水平。塑性势面与加载面具有相同形式，但有不同值

$$Q=\frac{I_1^3}{I_3}-k_2=0 \tag{7.5.3}$$

式中 k_2 是 k 的函数，相应于一个加载面有一个对应的塑性势面。

实践证明，金属材料适应关联流动法则，由此算出的变形合乎实际变形。而岩土材料不适应关联流动法则，由此算出的变形与实际变形有较大出入，尤其是应用剪切型屈服面会算出过大剪胀现象，因而当前采用非关联流动法则，即假设一个与破坏面相似的塑性势面，以消除过大的剪胀现象。实际上，上述非关联流动法则只能在一定程度上减少剪胀现象，却增加了新的计算误差。例如对莫尔-库仑屈服条件，采用假设的塑性势角，$\psi<\varphi$ 虽然减少了剪胀，却增大了计算土性参数与实际土性参数的差距。

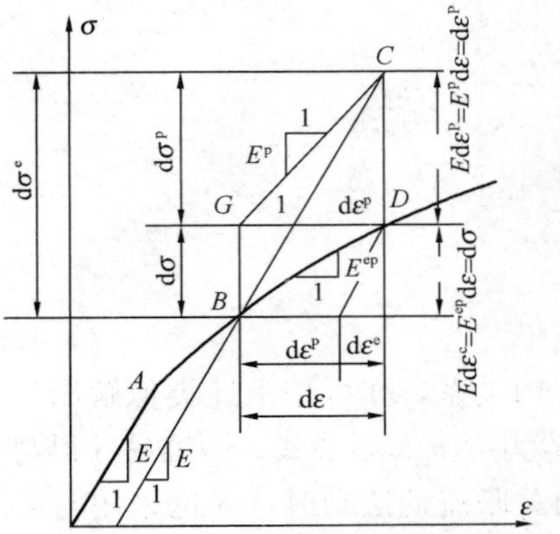

图 7-5 D_e、D_p、D_{ep} 的几何与物理意义

弹塑性应力-应变关系的矩阵表达式，通常写成如下形式

$$\{d\sigma\}=[D_{ep}]\{d\varepsilon\} \tag{7.5.4}$$

式中［D_{ep}］称为弹塑性刚度矩阵。

弹塑性刚度矩阵［D_{ep}］的物理意义，可用一个单向受压的 σ-ε 关系图 7-5 来说明。当材料进入塑性受力阶段后，施加应力 $d\sigma$ 后将产生相应的应变增量

$d\varepsilon$。由于

$$d\sigma = D_e d\varepsilon^e = D_e(d\varepsilon - d\varepsilon^p) = (D_e - D_p)d\varepsilon = D_{ep}d\varepsilon \tag{7.5.5}$$

式中 $D_e = E$，$D_p = E^p = E\dfrac{d\varepsilon^p}{d\varepsilon}$，$D_{ep} = E_{ep} = E - E^p$

这说明在单向受力时，D_e 就是弹性模量 E，是 σ-ε 曲线弹性阶段的斜率；D_p 就是塑性模量 E_p，表示塑性应力增量 $d\sigma^p = d\sigma^e - d\sigma$ 与 $d\varepsilon$ 对应的斜线 GC 的斜率 E^p；而 D_{ep} 为弹塑性模量 E_{ep}，表示应力增量 $d\sigma$ 与应变增量 $d\varepsilon$ 之比。在复杂应力状态下 D_{ep} 就是弹塑性刚度矩阵 $[D_{ep}]$。

将式（7.5.4）两面乘以 $[D_{ep}]^{-1}$，即得

$$\{d\varepsilon\} = [D_{ep}]^{-1}\{d\sigma\} = [C_{ep}]\{d\sigma\} \tag{7.5.6}$$

式中 $[C_{ep}]$ ——弹塑性柔度矩阵，求逆后即为弹塑性刚度矩阵 $[D_{ep}]$。

由上可知，$[D_{ep}]$ 既可直接求出，亦可由 $[C_{ep}]$ 求逆得到。

7.5.2 $[D_{ep}]$ 的两种求法

1. 由 $[C_{ep}]$ 求逆得到 $[D_{ep}]$

$$\{d\varepsilon\} = \{d\varepsilon^e\} + \{d\varepsilon^p\} = [C_e]\{d\sigma\} + d\lambda\left\{\frac{\partial Q}{\partial \sigma}\right\}$$

因为

$$d\lambda = \frac{1}{A}\left\{\frac{\partial F}{\partial \sigma}\right\}^T\{d\sigma\}$$

则有

$$\{d\varepsilon\} = [C_e]\{d\sigma\} + \frac{\left\{\dfrac{\partial F}{\partial \sigma}\right\}^T\left\{\dfrac{\partial Q}{\partial \sigma}\right\}}{A}\{d\sigma\} = ([C_e] + [C_p])\{d\sigma\} = [C_{ep}]\{d\sigma\} \tag{7.5.7}$$

式中 $[C_{ep}] = [C_e] + [C_p]$

$$[C_p] = \frac{\left\{\dfrac{\partial F}{\partial \sigma}\right\}^T\left\{\dfrac{\partial Q}{\partial \sigma}\right\}}{A}$$

由此得

$$[D_{ep}] = [C_{ep}]^{-1} \tag{7.5.8}$$

$[C_{ep}]$ 公式比较简单，而且能够直观地区分出弹性变形与塑性变形，因而用 $[C_{ep}]$ 求逆形成 $[D_{ep}]$ 是合适和方便的。但应注意 $[C_p]$ 不能求逆，因为 $[C_p]_{6\times6}$ 矩阵的秩为 1，其 2～6 阶行列式均等于零，只有加上 $[C_e]$ 后成为弹塑性柔度矩阵 $[C_{ep}]$ 后方可求逆。

2. $[D_{ep}]$ 的一般表达式

$$d\sigma_{ij} = [D_e](d\varepsilon_{ij} - d\varepsilon_{ij}^p) = [D_e]\left(d\varepsilon_{ij} - d\lambda\frac{\partial Q}{\partial \sigma_{ij}}\right) \tag{7.5.9}$$

按相容条件

$$\mathrm{d}\Phi = \frac{\partial \Phi}{\partial \sigma_{ij}}\mathrm{d}\sigma_{ij} + \frac{\partial \Phi}{\partial H}\frac{\partial H}{\partial \varepsilon_{ij}^{\mathrm{p}}}\mathrm{d}\varepsilon_{ij}^{\mathrm{p}} = 0 \tag{7.5.10}$$

将式（7.5.9）、$\mathrm{d}\varepsilon_{ij}^{\mathrm{p}} = \mathrm{d}\lambda \frac{\partial Q}{\partial \sigma_{ij}}$ 及 $A\mathrm{d}\lambda = -\frac{\partial \Phi}{\partial H}\frac{\partial H}{\partial \varepsilon_{ij}^{\mathrm{p}}}\mathrm{d}\varepsilon_{ij}^{\mathrm{p}}$ 代入式（7.5.10）并写成矩阵形式

$$\left\{\frac{\partial \Phi}{\partial \sigma}\right\}^{\mathrm{T}}[D_{\mathrm{e}}]\{\mathrm{d}\varepsilon\} - \left\{\frac{\partial \Phi}{\partial \sigma}\right\}^{\mathrm{T}}[D_{\mathrm{e}}]\mathrm{d}\lambda\left\{\frac{\partial Q}{\partial \sigma}\right\} - A\mathrm{d}\lambda = 0 \tag{7.5.11}$$

则有

$$\mathrm{d}\lambda = \frac{\left\{\frac{\partial \Phi}{\partial \sigma}\right\}^{\mathrm{T}}[D_{\mathrm{e}}]\{\mathrm{d}\varepsilon\}}{A + \left\{\frac{\partial \Phi}{\partial \sigma}\right\}^{\mathrm{T}}[D_{\mathrm{e}}]\left\{\frac{\partial Q}{\partial \sigma}\right\}} \tag{7.5.12}$$

代入式（7.5.9），有

$$\begin{aligned}\{\mathrm{d}\sigma\} &= \left[[D_{\mathrm{e}}] - \frac{\left\{\frac{\partial \Phi}{\partial \sigma}\right\}^{\mathrm{T}}[D_{\mathrm{e}}][D_{\mathrm{e}}]\left\{\frac{\partial \Phi}{\partial \sigma}\right\}}{A + \left\{\frac{\partial \Phi}{\partial \sigma}\right\}^{\mathrm{T}}[D_{\mathrm{e}}]\left\{\frac{\partial \Phi}{\partial \sigma}\right\}}\right]\{\mathrm{d}\varepsilon\} \\ &= ([D_{\mathrm{e}}] - [D_{\mathrm{p}}])\{\mathrm{d}\varepsilon\} = [D_{\mathrm{ep}}]\{\mathrm{d}\varepsilon\}\end{aligned} \tag{7.5.13}$$

式中

$$[D_{\mathrm{ep}}] = [D_{\mathrm{e}}] - [D_{\mathrm{p}}]$$

$$[D_{\mathrm{p}}] = \frac{\left\{\frac{\partial \Phi}{\partial \sigma}\right\}^{T}[D_{\mathrm{e}}][D_{\mathrm{e}}]\left\{\frac{\partial \Phi}{\partial \sigma}\right\}}{A + \left\{\frac{\partial \Phi}{\partial \sigma}\right\}^{\mathrm{T}}[D_{e}]\left\{\frac{\partial \Phi}{\partial \sigma}\right\}} \tag{7.5.14}$$

式（7.5.14）中的弹塑性矩阵虽是以应力表示的，但它并非在应力空间中导出的应力-应变关系，而是在应变空间中导出的（见后述表 8-1），因而式（7.5.14）对硬化材料、软化材料和理想塑性材料都能普遍适用。理想塑性情况下，式中 $A=0$。而且它还适用于非耦合情况下的关联与非关联流动法则。

7.5.3 应力-应变关系的另一种表达式

为了计算简便，黄文熙将式（7.5.14）变换成如下形式，并列出各种受力状态下具体表达式。

$$[D_{\mathrm{ep}}] = [D_{\mathrm{e}}] - \frac{G[X]}{\frac{A}{G} + \overline{\Phi}} \tag{7.5.15}$$

令 G=弹性剪切模量

K=弹性体积模量

$$\left.\begin{aligned}\alpha &= K/G + 4/3 \\ \beta &= K/G - 2/3\end{aligned}\right\} \tag{7.5.16}$$

$$\left.\begin{aligned}
\alpha_1 &= \alpha\frac{\partial Q}{\partial \sigma_x}+\beta\frac{\partial Q}{\partial \sigma_y}+\beta\frac{\partial Q}{\partial \sigma_z}\\
\alpha_2 &= \beta\frac{\partial Q}{\partial \sigma_x}+\alpha\frac{\partial Q}{\partial \sigma_y}+\beta\frac{\partial Q}{\partial \sigma_z}\\
\alpha_3 &= \beta\frac{\partial Q}{\partial \sigma_x}+\beta\frac{\partial Q}{\partial \sigma_y}+\alpha\frac{\partial Q}{\partial \sigma_z}\\
\alpha_4 &= \frac{\partial Q}{\partial \tau_{xy}}\\
\alpha_5 &= \frac{\partial Q}{\partial \tau_{yz}}\\
\alpha_6 &= \frac{\partial Q}{\partial \tau_{zx}}
\end{aligned}\right\} \tag{7.5.17}$$

$$\left.\begin{aligned}
\lambda_1 &= \alpha\frac{\partial \Phi}{\partial \sigma_x}+\beta\frac{\partial \Phi}{\partial \sigma_y}+\beta\frac{\partial \Phi}{\partial \sigma_z}\\
\lambda_2 &= \beta\frac{\partial \Phi}{\partial \sigma_x}+\alpha\frac{\partial \Phi}{\partial \sigma_y}+\beta\frac{\partial \Phi}{\partial \sigma_z}\\
\lambda_3 &= \beta\frac{\partial \Phi}{\partial \sigma_x}+\beta\frac{\partial \Phi}{\partial \sigma_y}+\alpha\frac{\partial \Phi}{\partial \sigma_z}\\
\lambda_4 &= \frac{\partial \Phi}{\partial \tau_{xy}}\\
\lambda_5 &= \frac{\partial \Phi}{\partial \tau_{yz}}\\
\lambda_6 &= \frac{\partial \Phi}{\partial \tau_{zx}}
\end{aligned}\right\} \tag{7.5.18}$$

即可得

1. 三向情况的弹塑性应力-应变关系，即式（7.5.15）中的 $[D_e]$、$\overline{\Phi}$ 及 $[X]$，分别为

$$[D_e]=G\begin{bmatrix}
\alpha & & & & & \\
\beta & \alpha & \text{对} & & & \\
\beta & \beta & \alpha & \text{称} & & \\
0 & 0 & 0 & 1 & & \\
0 & 0 & 0 & 0 & 1 & \\
0 & 0 & 0 & 0 & 0 & 1
\end{bmatrix} \tag{7.5.19}$$

或

$$\left.\begin{aligned}\overline{\Phi}&=\alpha_1\frac{\partial\Phi}{\partial\sigma_x}+\alpha_2\frac{\partial\Phi}{\partial\sigma_y}+\alpha_3\frac{\partial\Phi}{\partial\sigma_z}+\alpha_4\frac{\partial\Phi}{\partial\tau_{xy}}+\alpha_5\frac{\partial\Phi}{\partial\tau_{yz}}+\alpha_6\frac{\partial\Phi}{\partial\tau_{zx}}\\\overline{\Phi}&=\lambda_1\frac{\partial Q}{\partial\sigma_x}+\lambda_2\frac{\partial Q}{\partial\sigma_y}+\lambda_3\frac{\partial Q}{\partial\sigma_z}+\lambda_4\frac{\partial Q}{\partial\tau_{xy}}+\lambda_5\frac{\partial Q}{\partial\tau_{yz}}+\lambda_6\frac{\partial Q}{\partial\tau_{zx}}\end{aligned}\right\}\tag{7.5.20}$$

$$[X]=\begin{bmatrix}\alpha_1\lambda_1&\alpha_1\lambda_2&\alpha_1\lambda_3&\alpha_1\lambda_4&\alpha_1\lambda_5&\alpha_1\lambda_6\\\alpha_2\lambda_1&\alpha_2\lambda_2&\alpha_2\lambda_3&\alpha_2\lambda_4&\alpha_2\lambda_5&\alpha_2\lambda_6\\\alpha_3\lambda_1&\alpha_3\lambda_2&\alpha_3\lambda_3&\alpha_3\lambda_4&\alpha_3\lambda_5&\alpha_3\lambda_6\\\alpha_4\lambda_1&\alpha_4\lambda_2&\alpha_4\lambda_3&\alpha_4\lambda_4&\alpha_4\lambda_5&\alpha_4\lambda_6\\\alpha_5\lambda_1&\alpha_5\lambda_2&\alpha_5\lambda_3&\alpha_5\lambda_4&\alpha_5\lambda_5&\alpha_5\lambda_6\\\alpha_6\lambda_1&\alpha_6\lambda_2&\alpha_6\lambda_3&\alpha_6\lambda_4&\alpha_6\lambda_5&\alpha_6\lambda_6\end{bmatrix}\tag{7.5.21}$$

2. 平面应变情况的 $[D_e]$、$\overline{\Phi}$ 及 $[X]$，可从式（7.5.14）中假定 $d\varepsilon_z=0$，$d\varepsilon_{yz}=0$，$d\varepsilon_{zx}=0$ 后推得如下结果：

$$[D_e]=G\begin{bmatrix}\alpha&\beta&0\\\beta&\alpha&0\\\beta&\beta&0\\0&0&1\end{bmatrix}\tag{7.5.22}$$

$$\left.\begin{aligned}\overline{\Phi}&=\alpha_1\frac{\partial\Phi}{\partial\sigma_x}+\alpha_2\frac{\partial\Phi}{\partial\sigma_y}+\alpha_3\frac{\partial\Phi}{\partial\sigma_z}+\alpha_4\frac{\partial\Phi}{\partial\tau_{xy}}\\\overline{\Phi}&=\lambda_1\frac{\partial Q}{\partial\sigma_x}+\lambda_2\frac{\partial Q}{\partial\sigma_y}+\lambda_3\frac{\partial Q}{\partial\sigma_z}+\lambda_4\frac{\partial Q}{\partial\tau_{xy}}\end{aligned}\right\}\tag{7.5.23}$$

$$[X]=\begin{bmatrix}\alpha_1\lambda_1&\alpha_1\lambda_2&\alpha_1\lambda_4\\\alpha_2\lambda_1&\alpha_2\lambda_2&\alpha_2\lambda_4\\\alpha_3\lambda_1&\alpha_3\lambda_2&\alpha_3\lambda_4\\\alpha_4\lambda_1&\alpha_4\lambda_2&\alpha_4\lambda_4\end{bmatrix}\tag{7.5.24}$$

3. 轴对称情况的 $[D_e]$、$\overline{\Phi}$ 及 $[X]$ 可假定 $d\gamma_{\theta z}=d\gamma_{yz}=0$，$d\gamma_{r\theta}=d\gamma_{zx}=0$ 然后从式（7.5.14）推导得如下结果：

$$[D_e]=G\begin{bmatrix}\alpha&\text{对}&&\\\beta&\alpha&&\text{称}\\\beta&\beta&\alpha&\\0&0&0&1\end{bmatrix}\tag{7.5.25}$$

$$\left.\begin{aligned}\overline{\Phi}&=\alpha_1\frac{\partial\Phi}{\partial\sigma_r}+\alpha_2\frac{\partial\Phi}{\partial\sigma_\theta}+\alpha_3\frac{\partial\Phi}{\partial\sigma_z}+\alpha_4\frac{\partial\Phi}{\partial\tau_{rz}}\\\overline{\Phi}&=\lambda_1\frac{\partial Q}{\partial\sigma_r}+\lambda_2\frac{\partial Q}{\partial\sigma_\theta}+\lambda_3\frac{\partial Q}{\partial\sigma_z}+\lambda_4\frac{\partial Q}{\partial\tau_{rz}}\end{aligned}\right\}\tag{7.5.26}$$

$$[X]=\begin{bmatrix}\alpha_1\lambda_1 & \alpha_1\lambda_2 & \alpha_1\lambda_3 & \alpha_1\lambda_4\\ \alpha_2\lambda_1 & \alpha_2\lambda_2 & \alpha_2\lambda_3 & \alpha_2\lambda_4\\ \alpha_3\lambda_1 & \alpha_3\lambda_2 & \alpha_3\lambda_3 & \alpha_3\lambda_4\\ \alpha_4\lambda_1 & \alpha_4\lambda_2 & \alpha_4\lambda_3 & \alpha_4\lambda_4\end{bmatrix} \tag{7.5.27}$$

7.6　理想塑性条件下几种屈服条件的增量本构关系

已知加载条件的通式为

$$\Phi=\Phi(\sigma_m,\sqrt{J_2},\theta_\sigma,H_\alpha)=0 \tag{7.6.1}$$

塑性势面通常亦具有类似形式

$$Q=Q(\sigma_m,\sqrt{J_2},\theta_\sigma,H_\alpha)=0 \tag{7.6.2}$$

根据上节中所述弹塑性增量本构关系，我们只需知道 A，$\frac{\partial \Phi}{\partial \sigma_{ij}}$，$\frac{\partial Q}{\partial \sigma_{ij}}$ 即能求出弹塑性矩阵，在理想塑性条件下，$A=0$，$\Phi=F=Q$。下面列出应用第四章中所述各种屈服面的增量本构关系。

莫尔-库仑条件为

$$F=\sigma_m\sin\varphi+\sqrt{J_2}\left(\cos\theta_\sigma-\frac{1}{\sqrt{3}}\sin\theta_\sigma\sin\varphi\right)-c\cos\varphi \tag{7.6.3}$$

对应力的导数为

$$\frac{\partial F}{\partial \sigma_{ij}}=\frac{\partial F}{\partial \sigma_m}\frac{\partial \sigma_m}{\partial \sigma_{ij}}+\frac{\partial F}{\partial \sqrt{J_2}}\frac{\partial \sqrt{J_2}}{\partial \sigma_{ij}}+\frac{\partial F}{\partial J_3}\frac{\partial J_3}{\partial \sigma_{ij}}$$

或写成

$$\frac{\partial F}{\partial \sigma_{ij}}=C_1\frac{\partial \sigma_m}{\partial \sigma_{ij}}+C_2\frac{\partial \sqrt{J_2}}{\partial \sigma_{ij}}+C_3\frac{\partial J_3}{\partial \sigma_{ij}} \tag{7.6.4}$$

其中

$$\left.\begin{aligned} C_1&=\frac{\partial F}{\partial \sigma_m}\\ C_2&=\frac{\partial F}{\partial \sqrt{J_2}}\\ C_3&=\frac{\partial F}{\partial J_3}\end{aligned}\right\} \tag{7.6.5}$$

$$\frac{\partial \sigma_m}{\partial \sigma_{ij}}=\frac{1}{3}[1\quad 1\quad 1\quad 0\quad 0\quad 0]^T$$

$$\frac{\partial \sqrt{J_2}}{\partial \sigma_{ij}}=\frac{\partial \sqrt{J_2}}{\partial J_2}\frac{\partial J_2}{\partial \sigma_{ij}}=\frac{1}{2\sqrt{J_2}}[S_x\quad S_y\quad S_z\quad 2\tau_{yz}\quad 2\tau_{zx}\quad 2\tau_{xy}]^T \tag{7.6.6}$$

$$\frac{\partial J_3}{\partial \sigma_{ij}}=\begin{Bmatrix} S_yS_z-\tau_{yz}^2 \\ S_zS_x-\tau_{zx}^2 \\ S_xS_y-\tau_{xy}^2 \\ 2(\tau_{xy}\tau_{xz}-S_x\tau_{yz}) \\ 2(\tau_{yz}\tau_{xy}-S_y\tau_{xz}) \\ 2(\tau_{xz}\tau_{yz}-S_z\tau_{xy}) \end{Bmatrix}+\frac{1}{3}J_2\begin{Bmatrix}1\\1\\1\\0\\0\\0\end{Bmatrix} \tag{7.6.7}$$

因此对于任何类型的屈服面，仅需确定常量 C_1，C_2，C_3，因为其他各项对所有屈服面来说都是一样的。对莫尔-库仑条件，由式（7.6.3）得

$$C_1=\frac{\partial F}{\partial \sigma_m}=\sin\varphi \tag{7.6.8}$$

$$C_2=\frac{\partial F}{\partial \sqrt{J_2}}=\sqrt{J_2}\frac{\partial \cos\theta_\sigma}{\partial \theta_\sigma}\frac{\partial \theta_\sigma}{\partial \sqrt{J_2}}+\cos\theta_\sigma-\frac{\sqrt{J_2}}{\sqrt{3}}\sin\varphi\frac{\partial \sin\theta_\sigma}{\partial \theta_\sigma}\frac{\partial \theta_\sigma}{\partial \sqrt{J_2}}-\frac{1}{\sqrt{3}}\sin\theta_\sigma\sin\varphi \tag{7.6.9}$$

式中

$$\begin{aligned}\frac{\partial \theta_\sigma}{\partial \sqrt{J_2}}&=\frac{\partial\left[\frac{1}{3}\sin^{-1}\left[\frac{-3\sqrt{3}}{2}\frac{J_3}{(\sqrt{J_2})^3}\right]\right]}{\partial \sqrt{J_2}}=\frac{1}{3\sqrt{1-(\sin^2 3\theta_\sigma)}}\cdot\frac{3\sqrt{3}\cdot 3J_3}{2(\sqrt{J_2})^4}\\&=\frac{-\sin3\theta_\sigma}{\cos3\theta}\cdot\frac{1}{\sqrt{J_2}}=-\mathrm{tg}3\theta_\sigma\cdot\frac{1}{\sqrt{J_2}}\end{aligned} \tag{7.6.10}$$

$$\frac{\partial \cos\theta_\sigma}{\partial \theta_\sigma}=-\sin\theta_\sigma,\ \frac{\partial \sin\theta_\sigma}{\partial \theta_\sigma}=\cos\theta_\sigma \tag{7.6.11}$$

将式（7.6.10）和式（7.6.11）代入式（7.6.9）中，得

$$\begin{aligned}C_2&=\mathrm{tg}3\theta_\sigma\sin\theta_\sigma+\cos\theta_\sigma+\frac{1}{\sqrt{3}}\sin\varphi\cos\theta_\sigma\mathrm{tg}3\theta_\sigma-\frac{1}{3}\sin\theta_\sigma\sin\varphi\\&=\cos\theta_\sigma\left[1+\mathrm{tg}\theta_\sigma\mathrm{tg}3\theta_\sigma+\frac{1}{\sqrt{3}}\sin\varphi(\mathrm{tg}3\theta_\sigma-\mathrm{tg}\theta_\sigma)\right]\end{aligned} \tag{7.6.12}$$

$$C_3=\frac{\partial F}{\partial J_3}=\frac{\partial F}{\partial \theta_\sigma}\frac{\partial \theta_\sigma}{\partial J_3}=\left[(-\sin\theta_\sigma)\sqrt{J_2}-\frac{\sqrt{J_2}}{\sqrt{3}}\sin\varphi\cos\theta_\sigma\right]\frac{\partial \theta_\sigma}{\partial J_3} \tag{7.6.13}$$

式中

$$\frac{\partial \theta_\sigma}{\partial J_3}=\frac{1}{3\sqrt{1-\sin^2 3\theta_\sigma}}\cdot\frac{-3\sqrt{3}}{2\sqrt{J_2^3}}=\frac{-\sqrt{3}}{2\sqrt{1-\sin^2 3\theta_\sigma}}\cdot\frac{1}{\sqrt{J_2^3}}=\frac{-\sqrt{3}}{2\sqrt{J_2^3}\cos3\theta_\sigma}$$

将上式代入式（7.6.13），得

$$C_3=\frac{\sqrt{3}\left(\sin\theta_\sigma+\frac{1}{\sqrt{3}}\cos\theta_\sigma\sin\varphi\right)}{2\sqrt{J_2^2}\cos3\theta_\sigma} \tag{7.6.14}$$

分别令式（7.6.8）、式（7.6.12）及式（7.6.14）中 $\varphi=0$，即得屈瑞斯卡函数的导数值。

$$\left.\begin{aligned} C_1 &= 0 \\ C_2 &= \cos\theta_\sigma(1+\mathrm{tg}\theta_\sigma\mathrm{tg}3\theta_\sigma) \\ C_3 &= \frac{\sqrt{3}\sin\theta_\sigma}{2\,(\sqrt{J_2})^2\cos3\theta_\sigma} \end{aligned}\right\} \tag{7.6.15}$$

对于广义米赛斯条件

$$F = 3\alpha\sigma_{\mathrm{m}} + \sqrt{J_2} - k = 0$$

采用与上同样道理求导，得

当 $\theta_\sigma=\dfrac{\pi}{6}$ 时

$$\left.\begin{aligned} C_1 &= \frac{6\sin\varphi}{\sqrt{3}(3-\sin\varphi)} = 3\alpha \\ C_2 &= 1 \\ C_3 &= 0 \end{aligned}\right\} \tag{7.6.16}$$

当 $\theta_\sigma=-\dfrac{\pi}{6}$ 时

$$\left.\begin{aligned} C_1 &= \frac{6\sin\varphi}{\sqrt{3}(3+\sin\varphi)} = 3\alpha \\ C_2 &= 1 \\ C_3 &= 0 \end{aligned}\right\} \tag{7.6.17}$$

当 $\theta_\sigma = \mathrm{tg}^{-1}\left(-\dfrac{\sin\varphi}{\sqrt{3}}\right)$ 时，为德鲁克-普拉格条件

$$\left.\begin{aligned} C_1 &= \frac{\sqrt{3}\sin\varphi}{\sqrt{3+\sin^2\varphi}} = \frac{3\mathrm{tg}\varphi}{\sqrt{9+12\mathrm{tg}^2\varphi}} = 3\alpha \\ C_2 &= 1 \\ C_3 &= 0 \end{aligned}\right\} \tag{7.6.18}$$

对于广义屈瑞斯卡条件，只需将式（7.6.15）中的 C_1 值改为式（7.6.16）～式（7.6.18）中的 C_1 即可，得

$$\left.\begin{aligned} C_1 &= 3\alpha \\ C_2 &= \cos\theta_\sigma(1+\mathrm{tg}\theta_\sigma\mathrm{tg}3\theta_\sigma) \\ C_3 &= \frac{\sqrt{3}\sin\theta_\sigma}{2\,(\sqrt{J_2})^2\cos3\theta_\sigma} \end{aligned}\right\} \tag{7.6.19}$$

对于辛克维兹-潘德条件，其一般式可写成

$$F=\beta p^{2}+\alpha_{1}p-k+\bar{\sigma}_{+}^{2}=0 \tag{7.6.20}$$

式中 $\bar{\sigma}_{+}=\dfrac{\sqrt{J_2}}{g(\theta_\sigma)}$

古德豪斯（Gudehus）等人建议 $g(\theta_\sigma)$ 采用式（4.3.75）

$$g(\theta_\sigma)=\frac{2K}{(1+K)-(1-K)\sin3\theta_\sigma}$$

式中 $K=\dfrac{3-\sin\varphi}{3+\sin\varphi}$

按莫尔-库仑条件，在 π 平面上是不等角六角形，应采用式（4.3.78）

$$g(\theta_\sigma)=\frac{\cos30^\circ-\sin30^\circ\sin\varphi/\sqrt{3}}{\cos\theta_\sigma-\sin\theta_\sigma\sin\varphi/\sqrt{3}}=\frac{A}{\cos\theta_\sigma-\sin\theta_\sigma\sin\varphi/\sqrt{3}}$$

式中 $A=\dfrac{3-\sin\varphi}{2\sqrt{3}}$

将式（4.3.77）代入式（7.6.20），得 π 平面为不等角六边形的屈服条件

$$F=\beta\sigma_{\mathrm{m}}^{2}+\alpha_{1}\sigma_{\mathrm{m}}-k+\frac{(\sqrt{J_2})^{2}}{A^{2}}(\cos\theta_\sigma-\sin\theta_\sigma\sin\varphi/\sqrt{3})^{2} \tag{7.6.21}$$

对式（7.6.21）求导，得

$$C_1=2\beta\sigma_{\mathrm{m}}+\alpha_1 \tag{7.6.22}$$

$$C_2=\frac{\partial F}{\partial\sqrt{J_2}}+\frac{\partial F}{\partial\theta_\sigma}\frac{\partial\theta_\sigma}{\partial\sqrt{J_2}} \tag{7.6.23}$$

而

$$\frac{\partial F}{\partial\sqrt{J_2}}=-\frac{2\sqrt{J_2}^{2}}{A^{2}}\left[\sin\varphi\cos2\theta_\sigma/\sqrt{3}+\frac{1}{2}\sin2\theta_\sigma\times(1-\sin^{2}\varphi/3)\right] \tag{7.6.24}$$

由式（7.6.10）已知

$$\frac{\partial\theta_\sigma}{\partial\sqrt{J_2}}=-\operatorname{tg}3\theta_\sigma\frac{1}{\sqrt{J_2}} \tag{7.6.25}$$

所以

$$\begin{aligned}C_2&=\frac{2\sqrt{J_2}}{A^{2}}\left[(\cos\theta_\sigma-\sin\theta_\sigma\sin\varphi/\sqrt{3})^{2}+\sin\varphi\cos2\theta_\sigma/\sqrt{3}+\frac{1}{2}\sin2\theta_\sigma(1-\sin^{2}\varphi/3)\operatorname{tg}3\theta_\sigma\right]\\&=\frac{2\sqrt{J_2}}{A^{2}}\left[(\cos\theta_\sigma-\sin\theta_\sigma\sin\varphi/\sqrt{3})^{2}+\cos2\theta_\sigma\sin\varphi/\sqrt{3}+\frac{1}{2}\sin2\theta_\sigma(1-\sin^{2}\varphi)\operatorname{tg}3\theta_\sigma\right]\end{aligned} \tag{7.6.26}$$

$$C_3=\frac{\partial F}{\partial J_3}=\frac{\partial F}{\partial\theta_\sigma}\frac{\partial\theta_\sigma}{\partial J_3} \tag{7.6.27}$$

由式（7.6.25）及式（7.6.13）中 $\frac{\partial \theta_\sigma}{\partial J_3}$ 得

$$C_3 = \frac{\sqrt{3}\left[\cos 2\theta_\sigma \sin\varphi/\sqrt{3} + \frac{1}{2}\sin 2\theta_\sigma(1-\sin^2\varphi/3)\right]}{A^2\sqrt{J_2}\cos 3\theta_\sigma} \tag{7.6.28}$$

由表 4-3 可知，双曲线屈服条件，抛物线屈服条件及椭圆屈服条件，只是系数 β、α_1 和 k 不同，所以显而可见，三种屈服条件 C_2 和 C_3 都相同，只是 C_1 不同，下面给出三种屈服条件的 C_1 值。

双曲线型：
$$C_1 = -2\mathrm{tg}^2\bar{\varphi}\sigma_m + 2\bar{c}\mathrm{tg}\bar{\varphi} \tag{7.6.29}$$

抛物线型：
$$C_1 = \frac{1}{\alpha} \tag{7.6.30}$$

椭圆型：
$$C_1 = 2\mathrm{tg}\bar{\varphi}\sigma_m - 2(\alpha-\alpha_1)\,\mathrm{tg}^2\bar{\varphi} \tag{7.6.31}$$

对于式（4.3.76），同样可导得辛克维兹-潘德屈服函数的导数

$$C_1 = 2\beta\sigma_m + \alpha_1$$

$$C_2 = \frac{\sqrt{J_2}}{2K^2}[1+K-(1-K)\sin 3\theta_\sigma][1+K+2(1-K)\sin 3\theta_\sigma]$$

$$C_3 = \frac{-(\sqrt{J_2})^2\,[1+K-(1-K)\sin 3\theta_\sigma]\,[(1-K)\sin 3\theta_\sigma]}{2K^2 J_3}$$

$$= \frac{-3\sqrt{3}(K-1)[1+K(1-K)\sin 3\theta_\sigma]}{4\sqrt{J_2}K^2} \tag{7.6.32}$$

显见，C_1 与前述完全一样，只是 C_2 及 C_3 稍有改变。但用（7.6.21）公式计算时，省略了对角点进行处理。表 7-2 中列出了各种屈服条件的导数值。

下面举几个例子来说明几种屈服面的增量本构关系。当采用相关联流动法则时，$\Phi=Q$。令弹塑性一般本构关系式（7.5.14）中的分母项为 S_0

$$S_0 = A + \left\{\frac{\partial \Phi}{\partial \sigma}\right\}^{\mathrm{T}}[D_e]\left\{\frac{\partial \Phi}{\partial \sigma}\right\} = A + S_1\bar{\sigma}_x + S_2\bar{\sigma}_y + S_3\bar{\sigma}_z + S_4\bar{\sigma}_{xy} + S_5\bar{\sigma}_{yz} + S_6\bar{\sigma}_{zx}$$

$$[D_e]\left\{\frac{\partial \Phi}{\partial \sigma}\right\} = [S_1 \quad S_2 \quad S_3 \quad S_4 \quad S_5 \quad S_6]^{\mathrm{T}}$$

$$\left\{\frac{\partial \Phi}{\partial \sigma}\right\}[D_e] = [S_1 \quad S_2 \quad S_3 \quad S_4 \quad S_5 \quad S_6]$$

其中 $S_i = D_{i1}\bar{\sigma}_x + D_{i2}\bar{\sigma}_y + D_{i3}\bar{\sigma}_z$（$i=1,2,3$）

D_{i1}，D_{i2}，D_{i3}（$i=1,2,3$）均为 $[D_e]$ 中的元素

$S_4 = G\bar{\tau}_{xy}$，$S_5 = G\bar{\tau}_{yz}$，$S_6 = G\bar{\tau}_{zx}$

$\bar{\sigma}_x, \bar{\sigma}_y LL \bar{\tau}_{zx}$ 可由加载函数中偏导求出。当在理想塑性情况下，$A=0$，$\Phi=F$，并在 π 平面上采用德鲁克-普拉格条件时，即有

$$\bar{\sigma}_{ij} = \frac{\partial F}{\partial \sigma_{ij}} = \frac{\partial F}{\partial \sigma_m}\frac{\partial \sigma_m}{\partial \sigma_{ij}} + \frac{\partial F}{\partial \sqrt{J_2}}\frac{\partial \sqrt{J_2}}{\partial \sigma_{ij}} = C_1\frac{\partial \sigma_m}{\partial \sigma_{ij}} + C_2\frac{\partial \sqrt{J_2}}{\partial \sigma_{ij}}$$

各种屈服条件的不变量导数 表 7-2

屈服条件		$C_1=\dfrac{\partial F}{\partial \sigma_m}$	$C_2=\dfrac{\partial F}{\partial \sqrt{J_2}}$	$C_3=\dfrac{\partial F}{\partial J_3}$
米赛斯条件		0	1	0
广义米赛斯条件（德鲁克-普拉格条件）	外角圆锥	$\dfrac{6\sin\varphi}{\sqrt{3}\,(3-\sin\varphi)}$	1	0
	内角圆锥	$\dfrac{6\sin\varphi}{\sqrt{3}\,(3+\sin\varphi)}$	1	0
	内切圆锥	$\dfrac{\sqrt{3}\sin\varphi}{\sqrt{3+\sin^2\varphi}}$	1	0
屈瑞斯卡条件		0	$\cos\theta_\sigma\,(1+\mathrm{tg}\theta_\sigma\mathrm{tg}3\theta_\sigma)$	$\dfrac{\sqrt{3}\sin\theta_\sigma}{2\,(\sqrt{J_2})^2\cos3\theta_\sigma}$
广义屈瑞斯卡条件		3α	$\cos\theta_\sigma\,(1+\mathrm{tg}\theta_\sigma\mathrm{tg}3\theta_\sigma)$	$\dfrac{\sqrt{3}\sin\theta_\sigma}{2\,(\sqrt{J_2})^2\cos3\theta_\sigma}$
莫尔-库仑条件		$\sin\varphi$	$\cos\theta_\sigma\left[1+\mathrm{tg}\theta_\sigma\mathrm{tg}3\theta_\sigma+\dfrac{1}{\sqrt{3}}\sin\varphi(\mathrm{tg}3\theta_\sigma-\mathrm{tg}\theta_\sigma)\right]$	$\dfrac{\sqrt{3}\left(\sin\theta_\sigma+\dfrac{1}{\sqrt{3}}\cos\theta_\sigma\sin\varphi\right)}{2\,(\sqrt{J_2})^2\cos3\theta_\sigma}$
辛克维兹-潘德条件 $g(\theta_\sigma)$ 采用 4.3.77 式	双曲线	$-2\mathrm{tg}^2\bar{\varphi}\sigma_m+2\bar{c}\times\mathrm{tg}\bar{\varphi}$	$\dfrac{2\sqrt{J_2}}{A^2}\left[\left(\cos\theta_\sigma-\sin\theta_\sigma\dfrac{\sin\varphi}{\sqrt{3}}\right)^2+\left(\dfrac{\sin\varphi}{\sqrt{3}}\cos2\theta_\sigma+\dfrac{1}{2}\sin2\theta_\sigma\times\left(1-\dfrac{\sin^2\varphi}{3}\right)\mathrm{tg}3\theta_\sigma\right)\right]$	$\dfrac{\left[\sin\varphi\cos2\theta_\sigma+\dfrac{\sqrt{3}}{2}\sin2\theta_\sigma\left(1-\dfrac{\sin^2\varphi}{3}\right)\right]}{A^2\sqrt{J_2}\cos3\theta_\sigma}$
	抛物线	$1/\alpha$	同上	同上
	椭圆	$2\mathrm{tg}^2\bar{\varphi}\sigma_m-2\,(\alpha-\alpha_1)\,\mathrm{tg}^2\bar{\varphi}$	同上	同上
辛克维兹-潘德条件 $g(\theta_\sigma)$ 采用式(4.3.75)	双曲线	$-2\mathrm{tg}^2\bar{\varphi}\sigma_m+2\bar{c}\times\mathrm{tg}\bar{\varphi}$	$\dfrac{\sqrt{J_2}}{2K^2}[(1+K)-(1-K)\times\sin3\theta_\sigma][(1+K)+2(1-K)\times\sin3\theta_\sigma]$	$\dfrac{-3\sqrt{3}(K-1)[1+K(1-K)]\sin3\theta_\sigma}{4\sqrt{J_2}K^2}$
	抛物线	$1/\alpha$	同上	同上
	椭圆	$2\mathrm{tg}^2\bar{\varphi}\sigma_m-2\,(\alpha-\alpha_1)\,\mathrm{tg}^2\bar{\varphi}$	同上	同上

根据上面导出的 C_1，C_2 值，$\{\bar{\sigma}_{ij}\}$ 立即可获得，并可得塑性矩阵 $[D_p]$ 如下：

$$[D_p]=\begin{bmatrix} S_1^2 & & & & & \\ S_1S_2 & S_2^2 & & & & \\ S_1S_3 & S_2S_3 & S_3^2 & & & \\ S_1S_4 & S_2S_4 & S_3S_4 & S_4^2 & & \\ S_1S_5 & S_2S_5 & S_3S_5 & S_4S_5 & S_5^2 & \\ S_1S_6 & S_2S_6 & S_3S_6 & S_4S_6 & S_5S_6 & S_6^2 \end{bmatrix} \tag{7.6.33}$$

当在子午平面上采用广义米赛斯条件时，有

$$\frac{\partial F}{\partial \sigma_{ij}}=\frac{\partial F}{\partial \sigma_{m}}\frac{\partial \sigma_{m}}{\partial \sigma_{ij}}+\frac{\partial F}{\partial \sqrt{J_2}}\frac{\partial \sqrt{J_2}}{\partial \sigma_{ij}}$$

$$\left\{\frac{\partial F}{\partial \sigma_{ij}}\right\}=\left[\alpha+\frac{\sigma_x-\sigma_m}{2\sqrt{J_2}}\quad \alpha+\frac{\sigma_y-\sigma_m}{2\sqrt{J_2}}\quad \alpha+\frac{\sigma_z-\sigma_m}{2\sqrt{J_2}}\quad \frac{\tau_{xy}}{\sqrt{J_2}}\quad \frac{\tau_{yz}}{\sqrt{J_2}}\quad \frac{\tau_{zx}}{\sqrt{J_2}}\right] \tag{7.6.34}$$

当子午面上采用椭圆屈服函数 F，而 π 平面上仍采用德鲁克-普拉格圆时

$$F=(I_1-a)^2+b\left(\sqrt{J_2}\right)^2-d=0 \tag{7.6.35}$$

则

$$\left.\begin{aligned}
\bar{\sigma}_x&=\frac{\partial F}{\partial \sigma_x}=(2I_1-2a)+\frac{b}{3}(\sigma_x-\sigma_m)\\
\bar{\sigma}_y&=\frac{\partial F}{\partial \sigma_y}=(2I_1-2a)+\frac{b}{3}(\sigma_y-\sigma_m)\\
\bar{\sigma}_z&=\frac{\partial F}{\partial \sigma_z}=(2I_1-2a)+\frac{b}{3}(\sigma_z-\sigma_m)\\
\bar{\tau}_{xy}&=\frac{\partial F}{\partial \tau_{xy}}=2b\tau_{xy}\\
\bar{\tau}_{yz}&=\frac{\partial F}{\partial \tau_{yz}}=2b\tau_{yz}\\
\bar{\tau}_{zx}&=\frac{\partial F}{\partial \tau_{zx}}=2b\tau_{zx}
\end{aligned}\right\} \tag{7.6.36}$$

由此就能由式（7.6.36）求得 $[D_P]$，除平面应变情况外，π 平面上采用德鲁克-普拉格条件，其计算结果不如在 π 平面上采用莫尔-库仑条件准确。

7.7 广义塑性力学中弹塑性应力-应变关系

广义塑性力学中，应力-应变关系较为复杂，因为三个屈服面可能全部处于加载状态，即全部屈服，也可能只有其中一、两个屈服面处于加载状态，即部分屈服。当全部屈服时，应采用全部屈服时的应力-应变关系；而当只有一个屈服面屈服时应采用单屈服面应力-应变关系；当二个屈服面屈服时采用双屈服面应力-应变关系，单屈服面与双屈服面应力-应变关系是其特例。

7.7.1 广义塑性力学中弹塑性柔度矩阵

弹塑性刚度矩阵 $[D_{ep}]$ 可由 $[C_{ep}]$ 求逆得到，而求 $[C_{ep}]$ 的关键是求出塑性柔度矩阵 $[C_p]$。

1. 依据单屈服面模型中 $[C_{ep}]$ 推广求广义塑性力学中的 $[C_{ep}]$

$$\begin{aligned}
\{d\varepsilon\}&=\{d\varepsilon^e\}+\sum_{k=1}^{3}\{d\varepsilon_k^p\}=\left([C_e]+\sum_{k=1}^{3}[C_{pk}]\right)\{d\sigma\}\\
&=([C_e]+[C_p])\{d\sigma\}=[C_{ep}]\{d\sigma\}
\end{aligned} \tag{7.7.1}$$

与单屈服面模型类似，有

$$[C_{pk}]=\left\{\frac{\partial Q_k}{\partial \sigma}\right\}\left\{\frac{\partial F_k}{\partial \sigma}\right\}^T\Big/A_k\quad(k=1,2,3) \tag{7.7.2}$$

式中 A_k 见表 6-1。

因此有

$$[C_{ep}]=[C_e]+\frac{1}{A_1}\left\{\frac{\partial Q_1}{\partial\sigma}\right\}\left\{\frac{\partial F_1}{\partial\sigma}\right\}^T+\frac{1}{A_2}\left\{\frac{\partial Q_2}{\partial\sigma}\right\}\left\{\frac{\partial F_2}{\partial\sigma}\right\}^T+\frac{1}{A_3}\left\{\frac{\partial Q_3}{\partial\sigma}\right\}\left\{\frac{\partial F_3}{\partial\sigma}\right\}^T \tag{7.7.3}$$

如果 $Q_1=\sigma_1$，$Q_2=\sigma_2$，$Q_3=\sigma_3$ 时，$\Phi_k=\Phi_k(\sigma_i,\ \varepsilon_i^p)$，而 $F_k=F_k(\sigma_i)$ $(k=i=1,\ 2,\ 3)$，则式（7.7.3）变为

$$[C_{ep}]=[C_e]+\frac{1}{A_1}\left\{\frac{\partial \sigma_1}{\partial\sigma}\right\}\left\{\frac{\partial F_1}{\partial\sigma}\right\}^T+\frac{1}{A_2}\left\{\frac{\partial \sigma_2}{\partial\sigma}\right\}\left\{\frac{\partial F_2}{\partial\sigma}\right\}^T+\frac{1}{A_3}\left\{\frac{\partial \sigma_3}{\partial\sigma}\right\}\left\{\frac{\partial F_3}{\partial\sigma}\right\}^T \tag{7.7.4}$$

式中 $\left\{\frac{\partial\sigma_1}{\partial\sigma}\right\}=[1\quad 0\quad 0\quad 0\quad 0\quad 0]^T$

$$\left\{\frac{\partial\sigma_2}{\partial\sigma}\right\}=[0\quad 1\quad 0\quad 0\quad 0\quad 0]^T$$

$$\left\{\frac{\partial\sigma_3}{\partial\sigma}\right\}=[0\quad 0\quad 1\quad 0\quad 0\quad 0]^T$$

$$A_1=\frac{\partial\Phi_1}{\partial\varepsilon_1^p},\ A_2=\frac{\partial\Phi_2}{\partial\varepsilon_2^p},\ A_3=\frac{\partial\Phi_3}{\partial\varepsilon_3^p}$$

当 $\Phi_1=\varepsilon_1^p$，$\Phi_2=\varepsilon_2^p$，$\Phi_3=\varepsilon_3^p$ 时，则 $A_1=A_2=A_3=1$。

当 $Q_1=p$，$Q_2=q$，$Q_3=\theta_\sigma$，$\Phi_v=\varepsilon_v^p$，$\Phi_q=\bar{\gamma}_q^p$，$\Phi_\theta=\bar{\gamma}_\theta^p$ 时，$F_k=F_k(p,\ q,\ \theta_\sigma)$，$(k=v,\ q,\ \theta)$时，则有 $A_v=A_q=A_\theta=1$，式（7.7.3）变为

$$[C_{ep}]=[C_e]+\left\{\frac{\partial p}{\partial\sigma}\right\}\left\{\frac{\partial F_v}{\partial\sigma}\right\}^T+\left\{\frac{\partial q}{\partial\sigma}\right\}\left\{\frac{\partial F_q}{\partial\sigma}\right\}^T+\left\{\frac{\partial \theta_\sigma}{\partial\sigma}\right\}\left\{\frac{\partial F_\theta}{\partial\sigma}\right\}^T \tag{7.7.5}$$

式中 $\left\{\frac{\partial p}{\partial\sigma}\right\}=\frac{1}{3}[1\quad 1\quad 1\quad 0\quad 0\quad 0]^T$

$$\left\{\frac{\partial q}{\partial\sigma}\right\}=\frac{\sqrt{3}}{2\sqrt{J_2}}[S_x\quad S_y\quad S_z\quad 2\tau_{yz}\quad 2\tau_{zx}\quad 2\tau_{xy}]^T$$

$$\left\{\frac{\partial\theta_\sigma}{\partial\sigma}\right\}=\frac{\sqrt{3}}{\sqrt{J_2}\sqrt{4J_2^3-27J_2^3}}\left\{\frac{3J_3}{2\sqrt{J_2}}\begin{bmatrix}S_x\\S_y\\S_z\\2\tau_{yz}\\2\tau_{zx}\\2\tau_{xy}\end{bmatrix}-\sqrt{J_2}\begin{bmatrix}S_yS_z-\tau_{yz}^2\\S_zS_x-\tau_{zx}^2\\S_xS_y-\tau_{xy}^2\\2(\tau_{yx}\tau_{xz}-S_x\tau_{yz})\\2(\tau_{yz}\tau_{xy}-S_y\tau_{xz})\\2(\tau_{xz}\tau_{yz}-S_z\tau_{xy})\end{bmatrix}-\frac{J_2^{\frac{3}{2}}}{3}\begin{bmatrix}1\\1\\1\\0\\0\\0\end{bmatrix}\right\}$$

由式（7.7.3）可见，此式十分适用部分加载情况，如屈服面 $F_1=F_3$ 处于加载状态，而 F_2 处于非加载状态，只需将式中 F_2 项取消即得 $[C_e]$。

2. 先求主应力空间中塑性柔度矩阵 $[A_P]$，然后通过转换矩阵求 $[C_{ep}]$

如果 $\varepsilon_k^p=F_k(\sigma_i)$，$(k,\ i=1,\ 2,\ 3)$，则有

$$d\varepsilon_k^p = [A_p]d\sigma_i = \begin{bmatrix} \frac{\partial F_1}{\partial \sigma_1} & \frac{\partial F_1}{\partial \sigma_2} & \frac{\partial F_1}{\partial \sigma_3} \\ \frac{\partial F_2}{\partial \sigma_1} & \frac{\partial F_2}{\partial \sigma_2} & \frac{\partial F_2}{\partial \sigma_3} \\ \frac{\partial F_3}{\partial \sigma_1} & \frac{\partial F_3}{\partial \sigma_2} & \frac{\partial F_3}{\partial \sigma_3} \end{bmatrix} d\sigma_i \tag{7.7.6}$$

通过坐标变换，可由［A_P］获得一般应力-应变关系中的塑性柔度矩阵［C_p］

$$\{d\varepsilon^p\} = [C_p]\{d\sigma\} = ([T]_{6\times3}[A_p]_{3\times3}[T]_{3\times6}^T)\{d\sigma\} \tag{7.7.7}$$

式中

$$[T] = \begin{bmatrix} l_1^2 & m_1^2 & n_1^2 \\ l_2^2 & m_2^2 & n_2^2 \\ l_3^2 & m_3^2 & n_3^2 \\ 2l_1l_2 & 2m_1m_2 & 2n_1n_2 \\ 2l_2l_3 & 2m_2m_3 & 2n_2n_3 \\ 2l_3l_1 & 2m_3m_1 & 2n_3n_1 \end{bmatrix}$$

$$[C_{ep}] = [C_e] + [C_p] \tag{7.7.8}$$

当 $F_k = F_k(p, q, \theta_\sigma)$ 时，则有

$$\begin{Bmatrix} d\varepsilon_v^p \\ d\bar{\gamma}_q^p \\ d\bar{\gamma}_\theta^p \end{Bmatrix} = [A'_p]\begin{Bmatrix} dp \\ dq \\ d\theta_\sigma \end{Bmatrix} = \begin{bmatrix} \frac{\partial F_v}{\partial p} & \frac{\partial F_v}{\partial q} & \frac{\partial F_v}{\partial \theta} \\ \frac{\partial F_q}{\partial p} & \frac{\partial F_q}{\partial q} & \frac{\partial F_q}{\partial \theta} \\ \frac{\partial F_\theta}{\partial p} & \frac{\partial F_\theta}{\partial q} & \frac{\partial F_\theta}{\partial \theta} \end{bmatrix} \begin{Bmatrix} dp \\ dq \\ d\theta_\sigma \end{Bmatrix}$$

$$= [A'_p][B]\begin{Bmatrix} d\sigma_1 \\ d\sigma_2 \\ d\sigma_3 \end{Bmatrix} = [A_p]\begin{Bmatrix} d\sigma_1 \\ d\sigma_2 \\ d\sigma_3 \end{Bmatrix} \tag{7.7.9}$$

式中 $[A_p] = [A'_p][B]$ (7.7.10)

式中［B］为转换矩阵，推导如下：

令

$$\begin{Bmatrix} dp \\ dq \\ d\theta_\sigma \end{Bmatrix} = [B]\begin{Bmatrix} d\sigma_1 \\ d\sigma_2 \\ d\sigma_3 \end{Bmatrix} \tag{7.7.11}$$

$$\begin{cases} p = \frac{1}{3}(\sigma_1 + \sigma_2 + \sigma_3) \\ q = \frac{1}{\sqrt{2}}\sqrt{(\sigma_1 - \sigma_2)^2 + (\sigma_2 - \sigma_3)^2 + (\sigma_1 - \sigma_3)^2} \\ \mathrm{tg}\theta_\sigma = \frac{1}{\sqrt{3}}\frac{2\sigma_2 - \sigma_1 - \sigma_3}{\sigma_1 - \sigma_3} \end{cases} \tag{7.7.12}$$

将式（7.7.12）微分得

$$\left.\begin{aligned} dp &= \frac{1}{3}(d\sigma_1 + d\sigma_2 + d\sigma_3) \\ dq &= \frac{1}{2q}[3(\sigma_1 - p)d\sigma_1 + 3(\sigma_2 - p)d\sigma_2 + 3(\sigma_3 - p)d\sigma_3] \\ d(\mathrm{tg}\theta_\sigma) &= (1 + \mathrm{tg}^2\theta_\sigma)d\theta_\sigma = \frac{2}{\sqrt{3}}\frac{(\sigma_3 - \sigma_2)d\sigma_1 + (\sigma_1 - \sigma_3)d\sigma_2 + (\sigma_2 - \sigma_1)d\sigma_3}{(\sigma_1 - \sigma_2)^2} \end{aligned}\right\} \tag{7.7.13}$$

由式（7.7.13）中第三式得

$$d\theta_\sigma = K_e(\sigma_3 - \sigma_2)d\sigma_1 + K_e(\sigma_1 - \sigma_3)d\sigma_2 + K_e(\sigma_2 - \sigma_1)d\sigma_3 \tag{7.7.14}$$

式中 $K_e = \dfrac{2}{\sqrt{3}(\sigma_1 - \sigma_3)^2(1 + \mathrm{tg}^2\theta_\sigma)} = \dfrac{\sqrt{3}}{2q^2}$

由上得

$$[B] = \begin{bmatrix} \frac{1}{3} & \frac{1}{3} & \frac{1}{3} \\ \frac{3(\sigma_1 - p)}{2q} & \frac{3(\sigma_2 - p)}{2q} & \frac{3(\sigma_3 - p)}{2q} \\ K_e(\sigma_3 - \sigma_2) & K_e(\sigma_1 - \sigma_3) & K_e(\sigma_2 - \sigma_1) \end{bmatrix} \tag{7.7.15}$$

将式 $[A_p]$ 代入式（7.7.7）即得 $[C_p]$。

7.7.2 广义塑性力学中 $[\boldsymbol{D}_{ep}]$ 一般表达式

按等值面硬化规律，有

$$\Phi_k(\sigma_{ij}) = H_k(H_{ak}) \quad (k = 1,2,3)$$

上式微分得

$$\left\{\frac{\partial \Phi_k}{\partial \sigma}\right\}^T \{d\sigma\} = \frac{H_k}{\partial H_{ak}}\left\{\frac{\partial H_{ak}}{\partial \varepsilon_k^p}\right\}^T \{d\varepsilon_k^p\} \tag{7.7.16}$$

$$\{d\sigma\} = [D]\left(\{d\varepsilon\} - \sum_{k=1}^{3}\{d\varepsilon_k^p\}\right) \tag{7.7.17}$$

由广义流动法则

$$\{d\varepsilon_k^p\} = \sum_{k=1}^{3} d\lambda_k \left\{\frac{\partial Q_k}{\partial \sigma}\right\} \quad (k = 1,2,3) \tag{7.7.18}$$

将式（7.7.17）与式（7.7.18）代入式（7.7.16）整理得

$$[\alpha_{kl}]_{3\times3}\{d\lambda\} = \left\{\frac{\partial \Phi}{\partial \sigma}\right\}_{3\times6}^T [D]\{d\varepsilon\} \tag{7.7.19}$$

式中 $\{d\lambda\} = \{d\lambda_1, d\lambda_2, d\lambda_3\}^T$

$$\alpha_{kl} = \left\{\frac{\partial \Phi_k}{\partial \sigma}\right\}^T [D]\left\{\frac{\partial Q_l}{\partial \sigma}\right\} + \delta_{kl}A_k$$

$$\delta_{kl} = \begin{cases} 1, k = l \\ 0, k \neq l \end{cases}$$

$A_k = \dfrac{\partial \Phi_k}{\partial H_{ak}}\left\{\dfrac{\partial H_{ak}}{\partial \varepsilon_k^p}\right\}^T\left\{\dfrac{\partial Q_k}{\partial \sigma}\right\}$，可查 6.5 节中的有关公式；

$$\left\{\frac{\partial \Phi}{\partial \sigma}\right\}_{3\times6}^T = \left\{\frac{\partial \Phi_1}{\partial \sigma} \quad \frac{\partial \Phi_2}{\partial \sigma} \quad \frac{\partial \Phi_3}{\partial \sigma}\right\}^T$$

由式（7.7.19）得

$$\mathrm{d}\lambda = [\alpha_{kl}]_{3\times3}^{-1} \left\{\frac{\partial \Phi}{\partial \sigma}\right\}_{3\times6}^{\mathrm{T}} [D]\{\mathrm{d}\varepsilon\} \tag{7.7.20}$$

式（7.7.20）与式（7.7.18）代入式（7.7.17）得

$$\{\mathrm{d}\sigma\} = \left\{[D] - [D]\left\{\frac{\partial Q}{\partial \sigma}\right\}_{6\times3} [\alpha_{kl}]_{3\times3}^{-1} \left\{\frac{\partial \Phi}{\partial \sigma}\right\}_{3\times6}^{\mathrm{T}} [D]\right\}\{\mathrm{d}\varepsilon\} \tag{7.7.21}$$

式中 $\left\{\frac{\partial Q}{\partial \sigma}\right\}_{6\times3} = \left\{\frac{\partial Q_1}{\partial \sigma} \quad \frac{\partial Q_2}{\partial \sigma} \quad \frac{\partial Q_3}{\partial \sigma}\right\}$

即有

$$[D_{\mathrm{ep}}] = [D] - [D]\left\{\frac{\partial Q}{\partial \sigma}\right\}_{6\times3} [\alpha_{kl}]^{-1} \left\{\frac{\partial \Phi}{\partial \sigma}\right\}_{3\times6}^{\mathrm{T}} [D] \tag{7.7.22}$$

单屈服面情况下，式（7.7.22）变为

$$[D_{\mathrm{ep}}] = [D] - \frac{[D]\left\{\frac{\partial Q}{\partial \sigma}\right\}\left\{\frac{\partial \Phi}{\partial \sigma}\right\}^{\mathrm{T}}[D]}{\left\{\frac{\partial \Phi}{\partial \sigma}\right\}^{\mathrm{T}}[D]\left\{\frac{\partial Q}{\partial \sigma}\right\} + \frac{\partial \Phi}{\partial H_\alpha}\left\{\frac{\partial H_\alpha}{\partial \varepsilon^{\mathrm{p}}}\right\}^{\mathrm{T}}\left\{\frac{\partial Q}{\partial \sigma}\right\}} \tag{7.7.23}$$

式（7.7.23）即为传统塑性力学中的弹塑性矩阵。式（7.7.22）对于硬化材料、软化材料和理想塑性材料都适用。既可用于三屈服面模型，也可适用于双屈服面模型和单屈服面模型。

应当注意，采用关联流动法则的单屈服面模型与采用广义塑性力学的单屈服面模型是不同的。$Q=\Phi=F_{\mathrm{q}}(p, q, \theta_\sigma)$，并采用广义米赛斯条件，则式（7.7.23）必为对称矩阵，符合关联流动法则，其计算结果与按 7.4 节算得的结果相同。当取 $Q=q$，$\Phi=F_{\mathrm{q}}(p, q, \theta_\sigma)$，并应用广义米赛斯条件，则式（7.7.23）为非对称矩阵，符合广义塑性流动法则，其计算结果与按 7.4 节算得的结果不同。

7.7.3　双屈服面情况下另一种应力-应变关系式

黄文熙给出了双屈服面或奇异屈服面的应力-应变关系式。此式适用于两个屈服面情况，当其中一个屈服面屈服时，未达到屈服的屈服面及其相应塑性势面的导数均应取零。

双屈服面或奇异屈服面（只限两支正则屈服面）的塑性应变增量包括两部分

$$\{\mathrm{d}\varepsilon^{\mathrm{p}}\} = \mathrm{d}\lambda_1\left\{\frac{\partial Q_1}{\partial \sigma}\right\} + \mathrm{d}\lambda_2\left\{\frac{\partial Q_2}{\partial \sigma}\right\} \tag{7.7.24}$$

故总应变增量为

$$\{\mathrm{d}\varepsilon\} = [D_{\mathrm{e}}]^{-1}\{\mathrm{d}\sigma\} + \mathrm{d}\lambda_1\left\{\frac{\partial Q_1}{\partial \sigma}\right\} + \mathrm{d}\lambda_2\left\{\frac{\partial Q_2}{\partial \sigma}\right\} \tag{7.7.25}$$

因

$$\left.\begin{aligned}\left\{\frac{\partial \Phi_1}{\partial \sigma}\right\}^{\mathrm{T}}\{\mathrm{d}\sigma\} &= (-1)\frac{\partial \Phi_1}{\partial H_1}\mathrm{d}H_1\\ \left\{\frac{\partial \Phi_2}{\partial \sigma}\right\}^{\mathrm{T}}\{\mathrm{d}\sigma\} &= (-1)\frac{\partial \Phi_2}{\partial H_2}\mathrm{d}H_2\end{aligned}\right\} \tag{7.7.26}$$

从上述三式可得

$$\left.\begin{aligned}
\{d\sigma\} &= [D_e]\{d\varepsilon\} - d\lambda_1 [D_e]\left\{\frac{\partial Q_1}{\partial \sigma}\right\} - d\lambda_2 [D_e]\left\{\frac{\partial Q_2}{\partial \sigma}\right\} \\
d\lambda_1 &= \frac{1}{A_1}\left\{\frac{\partial \Phi_1}{\partial \sigma}\right\}^{T}\{d\sigma\} = \frac{(-1)}{A_1}\frac{\partial \Phi_1}{\partial H_1}dH_1 \\
d\lambda_2 &= \frac{1}{A_2}\left\{\frac{\partial \Phi_2}{\partial \sigma}\right\}^{T}\{d\sigma\} = \frac{(-1)}{A_2}\frac{\partial \Phi_2}{\partial H_2}dH_2
\end{aligned}\right\} \tag{7.7.27}$$

解这三个方程式中的 $d\lambda_1$，$d\lambda_2$ 及 $\{d\sigma\}$ 最后可得

$$\{d\sigma\} = [D_{ep}]\{d\varepsilon\} \tag{7.7.28}$$

其中

$$[D_{ep}] = [D_e] - \frac{G[X]}{B_1 B_2 - \psi_{\Phi 1Q2}\psi_{\Phi 2Q1}} \tag{7.7.29}$$

式中

$$\begin{aligned}
B_1 &= \frac{A_1}{G} + \psi_{\Phi 1Q1} \\
B_2 &= \frac{A_2}{G} + \psi_{\Phi 2Q2}
\end{aligned} \tag{7.7.30}$$

$$[X] = B_2[X_{\Phi 1Q1}] + B_1[X_{\Phi 2Q2}] - \psi_{\Phi 1Q2}[X_{\Phi 2Q1}] - \psi_{\Phi 2Q1}[X_{\Phi 1Q2}]$$

$$\left.\begin{aligned}
\alpha_{j1} &= \alpha\frac{\partial Q_j}{\partial \sigma_x} + \beta\frac{\partial Q_j}{\partial \sigma_y} + \beta\frac{\partial Q_j}{\partial \sigma_z} \\
\alpha_{j2} &= \beta\frac{\partial Q_j}{\partial \sigma_x} + \alpha\frac{\partial Q_j}{\partial \sigma_y} + \beta\frac{\partial Q_j}{\partial \sigma_z} \\
\alpha_{j3} &= \beta\frac{\partial Q_j}{\partial \sigma_x} + \beta\frac{\partial Q_j}{\partial \sigma_y} + \alpha\frac{\partial Q_j}{\partial \sigma_z} \\
\alpha_{j4} &= \frac{\partial Q_j}{\partial \tau_{xy}} \\
\alpha_{j5} &= \frac{\partial Q_j}{\partial \tau_{yz}} \\
\alpha_{j6} &= \frac{\partial Q_j}{\partial \tau_{zx}}
\end{aligned}\right\} \tag{7.7.31}$$

$$\left.\begin{aligned}
\lambda_{i1} &= \alpha\frac{\partial \Phi_i}{\partial \sigma_x} + \beta\frac{\partial \Phi_i}{\partial \sigma_y} + \beta\frac{\partial \Phi_i}{\partial \sigma_z} \\
\lambda_{i2} &= \beta\frac{\partial \Phi_i}{\partial \sigma_x} + \alpha\frac{\partial \Phi_i}{\partial \sigma_y} + \beta\frac{\partial \Phi_i}{\partial \sigma_z} \\
\lambda_{i3} &= \beta\frac{\partial \Phi_i}{\partial \sigma_x} + \beta\frac{\partial \Phi_i}{\partial \sigma_y} + \alpha\frac{\partial \Phi_i}{\partial \sigma_z} \\
\lambda_{i4} &= \frac{\partial \Phi_i}{\partial \tau_{xy}} \\
\lambda_{i5} &= \frac{\partial \Phi_i}{\partial \tau_{yz}} \\
\lambda_{i6} &= \frac{\partial \Phi_i}{\partial \tau_{zx}}
\end{aligned}\right\} \tag{7.7.32}$$

可得：

1. 三向情况

$$\begin{aligned}\psi_{\Phi iQj} &= \alpha_{j1}\frac{\partial \Phi_i}{\partial \sigma_x}+\alpha_{j2}\frac{\partial \Phi_i}{\partial \sigma_y}+\alpha_{j3}\frac{\partial \Phi_i}{\partial \sigma_z}+\alpha_{j4}\frac{\partial \Phi_i}{\partial \tau_{xy}}+\alpha_{j5}\frac{\partial \Phi_i}{\partial \tau_{yz}}+\alpha_{j6}\frac{\partial \Phi_i}{\partial \tau_{zx}}\\ &= \lambda_{i1}\frac{\partial Q_j}{\partial \sigma_x}+\lambda_{i2}\frac{\partial Q_j}{\partial \sigma_y}+\lambda_{i3}\frac{\partial Q_j}{\partial \sigma_z}+\lambda_{i4}\frac{\partial Q_j}{\partial \tau_{xy}}+\lambda_{i5}\frac{\partial Q_j}{\partial \tau_{yz}}+\lambda_{i6}\frac{\partial Q_j}{\partial \tau_{zx}}\\ &= \psi_{Qj\Phi i}\end{aligned} \tag{7.7.33}$$

$$[X_{\Phi iQj}]=\begin{bmatrix}\alpha_{j1}\lambda_{i1} & \alpha_{j1}\lambda_{i2} & \alpha_{j1}\lambda_{i3} & \alpha_{j1}\lambda_{i4} & \alpha_{j1}\lambda_{i5} & \alpha_{j1}\lambda_{i6}\\ \alpha_{j2}\lambda_{i1} & \alpha_{j2}\lambda_{i2} & \alpha_{j2}\lambda_{i3} & \alpha_{j2}\lambda_{i4} & \alpha_{j2}\lambda_{i5} & \alpha_{j2}\lambda_{i6}\\ \alpha_{j3}\lambda_{i1} & \alpha_{j3}\lambda_{i2} & \alpha_{j3}\lambda_{i3} & \alpha_{j3}\lambda_{i4} & \alpha_{j3}\lambda_{i5} & \alpha_{j3}\lambda_{i6}\\ \alpha_{j4}\lambda_{i1} & \alpha_{j4}\lambda_{i2} & \alpha_{j4}\lambda_{i3} & \alpha_{j4}\lambda_{i4} & \alpha_{j4}\lambda_{i5} & \alpha_{j4}\lambda_{i6}\\ \alpha_{j5}\lambda_{i1} & \alpha_{j5}\lambda_{i2} & \alpha_{j5}\lambda_{i3} & \alpha_{j5}\lambda_{i4} & \alpha_{j5}\lambda_{i5} & \alpha_{j5}\lambda_{i6}\\ \alpha_{j6}\lambda_{i1} & \alpha_{j6}\lambda_{i2} & \alpha_{j6}\lambda_{i3} & \alpha_{j6}\lambda_{i4} & \alpha_{j6}\lambda_{i5} & \alpha_{j6}\lambda_{i6}\end{bmatrix} \tag{7.7.34}$$

2. 平面应变情况

$$\begin{aligned}\psi_{\Phi iQj} &= \alpha_{j1}\frac{\partial \Phi_i}{\partial \sigma_x}+\alpha_{j2}\frac{\partial \Phi_i}{\partial \sigma_y}+\alpha_{j3}\frac{\partial \Phi_i}{\partial \sigma_z}+\alpha_{j4}\frac{\partial \Phi_i}{\partial \tau_{xy}}\\ &= \lambda_{i1}\frac{\partial Q_j}{\partial \sigma_x}+\lambda_{i2}\frac{\partial Q_j}{\partial \sigma_y}+\lambda_{i3}\frac{\partial Q_j}{\partial \sigma_z}+\lambda_{i4}\frac{\partial Q_j}{\partial \tau_{xy}}\\ &= \psi_{Qj\Phi i}\end{aligned} \tag{7.7.35}$$

$$[X_{\Phi iQj}]=\begin{bmatrix}\alpha_{j1}\lambda_{i1} & \alpha_{j1}\lambda_{i2} & \alpha_{j1}\lambda_{i4}\\ \alpha_{j2}\lambda_{i1} & \alpha_{j2}\lambda_{i2} & \alpha_{j2}\lambda_{i4}\\ \alpha_{j3}\lambda_{i1} & \alpha_{j3}\lambda_{i2} & \alpha_{j3}\lambda_{i4}\\ \alpha_{j4}\lambda_{i1} & \alpha_{j4}\lambda_{i2} & \alpha_{j4}\lambda_{i4}\end{bmatrix} \tag{7.7.36}$$

3. 轴对称情况

$$\begin{aligned}\psi_{\Phi iQj} &= \alpha_{j1}\frac{\partial \Phi_i}{\partial \sigma_r}+\alpha_{j2}\frac{\partial \Phi_i}{\partial \sigma_\theta}+\alpha_{j3}\frac{\partial \Phi_i}{\partial \sigma_z}+\alpha_{j4}\frac{\partial \Phi_i}{\partial \tau_{rz}}\\ &= \lambda_{i1}\frac{\partial Q_j}{\partial \sigma_r}+\lambda_{i2}\frac{\partial Q_j}{\partial \sigma_\theta}+\lambda_{i3}\frac{\partial Q_j}{\partial \sigma_z}+\lambda_{i4}\frac{\partial Q_j}{\partial \tau_{rz}}\\ &= \psi_{Qj\Phi i}\end{aligned} \tag{7.7.37}$$

$$[X_{\Phi iQj}]=\begin{bmatrix}\alpha_{j1}\lambda_{i1} & \alpha_{j1}\lambda_{i2} & \alpha_{j1}\lambda_{i3} & \alpha_{j1}\lambda_{i4}\\ \alpha_{j2}\lambda_{i1} & \alpha_{j2}\lambda_{i2} & \alpha_{j2}\lambda_{i3} & \alpha_{j2}\lambda_{i4}\\ \alpha_{j3}\lambda_{i1} & \alpha_{j3}\lambda_{i2} & \alpha_{j3}\lambda_{i3} & \alpha_{j3}\lambda_{i4}\\ \alpha_{j4}\lambda_{i1} & \alpha_{j4}\lambda_{i2} & \alpha_{j4}\lambda_{i3} & \alpha_{j4}\lambda_{i4}\end{bmatrix} \tag{7.7.38}$$

7.8 弹塑性耦合的应力-应变关系

7.8.1 实用应力-应变关系

当考虑弹塑性耦合时，通常假设以塑性功 W^P 作为硬化参量，并假设 $[D_e]$ 或 $[D_e]^{-1}$ 是塑性功 W^P 的函数，由于有

$$\{\sigma\} = [D_e]\{\varepsilon\} - [D_e]\{\varepsilon^p\} \tag{7.8.1}$$

及

$$dW^p = \{\sigma\}^T\{d\varepsilon^p\} \tag{7.8.2}$$

对式（7.8.1）进行微分，并考虑式（7.8.2），有

$$\begin{aligned}\{d\sigma\} &= [D_e]\{d\varepsilon\} + \frac{\partial [D_e]}{\partial W^p}\{dW^p\}\{\varepsilon\} - [D_e]\{d\varepsilon^p\} - \frac{\partial [D_e]}{\partial W^p}\{dW^p\}\{\varepsilon^p\} \\ &= [D_e]\{d\varepsilon\} - [D_e]\{d\varepsilon^p\} - \frac{\partial [D_e]}{\partial W^p}\{\sigma\}[D_e]^{-1}\{\sigma\}^T\{d\varepsilon^p\} \\ &= [D_e]\{d\varepsilon\} - ([D_e] - [D']\{\sigma\}^T[D'_e]^{-1}\{\sigma\})\{d\varepsilon\}\end{aligned} \tag{7.8.3}$$

式中 $[D'_e] = \partial [D_e]/\partial W^p$ 代表 $[D_e]$ 的诸元素对 W^p 的微商组成的矩阵。

应变空间中，相容方程为

$$d\psi = \left\{\frac{\partial \psi}{\partial \varepsilon}\right\}^T\{d\varepsilon\} + \left\{\frac{\partial \psi}{\partial \varepsilon^p}\right\}\{d\varepsilon^p\} + \frac{\partial \psi}{\partial W^p}dW^p = 0 \tag{7.8.4}$$

考虑到式（7.8.2）及流动法则，由式（7.8.4）即能导出

$$d\lambda = \frac{\left\{\frac{\partial \psi}{\partial \varepsilon}\right\}^T\{d\varepsilon\}}{-\frac{\partial \psi}{\partial W^p}\{\sigma\}^T\left\{\frac{\partial Q}{\partial \sigma}\right\} - \left\{\frac{\partial \psi}{\partial \varepsilon^p}\right\}^T\left\{\frac{\partial Q}{\partial \sigma}\right\}} \tag{7.8.5}$$

此外，由式

$$\psi(\varepsilon_{ij}, \varepsilon_{ij}^p, W^p) = \Phi(\sigma_{ij}, W^p) = \Phi([D_e]\varepsilon_{ij}^e, W^p)$$

还可导出

$$\begin{aligned}\frac{\partial \psi}{\partial W^p} &= \left\{\frac{\partial \Phi}{\partial \sigma}\right\}^T\left\{\frac{\partial \sigma}{\partial W^p}\right\} + \frac{\partial \Phi}{\partial W^p} = \left\{\frac{\partial \Phi}{\partial \sigma}\right\}^T\frac{\partial [D_e]}{\partial W^p} \\ &\{\varepsilon^e\} + \frac{\partial \Phi}{\partial W^p} = \left\{\frac{\partial \Phi}{\partial \sigma}\right\}^T[D'_e][D_e]^{-1}\{\sigma\} + \frac{\partial \Phi}{\partial W^p}\end{aligned} \tag{7.8.6}$$

由式（7.8.6）及 $\left\{\frac{\partial \Phi}{\partial \sigma}\right\}^T[D_e] = \left\{\frac{\partial \psi}{\partial \varepsilon}\right\}^T = -\left\{\frac{\partial \psi}{\partial \varepsilon^p}\right\}^T$，得

$$\begin{aligned}-\frac{\partial \psi}{\partial W^p}\{\sigma\}^T\left\{\frac{\partial Q}{\partial \sigma}\right\} &= -\left[\left\{\frac{\partial \varphi}{\partial \sigma}\right\}^T[D'_e][D_e]^{-1}\{\sigma\}\{\sigma\}^T + \left\{\frac{\partial \Phi}{\partial W^p}\right\}\{\sigma\}^T\right]\left\{\frac{\partial Q}{\partial \sigma}\right\} = A \\ -\left\{\frac{\partial \psi}{\partial \varepsilon^p}\right\}^T\left\{\frac{\partial Q}{\partial \sigma}\right\} &= \left\{\frac{\partial \psi}{\partial \varepsilon}\right\}^T\left\{\frac{\partial Q}{\partial \sigma}\right\} = \left\{\frac{\partial \Phi}{\partial \sigma}\right\}^T[D_e]\left\{\frac{\partial Q}{\partial \sigma}\right\} = B\end{aligned} \tag{7.8.7}$$

由此，式（7.8.5）可写成

$$d\lambda = \frac{1}{A+B}\left\{\frac{\partial \Phi}{\partial \sigma}\right\}^T[D_e]\{d\varepsilon\} \tag{7.8.8}$$

由于硬化参量的不可逆性及 $d\lambda > 0$ 的要求，因此应满足

$$A + B > 0 \text{ 及 } B > 0$$

把式（7.8.8）及流动法则代入式（7.8.3），得

$$\{d\sigma\} = [D_{ep}]\{d\varepsilon\} = ([D_e] - [D_p])\{d\varepsilon\} \tag{7.8.9}$$

$$[D_p] = ([D_e] - [D'_e][D_e]^{-1}\{\sigma\}\{\sigma\}^T)\left\{\frac{\partial Q}{\partial \sigma}\right\}(A+B)^{-1}\left\{\frac{\partial \Phi}{\partial \sigma}\right\}^T[D_e] \tag{7.8.10}$$

式（7.8.9）与式（7.8.10）是加载时的本构方程，而在中性变载，卸载和弹性状态下，可取 $[D_p] = 0$。式（7.8.9）是代表了弹塑性耦合，非关联的和包含应变软化效应在内

的最一般的本构关系。当弹塑性不耦合时，即 $[D'_e]=0$，则式（7.8.9）变为式（7.5.5）。

下面讨论屈服面的奇异点的情况，为了简单明了，仅讨论两支正则屈服面，例如 $\Phi_k=0$，$\Phi_l=0$ 所交成的奇异格式。如果用 Φ 表示 Φ_k，Φ_l 由组成的矢量，Q 表示 Q_k，Q_l 由组成的矢量，引入待定的参数 $d\lambda_1$，$d\lambda_2$ 组成的矢量 $d\lambda$ 后，塑性应变增量及塑性矩阵可表示为

$$d\varepsilon_{ij}^{p}=\frac{\partial Q}{\partial \sigma_{ij}}d\lambda \tag{7.8.11}$$

$$[D_p]=([D_e]-[D'_e][D_e]^{-1}\{\sigma\}\{\sigma\}^T)\left\{\frac{\partial Q}{\partial \sigma}\right\}([A]+[B])^{-1}\left\{\frac{\partial \Phi}{\partial \sigma}\right\}[D_e] \tag{7.8.12}$$

式中 $$[A]=-\left[\left\{\frac{\partial \Phi}{\partial \sigma}\right\}^T[D'_e][D_e]^{-1}[\sigma]+\frac{\partial \Phi}{\partial W^p}\right][\sigma]^T\left\{\frac{\partial Q}{\partial \sigma}\right\}$$

$$[B]=\left\{\frac{\partial \Phi}{\partial \sigma}\right\}^T[D_e]\left\{\frac{\partial Q}{\partial \sigma}\right\} \tag{7.8.13}$$

$[A]$ 和 $[B]$ 都是 2×2 的矩阵，其元素分别为

$$[A_{kl}]=-\left[\left\{\frac{\partial \Phi_k}{\partial \sigma}\right\}[D'_e][D_e]^{-1}\{\sigma\}+\frac{\partial \Phi}{\partial W^p}\right]\{\sigma\}^T\left\{\frac{\partial Q_k}{\partial \sigma}\right\}$$

$$[B_{kl}]=\left\{\frac{\partial \Phi_k}{\partial \sigma}\right\}^T[D_e]\left\{\frac{\partial Q_k}{\partial \sigma}\right\} \tag{7.8.14}$$

显然，上面只是讨论了完全加载时的情况，同前面所述一样，也不难求得部分加载时的本构关系。

7.8.2 基于弹塑性耦合正交流动法则的本构关系

第 5 章导出的弹塑性耦合情况下的流动法则为

$$d\varepsilon_{ij}^{x}=d\lambda\frac{\partial F}{\partial \sigma_{ij}} \text{ 或 } d\sigma_{ij}^{I}=d\lambda\frac{\partial \psi}{\partial \varepsilon_{ij}} \tag{7.8.15}$$

内变量增量可写成如下形式

$$dH_\alpha=\{M_\alpha^I\}^T\{d\varepsilon^I\} \tag{7.8.16}$$

又 $$d[D_e]^{-1}=\frac{\partial [D_e]^{-1}}{\partial H_\alpha}dH_\alpha,\ d\varepsilon=d\varepsilon^R+d\varepsilon^I=d\varepsilon^R+d\varepsilon^p+d\varepsilon^c，则：$$

$$\{d\varepsilon^p\}=\{d\varepsilon^I\}-\frac{\partial [D_e]^{-1}}{\partial H_\alpha}\{\sigma\}\{M_\alpha^I\}\{d\varepsilon^I\} \tag{7.8.17}$$

即

$$\{d\varepsilon^p\}=\left([I]-\frac{\partial [D_e]^{-1}}{\partial H_\alpha}\{\sigma\}\{M_\alpha^I\}^T\right)\{d\varepsilon^I\} \tag{7.8.18}$$

其中 $[I]$ 是 6×6 的单位矩阵，如果上式左端的矩阵因子有逆，可得

$$\{d\varepsilon^p\}=[K]\{d\varepsilon^I\} \tag{7.8.19}$$

其中

$$[K]=\left([I]-\frac{\partial [D_e]^{-1}}{\partial H_\alpha}\{\sigma\}\{M_\alpha^I\}^T\right) \tag{7.8.20}$$

$[K]$ 称之为耦合矩阵，它表征弹塑性耦合的性质。

考虑式（7.8.19），则式（7.8.15）可改写成

$$\{d\varepsilon^p\} = [K]\left\{\frac{\partial \Phi}{\partial \sigma}\right\}d\lambda \tag{7.8.21}$$

此式是另一种流动法则。由上可见，对于耦合情况，塑性应变增量 $d\varepsilon_{ij}^p$ 没有正交流动规律，但其塑性变形规律却可由加载函数 Φ 和 $[K]$ 耦合矩阵所完全确定。

由 $d\sigma^I = [D_e]\, d\varepsilon - d\sigma$ 和式（7.8.15），有

$$\{d\sigma\} = [D_e]\{d\varepsilon\} - \left\{\frac{\partial \psi}{\partial D_e}\right\}d\lambda \tag{7.8.22}$$

在卸载和中性变载时 $d\lambda=0$，上式为弹性系数，而加载时 $d\lambda>0$，其值由相容方程确定

$$d\psi = \left\{\frac{\partial \psi}{\partial \varepsilon}\right\}^T\{d\varepsilon\} + \left\{\frac{\partial \psi}{\partial \varepsilon^p}\right\}^T\{d\varepsilon^p\} + \frac{\partial \psi}{\partial H_\alpha}dH_\alpha + \left\{\frac{\partial \psi}{\partial D_e}\right\}^T\frac{\partial D_e}{\partial H_\alpha}dH_\alpha = 0 \tag{7.8.23}$$

由内变量增量式（7.8.16）和耦合式（7.8.19），上式可写成

$$\left\{\frac{\partial \psi}{\partial \varepsilon}\right\}^T\{d\varepsilon\} + \left[\left\{\frac{\partial \psi}{\partial \varepsilon^p}\right\}^T[K] + \frac{\partial \psi}{\partial H_\alpha}[M_\alpha^I]^T + \left\{\frac{\partial \psi}{\partial D_e}\right\}^T\frac{\partial D_e}{\partial H_\alpha}[M_\alpha^I]\right]\{d\varepsilon^I\} = 0 \tag{7.8.24}$$

由此可见，不可逆应变增量与 $\{-d\varepsilon\}$ 呈线性关系，因而 dH_α 和 $\{d\varepsilon\}$ 也是线性关系，利用式（7.8.15），并引入标量因子，有

$$A = -\left[\left\{\frac{\partial \psi}{\partial \varepsilon^p}\right\}^T[K] + \frac{\partial \psi}{\partial H_\alpha}[M_\alpha^I]^T + \left\{\frac{\partial \psi}{\partial D_e}\right\}^T\frac{\partial D_e}{\partial H_\alpha}[M_\alpha^I]\right][D_e]^{-1}\left\{\frac{\partial \psi}{\partial \varepsilon}\right\} \tag{7.8.25}$$

相容方程为

$$d\psi = \left\{\frac{\partial \psi}{\partial \varepsilon}\right\}^T\{d\varepsilon\} - A\,d\lambda = 0 \tag{7.8.26}$$

因此有

$$d\lambda = \frac{1}{A}\left\{\frac{\partial \psi}{\partial \varepsilon}\right\}^T\{d\varepsilon\} \tag{7.8.27}$$

由于加载时 $d\lambda>0$，$\frac{\partial \psi}{\partial \varepsilon_{ij}}d\varepsilon_{ij} > 0$，由相容方程得

$$A > 0 \tag{7.8.28}$$

将式（7.8.27）代入式（7.8.22）得加载时的本构关系。

$$\{d\sigma\} = \left[[D_e] - \frac{1}{A}\left\{\frac{\partial \psi}{\partial \varepsilon}\right\}\left\{\frac{\partial \psi}{\partial \varepsilon}\right\}^T\right]\{d\varepsilon\} \tag{7.8.29}$$

式（7.8.29）是弹塑性耦合下的一般关系式。常用情况下，设内变量只包含一个参数 H_1，在应力空间和应变空间的加载函数分别为

$$\Phi(\sigma_{ij},\ H_1)$$

和

$$\psi(\varepsilon_{ij}, \varepsilon_{ij}^p, H_1) = \Phi([D_e](\varepsilon_{ij} - \varepsilon_{ij}^p), H_1) \tag{7.8.30}$$

已知有

$$\left\{\frac{\partial \psi}{\partial \varepsilon^{p}}\right\}=-\left\{\frac{\partial \psi}{\partial \varepsilon}\right\} \tag{7.8.31}$$

按式（7.8.16），对 H_1 可采用不同定义，如取内变量为塑性功，则得出 $\{M_1^I\}=\{\sigma\}^T[K]$，即有

$$dH_1=dW^p=\{\sigma\}^T\{d\varepsilon^p\}=\{\sigma\}^T[K]\{d\varepsilon^I\} \tag{7.8.32}$$

这时有

$$[K]=[I]-\left[\frac{\partial [D_e]^{-1}}{\partial H_1}-\{\sigma\}\{\sigma\}^T\right] \tag{7.8.33}$$

$$A=\left[\left\{\frac{\partial \psi}{\partial \varepsilon}\right\}^T-\frac{\partial \psi}{\partial H_1}\{\sigma\}^T-\left\{\frac{\partial \psi}{\partial D_e}\right\}^T\frac{\partial D_e}{\partial H_1}\{\sigma\}^T\right][K][D_e]^{-1}\left\{\frac{\partial \psi}{\partial \varepsilon}\right\} \tag{7.8.34}$$

以式（7.8.34）代入式（7.8.29），即得弹塑性耦合的具体本构关系。这一本构关系与上述实用本构关系相比，显然从概念上到数值上都是不同的。例如，在非关联情况下，按实用本构方程得到的弹塑性矩阵是非对称的，而按考虑弹塑性耦合的流动法则推出的本构关系，尽管塑性应变方向与屈服面也具有非正交性，但获得的弹塑性矩阵是对称的。

7.9 平面情况下层状材料的本构关系

层状岩体的屈服条件采用莫尔-库仑准则

$$F=\tau_n-(c^j-\mu^j\sigma_n) \tag{7.9.1}$$

式中 $\mu^j=\text{tg}\varphi^j$，c^j 和 φ^j 是层面的黏聚力和内摩擦角，它们是内变量 H_α 的函数。

塑性势面采用

$$Q=\tau_n+\bar{\mu}^j\sigma_n=常数 \tag{7.9.2}$$

其中 $\bar{\mu}^j=\bar{\mu}^j(H_\alpha)$

如图 7-6 所示，F 和 Q 存在着奇异点

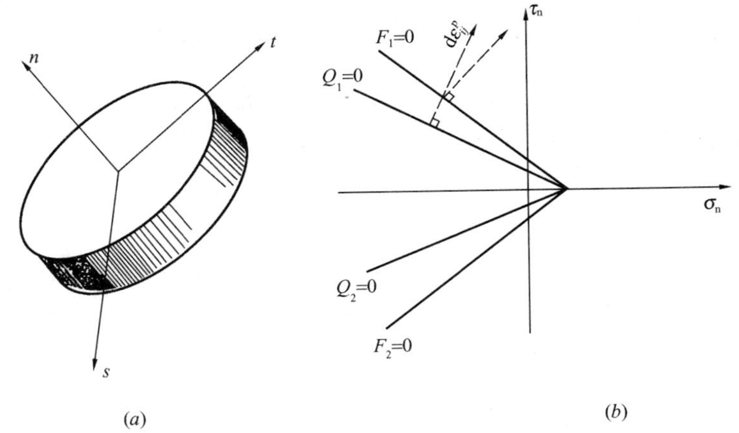

图 7-6 层状材料的屈服面和塑性势面

为去掉这奇异点，可引入一个非零的小参数 α，则式（7.9.1）和式（7.9.2）变为

$$F=\sqrt{\tau_n^2+\alpha^2(c^j)^2}-(c^j-\mu^j\sigma_n) \tag{7.9.3}$$

$$Q=\sqrt{\tau_{\mathrm{n}}^{2}+\alpha^{2}(c^{j})^{2}}+\bar{\mu}^{j}\sigma_{\mathrm{n}}=\text{常数} \tag{7.9.4}$$

对于横观同性材料，在平面应变情况下可由式（6.2.3）和式（6.2.6）简化而得

$$[D_{\mathrm{e}}]=K_{\mathrm{n}}\begin{bmatrix} b_1 & b_2 & 0 \\ \text{对} & 1 & 0 \\ & \text{称} & m \end{bmatrix} \tag{7.9.5}$$

式中 $K_{\mathrm{n}}=E_2(1-\nu_1^2)/(1+\nu_1)(1-\nu_1-2n\nu_1^2)$

$b_1=n(1-n\nu_2^2)/(1-\nu_1^2)$

$b_2=n(1+\nu_1)\nu_2/(1-\nu_1^2)$

$m=\dfrac{G_2}{E_2}(1+\nu_1)(1-\nu_1-2n\nu_2^2)/(1-\nu_1^2)$

$n=E_1/E_2$

弹塑性矩阵为

$$[D_{\mathrm{ep}}]=[D_{\mathrm{e}}]-\frac{1}{A}\left\{\frac{\partial f}{\partial \varepsilon'}\right\}^{\mathrm{T}}\frac{\partial Q}{\partial \varepsilon'} \tag{7.9.6}$$

式中

$$\left\{\frac{\partial f}{\partial \varepsilon'}\right\}^{\mathrm{T}}=[D_{\mathrm{e}}]\left\{\frac{\partial F}{\partial \sigma'}\right\}^{\mathrm{T}}=K_{\mathrm{n}}\left\{b_2\mu^{j}\mu^{j}\ \frac{\tau_{\mathrm{n}}}{\beta}m\right\}^{\mathrm{T}}$$

$$\sigma'=[\sigma_{\mathrm{t}}\ \ \sigma_{\mathrm{n}}\ \ \tau_{\mathrm{n}}]^{\mathrm{T}},\varepsilon'=[\varepsilon_{\mathrm{t}}\ \ \varepsilon_{\mathrm{n}}\ \ \varepsilon_{\mathrm{n}}]^{\mathrm{T}}$$

$$\beta=(\tau_{\mathrm{n}}^{2}+\alpha^{2}(c^{j})^{2})^{1/2}$$

$$\left\{\frac{\partial Q}{\partial \varepsilon'}\right\}=[D_{\mathrm{e}}]\left\{\frac{\partial Q}{\partial \sigma'}\right\}=K_{\mathrm{n}}\left\{b_2\bar{\mu}^{j}\bar{\mu}^{j}\ \frac{\tau_{\mathrm{n}}}{\beta}m\right\}^{\mathrm{T}}$$

$$A=K_{\mathrm{n}}\mu^{j}\bar{\mu}^{j}+K_{\mathrm{n}}m\frac{\tau_{\mathrm{n}}^{2}}{\beta^{2}}+\left[\left(1-\frac{\alpha^{2}(c^{j})^{2}}{\beta}\right)\frac{\partial c^{j}}{\partial H_{\alpha}}-\frac{\partial \mu^{j}}{\partial H_{\alpha}}\sigma_{\mathrm{n}}\right]h$$

$$h=\begin{cases}\left((\bar{\mu}^{j})^{2}+\dfrac{\tau_{\mathrm{n}}^{2}}{\beta^{2}}\right)^{1/2} & \text{当 } H_{\alpha}=\bar{\gamma}^{\mathrm{p}} \\ \bar{\mu}^{j}+\dfrac{\tau_{\mathrm{n}}^{2}}{\beta} & \text{当 } H_{\alpha}=W^{\mathrm{p}} \\ \bar{\mu} & \text{当 } H_{\alpha}=\varepsilon_{\mathrm{v}}^{\mathrm{p}}\end{cases}$$

E_1，E_2，ν_1，ν_2，G_2相应（7.2）节中E_{H}，E_{V}，ν_{HH}，ν_{VH}，G_{V}。

第八章　加 卸 载 准 则

由金属材料简单拉伸试验可知，材料达到屈服后，加载与卸载情况下的应力-应变曲线规律不同，这说明塑性应力-应变关系与载荷状态密切有关。只有应力增量满足塑性准则时，才有可能产生塑性应变增量；卸载时只有弹性变形恢复，而塑性变形保持不变。所以卸载状况也是区别非线性弹性体与塑性体的一个标志。由此可见，必须提出一个严格的准则去判别什么条件下是加载状态，什么条件下是卸载状态。

加卸载准则既可由加卸载定义直接作出判断，同时还可由屈服面状态给出加卸载准则。传统塑性力学中经常采用后者。

8.1　传统塑性力学中基于屈服面的加卸载准则

8.1.1　硬化材料的加卸载准则

传统塑性力学中，一般不存在软化材料。而且在应力空间中表述时，硬化材料与理想塑性材料还要采用不同的加卸载准则。不过，当把传统塑性理论用于岩土材料，则要包含应变软化情况，此时其加卸载准则需要在应变空间中表述。对于硬化材料，所有应力点只可能位于加载面之内或之上，即加载条件 $\Phi<0$ 或 $\Phi=0$

当 $\Phi=0$ 是正则曲面时，则有

$$\mathrm{d}\Phi=\frac{\partial \Phi}{\partial \sigma_{ij}}\mathrm{d}\sigma_{ij}+\frac{\partial \Phi}{\partial H_\alpha}\mathrm{d}H_\alpha=0 \tag{8.1.1}$$

如果应力点 $\mathrm{d}\sigma_{ij}$ 是卸载过程，表示应力点内移，$\mathrm{d}\Phi<0$，在卸载过程中，H_α 不变，$\mathrm{d}H_\alpha=0$ 于是由式（8.1.1）及 $\mathrm{d}\Phi<0$，可得

$$\frac{\partial \Phi}{\partial \sigma_{ij}}\mathrm{d}\sigma_{ij}<0 \tag{8.1.2}$$

这就是卸载准则。

当应力变化 $\mathrm{d}\sigma_{ij}$ 使得应力点虽然移动，但仍然在原加载曲面上，H_α 即不变，$\mathrm{d}H_\alpha=0$ 及，$\mathrm{d}\Phi=0$ 于是由式（8.1.1）可得

$$\frac{\partial \Phi}{\partial \sigma_{ij}}\mathrm{d}\sigma_{ij}=0 \tag{8.1.3}$$

这叫做中性变载过程，上式即中性变载准则。当应力和 H_α 都变化，使应力点从一个塑性状态到达相应的另一塑性状态时，应有

$$\frac{\partial \Phi}{\partial \sigma_{ij}}\mathrm{d}\sigma_{ij}>0 \tag{8.1.4}$$

这叫加载过程，式（8.1.4）为加载准则。

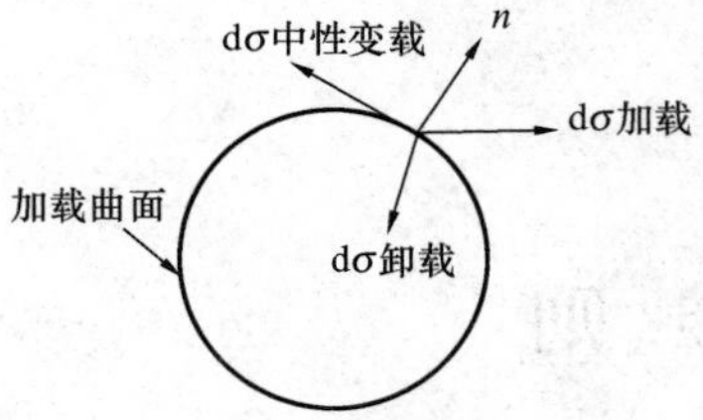

图 8-1 硬化材料的加载、中性变载和卸载

$\Phi(\sigma_{ij}, H_\alpha)$ 在应力空间内表示一族以 H_α 为参数的曲面，$\frac{\partial \Phi}{\partial \sigma_{ij}} d\sigma_{ij}$ 与此曲面的外法线平行，H_α 不变，此曲面形状不变；H_α 变化，此曲面也变。于是，当 $d\sigma_{ij}$ 满足式（8.1.2）时，表示 $d\sigma_{ij}$ 指向曲面之内，属于卸载过程。当 $d\sigma_{ij}$ 满足式（8.1.3）时，$d\sigma_{ij}$ 与曲面外法线正交，曲面不变，称为中性变载过程。在这两个过程中，H_α 都不变，塑性应变也不变，所以都是弹性变化。当 $d\sigma_{ij}$ 满足式（8.1.4）时表示 $d\sigma_{ij}$ 指向原曲面之外，在应力空间内加载曲面将变化，因而 H_α 必然变化，属于加载过程。加载过程中，塑性应变变化。在应力空间内，三个过程如图 8-1 所示，其数学式如下

$$\left.\begin{aligned} d\vec{\sigma}\cdot\vec{n} &< 0 \quad \text{卸载} \\ d\vec{\sigma}\cdot\vec{n} &= 0 \quad \text{中性变载} \\ d\vec{\sigma}\cdot\vec{n} &> 0 \quad \text{加载} \end{aligned}\right\} \tag{8.1.5}$$

当 Φ 为非正则曲面时，如设该屈服面由几个正则曲面 $\Phi_k=0$（$k=1,2,\cdots\cdots n$）构成，一般称为奇异屈服面，则有：

$$\left.\begin{aligned} &① \ \Phi_k(\sigma_{ij})<0, k=1,2,LLn, \text{应力处在弹性状态} \\ &② \ \Phi_k(\sigma_{ij})<0, k=1,2,LLn, \Phi_l(\sigma_{ij})=0 \text{ 应力处在 } \Phi_l=0 \text{ 曲面上} \\ &③ \ \Phi_k(\sigma_{ij})<0, k=1,2,LLn, \Phi_l(\sigma_{ij})=\Phi_m(\sigma_{ij})=0, \text{应力处在 } \Phi_l=0 \text{ 及} \\ &\qquad \Phi_m=0 \text{ 两曲面交点上。} \end{aligned}\right\} \tag{8.1.6}$$

当应力只处在 $\Phi_l=0$ 屈服面上时，其加载与卸载准则将与式（8.1.1）～式（8.1.4）一样。

当应力处在 $\Phi_l=0$ 及 $\Phi_m=0$ 两个曲面的交线上时，其加载和卸载准则为

$$\left.\begin{aligned} &\Phi_l=\Phi_m=0 \\ &\text{当} \max\left(\frac{\partial \Phi_l}{\partial \sigma_{ij}} d\sigma_{ij}, \frac{\partial \Phi_m}{\partial \sigma_{ij}} d\sigma_{ij}\right)>0, \text{加载} \\ &\text{当} \max\left(\frac{\partial \Phi_l}{\partial \sigma_{ij}} d\sigma_{ij}, \frac{\partial \Phi_m}{\partial \sigma_{ij}} d\sigma_{ij}\right)=0, \text{中性变载} \\ &\text{当} \max\left(\frac{\partial \Phi_l}{\partial \sigma_{ij}} d\sigma_{ij}, \frac{\partial \Phi_m}{\partial \sigma_{ij}} d\sigma_{ij}\right)<0, \text{卸载} \end{aligned}\right\} \tag{8.1.7}$$

8.1.2 理想塑性材料的加卸载准则

对于理想塑性材料，如果以 $F(\sigma_{ij})=0$ 表示屈服面，此时 $\Phi=F$。按此材料特性，应力位于极限曲面之内，材料处于弹性状态；应力位于极限曲面之上，则塑性变形将可无限发展，称塑性流动；而应力点不能达到屈服之外。因此，相应的准则为：

$$\left.\begin{array}{ll}F(\sigma_{ij})=0,\text{但 } \mathrm{d}F=\dfrac{\partial F}{\partial \sigma_{ij}}\mathrm{d}\sigma_{ij}<0\text{ 时,卸载} \\ F(\sigma_{ij})=0,\text{但 } \mathrm{d}F=\dfrac{\partial F}{\partial \sigma_{ij}}\mathrm{d}\sigma_{ij}=0\text{ 时,加载} \\ F(\sigma_{ij})<0 \qquad \text{弹性状态}\end{array}\right\} \tag{8.1.8}$$

加载状态塑性变形可以无限发展。

在应力空间中，上述加卸载准则可表示为

$$\left.\begin{array}{ll}F=0,\mathrm{d}\vec{\sigma}\cdot\vec{n}=0 & \text{加载} \\ F=0,\mathrm{d}\vec{\sigma}\cdot\vec{n}<0 & \text{卸载}\end{array}\right\} \tag{8.1.9}$$

如图 8-2 所示，由于屈服面不能扩大，$\mathrm{d}\sigma$ 不能指向屈服面外，这正是与硬化材料不同之处。

对于非正则屈服面，当应力点只处在 $F_l=0$ 的屈服面上时，其加卸载准则将和式（8.1.8）一样。当应力点处在 $F_l=0$ 及 $F_m=0$ 两个屈服面的交线时，其加卸载准则为

$$\left.\begin{array}{ll}F_l=F_m=0\text{当 } \max(\mathrm{d}F_l,F_m)=0 & \text{加载} \\ \qquad\text{当 } \mathrm{d}F_l<0,F_m<0 & \text{卸载}\end{array}\right\} \tag{8.1.10}$$

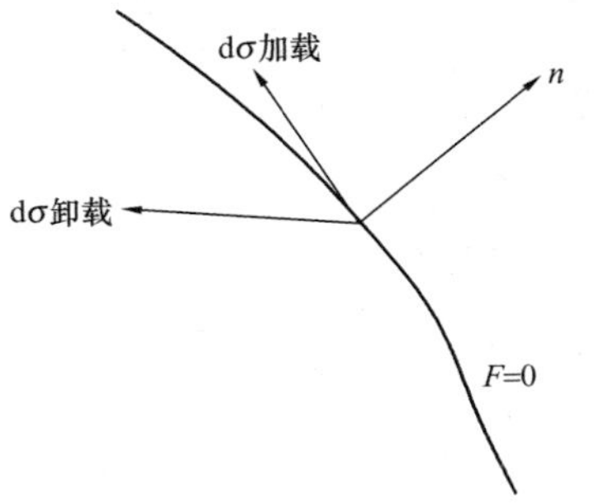

图 8-2 理想塑性材料的加载和卸载

8.1.3 软化材料的加卸载准则

对于软化材料，上述加卸载准则不能适用，因为式（8.1.5）中第三式，$\mathrm{d}\sigma_{ij}$ 指向曲面外，屈服曲面向外扩张，而应变软化时，$\mathrm{d}\sigma_{ij}$ 指向内部，弹性区在屈服时逐渐缩小。

能够包括硬化材料，软化材料与理想塑性材料的加卸载准则，需要应用应变空间中的加载条件。

令应变空间中的加载条件为

$$\psi(\varepsilon_{ij},H_\alpha)=0 \tag{8.1.11}$$

利用伊留辛公设，可导出加卸载准则

$$\left.\begin{array}{ll}\dfrac{\partial \psi}{\partial \varepsilon_{ij}}\mathrm{d}\varepsilon_{ij}>0 & \text{加载} \\ \dfrac{\partial \psi}{\partial \varepsilon_{ij}}\mathrm{d}\varepsilon_{ij}=0 & \text{中性变载} \\ \dfrac{\partial \psi}{\partial \varepsilon_{ij}}\mathrm{d}\varepsilon_{ij}<0 & \text{卸载}\end{array}\right\} \tag{8.1.12}$$

加载、卸载和中性变载分别对应于应变增量矢量 $\mathrm{d}\varepsilon_{ij}$ 指向应变加载面 $\psi=0$ 的外侧，内侧与加载面相切。这个加载准则对硬化、软化和理想塑性材料普遍适用。在加载的判别式

中，还应当引入硬化材料、软化材料和理想塑性材料的判别式，这可根据弹性变形在上述三种情况的变化情况确定。

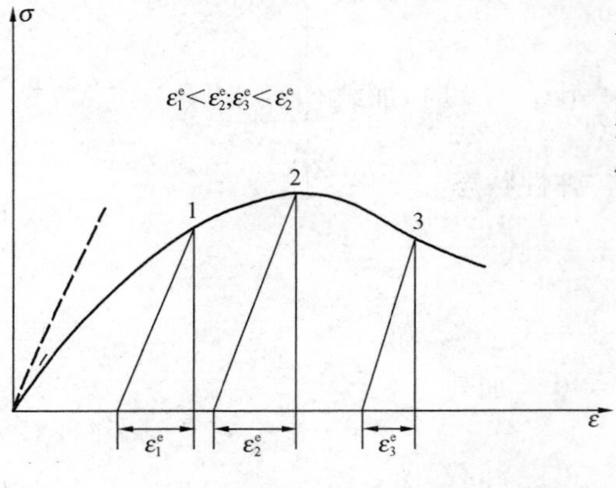

图 8-3 材料的塑性形态与弹性变形变化的关系

根据定义，硬化材料随着变形增长，弹性变形也增大，软化材料弹性变形缩小，理想塑性材料弹性变形不变（图 8-3)。因此有

$$\left.\begin{aligned}&\frac{\partial \psi}{\partial \varepsilon}\mathrm{d}\varepsilon^{e}>0 \quad \text{硬化材料}\\&\frac{\partial \psi}{\partial \varepsilon}\mathrm{d}\varepsilon^{e}=0 \quad \text{理想塑性}\\&\frac{\partial \psi}{\partial \varepsilon}\mathrm{d}\varepsilon^{e}<0 \quad \text{软化材料}\end{aligned}\right\} \tag{8.1.13}$$

对于非正则屈服面，其加卸载准则类似于式（8.1.7)，有

$$\left.\begin{aligned}&\max\left(\frac{\partial \psi_l}{\partial \varepsilon_{ij}}\mathrm{d}\varepsilon_{ij},\frac{\partial \psi_m}{\partial \varepsilon_{ij}}\mathrm{d}\varepsilon_{ij}\right)<0 \quad \text{卸载}\\&\max\left(\frac{\partial \psi_l}{\partial \varepsilon_{ij}}\mathrm{d}\varepsilon_{ij},\frac{\partial \psi_m}{\partial \varepsilon_{ij}}\mathrm{d}\varepsilon_{ij}\right)=0 \quad \text{中性变载}\\&\max\left(\frac{\partial \psi_l}{\partial \varepsilon_{ij}}\mathrm{d}\varepsilon_{ij},\frac{\partial \psi_m}{\partial \varepsilon_{ij}}\mathrm{d}\varepsilon_{ij}\right)>0 \quad \text{加载}\end{aligned}\right\} \tag{8.1.14}$$

8.2 广义塑性力学中基于屈服面的加卸载准则

广义塑性力学中采用多重屈服面，每一应力点上存在 n 个屈服面。其加卸载的判断与奇异屈服面相似。

8.2.1 硬化材料的加卸载准则

对于压缩型土体，如采用 3 个屈服面，则加卸载条件为

$$\max(\hat{\Phi}_1,\hat{\Phi}_2,\hat{\Phi}_3)\begin{cases}>0 & \text{加载}\\=0 & \text{中性变载}\\<0 & \text{卸载}\end{cases} \tag{8.2.1}$$

式中 $\hat{\Phi}_i=\dfrac{\partial \Phi_i}{\partial \sigma_{ij}}\mathrm{d}\sigma_{ij}\,(i=1,2,3)$

严格来说，需要判断每个屈服面是否处于加载或卸载状态，并在弹塑性应力-应变关系中将处于卸载状态的屈服函数视作为零。因此先要将加载状态划分为完全加载与部分加载。完全加载是指模型中所有的屈服面全部屈服，而部分加载是指模型中一部分屈服面达到屈服。

由式（8.2.1）判别完全加载与部分加载的条件为

$$\max(\hat{\Phi}_1,\hat{\Phi}_2,\hat{\Phi}_3,)\begin{cases}\leqslant 0 & \text{部分加载}\\>0 & \text{完全加载}\end{cases} \tag{8.2.2}$$

按式（6.7.19），还可导出部分加载与完全加载的另一判别式

$$\min(\mathrm{d}\lambda_1,\mathrm{d}\lambda_2,\mathrm{d}\lambda_3)=\min\left(\frac{\Delta_1}{\det[\alpha_{kl}]_{3\times3}},\frac{\Delta_2}{\det[\alpha_{kl}]_{3\times3}},\frac{\Delta_3}{\det[\alpha_{kl}]_{3\times3}}\right)\begin{cases}\leqslant 0 & \text{部分加载}\\ >0 & \text{完全加载}\end{cases}\tag{8.2.3}$$

其中 det $[\alpha_{kl}]_{3\times3}$ 表示矩阵 $[\alpha_{kl}]_{3\times3}$ 的行列式，Δ_j（$j=1$，2，3）是以 $\hat{\Phi}_1=\frac{\partial\Phi_1}{\partial\sigma}\mathrm{d}\sigma$，$\hat{\Phi}_2=\frac{\partial\Phi_2}{\partial\sigma}\mathrm{d}\sigma$，$\hat{\Phi}_3=\frac{\partial\Phi_3}{\partial\sigma}\mathrm{d}\sigma$ 代换 $[\alpha_{kl}]_{3\times3}$ 中第 j 列元素后的三阶行列式。

同理，双屈服面情况下，式（8.2.2）变为

$$\min(\mathrm{d}\lambda_1,\mathrm{d}\lambda_2)=\min\left(\frac{\Delta_1}{\det[\alpha_{kl}]_{2\times2}},\frac{\Delta_2}{\det[\alpha_{kl}]_{2\times2}}\right)\begin{cases}\leqslant 0 & \text{部分加载}\\ >0 & \text{完全加载}\end{cases}\tag{8.2.4}$$

$$[\alpha_{kl}]_{2\times2}=\begin{bmatrix}\alpha_{11} & \alpha_{12}\\ \alpha_{21} & \alpha_{22}\end{bmatrix}$$

$\Delta_1=(\alpha_{22}\hat{\Phi}_1-\alpha_{21}\hat{\Phi}_2)$，$\Delta_2=(-\alpha_{21}\hat{\Phi}_1+\alpha_{11}\hat{\Phi}_2)$ 如果上述 Δ_1、Δ_2 中，只有 $\Delta_1>0$，而 $\Delta_2\leqslant 0$，则表明只有 Φ_1 屈服面屈服，此时可采用前述单屈服面的应力应变关系。

上述判别式仅适用于硬化材料，因为理想塑性情况下，矩阵 $[\alpha_{kl}]$ 的逆不存在。

8.2.2 理想塑性材料的加卸载准则

三个屈服面时加卸载准则为

$$\max(\hat{\Phi}_1,\hat{\Phi}_2,\hat{\Phi}_3)\begin{cases}=0 & \text{加载}\\ <0 & \text{卸载}\end{cases}\tag{8.2.5}$$

式中 $\hat{\Phi}_i=\frac{\partial\hat{\Phi}_i}{\partial\sigma_{ij}}\mathrm{d}\sigma_{ij}$（$i=1$，2，3）

同理，也需判断每个屈服面的加卸载状态，以便采用相应应力-应变关系。

8.3 基于加卸载定义的加卸载准则

由于近年来采用试验数据的拟合来确定塑性系数，而不采用屈服面。因而兴起按加卸载的定义作判断条件。一般采用应力型和应变型两种加卸载条件。

8.3.1 应力型加卸载准则

一般采用应力参量，如平均应力 p，广义剪应力 q 等作为判断加卸载的依据。

$$\begin{cases}p=p_{\max},\mathrm{d}p>0 & \text{加载}\\ q=q_{\max},\mathrm{d}q>0 & \text{加载}\end{cases}$$
$$\begin{cases}p\leqslant p_{\max},\mathrm{d}p<0 & \text{卸载}\\ q=q_{\max},\mathrm{d}q<0 & \text{卸载}\end{cases}\tag{8.3.1}$$
$$\begin{cases}p<p_{\max},\mathrm{d}p>0 & \text{弹性重加载}\\ q<q_{\max},\mathrm{d}q>0 & \text{弹性重加载}\end{cases}$$

式中 $p_{\max}$，$q_{\max}$ 为应力历史上的最大 p、q 值。

由于塑性变形与应力之间没有一一对应关系，因此该准则在理论上存在缺陷。它也没有考虑到 p、q 同时变化的情况和忽略了应力洛德角的影响，例如 $q=q_{\max}$，$dp<0$ 的情况应为加载，而上式中没有提到，因而它是不完全的加卸载准则。

8.3.2 应变型加卸载准则

对于压缩型土体，无论加载或卸载，总应变 ε 是单调变化量。加载时，应变 ε 总是增大；卸载时应变 ε 总是减少，而且无论硬化材料或软化材料都是如此。采用应变作加卸载准则的写法有多种形式，我们给出一种较简单的形式。

1. 硬化材料的加卸载准则

以体应变为例，可写成

$$\begin{cases} \varepsilon_v < \varepsilon_{vm}, d\varepsilon_v^e < 0 & \text{弹性卸载} \\ \varepsilon_v < \varepsilon_{vm}, \varepsilon_v + d\varepsilon_v^e < \varepsilon_{vm}, d\varepsilon_v^e > 0 & \text{弹性加载} \\ \varepsilon_v = \varepsilon_{vm}, d\varepsilon_v^e = 0 & \text{中性变载} \\ \varepsilon_v = \varepsilon_{vm}, d\varepsilon_v^e > 0 & \text{加载} \\ \varepsilon_v = \varepsilon_{vm}, d\varepsilon_v^e > 0 & \text{卸载} \end{cases} \tag{8.3.2}$$

式中 $d\varepsilon_v^e=\dfrac{dp}{K}$（弹性体积应变是由 dp 引起）；

K——弹性体积模量；

ε_{vm}——历史上最大体应变。

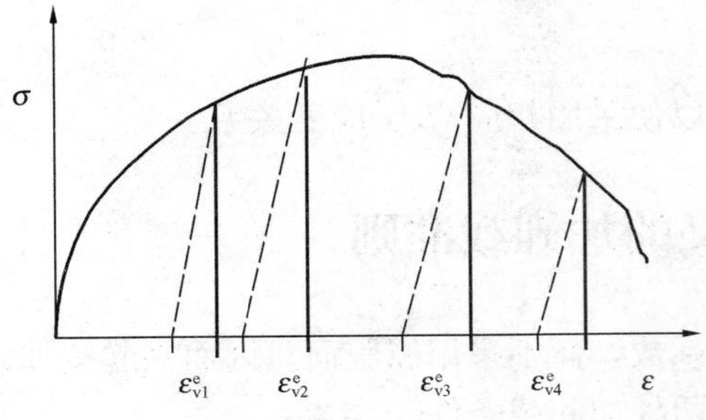

图 8-4

由图 8-4 可见，硬化材料加载时 $d\varepsilon_v^e=\varepsilon_{v2}^e-\varepsilon_{v1}^e>0$，因而 $d\varepsilon_v^e>0$ 为加载，反之为卸载。

同理可用来分析剪切屈服情况。由于假设 $d\overline{\gamma}_q^p$ 与 $d\overline{\gamma}_\theta^p$ 成比例，因而 $\overline{\gamma}_\theta^p$ 加卸载准则与 $\overline{\gamma}_q^p$ 加卸载准则相同。本准则非常适用于迭代法的数值分析，因为采用弹性迭代得出弹性应变增量可以直接进行加卸载判断。而一般情况下，要先迭代求应变增量，再求应力，然后用屈服公式判断是否屈服，最后得出实际应变增量。

2. 理想塑性材料的加卸载准则

$$\begin{cases} \varepsilon_v < \varepsilon_{vm}, d\varepsilon_v^e < 0 & \text{弹性卸载} \\ \varepsilon_v < \varepsilon_{vm}, \varepsilon_v + d\varepsilon_v^e < \varepsilon_{vm}, d\varepsilon_v^e > 0 & \text{弹性加载} \\ \varepsilon_v = \varepsilon_{vm}, d\varepsilon_v^e = 0 & \text{加载} \\ \varepsilon_v = \varepsilon_{vm}, d\varepsilon_v^e < 0 & \text{卸载} \end{cases} \tag{8.3.3}$$

同理可用来分析剪切屈服情况。

3. 软化材料加卸载准则

$$\begin{cases} \varepsilon_v < \varepsilon_{vm}, d\varepsilon_v^e < 0 & 弹性卸载 \\ \varepsilon_v < \varepsilon_{vm}, \varepsilon_v + d\varepsilon_v^e < \varepsilon_{vm}, d\varepsilon_v^e > 0 & 弹性加载 \\ \varepsilon_v = \varepsilon_{vm}, d\varepsilon_v^e = 0 & 中性变载 \\ \varepsilon_v = \varepsilon_{vm}, d\varepsilon_v^e < 0, d\varepsilon > 0 & (因\ d\varepsilon_v^e = \varepsilon_{v4}^e - \varepsilon_{v3}^e < 0)加载 \\ \varepsilon_v = \varepsilon_{vm}, d\varepsilon_v^e < 0, d\varepsilon < 0 & 卸载 \end{cases} \tag{8.3.4}$$

同样可用来分析剪切状态的加卸载情况。

8.4 考虑土体压缩剪胀的综合型加卸载准则

对于压缩剪胀型的土体，其体积变形先是压缩后膨胀，相应的塑性因子 $d\lambda_1 = d\varepsilon_v^p$ 可能大于零，也可能小于零。这样以前单纯利用应变历史上的最大应变值的判别方法就不成立了。

应力水平不同，可以产生压缩与剪胀两种不同的塑性体应变。状态变化线以下压缩，状态变化线以上剪胀。根据这个特性我们引入应力水平来进行判，在此基础上再引入屈服条件进行判别，是一种综合的加卸载判别准则。

（1）塑性体应变的加卸载准则

$\eta = \eta_M \geqslant \eta_{PT}$ 时

$$\begin{aligned} dF_v &= Adp + Adq > 0 && 塑性压缩 \\ dF_v &= Adp + Adq < 0, d\eta > 0 && 塑性剪胀 \\ dF_v &= Adp + Adq < 0, d\eta < 0 && 弹性卸载 \end{aligned}$$

$\eta = \eta_M < \eta_{PT}$ 时

$$\begin{aligned} dF_v &= Adp + Adq > 0 && 塑性压缩 \\ dF_v &= Adp + Adq < 0 && 弹性卸载 \end{aligned}$$

式中 $\eta = q/p$；

$\eta_M = (q/p)_{max}$——历史上最大的斜率；

$\eta_{PT} = (q/p)_{PT}$——状态变化线的斜率。

（2）塑性剪应变的加卸载准则

塑性剪应变的变化是单调的，其加卸载准则较为简单。

$$\begin{aligned} &\bar{\gamma} < \bar{\gamma}_m, d\bar{\gamma}^e < 0 && 弹性卸载 \\ &\bar{\gamma} < \bar{\gamma}_m, \bar{\gamma} + d\bar{\gamma}^e < \bar{\gamma}_m, d\bar{\gamma}^e > 0 && 弹性卸载 \\ &\bar{\gamma} = \bar{\gamma}_m, d\bar{\gamma}^e > 0 && 塑性加载 \\ &\bar{\gamma} < \bar{\gamma}_m, \bar{\gamma} + d\bar{\gamma}^e > \bar{\gamma}_m && 弹性重加载 \end{aligned}$$

第九章　应变空间中表述的弹塑性理论

弹塑性理论一般在应力空间中表述，但这种表述方法存在如下问题：一是应力空间中表述的弹塑性理论体系不能有效地处理像岩土类介质的不稳定材料，例如它对硬化材料与理想塑性材料要分别采用不同的加卸载条件，并无法对不稳定材料给出加卸载条件。而在应变空间中表述，无论对硬化、软化或理想塑性材料均可采用一个统一的加卸载条件。由此可见，对不稳定材料，需要应用应变空间中表述的弹塑性理论。二是材料屈服与破坏直接取决于应变量，而且试验量测的直接量也是应变量，因而应用应变来建立屈服条件与破坏条件更能反映材料屈服与破坏的本质。尤其是某些情况下只能应用应变来建立屈服与破坏条件，而不能应用应力建立屈服与破坏条件。三是以应变作为基本量更适应当前以位移作未知量的数值分析方法。例如由位移直接求出应变，就可以用应变表述的屈服条件来判断材料的屈服状况，若采用应力表述的屈服条件，则需要再由应变求出应力后方能确定材料的屈服状况。因此采用应变空间表述的弹塑性理论可使数值计算简化。目前，基于应变空间弹塑性理论的数值方法已在国内流行，读者需要有本章的知识。

9.1　应变表述的屈服条件和破坏条件

近年来，随着岩土弹塑性本构关系及有限元计算方法的发展，要求采用应变空间以及应变表达的屈服条件与加载条件，即给出应变空间中的屈服面与加载面。

建立以应变表述的屈服条件，最好的方法是通过以应变表示的大量试验数据的分析，提出既符合岩土实际、热力学与力学理论，又使用简单的屈服条件。但是，这需要做大量的试验，然而目前这样的试验却不多。此外亦可直接从应力表述的屈服函数转换为应变表述的屈服函数。本节就是采用这种方法，以获得应变空间中的屈服面。

物体内某一点开始产生塑性变形时，应变分量之间需要满足的条件叫做以应变表述的屈服条件，或简称应变屈服条件，设材料各向同性并不考虑应力主轴旋转，则六维应变空间的屈服函数可在三维应变空间中讨论，应变屈服函数可表达为

$$\left.\begin{aligned} f(\varepsilon_1,\varepsilon_2,\varepsilon_3)&=0\\ f(I'_1,J'_2,J'_3)&=0\\ f(I'_1,J'_2,\theta_\varepsilon)&=0 \end{aligned}\right\} \tag{9.1.1}$$

屈服条件是指初始弹性条件下的界限，因而完全可采用弹性力学中的应力和应变的关系。由广义虎克定律

$$\sigma_{ij}=\frac{E}{1+\nu}\left(\varepsilon_{ij}+\frac{\nu}{1-2\nu}\varepsilon_{ij}\delta_{ij}\right) \tag{9.1.2}$$

根据第二章式（2.2.8）和式（2.2.9）应力张量和应力偏张量的不变量为

$$\left.\begin{aligned}I_1&=\sigma_1+\sigma_2+\sigma_3\\I_2&=-(\sigma_1\sigma_2+\sigma_2\sigma_3+\sigma_3\sigma_1)\\I_3&=\sigma_1\sigma_2\sigma_3\end{aligned}\right\}$$

$$\left.\begin{aligned}J_1&=0\\J_2&=\frac{1}{2}S_{ij}S_{ij}\\J_3&=S_1S_2S_3\end{aligned}\right\}$$

按式（2.9.8）和式（2.9.11），应变张量和应变偏张量的不变量为

$$\left.\begin{aligned}I'_1&=\varepsilon_1+\varepsilon_2+\varepsilon_3\\I'_2&=-(\varepsilon_1\varepsilon_2+\varepsilon_2\varepsilon_3+\varepsilon_3\varepsilon_1)\\I'_3&=\varepsilon_1\varepsilon_2\varepsilon_3\end{aligned}\right\}$$

$$\left.\begin{aligned}J'_1&=0\\J'_2&=\frac{1}{2}e_{ij}e_{ij}\\J'_3&=e_1e_2e_3\end{aligned}\right\}$$

根据上式及式（9.1.2）推得应力空间中不变量与应变空间中不变量的转换公式

$$I_1=\frac{E}{1-2\nu}I'_1=3KI'_1 \tag{9.1.3}$$

$$J_2=\left(\frac{E}{1+\nu}\right)^2J'_2=4G^2J'_2=(2G)^2J'_2 \tag{9.1.4}$$

$$J_3=\left(\frac{E}{1+\nu}\right)^3J'_3=8G^3J'_3=(2G)^3J'_3 \tag{9.1.5}$$

$$I_3=\left(\frac{E}{1+\nu}\right)^3J'_3-\frac{1}{3}\frac{E}{1-2\nu}\left(\frac{E}{1+\nu}\right)^2I'_1J'_2+\frac{1}{27}\left(\frac{E}{1+\nu}\right)^3(I'_1)^3 \tag{9.1.6}$$

并有

$$\left.\begin{aligned}\theta_\sigma&=\theta_\varepsilon\\\mu_\sigma&=\mu_\varepsilon\end{aligned}\right\} \tag{9.1.7}$$

在推导中还使用了不变量间的如下关系式：

$$J_2=I_2+\frac{1}{3}I_1^2\quad J'_2=I'_2+\frac{1}{3}I'^2_1$$

$$J_3=I_3+\frac{1}{3}I_1I_2+\frac{2}{27}I_1^3\qquad J'_3=I'_3+\frac{1}{3}I'_1I'_2+\frac{2}{27}I'^3_1$$

将上述关系式代入到以应力表达的屈服条件，即得各种以应变表达的屈服条件

对于米赛斯应变屈服条件有

$$\sqrt{J'_2}-\frac{1+\nu}{E}C=\sqrt{J'_2}-\frac{1+\nu}{E}\tau_S=0$$

即

$$\sqrt{J'_2}-\frac{\gamma_S}{2}=0 \tag{9.1.8}$$

式中 γ_S——材料的极限剪应变，式（9.1.8）完全符合与米赛斯条件相应的纯剪应变屈服条件。

$$f=\gamma_S-C=2\sqrt{J'_2}-\gamma_S=0 \tag{9.1.9}$$

当以纯拉试验的屈服应变极限 ε_S 来确定 C 值，可以 $\varepsilon_1=\varepsilon_S$，$\varepsilon_2=\varepsilon_3=-\nu\varepsilon_S$，代入式（9.1.8），则有

$$C=\frac{E}{\sqrt{3}}\varepsilon_S$$

则米赛斯应变屈服条件可写成

$$f=\sqrt{J'_2}-\frac{1+\nu}{\sqrt{3}}\varepsilon_S=0 \tag{9.1.10}$$

对于屈瑞斯卡条件，当 $\varepsilon_1\geqslant\varepsilon_2\geqslant\varepsilon_3$ 时，有

$$f=\frac{\varepsilon_1-\varepsilon_3}{2}-\frac{1+\nu}{E}k=\varepsilon_1-\varepsilon_3-\frac{k}{G}=\varepsilon_1-\varepsilon_3-\frac{\tau_S}{G}=\varepsilon_1-\varepsilon_3-\gamma_S=0 \tag{9.1.11}$$

因此上式完全符合与屈瑞斯卡条件相应的最大剪应变屈服条件，若以应变洛德角 θ_ε 表示则

$$f=\frac{E}{1+\nu}\sqrt{J'_2}\cos\theta_\varepsilon-C=\sqrt{J'_2}\cos\theta_\varepsilon-\frac{\gamma_S}{2}=0 \tag{9.1.12}$$

其中 $-30^\circ\leqslant\theta_\varepsilon\leqslant30^\circ$。

由式（9.1.8）及式（9.1.12）可见，在应变 π 平面上，应变屈瑞斯卡屈服条件显然是应变米赛斯屈服条件的外接正六角形。与应力屈服条件一样，应变的米赛斯与屈瑞斯卡条件，只适用于金属材料。

对于广义米赛斯屈服条件，可写成

$$f=\alpha' I'_1+\sqrt{J'_2}-k'=0 \tag{9.1.13}$$

对外角圆锥

$$\alpha'=\frac{1+\nu}{1-2\nu}\cdot\frac{2\sin\varphi}{\sqrt{3}(3-\sin\varphi)}$$

$$k'=\frac{1+\nu}{E}\cdot\frac{6c\cos\varphi}{\sqrt{3}(3-\sin\varphi)} \tag{9.1.14}$$

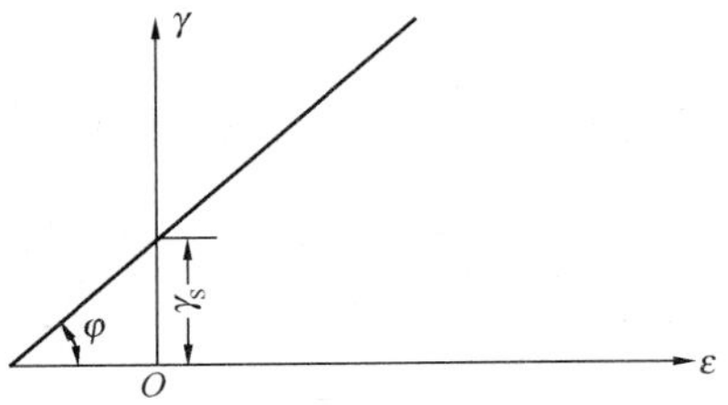

图 9-1 γ-ε 平面上剪切强度极限曲线

在应变空间中，最好材料常数也用应变来表示，这时 τ-σ 曲线改为 γ-ε 曲线（图 9-1）。其中

$$\left.\begin{aligned}\gamma_S &= \frac{C}{G} = \frac{\tau_S}{G}\\ \varphi' &= \mathrm{arctg}\left(\frac{E}{G}\mathrm{tg}\varphi\right)\end{aligned}\right\} \tag{9.1.15}$$

这是 γ-ε 应变平面中的材料常数，显然有

$$\varphi = \mathrm{arctg}\left(\frac{G}{E}\mathrm{tg}\varphi'\right) \tag{9.1.16}$$

由此式（9.1.14）可写成

$$\left.\begin{aligned}\alpha' &= \frac{1+\nu}{1-2\nu}\cdot\frac{2\sin\varphi}{\sqrt{3}(3-\sin\varphi)}\\ k' &= \frac{3\gamma_S\cos\varphi}{\sqrt{3}(3-\sin\varphi)}\end{aligned}\right\} \tag{9.1.17}$$

对内角圆锥

$$\left.\begin{aligned}\alpha' &= \frac{1+\nu}{1-2\nu}\cdot\frac{2\sin\varphi}{\sqrt{3}\,(3+\sin\varphi)}\\ k' &= \frac{1+\nu}{E}\cdot\frac{6c\cos\varphi}{\sqrt{3}\,(3+\sin\varphi)} = \frac{3\gamma_S\cos\varphi}{\sqrt{3}\,(3+\sin\varphi)}\end{aligned}\right\} \tag{9.1.18}$$

对于德鲁克-普拉格内切圆锥

$$\left.\begin{aligned}\alpha' &= \frac{1+\nu}{1-2\nu}\cdot\frac{\sin\varphi}{\sqrt{3\,(3+\sin^2\varphi)}}\\ k' &= \frac{1+\nu}{E}\cdot\frac{3c\cos\varphi}{\sqrt{3}\sqrt{3+\sin^2\varphi}} = \frac{3\gamma_S\cos\varphi}{2\sqrt{3}\sqrt{3+\sin^2\varphi}}\end{aligned}\right\} \tag{9.1.19}$$

经变换后，得广义屈瑞斯卡应变屈服函数。

当 $\varepsilon_1 \geqslant \varepsilon_2 \geqslant \varepsilon_3$ 时

$$\begin{aligned}&\varepsilon_1 - \varepsilon_3 + \alpha' I'_1 - k' = 0\\ &\sqrt{J'_2}\cos\theta_\varepsilon + \alpha' I'_1 - k' = 0\end{aligned} \tag{9.1.20}$$

另一种广义的屈瑞斯卡应变屈服条件为

当 $\varepsilon_1 \geqslant \varepsilon_2 \geqslant \varepsilon_3$

$$\varepsilon_1 - \varepsilon_3 + \frac{K\mathrm{tg}\varphi}{G}I'_1 - \gamma_s = 0 \tag{9.1.21}$$

或
$$\sqrt{J'_2}\cos\theta_\varepsilon + \frac{K\mathrm{tg}\varphi}{G}I'_1 - \gamma_s = 0$$

对于应变的莫尔-库仑应变屈服条件为

$$f = \sin\varphi\frac{1+\upsilon}{1-2\upsilon}\frac{I'_1}{3} + \sqrt{J'_2}\left(\cos\theta_\varepsilon - \frac{1}{\sqrt{3}}\sin\theta_\varepsilon\sin\varphi\right) - \frac{\gamma_S}{2}\cos\varphi = 0 \tag{9.1.22}$$

式中 $\gamma_S=\gamma_y$

表 9-1 列出了不变量表述的几种应变屈服条件，表 9-2 列出主应力表述的应变破坏条件。

应变屈服条件体系（以拉为正，I'_1、J'_2、θ_σ 表达式） **表 9-1**

<table>
<tr><th rowspan="2">剪切状态</th><th colspan="3">平面情况</th><th colspan="3">三维情况</th></tr>
<tr><th colspan="2">名称</th><th>公 式</th><th colspan="2">名称</th><th>公式</th></tr>
<tr><td rowspan="7">岩土材料</td><td colspan="2">莫尔-库仑条件
常数项中
$\theta_\varepsilon=\pm\frac{\pi}{6}$
$I'_1=\varepsilon_1+\varepsilon_3$</td><td>$\frac{\sin\varphi}{3}\frac{1+\upsilon}{1-2\upsilon}I'_1+$
$\left(\cos\theta_\varepsilon-\frac{1}{\sqrt{3}}\sin\theta_\varepsilon\sin\varphi\right)$
$\sqrt{J'_2}-\frac{\gamma_y}{2}\cos\varphi=0$
$-\frac{\pi}{6}\leqslant\theta_\varepsilon\leqslant\frac{\pi}{6}$</td><td colspan="2">岩土常规三轴三维条件
$\sigma_1=\sigma_2$
$I'_1=2\varepsilon_1+\varepsilon_3$</td><td>$\frac{\sin\varphi}{3}\frac{1+\upsilon}{1-2\upsilon}I'_1+\sqrt{J'_2}(\cos\theta_\varepsilon-\frac{1}{\sqrt{3}}\sin\theta_\varepsilon\sin\varphi)$
$-\frac{\gamma_y}{2}\cos\varphi\sqrt{\frac{1+\sqrt{3}\tan\theta_\varepsilon\sin\varphi}{3+3\tan^2\theta_\varepsilon+4\sqrt{3}\tan\theta_\varepsilon\sin\varphi}}=0$
$-\frac{\pi}{6}\leqslant\theta_\varepsilon\leqslant\frac{\pi}{6}$
$\theta_\varepsilon=\text{atan}\frac{2\varepsilon_2-\varepsilon_1-\varepsilon_3}{\sqrt{3}(\varepsilon_1-\varepsilon_3)}$</td></tr>
<tr><td colspan="2">德鲁克 - 普拉格条件</td><td>$\alpha'I'_1+\sqrt{J'_2}-k'=0$
$I'_1=\varepsilon_1+\varepsilon_3$</td><td colspan="2">三维德鲁克 - 普拉格条件</td><td>$\alpha'_aI'_1+\sqrt{J'_2}-k'_a=0$
$I'_1=2\varepsilon_1+\varepsilon_3$</td></tr>
<tr><td rowspan="5">θ_σ 为常数</td><td>DP1</td><td>$\alpha'_a=\frac{1+\nu}{1-2\nu}\frac{2\sin\varphi}{\sqrt{3}(3-\sin\varphi)}$
$k'_a=\frac{3\gamma_y\cos\varphi}{\sqrt{3}(3-\sin\varphi)}$</td><td rowspan="5">$\theta_\sigma$ 为常数</td><td>DP1</td><td>$\alpha'_a=\frac{1+\nu}{1-2\nu}\frac{2\sin\varphi}{\sqrt{3}(3-\sin\varphi)}$
$k'_a=\frac{3\gamma_y\cos\varphi}{\sqrt{3}(3-\sin\varphi)}$</td></tr>
<tr><td>DP2</td><td>$\alpha'_a=\frac{1+\nu}{1-2\nu}\frac{2\sin\varphi}{\sqrt{3}(3+\sin\varphi)}$
$k'_a=\frac{3\gamma_y\cos\varphi}{\sqrt{3}(3+\sin\varphi)}$</td><td>DP2</td><td>$\alpha'_a=\frac{1+\nu}{1-2\nu}\frac{2\sin\varphi}{\sqrt{3}(3+\sin\varphi)}$
$k'_a=\frac{3\gamma_y\cos\varphi}{\sqrt{3}(3+\sin\varphi)}$</td></tr>
<tr><td></td><td></td><td>DP3</td><td>$\alpha'=\frac{1+\nu}{1-2\nu}\cdot\frac{2\sqrt{3}\sin\varphi}{\sqrt{2\sqrt{3}\pi(9-\sin^2\varphi)}}$
$k'_a=\frac{3\sqrt{3}\gamma_y\cos\varphi}{\sqrt{2\sqrt{3}\pi(9-\sin^2\varphi)}}$</td></tr>
<tr><td>DP4</td><td>$\alpha'=\frac{1+\nu}{1-2\nu}\cdot\frac{\sin\varphi}{\sqrt{3(3+\sin^2\varphi)}}$
$k'=\frac{3\gamma_y\cos\varphi}{2\sqrt{3}\sqrt{3+\sin^2\varphi}}$</td><td>DP4</td><td>$\alpha'_a=\frac{1+\nu}{1-2\nu}\cdot\frac{\sin\varphi}{\sqrt{3(3+\sin^2\varphi)}}$
$k'_a=\frac{\gamma_y\cos\varphi}{\sqrt{3+\sin^2\varphi}}$</td></tr>
<tr><td>DP5</td><td>$\alpha'=\frac{\sin\varphi}{3}\frac{1+\nu}{1-2\nu}$
$k'=\frac{\gamma_y\cos\varphi}{\sqrt{3}}$</td><td>DP5</td><td>$\alpha'_a=\frac{\sin\varphi}{3}\frac{1+\nu}{1-2\nu}$
$k'_a=\frac{2}{\sqrt{3}}\cdot\frac{\gamma_y\cos\varphi}{\sqrt{3}}$</td></tr>
<tr><td rowspan="2">金属材料</td><td colspan="2">屈瑞斯卡条件</td><td>$\sqrt{J'_2}\cos\theta_\varepsilon-\frac{\gamma_y}{2}=0$</td><td colspan="2">米赛斯条件</td><td>$\sqrt{J'_2}-\gamma_y/2=0$(纯剪)</td></tr>
<tr><td colspan="2">常数项中
$\theta_\varepsilon=\pm\frac{\pi}{6}$
$\varphi=0$</td><td>$-\frac{\pi}{6}\leqslant\theta_\varepsilon\leqslant\frac{\pi}{6}$</td><td colspan="2">$\theta_\varepsilon=\pm\frac{\pi}{6}$
$\varphi=0$</td><td>$\sqrt{J'_2}-\frac{\gamma_y}{\sqrt{3}}=0$（纯拉）</td></tr>
</table>

应变表述的破坏条件体系（金属以拉为正，岩土以压为正） 表 9-2

剪切状态	平面情况		三维情况	
	名称	公式	名称	公式
岩土材料	莫尔-库仑条件	$(\varepsilon_1-\varepsilon_3)-(\varepsilon_1+\varepsilon_3)$ $\sin\varphi\dfrac{1}{1-2\nu}-\gamma_f\cos\varphi=0$	岩土常规三轴三维条件（高红-郑颖人） $\varepsilon_2=\varepsilon_3$	$(\varepsilon_1-\varepsilon_3)-(\varepsilon_1+\varepsilon_3)\sin\varphi\dfrac{1}{1-2\nu}$ $-\gamma_f\cos\varphi\sqrt{\dfrac{1-(2\beta-1)\sin\varphi}{\beta^2-\beta+1+\sin\varphi(1-2\beta)}}=0$ $\beta=\dfrac{\varepsilon_1-n\varepsilon_2}{\varepsilon_1-\varepsilon_3}$，$1\geqslant\beta\geqslant0$
岩土材料	德鲁克-普拉格条件	$-\alpha' I'_1+\sqrt{J'_2}-k'=0$ $I'_1=\varepsilon_1+\varepsilon_3$	三维德鲁克-普拉格条件	$-\alpha'_\alpha I'_1+\sqrt{J'_2}-k'_\alpha=0$ $I'_1=2\varepsilon_1+\varepsilon_3$
岩土材料	θ_σ 为常数 DP1	$\alpha'_\alpha=\dfrac{1+\nu}{1-2\nu}\dfrac{2\sin\varphi}{\sqrt{3}(3-\sin\varphi)}$ $k'_\alpha=\dfrac{3\gamma_f\cos\varphi}{\sqrt{3}(3-\sin\varphi)}$	θ_σ 为常数 DP1	$\alpha'_\alpha=\dfrac{1+\nu}{1-2\nu}\dfrac{2\sin\varphi}{\sqrt{3}(3-\sin\varphi)}$ $k'_\alpha=\dfrac{3\gamma_f\cos\varphi}{\sqrt{3}(3-\sin\varphi)}$
岩土材料	θ_σ 为常数 DP2	$\alpha'_\alpha=\dfrac{1+\nu}{1-2\nu}\dfrac{2\sin\varphi}{\sqrt{3}(3+\sin\varphi)}$ $k'_\alpha=\dfrac{3\gamma_f\cos\varphi}{\sqrt{3}(3+\sin\varphi)}$	θ_σ 为常数 DP2	$\alpha'_\alpha=\dfrac{1+\nu}{1-2\nu}\dfrac{2\sin\varphi}{\sqrt{3}(3+\sin\varphi)}$ $k'_\alpha=\dfrac{3\gamma_f\cos\varphi}{\sqrt{3}(3+\sin\varphi)}$
岩土材料	θ_σ 为常数		θ_σ 为常数 DP3	$\alpha'=\dfrac{1+\upsilon}{1-2\upsilon}\cdot\dfrac{2\sqrt{3}\sin\varphi}{\sqrt{2\sqrt{3}\pi(9-\sin^2\varphi)}}$ $k'_\alpha=\dfrac{3\sqrt{3}\gamma_f\cos\varphi}{\sqrt{2\sqrt{3}\pi(9-\sin^2\varphi)}}$
岩土材料	θ_σ 为常数 DP4	$\alpha'=\dfrac{1+\nu}{1-2\nu}\cdot\dfrac{\sin\varphi}{\sqrt{3(3+\sin^2\varphi)}}$ $k'=\dfrac{3\gamma_f\cos\varphi}{2\sqrt{3}\sqrt{3+\sin^2\varphi}}$	θ_σ 为常数 DP4	$\alpha'_\alpha=\dfrac{1+\nu}{1-2\nu}\cdot\dfrac{\sin\varphi}{\sqrt{3(3+\sin^2\varphi)}}$ $k'_\alpha=\dfrac{\gamma_f\cos\varphi}{\sqrt{3+\sin^2\varphi}}$
岩土材料	θ_σ 为常数 DP5	$\alpha'=\dfrac{1+\nu}{1-2\nu}\cdot\dfrac{\sin\varphi}{\sqrt{3}}$ $k'=\dfrac{\gamma_f\cos\varphi}{\sqrt{3}}$	θ_σ 为常数 DP5	$\alpha'_\alpha=\dfrac{1+\nu}{1-2\nu}\cdot\dfrac{\sin\varphi}{3}$ $k'_\alpha=\dfrac{2}{\sqrt{3}}\cdot\dfrac{\gamma_f\cos\varphi}{\sqrt{3}}$
金属材料	屈瑞斯卡条件	$\varepsilon_1-\varepsilon_3-\gamma_y=0$	米赛斯条件	$\sqrt{J'_2}-\dfrac{\gamma_y}{2}=0$（纯剪） $\sqrt{J'_2}-\dfrac{\gamma_y}{\sqrt{3}}=0$（纯拉）

9.2 应变空间中的硬化定律

应变空间中的硬化定律可由应力空间中硬化定律转换而得，表 9-3 中列出应变空间中不同 H 时的硬化模量 A 值。与应力空间的情况类似，广义塑性力学中，各种硬化定律的硬化模量 $A=1$。

应变空间中不同 H 时的硬化函数 A 值 表 9-3

H	A
w^p	$(-)\dfrac{\partial\psi}{\partial W^p}\{\sigma\}^T[C_e]\left\{\dfrac{\partial Q}{\partial\varepsilon}\right\}=(-)\dfrac{\partial\psi}{\partial W^p}\{\varepsilon^e\}^T\left\{\dfrac{\partial Q}{\partial\varepsilon}\right\}$
$H(\varepsilon_{ij}^p)$	$(-)\dfrac{\partial\psi}{\partial H}\left\{\dfrac{\partial H}{\partial\varepsilon^p}\right\}^T[C_e]\left\{\dfrac{\partial Q}{\partial\varepsilon}\right\}$
$\gamma^p=\int\sqrt{d\varepsilon^p d\varepsilon^p}$	$(-)\dfrac{\partial\psi}{\partial\gamma^p}\left[\left\{\dfrac{\partial Q}{\partial\varepsilon}\right\}^T[C_e][C_\varepsilon]\left\{\dfrac{\partial Q}{\partial\varepsilon}\right\}\right]^{\frac{1}{2}}$
ε_v^p	$(-)\dfrac{\partial\psi}{\partial\varepsilon_v^p}\dfrac{1}{3K}\dfrac{\partial Q}{\partial\varepsilon_m}=(-)\dfrac{\partial\psi}{\partial\varepsilon_v^p}\{e\}^T[C_e]\left\{\dfrac{\partial Q}{\partial\varepsilon}\right\}$ 其中 $\{e\}^T=[1\ \ 1\ \ 1\ \ 0\ \ 0\ \ 0]$
$H(\varepsilon_v^p,\bar{\gamma}^p)$	$(-)\dfrac{\partial\psi}{\partial H}\left[\dfrac{\partial H}{\partial\varepsilon_v^p}\dfrac{1}{3K}\dfrac{\partial Q}{\partial\varepsilon_m}+\dfrac{\partial H}{\partial\bar{\gamma}^p}\dfrac{1}{3G}\dfrac{\partial Q}{\partial q_\varepsilon}\right]$ 其中 $q_\varepsilon=\sqrt{3J'_2}$
$H(\bar{\gamma}^p,\varepsilon_v^p,\theta_\varepsilon)$	$(-)\dfrac{\partial\psi}{\partial H}\left[\dfrac{\partial H}{\partial\varepsilon_v^p}\dfrac{1}{3K}\dfrac{\partial Q}{\partial\varepsilon_m}+\dfrac{\partial H}{\partial\bar{\gamma}^p}\dfrac{1}{3G}\dfrac{\partial Q}{\partial q_\varepsilon}/\cos(\theta_{d\sigma}^p-\theta_\varepsilon)\right]$

注：表中 ψ 为应变空间中的加载条件，见式（9.4.3）。

9.3 应变空间中的塑性位势理论与流动法则

传统塑性理论中，根据伊留辛公设，可以得到应变空间的流动法则如下，其中 Q 为应变空间中的塑性势面。

$$d\sigma_{ij}^p=d\lambda\frac{\partial Q}{\partial\varepsilon_{ij}}\tag{9.3.1}$$

塑性体应变与塑性剪应变的流动法则如下

$$d\sigma_v^p=d\lambda\frac{\partial Q}{\partial\varepsilon_m}\tag{9.3.2}$$

$$d\sigma_\gamma^p=d\lambda\left[\left(\frac{\partial Q}{\partial q_\varepsilon}\right)^2+\left(\frac{1}{q_\varepsilon}\frac{\partial Q}{\partial\theta_\varepsilon}\right)^2\right]^{1/2}\tag{9.3.3}$$

式中 $q_\varepsilon=\sqrt{3J'_2}$，$d\sigma_v^p$ 与 $d\sigma_\gamma^p$ 分别为塑性体应变与塑性剪应变引起的塑性应力增量。

应变空间中塑性应力增量的洛德角 $\theta_{d\sigma}^p$ 为

$$\theta_{d\sigma}^p=\mathrm{tg}^{-1}\frac{\sin\theta_\varepsilon\dfrac{\partial Q}{\partial q_\varepsilon}+\cos\theta_\varepsilon\dfrac{1}{q_\varepsilon}\dfrac{\partial Q}{\partial\theta_\varepsilon}}{\cos\theta_\varepsilon\dfrac{\partial Q}{\partial q_\varepsilon}-\sin\theta_\varepsilon\dfrac{1}{q_\varepsilon}\dfrac{\partial Q}{\partial\theta_\varepsilon}}\tag{9.3.4}$$

还可进一步推得

$$d\sigma_\gamma^p\cos(\theta_{d\sigma}^p-\theta_\varepsilon)=d\lambda\frac{\partial Q}{\partial q_\varepsilon}\tag{9.3.5}$$

$$d\sigma_\gamma^p\sin(\theta_{d\sigma}^p-\theta_\varepsilon)=d\lambda\frac{1}{q_\varepsilon}\frac{\partial Q}{\partial\theta_\varepsilon}\tag{9.3.6}$$

由式（9.3.4）可见，应变洛德角与塑性应力增量洛德角不重合。

在广义塑性位势理论中，应变空间中的流动法则写为

$$d\sigma_{ij}^{p}=\sum_{k=1}^{3}d\lambda_{k}\frac{\partial Q_{k}}{\partial\varepsilon_{ij}} \tag{9.3.7}$$

如果 $Q_1=\varepsilon_1, Q_2=\varepsilon_2, Q_3=\varepsilon_3$，则有

$$d\sigma_{ij}^{p}=d\lambda_1\frac{\partial\varepsilon_1}{\partial\varepsilon_{ij}}+d\lambda_2\frac{\partial\varepsilon_2}{\partial\varepsilon_{ij}}+d\lambda_3\frac{\partial\varepsilon_3}{\partial\varepsilon_{ij}} \tag{9.3.8}$$

式中

$$d\lambda_1=d\sigma_1^{p}, d\lambda_2=d\sigma_2^{p}, d\lambda_3=d\sigma_3^{p} \tag{9.3.9}$$

如果 $Q_1=\varepsilon_m, Q_2=\bar{\gamma}, Q_3=\theta_\varepsilon$，则有

$$d\sigma_{ij}^{p}=d\lambda_1\frac{\partial\varepsilon_m}{\partial\varepsilon_{ij}}+d\lambda_2\frac{\partial\bar{\gamma}}{\partial\varepsilon_{ij}}+d\lambda_3\frac{\partial\theta_\varepsilon}{\partial\varepsilon_{ij}} \tag{9.3.10}$$

式中 $d\lambda_1=d\sigma_v^{p}, d\lambda_2=d\sigma_{\gamma q}^{p}, d\lambda_3=d\sigma_{\gamma\theta}^{p}$；$d\sigma_v^{p}, d\sigma_{\gamma q}^{p}, d\sigma_{\gamma\theta}^{p}$ 分别为塑性体应变引起的塑性应力增量，q 方向上塑性剪应变引起的塑性应力增量 θ_ε 方向上塑性剪应变引起的塑性应力增量。

塑性应力增量可分解为塑性体应变引起的塑性应力增量与塑性剪应变引起的塑性应力增量。

$$d\sigma_v^{p}=\sum_{k=1}^{3}d\lambda_k\frac{\partial Q_k}{\partial\varepsilon_m}=d\lambda_1\ (k=1,2,3) \tag{9.3.11}$$

$$d\sigma_\gamma^{p}=\sum_{k=1}^{3}\left[\left(d\lambda_k\frac{\partial Q_k}{\partial\bar{\gamma}_q}\right)^2+\left(d\lambda_k\frac{\partial Q_k}{\partial\bar{\gamma}_{\theta\varepsilon}}\right)^2\right]^{\frac{1}{2}}$$

或写成

$$d\sigma_v^{p}=\sum_{k=1}^{3}d\lambda_k\frac{\partial Q_k}{\partial\varepsilon_m}=d\lambda_1\ (k=1,2,3)$$

$$d\sigma_{\gamma q}^{p}=\sum_{k=1}^{3}d\lambda_k\frac{\partial Q_k}{\partial\bar{\gamma}_q}=d\lambda_2 \tag{9.3.12}$$

$$d\sigma_{\gamma\theta}^{p}=\sum_{k=1}^{3}d\lambda_k\frac{\partial Q_k}{\partial\bar{\gamma}_{\theta\varepsilon}}=d\lambda_3$$

9.4 应变空间中表述的应力-应变关系

9.4.1 应力空间与应变空间屈服面的互换

应力空间中的加载条件可写成如下形式

$$\Phi=\Phi(\sigma_{ij},\sigma_{ij}^{p},H_\alpha)=0 \tag{9.4.1}$$

其中塑性应力 σ_{ij}^{p} 定义如下

$$\{\sigma^{p}\}=[D_e]\{\varepsilon^{p}\} \tag{9.4.2}$$

与上相应，应变空间中的屈服条件写成如下形式：

$$\psi=\psi(\sigma_{ij},\sigma_{ij}^{p},H_\alpha)=0 \tag{9.4.3}$$

应力空间中的屈服面与应变空间中的屈服面可以互换，其证明如下

$$\Phi(\sigma_{ij},\sigma_{ij}^{p},H_\alpha)=\Phi([D_e]\{\varepsilon^{e}\},[D_e]\{\varepsilon^{p}\},H_\alpha)=\Phi([D_e]\{\varepsilon-\varepsilon^{p}\},[D_e]\{\varepsilon^{p}\},H_\alpha)$$

$$=\psi(\varepsilon_{ij},\varepsilon_{ij}^{\mathrm{p}},H_{\alpha})=0 \tag{9.4.4}$$

若分别将随动硬化的硬化参量及等向硬化的硬化参量分开，则式（9.4.1）可写成

$$\Phi=(\sigma_{ij}-\alpha\sigma_{ij}^{\mathrm{p}})-H_{\alpha}=0 \tag{9.4.5}$$

其中 $\alpha\sigma_{ij}^{\mathrm{p}}$ 为随动硬化参量，一般称为移动张量 α_{ij}。相应于式（9.4.5）的应变空间的表达式为

$$\psi([D_{\mathrm{e}}]\{\varepsilon\}-(1+\alpha)[D_{\mathrm{e}}]\{\varepsilon^{\mathrm{p}}\})-H_{\alpha}=0 \tag{9.4.6}$$

若 $H_{\alpha}=0$，$\alpha=0$，$\varepsilon_{ij}^{\mathrm{p}}=0$，即为初始屈服面情况。此时应力空间和应变空间屈服面两者中心位置不变，形状相似，只是大小相差一个倍数 $[D_{\mathrm{e}}]$。

对比式（9.4.5）及式（9.4.6），还可进一步讨论两者后继屈服面的不同：

（1）理想塑性时，$H_{\alpha}=0$，$\alpha=0$，则式（9.4.5）及式（9.4.6）分别为

$$\Phi(\sigma_{ij})=0$$

$$\psi=([D_{\mathrm{e}}]\{\varepsilon\}-[D_{\mathrm{e}}]\{\varepsilon^{\mathrm{p}}\})=0$$

可见在应力空间中，理想塑性屈服面与初始屈服面相同，而在应变空间中，两者大小相同，但中心位置随着塑性变形增大而移动（图 9-2*a*）。

（2）等向硬化与软化时，$\alpha\neq0$，$H_{\alpha}\neq0$，则式（9.4.5）及式（9.4.6）分别为

$$\Phi(\sigma_{ij})-H_{\alpha}=0$$

$$\psi=([D_{\mathrm{e}}]\{\varepsilon\}-[D_{\mathrm{e}}]\{\varepsilon^{\mathrm{p}}\})-H_{\alpha}=0$$

可见等向硬、软化时，应力空间中，后继屈服面的大小变化，但中心位置保持不变；而在应变空间中的后继屈服面大小和位置都要变化（图 9-2*b*）。

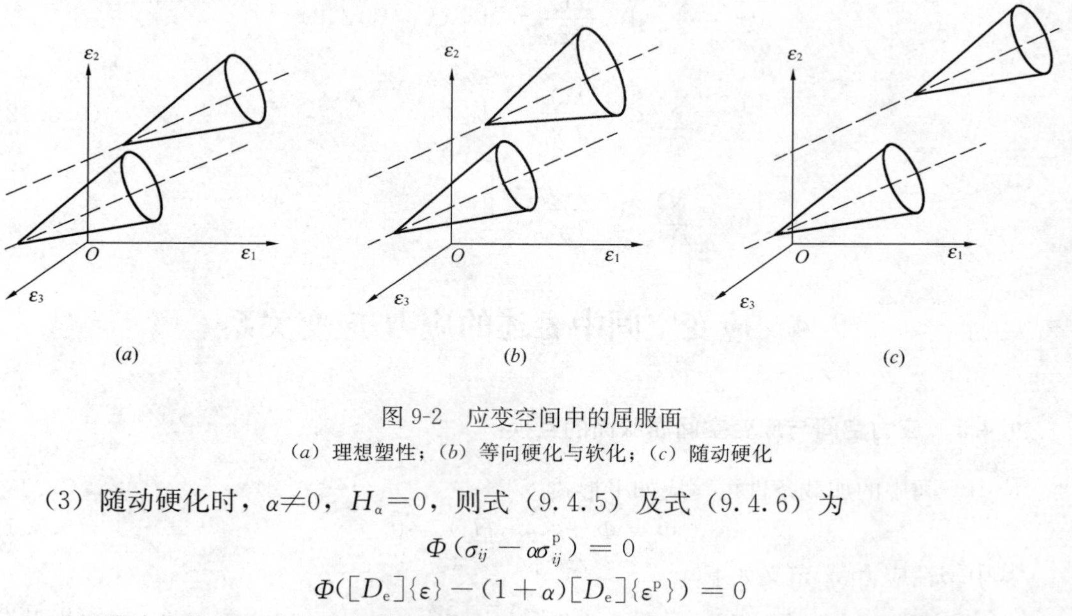

图 9-2 应变空间中的屈服面

（*a*）理想塑性；（*b*）等向硬化与软化；（*c*）随动硬化

（3）随动硬化时，$\alpha\neq0$，$H_{\alpha}=0$，则式（9.4.5）及式（9.4.6）为

$$\Phi(\sigma_{ij}-\alpha\sigma_{ij}^{\mathrm{p}})=0$$

$$\Phi([D_{\mathrm{e}}]\{\varepsilon\}-(1+\alpha)[D_{\mathrm{e}}]\{\varepsilon^{\mathrm{p}}\})=0$$

可见随动硬化时，应力空间中后继屈服面的大小不变，仅位置改变。应变空间中也是如此，但两者的平移距离不同（图 9-2*c*）。

此外，两个屈服条件求导时存在如下关系

$$\left.\begin{aligned}&\frac{\partial \psi}{\partial \varepsilon_{ij}}=[D_e]\frac{\partial \Phi}{\partial \sigma_{ij}}\\&\frac{\partial \psi}{\partial \varepsilon_{ij}^{p}}=[D_e]\left(\frac{\partial \Phi}{\partial \varepsilon_{ij}^{p}}-\frac{\partial \Phi}{\partial \sigma_{ij}}\right)\\&\frac{\partial \psi}{\partial H_\alpha}=\frac{\partial \Phi}{\partial H_\alpha}+\left(\frac{\partial \Phi}{\partial \sigma}\right)^{T}\frac{\partial [D_e]}{\partial H_\alpha}[C_e]\{\sigma\}+\left(\frac{\partial \Phi}{\partial \sigma^{p}}\right)^{T}\frac{\partial [D_e]}{\partial H_\alpha}[C_e]\{\sigma^{p}\}\end{aligned}\right\}\tag{9.4.7}$$

当不考虑应力随动硬化时，不存在 σ_{ij}^{p} 硬化参量，因此式（9.4.7）可写成

$$\left.\begin{aligned}&\frac{\partial \psi}{\partial \varepsilon_{ij}}=[D_e]\frac{\partial \Phi}{\partial \sigma_{ij}}\\&\frac{\partial \psi}{\partial \varepsilon_{ij}^{p}}=-[D_e]\frac{\partial \Phi}{\partial \sigma_{ij}}=-\frac{\partial \psi}{\partial \varepsilon_{ij}}\\&\frac{\partial \psi}{\partial H_\alpha}=\frac{\partial \Phi}{\partial H_\alpha}\end{aligned}\right\}\tag{9.4.8}$$

9.4.2　应变空间中表述的应力-应变关系

应变空间中表述的应力应变关系不仅适用于稳定材料，也适用于不稳定材料，即对应变硬化，软化和理想塑性材料均能应用。

由于

$$\{d\varepsilon\}=\{d\varepsilon^{e}\}+\{d\varepsilon^{p}\}=[D_e]^{-1}\{d\sigma\}+\{d\varepsilon^{p}\}\tag{9.4.9}$$

或

$$[D_e]\{d\varepsilon\}=\{d\sigma\}+[D_e]\{d\varepsilon^{p}\}\tag{9.4.10}$$

式中 $[D_e]\{d\varepsilon^{p}\}$ 就是塑性应力 $\{d\sigma^{p}\}$，结合应变空间中的流动法则，式（9.4.10）可变为

$$[D_e]\{d\varepsilon\}=\{d\sigma\}+d\lambda\left\{\frac{\partial Q}{\partial \varepsilon}\right\}\tag{9.4.11}$$

因为

$$d\psi=\left\{\frac{\partial \psi}{\partial \varepsilon}\right\}^{T}\{d\varepsilon\}-\frac{\partial \psi}{\partial H}\left\{\frac{\partial H}{\partial \varepsilon^{p}}\right\}^{T}\{d\varepsilon^{p}\}=0\tag{9.4.12}$$

及

$$\{d\varepsilon^{p}\}=d\lambda\left\{\frac{\partial Q}{\partial \sigma}\right\}\{d\varepsilon\}=d\lambda[C_e]\left\{\frac{\partial \psi}{\partial \varepsilon}\right\}\tag{9.4.13}$$

将式（9.4.13）代入式（9.4.12），得

$$d\lambda=\frac{1}{A_2}\left\{\frac{\partial \psi}{\partial \varepsilon}\right\}^{T}\{d\varepsilon\}\tag{9.4.14}$$

式中

$$A_2=\left\{\frac{\partial \psi}{\partial \varepsilon}\right\}^{T}[C_e]\left\{\frac{\partial Q}{\partial \varepsilon}\right\}-\frac{\partial \psi}{\partial H}\left\{\frac{\partial H}{\partial \varepsilon^{p}}\right\}^{T}$$

$$[C_e]\left\{\frac{\partial Q}{\partial \varepsilon}\right\}=-\left\{\frac{\partial \psi}{\partial \varepsilon^{p}}\right\}^{T}[C_e]\left\{\frac{\partial Q}{\partial \varepsilon}\right\}-\frac{\partial \psi}{\partial H}\left\{\frac{\partial H}{\partial \varepsilon^{p}}\right\}^{T}[C_e]\left\{\frac{\partial Q}{\partial \varepsilon}\right\}$$

A_2 中后一项就是取 ε_{ij}^{p} 为硬化参量时的硬化函数 A，所以一般情况下

$$A_2=\left\{\frac{\partial \psi}{\partial \varepsilon}\right\}^{T}[C_e]\left\{\frac{\partial Q}{\partial \varepsilon}\right\}+A$$

A 可由表 9-2 查得。

将式（9.4.14）代入式（9.4.11），得

$$\{d\sigma\} = [D_{ep}]\{d\varepsilon\} \tag{9.4.15}$$

$$[D_{ep}] = [D_e] - \frac{1}{A_2}\left\{\frac{\partial\psi}{\partial\varepsilon}\right\}^T\left\{\frac{\partial Q}{\partial\varepsilon}\right\} \tag{9.4.16}$$

广义塑性力学中，应变空间中的屈服面为

$$\psi_i = \psi_i(\varepsilon_{ij}, H_\alpha) = 0, i = 1,2,3 \tag{9.4.17}$$

加卸载准则为

$$\max(\hat{\psi}_1, \hat{\psi}_2, \hat{\psi}_3)\begin{cases} < 0 & \text{卸载} \\ = 0 & \text{中性变载} \\ > 0 & \text{加载} \end{cases} \tag{9.4.18}$$

其中 $\hat{\psi}_1 = \left\{\frac{\partial\psi}{\partial\varepsilon}\right\}^T\{d\varepsilon\}, i = 1,2,3$ (9.4.19)

广义流动法则为

$$\{d\sigma^p\} = d\lambda_1\left(\frac{\partial\psi_1}{\partial\varepsilon}\right) + d\lambda_2\left(\frac{\partial\psi_2}{\partial\varepsilon}\right) + d\lambda_3\left(\frac{\partial\psi_3}{\partial\varepsilon}\right) \tag{9.4.20}$$

相容条件为

$$\left\{\frac{\partial\psi}{\partial\varepsilon}\right\}^T\{d\varepsilon\} - \frac{\partial H_k}{\partial H_{\partial k}}\left\{\frac{\partial H_{\partial k}}{\partial\varepsilon_k^p}\right\}^T\{d\varepsilon_k^p\} = 0 \quad (i = 1,2,3) \tag{9.4.21}$$

$$[b_{kl}]_{3\times3}\{d\lambda\} = \left(\frac{\partial\psi}{\partial\varepsilon}\right)^T\{d\varepsilon\} \tag{9.4.22}$$

$$\{d\lambda\} = [d\lambda_1, d\lambda_2, d\lambda_3]^T$$

$$\left\{\frac{\partial\psi}{\partial\varepsilon}\right\}^T_{3\times6} = \left[\frac{\partial\psi_1}{\partial\varepsilon}, \frac{\partial\psi_2}{\partial\varepsilon}, \frac{\partial\psi_3}{\partial\varepsilon}\right]^T$$

$$b_{kl} = -\left(\left\{\frac{\partial\psi_k}{\partial\varepsilon^p}\right\}^T[C_e]\left\{\frac{\partial\psi_l}{\partial\varepsilon}\right\} - \delta_{hl}A_k\right) \tag{9.4.23}$$

$$\delta_{hl} = \begin{cases} 1, k = l \\ 0, k \neq l \end{cases} \quad k, l = 1,2,3;$$

式中 A_k 见表 9-3，其中 ψ 与 Q 改成 ψ_k 和 ψ_l。

完全加载时的应力-应变关系

$$\{d\sigma\} = \left([D_e] - \left\{\frac{\partial Q}{\partial\varepsilon}\right\}_{6\times3}[b_{kl}]^{-1}_{3\times3}\left\{\frac{\partial\psi}{\partial\varepsilon}\right\}^T_{3\times6}\right)\{d\varepsilon\} \tag{9.4.24}$$

应力空间与应变空间的不同特性与表达式（单一正则屈服面） **表 9-4**

	应力空间	应变空间
外变量	σ_{ij}	ε_{ij}
内变量	σ_{ij}^p, H_α	$\varepsilon_{ij}^p, H_\alpha$
加载函数	$\Phi(\sigma_{ij}, \sigma_{ij}^p, H_\alpha)$	$\psi(\varepsilon_{ij}, \varepsilon_{ij}^p, H_\alpha)$
塑性基本公设	德鲁克公设 $W_D \geqslant 0$	伊留辛公设 $W_I \geqslant 0$
加载面的外凸性和正交性	$(\sigma - \sigma_0)d\varepsilon_{ij}^p \geqslant 0$ $d\varepsilon_{ij}^p = d\lambda\frac{\partial\Phi}{\partial\sigma_{ij}}$	$(\varepsilon - \varepsilon_0)d\sigma_{ij}^p \geqslant 0$ $d\sigma_{ij}^p = d\lambda\frac{\partial\psi}{\partial\varepsilon_{ij}}$

续表

	应力空间	应变空间
加载准则： $l>0$，加载； $l=0$ 中性加载； $l<0$ 卸载	$l_1=\left\{\frac{\partial \Phi}{\partial \sigma}\right\}^{\mathrm{T}}\{\mathrm{d}\sigma\}$ （仅适用于硬化材料）	$l_2=\left\{\frac{\partial \psi}{\partial \varepsilon}\right\}^{\mathrm{T}}\{\mathrm{d}\varepsilon\}$ （硬化，理想，软化材料均适用）
本构关系	$\{\mathrm{d}\varepsilon\}=\left[[C_{\mathrm{e}}]+\frac{1}{A}\left\{\frac{\partial Q}{\partial \sigma}\right\}\left\{\frac{\partial \Phi}{\partial \sigma}\right\}^{\mathrm{T}}\right]\{\mathrm{d}\sigma\}$ （仅适用于硬化材料）	$\{\mathrm{d}\sigma\}=\left[[D_{\mathrm{e}}]-\frac{1}{A_2}\left\{\frac{\partial Q}{\partial \varepsilon}\right\}\left\{\frac{\partial \psi}{\partial \varepsilon}\right\}^{\mathrm{T}}\right]\{\mathrm{d}\varepsilon\}$ （硬化，理想，软化材料均适用）

式中

$$\left\{\frac{\partial Q}{\partial \varepsilon}\right\}_{6\times 3}=\left\{\frac{\partial Q_1}{\partial \varepsilon},\frac{\partial Q_2}{\partial \varepsilon},\frac{\partial Q_3}{\partial \varepsilon}\right\}$$

$$\left\{\frac{\partial \psi}{\partial \varepsilon}\right\}^{\mathrm{T}}_{3\times 6}=\left\{\frac{\partial \psi_1}{\partial \varepsilon},\frac{\partial \psi_2}{\partial \varepsilon},\frac{\partial \psi_3}{\partial \varepsilon}\right\}^{\mathrm{T}}$$

部分加载时，当 3 个屈服面中 r 个屈服面屈服，则

$$\{\mathrm{d}\sigma\}=\left([D_{\mathrm{e}}]-\left\{\frac{\partial Q}{\partial \varepsilon}\right\}_{6\times r}[b_{kl}]^{-1}_{r\times r}\left\{\frac{\partial \psi}{\partial \varepsilon}\right\}^{\mathrm{T}}_{r\times 6}\right)\{\mathrm{d}\varepsilon\},r<3 \tag{9.4.25}$$

上述本构关系可用于硬化、软化和理想塑性材料。为了进行比较，表 9-4 中列出了应力空间与应变空间的不同特性与表达式。

9.4.3 应变空间表述的理想塑性材料的本构关系

对于理想塑性材料，$\psi=\psi(\varepsilon_{ij}-\varepsilon_{ij}^{\mathrm{p}})=\psi(\varepsilon_{ij}^{\mathrm{e}})=f$

此时

$$A_2=\left(\frac{\partial f}{\partial \varepsilon}\right)^{\mathrm{T}}[C_{\mathrm{e}}]\left\{\frac{\partial f}{\partial \varepsilon}\right\} \tag{9.4.26}$$

因此，求 $[D_{\mathrm{ep}}]$ 或 $[D_{\mathrm{p}}]$ 关键是给出 $\frac{\partial f}{\partial \varepsilon_{ij}}$ 值，下面求各种应变屈服函数的导数值

$$\frac{\partial f}{\partial \varepsilon_{ij}}=\frac{\partial f}{\partial \varepsilon_{\mathrm{m}}}\frac{\partial \varepsilon_{\mathrm{m}}}{\partial \varepsilon_{ij}}+\frac{\partial f}{\partial \sqrt{J'_2}}\frac{\partial \sqrt{J'_2}}{\partial \varepsilon_{ij}}+\frac{\partial f}{\partial J'_3}\frac{\partial J'_3}{\partial \varepsilon_{ij}}=C'_1\frac{\partial \varepsilon_{\mathrm{m}}}{\partial \varepsilon_{ij}}+C'_2\frac{\partial \sqrt{J'_2}}{\partial \varepsilon_{ij}}+C'_3\frac{\partial J'_3}{\partial \varepsilon_{ij}} \tag{9.4.27}$$

式中

$$C'_1=\frac{\partial f}{\partial \varepsilon_{\mathrm{m}}},C'_2=\frac{\partial f}{\partial \sqrt{J'_2}},C'_3=\frac{\partial f}{\partial J'_3} \tag{9.4.28}$$

$$\frac{\partial \varepsilon_{\mathrm{m}}}{\partial \varepsilon_{ij}}=\frac{1}{3}[1\quad 1\quad 1\quad 0\quad 0\quad 0]^{\mathrm{T}} \tag{9.4.29}$$

$$\frac{\partial \sqrt{J'_2}}{\partial \varepsilon_{ij}}=\frac{1}{2\sqrt{J'_2}}[e_{\mathrm{x}}\quad e_{\mathrm{y}}\quad e_{\mathrm{z}}\quad 2e_{\mathrm{yz}}\quad 2e_{\mathrm{zx}}\quad 2e_{\mathrm{xy}}]^{\mathrm{T}} \tag{9.4.30}$$

$$\frac{\partial J'_3}{\partial \varepsilon_{ij}}=\begin{bmatrix} e_y e_z - e_{yz}^2 \\ e_z e_x - e_{zx}^2 \\ e_x e_y - e_{xy}^2 \\ 2(e_{xy}e_{xz}-e_x e_{yz}) \\ 2(e_{yx}e_{yz}-e_y e_{xz}) \\ 2(e_{zx}e_{zy}-e_z e_{xy}) \end{bmatrix}+\frac{1}{3}J'_2\begin{bmatrix}1\\1\\1\\0\\0\\0\end{bmatrix} \tag{9.4.31}$$

应变屈服条件的综合表达式为

$$f=\beta'\varepsilon_m^2+a'_1\varepsilon_m-k'+(\bar{\varepsilon}_+)^n=0 \tag{9.4.32}$$

式中

$$\bar{\varepsilon}_+=\frac{\sqrt{J'_2}}{g(\theta_\varepsilon)}$$

不难证明 $\theta_\sigma=\theta_\varepsilon$，因而 $g(\theta_\varepsilon)$ 与 $g(\theta_\sigma)$ 的表达式是相同的，所以只要将 C_2 和 C_3 中 J_2 换以 J'_2，则 $C_2=C'_2$，$C_3=C'_3$，C_1 中的 α_1 和 β 换以式（9.4.32）中的 α'_1 和 β'，即得 C'_1。

例如对于广义米赛斯准则，根据上述可以导出如下塑性矩阵

$$[D_p]=\frac{S(l)}{A}\begin{bmatrix} d_1^2 & d_1d_2 & d_1d_3 & d_1d_4 & d_1d_5 & d_1d_6 \\ & d_2^2 & d_2d_3 & d_2d_4 & d_2d_5 & d_2d_6 \\ & & d_3^2 & d_3d_4 & d_3d_5 & d_3d_6 \\ & \text{对} & & d_4^2 & d_4d_5 & d_4d_6 \\ & & \text{称} & & d_5^2 & d_5d_6 \\ & & & & & d_6^2 \end{bmatrix} \tag{9.4.33}$$

其中

$$d_1=C'_1+\frac{C'_2}{2\sqrt{J'_2}}e_x,\quad d_2=C'_1+\frac{C'_2}{2\sqrt{J'_2}}e_y,\quad d_3=C'_1+\frac{C'_2}{2\sqrt{J'_2}}e_z,$$

$$d_4=\frac{C'_2}{2\sqrt{J'_2}}e_{xy},\quad d_5=\frac{C'_2}{2\sqrt{J'_2}}e_{yz},\quad d_6=\frac{C'_2}{2\sqrt{J'_2}}e_{zx}$$

$$l=d_1\mathrm{d}\varepsilon_x+d_2\mathrm{d}\varepsilon_y+d_3\mathrm{d}\varepsilon_z+d_4\mathrm{d}\varepsilon_{xy}+d_5\mathrm{d}\varepsilon_{yz}+d_6\mathrm{d}\varepsilon_{zx} \tag{9.4.34}$$

$$A=\frac{1}{E}\left[3(1-2\nu)(C'_1)^2+\frac{1+\nu}{2}(C'_2)^2\right] \tag{9.4.35}$$

$$S(l)=\begin{cases}1 & \text{当 } l>1 \\ 0 & \text{当 } l\leqslant 1\end{cases}$$

平面应力情况下，塑性矩阵简化为

$$[D_p]=\frac{S(l)}{A}\begin{bmatrix} d_1^2 & d_1d_2 & d_1d_4 & d_1d_3 \\ d_2d_1 & d_2^2 & d_2d_4 & d_2d_3 \\ d_4d_1 & d_4d_2 & d_4^2 & d_4d_3 \end{bmatrix} \tag{9.4.36}$$

l 取式（9.4.34）中前面四项。

平面应变情况下，塑性矩阵为

$$[D_p] = \frac{S(l)}{A}\begin{bmatrix} d_1^2 & d_1 d_2 & d_1 d_4 \\ d_1 d_2 & d_2^2 & d_2 d_4 \\ d_1 d_4 & d_2 d_4 & d_4^2 \\ d_1 d_3 & d_2 d_3 & d_4 d_3 \end{bmatrix} \tag{9.4.37}$$

l 取式（9.4.34）中的一、二、四项。

第十章　考虑应力主轴旋转的广义塑性力学

传统塑性力学中假设应力主轴不发生偏转，即硬化过程中应力主轴方向不变。而实际上，地震、波浪等会导致应力主轴方向发生旋转，并同时引起塑性变形。

传统塑性力学不能反映主应力旋转产生塑性变形的原因，在于它假定屈服面只是应力不变量的函数。当纯主应力轴旋转时，土体的主应力值是不变的，故从传统塑性力学来看，土体主应力轴旋转属于中性变载，不会产生塑性变形。为了反映主应力轴旋转所产生的塑性变形，国内外学者做了不少工作，但主要在下述两个方面：一是直接建立一般应力增量分量与一般应变增量分量之间的关系模式。主应力轴旋转实质上是应力增量中存在剪切分量，这在传统塑性力学中是无法反映的。松冈元（Matsouka）等将主应力轴旋转转化为一般应力增量分量的变化，并通过实验建立一般坐标系下应力增量与应力增量之间的关系，由此即能算得主应力轴旋转产生的塑性变形。不过这样做太复杂，尤其是三维情况。二是采用运动硬化模型，屈服面随应力轴旋转而运动，但当应力路径复杂时，很难给出屈服面运动规律。

本章旨在建立能考虑应力增量对塑性应变增量方向的影响及主应力轴旋转影响的广义塑性位势理论，并给出基于广义塑性位势理论的应力应变关系，从而提出一种简单实用的能考虑主应力轴旋转的弹塑性计算方法。

10.1　应力增量的分解

当前岩土塑性力学中，一般局限于应力主轴偏转可忽略的情况，即认为只有应力主值大小的变化，而无应力主轴方向的变化。在这种情况下，应力增量、应变增量、应力及应变的主轴是一致的，这与传统塑性力学完全一样。实际上，应力增量中存在使应力主轴旋转的一部分应力增量。本节利用矩阵理论，将一般应力增量分解为两个部分：一部分与应力共主轴，称为共轴分量；另一部分使主应力轴产生旋转，称为旋转分量。由此，在应力增量分解的基础上，将一个复杂的三维含主应力轴旋转的问题简化为三维应力应变共主轴问题和应力主值不变绕某一主应力旋转问题，大大减少了计算难度。

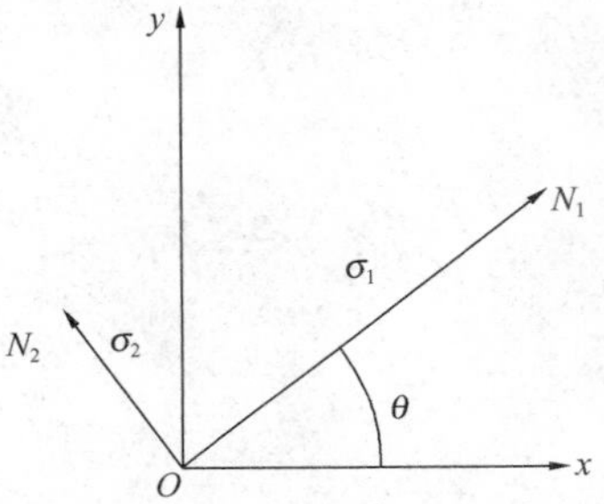

图 10-1

10.1.1　二维应力增量分解

设 xoy 平面上，主应力为 σ_1 和 σ_2，对应的主方向位 N_1, N_2（图 10-1），则应力有

$$\sigma = (N_1 \quad N_2)\begin{pmatrix}\sigma_1 & 0 \\ 0 & \sigma_2\end{pmatrix}\begin{pmatrix}N_1 \\ N_2\end{pmatrix} = T_1 \wedge T_1^{\mathrm{T}} \tag{10.1.1}$$

若令 N_1 轴与 x 轴夹角为 θ，则有

$$T_1=\begin{pmatrix}\cos\theta & -\sin\theta\\ \sin\theta & \cos\theta\end{pmatrix},T_1^{\mathrm{T}}=\begin{pmatrix}\cos\theta & \sin\theta\\ -\sin\theta & \cos\theta\end{pmatrix}\tag{10.1.2}$$

(1) 共轴部分应力增量

共轴部分应力增量 $\mathrm{d}\sigma_{\mathrm{c}}$，即指应力主轴方向不变，主值大小变化的应力增量。这种情况下，式（10.1.1）中矩阵 T_1，T_1^{T}为常数阵，只是对角矩阵$\wedge$中 σ_1，σ_2变化，即有

$$\begin{aligned}\mathrm{d}\sigma_{\mathrm{c}}&=\mathrm{d}(T_1\wedge T_1^{\mathrm{T}})=T_1(\mathrm{d}\wedge)T_1^{\mathrm{T}}\\&=T_1\begin{bmatrix}\mathrm{d}\sigma_1 & 0\\ 0 & \mathrm{d}\sigma_2\end{bmatrix}T_1^{\mathrm{T}}\end{aligned}\tag{10.1.3}$$

上式表明，在主应力坐标系下，它的正对角线元素不为零，而副对角线元素为零。这就是不考虑应力主轴旋转，只有主值变化（$\mathrm{d}\sigma_1$，$\mathrm{d}\sigma_2$）的共轴部分应力增量。

(2) 旋转部分应力增量

旋转部分应力增量 $\mathrm{d}\sigma_{\mathrm{r}}$，即指应力主值不变，主应力轴方向变化的应力增量。这种情况下，式（10.1.1）中对角阵为常数阵，T_1，T_1^{T}发生变化，则有

$$\mathrm{d}\sigma_{\mathrm{r}}=\mathrm{d}(T_1\wedge T_1^{\mathrm{T}})=\mathrm{d}T_1\wedge T_1^{\mathrm{T}}+T_1\wedge\mathrm{d}T_1^{\mathrm{T}}\tag{10.1.4}$$

$\mathrm{d}\sigma_{\mathrm{r}}$为对称张量。分别对（10.1.2）式中的两式微分，得

$$\mathrm{d}T_1=\begin{pmatrix}-\sin\theta & -\cos\theta\\ \cos\theta & -\sin\theta\end{pmatrix}\mathrm{d}\theta,\mathrm{d}T_1^{\mathrm{T}}=\begin{pmatrix}-\sin\theta & \cos\theta\\ -\cos\theta & -\sin\theta\end{pmatrix}\mathrm{d}\theta\tag{10.1.5}$$

结合式（10.1.2）与式（10.1.5），有

$$T_1^{\mathrm{T}}\mathrm{d}\,T_1=\begin{pmatrix}0 & -1\\ 1 & 0\end{pmatrix}\mathrm{d}\theta,\quad \mathrm{d}T_1^{\mathrm{T}}T=\begin{pmatrix}0 & 1\\ -1 & 0\end{pmatrix}\mathrm{d}\theta\tag{10.1.6}$$

上述 $\mathrm{d}\sigma_{\mathrm{r}}$是在一般应力空间表述的，若将 $\mathrm{d}\sigma_{\mathrm{r}}$从一般应力空间转换至主应力空间，并考虑 $T_1^{\mathrm{T}}T_1=I$，即有

$$\begin{aligned}T_1^{\mathrm{T}}\mathrm{d}\sigma_{\mathrm{r}}T_1&=T_1^{\mathrm{T}}(\mathrm{d}T_1\wedge T_1^{\mathrm{T}}+T_1\wedge\mathrm{d}T_1^{\mathrm{T}})T_1\\&=(T_1^{\mathrm{T}}\mathrm{d}T_1)\wedge(T_1^{\mathrm{T}}T_1)+(T_1^{\mathrm{T}}T_1)\wedge(\mathrm{d}T_1^{\mathrm{T}}T_1)\\&=\begin{pmatrix}0 & -1\\ 1 & 0\end{pmatrix}\mathrm{d}\theta\begin{bmatrix}\sigma_1 & 0\\ 0 & \sigma_2\end{bmatrix}I+I\begin{bmatrix}\sigma_1 & 0\\ 0 & \sigma_2\end{bmatrix}\begin{pmatrix}0 & 1\\ -1 & 0\end{pmatrix}\mathrm{d}\theta\\&=\begin{bmatrix}0 & \mathrm{d}\theta(\sigma_1-\sigma_2)\\ \mathrm{d}\theta(\sigma_1-\sigma_2) & 0\end{bmatrix}\end{aligned}\tag{10.1.7}$$

上式表明，旋转部分应力增量 $\mathrm{d}\sigma_{\mathrm{r}}$是由主应力轴旋转角增量 $\mathrm{d}\theta$ 所产生的，即主应力轴旋转所产生的，它建立了旋转应力增量与主应力轴旋转角增量之间的关系。在主应力空间中，其正对角线元素为零，副对角线元素相等，并等于 $\mathrm{d}\theta$ 乘以两主应力之差。可见，副对角线元素表示应力主轴旋转引起的应力增量分量。

(3) 应力增量分解

由上可见，应力增量可分成共轴部分分量 $\mathrm{d}\sigma_{\mathrm{c}}$与旋转部分分量 $\mathrm{d}\sigma_{\mathrm{r}}$，即

$$\mathrm{d}\sigma=\mathrm{d}\sigma_{\mathrm{c}}+\mathrm{d}\sigma_{\mathrm{r}}=T_1\begin{bmatrix}K_1 & 0\\ 0 & K_3\end{bmatrix}T_1^{\mathrm{T}}+T_1\begin{bmatrix}0 & K_2\\ K_2 & 0\end{bmatrix}T_1^{\mathrm{T}}\tag{10.1.8}$$

式中 $K_1 = \mathrm{d}\sigma_1, K_2 = \mathrm{d}\sigma_2, K_3 = \mathrm{d}\theta(\sigma_1 - \sigma_2)$

10.1.2 三维应力增量分解

令应力 σ 的三个主值为 $\sigma_1, \sigma_2, \sigma_3$，对应的单位主方向为 N_1, N_2, N_3，则

$$\sigma = (N_1 \quad N_2 \quad N_3)\begin{bmatrix}\sigma_1 & 0 & 0\\ 0 & \sigma_2 & 0\\ 0 & 0 & \sigma_3\end{bmatrix}\begin{bmatrix}N_1\\ N_2\\ N_3\end{bmatrix} = T \wedge T^{\mathrm{T}} \tag{10.1.9}$$

将应力增量 $\mathrm{d}\sigma$ 转换至主应力空间，则有

$$T^{\mathrm{T}}\mathrm{d}\sigma T = \begin{bmatrix}M_1 & A_1 & C_1\\ A_1 & M_2 & B_1\\ C_1 & B_1 & M_3\end{bmatrix} \tag{10.1.10}$$

共轴部分应力增量 $\mathrm{d}\sigma_{\mathrm{c}}$ 与旋转部分应力增量 $\mathrm{d}\sigma_{\mathrm{r}}$ 分别为：

$$\mathrm{d}\sigma_{\mathrm{c}} = T\begin{bmatrix}M_1 & 0 & 0\\ 0 & M_2 & 0\\ 0 & 0 & M_3\end{bmatrix}T^{\mathrm{T}} \tag{10.1.11}$$

式中 $M_1 = \mathrm{d}\sigma_1, M_2 = \mathrm{d}\sigma_2, M_3 = \mathrm{d}\sigma_3$

$$\mathrm{d}\sigma_{\mathrm{r}} = \mathrm{d}\sigma_{\mathrm{r1}} + \mathrm{d}\sigma_{\mathrm{r2}} + \mathrm{d}\sigma_{\mathrm{r3}} = T\begin{bmatrix}0 & A_1 & 0\\ A_1 & 0 & 0\\ 0 & 0 & 0\end{bmatrix}T^{\mathrm{T}} + T\begin{bmatrix}0 & 0 & 0\\ 0 & 0 & B_1\\ 0 & B_1 & 0\end{bmatrix}T^{\mathrm{T}} + T\begin{bmatrix}0 & 0 & C_1\\ 0 & 0 & 0\\ C_1 & 0 & 0\end{bmatrix}T^{\mathrm{T}} \tag{10.1.12}$$

式中

$$\mathrm{d}\sigma_{\mathrm{r1}} = T\begin{bmatrix}0 & A_1 & 0\\ A_1 & 0 & 0\\ 0 & 0 & 0\end{bmatrix}T^{\mathrm{T}}$$

$$A_1 = \mathrm{d}\theta_1(\sigma_1 - \sigma_2) = \mathrm{d}\tau_{12}$$

$$\mathrm{d}\sigma_{\mathrm{r2}} = T\begin{bmatrix}0 & 0 & 0\\ 0 & 0 & B_1\\ 0 & B_1 & 0\end{bmatrix}T^{\mathrm{T}}$$

$$B_1 = \mathrm{d}\theta_2(\sigma_2 - \sigma_3) = \mathrm{d}\tau_{23}$$

$$\mathrm{d}\sigma_{\mathrm{r3}} = T\begin{bmatrix}0 & 0 & C_1\\ 0 & 0 & 0\\ C_1 & 0 & 0\end{bmatrix}T^{\mathrm{T}}$$

$$C_1 = \mathrm{d}\theta_3(\sigma_1 - \sigma_3) = \mathrm{d}\tau_{13}$$

$$\begin{aligned}\mathrm{d}\sigma &= \mathrm{d}\sigma_{\mathrm{c}} + \mathrm{d}\sigma_{\mathrm{r}} = \mathrm{d}\sigma_{\mathrm{c}} + \mathrm{d}\sigma_{\mathrm{r1}} + \mathrm{d}\sigma_{\mathrm{r2}} + \mathrm{d}\sigma_{\mathrm{r3}}\\ &= T\begin{bmatrix}\mathrm{d}\sigma_1 & \mathrm{d}\theta_1(\sigma_1 - \sigma_2) & \mathrm{d}\theta_3(\sigma_1 - \sigma_3)\\ \mathrm{d}\theta_1(\sigma_1 - \sigma_2) & \mathrm{d}\sigma_2 & \mathrm{d}\theta_2(\sigma_2 - \sigma_3)\\ \mathrm{d}\theta_3(\sigma_1 - \sigma_3) & \mathrm{d}\theta_2(\sigma_2 - \sigma_3) & \mathrm{d}\sigma_3\end{bmatrix}T^{\mathrm{T}}\end{aligned} \tag{10.1.13}$$

上述式中 $d\theta_1$，$d\theta_2$，$d\theta_3$ 分别表示旋转应力增量 $d\sigma_{r1}$，$d\sigma_{r2}$，$d\sigma_{r3}$ 引起的绕第三、一、二主应力轴旋转的旋转角增量。式（10.1.13）建立了旋转应力增量与绕主应力轴旋转的旋转角增量之间的关系。

10.2 考虑应力主轴旋转的广义塑性位势理论

由上节知，应力增量可分解为两部分，而这两部分应力增量都会引起塑性变形，因而塑性应变增量 $d\varepsilon^p$ 与总应变增量可写成

$$d\varepsilon^p = d\varepsilon_c^p + d\varepsilon_r^p = d\varepsilon_c^p + d\varepsilon_{r1}^p + d\varepsilon_{r2}^p + d\varepsilon_{r3}^p \tag{10.2.1}$$

$$d\varepsilon = d\varepsilon^e + d\varepsilon^p = d\varepsilon^e + d\varepsilon_c^p + d\varepsilon_{r1}^p + d\varepsilon_{r2}^p + d\varepsilon_{r3}^p \tag{10.2.2}$$

式中 $d\varepsilon_c^p$ ——共轴应力增量 $d\sigma_c$ 引起的塑性应变增量；

$d\varepsilon_r^p$ ——旋转应力增量 $d\sigma_r$ 引起的塑性应变增量；

$d\varepsilon_{r1}^p$、$d\varepsilon_{r2}^p$、$d\varepsilon_{r3}^p$ ——转应力增量 $d\sigma_{r1}$，$d\sigma_{r2}$，$d\sigma_{r3}$ 引起的塑性应变增量。

第 5 章中给出了不考虑应力主轴旋转的广义塑性流动法则，它可作为共轴塑性应变增量的求解公式

$$d\varepsilon_{ij\,c}^p = \sum_{k=1}^{3} d\lambda_k \frac{\partial Q_k}{\partial \sigma_{ij}} \tag{10.2.3}$$

由土工试验可知，在主应力和主应变空间内，旋转应力增量 $d\sigma_r$ 引起 6 个应变方向的塑性应变，因而需引用 6 个塑性势函数。与不考虑应力主轴旋转的塑性势函数一样，势函数的选择可以任意，但必须保持势函数的线性无关。一般可把 6 个应力分量写成 6 个势函数，6 个应力分量的方向就是 6 个势面的方向。因而考虑旋转应力增量的广义流动法则可写成

$$d\varepsilon_{ij\,r}^p = \sum_{k=1}^{6} d\lambda_{kr} \frac{\partial Q_{kr}}{\partial \sigma_{ij}} \tag{10.2.4}$$

式中 $d\lambda_{kr}$ ——6 个塑性系数；

Q_{kr} ——6 个塑性势面；

$Q_{1r} = \sigma_1, Q_{2r} = \sigma_2, Q_{3r} = \sigma_3, Q_{4r} = \tau_{12}, Q_{5r} = \tau_{13}, Q_{6r} = \tau_{23}$

由于 $d\sigma_r$ 可写成 $d\sigma_{r1} + d\sigma_{r2} + d\sigma_{r3}$，因而旋转应力增量可写成分别绕三个主轴旋转的三个旋转应力增量分量，即 $d\sigma_{r1}$，$d\sigma_{r2}$，$d\sigma_{r3}$，它们将各自引起四个方向上的塑性应变增量，因而考虑旋转应力增量的广义流动法则，还可写成如下形式

$$\begin{aligned}
d\varepsilon_{ij\,r1}^p &= d\lambda_{11r1} \frac{\partial Q_{1r}}{\partial \sigma_{ij}} + d\lambda_{22r1} \frac{\partial Q_{2r}}{\partial \sigma_{ij}} + d\lambda_{33r1} \frac{\partial Q_{3r}}{\partial \sigma_{ij}} + d\lambda_{12r1} \frac{\partial Q_{4r}}{\partial \sigma_{ij}} \\
d\varepsilon_{ij\,r2}^p &= d\lambda_{11r2} \frac{\partial Q_{1r}}{\partial \sigma_{ij}} + d\lambda_{22r2} \frac{\partial Q_{2r}}{\partial \sigma_{ij}} + d\lambda_{33r2} \frac{\partial Q_{3r}}{\partial \sigma_{ij}} + d\lambda_{13r2} \frac{\partial Q_{5r}}{\partial \sigma_{ij}} \\
d\varepsilon_{ij\,r3}^p &= d\lambda_{11r3} \frac{\partial Q_{1r}}{\partial \sigma_{ij}} + d\lambda_{22r3} \frac{\partial Q_{2r}}{\partial \sigma_{ij}} + d\lambda_{33r3} \frac{\partial Q_{3r}}{\partial \sigma_{ij}} + d\lambda_{23r3} \frac{\partial Q_{6r}}{\partial \sigma_{ij}}
\end{aligned} \tag{10.2.5}$$

式（10.2.4）与式（10.2.5）称为应力旋转部分的广义塑性位势理论或流动法则。如与式（10.2.3）组合，即得含主应力轴旋转在内的广义塑性位势理论

$$d\varepsilon_{ij}^p = \sum_{k=1}^{3} d\lambda_k \frac{\partial Q_k}{\partial \sigma_{ij}} + \sum_{k=1}^{3} d\lambda_{kr} \frac{\partial Q_{kr}}{\partial \sigma_{ij}} \tag{10.2.6}$$

10.3 岩土塑性应力-应变关系中的完全应力增量表述

为了求得塑性因子，在常用的岩土弹塑性模型中，一般要引用塑性应变增量 $d\varepsilon_v^p$、$d\bar{\gamma}_q^p$ 与应力增量 dp、dq 的关系式

$$\begin{cases} d\varepsilon_v^p = Adp + Bdq \\ d\bar{\gamma}_q^p = Cdp + Ddq \end{cases} \tag{10.3.1}$$

不过式（10.3.1）中应力增量表述是不全面的，因为剪应力增量中不仅有 dq，还有洛德角增量 $d\theta_\sigma$ 与主轴旋转分量增量 $d\tau$（或 $d\theta$，θ 为主应力轴旋转角）。但如果把式（10.3.1）中塑性应变增量与应力增量都写成应变不变量的增量 $d\varepsilon_v^{p'}$、$d\bar{\gamma}_q^{p'}$ 与应力不变量的增量 dq'、dp'，则有

$$\begin{cases} d\varepsilon_v^{p'} = Adp' + Bdq' \\ d\bar{\gamma}_q^{p'} = Cdp' + Ddq' \end{cases} \tag{10.3.2}$$

式（10.3.2）中 dq' 不仅含有 dq，还含有 $d\theta_\sigma$ 与 $d\tau$（或 $d\theta$），而成为完全的应力增量表述。式中应变不变量增量与应力不变量增量为

$$\begin{cases} d\varepsilon_v^{p'} = d\varepsilon_{11}^p + d\varepsilon_{22}^p + d\varepsilon_{33}^p \\ d\bar{\gamma}_q^p = \dfrac{\sqrt{2}}{3}\left[(d\varepsilon_{11}^p - d\varepsilon_{22}^p)^2 + (d\varepsilon_{22}^p - d\varepsilon_{33}^p)^2 + (d\varepsilon_{11}^p - d\varepsilon_{33}^p)^2 + \dfrac{3}{2}(d\varepsilon_{11}^{p2} + d\varepsilon_{13}^{p2} + d\varepsilon_{23}^{p2})\right]^{1/2} \\ \quad = \dfrac{\sqrt{2}}{3}\sqrt{3(d\varepsilon_{11}^{p2} + d\varepsilon_{22}^{p2} + d\varepsilon_{33}^{p2}) - d\varepsilon_v^{p2} + \dfrac{3}{2}(d\varepsilon_{12}^{p2} + d\varepsilon_{13}^{p2} + d\varepsilon_{23}^{p2})} \end{cases} \tag{10.3.3}$$

$$\begin{cases} dp' = \dfrac{1}{3}(d\sigma_1 + d\sigma_2 + d\sigma_3) \\ dq' = \dfrac{1}{\sqrt{2}}[(d\sigma_1 - d\sigma_2)^2 + (d\sigma_2 - d\sigma_3)^2 + (d\sigma_1 - d\sigma_3)^2 \\ \qquad + 6(d\tau_{11}^2 + d\tau_{13}^2 + d\tau_{23}^2)]^{1/2} \end{cases} \tag{10.3.4}$$

当不考虑应力主轴旋转时，有 $d\tau_{12} = d\tau_{13} = d\tau_{23} = 0$，不考虑应力洛德角变化时，有 $d\sigma_2 = d\sigma_3$，即为普通三轴试验情况，此时有

$$dp' = \frac{1}{3}(d\sigma_1 + d\sigma_2 + d\sigma_3) = \frac{1}{3}(d\sigma_1 + 2d\sigma_3) = dp$$

$$\begin{aligned} dq' &= \frac{1}{\sqrt{2}}\sqrt{(d\sigma_1 - d\sigma_3)^2 + (d\sigma_2 - d\sigma_3)^2 + (d\sigma_1 - d\sigma_3)^2 + 6(0^2 + 0^2 + 0^2)} \\ &= \frac{1}{\sqrt{2}}\sqrt{2(d\sigma_1 - d\sigma_3)^2} = d\sigma_1 - d\sigma_3 = dq \end{aligned} \tag{10.3.5}$$

同理有

$$d\varepsilon_v^{p'} = d\varepsilon_v^p, d\bar{\gamma}_q^{p'} = d\bar{\gamma}_q^p \tag{10.3.6}$$

则式（10.3.2）即化为式（10.3.1）。

当只考虑应力洛德角变化时，此时有 $d\tau_{12}=d\tau_{13}=d\tau_{23}=0, dp=0, dq=0$ 。由第二章知，主应力空间中三主应力值 σ_1、σ_2、σ_3 与 p、q、θ_σ 关系为

$$\begin{bmatrix}\sigma_1\\ \sigma_2\\ \sigma_3\end{bmatrix}=\frac{2}{3}q\begin{bmatrix}\sin\left(\theta_\sigma+\frac{2}{3}\pi\right)\\ \sin(\theta_\sigma)\\ \sin\left(\theta_\sigma-\frac{2}{3}\pi\right)\end{bmatrix}+\begin{bmatrix}p\\ p\\ p\end{bmatrix} \tag{10.3.7}$$

纯应力洛德角变化时，上式微分为

$$\begin{bmatrix}d\sigma_1\\ d\sigma_2\\ d\sigma_3\end{bmatrix}=\frac{2}{3}q\begin{bmatrix}\cos\left(\theta_\sigma+\frac{2}{3}\pi\right)\\ \cos(\theta_\sigma)\\ \cos\left(\theta_\sigma-\frac{2}{3}\pi\right)\end{bmatrix}d\theta_\sigma \tag{10.3.8}$$

纯应力洛德角变化时，dp'、dq' 分别计算如下：

$$\begin{aligned}dp'&=\frac{1}{3}(d\sigma_1+d\sigma_2+d\sigma_3)\\&=\frac{1}{3}\cdot\frac{2}{3}qd\theta_\sigma\left[\cos\left(\theta_\sigma+\frac{2}{3}\pi\right)+\cos\theta_\sigma+\cos\left(\theta_\sigma-\frac{2}{3}\pi\right)\right]=0\\ dq'&=\frac{1}{\sqrt{2}}\sqrt{(d\sigma_1-d\sigma_2)^2+(d\sigma_2-d\sigma_3)^2+(d\sigma_1-d\sigma_3)^2}\\&=\frac{1}{\sqrt{2}}\frac{2}{3}q\,|d\theta_\sigma|\left\{\left[\cos\left(\theta_\sigma+\frac{2}{3}\pi\right)-\cos\theta_\sigma\right]^2+\left[\cos\theta_\sigma-\cos\left(\theta_\sigma-\frac{2}{3}\pi\right)\right]^2\right.\\&\quad\left.+\left[\cos\left(\theta_\sigma+\frac{2}{3}\pi\right)-\cos\left(\theta_\sigma-\frac{2}{3}\pi\right)\right]^2\right\}^{1/2}\end{aligned} \tag{10.3.9}$$

式中：

$$\left[\cos\left(\theta_\sigma+\frac{2}{3}\pi\right)-\cos\theta_\sigma\right]^2=\frac{3}{4}\left[1+2\cos^2\theta_\sigma+\sqrt{3}\sin2\theta_\sigma\right]$$

$$\left[\cos\theta_\sigma-\cos\left(\theta_\sigma-\frac{2}{3}\pi\right)\right]^2=\frac{3}{4}\left[1+2\cos^2\theta_\sigma-\sqrt{3}\sin2\theta_\sigma\right]$$

$$\left[\cos\left(\theta_\sigma+\frac{2}{3}\pi\right)-\cos\left(\theta_\sigma-\frac{2}{3}\pi\right)\right]^2=3\sin^2\theta_\sigma$$

则有

$$\begin{aligned}dq'&=\frac{\sqrt{2}}{3}q\,|d\theta_\sigma|\sqrt{\frac{3}{4}\left[1+2\cos^2\theta_\sigma+\sqrt{3}\sin2\theta_\sigma+1+2\cos^2\theta_\sigma-\sqrt{3}\sin2\theta_\sigma+4\sin^2\theta_\sigma\right]}\\&=q\,|d\theta_\sigma|\end{aligned} \tag{10.3.10}$$

显然式（10.3.10）中 dq' 方向是与 dq 不同的，dq 在 q 的方向，$q|d\theta_\sigma|$ 是在 q 的垂直方向。

当不考虑应力主轴旋转时，但考虑 dp，dq 和 $d\theta_\sigma$ 时，则有

$$\begin{cases}dp'=dp\\ dq'=\frac{1}{\sqrt{2}}\left[(d\sigma_1-d\sigma_2)^2+(d\sigma_2-d\sigma_3)^2+(d\sigma_1-d\sigma_3)^2\right]^{1/2}=\left[dq^2+q^2\,|d\theta_\sigma|^2\right]^{1/2}\end{cases} \tag{10.3.11}$$

当只考虑绕第三主应力轴旋转的应力增量 $d\sigma_{r1}$ 时，此时，有 $d\sigma_{r2}=d\sigma_{r3}=d\sigma_c=0$，它对应的不变量为

$$\begin{cases} dp'=\dfrac{1}{3}(d\sigma_1+d\sigma_2+d\sigma_3)=0 \\ dq'=\dfrac{1}{\sqrt{2}}\sqrt{6d\theta_1^2(\sigma_1-\sigma_2)^2}=\sqrt{3}|\sigma_1-\sigma_2||d\theta_1| \end{cases} \tag{10.3.12}$$

同理，当只考虑 $d\sigma_{r2}$ 与 $d\sigma_{r3}$ 时，分别有

$$\begin{cases} dp'=0 \\ dq'=\sqrt{3}|\sigma_2-\sigma_3||d\theta_2| \end{cases} \tag{10.3.13}$$

及

$$\begin{cases} dp'=0 \\ dq'=\sqrt{3}|\sigma_1-\sigma_3||d\theta_3| \end{cases} \tag{10.3.14}$$

代入式（10.3.2），得 $d\sigma_{r1}$、$d\sigma_{r2}$、$d\sigma_{r3}$ 分别引起的塑性变形为

$$\begin{cases} d\varepsilon_v^{p'}=Adp'+Bdq'=B\sqrt{3}|\sigma_1-\sigma_2||d\theta_1| \\ d\bar{\gamma}_q^{p'}=Cdp'+Ddq'=D\sqrt{3}|\sigma_1-\sigma_2||d\theta_1| \end{cases} \tag{10.3.15}$$

$$\begin{cases} d\varepsilon_v^{p'}=B\sqrt{3}|\sigma_2-\sigma_3||d\theta_2| \\ d\bar{\gamma}_q^{p'}=D\sqrt{3}|\sigma_2-\sigma_3||d\theta_2| \end{cases} \tag{10.3.16}$$

$$\begin{cases} d\varepsilon_v^{p'}=B\sqrt{3}|\sigma_1-\sigma_3||d\theta_3| \\ d\bar{\gamma}_q^{p'}=D\sqrt{3}|\sigma_1-\sigma_3||d\theta_3| \end{cases} \tag{10.3.17}$$

由上可知，一般情况下，即考虑应力主轴旋转与应力洛德角影响时，塑性应变增量与应力增量关系可写成下式

$$\begin{cases} d\varepsilon_v^{p'}=A'dp+B'dq+C'd\theta_\sigma+D'd\theta_1+E'd\theta_2+F'd\theta_3 \\ d\bar{\gamma}_q^{p}=G'dp+H'dq+I'd\theta_\sigma+J'd\theta_1+K'd\theta_2+L'd\theta_3 \end{cases} \tag{10.3.18}$$

上式与式（10.3.2）等价，式中系 $A', B', \cdots\cdots, L'$，可由屈服面求导或试验拟合等方法求得。

10.4 旋转应力增量引起的塑性变形

为求得旋转应力增量引起的塑性应变，必须知道 $d\lambda_{kr}$ 或 $d\lambda_{11r1}$、$d\lambda_{22r1}$、$d\lambda_{33r1}$、$d\lambda_{12r1}$…… 塑性系数。为求得这些系数，一般需先求得 $d\varepsilon_v^{p'}$ 和 $d\bar{\gamma}_q^{p'}$，式(10.3.15)～式(10.3.17)给出了相应公式，但必须知道 B、D 两个塑性系数。下面给出求 B、D 的方法。

一般来说，求塑性系数采用建立屈服面的方法，但针对应力主轴旋转问题，目前，还没有人在这方面做过尝试。但可采用试验拟合方法，或试验得到的经验公式来求塑性系数。

10.4.1 绕第三主应力轴旋转的应力增量 $d\sigma_{r1}$ 引起的塑性变形

Matsouka 于 1986 年提出剪主应力比（τ_{xy}/σ_x 或 τ_{xy}/σ_y）与剪应变（γ_{xy}）之间具有双曲线关系（见图 10-2 及图 10-3）。

$$\gamma_{xy}=\frac{1}{G_0}\frac{(\tau_{xy}/\sigma_x)_f\cdot(\tau_{xy}/\sigma_x)}{(\tau_{xy}/\sigma_x)_f-(\tau_{xy}/\sigma_x)} \tag{10.4.1}$$

或

$$\gamma_{xy}=\frac{1}{G_0}\frac{(\tau_{xy}/\sigma_y)_f\cdot(\tau_{xy}/\sigma_y)}{(\tau_{xy}/\sigma_y)_f-(\tau_{xy}/\sigma_y)} \tag{10.4.2}$$

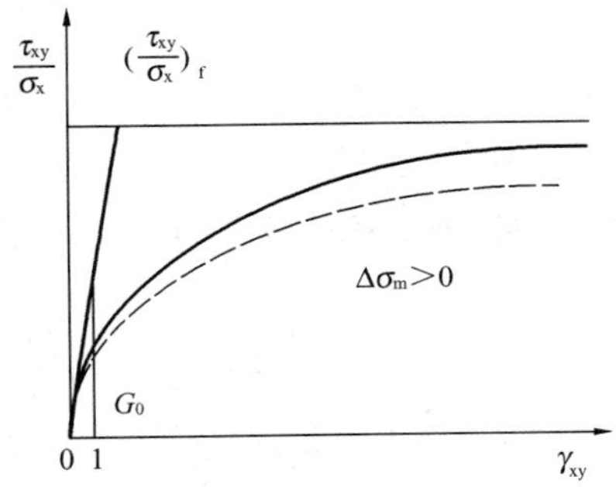

图 10-2 剪、正应力比与剪应变的双曲线关系

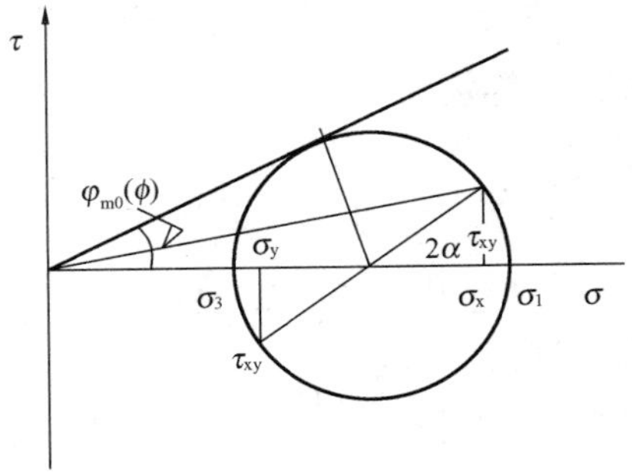

图 10-3 莫尔应力圆中表示的剪应力与正应力

式中 $(\tau_{xy}/\sigma_x)_f$ 和 $(\tau_{xy}/\sigma_y)_f$——破坏时的剪、正应力比；

G_0——τ_{xy}/σ_x（或 τ_{xy}/σ_y）与 γ_{xy} 曲线的初始点的正切（图 10-2）。

由图 10-3 可得出

$$\sin\varphi_{m0}=\frac{R}{(\sigma_x+\sigma_y)/2};\quad \sin2\alpha=\frac{\tau_{xy}}{R};\quad \cos2\alpha=\frac{(\sigma_x-\sigma_y)/2}{R}$$

由上容易得出

$$\left.\begin{matrix}(\tau_{xy}/\sigma_x)\\(\tau_{xy}/\sigma_y)\end{matrix}\right\}=\frac{\sin\varphi_{m0}\cdot\sin2\theta}{1\pm\sin\varphi_{m0}\cdot\cos2\theta} \tag{10.4.3}$$

$$\left.\begin{matrix}(\tau_{xy}/\sigma_x)_f\\(\tau_{xy}/\sigma_y)_f\end{matrix}\right\}=\frac{\sin\varphi\cdot\sin2\theta}{1\pm\sin\varphi\cdot\cos2\theta} \tag{10.4.4}$$

式中 φ——内摩擦角；

$$\sin\varphi_{m0}=\frac{(\sigma_1-\sigma_3)/2}{(\sigma_1+\sigma_3)/2}=\frac{\sigma_1-\sigma_3}{\sigma_1+\sigma_3}=\frac{\sqrt{3}q\cos\theta_\sigma}{3p-q\sin\theta_\sigma}$$

θ——任意平面与主应力平面的夹角

将式(10.4.3)、式(10.4.4)代入式(10.4.1)及式(10.4.2)，方程式(10.4.1)及式(10.4.2)都变成

$$\gamma_{xy}=\frac{1}{G_0}\frac{\sin\varphi\sin\varphi_{m0}\sin2\theta}{\sin\varphi-\sin\varphi_{m0}} \tag{10.4.5}$$

将式（10.4.5）两边微分，并只视作 θ 变化，由此即得主应力轴旋转引起的剪应变增量

$$d\gamma_{xy}=\frac{2}{G_0}\frac{\sin\varphi\sin\varphi_{m0}\sin2\theta}{\sin\varphi-\sin\varphi_{m0}}d\theta \tag{10.4.6}$$

主应力轴旋转会导致应力、应变不共主轴。令 σ_1 轴与 $d\varepsilon_1$ 轴夹角为 δ，这样应变增量莫尔圆与应力增量莫尔圆的 θ 角相差（$90°-2\delta$），这样式（10.4.7）中的 2θ 应用［$2\theta-(90°-2\delta)$］代替，则上式变为：

$$d\gamma_{xy}=\frac{2}{G_0}\frac{\sin\varphi\sin\varphi_{m0}\sin2(\theta+\delta)}{\sin\varphi-\sin\varphi_{m0}}d\theta \tag{10.4.7}$$

Rowe（1962，1971）从微观角度，利用最小比能原理提出了应力比-剪胀关系式

$$R_1 = \sigma_1/\sigma_3 = K \cdot (-\mathrm{d}\varepsilon_3/\mathrm{d}\varepsilon_1) \tag{10.4.8}$$

式中 $K = \mathrm{tg}^2\left(45° + \dfrac{\varphi_f}{2}\right)$，

φ_f——等效内摩擦角。

由式（10.4.7）可得

$$\mathrm{d}\gamma_{xy} = (\mathrm{d}\varepsilon_1 - \mathrm{d}\varepsilon_3)\sin 2(\theta+\delta) = [1+(R_1/K)]\sin 2(\theta+\delta)\mathrm{d}\varepsilon_1 \tag{10.4.9}$$

$$\left.\begin{matrix}\mathrm{d}\varepsilon_x\\ \mathrm{d}\varepsilon_y\end{matrix}\right\} = \frac{\mathrm{d}\varepsilon_1+\mathrm{d}\varepsilon_3}{2} \pm \frac{\mathrm{d}\varepsilon_1-\mathrm{d}\varepsilon_3}{2}\cos 2(\theta+\delta)$$
$$= \left[\frac{1-(R_1/K)}{2} \pm \frac{1+(R_1/K)}{2}\cos 2(\theta+\delta)\right]\mathrm{d}\varepsilon_1 \tag{10.4.10}$$

由式（10.4.8）与式（10.4.9）可得主应变增量表达式

$$\mathrm{d}\varepsilon_1 = \frac{K}{K+R_1}\cdot\frac{2}{G_0}\ \frac{\sin\varphi\sin\varphi_{m0}}{\sin\varphi-\sin\varphi_{m0}}\mathrm{d}\theta \tag{10.4.11}$$

$$\mathrm{d}\varepsilon_3 = -\frac{R_1}{K+R_1}\cdot\frac{2}{G_0}\ \frac{\sin\varphi\sin\varphi_{m0}}{\sin\varphi-\sin\varphi_{m0}}\mathrm{d}\theta \tag{10.4.12}$$

由上述两式相加，即得塑性体应变 $\mathrm{d}\varepsilon_v^p$

$$\mathrm{d}\varepsilon_v^p = \frac{K-R_1}{K+R_1}\cdot\frac{2}{G_0}\ \frac{\sin\varphi\sin\varphi_{m0}}{\sin\varphi-\sin\varphi_{m0}}\mathrm{d}\theta \tag{10.4.13}$$

式（10.4.13）就是平面问题中，由 $\mathrm{d}\sigma_{r1}$ 产生的塑性体应变。对于平面问题，即能求得式（10.3.15）中的系数 B 值。

将式（10.4.11）与式（10.4.12）代入式（10.4.9）得

$$\mathrm{d}\gamma_{xy} = \frac{2}{G_0}\ \frac{\sin\varphi\sin\varphi_{m0}}{\sin\varphi-\sin\varphi_{m0}}\sin 2(\theta+\delta)\mathrm{d}\theta \tag{10.4.14}$$

上式与式（10.4.7）相同，$\mathrm{d}\gamma_{xy}$ 就是 $\mathrm{d}\sigma_{r1}$ 产生的塑性剪应变 $\mathrm{d}\bar{\gamma}_r^p$，由此即求出式（10.3.15）中的系数 D。

由式（10.2.5）可知，只知道 $\mathrm{d}\sigma_{r1}$ 引起的塑性体积变形与剪切变形是不够的，还需要知道由 $\mathrm{d}\sigma_{r1}$ 引起的在 ε_1、ε_2、ε_3 与 ε_{12} 方向上的塑性变形增量 $\mathrm{d}\varepsilon_{11r1}^p$、$\mathrm{d}\varepsilon_{22r1}^p$、$\mathrm{d}\varepsilon_{33r1}^p$、$\mathrm{d}\varepsilon_{12r1}^p$，由此才能求得 $\mathrm{d}\lambda_{11r1}$、$\mathrm{d}\lambda_{22r1}$、$\mathrm{d}\lambda_{33r1}$、$\mathrm{d}\lambda_{12r1}$。因而我们还需引入其他假设条件。

由式（10.3.15）～式（10.3.17）知，主应力轴旋转时土体应变关系的影响可归因于应力增量不变量中广义剪切分量 $\mathrm{d}q'$ 引起的剪切变形与剪胀，因而也是土体剪胀特性的一种表现形式，故可假设土体发生主应力轴旋转时应力主轴方向的塑性流动类似于罗威（Rowe）应力比-剪胀关系式：

$$\begin{cases}\mathrm{d}\varepsilon_{11r1}^p/\mathrm{d}\varepsilon_{22r1}^p = R_1\sigma_1/\sigma_2\\ \mathrm{d}\varepsilon_{33r1}^p/\mathrm{d}\varepsilon_{11r1}^p = 0.3\sigma_3/(R_1\sigma_1)\end{cases} \tag{10.4.15}$$

$$R_1 = \mathrm{tg}^2\left(45° + \frac{\varphi}{2}\right)$$

空心扭剪实验表明：垂直于旋转平面的主轴方向的塑性应变增量明显要小于旋转平面的两主轴方向的塑性流动，通过对试验结果的拟合，认为式（10.4.15）中的比例系数取

0.3 是较合理的。并有

$$d\varepsilon_{vr1}^{p} = d\varepsilon_{11r1}^{p} + d\varepsilon_{22r1}^{p} + d\varepsilon_{33r1}^{p} \tag{10.4.16}$$

上式中 $d\varepsilon_{11r1}^{p}$、$d\varepsilon_{22r1}^{p}$、$d\varepsilon_{33r1}^{p}$ 为 $d\sigma_{rl}$ 引起的三个主应力轴方向的塑性应变增量。

由上述两式可得：

$$\begin{cases} d\varepsilon_{11r1}^{p} = E_{r1}^{1}\ |d\theta_1|, d\varepsilon_{22r1}^{p} = E_{r1}^{2}\ |d\theta_1|, d\varepsilon_{33r1}^{p} = E_{r1}^{3}\ |d\theta_1| \\ E_{r1}^{1} = R_1\sigma_1 K_{f1}, E_{r1}^{2} = \sigma_2 K_{f1}, E_{r1}^{3} = 0.3\sigma_3 K_{f1} \\ K_{f1} = B\sqrt{3}\ |\sigma_1 - \sigma_2| / (R_1\sigma_1 + \sigma_2 + 0.3\sigma_3) \end{cases} \tag{10.4.17}$$

由式（10.3.3）和式（10.4.17）得

$$\begin{aligned} d\varepsilon_{12r1}^{p} &= \sqrt{(9D^2 + 2B^2)(\sigma_1 - \sigma_2)^2 - 2(E_{r1}^{12} + E_{r1}^{22} + E_{r1}^{32})}\, d\theta_1 \\ &= E_{r1}^{4}\, d\theta_1 \end{aligned} \tag{10.4.18}$$

10.4.2 绕第一、二主应力轴旋转的应力增量 $d\sigma_{r2}$、$d\sigma_{r3}$ 引起的塑性变形

同理可以求得 $d\sigma_{r2}$ 与 $d\sigma_{r3}$ 引起的塑性变形：

$$\begin{cases} d\varepsilon_{11r2}^{p} = E_{r2}^{1}\ |d\theta_2|, d\varepsilon_{22r2}^{p} = E_{r2}^{2}\ |d\theta_2|, d\varepsilon_{33r2}^{p} = E_{r2}^{3}\ |d\theta_2| \\ d\varepsilon_{23r2}^{p} = E_{r2}^{4}\ |d\theta_2| \\ E_{r2}^{1} = 0.3\sigma_1 K_{f2}, E_{r2}^{2} = R_1\sigma_2 K_{f2}, E_{r2}^{3} = \sigma_3 K_{f2} \\ E_{r2}^{4} = \sqrt{(9D^2 + 2B^2)(\sigma_2 - \sigma_3)^2 - 2(E_{r2}^{12} + E_{r2}^{22} + E_{r2}^{32})} \\ K_{f2} = B\sqrt{3}\ |\sigma_2 - \sigma_3| / (0.3\sigma_1 + R_1\sigma_2 + \sigma_3) \end{cases} \tag{10.4.19}$$

$$\begin{cases} d\varepsilon_{11r3}^{p} = E_{r3}^{1}\ |d\theta_3|, d\varepsilon_{22r3}^{p} = E_{r3}^{2}\ |d\theta_3|, d\varepsilon_{33r3}^{p} = E_{r3}^{3}\ |d\theta_3| \\ d\varepsilon_{13r3}^{p} = E_{r3}^{4}\ |d\theta_3| \\ E_{r3}^{1} = R_1\sigma_1 K_{f3}, E_{r3}^{2} = 0.3\sigma_2 K_{f3}, E_{r3}^{3} = \sigma_3 K_{f3} \\ E_{r3}^{4} = \sqrt{(9D^2 + 2B^2)(\sigma_1 - \sigma_3)^2 - 2(E_{r3}^{12} + E_{r3}^{22} + E_{r3}^{32})} \\ K_{f3} = B\sqrt{3}\ |\sigma_1 - \sigma_3| / (R_1\sigma_1 + 0.3\sigma_2 + \sigma_3) \end{cases} \tag{10.4.20}$$

由式（10.4.17）～式（10.4.20）可得式（10.2.5）与式（10.2.6）中的主应力轴旋转所对应的塑性系数。

$$\begin{cases} d\lambda_{11r1} = d\varepsilon_{11r1}^{p}, d\lambda_{22r1} = d\varepsilon_{22r1}^{p}, d\lambda_{33r1} = d\varepsilon_{33r1}^{p}, d\lambda_{12r1} = d\varepsilon_{12r1}^{p} \\ d\lambda_{11r2} = d\varepsilon_{11r2}^{p}, d\lambda_{22r2} = d\varepsilon_{22r2}^{p}, d\lambda_{33r2} = d\varepsilon_{33r2}^{p}, d\lambda_{23r2} = d\varepsilon_{23r2}^{p} \\ d\lambda_{11r1} = d\varepsilon_{11r3}^{p}, d\lambda_{22r3} = d\varepsilon_{22r3}^{p}, d\lambda_{33r3} = d\varepsilon_{33r3}^{p}, d\lambda_{13r3} = d\varepsilon_{13r3}^{p} \end{cases} \tag{10.4.21}$$

$$\begin{cases} d\lambda_{1r} = d\varepsilon_{11r1}^{p} + d\varepsilon_{11r2}^{p} + d\varepsilon_{11r3}^{p} \\ d\lambda_{2r} = d\varepsilon_{22r1}^{p} + d\varepsilon_{22r2}^{p} + d\varepsilon_{22r3}^{p} \\ d\lambda_{3r} = d\varepsilon_{33r1}^{p} + d\varepsilon_{33r2}^{p} + d\varepsilon_{33r3}^{p} \\ d\lambda_{4r} = d\varepsilon_{12r1}^{p} \\ d\lambda_{5r} = d\varepsilon_{13r3}^{p} \\ d\lambda_{6r} = d\varepsilon_{23r2}^{p} \end{cases} \tag{10.4.22}$$

10.5　考虑应力主轴旋转时的弹塑性应力-应变关系

下面采用先求弹塑性柔度矩阵，再求逆获得弹塑性刚度矩阵的办法，确定考虑应力主轴旋转时的应力-应变关系。

1. 弹性柔度矩阵

$$\begin{Bmatrix} d\varepsilon_1^e \\ d\varepsilon_2^e \\ d\varepsilon_3^e \\ d\varepsilon_{12}^e \\ d\varepsilon_{23}^e \\ d\varepsilon_{13}^e \end{Bmatrix} = \frac{1}{E}\begin{bmatrix} 1 & -\mu & -\mu & 0 & 0 & 0 \\ -\mu & 1 & -\mu & 0 & 0 & 0 \\ -\mu & -\mu & 1 & 0 & 0 & 0 \\ 0 & 0 & 0 & A & 0 & 0 \\ 0 & 0 & 0 & 0 & A & 0 \\ 0 & 0 & 0 & 0 & 0 & A \end{bmatrix}\begin{Bmatrix} d\sigma_1 \\ d\sigma_2 \\ d\sigma_3 \\ d\tau_{12} \\ d\tau_{23} \\ d\tau_{13} \end{Bmatrix}$$

$$= [C_e][d\sigma_1 \quad d\sigma_2 \quad d\sigma_3 \quad d\tau_{12} \quad d\tau_{23} \quad d\tau_{13}]^T \tag{10.5.1}$$

式中　$A = 2(1+\mu)$

2. 共轴塑性柔度矩阵

由式（5.5.15）知

$$\begin{Bmatrix} d\varepsilon_v^p \\ d\bar{\gamma}_q^p \\ d\bar{\gamma}_\theta^p \end{Bmatrix} = \begin{bmatrix} \dfrac{\partial F_v}{\partial p} & \dfrac{\partial F_v}{\partial q} & \dfrac{\partial F_v}{\partial \theta_\sigma} \\ \dfrac{\partial F_q}{\partial p} & \dfrac{\partial F_q}{\partial q} & \dfrac{\partial F_q}{\partial \theta_\sigma} \\ \dfrac{\partial F_\theta}{\partial p} & \dfrac{\partial F_\theta}{\partial q} & \dfrac{\partial F_\theta}{\partial \theta_\sigma} \end{bmatrix}\begin{Bmatrix} dp \\ dq \\ d\theta_\sigma \end{Bmatrix}$$

$$= \begin{bmatrix} \dfrac{\partial F_v}{\partial p} & \dfrac{\partial F_v}{\partial q} & \dfrac{\partial F_v}{\partial \theta_\sigma} \\ \dfrac{\partial F_q}{\partial p} & \dfrac{\partial F_q}{\partial q} & \dfrac{\partial F_q}{\partial \theta_\sigma} \\ \dfrac{\partial F_\theta}{\partial p} & \dfrac{\partial F_\theta}{\partial q} & \dfrac{\partial F_\theta}{\partial \theta_\sigma} \end{bmatrix}\begin{bmatrix} \dfrac{1}{3} & \dfrac{1}{3} & \dfrac{1}{3} \\ \dfrac{3(\sigma_1 - p)}{2q} & \dfrac{3(\sigma_2 - p)}{2q} & \dfrac{3(\sigma_3 - p)}{2q} \\ K_e(\sigma_2 - \sigma_3) & K_e(\sigma_1 - \sigma_3) & K_e(\sigma_1 - \sigma_2) \end{bmatrix}\begin{Bmatrix} d\sigma_1 \\ d\sigma_2 \\ d\sigma_3 \end{Bmatrix} \tag{10.5.2}$$

式中　$K_e = \dfrac{2}{\sqrt{3}(\sigma_1 - \sigma_3)^2(1 + \mathrm{tg}^2\theta_\sigma)}$

则有

$$\begin{Bmatrix} d\varepsilon_1^p \\ d\varepsilon_2^p \\ d\varepsilon_3^p \end{Bmatrix} = \begin{bmatrix} \dfrac{\partial p}{\partial \sigma_1} & \dfrac{\partial q}{\partial \sigma_1} & \dfrac{\partial \theta_\sigma}{\partial \sigma_1} \\ \dfrac{\partial p}{\partial \sigma_2} & \dfrac{\partial q}{\partial \sigma_2} & \dfrac{\partial \theta_\sigma}{\partial \sigma_2} \\ \dfrac{\partial p}{\partial \sigma_3} & \dfrac{\partial q}{\partial \sigma_3} & \dfrac{\partial \theta_\sigma}{\partial \sigma_3} \end{bmatrix}\begin{Bmatrix} d\varepsilon_v^p \\ d\bar{\gamma}_q^p \\ d\bar{\gamma}_\theta^p \end{Bmatrix} = \begin{bmatrix} \dfrac{\partial p}{\partial \sigma_1} & \dfrac{\partial q}{\partial \sigma_1} & \dfrac{\partial \theta_\sigma}{\partial \sigma_1} \\ \dfrac{\partial p}{\partial \sigma_2} & \dfrac{\partial q}{\partial \sigma_2} & \dfrac{\partial \theta_\sigma}{\partial \sigma_2} \\ \dfrac{\partial p}{\partial \sigma_3} & \dfrac{\partial q}{\partial \sigma_3} & \dfrac{\partial \theta_\sigma}{\partial \sigma_3} \end{bmatrix}$$

$$\begin{bmatrix} \frac{\partial F_v}{\partial p} & \frac{\partial F_v}{\partial q} & \frac{\partial F_v}{\partial \theta_\sigma} \\ \frac{\partial F_q}{\partial p} & \frac{\partial F_q}{\partial q} & \frac{\partial F_q}{\partial \theta_\sigma} \\ \frac{\partial F_\theta}{\partial p} & \frac{\partial F_\theta}{\partial q} & \frac{\partial F_\theta}{\partial \theta_\sigma} \end{bmatrix} \begin{bmatrix} \frac{1}{3} & \frac{1}{3} & \frac{1}{3} \\ \frac{3(\sigma_1 - p)}{2q} & \frac{3(\sigma_2 - p)}{2q} & \frac{3(\sigma_3 - p)}{2q} \\ K_e(\sigma_2 - \sigma_3) & K_e(\sigma_1 - \sigma_3) & K_e(\sigma_1 - \sigma_2) \end{bmatrix} \begin{Bmatrix} d\sigma_1 \\ d\sigma_2 \\ d\sigma_3 \end{Bmatrix}$$

$$= \begin{bmatrix} C_{11} & C_{12} & C_{13} \\ C_{21} & C_{22} & C_{23} \\ C_{31} & C_{32} & C_{33} \end{bmatrix} \begin{Bmatrix} d\sigma_1 \\ d\sigma_2 \\ d\sigma_3 \end{Bmatrix} = [C_{cp}] \begin{Bmatrix} d\sigma_1 \\ d\sigma_2 \\ d\sigma_3 \end{Bmatrix} \tag{10.5.3}$$

共轴塑性柔度矩阵在主应力空间的完整形式为

$$[C_{cp}] = \begin{bmatrix} C_{11} & C_{12} & C_{13} & 0 & 0 & 0 \\ C_{21} & C_{22} & C_{23} & 0 & 0 & 0 \\ C_{31} & C_{32} & C_{33} & 0 & 0 & 0 \\ 0 & 0 & 0 & 0 & 0 & 0 \\ 0 & 0 & 0 & 0 & 0 & 0 \\ 0 & 0 & 0 & 0 & 0 & 0 \end{bmatrix} \tag{10.5.4}$$

式中 $[C_{cp}]$ 为共轴塑性柔度矩阵。

3. 旋转塑性柔度矩阵

由 10.4 节可知，旋转塑性应力-应变关系为

$$\begin{Bmatrix} d\varepsilon_{12}^p \\ d\varepsilon_{22}^p \\ d\varepsilon_{33}^p \\ d\varepsilon_{12}^p \\ d\varepsilon_{23}^p \\ d\varepsilon_{13}^p \end{Bmatrix} = \begin{bmatrix} 0 & 0 & 0 & E_{r1}^1/|\sigma_1-\sigma_2| & E_{r2}^1/|\sigma_2-\sigma_3| & E_{r2}^1/|\sigma_1-\sigma_3| \\ 0 & 0 & 0 & E_{r1}^2/|\sigma_1-\sigma_2| & E_{r2}^2/|\sigma_2-\sigma_3| & E_{r2}^2/|\sigma_1-\sigma_3| \\ 0 & 0 & 0 & E_{r3}^3/|\sigma_1-\sigma_2| & E_{r3}^3/|\sigma_2-\sigma_3| & E_{r3}^{33}/|\sigma_1-\sigma_3| \\ 0 & 0 & 0 & E_{r1}^4/|\sigma_1-\sigma_2| & 0 & 0 \\ 0 & 0 & 0 & 0 & E_{r2}^4/|\sigma_2-\sigma_3| & 0 \\ 0 & 0 & 0 & 0 & 0 & E_{r3}^4/|\sigma_1-\sigma_3| \end{bmatrix} \begin{Bmatrix} d\sigma_1 \\ d\sigma_2 \\ d\sigma_3 \\ d\tau_{12} \\ d\tau_{23} \\ d\tau_{13} \end{Bmatrix}$$

$$= [C_{rp}][d\sigma_1 \quad d\sigma_2 \quad d\sigma_3 \quad d\tau_{12} \quad d\tau_{23} \quad d\tau_{13}]^T \tag{10.5.5}$$

式中 $[C_{rp}]$ 为旋转塑性柔度矩阵。

将式（10.5.1）、式（10.5.4）、式（10.5.5）中三个柔度矩阵叠加，即可得主应力空间中的弹塑性柔度矩阵：

$$[C'_{ep}] = [C_e] + [C_{cp}] + [C_{rp}] \tag{10.5.6}$$

令三主应力轴对应的主向为：

$$T_1 = [L_1 \quad L_2 \quad L_3]^T, T_2 = [M_1 \quad M_2 \quad M_3]^T, T_1 = [N_1 \quad N_2 \quad N_3]^T$$

则一般应力空间中的含主应力轴旋转的弹塑性柔度矩阵为：

$$[C_{ep}]=[T_A][C'_{cp}][T_A]^T \tag{10.5.7}$$

式中

$$[T_A]=\begin{bmatrix} L_1^2 & M_1^2 & N_1^2 & 2L_1M_1 & 2M_1N_1 & 2L_1N_1 \\ L_2^2 & M_2^2 & N_2^2 & 2L_2M_2 & 2M_2N_2 & 2L_2N_2 \\ L_3^2 & M_3^2 & N_3^2 & 2L_3M_3 & 2M_3N_3 & 2L_3N_3 \\ L_1L_2 & M_1M_2 & N_1N_2 & L_1M_2+L_2M_1 & M_1N_2+M_2N_1 & L_1N_2+L_2N_1 \\ L_2L_3 & M_2M_3 & N_2N_3 & L_2M_3+L_3M_2 & M_2N_3+M_3N_2 & L_2N_3+L_3N_2 \\ L_1L_3 & M_1M_3 & N_1N_3 & L_1M_3+L_3M_1 & M_1N_3+M_3N_1 & L_1N_3+L_3N_1 \end{bmatrix}$$

$[C_{ep}]$ 求逆即可得一般应力空间中的含主应力轴旋转的弹塑性刚度矩阵 $[D_{ep}]$。

10.6　算　　例

算例为一两侧及底部约束，顶部施加均布荷载 q_0，偏荷载 q_1 的平面应变问题（见图 10-4）。

算例计算均布荷载（含自重）作用下和偏荷载与均载（含自重）共同作用下的弹塑性应力与变形。计算分两种情况：一种是不考虑应力主轴旋转，另一种是考虑应力主轴旋转。图 10-5 是均布荷载作用下的纵向位移计算结果；图 10-6 和图 10-7 是偏载与均载共同作用下的纵向位移计算结果，分别为不考虑应力主轴旋转情况与考虑应力主轴旋转情况。计算得出如下结论：（1）均布荷载作用下（含自重），土体变形为均匀沉降，主应力轴旋转的影响极小，考虑主应力轴旋转与不考虑应力主轴旋转两者计算结果基本一样(图 10-3)。因而可忽略主轴旋转的影响。（2）当偏载与均载共同作用下，应力主轴出现明显旋转，最大旋转角达 31.9°，对纵向位移与主应力 σ_1 有较大影响，以最大纵向位移值作参考量时，主应力轴旋转的影响可达 20%。因而在不均布荷载作用时应考虑主应力轴旋转的影响。

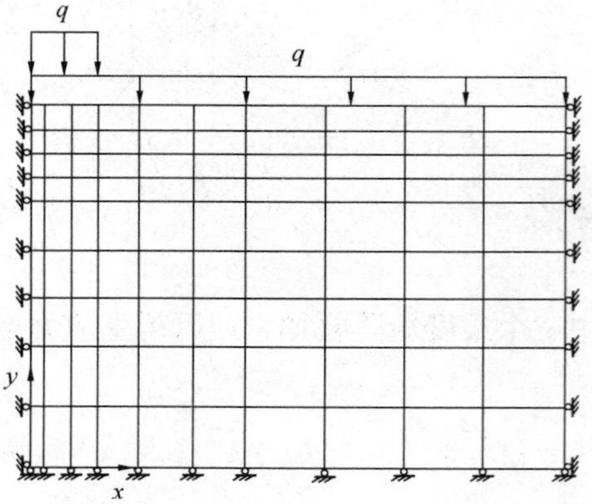

图10-4　算例的单元剖分及边界条件示意图

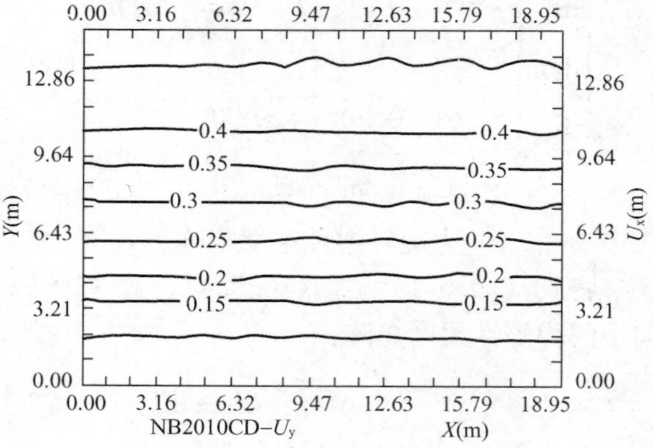

图 10-5　均布荷载作用下，考虑或不考虑主应力轴旋转时的纵向位移等值线图

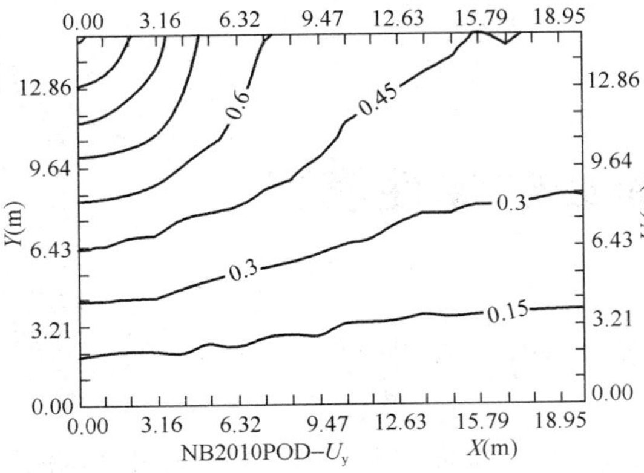

图 10-6 偏载与均载共同作用下不考虑主应力轴旋转时纵向位移等值线图

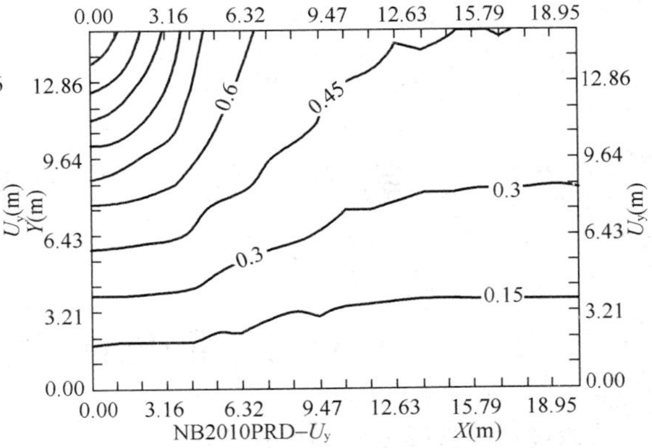

图 10-7 偏载与均载共同作用下考虑主应力轴旋转时纵向位移等值线图

第十一章　岩土非线性弹性模型

11.1　非线性弹性模型的三种类型

非线性弹性模型是弹性理论中广义虎克定律的推广，按推广中采用的基本假设的不同，又可分为变弹性模型（Cauchy 弹性模型）、超弹性模型（Green 超弹性模型）与次弹性模型。

11.1.1　变弹性模型（Cauchy 弹性模型）

Cauchy 弹性模型的一般表达式为

$$\sigma_{ij} = F_{ij}(\varepsilon_{kl}) \tag{11.1.1}$$

或

$$\varepsilon_{ij} = f_{ij}(\sigma_{kl})$$

式（11.1.1）表明应力是应变的函数，或应变是应力的函数，应力-应变关系是可逆的，而与应力路径或应变路径无关。即当前的应力总量唯一地取决于当前的应变总量或者相反。因此，线弹性本构关系的弹性常数，如 E、ν 或者 K、G 修改为取决于当前应力（或应变）状态的割线模量 E_s、ν_s 或 K_s、G_s，就可成为 Cauchy 本构关系模型。如

$$\begin{aligned} \sigma_m &= 3K_s\varepsilon_m \\ S_{ij} &= 2G_s e_{ij} \end{aligned} \tag{11.1.2}$$

式中　$K_s = K_s(\varepsilon_m)$——割线体积变形模量；

$G_s = G_s(e_{ij})$——割线剪切变形模量。

将式（11.1.2）两面微分，得

$$\begin{aligned} d\sigma_m &= 3\left(K_s + \varepsilon_m\frac{dK_s}{d\varepsilon_m}\right)d\varepsilon_m = 3K_t d\varepsilon_m \\ dS_{ij} &= 2\left(G_s + e_{kl}\frac{dG_s}{de_{kl}}\right)de_{ij} = 2G_t de_{ij} \end{aligned} \tag{11.1.3}$$

式中　K_t——切线体积变形模量；

G_t——切线剪切变形模量。

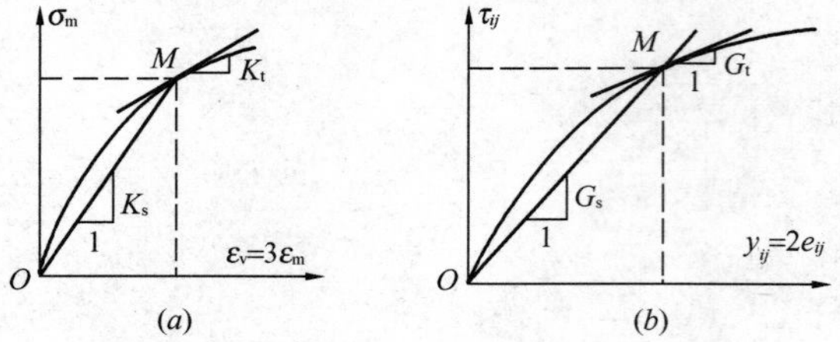

图 11-1　K_s，K_t，G_s，G_t 的关系

(a) K_s 与 K_t；(b) G_s 与 G_t

切线变形模量与割线变形模量的关系，见图 11-1。式（11.1.3）就是增量型的 Cauchy 本构方程。由上可见，变弹性模型就是将弹性常数写成应力或应变的函数，它是广义虎克定律的直接推广。

式（11.1.3）可写成一般形式

$$\{d\sigma\} = [D(\varepsilon)]\{d\varepsilon\} \tag{11.1.4}$$

或
$$\{d\varepsilon\}=[C(\sigma)]\{d\sigma\}$$

$[D(\varepsilon)]$ 为弹性矩阵，$[C(\sigma)]$ 为柔度矩阵，它们一般写成应变或应力不变量的函数。

如果考虑岩土材料的剪胀性，可采用三参数模型，如把上式写成

$$\{d\varepsilon\}=[C(\sigma)]\{d\sigma\}+[C_d(\sigma)]\{d\sigma\} \tag{11.1.5}$$

式中 $[C_d(\sigma)]$ 包含一个剪胀系数。如果假定上述参数随应力路径而变，此类模型也可在一定程度上考虑应力路径的影响。

11.1.2 超弹性模型（Green 模型）

超弹性模型又称为 Green 超弹性模型，这种模型基于材料的应变能函数 $W(\varepsilon_{ij})$ 或余能函数 $\Omega(\sigma_{ij})$ 来建立本构方程，它在 Cauchy 模型的基础上作了进一步限制，即假定弹性应变能与应力或应变总量之间存在唯一的关系。即有

$$W=\int\sigma_{ij}\,d\varepsilon_{ij}=f(\varepsilon_{ij})$$

$$\sigma_{ij}=\frac{\partial W}{\partial\varepsilon_{ij}} \tag{11.1.6}$$

和

$$\Omega=\int\varepsilon_{ij}\,d\sigma_{ij}=F(\sigma_{ij})$$

$$\varepsilon_{ij}=\frac{\partial\Omega}{\partial\sigma_{ij}} \tag{11.1.7}$$

其增量型本构关系可由上述公式得出

$$\begin{aligned}d\sigma_{ij}&=\frac{\partial^2 W}{\partial\varepsilon_{ij}\,\partial\varepsilon_{kl}}d\varepsilon_{kl}=D_{ijkl}\,d\varepsilon_{kl}\\ d\varepsilon_{ij}&=\frac{\partial^2\Omega}{\partial\sigma_{ij}\,\partial\sigma_{kl}}d\sigma_{kl}=C_{ijkl}\,d\sigma_{kl}\end{aligned} \tag{11.1.8}$$

顺便指出，在线弹性情况下，Green 模型与 Cauchy 模型完全等同；在比例加载情况下，Green 模型与塑性全量理论或形变理论等同。

11.1.3 次弹性模型

次弹性就是放松对应力总量与应变总量唯一对应的要求，采用在增量意义上应力应变关系是弹性的，因而描述应力状态，不仅与应变状态有关，还与达到该状态的应力路径有关。本构方程的一般表示式为

$$d\sigma_{ij}=f(d\varepsilon_{kl},\sigma_{mn}) \tag{11.1.9}$$

对于各向同性材料，且与时间效应无关时，应力增量与应变增量呈线性关系，可写成

$$\begin{aligned}d\sigma_{ij}&=D_{ijkl}(\varepsilon_{mn})\,d\varepsilon_{kl}\\ d\varepsilon_{ij}&=C_{ijkl}(\sigma_{mn})\,d\sigma_{kl}\end{aligned} \tag{11.1.10}$$

式中，D_{ijkl} 与 C_{ijkl} 分别为与应变路径或应力路径有关的切线刚度矩阵和切线柔度矩阵，最简单的次弹性模型，只要将弹性常数 E、ν 或 K、G 修改为切线弹性系数 E_t、ν_t 或 K_t、G_t 即可得到，而 E_t、ν_t 或 K_t、G_t 都是随应力或应变路径而变化的。如不考虑应变路径变化时，那就是前述的变模量模型。

11.2 全量理论

前面所述塑性时的本构关系都是指应力和应变增量之间的关系，但是如果知道了应力变化的历史，亦即在应力空间中的加载路径或应变空间中的变形路径，则可沿这个路径进行积分得出应力和应变全量之间的关系，即成为全量理论，又称形变理论。在传统塑性力学中，这种理论主要由汉基、伊留辛、那达依等人所研究，其中以伊留辛理论应用最广。然而，传统塑性理论中的全量理论直接用于岩土中是困难的，例如静水压力可引起岩土的塑性应变，剪应力能引起土体的体积变化等。因而，岩土中的全量理论实际上是非线性弹性理论。传统塑性力学中的全量理论与岩土的非线性弹性理论都要求应力增量的方向与应变增量的方向始终保持一致，应力增量和应变增量存在一定关系。但岩土中的非线性弹性理论也有许多不同于传统塑性力学中全量理论的地方。例如，非线性弹性理论多数以增量形式表达，而且可以考虑加载和卸载。例如

加载时有 $\{d\sigma\} = [D_l]\{d\varepsilon\}$

卸载时有 $\{d\sigma\} = [D_e]\{d\varepsilon\}$

式中 $[D_l]$ 为切线模量，通常可表示为应力与应变的函数。这类模型一般利用曲线拟合、内插等方法用数学函数表示应力应变试验曲线或归一化的试验曲线。常用的数学函数有双曲线、抛物线、样条函数及多项式等。本节着重介绍传统塑性力学中的全量理论。

11.2.1 伊留辛小变形理论的基本假定

1. 简单加载假定

伊留辛小变形理论是全量理论中的一种基本理论，建立这种理论的基本假定是简单加载和单一曲线假定。简单加载是指单元体的应力张量各分量之间的比值保持不变，按同一增量单调增长，因此也叫做比例加载。不满足这一条件的叫做复杂加载。由此可见，在简单加载下既不应有卸载，也没有中性变载。简单加载后的应力 σ'_{ij} 和 σ'_{ij} 可写成

$$\left.\begin{aligned}\sigma'_{ij} &= d\lambda\sigma_{ij}\\ \varepsilon'_{ij} &= d\lambda\varepsilon_{ij}\end{aligned}\right\} \tag{11.2.1}$$

式中 $d\lambda$ ——从零开始的单调增函数。

简单加载条件具有如下特点：

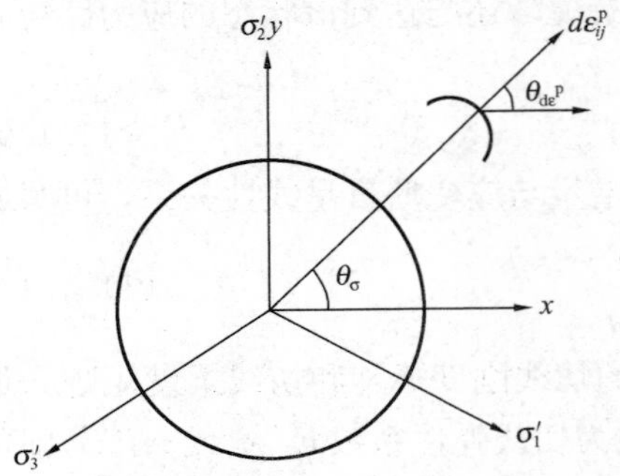

图 11-2 简单加载条件下加载过程的主方向不变

（1）由于要求各应力分量之间的比值不变，因此在加载过程中的主方向不变。所以在 π 平面上简单加载路径表示为 θ_σ 常数的射线（图 11-2），即各应力状态沿矢径移动。

（2）应力主方向与应变主方向同轴。简单加载条件下应变主方向也是不变的，由于$\theta_\sigma=\theta_\varepsilon$，以及 $\theta_\varepsilon=\theta_{d\varepsilon^p}$（因此必有 $\theta_\sigma=\theta_{d\varepsilon^p}$）（图 11-2），也就说明在简单加载条件下即使不用等向强化的模型也能得出

$$\left.\begin{aligned}\theta_\sigma &= \theta_{d\varepsilon^p}\\ d\varepsilon^p_{ij} &= d\lambda\varepsilon_{ij}\end{aligned}\right\} \tag{11.2.2}$$

即下式成立

$$\left.\begin{aligned} d\varepsilon_{ij} &= \frac{1}{2G}dS_{ij} + S_{ij}\,d\lambda \\ d\varepsilon_i &= \frac{1-2\nu}{E}d\sigma_i \end{aligned}\right\} \tag{11.2.3}$$

这与理想塑性材料的普朗特尔-路埃斯关系形式上完全相同，但 $d\lambda$ 含义不同。

（3）由于洛德角和洛德参数不变，所以偏应力的比值始终保持不变。

（4）应力莫尔圆与应变莫尔圆相似的扩大。如图 11-3 所示。

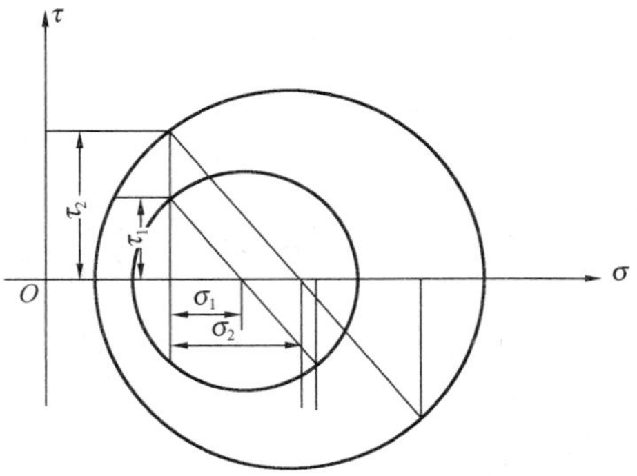

图 11-3　简单加载条件下应力莫尔圆与应变莫尔圆相似扩大

2. 单一曲线的假定。这一假设是简单加载条件下应力强度 σ_i（即 q）与应变强度 ε_i（即 $\bar{\gamma}$）的关系是单值的。1945 年 E. A. Davis 曾用铜和中碳钢所制成的薄壁筒作过承受拉伸和内压同时作用的试验。每次试验都使拉力值和内压力值的比例保持常数，比例系数可以是变化的，其中包括只有拉力和只有内压作用的两种情况，试验结果如图 11-4 所示。

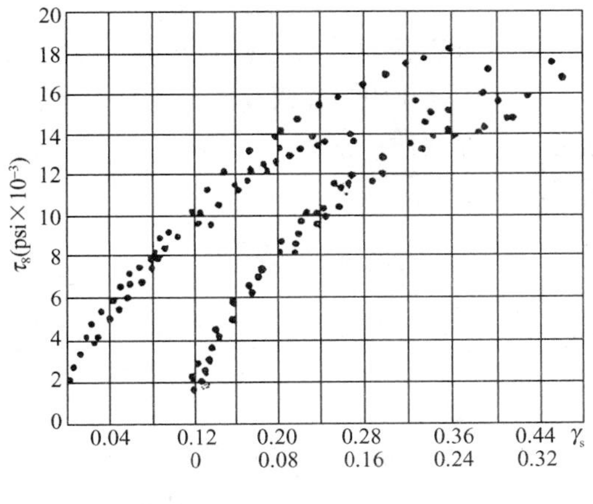

图 11-4　Davis 实验

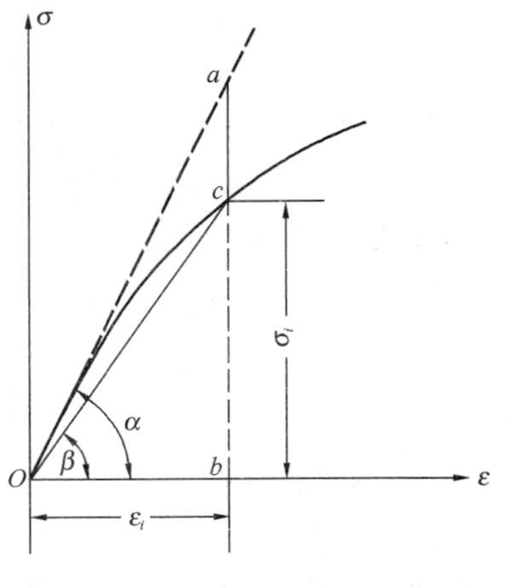

图 11-5　σ_i 与 ε_i 的关系

这些试验结果表明，只要是在简单拉伸或偏离简单加载不大的情况下，尽管应力状态不同，但应力应变曲线都可近似地用单向拉伸曲线表示。这一假设称为单一曲线假定。根据单一曲线假定，把复杂应力状态的应力应变曲线和一维的应力应变曲线联系起来了，即复杂应力状态的应力应变曲线可写成一维的形式。

$$\sigma_i = \varphi_i(\varepsilon_i) \tag{11.2.4}$$

φ 的形式只与材料的性质有关，而 σ_i 与 ε_i 的关系应由试验确定。当 $\nu = 1/2$ 的理想塑性时，式（11.2.4）即为单向拉伸情况。弹性情况下为

$$\sigma = E\varepsilon$$

塑性情况下为

$$\sigma_i = E'\varepsilon_i,\ E' = \frac{\varphi(\varepsilon_i)}{\varepsilon_i} = \frac{\varphi(\varepsilon)}{\varepsilon} \tag{11.2.5}$$

图 11-5 中，有

$$\sigma_i = ab - ac = \mathrm{tg}\alpha\varepsilon_i - ac = E\varepsilon_i - g(\varepsilon_i)$$

令

$$\omega(\varepsilon_i) = \frac{g(\varepsilon_i)}{E\varepsilon_i} \tag{11.2.6}$$

则

$$\sigma_i = E\varepsilon_i[1-\omega(\varepsilon_i)] \tag{11.2.7}$$

$$E' = E[1-\omega(\varepsilon_i)] \tag{11.2.8}$$

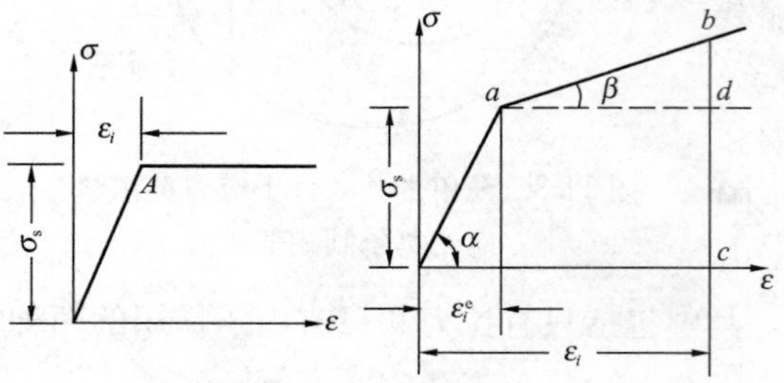

(a)　　(b)

图 11-6　σ_i 与 ε_i 的关系
(a) 理想塑性材料；(b) 线性强化材料

E' 不仅与材料性质有关，也与加载历史有关，当 $\omega(\varepsilon_i)$ 为零时，$E' = E$。

对于理想弹塑性材料［图 11-6（a）］

$$\sigma_i = \sigma_s$$

弹性段　$\sigma = E\varepsilon$

塑性段　$\sigma_i = E'\varepsilon_i$

$$E' = \frac{\sigma_i}{\varepsilon_i} = \frac{\sigma_s}{\varepsilon_i} \tag{11.2.9}$$

对于弹塑性线性强化材料

令强化段弹性模量为 E_t（图 11-6（b））

弹性段　$\sigma = E\varepsilon$

塑性段　$\sigma_i = bd + dc = E_t(\varepsilon_i - \varepsilon_i^e) + E\varepsilon_i^e = E_t\varepsilon_i + \varepsilon_i^e(E - E_t)$

$$= E_0\varepsilon_i + \sigma_s\left(1 - \frac{E_t}{E}\right) = \varepsilon_i\left[E_t + \frac{\sigma_s}{\varepsilon_i}\left(1 - \frac{E_t}{E}\right)\right] = E'\varepsilon_i$$

因此

$$E' = \left[E_t + \frac{\sigma_s}{\varepsilon_i}\left(1 - \frac{E_t}{E}\right)\right] = \mathrm{tg}\beta \tag{11.2.10}$$

式中 E' 为割线弹性模量。

3. 体积应变与平均应力成正比，即不产生塑性体积变形，亦即 $\nu = 1/2$。显然，这与岩土特性不适应，所以伊留辛塑性理论主要用于传统塑性理论，但在实用中，有时岩土也引用这一假设。

4. 应力偏量与应变偏量同轴且成比例

$$S_{ij} = \psi e_{ij} \tag{11.2.11}$$

求全量的应力应变关系，问题可归结为求函数 ψ。下面我们再来研究伊留辛如何导出 ψ 值。值得指出，上述四个假设中除第二条外均与弹性力学相似。当应力强度与应变强度的单一关系转化成比例关系时，即与弹性完全一样，可见，可把形变理论作为比弹性理论更为一般的情况。

11.2.2 伊留辛塑性本构关系

已知弹性状态下

$$S_{ij}=2Ge_{ij} \tag{11.2.12}$$

仿照上式，写出塑性情况下的公式

$$S_{ij}=2G'e_{ij} \tag{11.2.13}$$

因此

$$\psi=2G' \tag{11.2.14}$$

$$G'=\frac{E'}{2(1+\nu)},\quad 当\ \nu=\frac{1}{2}\ 时,\quad G'=\frac{E'}{3}=\frac{\sigma_i}{3\varepsilon_i}$$

所以

$$S_{ij}=\frac{2\sigma_i}{3\varepsilon_i}e_{ij} \tag{11.2.15}$$

此式称为伊留辛本构关系。可见，$\psi=\frac{2\sigma_i}{3\varepsilon_i}$ 是应力偏量和应变偏量的函数。σ_i 与 ε_i 具有非线性关系，在弹性情况下，$S_{ij}=\frac{2}{3}Ee_{ij}$， 当 $\nu=\frac{1}{2}$ 时， $G=\frac{E}{3}$。所以有

$$S_{ij}=2Ge_{ij}$$

$$\psi=2G$$

由此可见，伊留辛本构关系既适用塑性状态，又适用弹性状态。

由式（11.2.8）

$$E'=E[1-\omega(\varepsilon_i)]$$

$$S_{ij}=\frac{2}{3}E[1-\omega(\varepsilon_i)]e_{ij}=2G[1-\omega(\varepsilon_i)]e_{ij} \tag{11.2.16}$$

因此塑性状态与弹性状态相差在于 $\omega(\varepsilon_i)$ 项。

11.2.3 形变理论适用范围

当不服从简单加载条件时，式（11.2.15）是不能使用的，但由于用全量理论解题，比用增量理论来得方便，因此也有在不是简单加载条件下使用这一理论，而且有时所获得的结果与实验结果相当接近，所以全量理论的适用范围，实际上要比简单加载条件下更大一些。因此目前许多学者还在研究偏离简单加载情况时的使用问题。

11.2.4 简单加载定理

要保证单元体都处于简单加载情况，伊留辛提出了四个条件，满足了这四个条件，就能保证每一个单元体处在简单加载情况，这四个条件是：

（1）小变形。

（2）$\nu=1/2$，材料不可压缩。

（3）载荷按比例单调增长，如有位移边界条件，只能是零位移边界条件。

（4）材料应力应变曲线具有幂函数形式

$$\sigma_i=A\varepsilon_i^{n}$$

$n=0$ 理想塑性材料，$n=1$ 弹性材料。实际上上述（2）、（4）两条并非完全必要的，只要求小变形，比例加载和具有零位移边界条件即可。

11.2.5 全量理论基本方程

设 σ_{ij}^{*}、ε_{ij}^{*}、u_{ij}^{*} 对应物体内部初始时的应力场、应变场和位移场。它们是塑性解，因

此应满足塑性力学中所应满足的基本方程，即

平衡方程

$$\sigma_{ij,j}^{*} + F_{i}^{*} = 0 \tag{11.2.17}$$

F^{*} 为单位体积力。

几何方程

$$e_{ij}^{*} = \frac{1}{2}\left(\frac{\partial u_i^{*}}{\partial x_j} + \frac{\partial u_j^{*}}{\partial x_i}\right) = \frac{1}{2}(u_{i,j}^{*} + u_{j,i}^{*}) \tag{11.2.18}$$

物理方程

$$S_{ij}^{*} = \frac{2}{3}\frac{\sigma_i^{*}}{\varepsilon_i^{*}}e_{ij}^{*} = \frac{2}{3}A\varepsilon_i^{*\,n-1}\varepsilon_{ij}^{*} \tag{11.2.19}$$

其中五个是独立的。

体积虎克定律

$$\sigma_{\mathrm{m}} = K\theta = 3K\varepsilon_{\mathrm{m}} \tag{11.2.20}$$

$\sigma_i - \varepsilon_i$ 关系

$$\sigma_i = \varphi(\varepsilon_i) = E'\varepsilon_i \tag{11.2.21}$$

其中

$$\sigma_i = \frac{1}{\sqrt{2}}[(\sigma_1-\sigma_2)^2 + (\sigma_2-\sigma_3)^2 + (\sigma_3-\sigma_1)^2]$$

$$\varepsilon_i = \frac{\sqrt{2}}{3}[(\varepsilon_1-\varepsilon_2)^2 + (\varepsilon_2-\varepsilon_3)^2 + (\varepsilon_3-\varepsilon_1)^2]$$

上述有 18 个方程可求 18 个未知数。求解过程中以应力或位移作为未知数。

11.3 Duncan-Chang 模型

邓肯（Duncan）等人应用常规三轴压缩试验所得的（$\sigma_1-\sigma_2$）$-\varepsilon_i$（轴向应变）一组试验曲线（σ_3 =常数），找出其共同的数学公式，并从这一数学公式导出切线弹性模量 E_{t} 公式。同时，结合试验所得的体积应变 ε_{v} 与 ε_1 的关系曲线，导出泊松比 ν_{t}，并以此作为计算依据。这个模型称为 Duncan-Chang 模型或 E-ν 模型，这是国内外应用很广的一种实用岩土模型。但在应用中也发现 ν_{t} 公式不够完善，1980 年 Duncan 和 Wong 等人将此式抛弃，并将 ν_{t} 改用体积压缩模量 K_{t}，即采用 E-K 模型。这里主要介绍修正后的模型。

R. L. Kondner 建议采用下列双曲线来代表 $\sigma_{\mathrm{d}}-\varepsilon_1$ 试验曲线，即当 σ_3 =常数时，

$$\sigma_{\mathrm{d}} = \sigma_1 - \sigma_3 = \frac{\varepsilon_1}{a + b\varepsilon_1} \tag{11.3.1a}$$

$$\frac{\varepsilon_1}{\sigma_{\mathrm{d}}} = a + b\varepsilon_1 \tag{11.3.1b}$$

或

$$\varepsilon_1 = \frac{a\sigma_{\mathrm{d}}}{1 - b\sigma_{\mathrm{d}}} = f_1(\sigma_{\mathrm{d}}, \sigma_3) \tag{11.3.1c}$$

式中 a、b 为试验常数，由下述可见，它们都是 σ_3 的函数。

将图 11-7（a）试验曲线，采用图 11-7（b）坐标绘制，立即可得 a、b 两个试验常数。

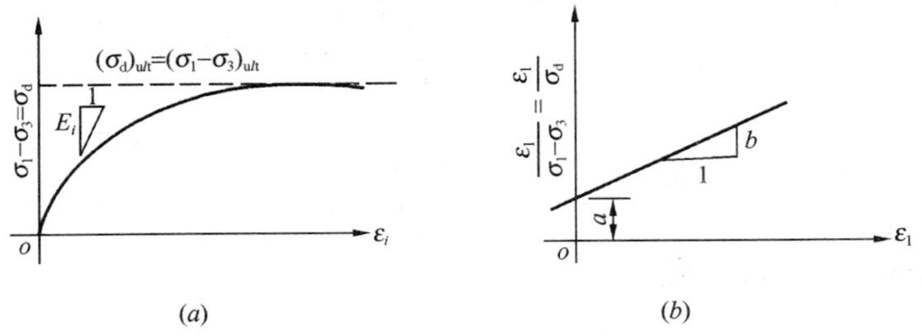

图 11-7 三轴压缩试验曲线

当应变很小时，由式（11.3.1a），初始弹性模量为 E_i

$$E_i=\left(\frac{\sigma_d}{\varepsilon_1}\right)_{\varepsilon_1\to 0}=\frac{1}{a} \tag{11.3.2}$$

a 即为初始弹性模量的倒数。而当应变很大时，由式（11.3.1a），应力的极限值-有侧限抗压强度为

$$(\sigma_d)_{ult}=(\sigma_d)_{\varepsilon_1\to\infty}=\frac{1}{b} \tag{11.3.3}$$

式（11.3.3）是这条应力应变曲线的渐近线。实际应力应变曲线在破坏时为侧限抗压强度 $(\sigma_d)_f$，常达不到极限值 $(\sigma_d)_{ult}$，两者之间有一比值，称为破坏比 R_f，即

$$R_f=\frac{(\sigma_d)_f}{(\sigma_d)_{ult}}=b(\sigma_d)_f \tag{11.3.4a}$$

或

$$b=\frac{R_f}{(\sigma_d)_f} \tag{11.3.4b}$$

一般 R_f 在 0.75～1.0 之间，并认为 R_f 与侧限压力 σ_3 无关，但从国内试验结果来看，R_f 并非常数，它随 σ_3 而变。由上，式（11.3.1）可写成为

$$\sigma_d=\frac{\varepsilon_1}{\dfrac{1}{E_i}+\dfrac{\varepsilon_1}{(\sigma_d)_f}R_f} \tag{11.3.5a}$$

或

$$\varepsilon_1=\frac{\sigma_d}{E_i}\bigg/\left[1-\frac{\sigma_d}{(\sigma_d)_f}R_f\right] \tag{11.3.5b}$$

随着试验时 σ_3 值的不同，试验曲线也将不同，但这些曲线都可用式（11.3.5）表示，只是其中 E_i 值随 σ_3 而变动，模型作者建议采用如下经验式：

$$E_i=KP_a\left(\frac{\sigma_3}{P_a}\right)^n \tag{11.3.6}$$

式中 P_a 为大气压，K、n 是试验常数，对不同土类，K 值可能小于 100，也可能大于 3500；n 值一般在 0.2～1.0 之间。

因为切线模量

$$E_t = \frac{\partial \sigma_d}{\partial \varepsilon_1} = \frac{1/E_i}{\dfrac{1}{E_i} + \dfrac{R_f \varepsilon_1}{(\sigma_d)_f}} \tag{11.3.7}$$

或
$$\varepsilon_1 = \frac{\sigma_d}{E_i} \Big/ \left[1 - \frac{R_f(\sigma_1 - \sigma_3)}{(\sigma_1 - \sigma_3)_f}\right] \tag{11.3.8}$$

将此式代入式（11.3.7）得

$$E_t = (1 - R_f S)^2 E_i \tag{11.3.9}$$

其中

$$S = \frac{\sigma_1 - \sigma_3}{(\sigma_1 - \sigma_3)_f} = \frac{\sigma_d}{(\sigma_d)_f} \tag{11.3.10}$$

根据莫尔-库仑破坏准则，有

$$(\sigma_d)_f = \frac{2c\cos\varphi + 2\sigma_3 \sin\varphi}{1 - \sin\varphi} \tag{11.3.11}$$

将式（11.3.11）代入式（11.3.10）、式（11.3.9）得 E_t 公式

$$E_t = \left[1 - \frac{R_f(1 - \sin\varphi)\sigma_d}{2c\cos\varphi + 2\sigma_3 \sin\varphi}\right]^2 E_i \tag{11.3.12}$$

由式（11.3.2）、式（11.3.6）及式（11.3.4b）、式（11.3.11）可得

$$a = K\sigma_3^{n} = \frac{1}{E_i}$$

$$b = \frac{R_f(1 - \sin\varphi)}{2(c\cos\varphi + \sigma_3 \sin\varphi)} \tag{11.3.13}$$

可见，a、b 均是 σ_3 的函数。

式（11.3.12）亦可直接由式（11.3.1c）微分求得

$$\mathrm{d}\varepsilon_1 = \frac{\partial f_1}{\partial \sigma_d}\mathrm{d}\sigma_d + \frac{\partial f_1}{\partial \sigma_3}\mathrm{d}\sigma_3 \tag{11.3.14}$$

当 σ_3 ＝常数时

$$E_t = \frac{\partial \sigma_d}{\partial \varepsilon_1} = \left(\frac{\partial f_1}{\partial \sigma_d}\right)^{-1} = \left[\frac{\partial\left(\dfrac{a\sigma_d}{1 - b\sigma_d}\right)}{\partial \sigma_d}\right]^{-1} = \left[\frac{\partial}{\partial \sigma_d}\left[\frac{\sigma_d / E_i}{1 - \dfrac{R_f(1 - \sin\varphi)\sigma_d}{2(c\cos\varphi + \sigma_3 \sin\varphi)}}\right]\right]^{-1}$$

$$= \left[1 - \frac{R_f(1 - \sin\varphi)\sigma_d}{2c\cos\varphi + 2\sigma_3 \sin\varphi}\right]^2 E_i \tag{11.3.15}$$

式（11.3.15）即式（11.3.12）。

卸荷和重复加荷时弹性模量值定为 E_{ur}

$$E_{ur} = K_{ur} P_a \left(\frac{\sigma_3}{P_a}\right)^{n} \tag{11.3.16}$$

K_{ur} 值也应通过试验测定，一般情况下 $K_{ur} > K$。

泊松比 ν 虽然也有一些经验公式，但都不可靠。Duncan 假定 ε_3-ε_1 的关系曲线也是双

曲线

$$\varepsilon_3 = \frac{h\varepsilon_1}{1-d\varepsilon_1} = f_2(\sigma_d, \varepsilon_3) \tag{11.3.17}$$

$$h = G - F\log(\sigma_3/P_a) \tag{11.3.18}$$

式中 G、F 都是试验常数。通常 F 值约 0.1～0.2，故 $h \approx G$。由式（11.3.8）可知 ε_1 是 σ_d 函数，所以 ε_3 也是 σ_d 函数。

对式（11.3.17）微分得

$$d\varepsilon_3 = \frac{\partial f_2}{\partial \sigma_d} d\sigma_d + \frac{\partial f_2}{\partial \sigma_3} d\sigma_3 \tag{11.3.19}$$

当 σ_3 =常数时，得 ν_t 公式

$$\nu_t = \frac{\partial \varepsilon_3}{\partial \varepsilon_1} = \frac{\partial f_2}{\partial \sigma_d}\left(\frac{\partial f_1}{\partial \sigma_d}\right)^{-1}$$

$$= \frac{G - F\log(\varepsilon_3/P_a)}{\left\{1 - \frac{d(\sigma_1-\sigma_3)}{KP_a(\sigma_3/P_a)^n\left[1 - R_f(\sigma_1-\sigma_3)(1-\sin\varphi)/2c\cos\varphi + 2\sigma_3\sin\varphi\right]}\right\}^2} \tag{11.3.20a}$$

或

$$\nu_t = \frac{G - F\log(\varepsilon_3/P_a)}{(1-d\varepsilon_1)^2} \tag{11.3.20b}$$

其中 d 为试验常数。如果计算所得 ν_t 值大于 1/2，则可采用 $\nu_t = 0.49$ 计算，因为式（11.3.20）的计算值常偏大，由于 ν_t 式存在一些问题，1980 年，Duncan 改用体积变形模量 K 作为计算参数。

$$K_t = \frac{dp}{d\varepsilon_v} = K_b P_a\left(\frac{\sigma_3}{P_a}\right)^m \tag{11.3.21}$$

式中 K_b 及 m 为试验常数，多数土的 m 在 0.0～1.0 之间。m 值小于零，表示随着围压 σ_3 增大，体积变形模量减小的情况。这种超乎寻常的情况，是由于高压力作用下，土颗粒结构破坏所致。

随着 σ_3 改变，K_t 值有 10 倍左右的变化。当 $v_t \leqslant 0.49$ 时，K_t 值可以出现较高的值，$K_t = 17E_t$；而当 $\nu_t = \frac{1}{2} \sim E_t/6K_t$ 时，可达 $K_t = \frac{E_t}{3}$。

当采用 E-K 模型时，弹性矩阵 $[D_e]$ 可采用如下形式（平面应变情况）。

$$[D_e] = \frac{3K}{9K-E}\begin{bmatrix} 3K+E & 3K-E & 0 \\ 3K-E & 3K+E & 0 \\ 0 & 0 & E \end{bmatrix} \tag{11.3.22}$$

Duncan-Chang 模型是国内外广泛采用的岩土模型，对各类岩土积累了较丰富的经验，表 11-1 中给出了参数的使用范围，可供初步计算时参考选用。它既适用黏性土，也适用于砂土，但不宜用于密砂，严重超固结土。它的主要优点是可以利用常规三轴剪切试验确定所需的计算参数。由于它是非线性弹性模型，所以一般只适用荷载不太大的条件（即不太接近破坏的条件）。这个模型是应用单一剪切试验结果进行全部应力应变分析，而且一切公式都是根据 σ_3 为常量的试验结果推算，因此它适宜用于以土体的稳定分析为主的，而且 σ_3 接近常数的土体工程问题。

Duncan-Chang 模型没有考虑剪胀性和应力路径问题，这是模型的重要缺点。此外，按 Duncan 假定，当 $\sigma_3=0$ 时，E_i 及 K_t 均为零，这显然与实际不符。有些人在计算中假定，当 σ_3 大于前期固结压力时，按上述公式计算，而当 σ_3 小于或等于前期固结压力时，可按前期固结压力代入上式进行计算。

邓肯（Duncan）模型和南水双屈服面模型参数　　表 11-1

	土　类	软黏土	硬黏土	砂	砂卵石	石　料
共用参数	c(Pa)	0～0.1	0.1～0.5	0	0	0
	φ	20°～30°	20°～30°	30°～40°	30°～40°	40°～50°
	$\Delta\varphi$	0	0	5°	5°	10°
	R_f	0.7～0.9	0.7～0.9	0.6～0.85	0.6～0.85	0.6～1.0
	K	50～200	200～500	300～1000	500～2000	300～1000
	K_{ur}	3.0K	1.50～2.0K			
	n	0.5～0.8	0.3～0.6	0.3～0.6	0.4～0.7	0.1～0.5
邓肯	K_b	20～100	100～500	50～1000	100～2000	50～1000
	m	0.4～0.7	0.2～0.5	0～0.5	0～0.5	−0.2～0.4
南水	C_d	0.01～0.1	0.001～0.01	0.001～0.01	0.001～0.01	0.001～0.01
	d	0.2～0.5	0.5～1.0	1～2	1～2	1～3
	R_d	0.7～0.95R_f				

11.4 Domaschuk-Valliappan 模型

该模型是以弹性常数 K，G 为参数的 K-G 模型，该模式取压缩曲线为半对数曲线，剪切曲线为双曲线，即

$$\varepsilon_v=\varepsilon_{v0}+\lambda_1\ln p \tag{11.4.1}$$

$$\gamma_\pi=\frac{\alpha\tau_\pi}{1-b\tau_\pi} \tag{11.4.2}$$

其中

$$\varepsilon_v=\varepsilon_1+2\varepsilon_3$$

$$\gamma_\pi=\frac{2}{3}(\varepsilon_1-\varepsilon_3)=\frac{2}{3}\varepsilon_d$$

$$\varepsilon_d=\varepsilon_1-\varepsilon_3$$

$$\tau_\pi=\sqrt{\frac{2}{3}}(\sigma_1-\sigma_3)=\sqrt{\frac{2}{3}}\sigma_d$$

$$\frac{1}{\alpha}=p\exp(A-Bp)$$

$$\frac{1}{b}=\alpha p^\beta$$

a、b 为平均应力 p 的函数，由下述试验求得。ε_{v0}、λ_1、A、B 及 α、β，对某一种土均为试验常数。

对式（11.4.1）及式（11.4.2）微分，即得切线体积模量 K 及剪切模量 G 如下

$$K_t = \frac{dp}{d\varepsilon_v} = \lambda_1 p \tag{11.4.3}$$

$$G_t = p\exp(A - Bp)\left[1 - \frac{\tau_\pi}{\alpha p^\beta}\right]^2 \tag{11.4.4}$$

推导 G_t 过程中假定 p 不变。

K 值的测定主要采用三向等压固结试验，即使土样在静水压力即 $p = \sigma_1 = \sigma_2 = \sigma_3$ 作用下压缩固结，求得 ε_v-p 关系曲线（或孔隙比 e-p 关系曲线）（图 11-8），即式（11.4.1）

$$\varepsilon_v = \varepsilon_{v0} + \lambda_1 \ln p$$

由此获得试验常数 ε_{v0}、λ_1。

另外一种方式不采用式（11.4.1），改用下式表达 p-ε_v 关系（图 11-9）

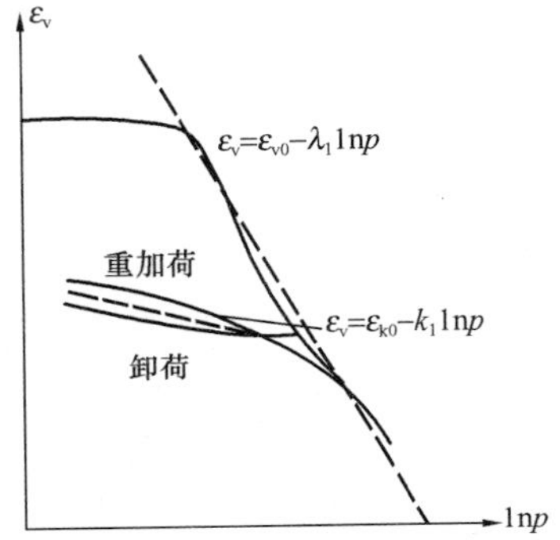

图 11-8 三向等压固结试验 ε_v-$\ln p$ 曲线

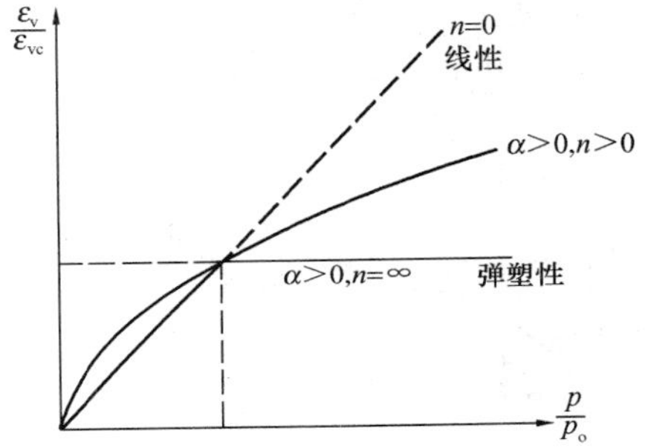

图 11-9 p-ε_v 曲线

$$\frac{p}{p_c} = \frac{\varepsilon_v}{\varepsilon_{vc}}\left(1 + \alpha\left|\frac{\varepsilon_v}{\varepsilon_{vc}}\right|^{n-1}\right) \tag{11.4.5}$$

其中 p_c、ε_{vc}、α、n 是四个试验常数。对于泥沙和黏土 $\alpha \approx 1$，当 $\alpha = 1$ 时：

$$p = \frac{p_c}{\varepsilon_{vc}}\left(\varepsilon_v + \varepsilon_v\left|\frac{\varepsilon_v}{\varepsilon_{vc}}\right|^{n-1}\right) \tag{11.4.6}$$

$$dp = \frac{p_c}{\varepsilon_{vc}}\left(d\varepsilon_v + n\left|\frac{\varepsilon_v}{\varepsilon_{vc}}\right|^{n-1} d\varepsilon_v\right) \tag{11.4.7}$$

由此

$$K_t = \frac{dp}{d\varepsilon_v} = \frac{p_c}{\varepsilon_{vc}}\left(1 + n\left|\frac{\varepsilon_v}{\varepsilon_{vc}}\right|^{n-1}\right) \tag{11.4.8a}$$

或

$$K_t = K_i\left(1 + n\left|\frac{\varepsilon_v}{\varepsilon_{vc}}\right|^{n-1}\right) \tag{11.4.8b}$$

其中 K_i 等于初始体积变形模量

$$K_i = \frac{p_c}{\varepsilon_{vc}} \tag{11.4.9}$$

式（11.4.8）与式（11.4.3）是等价的。

G 值的测定采用 $p=$ 常数的三向等压固结排水压缩试验，先使土样在三向等压下固结，然后在 $p/p_c = 1.0, 0.8, 0.6, 0.4$ 及 0.2 等五种不同情况下，进行三向压缩固结试验，求取一组（五条）应力-应变关系曲线。然后，再以 p_c 等于另一不同值的土样求取另一组

曲线。所有的曲线都应用双曲线关系式（图 11-10）

$$\tau_\pi=\frac{\gamma_\pi}{a+b\gamma_\pi}=\frac{\gamma_\pi G_i}{1+b\gamma_\pi G_i}\tag{11.4.10}$$

此式即为式（11.4.2）的转换式。

式中　$\frac{1}{a}=G_i$——初始切线剪切模量；

$\frac{1}{b}=(\tau_\pi)_{ult}$——最终偏剪应力值。

将式（11.4.10）微分，得

$$G_t=G_i\frac{1}{(1+bG_i\gamma_\pi)^2}=G_i\frac{1}{(1+b\tau_\pi)^2}=G_i(1-b\tau_\pi)^2\tag{11.4.11}$$

式（11.4.11）是剪切模量关系式。下面要通过试验获得 a（或 G_i）、b 值。

从实验资料的分析结果得（图 11-11）

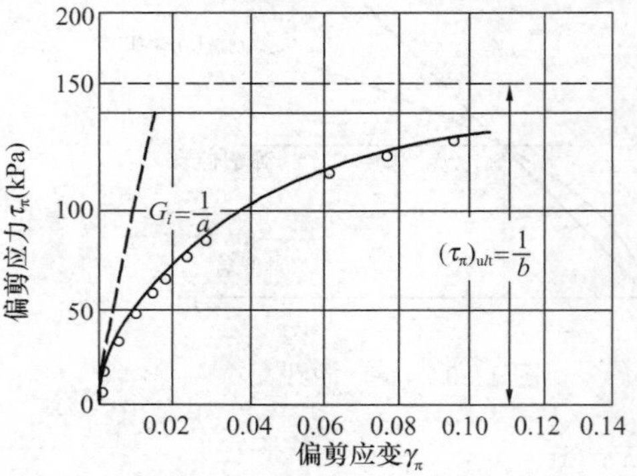

图 11-10　偏剪应力 τ_x 与偏剪应变 γ_π 关系曲线

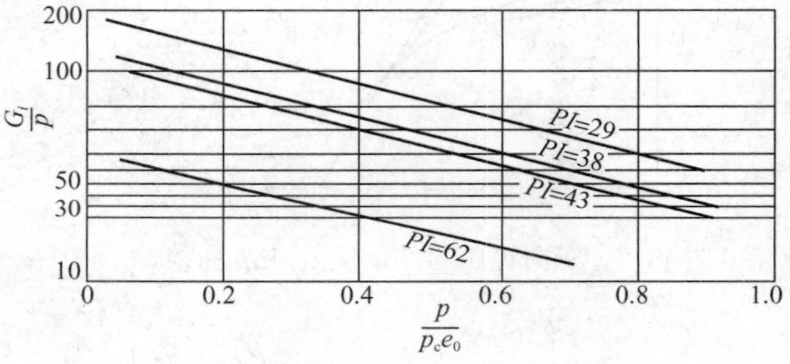

图 11-11　粉质蓝黏土预压比 $\frac{p_c}{p}$ 与初始孔隙比 e_0 对起始切线剪切模量 $\frac{G_i}{p}$ 的影响

$$\ln\left(\frac{G_t}{p}\right)=A-B_1\left(\frac{p}{p_c e_0}\right)=A-Bp\tag{11.4.12}$$

式中 A 与 B_1 为实验常数；$B=\frac{B_1}{p_c e_0}$，$\frac{p_c}{p}$ 为预先固结比（或预压比）；e_0 是初始孔隙比。由此可见 G_i 或 a 是 p 的函数。系数 A、B，对于某一类黏土基本上是常数，但对于另一类黏土 A 值与塑性指数有关，即 $\ln A$ 随着 $\ln(P\cdot I)$ 的增大，线性地减小。

式（11.4.10）的双曲线关系得出了最终偏剪应力的渐近值 $(\tau_\pi)_{ult}$，此值不等于试验测定的破坏时的偏剪应力，两值之比为破坏比 R_f。

$$(\tau_\pi)=R_f(\tau_\pi)_{ult}=R_f\frac{1}{b}\tag{11.4.13}$$

试验证明

$$(\tau_\pi)_f=10^{\alpha_1}\left(\frac{p}{p_c e_0}\right)^\beta\tag{11.4.14}$$

其中 α_1、β 为试验常数。将此式与式（11.4.13）代入式（11.4.11），得

$$G_t = G_i \left[1 - R_f \frac{\tau_\pi}{10^{\alpha_1}\left(\frac{p}{p_c e_0}\right)^\beta}\right]^2 \tag{11.4.15}$$

由式（11.4.12）及式（11.4.13）、式（11.4.14）得

$$\left.\begin{aligned} \frac{1}{a} &= p\exp\left(A - \frac{B_1}{p_c e_0}p\right) = p\exp(A - Bp) = G_i \\ \frac{1}{b} &= \frac{10^{\alpha_1}}{(p_c e_0)^\beta}p^\beta = \alpha p^\beta \end{aligned}\right\} \tag{11.4.16}$$

式中 $\beta = \frac{B}{p_c e_0}$，$\alpha = \frac{10^{\alpha_1}}{(p_c e_0)^\beta}$

用式（11.4.16）代入式（11.4.11）中，即为式（11.4.4）。

在 K-G 模型中，国内还采用一些简化的模式，例如水利电力部土工试验规程（1979）还介绍了采用如下简化方法确定 K_t 与 G_t 。

（1）体积变形模量

一般是绘制 ε_v-$\log p$ 曲线求 K_t，因为 $\log p = 0.434\ln p$，所以该直线方程为

$$\varepsilon_v = 0.434\lambda'_1 \ln p + \varepsilon_{v0} \tag{11.4.17}$$

对上式微分，得

$$K_t = \frac{dp}{d\varepsilon_v} = \frac{p}{0.434\lambda'_1} \tag{11.4.18}$$

λ'_1 为 p 应力范围内的压缩指数。

（2）剪切变形模量

土的广义应力-应变关系采用双曲线方程表达为

$$q = \frac{\bar{\gamma}}{a + b\bar{\gamma}} \tag{11.4.19}$$

式中 $\frac{1}{a} = G_i$

$\frac{1}{b} = \frac{1}{q_{u/t}}$

与德马舒克（Domaschuk）推导相似，得出

$$G_t = G_i (1 - bq)^2 \tag{11.4.20}$$

采用与式（11.3.12）相同的推导，求得

$$G_t = G_i \left[1 - \frac{R_f(\sigma_1 - \sigma_2)(1 - \sin\varphi)}{2c\cos\varphi + 2\sigma_3 \sin\varphi}\right]^2 \tag{11.4.21}$$

式中

$$G_i = KP_a \left(\frac{\sigma_3}{P_a}\right)^n \tag{11.4.22}$$

P_a为大气压，其他符号同前。

一般认为，K-G 模型优于 E-ν 模型，因为弹性模量和泊松比的选定比较困难，尤其是泊松比受试验方法影响较大，而且泊松比的稍微变化，会引起应力-应变矩阵法向应变的较大变化，所以认为采用 K-G 模型是较优的。

此外，该模式同时采用了压缩试验与剪切试验的结果，这显然比只采用剪切试验结果

更为合理，但在推导 G_t 时，仍然假设 p 为常数，与推导 G_t 时假设 σ_3 不变一样，这是不合理的。

11.5 南京水利科学研究院非线性模型

南京水利科学研究院沈珠江建议把德马舒克（Domaschuk）模型加以推广，把剪切曲线写成推广的双曲线形式（图 11-12）

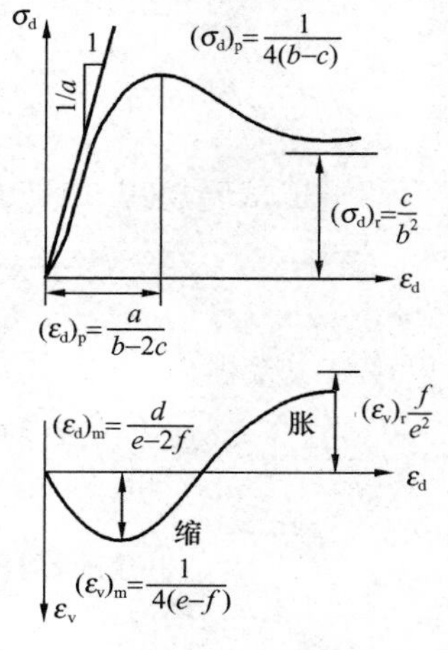

图 11-12 推广的双曲线应力-应变关系

$$\sigma_d = \frac{\varepsilon_d(a + c\varepsilon_d)}{(a + b\varepsilon_d)^2} \tag{11.5.1}$$

因为 Domaschuk 建议的公式（11.4.10），实质上也可定成

$$\sigma_d = \frac{\varepsilon_d}{a + b\varepsilon_d} \tag{11.5.2}$$

的形式，只是常数项 a、b 稍有不同而已。式（11.5.1）是式（11.5.2）的推广。

这种推广的双曲线，不仅适用于硬化岩土，也能适用于软化的岩土，如超固结土和岩石等。它能描述应变软化的阶段。

另外，在 Domaschuk 的压缩曲线上加上剪切引起的体应变，即考虑剪胀现象。

$$\varepsilon_v = \varepsilon_{v0} + \lambda_1 \ln(\sigma_3 + \sigma_t) + \frac{\varepsilon_d(d + f\varepsilon_d)}{(d + e\varepsilon_d)^2} \tag{11.5.3}$$

式中 σ_t 为抗拉强度。式（11.5.3）中前两项为等向压缩引起的体应变，后一项为剪切产生的体应变。上式中 a、b、c 和 d、e 都是 p 的函数。这样就把应力应变曲线有驼峰的情况及土样在剪切过程中出现剪胀和剪缩的情况考虑进去了（图 11-12）。此外，为了考虑 p 的变化，在定义切线体积模量及剪切模量时采用应力应变全微分，即使式（11.5.1）及式（11.5.3）写成

$$\left.\begin{aligned} p &= f_1(\varepsilon_v, \varepsilon_d) \\ \sigma_d &= f_2(\varepsilon_v, \varepsilon_d) \end{aligned}\right\} \tag{11.5.4}$$

则

$$\left.\begin{aligned} K_t &= \frac{dp}{d\varepsilon_v} = \frac{\partial f_1}{\partial \varepsilon_v} + \frac{\partial f_1}{\partial \varepsilon_d}\frac{\partial \varepsilon_d}{\partial \varepsilon_v} \\ G_t &= \frac{d\sigma_d}{d\varepsilon_d} = \frac{\partial f_2}{\partial \varepsilon_v}\frac{\partial \varepsilon_v}{\partial \varepsilon_d} + \frac{\partial f_2}{\partial \varepsilon_d} \end{aligned}\right\} \tag{11.5.5}$$

若把 a、b、c 及 d、e、f 表达式都写出，并代入式（11.5.5），即得 K_t 与 G_t 的具体表达式。不过，这一公式是十分复杂的。

令 $(\sigma_d)_p$ 为峰值剪切强度，$(\sigma_d)_r$ 为残余剪切强度，$(\varepsilon_d)_p$ 为峰值偏剪位移。

由式（11.5.1），令 $\frac{d\sigma_d}{d\varepsilon_d} = 0$，得

$$(\varepsilon_d)_p = \frac{a}{b - 2c} \tag{11.5.6}$$

由式（11.5.6）代入式（11.5.1）

$$(\sigma_d)_p = \frac{1}{4(b-c)} \tag{11.5.7}$$

由 $\varepsilon_d \to \infty$，得

$$(\sigma_d)_{\varepsilon\to\infty} = (\sigma_d)_r = \frac{c}{b^2} \tag{11.5.8}$$

同理，对 ε_μ-ε_d 曲线得（见图 11-12）

$$(\varepsilon_v)_r = \frac{f}{e^2} \tag{11.5.9}$$

$$(\varepsilon_v)_m = \frac{1}{4(e-f)} \tag{11.5.10}$$

$$(\varepsilon_d)_m = \frac{d}{e-2f} \tag{11.5.11}$$

式中 $(\varepsilon_v)_r$ 为残余体应变，$(\varepsilon_v)_m$ 为最大剪缩体应变，$(\varepsilon_d)_m$ 为 $\varepsilon_v=(\varepsilon_v)_m$ 时的剪应变，一般小于 $(\varepsilon_d)_p$（峰值强度处的剪应变）。

令

$$R_\sigma = \frac{(\sigma_d)_r}{(\sigma_d)_p},\ \alpha_1 = \frac{1-\sqrt{1-R_\sigma}}{2R_\sigma} \tag{11.5.12}$$

由式（11.5.6）～式（11.5.8）得

$$\left.\begin{aligned} a &= \frac{0.5-\alpha_1}{(\sigma_d)_p}(\varepsilon_d)_p \\ b &= \frac{\alpha_1}{(\sigma_d)_p} \\ c &= \frac{\alpha_1-0.25}{(\sigma_d)_p} \end{aligned}\right\} \tag{11.5.13}$$

令

$$R_\varepsilon = \frac{(\varepsilon_v)_r}{(\varepsilon_v)_m},\ \alpha_2 = \frac{1-\sqrt{1-R_\varepsilon}}{2R_\varepsilon} \tag{11.5.14}$$

由式（11.5.9）～式（11.5.11）

$$\left.\begin{aligned} d &= \frac{0.5-\alpha_2}{(\varepsilon_v)_m}(\varepsilon_d)_m \\ e &= \frac{\alpha_2}{(\varepsilon_v)_m} \\ f &= \frac{\alpha_2-0.25}{(\varepsilon_v)_m} \end{aligned}\right\} \tag{11.5.15}$$

根据一些试验资料和国外资料，初步提出如下经验公式

$$\left.\begin{aligned} (\sigma_d)_p &= c_{11}(\sigma_3+\sigma_t)m_{11} \\ R_\sigma &= \frac{(\sigma_d)_r}{(\sigma_d)_p} = 1-c_{12}(\sigma_3+\sigma_t)m_{12} \\ (\varepsilon_d)_p &= c_{13}+m_{13}(\sigma_3+\sigma_t) \\ (\varepsilon_v)_m &= c_{21}+(\sigma_3+\sigma_t)m_{21} \\ R_\varepsilon &= \frac{(\varepsilon_v)_r}{(\varepsilon_v)_m} = 1-c_{22}(\sigma_3+\sigma_t)m_{22} \\ (\varepsilon_d)_m &= c_{23}+m_{23}(\sigma_3+\sigma_t) \end{aligned}\right\} \tag{11.5.16}$$

其中 c_{11}，c_{12}，c_{21}，c_{22}，c_{13}，c_{23} 及 $m_{11}, m_{12}, m_{13}, m_{21}, m_{22}, m_{23}$，12 个试验常数都可以由常规三轴试验测定。$\lambda_1$ 由压缩试验确定。

$(\sigma_d)_r$ 及 $(\varepsilon_v)_r$ 是可通过计算得到的

$$\left.\begin{aligned}(\varepsilon_d)_r &= \frac{c}{b^2} = \frac{\dfrac{\alpha_1 - 0.25}{(\sigma_d)_p}}{\dfrac{\alpha_1^2}{(\sigma_d)_p}} = \frac{\alpha_1 - 0.25}{\alpha_1^2}(\sigma_d)_p \\ (\varepsilon_v)_r &= \frac{f}{e^2} = \frac{\dfrac{\alpha_2 - 0.25}{(\varepsilon_v)_m}}{\dfrac{\alpha_2^2}{(\varepsilon_v)_m^2}} = \frac{\alpha_2 - 0.25}{\alpha_2^2}(\varepsilon_v)_m\end{aligned}\right\} \tag{11.5.17}$$

将上述系数代入式（11.5.1）及式（11.5.3）中，并将其写成式（11.5.4）形式，则由式（11.5.5），在平面应变条件下 $\varepsilon_v = \varepsilon_1 + \varepsilon_3, \varepsilon_d = \varepsilon_1 - \varepsilon_3, \sigma_d = \sigma_1 - \sigma_3$，可写出 K_t, G_t 的具体表达式

$$\left.\begin{aligned}K_t &= \frac{1+E_1}{E_4} + \left(E_1 - \frac{E_2 E_3}{E_4} - \frac{E_3}{E_4}\right)\frac{d(\varepsilon_d)}{d(\varepsilon_v)} \\ G_t &= \left(E_1 - \frac{E_2 \cdot E_5}{E_4}\right) + \frac{E_2}{E_4}\frac{d(\varepsilon_v)}{d(\varepsilon_d)}\end{aligned}\right\} \tag{11.5.18}$$

式中

$$\left.\begin{aligned}E_1 &= \frac{(0.5-\alpha_1)^2\Delta_1(\varepsilon_d)_p(\sigma_d)_p}{A_1^3} \\ E_2 &= \frac{m_{11}}{\sigma_3+\sigma_t}\frac{[(0.5-\alpha_1)(\varepsilon_d)_p + (\alpha_1 - 0.25)(\varepsilon_d)](\sigma_d)_p(\varepsilon_d)}{A_1^2} \\ &\quad + \frac{(0.5-\alpha_1)\Delta_1[\beta_1\Delta_1(\varepsilon_d) - (0.5-\alpha_1)m_{13}](\sigma_d)_p(\varepsilon_d)}{A_1^3} \\ E_3 &= \frac{(0.5-\alpha_2)^2\Delta_1(\varepsilon_d)_m(\varepsilon_v)}{A_2^3} \\ E_4 &= \frac{\lambda_1}{\sigma_3+\sigma_t}\frac{m_{21}}{\sigma_3+\sigma_t}\frac{[(0.5-\alpha_2)(\varepsilon_d)_m + (\alpha_2 - 0.25)(\varepsilon_d)](\varepsilon_v)_m(\varepsilon_d)}{A_2^2} \\ &\quad + \frac{(0.25-\alpha_2)\Delta_2[\beta_2\Delta_2 - (0.5-\alpha_2)m_{23}](\varepsilon_v)_m(\varepsilon_d)}{A_2^3}\end{aligned}\right\} \tag{11.5.19}$$

式中 $A_1 = (0.5-\alpha_1)(\varepsilon_d)_p + \alpha_1(\varepsilon_d)$

$$A_2 = (0.5-\alpha_2)(\varepsilon_d)_m + \alpha_2(\varepsilon_d)$$

$$\Delta_1 = (\varepsilon_d)_p + (\varepsilon_d)$$

$$\Delta_2 = (\varepsilon_d)_m - (\varepsilon_d)$$

$$\alpha_1 = \frac{1-\sqrt{1-R_\sigma}}{2R_\sigma}, \quad \alpha_2 = \frac{1-\sqrt{1-R_\varepsilon}}{2R_\varepsilon}$$

$$\beta_1 = \frac{m_{12}}{\sigma_3 + \sigma_t} \frac{(1 - 0.5R_\sigma - \sqrt{1 - R_\sigma})\sqrt{1 - R_\sigma}}{2R_\sigma^2}$$

$$\beta_2 = \frac{m_{22}}{\sigma_3 + \sigma_t} \frac{(1 - 0.5R_\varepsilon - \sqrt{1 - R_\varepsilon})\sqrt{1 - R_\varepsilon}}{2R_\varepsilon^2}$$

这种模型考虑了硬化和软化，也考虑了剪胀，而且适用性广，对正常固结土，超固结土以及岩石等均能适用。显然这一模型比较复杂。不过，试验还是剪切试验及压缩试验两种，试验工程量并不增加。

第十二章　岩土弹塑性静力模型

12.1　概　　述

岩土弹塑性模型中一般应包括如下三方面内容：一是建模理论；二是屈服条件；三是计算参数。尽管当前提出的弹塑性模型非常之多，而实际获得公认的模型并不多。即使那些应用较广，影响较大的模型也难以完善地反映岩土的实际变形状况。这是因为当前采用的模型中，对上述三方面内容的处理还不尽如人意。

正确选用弹塑性静力模型，首先要求模型的建模理论较为正确与完善，同时应依据岩土的种类与岩土工程的类型。因为不同种类的岩土常具有不同的屈服条件，而不同类型的岩土工程对计算精度有不同要求。例如一般的岩石边坡与地下工程，主要的计算控制量是岩体的剪切破坏，因而对塑性区分布、大小的计算精度要求较高，而对位移的计算精度要求较低。正因为这样，对上述工程至今仍在应用理想弹塑性模型。

当前采用的弹塑性静力模型大致可归纳为三类：

第一类是基于传统塑性力学的单屈服面模型。这类模型又分为两种；一种是单纯地将剪切屈服面作为屈服面，或是单纯地将体积屈服面作为屈服面。前者的典型例子是理想弹塑性模型，后者是剑桥模型。这种模型不仅理论上存在不足，也不能较好地反映体变与剪变。另一种模型是将剪切屈服面的一部分与体积屈服面的一部分共同组成封闭型屈服面。这种模型的计算结果要优于上述一种模型，但存在着单屈服面模型固有的缺点，并仍然会出现过大的剪胀现象。

第二类是对传统塑性力学作某些局部修正的模型。比如有的采用非关联流动法则，以修正计算中过大的剪胀。问题是塑性势面是假定的而有较大的主观性。有的采用双屈服面与多重屈服面模型，但仍然采用关联流动法则，体积屈服面不与 p 塑性势面对应，剪切屈服面不与 q 及 θ_σ塑性势面对应，从而影响了计算的准确性，也会出现过大的剪胀现象。

第三类是基于广义塑性力学的多重屈服面模型，各屈服面与相应的塑性势面对应，具有较好的计算精度，也不会出现过大的剪胀现象，是一种有发展前途的模型。但这类模型当前还不多，沈珠江的“南水”（南京水利科学研究院）双屈服面模型（1982），郑颖人、严德俊的三重屈服面模型（1988）以及郑颖人及其学生提出的“后工”（后勤工程学院）弹塑性模型（2000）都属于这类模型。尤其是“南水”双屈服面模型已在国内应用多年，获得国内广泛的承认。

岩土材料应当有统一的建模理论，而建模理论必须尽量反映岩土材料的变形机制，并符合力学与热力学基本原理。而当前，常凭着个人的经验，规定哪些岩土、哪些情况应采用关联流动法则；哪些情况应采用非关联流动法则，显然缺乏理论依据。本书提出的广义塑性力学奠定了岩土材料的建模理论的基础。然而，选用什么样的屈服条件，却应随着岩土种类，应力路径等而异。如果一种模型只固定采用一种屈服条件，就必然会限制模型的应用范围。所以，应当根据岩土种类与应力路径的不同而采用不同的屈服条件，建立一种适用范围较广的系列模型也是岩土建模的发展方向。

12.2 剑桥模型及其发展

剑桥模型是由英国剑桥大学罗斯科（Roscoe）及其同事于1963年提出的。这个模型基于正常固结土和弱超固结土试样的排水和不排水三轴试验基础上，提出了土体临界状态的概念；并在试验基础上，再引入加工硬化原理和能量方程，提出剑桥模型。这个模型从实验上和理论上较好地阐明了土体弹塑性变形特性，尤其考虑了土的塑性体积变形。因而一般认为，剑桥模型的问世，标志着土的本构理论发展新阶段的开始。

12.2.1 剑桥模型（1963）

剑桥模型基于传统塑性位势理论，采用单屈服面和关联流动法则。屈服面形式也不是基于大量的试验而提出的假设，而是依据能量理论得出的。

依据能量方程，外力做功 $\mathrm{d}W$ 一部分转化为弹性能 $\mathrm{d}W^{\mathrm{e}}$，另一部分转化为耗散能（或称塑性能）$\mathrm{d}W^{\mathrm{p}}$，因而有

$$\mathrm{d}W = \mathrm{d}W^{\mathrm{e}} + \mathrm{d}W^{\mathrm{p}} \tag{12.2.1}$$

$$\mathrm{d}W^{e} = p'\mathrm{d}\varepsilon_{\mathrm{v}}^{\mathrm{e}} + q\mathrm{d}\bar{\gamma}^{\mathrm{e}} \tag{12.2.2}$$

$$\mathrm{d}W^{\mathrm{P}} = p'\mathrm{d}\varepsilon_{\mathrm{v}}^{\mathrm{p}} + q\mathrm{d}\bar{\gamma}^{\mathrm{p}} \tag{12.2.3}$$

剑桥模型中，由各向等压固结试验中回弹曲线确定弹性体积变形

$$\mathrm{d}\varepsilon_{\mathrm{v}}^{\mathrm{e}} = \frac{k}{1+e}\frac{\mathrm{d}p'}{p'} \tag{12.2.4}$$

式中 k——膨胀指数，即 $e-\ln p'$ 回弹曲线的斜率。

同时，假设弹性剪切变形为零，即

$$\mathrm{d}\,\bar{\gamma}^{\mathrm{e}} = 0 \tag{12.2.5}$$

则弹性能

$$\mathrm{d}W^{\mathrm{e}} = p'\mathrm{d}\varepsilon_{\mathrm{v}}^{\mathrm{e}} = \frac{k}{1+e}\mathrm{d}p' \tag{12.2.6}$$

剑桥模型中假定塑性能等于由于摩擦产生的能量耗散，即有如下的能量方程

$$\mathrm{d}W^{\mathrm{p}} = p'\mathrm{d}\varepsilon_{\mathrm{v}}^{\mathrm{p}} + q\mathrm{d}\bar{\gamma}^{\mathrm{p}} = Mp'\mathrm{d}\bar{\gamma}^{\mathrm{p}} \tag{12.2.7}$$

式中 M 为 p'-q 平面上破坏线的斜率。

$$M = \frac{6\sin\varphi'}{3-\sin\varphi'} \tag{12.2.8}$$

式中 φ'——土体有效摩擦角。

由式（12.2.7）有

$$\frac{\mathrm{d}\varepsilon_{\mathrm{v}}^{\mathrm{p}}}{\mathrm{d}\bar{\gamma}^{\mathrm{p}}} = M - \frac{q}{p'} = M - \eta \tag{12.2.9}$$

式中 $\eta = q/p'$。该式实际上就是流动法则，即表示了塑性应变增量在 $p' \sim q$ 平面上的方向，与这一方向正交的轨迹就是在这个平面上的屈服轨迹（关联流动法则），见图12-1。

剑桥模型假设材料服从关联流动法则，即 $Q=\Phi$。在图 12-1 中，设曲线 AB 为屈服面轨迹，$d\varepsilon^p$ 为屈服时塑性应变增量，它与屈服面正交。按式（5.3.1）有

$$d\varepsilon_v^p = d\lambda \frac{\partial \Phi}{\partial p'}, d\bar{\gamma}^p = d\lambda \frac{\partial \Phi}{\partial q} \tag{12.2.10}$$

而沿屈服轨迹有（因在同一屈服面上硬化参数 H 为常数，所以 $dH=0$）

$$d\Phi = \frac{\partial \Phi}{\partial p'} dp' + \frac{\partial \Phi}{\partial q} dq = 0 \tag{12.2.11}$$

由上两式可得，在屈服面的任一点 Q 处，应有

$$\frac{d\varepsilon_v^p}{d\bar{\gamma}^p} = -\frac{\partial \Phi / \partial p'}{\partial \Phi / \partial q} = -\frac{dq}{dp'} \tag{12.2.12}$$

结合式（12.2.9）和式（12.2.12），可得

$$\frac{dq}{dp'} - \frac{q}{p'} + M = 0 \tag{12.2.13}$$

积分上式，可得

$$\frac{q}{Mp'} + \ln p' = C \tag{12.2.14}$$

式中 C——积分常数。

利用图 12-1 中 A 点，$p'=p'_0, q=0$。由式（12.2.14），即得积分常数

$$C = \ln p'_0 \tag{12.2.15}$$

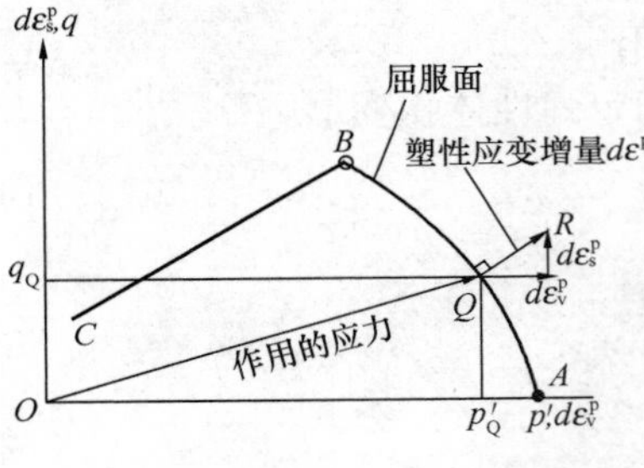

图 12-1 屈服时塑性应变增量

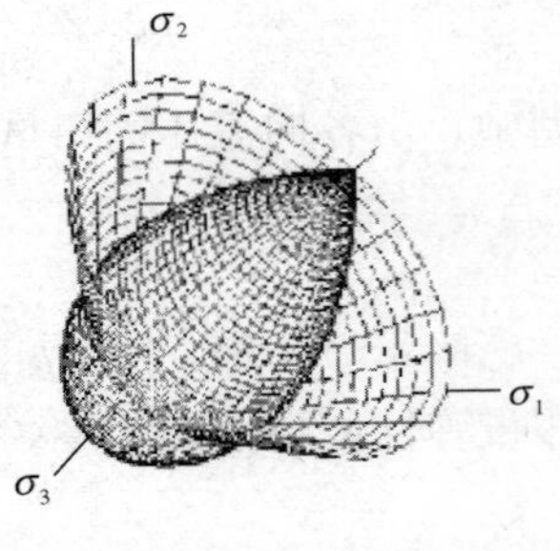

图 12-2 主应力空间中屈服面与临界状态面

将 C 代入式（12.2.14），就得到屈服面方程

$$\frac{q}{p'} - M \ln \frac{p'_0}{p'} = 0 \tag{12.2.16}$$

式中 p'_0 就是硬化参量，而 p'_0 由 ε_v^p 确定

$$H = p'_0 = H(\varepsilon_v^p) \tag{12.2.17}$$

可见剑桥模型的屈服面，以塑性体积变形 ε_v^p 作硬化参量，屈服面是塑性体积变形的等值面，应力在这一面上移动，虽不产生塑性体积变形，但要产生塑性剪切变形。因而剑桥模型不能很好地反映剪切变形。图 12-2 中，给出屈服面在主应力空间上的屈服面形状，它们是子弹头型的，像一顶帽子，亦称帽子模型。

12.2.2 修正剑桥模型（1965）

剑桥模型的屈服面是子弹头形的，在各向等压试验施加应力增量 $dp'>0$ 及 $dq=0$

时，会产生塑性剪切应变，$d\bar{\gamma}^{p}=d\bar{\gamma}=d\varepsilon_{v}^{p}/M$（式 12.2.9），这显然是不合理的。另外，剑桥模型的能量方程（式 12.2.7）假设能量耗散仅与塑性剪应变有关，而与塑性体应变无关，这与塑性变形需耗散能量矛盾。为此，布尔兰特（Burland，1965）研究了剑桥模型屈服曲线与临界状态线交点 A 和正常固结线交点 B 的变形情况，建议采用下面的能量方程代替式（12.2.7）

$$dW^{p}=p'd\varepsilon_{v}^{p}+qd\bar{\gamma}^{p}=p'\sqrt{(d\varepsilon_{v}^{p})^{2}+M^{2}(d\bar{\gamma}^{p})^{2}} \tag{12.2.18}$$

这样得到

$$\frac{d\varepsilon_{v}^{p}}{d\bar{\gamma}^{p}}=\frac{M^{2}-\eta^{2}}{2\eta} \tag{12.2.19}$$

将式（12.2.12）代入上式，得到

$$\frac{dq}{dp'}+\frac{M^{2}-\eta^{2}}{2\eta}=0 \tag{12.2.20}$$

在 p'-q 平面上的屈服轨迹为

$$\frac{p'}{p'_{0}}=\frac{M^{2}}{M^{2}+\eta^{2}} \tag{12.2.21}$$

可变形为

$$\left(p'-\frac{p'_{0}}{2}\right)^{2}+\left(\frac{q}{M}\right)^{2}=\left(\frac{p'_{0}}{2}\right)^{2} \tag{12.2.22}$$

这在 p'-q 平面上是一个椭圆，其顶点在 $q=Mp'$ 线上，以 $p'_{0}(\varepsilon_{v}^{p})$ 为硬化参数，见图 12-3。

12.2.3 本构方程的建立

将修正剑桥模型的屈服面写成下式

$$p'\left(1+\frac{\eta^{2}}{M^{2}}\right)=p'_{0} \tag{12.2.23}$$

方程两面取对数

$$\ln p'_{0}=\ln p'+\ln\left(1+\frac{\eta^{2}}{M^{2}}\right) \tag{12.2.24}$$

由图 12-4 等向压缩与膨胀曲线所示，$p'=1$ 处的塑性比容变化为

$$\Delta\upsilon^{p}=\upsilon_{c}-\upsilon_{n}=-(\lambda-k)\ln p'_{0} \tag{12.2.25}$$

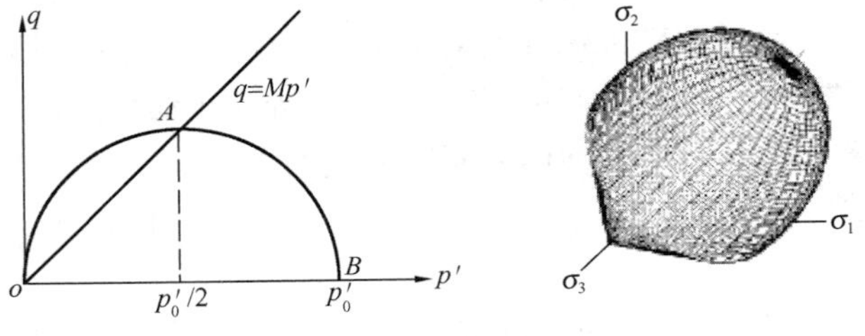

图 12-3 p'-q 平面上与应力空间的修正剑桥模型屈服面

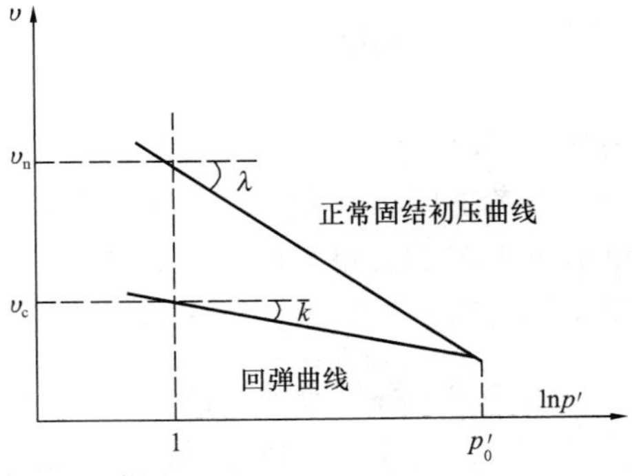

图 12-4 等向压缩与膨胀

故相应的塑性体应变为

$$\varepsilon_v^p = -\frac{\Delta \upsilon^p}{\upsilon_c} = \frac{\lambda - k}{\upsilon_c} \ln p'_0 \tag{12.2.26}$$

或

$$\ln p'_0 = \frac{\upsilon_c}{\lambda - k} \varepsilon_v^p \tag{12.2.27}$$

将式（12.2.27）与式（12.2.24）中消去 $\ln p'_0$，经过整理后可得

$$\varepsilon_v^p = \frac{\lambda - k}{\upsilon_c} \left[\ln p' + \ln \left(1 + \frac{\eta^2}{M^2} \right) \right] \tag{12.2.28}$$

上式是全量型的塑性体应变与应力 p、q 的本构关系。对式（12.2.28）微分后，可得增量型的关系

$$d\varepsilon_v^p = \frac{\lambda - k}{\upsilon} \left(\frac{dp'}{p'} + \frac{2\eta d\eta}{M^2 + \eta^2} \right) \tag{12.2.29}$$

按式（12.2.4）加上弹性应变增量 $d\varepsilon_v^e$ 后可得

$$d\varepsilon_v = \frac{\lambda - k}{\upsilon} \left(\frac{\lambda dp}{(\lambda - k)p} + \frac{2\eta d\eta}{M^2 + \eta^2} \right) \tag{12.2.30}$$

结合式（12.2.19）有

$$d\overline{\gamma} = d\overline{\gamma}^p = \frac{2\eta}{M^2 - \eta^2} d\varepsilon_v^p \tag{12.2.31}$$

以式（12.2.29）代入式（12.2.31），则有

$$d\overline{\gamma} = \frac{\lambda - k}{\upsilon} \left(\frac{2\eta}{M^2 - \eta^2} \right) \left(\frac{dp'}{p'} + \frac{2\eta d\eta}{M^2 + \eta^2} \right) \tag{12.2.32}$$

联合式（12.2.30）与式（12.2.32），就得到剑桥模型的弹塑性矩阵

$$\left\{ \begin{array}{c} d\varepsilon_v \\ d\overline{\gamma} \end{array} \right\} = \frac{\lambda - k}{\upsilon} \frac{2\eta}{(M^2 + \eta^2)} \left[\begin{array}{cc} \dfrac{\lambda}{\lambda - k} \dfrac{M^2 + \eta^2}{2\eta} & 1 \\ 1 & \dfrac{2\eta}{M^2 - \eta^2} \end{array} \right] \left\{ \begin{array}{c} \dfrac{dp'}{p'} \\ d\eta \end{array} \right\} \tag{12.2.33}$$

或写成

$$\left\{ \begin{array}{c} d\varepsilon_v \\ d\overline{\gamma} \end{array} \right\} = \frac{(\lambda - k)}{\upsilon p'} \frac{2\eta}{(M^2 + \eta^2)} \left[\begin{array}{cc} \dfrac{\lambda}{\lambda - k} \dfrac{M^2 + \eta^2}{2\eta} & 1 \\ 1 & \dfrac{2\eta}{M^2 - \eta^2} \end{array} \right] \left\{ \begin{array}{c} dp' \\ dq \end{array} \right\} \tag{12.2.34}$$

由式（12.2.33）或式（12.2.34）可见，弹塑性矩阵中所有的元素均不为零，表示剑桥模型可以考虑剪胀（缩）性。实际上，由于剑桥模型屈服轨迹的斜率处处为负，塑性应变增量沿 p 方向的分量只能是正值即压缩，模型只能反映剪缩，不能反映剪胀，因而这种模型比较适用于正常固结土或弱超固结土等一类具有压缩型体积屈服曲线的土体。

12.2.4 模型参数的确定

剑桥模型中除了弹性参数外，只有三个模型参数，即 λ、k、M。这三个参数都可以利用常规三轴试验测定。λ、k 值可以利用不同 σ_3 的等向压缩与膨胀试验给出 $\upsilon - \ln p$ 曲线，曲线

的斜率即为λ、k的值。M值可以通过三轴排水剪或不排水剪试验，绘出破坏时的p'-q图，其斜率就是M。或者先求出岩土材料的摩擦角，然后利用式（12.2.8）求出。

12.2.5 模型评价

剑桥模型是当前在土力学领域内应用最广的模型之一，其主要特点有：基本假设有一定的实验依据，基本概念明确，如临界状态线、状态边界面和弹性墙等都具有明确的几何与物理意义；较好地适宜于正常固结黏土和弱超固结黏土；仅有3个参数，都可以通过常规三轴试验求出，在岩土工程实际工作中便于推广；考虑了岩土材料静水压力屈服特性、剪缩性和压硬性。

剑桥模型的局限性主要有：（1）受制于经典塑性位势理论，采用Drucker公设和相关联的流动法则，在很多情况下与岩土工程实际状态不符。（2）因为屈服面只是塑性体积应变的等值面，只采用塑性体积应变作硬化参量，因而没有充分考虑剪切变形；只能反映土体剪缩，不能反映土体剪胀；因此不适用于强超固结黏土和密实砂，在工程应用范围上受限制。（3）剑桥模型是从重塑土的概念出发建立的，没有考虑天然黏土的结构性，因而得出的结果都不尽满意，也不能描述土体的固有（天然）各向异性。（4）采用各向同性硬化，并假定弹性墙内加载不会产生塑性变形，不能用于描述循环切荷载条件下的土体滞回特性与应力诱导的各向异性。（5）模型适用于轴对称应力状态，没有计及中主应力对强度和变形的影响，不适用于一般的三维应力空间。（6）未能考虑黏性土的由黏性引起的与时间相关的应力应变关系。

12.2.6 剑桥模型的发展

虽然剑桥模型存在上述诸多缺点，但由于其突出的优点与广泛的认可性，国内外学者对剑桥模型的改进与发展从未停顿，临界状态土力学得到进一步丰富和发展。Roscoe和Burland（1968）对他们自己的观点作了修正。他们认为在状态边界面内，当剪应力增加时，不产生塑性体积变形，但产生塑性剪切变形。因而提出在p'-q平面内还存在一个剪切屈服面，进一步修正了剑桥模型。不过当时提出剪切屈服面不够合理，这一模型未能得到广泛应用。后来有些学者将这个剪切屈服面改为抛物线和双曲线等，从而发展为双屈服面的剑桥模型。国内，魏汝龙（1981）根据不排水三轴压缩试验资料得到的正常固结黏土模型，比修正剑桥模型具有更大的适应性，修正剑桥模型仅是它的特例。

针对剑桥模型的不足，有的学者采用非关联流动法则，屈服面与修正的剑桥模型相同，塑性势函数为一经验函数；有的将次塑性理论（hypoplasticity）与临界状态土力学结合，建立了既适用于正常固结也适用于超固结黏土的本构模型；不少学者建立了循环荷载下的临界状态模型，时间相关的剑桥模型，有限应变的剑桥模型，考虑结构性与各向异性的剑桥模型；还有学者将剑桥模型扩展到一般三维应力空间，扩展到砂土与饱和土。其中，国内学者姚仰平等提出的统一硬化模型，是对剑桥模型的最具有系统性和代表性的扩展，下面将作简要介绍。

12.2.7 土的统一硬化本构模型

姚仰平及其合作者基于土的变形机理与基本力学特性，在修正剑桥模型的基本框架下，提出了变换应力法与适用于黏土和砂土的且与应力路径无关的统一硬化参数，从而建立了能够反映土的多种基本力学特性的统一硬化本构模型体系（如图 12-5 所示）。

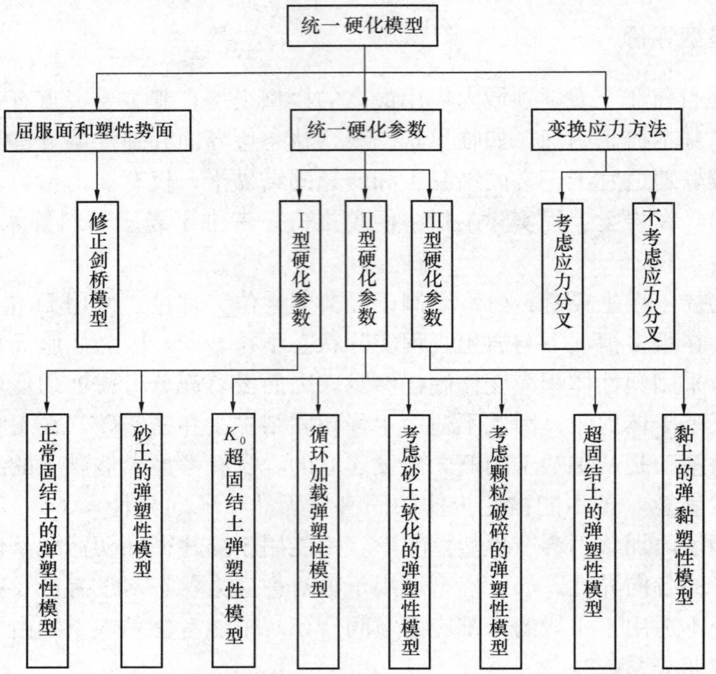

图 12-5 统一硬化模型体系框图

统一硬化模型以修正剑桥模型屈服函数为统一硬化模型屈服面和塑性势面的统一表达。以能够较好描述土质材料的 SMP（Spatially Mobilized Plane）强度准则为破坏准则，通过变换应力法，将普通应力空间上的 SMP 转换成变换应力空间的扩展 Mises 准则形式，采用相关联流动法则实现了非关联流动法则，将不同程度的各向异性问题各向同性化。改进的模型实现了三维应力空间基于 SMP 准则从剪切屈服到剪切破坏的统一，把临界状态理论和 SMP 准则有机地结合起来。SMP 强度准则可表示为

$$\left.\begin{aligned}\frac{I_1 I_2}{I_3} &= \text{const}\\ \frac{\tau_{\text{SMP}}}{\sigma_{\text{SMP}}} &= \sqrt{\frac{I_1 I_2 - 9I_3}{9I_3}} = \text{const}\end{aligned}\right\} \tag{12.2.35}$$

式中 $\tau_{\text{SMP}}, \sigma_{\text{SMP}}$ 分别为 SMP 面上的剪应力与正应力；I_1, I_2 和 I_3 分别为应力的第一不变量、第二不变量和第三不变量。

当假设塑性应变增量流动方向与应力方向相同时（不分叉），如图 12-6 所示，其变换应力张量为

$$\left.\begin{aligned}\tilde{\sigma}_{ij} &= p\delta_{ij} + \frac{q_c}{q}(\sigma_{ij} - p\delta_{ij})\\ q_c &= \frac{2I_1}{3\sqrt{(I_1 I_2 - I_3)/(I_1 I_2 - 9I_3)} - 1}\end{aligned}\right\} \tag{12.2.36}$$

式中 δ_{ij} 为 Kronecker 符号。这样，在普通应力空间上呈“抹圆了角的三角形”的 SMP 准

则转换为变换应力空间的 Mises 圆。将变换应力 $\tilde{\sigma}_{ij}$ 运用于各种本构模型，即可将模型三维化并实现上述目的。在此基础上，还可采用考虑塑性应变增量方向不同（分叉）的变换应力张量，使塑性势面更加合理。

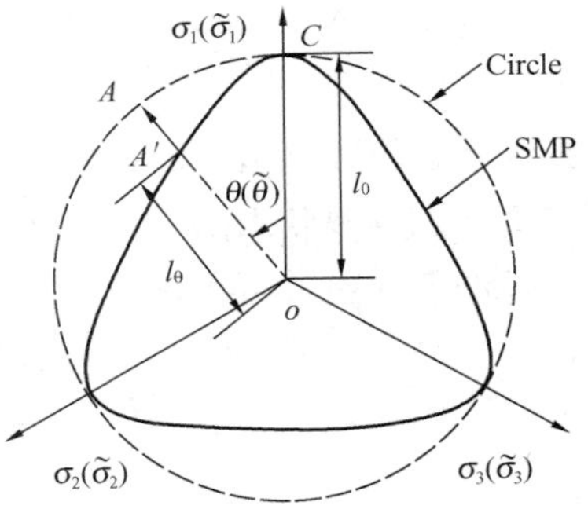

图 12-6 π 平面上变换前与变换后的 SMP 准则

统一硬化模型通过引入统一硬化参数（3 种类型），使模型能够合理描述土体的剪缩、剪胀、硬化、软化和应力路径依赖性等特性。Ⅰ型硬化参数定义为

$$H=\int \mathrm{d}H=\int \frac{1}{\Omega_1}\mathrm{d}\varepsilon_v^p=\int \frac{M^4}{M_f^4}\frac{M_f^4-\eta^4}{M^4-\eta^4}\mathrm{d}\varepsilon_v^p \tag{12.2.37}$$

式中 $\Omega_1=[M_f^4(M^4-\eta^4)]/[M^4(M_f^4-\eta^4)]$；$M_f$ 为峰值应力比 $(q/p)_f$；M 为正常固结土的临界状态应力比 $(q/p)_{cs}$；η 为应力比 q/p。

Ⅰ型硬化参数基本特性为：

①适用于黏土和砂土。对于黏土材料，峰值强度 M_f 和临界状态应力比 M 相等，统一硬化参数与修正剑桥模型的硬化参数相同；而对于砂土，M_f 和 M 不同，硬化参数为式（12.2.37）。

②能够描述剪胀性。式（12.2.37）可转化为

$$\mathrm{d}\varepsilon_v^p=\frac{M_f^4}{M^4}\frac{M^4-\eta^4}{M_f^4-\eta^4}\mathrm{d}H \tag{12.2.38}$$

由于在硬化阶段，$\mathrm{d}H$ 大于或等于 0，由上式可得：

$\eta=0$（等向压缩条件），$\mathrm{d}\varepsilon_v^p=\mathrm{d}H$，表现为等向压缩变形；

$0\leqslant\eta\leqslant M$（剪缩硬化阶段），$\mathrm{d}\varepsilon_v^p>0$，表现为剪缩变形；

$\eta=M$（相变特征状态），$\mathrm{d}\varepsilon_v^p=0$，此时为由剪缩变形变为剪胀变形的分界线；

$M<\eta<M_f$（剪胀硬化阶段），$\mathrm{d}\varepsilon_v^p<0$，表现为剪胀变形。

③应力路径无关性。硬化参数 H 仅仅决定于应力状态，与应力路径无关。

Ⅱ型硬化参数可表示为

$$H=\int \mathrm{d}H=\int \frac{1}{\Omega_2}\mathrm{d}\varepsilon_v^p=\int \frac{M_f^4-\eta^4}{M^4-\eta^4}\mathrm{d}\varepsilon_v^p \tag{12.2.39}$$

式中 $\Omega_2=(M^4-\eta^4)/(M_f^4-\eta^4)$；$M_f$ 为潜在强度，它与超固结程度（密度）有关，并随不同应力状态时的超固结程度（密度）的变化而变化。将式（12.2.39）改写为

$$\mathrm{d}\varepsilon_v^p=\frac{M^4-\eta^4}{M_f^4-\eta^4}\mathrm{d}H \tag{12.2.40}$$

由上式可看出Ⅱ型硬化参数的基本特性：

①硬化阶段（$\mathrm{d}H>0$）：

a. $0<\eta<M$（剪缩硬化阶段），$\mathrm{d}\varepsilon_v^p>0$，表现为剪缩变形；

b. $\eta=M$（相变特征状态），$\mathrm{d}\varepsilon_v^p=0$，此时为由剪缩变形变为剪胀变形的分界线；

c. $M<\eta<M_f$（剪胀硬化阶段），$\mathrm{d}\varepsilon_v^p<0$，表现为剪胀变形。

②峰值状态（$\mathrm{d}H=0$）：$\eta=M_{\mathrm{f}}$，此时的潜在强度 M_{f} 为峰值强度，土开始由硬化变为软化。

③软化阶段（$\mathrm{d}H<0$）：由于 $\eta>M$，η 略大于 M_{f}，且 $\mathrm{d}H<0$，$\mathrm{d}\varepsilon_{\mathrm{v}}^{\mathrm{p}}<0$，屈服面向内收缩；当达到临界状态时，$\eta=M=M_{\mathrm{f}}$，$\mathrm{d}\varepsilon_{\mathrm{v}}^{\mathrm{p}}=\mathrm{d}H=0$。

Ⅲ型硬化参数可表示为

$$H=\int \mathrm{d}H=\int \frac{1}{\Omega_3}\mathrm{d}\varepsilon_{\mathrm{v}}^{\mathrm{p}}=\int \frac{1}{R}\frac{M_{\mathrm{f}}^4-\eta^4}{M^4-\eta^4}\mathrm{d}\varepsilon_{\mathrm{v}}^{\mathrm{p}} \tag{12.2.41}$$

式中 $\Omega_2=R(M^4-\eta^4)/(M_{\mathrm{f}}^4-\eta^4)$；$R$ 为超固结参数。通过除以超固结参数 R，使计算的塑性变形更符合试验规律。Ⅲ型硬化参数的基本特性同Ⅱ型硬化参数。

将不同类型的硬化参数和变化应力法与剑桥模型结合，即可建立适用于正常固结土、超固结土和砂土的统一硬化本构模型（见图 12-5）。模型能够反映土的剪缩、剪胀、硬化、软化、初始应力各向异性、复杂应力路径以及大应力条件下颗粒破碎引起的变形特性；将时间因素引入到模型中，能够考虑压缩蠕变对变形的影响。模型简单，参数较少且可以通过常规试验确定。下面给出一个具体的超固结土模型，其他模型的详细内容可参考相关文献。

12.2.8 姚仰平超固结土模型

姚仰平等提出了适用于超固结土和正常固结土的本构模型。其基本思路是：

第一，超固结土模型是以修正 Cam-clay 模型为理论基础，并在下加载面思想框架下建立起来的仅比修正 Cam-clay 模型增加了一个参数 M_{h}（Hvorslev 面斜率）的简单、实用弹塑性模型。当超固结程度为 1 时，模型可退化为经典的修正 Cam-clay 模型。

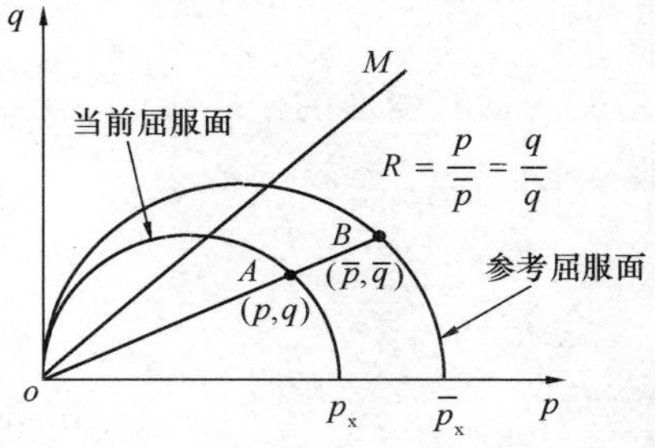

图 12-7 当前屈服面和参考屈服面

第二，为了反映超固结土在整个应力变化过程中超固结程度会逐渐减弱的趋势，采用参考屈服面和当前屈服面来描述（见图 12-7）。参考屈服面 $\bar{f}$（参考应力点所在的修正 Cam-clay 模型屈服面）对应着正常固结状态，以塑性体积应变 $\varepsilon_{\mathrm{v}}^{\mathrm{p}}$ 为硬化参量；当前屈服面 f（当前应力点所在的屈服面）对应着超固结状态，以新的统一硬化参量 H 为硬化参量。它们的表达式分别为

$$\left.\begin{aligned}\bar{f}&=\ln\frac{\bar{p}}{\bar{p}_{x0}}+\ln\left[1+\frac{\bar{q}^2}{M^2\bar{p}^2}\right]-\frac{1}{c_{\mathrm{p}}}\varepsilon_{\mathrm{v}}^{\mathrm{p}}=0\\ f&=\ln\frac{p}{p_{x0}}+\ln\left[1+\frac{q^2}{M^2p^2}\right]-\frac{1}{c_{\mathrm{p}}}H=0\end{aligned}\right\} \tag{12.2.42}$$

式中 $\bar{p}_{x0}$ 等于初始参考屈服面与 p 轴的交点的，当初始条件为等向压缩时，$\bar{p}_{x0}$ 等于前期固结压力；p_{x0} 为等于初始当前屈服面与 p 轴的交点的。

第三，根据参考屈服面和当前屈服面方程得出超固结参数为当前应力水平和塑性体积应变（应力历史，应力路径）的函数，即

$$R=\frac{p}{\bar{p}_{x0}}\left[1+\frac{\eta^2}{M^2}\right]\exp\left[-\frac{\varepsilon_v^p}{c_p}\right] \tag{12.2.43}$$

式中 $c_p=\dfrac{\lambda-k}{1+e_0}$。

第四，超固结土的潜在强度线可由下述方法得到：从参考应力点在临界状态线上的投影点作斜率为 M_h 的 Hvorslev 线，当前应力点在 Hvorslev 线上的投影点与原点连线即为潜在强度线，其斜率为 M_f，见图 12-8。参考应力点与当前应力点相对位置的变化决定了潜在强度的变化，由于两个点的相对位置与塑性应变有关，因而超固结土强度公式体现了应力水平和变形历史对土强度的影响。

$$M_f=\left[\frac{1}{R}-1\right](M-M_h)+M \tag{12.2.44}$$

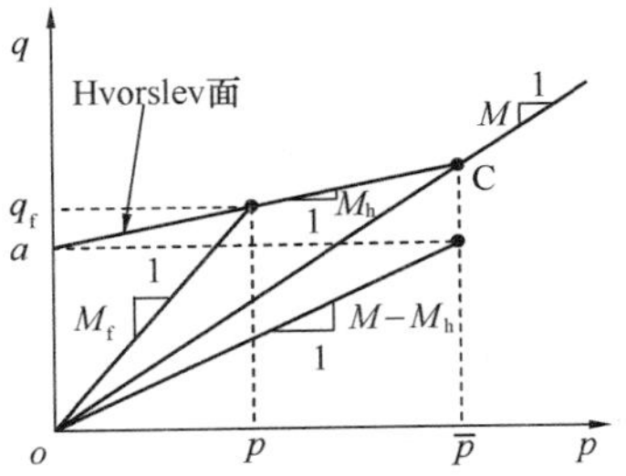

图 12-8 基于伏斯列夫面的潜在强度 M_f

当参考应力点与当前应力点重合时，上式中的 $R=1$，$M_f=M$。

第五，统一硬化参量同式（12.2.39）。通过将峰值强度（潜在强度）M_f、特征应力比 M 和应力比 $\eta(=q/p)$ 引入到统一硬化参数中，使模型具有能够描述土体的剪缩、剪胀、硬化、软化和应力路径依赖性等特性的功能。

第六，超固结参数 R，潜在强度 M_f 与硬化参量 $H(\varepsilon_v^p)$ 之间形成了一种动态循环关系，它们相互影响，相互制约，正是通过它们在整个应力状态过程中的演化规律来描述超固结程度逐渐减小、潜在强度逐渐减低并趋于正常固结土的应力-应变关系。

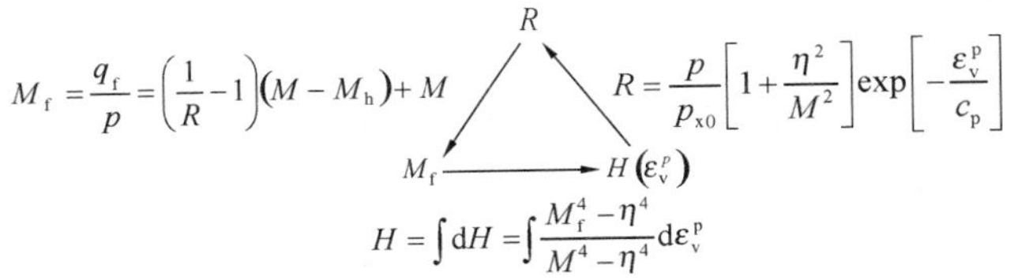

图 12-9 超固结参数 R，潜在强度 M_f 与硬化参量 H 之间的相互关系

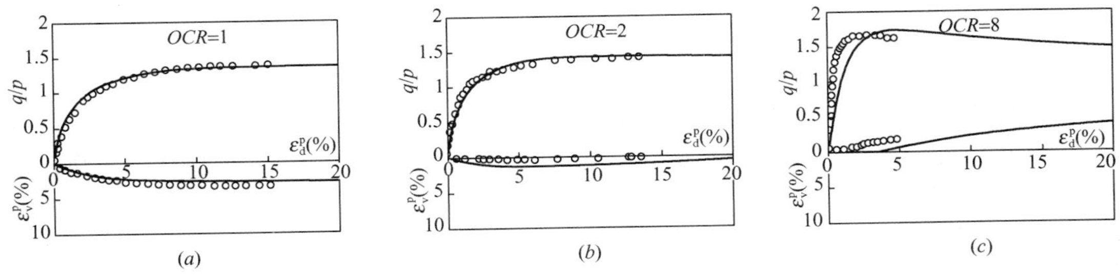

图 12-10 三轴压缩条件下试验结果与模型预测的比较

第七，超固结土模型的本构关系可表示为：

$$\begin{Bmatrix} dp \\ dq \end{Bmatrix}=\begin{bmatrix} K\cdot A_1 & 3KG\cdot A_2 \\ 3KG\cdot A_2 & 3G\cdot A_3 \end{bmatrix}\begin{Bmatrix} d\varepsilon_v \\ d\varepsilon_d \end{Bmatrix} \tag{12.2.45}$$

式中，$K=E/3(1-2\nu)$ 为弹性体积模量；$G=E/2(1+\nu)$ 为弹性剪切模量；A_1，A_2 和 A_3

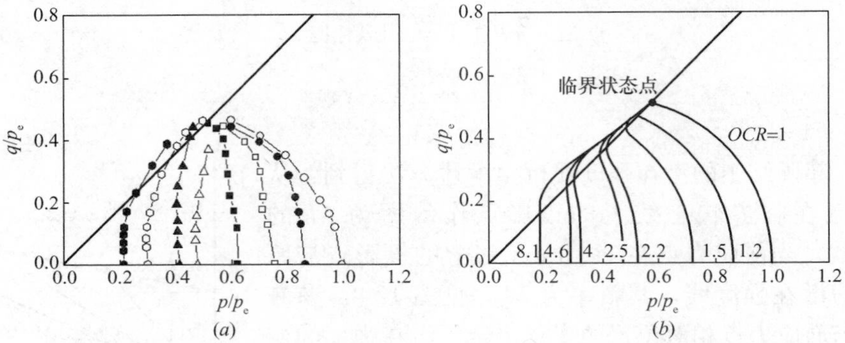

图 12-11 不排水试验结果与模型预测的比较

是三个不同的塑性影响因子（当 $A_1=A_3=1$ 和 $A_2=0$，土为弹性变形），根据超固结土模型，它们可分别表示为：

$$\left.\begin{aligned}A_1&=\frac{(M_f^4-\eta^4)p+12Gc_p\eta^2}{(M_f^4-\eta^4)p+12Gc_p\eta^2+Kc_p\ (M^2-\eta^2)^2}\\A_2&=\frac{-2c_p\ (M^2-\eta^2)\eta}{(M_f^4-\eta^4)p+12Gc_p\eta^2+Kc_p\ (M^2-\eta^2)^2}\\A_3&=\frac{(M_f^4-\eta^4)p+Kc_p\ (M^2-\eta^2)^2}{(M_f^4-\eta^4)p+12Gc_p\eta^2+Kc_p\ (M^2-\eta^2)^2}\end{aligned}\right\}\tag{12.2.46}$$

在式（12.2.46）中，潜在强度 M_f 可由式（12.2.44）得到；且塑性体积应变 $\varepsilon_v^p=\int d\varepsilon_v^p=\int(d\varepsilon_v-dp/K)$。因为在峰值状态和临界状态式（12.2.46）中的分母均不为 0，因此，模型的计算结果均为确定解。

第八，能够合理预测三轴压缩、三轴伸长和不排水条件下土的应力应变特性。如图 12-10 和图 12-11。

12.3 Lade 弹塑性模型

拉德（Lade）与邓肯（Duncan，1975）根据对砂土的真三轴试验结果，提出了一种适用于砂类土的弹塑性模型。该模型把土视作加工硬化材料，服从不相关联流动法则，硬化规律采用塑性功硬化规律，模型中规定的屈服函数由试验资料拟合得到。Lade -Duncan 模型主要是反映了剪切屈服，而没有充分反映体积屈服。后来 Lade（1977，1979）又增加了一个体积屈服面，形成了双屈服面模型。1988 年 Lade 又将它的双屈服面，组合成一个全封闭的光滑屈服面，又回复到单屈服面模型。

12.3.1 Lade -Duncan 模型

一、模型的本构方程

1. 加载条件与破坏条件

Lade -Duncan 模型采用第 3 章中所介绍的加载条件，即剪切加载条件，最终发展成

破坏条件。因而，加载条件与破坏条件合写成一个函数

$$F=\frac{I_1^3}{I_3}-k=0 \tag{12.3.1}$$

当破坏时，$F=F_f$，$k=k_f$。k 与 k_f 的确定，见后述。

2. 流动法则

采用不关联流动法则，即塑性势面 Q 与屈服面 F 不重合。假定塑性势面 Q 与加载面 F 有相同形式

$$Q=I_1^3-k_1 I_3=0 \tag{12.3.2}$$

式中 k_1 为塑性势参数，由试验确定。

比较式（12.3.1）与式（12.3.2）可知，塑性势函数与屈服函数具有相同形式，只是式中常数不同。并假定一个 k_1 值对应着一个 k 值，即一个 F 面对应着一个 Q 面；但 $k\neq k_1$，即 Q 面与 F 面不重合。当 $k=k_1$ 时，则 F 面与 Q 面重合。

3. 硬化规律

采用塑性功硬化定律，即

$$k=H(W^{p})=H\left(\int\sigma_{ij}\cdot d\varepsilon_{ij}^{p}\right) \tag{12.3.3}$$

试验表明，当 k 值处在小于 27 的某一个范围内时，塑性功很小，可以忽略不计。当 k 值超过某一 k_t 值（k_t 为某一稍大于 27 的值）；（$k-k_t$）值与塑性功可近似表示为双曲线关系（图 12-12），其表达式为

$$(k-k_t)=\frac{W^{p}}{a+bW^{p}} \tag{12.3.4}$$

式中 a、b 为双曲线参数，由试验确定。当 $k\leqslant k_t$ 时，$W^{p}\approx 0$。

4. 本构关系

将式（12.3.2）代入到流动法则中，可得

$$d\varepsilon_{ij}^{p}=d\lambda k_1\left(\frac{\partial Q}{\partial I_1}\frac{\partial I_1}{\partial\sigma_{ij}}+\frac{\partial Q}{\partial I_3}\frac{\partial I_3}{\partial\sigma_{ij}}\right) \tag{12.3.5}$$

对 Q 进行微分后，得

$$\begin{Bmatrix} d\varepsilon_x^p \\ d\varepsilon_y^p \\ d\varepsilon_z^p \\ d\gamma_{xy}^p \\ d\gamma_{xz}^p \\ d\gamma_{zx}^p \end{Bmatrix}=d\lambda\cdot k_1\begin{Bmatrix} \frac{3}{k_1}I_1^2-\sigma_y\sigma_z+\tau_{yz}^2 \\ \frac{3}{k_1}I_1^2-\sigma_z\sigma_x+\tau_{zx}^2 \\ \frac{3}{k_1}I_1^2-\sigma_x\sigma_y+\tau_{xy}^2 \\ 2\sigma_z\tau_{xy}-2\tau_{zx}\tau_{zy} \\ 2\sigma_x\tau_{yz}-2\tau_{xy}\tau_{zx} \\ 2\sigma_y\tau_{zx}-2\tau_{yx}\tau_{zy} \end{Bmatrix} \tag{12.3.6}$$

上式就是 Lade -Duncan 塑性应变增量表达式，其中应力增量包括在 dλ 之内。如果给出 dλ 和 k_1 值，就可得出完整的塑性本构关系。

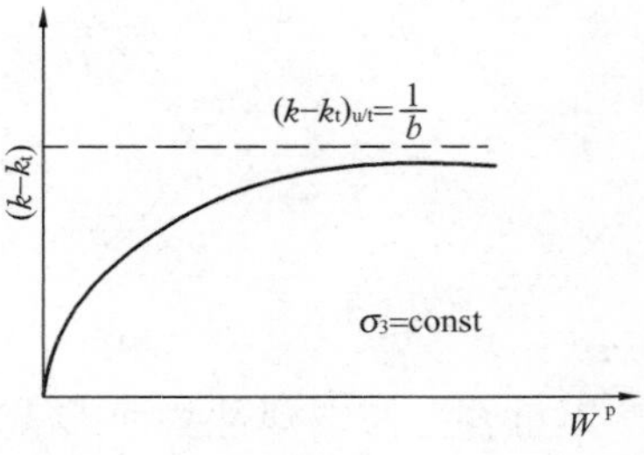

图 12-12 $k-k_t$ 与 W^p 双曲线关系

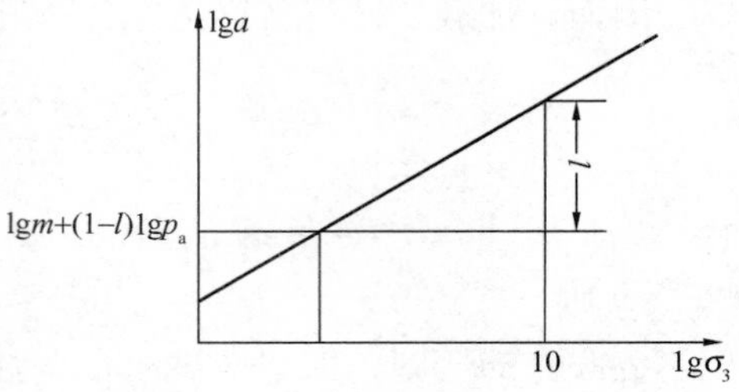

图 12-13 lg$a$ 与 lgσ_3 关系

二、材料参数的确定

在 Lade -Duncan 本构方程中，直接出现的参数有塑性参数 k，k_1，dλ 及弹性参数 E_{ur}，ν 共 5 个。它们都可以通过三轴试验确定。

1. 硬化参数 k

硬化参数 k 与塑性功 W^p 具有双曲线关系，如式（12.3.4）所示。式中参数 a 为双曲线的初始切线斜率的倒数，a 与围压 σ_3 有关。在对数坐标中二者的关系为直线，如图 12-13 所示。由此可得：

$$a = mp_a\left(\frac{\sigma_3}{p_a}\right)^l \tag{12.3.7}$$

式中 p_a 为大气压；m，l 为无因次数，由图 12-13 测定；b 为 W^p 很大时（$k-k_t$）的渐近值的倒数，k_t 为比 27 稍大的 k 值。如图 12-12 所示

$$b = \frac{1}{(k-k_t)_{ult}} = \frac{R}{k_f - k_t} \tag{12.3.8}$$

其中（$k-k_t$）$_{ult}$ 值为硬化参数的极限值；k_f 为破坏时的硬化参数；土体破坏时（$k-k_t$）值与（$k-k_t$）$_{ult}$ 值的比值称为破坏比，记作 R_f

$$R_f = \frac{k_f - k_t}{(k-k_t)_{ult}} \tag{12.3.9}$$

一般 $R_f \leqslant 1$。

2. 塑性势参数 k_1

如果定义塑性泊松比

$$\nu^p = -\frac{d\varepsilon_3^p}{d\varepsilon_1^p} = \frac{\left(\frac{3I_1^2}{k_1} - \sigma_1\sigma_3\right)}{\left(\frac{3I_1^2}{k_1} - \sigma_3^2\right)} \tag{12.3.10}$$

由此可得

$$k_1 = \frac{3I_1^2\ (1+\nu^p)}{\sigma_3\ (\sigma_1 + \nu^p\sigma_3)} \tag{12.3.11}$$

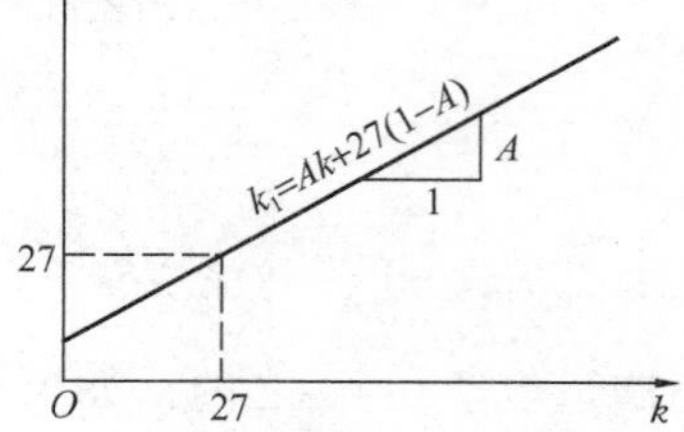

图 12-14 k_1-k 关系曲线

若将上式中 k_1 与 k 的关系绘成曲线，如图 12-14 所示。直线方程为

$$k_1 = Ak + 27(1-A) \tag{12.3.12}$$

式中 A——直线斜率，由试验测定。

当各向等压固结时，k=27，代入式（12.3.12），k_1=27，表明此时可采用关联流动法则。

3. 塑性因子 $d\lambda$

由于塑性势函数为三次齐次函数，按式（6.5.4）可得

$$A = -3Q\frac{dF}{dW^p} \tag{12.3.13}$$

从而有

$$d\lambda = \frac{1}{A}dF = \frac{-dW^p}{3Q} \tag{12.3.14}$$

dW^p 可由式（12.3.4）微分得

$$dW^p = \frac{(a+bW^p)^2}{a}dk = \frac{a\,dk}{\left(1-R_f\frac{k-k_t}{k_f-k_t}\right)^2} \tag{12.3.15}$$

结合式（12.3.2）、式（12.3.14）和式（12.3.15），可得

$$d\lambda = \frac{a\,dk}{3(I_1^3-k_1I_3)\left(1-R_f\frac{k-k_t}{k_f-k_t}\right)^2} \tag{12.3.16}$$

弹性模量采用卸荷再加荷弹性模量，表达式类同江布（Janbu）公式

$$E_{ur} = p_a\left(\frac{\sigma_3}{p_a}\right)^n \tag{12.3.17}$$

式中 p_a——大气压；

n——试验常数；

E_{ur}——卸荷再加荷模量数。

泊松比取常数，对砂土通常取 $\nu=0.2$。

Lade -Duncan 模型较好地考虑了剪切屈服，并考虑了应力洛德角的影响。但该模型需要 9 个计算参数，而且没有充分考虑体积变形，难以考虑单纯静水压力作用下的屈服特性。还有这种模型即使采用非关联流动法测，也会产生过大的剪胀现象，而且不能考虑体缩。

12.3.2 Lade 双屈服面模型

1. 基本概念

为了反映比例加载时所产生的屈服现象，并克服直线锥形屈服面产生过大的剪胀现象，采用曲线锥形屈服面作为剪切加载面 F_p，并采用非关联流动法则。

为了考虑岩土类材料在单纯静水压力作用下的屈服特性以及剪缩性，增加了一个球形帽盖的体积屈服面 F_c。在 F_c 面上采用关联流动法则。图 12-15 中型中的两个屈服面形状。

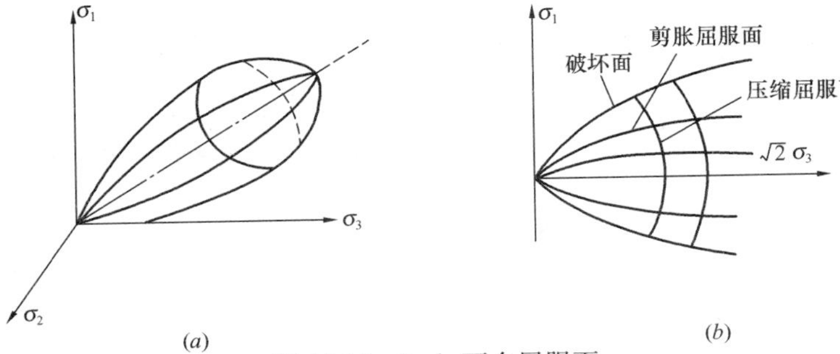

图 12-15 Lade 两个屈服面

（a）主应力空间；（b）σ_1 $\sqrt{2}\sigma_3$ 平面

由前述双屈服面理论可知，总应变为弹性应变 $d\varepsilon_{ij}^{e}$、剪切屈服面的塑性应变 $d\varepsilon_{ij}^{p}$ 和体积屈服面的塑性应变 $d\varepsilon_{ij}^{c}$ 之和，即

$$d\varepsilon_{ij} = d\varepsilon_{ij}^{e} + d\varepsilon_{ij}^{p} + d\varepsilon_{ij}^{c} \tag{12.3.18}$$

2. 剪切屈服面的塑性应变 $d\varepsilon_{ij}^{p}$

采用非关联流动法则，剪切屈服面为

$$F_{p} = \left(\frac{I_1^3}{I_3} - 27\right)\left(\frac{I_1}{p_a}\right)^{m} - \eta_1 = 0 \tag{12.3.19}$$

式中 m 为幂次，m 的大小反映锥面线的曲率大小。当 $m=0$ 时，就是直线锥面。η_1 为硬化参数，破坏时 $F_p=F_f$，$\eta_0=\eta_f$。

塑性势面 Q_p 与 F_p 形状相似，故

$$Q_p = I_1^3 - 27I_3 - \eta_2\left(\frac{p_a}{I_1}\right)^{m} I_3 \tag{12.3.20}$$

式中 η_2 为塑性势参数，一个 F_p 对应一个 Q_p，从而对应一个 η_2。根据 ν^p 定义，可以导到

$$\eta_2 = \frac{3(1+\nu^p)I_1^2 - 27\sigma_3(\sigma_1+\nu^p\omega_3)}{\left(\frac{p_a}{I_1}\right)^{m}\left[\sigma_3(\sigma_1+\nu^p\omega_3) - \frac{I_3}{I_1}m(1+\nu^p)\right]} \tag{12.3.21}$$

整理常规三轴的试验结果，可得到如下简易关系

$$\eta_2 = SF_p + R\sqrt{\frac{\sigma_3}{p_a}} + t \tag{12.3.22}$$

式中 S、R、t——由试验确定。

硬化规律采用塑性功硬化定律

$$F_p = \eta_1 = H_p(W^p) = H\left(\int \sigma_{ij}\, d\varepsilon_{ij}^{p}\right) \tag{12.3.23}$$

由三轴试验资料，Lade 建议采用

$$F_p = H_p(W^p) = ae^{-bw^p}\left(\frac{W^p}{p_a}\right)^{1/q} \tag{12.3.24}$$

式中 a、b、q 均为试验参数，对一定的 σ_3 均为常数。

由上即可求得塑性因子 $d\lambda_p$

$$d\lambda_p = \frac{dW^p}{3Q + m\eta_2\left(\frac{p_a}{I_1}\right)^{m} I_3} \tag{12.3.25}$$

由此可得剪切屈服面对应的应变增量

$$d\varepsilon_{ij}^{p} = d\lambda_p \frac{\partial Q_p}{\partial \sigma_{ij}} = \frac{dF_p dW^p}{F_p(1-bqW^p)\left[3Q + m\eta_2\left(\frac{p_a}{I_1}\right)^{m} I_3\right]} \tag{12.3.26}$$

3. 体积屈服面的塑性应变分量 $d\varepsilon_{ij}^{c}$

采用相关联流动法则，屈服条件与塑性势面为

$$F_c = Q_c = I_1^2 + 2I_2 = \sigma_1^2 + \sigma_2^2 + \sigma_3^2 - r^2 = 0 \tag{12.3.27}$$

上式为一球面形曲面。

硬化规律也采用塑性功硬化定律。

$$F_c = H_c(W^c) = H_c\left(\int \sigma_{ij}\,\mathrm{d}\varepsilon_{ij}^c\right) \tag{12.3.28}$$

由等向固结试验可得

$$F_c = p_a^2\left(\frac{W^c}{cp_a}\right)^{1/p} \tag{12.3.29}$$

式中 c、p 由试验测定。

对式（12.3.29）进行微分，可得

$$\mathrm{d}W^c = cpp_a\left(\frac{p_a}{F_c}\right)^{1-p}\mathrm{d}\left(\frac{F_c}{p_a^2}\right) \tag{12.3.30}$$

有了 $\mathrm{d}W^c$，采用与 Lade-Duncan 同样的方法得

$$\mathrm{d}\lambda_c = \frac{\mathrm{d}F}{A} = \frac{\mathrm{d}W^c}{2F_c} \tag{12.3.31}$$

将式（12.3.30）代入式（12.3.31），并利用 $(\partial F_c/\partial\sigma_{ij}) = 2\sigma_{ij}$ 可得

$$\mathrm{d}\varepsilon_{ij}^c = \frac{\sigma_{ij}}{F_c}cpp_a\left(\frac{p_a^2}{F_c}\right)^{(1-p)}\mathrm{d}\left(\frac{F_c}{p_a^2}\right) \tag{12.3.32}$$

4. 本构关系

将三部分应变增量相加，即得弹塑性本构关系

$$\mathrm{d}\varepsilon_{ij} = [c]\mathrm{d}\sigma_{kl} + \frac{\sigma_{ij}}{F_c}cpp_a\left(\frac{p_a^2}{F_c}\right)^{1-p}\mathrm{d}\left(\frac{F_c}{p_a^2}\right) + \frac{W^p\mathrm{d}F_p}{F_p(1-bqW^p)\left[3Q+m\eta_2\left(\frac{p_a}{I_1}\right)^m I_3\right]} \tag{12.3.33}$$

5. 材料参数

Lade 双屈服面模型共有 14 个材料参数。这些参数可通过三轴压缩与剪切试验得到。表 12-1 中到出了密实石英砂和正常固结土的数据。

Lade 模型参数 **表 12-1**

参数	名称	密实的石英砂	正常固结黏土	参数类型
k_{ur}	弹性模量系数	2100	370	弹性应变常数
n	弹性模量指数	0.62	0.72	
ν	Poisson 比	0.20	0.27	
c	压缩模量系数	0.0005	—	塑性压缩应变常数
p	压缩模量指数	0.47	0.047	
η_1	屈服常数	52	0.22	塑性剪切应变常数
m	屈服指数	0.056	0.40	
R	塑性势常数	0	0	
s	塑性势常数	0.6	0.42	
t	塑性势常数	−0.7	−0.35	
α	塑性功常数	2.0	1.58	
β	塑性功常数	0.07	0	
p	功硬化常数	0.2	0.15	
l	功硬化常数	1.09	1.0	

Lade 双屈服面模型能较好地考虑体积变形和剪切变形，因而是一种较好的模型。这种模型虽然是基于广义塑性位势理论，但所选的塑性势面并不符合广义塑性力学的观点，按广义塑性力学，对应体积屈服面的塑性势面应是 p 的等值面；而对应剪切屈服面的塑性势面应是 q 的等值面。另外，由于参数过多也影响了它的应用。

12.3.3 Lade 封闭型单屈服面模型

1988 年，Lade 等人提出了具有封闭型屈服面的单硬化参量模型，用塑性功作硬化参量，采用非关联流动法则，具有封闭型屈服面。

1. 弹性性质

采用卸载再加载模量

$$E_{ur} = K_{ur} p_a \left[\frac{\sigma_3}{p_a}\right]^n \tag{12.3.34}$$

K_{ur}与指数 n 是无因次数，可由三轴压缩试验确定，上式与式（12.3.17）相同。

2. 破坏条件

破坏条件以应力张量的第一不变量 I_1 与第三不变量 I_2 表达

$$\left[\frac{I_1^3}{I_3} - 27\right]\left[\frac{I_1}{p_a}\right]^m = \eta_1 \tag{12.3.35}$$

可见，上式与式（12.3.19）相同。

3. 塑性势面

塑性势面函数采用下式

$$Q_p = \left[\psi_1 \frac{I_1^3}{I_3} - \frac{I_1^2}{I_2} + \psi_2\right]\left[\frac{I_1}{p_a}\right]^\mu \tag{12.3.36}$$

材料参数 ψ_2、μ 是无因次参数，可由三轴压缩试验确定。ψ_1 与破坏条件中 m 有关。塑性势面形状如图 12-16（a）所示。

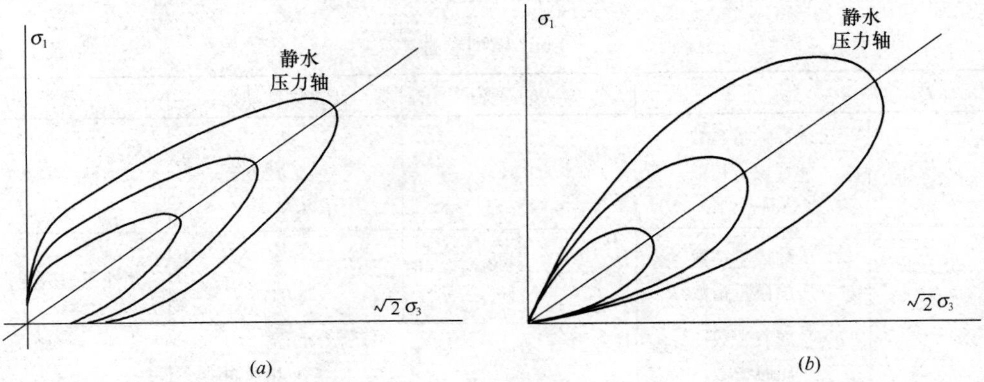

图 12-16 Lade 单屈服面模型的塑性势面与屈服面

（a）塑性势面；（b）屈服面

4. 屈服条件与功硬化定律

采用各向同性屈服函数，表达如下：

$$f_p = f'_p(\sigma) - f''_p(W^p) \tag{12.3.37}$$

$$f'_p = \left[\psi_1 \frac{I_1^3}{I_3} - \frac{I_1^2}{I_2}\right]\left[\frac{I_1}{p_a}\right]^h \cdot e^q$$

$$q = \frac{\alpha \cdot s}{1-(1-\alpha)s} \tag{12.3.38}$$

对给定材料 h、α 是常数，s 是应力水平，q 随 s 变化从零到 1。

对硬化情况

$$f''_p = \left[\frac{1}{D}\right]^{1/\rho}\left[\frac{W^p}{p_a}\right]^{1/\rho} \tag{12.3.39}$$

对给定材料 D 和 ρ 是常值，因而 f''_p 只随 W^p 而变。屈服面形状呈泪滴形，如图 12-16（b）所示。

5. 比例系数 $d\lambda_p$

应用塑性势函数表达式（式 12.3.36），可得塑性功增量 dW^p 与比例常数 $d\lambda_p$ 的关系

$$d\lambda_p = \frac{dW^p}{\mu \cdot Q_p} \tag{12.3.40}$$

对硬化式（12.3.39）微分，得

$$dW^p = D \cdot p_a \cdot \rho \cdot f_p^{\rho-1} df_p \tag{12.3.41}$$

由上即能求得应力应变关系。

12.4 Desai 系列模型

1984 年德赛（Desai）等人提出了封闭型单一屈服面模型。这种模型具有双屈服面的某些功能，因为它的前半段屈服面采用剪切屈服面，后半段采用体积屈服面。显然，它比单纯以剪切屈服面与以体积屈服面作屈服面更为准确，同时，它为一光滑连续单屈服面计算也比较简便。实质上，它无法取代双屈服面模型，更不能取代基于广义塑性力学的双屈服面与三屈服面模型。后来，Desai 对将其发展成为能考虑非关联流动法则，非等向硬化，甚至可以考虑损伤软化的系列模型。

12.4.1 屈服函数

Desai 系列模型基于前人实验的某些成果，综合提出了如下屈服函数

$$f = J_2 - f_b f_s = 0 \tag{12.4.1}$$

式中

$$f_b = -\bar{\alpha} I_1^n + \gamma I_1^2$$
$$f_s = (1-\beta S_r)^m \tag{12.4.2}$$
$$S_r = \sqrt[3]{J_3}/\sqrt{J_2}$$

其中 f_b 称为子午平面上屈服函数。如当 $\bar{\alpha}=0$ 时，即为广义米赛斯条件。在 $\sqrt{J_2}-I_1$ 平面或在 $\sigma_1-\sqrt{2}\sigma_3$ 平面它们都是一簇不同 α 的屈服面，如图 12-17（a）和图 12-17（c）所示。α 相当于硬化参量。

f_s 称为形状函数，它反映 π 平面上的屈服曲线形状。S_r 相当于应力 Lode 角 θ_σ，反映屈服曲线形状的变化。如图 12-17（b）所示。

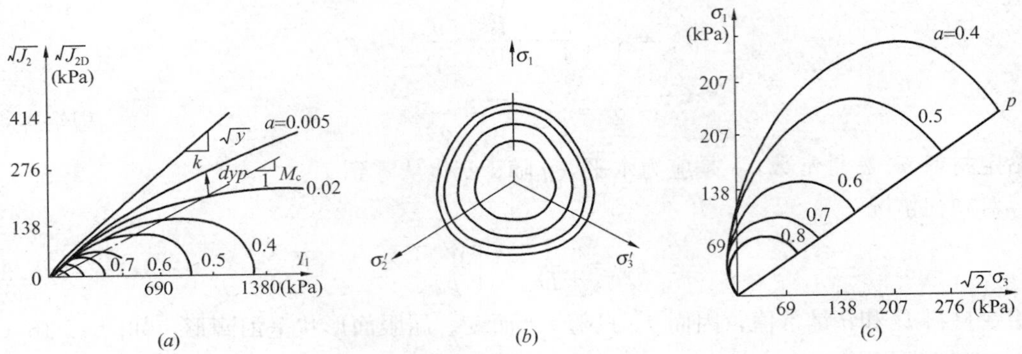

图 12-17　Desai 系列模型的屈服面

(a) $\sqrt{J_2}-I_1$ 平面；(b) π 平面；(c) $\sigma_1-\sqrt{2}\sigma_3$ 平面

参数 β，γ，m，n 均为材料参数，都是无量纲参数，$\sqrt{\gamma}$ 代表破坏斜率（图 12-17（a））因此 γ 为极限状态参数。如取 $\sqrt{\gamma}=\dfrac{3\sin\varphi}{\sqrt{3}\sqrt{3+\sin^2\varphi}}$，$\bar{\alpha}=0$，$\beta=0$ 由此极限曲线就是德鲁克-普拉格屈服曲线。β 为形状参数，如 $\beta=0$，π 平面上即为圆形屈服曲线。m 值根据试验结果一般取 $m=-\dfrac{1}{2}\sim-\dfrac{1}{4}$。$n$ 值对许多剪胀性岩土，在 2.5～4.0 之间变化。$\bar{\alpha}$ 相当于硬化参量，有量纲，令 $\alpha=\dfrac{\bar{\alpha}}{\alpha_0^{n-2}}$，$\alpha_0$ 为应力单位，如 $\alpha_0=1$，则 $\bar{\alpha}=\alpha_0$，因此 $\bar{\alpha}$ 具有应力的－（$n-2$）次方的量纲。

式（12.4.1）屈服具有如下特性，并可概括多种常用的屈服条件。

（1）当 $\sqrt{J_2}=0$ 时，f 有两个根，即 $I_1=0$ 和 $I_1=\left(\dfrac{\gamma}{\alpha}\right)^{\frac{1}{n-2}}$，表示一个交点在零，即屈服点起于原点，另一个交点随 $\bar{\alpha}$ 而变化，当 $\bar{\alpha}\to 0$ 时，$I_1\to\infty$，说明破坏线与 I_1 轴交于无穷远处。可以保证材料不断硬化直至破坏。

（2）f_b 是子午平面上的统一屈服曲线，f_s 是 π 平面上的统一屈服曲线，它们可概括各种试验曲线与常用屈服曲线。

（3）当 $\dfrac{\partial f}{\partial I_1}=0$ 时，$I_1=\left(\dfrac{2\gamma}{n\bar{\alpha}}\right)^{\frac{1}{n-2}}$，$d\varepsilon_v^p=0$，该点无体积应变增量。不同 $\bar{\alpha}$ 时的各屈服曲线中的 $\dfrac{\partial f}{\partial I_1}=0$ 点相连为一过原点的直线，其斜率为 $M_c=\dfrac{\sqrt{J_2}}{I_1}$，该线是剪缩与剪胀的分界线。对于不出现体胀的土体，该线也就是临界状态线与破坏线；而对于出现体胀的土体，它只是剪缩与剪胀的分界线。它的破坏条件应当另有定义，若以直线为破坏线，即为 $\bar{\alpha}=0$ 时的极限状态线。

12.4.2　系列模型组合

1. 各向同性硬化模型，设 $f=Q$，式（12.4.1）就是相关联流动的各向同性硬化模型。

2. 各向同性非关联流动硬化模型。这类模型错误地采用正交流动法则，因而仍然会出现不合实际的过大剪胀。借助非关联流动法则，设 $Q \neq f$，且

$$Q = f + \alpha_c I_1^n (1 - \beta S_r)^m \tag{12.4.3}$$

式中　α_c 塑性势参数，屈服函数 f 为式（12.4.1）。

3. 非等向硬化与非关联流动塑性模型。它可以反映循环加载过程。在静力模型中应用不多，这里从略。

Desai 封闭单屈服面模型不具有双屈服面模型的全部功能。屈服面的前半段不能代表体积屈服面，后半段不能代表剪切屈服面。因而封闭型单屈服面模型的计算结果与双屈服面模型不会完全相同，同时还存在出现过大剪胀的不合理现象。

无论采用关联流动法则还是非关联流动法则，都不能合理地反映真实的塑性应变增量方向。对于岩土材料，塑性应变增量方向是不能事先假定的，而要随应力增量而变。

Desai 系列模型希望采用一种模型能适应各种情况及各种岩土，这种设想是良好的，但需要有大量工程应用与土工实验给予支持，这样才能给出不同情况下合适的模型参数。然而，至今该模型应用还不广泛、试验还不多，模型参数选用上存在着较大困难。

12.5　南京水利科学研究院弹塑性模型

南京水利科学研究院沈珠江等（1979，1985）提出的双屈服面弹塑性模型适用于软黏土，并服从广义塑性力学理论。在国内已应用十几年，获得较好的使用效果。

12.5.1　南京水利科学研究院双屈服面模型（简称“南水”模型）

“南水”模型基于如下假设：

1. 塑性应变与应力状态之间存在唯一关系，采用等向硬化模型，可考虑应力历史影响与加卸载状况。

2. 塑性体应变与塑性剪应变在应力空间上等值面即分别为体积屈服面和剪切屈服面，分别对应着塑性势 p 面与塑性势 q 面。

3. 软黏土体积压缩曲线可用半对数曲线拟合［图 12-18（a）］

$$\varepsilon_v = \lambda \ln \frac{p'(1+\chi)}{p'_0} \tag{12.5.1}$$

其中　$\varepsilon_v = (\varepsilon_1 + \varepsilon_2 + \varepsilon_3)$；

$p' = \dfrac{1}{3}(\sigma_1 + \sigma_2 + \sigma_3) - u$（$u$——孔隙水压力）；

$\chi = d\eta^n$；

$\eta = \dfrac{\tau}{p'}$，$\tau = \dfrac{1}{3}\sqrt{(\sigma_1 - \sigma_2)^2 + (\sigma_2 - \sigma_2)^2 + (\sigma_3 - \sigma_1)^2}$；

d，n——系数；

p'_0——$\varepsilon_v = 0$ 时的参考平均有效应力。

4. 子午平面上的体积屈服曲线为一组蛋形曲线［图 12-18（c）］，当 $n=1$ 时，蛋形曲线变为直线，d 为其斜率；当 $n=2$ 时，蛋形曲线变为椭圆，d 为长轴与短轴之比。软黏

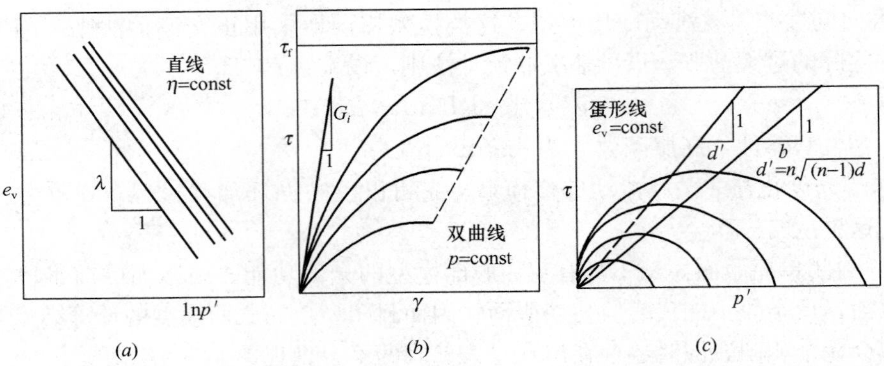

图 12-18　基本图式

土具有剪缩性，体积屈服曲线只在极限曲线的右面存在。

5. 剪切屈服曲线为一组双曲线（图 12-18 (b)）。归一化剪应变为

$$\xi=\lambda\frac{\gamma}{\varepsilon_v}=\frac{a\eta}{1-b\eta} \tag{12.5.2}$$

式中　$\gamma=\frac{2}{3}\sqrt{(\varepsilon_1-\varepsilon_2)^2+(\varepsilon_2-\varepsilon_2)^2+(\varepsilon_3-\varepsilon_1)^2}$

a、b、λ——系数。

6. 模型中不考虑应力洛德角影响

a、b、λ、d、n 5 个计算参数，其含义为

λ 称为体积压缩系数，即为 ε_v-$\ln p'$ 曲线的斜率。

a 称为剪切模量系数，与剪切曲线初始切线模量 G_i 之间有如下关系

$$a=\frac{p'}{G_i\ln\frac{p'(1+\chi)}{p'_0}} \tag{12.5.3}$$

b 称为极限剪应力系数，与抗剪强度 τ_f 之间有下列关系

$$b=\frac{p'}{\tau_f} \tag{12.5.4}$$

或者大体等于内摩擦角正弦值 $\sin\varphi$ 的倒数；d 和 n 分别称为剪缩系数和剪缩幂次。通常取 $n=2$，d 取椭圆长短轴之比。

在等向硬化情况下，可将体积屈服面与剪切屈服面转化为如下形式：

$$\left.\begin{aligned}f_v&=\varepsilon_v^p=\varepsilon_v-\varepsilon_v^e\\f_r&=\gamma^p=\gamma-\gamma^p\end{aligned}\right\} \tag{12.5.5}$$

“南水”双屈服面模型中建议弹性体积及剪切应变按下式计算

$$\left.\begin{aligned}\varepsilon_v^e&=x\ln\frac{p'}{p'_0}\\\gamma^e&=\frac{\tau}{G}\end{aligned}\right\} \tag{12.5.6}$$

式中　x 为体积回弹指数，G 为弹性剪切模量。

将式（12.5.1）、式（12.5.2）及式（12.5.6）代入式（12.5.5）得

$$\left.\begin{aligned} f_v &= \lambda \ln \frac{p'(1+\chi)}{p'_0} - x \ln \frac{p'}{p'_0} \\ f_\gamma &= \frac{a\eta}{1-b\eta} \ln \frac{p'(1+\chi)}{p'_0} - \frac{\tau}{G} \end{aligned}\right\} \tag{12.5.7}$$

按式（6.6.7），在不考虑应力洛德角情况下，塑性应变增量为

$$\left.\begin{aligned} d\varepsilon_v^p &= \frac{\partial f_v}{\partial p} dq + \frac{\partial f_v}{\partial q} dp = A dp + B dq \\ d\gamma^p &= \frac{\partial f_\gamma}{\partial p} dq + \frac{\partial f_\gamma}{\partial q} dp = C dp + D dq \end{aligned}\right\} \tag{12.5.8}$$

式中

$$A = \frac{\lambda}{p'}(1 - A_1) - \frac{x}{p'};$$

$$B = \frac{\lambda}{\eta p'} A_1;$$

$$C = \frac{a}{p'} \frac{\eta}{D} \left(1 - A_1 - \frac{B_1}{D_1}\right);$$

$$D = \frac{a}{p'} \frac{1}{D_1} \left(A_1 + \frac{B_1}{D_1}\right) - \frac{1}{G}$$

且 $$A_1 = \frac{nx}{1+\chi}, B_1 = \ln \frac{p'(1+\chi)}{p'_0}, D_1 = 1 - b\eta。$$

在式（12.5.8）中考虑加卸载，则为

$$\left.\begin{aligned} d\varepsilon_v^p &= \langle \alpha_1 \rangle (A dp + B dq) \\ d\gamma^p &= \langle \alpha_2 \rangle (C dp + D dq) \end{aligned}\right\} \tag{12.5.9}$$

式中 $\langle \alpha_1 \rangle$ 和 $\langle \alpha_2 \rangle$ 为判别加荷卸荷的因子，即当体应变加荷时，$\langle \alpha_1 \rangle = 1$，否则为 0；剪应变加荷时 $\langle \alpha_2 \rangle = 1$，否则为 0。

在等向压缩试验中，$\Delta\tau=0$，$\chi=0$，由式（12.5.8）的第一式得

$$\frac{d\varepsilon_v^p}{dp} = \frac{\lambda - x}{p'} \tag{12.5.10}$$

在 $p' = \text{const}$ 的剪切试验中，$dp = 0$，由式（12.5.8）的第二式可得

$$\frac{d\gamma^p}{d\tau} = \frac{a}{p'} \frac{1}{1-b\eta} \left(\frac{nx}{1+\chi} + \frac{1}{1-b\eta} \ln \frac{(1+\chi)}{p'}\right) - \frac{1}{2G} \tag{12.5.11}$$

若压缩曲线为对数曲线，剪切曲线为双曲线，则式（12.5.10）和式（12.5.11）即为相应曲线斜率。

在 π 平面上采用 Prandtl-Reuss 假设，由式（12.5.8）的塑性应变增量加上弹性应变增量后可得到总应变增量 $\{d\varepsilon\}$，求逆后可以写出应力增量 $\{d\sigma\}$ 的表达式如下。

$$\{d\sigma\} = [D_{ep}]\{d\varepsilon\} \tag{12.5.12}$$

对平面应变及轴对称问题，其弹塑性矩阵为

$$[D_{ep}] = \begin{bmatrix} M_1 & M_2 & M_2 & 0 \\ M_2 & M_1 & M_2 & 0 \\ M_2 & M_2 & M_1 & 0 \\ 0 & 0 & 0 & G \end{bmatrix} - \frac{p_1}{\tau} \begin{bmatrix} S_x & S_y & S_z & \tau_{xy} \\ S_x & S_y & S_z & \tau_{xy} \\ S_x & S_y & S_z & \tau_{xy} \\ 0 & 0 & 0 & 0 \end{bmatrix}$$

$$- \frac{p_2}{\tau} \begin{bmatrix} S_x & S_x & S_x & 0 \\ S_y & S_y & S_y & 0 \\ S_z & S_z & S_z & 0 \\ \tau_{xy} & \tau_{xy} & \tau_{xy} & 0 \end{bmatrix} - \frac{Q}{\tau^2} \begin{bmatrix} S_x^2 & S_x S_y & S_x S_z & S_x \tau_{xy} \\ S_y S_x & S_y^2 & S_y S_z & S_y \tau_{xy} \\ S_z S_x & S_z S_y & S_z^2 & S_z \tau_{xy} \\ S_x \tau_{xy} & S_y \tau_{xy} & S_z \tau_{xy} & \tau_{xy}^2 \end{bmatrix}$$

$$(12.5.13)$$

其中 S_x、S_y、S_z 和 τ_{xy} 为应力偏分量。平面问题用直角坐标，轴对称问题用圆柱坐标，此时 x 和 y 分别代表径向及垂直向坐标。上式中

$$M_1 = K_p + \frac{4}{3} G ;$$

$$M_2 = K_p - \frac{2}{3} G ;$$

$$K_p = K^* (1 + \langle \alpha_1 \rangle \langle \alpha_2 \rangle K^* G^* BC) ;$$

$$p_1 = \langle \alpha_1 \rangle \frac{2}{3} K^* G^* B ;$$

$$p_2 = \langle \alpha_2 \rangle K^* G^* C ;$$

$$Q = \frac{2}{3} (G - G^*) ;$$

$$K^* = \frac{K}{1 + \langle \alpha_1 \rangle KA} ;$$

$$G^* = \frac{G}{1 + \langle \alpha_2 \rangle G (D - \langle \alpha_1 \rangle K^* BC)}$$

K 为体积回弹模量 $K = \dfrac{p}{\lambda}$。

应该注意到：式（12.5.12）表示的弹塑性矩阵是不对称的，因而给解题工作带来很大不便。在具体解题时可用一个虚拟的模量矩阵 $[\tilde{D}_{ep}]$ 代替实际的 $[D_{ep}]$，$[\tilde{D}_{ep}]$ 是对称的，不包括 p_1 和 p_2 的两项，然后把由此而引起的差额作为初应力处理，即

$$\{d\sigma^0\} = ([\tilde{D}_{ep}] - [D_{ep}]) \{d\varepsilon\} \qquad (12.5.14)$$

12.5.2　"南水"双屈服模型参数的测定

依据测定计算参数所用试验应力路径尽量符合现场实际情况及采用常规仪器的原则，沈珠江（1985）建议如下测试方法。

每一种土做两组试验。一组是侧向和轴向应力比为不同值时（例如为 1∶1.8 和 1∶2 等）的压缩试验。由试验结果测定土的压缩和回弹指数 λ 和 n，并根据土样的垂直变形与单位面积的排水量相等的原则内插确定无侧向变形时的静止侧压力系数 K_0。典型的试验结果如图 12-19（a）。另一组是 K_0 固结不排水条件下轴向压缩和轴向拉伸三轴剪切试验。典型的试验结果如图 12-19（b）和图 12-19（c）。从压缩试验和拉伸试验的结果可以分别得出两组不同的参数 a、b、d 和 n。把前一组记为 a_1、b_1、d_1 和 n_1，后一组记为 a_2、b_2、

d_2 和 n_2。两种试验分别代表地基中两种典型的应力路径。前者代表大主应力为垂直向情况，后者代表大主应力为水平向情况。中间情况所用的计算参数按下式内插。

$$a = a_2 + (a_1 - a_2)\sin^2\theta \tag{12.5.15}$$

式中　θ 为大主应力方向与水平线夹角；其他参数 b，d 和 n 同样计算。

弹性剪切模量 G 原则上可以通过剪切试验卸荷测定，但该参数对计算结果的影响不大，计算时可令其等于体积回弹模量 K。

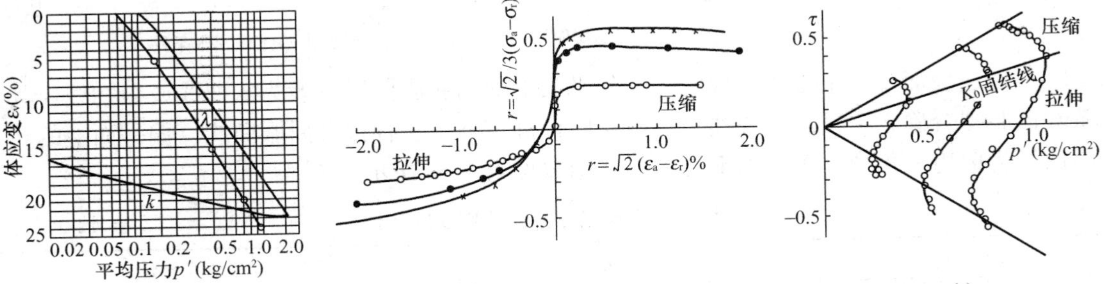

(a)　　(b)　　(c)

图 12-19　典型的试验结果

(a) 压缩曲线（试样先在 σ_a＝0.1 下预压，图中曲线：0—0—0 为 $\sigma_1=\sigma_a$，0—0—0 为 $\sigma_1=0.5\sigma_a$）；
(b) 三轴不排水剪切试验结果（图中曲线 1，2，3 的侧压力分别为：0.3，0.6，0.9；反压力为 0.75，0.9，0.8，单位 kg/cm²）；(c) 剪切试验的应力路线

12.6　基于广义塑性力学的后勤工程学院弹塑性模型

基于广义塑性力学的“后工”弹塑性模型，由后勤工程学院郑颖人及其学生提出，模型具有如下假设与特点：

1. 本模型基于广义塑性理论，它采用分量塑性势面与分量屈服面，采用三个势面与三个屈服面模型或双势面与双屈服面模型。当采用双势面与双屈服面模型时，令 $\overline{\gamma}^p$ 剪切屈服面为 $\overline{\gamma}_q^p$ 剪切屈服面，不计 $\overline{\gamma}_\theta^p$ 剪切屈服面，但在 $\overline{\gamma}_q^p$ 剪切屈服面中仍应考虑洛德角 θ_σ 的影响。

2. 本模型适用于应变硬化土体的静力计算，既可用于体积压缩型土体，也可用压缩剪胀型土体，但不考虑应力主轴的旋转。

3. 本模型的屈服条件原则上都应通过室内土工试验获得，但一般情况只要求做常规三轴试验，经试验拟合获得屈服条件。偏平面上的屈服条件可依据经验确定，一般不再作真三轴试验，它对计算结果影响不大。

12.6.1　各类土体的屈服条件

各地土体的屈服条件是不同的，因而应按当地土体试验获得真实屈服条件。如何按试验数据确定屈服条件参见第 6 章所述。广义塑性力学中采用分量屈服面，因而应给出体积屈服面与剪切屈服面。采用三屈服面时，还要将剪切屈服面分解为 q 方向与 θ_σ 方向的剪切屈服面。随着土体体变性质不同，土体体变屈服面会有很大不同，因而可将土体分为压缩型土体，与压缩剪胀型土体（图 12-20（b），图 12-20（c））。

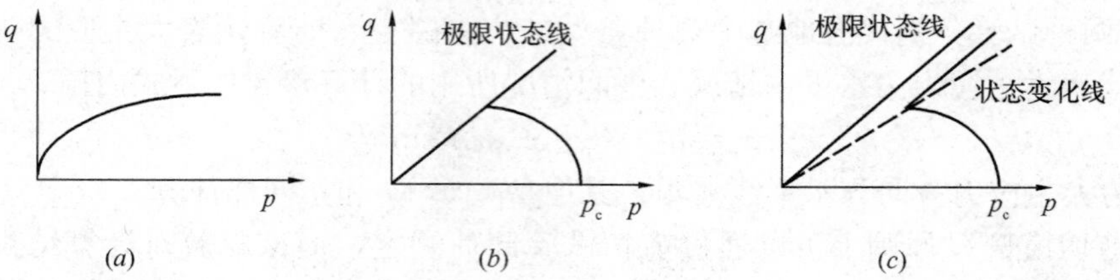

图 12-20 本模型采用的屈服条件

(a) 剪切屈服条件；(b) 压缩型土的体积屈服条件；(c) 压缩剪胀型土的体积屈服条件

剪切屈服面应由土工试验确定，子午平面上剪切屈服曲线一般为双曲线或抛物线，其系数试验拟合确定。最后还要通过试验点验证确定其中一种拟合屈服曲线。偏平面上的屈服曲线为曲边三角形，偏平面上 q 的形状函数见表 12-2 所示。

剪切屈服条件或 q 方向剪切屈服条件 表 12-2

屈服曲线	屈服曲线形状	屈服曲线系数
子午平面	双曲线：$q=\dfrac{p}{a+bp}$ a、b—$\bar{\gamma}^p$ 或 $\bar{\gamma}_q^p$ 的函数	a、b 由试验拟合确定
	抛物线：$q^2=ap$ $a=a_0+a_1\bar{\gamma}^p+a_2\ (\bar{\gamma}^p)^2$	a 由试验拟合确定
偏平面	$F_q=\dfrac{q}{g\ (\theta_\sigma)}$ $g\ (\theta_\sigma)=\dfrac{2k}{(1+k)-(1+k)\sin 3\theta_\sigma+\alpha_1\cos 3\theta_\sigma}$ k、α_1—试验参数； $k=\dfrac{r_l}{r_c}$（r_l，r_c—三轴受拉与受压时偏平面上的半径）	k 按 r_l、r_c 取值，α_1 在 0.4～0.5 内取值；k、α_1 或由真三轴试验拟合取值

表 12-2 中偏平面上屈服曲线的形状函数，基于陈瑜瑶、郑颖人对重庆红黏土进行真三轴试验得到的，由此得到的偏平面上的屈服曲线与 Lade 通过砂的真三轴试验得到的屈服曲线十分接近，表明式（4.4.9）所示的形状函数。

$$g\ (\theta_\sigma)=\frac{2K}{(1+K)-(1+K)\sin 3\theta_\sigma+\alpha_1\cos^2 3\theta_\sigma} \tag{12.6.1}$$

既可用于黏土，也可用于砂。

式中 K、α_1 可由试验拟合得到，对重庆红黏土 $K=0.69$，$\alpha_1=0.45$。按 K 的定义：

$K=\dfrac{r_l}{r_c}$，r_l，r_c ——三轴受拉与三轴受压时偏平面上的半径；

因而 K 也可按常规试验结果确定。当屈服条件满足莫尔-库仑条件时，K 可取

$$K=\frac{3-\sin\varphi}{3+\sin\varphi}$$

此时偏平面上的屈服曲线与 Matsuoka 试验得到的屈服曲线相近。α_1 表示屈服曲线凸出的弧度，当 α_1 在 0.4～0.5 以内时，最接近试验的屈服曲线，α_1 在 0.2～0.4 以内时最接近莫尔-库仑线。

由 6.3 节已知，$\mathrm{d}\bar{\gamma}_\theta^p$ 与 $\mathrm{d}\bar{\gamma}_q^p$ 成比例，因而在偏平面上，q 方向剪切屈服条件与 θ_σ 方向的

剪切屈服条件相似。但一般不必给 θ_σ 方向的剪切屈服条件，可由下式直接求得 $\mathrm{d}\bar{\gamma}_\theta^p$

$$\mathrm{d}\bar{\gamma}_\theta^p = \mathrm{tg}\alpha \mathrm{d}\bar{\gamma}_q^p \tag{12.6.2}$$

式中 α——应力增量方向与塑性应变增量方向的偏离角。试验测得 α 角在 6°～20°之间，平均在 10°～14°之间。当无真三轴测试数据时，α 角可在 10°～14°内取值。

当采用双势面与双屈服面模型时，也可简化如下，令 $\bar{\gamma}_q^p$ 剪切屈服面为 $\bar{\gamma}^p$ 剪切屈服面，不计 $\bar{\gamma}_\theta^p$ 屈服面，但考虑 $\bar{\gamma}_q^p$ 剪切屈服面中洛德角的影响。

压缩型土的体积屈服面一般为椭圆形，压缩剪胀型土的体积屈服面近似为 S 形。状态变化线上方的体积屈服曲线采用直线；状态变化线下方的体积屈服面采用椭圆，如表12-3所示。

体积屈服条件 **表 12-3**

土 型	屈服曲线形状	屈服曲线系数
压缩型土 （正常固结土、松砂）	椭圆曲线：$\frac{p^2}{a_2^2}+\frac{q^2}{b_2^2}=1$ a_2、b_2 为 ε_v^p 的函数	a_2、b_2 系数由试验拟合确定
压缩型剪胀土 （弱超固结土、中密砂）	状态变化线上方： 直线段：$q=a_1p+b_1$ 状态变化线下方： 椭圆曲线：$\frac{p^2}{a_2^2}+\frac{q^2}{b_2^2}=1$ a_1、b_1、a_2、b_2 为 ε_v^p 的函数；η_{PT} 为状态变化线斜率	a_1、b_1、a_2、b_2 系数由试验拟合确定；η_{PT} 由试验确定

12.6.2 土体的应力-应变关系

由于 $\mathrm{d}\bar{\gamma}_\theta^p$ 是已知的或则令 $\mathrm{d}\bar{\gamma}_\theta^p$ 为零，因而只需采用二个势面和二个屈服面就能求出 $\mathrm{d}\varepsilon_v^p$ 和 $\mathrm{d}\bar{\gamma}_q^p$，即有

$$\begin{Bmatrix} \mathrm{d}\varepsilon_v^p \\ \mathrm{d}\bar{\gamma}_q^p \end{Bmatrix} = \begin{Bmatrix} \frac{1}{A_1}\frac{\partial \phi_v}{\partial p} & \frac{1}{A_1}\frac{\partial \phi_v}{\partial q} & \frac{1}{A_1}\frac{\partial \phi_v}{\partial \theta_\sigma} \\ \frac{1}{A_2}\frac{\partial \phi_q}{\partial p} & \frac{1}{A_2}\frac{\partial \phi_q}{\partial q} & \frac{1}{A_2}\frac{\partial \phi_q}{\partial \theta_\sigma} \end{Bmatrix} \begin{Bmatrix} \mathrm{d}p \\ \mathrm{d}q \\ \mathrm{d}\theta_\sigma \end{Bmatrix} \tag{12.6.3}$$

式中 $A_1=\frac{\partial \phi_v}{\partial \varepsilon_v^p}$，$A_2=\frac{\partial \phi_q}{\partial \bar{\gamma}_q^p}$

一般情况下，试验拟合得到的屈服条件为如下形式：

$$\begin{aligned} \phi_v &= \phi_v(p,q,\varepsilon_v^p) \\ \phi_q &= \phi_q(p,q,\theta_\sigma,\bar{\gamma}_q^p) \end{aligned} \tag{12.6.4}$$

这种型式的屈服条件一般认为属等向强化模型，但由于实际土体不可能是完全等向强化的，因而由试验获得的屈服条件并非完全等向强化，如不同的椭圆型屈服面显示出椭圆长短轴比率会有所不同。

当获得屈服条件写成如下形式：

$$H_1(\varepsilon_v^p) = F_v(p,q)$$
$$H_2(\overline{\gamma}_q^p) = F_q(p,q,\theta_\sigma) \tag{12.6.5}$$

则有 $A_1 = \dfrac{\partial H_1}{\partial \varepsilon_v^p}$，$A_2 = \dfrac{\partial H_2}{\partial \overline{\gamma}_q^p}$

此时的屈服条件完全属于等向强化模型。

最简单情况下，屈服条件写成如下形式：

$$\varepsilon_v^p = F_v(p,q)$$
$$\overline{\gamma}_q^p = F_q(p,q,\theta_\sigma) \tag{12.6.6}$$

此时 $A_1 = A_2 = 1$。不过很难通过试验拟合获得式（12.6.6）形式的屈服条件。

由式（7.7.2）可得土体塑性柔度矩阵：

$$[C_{ep}] = [C_e] + \frac{1}{A_1}\left\{\frac{\partial \phi_v}{\partial p}\right\} + \frac{1}{A_1}\left\{\frac{\partial \phi_q}{\partial q}\right\} \tag{12.6.7}$$

$[C_{ep}]$ 求逆即可得弹塑性刚度矩阵，从而获得土体的应力-应变关系。

模型的加卸载准则按第 8 章所述进行。

12.7 各向异性弹塑性模型

各向异性作为岩土体的基本特性之一，一直是应力应变关系研究中的重点之一。对比于其他材料，土体各向异性具有自己不同的特点。所谓各向异性是指作为工程材料的土，在不同方向上的力学参数、结构特性及应力应变并系的不同。根据引起这种不同的原因和表现的不同分为“原生各向异性”和“次生各向异性”，或者“固有各向异性”和“应力诱导各向异性”。原生各向异性是天然土在沉积过程中或人工土在填筑工程中，因土颗粒在不同方向的排列不同，而引起的力学性状和参数不同；次生各向异性是随着土体应力状态的改变，在不同应力方向，由于应力状态的不同导致土体各个方向变形特性规律不同。

随着土力学和土体本构理论的不断深入研究，土体的各向异性越来越被人们所认识。各向异性的产生与导致最终状态的应力作用有关，但“原生各向异性”所受作用力比较单一，仅为沉积过程中的轴对称固结应力；而“应力诱导各向异性”随考虑的应力状态和工作状态的不同而异，包含的内容更加丰富。自然沉积土往往表现为一定程度的超固结性，并且处于各向不等的初始应力状态，其强度和变形与各向等压条件下迥然不同。其应力-应变行为表现出明显的各向异性特征，而随后的应力变化也会引起各向异性的改变。国内外学者提出了许多旨在考虑各向异性的本构模型，通常的做法是采用一个二阶对称张量，如组构张量（fabric tensor）和各向异性张量（anisotropic tensor），改进屈服面和硬化法则，予以定量描述土的应力-应变行为的各向异性特性。组构张量是基于细观结构提出的用以描述土体颗粒排列特征的参量。各向异性张量则从宏观角度描述不等向固结过程对土应力应变行为的影响，它在应力空间中的几何意义是屈服面轴线同静水压轴间的方向余弦。虽然不同模型定义的各向异性张量有所不同，但大都通过各向异性张量的初始值以反映初始各向异性，通过各向异性张量随塑性应变的演化规律（即旋转硬化）来描述荷载作用下的诱发各向异性。

鉴于统一硬化模型的突出特点与本书的前后连续性，这里介绍由姚仰平等提出的 K_0 超固结土的统一硬化模型，其他模型可参见其他相关文献。该模型将潜在强度 M_f、特征应力比 M 和状态应力比 η_k 引入到模型的统一硬化参数中，使模型具有预测超固结土的初始应力各向异性、剪缩、剪胀、硬化、软化和应力路径依赖性等基本特性的功能。其基本思路是：

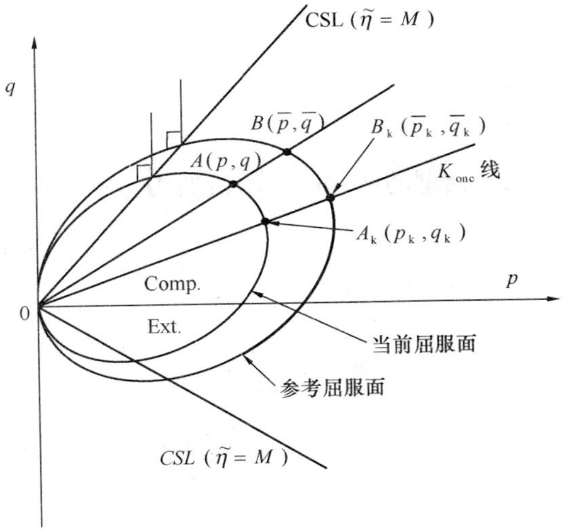

图 12-21 当前屈服面和参考屈服面

（1）采用分别与土的正常固结状态、超固结状态有关的参考屈服面和当前屈服面来描述初始 K_0 状态超固结土在整个应力变化过程中超固结程度会逐渐减弱并趋于 1 的特性。参考屈服面 $\bar{f}$ 和当前屈服面 f（以新的统一硬化参量 H 为硬化参量）可分别表示为（如图 12-21 所示）：

$$\left.\begin{aligned}\bar{f}&=\ln\frac{\bar{p}}{\bar{p}_{0k}}+\ln\left(1+\frac{\bar{\eta}^{*2}}{M^2}\right)-\frac{1}{c_p}\varepsilon_v^p=0\\ f&=g=\ln\frac{p}{p_{0k}}+\ln\left[1+\frac{\eta^{*2}}{M^2}\right]-\frac{1}{c_p}H=0\end{aligned}\right\}\tag{12.7.1}$$

其中 $\bar{p}_{0k}$ 为点 B_k 初始状态时所对应的平均主应力；p_{0k} 为初始状态时点 A_k 所对应的平均主应力；η^* 为当前应力点的相对应力比：

$$\left.\begin{aligned}\eta^*&=\sqrt{\frac{3}{2}(\eta_{ij}-\eta_{ij0k})(\eta_{ij}-\eta_{ij0k})}\\ \eta_{ij}&=\frac{\sigma_{ij}-p\delta_{ij}}{p}\\ \eta_{ij0k}&=\frac{\sigma_{ij0k}-p_{0k}\delta_{ij}}{p_{0k}}\end{aligned}\right\}\tag{12.7.2}$$

（2）基于塑性理论和临界状态土力学，推导出了决定着土所处的应力状态的状态应力比参量 η_k：

$$\eta_k=M=\sqrt{\frac{3}{2}\left|\eta_{ij}\eta_{ij}-\eta_{ij0k}\eta_{ij0k}\right|}\tag{12.7.3}$$

当 $\eta_k<M$ 时，$d\varepsilon_v^p>0$，土体表现为硬化剪缩；当 $\eta_k=M$ 时，$d\varepsilon_v^p=0$，对应为特征状态点，其为塑性体积应变剪缩和剪胀的分界点；当 $\eta_k>M$ 时，$d\varepsilon_v^p<0$，土体表现为硬化剪胀。

（3）在模型中采用了潜在强度、特征状态应力比和状态应力比有关的统一硬化参数：

$$H=\int dH=\int\frac{M_f^4-\eta_k^4}{M^4-\eta_k^4}d\varepsilon_v^p\tag{12.7.4}$$

式中：

$$\left.\begin{aligned}M_f &= \left[\frac{1}{R}-1\right](M-M_h)+M \\ R &= \frac{p}{\bar{p}_{0\mathrm{k}}}\left(1+\frac{\eta^{*2}}{M^2}\right)\exp\left(-\frac{\varepsilon_{\mathrm{v}}^{\mathrm{p}}}{c_{\mathrm{p}}}\right)\end{aligned}\right\} \tag{12.7.5}$$

（4）模型的塑性应变增量的表达式为：

$$\mathrm{d}\varepsilon_{ij}^{\mathrm{p}} = \Lambda\frac{\partial f}{\partial \tilde{\sigma}_{ij}} \tag{12.7.6}$$

$$\Lambda = c_{\mathrm{p}}\frac{M^4-\tilde{\eta}_k^4}{\tilde{M}_f-\tilde{\eta}_k^4}\frac{\dfrac{\partial f}{\partial \tilde{p}}\mathrm{d}\tilde{p}+\dfrac{\partial f}{\partial \tilde{\eta}^*}\mathrm{d}\tilde{\eta}^*}{\partial \tilde{\sigma}_{ij}} \tag{12.7.7}$$

$$\left.\begin{aligned}\frac{\partial f}{\partial \tilde{\sigma}_{ij}} &= \frac{\partial f}{\partial \tilde{p}}\frac{\partial \tilde{p}}{\partial \tilde{\sigma}_{ij}}+\frac{\partial f}{\partial \tilde{\eta}^*}\frac{\partial \tilde{\eta}^*}{\partial \tilde{\sigma}_{ij}} \\ \frac{\partial f}{\partial \tilde{p}} &= \frac{1}{\tilde{p}} \\ \frac{\partial \tilde{p}}{\partial \tilde{\sigma}_{ij}} &= \frac{1}{3}\delta_{ij} \\ \frac{\partial f}{\partial \tilde{\eta}^*} &= \frac{2\tilde{\eta}^{*2}}{M^2+\tilde{\eta}^{*2}} \\ \frac{\partial \tilde{\eta}^*}{\partial \tilde{\sigma}_{ij}} &= \frac{1}{2\tilde{\eta}^*\tilde{p}}\{3(\tilde{\eta}_{ij}-\tilde{\eta}_{ij0\mathrm{k}})-\tilde{\eta}_{mn}(\tilde{\eta}_{mn}-\tilde{\eta}_{mn0\mathrm{k}})\delta_{ij}\}\end{aligned}\right\} \tag{12.7.8}$$

（5）采用变换应力方法对模型实现了三维化。模型具有能够模拟超固结土的初始应力各向异性、剪缩、剪胀、硬化、软化和应力路径依赖性等基本特性的功能。

第十三章　土的动力模型

许多岩土工程中，岩土材料不仅要受单调静力荷载的作用，而且要受瞬时荷载或循环荷载（如地震荷载、波浪荷载、交通车辆作用的荷载以及人类活动如打桩、强夯、爆破产生的荷载等）的作用。由于土的动力特性要比土的静力特性复杂得多，因而需要建立土的动力模型或称土动本构关系，以表征土动态力学特性的基本关系，并是分析土动应力、应变及土体动力失稳过程的重要基础。本章先简要介绍土动应力-应变关系的特点，然后介绍几种有代表性的土动力计算模型。

13.1　土动应力-应变关系特点

土在动荷载作用下的变形通常包括可恢复的弹性变形和不可恢复的塑性变形。动荷载较小时，主要为弹性变形，动荷载增大时，塑性变形逐渐产生和发展。土在小应变幅情况下工作，土显示出近似弹性体的特征，例如机器基础下土的工作状态属于这种情况。一般土工建筑物的动力工作特性主要也属于这种范畴。但大动应变时，如强震、大爆破和压密施工等，动荷载将会引起土结构的改变，从而引起土的残余变形和强度损失，土的动力特性将显著不同于小应变幅的情况。此时，除了需要研究土的强度和变形外，对于饱和砂土，甚至饱和粉土等，往往会因结构遭到破坏时孔隙水压力的迅速增长而出现强度的突然丧失，即振动液化现象。所以对于动荷载作用下土的性能问题，必须区别小应变幅动荷作用和大应变幅动荷作用两种不同的情况。在小应变幅情况（ε（γ）$<10^{-4}$），主要研究剪切模量和阻尼比的变化规律，为建筑物地基、机器基础的动力分析提供必要的指标。但在大应变幅情况下，除了研究土的剪切模量和阻尼比的变化之外，土的强度和变形问题显得更为重要，因此地基、基础和上部建筑物都有可能由于强度的减小或变形的增大而影响到整体稳定性。至于饱和砂土的振动液化，那更是一个在大应变幅情况下的极为突出的问题。而以上问题的解决都需要了解动应力与动应变之间的关系。

土在周期反复荷载作用下的应力应变关系具有非线性、滞后性与变形积累性的明显特点，而后两者又是在静力问题上未予考虑的。如果从每级荷载的应力和应变时程中截取一个周期，将同一时刻的应力和应变数值给予以应力为纵坐标，以应变为横坐标的平面中，就得到应力应变滞回曲线，如图 13-1 所示。土体应力-应变关系中的滞回圈反映了应变对应力的滞后性，表现着土的黏性特性。从图 13-1 可以看出，由于阻尼的影响，应力最大值与应变最大值并不同相位，变形滞后于应力。

如将不同周期动应力作用的最大周期剪应力$\pm\tau_m$和最大周期剪应变$\pm\gamma_m$给出，即得各应力应变滞回圈顶点的轨迹，叫做土的应力应变骨干曲线，如图 13-2 所示。骨干曲线反映了动应力动应变的非线性。

变形的积累性即棘轮效应（ratchet effect），是指土在循环荷载特别是非对称循环荷载

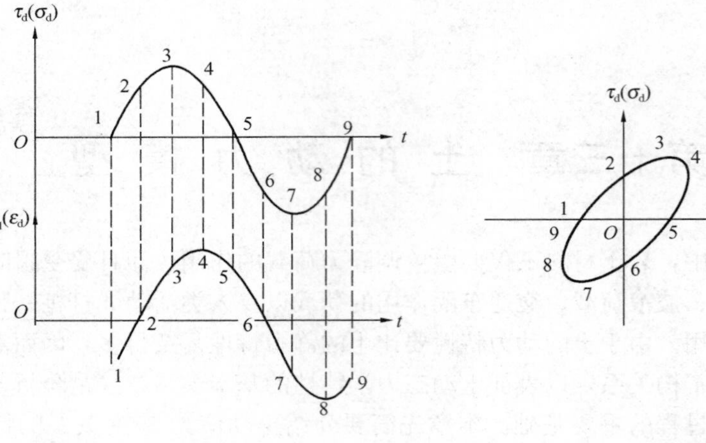

图 13-1　滞回曲线

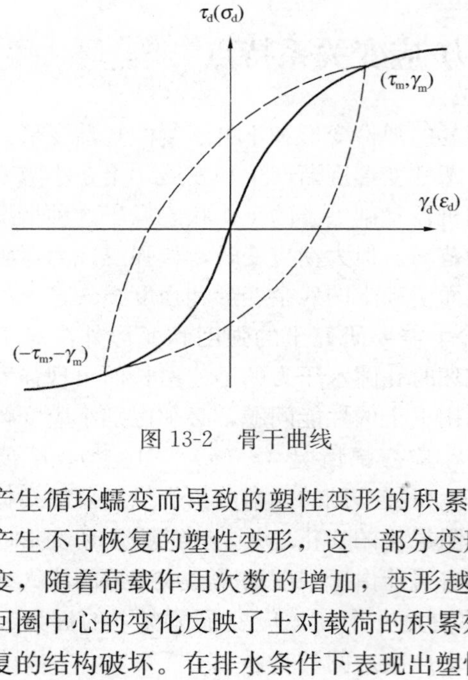

图 13-2　骨干曲线

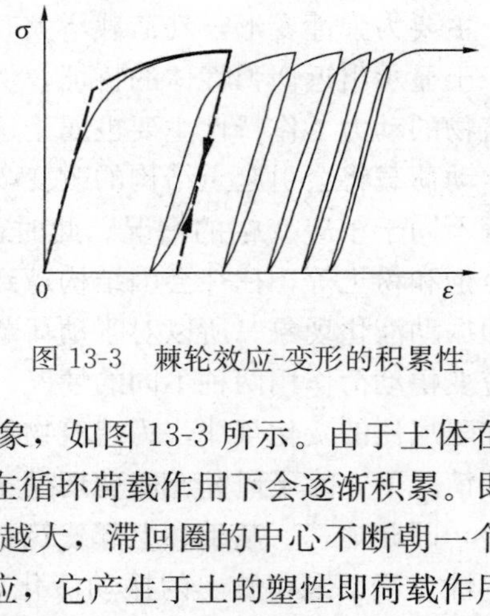

图 13-3　棘轮效应-变形的积累性

作用下产生循环蠕变而导致的塑性变形的积累现象，如图 13-3 所示。由于土体在受荷过程中会产生不可恢复的塑性变形，这一部分变形在循环荷载作用下会逐渐积累。即使荷载大小不变，随着荷载作用次数的增加，变形越来越大，滞回圈的中心不断朝一个方向移动。滞回圈中心的变化反映了土对载荷的积累效应，它产生于土的塑性即荷载作用下土的不可恢复的结构破坏。在排水条件下表现出塑性体积变形的积累性，在不排水条件下则表现出孔隙水压力的积累。

骨干曲线给出了动荷载下最大动应力与最大动应变的关系，而滞回圈绘出了同一周期内应力-应变曲线的形状，变形积累性则给出了滞回圈中心的位置变化，一旦这三方面都被确定，就可以很容易地定出土的应力-应变关系。

土的动力模型都要求能反映动应力动应变的非线性、滞后性与变形积累性这三方面的特征。目前采用的模型有两大类。第一类模型依据弹性元件、黏性元件及塑性元件组合串联或并联而成的机械模型理论。这类模型可以模拟单轴循环加载情况下土的非线性和滞后性。它的中心思想是，由初始骨干加载曲线，借助于一种简单比例关系（坐标放大或缩小）来确定卸载和重新加载曲线的位置和形状，并且在具体计算中考虑了总应变，而不是应变增量，不区分恢复变形与不可恢复变形。因而，这类模型在其理论描述中隐含了土材料在卸载，再加载及反向加载曲线与加载路径无关的假定，这显然与大量室内试验和现场观察得到的真实土特性不符。但由于这类模型计算简单，概念明确，而在实际中得到广泛应用。

以弹性元件、塑性元件和黏性元件为基本元件，可以组合成弹塑性模式（图 13-4（*a*））、双线性模式（图 13-4（*b*））及黏弹性模式（图 13-4（*c*）），而以黏弹性模式为最好。如西特（Seed，1966，1968）提出了等效线性黏弹性模型，芬恩（Finn，1977）提出了黏弹性非线性模型。国内沈珠江也提出了类似的模型。

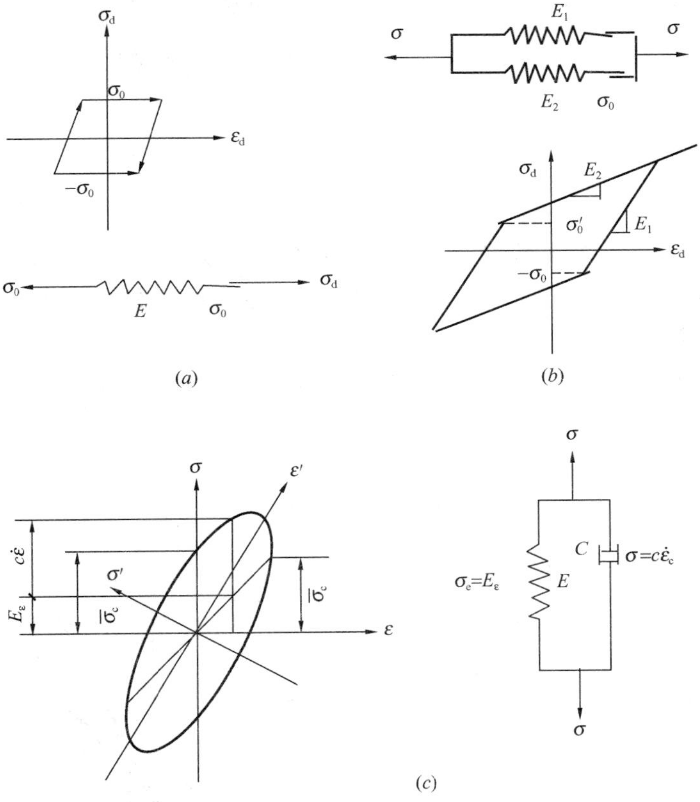

图 13-4　应力应变轨迹曲线

（*a*）弹塑性模式；（*b*）双线性模式；（*c*）黏弹性模式

第二类模型是基于各向异性运动硬化的塑性模型。它的基本思路是，在保留经典各向同性硬化理论模型某些方便特性的同时，放弃其中单屈服面描述的概念，代之以各向同性硬化和运动硬化组合的多屈服面模型。这些模型是近年发展起来的，并逐渐得到应用。

13.2　等价黏弹性模型

在循环荷载作用下，即使纯净的砂土也表现出明显的类似于黏弹性的滞回圈。等价黏弹性模型就是把土视作黏弹性体以代替实际的弹塑性体。它把实际滞回圈用倾角和面积相等的椭圆代替，采用等价弹性模量 E（或 G）和等价阻尼比 λ 这两个参数来反映土动应力-动应变关系的两个基本特征：非线性与滞后性，并且将模量与阻尼比表示为动应变幅的函数，即 $E_d = E(\varepsilon_d)$ 和 $\lambda_d = \lambda(\gamma_d)$，同时，在确定上述关系中考虑静力固结平均主应力的影响。

假定滞回圈顶轨迹（骨架曲线）为双曲线，Hardin 和 Drnerich 根据试验资料提供了下列经验公式：

$$\tau_d = \frac{\gamma_d}{\dfrac{1}{G_{max}} + \dfrac{\gamma_d}{\tau_{ult}}} \tag{13.2.1}$$

式中 G_{max} 为最大剪切模量，τ_{ult} 为最终剪应力幅，如图 13-5 所示。

令 $\gamma_r = \dfrac{\tau_{ult}}{G_{max}}$，$\gamma_r$ 为 G_{max} 坡度线与 τ_{ult} 水平线交点的横坐标，称为参考应变，则式（13.2.1）可写为

$$G_d = \frac{G_{max}}{1 + \dfrac{\gamma_d}{\gamma_r}} \tag{13.2.2}$$

式（13.2.2）确定了剪切模量随应变幅值的变化。该表达式包括两个力学参数：最大剪切模量 G_{max} 和参考应变 γ_r，只要根据实验曲线确定了 G_{max} 和 γ_r，即可求得相应于任意动剪应变 γ_d 的剪切模量 G_d。

参数 G_{max} 和 γ_r 与土所受的静应力有关，它们与静平均正应力 σ_0 的关系如下

$$G_{max} = k_1 p_a \left(\frac{\sigma_0}{p_a}\right)^{n_1} \tag{13.2.3}$$

$$\gamma_r = k_2 \left(\frac{\sigma_0}{p_a}\right)^{n_2} \tag{13.2.4}$$

式中，k_1、k_1，n_1 及 n_2 为试验常数；p_a 为大气压力。

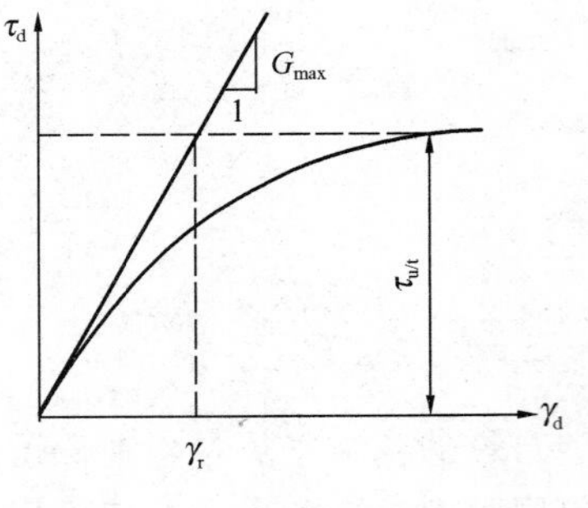

图 13-5 骨干曲线参数

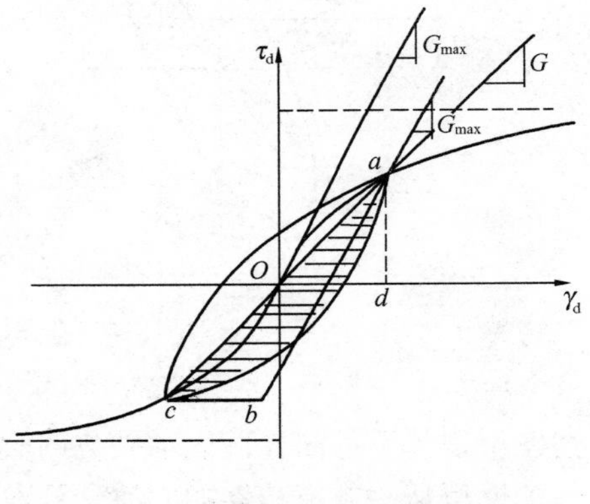

图 13-6 阻尼比 λ 的确定

下面讨论等价黏弹性模型的阻尼比 λ。图 13-6 给出一个滞回曲线，阴影部分的面积为滞回曲线的一半。为了估算出滞回曲线的面积做如下两点假定：第一，由 a 引卸荷曲线 ac 的切线，切线的斜率等于最大剪切模量 G_{max}，而与滞回曲线的应变幅值无关；第二，三角形 abc 的 ab 边斜率等于 G_{max}，ac 边的斜率等于 G，bc 边为水平线。三角形 abc 的面积可以由 G，G_{max} 和 ac 算出。令阴影面积是三角形 abc 面积的一个常数百分比。这样，如果以 A_L 代表滞回曲线的面积，以 A_{abc} 代表三角形 abc 面积，则

$$A_L = 2k_1 A_{abc} \tag{13.2.5}$$

式中k_1为小于1的常数。根据这些假定和图13-6的几何关系以及阻尼比的定义$\left(\lambda=\frac{1}{4\pi}\frac{\text{滞回曲线面积}}{\text{三角形}oad\text{的面积}}\right)$，可得

$$\lambda=\frac{2k_1}{\pi}\left(1-\frac{G}{G_{\max}}\right) \tag{13.2.6}$$

当$G=0$时，λ达最大值，由此得$\lambda_{\max}=\frac{2k_1}{\pi}$，故上式可改写为

$$\lambda=\lambda_{\max}\left(1-\frac{G_d}{G_{\max}}\right) \tag{13.2.7}$$

或由式（13.2.2）得

$$\lambda=\lambda_{\max}\frac{\gamma_d/\gamma_r}{1+\gamma_d/\gamma_r} \tag{13.2.8}$$

式中　$\lambda_{\max}$可根据试验确定。当没有试验资料时，可按下式确定$\lambda_{\max}$：

清洁非饱和砂

$$\lambda_{\max}=33-1.5\lg N \tag{13.2.9}$$

清洁的饱和砂

$$\lambda_{\max}=28-1.5\lg N \tag{13.2.10}$$

饱和粉质土

$$\lambda_{\max}=26-4\sigma_0^{\frac{1}{2}}+0.7f^{\frac{1}{2}}-1.5\lg N \tag{13.2.11}$$

饱和的黏性土

$$\lambda_{\max}=31-(3+0.03f)\sigma_0^{\frac{1}{2}}+1.5f^{\frac{1}{2}}-1.5\lg N \tag{13.2.12}$$

式中　N为往返次数；σ_0为平均有效主应力；f为试验选用的频率。对地震荷载，f和N的影响可以忽略不计。

式（13.2.2）和式（13.2.7）表明，弹性模量和阻尼比随应变幅值而变化。但是在等价黏弹性模型中，式（13.2.2）中的应变幅不是指每一次往返作用的应变幅值，而是指一个动力作用过程，例如一次地震过程的等价应变幅值。通常，等价应变幅值可取为一个动力作用过程中的最大应变幅值与一个折减系数的乘积。对于地震过程，折减系数通常取为0.65。这样，等价黏弹性模型很便于应用。只要等价的应变幅决定后，由它确定出来的模量在计算一个动力过程中不再改变。在完成一个动力过程计算后可求出一个新的等价应变幅值。由这个新的等价应变幅值可确定出新的模量。然后，再用新的模量重复计算同样的动力过程，直到相邻两遍计算的误差允许时为止，这就是非线性迭代过程。

然而，土体的真实变形性质是不可能完全用黏弹性体模拟的，因为黏弹性体在荷载循环结束时应变也回到初始状态，不会出现残余变形或残余孔隙水压力，故上述等价黏弹性模型比较适合于土体弹性变形的情况。对于土在往复荷载作用下产生不可恢复的永久变形，马丁（Martin）等人还提出了下列在等价黏弹性范围内考虑残余变形的经验公式

$$\Delta\varepsilon_v=C_1(\gamma_d-C_2\varepsilon_v)+\frac{\varepsilon_v^2C_3}{\gamma_d+C_4\varepsilon_v} \tag{13.2.13}$$

式中　C_1，C_2，C_3，C_4为四个常数，由$\Delta\varepsilon_v$与γ_d试验曲线确定。$\Delta\varepsilon_v$和ε_v为排水条件下每个荷载循环产生的体积应变增量及累加量。

剪应力τ_d与剪应变γ_d具有如下关系：

$$\tau_{\mathrm{d}}=\frac{(\sigma'_{\mathrm{v}})^{\frac{1}{2}}\gamma_{\mathrm{d}}}{a+b\gamma_{\mathrm{d}}} \tag{13.2.14}$$

式中 σ'_{v} 为试验垂直压力，a、b 为 ε_{v} 的函数，即

$$\begin{aligned} a&=A_1-\frac{\varepsilon_{\mathrm{v}}}{A_2+A_3\varepsilon_{\mathrm{v}}}\\ b&=B_1-\frac{\varepsilon_{\mathrm{v}}}{B_2+B_3\varepsilon_{\mathrm{v}}}\end{aligned} \tag{13.2.15}$$

其中 A_1 、A_2 、A_3 ，B_1 、B_2 、B_3 六个参数由试验数据得出。

对于给定的 ε_{v} ，σ'_{v} 及 τ_{d} ，可由式（13.2.14）求出 γ_{d} ，然后由式（13.2.13）求出 $\Delta\varepsilon_{\mathrm{v}}$ ，最后得累积体变 $\varepsilon_{\mathrm{v}}+\Delta\varepsilon_{\mathrm{v}}$ ，同时根据 $\Delta\varepsilon_{\mathrm{v}}$ 还可推算出不排水条件下的残余孔隙水压力 Δu ，

$$\Delta u=E_{\mathrm{ur}}\Delta\varepsilon_{\mathrm{v}} \tag{13.2.16}$$

式中 E_{ur} 为排水情况下土样的一维回弹模量，

$$E_{\mathrm{ur}}=\frac{(\sigma'_{\mathrm{v}})^{1-\mathrm{m}}}{mk\ (\sigma'_{\mathrm{v0}})^{\mathrm{n-m}}} \tag{13.2.17}$$

式中，m、n、k 三个参数，可从一组卸载曲线求得。

等价黏弹性模型是以一个荷载循环为基础进行考察的，所以它得出的残余变形过程只是一个平均过程，每个荷载循环内应力应变瞬间变化的细节是无法得到的。

13.3 土体循环塑性模型及其评述

常规的弹塑性本构方程假设屈服面内部是一个弹性域，无论应力如何改变都没有塑性变形产生即只有纯弹性变形产生。它只能描述应力达到屈服状态的显著塑性变形，而不可能用来描述应力在屈服面内变化而产生的塑性变形，即它不能用来反映材料的循环加载特性。而另一方面，预测循环加载所引起的塑性变形是一个越来越重要的工程实际问题，如对承受振动荷载的机器的设计以及建筑物或土工结构物的抗震设计等。为此，自 20 世纪 60 年代以来，在抛弃常规塑性方程假设的基础上开展了对非常规弹塑性本构方程的研究并提出了各种各样的模型，如多面模型（Multi surface model）、两面模型（Two surface model）、无限多面模型（Infinite surface model）、边界面模型（Bounding surface model）、次加载面模型（Subloading surface model）等。因为这些模型的主要目的是预测材料的循环加载特性，所以把它们叫做循环塑性模型。本节将对这些模型进行简要的介绍与评述。

循环塑性模型旨在建立反映材料循环加载特性的弹塑性本构方程，需满足的力学条件有：

（1）连续性条件 土体的变形过程是一个连续的力学响应过程，这就要求本构方程需满足连续性条件，即如果变形率连续变化则应力率的响应也连续变化。如果一个本构方程违背连续性条件，则在数学上表示加载函数不连续；对实际材料的加载特性则将导致输入的变形率连续变化而输出的应力率的大小或方向发生突变。

（2）光滑条件 在变形过程中，材料从弹性到完全塑性是渐变的过程，则要求本构方程满足光滑条件。即对于一个连续变化的应力状态，应力率-变形率的关系（或劲度张量）需连续变化。如果光滑条件得不到满足，即使是单调比例加载，预测到的仍是不光滑的应

力-应变曲线。

(3) 曼辛（Masing）效应-滞回特性　1926 年曼辛提出，对于比例加载情况，当卸载-反向加载曲线的曲率降到初始加载曲线曲率的一半，可表达为

初始加载曲线
$$\varepsilon^{p}=f(\sigma) \tag{13.3.1}$$

卸载-反向加载曲线
$$\frac{\varepsilon_0^{p}-\varepsilon^{p}}{2}=f\left(\frac{\sigma_0-\sigma}{2}\right) \tag{13.3.2}$$

式中　σ 和 ε^{p} 分别为应力和塑性应变的轴向分量，σ_0 和 ε_0^{p} 则分别为它们的初始值。但实际材料的初始加载曲线与卸载-反向加载曲线的曲率的差异不会有那么大。而下面的方程会更符合真实材料的特性

$$\left.\begin{aligned}\varepsilon^{p}&=f(\sigma)\\ \frac{\varepsilon_0^{p}-\varepsilon^{p}}{l}&=f\left(\frac{\sigma_0-\sigma}{l}\right)\end{aligned}\right\} \tag{13.3.3}$$

式中　l（$1\leqslant l\leqslant 2$）是一材料参数，叫曼辛系数。将卸载-反向加载曲线的曲率相对于初始加载曲线曲率的减少的现象叫做曼辛效应。在图 13-7 中给出了曼辛效应的极限情况，即 $l=1$ 时无曼辛效应；$l=2$ 时是严格的曼辛规则，表示了过强的曼辛效应。实际材料的 $l\approx1.5$。

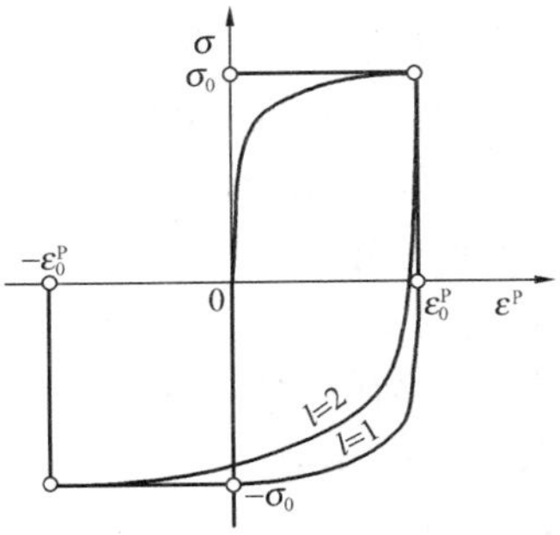

图 13-7　曼辛效应

(4) 棘轮效应-变形的积累性　棘轮效应（ratchet effect）如图 13-3 所示。即便循环应力小于屈服应力也能观察到明显的塑性积累变形，这一现象是次屈服状态下循环加载的基本特征。

13.3.1　塑性硬化模量场理论

土体循环塑性模型的研究最早可追溯到 1967 年由 Z. Mroz 首先提出的塑性硬化模量场理论。即在应力空间中定义一个边界面和一个初始屈服面，这个边界面又是初始加载过程中形成的、相应于最大加载应力的最大屈服面。在边界面的内侧，有一簇套叠着的、互不相交的几何相似屈服面，它们随着塑性应变的产生和发展，在边界面内以一定的规则依次胀缩和移动，以模拟材料的非等向加载硬化特性。其中，每个套叠面以及边界面均代表一定的硬化模量值，故这簇套叠面当前的相对位置既反映了材料过去的应力历史，又代表了应力空间中塑性硬化模量的大小及其分布。当套叠屈服面在应力空间中随应力点的变化而平移和胀缩时，应力空间中的塑性模量场即随着应力点的移动而不断变化，从而可描述土体在循环荷载作用下的卸载非线性，以及再加载和反向加载时出现的、不可恢复的塑性变形。

在硬化模量场基础上，Z. Mroz 还提出了多面模型。1967 年，W. D. Iwan 提出了类似的模型。多面模型的数学特征为：①在正常的屈服面（边界面）内有多个环状的次屈服面，并在加载过程中随应力的变化而移动。正常屈服面与次屈服面之间保持相似，且相似比为常数；②用应力所在的激活的次屈服面的大小来表示塑性模量。多面模型的卸载-反向加载曲线的曲率是初始加载曲线曲率的一半（曼辛系数 $l=2$）。其预测到的滞回圈偏大，且不能预测等应力幅值循环荷载下的棘轮效应。对于单轴向拉伸，其应力-应变曲线是一个固定的环（如图 13-8 所示）。塑性模量取决于应力所在屈服面的大小，不同大小屈服面的接触点即成为塑性模量场的奇异点，使得所预测的应力-应变曲线突然弯曲，并导

致所预测的应力-应变曲线为分段线性且不光滑。此外，多面模型还需判断当前应力点位于哪个次屈服面上，并记忆所有假设的多个次屈服面的形状，以分析它们的移动，从而使数值计算变得十分复杂。这些缺陷均是由于违背了连续性与光滑性条件以及过强的曼辛效应所引起的。J. H. Provest（1985），V. A. Norrisy（1979）与 O. C. Zienkiewicz（1982）分别提出了各自的基于塑性硬化模量场理论的模型。这些模型的主要差别在于对边界面与套叠面的形状及其移动规则以及硬化模量场的研究方法不同。J. H. Provest 先针对黏性土，后针对饱和砂土提出的多面模型仅适用于不排水条件。其中，针对饱和砂土的模型采用了圆形的边界面和套叠面，假设硬化模量是平均有效应力的幂函数，并认为在边界面内侧没有弹性域的条件下，使初始屈服面退化为一个点。该模型能描述饱和砂土的各向异性以及剪应力-应变的非线性滞回特性，并在一定程度上能反映砂土的剪胀现象。

为了克服多面模型应力应变曲线不光滑的缺点，Z. Mroz（1981）从数学上修正了多面模型后，提出了无限多面模型。并假定次屈服面的数量为无穷多个，从而使预测的应力-应变曲线光滑。等应力幅值下仅有一个正常屈服面（即应力反向面）和一个应力反向点需要记忆，从而方便了数值计算。然而，无限多面模型仍包含前述多面模型中提到的一些缺点。激活的次屈服面在应力反向点与应力反向面的接触点是这些面的相似中心，在连续加载过程中相似中心固定在应力反向点上。但在应力反向时它突然跳跃到新的应力反向点上，相似中心成为塑性模量场的奇异点，从而违背了光滑条件。加之，曼辛系数 $l=2$ 导致滞回圈模型预测的偏大，也不能反映棘轮效应。该模型所预测的应力幅值为常数的单轴向循环拉伸特性如图 13-9 所示。

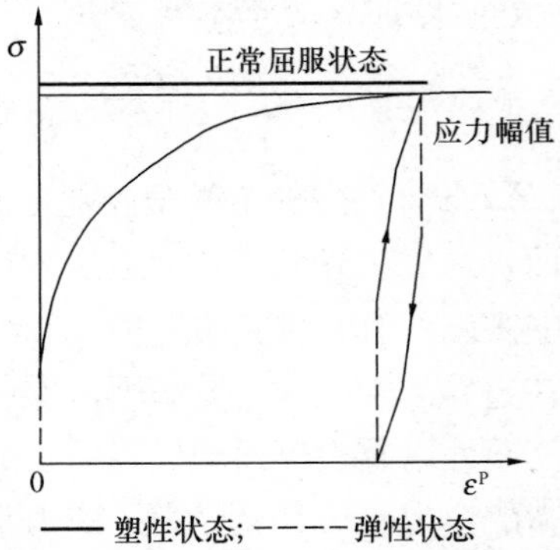

图 13-8 多面模型所预测的常应力幅值下单轴向循环加载特性

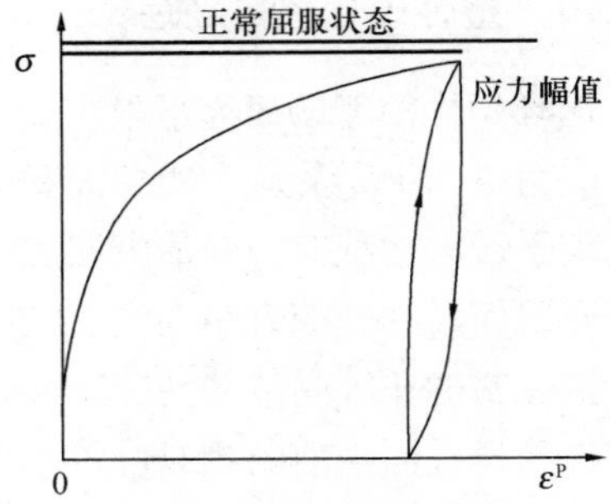

图 13-9 无限多面模型所预测的常应力幅值下单轴向循环加载特性

Y. F. Dafalias 和 E. P. Popov（1975）对多面模型进行了简化，提出了两面模型。该模型的假设为：①在加载过程中，正常屈服面内部存在的单个次屈服面随应力点而移动，并与正常屈服面保持相似且相似比为一个常数，单个次屈服面内部为弹性域；②塑性模量为从当前应力点到偶应力点距离的单调增函数（对偶应力点是指位于正常屈服面上与次屈服面上当前应力点具有相同法线方向的点）。模型的简化也方便了数值计算。但假设②使除弹性过程外所有初始加载、反向加载和再加载曲线的形状都一样，即只能描述较弱的曼辛效应。该模型所预测的滞回圈不是过小就是开放式，从而导致过强的棘轮效应（即过大的塑性积累变形）。如应力在次屈服面内部摆动则不能预测循环加载引起的塑性变形。

此外，模型还需判断应力点是否位于次加载面上。该模型所预测的应力幅值为常数的单轴向循环拉伸特性如图 13-10 所示。

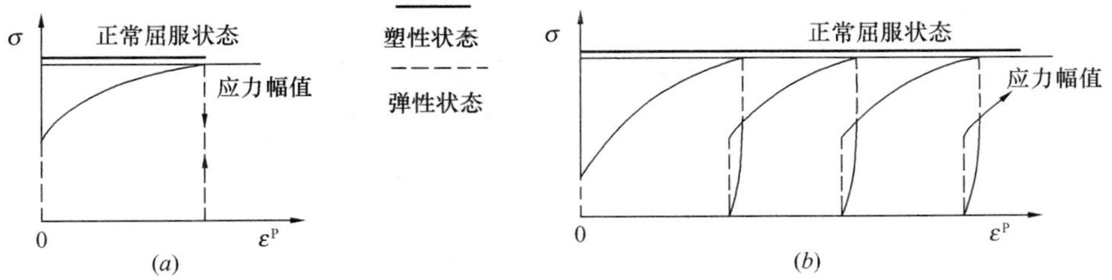

图 13-10 两面模型所预测的常应力幅值下单轴向循环加载特性
(*a*) 无硬化，次屈服面为正常屈服面的 1/2 大小；(*b*) 无硬化，次屈服面为正常屈服面的 1/4 大小

Y. F. Dafalias 和 E. P. Popov（1977）随后对两面模型又作了进一步简化，提出了单面模型。即次屈服面收缩成一点，是两面模型的特殊情况。由于没有弹性域，满足了连续性与光滑性条件，在比例单调加载过程中所预测的应力-应变曲线就光滑，且不需要判断应力点是否位于次加载面上。但该模型所预测的滞回圈为完全开放式，无曼辛效应（曼辛系数 $l=1$），导致了过大的棘轮效应，如图 13-11 所示。

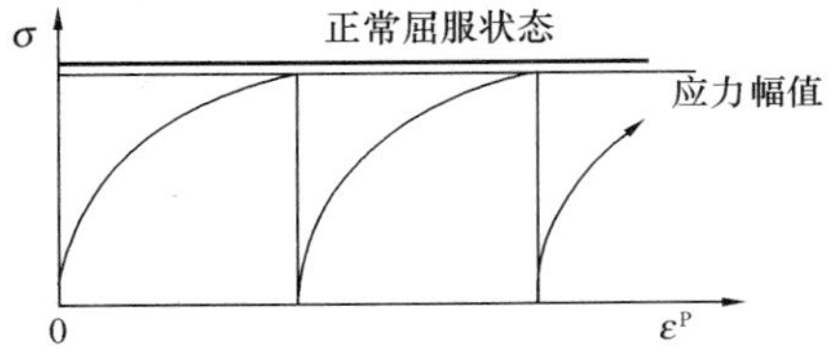

图 13-11 单面模型所预测的常应力幅值下单轴向循环加载特性

Y. F. Dafalias（1980，1986）等在两面模型与单面模型的基础上，建立了边界面模型。其基本概念为：①将最大加载应力的最大屈服面作为边界面，加载面和其他屈服面只能在边界面内运动；②将初始屈服面作为初始加载面，加载面内是弹性区。加载面在应力空间中的位置和大小随着塑性应变的产生和发展在边界面内移动和胀缩，但不能与边界面相交，可在共扼点处相切；③建立以边界面上对偶应力点处的塑性模量推求加载面上当前应力点塑性模量的插值公式后，再求塑性应变增量。所以，不同边界面模型的主要区别，在于边界面的形状及其移动规律和塑性模量的插值公式。Y. F. Dafalias（1986）等在连续的 3 篇文献中较为系统地介绍了边界面模型的基本理论及最新研究成果，所提出的边界面模型已能计算初始各向异性和应力引起的各向异性，并在亚塑性范畴内推广了边界面模型。C. S. Desai（1985）和 H. Hirai（1987）提出了考虑土体在循环荷载作用下主应力轴偏转的边界面模型。Z. L. Wang（1990）还提出了模拟砂土性状的新边界面模型，成功地模拟了砂土的旋转剪切效应。

我国对基于塑性硬化模量场理论的本构模型的研究起步较晚，但也取得了一定的成绩。郑大同（1983）等以 Iwan 模型为基础，用一种特殊的塑性元件代替 Iwan 模型中的库仑滑块，提出了一个新的物理模型来描述土体在循环荷载作用下的非线性本构关系。王建华（1991）等基于硬化模量场概念，对饱和软黏土的动力特性进行了弹塑性分析，还研究了循环应变下饱和砂（粉）土衰化的动力特性。徐干成（1995）等以各向异性运动硬化模量场理论为基础，对饱和砂土的循环动应力应变特性进行了弹塑性模拟。徐日庆（1997）等用光滑封闭的蛋形函数作为屈服面和边界面，以强度发挥度建立两者的内在联系，据此建立了一个边界面模型。孙吉主（2001）等针对往复荷载作用下土体变形和孔压发展的特点，应用能模拟低应力水平下塑性变形的边界面模型，将其线弹性卸载过程改进为弹塑性，从而建立土的边界面广义塑性本构模型。孙吉主（2007）等进一步基于边界面的概念，建立了循环荷载作用下砂与结构物接触面的边界面塑性模型，以描述其剪切应力与剪应变的滞回特性。该模型考虑了初始相对密度和法向应力的影响，同时在弹性模量中引入损伤因子，反映了接触面在循环荷载下逐渐硬化的性质。伊颖锋（2003）等利用边界面模型可描述一些经典塑性理论所不能描述的土的真实特性，并将之改进后，能有效地应用于土体小应变特性的模拟。周成（2003）等把滑移屈服面看作可以扩大、旋转的运动硬化面，并作为边界面，通过内插塑性模量来描述滑移塑性变形，建立了结构性黏土的边界面砌块体模型。魏星（2006，2007）等基于临界状态理论和边界面本构理论，采用了一个同时含有各向异性张量和结构性参数的边界面，通过结构性参数取一个较大的初始值得到一个扩张的边界面以反映结构性土的初始高刚度和强度峰值，提出了一个可同时描述结构性和各向异性特征的适用于天然黏土的边界面本构模型。迟明杰（2008）等本文在边界面塑性理论的框架内，把相变状态参量引入到剪胀方程以及塑性硬化模量中，建立了一个能够描述砂土剪胀性以及循环特性的本构模型。本模型采用一套参量可以模拟不同初时孔隙比、不同围压、排水（或不排水）条件下单调（或循环）加载的应力-应变特性。

边界面模型虽可较全面地描述土的循环加载特性和各向异性等，数值计算也较容易，但边界面模型要求事先选择加载面的硬化规则，带有一定的先验性，因而，具有内在固有的局限性。边界面模型仍采用正交流动法则，这与岩土材料的变形机制不符，故难以反映复杂应力路径下土体的本构特性，且在数值计算中仍需判断应力点是否位于次屈服面上。此外，边界面模型中参数较多，有些参数的物理意义不明确，很难用室内试验来确定这些参数，因此，运用于实际工程还存在一定差距。

13.3.2 多机构塑性理论

松冈元（H. Matsuoka）（1974）等提出了多机构的概念。对于三维问题，其基本思路是将材料总的塑性变形状态分解成 3 个部分，并认为它们分别独立地产生 3 个虚构的所谓活性机构，并将各机构上产生的部分塑性应变状态叠加起来，便可得到在实际中可观测到的塑性应变状态。由此，可方便地将空间问题转化为平面问题，以建立相对简单的二维模型，再通过多机构原理进行空间组合，为模型的建立提供了很大的方便。K. Kabilamany（1991）等，J. H. Provest（1990），M. Paster（1990）等和 S. Iai（1992）等采用多机构概念分别建立了多种描述循环加载条件下砂土动本构特性的塑性模型。他们认为材料的变形，是由 M 个在相应应力状态条件下的独立机构所产生的变形叠加的结果。并提出了广义塑性理论体系，即不需要明确地定义屈服面和塑性势面，就可考虑应力主轴旋转等多种复杂的循环动力加载作用条件，还将经典塑性理论和前述边界面模型等视为其特例。M. Paster 等认为该模型可以在全范围内描述砂土与黏土的动力、静力特性，是当前最简单也是最有效的模型之一。S. Iai 等将土体复杂的机理分为体积机理和一系列简单的剪切机理，建立了一种考虑动主应力轴方向偏转的影响和液化时剪切大变形的多重剪切机构模型，还编制了用于地震作用下结构物及地基液化稳定和永久变形的有限元分析软件。从实际分析的结果来看，该模型对模拟饱和砂土循环加载动力特性的效果非常满意。

多机构塑性理论在国内也引起了重视，刘汉龙（1998）等、李锦（1998）等分别介绍了多重剪切机构原理、多重剪切机构塑性模型及其在土工中的应用。丰土根（2002）、刘汉龙（2003）等根据 S. Iai 多重剪切机构塑性模型及边界面塑性模型的特点，建立了砂土多机构边界面塑性模型。该模型将土体复杂的变形机理分解为体积机理和一系列简单的剪切机理。用边界面弹塑性模型模拟多重剪切机构塑性模型中虚拟的单剪机构，避免了 S. Iai的多重剪切机构塑性模型在利用修正曼辛准则模拟虚拟的单剪应力一应变关系时确定比例参数的复杂性。根据大量的试验资料，建立了液化面参数与归一累积剪切功的关系，并能用较小的参数较好地建立有效应力路径。由于多重机理的特性，砂土多机构边界面塑性模型能模拟复杂荷载作用下主应力轴偏转的影响，且模型的计算结果与室内试验结果有较好的一致性。此外，方火浪（2002）根据虚功原理，用 1 个宏观的体变机构和空间上离散分布的一维等价微观剪切机构来模拟砂土的复杂变形特性，建立了饱和砂土循环流动的三维多重机构模型，并成功地模拟了饱和砂土循环流动的室内试验。

13.3.3 次加载面模型

1977 年，K. Hashiguchi 首次提出了次加载面模型，经深入研究和不断完善，又先后发表有关论文 20 多篇，介绍了次加载面模型的最新研究成果。次加载面模型的基本思路是，假设在反映材料变形历史的正常屈服面（常规模型的屈服面）的内部，存在与之保持几何相似的次加载面，它不论在加载或卸载状态下都始终通过当前应力点扩大或缩小。并用次加载面与正常屈服面大小的比值来表示塑性模量，因此，不存在纯弹性域，塑性模量也连续变化。这样，就能描述在加载过程中连续的应力率-应变率的关系，弹性到塑性也光滑连续。此外，由于应力始终位于次加载面上，所以加载准则也不需要判断应力点是否位于屈服面上。在最早提出的初始次加载面模型中，由于相似中心固定在应力空间坐标原点上，所有的初始加载、反向加载和再加载曲线都一样，且卸载过程的应力应变曲线垂直、无塑性变形，此时的次加载面收缩为一点。模型所预测的滞回圈为完全开放式，无曼辛效应（曼辛系数 $l=1$），导致了棘轮效应过大。初始次加载面模型类似于边界面模型，但它的塑性模量由一致性原则导出，这就避免了边界面模型需通过内插塑性模量而带来的先验性缺点。

K. Hashiguchi 还进一步扩展了初始次加载面模型，允许相似中心随塑性变形而移动。这样，在卸载过程中会产生塑性变形，但在重加载刚开始的一段时间内则无塑性变形产生，故预测到的是封闭的滞回圈。此外，可在 1～2 之间任意选择曼辛系数 l，并通过调整相似中心移动的材料参数来控制滞回圈的大小。次加载面模型预测的常应力幅值下单轴向循环加载特性见图 13-12。其中，无硬化状态的循环加载特性是相同滞回圈的重复(图 13-12(*a*))；硬化状态的滞回圈则逐渐地稳定收缩(图 13-12(*b*))，滞回圈越来越小。

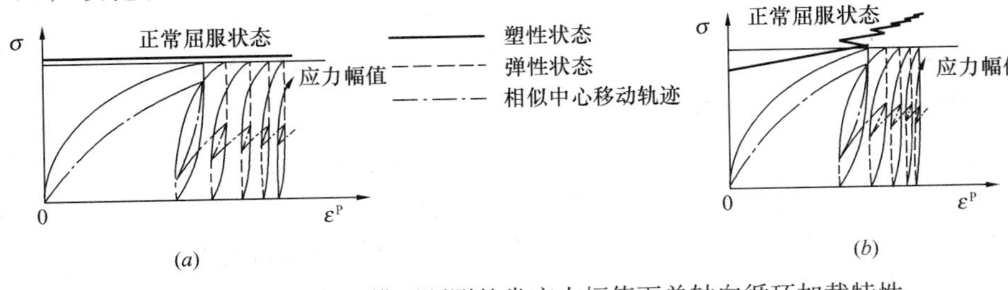

图 13-12 次加载面模型预测的常应力幅值下单轴向循环加载特性

（*a*）无硬化；（*b*）各向同性硬化

与其他模型相比较，次加载面模型不仅能满足循环塑性模型所要求的力学条件，其优点还在于：①预测的应力-应变曲线光滑；②由于应力点始终位于次加载面上，在加载准则中无需判断应力点是否位于屈服面上；③即便应力点超出屈服面，它能自动返回到正常屈服面上。故能允许粗糙的数值算法和较大的荷载增量；④对于单调加载，预测的响应曲线光滑。对于循环加载，由于可调整曼辛系数，故可得到符合实际的滞回圈，从而能预测任何应力幅值下的塑性积累变形。

次加载面理论已引起一定的重视。E. Q. Chowdhuty（1999）等应用次加载面理论并结合变换应力法，提出了分析广义加载条件下边值问题的实用模型。A. Asalka（2000）等提出的与次加载面相对应的超加载面概念则进一步完善了次加载面理论。但是，K. Hashiguchi 主要致力于该理论的研究，并且他的次加载面理论中均以金属无硬化的 Mises 准则为例，而他所建立的土体次加载面模型采用的屈服函数过于复杂，参数较多，使人难以理解，也不便于实际应用。

13.3.4 土体循环塑性模型的其他研究

沈珠江（1998）在借鉴理论力学及内时理论中的减退记忆原理和老化原理的同时，提出了塑性应变的惯性原理、协同作用原理及驱动应力等概念，并在此基础上，建议了反映砂土在循环荷载作用下的广义弹塑性模型。经数值计算与多种应力路径下试验结果的对比表明了其合理性。随后，沈珠江考察了砂土变形的微观机理后，并在解释其流动、硬化和剪胀物理机制的基础上，提出了与传统弹塑性模型不同的本构模型。谢定义（1995）等建立了饱和砂土的瞬态动力学理论体系，即将循环荷载下饱和砂土的应力、应变、强度及破坏视为有机联系的发展过程，并针对该过程的不同点提出反向剪缩、空间特性域、时域特性段及瞬态模量场的新概念，从而开辟了对动强度变形瞬态变化过程进行定量分析的新途径。陈生水（1995）等基于标准砂和粉煤灰两种典型无黏性土的试验研究，建议了描述无黏性土复杂应力路径下应力-应变特性的弹塑性模型，强调塑性应变的大小和方向不仅与当前的应力状态有关，而且还取决于当前应力增量的方向。章根德（1998）等从实用的观点出发，通过引入初次加载与再加载的概念，将复杂的循环加载过程分解为初次加载与再加载两个过程，并建议了循环荷载下砂土的本构模型。邱长林（1999）等引人相对应力比的概念，使应力路径上的每一个点均处于加载状态，从而建立了动荷载下砂土的弹塑性模型。李相菘（1998，1999）等提出了砂土的动力荷载作用下模拟剪胀破坏的本构框架，并进行了模拟计算。栾茂田（2003，2005，2006，2007，2008）等利用土工静力-动力液压三轴一扭转多功能剪切仪开展了一系列相关的研究：针对福建标准砂，进行了主应力轴循环变化的多种模式竖向和扭转双向耦合循环剪切及普通循环扭剪试验，探讨了主应力方向循环变化对饱和松砂不排水动力特性的影响；在不排水条件下同时进行了单调剪切试验与循环剪切试验，进行了复杂应力条件下饱和松砂单调与循环剪切特性的比较研究；在各向均等与三向非均等固结条件下，进行了排水循环扭剪试验，讨论了初始主应力方向、相对密度和剪应变幅度对排水条件下饱和砂土体积变化特性的影响；针对饱和重塑黏土，在不固结不排水（UU）条件下进行了应力控制式循环扭剪和竖向-扭转耦合试验，探讨了初始预剪应力和应力反向对应力-应变关系特性的影响，并阐述了不同加荷模式下孔隙水压力发展特性。陈颖平（2005，2008）等采用萧山原状和重塑软黏土在不同压力下固结后进行动力试验，探讨结构性软黏土在循环荷载作用下的变形和强度特性；在原状样与重塑样循环三轴试验的基础上，研究了软黏土在无静偏应力和有静偏应力循环荷载作用下的不排水瞬态累积变形特性，提出了考虑循环应力、循环振次、超固结比及静偏应力影响因素的土体应变本构模型。刘洋（2007）等采用颗粒流方法模拟不同排水条件下砂土的双轴试验，通过开发的细观组构统计程序记录加载不同时刻试样的细观组构演化，研究了循环荷载作用下松砂渐进破坏过程中配位数、接触方向、粒间接触力的演化规律及其与试样宏观力学响应之间的内在联系。应用表征上述量的组构参数研究了砂土的诱发各向异性，探讨了饱和砂土液化、状态转换面、剪胀软化、循环活动性等产生的微细观机理。

13.4　基于广义塑性力学的土体次加载面循环塑性模型

目前，所建立的循环塑性模型虽然各有其特点，为循环塑性模型的发展贡献了自己的想法，但它们都建立在经典塑性力学的基础上，并且，大多数模型首先都用来模拟金属的循环加载特性，然后再推广到土体中。由于经典塑性力学应用于岩土的许多局限性，必然导致这些模型所预测的土体的循环加载特性有许多不符合实际的情况，比如无法反映塑性应变增量对应力增量的相关性，从而不能较好地反映曼辛效应（滞回特性）、棘轮效应（塑性应变的积累性）等材料的主要循环加载特性。从最初的多面模型发展到后来的边界面模型以及次加载面模型，是在经典塑性力学的基础上对某些局部的缺陷进行修改而发展和完善的思路，没有从建模理论的角度考虑。所以，笔者认为这就是这些模型仍有许多不尽如人意的地方的根本原因。

广义塑性力学是经典塑性力学的扩展，既适用于金属又适用于岩土材料，可作为岩土材料的建模基础。随着广义塑性力学研究的进一步深入，建立基于广义塑性力学的土体的循环塑性模型是一个迫在眉睫的课题。另一方面，在循环塑性模型研究中，日本学者 Hashiguchi 提出次加载面（subloading surface）的概念而建立了一套较完善的次加载面理论，能较好地反映材料的循环加载特性。那么，把广义塑性力学与次加载面思想有机的结合将是一个有益的尝试。本节将在简要介绍次加载面理论的基本思想、假设及其物理解释的基础上，在广义塑性力学的框架内，引入次加载面的思想，把常规的椭圆-抛物线双屈服面模型扩展为次加载面循环塑性模型，以反映循环荷载作用下土体的曼辛效应与棘轮效应。

13.4.1　次加载面理论简介

（1）基本思想

假设在反映材料变形历史的正常屈服面（常规模型的屈服面）的内部存在一个与之保持几何相似的次加载面，它不管在加载还是卸载状态下都始终通过当前应力点而扩大或缩小（如图 13-13 所示）。塑性模量用次加载面与正常屈服面大小的比值来表示，因此不存在一个纯弹性域，塑性模量也连续变化。这样，就描述了在加载过程中连续的应力率-应变率的关

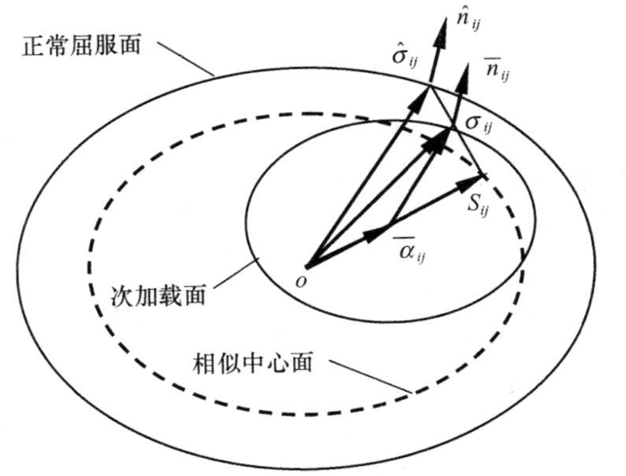

图 13-13　正常屈服面与次加载面示意图

系，弹性到塑性也光滑地转变。并且加载准则不需要判断应力点是否位于屈服面上，因为应力始终位于次加载面上。

（2）假设

①在正常屈服面内存在一个叫“次加载面”的面，它不管加载（弹塑性）过程还是卸载（弹性）过程都始终通过当前应力点而扩大或缩小。

②次加载面与正常屈服面形状相似，并且位置也相似，保持相同的朝向而无相对旋转。这样，对于特定形状的正常屈服面和次加载面存在一个相似中心，相似中心的位置向量用 S_{ij} 表示。另外，据假设①相似中心必须位于正常屈服面的内部。

③相似中心在加载（弹塑性）过程中移动（更确切地讲是仅能），但在卸载（弹性）过程中不移动。

由于这个假设，相似中心可以认为是一个与常规塑性模型中等向硬化参量 F 和移动硬化参量 $\hat{\alpha}_{ij}$ 一样的塑性内状态变量。另一方面，次加载面的几何中心用 $\bar{\alpha}_{ij}$ 表示，它不是塑性内变量。因为根据假设①在卸载（弹性）过程中它也在演化。$\bar{\alpha}_{ij}$ 可由 σ_{ij} ，F，$\hat{\alpha}_{ij}$ 和 S_{ij} 的几何关系确定，因为次加载面与正常屈服面几何相似且朝向相同。

④次加载面与正常屈服面的大小之比，叫做“*NS*—面尺寸比”（简写为“*NSR*”）并用 R 表示。不言而喻，*NSR* 的变化范围从 0 到 1。当塑性变形产生时，*NSR* 增大并接近 1；反过来，当 *NSR* 增加时，则有塑性变形产生。

由于该假设，当纯弹性变形产生时，*NSR* 减少或不变；反过来，当 *NSR* 减少或不变时只有弹性变形产生。因此，次加载面充当加载面的角色，这就是为何叫“次加载面”的物理背景。另外，在加载准则中不需要判断应力是否位于次加载面上，因为由假设①可知应力始终位于加载面上。而在传统模型中则需要判断应力是否位于屈服面上。

⑤当 *NSR* 等于 1，即应力点位于正常屈服状态，应力率—应变率的关系即为常规本构方程。这个假设导致次加载面模型是常规模型的扩展，而没有跳跃它。

（3）假设的物理解释

上述假设的物理意义可用图 13-14 所示的单轴向加载情况来解释。图中 S 和 $\bar{\alpha}$ 分别是相似中心 S_{ij} 和次加载面中心 $\bar{\alpha}_{ij}$ 的轴向分量。由于初始各向同性的假设，在初始加载时相似中心位于应力空间的坐标原点，次加载面只是一个点而无大小，如图 13-14（*a*）所示。随后次加载面随应力的增加而逐渐扩大，导致塑性变形的产生，相似中心也随应力而移动，如图 13-14（*b*）所示。另一方面，在图 13-14（*c*）所示的卸载过程中，次加载面逐渐收缩，当应力减少到相似中心位置时收缩为一个点。这样，在这个过程中仅产生弹性变形，因此相似中心不移动。但当应力超过相似中心的位置后，次加载面再次扩大而逐渐产生塑性变形，因此相似中心开始移动，如图 13-14（*d*）所示。换言之，在应力消失之前就有塑性变形产生，这样就可在一定程度上描述曼辛规则。另外，在图 13-14（*e*）所示的再加载过程中，次加载面逐渐收缩，当应力增加到相似中心位置时收缩为一点。这样，在这个过程中只有弹性变形产生，相似中心不移动，类似于上面提到的初始卸载阶段。随后，次加载面扩大而产生塑性变形，相似中心随应力点而移动，以这种方式描述了封闭的滞回环，如图 13-14（*f*）所示。然而，在纯弹性变形阶段一个小的卸载后就立即重加载，则导致开放的滞回环（即在图 13-14（*c*）中，还没有减少到 S 时就增加）。

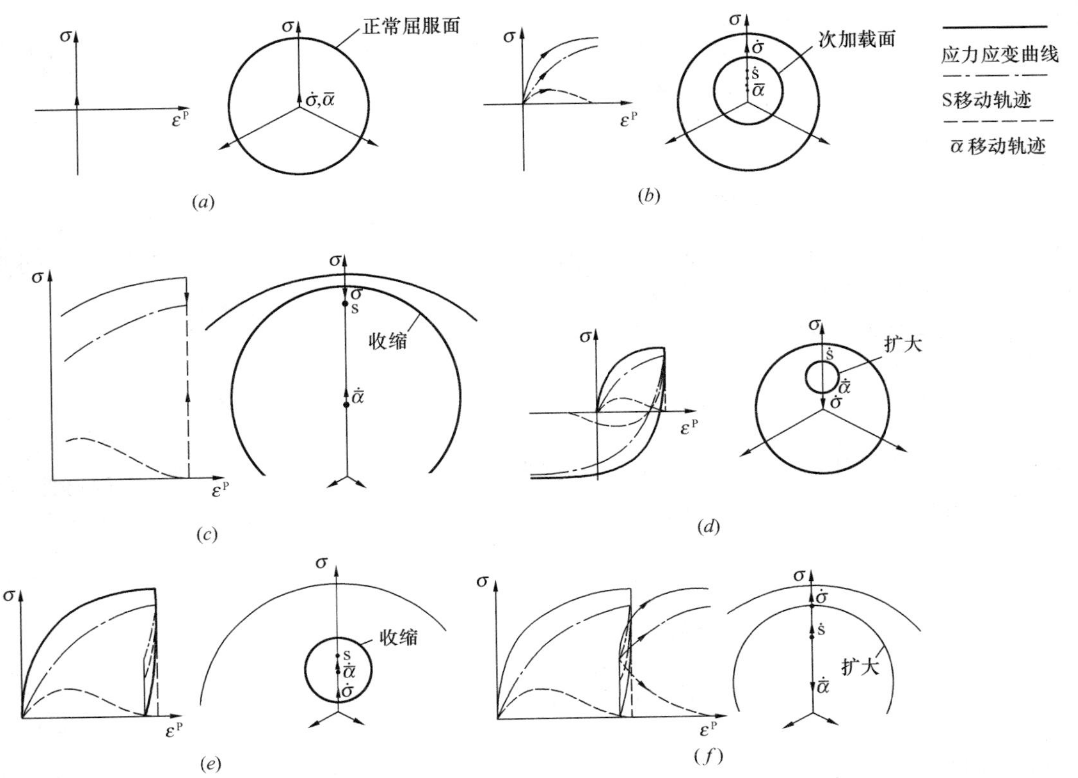

图 13-14　次加载面模型所预测的单轴向加载特性示意图

13.4.2　循环塑性模型的建立

(1) 正常屈服面

假定应力空间中正常屈服面用下面方程表示

$$f(\hat{\sigma}_{ij})-F(H)=0 \tag{13.4.1}$$

式中　二阶张量 $\hat{\sigma}_{ij}$ 是位于次加载面上当前应力 σ_{ij} 在正常屈服面上的对偶应力，它们具有相同的外法线方向；标量 H 是描述屈服面胀缩的内状态变量，即等向硬化参量。当应力 σ_{ij} 位于正常屈服面上时，$\hat{\sigma}_{ij}$ 即为 σ_{ij}。

按照广义塑性理论应分别建立常规的体积屈服面、q 方向上剪切屈服面与洛德角 θ_σ 方向上的剪切屈服面。但作为初次研究，暂不考虑 θ_σ 方向上的剪切屈服面，并且略去洛德角 θ_σ 对体积屈服面与剪切屈服面的影响。正常的体积屈服面采用殷宗泽双屈服面模型中的体积屈服面，其具体形式为

$$f_{\mathrm{v}}(\hat{\sigma}_{\mathrm{v}ij})=f_{\mathrm{v}}(\hat{p}_{\mathrm{v}},\hat{q}_{\mathrm{v}})=\hat{p}_{\mathrm{v}}+\frac{\hat{q}_{\mathrm{v}}^{2}}{M_{1}^{2}(\hat{p}_{\mathrm{v}}+p_{\mathrm{r}})}=F_{\mathrm{v}}(\varepsilon_{\mathrm{v}}^{\mathrm{p}})=\frac{h\varepsilon_{\mathrm{v}}^{\mathrm{p}}}{1-t\varepsilon_{\mathrm{v}}^{\mathrm{p}}}p_{\mathrm{a}} \tag{13.4.2}$$

式中　下标 v 表示体积屈服面的变量；$\hat{\sigma}_{\mathrm{v}ij}$ 是当前应力 σ_{ij} 在正常体积屈服面上的对偶应力；p_{r} 为破坏线 q_{f}-p 在 p 轴上的截距；M_1 是稍大于破坏线斜率 M 的参数；h，t 为土的参数，其意义详见相关文献（殷宗泽，1988）；p_{a} 为一个大气压；

$$\hat{p}_{\mathrm{v}}=\frac{1}{3}(\hat{\sigma}_{\mathrm{v}1}+\hat{\sigma}_{\mathrm{v}2}+\hat{\sigma}_{\mathrm{v}3})=\frac{1}{3}\hat{\sigma}_{\mathrm{v}ij} \tag{13.4.3}$$

$$\begin{aligned}\hat{q}_{\mathrm{v}}&=\frac{1}{\sqrt{2}}\sqrt{(\hat{\sigma}_{\mathrm{v}1}-\hat{\sigma}_{\mathrm{v}2})^2+(\hat{\sigma}_{\mathrm{v}2}-\hat{\sigma}_{\mathrm{v}3})^2+(\hat{\sigma}_{\mathrm{v}3}-\hat{\sigma}_{\mathrm{v}1})^2}\\&=\sqrt{\frac{3}{2}(\hat{\sigma}_{\mathrm{v}ij}-\hat{p}_{\mathrm{v}}\delta_{ij})(\hat{\sigma}_{\mathrm{v}ij}-\hat{p}_{\mathrm{v}}\delta_{ij})}\end{aligned} \tag{13.4.4}$$

式中 δ_{ij} 为 Kronecker 符号，即当 $i=j$ 时，$\delta_{ij}=1$；当 $i\neq j$ 时，$\delta_{ij}=0$。在应力空间式（13.4.2）所表示的为一椭球面，在子午平面上是一椭圆，如图 13-15 所示。

正常的剪切屈服面也采用殷宗泽双屈服面模型中的抛物线剪切屈服面，其形式为

$$f_{\gamma}(\hat{\sigma}_{\gamma ij})=f_{\gamma}(\hat{p}_{\gamma},\hat{q}_{\gamma})=\frac{a\hat{q}_{\gamma}}{G}\sqrt{\frac{\hat{q}_{\gamma}}{M_2(\hat{p}_{\gamma}+p_{\mathrm{r}})-\hat{q}_{\gamma}}}=F_{\gamma}(\gamma^{p})=\gamma^{p} \tag{13.4.5}$$

式中 下标 γ 表示体积屈服面的变量；$\hat{\alpha}_{\gamma ij}$ 是当前应力 σ_{ij} 在正常剪切屈服面上的对偶应力；G 是弹性剪切模量；M_2 是比 M 略大的参数；a 为材料参数；

$$\hat{p}_{\gamma}=\frac{1}{3}(\hat{\sigma}_{\gamma1}+\hat{\sigma}_{\gamma2}+\hat{\sigma}_{\gamma3})=\frac{1}{3}\hat{\sigma}_{\gamma ii} \tag{13.4.6}$$

$$\begin{aligned}\hat{q}_{\gamma}&=\frac{1}{\sqrt{2}}\sqrt{(\hat{\sigma}_{\gamma1}-\hat{\sigma}_{\gamma2})^2+(\hat{\sigma}_{\gamma2}-\hat{\sigma}_{\gamma3})^2+(\hat{\sigma}_{\gamma3}-\hat{\sigma}_{\gamma1})^2}\\&=\sqrt{\frac{3}{2}(\hat{\sigma}_{\gamma ij}-\hat{p}_{\gamma}\delta_{ij})(\hat{\sigma}_{\gamma ij}-\hat{p}_{\gamma}\delta_{ij})}\end{aligned} \tag{13.4.7}$$

在应力空间式（13.4.5）所表示的为一旋转抛物面，在子午平面上是两条以 p 轴对称的抛物线，如图 13-16 所示。

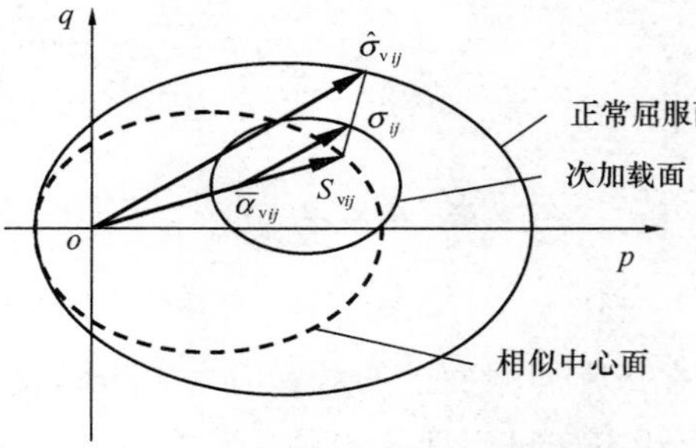

图 13-15 子午平面上的正常体积屈服面与次体积加载面

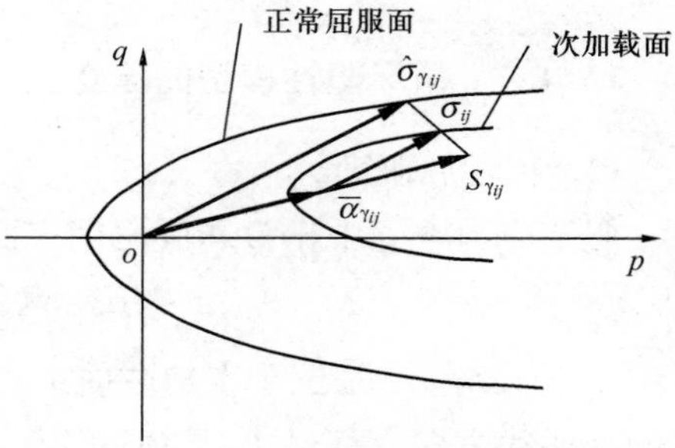

图 13-16 子午平面上的正常剪切屈服面与次剪切屈服

（2）次加载面

由次加载面理论的基本假设可知，在正常屈服面的内部存在一个与之保持几何相似的次加载面，它不管在加载还是卸载状态下都始终通过当前应力点而扩大或缩小，如图 13-13所示。当前应力点用应力张量 σ_{ij} 表示，相似中心用张量 S_{ij} 表示。次加载面用类似于式（13.4.1）的形式表示为

$$f(\bar{\sigma}_{ij})=RF \tag{13.4.8}$$

其中

$$\bar{\sigma}_{ij}=\sigma_{ij}-\bar{\alpha}_{ij} \tag{13.4.9}$$

式中 $\bar{\alpha}_{ij}$ 是次加载面的几何中心；次加载面与正常屈服面大小比率 R 可表示为

$$R=\frac{f(\bar{\sigma}_{ij})}{F} \tag{13.4.10}$$

在本文的循环塑性模型中 R 起着重要的作用，表示正常屈服面内塑性模量的连续变化，进而预测光滑的应力应变曲线。

根据次加载面模型的假设有下面的几何关系（参照图 13-13）

$$\bar{S}_{ij}=RS_{ij} \tag{13.4.11}$$

$$\bar{\sigma}_{ij}=R\hat{\sigma}_{ij} \tag{13.4.12}$$

$$\bar{n}_{ij}=\hat{n}_{ij} \tag{13.4.13}$$

式中

$$\bar{S}_{ij}=S_{ij}-\bar{\alpha}_{ij} \tag{13.4.14}$$

$$\hat{n}_{ij}=\frac{\partial f(\hat{\sigma}_{ij})}{\partial\hat{\sigma}_{ij}}/\left\|\frac{\partial f(\hat{\sigma}_{ij})}{\partial\hat{\sigma}_{ij}}\right\| \tag{13.4.15}$$

$$\bar{n}_{ij}=\frac{\partial f(\bar{\sigma}_{ij})}{\partial\bar{\sigma}_{ij}}/\left\|\frac{\partial f(\bar{\sigma}_{ij})}{\partial\bar{\sigma}_{ij}}\right\| \tag{13.4.16}$$

上面出现的变量 σ_{ij}、F、S_{ij}、R、$\bar{\sigma}_{ij}$ 和 $\hat{\sigma}_{ij}$ 中，只有三个是独立的。把当前应力 σ_{ij} 和塑性内状态变量 F 和 S_{ij} 作为基本变量，其余变量都可以用基本变量进行表示。由上列诸式可得

$$\bar{\sigma}_{ij}=\sigma_{ij}-\bar{\alpha}_{ij}=\sigma_{ij}-(1-R)S_{ij} \tag{13.4.17}$$

$$\hat{\sigma}_{ij}=\bar{\sigma}_{ij}/R=S_{ij}+(\sigma_{ij}-S_{ij})/R \tag{13.4.18}$$

$$\bar{\alpha}_{ij}=(1-R)S_{ij} \tag{13.4.19}$$

将式（13.4.17）代入式（13.4.8）或将式（13.4.18）代入式（13.4.1）可计算出变量 R 的值。

由式（13.4.2），式（13.4.8）可得次体积屈服面的表达式为

$$f_{\mathrm{v}}(\bar{\sigma}_{\mathrm{v}ij})=f_{\mathrm{v}}(\bar{p}_{\mathrm{v}},\bar{q}_{\mathrm{v}})=\bar{p}_{\mathrm{v}}+\frac{\bar{q}_{\mathrm{v}}^{2}}{M_{1}^{2}(\bar{p}_{\mathrm{v}}+p_{\mathrm{r}})}=R_{\mathrm{v}}F_{\mathrm{v}}(\varepsilon_{\mathrm{v}}^{\mathrm{p}}) \tag{13.4.20}$$

式中　R_{v} 为次体积屈服面与正常体积屈服面的大小比；

$$\bar{p}_{\mathrm{v}}=\frac{1}{3}(\bar{\sigma}_{\mathrm{v}1}+\bar{\sigma}_{\mathrm{v}2}+\bar{\sigma}_{\mathrm{v}3})=\frac{1}{3}\bar{\sigma}_{\mathrm{v}ii} \tag{13.4.21}$$

$$\begin{aligned}\bar{q}_{\mathrm{v}}&=\frac{1}{\sqrt{2}}\sqrt{(\bar{\sigma}_{\mathrm{v}1}-\bar{\sigma}_{\mathrm{v}2})^{2}+(\bar{\sigma}_{\mathrm{v}2}-\bar{\sigma}_{\mathrm{v}3})^{2}+(\bar{\sigma}_{\mathrm{v}3}-\bar{\sigma}_{\mathrm{v}1})^{2}}\\&=\sqrt{\frac{3}{2}(\bar{\sigma}_{\mathrm{v}ij}-\bar{p}_{\mathrm{v}}\delta_{ij})(\bar{\sigma}_{\mathrm{v}ij}-\bar{p}_{\mathrm{v}}\delta_{ij})}\end{aligned} \tag{13.4.22}$$

M_1，p_{r} 等模型参数同式（13.4.2）。在子午平面上式（13.4.20）所表示的是一个位于正常体积屈服面内，并与之保持相似的椭圆，如图 13-15 所示。

类似于式（13.4.17），式（13.4.18）和式（13.4.19）有

$$\bar{\sigma}_{\mathrm{v}ij}=\sigma_{ij}-\bar{\alpha}_{\mathrm{v}ij}=\sigma_{ij}-(1-R_{\mathrm{v}})S_{\mathrm{v}ij} \tag{13.4.23}$$

$$\hat{\sigma}_{\mathrm{v}ij}=\bar{\sigma}_{\mathrm{v}ij}/R_{\mathrm{v}}=S_{\mathrm{v}ij}+(\sigma_{ij}-S_{\mathrm{v}ij})/R_{\mathrm{v}} \tag{13.4.24}$$

$$\bar{\alpha}_{\mathrm{v}ij}=(1-R_{\mathrm{v}})S_{\mathrm{v}ij} \tag{13.4.25}$$

式中　$S_{\mathrm{v}ij}$ 为次体积屈服面与正常体积屈服面的相似中心；$\bar{\alpha}_{\mathrm{v}ij}$ 对于本文的体积屈服面应把它理解为坐标参考点，而不是通常次加载面理论中的几何中心（图 13-15）。

由式（13.4.5），式（13.4.8）可得次剪切屈服面的表达式为

$$f_\gamma(\bar{\sigma}_{\gamma ij}) = f_\gamma(\bar{p}_\gamma, \bar{q}_\gamma) = \frac{a\bar{q}_\gamma}{G}\sqrt{\frac{\bar{q}_\gamma}{M_2(\bar{p}_\gamma + p_r) - \bar{q}_\gamma}} = R_\gamma F_\gamma(\gamma^p) \quad (13.4.26)$$

式中 R_γ 为次剪切屈服面与正常剪切屈服面的大小比；

$$\bar{p}_\gamma = \frac{1}{3}(\bar{\sigma}_{\gamma 1} + \bar{\sigma}_{\gamma 2} + \bar{\sigma}_{\gamma 3}) = \frac{1}{3}\bar{\sigma}_{\gamma ii} \quad (13.4.27)$$

$$\bar{q}_\gamma = \frac{1}{\sqrt{2}}\sqrt{(\bar{\sigma}_{\gamma 1} - \bar{\sigma}_{\gamma 2})^2 + (\bar{\sigma}_{\gamma 2} - \bar{\sigma}_{\gamma 3})^2 + (\bar{\sigma}_{\gamma 3} - \bar{\sigma}_{\gamma 1})^2}$$

$$= \sqrt{\frac{3}{2}(\bar{\sigma}_{\gamma ij} - \bar{p}_\gamma\delta_{ij})(\bar{\sigma}_{\gamma ij} - \bar{p}_\gamma\delta_{ij})} \quad (13.4.28)$$

M_2，p_r，a 等模型参数同式（13.4.5）。在子午平面上式（13.4.26）所表示的曲线如图 13-16 所示。

类似于式（13.4.17），式（13.4.18），式（13.4.19）有

$$\bar{\sigma}_{\gamma ij} = \sigma_{ij} - \bar{\alpha}_{\gamma ij} = \sigma_{ij} - (1 - R_\gamma)S_{\gamma ij} \quad (13.4.29)$$

$$\hat{\alpha}_{\gamma ij} = \bar{\sigma}_{\gamma ij}/R_\gamma = S_{\gamma ij} + (\sigma_{ij} - S_{\gamma ij})/R_\gamma \quad (13.4.30)$$

$$\bar{\alpha}_{\gamma ij} = (1 - R_\gamma)S_{\gamma ij} \quad (13.4.31)$$

式中 $S_{\gamma ij}$ 为次剪切屈服面与正常剪切屈服面的相似中心；$\bar{\alpha}_{\gamma ij}$ 为次剪切屈服面的坐标参考点（图 13-16）。

13.4.3 本构方程的推导

对式（13.4.8）微分有

$$\frac{\partial f(\bar{\sigma}_{ij})}{\partial \bar{\sigma}_{ij}}\mathrm{d}\bar{\sigma}_{ij} = R \cdot \mathrm{d}F + \mathrm{d}R \cdot F \quad (13.4.32)$$

式中 $\mathrm{d}\bar{\sigma}_{ij}$ 由式（13.4.17）得

$$\mathrm{d}\bar{\sigma}_{ij} = \mathrm{d}\sigma_{ij} - (1 - R) \cdot \mathrm{d}S_{ij} + \mathrm{d}R \cdot S_{ij} \quad (13.4.33)$$

要将式（13.4.32）作为一致性条件，我们需知道塑性内状态变量 F 和 S_{ij}，以及 R 的演化方程，即 $\mathrm{d}F$、$\mathrm{d}S_{ij}$ 和 $\mathrm{d}R$ 的表达式。$\mathrm{d}F$ 在常规模型中已给出。把常规模型扩展为次加载面模型的关键是推导 $\mathrm{d}S_{ij}$ 和 $\mathrm{d}R$ 的表达式。

由次加载面模型的假设可知，相似中心必须位于正常屈服面的内部，即相似中心面不能大于正常屈服面（参见图 13-13）。利用齐次函数性质可得相似中心的封闭条件

$$\mathrm{d}S_{ij} - \frac{\mathrm{d}F}{F}S_{ij} \leqslant 0 \quad (13.4.34)$$

为满足式（13.4.34），假设

$$\mathrm{d}S_{ij} - \frac{\mathrm{d}F}{F}S_{ij} = C \parallel \mathrm{d}\varepsilon_{ij}^{\mathrm{p}} \parallel (\hat{\sigma}_{ij} - S_{ij}) \quad (13.4.35)$$

式中 C 是材料常数；$\parallel\ \parallel$ 表示张量的模，即 $\parallel \mathrm{d}\varepsilon_{ij}^{\mathrm{p}} \parallel = \sqrt{\mathrm{d}\varepsilon_{ij}^{\mathrm{p}} \cdot \mathrm{d}\varepsilon_{ij}^{\mathrm{p}}}$。从式（13.4.35）可看出，只有产生塑性变形，相似中心才移动；并且张量 $(\hat{\sigma}_{ij} - S_{ij})$ 越大，S_{ij} 移动越显著。由式（13.4.35）可得 $\mathrm{d}S_{ij}$ 的表达式

$$\mathrm{d}S_{ij} = \frac{\mathrm{d}F}{F}S_{ij} + C \parallel \mathrm{d}\varepsilon_{ij}^{\mathrm{p}} \parallel \frac{\tilde{\sigma}_{ij}}{R}; \tilde{\sigma}_{ij} = \hat{\sigma}_{ij} - S_{ij} \quad (13.4.36)$$

在塑性加载过程中，应力和次加载面逐渐靠近正常屈服面，即次加载面与正常屈服面大小的比率 R 单调增加，满足下面的关系式

$$\left.\begin{array}{r} R=0:\dot{R}=+\infty, \\ 0<R<1:\dot{R}>0, \\ R=1:\dot{R}=0, \\ R>1:\dot{R}<0 \end{array}\right\} \text{当 } \mathrm{d}\varepsilon_{ij}^{\mathrm{p}} \neq 0 \text{ 时。} \tag{13.4.37}$$

这样，在塑性加载过程中 R 的演化规律为

$$\dot{R}=U\,\|\,\mathrm{d}\varepsilon_{ij}^{\mathrm{p}}\,\| \tag{13.4.38}$$

式中 U 是 R 的单调减函数，满足

$$\left.\begin{array}{r} R=0:U=+\infty, \\ 0<R<1:U>0, \\ R=1:U=0, \\ R>1:U<0 \end{array}\right\} \tag{13.4.39}$$

可简单的表达为 $U=-u\ln R$，其中：u 是材料常数。这样，可得 R 的演化方程（增量形式）为

$$\mathrm{d}R=-u\,\|\,\mathrm{d}\varepsilon_{ij}^{p}\,\|\ln R \tag{13.4.40}$$

由式（13.4.2），式（13.4.5）有

$$\mathrm{d}F_{\mathrm{v}}=\frac{hP_{\mathrm{a}}}{(1-t\varepsilon_{\mathrm{v}}^{\mathrm{p}})^{2}}\mathrm{d}\varepsilon_{\mathrm{v}}^{\mathrm{p}} \tag{13.4.41}$$

$$\mathrm{d}F_{\gamma}=\mathrm{d}\gamma^{\mathrm{p}} \tag{13.4.42}$$

由式（13.4.36）可得体积屈服面相似中心与剪切屈服面相似中心的演化方程为

$$\mathrm{d}S_{\mathrm{v}ij}=\frac{\mathrm{d}F_{\mathrm{v}}}{F_{\mathrm{v}}}S_{\mathrm{v}ij}+C_{1}\mathrm{d}\varepsilon_{\mathrm{v}}^{\mathrm{p}}(\hat{\sigma}_{\mathrm{v}ij}-S_{\mathrm{v}ij})=\frac{\mathrm{d}F_{\mathrm{v}}}{F_{\mathrm{v}}}S_{\mathrm{v}ij}+\frac{C_{1}}{R_{\mathrm{v}}}\mathrm{d}\varepsilon_{\mathrm{v}}^{\mathrm{p}}(\sigma_{ij}-S_{\mathrm{v}ij}) \tag{13.4.43}$$

$$\mathrm{d}S_{\gamma ij}=\frac{\mathrm{d}F_{\gamma}}{F_{\gamma}}S_{\gamma ij}+C_{2}\mathrm{d}\gamma^{\mathrm{p}}(\hat{\sigma}_{\gamma ij}-S_{\gamma ij})=\frac{\mathrm{d}F_{\gamma}}{F_{\gamma}}S_{\gamma ij}+\frac{C_{2}}{R_{\gamma}}\mathrm{d}\gamma^{\mathrm{p}}(\sigma_{ij}-S_{\gamma ij}) \tag{13.4.44}$$

式中 C_1，C_2 为材料常数。

由式（13.4.40）可得 R_{v} 与 R_{γ} 的在塑性加载过程中的演化方程为

$$\mathrm{d}R_{\mathrm{v}}=-u_{1}\mathrm{d}\varepsilon_{\mathrm{v}}^{\mathrm{p}}\ln R_{\mathrm{v}} \tag{13.4.45}$$

$$\mathrm{d}R_{\gamma}=-u_{2}\mathrm{d}\gamma^{\mathrm{p}}\ln R_{\gamma} \tag{13.4.46}$$

式中 u_1，u_2 为材料常数。

通常地，将应变增量分为弹性部分和塑性两部分，即

$$\mathrm{d}\varepsilon_{ij}=\mathrm{d}\varepsilon_{ij}^{\mathrm{e}}+\mathrm{d}\varepsilon_{ij}^{\mathrm{p}} \tag{13.4.47}$$

式中的弹性应变增量按广义虎克定律计算；塑性应变增量由广义塑性力学的硬化定律计算。按照广义塑性力学的等值面硬化定律，体积屈服面是 $\varepsilon_{\mathrm{v}}^{\mathrm{p}}$ 等于常数的等值面，剪切屈服面是 γ^{p} 等于常数的等值面。扩展到次屈服状态，次体积屈服面是次屈服状态下产生的塑性体积应变 $\varepsilon_{\mathrm{v}}^{\mathrm{p}}$ 的等值面；次剪切屈服面是次屈服状态下产生的塑性剪切应变 γ_{p} 的等值面。分别对次体积屈服面和次剪切屈服面的表达式即式（13.4.20）和式（13.4.26）微分，并考虑塑性内状态变量的演化规律，即可求得塑性体积应变增量 $\mathrm{d}\varepsilon_{\mathrm{v}}^{\mathrm{p}}$ 和塑性剪切应变增量 $\mathrm{d}\gamma^{\mathrm{p}}$

$$\begin{Bmatrix}\mathrm{d}\varepsilon_{\mathrm{v}}^{\mathrm{p}}\\ \mathrm{d}\gamma^{\mathrm{p}}\end{Bmatrix}=\begin{bmatrix}A & B\\ C & D\end{bmatrix}\begin{Bmatrix}\mathrm{d}p\\ \mathrm{d}q\end{Bmatrix} \tag{13.4.48}$$

式中 A，B，C，D 为相应的塑性系数，由于篇幅所限，略去其具体的表达式。当 $R_v=1$，$R_\gamma=1$，即应力点位于正常屈服状态，这时，塑性系数与常规双屈服面模型的相同，应力率-应变率的关系即为常规本构方程。这说明次加载面模型是常规弹塑性模型的扩展，用来反映材料的循环加载特性，而没有跳跃它。当应力点位于正常屈服面上，而不是在正常屈服面内变化时，次加载面模型退化为常规的弹塑性模型，反映的是初始原生加载的应力-应变关系。

另外，广义塑性力学中的体积屈服面分压缩型与压缩剪胀型两类，前者一般为椭圆，后者为 S 形曲线，需用分段函数表示。为简便，本文的体积屈服面采用压缩型，子午面上是一个椭圆，所以它不能反映剪胀。为了使模型能够反映土体的剪胀性，本文做了一个近似的处理，由式（13.4.48）所得的塑性体积应变增量用下式修正

$$d\varepsilon_v^p=\frac{M_f^4(M^4-\eta^4)}{M^4(M_f^4-\eta^4)}(A\cdot dp+B\cdot dq) \tag{13.4.49}$$

式中 η 为当前应力比（q/p），M 为相态变换应力比，M_f 为峰值强度。对于压缩型土体，$M=M_f$，式（13.4.49）还原为式（13.4.48）。对于压缩剪胀型土体，$M_f>M$，当 $0\leqslant\eta<M$ 时，$d\varepsilon_v^p\geqslant0$（剪缩条件）；当 $\eta=M$ 时，$d\varepsilon_v^p=0$（相态变换条件）；当 $M<\eta<M_f$ 时，$d\varepsilon_v^p<0$（剪胀条件）。

式（13.4.48）的塑性柔度矩阵通过坐标变换，加上弹性柔度矩阵可得一般应力空间的弹塑性柔度矩阵 [C_{ep}]，求逆即得弹塑性刚度矩阵 [D_{ep}]。

13.4.4 加卸载准则

次加载面始终通过当前应力点，本节所提模型满足光滑条件，故加卸载准则中不需要判断应力点是否位于屈服面上，只需判断应力增量的方向。结合次加载面模型的特点，下面分别给出体积屈服面与剪切屈服面的加卸载准则。

对于体积屈服面，有

$$\left.\begin{aligned}d\varepsilon_v^p\neq0:\hat{n}_{vij}\,d\sigma_{ij}>0\\ d\varepsilon_v^p=0:\hat{n}_{vij}\,d\sigma_{ij}\leqslant0\end{aligned}\right\} \tag{13.4.50}$$

式中

$$\hat{n}_{vij}=\frac{\partial f(\hat{\sigma}_{vij})}{\partial\hat{\sigma}_{vij}}\Big/\left\|\frac{\partial f(\hat{\sigma}_{vij})}{\partial\hat{\sigma}_{vij}}\right\| \tag{13.4.51}$$

对于剪切屈服面，有

$$\left.\begin{aligned}d\gamma^p\neq0:\hat{n}_{\gamma ij}\,d\sigma_{ij}>0\\ d\gamma^p=0:\hat{n}_{\gamma ij}\,d\sigma_{ij}\leqslant0\end{aligned}\right\} \tag{13.4.52}$$

式中

$$\hat{n}_{\gamma ij}=\frac{\partial f(\hat{\sigma}_{\gamma ij})}{\partial\hat{\sigma}_{\gamma ij}}\Big/\left\|\frac{\partial f(\hat{\sigma}_{\gamma ij})}{\partial\hat{\sigma}_{\gamma ij}}\right\| \tag{13.4.53}$$

式（13.4.50），式（13.4.52）定义的加卸载准则与次加载面的假设是统一的，当次加载面扩大时有塑性变形产生；当次加载面收缩时无塑性变形产生。另外，该加卸载准则只适用于硬化材料。

13.4.5 模型参数的确定方法

本节提出的模型在常规的双屈服面模型基础上增加 6 个参数，一共有 14 个，即 K_G，

n，p_r，M_1，M_2，h，t，a，C_1，C_2，u_1，u_2，M，M_f。前 8 个参数的物理意义及具体确定方法同殷宗泽双屈服面模型。M 与 M_f 可由常规三轴试验确定。

参数 u_1，u_2 和 C_1，C_2 是次加载面模型所特有的参数。u_1，u_2 是控制应力点向正常屈服状态靠近的速率的参数，由中等变形速率的应力-应变曲线的斜率初步确定。由于 u_1，u_2 和 C_1，C_2 之间存在交叉影响，还需结合 C_1，C_2 的确定进一步的调整。C_1，C_2 的大小则影响滞回圈的宽度，也即控制曼辛系数 l 大小的参数。这两个参数目前只能按试错法进行确定，即依据包含加载、卸载-再加载应力路径的三轴试验结果对其进行不断的调整，直到较好地拟合应力-应变曲线为止。

13.4.6 不同应力路径下模型的验证

为了验证模型的有效性，一共选择了 3 种典型的应力路径，对单个土体单元的本构响应进行模拟。为便于分析和比较，每一种应力路径都同时采用常规的椭圆-抛物线双屈服面模型（非关联流动法则）与循环塑性模型进行计算。这 3 种应力路径为：(1) 等向加载与卸载；(2) 不同初始固结比的三轴单调压缩；(3) 等幅的多循环三轴加载与卸载。所有应力路径采用同一组参数（表 13-1），并在完全排水条件下进行。

模 型 参 数 表 13-1

模型	K_G	n	p_r	M_1	M_2	h	t	a	C_1	C_2	u_1	u_2	M	M_f
殷氏模型	647	0.87	21	1.5	1.48	899	53	0.29	—	—	—	—	—	—
循环塑性模型	647	0.87	21	1.5	1.48	899	53	0.29	50	30	4	4	1.4	1.55

(1) 等向加载与卸载

土样的初始应力状态为各向等压状态：$p=100$kPa，先期固结压力为 $p_0=100$kPa，即超固结比 OCR=1。土样承受的等向循环加载应力路径为：从初始的 $p=100$kPa（图 13-17，图 13-18 中的 A 点）加载到 $p=610$kPa（B 点），然后卸载到 $p=75$kPa（C 点），再加载到 $p=1100$kPa（D 点），接着又卸载到 $p=70$kPa（E 点），最后加载到 $p=2145$kPa（F 点）并卸载到 $p=137$kPa（G 点）。

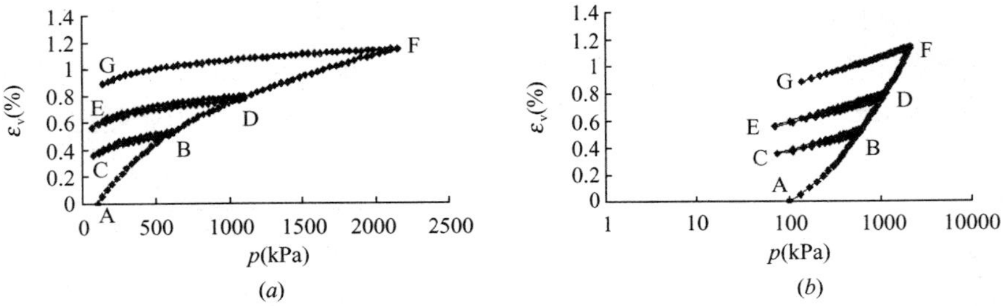

图 13-17 常规模型预测的土的等向循环加载特性

(a) ε_v-p 曲线；(b) ε_v-$\log p$ 曲线

用常规的椭圆-抛物线双屈服面模型与本文扩展的循环塑性模型对上述应力路径下土样的体积响应进行预测，预测结果如图 13-17，图 13-18 所示。图中分别给出了（ε_v-p 曲线与 ε_v-$\log p$ 曲线）。从图中可看出，在卸载与再加载（应力小于卸载应力）的过程中，常规模型预测的都是弹性卸载与加载，无法反映由于曼辛效应而引起的滞回圈和棘轮效应引起的积累塑性变形；循环塑性模型在卸载过程与再加载均有塑性变形产生，从而形成了

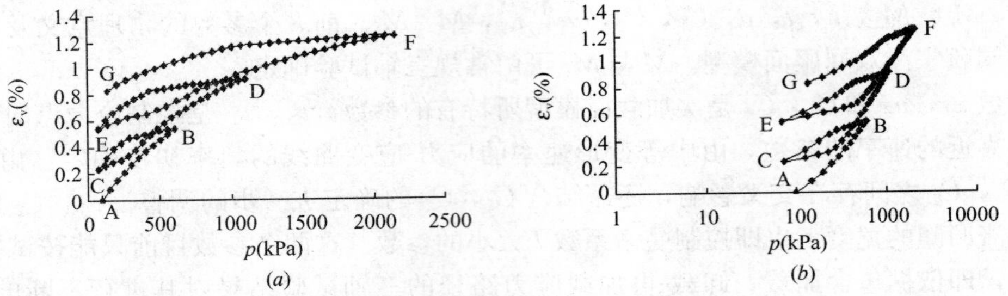

图 13-18 循环塑性模型预测的土的等向循环加载特性

(a) ε_v-p 曲线；(b) ε_v-$\log p$ 曲线

滞回圈，较好地反映了曼辛效应。从循环塑性模型预测的卸载-再加载应力应变曲线可看出，卸载曲线的初始阶段基本是弹性回弹，只有卸载到一定程度才产生“卸载塑性变形”；同样，再加载曲线的初始阶段也基本是弹性加载，只有加载到一定程度才产生塑性变形。循环塑性模型预测的土的等向循环加载特性与土几乎不存在一个纯弹性变形阶段，加、卸载过程中都有一定的塑性变形产生的实际变形特性是一致的。

(2) 不同初始固结比的三轴单调压缩

在该例子中，对土样进行围压为常值的常规三轴单调压缩试验，围压 σ_3 分别为 100kPa，200kPa，300kPa，第一组先期固结压力 p_0 分别为 100kPa，200kPa，300kPa，即土样为正常固结土，超固结比 $OCR=1$；第二组 p_0 分别为 200kPa，400kPa，600kPa，即土样为弱超固结土，超固结比 $OCR=2$。土样所承受的应力路径可表示为 $dq/dp=3$。

常规模型与循环塑性模型的预测结果如图 13-19，图 13-20，图 13-21 所示。图中分别给出了 q-ε_1 曲线与 ε_v-ε_1 曲线。从图中可以看出，对于正常固结土，常规模型与循环塑性模型的预测结果是一样的，都较好地反映了土的单调三轴加载特性。计算结果表明，循环塑性模型是常规塑性模型的扩展，对于单调原生加载，循环塑性模型退化为常规塑性模型，反映的是初始原生加载的应力-应变关系。对于弱超固结土，在加载过程中，当 p 值小于先期固结压力时，常规模型预测的是弹性响应；当 p 值大于先期固结压力时，即有塑性变形产生，并且从弹性到塑性的转变是突然的，即模量的变化不连续。而循环塑性模型从加载一开始就有塑性变形产生，模量的变化是连续的。从轴向变形与体积变形的量值上看，循环塑性模型预测的比常规塑性模型预测的大一点，这是因为循环塑性模型从加载一开始就有塑性变形产生的缘故。

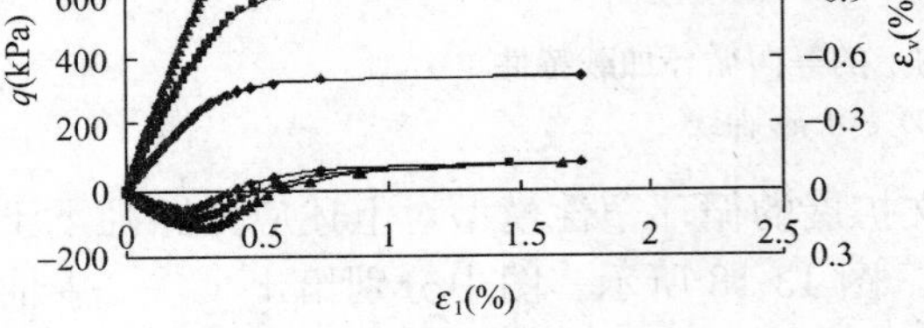

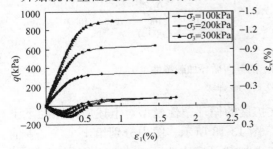

图 13-19 模型预测的土的单调三轴加载特性 ($OCR=1$)：q-ε_1 曲线与 ε_v-ε_1 曲线

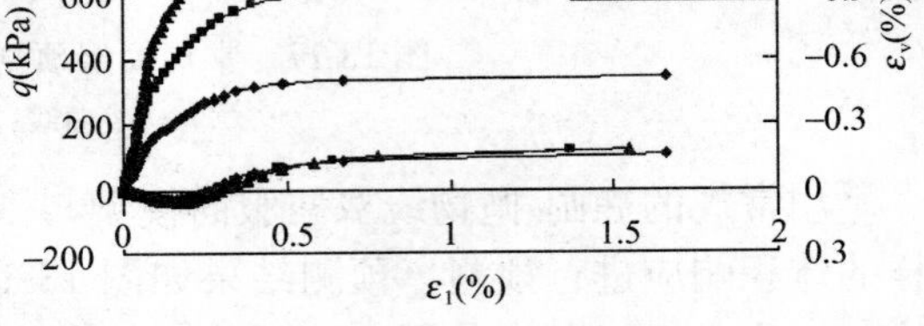

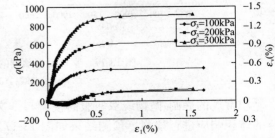

图 13-20 常规塑性模型预测的土的单调三轴加载特性 ($OCR=2$)：q-ε_1 曲线与 ε_v-ε_1 曲线

(3) 等幅的多循环三轴加载与卸载

在该例子中，土样的初始应力状态为各向等压状态：$p=200$kPa，先期固结压力为 $p_0=200$kPa,即超固结比 $OCR=1$。土样承受的等幅三轴循环加载与卸载应力路径为：从初始的 $p=200$kPa，$q=0$kPa 加载到 $p=405$kPa，$q=615$kPa，然后卸载到 $p=200$kPa，$q=0$kPa,再加载到 $p=405$kPa，$q=615$kPa，如此这样循环 7 次。

常规模型与循环塑性模型的预测结果如图 13-22，图 13-23 所示。从图 13-22 中常规塑性模型预测的土的本构响应在卸载与再加载均是弹性响应，不能预测初始加载后的塑性变形。这与常规塑性模型的假设是相符的，无法反映循环荷载作用下土的循环加载特性。从图 13-23 中可看出，应力应变曲线形成了封闭的滞回圈，多次循环后有累积的塑性变形产生，并且由应力循环产生的塑性变形随循环次数的增加而逐渐减小，即滞回圈越来越密集；初始加载时是体缩，当应力水平达到一定值后出现激烈的剪胀，卸载的初始阶段基本上是弹性回弹，当卸载到一定程度后出现体积收缩，即出现卸载体缩现象。再加载的初始阶段也基本是弹性响应，当应力水平达到一定程度后再次出现剪胀。随循环次数的增加，产生的塑性变形越来越小，最后趋于一稳定值，土的本构特性呈现弹性响应。

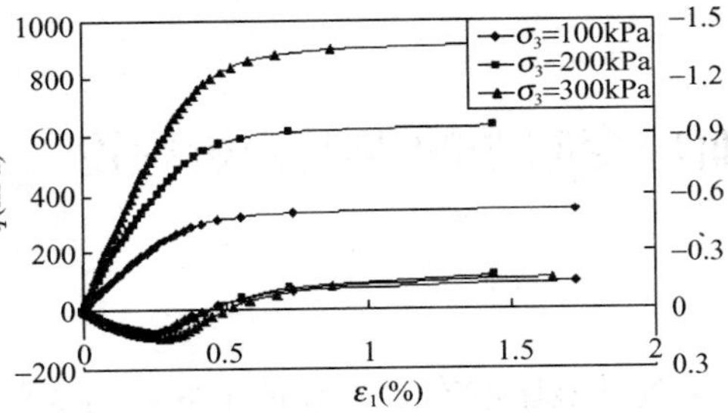

图 13-21 循环塑性模型预测的土的单调三轴加载特性（$OCR=2$）：q-ε_1 曲线与 ε_v-ε_1 曲线

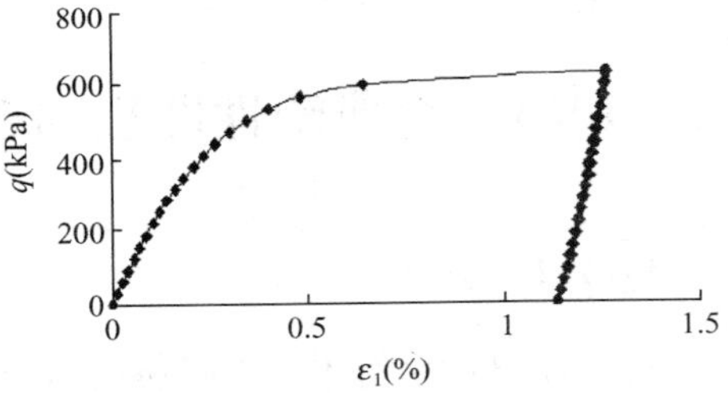

图 13-22 常规塑性模型预测的土的等幅三轴循环加载与卸载特性

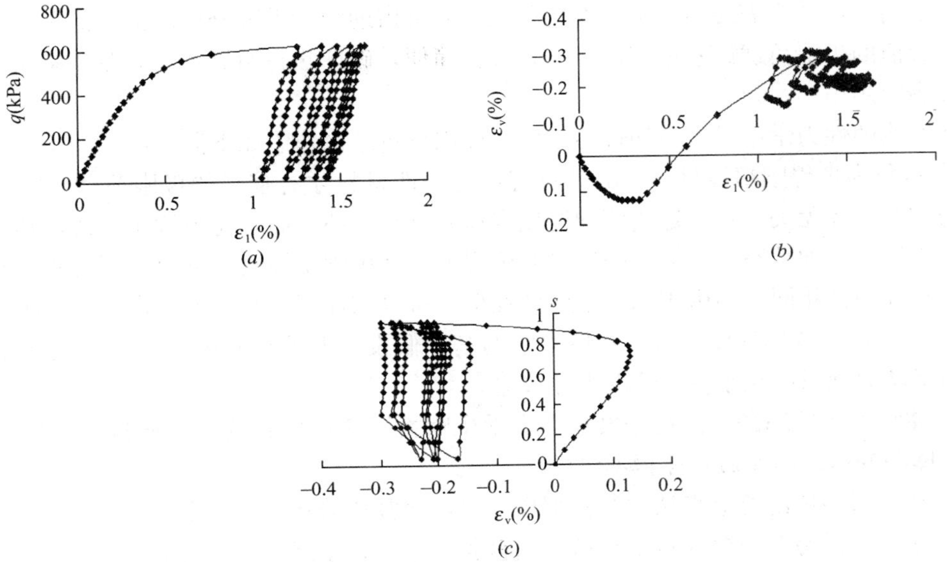

图 13-23 循环塑性模型预测的土的等幅三轴循环加载与卸载特性

(a) 轴向应变 ε_1 与剪应力 q 的关系曲线；(b) 轴向应变 ε_1 与体变 ε_v 的关系曲线；(c) 体变 ε_v 与应力水平 s 的关系曲线

第十四章　平面应变极限分析理论

本书第 14-19 章中介绍了极限分析理论，其中第 14 与 16 章简要介绍了经典极限分析理论，它是岩土极限分析理论的基础。由于这部分内容都是经典的内容，所以参照塑性力学相关教材编写，尤其是参考了杨桂通、树学锋编著的《塑性力学》（2003 年），在此表示感谢。第 15 与 17 章介绍了基于广义塑性力学与非关联流动法则的极限分析理论，它既适用于岩土，也适用于金属。由于这部分内容首次提出，因而不同于国内外的相关著作，并且指出现行基于关联流动法则的岩土极限分析理论，哪些仍可应用，哪些有误。第 19 章介绍了近年发展起来的有限元极限分析方法，这是一种很有前途的工程力学分析方法，而且有现成的国际上通用程序可用。除介绍基本理论外，还大量介绍了其工程应用，为新一代岩土设计方法提供力学支撑。

14.1　经典塑性理想刚塑性平面应变问题的极限分析理论

14.1.1　引言

对于理想塑性物体，当载荷逐渐加大时，都可到达极限状态，即载荷不变，而变形可以不断增长的状态。通常，我们把对应极限状态的荷载称为极限荷载。工程中有一些问题，如金属成形加工中的辊轧、抽拉等及岩土工程中的土坡稳定，挡土墙及地基承载力等平面应变问题，并不需要给出塑性本构关系，而可借助塑性极限分析理论，推求工程上很有实用价值的极限荷载或其近似值，而且分析简便，破坏状态明显，因而在金属加工和岩土工程中应用很广。

在经典塑性力学中或金属塑性力学中，极限分析理论作了如下假设：

1. 材料为理想刚塑性材料。因为只有理想塑性材料才有唯一的极限荷载，它与应力历史与加载路径无关，对一定边值问题极限荷载是唯一的。而硬化与软化材料，其极限荷载与应力历史、加载路径有关，一般没有确定值。采用刚塑性假设可使问题简化，而所得的结果与弹塑性相同。但由于忽略了弹性变形，所以刚性区中实际上包含了弹性区。

2. 连续，小变形假设，这是塑性力学的基本假设，尤其是极限分析中要引用虚功原理，而虚功原理只有在小变形情况下才成立。

3. 体积不可压缩条件。在经典塑性力学中略去了塑性体积变形，而极限分析中又不计弹性体积变形，因而假定体积不可压缩。

4. 经典塑性理论要求服从德鲁克塑性公设，即服从关联流动法则。

5. 由于材料为非摩擦纯塑性材料，只有黏聚力而无摩擦力，因而满足 Mises 或 Tresca 屈服条件。

14.1.2 基本方程组

刚塑性体极限分析理论，应当满足刚塑性的平衡条件，几何条件与刚塑性本构关系，在求解刚塑性体平面应变问题中则要满足如下四个基本方程组：

(1) 无体力作用时的平衡方程

$$\left.\begin{aligned}\frac{\partial \sigma_x}{\partial x}+\frac{\partial \tau_{xy}}{\partial y}=0\\ \frac{\partial \tau_{xy}}{\partial x}+\frac{\partial \sigma_y}{\partial y}=0\end{aligned}\right\} \tag{14.1.1}$$

(2) 屈服条件

根据 Mises 条件，在平面应变状况下有

$$J_2=\left(\frac{\sigma_x-\sigma_y}{2}\right)^2+\tau_{xy}^2=k^2 \tag{14.1.2}$$

(3) 几何关系

$$\left.\begin{aligned}\dot{\varepsilon}_x=\frac{\partial v_x}{\partial x}\\ \dot{\varepsilon}_y=\frac{\partial v_y}{\partial y}\\ \dot{\varepsilon}_z=0\\ \dot{\varepsilon}_{xy}=\left(\frac{1}{2}\frac{\partial v_x}{\partial y}+\frac{\partial v_y}{\partial x}\right)\\ \dot{\varepsilon}_{yz}=\dot{\varepsilon}_{xz}=0\end{aligned}\right\} \tag{14.1.3}$$

(4) 应力应变关系

在经典塑性力学，采用 Levy-Mises 关系

$$\dot{\varepsilon}_{ij}=\dot{\lambda}s_{ij} \tag{14.1.4}$$

因此有

$$\frac{\dfrac{\partial v_x}{\partial x}}{\dfrac{\sigma_x-\sigma_y}{2}}=\frac{\dfrac{\partial v_y}{\partial y}}{\dfrac{\sigma_y-\sigma_x}{2}}=\frac{\dfrac{1}{2}\left(\dfrac{\partial v_x}{\partial y}+\dfrac{\partial v_y}{\partial x}\right)}{2\tau_{xy}}=2\dot{\lambda}$$

即有：

$$\frac{\dfrac{\partial v_x}{\partial x}-\dfrac{\partial v_y}{\partial y}}{2(\sigma_x-\sigma_y)}=\frac{\dfrac{\partial v_x}{\partial y}+\dfrac{\partial v_y}{\partial x}}{\tau_{xy}} \tag{14.1.5}$$

(5) 体积不可压缩条件

$$\dot{\varepsilon}_{ii}=0 \tag{14.1.6}$$

即有：

$$\frac{\partial v_x}{\partial x}+\frac{\partial v_y}{\partial y}=0 \tag{14.1.7}$$

平衡式 (14.1.1)，屈服条件式 (14.1.2)，物理关系式 (14.1.3) 及体积不可压缩条件式 (14.1.6) 构成了刚塑性体平面应变问题的基本方程组。该方程组共有五个方程，结

合边界条件即可求解出三个应力分量和二个速度分量。目前只能对一些简单问题求出真正的极限荷载正确解，对于一些复杂的工程实际问题，常是利用极限分析的上、下限法，放松四个条件中的一些条件，求出极限荷载的近似解。

由于平衡式（14.1.1）和屈服式（14.1.2）三式中不含速度分量 v_x 和 v_y，因此在给出应力边界条件下可用此三式即可求出应力分量，而与速度分量无关，从而使问题成为静定。解出应力后，再由式（14.1.5）、式（14.1.7）解出速度分布。不过这种解法不一定是真实解答，因为用上述方法求出的应力分量不一定满足连续方程。因而由此求得的应力场可以对应多个速度场，所以速度场只能确定一个未定因子的范围。

按弹性力学，对平面应变的问题，还需满足

$$\varepsilon_z = 0, \sigma_z = \frac{1}{2}(\sigma_x + \sigma_y), \gamma_{xz} = \gamma_{yz} = 0, \tau_{xz} = \tau_{yz} = 0 \tag{14.1.8}$$

14.1.3 完全解（真实解）与部分解

如上所述，塑性区为应力和速度分布满足上述五个方程，不一定是真实解或完全解。因而它还必须满足刚性区内一些条件：

（1）刚体的平衡条件；

（2）刚性区内 $\varepsilon_{ij}=0$，如果这部分材料可以运动，它必须是刚体运动。

（3）刚体内部各点的应力状态应满足屈服条件，即 $J_2<k^2$，这里的材料可处于刚性状态，也可以处于弹性状态。

在刚塑性交界处，由平衡条件要求法向正应力和剪应力分量必须连续；由物体连续性要求法向速度也必须连续。但允许交界面的切向速度不连续，即沿交界面可产生相对滑动。

满足以上条件可称为完全解或真实解，不能满足刚性区的条件只能称为部分解。

14.2 广义塑性力学中理想塑性平面应变问题的极限分析理论

14.2.1 基本假设

岩土材料中，一般都为硬化或软化材料，很少存在理想塑性状态。但解决岩土工程中的强度与稳定问题，仍可采用理想塑性取代材料的硬化与软化状态，如图 14-1 所示，这样就可简化为理想塑性。

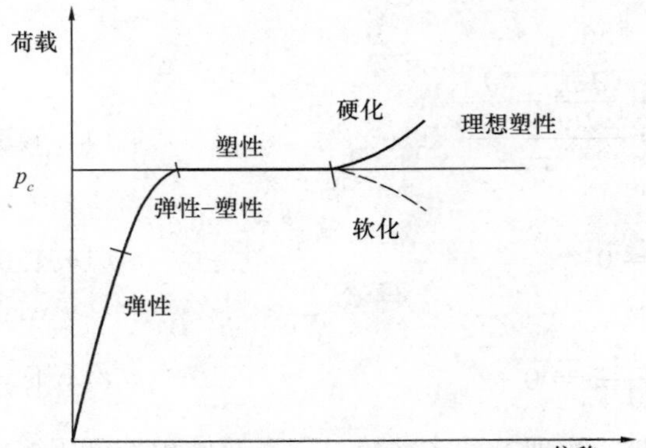

图 14-1 理想塑性

与经典塑性一样，如下三个假设仍然存在：

1. 材料假设为理想刚塑性材料；

2. 连续、小变形假设；

3. 体积不变假设，广义塑性力学中，由于岩土属多孔隙材料，一般不能略去塑性体变，但对强度与稳定问题，仍可采用体积不变的假设，这对应力解没有影响，而对速度解有影响；当采用经典塑性理论求解岩土问题时，体变为零的条件不存在，但会有两个物理方程。

4. 广义塑性力学中，不要求满足德鲁克塑性公设，只要求服从非关联流动法则与广义塑性位势理论。然而目前岩土极限分析中仍广泛采用关联流动法则，这必然会导致理论上与概念上出现一些矛盾。尽管如此，但在某些情况下它仍不失为解题的一种好方法，会使解题大为简化。因而，目前岩土极限分析中这两种流动法则都在应用，只有在求解速度滑移线场时采用关联流动法则会出现严重错误，而其余情况一般都可应用。但也应当明白，采用非关联法则时是针对理想塑性岩土体变为零的较真实状态，而采用关联法则时是针对出现过大剪胀的岩土虚构状态，后者只是一种解题方法。

5. 岩土为摩擦材料既具黏聚力又具摩擦力，因而必须采用岩土类摩擦体的屈服条件，即莫尔-库仑单剪屈服条件与高红-郑颖人三剪屈服条件。

严格来说，岩土极限分析理论中略去了塑性体积变形，而实际上都会有一些不大的体胀或体缩，因而在求解速度滑移线场时其误差会大于金属极限分析。

14.2.2 基本方程

同样，广义塑性中平面应变问题也要求满足四个基本方程组。与经典塑性力学相比，采用的流动法则与屈服准则是不同的。

1. 对于岩土类材料应采用莫尔-库仑单剪屈服条件 F_1 或高红-郑颖人三剪屈服条件 F_2：

$$F_1 = p\sin\varphi + \frac{q}{3}(\sqrt{3}\cos\theta_\sigma - \sin\theta_\sigma\sin\varphi) - c\cos\varphi = 0 \tag{14.2.1}$$

$$F_2 = p\sin\varphi + \frac{q}{3}(\sqrt{3}\cos\theta_\sigma - \sin\theta_\sigma\sin\varphi) - 2c\cos\varphi\sqrt{\frac{1-\sqrt{3}\tan\theta\sin\varphi}{3+3\tan^2\theta-4\sqrt{3}\tan\theta\sin\varphi}} = 0 \tag{14.2.2}$$

对于平面应变问题 $\theta_\sigma=0$，则有：

$$F_1 = p\sin\varphi + \sqrt{J_2} - c\cos\varphi = 0 \tag{14.2.3}$$

$$F_2 = p\sin\varphi + \sqrt{J_2} - \frac{2}{\sqrt{3}}c\cos\varphi = 0 \tag{14.2.4}$$

可见在平面应变情况下，两个屈服条件只有常数项相差 1.15 倍，因而计算中两个准则可以共用，下面只给出莫尔-库仑准则的情况。

采用莫尔-库仑（M-C）屈服条件，由图 14-2 可给出极限应力圆与屈服线的关系，可见有：

$$\left.\begin{aligned}\sigma_x &= p - R\cos 2\theta\\ \sigma_y &= p + R\cos 2\theta\\ \tau_{xy} &= R\sin 2\theta\end{aligned}\right\} \tag{14.2.5}$$

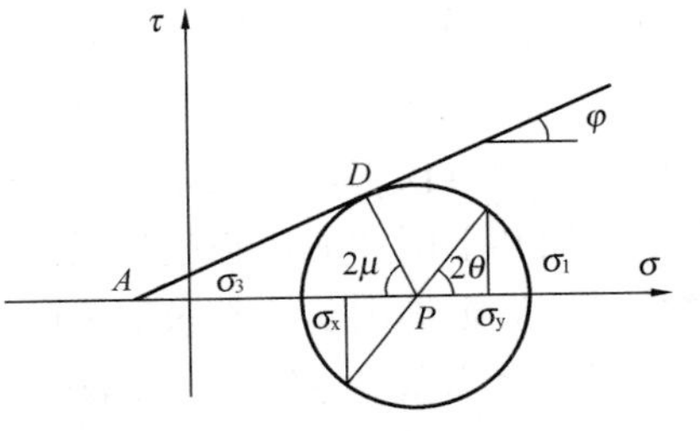

图 14-2 M-C 屈服面与极限应力圆的关系

式中 p、R 分别为平均应力和应力圆半径，分别为

$$\left.\begin{aligned}p &= \frac{1}{2}(\sigma_x+\sigma_y) = \frac{1}{2}(\sigma_1+\sigma_3)\\ R &= (p + c\operatorname{ctg}\varphi)\sin\varphi\end{aligned}\right\} \tag{14.2.6}$$

对于饱和黏土可取 $\varphi=0$，或采用屈瑞斯卡或米

赛斯屈服条件，此时可应用经典塑性极限分析理论。

2. 应力应变关系与体变为零的条件

对岩土材料应采用广义塑性势理论，它不仅表示出应力应变的数值关系，还表示出塑性应变的方向。由于理想塑性情况下体变为零，而平面应变情况下 $\theta_\sigma=0$，表明 θ_σ 为一常数，因而有：

$$\left.\begin{aligned}\dot{\varepsilon}_v &= \dot{\lambda}_1 \frac{\partial Q_1}{\partial p} = 0 \\ \dot{\varepsilon}_q &= \dot{\lambda}_2 \frac{\partial Q_2}{\partial q} \\ \dot{\varepsilon}_\theta &= \dot{\lambda}_3 \frac{\partial Q_3}{\partial \theta_\sigma} = 0\end{aligned}\right\} \tag{14.2.7}$$

式中 Q_1、Q_2、Q_3——三个应力分量的塑性势函数

由上可见，对于平面问题极限分析只需计算 Q_2，由体变为零或按广义塑性位势理论可知

$$Q_2 = q = \sqrt{3J_2} = \sqrt{3}\sqrt{\left(\frac{\sigma_x - \sigma_y}{2}\right)^2 + \tau_{xy}^2} \tag{14.2.8}$$

此时满足非关联流动法则，它与 F_1 或 F_2 屈服函数无关。

14.3 极限分析的理论与方法

目前，在经典塑性力学中应用的极限分析方法，一般是滑移线场法与极限分析中的上、下限法；而在岩土塑性理论中除上述方法外还采用极限平衡法。

1. 滑移线场法

滑移线就是破裂面的迹线。滑移线场法就是按照滑移线场理论和边界条件，先在受力体内构造相应的滑移线网，然后利用滑移线的性质与边界条件求出塑性区的应力与极限荷载。可以证明滑移线场中的滑移线就是数学上的特征线，因而也称为特征线法。最后求出速度分布，这种方法只满足静力方程和屈服方程，没有唯一的速度场与之对应，也难于确定刚性区的应力与位移。

2. 极限分析上、下限法

极限分析法是将岩土体视为理想刚塑性体，在极限上、下限定理基础上建立起来的分析方法。利用连续介质中的虚功原理可证明两个极限分析定理即下限定理与上限定理。极限分析法是通过一组极限定理即上限定理或下限定理，推求极限荷载的上限（p_u^+）或下限（p_u^-），上限解仅满足机动条件与屈服条件，应力场服从机动条件或塑性功率不为负的条件；下限解仅满足平衡条件和不违背屈服条件。上限解和下限解彼此独立从极限荷载的上限方面和下限方面逐渐趋近极限荷载。上限法通常先要假设一个滑面，构筑一个协调位移场，然后根据虚功原理求解极限荷载，通常需要计算外力功和内能耗散功，并使它们相当，因而也叫做能量法。下限法要构筑一个合适的静力许可的应力分布来求得下限解，由于很难找到合适的静力许可应力场，应用有限。

3. 极限平衡法

极限平衡法是用岩土力学的一种简单的极限分析法，它假设材料为刚性体或刚塑性体，假设一种隔离体，并假定其边界达到极限平衡状态，然后利用平衡和边界条件求出极限荷载。这类方法没有考虑本构关系与机动条件，得不出应力，应变与位移速度，只能给出极限荷载的近似解或者相应的安全系数。这种方法广泛用于边坡的稳定分析中。

4. 有限元极限分析法

上述这些方法都是基于解析解的，分析简便，但求解不易。因而，20 世纪下半期，数值解兴起，如有限差分滑移线场法；有限元上、下限法等。同时，又出现了有限元超载法与强度折减法，直接采用有限元求解极限荷载与稳定安全系数，作者将其统称为有限元极限分析法。由于该法准确、简便、适用性广，实用性强，尽管目前还主要用于边坡稳定分析中，但其前景十分广阔。

20 世纪中期，Palmer，De Jong 等人建立了基于非关联流动法则的极限分析方法。近年来，郑颖人及其学生王敬林、朱小康、邓楚键等发展了基于广义塑性理论的滑移线场法，上、下限法与上、下限有限元法等。本书将在介绍经典塑性理论基础上，重点介绍基于广义塑性理论的滑移线场法、极限分析上限法和有限元极限分析法。前两种方法是目前极限分析中应用很广的方法，后者是正在蓬勃兴起的、具有良好应用前景的新方法。

第十五章　经典塑性平面应变问题应力场的滑移线解答

15.1　应力滑移线与极限平衡微分方程

15.1.1　偏微分方程求解

如果给定应力边界条件，则由基本方程中的平衡式（14.1.1）和屈服条件式（14.1.2）就可求出应力分量。将屈服条件式（14.1.2）分别对 x 及 y 求导，得

$$2\tau_{xy}\frac{\partial\tau_{xy}}{\partial x}=-\left(\frac{\sigma_x-\sigma_y}{2}\right)\left(\frac{\partial\sigma_x}{\partial x}-\frac{\partial\sigma_y}{\partial x}\right)$$

$$2\tau_{xy}\frac{\partial\tau_{xy}}{\partial y}=-\left(\frac{\sigma_x-\sigma_y}{2}\right)\left(\frac{\partial\sigma_x}{\partial y}-\frac{\partial\sigma_y}{\partial y}\right)$$

代入平衡方程，消去 τ_{xy} 的微商，得

$$\frac{\partial\sigma_x}{\partial x}-\alpha\left(\frac{\partial\sigma_x}{\partial y}-\frac{\partial\sigma_y}{\partial y}\right)=0$$

$$\frac{\partial\sigma_y}{\partial y}-\alpha\left(\frac{\partial\sigma_x}{\partial x}-\frac{\partial\sigma_y}{\partial x}\right)=0 \qquad (15.1.1)$$

式中　$\alpha=\dfrac{\sigma_x-\sigma_y}{4\tau_{xy}}$。这是一组一阶拟线性偏微分方程，可用数理方程中的双曲型的特征线法来求解。结合屈服条件，就能求出三个应力分量。

15.1.2　应力滑移线

设塑性区内任一 P 点处取一微小单元图 15-1（a），图中与 x 轴垂直截面上作用有正

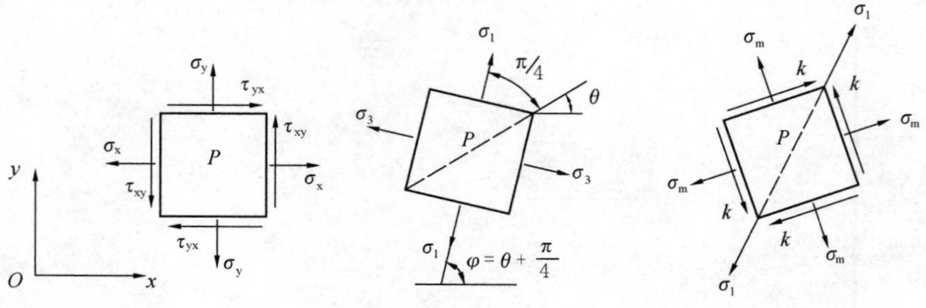

(a)　(b)　(c)

图 15-1　微小单元上应力状态

（a）一般应力状态；（b）主应力状态；（c）主剪应力状态

应力 σ_x 和剪应力 τ_{xy}，而 P 点处的主应力为 σ_1 及 σ_3 图 15-1（b）。由平面问题的应力分析可知，最大剪应力一定作用在主平面成 45°方位的截面上图 15-1（c）。在物体每点所取的单元体上，都可以找到这样两个互相垂直的两个方向，因而一定可以在物体上绘出两族处处相互正交的曲线，并可用此两族曲线表示最大剪应力作用截面的方向（即主剪应力迹线）。在经典塑性理论中，当最大剪应力达到一定数值时，按屈服条件有 $|\tau_\alpha|=|\tau_\beta|=k$（见图 15-1$c$，$k$ 为应力圆的半径），此时将沿此迹线错动，因此将主剪应力迹线称为应力滑移线或滑移线。

应当指出，无论是把主剪应力迹线称为滑移线，还是把滑移方向的迹线称为滑移线，只适用于金属材料，而不适用于岩土类材料。但还可看出，这两族迹线都还满足屈服条件（即破坏条件），因而可把两族滑移线 α，β 理解为屈服曲线的迹线或破坏面的迹线，按此定义来定义滑移线，既能适用于金属材料，也能适用岩土材料。

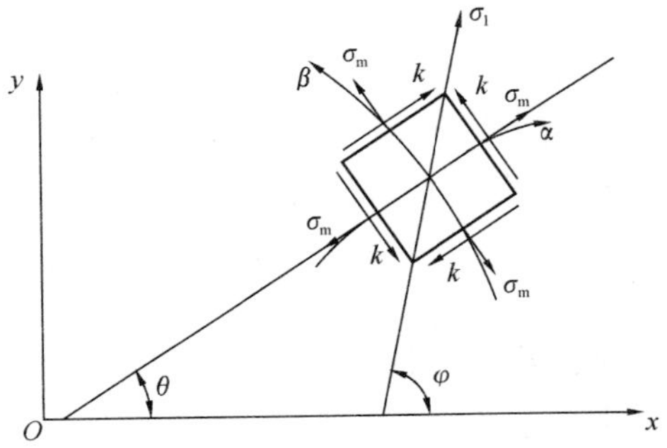

图 15-2 滑移线基本坐标系

由图 15-2 可知，α 滑移线最大剪应力 τ_α 所在面的法线，如取 α，β 为右手坐标系，则最大主应力应位于 α，β 坐标系的第一、三象限。角 θ 是 α 线的切线方向与 x 坐标轴的夹角，并规定以 x 轴逆时针方向旋转为正。

由图 15-2 可得出 α，β 滑移线的微分方程

$$\frac{\mathrm{d}y}{\mathrm{d}x}=\tan\theta \qquad (\alpha\text{族})$$

$$\frac{\mathrm{d}y}{\mathrm{d}x}=-\cot\theta \qquad (\beta\text{族}) \tag{15.1.2}$$

15.1.3 用滑移线坐标系表示的极限平衡微分方程

在建立了滑移线网格后，再将 x、y 坐标系中的平衡微分方程转换到 α，β 曲线坐标系中。在该坐标系中平均应力 σ 与最大剪应力 k 如图 15-2 所示。由应力圆可得：

$$\left.\begin{aligned}\sigma_x&=\sigma-k\sin 2\theta\\ \sigma_y&=\sigma+k\sin 2\theta\\ \tau_{xy}&=k\cos 2\theta\end{aligned}\right\} \tag{15.1.3}$$

由式（15.1.3）可知，只要求出 σ，θ，即能获得三个应力分量。将式（15.1.3）代入平衡式（14.1.1）中，即得极限平衡微分方程：

$$\left.\begin{aligned}\frac{\partial\sigma}{\partial x}-2k\cos 2\theta\frac{\partial\theta}{\partial x}-2k\sin 2\theta\frac{\partial\theta}{\partial y}=0\\ \frac{\partial\sigma}{\partial y}+2k\cos 2\theta\frac{\partial\theta}{\partial y}-2k\sin 2\theta\frac{\partial\theta}{\partial x}=0\end{aligned}\right\} \tag{15.1.4}$$

这是一组双曲线型的一阶偏导数的非线性微分方程，需要采用特征线求解。若能证明

滑移线就是特征线，则解题就能大为方便。

15.1.4 滑移线与特征线的关系

下面来证明滑移线就是特征线。数理方程中指出二阶偏微分方程：

$$A\frac{\partial^2\theta}{\partial x^2}+2B\frac{\partial^2\theta}{\partial x\partial y}+C\frac{\partial^2\theta}{\partial y^2}=D\left(x、y、\theta、\frac{\partial\theta}{\partial x}、\frac{\partial\theta}{\partial y}\right)$$

二阶偏微分方程的判别式为 B^2-AC。若 $B^2-AC>0$，则方程为双曲线型的，其特征线为：

$$\frac{\mathrm{d}y}{\mathrm{d}x}=\frac{B\pm\sqrt{B^2-AC}}{A}$$

在这里，其特征线为 $B^2-AC=(\cot 2\theta)^2-(-1)\cdot 1=\csc^3 2\theta>0$

$$\frac{\mathrm{d}y}{\mathrm{d}x}=\frac{\cot 2\theta\pm\csc 2\theta}{(-1)}=-\left(\frac{\cos 2\theta}{\sin 2\theta}\pm\frac{1}{\sin 2\theta}\right)=\begin{cases}-\cot\theta\\ \tan\theta\end{cases}\tag{15.1.5}$$

由此可见，特征线即滑移线，因而可通过滑移线来求此偏微分方程组的解 σ（x，y）及 θ（x，y）。

15.1.5 极限平衡微分方程的解

若能根据特征线从式（15.1.4）中求出 σ，θ，即可从式（15.1.3）中求出 σ_x，σ_y 与 τ_{xy}。

如果在各点取 x，y 方向与 α，β 滑移线方向重合，则该点处角 $\theta=0$，由此 x，y 成为流动坐标，对 x，y 导数等于对 α，β 的导数，由式（15.1.4）得：

沿 α 线 $$\mathrm{d}\sigma-2k\mathrm{d}\theta=0\tag{15.1.6}$$

沿 β 线 $$\mathrm{d}\sigma+2k\mathrm{d}\theta=0\tag{15.1.7}$$

将式（15.1.6）沿 α 线（β=常数）积分，式（15.1.7）沿 β 线（α=常数）积分得：

$$\begin{aligned}\sigma-2k\theta&=c_\alpha\\ \sigma+2k\theta&=c_\beta\end{aligned}\tag{15.1.8}$$

式中 c_α，c_β 为常数，沿同一根 α 线（或 β 线），参数 c_α（或 c_β）值不变，但某族中一条滑移线转换到另两条线时其值要变。式（15.1.8）是在 α，β 坐标系中的极限平衡方程的解，在经典塑性力学中也称为塑性方程的积分，是塑性理论中压力加功的基本方程。

15.2 应力滑移线场及其性质

15.2.1 应力滑移线的力学性质与几何性质

（1）鉴于两条滑移线夹角为 $\pi/2$，故处处正交。

（2）鉴于在一条滑移线上的积分常数相同，故可作出如下一些推论：

(i) 在一条滑移线上平均应力 σ 的变化与 θ 角的变化成比例关系

证：将一条 α（或 β）滑移线上两点 a，b 的 σ，θ 分别代入式（15.1.8）第一式（或第二式），相减后得：

沿 α 线 $$\sigma_a - \sigma_b = 2k(\theta_a - \theta_b)$$
沿 β 线 $$\sigma_a - \sigma_b = 2k(\theta_b - \theta_a) \tag{15.2.1}$$

表明在滑移线 θ 角变化大的地方，其平均应力 σ 变化也愈大。

(ii) 在滑移线的直线段，该段上 σ，θ 及 σ_x，σ_y，σ_z 均为常量

证：因为直线段上 $\Delta\sigma=0$，$\Delta\theta=0$，故 σ，θ 及 σ_x，σ_y，σ_z 不变。

(iii) 在已知滑移线网分布情况下，例如已知图 15-3 中 a，b，c，d 四点的 θ 角：θ_a，θ_b，θ_c，θ_d。只要知道两条不同族滑移线任一交点的平均应力，即能求得该区中各点的平均应力 σ 值。

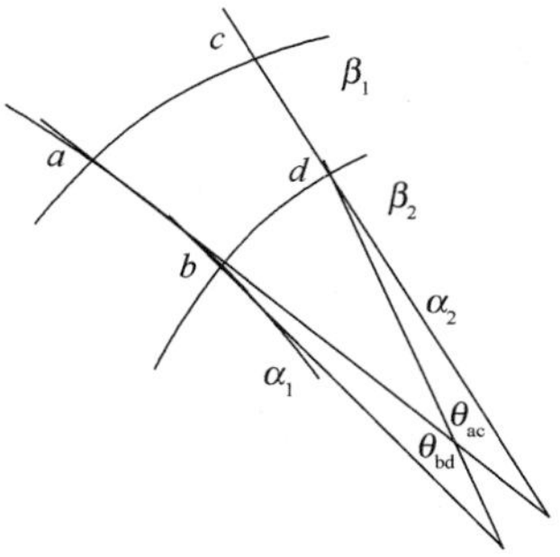

图 15-3 推论 (iii) 与汉基第一定律的证明

证：若已知 a 点平均应力 σ_a，可通过式 (15.1.8) 求得 a 点的积分常数 c_α 与 c_β，将 c_α、θ_b 及 c_β、θ_c 分别代入式 (15.2.1) 中第一式与第二式，即可求 σ_b、σ_c，同理以此类推可求得 σ_d，这样即能求得该区中各点的平均应力 σ 值。

15.2.2 汉基 (Henky) 第一定律

Henky 第一定律与第二定律都是滑移线的几何性质。Henky 第一定律指：同一族的两条滑移线与另一条滑移线在交点处的切线间的夹角及平均应力的改变都是相同的。

今考虑一个以两条 α 线 (ab，cd) 和两条 β 线 (ac，bd) 为界的曲边四边形 $abcd$ (图 15-3)，可证明必有 $\theta_{ba}=\theta_{dc}$ 或 $\theta_{db}=\theta_{ca}$。

证：由式 (15.1.8) 知

$$\sigma_d - \sigma_a = (\sigma_d - \sigma_c) + (\sigma_c - \sigma_a) = 2k(\theta_c - \theta_d) + 2k(\sigma_c - \sigma_a) = 2k(2\theta_c - \theta_d - \theta_a)$$
$$\sigma_d - \sigma_a = 2k(\theta_d + \theta_a - 2\theta_b)$$

所以有

$$2\theta_c - \theta_d - \theta_a = \theta_d + \theta_a - 2\theta_b$$

即 $\theta_{ba} = \theta_b - \theta_a = \theta_d - \theta_c = \theta_{dc}$ 或 $\theta_{ca} = \theta_c - \theta_a = \theta_d - \theta_b = \theta_{db}$

表明同族的两条滑移线与另一族任一条滑移线在交点处切线间的夹角不变。还可证明同两条滑移线上另一族任一条滑移线在交点处平均应力的改变也是相同的。

证：沿 α 线有

$$\sigma_c - \sigma_a = 2k(\theta_c - \theta_a)$$
$$\sigma_d - \sigma_b = 2k(\theta_d - \theta_b) \tag{15.2.2}$$

由式 (15.2.2)，得

$$\sigma_c - \sigma_a = \sigma_d - \sigma_b$$
$$\sigma_d - \sigma_c = \sigma_b - \sigma_a \tag{15.2.3}$$

推论一：假定一族滑移线中某一段是直线，则被它族滑移线截断的所有这族的相应线段也都是直线，且长度相等。沿同一 β 线 (直线) 上的 θ 值不变，因而平均应力 σ 也不变。沿同一 α 线 (圆弧线) 上 θ 值改变，故平均应力 σ 也变，这种应力场称简单应力场 (图 15-4)。

推论二：如果两组滑移线均为直线，则此区域内任一点的 σ，θ 和 σ_x，σ_y，τ_{xy} 都必然相同，因此称这种应力场为均匀应力场（图 15-5）。

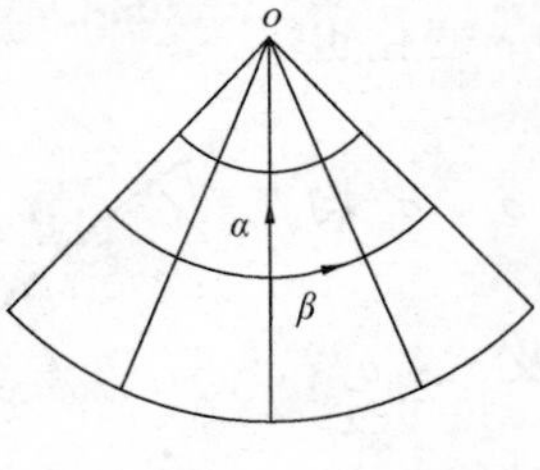

图 15-4　简单应力场

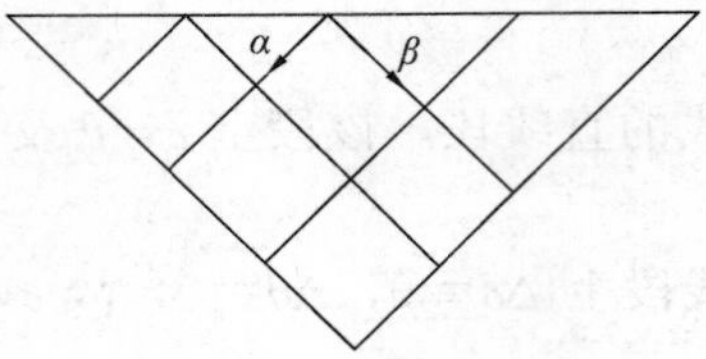

图 15-5　均匀应力场

上述两个推论都可由 Henky 第一定律证明。

其实，上述两种简单应力场的滑移线的坐标式（即滑移线迹线方程）完全可由 α，β 族的滑移线微分方程式（15.1.2）求出。所谓坐标方程就是要给出滑移线迹线在直角坐标中 y 与 x 的关系或极坐标中 r 与 θ 的关系。

已知

$$\frac{\mathrm{d}y}{\mathrm{d}x}=\tan\theta \qquad (\alpha\text{族})$$

$$\frac{\mathrm{d}y}{\mathrm{d}x}=-\cot\theta \qquad (\beta\text{族})$$

如果 $\mathrm{d}\theta=0$，即 $\theta=$常数时，上式可积分得 α 线与 β 线均为直线，方程为：

$$y=\tan\theta x+c \tag{15.2.4}$$

式中 c 为常数。由式（15.2.4）可见，直角坐标中滑移线均为直线，此即为上述滑移线的均匀应力场。

如果 $\mathrm{d}\theta$ 为变数时，采用反证法，按经验设极坐标中存在的滑移线坐标方程为

$$r=r_0=\text{常数} \tag{15.2.5}$$

则有

$$\begin{aligned} y&=r\cos\theta=r_0\cos\theta\\ x&=-r\sin\theta=-r_0\sin\theta\\ \mathrm{d}y&=-r_0\sin\theta\mathrm{d}\theta\\ \mathrm{d}x&=-r_0\cos\theta\mathrm{d}\theta \end{aligned} \tag{15.2.6}$$

对 α 族滑移线有

$$\frac{\mathrm{d}y}{\mathrm{d}x}=\tan\theta$$

同理，对 β 滑移线可导出　$\dfrac{\mathrm{d}y}{\mathrm{d}x}=-\tan\theta$

由此证明，滑移线坐标方程 $r=r_0$ 是合理的，它满足特征线方程。表明滑移线迹线为一圆弧，即当 θ 变化时，而 r 不变。且 α 线与 β 线正交，这就是上述的扇形简单应力场。

可以证明，均匀应力场之间总存在简单应力场，证明从略，这是一个很有用的结论。

15.2.3　汉基（Henky）第二定律

如沿一族滑移线的某一滑移线移动，则另一族滑移线在交点处的曲率半径的改变量是

沿该线所通过的距离（图 15-6）。其数学表达式为

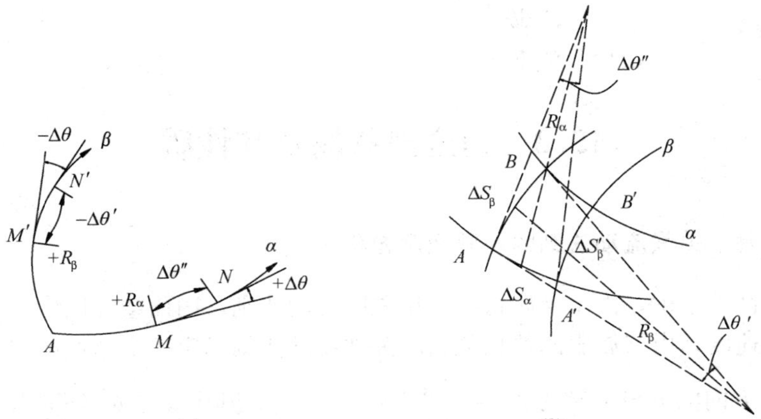

(a) (b)

图 15-6 汉基第二定律的证明

$$\frac{\partial R_\alpha}{\partial S_\beta}=-1,\frac{\partial R_\beta}{\partial S_\beta}=-1$$

证：如 α，β 线的曲率半径分别为 R_α、R_β，则曲率为

$$\frac{1}{R_\alpha}=\frac{\partial\theta}{\partial S_\alpha}$$

$$\frac{1}{R_\beta}=-\frac{\partial\theta}{\partial S_\beta} \tag{15.2.7}$$

这里规定 α 线（或 β 线）的曲率中心处于 S_β（S_α）增加方向时为正，反之为负。同时已规定 θ 角以逆时针旋转为正，沿着 α 线增加方向 θ 增加，沿着 β 线增加方向 θ 减少，所以 β 线曲率为负，因此式（15.2.7）中第二式为负号。

由式（15.2.7）得

$$\left.\begin{aligned}R_\alpha\Delta\theta''&=\Delta S_\alpha\\-R_\beta\Delta\theta'&=\Delta S_\beta\end{aligned}\right\} \tag{15.2.8}$$

令 $AB=\Delta S_\beta$，$A'B'=\Delta S'_\beta$，则

$$\Delta S'_\beta=\Delta S_\beta+\frac{\partial}{\partial S_\alpha}(\Delta S_\beta)\Delta S_\alpha$$

式中

$$\frac{\partial}{\partial S_\alpha}(\Delta S_\beta)\Delta S_\alpha\approx\frac{(R_\beta-\Delta S_\alpha)\Delta\theta'-R_\beta\Delta\theta'}{\Delta S_\alpha}\Delta S_\alpha=-\Delta\theta'\Delta S_\alpha$$

则有

$$A'B'-AB=-\Delta\theta'\Delta S_\alpha$$

$$\frac{\partial(\Delta S_\beta)}{\partial S_\alpha}=\Delta\theta' \quad 或 \quad \frac{\partial}{\partial S_\alpha}(-R_\beta\Delta\theta')=\Delta\theta'$$

按 Henky 第一定律，$\Delta\theta'$ 为一常数，则有

$$\left.\begin{aligned}\frac{\partial}{\partial S_\alpha}(R_\beta)&=-1\\\frac{\partial}{\partial S_\beta}(R_\alpha)&=-1\end{aligned}\right\} \tag{15.2.9}$$

由此，Henky 第二定理得到证明。同理得到

$$\left.\begin{aligned}&\text{沿}\ \alpha\ \text{线} \quad dR_\beta + R_\alpha d\theta = 0\\&\text{沿}\ \beta\ \text{线} \quad dR_\alpha + R_\beta d\theta = 0\end{aligned}\right\} \tag{15.2.10}$$

15.3 速度滑移场及其性质

15.3.1 基于关联流动法则的极限速度方程

在经典塑性力学中，由于金属材料服从关联流动法则，因而塑性区中一点的塑性应变率或塑性流动速度，由与屈服函数相关联的关联流动法则确定。令塑性区中一点的位移速度 v 在 x 和 y 方向的分量分别为 $v_x=\dfrac{\partial u_x}{\partial t}, v_y=\dfrac{\partial u_y}{\partial t}$，其中 u_x、u_y 分别为 x 和 y 方向的位移分量。

按应变率的定义和关联流动法则有：

$$\begin{aligned}\dot{\varepsilon}_x &= \frac{\partial v_x}{\partial x} = \dot{\lambda}\frac{\partial f}{\partial \sigma_x}\\ \dot{\varepsilon}_y &= \frac{\partial v_y}{\partial y} = \dot{\lambda}\frac{\partial f}{\partial \sigma_y}\\ \dot{r}_{xy} &= \frac{\partial v_x}{\partial y}+\frac{\partial v_y}{\partial x} = \dot{\lambda}\frac{\partial f}{\partial \tau_{xy}}\end{aligned} \tag{15.3.1}$$

其中 $\dot{\lambda}$ 为速率形式的塑性标量因子，f 为金属材料的屈服函数，如为 Mises 屈服方程有

$$J_2 = \frac{1}{4}(\sigma_x-\sigma_y)^2+\tau_{xy}^2 = k^2 \tag{15.3.2}$$

将式（15.3.2）代入式（15.3.1）并对 $f(\sigma_{ij})$ 求偏导，同时应用极限应力圆中的几何关系可得

$$\begin{aligned}\dot{\varepsilon}_x &= -\frac{1}{2}\dot{\lambda}\cos 2\theta\\ \dot{\varepsilon}_y &= \frac{1}{2}\dot{\lambda}\cos 2\theta\\ \dot{r}_{xy} &= \pm\dot{\lambda}\sin 2\theta\end{aligned} \tag{15.3.3}$$

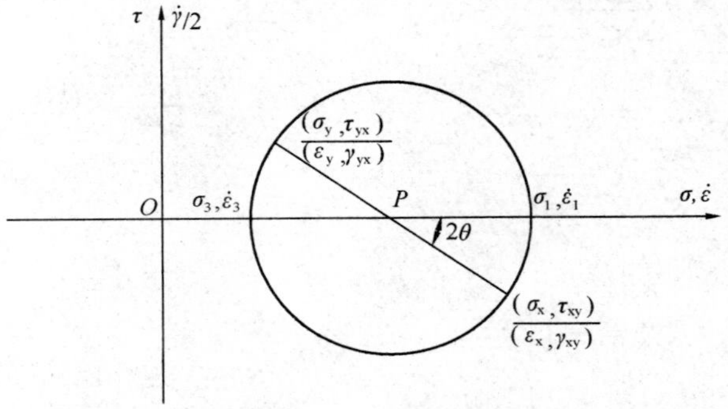

图 15-7 极限状态时应变速率莫尔圆

由上式可绘出极限状态时，应变速率莫尔圆如图 15-7，从图中可以看出应变速率圆与应力圆同心，且应变速率坐标原点也与应力的坐标原点相同，这正是相关联流动法则的体现。

从式（15.3.3）中消去 $\dot{\lambda}$，并将其中前两式相加与相减，可得如下方程组：

$$\begin{aligned}\dot{\varepsilon}_y + \dot{\varepsilon}_x &= 0 \\ \dot{\varepsilon}_y - \dot{\varepsilon}_x &= \dot{r}_{xy}\cot 2\theta\end{aligned} \tag{15.3.4}$$

其中上面第一个式子就是体积不可压缩条件。再将式（15.3.3）中的 $\dot{\varepsilon}_{xy}, \dot{\varepsilon}_y, \dot{r}_{xy}$ 代入式（15.3.4）后可得

$$\frac{\partial v_x}{\partial x} + \cot 2\theta \frac{\partial v_x}{\partial y} + \cot 2\theta \frac{\partial v_y}{\partial x} - \frac{\partial v_y}{\partial y} = 0 \tag{15.3.5}$$

$$\frac{\partial v_x}{\partial x} + \frac{\partial v_y}{\partial y} = 0$$

这就是以应变速度表示的应变率相容性条件。

15.3.2　用滑移线坐标系表示的极限速度方程

极限速度方程与极限应力平衡方程一样，也是一个拟线性偏微分方程组。利用应力极限平衡微分方程组的特征线或滑移线同样的解法，可得其速度滑移线或速度特征线方程为：

$$\frac{dx}{dy} = \begin{cases} \tan\theta \\ -\cot\theta \end{cases} \tag{15.3.6}$$

表明此式与应力滑移线式（15.1.2）或特征线式（15.1.5）完全一样。其原因是因为服从关联流动法则，塑性流动势面与屈服面一致，所以塑性流动方向与屈服面迹线的方向一致，所以在适应关联流动法则情况，应力滑移线与速度滑移线相同，且都是特征线。速度滑移线就是速度方向迹线，对金属材料它们与屈服面的迹线一致，而对岩土类材料则不一致。

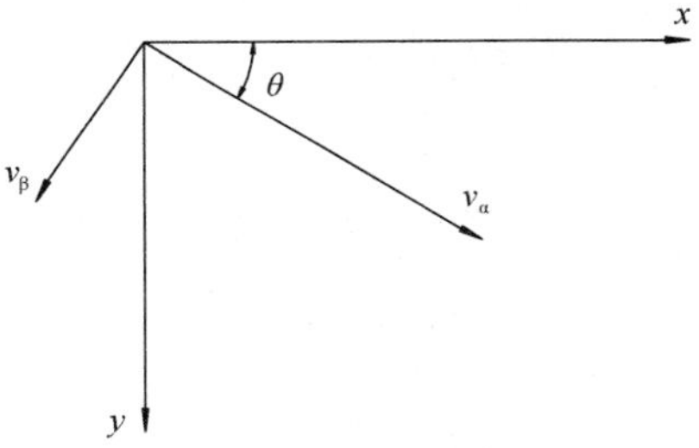

图 15-8　速度分解

将速度分量 v_x，v_y 变换为滑移线 α，β 方向的分量（图 15-8），变换关系为：

$$\begin{aligned}v_x &= v_\alpha\cos\theta - v_\beta\sin\theta \\ v_y &= v_\alpha\sin\theta + v_\beta\cos\theta\end{aligned} \tag{15.3.7}$$

代入式（15.3.3）得

$$\frac{\dfrac{\partial v_\alpha}{\partial x}\cos\theta - v_\alpha\sin\theta\dfrac{\partial\theta}{\partial x} - \sin\theta\dfrac{\partial v_\beta}{\partial x} - v_\beta\cos\theta\dfrac{\partial\theta}{\partial x}}{-k\sin 2\theta} = \dot{\lambda}$$

今取 x、y 沿 α，β 方向，即 $\theta=0$，因 $\dot{\lambda}$ 为有限值，则上式左边分子应为零，得

$$\frac{\partial v_\alpha}{\partial S_\alpha} - v_\beta\frac{\partial\theta}{\partial S_\alpha} = 0 \tag{15.3.8}$$

或沿 α 线上有

$$dv_\alpha - v_\beta d\theta = 0 \tag{15.3.9}$$

同理，沿 β 线上有

$$dv_\beta - v_\alpha d\theta = 0 \tag{15.3.10}$$

这就是沿滑移线的速度方程，又称 Geiringer 速度方程式，此时两族滑移线正交，体

应变率

$$\dot{\varepsilon}_v = \dot{\varepsilon}_x + \dot{\varepsilon}_y = 0 \tag{15.3.11}$$

应当指出，当利用式（15.3.9）和式（15.3.10）求解速度场分布时，不仅需要知道速度边界条件，而且还必须知道应力场的分布，这是因为无法用二个速度方程求解三个未知数 v_α，v_β 和 θ，因而只有利用已知的应力场确定速度场中的 θ 变化规律后，才能利用式（15.3.9）和（15.3.10）求解速度场。

15.3.3 速度滑移线性质

滑移线具有刚性性质，即沿滑移线的相对伸长速度为零。

根据式（14.1.5）可得

$$(\sigma_y - \sigma_x)\left(\frac{\partial v_x}{\partial y} + \frac{\partial v_y}{\partial x}\right) + 2\tau_{xy}\left(\frac{\partial v_x}{\partial x} + \frac{\partial v_y}{\partial y}\right) = 0$$

如取 x，y 沿 α，β 方向，$\sigma_\alpha = \sigma_\beta = \sigma$，则有

$$\frac{\partial v_\alpha}{\partial S_\alpha} - \frac{\partial v_\beta}{\partial S_\beta} = 0$$

而由式（14.1.7）有

$$\frac{\partial v_\alpha}{\partial S_\alpha} + \frac{\partial v_\beta}{\partial S_\beta} = 0$$

所以

$$\frac{\partial v_\alpha}{\partial S_\alpha} = 0\,,\ \frac{\partial v_\beta}{\partial S_\beta} = 0 \tag{15.3.12}$$

因此沿滑移线的相对伸长速度为零。但上述结论只适用于金属材料。由上可推知，直线滑移线上塑性应变率为零。由此可以推论：

①与均匀应力场相对应的速度场称为均匀速度场。这种速度场中，整个区域如同刚体一样以一定速度运动。

②与简单应力场相应的是简单速度场。沿直线滑移线的速度为常量；沿曲线滑移线的速度值也为常量，但其方向不断改变。

15.4 边 界 条 件

不仅要将基本方程写成沿滑移线的方程，而且边界条件也要作相应变换，以便采用滑移线法求解。

给定边界之上的应力 σ_n，τ_n（图 15-9）求 σ，θ

设边界面的法线与 y 轴夹角为 ε，如图（15-9）所示，作用在边界面上有正应力 σ_n 和切向应力 τ_n，σ_1 与边界面法线 n 方向之间夹角为（ε-θ）。由于塑性区边界面上应力满足屈服条件，因而 σ_n，τ_n 可视为应力分量，代入式（15.1.3）可得

$$\sigma_n = \sigma + k\cos 2(\varepsilon - \theta)$$

$$\theta = (-1)^{m}\frac{\pi}{2}m + \varepsilon - \frac{1}{2}\sin^{-1}\frac{\tau_n}{k} \tag{15.4.1}$$

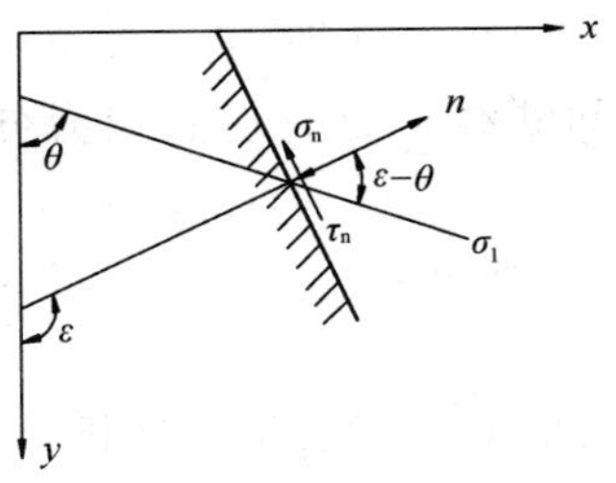

图 15-9　应力边界条件

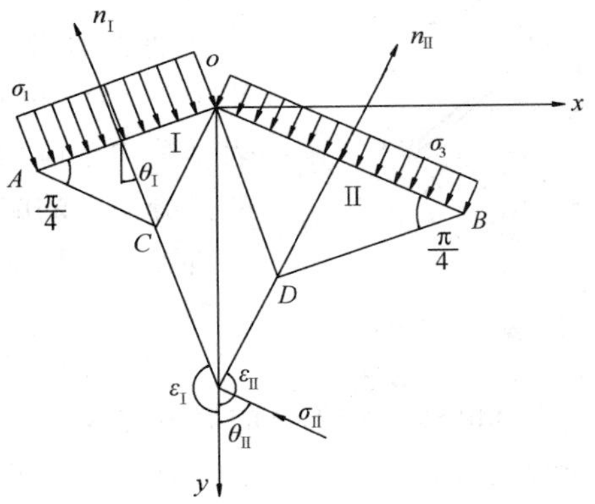

图 15-10　两种应力边界条件

式中 m 为任意整数，一般取主值 1 或 2。上式表明，对应给定的 σ_n，τ_n，σ，θ 不是唯一的，还需根据具体问题选取。如果表面光滑接触，$\tau_n=0$，则可得

$$\theta - \varepsilon = (-1)^{m}\frac{\pi}{2}m \tag{15.4.2}$$

如取 $m=1$，$\theta-\varepsilon=-45^\circ$，$\sigma_n=\sigma+k$

在边界为直线时，如果接触表面摩擦力达到金属抗剪强度的最大值，即边界上 $\tau_n=\pm k$，则

$$\theta - \varepsilon = (-1)^{m}\frac{\pi}{2}m - 45^\circ \tag{15.4.3}$$

如取 $m=1$，$\theta-\varepsilon=-\pi/2$，则一族滑移线与边界成 90°角，而另一族则沿边界面或为其公切线或包络线。

上面讨论的是两种极端情况，一般情况，滑移线与边界线的夹角介于上述两者之间。

此外，还可根据边界大小主应力方向或土体的位移趋势与方向来确定 m 的取值。如同图 15-10 所示，OA 与 OB 边上 τ_n 都等于零，若知道 OB 边下的土体有向上移动的趋势或知道 OB 边上作用有 $\sigma_n=\sigma_3$，则取 $m=1$，$\theta_{\mathrm{II}}=\varepsilon-\pi/2$。若 OA 边下的土体有向下移动趋势或知道 OA 边上作用的 $\sigma_n=\sigma_1$，则取 $m=2$，有 $\theta_{\mathrm{I}}=\pi-\varepsilon$。

15.5　应力间断线与速度间断线

在采用滑移线场法与极限分析上、下限法求极限荷载时，会遇到应力间断线与速度间断线，下面介绍其概念与性质。

15.5.1　应力间断线

一个完整的塑性区常常分为若干个区域。如果某两个塑性区的分界线两侧的切向应力发生间断或不连续。则这条分界线就称为应力间断线。

设 L 为应力间断面，L 的两侧分别称为（1）区和（2）区（图 15-11）。设 N 和 T 为

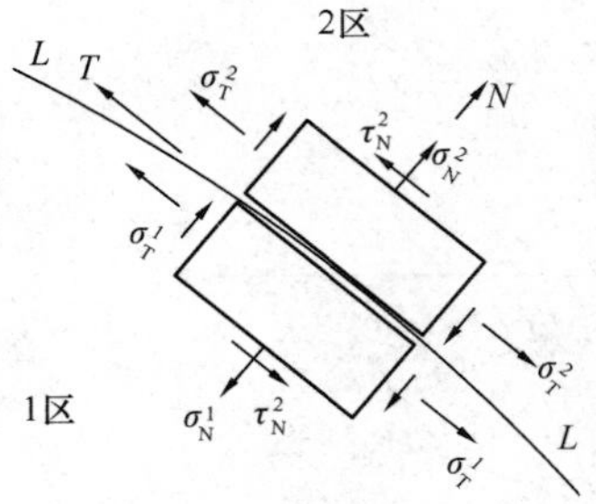

图 15-11 应力间断线图

L 上任一点处的法线和切线，则该点处的应力分量用 σ_N，σ_T 和 τ_N 表示，在该点附近（1）区和（2）区内相应应力分量分别表示为 $\sigma_N^{(1)}$，$\sigma_T^{(1)}$，$\tau_N^{(1)}$ 和 $\sigma_N^{(2)}$，$\sigma_T^{(2)}$，$\tau_N^{(2)}$。显然，作用于 L 面两侧的应力分量 $\sigma_N^{(1)}$，$\sigma_N^{(2)}$ 和 $\tau_N^{(2)}\tau_N^{(1)}$，是相等的，表明法向正应力不可能出现间断。而作用于垂直间断面 L 的微分面上的应力分量 σ_T，由（1）区横过 L 至（2）区时会有突变，因而在应力间断线上只有切向应力分量 σ_T 有间断。

应力间断线还具有如下性质：

（1）应力间断线一定不是应力滑移线。

在间断线两侧必然有 $\alpha_{\rm I}\neq\alpha_2$，$\beta_{\rm I}\neq\beta_2$，即滑移线过间断线时必发生转折。由于应力滑移线上只可能有一个滑移方向，因此应力滑移线不可能同时是应力间断线。

（2）应力间断线上速度是连续的。

因为应力间断线一定不是滑移线，由此可知两侧的切向速度 v_t 不间断，表明应力间断线上速度连续。

（3）沿应力间断线的线应变率为零。

两个塑性区的应力间断线可以认为它们之间存在着弹性区域的极限位置，因而应力间断线可以用一薄层的弹性层代替，而对于刚塑性体，弹性阶段变形为零，因而应力间断线不可伸长，线应变率为零。这也表明应力间断线两侧切向速度连续。

15.5.2 速度间断线

如果在塑性流动区域中，质点的运动速度在某一条线上发生大小与方向的变化时，这条线就称为速度间断线。如图 15-12，设 L 为速度间断面。为了保证材料的连续性，即不发生材料的堆积或裂缝，L 上各点的法向速度 v_n 必须保持连续，只有切向速度 v_t 可能有间断。

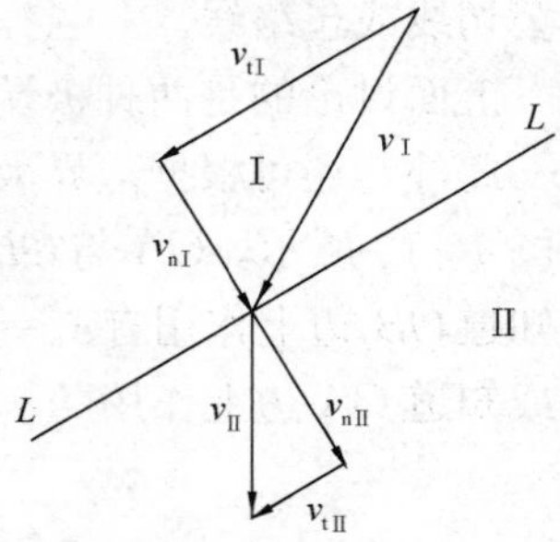

图 15-12 速度间断线

对于金属材料速度间断线具有如下性质：

1. 只允许出现切向速度不连续，即 $v_{t\rm I}\neq v_{t\rm II}$，而法向速度必须连续，即 $v_{n\rm I}\neq v_{n\rm II}$。这是因为金属材料没有塑性体应变率，任何法向速度的间断都意味着沿间断线垂直方向的开裂或重叠，这就破坏了连续体的连续性假设。只允许切向间断，也意味着速度间断量 Δv 与速度滑移线或间断线同向。

2. 速度间断线必为速度滑移线或其包线，因为速度间断只可能发生在速度滑移线或其包线上，即速度间断线与速度滑移线同向。

3. 刚性区或弹性区与塑性区的分界线一定是一条速度滑移线，也一定是一条速度间断线。

如果不计弹塑性（或刚塑性）区的刚体位移，在弹性区或刚性区有 $v_\alpha=v_\beta=0$；而在塑性区中 v_α 及 v_β 不能同时为零（否则也变成弹性区或刚性区），故在它们的交界处定将发生速度间断或速度不连续，形成速度间断线。按上述性质 2，它也一定是速度滑移线。

15.6 刚模压入极限荷载解

刚性平底冲模对理想塑性材料的压入问题是一个平面应变问题的典型例子。由于假设滑移线场不同，这一问题有二种解答，一种是希尔解，另一种是普朗特尔解，但两者结果一致。

设基础宽为 $2a$，其压力强度为 q（图 15-13），半无限体视作表面光滑的理想刚塑性材料。当 q 逐渐增大过程中，塑性区地基由两侧向外运动，希尔假定 AB 和 AB' 把影响区分成二部分，这里只考虑右半边塑性变形区。将自由边界下部视作均匀应力区，B 点为奇异点，按滑移线场规律，可只考虑右半边塑性变形区，AB 为均匀应力区。从而将滑移线场分为 ABD、DBE 和 BCE 三个塑性区（图 15-14（a））。

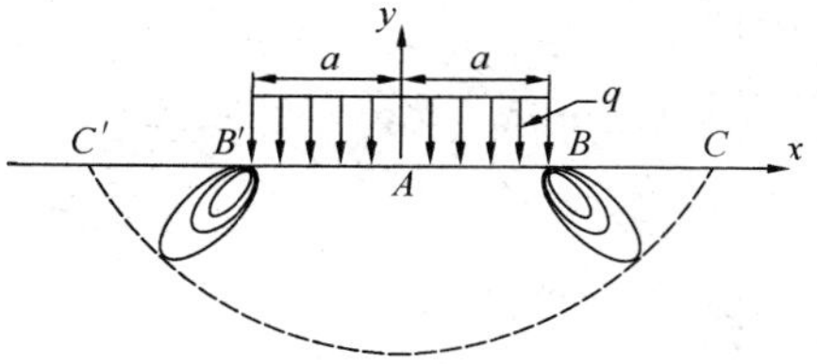

图 15-13 刚性平底冲模压入问题

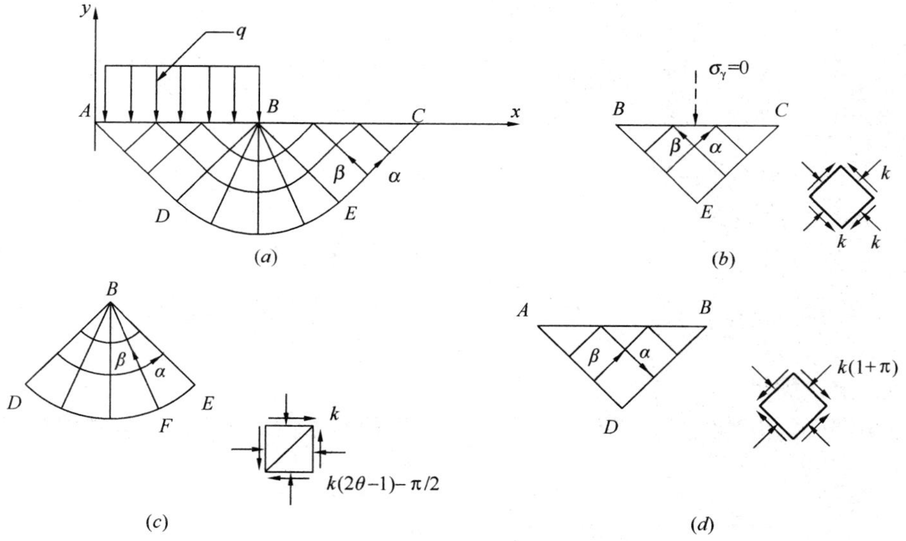

图 15-14 平面应变问题希尔解

（a）希尔解计算模型（右半区）；（b）BCE 塑性区；

（c）DBE 塑性区；（d）ABD 塑性区

（1）在 BCE 区（图 15-14（b）），有

$$\sigma_y = \tau_{xy} = 0$$

由屈服条件得出

$$\sigma_x = \pm 2k$$

由于 BEC 为向外向上运动方向的静水压力区，该区受到 BDE 区的挤压。这样，$\sigma_x = -2k$，$\sigma_m = -k$，由此有 σ_x 为最大主应力。由式（15.1.3），得

$$\sin 2\theta = 1, \quad \cos 2\theta = 0$$

从而，$2\theta=\pi/2+2m\pi$。取 $m=0$，得 $\theta=\pi/4$，这就确定了 α 线的方向。因为 BC 处处有：$\sigma_m=-k$，$\theta=\pi/4$，从而在 BEC 区内有：

$$\sigma_m = -k, \quad \theta = \pi/4 \tag{15.6.1}$$

（2）在中心扇形 BDE 区（图 15-14（c）），过 BE 线，应力应当连续，因此 α、β 线应当一致，而 θ 是变化的。沿 BE，$\theta=\pi/4$，而沿 BD，$\theta=-\pi/4$。

按中心扇形区应力状态，沿 β 线（扇形区的放射线），σ_m 为常数。按滑移线场的性质，沿任一 α 线，θ 在 DE 间任一点 F（图 15-14（c））与 D 之间的变化为一常数。则有

$$(\sigma_m)_{BF} - 2k\theta_{BF} = -k - 2k \cdot \frac{\pi}{4}$$

或

$$(\sigma_m)_{BF} = -k + 2k\left(\theta_{BF} - \frac{\pi}{4}\right)$$

由此得

$$(\sigma_m)_{BD} = -k + 2k\left(-\frac{\pi}{4} - \frac{\pi}{4}\right) = -k(1+\pi) \tag{15.6.2}$$

（3）在 ABD 区（图 15-14（d）），由应力沿 BD 的连续性，在全区应有

$$\sigma_m = -k(1+\pi)$$

$$\theta = -\frac{\pi}{4}$$

按式（15.1.3）有

$$\left.\begin{aligned} \sigma_x &= \sigma_m - k\sin 2\theta = -k\pi \\ \sigma_y &= \sigma_m + k\sin 2\theta = -k(2+\pi) \\ \tau_{xy} &= k\cos 2\theta = 0 \end{aligned}\right\} \tag{15.6.3}$$

显然，上式满足 AB 边界的边界条件。

将右半部分的滑移线场推广到左半部分，最后得到如图 15-15 所示整体滑移线场。

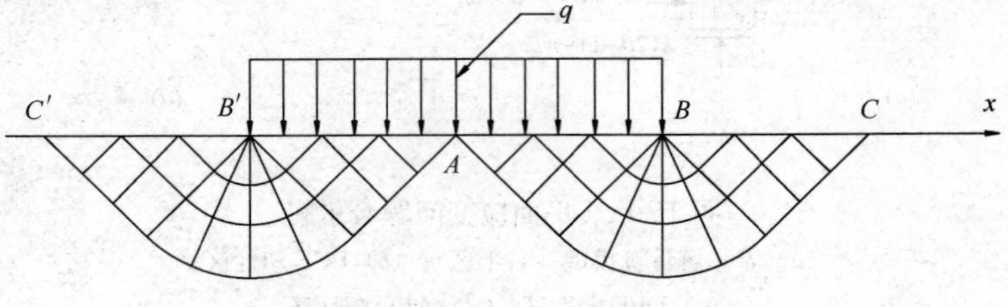

图 15-15 平面应变问题希尔解

按 AB 上正应力为常数的条件，由式（c）可得极限荷载 q_0

$$q_0 = k(2+\pi)$$

普朗特尔假设如图 15-16 所示的滑移线场，得出了与上同样的极限荷载。

作者通过极限状态下有限元计算获得滑移线的形式（图 15-17）与普朗特尔解十分接近。

希尔（Hill）解（图 15-15）与普朗特尔（Prandtl）解（图 15-16）具有同样的极限荷载解，但两者的滑移线不同，速度解也不同。可见，用不同的滑移线场都可获得极限荷

载，但它们都不一定是真正解，不同的学者有不同的观点。

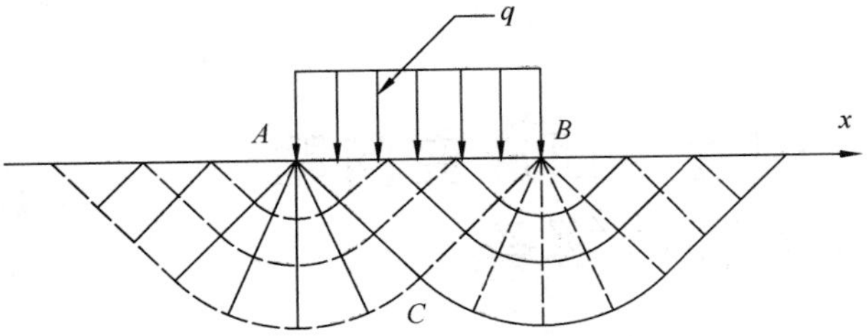

图 15-16 平面应变问题普朗特尔解

注：图中实线为 α 线；虚线为 β 线

图 15-17 有限元计算的滑移线

第十六章　广义塑性平面应变问题应力场的滑移线解答

16.1　平面应变问题应力场的滑移线解答

16.1.1　应力滑移线

按岩土力学特点建立坐标系，如图 16-1 规定重力方向向下为 y 轴正向，按左手规则确定 x 轴方向，图中 θ 为 M 点在主应力 σ_1 与 y 轴的夹角。α 及 β 分别为过 M 点的 α 及 β 滑移线与 y 轴的夹角。α，β 及 θ 均以逆时针方向为正，σ_1，σ_3 以压为正。

应力滑移线是理想塑性体达到极限平衡状态时的剪应力迹线。即理想塑性体中任意一点在某一面上剪应力达到它的抗剪强度时，就发生剪切塑性流动（剪切破坏）。如图 16-2 所示，当应力莫尔圆在抗剪强度包线（这里为库仑方程直线 AD）以内时，该点为弹性状态，若应力莫尔圆与抗剪强度库仑线 AD 相切于 D 时，该点即处于极限平衡状态，此时莫尔圆上 D 点的正应力为 σ_n，剪应力为 τ_n。剪应力 τ_n 与主应力 σ_1 的夹角为 $\mu=\pi/4-\varphi/2$。

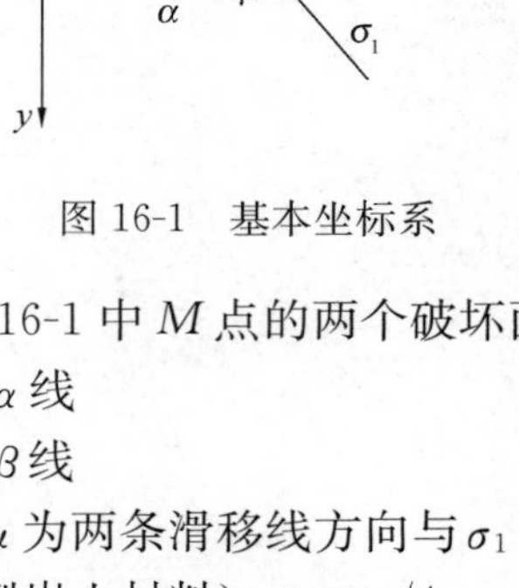

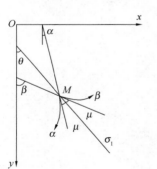

图 16-1　基本坐标系

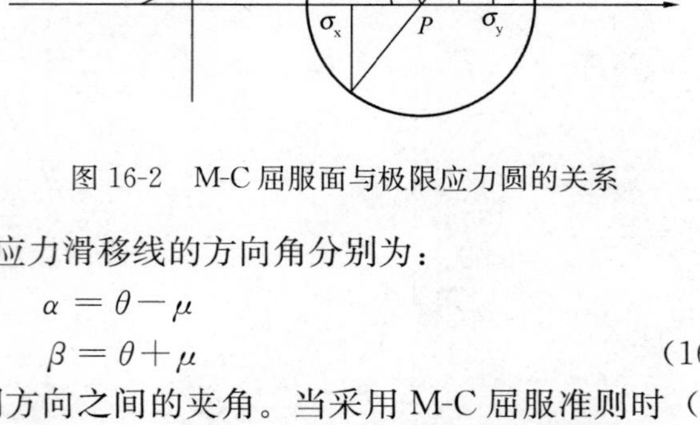

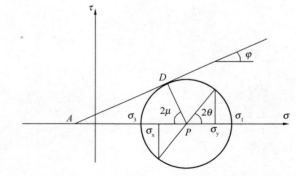

图 16-2　M-C 屈服面与极限应力圆的关系

图 16-1 中 M 点的两个破坏面或应力滑移线的方向角分别为：

沿 α 线　　$\alpha=\theta-\mu$

沿 β 线　　$\beta=\theta+\mu$　　(16.1.1)

式中　μ 为两条滑移线方向与 σ_1 作用方向之间的夹角。当采用 M-C 屈服准则时（以后简称 φ-c 型岩土材料），$\mu=\pi/4-\varphi/2$；当采用 Tresca 或 Mises 屈服或破坏准则时（以后简称 c 型岩土材料），$\mu=\pi/4$。

由图 16-1 可以看到，库仑材料的两个破坏面（α 面和 β 面）与主应力 σ_1 的方向夹角为 $\mu=\pi/4-\varphi/2$，而米赛斯材料为 $\pi/4$。其滑移线微分方程为：

α线 $$\frac{\mathrm{d}x}{\mathrm{d}y}=\tan(\theta-\mu)$$

β线 $$\frac{\mathrm{d}x}{\mathrm{d}y}=\tan(\theta+\mu) \tag{16.1.2}$$

前面已经说过，把平面上各点破坏面（或屈服面）方向的线段连接而成的迹线称为应力滑移线，即破坏面（或屈服面）迹线才是当前一般所谓的滑移线。由于滑移线是数学上的特征线，下面把应力滑移线也叫做应力特征线。实际上岩土材料的真正滑移方向不在滑移线上，而与滑移线成$\varphi/2$角。由此可见，对岩土类材料一般所说的滑移线与真正的滑移方向是不一致的。这是因为岩土材料的塑性势面与屈服面是不重合的。

然而，采用应力滑移线求解是因为滑移线能作为求解应力方程的特征线，而真正滑移方向的迹线不是应力特征线。

可以证明，式（16.1.2）也就是应力方程的特征线方程。

16.1.2 岩土材料极限平衡方程及其解答

采用岩土材料屈服准则结合平衡方程就能得到岩土材料的极限平衡方程，不同的屈服准则得到的方程是不同的，下面以M-C准则为准。由式（14.2.5）与平衡方程得极限平衡方程如下：

$$\left.\begin{aligned}&\frac{\partial p}{\partial y}(1+\sin\varphi\cos2\theta)+\frac{\partial p}{\partial x}\sin\varphi\sin2\theta+2R\left(-\frac{\partial\theta}{\partial y}\sin 2\theta+\frac{\partial\theta}{\partial x}\cos 2\theta\right)=\gamma\\&\frac{\partial p}{\partial y}\sin\varphi\sin 2\theta+\frac{\partial p}{\partial x}(1-\sin\varphi\cos 2\theta)+2R\left(\frac{\partial\theta}{\partial y}\cos 2\theta+\frac{\partial\theta}{\partial x}\sin 2\theta\right)=0\end{aligned}\right\} \tag{16.1.3}$$

若能从上式中求出p，θ，则可由式（15.1.3）求出σ_x，σ_y与τ_{xy}；进而根据问题的边界条件就可求出极限荷载p_u。因此求极限荷载问题就归结为数学上求解极限平衡微分方程组的问题。

当$\varphi=0$，$\gamma=0$时，式（16.1.3）即为式（15.1.4），可见式（16.1.3）也是双曲线型的一阶拟线性偏微分方程组，与其相伴随的两组实的特征线族，其方程为：

$$\frac{\mathrm{d}x}{\mathrm{d}y}=\tan(\theta\mp\mu) \tag{16.1.4}$$

式中 $\mu=\pi/4-\varphi/2$

若能从上式中求出p，θ，则可由式（15.1.3）求出σ_x，σ_y与τ_{xy}；若需求出滑移线方程，则须将求出的$\theta=\theta(x,y)$，代入式（16.1.4）并积分得出滑移线迹线方程$f=f(x,y)$，进而根据应力特征线性质利用边界条件就可求出极限荷载p_u。因此求极限荷载问题就归结为数学上求解极限平衡微分方程组的问题。利用特征线法可以求出（推导见相关文献）：

$$\left.\begin{aligned}&\text{沿}\ \alpha\ \text{线：}\quad \mathrm{d}p-2(p+\sigma_c)\tan\varphi\mathrm{d}\theta=\frac{\gamma\sin(\theta+\mu)\mathrm{d}y}{\cos\varphi\cos(\theta-\mu)}\\&\text{沿}\ \beta\ \text{线：}\quad \mathrm{d}p+2(p+\sigma_c)\tan\varphi\cdot\mathrm{d}\theta=-\frac{\gamma\sin(\theta-\mu)\mathrm{d}y}{\cos\varphi\cos(\theta+\mu)}\end{aligned}\right\} \tag{16.1.5}$$

这就是有重的$\varphi-c$型岩土材料沿α及β族滑移线的平均应力p和σ_1与y轴夹角θ的差分方程。利用差分法，就可以求解有重岩土各种边值问题的滑移线场分布和极限荷载。

16.1.3 特殊情况下应力特征线上 p-θ 解

下面将讨论具有 c、φ 值的 φ-c 型材料在各种特殊情况下极限荷载的应力特征线上 p-θ 解。对于砂类土，其中 $c=0$，仅只需令式（16.1.5）中的 $c=0$ 即可。

(1) 有重的纯黏性土（$\gamma\neq0$，$c\neq0$，$\varphi=0$）

由式（16.1.4）变换为 $\alpha-\beta$ 坐标系有：

$$\frac{\partial \alpha}{\partial \beta}=\begin{cases}\dfrac{\sin 2\theta}{\sin 2(\theta-\mu)}\\[2ex] \dfrac{\sin 2(\theta+\mu)}{\sin 2\theta}\end{cases} \tag{16.1.6}$$

当 $\mu=\frac{\pi}{4}$，则有：$\left(\frac{\partial \alpha}{\partial \beta}\right)_1\left(\frac{\partial \alpha}{\partial \beta}\right)_2=-1$。说明只有 $\mu=\frac{\pi}{4}$ 时，α 与 β 才处处正交。

故当 $\varphi=0$ 时，$\mu=\frac{\pi}{4}$，$\alpha=\theta-\frac{\pi}{4}$，$\beta=\theta+\frac{\pi}{4}$，$\sin\beta=\cos\alpha$，$\cos\beta=-\sin\alpha$，由式（16.1.5）积分可得：

$$\left.\begin{aligned}&\text{沿}\ \alpha\ \text{线：}\quad p^{*}-2c\,\theta=C_\alpha\\&\text{沿}\ \beta\ \text{线：}\quad p^{*}+2c\,\theta=C_\beta\end{aligned}\right\} \tag{16.1.7}$$

式中 $p^{*}=p-\gamma y$。同时式（16.1.2）简化为 $\frac{\mathrm{d}x}{\mathrm{d}y}=\tan(\theta\mp\frac{\pi}{4})$，这就是传统塑性力学中的有重材料的应力特征线微分方程的 $p-\theta$ 一般解。

(2) 无重的 $\varphi-c$ 型材料（$\gamma=0$）

由于 $\gamma=0$，这时由式（16.1.5）积分可得：

$$\left.\begin{aligned}&\text{沿}\ \alpha\ \text{线：}\quad p=C_\alpha e^{2\theta\mathrm{tg}\varphi}-\sigma_\alpha\\&\text{沿}\ \beta\ \text{线：}\quad p=C_\beta e^{-2\theta\mathrm{tg}\varphi}-\sigma_\beta\end{aligned}\right\} \tag{16.1.8}$$

式中 C_α，C_β 为积分常数，由所求问题的具体边界条件确定。

(3) 无重的 c 型岩土（$\gamma=0$，$\varphi=0$，$c\neq0$）

由式（16.1.5）积分后可得：

$$\left.\begin{aligned}&\text{沿}\ \alpha\ \text{线：}\quad p-2c\,\theta=C_\alpha=\text{const}\\&\text{沿}\ \beta\ \text{线：}\quad p+2c\,\theta=C_\beta=\text{const}\end{aligned}\right\} \tag{16.1.9}$$

上式就是服从 M-C 屈服准则的理想塑性材料沿 α 及 β 族滑移线上 p-θ 的变化规律方程。显然，它不是应力特征线的坐标方程，应力特征线迹线方程在直角坐标系中是 x、y 的函数 $f=f(x, y)$，在极坐标中是 r、θ 的函数 $f=f(r, \theta)$。

16.2 应力特征线迹线方程的求解及应力特征线方程的两种形式

上面已经求出在特殊应力特征线上每点 p 与 θ 的关系，而没有求出应力特征线迹线方程。真正的应力特征线迹线方程应该是将式(16.1.7)、(16.1.8)、(16.1.9)中的 $p=p(\theta)$ 代入式(16.1.3)求出 $\theta=\theta(x, y)$，再将 $\theta=\theta(x, y)$代入式(16.1.4)求出关于 x、y 的函数 $f=f(x, y)$，这才是真正的应力特征线迹线方程。这一求解过程是相当复杂的，而且不一定能求出真正的解。但可以通过假设应力特征线方程，然后再求解。但这方程的微分形式必须满足式(16.1.4)。

式（16.1.4）的特征线微分方程就是我们力学中的应力特征线的微分方程，求解应力特征线就归结为在 x、y 平面求解 $f=f(x, y)$，使其：

$$\frac{\mathrm{d}x}{\mathrm{d}y}=\tan(\theta\mp\mu)=\tan\left[\theta\mp\left(\frac{\pi}{4}-\frac{\varphi}{2}\right)\right] \tag{16.2.1}$$

下面我们分 θ 为常数和变量两种情况进行讨论：

（1）直线型（p、$\theta=\mathrm{const}$）

由于 p、θ 为常数，式（16.2.1）积分可得 α 线和 β 线为直线，方程为：

$$y=\cot\left[\theta\mp\left(\frac{\pi}{4}-\frac{\varphi}{2}\right)\right]x+C \tag{16.2.2}$$

式中 C 为常数。这种情况我们称为均匀应力场。

（2）对数螺旋线（p、$\theta\neq\mathrm{const}$）

由于岩土流动方向与应力滑移线成一角度，因而数学上应力滑移线一定是一条对数螺旋线。对数螺旋线方程假设为：

$$r=r_0e^{A\cdot\tan\left(B+\frac{\varphi}{2}\right)} \tag{16.2.3}$$

经坐标转换并整理可以得到（此处 A 为极角）：

$$x=r\sin A=r_0e^{A\cdot\tan\left(B+\frac{\varphi}{2}\right)}\sin A\text{，}y=r\cos A=r_0e^{A\cdot\tan\left(B+\frac{\varphi}{2}\right)}\cos A$$

$$\frac{\mathrm{d}x}{\mathrm{d}y}=\tan\left[\left(A-B+\frac{\pi}{4}\right)+\left(\frac{\pi}{4}-\frac{\varphi}{2}\right)\right] \tag{16.2.4}$$

由上面的推导过程知道式（16.2.3）中 A、B 值是根据具体情况确定的，但必须满足关系式 $\theta=A-B+\frac{\pi}{4}$ 使得 $\frac{\mathrm{d}x}{\mathrm{d}y}=\tan\left[\theta+\left(\frac{\pi}{4}-\frac{\varphi}{2}\right)\right]$ 成立。由此我们可以采用 $B=0, r=r_0e^{\left(\theta-\frac{\pi}{4}\right)\cdot\tan\frac{\varphi}{2}}$ 或者 $B=\frac{\varphi}{2}, r=r_0e^{\left[\theta-\left(\frac{\pi}{4}-\frac{\varphi}{2}\right)\right]\cdot\tan\varphi}$ 的应力滑移线形式。

从物理意义上看，B 就是岩土材料的膨胀角。$B=0$，表示岩土无体胀，满足了体变为零的基本假设，也比较符合岩土的实际状况。

当 $B=0$ 时，$A=\theta-\pi/4$，β 线的迹线方程为：

$$r=r_0e^{\left(\theta-\frac{\pi}{4}\right)\cdot\tan\frac{\varphi}{2}} \tag{16.2.5}$$

其滑移线场的图形如图 16-3（c），此时 α 线的极点为 O 点，我们称它为基于非关联流动法则的扇形滑移线场。由后述可知，α 线的切线方向就是岩土的真正滑动方向，即速度矢量方向，它与应力滑移线成 $\varphi/2$ 角，表明它不遵守关联流动法则。所以，这种滑移线场可用于基于广义塑性理论的滑移线场分析中。

尽管岩土过大的体胀不符合基本假设与实际情况，传统的岩土极限分析中，仍然假设岩土体有远超过实际的体胀，以满足关联流动法则。相当于人为地将 α 线旋转一个膨胀角 $\varphi/2$，即设 $B=\varphi/2$，此时极点 O 旋转到 A 点，相应的 α 线也旋转了 $\varphi/2$ 角，形成基于关联流动法则的扇形应力滑移线场，这就是传统极限分析中采用的应力滑移线场，速度矢量方向与应力滑移线成 φ 角。应力滑移线场如图 16-3 所示。即有：

$B=\varphi/2$，$A=\theta-(\pi/4-\varphi/2)$，$\beta$ 滑移线迹线方程为：

$$r = r_0 e^{[\theta-(\frac{\pi}{4}-\frac{\varphi}{2})]\cdot\tan\varphi} \tag{16.2.6}$$

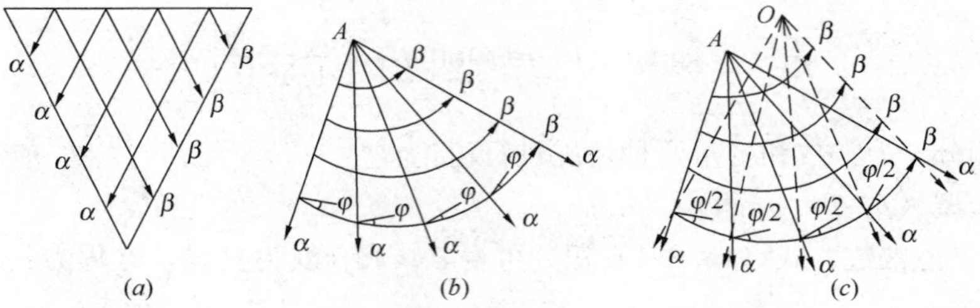

图 16-3　均匀应力场与简单应力场

(*a*) 均匀应力场；(*b*) 扇形应力场；(*c*) *O* 极点与 *A* 极点滑移应力场

这与传统岩土极限分析中，β 滑移线迹线经验方程 $r = r_0 e^{\theta\cdot\tan\varphi}$ 一致。不过这里的 θ 不再是一般所说的 θ，其含义已不是 y 轴与大主应力轴 σ_1 的夹角。这种滑移线场可用于基于关联流动法则的滑移线场分析，尽管真实的岩土材料并不存在这种状态，但作为一种解题方法是可行的，同样可以获得准确的极限荷载。

其实，对数螺旋线应力滑移线场或应力滑移线线场可以有很多个，只要 B 在 $0\sim\varphi/2$ 范围内取值，不同的 B 值对应着不同的应力滑移线场，也对应着不同的体胀。特殊的 B 值有 2 个：$B=0$ 表征着岩土材料没有体变，并满足非关联流动法则，形成 O 极点应力滑移线场；$B=\varphi/2$ 表征着岩土材料有远大于实际的体胀，且满足关联流动法则，形成 A 极点的应力滑移线场。

由上可见，基于关联流动法则的传统岩土极限分析中存在如下问题：

①允许岩土有过大的剪胀，这既不满足基本方程，又远远偏离实际，所以，它只是为了解题方便，使其能用关联法则解题而人为构筑的虚拟状态。

②由于传统极限分析中，没有发现适用于岩土真实状态的 O 极点扇形应力滑移线场，因而无法求出基于非关联流动法则的滑移线场解答。

③由极点 O 旋转到 A 点，人为地将 α 线旋转了 $\varphi/2$，由此得出速度矢线与应力滑移线成 φ 角，这只是虚拟状态，应当在解题后，再将岩土的虚拟状态回到真实状态，即再人为反转 $\varphi/2$ 角，此时的速度矢量线与应力滑移线也就成了 $\varphi/2$ 角。然而，目前的做法没有这一反转过程。因此这一结论只适用于关联流动法则的虚拟状态，不符合岩土的真实状况，它会导致速度场的求解出现严重错误。但不会影响求极限荷载，因为求解极限荷载时不需要引入流动法则。因此在应力滑移线场分析中，无论是基于广义塑性理论，还是基于传统塑性理论都会得出同样的极限荷载。

④尽管传统岩土极限分析中采用了关联流动法则，但从上可见，无论是基于广义塑性理论还是基于传统理论，实际中都没有使速度滑移线（速度矢线）与应力滑移线一致，这也是传统岩土极限分析中自相矛盾的地方。可见传统岩土极限分析中常假设速度滑移线与应力滑移线一致是不客观的。

16.3　平面应变问题的速度滑移线场

16.3.1　速度滑移线方程

前面讲述了岩土材料极限状态时的应力特征线方程及其特征线上 p、θ 变化规律，下面研究塑性流动开始时与应力特征线场相关的速度滑移线场。

速度滑移线是理想塑性体达到极限状态时，塑性流动的方向迹线。理想塑性体在塑性流动阶段，塑性区域中的一点的塑性应变率和塑性流动方向，在经典塑性理论中，由屈服函数和关联流动法则决定。在广义塑性理论中，由塑性势函数和非关联流动法则决定。适用于金属材料的经典塑性理论只是它的特例，因而本节中研究内容既适应岩土材料，又适应金属材料。对于平面应变问题，当达到极限状态时，塑性将沿着塑性势面的梯度方向（q 方向）发生流动。而不像经典塑性中，沿屈服面的梯度方向（σ_n 方向）流动。

此时，按非关联流动法则，有：

$$\left.\begin{aligned}
d\varepsilon_x &= \frac{\partial V_x}{\partial x} = \dot{\lambda}\frac{\partial q}{\partial \sigma_x} = -\frac{\sqrt{3}}{2}\dot{\lambda}\cos 2\theta = \frac{\sqrt{3}}{2}\sin 2\alpha \cdot \dot{\lambda} \\
d\varepsilon_y &= \frac{\partial V_y}{\partial y} = \dot{\lambda}\frac{\partial q}{\partial \sigma_y} = \frac{\sqrt{3}}{2}\dot{\lambda}\cos 2\theta = -\frac{\sqrt{3}}{2}\sin 2\alpha \cdot \dot{\lambda} \\
d\gamma_{xy} &= \frac{\partial V_x}{\partial y} + \frac{\partial V_y}{\partial x} = \dot{\lambda}\frac{\partial q}{\partial \tau_{xy}} = \sqrt{3}\dot{\lambda}\sin 2\theta = \sqrt{3}\cos 2\alpha \cdot \dot{\lambda}
\end{aligned}\right\} \tag{16.3.1}$$

将式（16.3.1）中第一式与第二式相减与相加得：

$$\left.\begin{aligned}
\frac{\partial V_x}{\partial x} - \frac{\partial V_y}{\partial y} &= -\sqrt{3}\cos 2\theta \cdot \dot{\lambda} \\
\frac{\partial V_x}{\partial y} + \frac{\partial V_y}{\partial x} &= 0
\end{aligned}\right\} \tag{16.3.2}$$

上式就是以位移速度表示的相容性条件，其中第二式即为极限分析中体应变率为零的基本假设。

现设 $V_{\alpha'}$，$V_{\beta'}$ 是塑性区内任意一点 p 的速度矢量沿滑移线 α' 及 β' 方向的速度分量，如图 16-4 所示，则速度矢量沿直角坐标系 x 与 y 方向的分量 V_x、V_y 与 $V_{\alpha'}$、$V_{\beta'}$ 的关系为：

$$\left.\begin{aligned}
V_x &= -V_{\alpha'}\sin(45^\circ - \theta) + V_{\beta'}\cos(45^\circ - \theta) \\
V_y &= -V_{\alpha'}\cos(45^\circ - \theta) + V_{\beta'}\sin(45^\circ - \theta)
\end{aligned}\right\} \tag{16.3.3}$$

将上式代入式（16.3.2），并令 x、y 沿 β'、α' 方向，即 $\alpha' = 45^\circ - \theta$，$\theta = 45^\circ$，则可得出：

$$\left.\begin{aligned}
\frac{\partial V_{\beta'}}{\partial S_{\beta'}} + V_{\alpha'}\frac{\partial \theta}{\partial S_{\beta'}} &= 0 \\
\frac{\partial V_{\alpha'}}{\partial S_{\beta'}} - V_{\beta'}\frac{\partial \theta}{\partial S_{\alpha'}} &= 0
\end{aligned}\right\} \tag{16.3.4}$$

即沿 β' 线有：

$$dV_{\beta'} + V_{\alpha'}d\theta = 0 \tag{16.3.5a}$$

沿 α' 线有：

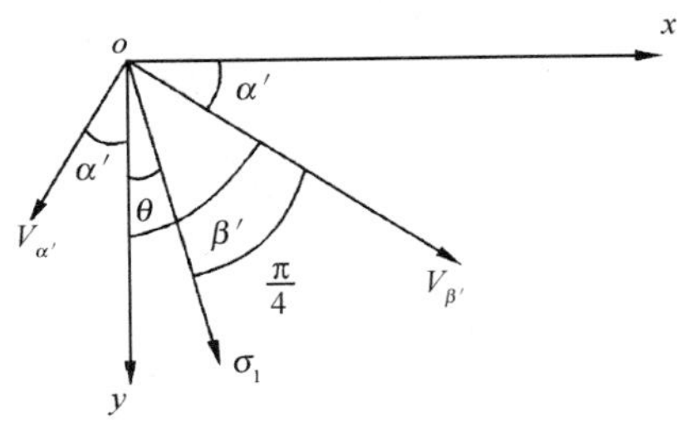

图 16-4　位移速度分解

$$dV_{\alpha'} - V_{\beta'}\,d\theta = 0 \tag{16.3.5b}$$

这就是服从广义塑性理论时沿滑移线方向的速度方程。由于塑性流动是沿塑性势面梯度方向进行的，与屈服条件 $F(\sigma_{ij})\leqslant 0$ 无关，所以它对金属材料与岩土材料都适用。

16.3.2　速度滑移线与应力特征线的关系

速度式（16.3.2）与应力极限平衡微分方程一样，也是一阶拟线性偏微分方程组。利用与应力极限平衡微分方程组同样的特征线或滑移线解法，可求得其速度滑移特征线的方程为：

$$\frac{dx}{dy} = \tan\left(\theta \mp \frac{\pi}{4}\right) \tag{16.3.6}$$

现在可以将式（16.3.6）同前面应力特征线方程的特征线（16.1.4）$\frac{dx}{dy} = \tan\left[\theta \mp \left(\frac{\pi}{4} - \frac{\varphi}{2}\right)\right]$ 进行比较，对于金属材料（16.1.4）变为 $\frac{dx}{dy} = \tan\left(\theta \mp \frac{\pi}{4}\right)$，则速度方程特征线与应力（极限平衡微分）方程特征线一致，即速度滑移线与应力特征线相同图16-5（a），它们与 x 轴或 y 轴的夹角均为 $\pi/4$，因而应力特征线和速度滑移线的夹角为零。对于岩土材料（$\varphi\neq 0$），速度滑移线与应力特征线成 $\varphi/2$ 夹角。可见，场内任何点上，应力特征线场与速度滑移线之间处处都成 $\varphi/2$ 角图16-5（b），而不是基于关联流动法则导出的 φ 角图16-6（b）。在简单应力场中，速度滑移线是圆弧线，应力特征线是对数螺

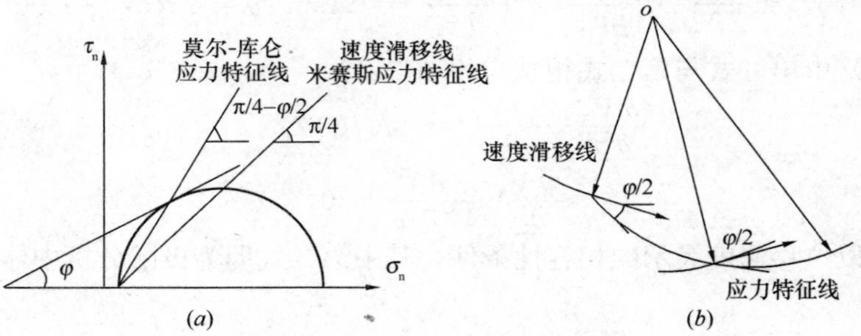

图16-5　基于广义塑性理论的应力特征线与速度滑移线的关系

（a）莫尔-库仑应力特征线与速度滑移线；（b）应力特征线与速度滑移线成 $\frac{\varphi}{2}$ 角

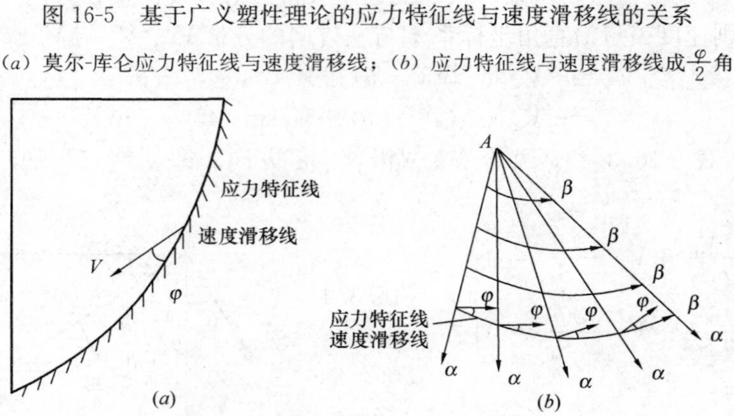

图16-6　基于传统塑性理论的应力特征线场与速度滑移线的关系

（a）垂直边坡应力特征线与速度滑移线成 φ 角；（b）应力特征线与速度滑移线成 φ 角

线，当采用非关联流动法则时图 16-5（b），在同一点上滑移线与特征线间必成 $\varphi/2$ 角。而当采用关联流动法则时，相当于人为地将 O 点向 A 点旋转 $\varphi/2$ 角，成为 A 极点的速度滑移线场（图 16-3），满足关联流动法则，应力特征线与速度滑移线处处成 φ 角。

16.3.3 速度滑移线场

由前面应力特征线的讨论可知，上面求出的结果是指在速度滑移线上某一点速度的关系式，而实际的速度滑移线并未求出，而且它还要依据于应力特征线中的 θ 变化。若要根据方程求解速度滑移线是相当困难的，下面我们分三种情况分别进行讨论：（坐标系的规定如同前面应力特征线的坐标系一样，即在同一坐标系）

（1）直线型（$d\theta=0$）

当滑移线为直线时，$d\theta=0$，由式（16.3.5a）和式（16.3.5b）可得：

$$dV_{\alpha'}=0,\quad dV_{\beta'}=0 \tag{16.3.7}$$

由此可见，$V_{\alpha'}$＝常数，$V_{\beta'}$＝常数，θ 为常数或零。

由式（16.3.6）可以知道速度滑移线也为直线，其方程和应力特征线相对应为：

$$y=x\cot\left(\theta\pm\frac{\pi}{4}\right)+c \tag{16.3.8}$$

（2）圆弧型（$d\theta\neq0$）

当应力特征线为对数螺旋线 $r=r_0e^{\pm A\tan\frac{\varphi}{2}}$ 时，其 θ 为线性变量。由式（16.3.6）同式（16.1.4）比较可知，相应的速度滑移线为圆弧线，其圆弧半径 r' 与该点处应力特征线（对数螺旋线 $r=r_0e^{\pm A\tan\frac{\varphi}{2}}$）的极径 r 相对应为 $r'=f(r)$，r' 与应力特征线中 r 存在关系 $r'=f(r)$，若取 $f(r)=r=r_0e^{\pm A\tan\frac{\varphi}{2}}$ 则说明应力特征线和速度滑移线共极点。这也说明速度滑移线的极径将随应力特征线上点的不同而变化，但针对应力特征线上每点来说其速度滑移线为圆弧。也就是说应力特征线上每点分别处于以该点为极径的圆弧速度滑移线上。对于曲线滑移线，V_α，V_β 的方向是要改变的。它在简单应力场中，V_β 与 θ 成比例变化，滑移线为圆弧线，V_β 只改变方向，不改变大小。

（3）速度滑移线端线为对数螺旋型（$d\theta\neq0$）

当应力特征线为对数螺旋线 $r=r_0e^{\pm A\tan\left(B+\frac{\varphi}{2}\right)}$ 时，其 θ 为非线性变量。由式（16.3.6）同式（16.1.4）比较可知，速度滑移线的端点连线（简称速端线）应为对数螺旋线，其方程和应力特征线（对数螺旋线 $r=r_0e^{\pm A\tan\left(B+\frac{\varphi}{2}\right)}$）相对应为：

$$r'={r'}_0e^{\pm A\tan B} \tag{16.3.9}$$

同理 $r'_0=f(r)$，若取 $f(r)=r=r_0e^{\pm A\tan\left(B+\frac{\varphi}{2}\right)}$，则对于对数螺旋型速端线来说，应力特征线上每一点分别处于以该点为极径的对数螺旋速端线上。由式（16.3.4）可知 V_α，V_β 的方向和大小都是要改变的，但是在对数螺旋速端线上每一点必须满足式（16.3.4）。

16.4 岩土材料滑移线的性质

16.4.1 应力特征线的性质

了解应力特征线（相应的还有速度滑移线）的物理意义与几何性质，对于构造应力场以至滑移线场求解极限荷载都是至关重要的，以下重点讨论无重的岩土材料应力特征线的基本性质。根据应力特征线的定义和推导过程，应力特征线具有以下一些基本性质，其中某些与金属材料相同：

（1）沿应力特征线上的剪应力 τ_n 等于抗剪强度，故应力特征线就是滑移破坏线，但应力滑移线与金属材料滑移线不同，金属材料应力滑移线是主剪应力线，法向应力为零，而岩土材料应力滑移线不是主剪应力线，存在法向应力而不为零；

（2）两族应力特征线间的夹角与材料屈服准则有关，服从 M-C 屈服准则的 φ-c 型岩土材料两族应力特征线不正交，夹角为 $2\mu=\pi/2-\varphi$，服从 T-M 屈服准则的 c 型岩土材料两族应力特征线正交，夹角为 $2\mu=\pi/2$；

（3）对 φ-c 型岩土材料来说，黏聚力 c 的存在不影响两族应力特征线的形状和夹角；对所有岩土类材料，重力的存在不影响两族应力特征线间的夹角。

除了这最基本的特性之外，应力特征线还有以下一些重要性质。

（1）沿同一条应力特征线上的 p-θ 积分常数相同。尽管一条应力特征线可能经过不同的塑性区，而且在不同的塑性区应力特征线的形状也可能发生变化，但只要在同一条应力特征线上，其 p-θ 积分常数必相同。

推论一：对于金属材料（$\varphi=0$），沿同一条应力特征线上平均应力 p 与 θ 角呈比例变化。

推论二：若应力特征线的某一段为直线，则在该线段上的 p，θ 以及 σ_x，σ_y，σ_{xy} 均为常量。

推论三：若应力滑移场已知，则只需知道两条不同族应力特征线中一个交点的平均应力 p，就可以求出该应力场中各点的平均应力 p 值。

（2）Henky 第一定律：若两条 α 族和两条 β 族应力特征线相交于 a、b、c、d 各点，则被 α_1 及 α_2 切割的 β_1 和 β_2 线的相应线段 ac 和 bd 的转角相等。写成公式则为：

$$\left.\begin{aligned}\Delta\beta_{ca}&=\Delta\beta_{bd}\\ \Delta\alpha_{ba}&=\Delta\alpha_{dc}\end{aligned}\right\} \tag{16.4.1}$$

推论一：若一条 α 族应力特征线的某一线段为直线，则所有被 β 族应力特征线切割的 α 族应力特征线的相应段均为直线。

推论二：若两条 α 族应力特征线跨越两条 β 族应力特征线，则两条 α 族应力特征线在其与 β 族应力特征线的交点处的等效平均应力 $\overline{p}=(p+\sigma_c)$ 变化的比值相等。

（3）Henky 第二定律：过一条 α 族应力特征线上两点的两条 β 族应力特征线的曲率半径之差，等于该条 α 应力特征线上两点间的长度除以 $\cos\varphi$。写成公式则为：

$$\left.\begin{aligned}\frac{\partial R_\alpha}{\partial S_\beta}&=-\frac{1}{\cos\varphi}\\ \frac{\partial R_\beta}{\partial S_\alpha}&=-\frac{1}{\cos\varphi}\end{aligned}\right\} \tag{16.4.2}$$

式中 R_α（或 R_β）为沿 β（或 α）族应力特征线的曲率半径。

16.4.2 速度滑移线的性质

对比沿速度滑移线的位移速度变化式（16.3.5）与沿应力特征线的应力变化式

（16.1.8）可以看出，对于应力特征线问题，只要知道塑性边界上的 p，θ 值，边界附近的应力特征线与应力值就可唯一决定，因此求解塑性区的应力场分布问题属于静定问题。而当利用式（16.3.5）求解速度场分布时，不仅需要知道速度边值条件，而且还必须事先知道应力场的分布，这是因为式（16.3.5）中有三个未知数 v_α，v_β 和 θ，但只有两个方程，因此只有通过已知的应力场确定了速度场中的 θ 变化规律后，才能利用式（16.3.5）求解速度场。所以速度方程属于超静定问题。一般是由应力方程求出应力场分布后，再利用速度滑移线同应力特征线相差 $\varphi/2$ 求出速度滑移线，或利用速度边值条件采用数值积分的方法求出相应的速度场。由此可知速度滑移线具有以下特征：

（1）直线滑移线上的塑性应变率为零，或位移速度不变。

若一条 α 族应力特征线为直线，则在该条应力特征线上有 $\theta=\text{const}$，其相应的速度滑移线上有 $\mathrm{d}\theta_\alpha=0$，由式（16.3.7）第一式知 $\mathrm{d}v_\alpha=0$，故 $v_\alpha=\text{const}$，且有 $\dot{\varepsilon}_\alpha=\dfrac{\partial v_\alpha}{\partial S_\alpha}=0$。由此可以推论：

（a）与均匀应力场相对应的速度场称为均匀速度场，即为直线型速度滑移线场。在这种速度场中，沿直线滑移线上的速度为常量或为零（$v_\alpha=v_\beta=\text{const}$ 或 $v_\alpha=v_\beta=0$），整个区域如同刚体一样以一定速度运动着。

（b）与简单应力场相对应的是简单速度场，即为圆弧型速度滑移线场。在简单速度场中，沿速度滑移线上的速度方向都要发生变化，而大小一般不变。

（2）弹塑性区的交界面是速度滑移线的间断线，但与经典塑性不同，它不一定是速度滑移线。

如果不计弹塑性（或刚塑性）区的刚体位移，在弹性区或刚性区有 $v_\alpha=v_\beta=0$；而在塑性区中 v_α 及 v_β 不能同时为零（否则也变成弹性区或刚性区），故在它们的交界处定将发生速度间断或速度不连续，形成速度间断线，但不一定是速度滑移线，因为对岩土材料来说，速度滑移线与应力滑移线是不一致的。

知道了滑移线的这些特性，就可以根据它们来求解岩土工程中的一些实际问题，如地基的极限承载力等。

16.5 岩土材料应力间断线与速度间断线

16.5.1 岩土材料应力间断线

（1）应力间断线一定不是应力滑移线；

（2）应力间断线上速度是连续的。

以上两点与经典塑性是相同的。

16.5.2 岩土材料速度间断线

岩土材料的速度间断线与金属材料的速度间断线有很大不同，可以证明速度间断线具有如下性质：

1. 速度间断线不一定是速度滑移线；

2. 基于广义塑性理论的速度滑移线与应力滑移线之间具有 $\varphi/2$ 角；基于传统塑性理论具有 φ 角，而对金属材料速度滑移线与应力滑移线重合。

3. 如上所述，刚性区（或弹性区）与塑性区的分界线一定是一条速度间断线，与金属材料不同，不仅存在切向速度间断，也存在法向速度间断。它不一定是一条速度滑移线，而一定是应力滑移线（即破坏线）。但当岩土材料滑移线在 q 轴方向上，即塑性势面方向上，该方向也是剪应变轴 γ 方向。因而塑性体积变形为零，保证了体积不可屈服条件及不出现法向速度不连续。

16.6 基于广义塑性理论半平面无限体极限荷载的 Prandtl 解

16.6.1 半平面无限体极限荷载的 Prandtl 应力特征线解

在岩土工程中经常用到半平面无限体的应力特征线场，其破坏机构模式常用有 Prandtl 机构和 Hill 机构，可以基于广义塑性理论求解，也可基于传统塑性理论求解，两者得到的极限荷载相同，本节基于广义塑性理论求解。

16.6.1.1 确定应力特征线场

如图 16-7 所示，基础（宽度为 l）以下的塑性区根据应力边界条件和运动趋势可分为主动区Ⅰ，过渡区Ⅱ和被动区Ⅲ。各区域的具体边界线由应力边界条件来确定。由于半平面无限体的对称性，可仅取其右边一半进行分析。首先从Ⅲ区的边界条件分析。

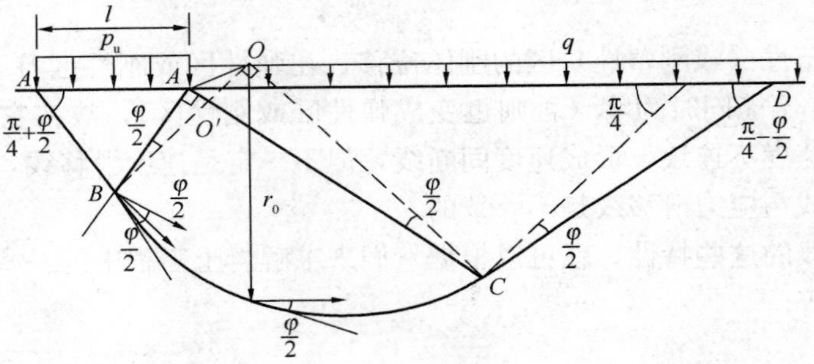

图 16-7 半平面无限体 Prandtl 应力特征线解

在以 AD 平面为边界的Ⅲ区，由于 AA 有向上的运动趋势，故Ⅲ区为被动区。应力边界条件为 $\sigma_n=q=\sigma_3$，$\tau_n=0$，$\varepsilon=\pi$。由于 $\theta=\pi/2$ 为常量，由式（16.2.2）可知其滑移线为直线，方程为

$$y=\cot\left[\frac{\pi}{2}+\left(\frac{\pi}{4}-\frac{\varphi}{2}\right)\right]x+C$$

将边界条件代入，经整理可得 α、β 族滑移线上 p-θ 的积分常数为：

$$C_\beta=(p+\sigma_c)\frac{e^{\pi\tan\varphi}}{(1-\sin\varphi)} \tag{16.6.1}$$

在以 AAB 为边界的Ⅰ区，边界条件为 $\sigma_n=p_u$，$\tau_n=0$，$\varepsilon=\pi$。由于 $\theta=0$ 为常量，由式（16.2.2）可知其滑移线也为直线，方程为

$$y = \cot\left(\frac{\pi}{4} - \frac{\varphi}{2}\right)x + C$$

将边界条件代入，经整理可得 α、β 族滑移线上 p-θ 的积分常数为：

$$C_\beta = \frac{(p_u + \sigma_c)}{(1 + \sin\varphi)} \tag{16.6.2}$$

在由 ABC 组成的过渡区Ⅱ，由于 θ 变量从 0 变到 π/2 可知本区必为对数螺旋线应力特征线场，其∠BAC=π/2。根据 B 点的应力条件可假设对数螺线的极坐标方程为：

$$r = r_0 e^{(\theta - \frac{\pi}{4})\tan\frac{\varphi}{2}}$$

此处 θ 为对数螺线的展开角。下面对对数螺旋型应力特征线的极点位置进行求解：

∵ $$AA = l$$

∴ $$AB = \frac{l}{2\cos\left(\frac{\pi}{4} + \frac{\varphi}{2}\right)}$$

$$BO' = \frac{AB}{\cos\frac{\varphi}{2}} = \frac{l}{2\cos\left(\frac{\pi}{4} + \frac{\varphi}{2}\right)\cos\frac{\varphi}{2}},\ OO' = OC\tan\frac{\varphi}{2}$$

∵ $$OB = r_1 = r_0 e^{(\theta - \frac{\pi}{4})\tan\frac{\varphi}{2}} = r_0 e^{-\frac{\pi}{4}\tan\frac{\varphi}{2}}\ (\theta = 0)$$

$$OC = r_2 = r_0 e^{(\theta - \frac{\pi}{4})\tan\frac{\varphi}{2}} = r_0 e^{\frac{\pi}{4}\tan\frac{\varphi}{2}}\ \left(\theta = \frac{\pi}{2}\right)$$

∴ $$e^{\frac{\pi}{2}\tan\frac{\varphi}{2}} = \frac{r_2}{r_1} = \frac{OC}{OB} = \frac{OC}{\dfrac{l}{2\cos\left(\frac{\pi}{4} + \frac{\varphi}{2}\right)\cos\frac{\varphi}{2}} + OC\tan\frac{\varphi}{2}}$$

由此可求得：

$$OB = \frac{l \cdot e^{-\frac{\pi}{2}\cdot\tan\frac{\varphi}{2}}}{2\left(e^{-\frac{\pi}{2}\cdot\tan\frac{\varphi}{2}} - \tan\frac{\varphi}{2}\right)\cos\frac{\varphi}{2}\cos\left(\frac{\pi}{4} + \frac{\varphi}{2}\right)} \tag{16.6.3}$$

如图 16-7 所示，楔体中的滑移线网将全部确定。

16.6.1.2 确定极限荷载

按照滑移线的性质，对沿同一族滑移线的 C_α、C_β 均相同。故有式（16.6.1）=式（16.6.2）。由此可以解出钝角平顶楔体的极限荷载或极限承载力 p_u 为：

$$p_u = (q + \sigma_c)\tan^2\left(\frac{\pi}{4} + \frac{\varphi}{2}\right)e^{\pi\tan\varphi} - \sigma_c = q \cdot N_q + c \cdot N \tag{16.6.4}$$

式中

$$\left.\begin{aligned} N_q &= \tan^2\left(\frac{\pi}{4} + \frac{\varphi}{2}\right)e^{\pi\tan\varphi} \\ N_c &= (N_q - 1)\cot\varphi \end{aligned}\right\} \tag{16.6.5}$$

N_q，N_c 为与岩土材料的摩擦角 φ 有关的极限荷载系数或承载力系数，分别反映斜面上的压力压载强度 q 及黏聚力 c 对极限荷载或承载力的影响。

例子中 Prandtl 的应力特征线场不一样，而所得的结果跟以前所求的一样，这是因为求解的过程只应用了应力特征线上的 p-θ 性质，而并没有用到速度滑移线的形状和方程。

16.6.2 半平面无限体极限荷载的 Prandtl 速度滑移线解

普朗特尔解是一个有 80 年历史的经典解，它依据平衡条件与屈服条件求出了极限荷载，此解是否是真实解，还需通过速度方程加以验证。下面求普朗特尔应力特征线场中的速度矢量及其分布规律。如图 16-8 所示，并取一半分析，求应力场中三个区域的速度矢量。

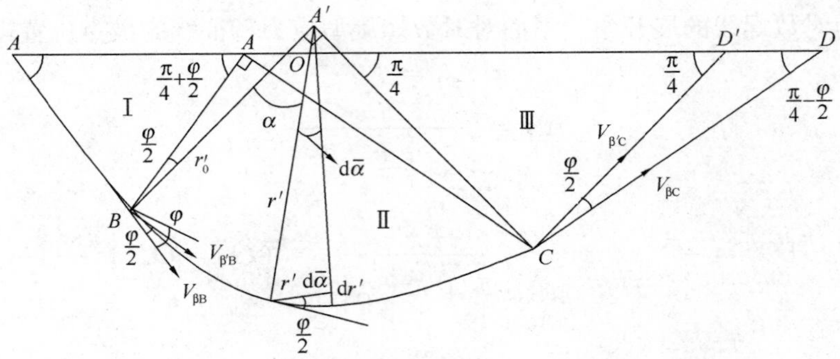

图 16-8 Prandtl 速度滑移线场

（1）以 AAB 构成的Ⅰ区，在 p_u 作用下，有向下滑动趋势，即在 AA 边界上，有 $V_y=V$。由于 σ_1 方向与 y 轴方向重合，$\theta=0$，所以Ⅰ区为均匀应力场。由上述分析可知，应力特征线为 α 线与 β 线两条直线，而速度场滑移线与应力特征线必成 $\varphi/2$ 角，因而速度滑移线 α'、β' 分别与应力特征线 α、β 成 $\varphi/2$ 角（图 16-9）。

由式（16.3.5a）可得Ⅰ区的速度为：

$$V_{\alpha'\mathrm{I}}=V_{\beta'\mathrm{I}}=V\sin\frac{\pi}{4}=\frac{\sqrt{2}}{2}V \tag{16.6.6}$$

在 B 点有：

$$V_{\beta'\mathrm{B}}=V_{\alpha'\mathrm{B}}=\frac{\sqrt{2}}{2}V \tag{16.6.7}$$

（2）Ⅱ区 ABC 为简单应力场，速度场也为简单速度场，应力场与速度场不重合，速度场极点为 A'，$\bar{\alpha}$ 为对数螺线的展开角，在 B 点 $\bar{\alpha}=0$，在 C 点 $\bar{\alpha}=\frac{\pi}{2}$（图 16-10），由图可见

$$\mathrm{d}r'=r'\cdot\mathrm{d}\bar{\alpha}\cdot\tan\frac{\varphi}{2} \tag{16.6.8}$$

积分后得：

$$r'=r'_0\cdot e^{\bar{\alpha}\cdot\tan\frac{\varphi}{2}} \tag{16.6.9}$$

令 $AA=l$，$A'B=r'_0$，由图示几何关系可得：

$$BO=\frac{AB}{\cos\dfrac{\varphi}{2}}=\frac{l}{2\cos\left(\dfrac{\pi}{4}+\dfrac{\varphi}{2}\right)\cdot\cos\dfrac{\varphi}{2}},\ A'C=r'_0\cdot e^{\frac{\pi}{2}\cdot\tan\frac{\varphi}{2}}$$

$$r'_0 = A'B = BO + OA' = \frac{l}{2\cos\left(\frac{\pi}{4}+\frac{\varphi}{2}\right)\cdot\cos\frac{\varphi}{2}} + r'_0\cdot\tan\frac{\varphi}{2}\cdot e^{\frac{\varphi}{2}\tan\frac{\varphi}{2}}$$

由此可得：

$$r'_0 = \frac{l}{2\cos\left(\frac{\pi}{4}+\frac{\varphi}{2}\right)\cdot\cos\frac{\varphi}{2}\cdot\left(1-\tan\frac{\varphi}{2}\cdot e^{\frac{\pi}{2}\cdot\tan\frac{\varphi}{2}}\right)}$$

$$= \frac{l\cdot e^{-\frac{\pi}{2}\cdot\tan\frac{\varphi}{2}}}{2\cos\left(\frac{\pi}{4}+\frac{\varphi}{2}\right)\cdot\cos\frac{\varphi}{2}\cdot\left(e^{-\frac{\pi}{2}\cdot\tan\frac{\varphi}{2}}-\tan\frac{\varphi}{2}\right)} \tag{16.6.10}$$

式（16.6.9）就是Ⅱ区的速度滑移线端点的连线 BC 的方程式。它是一条对数螺线，且其切线始终与速度滑移线成 $\varphi/2$ 角，由此可推断出 BC 线一定是应力特征线 β 线的迹线方程。

$$r = r_0\cdot e^{\bar{\alpha}\cdot\tan\varphi} \tag{16.6.11}$$

但式（16.6.9）与基于传统塑性理论的应力特征线迹线式（16.6.11）明显不同。由 16.6.3 节可知，式（16.6.9）和式（16.6.11）都是 BC 线的迹线方程。只是式（16.6.9）的极点在 A' 点而式（16.6.11）的极点在 A 点。它们是同一条线，但按极点不同有两种表达（图 16-8）。

在这条线上，只在 α 方向发生间断，但在 α' 方向上不会发生法向间断，以保证体积不变与法向连续。

BC 应力特征线是弹塑性的分界线，也是速度间断线，但不是速度滑移线或其包线。当前一些教科书中认为速度间断线一定是速度滑移线或其包线，这一结论并不适用于岩土材料，因为岩土材料速度滑移线和应力特征线是不一致的。从莫尔圆可以看出，破坏线上存在法向应力；同时破坏线只保证应力特征线 α 方向的速度 $V_\alpha=0$，而速度场上的 $V_{\alpha'}$、$V_{\beta'}$ 是存在的，即具有法向速度 $V_{\alpha'}$ 与切向速度 $V_{\beta'}$。由于 $V_\alpha=0$，则有：

$$V_\alpha = V_{\alpha'}\cos\frac{\varphi}{2} + V_{\beta'}\sin\frac{\varphi}{2} = 0 \tag{16.6.12}$$

则有：

$$V_{\alpha'} = -V_{\beta'}\tan\frac{\varphi}{2} \tag{16.6.13}$$

由式（16.3.5a）可得：

$$dV_{\beta'} = -V_{\alpha'}d\alpha = V_{\beta'}\tan\frac{\varphi}{2}d\alpha \tag{16.6.14}$$

则第二区 BC 线，有：

$$V_{\beta'\mathrm{II}} = V_{\beta'\mathrm{B}}\cdot e^{\bar{\alpha}\cdot\tan\frac{\varphi}{2}} = \frac{\sqrt{2}}{2}Ve^{\bar{\alpha}\cdot\tan\frac{\varphi}{2}} \tag{16.6.15}$$

$$V_{\beta'\mathrm{c}} = V_{\beta'\mathrm{B}}\cdot e^{\frac{\pi}{2}\cdot\tan\frac{\varphi}{2}} = \frac{\sqrt{2}}{2}Ve^{\frac{\pi}{2}\tan\frac{\varphi}{2}} \tag{16.6.16}$$

上式表明 $V_{\beta'}$ 随 $\bar{\alpha}\cdot\tan\frac{\varphi}{2}$ 以指数关系增大，符合速度滑移线轨迹。

(3) Ⅲ区 ACD，也为均匀应力场，可知 $V_{\beta'\mathrm{III}}$ 为常数（图 16-10）：

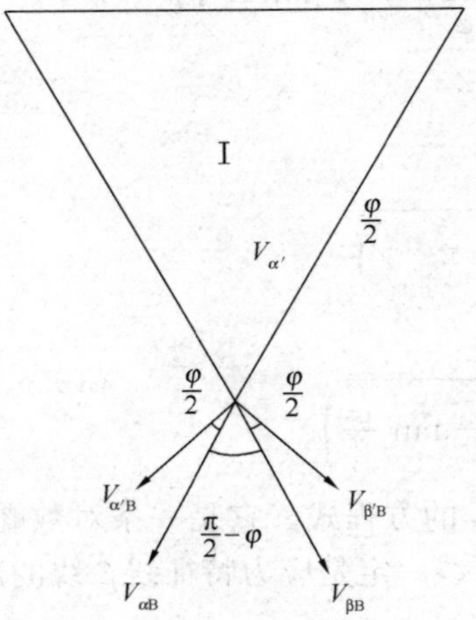

图 16-9 Ⅰ区应力场与速度场

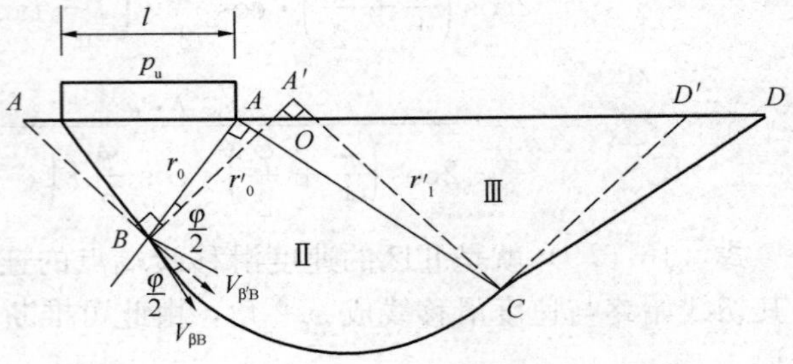

图 16-10 Ⅱ区和Ⅲ区应力场与速度场

$$V_{\beta'\mathrm{III}}=V_{\beta'\mathrm{C}}=\frac{\sqrt{2}}{2}Ve^{\frac{\pi}{2}\cdot\tan\frac{\varphi}{2}} \tag{16.6.17}$$

$$V_{\beta'\mathrm{D}}=\frac{\sqrt{2}}{2}Ve^{\frac{\pi}{2}\cdot\tan\frac{\varphi}{2}} \tag{16.6.18}$$

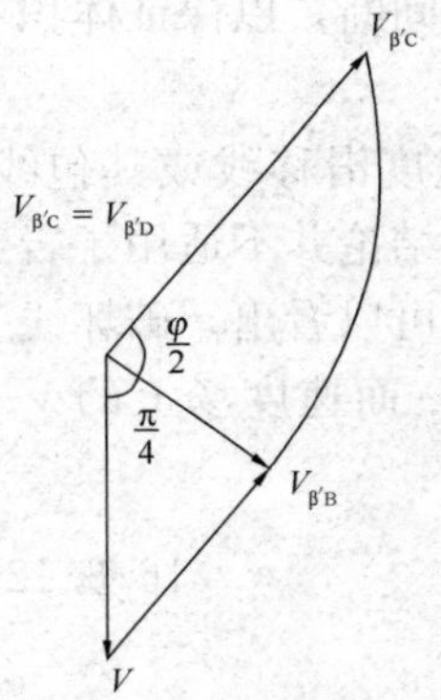

图 16-11 速端图

其速端图如图 16-11 所示：

表 16-1 中列出了按传统算法与按本节算法，本算例Ⅰ、Ⅱ、Ⅲ区中两者端速度的比值，实际上除了数值不同外，两者的速度方向也相差 $\varphi/2$。

由表 16-1 可见，$\varphi=0$ 时，非正交解与正交解是一致的，因为这种情况下应力特征线和速度滑移线相同，正交解是正确解，同时又是非正交解的一种特殊情况，因而两种解相同。随着 φ 值增大，两者速度解差值也增大，可达 2～5 倍，表明速度解的差异是较大的。如果要考虑土体实际存在的不大的体胀，只需在 $\varphi/2$ 上加一个真实的膨胀角，这样会得到更加真实的结果。

各区滑移线速度（经典解/本文解）比较 **表 16-1**

φ (°)	Ⅰ区	Ⅱ区	Ⅲ区
	$\bar{\alpha}=0$	$\bar{\alpha}=\pi/4$	$\bar{\alpha}=\pi/2$
0	1.00	1.00	1.00
5	1.05	1.09	1.12
10	1.10	1.18	1.26
15	1.16	1.29	1.44
20	1.23	1.43	1.65
25	1.31	1.59	1.92
30	1.41	1.80	2.29
35	1.53	2.07	2.80
40	1.67	2.43	3.52
45	1.85	2.93	4.64

第十七章　经典塑性中的极限分析定理

17.1　概　　述

极限分析定理是理想塑性处于极限状态下的普遍定理。应用这一定理就可以对问题直接求解而不必通过对微分方程的积分，这就避免了求解中数学上的困难。但对于多数工程实际问题求极限荷载的精确解也是困难的，需寻求其近似解。极限分析的上、下限定理就是放松极限荷载的某些约束条件，寻求极限荷载上限解与下限解的一种理论。即借用理想塑性材料的上、下限定理，求出极限荷载的上限解与下限解。依据上、下限解，我们就可知道精确解的范围。

为弄清上、下限定理，必须先了解静力许可的应力场和运动许可的速度场。因为物体极限状态也要满足平衡方程与不违背屈服条件；也要满足变形协调，应变与位移的相容方程。因此极限状态的特征是：应力场为静力许可的，应变率场为运动许可的。

静力许可应力场（简称静力场）σ_{ij}应满足下列条件：

（1）在区域V内满足平衡条件：$\sigma_{ij,j}+F_i=0$；

（2）在区域V内满足屈服不等式：$f(\sigma_{ij})\leqslant 0$；

（3）在应力边界S_p上，满足应力边界条件：$\sigma_{ij}n_j=p_i$，n_j为边界力所在边界S_p的方向余弦。在一个受力体内，可以构造出无数符合上述条件的静力场，但真实的静力场只是其中一个。可见真实应力场一定是静力许可应力场，而静力许可应力场不一定是真实应力场。静力场应力可以连续也可以间断。它可不顾应变率场（$\dot{\varepsilon}_{ij}$）是否相容，即静力许可应力场与应变率场（$\dot{\varepsilon}_{ij}$）无关，因为静力场不一定是真实应力场。

运动许可应变率场$\dot{\varepsilon}_{ij}^{*}$或速度场$v_i^{*}$必须满足下述条件：

（1）在区域V内满足几何条件：$\dot{\varepsilon}_{ij}=\dfrac{1}{2}(v_{i,j}^{*}+v_{j,i}^{*})$，亦即$\dot{\varepsilon}_{ij}$能由某一速度场$v_i^{*}$导出；

（2）在速度边界S_V上满足边界条件：$v_i^{*}=\overline{v}_i$；

（3）满足外力功率大于零的要求：$\int_{S_v}p_i v_i^{*}\,\mathrm{d}S\geqslant 0$；

（4）满足体积不可压缩条件：$\dot{\varepsilon}_{ij}=0$。

一个变形体内可构造出许多符合上述条件的速度场或应变率场，但真实的速度只能是运动许可速度场或应变率场中的一个。速度场v_i^{*}可以不连续，但法向速度必须连续。由$\dot{\varepsilon}_{ij}$的方向，可以在屈服面上找出对应的σ_{ij}^{*}值（称为机动场的应力），但σ_{ij}^{*}是否满足平衡条件和力边界条件，则可不顾。

17.2 虚功率原理

在求上、下限解时，要运用有间断场时的虚功率原理，因而对其作必要的介绍。

17.2.1 无间断面时的虚功率方程

对于无间断面时的虚功率原理可叙述如下：外力 F_i，p_i 对任何运动许可的速度场 v_i^*（虚速度）所作的虚外功功率等于静力许可应力场 σ_{ij} 对虚应变率 $\dot{\varepsilon}_{ij}^*$ 所作的虚内功功率。

$$\int_V F_i v_i^* \,\mathrm{d}V + \int_V p_i v_i^* \,\mathrm{d}S = \int_V \sigma_{ij}\dot{\varepsilon}_{ij}^* \,\mathrm{d}V \tag{17.2.1}$$

证：由于 $\dot{\varepsilon}_{ij}^* = \frac{1}{2}(v_{i,j}^* + v_{j,i}^*)$ 以及 $\sigma_{ij} = \sigma_{ji}$

因而式（17.2.1）右端可写成

$$\int_V \sigma_{ij}\dot{\varepsilon}_{ij}^* \,\mathrm{d}V = \int_V \sigma_{ij} v_{i,j}^* \mathrm{d}V = \int_V (\sigma_{ij} \cdot v_i^*)_{,j} \mathrm{d}V - \int_V \sigma_{ij,j} \cdot v_i^* \,\mathrm{d}V$$

运用高斯散度定理于等式右端第一项及对第二项利用平衡条件，则上式成为

$$\int_V \sigma_{ij}\dot{\varepsilon}_{ij}^* \,\mathrm{d}V = \int_{S_v} p_i v_i^* \,\mathrm{d}S + \int_V F_i v_i^* \,\mathrm{d}V$$

这就是式（17.2.1）表示的虚功原理。

在不考虑体力的情况下，上式可写作

$$\int_{s_v} p_i v_i^* \,\mathrm{d}S = \int_V \sigma_{ij}\dot{\varepsilon}_{ij}^* \,\mathrm{d}V \tag{17.2.2}$$

式（4.2.2）右边表示物体内部的功率（应变能的变化率），其左边代表表面力乘以表面上速度所做的外力功率。由此可见，虚功率原理说明这两部分的功率是相等的。这里的应力与速度可以独立选取，推导过程中不涉及本构关系，因而既可用于弹性体，也可用于弹塑性体。

17.2.2 有速度间断面时的虚功率方程

设物体中某一速度间断面 S_D，在运动许可速度场中，法向速度连续，否则将出现裂缝和重叠现象，切向速度不连续，速度的不连续量为 Δv。由于间断面上有速度变化，故在间断面上要耗散塑性功率，则间断面单位面积耗散的塑性功率为：

$$\tau\ |\Delta v| \,\mathrm{d}S > 0 \tag{17.2.3}$$

所以在虚功率方程中再加一项修正项，其中 τ 是 S_D 间断面上的剪应力，它必须满足 $\tau \leqslant \tau_s$（τ_s 为抗剪强度），沿 S_D 面的功率消耗为：

$$\int_{s_D} \tau\ |\Delta v| \,\mathrm{d}S \tag{17.2.4}$$

当区域内的间断面有多个时，可将沿间断面的耗散功率加起来：

$$\sum \int_{s_D} \tau\ |\Delta v| \,\mathrm{d}S \tag{17.2.5}$$

由此虚功率原理表示为：

$$\int_V F_i v_i^* \,\mathrm{d}V + \int_{s_v} p_i v_i^* \,\mathrm{d}S = \int_V \sigma_{ij}\dot{\varepsilon}_{ij}^* \,\mathrm{d}V + \sum \int_{s_D} \tau\,[v^*]\mathrm{d}S \tag{17.2.6}$$

如不考虑体力时，则写成

$$\int_{s_v} p_i v_i^* \mathrm{d}S = \int_V \sigma_{ij} \dot{\varepsilon}_{ij}^* \mathrm{d}V + \sum \int_{s_D} \tau [v^*] \mathrm{d}S \qquad (17.2.7)$$

式中 $[v^*]$ 为沿 S_D 上切向位移增量的间断量。

17.3 极限分析定理——上限定理与下限定理

塑性极限分析的上、下限定理，可从能量原理推出。

17.3.1 下限定理

在所有与任意静力许可应力场相对应的极限荷载 p_u^- 中，真正的极限荷载 p_u 最大，即 $p_u \geqslant p_u^-$ 。

证明：

设有一体积为 V 的刚塑性物体（图 17-1），表面积为 S，其中在 S_p 部分上给定面力 $\overline{p}_i$ ，在 S_v 部分上给定位移增量 v_i。如果略去体力，对于真实应力场的虚位移原理可以给出：

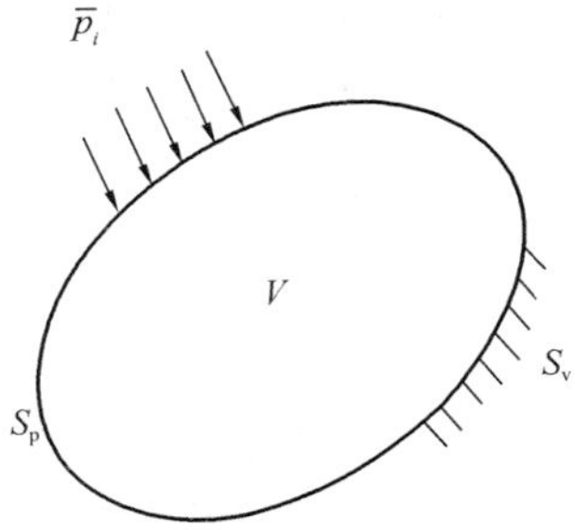

图 17-1 刚塑性体边界条件

$$\int_S p_i v_i \mathrm{d}S = \int_V \sigma_{ij} \dot{\varepsilon}_{ij}^* \mathrm{d}V = \int_V S_{ij} \dot{\varepsilon}_{ij}^* \mathrm{d}V \qquad (17.3.1)$$

式中 S_{ij} 为应力偏量。同样，对于静力许可的应力场 σ_{ij}^* 和面力 p_i^* ，有

$$\int_S p_i^* v_i \mathrm{d}S = \int_V \sigma_{ij}^* \dot{\varepsilon}_{ij}^* \mathrm{d}V = \int_V S_{ij}^* \dot{\varepsilon}_{ij}^* \mathrm{d}V \qquad (17.3.2)$$

其中 $S=S_v+S_p$，因此式（17.3.1）为

$$\int_{S_p} p_i v_i \mathrm{d}S + \int_{S_v} p_i v_i \mathrm{d}S = \int_V S_{ij} \dot{\varepsilon}_{ij}^* \mathrm{d}V \qquad (17.3.3)$$

考虑到在 S_p 上有 $p_i = p_i^*$ ，则式（17.3.2）可写成

$$\int_{S_v} p_i^* v_i \mathrm{d}S + \int_{S_p} p_i^* v_i \mathrm{d}S = \int_V S_{ij}^* \dot{\varepsilon}_{ij} \mathrm{d}V \qquad (17.3.4)$$

将式（17.3.3）与式（17.3.4）两式相减，并对金属材料由德鲁克公设得出

$$\int_{S_v} (p_i - p_i^*) v_i \mathrm{d}S = \int_V (S_{ij} - S_{ij}^*) \dot{\varepsilon}_{ij}^* \mathrm{d}V \geqslant 0 \qquad (17.3.5)$$

则有

$$\int_{S_v} p_i v_i \mathrm{d}S \geqslant \int_{S_v} p_i^* v_i \mathrm{d}S \qquad (17.3.6)$$

由此得出 S_v 上有

$$P_u \geqslant P_u^* \qquad (17.3.7)$$

下限定理，$p_u \geqslant p_u^-$ 得证。同时还可证明，如果在真正解速度场内有速度的间断面，或者在真正解应力场，可能应力场中有应力的间断面，下限定理依然成立。

式（17.3.7）表示在给定的速度场中的外力功率（左右）比真正的外力功率（左右）小。也就是说，理想刚塑性体的下限定理是指由可能应力场得到的外力功率是真正外力功率的下限。因此在求极限荷载时，需在可能的应力场中选取最大者才是较好的近似解。

17.3.2 上限定理

在所有与任意运动许可的速度场相对应的极限荷载 p_u^+ 中，真正的极限荷载 p_u 最小，即 $p_u \leqslant p_u^+$ 。

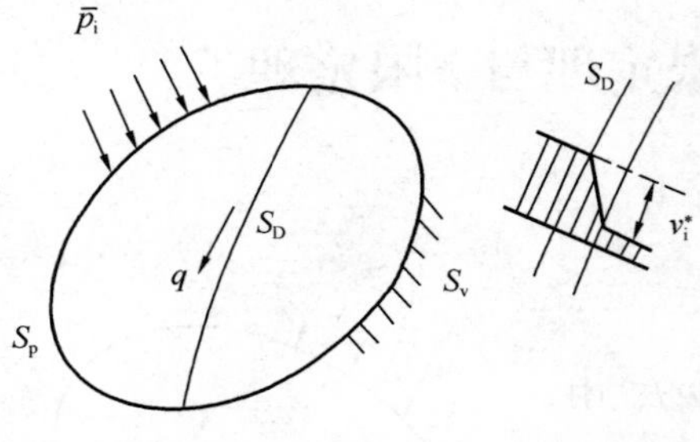

图 17-2 上切向速度间断量

证明：

由虚位移原理，有

$$\int_S p_i v_i^* \mathrm{d}S = \int_V \sigma_{ij} \dot{\varepsilon}_{ij}^* \mathrm{d}V + \sum \int_{S_D} \tau[v^*] \mathrm{d}S_D \tag{17.3.8}$$

其中，$[v^*]$ 为沿 S_D 上切向位移增量的间断量（图 17-2），Σ 表示对各间断面求和，τ 为沿间断线 S_D 的 σ_{ij} 的切向分量，若 σ_{ij}^* 是根据塑性势的概念由 $\dot{\varepsilon}_{ij}^*$ 导出的，但不一定是静力许可的应力场，对金属材料，按德鲁克公设有

$$\int_V (\sigma_{ij}^* - \sigma_{ij}) \dot{\varepsilon}_{ij}^* \mathrm{d}V \geqslant 0 \tag{17.3.9}$$

由此，式（17.3.8）化为

$$\int_S p_i v_i^* \mathrm{d}S \leqslant \int_{S_v} \sigma_{ij}^* \dot{\varepsilon}_{ij}^* \mathrm{d}V + \sum \int_{S_D} k[v^*] \mathrm{d}S_D \tag{17.3.10}$$

其中 k 为剪切屈服极限，且 $k \geqslant \tau$。因有

$$\int_S p_i v_i^* \mathrm{d}S = \int_{S_v} p_i \bar{v}_i \mathrm{d}S + \int_{S_p} p_i v_i^* \mathrm{d}S \tag{17.3.11}$$

因此式（17.3.10）可写成

$$\int_{S_v} p_i \bar{v}_i \mathrm{d}S \leqslant \int_{S_v} \sigma_{ij}^* \dot{\varepsilon}_{ij} \mathrm{d}V + \sum \int_{S_D} k[v^*] \mathrm{d}S_D - \int_{S_p} p_i v_i^* \mathrm{d}S = \int_{S_v} p_i^* v_i^* \mathrm{d}S = \int_{S_v} p_i^* \bar{v}_i \mathrm{d}S \tag{17.3.12}$$

则有

$$\int_{S_v} p_i v_i^* \mathrm{d}S \leqslant \int_{S_v} p_i^* v_i^* \mathrm{d}S \tag{17.3.13}$$

$$p_i \leqslant p_i^* \tag{17.3.14}$$

即

$$p_u \leqslant p_u^+$$

由此上限定理得证。上限定理表示由上限荷载 p_u^+ 对可能速度场得到的功率（式右）是真正解外力功率（式左）的上界。因此，在求极限荷载时，需在各种可能速度场中选取最小者才是较好的近似值。

17.4 刚性平底冲模问题的上、下限解

对金属材料，刚性平底冲模问题的上、下限解（图 17-3）是一个典型的例子，求得的上、下限解相等，表明它是一个完全解。

（1）下限解

从第十五章得知，在静力许可应力场上的 AB 边界上有

$$\tau = 0, \sigma_1 = -k(\pi + 2)$$

设垂直向下运动的虚速度在 AB 边界上 S_v 有 $v_i = 1$，按式（17.3.6）得：

$$P_u^- = \int_{S_u} k(\pi + 2) \cdot 1 \mathrm{d}S = 2ka(\pi + 2) \leqslant P_u$$

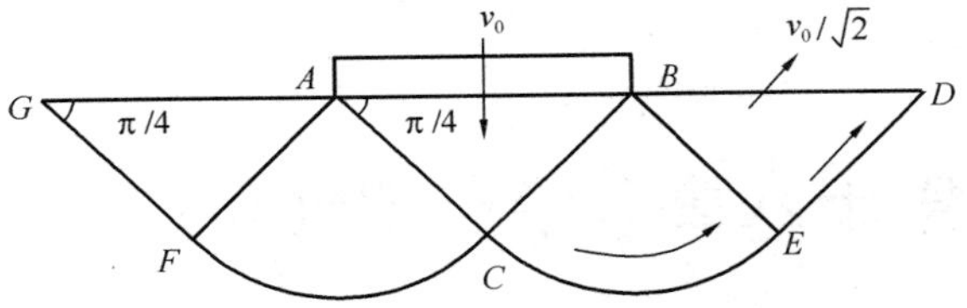

图 17-3 刚性平底冲模问题上限解

（2）上限解

由于图 17-3 所示的速度场是一个运动许可速度场，则可按上限定理求出极限荷载上限解，图 17-3 中所示的三个三角形区域是均匀应力场，其应变为零，因而只要考虑两个扇形区域即可。

上限定理为

$$\int_{S_v} p_u v_i \mathrm{d}S \leqslant \int_v \sigma_{ij}^* \dot{\varepsilon}_{ij}^* \mathrm{d}V + \sum \int_{S_D} k[v^*] \mathrm{d}S_D - \int_{S_p} p_u v_i^* \mathrm{d}S$$

已知 AB 速度边界以速度 v_0 向下作刚体运动（图 17-3），则沿扇形区 BCE 及 ACF 周向的位移速度为 $\frac{v_0}{\sqrt{2}}$。而沿周向的应力已知为 k（见第十五章）。则上式中右面第一项为

$$2k \frac{v_0}{\sqrt{2}} \cdot \frac{2a}{\sqrt{2}} \cdot \frac{\pi}{2}$$

由于 S_p 边界 BD 与 AG 为自由边界，所以第三项为零。

间断面有两个，即 $ACED$ 与 $BCFG$，沿这些间断面的速度不连续量都是 $\frac{v_0}{\sqrt{2}}$，所以第二项为

$$2k \frac{v_0}{\sqrt{2}}(AC + CE + ED) = 2akv_0\left(2 + \frac{\pi}{2}\right)$$

代入上限定理即得

$$P_u^+ = 2ka(\pi + 2) \geqslant P_u$$

第十八章　经典塑性与广义塑性中极限分析的上限法

18.1 概　　述

基于经典塑性理论的极限分析方法，广泛应用于金属材料并获得了成功。W. F. Chen 又将其推广应用到岩土工程领域，但分析中采用了 M-C 屈服准则及相关联流动法则，由此引起了土体过大的剪胀。尽管作为一种解题方法导出的岩土材料极限分析上限法的最终计算结果是可用的，但理论上却存在如下一些矛盾：

1. 经典的极限分析理论在计算中采用了相关联流动法则，而试验证明，关联流动法则并不适用于岩土材料，这已成为岩土界的共识；

2. 经典的极限分析理论中假设体积不变，而计算中却产生了远大于实际的剪胀。实际岩土都会有少许体胀或体缩，假设为理想塑性材料，不会形成大的计算误差；

3. 采用关联流动法则，认为应力特征线与速度滑移线重合，但在分析时却采用速度滑移线方向与应力特征线方向成 φ 角；

4. 破坏线上同时存在着剪切力 τ_n 和正应力 σ_n，但计算中却反映不出摩擦功。

陈惠发（W. F. Chen）在他的《极限分析与土体塑性》论著中，在应用关联流动法则提出了上限法的同时，也指出了一些问题，如指出了“摩擦材料属于非相关联法则的一类材料”,“按理想塑性理论所预测的伴随剪切作用的剪胀往往大于实际剪胀”等。这些观点是非常有远见卓识的，只是由于当时条件还不很具备，不足以解释这些问题。

为此，本章采用基于广义塑性理论的极限分析上限法以修正上述方法，同时对基于经典塑性理论与广义塑性理论的两种极限分析方法进行比较。

岩土材料极限分析上、下限法的基本原理与金属材料基本一样，见第十七章所述。金属材料的上、下限法通过 Drucker 公设可以严格证明，而对不服从 Drucker 公设的岩土材料至今尚未严格证明。

岩土材料的极限分析上、下限法一般也要满足基本假设条件与基本方程，但可适当放松些。基于经典塑性与广义塑性，岩土材料采用的流动法则不同，因而两者具体求解过程不同。

18.2 极限分析的上限法功能耗散率

18.2.1 基本原理

极限分析中需要计算外力做的功率和内力做功率，后者通常只计算纯剪切引起的功能耗散率，而不考虑体积变化引起的功能耗散率。

(1) 基于传统塑性理论的分析方法

传统塑性理论采用关联流动法则，假设塑性势面 Q 与屈服面 F 相同，其塑性变形用法向与切向的分量形式写出有：

$$\begin{cases}\dot{\varepsilon}_{n}^{p}=d\lambda\dfrac{\partial Q}{\partial\sigma_{n}}=d\lambda\dfrac{\partial F}{\partial\sigma_{n}}\\[2ex]\dot{\gamma}^{p}=d\lambda\dfrac{\partial Q}{\partial\tau}=d\lambda\dfrac{\partial F}{\partial\tau}\end{cases}\tag{18.2.1}$$

岩土材料的剪切屈服条件，一般采用 M-C 准则 $F=\tau-c-\sigma_{n}\text{tg}\varphi=0$ 表示，由 $\dfrac{\partial F}{\partial\sigma_{n}}=-\tan\varphi,\dfrac{\partial F}{\partial\tau}=1$ 可知：

$$\frac{\dot{\varepsilon}_{n}^{p}}{\dot{\gamma}^{p}}=-\tan\varphi\tag{18.2.2}$$

式（18.2.2）意味着在剪应力作用下产生切向应变 $\dot{\gamma}^{p}$ 的同时必定伴随着产生剪胀，亦即意味着库仑材料采用关联流动法则必将产生远大于实际的体胀图 18-1（a），再次表明这只是一种虚拟状态。

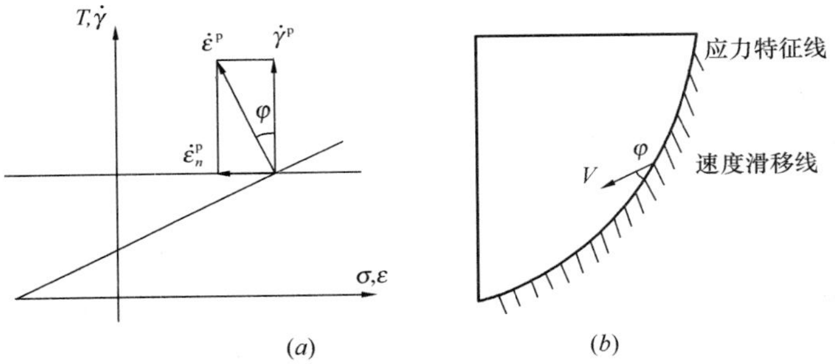

图 18-1 传统分析方法

对于岩土材料，按照上述分析，则刚体平移时速度与刚体平面呈夹角 φ。在转动时，对数螺线上的位移速度矢量与对数螺线的切线间夹角为常量 φ 图 18-1（b）。而根据关联流动法则，塑性势面和屈服面重合，则无论平动或转动，速度矢量与滑移线之间的夹角应当为零，这正是岩土材料与传统极限分析方法之间的矛盾。

(2) 基于广义塑性理论的分析方法

广义塑性理论认为，塑性势面与屈服面必须相应但不一定相同，相同只是相应的一种特殊情况（如金属材料，图 18-2a）。在广义塑性理论中，屈服面仍采用 M-C 条件 $F=\tau-c-\sigma_{n}\tan\varphi=0$，与之对应的塑性势面不是 M-C 屈服面而为 q 面，$Q=q=\sqrt{3}\left[\left(\dfrac{\sigma_{x}-\sigma_{y}}{2}\right)^{2}+\tau_{xy}^{2}\right]^{\frac{1}{2}}$。依据基本假设，极限分析中不考虑其他两个屈服面，即体积屈服面 f_{v} 和应力洛德角 θ_{σ} 方向上的屈服面 f_{θ}，有 $f_{v}=f_{\theta}=0$，即

$$\begin{cases}\dot{\varepsilon}_{v}^{p}=\dot{\varepsilon}_{\theta}^{p}=0\\ \dot{\gamma}_{q}^{p}=\dot{\lambda}_{q}\end{cases}\tag{18.2.3}$$

式（18.2.3）表明只存在 q 方向的塑性剪应变增量 $d\gamma_{q}^{p}$（它是破坏面上的正应力和剪

切应力产生的合应变)。

由第十六章可知，此时速度滑移线与应力特征线必成 $\varphi/2$ 夹角，即有 $\dot{\varepsilon}_{n}^{p}=-\dot{\gamma}^{p}\tan\dfrac{\varphi}{2}$，因而刚体平移时位移速率与刚体平面的夹角为 $\varphi/2$。根据广义塑性流动法则，速度滑移线与应力特征线不重合，可以存在法向速度，这就是为什么岩土材料在刚塑性分界面上可以出现法向速度间断的原因。在转动破坏时，其滑移面为对数螺旋面，流动方向与滑移面的夹角也始终为 $\varphi/2$（图 18-2 (b)）。此时，土体处于极限状态，且保持体积不变，不存在剪胀现象，即 $\dot{\varepsilon}_{v}^{p}=\dot{\varepsilon}_{x}^{p}+\dot{\varepsilon}_{y}^{p}=0$ 。

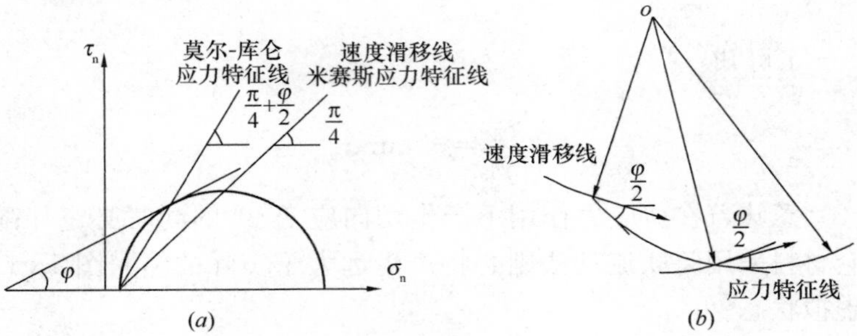

图 18-2 基于广义塑性理论的分析方法

18.2.2 窄过渡层的能量耗散计算

(1) 基于传统塑性理论的分析方法

塑性体沿某一速度不连续面的平移或滑动可理解为薄变形层上产生的刚体平移或转动，对于岩土材料，按照以前塑性理论中的关联流动法则，塑性势面和屈服面一致，则刚体平移时速度与刚体平面呈夹角 φ（如图 18-3），这是应用传统塑性理论中的关联流动法则理论而产生的剪胀现象，而在客观实际情况中的剪胀并没有这么大。因而在对数螺线滑移面发生转动时状，对数螺线上的位移速度矢量与对数螺线的切线间夹角为常量 φ 。

当刚体沿某一平面滑动时，过渡层的变形模式是由该层的剪流和垂直于该层的拉伸组合而成。假设层内的剪应变率 $\dot{\gamma}=\dfrac{\delta u}{t}$ 是均匀的，正应变率 $\dot{\varepsilon}=\dfrac{\delta v}{t}$，所以单位体积的能量耗损率为 $\tau\dot{\gamma}-\sigma\dot{\varepsilon}$ ，τ 和 σ（此处取压缩为正）分别是剪应力和正应力，该层的体积在数值上等于 t，故

$$D=(\tau\dot{\gamma}-\sigma\dot{\varepsilon})t=(\tau\,\delta u-\sigma\,\delta v) \tag{18.2.4}$$

由于塑性层上必须满足 M-C 准则 $\tau=c+\sigma\tan\varphi$ ，并有 $\dfrac{\delta v}{\delta u}=\mathrm{tg}\varphi$ 条件，得：

$$D=c\delta u \tag{18.2.5}$$

当刚体以不变的角速度 w 绕 o 点沿对数螺线转动时，设对数螺线的曲率半径 r 和位移速度 v 分别为 $r=r_0e^{\theta\tan\varphi}$，$v=v_0e^{\theta\tan\varphi}$ ，对数螺线的单元线长度为 $\mathrm{d}l=\dfrac{r\mathrm{d}\theta}{\cos\varphi}$ ，则沿整个对数螺线的能耗率为：

$$D=\int_0^{\theta}cv\cos\varphi\frac{r\,\mathrm{d}\theta}{\cos\varphi}=\int_0^{\theta}cv_0e^{\theta\tan\varphi}\cdot r_0e^{\theta\tan\varphi}\cdot\mathrm{d}\theta=\frac{1}{2\tan\varphi}cr_0v_0(e^{2\theta\tan\varphi}-1) \tag{18.2.6}$$

从式（18.2.5）和式（18.2.6）可见，破坏面上同时存在着剪应力 τ_n 和正应力 σ_n，而处于极限状态下的能量耗散率 $\dot{w}$ 却反映不出摩擦能耗。从上述分析可知，其原因是假想存在的剪胀能耗恰好等于摩擦能耗，使两者抵消了。

（2）基于广义塑性理论的分析方法

按广义塑性力学，塑性势面为 q 面而不是 M-C 屈服面。因而刚体平移时位移速度与刚体界面的夹角为 $\varphi/2$，根据广义塑性力学的非相关联流动法则，滑移面上存在的正应变是由于存在正应力的结果。在转动破坏时，其滑移面为对数螺旋面，流动方向与滑移面的夹角始终为 $\varphi/2$（图 18-3）。在滑移面上任取一微单元，其微功率为：

$$\mathrm{d}D=(\tau\cdot v+\sigma_n\cdot v)\cos\frac{\varphi}{2}\mathrm{d}l=\left[(c+\sigma_n\tan\varphi)-\sigma_n\tan\frac{\varphi}{2}\right]v\cdot\cos\frac{\varphi}{2}\mathrm{d}l \tag{18.2.7}$$

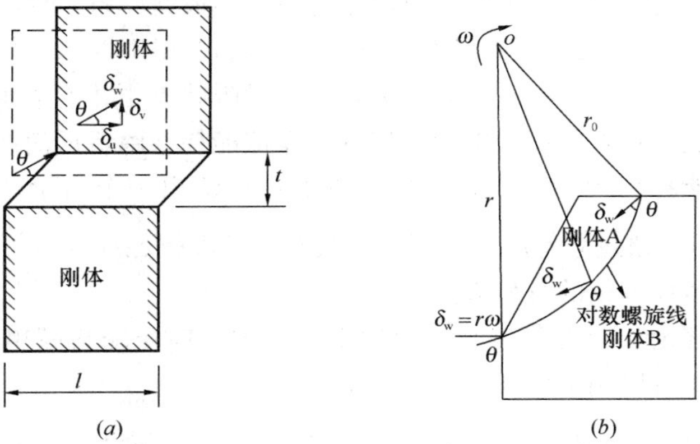

（关联流动法则下 $\theta=\varphi$，非关联流动法则下 $\theta=\varphi/2$）

图 18-3 伴随分离的简单滑动和刚体转动

（a）简单滑动；（b）刚体转动

当刚体沿某一平面 l 滑动时，单元体总的能量耗散率为：

$$D=\int_l \mathrm{d}D=c\cdot l\cdot v\cos\frac{\varphi}{2}+v\left(\tan\varphi\cos\frac{\varphi}{2}-\sin\frac{\varphi}{2}\right)\int_l\sigma_n\mathrm{d}l \tag{18.2.8}$$

当刚体沿某一曲面 S 转动破坏时，单元体总的能量耗散率为：

$$D=\int_S \mathrm{d}D=c\cos\frac{\varphi}{2}\int_S v\mathrm{d}l+\left(\tan\varphi\cos\frac{\varphi}{2}-\sin\frac{\varphi}{2}\right)\int_S\sigma_n v\mathrm{d}l \tag{18.2.9}$$

若曲面为对数螺旋面时，速度 v 是关于 x，y 的函数，最好将速度方程转化到极坐标下进行求解，这将使求解过程大大简化。

18.2.3 均匀变形区的能量耗散计算

（1）基于传统塑性理论的分析方法

最简单的均匀变形场是单向压缩和简单剪流。如图 18-4，单向垂直压缩和横向膨胀用符号 $\dot{\varepsilon}$ 表示，简单剪切用符号 $\dot{\gamma}$ 表示。按照以前塑性理论中的相关联流动法则和根据 M-C 准则（可写成 $\sigma_{\max}(1-\sin\varphi)-\sigma_{\min}(1+\sin\varphi)-2c\cos\varphi=0$）可得：

$$\frac{\dot{\varepsilon}_{max}}{\dot{\varepsilon}_{min}}=-\frac{1-\sin\varphi}{1+\sin\varphi}=-\tan^2\left(\frac{\pi}{4}-\frac{\varphi}{2}\right) \tag{18.2.10}$$

由式（18.2.10）知道 $c-\varphi$ 材料在单向压缩和简单剪切场中的塑性变形将会伴随体积增加。这种均匀压缩场的单位体积的能量耗损率 D 为：

$$D=2c\,|\dot{\varepsilon}\,|\tan\left(\frac{\pi}{4}+\frac{\varphi}{2}\right) \tag{18.2.11}$$

简单剪切场中的 $\dot{\gamma}$ 剪切变形将伴随有垂直的正应变率 $\dot{\gamma}\tan\varphi$。单位体积的能量耗散率 D：

$$D=\tau\dot{\gamma}-\sigma\tan\varphi\dot{\gamma}=c\dot{\gamma} \tag{18.2.12}$$

单向压缩变形场与简单切变形场是可以通过莫尔圆彼此联系，单向压缩变形场的内部能量耗损率式（18.2.11）可以直接从简单剪切变形场式（18.2.12）导出。

从式（18.2.11）和式（18.2.12）可见，处于极限状态下不存在真正的摩擦耗散能，究其原因也是由于假想存在的剪胀能耗恰好等于摩擦能耗，两者抵消而成上述结果。这一方面显示了目前求能耗率中的不合理，另一方面却也给出一个启示，由于 σ_n 是未知的，要求 $\dot{w}$ 十分困难，但可通过假想的剪胀能耗取代实际的摩擦能耗，有可能使计算简化。

（2）基于广义塑性理论的分析方法

按照广义塑性理论和应力莫尔圆，均匀变形场中单向压缩与简单剪切是彼此互转换的，其塑性能量耗散可以用下面同一形式表示：

$$\mathrm{d}D=\tau\,\dot{\gamma}\mathrm{d}l=(\sigma_n\tan\varphi+c)\,\dot{\gamma}\mathrm{d}l=\sigma_n\tan\varphi\,\dot{\gamma}^{\mathrm{p}}\mathrm{d}l+c\,\dot{\gamma}^{\mathrm{p}}\mathrm{d}l \tag{18.2.13}$$

表明内能耗散有黏聚力能耗与摩擦力能耗两部分，符合岩土实际情况。其单元体总的能量耗损率为：

$$D=\int_l \mathrm{d}D \tag{18.2.14}$$

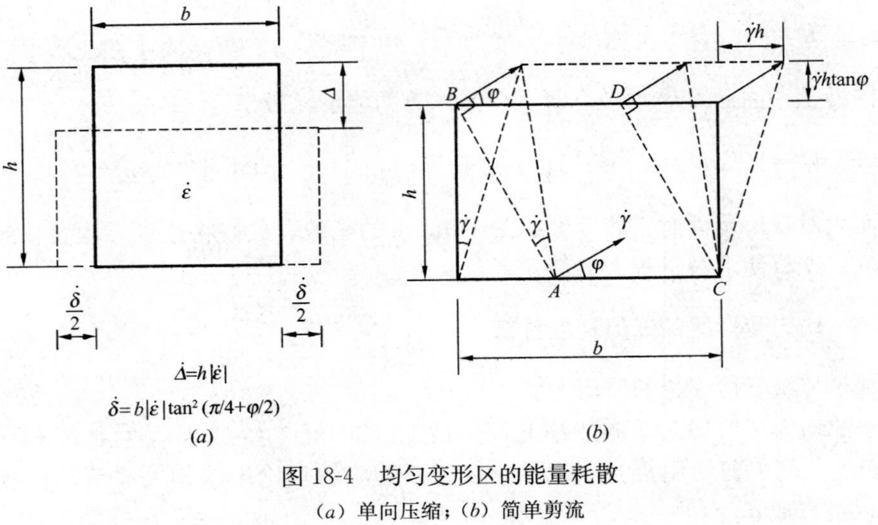

图 18-4 均匀变形区的能量耗散

（a）单向压缩；（b）简单剪流

18.2.4　非均匀变形区的能量耗散能率计算

（1）基于传统塑性理论的分析方法

按照以前塑性理论中的相关联流动法则将非均匀变形区分成两种：（1）一族破坏线是共点直线，另一族是共点圆的辐射区；（2）一族是共点直线，另一族是对数螺旋线的对数螺旋区。对数螺旋线受剪区的能量耗散包括沿周界薄变形层上的能量耗损和对数螺旋楔体内部的能量耗损，为：

$$D = cr_0 v_0 \cot\varphi(e^{2\theta\tan\varphi} - 1) \tag{18.2.15}$$

同理，共点圆辐射受剪区的能量耗损为：

$$D = crv_0 \cot\varphi(e^{2\theta\tan\varphi} - 1) \tag{18.2.16}$$

（2）基于广义塑性理论的分析方法

按照广义塑性理论，非均匀变形区是指应力滑移线为对数螺旋线型，其相应的速度滑移线可以为圆弧型或对数螺旋型，但在应力滑移线上每点的速度流动方向（即速度滑移线）与该点的应力滑移线切线方向相差 $\varphi/2$ 角，应力滑移线上每点速度与该点相交的速度滑移线极径有关，理想塑性体上微单元的能量耗损为：

$$\mathrm{d}D = (c + \sigma_n \tan\varphi) v_0 e^{A\tan\left(B+\frac{\varphi}{2}\right)} \cos\frac{\varphi}{2}\mathrm{d}l \tag{18.2.17}$$

沿理想塑性体滑移破坏面（应力滑移线）的总能量耗损率为：

$$D = \int_l \mathrm{d}D \tag{18.2.18}$$

18.3　上限法在工程中的简单算例

18.3.1　算例 1

竖直坑壁的临界高度（平移机构）。如图 18-5，假设黏土坑壁的破坏是由于沿与竖直面成 β 角的一个平面产生了滑动破坏引起的，此时土体上作用的超载为均布荷载 p。当重力作的功率与沿滑动面的能量耗散率相等时，就达到了极限平衡条件。

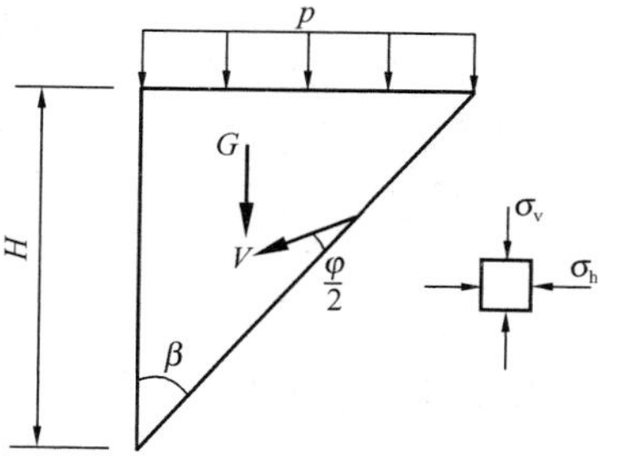

图 18-5　竖直边坡的临界高度

（a）基于传统塑性理论的分析方法

外力所作的功率：

$$W = \frac{1}{2}\gamma H^2 v\tan\beta\cos(\varphi+\beta) + PHv\tan\beta\cos(\varphi+\beta) \tag{18.3.1}$$

沿间断面的能量耗损率，则根据式（18.2.5）有：

$$D = cHv\cdot\frac{\cos\varphi}{\cos\beta} \tag{18.3.2}$$

使外功率与内部能量耗损率相等 $W=D$，得：

$$\frac{1}{2}\gamma H^2\tan\beta\cos(\varphi+\beta)v + PHv\tan\beta\cos(\varphi+\beta) = cHv\frac{\cos\varphi}{\cos\beta} \tag{18.3.3}$$

求解即有：

$$H=\frac{2c}{\gamma}\cdot\frac{\cos\varphi}{\sin\beta\cos(\beta+\varphi)}-\frac{2P}{\gamma} \tag{18.3.4}$$

由$\frac{\partial H}{\partial\beta}=0$，得$\beta=\frac{\pi}{4}-\frac{\varphi}{2}$，代入上式，得：

$$H_{\mathrm{cr}}=\frac{4c}{\gamma}\tan\left(\frac{\pi}{4}+\frac{\varphi}{2}\right)-\frac{2P}{\gamma} \tag{18.3.5}$$

（b）基于广义塑性理论的分析方法

重力和外力所作的功率为：

$$W=\frac{1}{2}\gamma H^2 v\tan\beta\cos\left(\beta+\frac{\varphi}{2}\right)+PHv\tan\beta\cos\left(\beta+\frac{\varphi}{2}\right) \tag{18.3.6}$$

土体滑移破坏面上每点的应力状态为：

$$\sigma_{\mathrm{v}}=(\gamma\cdot h+p)\text{，}\sigma_{\mathrm{h}}=0 \tag{18.3.7}$$

$$\sigma_{\mathrm{n}}=(\gamma\cdot h+p)\sin^2\beta \tag{18.3.8}$$

由上式得：

$$\mathrm{d}D=(\vec{\tau}\cdot\vec{v}+\vec{\sigma}_n\cdot\vec{v})\mathrm{d}l=\left[c\cos\frac{\varphi}{2}+(\gamma h+p)\sin^2\beta\left(\tan\varphi\cos\frac{\varphi}{2}-\sin\frac{\varphi}{2}\right)\right]\cdot v\cdot\frac{\mathrm{d}h}{\cos\beta} \tag{18.3.9}$$

沿间断面的能量耗损率，由式（18.3.9）有：

$$\begin{aligned}D&=\int_l \mathrm{d}D=\int_0^H\left[c\cos\frac{\varphi}{2}+(\gamma h+p)\sin^2\beta\left(\tan\varphi\cos\frac{\varphi}{2}-\sin\frac{\varphi}{2}\right)\right]\cdot v\cdot\frac{dh}{\cos\beta}\\&=cHv\cos\frac{\varphi}{2}/\cos\beta+\left(\frac{1}{2}\gamma H^2 v+pHv\right)\sin^2\beta\left(\tan\varphi\cos\frac{\varphi}{2}-\sin\frac{\varphi}{2}\right)/\cos\beta\end{aligned} \tag{18.3.10}$$

根据外功率与内部能量耗损率相等$W=D$得：

$$\begin{aligned}&cHv\cos\frac{\varphi}{2}/\cos\beta+\left(\frac{1}{2}\gamma H^2 v+pHv\right)\sin^2\beta\left(\tan\varphi\cos\frac{\varphi}{2}-\sin\frac{\varphi}{2}\right)/\cos\beta\\&\quad=\frac{1}{2}\gamma H^2 v\tan\beta\cos\left(\beta+\frac{\varphi}{2}\right)+PHv\tan\beta\cos\left(\beta+\frac{\varphi}{2}\right)\end{aligned} \tag{18.3.11}$$

由$\frac{\partial H}{\partial\beta}=0$，得$\beta=\frac{\pi}{4}-\frac{\varphi}{2}$，代入式（18.3.11）得：

$$H_{\mathrm{cr}}=\frac{4c}{r}\tan\left(\frac{\pi}{4}+\frac{\varphi}{2}\right)-\frac{2P}{\gamma} \tag{18.3.12}$$

18.3.2　算例 2

Rankine 主动土压力。如图 18-6 所示，设土体强度指标为 c、φ，重度为 γ，边高度为 H。

（a）基于传统塑性理论的分析方法

假设支挡反力为集中力 P，则土重力所作的功率为：

$$W_1=\frac{1}{2}\gamma H^2 v\tan\beta\cos(\beta+\varphi) \tag{18.3.13}$$

支挡反力 P 所作的功率为：

$$W_2 = -P \cdot v \cdot \sin(\beta + \varphi) \tag{18.3.14}$$

沿间断面的能量损耗率：

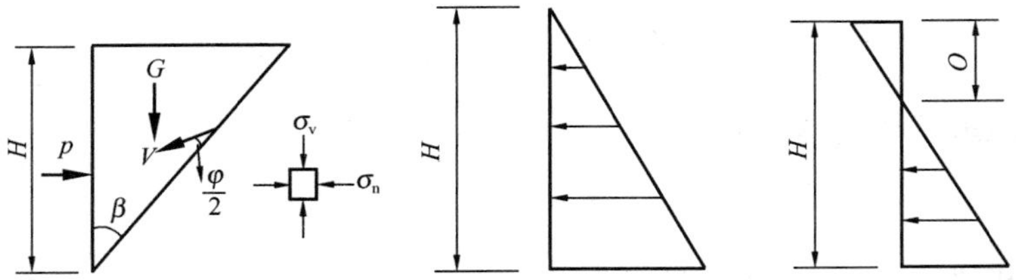

图 18-6 Rankine 主动土压力

$$D = cHv\cos\varphi / \cos\beta \tag{18.3.15}$$

根据外功率与内部能量耗损率相等 $W_1 + W_2 = D$ 得：

$$\frac{1}{2}\gamma H^2 v\tan\beta\cos(\beta + \varphi) - Pv\sin(\beta + \varphi) = cHv\cos\varphi / \cos\beta \tag{18.3.16}$$

由$\frac{\partial P}{\partial \beta} = 0$ 得 $\beta = \frac{\pi}{4} - \frac{\varphi}{2}$，代入式（18.3.16）得：

$$P = \frac{1}{2}\gamma H^2 \tan^2\left(\frac{\pi}{4} - \frac{\varphi}{2}\right) - 2cH\tan\left(\frac{\pi}{4} - \frac{\varphi}{2}\right) \tag{18.3.17}$$

（b）基于广义塑性理论的分析方法

先假设土坡支挡反力为三角形分布 q，合力为 $P = \frac{1}{2}qH$，则外力作的功率为：

$$W = \vec{G} \cdot \vec{V} + \vec{P} \cdot \vec{V} = \frac{1}{2}\gamma H^2 v\tan\beta\cos\left(\beta + \frac{\varphi}{2}\right) - Pv\sin\left(\beta + \frac{\varphi}{2}\right) \tag{18.3.18}$$

土体在滑移破坏面上每点的应力状态为：$\sigma_v = \gamma \cdot h$，$\sigma_h = q = \frac{2Ph}{H^2}$，由此可得破坏面上每点的正应力为：

$$\sigma_n = \frac{1}{2}\left(\gamma \cdot h + \frac{2Ph}{H^2}\right) - \frac{1}{2}\left(\gamma \cdot h - \frac{2Ph}{H^2}\right)\cos 2\beta \tag{18.3.19}$$

滑移破坏面上微元所作的微功率为：

$$\begin{aligned} dD &= (\vec{\tau} \cdot \vec{v} + \vec{\sigma}_n \cdot \vec{v})dl \\ &= \left\{cv\cos\frac{\varphi}{2} + \left[\frac{1}{2}\left(\gamma h + \frac{2Ph}{H^2}\right) - \frac{1}{2}\left(\gamma h - \frac{2Ph}{H^2}\right)\cos 2\beta\right]\right. \\ &\quad \left. \times \left(\tan\varphi\cos\frac{\varphi}{2} - \sin\frac{\varphi}{2}\right)v\right\}\frac{dh}{\cos\beta} \end{aligned} \tag{18.3.20}$$

滑移破坏面上内力作的功率为：

$$\begin{aligned} D &= \int_0^H dD \\ &= \frac{cHv\cos\frac{\varphi}{2}}{\cos\beta} + \left(\frac{\gamma H^2 v\sin^2\beta\tan\varphi}{2\cos\beta} + Pv\cos\beta\tan\varphi\right)\left(\tan\varphi\cos\frac{\varphi}{2} - \sin\frac{\varphi}{2}\right) \end{aligned} \tag{18.3.21}$$

根据外力功率和内能耗损率相等 $W = D$，则：

$$\frac{1}{2}\gamma H^2 v\tan\beta\cos\left(\beta+\frac{\varphi}{2}\right)-Pv\sin\left(\beta+\frac{\varphi}{2}\right)$$

$$=\frac{cHv\cos\frac{\varphi}{2}}{\cos\beta}+\left(\frac{\gamma H^2 v\sin^2\beta\tan\varphi}{2\cos\beta}+Pv\cos\beta\tan\varphi\right)\left(\tan\varphi\cos\frac{\varphi}{2}-\sin\frac{\varphi}{2}\right) \quad (18.3.22)$$

根据极值原理 $\partial P/\partial\beta=0$，则有：

$$\beta=\frac{\pi}{4}-\frac{\varphi}{2} \quad (18.3.23)$$

将上面等式代入式(18.3.22)即可求得：

$$P=\frac{1}{2}\gamma H^2\tan^2\left(\frac{\pi}{4}-\frac{\varphi}{2}\right)-2cH\tan\left(\frac{\pi}{4}-\frac{\varphi}{2}\right) \quad (18.3.24)$$

朗肯主动土压力公式为：

$$P=\frac{1}{2}\gamma H^2\tan^2\left(\frac{\pi}{4}-\frac{\varphi}{2}\right)-2cH\tan\left(\frac{\pi}{4}-\frac{\varphi}{2}\right)+\frac{2c^2}{\gamma} \quad (18.3.25)$$

式（18.3.24）和式（18.3.25）相比较可知：

（1）在砂土（$c=0$）情况下其值相同，均为：

$$P=\frac{1}{2}\gamma H^2\tan^2\left(\frac{\pi}{4}-\frac{\varphi}{2}\right) \quad (18.3.26)$$

（2）在黏性土（$c\neq0$）情况下它们相差$\frac{2c^2}{\gamma}$，这是因为在计算时，没有考虑土体与挡土结构上部之间的拉力作用所发生的墙土分离。

18.3.3 算例 3

竖直坑壁的临界高度（旋转机构）。与算例 1 不同，此处用的是旋转间断机构（对数螺旋面），如图 18-7 所示。

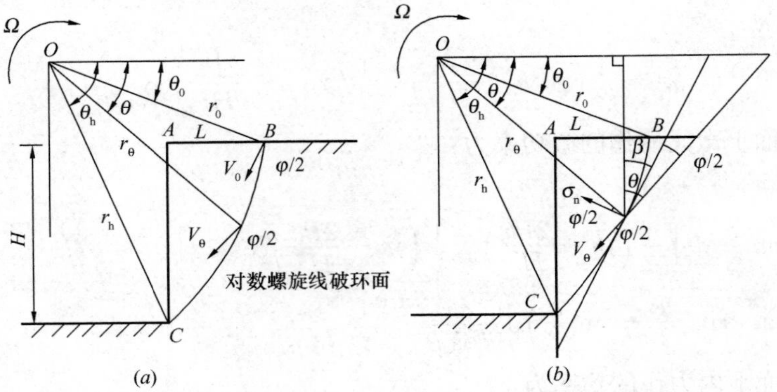

图 18-7 竖直边坡临界高度的旋转破坏机构

三角形区 ABC 绕旋转中心 O（目前还未确定）作刚体旋转，而对数面 BC 以下的材料保持静止不动。因此，BC 面是一个薄层的速度间断面，假想机构完全可以由三个变量确定。为了方便起见，我们先取基准线 OB 和 OC 的倾角分别为 θ_0 和 θ_h，H 为竖直边坡的高度。由于对数螺旋面的方程是：

$$r(\theta)=r_0\exp\left[(\theta-\theta_0)\tan\frac{\varphi}{2}\right] \quad (18.3.27)$$

故基准线 OC 的长度是：

$$r_h=r(\theta_h)=r_0\exp\left[(\theta_h-\theta_0)\tan\frac{\varphi}{2}\right] \quad (18.3.28)$$

从几何关系不难看出，比值 H/r_0 和 L/r_0 可以用角 θ_0 和 θ_h 表示，因为：

$$H=r_h\sin\theta_h-r_0\sin\theta_0 \quad (18.3.29)$$

$$\frac{H}{r_0}=\sin\theta_h\exp\left[(\theta_h-\theta_0)\tan\frac{\varphi}{2}\right]-\sin\theta_0 \quad (18.3.30a)$$

又 $L=r_0\cos\theta_0-r_h\cos\theta_h$

$$\frac{L}{r_0}=\cos\theta_0-\cos\theta_h\exp\left[(\theta_h-\theta_0)\times\tan\frac{\varphi}{2}\right] \quad (18.3.30b)$$

由于直接积分 ABC 区土重所作的外功率是非常复杂的。比较容易的方法是叠加法，首先分别求出 OBC，OAB 和 OAC 区土重所作的功率 W_1，W_2 和 W_3 尔后叠加。于是，欲求的 ABC 区的外功率就可以用简单的代数和 $W_1+W_2+W_3$ 得到。现在来求三个区的各表达式。

首先考虑对数螺线区 O-B-C，其中的一个微元如图 18-8（a）所示。该微元所作的外功率是：

$$\mathrm{d}W_1=\left(\Omega\frac{2}{3}r\cos\theta\right)\left(\gamma\frac{1}{2}r^2\mathrm{d}\theta\right) \quad (18.3.31a)$$

沿整个面积积分，得：

$$W_1=\frac{1}{3}\gamma\Omega\int_{\theta_0}^{\theta_h}r^3\cos\theta\mathrm{d}\theta=\gamma\cdot r_0^3\Omega\int_{\theta_0}^{\theta_h}\frac{1}{3}\exp\left[3(\theta-\theta_0)\tan\frac{\varphi}{2}\right]\cos\theta\mathrm{d}\theta \quad (18.3.31b)$$

或

$$W_1=\gamma\cdot r_0^3\Omega f_1(\theta_h,\theta_0) \quad (18.3.32)$$

其中，函数 f_1 的定义为：

$$f_1(\theta_h,\theta_0)=\frac{\left\{\left(3\tan\frac{\varphi}{2}\cos\theta_h+\sin\theta_h\right)\exp\left[3(\theta_h-\theta_0)\tan\frac{\varphi}{2}\right]-3\tan\frac{\varphi}{2}\cos\theta_0-\sin\theta_0\right\}}{3\left(1+9\tan^2\frac{\varphi}{2}\right)} \quad (18.3.33)$$

现考虑如图 18-8(b) 所示的另一个三角形区 OAB，该区土重所作的功率为：

$$W_2=\left(\frac{1}{2}\gamma Lr_0\sin\theta_0\right)\left[\frac{1}{3}(2r_0\cos\theta_0-L)\right]\Omega \quad (18.3.34)$$

其中，第一个括号表示该区的重量；另一括号表示该区重心速度的垂直分量。重心至过点 O 的垂线的水平距离等于点 O，A 和 B 的平均水平距离，这就是上式第二个括号内所含的项。重新整理式（18.3.34）中的各项，得：

$$W_2=\gamma r_0^3\Omega f_2(\theta_h,\theta_0) \quad (18.3.35)$$

上式中，函数 f_2 的定义为：

$$f_2(\theta_h,\theta_0)=\frac{1}{6}\frac{L}{r_0}\left(2\cos\theta_0-\frac{L}{r_0}\right)\sin\theta_0 \quad (18.3.36)$$

式中 L/r_0 是 θ_0 和 θ_h 的函数，见式(18.3.30*b*)。

对于图 18-8(*c*) 所示的三角形 OAC，也可用类似方法来考虑。故有

$$W_3 = \gamma r_0^3 \Omega f_3(\theta_h,\theta_0) \tag{18.3.37}$$

式中，函数 f_3 定义为：

$$f_3(\theta_h,\theta_0) = \frac{1}{3}\frac{H}{r_0}\cos^2\theta_h \exp\left[2(\theta_h-\theta_0)\tan\frac{\varphi}{2}\right] \tag{18.3.38}$$

式中 H/r_0 是 θ_0 和 θ_h 的函数式（18.3.30*a*）。

在所考虑的 OBC 区内，由土重所作的功率值现在可用下述简单代数和得到：

$$W_1 - W_2 - W_3 = \gamma\cdot r_0^3\Omega(f_1 - f_2 - f_3) \tag{18.3.39}$$

内部能量耗损发生在间断面 BC 上(图 18-7(*a*))。能量耗损率的微分，可以由该面的微分面积$\dfrac{r\mathrm{d}\theta}{\cos(\varphi/2)}$与黏聚力 c 和正应力 σ_n 以及与跨间断面的切向间断速度 $V\cos(\varphi/2)$的连乘积计算，见式(18.3.10)。因此，总的内部能量耗损率可沿整个间断面 l 进行积分所得到：

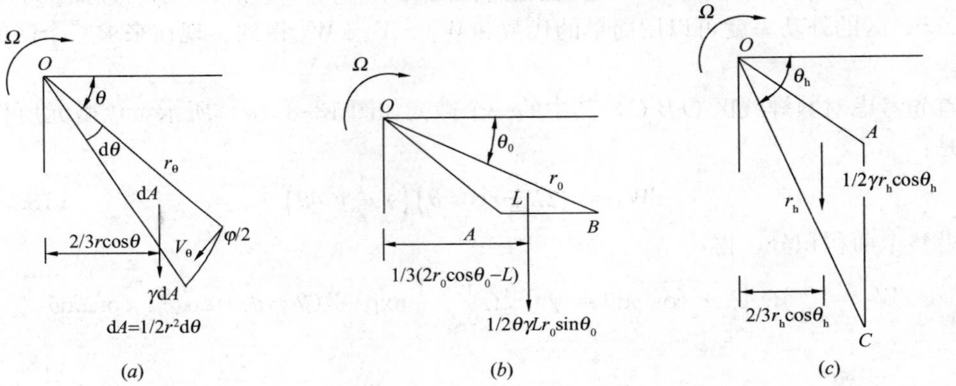

图 18-8 重力做功的详细计算

$$D = D_1 + D_2 = \int_l c\left(V\cos\frac{\varphi}{2}\right)\mathrm{d}l + \int_l V\left(\tan\varphi\cos\frac{\varphi}{2} - \sin\frac{\varphi}{2}\right)\sigma_n \mathrm{d}l \tag{18.3.40}$$

$$D_1 = \int_{\theta_0}^{\theta_h} c\left(V\cos\frac{\varphi}{2}\right)\frac{r\mathrm{d}\theta}{\cos\frac{\varphi}{2}} = \frac{cr_0^2\Omega}{2\tan\frac{\varphi}{2}}\left\{\exp\left[2(\theta_h-\theta_0)\tan\frac{\varphi}{2}\right]-1\right\}$$

$$= \frac{cr_0^2\Omega}{2\tan\frac{\varphi}{2}} f_4(\theta_h,\theta_0) \tag{18.3.41a}$$

式中，函数 f_4 定义为：

$$f_4(\theta_h,\theta_0) = \exp\left[2(\theta_h-\theta_0)\tan\frac{\varphi}{2}\right]-1 \tag{18.3.41b}$$

$$D_2 = \int_l V\left(\tan\varphi\cos\frac{\varphi}{2} - \sin\frac{\varphi}{2}\right)\sigma_n\frac{r\mathrm{d}\theta}{\cos\frac{\varphi}{2}} = \int_{\theta_0}^{\theta_h}\left(\tan\varphi - \tan\frac{\varphi}{2}\right)V\sigma_n r\mathrm{d}\theta$$

$$= \left(\tan\varphi - \tan\frac{\varphi}{2}\right)\Omega r_0^2\int_{\theta_0}^{\theta_h}\sigma_n\exp\left(2(\theta-\theta_0)\tan\frac{\varphi}{2}\right]\mathrm{d}\theta \tag{18.3.42a}$$

由图 18-7(*b*) 所示的几何关系可得$\beta=\theta-\dfrac{\varphi}{2}$，$h=r\sin\theta - r_0\sin\theta_0$。因为$\sigma_1=\gamma\cdot h$，$\sigma_3$

$=0$，故有：

$$\sigma_n = \sigma_1 \sin^2\left(\theta - \frac{\varphi}{2}\right) = \gamma \cdot (r\sin\theta - r_0 \sin\theta_0) \sin^2\left(\theta - \frac{\varphi}{2}\right) \tag{18.3.42b}$$

将上式代入式(18.3.42a)得：

$$D_2 = \frac{1}{2}\left(\tan\varphi - \tan\frac{\varphi}{2}\right)\gamma \cdot \Omega r_0^3 [f_5(\theta_h, \theta_0) - f_6(\theta_h, \theta_0)] \tag{18.3.43a}$$

式中，函数 f_5 定义为：

$$\begin{aligned} f_5(\theta_h,\theta_0) = &\frac{1}{2\left(9\tan^2\frac{\varphi}{2}+1\right)} \times \left\{\exp\left[3\tan\frac{\varphi}{2}(\theta_h - \theta_0)\right]\right. \\ &\left.\times\left(3\tan\frac{\varphi}{2}\sin(\theta_h - \varphi) - \cos(\theta_h - \varphi)\right) - \left(3\tan\frac{\varphi}{2}\sin(\theta_0 - \varphi) - \cos(\theta_0 - \varphi)\right)\right\} \\ &- \frac{1}{6\left(\tan^2\frac{\varphi}{2}+1\right)} \times \left\{\exp\left[3\tan\frac{\varphi}{2}(\theta_h - \theta_0)\right]\left(\tan\frac{\varphi}{2}\sin(3\theta_h - \varphi) - \cos(3\theta_h - \varphi)\right)\right. \\ &\left.-\left(\tan\frac{\varphi}{2}\sin(3\theta_0 - \varphi) - \cos(3\theta_0 - \varphi)\right)\right\} + \frac{1}{\left(9\tan^2\frac{\varphi}{2}+1\right)}\left\{\exp\left[3\tan\frac{\varphi}{2}(\theta_h - \theta_0)\right]\cdot\right. \\ &\left.\left(3\tan\frac{\varphi}{2}\sin\theta_h - \cos\theta_h\right) - \left(3\tan\frac{\varphi}{2}\sin\theta_0 - \cos\theta_0\right)\right\} \end{aligned} \tag{18.3.43b}$$

$$\begin{aligned} f_6(\theta_h,\theta_0) = &\frac{\sin\theta_0}{2\tan\frac{\varphi}{2}}\left\{\exp\left[2\tan\frac{\varphi}{2}(\theta_h - \theta_0)\right] - 1\right\} - \frac{\sin\theta_0}{2\left(\tan^2\frac{\varphi}{2}+1\right)} \\ &\times\left\{\exp\left[2\tan\frac{\varphi}{2}(\theta_h - \theta_0)\right]\left(\tan\frac{\varphi}{2}\cos(2\theta_h - \varphi) + \sin(2\theta_h - \varphi)\right)\right. \\ &\left.-\left(\tan\frac{\varphi}{2}\cos(2\theta_0 - \varphi) + \sin(2\theta_0 - \varphi)\right)\right\} \end{aligned} \tag{18.3.43c}$$

使外功率式(18.3.39)与内部能量耗损率式(18.3.40)相等，得：

$$H = \frac{c}{\gamma} f(\theta_h, \theta_0) \tag{18.3.44}$$

式中 函数 f 的定义为：

$$f(\theta_h,\theta_0) = \frac{\left[\sin\theta_h \exp\left\{(\theta_h - \theta_0)\tan\frac{\varphi}{2}\right\} - \sin\theta_0\right] f_4}{2\tan\frac{\varphi}{2}(f_1 - f_2 - f_3) - \tan\frac{\varphi}{2}\left(\tan\varphi - \tan\frac{\varphi}{2}\right)(f_5 - f_6)} \tag{18.3.45}$$

按极限分析的上限定理，式（18.3.44）给出了临界高度的一个上限。当 θ_0 和 θ_h 满足条件式（18.3.46）时，函数 f 有一个最小值。因此，解出这些方程并把所得到的 θ_0 和 θ_h 的值代入式（18.3.44）后，便得到竖直坑壁临界高度 H_{cr} 最小上界。

$$\frac{\partial f}{\partial \theta_0} = 0,\ \frac{\partial f}{\partial \theta_h} = 0 \tag{18.3.46}$$

为了避免冗长的计算，这些联立方程可以用半图解法求解。

当 $\varphi = 20°$，在点 $\theta_0 = 33°$ 和 $\theta_h = 52°$ 附近所求得的函数 f 对所有的 φ 有一个最小值

$f=f^{*}\times\tan\left(\frac{1}{4}\pi+\frac{1}{2}\varphi\right)=3.90\times\tan\left(\frac{1}{4}\pi+\frac{1}{2}\varphi\right)$，故：

$$H_{cr}=\frac{3.90c}{\gamma}\tan\left(\frac{1}{4}\pi+\frac{1}{2}\varphi\right) \tag{18.3.47}$$

上式结果与用陈惠发传统方法计算所得的 f 的最小值 $3.83\times\tan\left(\frac{1}{4}\pi+\frac{1}{2}\varphi\right)$相比，十分相近，其误差为千分之几，而且更接近于正确解，这也表明两种分析方法都可以实际应用。为便于比较，对不同的 φ 值求得其对应的最小系数值，列表如下：

由表 18-1 可看出，陈惠发提出的方法对 φ 值不敏感，随 φ 值增大 f 变化很小，从 3.839 微增到 3.868，变化率为 0.755%；而本文给出的方法对 φ 较敏感，随 φ 值增大 f^{*} 值从 3.852 增大到 3.963，变化率为 2.882%。主要原因在于前者没有考虑摩擦力做功而考虑剪胀功，而后者则考虑了摩擦力做功情况，这种差别当 φ 值较大时表现得较明显，符合实际情况，但两种方法所得结果总体相差很小。

不同的 φ 值与其对应的最小系数值 **表 18-1**

参数值 / φ (°)	陈惠发传统方法			本文方法		
	θ_0	θ_h	f^{*}	θ_0	θ_h	f^{*}
5	30	59	3.839	29	56	3.852
10	33	60	3.845	30	54	3.871
15	36	62	3.850	31	53	3.887
20	39	64	3.855	33	52	3.901
25	43	65	3.858	34	51	3.913
30	46	67	3.861	35	50	3.925
35	49	69	3.863	36	50	3.936
40	52	71	3.865	37	49	3.945
45	55	73	3.866	39	48	3.954
50	59	75	3.868	39	48	3.963

注：$f=f^{*}\times\tan\left(\frac{1}{4}\pi+\frac{1}{2}\varphi\right)$

18.4 极限分析上限法解的分析

从前面的计算我们可以看出：

（1）在滑移破坏线上，每点都达到极限状态，每一点上都同时存在正应力和剪应力，前者做摩擦功，故摩擦功是存在的。同时也由于正应力的存在，所以存在正应变，而不是以前认为的过大的体积剪胀变形。

（2）极限分析上限法也称为能量法，对本例可以证明，在计算中虚位移（即虚速度 v）方向对计算结果不会产生影响，因为虚位移是可以任取的，它们都是满足运动许可的位移。这也表明按关联流动法则来求上限解，虽然是一种虚拟状态，但作为计算方法是可行的，而且它可以不求摩擦力所做的功，便于计算内能耗散，从而使计算简化。

（3）基于广义塑性理论的极限分析上限法，计算结果与传统塑性理论的极限分析上限法基本无异，但概念明确，无自相矛盾的地方，反映了岩土的真实情况。

本章的研究结果表明：从物理概念来说，极限荷载取决于剪应变，而与体应变无关。因而，只要速度场存在，即使速度场稍有变化而求得的极限荷载十分接近。

第 17.1 节中关于运动许可速度场成立条件中，要求体变为零，但从 W. F. chen 导出的有体变情况下的上限解，获得良好结果来看，要求体变为零的条件过于苛刻。我们在第 14 章中导出，无论体变为零，或者存在较大体变，都可找到相应的速度场，这些速度场都是运动许可的速度场，因而都可获得相应的上限解。当然，各种上限解的极限荷载可能会稍有不同，而当虚位移方向为真实方向时，则可获得最佳的上限解。体变引起的速度场变化，对极限荷载的计算影响很小。

第十九章　有限元极限分析法及其应用

19.1 前　　言

本章所指的有限元极限分析法是指采用一般有限元数值方法来进行岩土体与岩土工程的极限分析。它可以利用国际上大量先进、功能强大的专业软件求得岩土场的应力、位移与塑性区等有用信息，又可获得岩土体的破坏状态与岩土工程的安全系数，作为设计的依据。1975年，英国科学家Zienkiewicz就已经提出在有限元中采用增加荷载或降低岩土强度的方法来计算岩土工程的极限荷载和安全系数。20世纪80～90年代曾用于边坡和地基的稳定分析，但是由于当时缺少严格可靠、功能强大的大型有限元程序以及强度准则的选用和具体操作技术掌握不够等原因，导致计算精度不足，而没有得到岩土工程界的广泛采纳。20世纪末前后，国际上发表了多篇文章，研究了有限元强度折减法求解均质土坡的稳定安全系数，由于一些算例得到的结果与传统方法求解结果十分接近，逐渐得到学术界认可，有些国外学者认为有限元强度折减法使边坡稳定分析进入了一个新的时代。

在国内1997年宋二祥介绍了有限元强度折减法在土坡中的应用，此后郑颖人、赵尚毅等对有限元极限分析法开展了理论与应用的研究，应用范围从均质的土坡、土基扩大到具有结构面的岩坡、岩基，从二维到三维分析，从岩土体扩展到水与岩土、结构的流固耦合分析，以及在基坑、地基处理与岩土现场试验仿真等领域，并正在积极开拓、尝试应用到隧道与地下工程领域，国内诸多学者与工程技术人员正在努力加速这一分支学科的发展，为建立推广岩土工程设计新方法尽微薄之力。本章除吸收作者在所写的《边坡与滑坡工程治理》（人民交通出版社，2007年1月）第六章部分内容外，又增加了大量新的内容。

19.2 有限元极限分析法的原理

19.2.1 有限元极限分析法中安全系数的定义

有限元极限分析法中安全系数的定义依据岩土工程出现破坏状态的原因不同而不同。一类如边（滑）坡工程多数由于岩土受环境影响，岩土强度降低而导致边（滑）坡失稳破坏。这类工程宜采用强度储备安全系数（也称强度安全系数），即可通过不断降低岩土强度使有限元计算最终达到破坏状态为止。强度降低的倍数就是强度储备安全系数，因而这种有限元极限分析法称为有限元强度折减法。另一类，如地基工程由于地基上荷载不断增大而导致地基失稳破坏，这类工程采用荷载增大的倍数作为超载安全系数，称为有限元增量加载（超载）法。显然，上述两种方法求得的安全系数是不同的，即不同的安全系数定义得到的安全系数是不同的，反之，对不同的定义采用同一安全系数算出的支挡结构上的推力也是不同的。

19.2.2 有限元极限分析法原理

(1) 有限元强度折减法

对于岩土中广泛采用的 M-C 材料，强度折减安全系数 ω 可表示为：

$$\tau=(c+\sigma\tan\varphi)/\omega=c'+\sigma\tan\varphi'$$

$$c'=c/\omega,\tan\varphi'=(\tan\varphi)/\omega$$

有限元计算中不断降低岩土中岩土抗剪强度直至达到破坏状态为止。程序根据有限元计算结果自动得到破坏滑动面，并获得强度储备安全系数。

(2) 有限元增量加载法

随着荷载的逐步增加，岩土体由弹性逐渐过渡到塑性，最后达到极限破坏状态，这时对应的荷载就为所要求的极限荷载。这方法称为有限元增量加载法或有限元超载法。

19.2.3 有限元极限分析法的优越性

有限元极限分析法具有数值方法与经典极限分析法两者的优点，既具有数值方法适应性广的优点，又具极限分析法贴近岩土工程设计，实用性强的优点。

(1) 用有限元强度折减法求解边坡安全系数时，不需要假定滑面的形状和位置，也无需进行条分，而是由程序自动求出滑面与强度储备安全系数。而且在有支护结构情况下，同样也能求出滑面与强度储备安全系数。

(2) 用有限元超载法求解地基极限承载力时，不必假定破坏面位置并给出理论解答，而由程序自动给出破坏机构与极限承载力。

(3) 具有数值分析方法的各种优点，能够对复杂地貌、地质条件的各种岩土工程进行计算，不受工程的几何形状、边界条件以及材料不均匀等的限制。

(4) 能考虑应力-应变关系，提供应力、应变、位移和塑性区等力和变形的全部信息。

(5) 能够考虑岩土体与支护结构的共同作用，模拟施工开挖过程和渐进破坏过程。

有限元极限分析法可以利用国际上通用程序的强大功能，把计算结果准确、清晰地表达出来，实用、方便，必将导致现行岩土工程设计方法的重大改革，因而是一种颇有前途的计算方法。

19.3 基 本 理 论

19.3.1 关于有限元极限分析法中岩土工程（边坡、地基、隧道）整体失稳的判据

有限元极限分析法中，无论是采用强度折减法还是超载法都需要知道岩土工程整体失稳的判据。

岩土体的整体失稳破坏是指岩土体沿滑面（破裂面）发生滑落或坍塌，整个滑面达到极限平衡状态，并且土坡整体不能继续承载；同时，滑面上的应变与位移发生突变，岩土体沿滑面快速滑动直至滑落，坍塌。然而，人们至今仍对岩土体的整体失稳破坏没有统一

的认识，一般认为边坡整个滑面上都达到极限平衡状态，就是整体失稳破坏，因而建议把滑面上塑性区贯通作为整体失稳的判据。不过，也有一些人认为，即使滑面上每点都达到极限应力状态，但由于边界条件的约束，土体没有足够的应变与位移时仍不会发生滑动破坏。按此观点，把滑面上每点都达到极限平衡作为整体破坏条件不够全面，滑面上塑性区贯通只是破坏的必要条件，而非充分条件，它表征着渐进破坏的开始。认为只有整个滑面上每点的应变也都达到极限应变才会发生滑动。显然，这一观点符合整体失稳破坏的实际情况。边坡失稳，滑体由稳定静止状态变为运动状态，滑面节点位移和塑性应变将产生突变，此时位移和塑性应变将以高速无限发展，直到滑体滑出。这一现象符合边坡破坏的概念，可把滑面上节点塑性应变或位移突变作为边坡整体失稳的标志。与此同时，笔者也发现在上述情况下，静力平衡有限元计算也正好表现出计算不收敛，因此一般情况下也可将有限元静力计算是否收敛作为边坡失稳的判据。这也表明目前国际上惯用的以计算机不收敛作为破坏判据是合适的。当然，这一判据不适用于由于计算失误而引起的计算机不收敛。

图 19-1（*a*）为有节理岩石边坡达到整体破坏状态后产生的直线滑动破坏形式，可见破坏后边坡由稳定状态转变为运动状态，滑体产生很大的位移，而且无限发展。图 19-1（*b*）为边坡滑动面上单元节点水平位移（坡顶 UX1、坡中 UX2、坡脚 UX3）随着荷载的逐步增加而逐渐增大的曲线走势图。由图 19-1 可见，随着荷载的逐渐增加，当达到破坏状态后，三个节点的水平位移同时发生了突变。如有限元程序继续迭代下去，该节点的水平位移和塑性应变还将继续无限发展下去。但有限元程序已无法从有限元方程组中找到一个既能满足静力平衡又能满足应力-应变关系和强度准则的解，此时不管是从力的收敛标准，还是从位移的收敛标准来判断，有限元计算都不收敛。

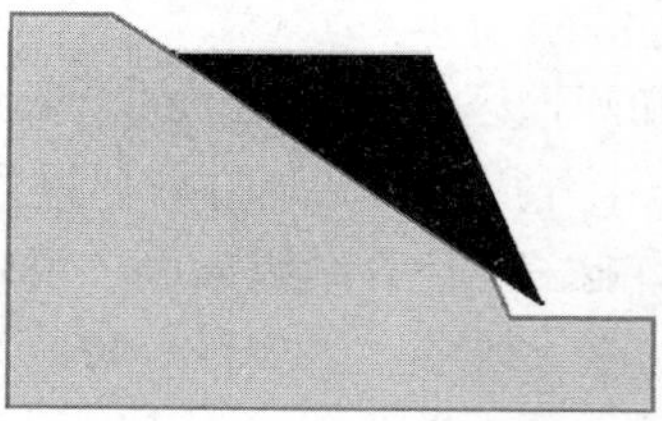

(*a*)

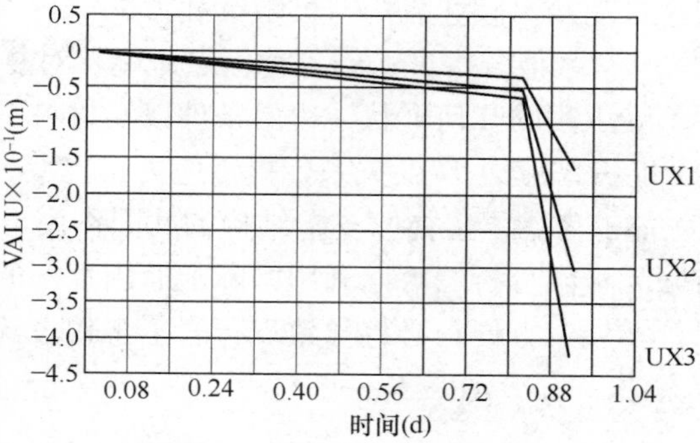

(*b*)

图 19-1 边坡失稳后的特征

（*a*）滑体滑出；（*b*）滑面节点位移产生突变

19.3.2 本构关系与屈服准则（强度准则）的选取

19.3.2.1 本构关系与屈服准则的选用

有限元极限分析法一般选用理想弹塑性模型，因为岩土工程的稳定问题都是力和强度问题，而不是位移问题，因而对本构关系的选择不必十分严格，可选用最简单的理想弹塑性模型，这也与当前极限分析中采用的模型一致。但对强度准则的选取则有严格的要求，以前该法计算精度不高，多数是由于强度准则选取不当所致。

莫尔-库仑（M-C）准则应用最为广泛，但也存在诸多缺点，例如M-C准则没有考虑中间主应力的影响，它在三维应力空间中不是一个连续函数，它在主应力空间中由6个屈服函数构成。M-C准则的屈服面为不规则的六角形截面的角锥体表面，在π平面上的图形为不等角六边形，存在尖顶和菱角，给数值计算带来困难。另外，目前有些国际通用软件中没有这一准则。

广义米赛斯准则（Drucker-Prager准则）在主应力空间的屈服面为一圆锥，在π平面上为圆形，不存在尖顶处的数值计算问题，因此目前国际上许多流行的大型有限元软件均采用了广义米赛斯准则，相关内容详见第四章。美国大型有限元软件ANSYS采用的是M-C不等角六边形外角点外接圆DP1屈服准则。研究表明，采用该准则与传统M-C屈服准则的计算结果有较大误差，不管是评价边坡稳定性，还是地基极限承载力等，在实际工程中采用该准则是偏于不安全的。依据理论分析和计算实例，对屈服准则的选用提出如下建议：

1）对于平面应变问题，可采用与传统M-C准则相匹配的DP4与DP5准则，它们有很高计算精度，其计算误差一般在1%～3%。

当采用DP5准则时，应使用非关联程序，此时，应取剪胀角$\psi=0$（相当膨胀角$\varphi/2$）；当采用DP4准则时，应采用关联流动法则，剪胀角取$\psi=\varphi$（相当膨胀角φ）。

2）对于三维空间问题，除采用M-C准则外，采用M-C等面积圆DP3准则，也可获得较好的计算结果。

当然，无论平面问题还是空间问题，如果采用高红—郑颖人准则能得到更精确的结果，但这一准则刚刚提出，目前应用还不多。

19.3.2.2 不同D-P准则条件下安全系数的转换

求解岩土工程安全系数一般采用有限元强度折减法。因而，对于D-P准则也采用c/ω，$\mathrm{tg}\varphi/\omega$的安全系数定义。

D-P准则中α，k有多种表达形式（表4-1），采用不同的屈服条件得到的边坡稳定安全系数是不同的，但这些屈服条件是可以互相转换的。目前国际上的通用程序最多也只有外角点外接圆（DP1）、内角点外接圆（DP2）、内切圆（DP4）三种D-P准则，因而实施屈服条件的转换十分必要。

设c_0，φ_0为初始强度参数，在外角点外接圆屈服准则条件下的安全系数为ω_1，在M-C等面积圆屈服准则条件下的安全系数为ω_2，经过变换可以得到

不同参数条件下两种D-P准则之间的安全系数转换数据示例 **表19-1**

等面积圆DP3准则的安全系数ω_2		外角点外接圆DP1准则安全系数ω_1									
		1	1.1	1.2	1.3	1.4	1.5	1.6	1.7	1.8	1.9
内摩擦角 φ_0/(°)	0	0.909	1.000	1.091	1.182	1.273	1.364	1.455	1.546	1.637	1.728
	10	0.854	0.945	1.036	1.127	1.218	1.310	1.401	1.492	1.583	1.674
	15	0.822	0.914	1.006	1.097	1.188	1.280	1.371	1.462	1.553	1.644
	20	0.786	0.879	0.971	1.063	1.155	1.247	1.339	1.430	1.521	1.613
	25	0.742	0.837	0.931	1.024	1.117	1.210	1.302	1.394	1.486	1.578
	30	0.685	0.784	0.881	0.977	1.072	1.166	1.259	1.352	1.445	1.537

$$\omega_2=\{[3\sqrt{3}(3(\cos^2\varphi_0\omega_1^2+\sin^2\varphi_0)^{1/2}-\sin\varphi_0)^2-8\sin\varphi_0]/18\pi\cos^2\varphi_0\}^{1/2} \quad (19.3.1)$$

即为外角点外接圆 DP1 屈服准则和 M-C 等面积圆 DP3 准则之间的安全系数转换关系式。只要求得了外角点外接圆屈服准则条件下的安全系数 ω_1，利用该表达式就可以直接计算出 M-C 等面积圆准则条件下的安全系数 ω_2。表 19-1 为不同参数条件下两种准则之间安全系数的实际转换数据。

采用同样的方法可以得到外角点外接圆 DP1 屈服准则（非关联流动法则）和平面应变 M-C 匹配 DP5 准则（非关联流动法则）之间的安全系数转换关系式。设 c_0，φ_0 为初始强度参数，在外角点外接圆屈服准则（非关联流动法则）条件下的安全系数为 ω_1，在平面应变 M-C 匹配准则 DP5（非关联流动法则）条件下的安全系数为 ω_2，经过变换可以得到

$$\omega_2=\{[(3(\cos^2\varphi_0\omega_1^2+\sin^2\varphi_0)^{1/2}-\sin\varphi_0)^2-12\sin\varphi_0]/12\cos^2\varphi_0\}^{1/2} \quad (19.3.2)$$

这样，只要求得了外接圆屈服准则条件下的安全系数 ω_1，利用该表达式就可以直接计算出平面应变 M-C 匹配 DP5 准则条件下的安全系数 ω_2。

19.3.3 提高有限元极限分析法计算精度的条件

为了达到计算精度，一般需满足如下条件：

1）要有一个成熟可靠、功能强的有限元程序，尤其是选用国际上公认的通用程序，这些程序安全可靠、功能与通用性强。

2）有可供实用的岩土本构模型和强度准则。

3）计算范围、边界条件、网格划分等要满足有限元计算精度要求。这对有经验的计算人员不是难事，但一些缺少计算经验的计算人员常因这方面处理不当而导致计算精度不足。通过了边坡算例分析提出了下面的计算范围与网格划分的处理。

边界范围的取值大小在有限元法中对计算结果有较大影响。当坡角到左端边界的距离为坡高的 1.5 倍，坡顶到右端边界的距离为坡高的 2.5 倍，如果是涉水边坡其距离还要增大，且上下边界总高不低于 2 倍坡高时，计算精度较为理想。

计算时必须考虑适当的网格密度，如果网格划分太粗，将会造成很大的误差。究竟单元大小取多大为宜，一般根据具体的问题来解决。可以先执行一个你认为合理的网格划分的初始分析，再在可能出现滑面的危险区域利用两倍多的网格重新分析并比较两者的结果。如果这两者给出的结果几乎相同，则认为前次划分的网格密度是合适的。网格划分过程中，还可以对重要部位进行局部加密，不重要的地方，可以稀疏一些，需要注意的是从密集到稀疏最好要有一个平缓的过渡，单元大小不要突然急剧变化，如图 19-2 所示。

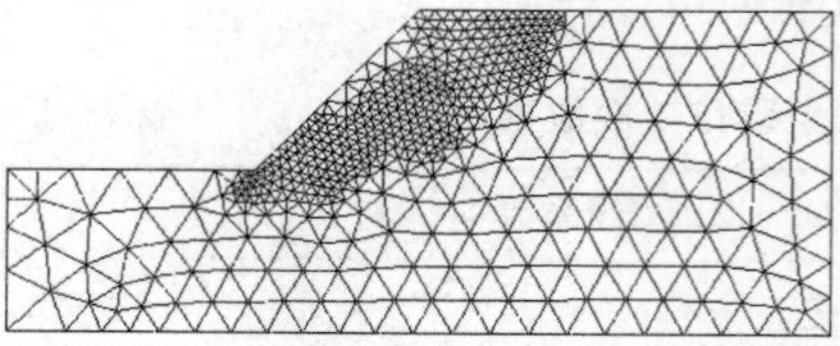
图 19-2 网格加密

用有限元计算岩土工程稳定问题时，不仅需要有几何参数、土重度 γ 与抗剪强度等参数，还需要填入泊松比 ν、弹性模量 E 等变形参数。研究表明 ν 对边坡的塑性区分布范围有影响，ν 的取值越小，边坡的塑性区范围越大。但是计算表明，ν 的取值对安全系数计算结果没有影响。E 对边坡的变形和位移的大小有影响，但是对于稳定安全系数基本无影

响。由此可见，只需按经验来选取 E，ν，即使选取有所不当，也不会影响稳定分析的结果。当然，如果计算变形与位移，必须尽量选准 E，ν。

19.4 有限元强度折减法在均质边(滑)坡中应用

一个平面应变情况下的算例。均质土坡，坡高 $H=20\text{m}$，土的重力密度 $\gamma=20\text{kN/m}^3$，黏聚力 $c=42\text{kPa}$，内摩擦角 $\varphi=17°$，求坡角 $\beta=30°$，35°，40°，45°，50°时边坡的稳定安全系数以及对应的滑动面。

19.4.1 有限元模型的建立和计算

计算采用大型有限元 ANSYS 5.61 软件。按照平面应变建立有限元模型，边界条件为左右两侧水平约束，下部固定，上部为自由边界，如图 19-3 所示。

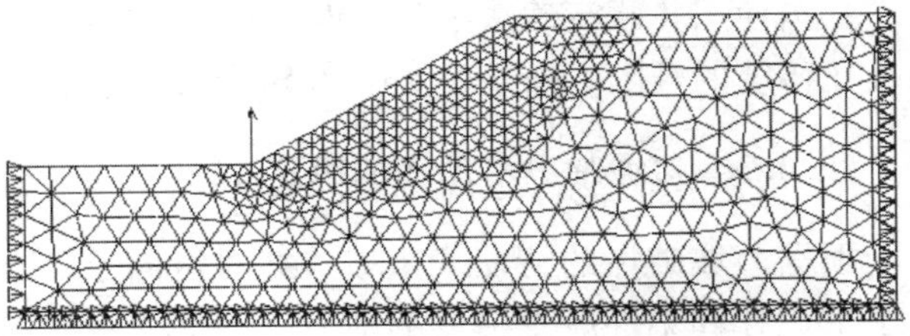

图 19-3 $\beta=30°$时的有限元模型

为了和传统方法作比较，强度折减安全系数的计算统一采用 c/ω，$\text{tg}\varphi/\omega$ 的折减形式，力和位移的收敛标准系数均取 0.00001，最大迭代次数为 1000 次。一次性施加全部重力荷载，即荷载增量步设置为 1 步。

19.4.2 安全系数计算结果及其分析

表 19-2 为各屈服准则采用非关联流动法则时的安全系数，表 19-3 为各屈服准则采用关联流动法则时的安全系数。平面应变 M-C 匹配 D-P 准则在关联和非关联流动法则条件下分别采用不同的表达式 DP5 与 DP4，而对于 M-C 等面积圆 DP3 准则和外角点外接圆 DP1 准则均采用同一种表达形式，只是使用关联与非关联法则时，两者采用的剪胀角不同。传统极限平衡条分法计算采用加拿大的边坡稳定分析软件 SLOPE/W。

采用非关联法则时不同准则条件下稳定安全系数　　表 19-2

坡角/(°)	30	35	40	45	50
DP1	1.91	1.74	1.62	1.50	1.41
DP3	1.64	1.49	1.38	1.27	1.19
DP5（非关联流动法则）	1.56	1.42	1.31	1.21	1.12
极限平衡 Spencer 法（S）	1.55	1.41	1.30	1.20	1.12
(DP1-S) /S	0.23	0.23	0.25	0.25	0.26
(DP3-S) /S	0.05	0.06	0.06	0.06	0.06
(DP5-S) /S	0.01	0.01	0.01	0.01	0.00

从计算结果可以看出，在平面应变条件下不管是采用非关联的 M-C 匹配 DP5 准则还是采用关联的 M-C 匹配 DP4 准则，求得的安全系数与传统极限平衡条分法中的 Spencer 法的计算结果十分接近，误差在 2%以内，这是因为平面应变 M-C 匹配 D-P 准则实际上就是在平面应变条件下的 M-C 准则。

采用关联流动法则时不同准则条件下的安全系数 表 19-3

坡角/(°)	30	35	40	45	50
DP1	1.93	1.77	1.65	1.54	1.44
DP2	1.66	1.51	1.40	1.30	1.21
DP4(关联流动法则)	1.56	1.42	1.32	1.22	1.13
极限平衡 Spencer 法(S)	1.55	1.41	1.30	1.20	1.12
(DP1-S)/S	0.25	0.26	0.27	0.28	0.29
(DP3-S)/S	0.07	0.07	0.08	0.08	0.08
(DP4-S)/S	0.01	0.01	0.01	0.02	0.01

对于平面应变问题，由表 19-2 与 19-3 可见，M-C 等面积圆 DP3 屈服准则，当使用非关联流动法则时，计算结果与传统极限平衡方法中的 Spencer 法的计算结果的误差在 6%左右；当使用关联流动法则时，误差在 7%左右。而外角点外接圆 DP1 准则条件下的安全系数比传统的极限平衡条分法中的 Spencer 法大 25%以上。

19.4.3 边坡临界滑动面的确定

根据边坡破坏的特征，边坡破坏时滑面上节点位移和塑性应变将产生突变，滑动面在水平位移和塑性应变突变的地方，因此可在 ANSYS 程序的后处理中通过绘制边坡水平位移或者等效塑性应变等值云图来确定滑动面。下面给出一个算例，除用上述两种方法确定滑动面外，并与传统确定滑面的方法进行比较，算例表明，上述 3 种方法确定的滑面是一致的。坡角 $\beta=30°$时的滑动面形状和位置见图 19-4 至图 19-6 中边坡变形显示比例设为 0。

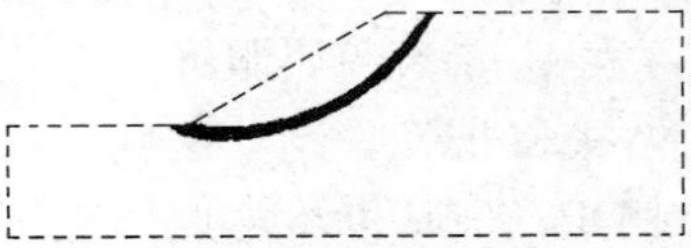

图 19-4 用等效塑性应变等值云图表示的滑动面位置和形状

图 19-5 用水平位移等值云图表示的滑动面位置和形状

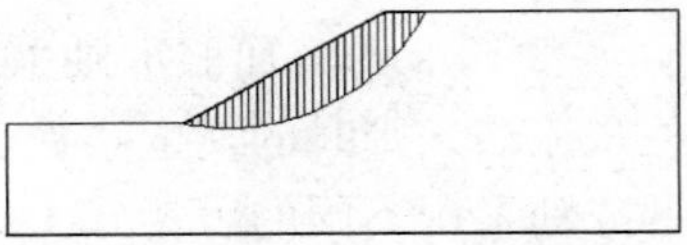

图 19-6 用加拿大边坡稳定分析软件 slope/w 得到的滑动面形状

19.4.4 采用有限元强度折减法进行流固耦合稳定性分析

1. PLAXIS 有限元程序和 PLAXFLOW 模块的功能介绍

(1) PLAXIS 程序的功能介绍

PLAXIS 程序是荷兰 PLAXIS. B. V 公司开发的较为职能化的岩土工程有限元软件，程序界面友好，建模简单，自动进行网格剖分。可以模拟施工步骤，进行多步计算；后处理简单方便。程序能够计算两类工程问题：平面应变问题和轴对称问题，能够模拟土体；墙，板，梁结构；各种元素和土体的接触面；锚杆；土工织物；隧道以及桩基础等元素。

PLAXIS 程序提供了三种材料（线弹性、莫尔-库仑理想弹塑性、软化硬化模型和软土流变模型）用于模拟岩土的工程性状。

在进行材料的定义时，PLAXIS 程序为每种材料的力学行为提供了三种选择：排水条件下的力学行为、不排水条件下的力学行为以及无孔隙条件下的力学行为。其中排水力学条件下的力学行为，适用于模拟土的长期力学行为，当选择这种力学行为时，在计算过程中土体内将不会产生超孔隙水压力；而选择不排水力学条件下的力学行为，则土体内的超孔隙水压力在计算过程中将得到充分的发展；对于无孔隙条件下的力学行为，则适合于模拟计算过程中既不存在初始孔隙水压力也不会产生超孔隙水压力的材料。

（2）PLAXFLOW 模块的功能介绍

PLAXIS 程序中地下水渗流模块（PLAXFLOW 模块）既可以进行地下水稳态流的稳态分析，也可以进行地下水非稳态流的瞬态分析；可以进行水位变化、降雨和抽水等工程条件下，饱和土和非饱和土中地下水的渗流计算，还可以与 PLAXIS 程序联合使用进行流-固耦合计算。

2. 结合有限元强度折减法进行渗流条件下的稳定性分析

由于国际通用程序有较高的可靠性与较强的计算功能，因此国内外广泛采用国际通用程序，结合有限元强度折减法进行边（滑）坡的稳定性分析。但是由于大部分国际通用程序在渗流计算方面都有一定的局限性，因此目前在渗流条件下的边（滑）坡稳定性分析中大都还是采用传统的极限平衡法。

从前述 PLAXIS 有限元程序和 PLAXFLOW 模块的功能介绍可以看出，PLAXIS 程序在渗流计算方面具有比较强的功能，并且该程序能结合有限元强度折减法进行稳定性分析，因此这里将通过该程序说明有限元强度折减法在渗流条件下稳定性分析中的应用。

算例一：均质土坡，坡高 10m，坡高比 1：2(26.57°)，不排水条件，土体重度 $\gamma_{天然}=20.0kN/m^3$，$\gamma_{饱和}=22.0kN/m^3$，渗透系数 $k_x=k_y=0.001m/d$，黏聚力 $c=20.0kPa$，内摩擦角 $\varphi=24°$。根据前述有关如何避免有限元法本身引入的误差，建立合理的有限元模型(如图 19-7 所示)。水头荷载和通过渗流计算(稳态分析)得到的浸润面位置如图 19-8 所示。

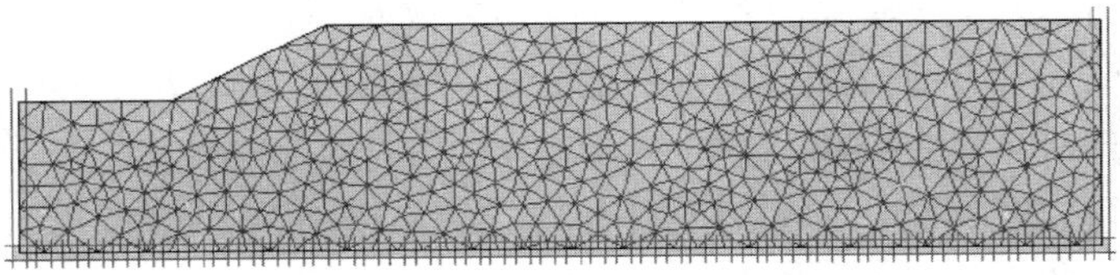

图 19-7 有限元计算模型示意图

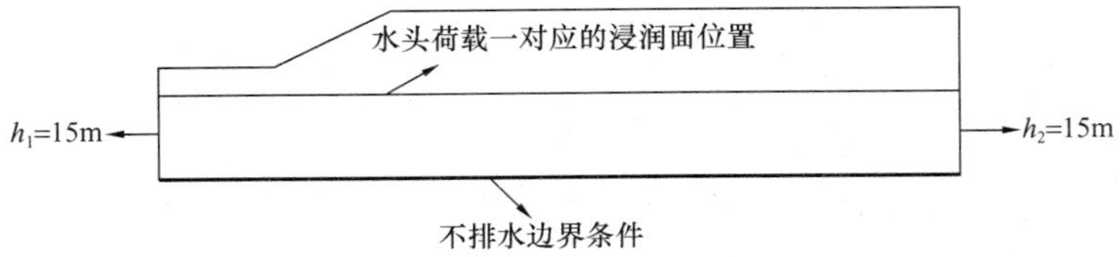

(a)

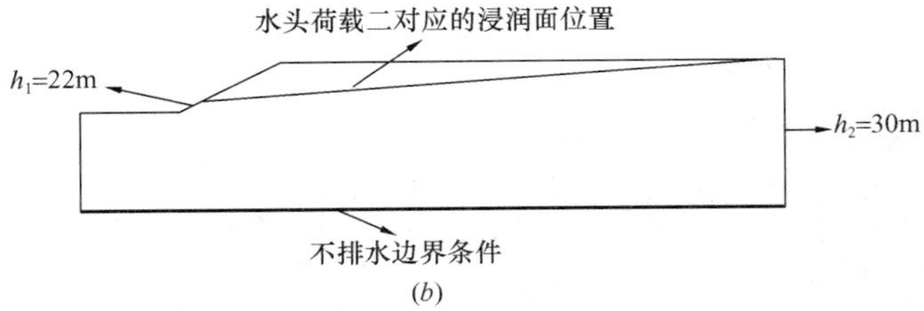

(b)

图 19-8 水头荷载对应的浸润面位置

(a) 水头荷载一对应的浸润面位置；(b) 水头荷载二对应的浸润面位置

(h_1 为坡体前部定水头边界的高度；h_2 为坡体后部定水头边界的高度)

利用PLAXIS程序，结合有限元强度折减法分析该算例，在水头荷载一条件下，坡体的安全系数为2.003；在水头荷载二条件下，坡体的安全系数为1.838，搜索得到的滑面位置如图19-9所示。

(a)

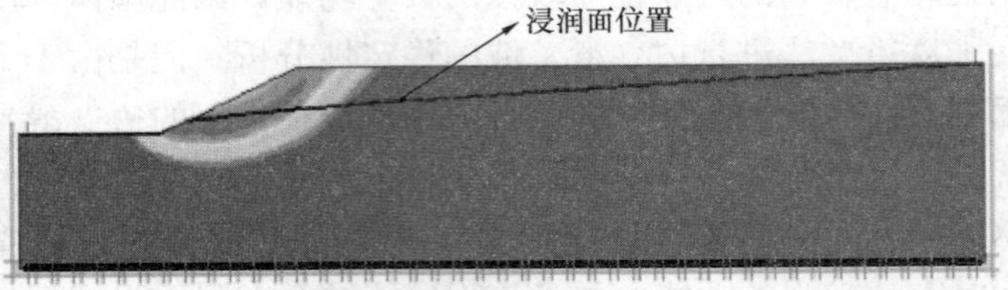

(b)

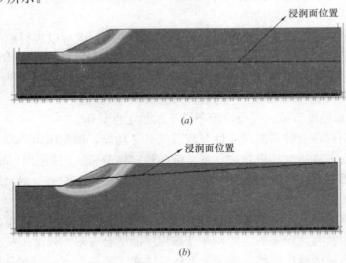

图19-9 滑面和浸润面位置示意图（有限元强度折减法）

（a）水头荷载一对应的滑面和浸润面位置；（b）水头荷载二对应的滑面和浸润面位置

为了验证采用有限元强度折减法进行渗流条件下边（滑）坡稳定性分析的正确性，这里通过GEO-SLOPE程序，采用传统极限平衡法对有限元强度折减法的分析结果进行了验证。在分析中为了考虑水头荷载二条件下作用在坡面上的水平向外水压力，这里采用的是在GEO-SLOPE程序中定义无应力材料的方法（如图19-10（b）所示）。通过传统的极限平衡法分析得到，在水头荷载一条件下，坡体的安全系数为1.963；在水头荷载二条件下，坡体的安全系数为1.832，与采用有限元强度折减法分析所得的安全系数相比，其误差分别为－1.99%和－0.33%，搜索得到的滑面位置如图19-10所示。

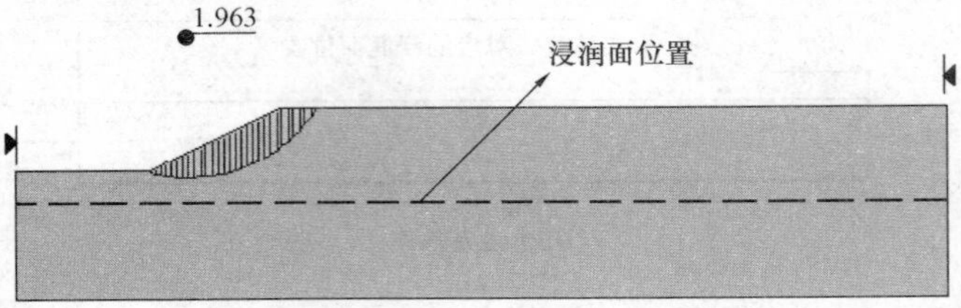

(a)

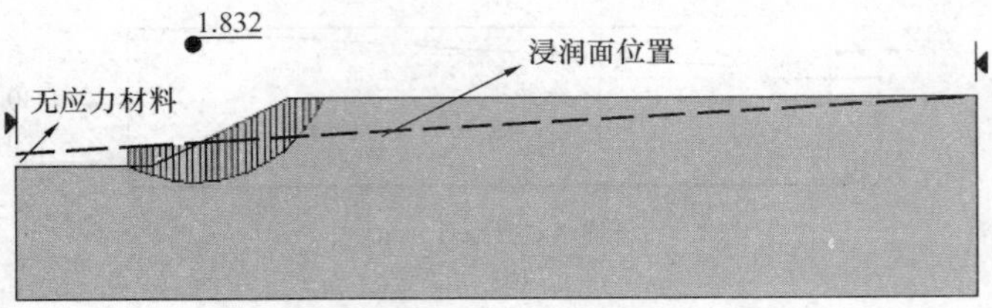

(b)

图19-10 滑面和浸润面位置示意图（传统条分法）

（a）水头荷载一对应的滑面位置；（b）水头荷载二对应的滑面位置

从计算结果和图 19-9、图 19-10 中滑面的位置可以看出，采用有限元强度折减法得到的分析结果和采用极限平衡法得到的分析结果基本上是一致的。因此可以认为，在渗流条件下采用 PLAXIS 程序和 PLAXFLOW 模块结合有限元强度折减法进行稳定性分析是准确可行的。

3. 结合有限元强度折减法进行水库岸坡的稳定性分析

PLAXIS 程序可以通过和 PLAXFLOW 模块进行流-固耦合计算，从而把渗流计算得到的孔隙水压力分布导入到稳定性分析的模型中，由于该方法方便实用，因此十分适用于水库岸坡的稳定性分析。下面将通过一岸坡的算例进行说明，并就库水水位下降速率和土体渗透系数的影响展开研究。

算例二：均质岸坡，不排水条件，土体重度 $\gamma_{天然}=17.5\text{kN/m}^3$，$\gamma_{饱和}=19.0\text{kN/m}^3$，黏聚力 $c=21\text{kPa}$，内摩擦角 $\varphi=28.0°$，坡体前部库水水位的初始高度为 40m，坡体后部为定水头边界 $h=40\text{m}$，稳定性分析模型如图 19-11 所示。

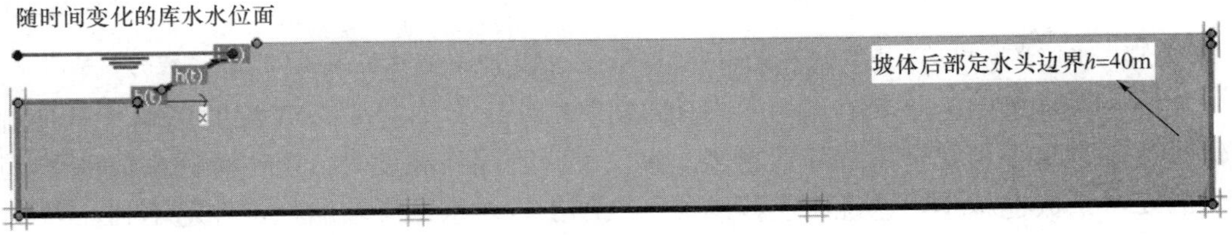

图 19-11 边坡模型

① 库水水位下降速率的影响

取土体的渗透系数为 $k_x=k_y=0.1\text{m/d}$，坡体前部库水水位分别以 1m/d、2m/d 和 3m/d 的速率从初始水位高度 40m 下降，水位降幅为 30m，其分析结果见表 19-4 和图 19-12。

不同水位下降速度时稳定性分析的计算结果 表 19-4

水位下降速率 / 水位高度（m）	1m/d	2m/d	2m/d
	安全系数		
40	1.624	1.624	1.624
34	1.405	1.403	1.398
28	1.261	1.248	1.245
22	1.138	1.124	1.120
16	1.068	1.052	1.046
10	1.071	1.056	1.053

从表 19-4 和图 19-12 可以看出，安全系数大体上随库水水位的下降逐渐减小，但最小的安全系数并不是出现在库水水位下降到最低位置时，本算例中最小的安全系数为水位下降至 16m 时对应的安全系数，通常我们称最小的安全系数对应的水位为“最不利水位”。同时，库水水位下降速率的大小对安全系数的影响十分明显，水位下降越快，安全系数降低得越多。同一水位高度处，水位下降速率越大，对应的安全系数越小。这说明水位下降速率越大，对水库岸坡的稳定性越不利。

② 土体渗透系数的影响

取库水水位以1m/d的速率从初始水位高度40m下降，水位降幅为30m，土体的渗透系数分别取$k_x = k_y = 0.1$m/d，0.05m/d，0.01m/d和0.005m/d，其分析结果见表19-5和图19-13。

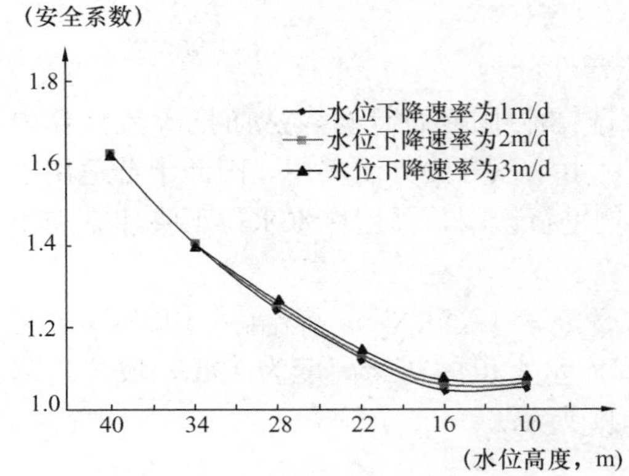

图19-12 水位高度和安全系数的关系曲线

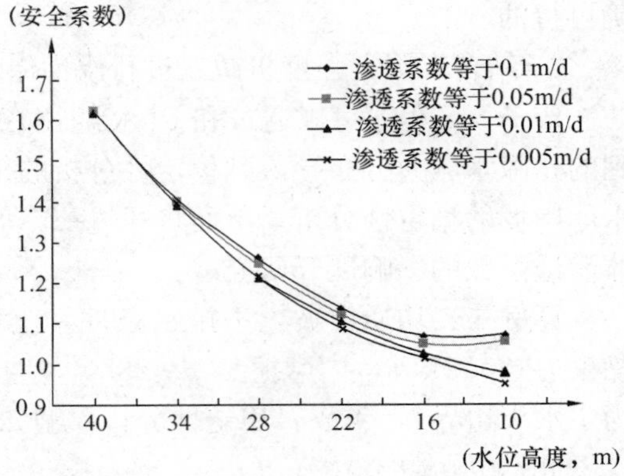

图19-13 水位高度和安全系数的关系曲线

从表19-5和图19-13可以看出，土体渗透系数的大小对安全系数的影响十分明显，土体渗透系数越小，安全系数降低越多。水位下降到同一高度时，土体渗透系数越小，所对应的安全系数也越小，这说明土体渗透系数越小，对水库岸坡的稳定性越不利。

不同渗透系数下稳定性分析的计算结果 表19-5

土体渗透系数 / 水位高度（m）	0.1m/d	0.05m/d	0.01m/d	0.005m/d
	安全系数			
40	1.624	1.624	1.624	1.624
34	1.405	1.402	1.396	1.392
28	1.261	1.247	1.216	1.213
22	1.138	1.120	1.107	1.084
16	1.068	1.049	1.024	1.012
10	1.071	1.052	0.979	0.950

4. 采用水平排水孔法治理水库岸坡的数值模拟

由上述的分析可以看出，采用PLAXIS程序和PLAXFLOW耦合，结合有限元强度折减法能够对水库岸坡的稳定性进行评价，并能充分考虑库水水位变化速率以及土体渗透系数这两个因素的影响。朱岳明等对大坝垂直排水孔做过较多研究，这里结合算例重点围绕水平排水孔这一治理方法进行模拟。

算例三：取一水库岸坡的计算剖面，如图19-14所示。坡体前部库水水位以2m/d的速度匀速从175m下降至145m，持续时间15d，降幅30m。

采用PLAXIS程序和PLAXFLOW耦合进行分析，计算结果见表19-6和图19-15。

不同水位下降天数非稳态条件下的分析结果 表19-6

计算天数t（d）	0	1	2→15
水位高程d（m）	175	173	171→145
安全系数	1.077	1.001	失稳破坏

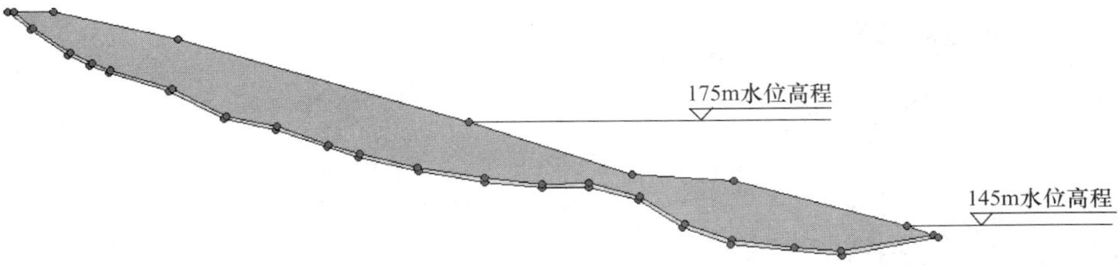

图 19-14 计算剖面示意图

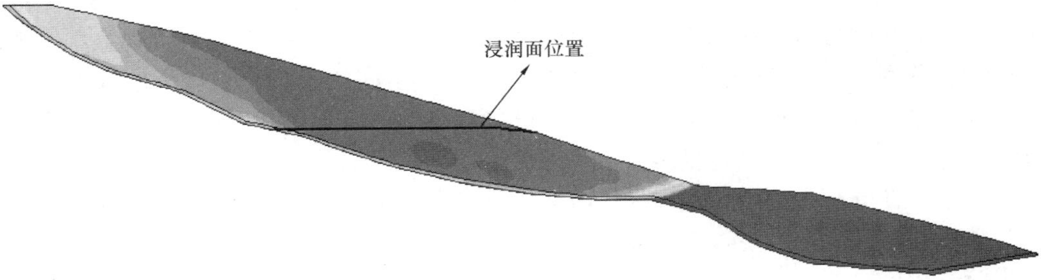

图 19-15 $t=1$d 时刻浸润面和滑面位置示意图

从分析的结果可以看出，该滑坡的稳定性随坡体前部库水水位的下降而降低，当水位下降 1d 后，水位继续下降，该滑坡将失稳破坏。因此，需要对该滑坡进行治理，并使其在库水水位的下降过程中始终保持稳定，这里采用增设水平排水孔降低坡体内浸润面位置的治理方法，增设水平排水孔后的有限元模型如图 19-16 所示。图中为了保证水平排水孔的正常工作，及其长期有效性，这里还根据潜在滑面的位置在其剪出口处设置了挡墙，通过墙面把水平排水孔打入滑坡体内。由于挡墙不考虑其透水，因此设置为非孔隙材料，水平排水孔孔径为 100mm，孔长为 30m。

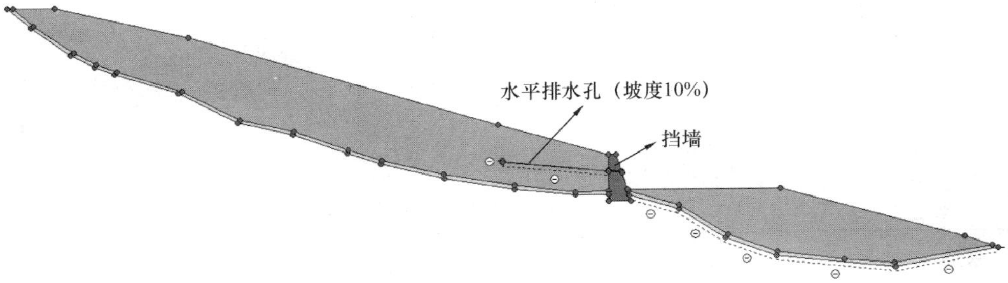

图 19-16 有限元计算模型示意图

图中所示水平排水的模型是采用“空气单元法”建立的。该方法把水平排水孔看做是比一般渗流介质渗透性大得多的特殊介质。这样，就可以用一定的渗透系数来表征水平排水孔特殊的导水性能，并在模型中按照实体单元进行渗流计算。由于工程中采用的水平排水孔一般只有上半段透水，下半段和端部均不透水，因此在建立水平排水孔模型时，需要在底部和端部分别设置不透水的界面，以保证水平排水孔的下半段和端部不透水。水平排水孔的单孔模型如图 19-17 所示。

但是到底表征水平排水孔导水性能的渗透系数取多少呢？是否渗透系数取的越大越好

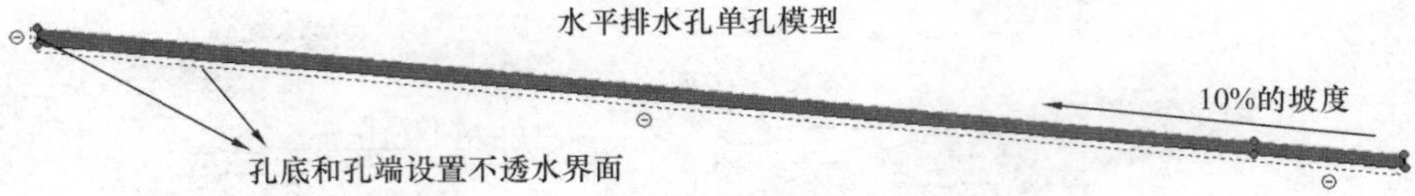

图 19-17 水平排水孔单孔模型

呢？从相关文献中采用“空气单元法”模拟排水孔得到的分析结果可以看出，排水孔的导水性能不单取决于排水孔自身渗透系数的大小，而是由排水孔的渗透系数 $k_{排水孔}$ 与周边介质的渗透系数 $k_{周边介质}$ 的比值 R（$R=k_{排水孔}/k_{周边介质}$），即相对渗透系数的大小决定的。通过相关文献中的算例可以发现，R 的取值并不是越大越好，只要 R 不低于一定大小，就足以表征排水孔的导水性能；对于不同的工程和排水孔不同的排水方式，R 的取值各不相同。例如孔口出流式排水孔，R 取 1000 就可以模拟排水孔的作用；而对于孔壁逸出式排水孔，R 取 500 即可。因此，在模拟水平排水孔时，采用通过分析计算来确定排水孔渗透系数的大小。在分析中采用水平排水孔内某一节点处的流速作为控制条件，如果水平排水孔的渗透系数增大后，通过渗流计算得到的节点流速与渗透系数增大前通过渗流计算得到的节点流速相比，两者相差在 5%以内，则说明增大前的排水孔渗透系数已足以表征水平排水孔的导水性能。

根据上述方法，以水平排水孔孔内某节点处的流速作为控制条件，计算结果见表 19-7，分别选取水平排水孔内的 4 个节点作为数据读取点（如图 19-18 所示）。图 19-18 绘制的是当水平排水，孔渗透系数等于 500，即相对渗透系数等于 5000 时，通过渗流计算得到的浸润面位置。

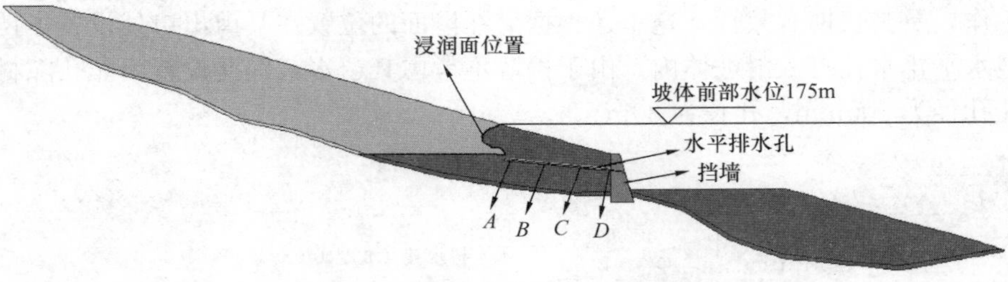

图 19-18 水平排水孔渗透系数取 500，即相对渗透系数等于 5000 时的浸润面位置

不同水平排水孔渗透系数的计算结果 表 19-7

排水孔渗透系数	10m/d				20m/d				100m/d			
相对渗透系数（R）	100				200				1000			
数据点	A	B	C	D	A	B	C	D	A	B	C	D
节点流速（m/d）	9.74	9.74	9.78	9.81	17.70	17.96	18.51	19.65	83.66	85.34	89.57	97.41

排水孔渗透系数	500m/d				1000m/d			
相对渗透系数（R）	5000				10000			
数据点	A	B	C	D	A	B	C	D
节点流速（m/d）	257.43	263.36	281.80	310.13	258.69	264.92	284.48	313.55

从表 19-7 中的计算结果可以看出，水平排水孔渗透系数取值的大小，即相对渗透系数的大小直接决定水平排水孔导水性能的强弱，当水平排水孔的渗透系数分别取 10m/d、20m/d 和 100m/d 时，通过渗流计算得到节点流速与水平排水孔渗透系数取 500m/d 时对

应的节点流速相比，其间存在着较大的差异；但当水平排水孔的渗透系数继续增大至1000m/d时，其对应的节点流速和水平排水孔渗透系数取500m/d时对应的节点流速相比，在四个数据点分别相差0.49%、0.59%、0.95%和1.10%，均小于2%。这说明对于该算例而言，水平排水孔的渗透系数取500m/d，即相对渗透系数等于5000，就能充分反映水平排水孔的导水性能，而较小的渗透系数（如10m/d、20m/d和100m/d），显然不足以表征水平排水孔的导水性能。

在确定了水平排水孔的渗透系数取500m/d后，就可以采用有限元强度折减法对治理后的滑坡在库水水位下降过程中的稳定性进行分析了。分析结果见表19-8。

治理后的滑坡在水位下降条件下稳定性分析的结果表 **表 19-8**

计算天数 t（d）	0	1	2	3	4	5	6	7
水位高程 d（m）	175	173	171	169	167	165	163	161
安全系数	1.211	1.197	1.192	1.191	1.190	1.188	1.186	1.185
计算天数 t（d）	8	9	10	11	12	13	14	15
水位高程 d（m）	159	157	155	153	151	149	147	145
安全系数	1.181	1.175	1.167	1.165	1.163	1.160	1.131	1.114

从表19-8中的计算结果可以看出，水位下降过程中各个时刻对应的安全系数均大于1.000，这说明该滑坡经过治理后，在坡体前部水位从175m下降至145m的过程中能够始终保持稳定。图19-19～图19-23分别绘制了 t=0d、4d、8d、12d和15d时，坡体内的浸润面和滑面位置。

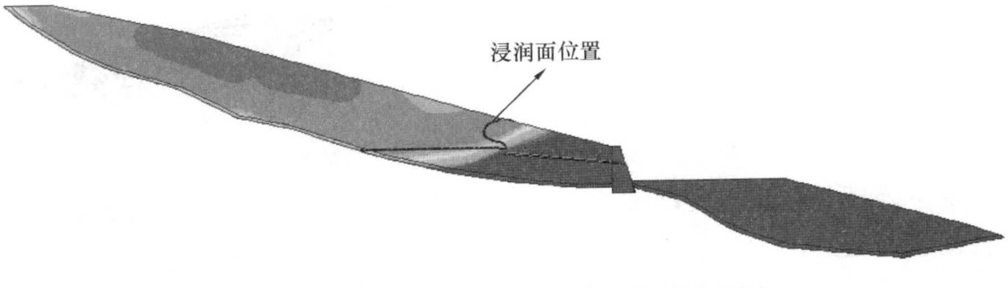

图 19-19 t=0d时浸润面和滑面位置示意图

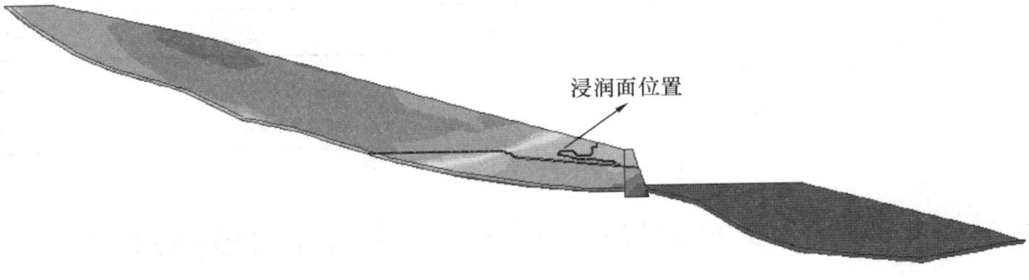

图 19-20 t=4d时浸润面和滑面位置示意图

由于前面在对该滑坡进行治理时，为了保证水平排水孔的正常工作及其长期有效性，增设了挡墙，因此为了进一步说明水平排水孔的导水疏干作用对该滑坡稳定性的提高，这里在计算中设置水平排水孔未工作，对该滑坡仅设置挡墙时的情况进行了稳定性分析，计算结果见表19-9。从表中的数据可以看出，虽然设置挡墙后滑坡的稳定性略有提高，但

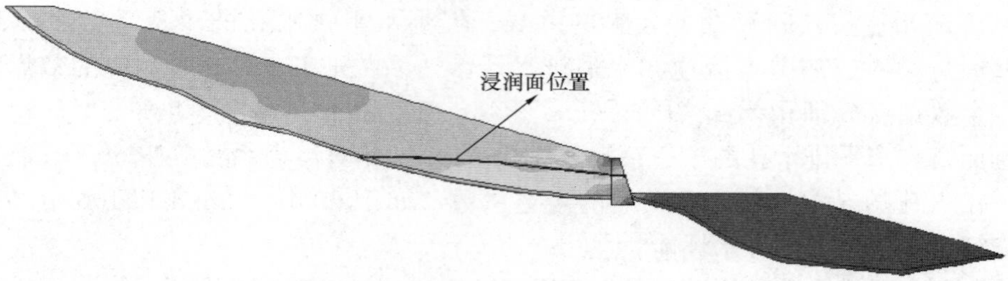

图 19-21 t=8d 时浸润面和滑面位置示意图

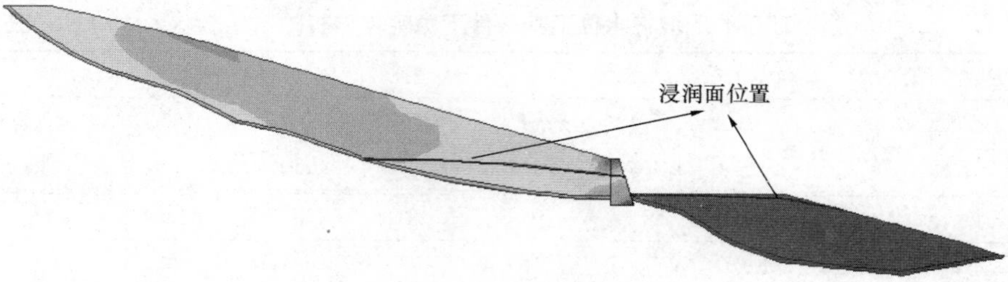

图 19-22 t=12d 时浸润面和滑面位置示意图

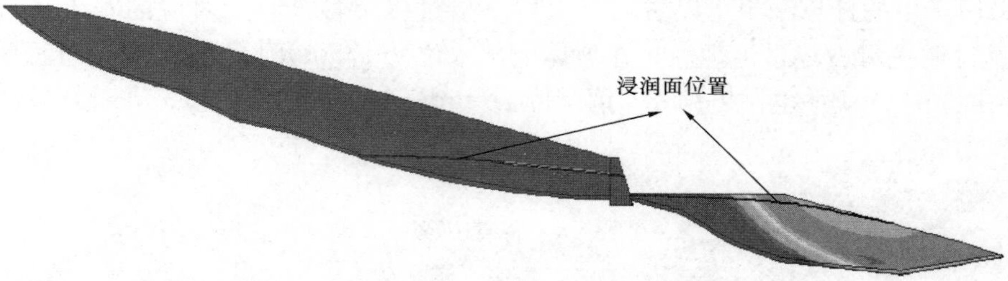

图 19-23 t=15d 时浸润面和滑面位置示意图

是随着水位的下降还是会发生失稳破坏。因此，可以认为水平排水孔的导水疏干作用对该滑坡稳定性的提高起到了主导作用。

仅设置挡墙时稳定性分析的结果 **表 19-9**

计算天数 t（d）	0	1	2	3→15
水位高程 d（m）	175	173	171	169→145
安全系数	1.116	1.038	0.997（<1）	失稳破坏

19.5 有限元强度折减法在岩质边坡中的应用

岩质边坡的稳定分析历来是工程界和学术界至为关注的重大课题，由于实际岩体中含有大量不同地质构造、产状和特性的不连续结构面（比如层面、节理、裂隙、软弱夹层、岩脉、断层和破碎带等），这就给岩质边坡的稳定分析带来了巨大的困难。岩质边坡的稳定性主要由岩体结构面控制，这是目前大家比较一致的意见，传统的用于土质边坡稳定分析的滑动面搜索方法不能用于岩质边坡。

岩体中的结构面，根据其贯通情况，可以将结构面分为贯通性、非贯通性两种类型。根据结构面的胶结和充填情况，可以将结构面分为硬性结构面（无充填结构面）和软弱结构面。由于岩体结构面的复杂性，要十分准确地反映岩体结构面的特征并使之模型化是不可能的，也没有必要使问题复杂化。基于这种考虑，对于一个实际工程来说，往往根据现场地质资料，根据结构面的长度、密度、贯通率，展布方向等着重考虑 2～3 组对边坡稳定起主要控制作用的节理组或其他主要结构面（如图 19-24）。因而，寻找岩质边坡滑面必须先在程序中输入准确的结构面。

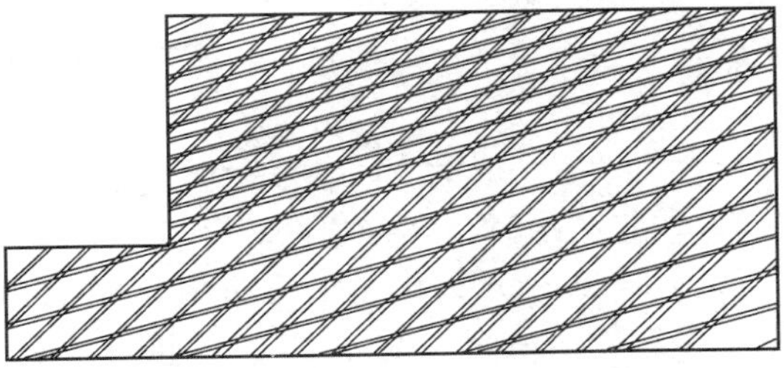

图 19-24 具有两组平行结构面岩质边坡

岩体是弱面体，起控制作用的是结构面强度，对于软弱结构面，可采用低强度实体单元模拟，按照连续介质处理；对于无充填的硬性结构面可以采用无厚度的接触单元来模拟。

19.5.1 结构面有限元模拟

19.5.1.1 软弱结构面有限元模拟

如图 19-25（*a*），软弱结构面和岩体均采用平面实体单元模拟，按照连续介质处理，只不过结构面材料参数不同而已。岩体以及结构面材料本构关系采用理想弹塑性模型，强度折减过程与均质土坡相同，即通过对岩体以及结构面强度参数同时进行折减使边坡达到极限破坏状态，此时可得到边坡的强度储备安全系数。图 19-25（*b*）为具有一条软弱结构面的边坡通过强度折减达到极限状态时的直线滑动破坏形式。表 19-10 为图 19-25 所示模型的安全系数计算结果，计算参数为从 $c=10000$Pa，$\varphi=30°$，结构面倾角 30°，滑体高 10m，宽 17.32m。

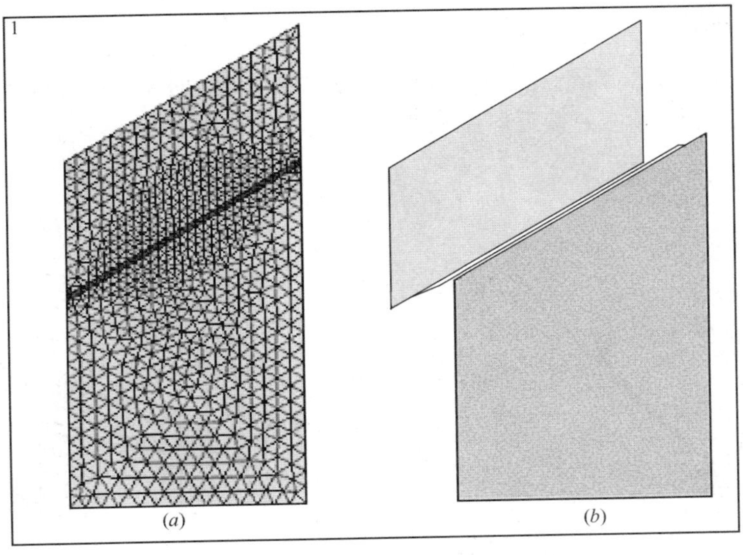

图 19-25 具有一条软弱结构面的有限元模型

不同屈服准则条件下的安全系数计算结果 表 19-10

计算方法	安全系数
有限元强度折减法（外角外接圆 DP1 准则）	1.58
有限元强度折减法（平面应变 M-C 匹配 DP3 准则）	1.10
极限平衡方法（解析解）	1.12
极限平衡方法（Spencer 法）	1.12

19.5.1.2 硬性结构面有限元模拟

如图 19-26 所示的无充填的硬性结构面可采用无厚度接触单元来模拟，程序通过覆盖在两个接触物体表面（AB，EF）的接触单元来定义接触关系。在两个接触的边界中，把其中一个边界作为“目标”面（“target” surface），而把另外一个面作为“接触”面（“contact” surface），两个面合起来叫做“接触对”（contact pair），两个接触面之间不抗拉，可以脱离，可以滑动。两个接触面的接触摩擦行为服从库仑定律：

$$\tau = c + \sigma \times \tan\varphi,\ \sigma \geqslant 0\ (\text{规定压为正})$$

式中：c 为接触面之间的黏聚力，$\tan\varphi$ 为接触面之间的摩擦系数。

在两个接触面开始互相滑动之前，在他们的接触面上会产生小于其抗剪强度的剪应力，这种状态叫做稳定黏合状态，一旦剪切应力超过滑面上的抗剪强度，两个面之间将产生滑动，边坡失稳。采用接触单元模拟的岩质边坡沿结构面破坏的强度折减安全系数定义为：

$$F_s = \frac{c}{c'} = \frac{\tan(\varphi)}{\tan(\varphi')}$$

表 19-11 为图 19-26 所示的采用无厚度的接触单元来模拟硬性结构面的力学行为时的安全系数计算结果，计算参数为 $c=0$，$\varphi=15°$，结构面倾角 15°。

计 算 结 果 表 19-11

计算方法	安全系数
有限元强度折减法	1.001
极限平衡方法（解析解）	1.0
极限平衡方法（Spencer）	1.0

通过计算对比发现，对于直线形滑动面，采用接触单元时用有限元强度折减法得到的计算结果与理论解析解十分接近，说明采用接触单元来模拟岩体材料的不连续性是可行的。

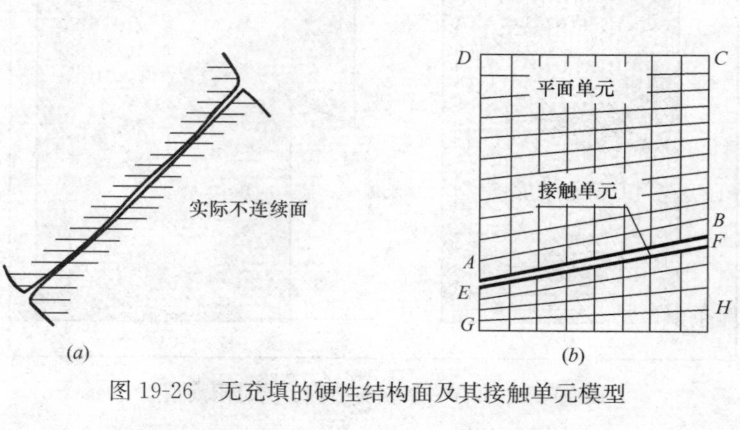

图 19-26 无充填的硬性结构面及其接触单元模型

19.5.2 用接触单元分析折线型滑动面岩质边坡稳定性

图 19-27（*a*）所示为两个直线滑面组成折线型滑体 *ABMCD*，这种折线型滑动破坏是一种常见的滑坡类型。岩体重度 $\gamma=20\text{kN/m}^3$，弹性模量 $E=10^9\text{Pa}$，滑块 *ABCD* 面积 433m^2，滑面 $AB=20\text{m}$，倾角 $\psi_1=15°$，$AD=25\text{m}$，$DC=19.32\text{m}$，$BC=19.82\text{m}$，滑块 *BCM* 面积 196m^2，滑面 $BM=28.03\text{m}$，倾角 $\psi_2=15°$，$CM=19.82\text{m}$，*CM* 面上施加有线性变化的面荷载，$P_M=400\text{kPa}$，$P_C=0$。

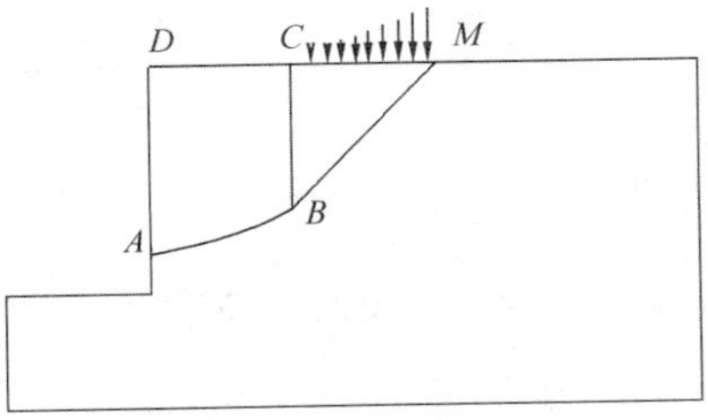

(*a*)

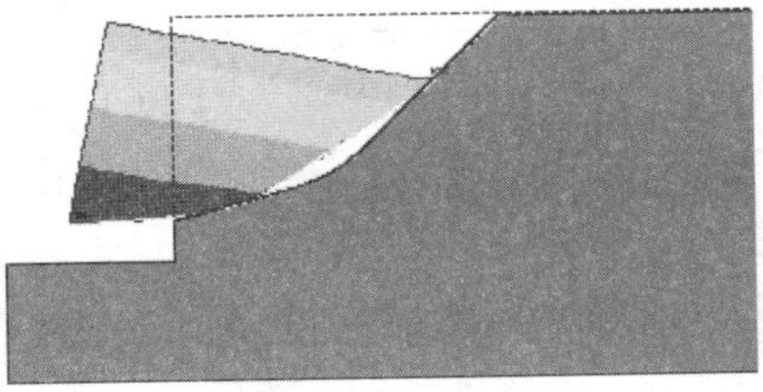
(*b*)

图 19-27 线型平面滑动岩质边坡及其接触单元有限元模型

不同强度参数计算得的稳定安全系数 表 19-12

参 数	有限元强度折减法（采用 DP3 准则）	Spencer 法	参 数	有限元强度折减法（采用 DP3 准则）	Spencer 法
$c=160\text{kPa}$，$\varphi=0°$	1.00	0.96	$c=0\text{kPa}$，$\varphi=45°$	2.09	1.94
$c=160\text{kPa}$，$\varphi=30°$	2.11	2.07	$c=160\text{kPa}$，$\varphi=45°$	3.08	2.90
$c=320\text{kPa}$，$\varphi=10°$	2.33	2.28			

计算方法同上，在硬性滑动面 *AB*、*BM* 上布置接触单元。岩体采用 6 节点三角形平面应变单元 PLANE2 模拟，接触单元采用 TARGE169 和 CONTA172 单元。图 19-27（*b*）为坡体达到极限状态后的破坏滑动图。不同参数条件下的安全系数计算结果对比见表 19-12。

19.5.3 具有两组贯通结构面岩质边坡算例

如图 19-28，两组方向不同的结构面，贯通率 100%，第一组软弱结构面倾角 30 度，平均间距 10m，第二组软弱结构面倾角 75 度，平均间距 10m，岩体以及结构面计算物理力学参数见表 19-13。

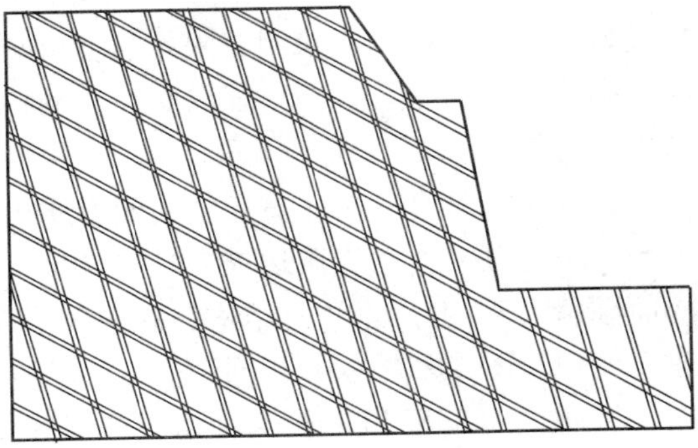
图 19-28 有两组贯通的平行结构面控制的岩质边坡几何模型

岩体以及结构面均采用平面应变单元模拟，只是物理力学参数不同（表 19-13），计算步骤同上，通过有限元强度折减得到的破坏过程如图 19-29 所示，图 19-29（*a*）它是最先产生的破坏形式，接着出现第二、三条次生滑动面（图 19-29（*b*）），求得的稳定安全系数见表 19-14，其中极限平衡方法计算结果是根据最先贯通的那一条滑动面求得的。

物理力学参数计算取值 **表 19-13**

材料名称	重 度	弹性模量	泊松比	黏聚力	内摩擦角
	kN/m^3	Pa		MPa	度
岩体	25	1E+10	0.2	1.0	38
第一组结构面	17	1E+7	0.3	0.12	24
第二组结构面	17	1E+7	0.3	0.12	24

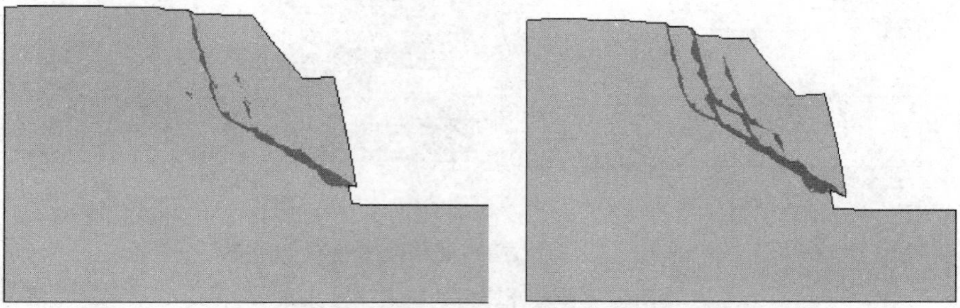

(*a*) (*b*)

图 19-29 极限状态后产生的破坏形式
(*a*) 首先贯通的滑动面；(*b*) 滑动面继续发展

计 算 结 果 **表 19-14**

计 算 方 法	安 全 系 数
有限元法（外角外接圆 DP1 屈服准则）	1.49
有限元法（M-C 等面积圆 DP3 准则）	1.21
极限平衡方法（Spencer）	1.17

19.5.4 非贯通结构面岩质边坡稳定性分析

前面采用有限元强度折减法分析了成组贯通结构面岩质边坡稳定性，对于具有非贯通结构面岩质边坡，也可以采用有限元强度折减法来模拟其破坏机制。工程岩体中的受力工作状态多为压剪状态，具有很强的塑性流动特征，采用塑性力学破坏理论能较好地描述其变形破坏特征。

19.5.4.1 具有一条非贯通结构面岩质边坡的有限元模型及其安全系数的求解

图 19-30 为一垂直岩质边坡，坡高 40m，在距离坡脚 5m 高处有一外倾软弱结构面，结构面倾角为 45 度。岩体及结构面均采用平面应变实体单元 PLANE2 模拟，按照连续介质建立模型。图 19-30（*a*）贯通率 100%，图 19-30（*b*）、（*c*）、（*d*）为结构面不同位置示意图，贯通率按 86%和 70%两种情况分别计算，结构面宽度均为 0.3m。分析对结构面参数分别按 3 种不同的取值进行计算，岩体以及结构面参数见表 19-15。采用不同方法的计算结果见表 19-16、表 19-17、表 19-18。

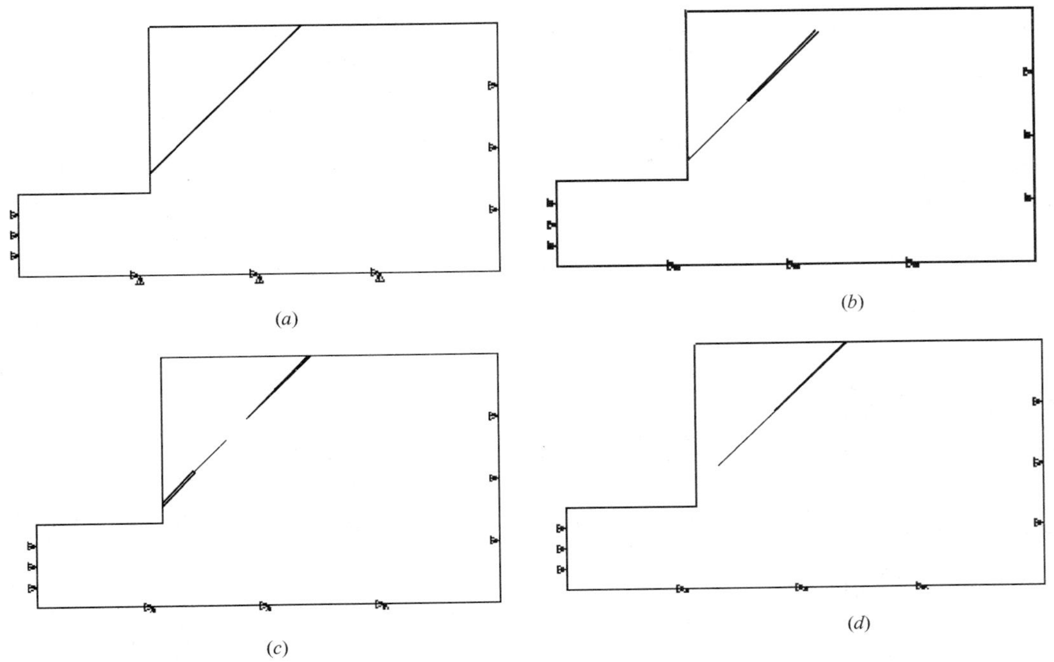

图 19-30 具有一条非贯通节理岩质边坡

计算采用物理力学参数 **表 19-15**

材料名称		容 度	弹性模量	泊松比	黏聚力	内摩擦角
		kN/m^3	Pa		MPa	°
岩 体		25	1E+10	0.2	1.2	30
结	①	17	1E+7	0.3	0.04	16
构	②	17	1E+7	0.3	0.06	18
面	③	17	1E+7	0.3	0.10	20

注：①②③为结构面强度参数 3 种不同取值。

为了与传统极限平衡方法对比，在有限元计算结果的基础上，通过沿着滑动面设置路径 PATH，将节点应力映射到路径上，然后分段沿着滑动面对下滑力和抗滑力进行积分，安全系数为总的抗滑力除以总的下滑力。

贯通率 70%时的稳定安全系数 **表 19-16**

计算参数	结构面位置	计 算 结 果		
		有限元法（采用 DP3 准则）	极限平衡法	相对误差
①	*B*	1.98	2.07	−0.042
	C	2.22	2.15	0.034
	D	2.29	2.20	0.042
②	*B*	2.09	2.18	−0.039
	C	2.32	2.24	0.035
	D	2.35	2.28	0.031
③	*B*	2.25	2.34	−0.039
	C	2.45	2.40	0.019
	D	2.51	2.43	0.035

注：①②③为结构面强度参数 3 种不同取值。*B*、*C*、*D* 为图 19-30 中结构面的 3 种分布情形。

贯通率 86%时的稳定安全系数 表 19-17

计算参数	结构面位置	计算结果		
		有限元法（采用 DP3 准则）	极限平衡法	相对误差
①	*B*	1.18	1.23	−0.037
	C	1.30	1.27	0.020
	D	1.35	1.32	0.023
②	*B*	1.30	1.35	−0.040
	C	1.42	1.38	0.032
	D	1.47	1.42	0.034
③	*B*	1.47	1.54	−0.039
	C	1.57	1.57	0.000
	D	1.65	1.60	0.030

贯通率 100%时的稳定安全系数 表 19-18

结构面计算参数	计算结果		
	有限元法（采用 DP3 准则）	极限平衡法	相对误差
①	0.45	0.46	−0.03
②	0.58	0.60	−0.03
③	0.80	0.81	−0.01

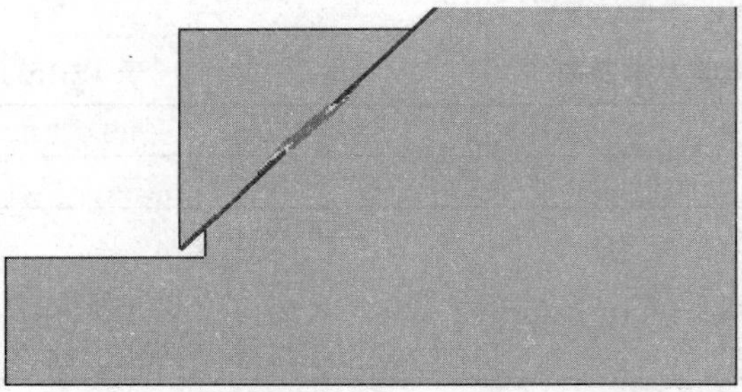

图 19-31 结构面贯通后形成的直线滑动破坏形式

计算结果表明与贯通率 100%的安全系数相比，贯通率 86%的稳定安全系数增大 1.8～2.8 倍，贯通率 70%的安全系数增大 3.0～4.7 倍。另外即使结构面贯通率相同，但是结构面位置不同，求得的稳定安全系数也不同。非贯通区位于坡脚处安全系数最大，位于坡中次之，位于坡顶安全系数最小，这是因为坡脚处的受力最大。通过强度折减有限元计算，结构面最后均贯通形成直线滑动面，如图 19-31。

19.5.4.2 具有三条非贯通节理岩质边坡算例

增加一条非贯通结构面 *FG*，使 *AF*=20m，此时 *AD*=10m，*FD*=22.36m，如图 19-32（*a*）所表示，此时结构面从 *A-D* 之间贯通，如图 19-32（*b*）所示，对应的强度折减系数为 2.7。

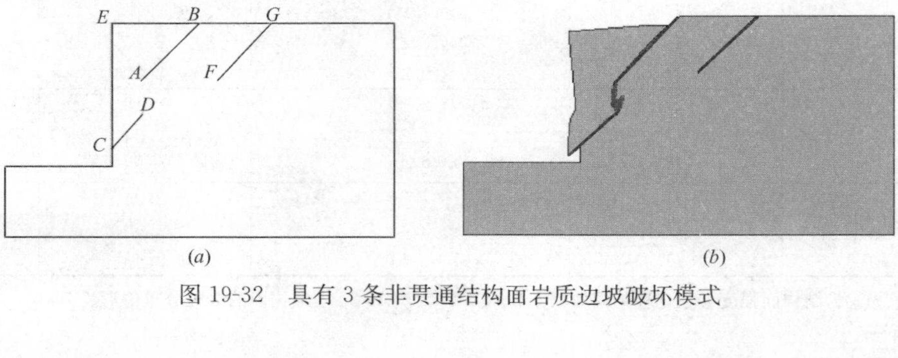

图 19-32 具有 3 条非贯通结构面岩质边坡破坏模式

研究表明，在岩体及结构面参数相同的情况下，结构面之间的贯通破坏机制受结构面几何位置、倾角、结构面之间岩桥的倾角、岩桥长度等因素的影响。结构面及岩桥位于受剪力最大的地方容易贯通；在垂直边坡中，结构面倾角愈接近 $45°+\varphi/2$ 就愈容易贯通；岩桥长度愈短愈容易贯通。

如图 19-33（a），结构面 1 到 3 的距离最近，AD=21.21m，FD=16.81m，但是滑动面却没有从 1-3 之间贯通，而是 1 和 2 之间贯通，如图 19-33（b）。这是因为 DA 贯通形成直线滑动面，比 DF 形成曲线滑动面更为容易。

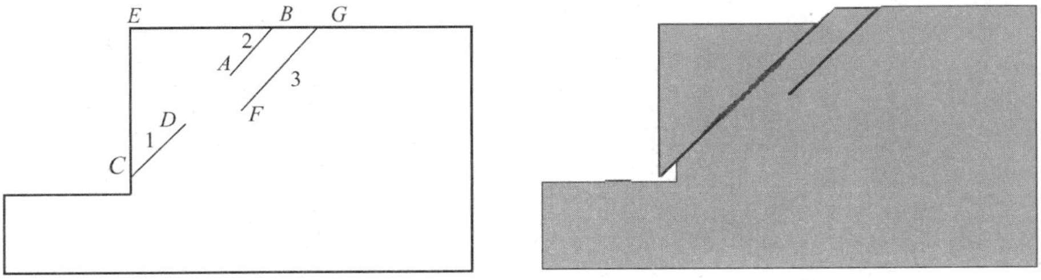

图 19-33　具有 3 条非贯通结构面岩质边坡破坏模式

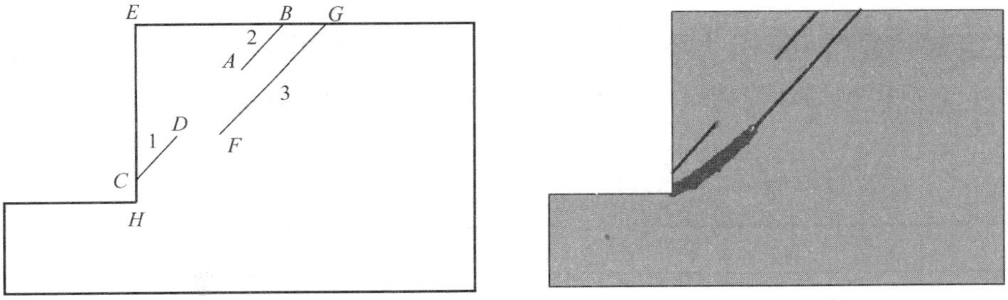

图 19-34　具有 3 条非贯通结构面岩质边坡破坏模式

图 19-34 的计算表明，滑动面并没有从岩桥之间贯通，而是从坡脚开始，出现一个局部的圆弧滑动面并与结构面 3 贯通。虽然结构面 1 和 3 之间的岩桥长度最小，FD=10m，但是其方向与外倾结构面 1、3 的夹角较大，形成的是折线滑动面。虽然，结构面 1 和 2 的滑动方向一致，且二者之间的距离（AD=21.21m）小于结构面 3 到坡脚的距离（FH=25m），但是，由于边坡坡脚处所受剪力最大，滑动面没有从 AD 通过，而是从坡脚处贯通破坏。

19.6　有限元强度折减法在三维边坡中的应用

19.6.1　有限元强度折减法在三维土坡中的应用

在边坡稳定分析领域，二维方法是常用的手段，但在岩土工程中很多边坡问题都属于三维边坡问题。有关边坡稳定三维极限平衡方法，已有众多研究成果。Duncan 曾列表总结了 20 篇文献资料，列举了这些方法的特点和局限性。

19.6.1.1 简化为平面应变问题的空间模型

建立一个可以简化为平面应变问题的空间模型，计算模型如图 19-35（*a*）所示，坡高 20m，坡角 45°，坡角到左端边界的距离为坡高的 1.5 倍，坡顶到右端边界的距离为坡高的 2.5 倍，且总高为 2 倍坡高，在 Z 方向取 30m。计算采用 ANSYS-5.61 程序，有限元模型的边界条件为：底面固定约束，坡体侧面约束相应的水平位移。采用 SOLID45 号实体单元和关联流动法则。土坡计算参数为：$\gamma=25\text{kN/m}^3$，$c=42\text{kPa}$，φ 为变量。

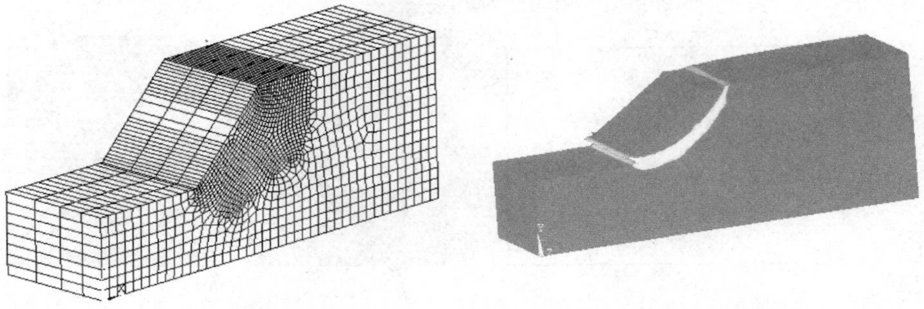

(*a*)　　(*b*)

图 19-35　三维均质土坡计算模型

计算结果见表 19-19。计算表明，在三维边坡计算中采用 M-C 等面积圆屈服准则 DP3 是可行的，它所得到的计算结果与二维情况下得到的结果基本一致，图 19-35（*b*）示出其滑面。

不同屈服准则得到的安全系数　　**表 19-19**

$H=20\text{m}$　$\beta=45°$　$c=42\text{kPa}$					
φ/（°）	0.1	10	25	35	45
DP1	0.523	1.072	1.696	2.105	2.497
DP2	0.522	0.938	1.303	1.473	1.494
DP3（三维）	0.475	0.920	1.390	1.680	1.925
DP3（平面）	0.455	0.915	1.388	1.665	1.914

19.6.1.2 有限元强度折减法与三维极限平衡法的比较

通过典型算例对比三维极限平衡法与有限元强度折减法的计算结果，验证有限元强度折减法应用于三维边坡的可行性。

图 19-36 为 Zhang Xing 提供的椭球滑面三维极限平衡法算例，国内学者都选择该算例来检验各自的三维极限平衡法程序的合理性。计算参数如图 19-36 所示，椭球的长宽比为 1∶3，按原例要求，在对称轴平面用一圆弧模拟滑裂面，在 Z 方向，则以椭球面形成滑面，即滑面是给定的，在滑面四周约束土体的位移。对此算例采用不同的屈服准则计算，计算结果见表 19-20。

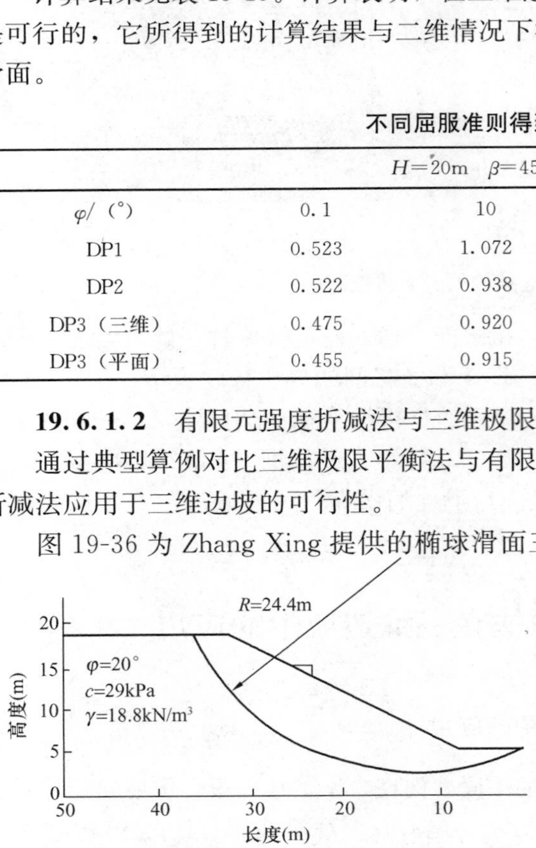

图 19-36　椭球体滑面算例

Zhang Xing 算例用不同屈服准则得到的稳定安全系数　　表 19-20

屈服准则	DP1	DP2	DP3	Zhang Xing
安全系数	2.489	2.217	2.150	2.122
误差/%	17	5	1	

可见，采用 DP3 准则计算所得的稳定安全系数与 Zhang Xing 求得的稳定安全系数非常接近，表明在分析三维边坡时采用 M-C 等面积圆屈服准则是适宜的。图 19-37 为其计算不收敛时的 X 方向的位移云图。

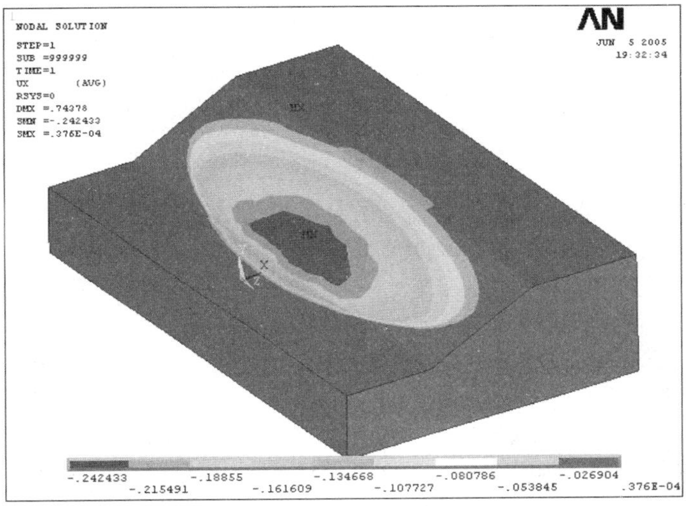

图 19-37　X 方向的位移云图

在 Zhang Xing 原例中约束了滑面周围土体的位移，这种假定是不符合实际情况的。实际情况下滑面周边的土体并未约束，笔者对这种情况进行了计算。$w/l=3$ 椭球滑面计算所得安全系数为 2.165，也与给定滑面情况下的安全系数 2.15 十分接近。

19.6.2　在三维岩坡中的应用

在高边坡中多以岩质边坡为主，岩体的失稳与破坏主要受岩体内软弱结构面的控制，它们相互之间的空间分布位置、组合关系（包括自然边坡或边坡开挖面的产状）和结构面的物理力学性质等对边坡的稳定都起着至关重要的作用。

岩石力学中的楔形体稳定是一个典型的三维极限平衡分析问题，其破坏楔体是由两组或多组不同产状的结构面与临空面组合而成。一些学者在开发三维边坡稳定分析程序时，都将此作为考察对象。对于一个简单的块体，其求解方法在教科书中已有详细介绍。本例分别考察几何形状对称楔形体和非对称楔形体两种情况，其几何参数和物理参数如表 19-21所示，材料参数如表 19-22 所示。在进行有限元模拟时，结构面看作软弱结构面，因此结构面和岩体均采用实体单元模拟。岩体以及结构面材料本构关系采用理想弹塑性模型，屈服准则采用莫尔-库仑等面积圆 DP3 准则，安全系数的计算与均质土坡相同，即通过对岩体及结构面强度参数同时进行折减时边坡达到极限破坏状态，此式可得到边坡的强度储备安全系数。

楔形体算例几何、物理参数表 **表 19-21**

部位	对称楔形体		非对称楔形体	
	倾向（°）	倾角（°）	倾向（°）	倾角（°）
左结构面	115	45	120	40
右结构面	245	45	240	60
顶面	180	10	180	0
坡面	180	60	180	60

楔形体算例材料参数 **表 19-22**

项目 \ 指标名称	天然密度（kg/m^3）	抗剪强度		弹性模量（MPa）	泊松比
		c（kPa）	φ（°）		
对称楔形体结构面	2000	20	20	50	0.3
非对称楔形体结构面	2000	50	30	50	0.3
岩体	2600	1×103	45	1×103	0.15

（1）对称楔形体

图 19-38，图 19-39 为对称楔形体算例的计算模型和计算图。

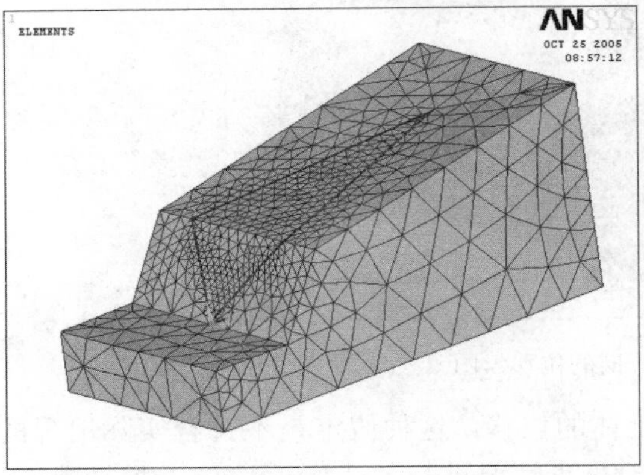

图 19-38 对称楔形体算例模型

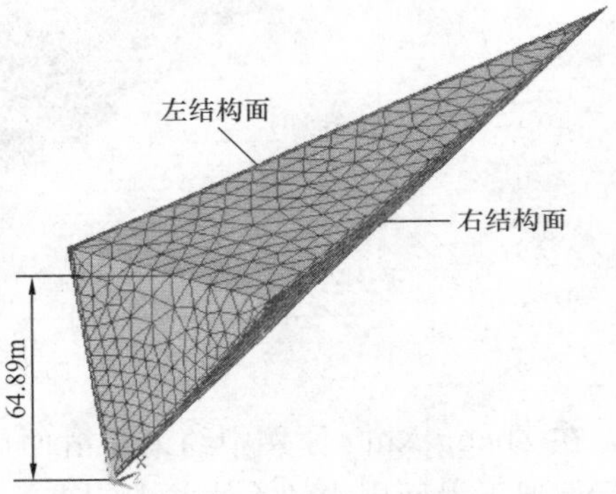

图 19-39 对称楔形体算例计算图

计算中逐步对岩土体的抗剪强度参数进行折减，直至计算不收敛，此时有限元强度折减法得到的安全系数为 1.283，图 19-40，图 19-41 为有限元强度折减法计算得到 X 方向的位移云图和等效塑性应变图，可看出滑面就在结构面上。同时为了验证其计算的正确性，

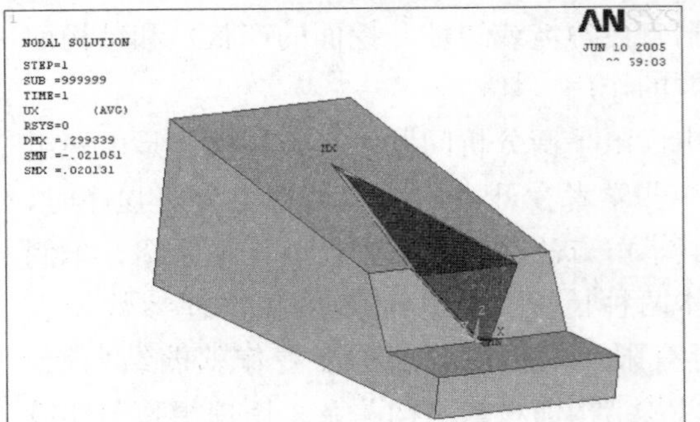

图 19-40 X 方向位移云图

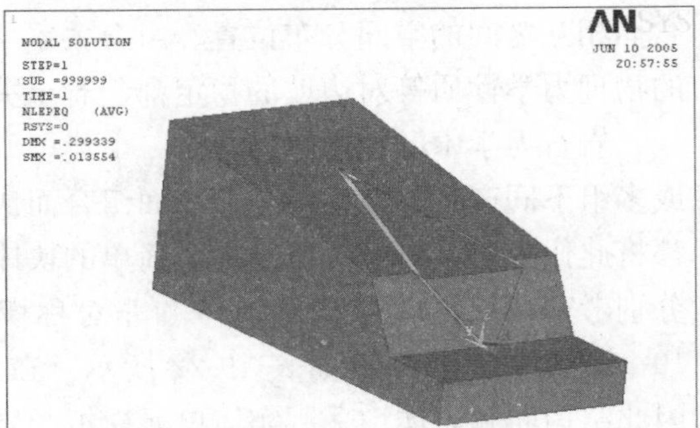

图 19-41 等效塑性应变图

还对此算例采用理正岩土系列软件 3.6 版进行了计算，其屈服准则采用莫尔-库仑屈服准则。计算所得的安全系数为 1.293。两者的计算误差为 1%。

(2) 非对称楔形体

图 19-42，图 19-43 为分对称楔形体的计算模型和计算图。

此算例用有限元强度折减法得到的安全系数为 1.60，图 19-44，图 19-45 为有限元强度折减法计算得到 X 方向的位移云图和等效塑性应变图。用理正岩土系列软件计算所得的安全系数为 1.636。两者的计算误差为 2.2%。

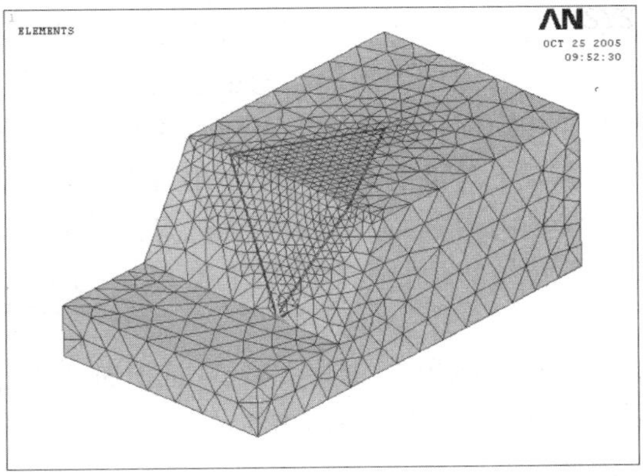

图 19-42 非对称楔形体算例模型

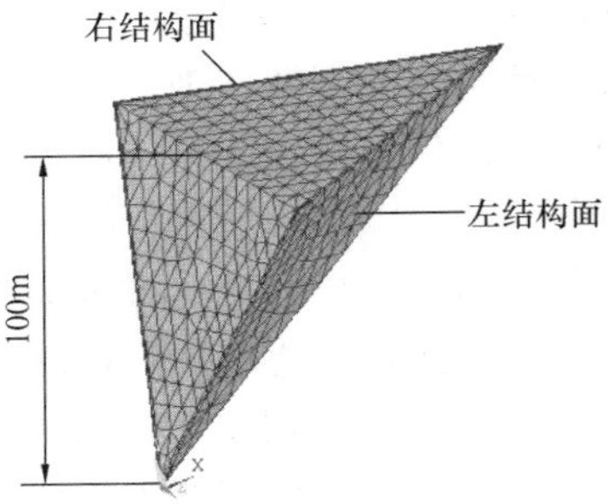

图 19-43 非对称楔形体算例计算图

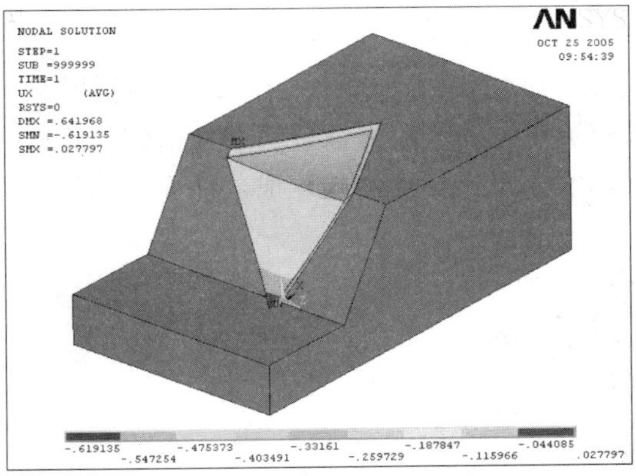

图 19-44 X 方向位移云图

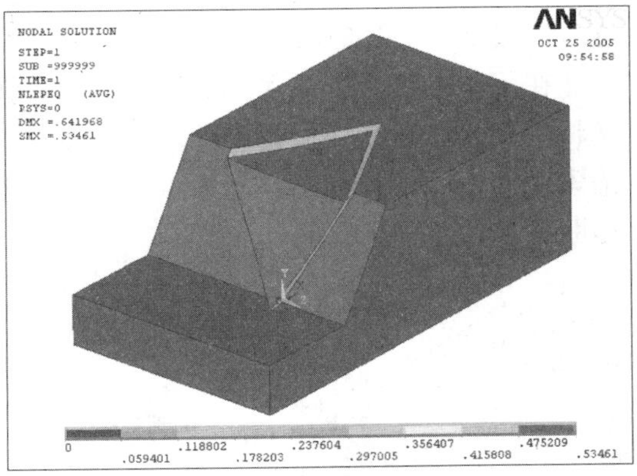

图 19-45 等效塑性应变图

目前，虽然有很多三维极限平衡法的分析程序，但三维极限平衡法较二维相比作出了更多的假定，而且需要给定滑面，影响了其应用。而有限元强度折减法不需要作任何假定，计算模型不仅满足力的平衡方程，而且满足岩土体的应力-应变关系，计算结果更可靠。它为三维边坡稳定性分析开辟了新的途径。通过算例表明 M-C 等面积圆屈服准则 DP3 更适用于三维边坡稳定性分析，计算精度高，证实了三维有限元强度折减法应用于三维边坡工程中的可行性。

大型水电站岩石高边坡大都属于三维边坡，目前，有些设计部门正在将有限元强度折减法用于这些三维边坡的稳定分析。

19.7 边（滑）坡抗滑桩的设计

19.7.1 边坡中桩前无土体时抗滑桩的设计

抗滑桩常用于大型的边坡工程中，本节研究边坡中桩前无土体时抗滑桩的设计。用传统方法进行设计，通常，先采用极限平衡法确定抗滑桩上的推力（岩土侧压力），但要求事先准确确定破坏滑动面的位置与形状，并采用合理的方法计算，这样才能准确算出岩土压力，还要明确岩土压力如何分布在抗滑桩上。传统计算方法不能考虑桩土的共同作用，而且作用在抗滑桩上的岩土压力分布是假定的，一般假设为矩形、三角形或梯形分布。假定不同的分布形式对抗滑桩内力计算有很大差异，因而传统算法会有较大误差。采用有限元法可以严格按照弹塑性理论计算，并充分考虑岩土与抗滑桩的共同作用，不需要对边坡推力的分布作任何假定，还可以直接计算出抗滑桩内力。尤其当采用锚桩支护等复杂结构时，有限元法可以准确地进行结构优化计算，而传统方法是在假定桩上推力分布的基础上进行优化，因而优化计算的可信度很低。

用有限元法进行边坡抗滑桩的设计计算，一般包括 4 个步骤：*a*. 对抗滑桩上的推力进行验算；*b*. 获得抗滑桩上的推力分布形式；*c*. 计算抗滑桩的内力；*d*. 进行结构优化设计。下面通过一个工程算例体现抗滑桩的设计计算。

1. 工程概况

国道主干线重庆-湛江公路在贵州境内的崇溪河至遵义高速公路，高工天边坡位于第五合同段 K26＋150－K26＋260 段，路基开挖时，下切滑体 5～6m，即引起滑坡复活，而且还在不断发展，形成多级的滑面，发育在土层和强风化带内。如果按照设计开挖切脚，必将引起岩体滑动。根据设计，该滑坡的治理采用抗滑桩加预应力锚索的支挡措施，每根锚索设计锚固力 800kN，每根桩上纵向布置两排锚索，每排 3 根，共 6 根，计算采用的典型断面如图 19-46 所示。

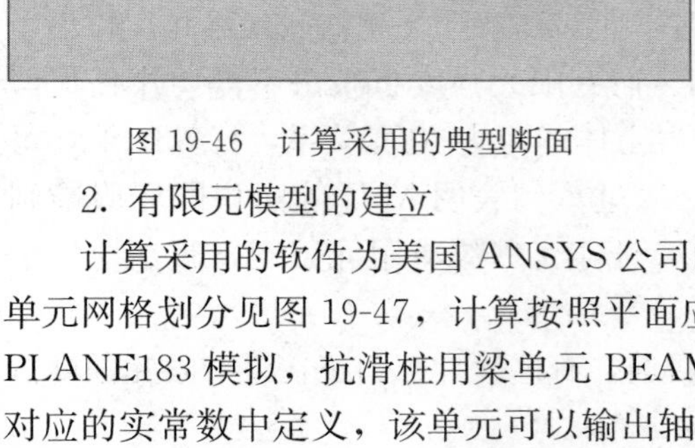

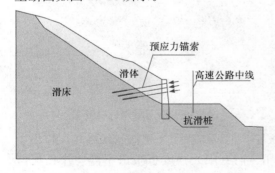

图 19-46 计算采用的典型断面

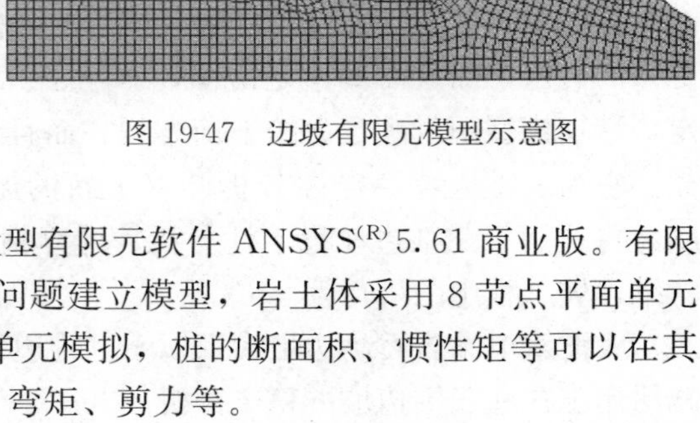

图 19-47 边坡有限元模型示意图

2. 有限元模型的建立

计算采用的软件为美国 ANSYS 公司的大型有限元软件 ANSYS(R) 5.61 商业版。有限单元网格划分见图 19-47，计算按照平面应变问题建立模型，岩土体采用 8 节点平面单元 PLANE183 模拟，抗滑桩用梁单元 BEAM3 单元模拟，桩的断面积、惯性矩等可以在其对应的实常数中定义，该单元可以输出轴力、弯矩、剪力等。

当抗滑桩与锚杆（索）联合使用或者单独使用作为边坡的支护结构时，采用有限元计算充分考虑了锚杆（索）、桩与岩土介质的共同作用。一般锚杆不施加预应力，属于被动式支护，可采用杆单元模拟。而锚索一般是施加预应力的，属主动式支护，其施加的预应力，一般就是锚索的设计锚固力。传统的做法是在锚索的两锚固点，施加一对压力代表锚固力。这种情况下，锚索的作用力与岩土介质的变形无关。为了更好模拟锚索作用，也可采用杆单元来模拟锚索，锚索的预应力可以通过设置初应变来获得，初应变要根据设计锚固力来反算。施加预应力锚索后，随着滑体强度参数的降低，锚索的受力会逐渐增大，当锚索受力大于锚索设计抗拉强度时，锚索失效。桩与滑体之间的接触关系分别采用两种方案：*a*. 采用 ANSYS 程序提供的接触单元来模拟桩与土的接触行为；*b*. 桩与土共节点但材料性质不同的连续介质模型。

根据设计，每根锚索设计锚固力 800kN，每根桩上布置两排锚索，而该平面应变模型在纵向只布置了一排锚索，所以将锚索锚固力乘以 2，即 $800\times2=1600$kN。锚索倾角 10°，在有限元模型中，在锚索的外锚头节点的水平方向施加 $-1600\cos10°$kN，在竖直方向施加 $-1600\sin10°$kN。抗滑桩截面尺寸：3m×4m。

锚索纵向间距为 4m，而本次平面应变计算纵向只有 1m，也就是说每根桩要承担 4m 宽的滑体的剩余下滑力，因此在有限元模型中可将土体重量乘以 4，同时为了确保原有稳定安全系数不发生变化，将岩土体的黏聚力也乘以 4，即保证 γ/c 不发生变化。

岩土材料本构模型采用理想弹塑性模型，屈服准则采用平面应变莫尔-库仑匹配准则 DP4，计算参数见表 19-23。

计算采用物理力学参数 **表 19-23**

材料名称	γ（$kN\cdot m^{-3}$）	E/MPa	ν	c（kPa）	φ/（°）
滑体	21	30	0.30	25.5	24.5
滑床	24	10^5	0.25	200	30.0
桩（C25 混凝土）	24	29×10^3	0.20	考虑为弹性材料	

3. 开挖和支护过程的模拟

开挖和支护采用单元的“死活”来实现。所谓单元“杀死”，就是将单元刚度矩阵乘以一个很小的因子（10^{-6}），死单元的荷载将为 0，从而不对荷载向量生效；同样，死单元的质量也设置为 0，单元的应变在“杀死”的同时也将设为 0。与上面的过程相似，桩的施加采用单元的“出生”来模拟，并不是将单元增加到模型中，而是重新激活它们，其刚度、质量、单元荷载等将恢复其原始的数值，重新激活的单元没有应变记录，所有单元都要事先划分好。根据现场实际施工过程，有限元计算分 4 步：

（1）计算未开挖前的初始应力场；

（2）施工桩，激活桩单元，同时施加锚固力；

（3）开挖，杀死要开挖的土体单元；

（4）取边坡稳定安全系数 1.2，滑体强度参数折减 1.2 倍后计算。

4. 边坡推力计算与分布、内力计算及其优化

（1）边坡推力的计算与验算

边坡推力安全系数采用强度储备系数的定义，即将滑体强度参数折减 1.2 倍后计算边

坡水平推力。利用ANSYS软件提供的路径分析功能，沿桩从滑面到顶部设置路径，将水平应力映射到路径上，然后沿路径对水平应力进行积分，就可以得到总的边坡水平推力，计算结果见表19-24。

不同方法计算得到的边坡水平推力（kN） **表19-24**

接触单元FEM	连续介质FEM	极限平衡法
		Spencer法
6770	6440	6400

从表19-24看出，采用连续介质有限元模型的计算结果与接触单元模型中桩土粗糙接触模型的计算结果比较接近，说明如果桩土之间没有明显的滑动时可以采用连续介质模型来模拟桩和土的接触关系，这样操作方便。总体看来，有限元法计算的推力与传统极限平衡方法计算结果比较接近，因而可采用有限元法中连续介质模型来计算支挡结构的内力。

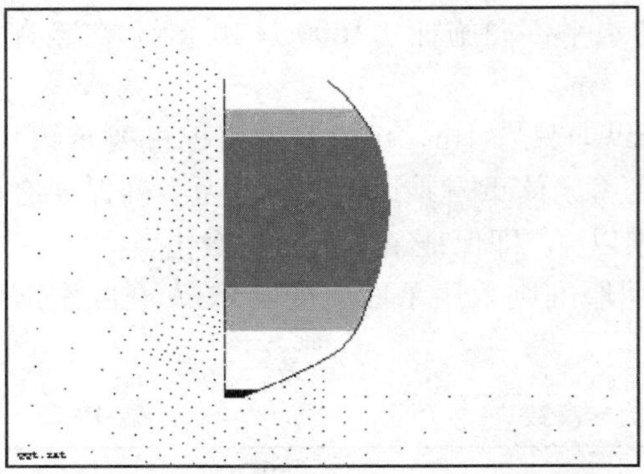

图19-48 用有限元法得到的边坡推力分布

(2) 边坡推力分布

通过有限元法得到的滑坡推力分布如图19-48所示，推力呈弓形分布。当坡面倾角较大时，现场实测的推力分布一般也呈弓形分布。

(3) 抗滑桩弯矩和剪力

采用上述方法计算得到施加锚固力后桩的最大弯矩为11900kN·m，最大剪力为2650kN，弯矩和剪力分布分别见图19-49、图19-50。

从表19-25看出，传统方法中采用不同的滑坡推力分布图式的计算结果有很大的差别，有限元计算结果与传统方法中滑坡推力分布假定为矩形时的计算结果相对接近；三角形分布计算结果偏于危险。另外通过锚索施加锚固力后，桩的弯矩和剪力都大大减小，可见锚索和抗滑桩联合使用显著地改变了桩的悬臂受力状态，可以使桩的截面积显著减小，大大地节约工程材料。

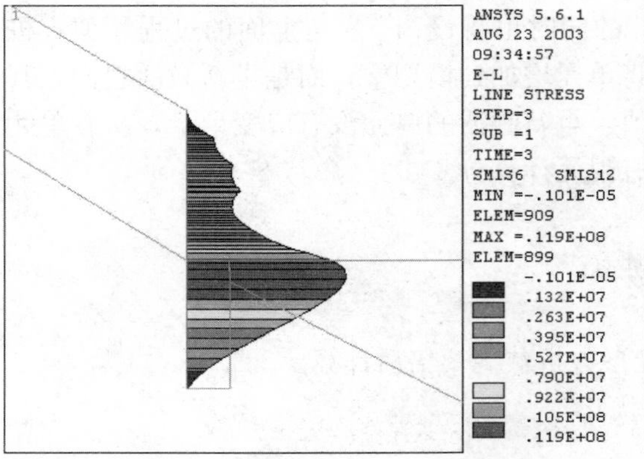

图19-49 施加锚固力后桩的弯矩分布

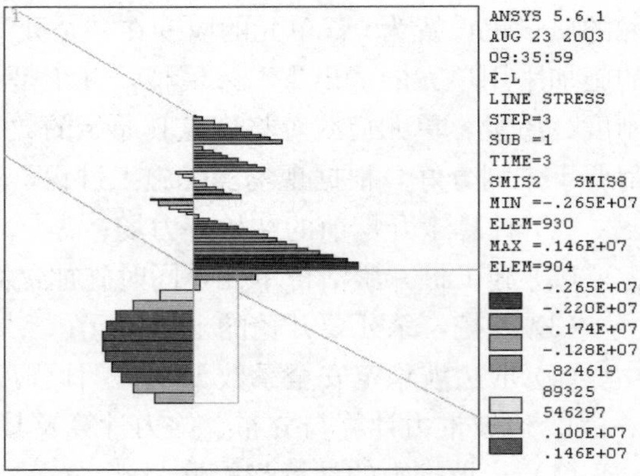

图19-50 施加锚固力后桩的剪力分布

不同方法计算结果对比　　**表 19-25**

方　　法		传统方法		有限元法
		①	②	
无预应力锚索	剪力（kN）	6276	8323	6560
	弯矩（kN·m）	42062	58082	48100
有预应力锚索	剪力（kN）	875	1756	2650
	弯矩（kN·m）	5346	11310	11900

注　①为传统抗滑桩计算中假定滑坡推力分布为三角形；②假定为矩形。

（4）支挡后安全系数

该滑坡采用预应力锚索加固后，如果锚索和桩不出问题，随着滑体强度参数的降低，就会出现如图 19-51 所表示的滑动面，滑动面出现在桩顶，滑体越过桩顶滑出。此时算出的稳定系数为 1.39，大于安全系数 1.2，表明滑体不会出现“越顶”破坏。传统方法中往往忽视这一验算，有可能出现“越顶”破坏。

（5）锚固力优化

下面分别计算不同锚固力时桩的弯矩，以进行锚桩结构的优化，计算结果见表 19-26。

采用不同锚固力时桩的弯矩　　**表 19-26**

编　号	每孔锚索锚固力（kN）	桩的弯矩（kN·m）		
		有限元法	传统方法①	传统方法②
1	600	19700	7853	22683
2	800	11900	5346	11310
3	900	4550	14516	5583
4	950	2650	17249	2967
5	1000	3410	19982	4532
6	1100	7300	25447	8110
7	1200	11700	30913	13575

注　①为传统计算中假定滑坡推力分布为三角形；②假定为矩形。

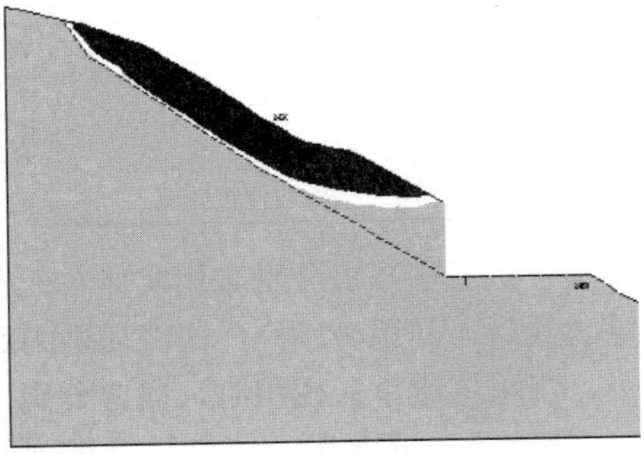

图 19-51　加固后的滑动面图

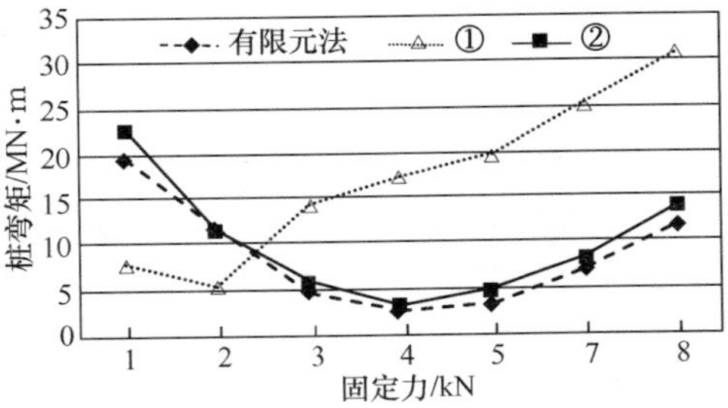

图 19-52　不同锚固力时桩的弯矩曲线

图 19-52 为不同锚固力时桩的弯矩变化曲线，从计算结果看出，锚固力并不是越大越

好，存在一个极值。从桩的弯矩变化曲线的走势看，当锚固力变化时，有限元计算结果与传统方法中滑坡推力分布假定为矩形时计算结果的变化趋势接近，而三角形分布假定的计算结果则差异很大。当每根锚索的锚固力为 900kN 或 950kN 时，有限元计算结果为 4550kN·m 或 2650kN·m，与传统方法计算结果 5583kN·m 或 2967kN·m 比较接近，而且内力值小，因此经过比较分析认为每孔锚固力采用 900kN 或 950kN 为宜。

锚索的锚固力大小对桩的内力有较大影响，设计中可以通过不同方案对比进行优化设计，使结构更趋经济安全。由于锚固力会有衰减，很难准确确定锚固力，桩设计中必须考虑这点，因而实际锚固力宜采用 800～900 kN 为宜。

19.7.2 滑坡中抗滑桩的设计

19.7.2.1 全长抗滑桩的滑坡推力与桩前抗力的计算

滑坡治理中，抗滑桩是主要的治理手段。滑坡中设置的抗滑桩一般桩前都有土体存在，因而具有桩前抗力，设计中既要考虑桩后推力，也要考虑桩前抗力。由于抗滑桩传统设计方法，不能计算桩前抗力，要么设桩前抗力为零，使设计偏于保守，要么设桩前抗力为桩前剩余抗滑力，认为桩的刚度与土体一样，而使设计偏于不安全。而采用有限元极限分析方法可以妥善解决这一问题。下面也通过算例说明全长抗滑桩（桩长通过滑面伸至地表）的滑坡推力与桩前抗力的计算方法。

计算采用的模型为重庆市奉节县内分界梁隧道出口处滑坡Ⅰ-Ⅰ断面，如图 19-53，19-54 所示，抗滑桩的截面尺寸为 2.4m×3.6m，材料的物理力学参数见表 19-27。

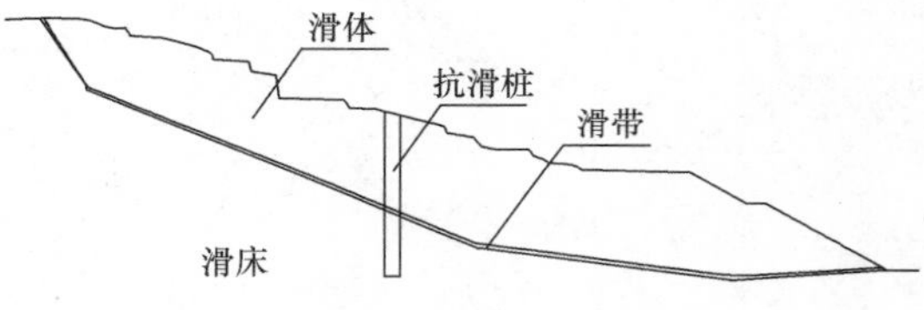

图 19-53 滑坡体示意图

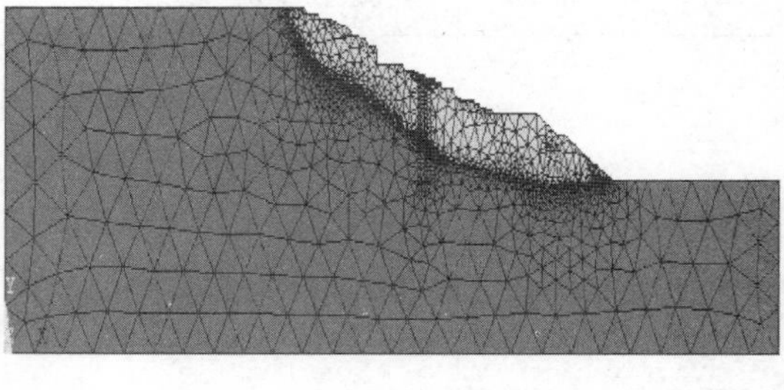

图 19-54 实体单元模拟抗滑桩的有限元模型

材料物理力学参数 表 19-27

材料名称	重度（kN·m^{-3}）	弹性模量（MPa）	泊松比	黏聚力（kPa）	内摩擦角（°）
滑体土	22	10	0.35	28	20
滑带土	22	10	0.35	20	17
滑床	26.16	0.818×10^4	0.28	5000	39
抗滑桩	25	3×10^4	0.2	按弹性材料处理	

计算滑坡推力与桩前抗力时，在设桩位置设置全长抗滑桩，桩分别采用实体单元或梁单元模拟。当抗滑桩采用实体单元模拟时，在计算收敛后，利用 ANSYS 软件提供的路径分析功能，分别得到滑坡水平推力与桩前水平抗力；当采用梁单元模拟时，需要分别计算桩前有土体（见图 19-55）与无土体（见图 19-56）的情况。桩前无土体时计算得到的是滑坡推力；桩前有土体时直接计算出作用在抗滑桩上的设计推力，即滑坡推力减去桩前抗力。

抗滑桩采用实体单元模拟时，有限元模型见图 19-54。桩与土体的接触关系采用共节点而材料性质不同的连续介质模型。这种模型可以较为真实的反映抗滑桩的截面厚度、桩的变形与抗力的影响。但是采用平面应变计算时纵向长度只有 1m，也就是说，不论桩的截面实际宽度是多少，在程序计算中都按 1m 计算，改变了抗滑桩的惯性矩，进而改变了抗滑桩的刚度，对桩的变形与抗力产生了影响。为此，当桩的惯性矩 I 发生变化时，通过改变桩的弹性模量 E，使抗滑桩的刚度 EI 保持不变，从而使桩的变形与抗力计算不受影响。

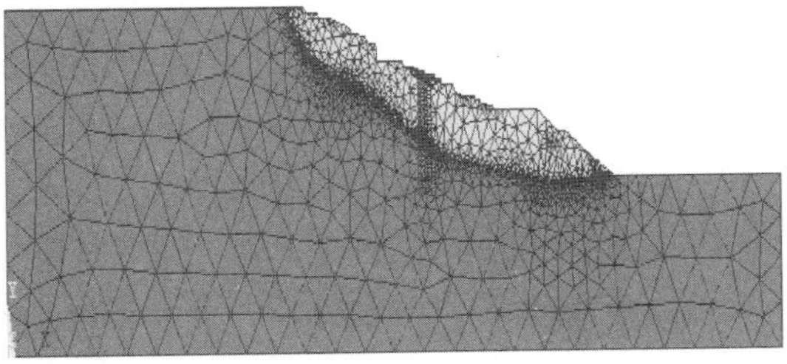

图 19-55　梁单元模拟桩的有限元模型（桩前有土）

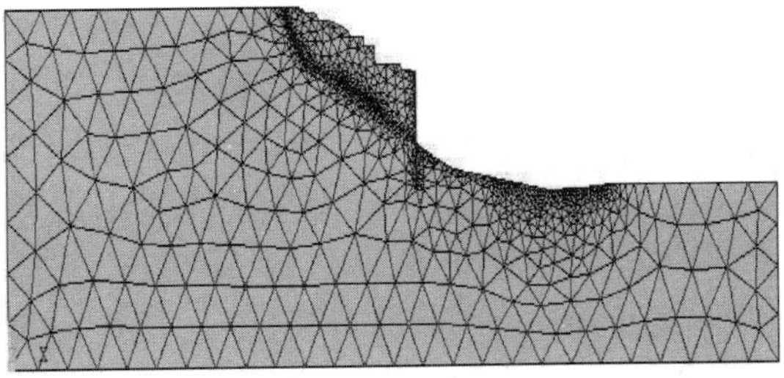

图 19-56　梁单元模拟桩的有限元模型（桩前无土）

不同方法计算得到的滑坡推力与桩前抗力　　**表 19-28**

方　　法	滑坡推力（kN·m^{-1}）	桩前抗力（kN·m^{-1}）	设计推力（kN·m^{-1}）
有限元强度折减法实体单元法	5390	1830	3560
有限元强度折减法梁单元法	5350	1700	3650
不平衡推力法（隐式解）	5420	2580	2840

采用不同方法得到的滑坡推力与水平抗力的计算结果见表 19-28。由计算结果可以看出，有限元强度折减法不论是采用实体单元或梁单元模拟抗滑桩，计算得到的滑坡推力与不平衡推力法的计算结果都很接近，这是因为此时设桩情况下土体滑面仍处于极限状态因而可以采用有限元强度折减法的实体单元法或梁单元法计算滑坡推力，如果未处于极限状态，则两种算法算出的推力不同。实体单元法与梁单元法抗力稍有差异，建议采用实体单元法。

有限元强度折减法计算得到的桩前抗力比不平衡推力法的计算结果小很多，其主要原因就是桩前抗力的大小取决于抗滑桩的变形量，而不平衡推力法采用桩前土体的剩余抗滑力作为桩前抗力，其值是在假定抗滑桩有足够大的变形情况下计算得到的，相当于假定抗滑桩的弹性模量等于土体的弹性模量，而实际上抗滑桩有较大刚度，其变形是有限的，因此这种做法会使抗力偏大，设计偏于不安全。

由于桩前抗力的大小与抗滑桩的变形有关，而抗滑桩的变形又直接取决于桩的刚度 EI，因此，可通过改变抗滑桩的截面尺寸和弹性模量，来分析桩的变形对桩前抗力的影响。计算结果见表 19-29 和表 19-30。

抗滑桩不同截面尺寸时的桩前抗力　　**表 19-29**

抗滑桩截面尺寸（m×m）	1.8×2.4	3.6×2.4	5.4×2.4
桩前抗力（kN·m^{-1}）	2030	1700	1620

抗滑桩不同弹性模量时的桩前抗力 **表 19-30**

抗滑桩弹性模量（kPa）	3×10^9	3×10^{10}	3×10^{11}
桩前抗力（$kN\cdot m^{-1}$）	2110	1700	1550

由表 19-29 和表 19-30 的计算结果可以看出，随着抗滑桩截面尺寸变大或者弹性模量变大，桩前抗力逐渐减小。

19.7.2.2 埋入式抗滑桩的设计

1. 抗滑桩合理桩长的确定

当前抗滑桩的设计只注重内力计算，以确定桩截面尺寸与配筋，而目前规范中未规定桩的长度设计，因此既不能保证桩不出现“越顶”破坏，也不知道采用多长的桩长才算合理，无法确定可靠而又经济合理的桩长，这正是当前抗滑桩规范中欠缺的地方。桩长设计的原则是必须保证在任何桩长情况下都要使地层的稳定系数大于或等于安全系数，如果达不到安全系数，桩就可能出现“越顶”破坏，即桩虽未拉断或剪断，但地层在未达到安全系数情况下就已经失稳了。下面我们通过一个工程算例来说明桩长设计，确定埋入式抗滑桩（桩长通过滑面未伸至地表）的长度。

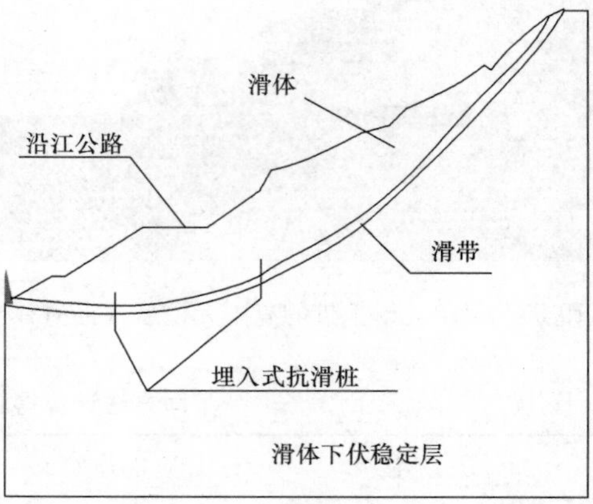

图 19-57 滑坡示意图

计算边坡体为重庆市长江三峡库区巫山新县城玉皇阁崩滑堆积体一个典型剖面，如图 19-57 所示，计算参数见表 19-31。

材料物理力学参数 **表 19-31**

材料名称	重度（kN/m^3）	弹性模量（MPa）	泊松比	黏聚力（kPa）	内摩擦角（°）
滑体	21.4	30	0.3	34	24.5
滑带	20.9	30	0.3	24	18.1
滑体下伏稳定岩层	23.7	1.7×10^3	0.3	200	30
桩（C25 混凝土）	24	29×10^3	0.2	按弹性材料处理	

滑体、滑带和下伏稳定岩层采用面单元模拟，埋入式抗滑桩采用梁单元进行模拟、有限元网格中表现为线单元。由于计算是为了研究桩长与安全系数、滑面之间的关系，所以锚固段的长度简设为 3m。桩的埋设方案为公路上方或公路下方（见图 19-58）。桩的埋设位置为公路上方时，抗滑桩的长度分别为 7m，9m，11m，13m，15m，17m，19m，21m，23m 或 25.54m（全长桩）；桩的埋设位置位于公路下方时，桩的长度分别为 7m，9m，11m，13m，15m，17m，19m，21.22m（全长桩）。

图 19-58 和图 19-59 列出了该滑坡两个桩位在不同桩长情况下的滑面位置。

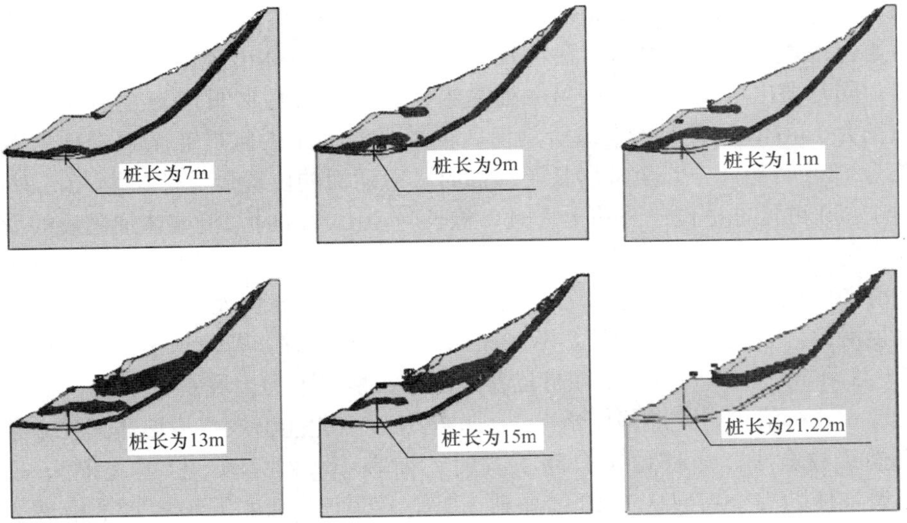

图 19-58　桩位于公路下方，桩长变化与滑动面的位置

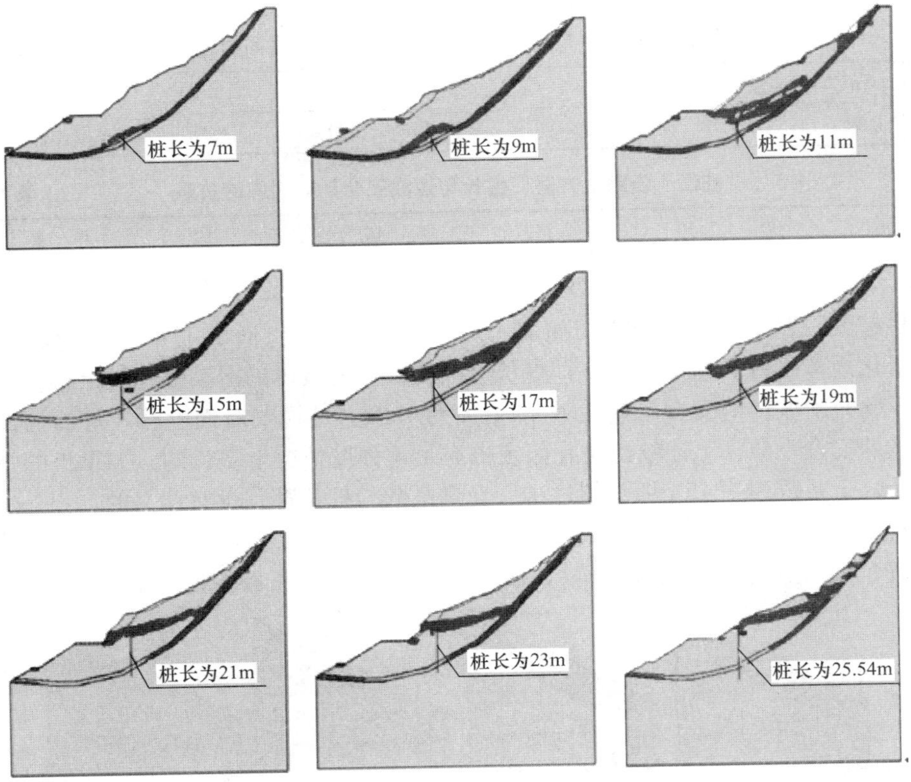

图 19-59　桩位于公路上方，桩长变化与滑动面的位置

由图 19-58 可见，桩位于公路下方时，当埋入桩长度为 7m～11m 时滑坡体的破坏形式为滑面通过桩顶沿剪出口滑出。在桩长为 13m 时，滑坡体出现两处滑动面：一处是沿桩顶滑出，同时剪出口位置改变；另一处是沿公路内侧塑性区贯通至主滑动面的次生滑面。当桩长为 15m 时只有上述次级滑动面，位置为沿公路内侧贯通至滑带层。滑动面位置与桩长为 13m 时相同。直至桩增长至坡面时，滑动面的位置仍与桩长为 13m 时相同。

由图 19-59 可见，桩位于公路上方时，桩长为 7m，9m 时，滑坡体加固后的滑动面通过桩顶并经剪出口滑出；桩长为 11m 时形成次级滑动面，桩长增长为 13m，15m，17m 时，次级滑动面位置相同，都是沿公路内侧坡脚处滑出；桩长大于 17m 直至地面时，滑动面沿桩顶滑出，且随着桩长增长，滑动面的位置逐渐上移，剪出口位置也不断上移。

表 19-32 和表 19-33 列出了不同桩位在不同桩长情况下的边坡安全系数。

假设埋入式抗滑桩有足够强度情况下，桩的长度变化能够改变滑坡体的安全系数，桩长变短安全系数愈小。当桩位于公路下方时，如表 19-32 所示，桩的长度为 7m，9m，11m 时，滑坡体的安全系数从 1.13 增加到 1.19，这说明增加桩长可以增加滑坡体的安全系数；继续增加桩长（桩长为 13m，15m，21.22m），滑坡体的安全系数仍然保持在 1.19，增加桩长并不能增加边坡的安全系数。桩长增加而边坡滑面位置没有改变，则增加桩长并不能改变边坡的稳定性。因而我们可以根据设计要求的安全系数来确定合理桩长。如本工程中设计安全系数为 1.15，由表 19-32 和表 19-33 可见，无论桩位于公路下方或上方，其合理桩长均为 9m。

桩位于公路下方时，桩长与边坡安全系数之间的关系 **表 19-32**

桩长（m）	0.00	7.00	9.00	11.00	13.00	15.00	21.22
安全系数	1.02	1.13	1.15	1.19	1.19	1.19	1.19

桩位于公路上方时，桩长与边坡安全系数之间的关系 **表 19-33**

桩长（m）	0.00	7.00	9.00	11.00	13.00	15.00	17.00	19.00	21.00	23.00	25.54
安全系数	1.02	1.14	1.17	1.19	1.19	1.19	1.19	1.23	1.25	1.29	1.34

若将桩的位置设在公路上方，如表 19-33 所示，在桩长低于 17m 时，滑坡体的安全系数的变化规律随桩长增加而增高；桩长继续加长，滑坡体的滑动面明显上移，滑体沿桩顶滑出，此时滑坡体的安全系数从 1.23 增加到 1.34。这说明滑面上移，增加桩长能够提高滑坡体的安全系数。上述结论是在假定桩有足够强度情况下获得的。如果桩的强度只能保证设计安全系数为 1.15，那么超过这一安全系数的桩长都是没有意义的。

从抗滑桩埋设于公路上方和公路下方的计算结果可以看出桩长变化时滑面位置与桩长之间的变化关系有以下几类（如图 19-60）：(*a*) 桩长较短时，滑面局部沿桩顶滑

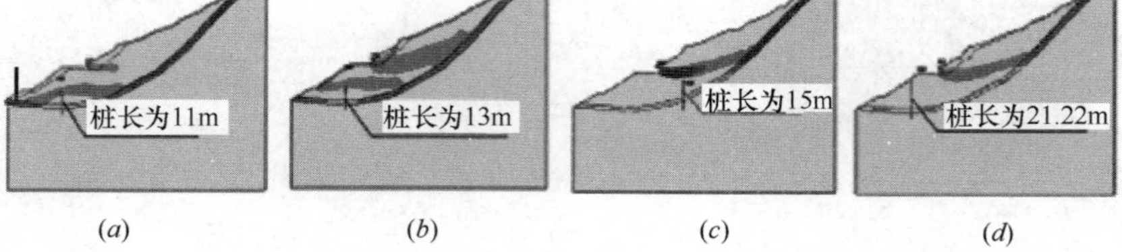

图 19-60 桩长与滑面位置的变化

过，其余仍沿原滑动面；(*b*) 桩长较长时，滑面越过桩顶并沿边坡下部另一位置滑出形成新的剪出口；(*c*) 桩长增长到一定长度时，滑面从桩顶上部某一固定位置滑出，且保持边坡稳定系数不变；(*d*) 当全长桩时，滑面在桩和边坡某一位置滑出形成越顶。

2. 埋入式抗滑桩上滑坡推力与桩前抗力的计算

合理桩长确定以后，抗滑桩桩顶标高将低于滑坡体表面一定深度，称之为埋入式抗滑桩。传统的不平衡推力法无法计算出作用在埋入式抗滑桩上的滑坡推力与桩前抗力，设计时人为假定埋入式抗滑桩承担全部滑坡推力与抗力作为设计值，这显然是保守的做法，会对实际工程造成浪费。

为此，进行了埋入式抗滑桩较复杂的大型物理模型试验，图 19-61 为物理模型试验的模型图和边界条件约束情况，用滑体后面千斤顶施加荷载。试验主要监测和分析了滑体坡面位移和埋入式抗滑桩桩顶位移以及桩身与滑体中不同位置的土压力情况，可以测出桩顶土体所受的压力及桩后推力与桩前抗力。试桩长度分别为 1.2m、1.5m、1.8m 与 2.2m（全长桩），各种桩长分别进行一次试验。试验结果表明：(1) 抗滑桩桩后推力随桩长增加而增大，桩顶土推力随桩长的缩短而增大，桩顶土推力与滑坡推力之比也随桩长缩短而增大，可见埋入式抗滑桩的推力会小于全长桩的推力，它将一部分推力转嫁给桩顶的滑体土上。(2) 抗滑桩长度短，作用在桩后的滑坡推力沿桩的高度方向分布均匀。桩长为 2.2m、1.8m 时桩身推力分布呈梯形分布，桩顶土承担的滑坡推力较小；桩长为 1.5m、1.2m 时桩身推力近似为矩形分布，桩顶土承担的滑坡推力较大。

对埋入式抗滑桩模型机理试验进行了二维与三维有限元数值分析（模型如图 19-62、图 19-63 所示），通过计算表明，有限元数值分析方法计算所得到的结果与模型试验的结果比较接近。图 19-64 和图 19-65 分别为全长桩和 1.2m 桩长的埋入式抗滑桩上的滑坡推力分布。数值模拟结果与试验结果是一致的。试验与计算机模拟都采用了逐级加载，表 19-34列出来桩长为 1.5m 时三维数值模拟结果与试验结果的对比，计算所得的桩后推力与桩顶滑体土承担的滑坡推力与模型试验结果相近。从而证明了采用有限元强度折减法计算作用在埋入式抗滑桩上的滑坡推力与桩前抗力是可行的。

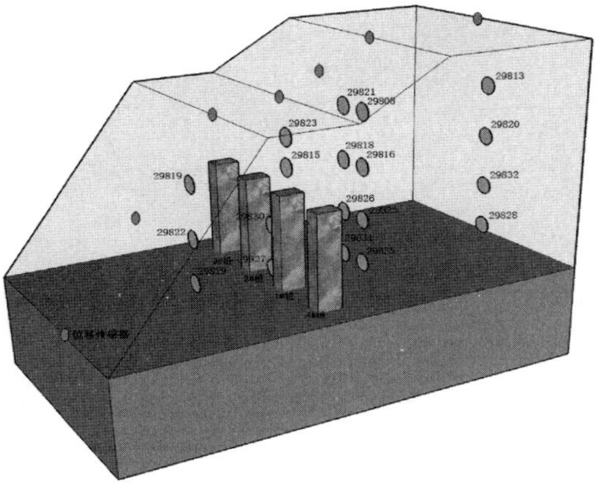

图 19-61　试验模型示意图

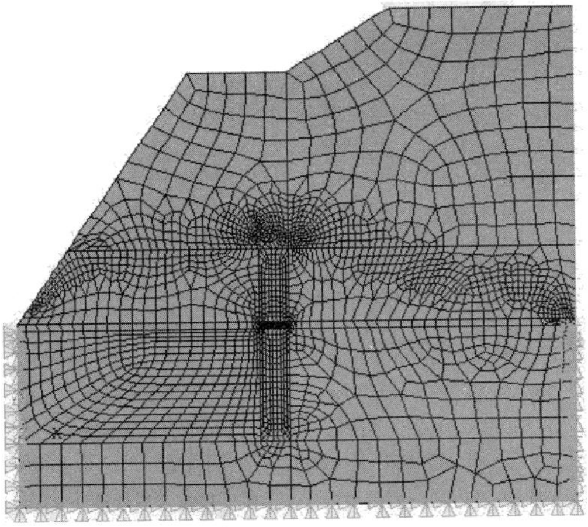

图 19-62　二维有限元模型

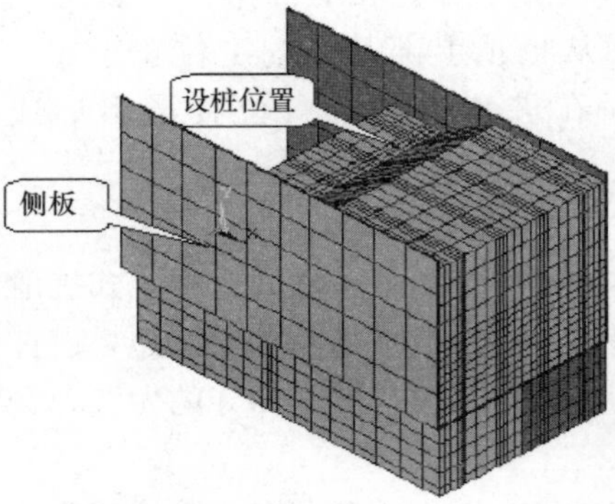

图 19-63　三维有限元模型

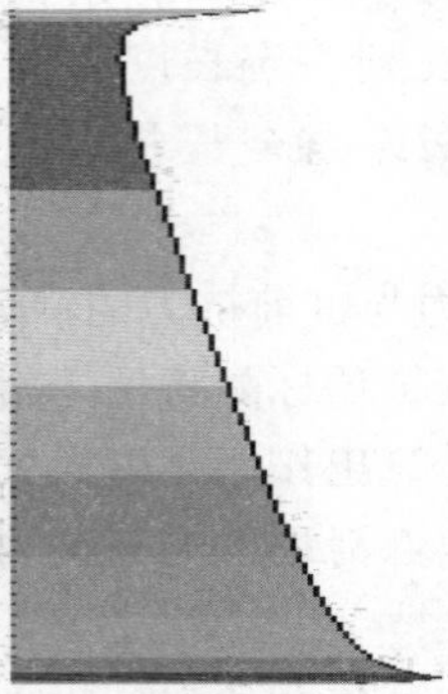

图 19-64　全长桩推力分布

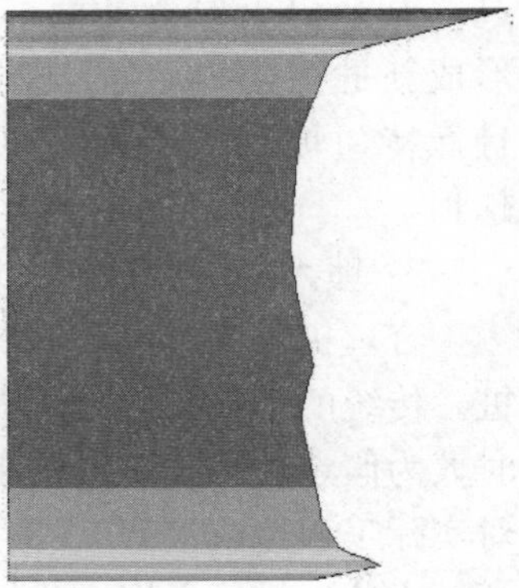

图 19-65　1.2m 桩长的桩上推力分布

桩长为 1.5m 的结果对比　　**表 19-34**

计算加载(N)	试验加载(N)	数值计算桩后推力(N)	试验桩后推力(N)	数值计算桩顶土推力(N)	试验桩顶土推力(N)	计算桩顶土推力比例(%)	试验桩顶土推力比值(%)
26000	31595	10650	5755	5234	8185	32.90%	58.70%
52000	51903	23103	15390	10197	10161	30.60%	39.80%
78000	76364	40582	29754	14335	11163	26.10%	27.30%
104000	105366	59021	61344	17491	12677	22.80%	17.10%
130000	131310	83470	87376	19914	14501	19.30%	14.20%

下面通过一个实际工程算例介绍采用有限元强度折减法计算作用在埋入式抗滑桩上的滑坡推力与桩前抗力。计算采用的模型为重庆市奉节县内分界梁隧道出口处滑坡Ⅲ－Ⅲ断面，边坡模型如图 19-66 所示，计算参数见表 19-35。

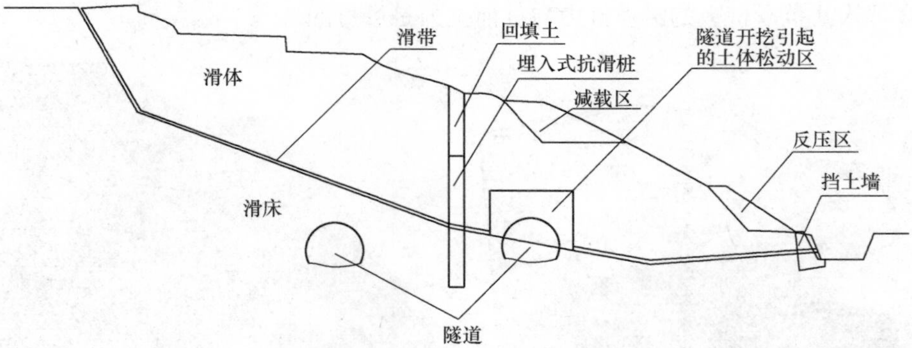

图 19-66　滑坡治理示意图

首先确定抗滑桩的合理桩长，计算结果见表 19-36。从中可以看出，当采用 29m 长的埋入式抗滑桩加固后，滑坡体的稳定安全系数达到 1.27，达到了设计安全系数 1.25。因此，确定抗滑桩的合理桩长为 29m（滑面以上 16m，以下 13m）。

设计计算参数 表 19-35

材料名称	γ (kN/m³)	E (Pa)	ν	c (kPa)	φ (°)
基岩	26.16	0.818×10^{10}	0.28	1250	39.1
滑体土	22	1×10^{7}	0.35	28	20
滑带土	22	1×10^{7}	0.35	20	17
桩	25	3×10^{10}	0.2	按线弹性处理	
挡墙	22	4×10^{9}	0.15		
隧道衬砌	25	3×10^{10}	0.2		

有限元强度折减法计算不同桩长稳定安全系数 表 19-36

桩型	稳定安全系数
全长桩 44m(滑面以上 28m，以下 16m)	1.35
桩长 38m(滑面以上 22m，以下 16m)	1.30
桩长 29m(滑面以上 16m，以下 13m)	1.27
桩长 24m(滑面以上 12m，以下 12m)	1.24
桩长 16m(滑面以上 7m，以下 9m)	1.18

滑坡推力与桩前抗力计算结果 表 19-37

推力(或抗力)	计算结果
滑坡推力(44m 全长桩)(kN·m^{-1})	7880
桩前抗力(44m 全长桩)(kN·m^{-1})	3480
桩设计推力(44m 全长桩)(kN·m^{-1})	4400
滑坡推力(29m 埋入式抗滑桩)(kN·m^{-1})	5410
桩前抗力(29m 埋入式抗滑桩)(kN·m^{-1})	2860
桩设计推力(29m 埋入式抗滑桩)(kN·m^{-1})	2550
埋入式抗滑桩设计推力与全长桩设计推力的比值	58%

抗滑桩的合理桩长确定后，就可以采用有限元强度折减法直接计算作用在埋入式抗滑桩上的滑坡推力与桩前抗力，计算结果见表 19-37。

从表 19-37 可以看出，作用在埋入式抗滑桩上的滑坡推力与桩前抗力都小于作用在全长桩上的滑坡推力与桩前抗力，设计推力只有全长桩 58%，桩长只有全长桩的 65.9%，其经济效益十分可观。

19.8 有限元极限分析法在基坑工程中的应用

19.8.1 用有限元强度折减法进行渗流条件下的基坑整体稳定性分析

基坑工程的力学分析的难点在于水的渗流计算与复合支护结构的计算与优化。采用有限元强度折减法能进行无支护结构情况下与有支护结构情况下的流固耦合的稳定分析，因而十分适用于基坑工程。下面通过一个算例进行基坑工程稳定性的流固耦合分析。

算例：基坑开挖宽 20m，深 10m，用两个 15m 深，0.35m 厚的混凝土地下连续墙来支撑周围的土体，地下连续墙均由两排锚杆支撑，上部锚杆长 14.5m，倾斜度为 33.7 度，下部锚杆长 10m，倾斜度为 45 度。施加于开挖区左侧和右侧的荷载分别为 10kN/m² 和 5kN/m²。相关土体包括三个土层：地表以下 3 米是相对松散的松散回填层；3—15m 为均匀密实的中砂层；中砂层以下为稍密的细砂层，可以延伸到很深的深度。初始状态下，地下水位在地表下 3m 处（见图 19-67）。随着基坑开挖深度的增加，水从基坑内排出，水位逐渐降低且始终低于基坑的开挖面。补给水源位于距基坑 30m 处。土体参数（莫尔-库仑模型）见表 19-38，支挡结构参数见表 19-39。

土 体 参 数 表 19-38

参数名称（单位）＼土体类型	回填层	中砂层	细砂层
水位以上土体重度：γ_{unsat}（kN/m^3）	16	17	17
水位以下土体重度：γ_{sat}（kN/m^3）	20	20	20
水平渗透系数：K_x（m/d）	1.0	0.5	0.1
竖向渗透系数：K_y（m/d）	1.0	0.5	0.1
弹性模量：E_{ref}（kN/m^2）	8000	30000	20000
泊松比：ν	0.3	0.3	0.33
黏聚力：c（kN/m^2）	1.0	1.0	8.0
内摩擦角：φ（°）	30	34	29
界面强度折减因子：R_{inter}	0.65	0.70	刚性

支挡结构参数 表 19-39

地下连续墙		锚 杆		土工格栅	
参数	数值(单位)	参数	数值(单位)	参数	数值(单位)
轴向刚度(EA)	12×10^6(kN/m)	轴向刚度(EA)	2×10^5(kN)		
抗弯刚度(EI)	0.12×10^6(kN·m^2/m)	水平间距(L_s)	2.5(m)		
等效厚度(d)	0.35(m)	最大内力		轴向刚度(EA)	10^5(kN/m)
重度(γ)	8.3(kN /m^3)	$F_{max,comp}$	10^5(kN)		
泊松比(ν)	0.15	$F_{max,tens}$	10^5(kN)		

不同计算情况下安全系数比较 表 19-40

施工阶段	PLAXIS 程序		理正深基坑软件 (F-spw)	理正软件		
	工况 1	工况 2		瑞典法	Bishop 法	Spencer 法
工序(2)	3.208	3.208	—	—	—	—
工序(3)	4.250	4.250	—	—	—	—
工序(4)	1.979	2.115	—	—	—	—
工序(5)	2.031	2.166	—	—	—	—
工序(6)	1.161	1.387	1.158	1.158	1.198	1.183

基坑开挖与支护结构共分 6 道工序：工序 1，设置连续墙；工序 2，进行第一次开挖，开挖深度 3 米；工序 3，打上锚杆；工序 4，进行第二次开挖，开挖深度 3m，地下水流动，水位下降（图 19-68）；工序 5，打下部锚杆；工序 6，进行第三次开挖，开挖深度 4m，地下水位再次下降（图 19-69）。计算工况分为两种：工况 1，按渗流进行计算。按流固耦合计算出每道工序的安全系数，见表19-40。工况 2，按潜水位计算，计算水位假定为最高水位与最低开挖面的连线（图 19-70）。为了与国内现行计算方法进行比较，采用条分法理正软件计算稳定安全系数，计算结果列于表 19-40。按《建筑基坑支护技术规程》(JGJ 120—99) 的规定，计算不考虑水位下降，土体中滑裂面采用圆弧滑面（图 19-71），而与实际滑面相差很大（图 19-69）。下面将两者的计算结果比较如下：

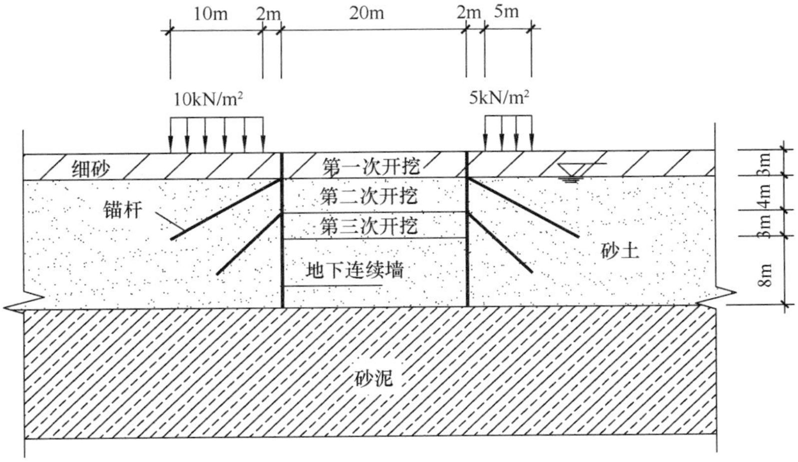

图 19-67 基坑剖面示意图

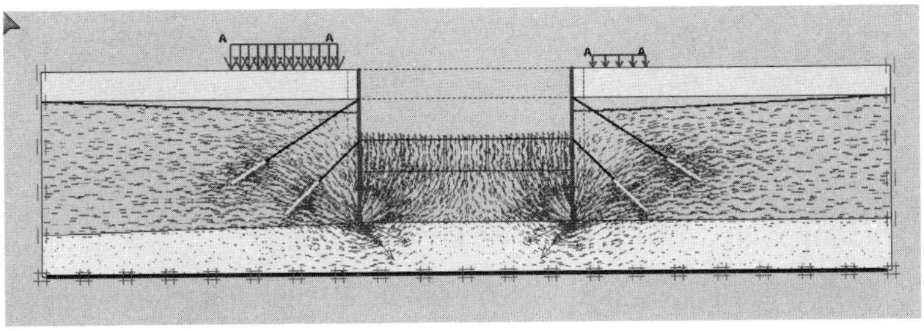

图 19-68 工序（4）开挖渗流场示意图

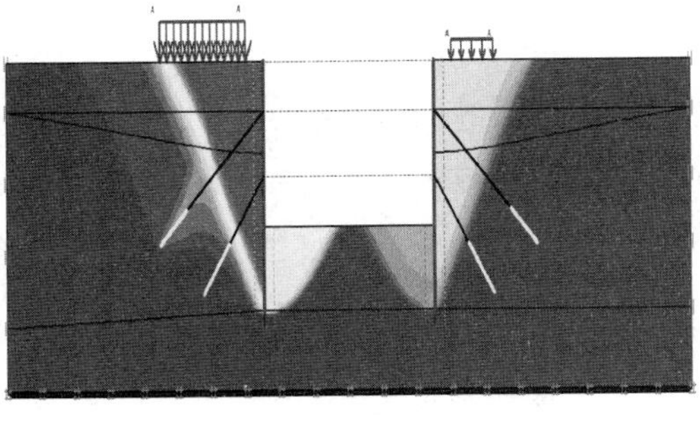

图 19-69 工序（6）考虑渗流时的土体滑动面示意图

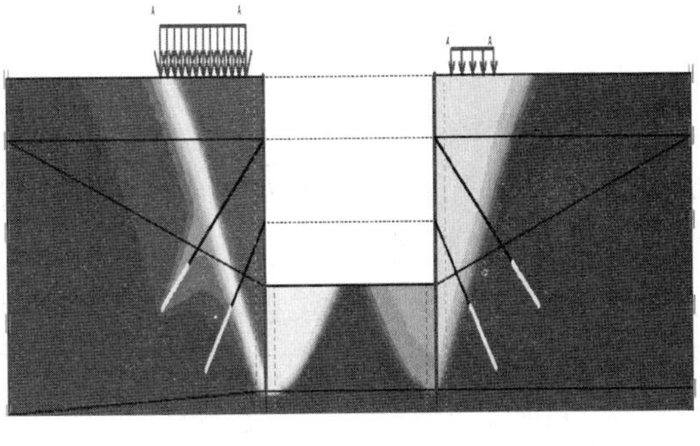

图 19-70 工序（6）潜水位生成水压时的土体滑动面示意图

（1）通过渗流计算考虑基坑内水位下降对基坑外水位变化的影响，同时采用有限元强度折减法计算，得到基坑整体稳定安全系数，其计算假定比较符合工程实际，计算结果更加合理可信。

（2）采用理正软件计算，假定滑面为圆弧滑面，由此得出锚杆长度不够而失效的错误结论。可见，基坑内假定圆弧滑面是有条件的，当采用埋深很大的连续墙时，必然会出现采用圆弧滑面不适应的情况。

（3）由图 19-69 与图 19-70 可看出，渗流对滑动面的位置影响较小，而水位面对安全

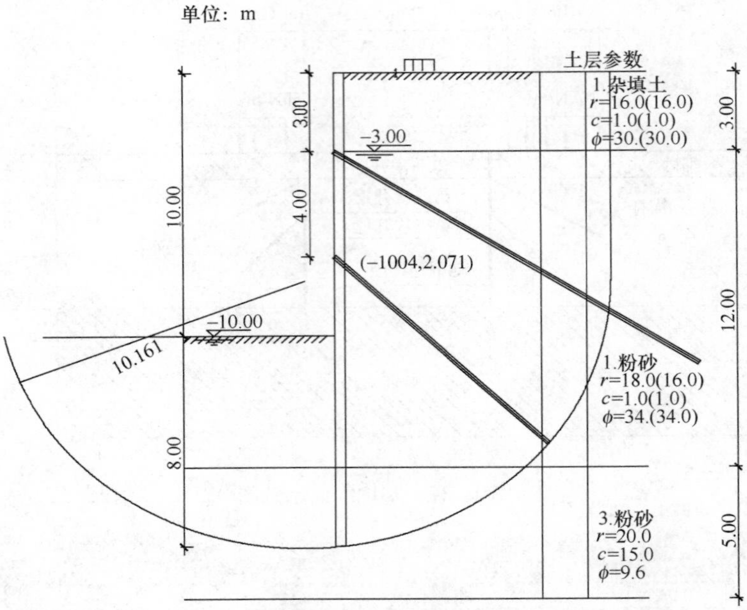

图 19-71 理正软件整体稳定验算简图

系数影响较大。

（4）从表 19-40 中看出，由 PLAXIS 程序工况 1 计算的安全系数与理正程序计算得的安全系数相近，这只是一种巧合，因为两者的水位面不同、滑面与锚杆发挥的作用也不同。水位面高，锚杆发挥作用小，使安全系数降低；反之，圆弧滑面使安全系数增大。

19.8.2 利用有限元强度折减法进行非完整潜水井降水条件下的基坑边坡稳定性分析

在实际工程中，抽水井降水是基坑工程中最常见的降水方式，由于地下水的不确定性，在降水过程中，基坑的不同部位，不同施工阶段地下水的作用都在变化，由此会引起基坑失稳、流土、管涌等破坏。因此，通过渗流场和应力场的耦合研究降水条件下的基坑真实受力状况是当前国内基坑研究的重点。由于降水方式和地质条件的多样性，这里仅以非完整潜水井（含水层位于最上层且具有自由水面，抽水井未贯穿整个含水层）为例，利用国际通用岩土有限元程序 SEEP/W 模拟非完整潜水井条件下的渗流场，并利用 PLAXIS 程序通过有限元强度折减法分析深基坑边坡稳定。土体参数见表 19-38，支挡结构参数见表 19-39。

算例：基坑开挖宽 20m，深 10m，用两个 15m 深，0.35m 厚的混凝土地下连续墙来支撑周围的土体，地下连续墙均由两排锚杆支撑，上部锚杆长 14.5m，倾斜度为 33.7 度，下部锚杆长 10m，倾斜度为 45 度。均质土层为均匀密实的砂土层。初始状态下，地下水位在地面以下 3m 处。补给水源在距基坑 80m 处，抽水井在距基坑 40m 处，抽水井深 10m。随着基坑开挖深度的增加，基坑内水位逐渐降低，始终低于基坑的开挖面。

基坑开挖与降水过程如下：首先定义出水量为 $18m^3/h$，经过 400h 的连续排水，水位降至最终开挖面，并规定降水过程与基坑开挖过程一致。基坑开挖分为三个工序：工序 1，基坑开挖 4m，抽水 160h 后，水位降 4m；工序 2，基坑开挖至 7m，抽水 280h 后，水位降 7m；工序 3，基坑开挖至 10m，抽水 400h 后，水位降 10m。通过流固耦合计算，采用 PLAXIS 程序，得出不同施工阶段，不同排水方式下的基坑稳定安全系数，见表19-41。从表 19-41 可以看出：

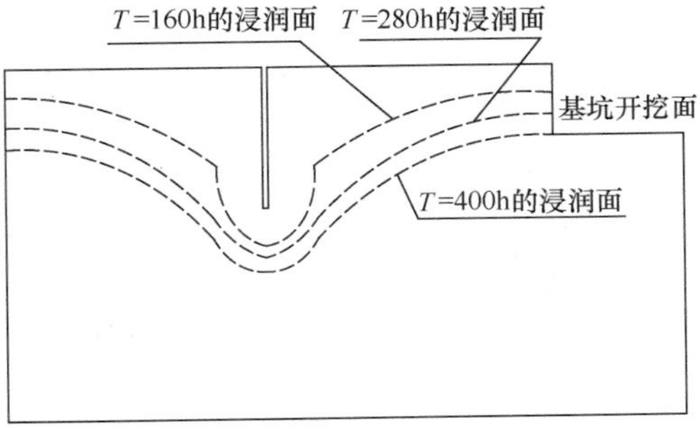

图 19-72　抽水井降水方式下的 SEEP/W 浸润面示意图

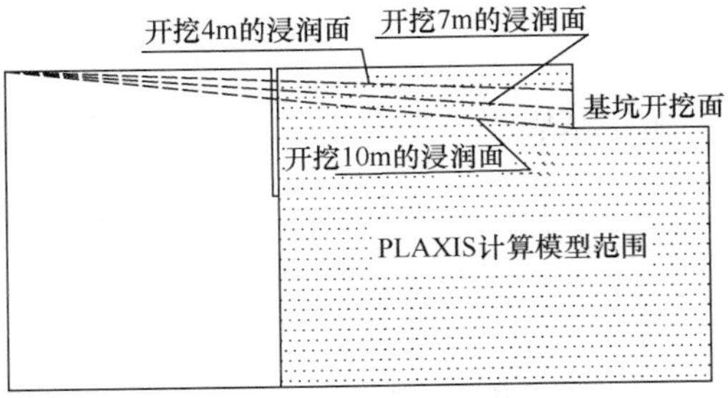

图 19-73　基坑内排水方式下的浸润面示意图

安全系数比较　　**表 19-41**

施工阶段	工况一（抽水井降水）	工况二（基坑内排水）	工况三（基坑外水位不变）
开挖 4m	3.673	3.106	3.002
开挖 7m	2.765	2.381	2.222
开挖 10m	1.757	1.610	1.471

1. 工况一和工况二分别代表不同的降水方式，工况一是抽水井降水方式，而工况二是基坑内排水降水方式。从计算结果来看，工况一的基坑边坡稳定安全系数比工况二大5%～15%左右；抽水井降水方式对基坑边坡稳定有利。工况三是《建筑基坑支护技术规程》JGJ 120—99 验算基坑边坡稳定安全系数时采用的工况，采用工况三计算得到的边坡稳定安全系数明显偏低，计算结果偏于保守。

2. 随着基坑开挖深度的增加，即水头差的减小，渗流的影响越来越小，工况一和工况二的计算结果逐渐接近。因此，在水头差较小的情况下可以采用基坑内排水的方法估算基坑边坡稳定安全系数。

3. 不同的降水方式对基坑边坡稳定安全系数影响较大。在进行基坑边坡稳定性分析前，需要分析不同的降水方式下渗流力的大小和方向，以及渗流对边坡基坑稳定性的影响；合理地分析和利用渗流可以产生良好的经济效益。

19.9　有限元极限分析法在地基工程中的应用

19.9.1　均匀地基承载力系数有限元解

对于所有一般的情况，浅基的极限承载力可近似地假设为分别由以下三种情况计算结果的总和：

(1) 土是无重量的，有黏聚力和内摩擦角，无超载，即 $\gamma=0$，$c\neq0$，$\varphi\neq0$，$q=0$。

（2）土是无重量的，无黏聚力，有内摩擦角，有超载，即 $\gamma=0$，$c=0$，$\varphi\neq0$，$q\neq0$。

（3）土是有重量的，没有黏聚力，有内摩擦角，无超载，即 $\gamma\neq0$，$c=0$，$\varphi\neq0$，$q=0$。

因此，极限承载力可近似的表示为：

$$P_u = cN_c + qN_q + \frac{1}{2}B\gamma N_\gamma \tag{19.9.1}$$

假定基底完全光滑，则上式中承载力系数 N_c，N_q 满足下面两式：

$$N_q = \exp(\pi\tan\varphi)\tan^2\left(\frac{\pi}{4}+\frac{\varphi}{2}\right) \tag{19.9.2}$$

$$N_c = (N_q - 1)\cot\varphi \tag{19.9.3}$$

19.9.1.1 N_c 求解

在极限承载力系数 N_c 求解过程中，不考虑土重及边载的作用，这时地基的极限承载力仅与土的抗剪强度参数 c 和 φ 相关。

$$N_c = P_u/c \tag{19.9.4}$$

Prandtl 求解出基底完全光滑时 N_c 的表达式为：

$$N_c = \left[\exp(\pi\tan\varphi)\tan^2\left(\frac{\pi}{4}+\frac{\varphi}{2}\right)-1\right]\cot\varphi \tag{19.9.5}$$

下面应用有限元增量加载法对极限承载力系数 N_c 进行求解，选用莫尔-库仑内切圆屈服准则（DP4），计算简图如图 19-74 所示，有限元网格剖分如图 19-75 所示。

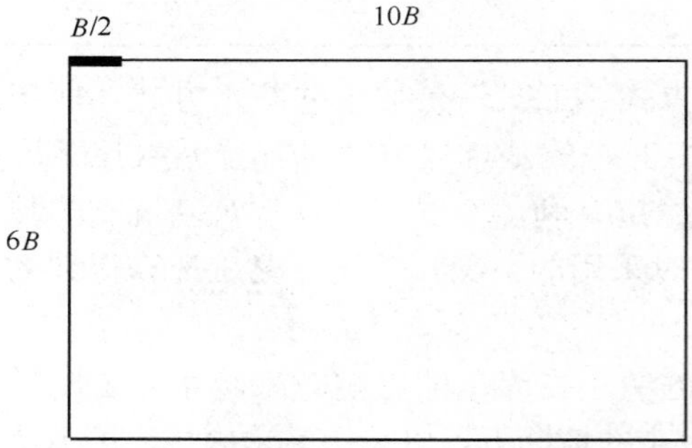

图 19-74 计算简图

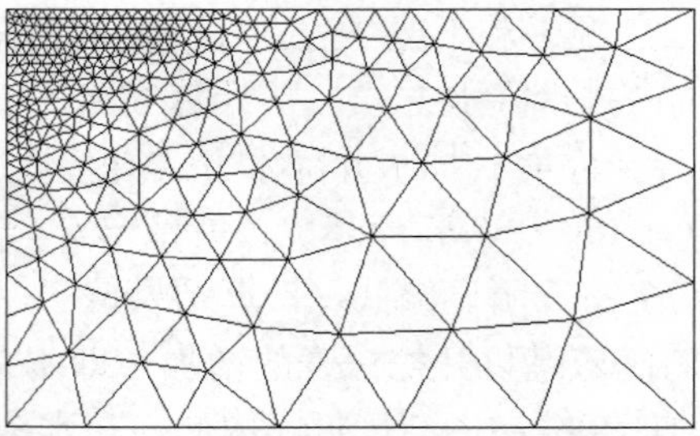

图 19-75 有限元剖分

N_c 的有限元解及比较 表 19-42

φ (°)	0	5	10	15	20	25	30
Prandtl	5.14	6.49	8.34	10.98	14.84	20.72	30.14
FEM（光滑）	5.22	6.60	8.50	11.19	15.18	21.21	31.00

从表 19-42 可以看出，用有限元增量加载法可以很好地求出 N_c 的值。

19.9.1.2 N_q 求解

在极限承载力系数 N_q 求解过程中，假设地基土无重且黏聚力等于零，其极限承载力仅由边载 q 构成，Reissner 求得由基础边载 q 产生的极限荷载公式：

$$N_q = \exp(\pi\tan\varphi)\tan^2\left(\frac{\pi}{4}+\frac{\varphi}{2}\right) \tag{19.9.6}$$

下面应用有限元增量加载法对极限承载力系数 N_q 进行求解，选用 M-C 内切圆屈服准则（DP4），计算简图如图 19-76 所示，有限元网格剖分如图 19-77 所示。

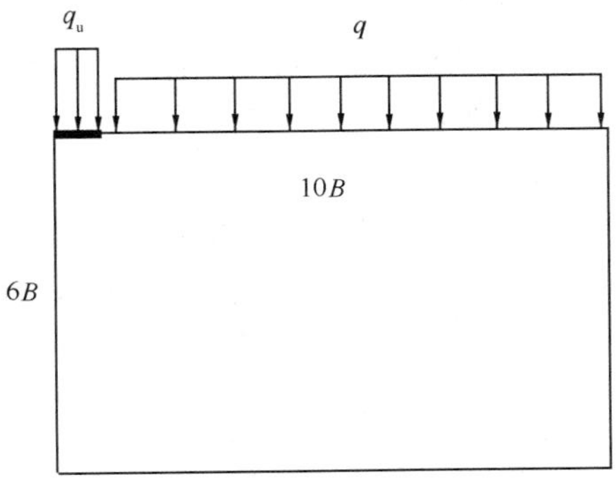

图 19-76 计算简图

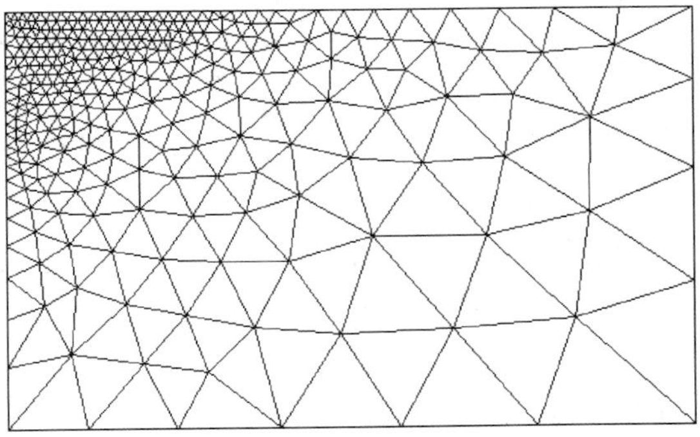

图 19-77 有限元剖分

N_q 的有限元解及比较 **表 19-43**

φ (°)	0	5	10	15	20	25	30
Reissner	1.00	1.56	2.47	3.93	6.38	10.62	18.32
FEM（光滑）	1.01	1.60	2.51	4.01	6.63	11.03	18.92

从表 19-43 可以看出，用有限元增量加载法可以很好地求出 N_q 的值。

19.9.1.3 N_γ 求解

在极限承载力系数 N_γ 求解过程中，假设地基土黏聚力等于零且不受边载作用，其极限承载力仅由土重构成。关于 N_γ 主要有以下计算公式：

(1) Terzaghi 公式：$N_\gamma=1.8(N_q-1)\tan\varphi$ (19.9.7)

(2) Meyerhof 式：$N_\gamma=(N_q-1)\tan 1.4\varphi$ (19.9.8)

(3) Vesic 公式：$N_\gamma=2(N_q+1)\tan\varphi$ (19.9.9)

(4) W. F. Chen 公式：$N_\gamma=2(N_q+1)\tan\varphi\tan\left(\frac{\pi}{4}+\frac{\varphi}{5}\right)$ (19.9.10)

下面应用有限元增量加载法对极限承载力系数 N_γ 进行求解，选用 M-C 内切圆屈服准则（DP4），其结果如表 19-44 所示。

N_γ 的有限元解及与其他经验公式的比较 **表 19-44**

φ (°)	0	5	10	15	20	25	30
Terzaghi	0.00	0.09	0.46	1.41	3.52	8.07	17.99
Meyerhof	0.00	0.07	0.37	1.12	2.86	6.73	15.58
Vesic	0.00	0.45	1.22	2.64	5.37	10.83	22.29
W. F. Chen	0.00	0.46	1.31	2.93	6.17	12.90	27.51
FEM（光滑）	0.00	0.21	0.83	1.79	3.87	10.55	18.35

从表 19-48 可以看出：与有限元增量加载计算结果相比，Meyerhof 公式与 Terzaghi 公式的计算结果明显偏小，而 W. F. Chen 的公式计算结果明显偏大，Vesic 公式的计算结果与有限元计算结果最为接近。

19.9.2 层状地基有限元分析

在土力学理论中提出了很多极限承载力的计算方法，但它们大都是针对均质地基而言的，事实上地基通常是非均质的层状土，而且土层之间的力学性状指标的差别较大，由于层状土地基的破坏模式与均质土地基往往有很大的差别，其相应的计算承载力的方法也必然有较大的差异，但到目前为止，有关层状地基实际的破坏模式人们还知之甚少，对层状地基承载力的计算在理论上也还没有得到很好的解决，而只能采用近似的方法进行处理。

随着计算机技术及数值计算方法的进一步发展完善，有限元法将成为分析层状地基的一种非常有效手段，下面对利用有限元法对双层地基（上软下硬和上硬下软两类）进行分析。

19.9.2.1 有限元模型

应用理想弹塑性模型及 M-C 内切圆屈服准则（DP4）进行求解。

由于各土层的重度相差很小，以及它们对附加应力没有影响，因此不予考虑土重这一因素，主要考虑的计算参数有各土层的 c，φ，E，ν 及上土层的厚度 d（以基础宽度为参考单位）。

为了充分考虑上层层厚 d 对计算的影响，本文分别取 $d=B/4$，$B/2$，$3B/4$，B，$3B/2$ 五种情况进行有限元分析。考虑到对称性，几何模型取半边地基，尺寸为 $10B\times10B$，要求在基础附近及土层交接处应有足够的网格密度。图 19-78 为 $d=B/2$ 情况下的几何模型，图 19-79 相应的有限元网格剖分。

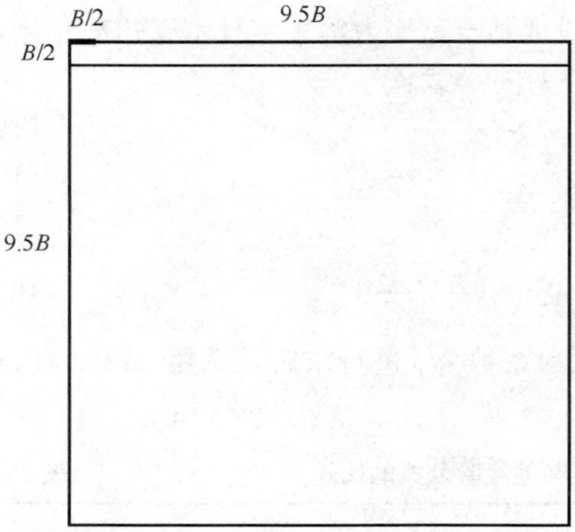

图 19-78 几何模型

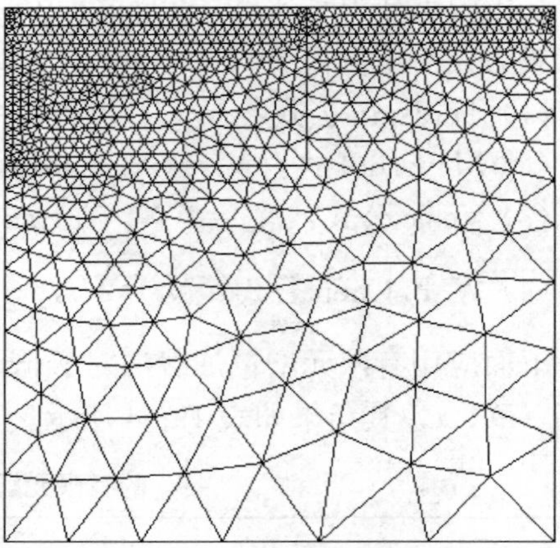

图 19-79 有限元网格剖分

19.9.2.2 上软下硬的双层地基有限元分析

上层土体参数：$E=8\text{MPa}$，$\nu=0.33$，$c=20\text{kPa}$，$\varphi=10°$

下层土体参数取三种情况：

（1）$E=10\text{MPa}$，$\nu=0.3$，$c=30\text{kPa}$，$\varphi=15°$；

（2）$E=10\text{MPa}$，$\nu=0.3$，$c=40\text{kPa}$，$\varphi=20°$；

（3）$E=200\text{MPa}$，$\nu=0.25$，$c=400\text{kPa}$，$\varphi=30°$。

不同工况下的极限荷载有限元计算结果如表 19-45 所示，从表中可以看出：

（1）上软下硬双层地基的极限承载力主要由上层土体强度参数决定，在上层土厚一定的情况下，下层土体的强度参数基本上没有影响；

（2）上层土体厚度对计算结果有一定的影响，但影响较小，在10%以内，随着上层土体厚度的逐渐增加，极限荷载逐渐减小，达到一定深度后，趋于单层软土体的极限荷载值；

（3）当土体厚度较小时，上软下硬双层地基的极限承载力较单层软土体时有所提高，这说明硬层有一定的加固效果，而应力集中对双层地基的极限荷载不存在衰减作用。

不同工况下极限荷载的计算结果（kPa） **表 19-45**

下层土参数 / 上层土厚	参数 1	参数 2	参数 3
$d=B/4$	178.82	178.82	178.82
$d=B/2$	175.69	175.69	175.69
$d=3B/4$	171.56	171.74	171.56
$d=B$	170.02	170.02	170.02
$d=3B/2$	170.02	170.02	170.02
$d=\infty$（单层）	170.02	170.02	170.02

19.9.2.3 上硬下软的双层地基有限元分析

下层土体参数：$E=8\text{MPa}$，$\nu=0.33$，$c=20\text{kPa}$，$\varphi=10°$

上层土体参数取三种工况：

（1）$E=10\text{MPa}$，$\nu=0.3$，$c=30\text{kPa}$，$\varphi=15°$；

（2）$E=10\text{MPa}$，$\nu=0.3$，$c=40\text{kPa}$，$\varphi=20°$；

（3）$E=200\text{MPa}$，$\nu=0.25$，$c=400\text{kPa}$，$\varphi=30°$。

不同工况下极限荷载的计算结果（kPa） **表 19-46**

下层土参数 / 上层土厚	参数 1	参数 2	参数 3
$d=B/4$	194.73	215.46	375.76
$d=B/2$	236.21	269.14	635.46
$d=3B/4$	252.44	318.73	833.04
$d=B$	279.11	366.58	1022.58
$d=3B/2$	325.41	457.93	1456.40
单软层	170.02	170.02	170.02
单硬层	335.40	605.15	6118.30

不同工况下的极限荷载有限元计算结果如表19-46所示，从表中可以看出：上硬下软的双层地基的极限承载力主要与上层土体强度参数及层厚决定。当上层土厚一定时，上层土体的强度参数愈大，则地基的极限荷载愈大；当上层土体的强度参数一定时，上层土愈厚，极限荷载愈大，当上层土达到一定厚度时（不同的强度参数该厚度值不同），地基的极限荷载趋于单硬层的极限荷载。

值得注意的是，应用有限元增量加载法分析双层地基，它不仅能求取此类地基的极限荷载，而且还能够有效模拟上软下硬双层地基的应力集中现象及上硬下软双层地基的应力扩散现象。

19.9.3 含软弱结构面的岩石地基极限承载力求解

在解决岩基承载力和岩体稳定性问题时，普遍强调结构面和节理发育程度的重要性，而且在评价工程岩体时常考虑控制性结构面和裂隙度等概念。对这些概念通常只有定性的描述，所以，考虑结构面或节理发育程度等因素的岩体承载力的计算就成为当前岩体力学中的一个重要问题。为此，基于大型有限元计算软件 ANSYS，对存在节理的岩基进行数值模拟求解。

对于含软弱结构面的岩石地基的极限承载力，主要的影响因素有软弱结构面的倾角、强度及位置等，下面就倾角、强度及位置分别进行数值模拟。

19.9.3.1 软弱结构面倾角影响

岩基岩块参数为：$c_1=1.0$MPa，$\varphi_1=40°$。节理基本参数为：$c_2=0.1$MPa，$\varphi_2=10°$。假设岩基宽度为 B，节理通过岩基正下方 $2B$ 深处。下面分别计算倾角为 25°，30°，35°，40°，45°，60°的 6 条节理存在时的岩基极限承载力。节理位置示意图如图 19-80 所示。

图 19-81 为节理倾角为 40 度时岩基在极限荷载作用下的岩基附近的塑性区示意图，图 19-82 为位移矢量图。

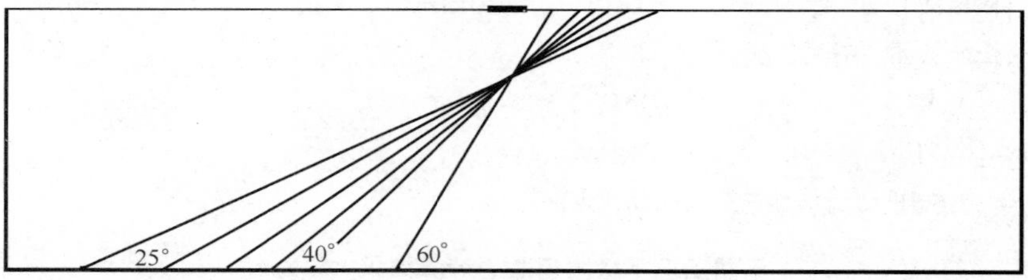

图 19-80 节理倾角示意图

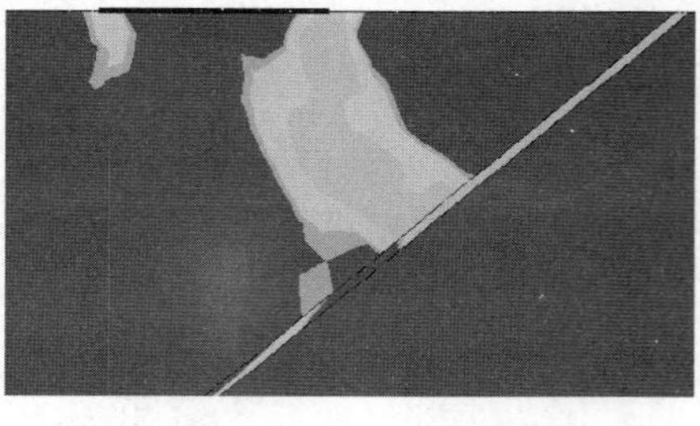

图 19-81 塑性区示意图

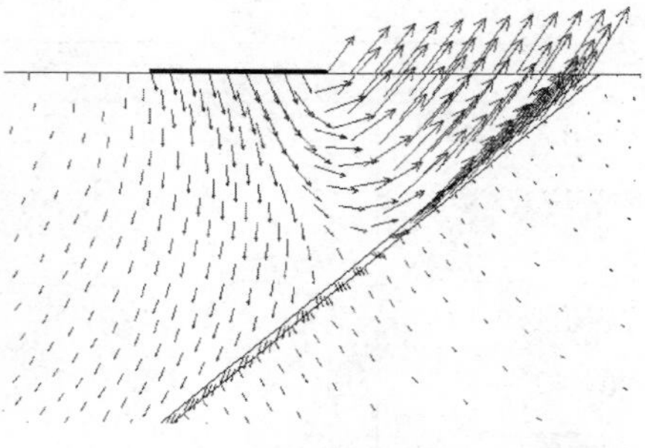

图 19-82 位移矢量图

有限元计算结果如表 19-47 所示：

若此岩基中不存在节理，则其极限承载力的计算结果为 77.75MPa。从表中可以看出，当岩基中存在节理时，岩基的极限承载力受节理的情况所控制。其中节理岩基的极限承载力并不是随着节理倾角的变化而单调递增或递减的。随着节理倾角的逐渐增加，极限承载力先是逐渐减少直到一个最小值，而后逐渐增加。

节理不同倾角时的极限承载力计算结果（MPa） 表 19-47

倾 角	25°	30°	35°	40°	45°	60°
计算结果	32.70	18.14	8.94	8.50	11.38	38.09

19.9.3.2 节理强度影响

岩基岩块参数为：$c_1=1.0$MPa，$\varphi_1=40°$。节理基本参数为：$c_2=0.1$MPa，$\varphi_2=10°$，$c_3=0.2$MPa，$\varphi_3=15°$或 $c_4=0.4$MPa，$\varphi_2=20°$。假设岩基宽度为 B，节理通过岩基正下方 $2B$ 深处。下面分别计算倾角为 25°，30°，35°，40°，45° 5 条节理存在时的岩基极限承载力。

节理不同强度时的计算结果如表 19-48 所示，从表中可以看出，节理强度对岩石岩基的极限承载力影响比较大。随着节理内摩擦角的增大，最危险节理的倾角逐渐减少。当节理倾角比较小或比较大时，节理的强度对计算结果的影响不显著。

节理不同强度时的极限承载力计算结果（MPa） 表 19-48

倾角	25°	30°	35°	40°	45°
$c_2=0.1$MPa，$\varphi_2=10°$	32.70	18.14	8.94	8.50	11.38
$c_3=0.2$MPa，$\varphi_3=15°$	35.25	25.53	27.39	32.28	35.84
$c_4=0.4$MPa，$\varphi_2=20°$	36.80	36.01	38.96	43.25	47.75

19.9.3.3 节理位置的影响

通过节理通过基础正下方的深度及倾角来考虑节理位置，下面分别计算倾角为 25°，30°，35°，40°，45° 5 条节理（$c_2=0.1$MPa，$\varphi_2=10°$）存在时节理深度分别为 $2B$、$3B$ 与 $4B$ 时的岩基极限承载力。

节理不同深度时的计算结果如表 19-49 所示，从表中可以看出，随着深度的增加，节理岩基的极限承载力逐渐增加，这说明节理对岩基极限承载力的影响随着深度的增加而越来越小。

节理不同深度时的极限承载力计算结果（MPa） 表 19-49

倾角	25°	30°	35°	40°	45°
深度为 $2B$	32.70	18.14	8.94	8.50	11.38
深度为 $3B$	34.16	20.25	15.37	17.21	23.12
深度为 $4B$	39.57	29.93	21.28	25.00	32.36

19.9.4 载荷试验数值模拟

平板载荷试验是模拟建筑物基础工作条件的一种测试方法，它根据荷载-沉降关系曲线确定地基的承载力，下面尝试用有限元增量加载法对载荷试验进行数值模拟。

19.9.4.1 计算参数

土体的抗剪强度参数 c，φ 值是数值模拟中的关键参数，可通过现场直接剪切试验、室内直接剪切试验或室内三轴剪切试验来确定。

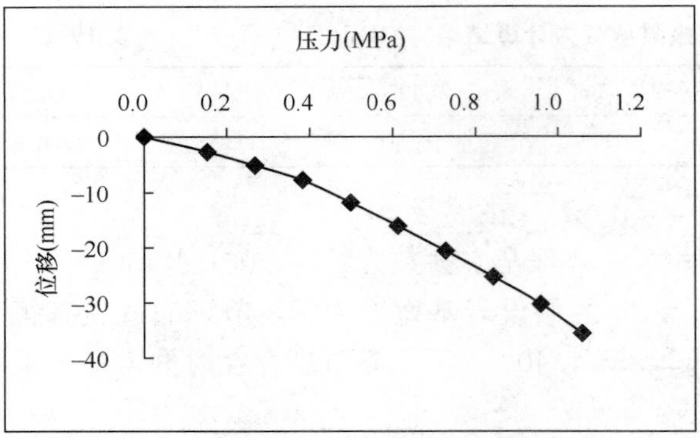

图 19-83 试点 p-s 曲线图

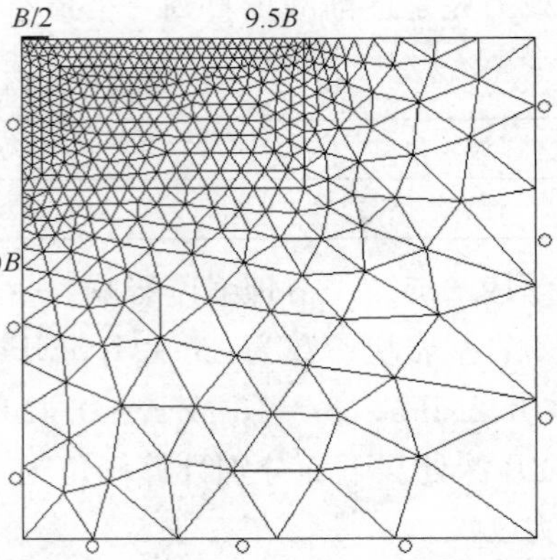

图 19-84 有限元模型及网格剖分

图 19-83 及表 19-50 为某工程地基某一载荷试验点 p-s 试验结果。在压力 380kPa 前，p-s 曲线近于直线；曲线出现第一拐点之后，p-s 曲线呈逐渐增加到 960kPa。在压力加到 1.06MPa 时，承压板周边土体出现明显隆起，表明地基土体已达到破坏，终止试验，此时，曲线呈下凹型。因此，该点地基土的极限承载力按规范取为 960kPa，对应的沉降为 29.16mm，比例界限取为 380kPa。由于比例极限小于 1/2 倍的极限承载力，故取承载力特征值为 380kPa。

该试点的相关参数：$\gamma=22\text{kN/m}^3$，$c=32.5\text{kPa}$，$\varphi=30.2°$，泊松比 $\mu=0.27$，经过计算得土体的变形模量 $E=17\text{MPa}$。

试点压力-位移关系 **表 19-50**

压力（kPa）	150	270	380	500	610	730	840	960	1060
位移（mm）	2.69	5.14	8.12	12.41	16.38	20.74	24.98	29.16	33.20

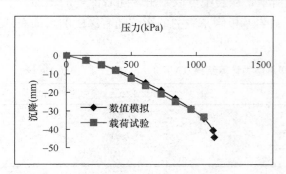

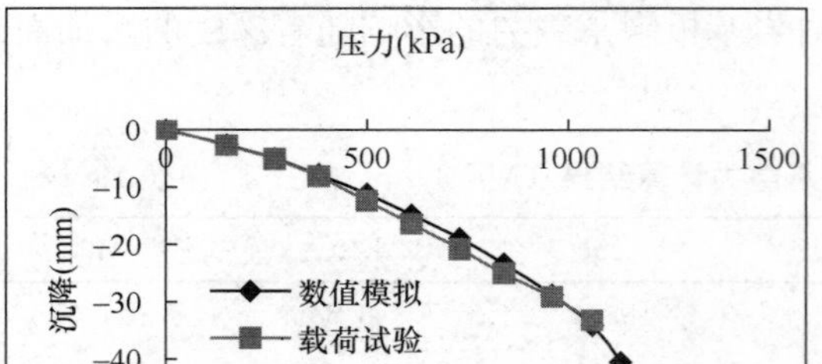

图 19-85 有限元模拟的 p-s 曲线与载荷试验的对比

19.9.4.2 有限元模型

试验中由于采取圆形刚性承压板，故这是一个轴对称模型，有限元模型及网格剖分如图 19-84 所示，屈服准则选择 DP3，应用理想弹塑性本构模型进行求解。

19.9.4.3 有限元计算结果

应用增量加载模拟载荷试验过程，共分 12 个载荷步，具体情况见表 19-51 所示。通过有限元求得其极限荷载值为 1.14MPa。表 19-52 及图 19-85 为载荷试验 p-s 的有限元模拟结果，从中可以看出，其结果与试验结果基本一致，在压力 380kPa 前两曲线吻合得很好，比例极限为 380kPa。此后至 960kPa 这一段两曲线稍微有点出入，而 960kPa 后两曲线又吻合得很好，这说明只要 E，μ，c，φ 等参数比较接近实际情况，载荷试验中沉降的有限元计算也是比较接近实际情况的。

增量加载过程 表 19-51

载荷步数	1	2	3	4	5	6	7	8	9	10	11	12
荷载增量（MPa）	0.15	0.12	0.11	0.12	0.11	0.12	0.11	0.12	0.10	0.07	0.01	0.01

试点压力-位移有限元计算结果 表 19-52

压力（kPa）	150	270	380	500	610	730	840	960	1060	1130	1140	1150
位移（mm）	2.68	5.02	7.82	11.23	14.80	18.86	23.30	28.71	34.11	40.52	44.24	80.64

经过增量加载，地基在第 12 载荷步时发生破坏，对应的极限荷载值为 1.14MPa，比载荷试验大 20%左右，但是从位移矢量图（图 19-86）可以看出，当地基荷载为 0.96MPa 时，地基旁侧的土已有一定的隆起，之后随着荷载的增加，隆起程度也越来越大，直到压力为 1.14MPa，地基才达到极限状态，这时地基的隆起程度较大。所以在载荷试验中，当地基旁侧出现了隆起就取前一级荷载为相应的极限荷载，认为地基已达极限状态，这与地基极限状态的实际情况有一定的出入。实际上，地基极限状态的承载力要比载荷试验的极限荷载结果要大些，这从数值模拟的结果中也可以看出。由于比例极限也小于极限承载力的 1/2，因而也取 380kPa 为地基承载力的特征值。

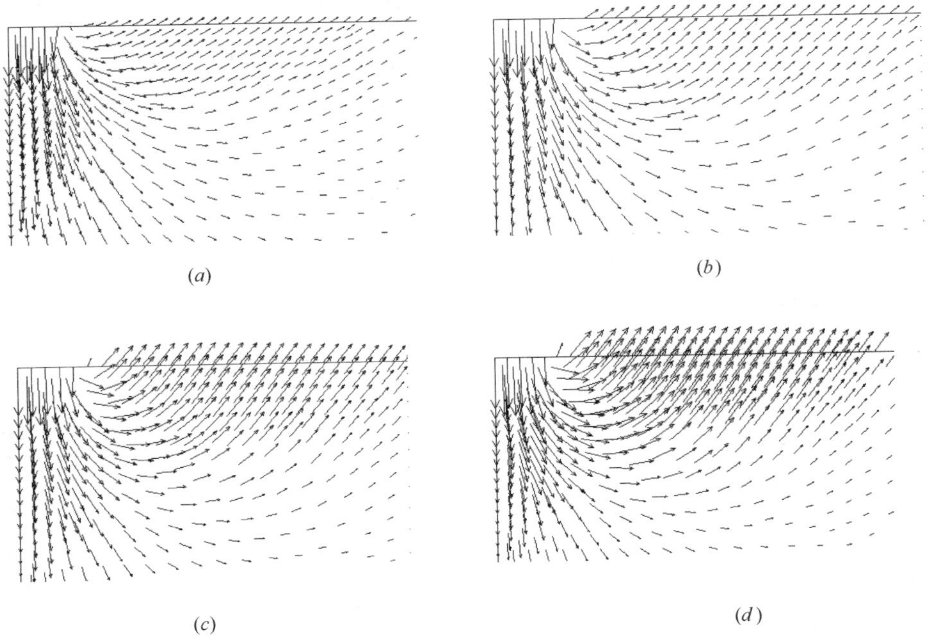

(*a*) (*b*) (*c*) (*d*)

图 19-86 不同压力时地基位移矢量示意图

(*a*) p=0.96MPa；(*b*) p=1.06MPa；(*c*) p=1.13MPa；(*d*) p=1.14MPa

19.9.5 碎石桩复合地基极限承载力求解

碎石桩复合地基是一种开发比较早的地基加固处理技术，它施工方便、工序简单、成桩迅速、经济实用。随着土木工程建设的迅速发展，碎石桩复合地基技术在软弱地基处理中得到广泛的应用，但目前对碎石桩复合地基问题的认识仍处于不断地探讨和研究之中，这里尝试用有限元增量加载法对碎石桩复合地基进行数值模拟分析。

19.9.5.1 有限元模型

为了方便有限元计算，将任意布置的桩用等置换率原则，根据基础形式进行转换，把条形基础下的桩简化为碎石墙，转化为平面应变问题，把圆形基础下的桩简化为碎石环，使之变为轴对称问题。下面的研究基于条形基础下的单排碎石桩进行，对于其他形式的简化模型，也可按此步骤进行有限元分析计算。

材料本构模型的选用是整个有限元计算的核心问题，它对结果的影响很大。碎石桩复合地基一般由碎石垫层、碎石桩体及土体共同组成，假定它们都属于弹塑性模型并且遵循M—C内切圆屈服准则（DP4）。

假设条形基础宽2m，垫层厚0.3m，碎石桩根据等置换率原则换算成0.8m宽的碎石墙，桩长4m。考虑到问题的对称性，取图19-87所示的计算简图。设基础为线弹性体，垫层、碎石桩及土体的参数见表19-53所示。用六节点三角形单元对计算区域进行有限元网格划分，如图19-88所示。

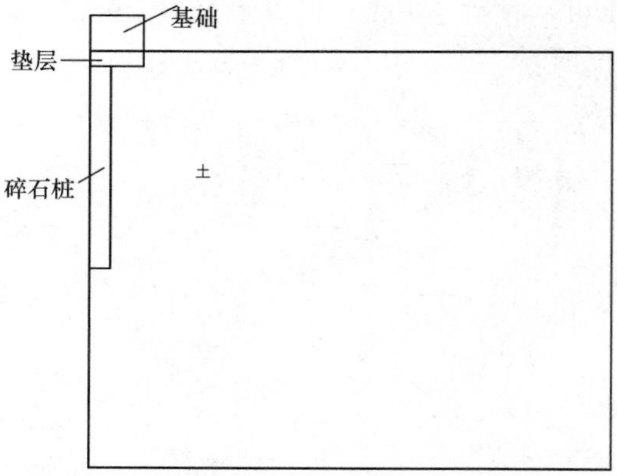

图19-87 计算简图

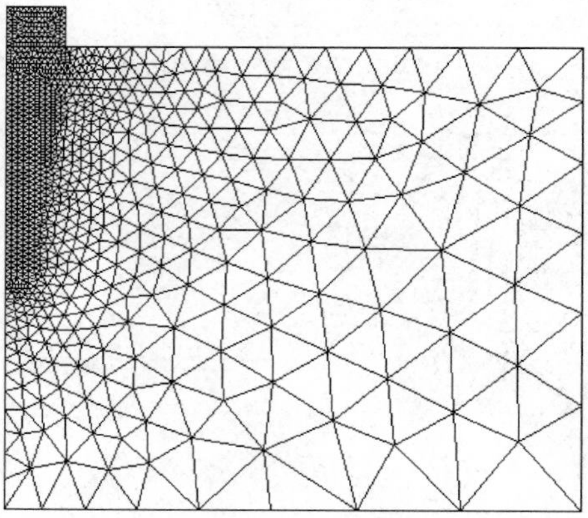

图19-88 有限元网格剖分

材 料 参 数 表19-53

材料	E（MPa）	ν	c（kPa）	φ（°）
基础	200	0.2	—	—
垫层	40.5	0.25	0	35
碎石桩	40.5	0.25	0	35
土	4.1	0.3	10	10

19.9.5.2 计算结果分析

1. 极限荷载

现有的复合地基的极限承载力计算通常是由桩体承载力和土体极限承载力按照一定的原则叠加而成，由这一思路得到的极限承载力公式可分为面积比公式和应力比公式两大类，然而它们都属于经验公式，公式当中一些系数的选取随意性比较大，而且复合地基受力机理比较复杂，复合地基上基础刚度大小，是否铺设垫层，垫层厚度及性质等都对复合地基的受力性状有较大的影响，所以这两类公式很难有效地求取复合地基的极限承载力，而有限元等数值方法的兴起为复合地基极限承载力求取提供了一种新的思路。通过对荷载增量的控制，应用有限元增量加载可以很方便的得到碎石桩复合地基的极限荷载。

当基础荷载增加到 118.59kPa 后，15Pa 的荷载增量导致了有限元计算的不收敛。图 19-89 为基础中心点处载荷-位移曲线，可以看出当载荷快达到 120kPa 时，位移急剧增大，此刻基底附近位移矢量图（图 19-90）显示土体已有明显隆起，根据增量加载的过程，我们可以得出碎石桩复合地基的极限承载力为 118.59kPa，而天然地基的极限承载力的 Prandtl 理论解只有 83.45kPa，复合地基的极限承载力约为天然地基的 1.42 倍。

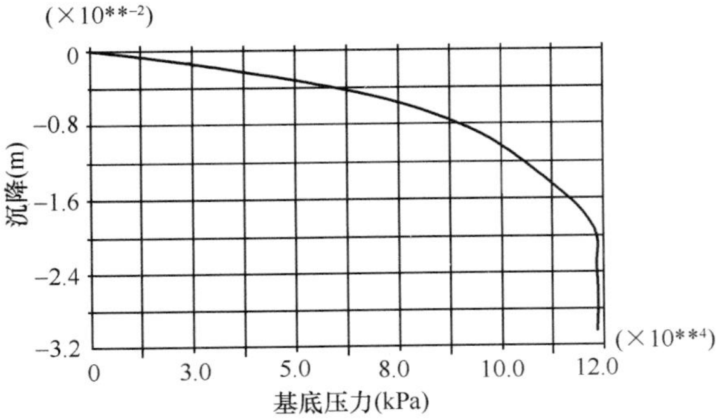

图 19-89 基础中心点处载荷-位移曲线图

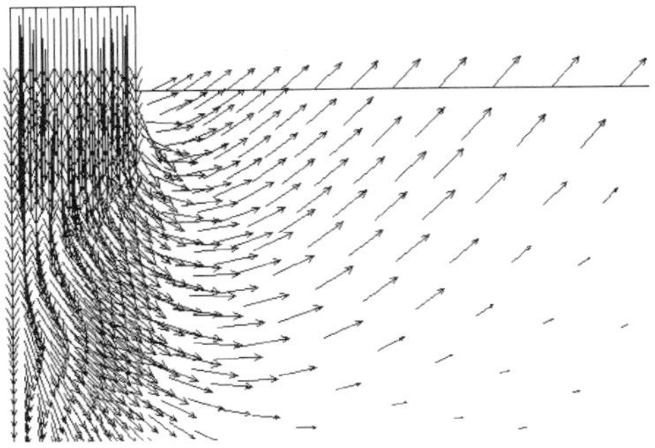

图 19-90 基底附近位移矢量图

2. 碎石桩鼓胀

碎石桩属于散体材料桩，材料本身没有黏结强度，桩体的强度主要是依靠周围土体的约束及桩体的内摩擦角来维持的。在荷载作用下，碎石桩产生侧向鼓胀，这种鼓胀是碎石桩破坏的主要原因。碎石桩上端由于桩端效应，其侧向变形受到限制，而桩的中下端由于桩侧围压增大，桩周土抵抗碎石桩侧向变形能力增强，从而桩的主要鼓胀部位一般都在桩的中上端，桩的直径越大，主要鼓胀部位亦向下偏移。

图 19-91（*a*）、（*b*）分别为基础压力为 45kPa 及 118.59kPa 时桩侧鼓胀位移分布图，从中可以看出桩侧存在明显的鼓胀变形，最大鼓胀变形在桩深约 2 倍桩径处，这与前人所得结论相符。图 19-92 为桩深 1.6m 处（2 倍桩径）处基础压力-鼓胀位移曲线，从中可以

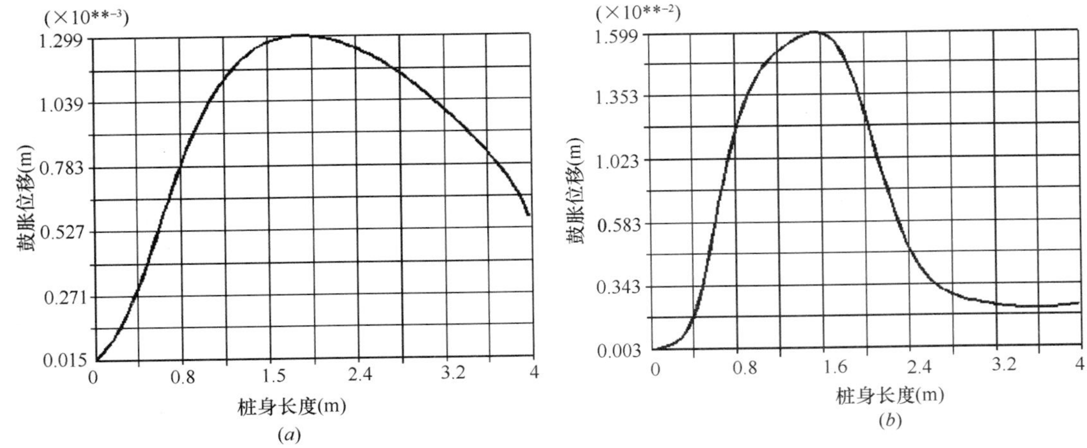

图 19-91 桩侧鼓胀位移分布

（*a*）基础压力为 45kPa；（*b*）基础压力为 118.59kPa

看出，桩侧鼓胀位移随着基础荷载的增大而增加，临近极限状态时，桩侧鼓胀位移急剧变化，此时碎石桩将发生鼓胀破坏。

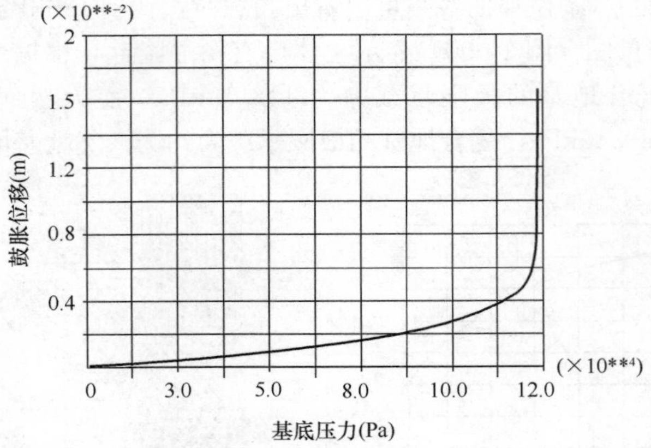

图 19-92 基础压力-鼓胀位移曲线（桩深 1.6m 处）

参 考 文 献

郑颖人，龚晓南．岩土塑性力学基础．北京：中国建筑工业出版社，1989

郑颖人，沈珠江，龚晓南．岩土塑性力学原理—广义塑性力学．北京：中国建筑工业出版社，2002

郑颖人，陈祖煜，王恭先，凌天清．边坡与滑坡工程治理．北京：人民交通出版社，2007

郑颖人，王敬林，陆新等．岩土力学与工程进展．重庆：重庆出版社，2003

朱百理，沈珠江等．计算土力学．上海：上海科学技术出版社，1990

沈珠江．理论土力学．北京：中国水利水电出版社，2000

龚晓南．土塑性力学．杭州：浙江大学出版社，1990

龚晓南等．工程材料的本构方程．北京：中国建筑工业出版社，1995

杨光华，李广信，介玉新．土的本构模型的广义位势理论及其应用．北京：中国水利水电出版社，2007

蒋彭年．土的本构关系．北京：科学出版社，1982

张学言，闫澍旺．岩土塑性力学基础(第 2 版)．天津：天津大学出版社，2004

屈智炯．土的塑性力学．成都：成都科技大学出版社，1987

俞茂宏．强度理论新体系．西安：西安交通大学出版社，1992

俞茂宏．双剪应力强度理论研究．西安：西安交通大学出版社，1988

陈惠发著，詹世斌译．极限分析与土体塑性．北京：人民交通出版社，1995.

陈惠发，A・F・萨里普著，余天庆等译．土木工程材料的本构方程(第一卷：弹性与建模)．武汉：华中科技大学出版社，2001.

陈惠发著，余天庆等译．土木工程材料的本构方程(第二卷：塑性与建模)．武汉：华中科技大学出版社，2001.

王龙甫．弹性理论．北京：科学出版社，1984

杨桂通，树学锋．塑性力学．北京：中国建材工业出版社，2003

王仁，黄克智，朱兆祥主编．塑性力学进展．北京：中国铁道出版社，1988

王仁，熊祝华，黄文彬．塑性力学基础．北京：科学出版社，1982

王仁，黄文彬，黄筑平．塑性力学引论．北京：北京大学出版社，1992

熊祝华，傅衣铭，熊慧而．连续介质力学基础．长沙：湖南大学出版社，1997

章根德．土的本构模型及其工程应用．北京：科学出版社，1995

陈祥福．沉降计算理论与工程实例．北京：科学出版社，2005

李国琛，M・耶纳．塑性大应变微结构力学．北京：科学出版社，1998

夏志皋．塑性力学．上海：同济大学出版社，1991

严宗达．塑性力学．天津：天津大学出版社，1988

普拉格等，陈森译．理想塑性固体理论．北京：科学出版社，1964

希尔・R．著，王仁等译．塑性数学理论．北京：科学出版社，1966

吴天行编著，冯国栋，唐介眉等译．土力学．成都：成都科技大学出版社，1980

松冈元著，罗汀，姚仰平译．土力学．北京：中国水利水电出版社，2001

C・S・德赛，J・T・克里斯琴主编．岩土工程数值方法．北京：中国建筑工业出版社，1989

于学馥，郑颖人，刘怀恒，方正昌. 地下工程围岩稳定性分析. 北京：煤炭工业出版社，1983

周维桓主编. 高等岩石力学. 北京：水利电力出版社，1990

潘德等著，郑颖人，谢孝忠，刘东升，刘兴华译. 岩石力学中的数值方法. 重庆：后勤工程学院，1993

黄文熙等. 土的工程性质. 北京：水利出版社，1983

潘昌实，张弥. 地下工程数值分析. 北京：中国铁道出版社，1996

谢定义. 土动力学. 西安：西安交通大学出版社，1988

钱家欢，殷宗泽. 土工原理与计算(第一版). 北京：水利电力出版社，1994

古德豪斯·G.编，张清，张弥译. 岩土力学有限元法. 北京：铁道出版社，1983

张清. 岩石力学基础. 北京：铁道出版社，1982

耶格·J·C.，库克·N·G·W.著，中国科学院工程力学研究所译，岩石力学基础，北京：科学出版社，1981

殷宗泽等，土工原理与计算(第二版). 北京：中国水利水电出版社，1997

郑颖人，刘怀恒(1981). 弱面体(弱夹层体)力学方法-岩石力学方法，水文地质工程地质，第5期.

郑颖人，陈长安(1984). 理想塑性岩土的屈服准则与本构关系. 岩土工程学报，第5期.

郑颖人，张德徵，高效伟. 应变空间弹塑性反演计算的边界元法，第一届全国计算岩土力学研讨会论文集，重庆：西南交通大学出版社，1987

郑颖人(1988). 应变空间中的弹塑性数值计算方法，应用力学学报，第4期.

郑颖人. 岩土的多重屈服面理论与应变空间理论，岩石力学新进展. 沈阳：东北工学院出版社，1989

郑颖人. 土的多重屈服面理论与模型，塑性力学和细观力学文集. 北京：北京大学出版社，1992

郑颖人，严德俊. 基于试验拟合的土的多重屈服面模型，第五届全国岩土数值分析与解析方法讨论会论文集，武汉：武汉测绘科技大学出版社，1994

郑颖人，刘元雪. 塑性位势理论的发展及其在岩土本构模型中的应用，现代力学与科技进步论文集，北京：清华大学出版社，1997

郑颖人，刘元雪. 土体建模理论中的几个问题，岩土力学的理论与实践，南京：河海大学出版社，1998

郑颖人(1998). 岩土塑性力学中几个理论问题的探索，第六届全国岩土数值分析与解析方法讨论会.

郑颖人(1998). 广义塑性力学中的屈服面理论，后勤工程学院学报，第1期.

郑颖人，段建立(1998). 广义塑性力学中硬化定律与应力—应变关系，后勤工程学院学报，第1期.

郑颖人，孔亮(2000). 塑性力学的分量理论，岩土工程学报，第4期.

郑颖人(2000). 广义塑性力学讲座(1)—广义塑性力学理论，岩土力学，第2期.

郑颖人，段建立，陈瑜瑶(2000). 广义塑性力学讲座(2)—广义塑性力学中的屈服面与应力应变关系，岩土力学，第3期.

郑颖人，陈瑜瑶，段建立(2000). 广义塑性力学讲座(3)—广义塑性力学的加卸载准则与土的本构模型，岩土力学，第4期.

郑颖人，陈瑜瑶. 岩土屈服条件的确定，第七届全国岩土力学数值分析与解析方法会议论文集，大连：大连理工大学出版社，2001

郑颖人，王敬林，朱小康(2001). 关于岩土材料滑移线理论中速度解的讨论—广义塑性理论的应用. 水利学报，第6期.

郑颖人，赵尚毅，邓卫东(2003). 岩质边坡破坏机制有限元数值模拟分析，岩石力学与工程学报，第12期.

郑颖人，赵尚毅(2004). 有限元强度折减法在土坡与岩坡中的应用，岩石力学与工程学报，第

19 期.

郑颖人，赵尚毅(2004). 用有限元强度折减法求滑(边)坡支挡结构的内力，岩石力学与工程学报，第 20 期.

郑颖人，孔亮(2005). 广义塑性力学及其运用，中国工程科学，第 11 期.

郑颖人，赵尚毅(2005). 岩土工程极限分析有限元法及其应用，土木工程学报，第 1 期.

郑颖人，赵尚毅，孔位学等(2005). 极限分析有限元法讲座Ⅰ—岩土工程极限分析有限元法，岩土力学，第 1 期.

郑颖人，张玉芳，赵尚毅等(2005). 有限元强度折减法在元磨高速公路高边坡工程中的应用，岩石力学与工程学报，第 21 期.

郑颖人，孔亮(2006). 再谈广义塑性力学，岩土工程学报，第 1 期.

郑颖人，赵尚毅(2006). 边(滑)坡工程设计中安全系数的讨论，岩石力学与工程学报，第 9 期.

郑颖人，赵尚毅，邓楚键等(2006). 有限元极限分析法发展及其在岩土工程中的应用，中国工程科学，第 12 期.

郑颖人，高红(2007). 岩土材料的基本力学特性与屈服准则体系，建筑科学与工程学报，第 2 期.

郑颖人 (2007). 岩土材料屈服与破坏及边(滑)坡稳定分析方向研讨——“三峡库区地质灾害专题研讨会”交流讨论综述，岩石力学与工程学报，第 4 期.

郑颖人，唐晓松(2007). 库水作用下的边(滑)坡稳定性分析，岩土工程学报，第 8 期.

郑颖人，高红(2008). 材料强度理论的讨论，广西大学学报，第 4 期.

赵尚毅，郑颖人，张玉芳(2005). 极限分析有限元法讲座Ⅱ—有限元强度折减法中边坡失稳的判据探讨，岩土力学，第 2 期.

邓楚键，孔位学，郑颖人(2005). 极限分析有限元法讲座Ⅲ—增量加载有限元法求解地基极限承载力，岩土力学，第 3 期.

邓楚键，何国杰，郑颖人(2006). 基于 M-C 准则的 D-P 系列准则在岩土工程中的应用研究，岩土工程学报，第 6 期.

邓楚键，何国杰，郑颖人(2006). 对“基于 M-C 准则的 D-P 系列准则在岩土工程中的应用研究”讨论的答复，岩土工程学报，第 12 期.

邓楚键，唐晓松，郑颖人(2007). 荷载试验有限元数值模拟，岩土力学，增刊.

邓楚键，郑颖人，朱建凯(2008). 平面应变条件下 M-C 材料屈服时的中主应力公式，岩土力学，第 2 期.

赵尚毅，郑颖人等(2002). 用有限元强度折减法求边坡稳定安全系数，岩土工程学报，第 3 期.

赵尚毅，邓卫东，郑颖人(2003). 用有限元强度折减法进行节理岩质边坡稳定性分析，岩石力学与工程学报，第 2 期.

赵尚毅，郑颖人，刘明维(2006). 基于 Drucker-Prager 准则的边坡安全系数定义及其转换，岩石力学与工程学报，增刊第 1 期.

赵尚毅，郑颖人(2006). 边(滑)坡工程设计中安全系数的讨论，岩石力学与工程学报，第 9 期.

王敬林，林丽，郑颖人(2000). 平面应变问题岩土应力滑移线场法的讨论，后勤工程学院学报，第 4 期.

王敬林，郑颖人，陈瑜瑶等(2003). 岩土材料极限分析上界法的讨论，岩土力学，第 4 期.

孔位学，郑颖人，赵尚毅等(2005). 地基承载力的有限元计算及其在桥基中的应用，土木工程学报，第 4 期.

唐晓松，郑颖人，邬爱清等(2006). 应用 PLAXIS 有限元程序进行渗流作用下的边坡稳定性分析，长江科学院院报，第 4 期.

刘明维，郑颖人(2006). 基于有限元强度折减法确定滑坡多滑动面方法，岩石力学与工程学报，第

8 期.

张鲁渝，郑颖人，赵尚毅(2002). 用有限元强度折减法进行边坡稳定分析，中国工程科学，第 10 期.

张鲁渝，郑颖人，孔亮(2002). 应变增量矢量与应力增量矢量偏转角的试验拟合，岩土力学，第 4 期.

宋雅坤，郑颖人，赵尚毅等(2006). 有限元强度折减法在三维边坡中的应用研究，地下空间与工程学报，第 5 期.

宋雅坤，郑颖人，雷文杰(2007). 沉埋式抗滑桩机制模型试验数值分析研究，岩土力学，增刊.

高红，郑颖人，冯夏庭(2006). 材料屈服与破坏的探索，岩石力学与工程学报，第 12 期.

高红，郑颖人，冯夏庭(2007). 岩土材料能量屈服准则，岩石力学与工程学报，第 12 期.

高红，郑颖人，冯夏庭(2007). 岩土材料最大主剪应变破坏准则的推导，岩石力学与工程学报，第 3 期.

高红，郑颖人，郑璐石(2008). 岩土材料弹性力学模型与计算方法，岩石力学与工程学报，第 9 期.

雷文杰，郑颖人，冯夏庭(2006). 滑坡加固系统中沉埋桩的有限元极限分析研究，岩石力学与工程学报，第 1 期.

雷文杰，郑颖人，冯夏庭(2006). 滑坡治理中抗滑桩桩位分析，岩土力学，第 6 期.

雷文杰，郑颖人，冯夏庭(2006). 沉埋桩的有限元设计方法探讨，岩土力学，增刊第 1 期.

雷文杰，郑颖人，王恭先等(2007). 沉埋桩加固滑坡体模型试验的机制分析，岩石力学与工程学报，第 7 期.

梁斌，郑颖人，宋雅坤(2008). 不同计算方法计算滑坡推力与桩前抗力的比较与分析，后勤工程学院学报，第 4 期.

董诚，郑颖人，唐晓松(2007). 渗流条件下基坑水-土压力不同计算方法的比较，岩土力学，增刊.

陈卫兵，郑颖人，雷文杰(2007). 沉埋桩加固滑坡体模型试验的三维有限元模拟，岩土力学，增刊.

沈珠江(1980). 土的弹塑性应力应变关系的合理形式，岩土工程学报，第 2 期.

沈珠江，盛树馨(1982). 土的应力应变理论中的唯一性假设，水利水运科学研究，第 2 期.

沈珠江(1984). 土的三重屈服面应力应变模式，固体力学学报，第 2 期.

沈珠江(1985). 软土地基固结变形的弹塑性分析，中国科学(A 辑). 第 11 期.

沈珠江(1986). 考虑剪胀性的土和石料的非线性应力应变模式，水利水运科学研究，第 4 期 .

沈珠江(1991). 土体弹塑性变形中的几个基本问题研究，江苏力学，第 3 期.

沈珠江(1995). 关于破坏准则和屈服函数的总结，岩土工程学报，第 1 期.

沈珠江(1995). 黏土的双硬化模型，岩土力学，第 1 期.

沈珠江(1995). 关于破坏准则和屈服函数的总结，岩土工程学报，第 1 期.

沈珠江(1986). 当前土力学研究中的几个问题，岩土工程学报，1986，第 5 期.

沈珠江(1994). 三种硬化理论的比较，岩土力学，第 2 期.

沈珠江(1998). 现代土力学的基本问题，力学与实践，第 6 期.

沈珠江. 复杂荷载下砂土液化变形的结构性模型，第五届全国土动力学学术会议论文集，大连：大连理工大学出版社，1998

杨光华(1991). 岩土类材料的多重势面弹塑性本构模型理论，岩土工程学报，第 5 期.

杨光华. 岩土类工程材料本构方程的一个普通形式定律，水工结构理论与应用，大连：大连海运学院出版社，1993

杨光华. 土的数学本构理论的研究，岩土力学与工程，大连：大连理工大学出版社，1995

杨光华. 岩土塑性本构关系的势函数理论表述问题，首届全国岩土力学与工程青年工作者学术讨论会论文集，杭州：浙江大学出版社，1992.

杨光华(1998). 土的本构模型的数学理论及其应用，清华大学博士学位论文.

杨光华(2007). 从广义位势理论的角度看土的本构理论的研究，岩土工程学报，第4期.

楚剑，许镇鸿，郑颖人(1985). 应力空间和应变空间中的加卸载准则，全国土的抗剪强度与本构关系讨论会论文集.

陈长安，郑颖人(1985). 应变空间的岩土屈服条件与本构关系，应用数学与力学，第7期.

徐干成，郑颖人(1990). 岩土工程中屈服准则应用的研究，岩土工程学报，第2期.

徐干成，郑颖人(1989). 关于塑性岩土二次型屈服准则的研究，勘察科学技术，第6期.

徐干成，谢定义，郑颖人(1992). 饱和砂土振动扭剪的内时孔压模型，首届全国岩土力学与工程青年工作者学术讨论会论文集，浙江大学出版社.

吴伟(1985). 应变空间弹塑性理论及其数值分析，陕西机械学院硕士论文.

严德俊(1989). 土的多重屈服面模型，空军工程学院硕士论文.

徐干成(1992). 饱和砂土的动应力应变特性及其弹塑性模拟研究，陕西机械学院博士论文.

徐干成，谢定义，郑颖人(1995). 饱和砂土循环动应力应变特性的弹塑性模拟研究，岩土工程学报，第2期.

邢义川，刘祖典，郑颖人(1993). 黄土破坏条件，水利学报.

匡震邦，黄筑平，郑颖人(1997). 固体本构理论中的某些问题，现代力学与科技进步，北京：清华大学出版社.

徐干成，郑颖人等(1994). 饱和砂土动力特性应变控制的试验研究，第五届全国岩土力学数值分析与解析方法讨论会论文集.

刘元雪，郑颖人，陈正汉(1998). 含主应力轴旋转的土体一般应力应变关系，应用数学与力学，第5期.

刘元雪，郑颖人(1998). 考虑应力主轴旋转的广义塑性力学，后勤工程学院学报，第1期.

刘元雪，郑颖人(1998). 考虑主应力轴旋转对土体应力应变关系影响的一种新方法，岩土工程学报，第2期.

刘元雪，郑颖人(1996). 土体弹塑性理论的加卸载准则，后勤工程学院学报，第4期.

刘元雪(1997). 含主应力轴旋转的土体一般应力应变关系，后勤工程学院博士论文.

刘元雪，郑颖人(1999). 应力洛德角变化影响的研究，水利学报，第8期.

刘元雪，郑颖人(2000). 含主应力轴旋转的广义塑性位势理论，上海力学季刊，第1期.

刘元雪(2001). 岩土本构理论的几个基本问题，岩土工程学报，第1期.

刘元雪(2003). 应力变换空间-岩土本构描述的一条新途径，岩石力学与工程学报，第2期.

王成，张德徵，郑颖人(1987). 基于应变空间理论的位移反分析法，宁夏大学学报.

孔亮，郑颖人，王燕昌(2000). 一个基于广义塑性力学的土体三屈服面模型，岩土力学，第2期.

孔亮，王燕昌，郑颖人(2000). 对剪切屈服面的初步研究，宁夏大学学报(自然科学版)，第2期.

孔亮，花丽坤，郑璐石(2002). 广义塑性力学的硬化理论，宁夏大学学报(自然科学版)，第1期.

孔亮(2002). 复杂应力状态下土体的弹塑性本构模型研究，后勤工程学院博士学位论文.

孔亮，郑颖人，姚仰平(2003). 基于广义塑性力学的土体的次加载面循环塑性模型(Ⅰ)：理论与模型，岩土力学，第2期.

孔亮，郑颖人，姚仰平(2003). 基于广义塑性力学的土体的次加载面循环塑性模型(Ⅱ)：本构方程与验证，岩土力学，第3期.

孔亮，花丽坤，郑颖人(2004). 土体循环塑性模型研究进展，水利水运工程学报，第4期.

孔亮，Ian F Collins(2007). 包含Reynolds剪胀的砂土热力学模型，地下空间与工程学报，第5期.

孔亮，Ian F Collins(2008). 模拟土体本构特性的热力学方法，岩土力学，第7期.

段建立，陈瑜瑶，郑颖人(2002). 广义塑性力学中屈服面的研究，岩石力学与工程学报，第4期.

段建立(2000). 砂土的剪胀性及其数值模拟研究，后勤工程学院博士学位论文.

陈瑜瑶(2001). 土体屈服条件的理论与试验研究，后勤工程学院博士学位论文.

赵冰，李宁，郑颖人(2008). 塑性梯度元及应变局部化启动机制分析，岩土力学，第6期.

赵冰，李宁，盛国刚，郑颖人(2007). 广义塑性梯度模型的数值模型和数值算法，岩石力学与工程学报，第4期.

赵冰，李宁，盛国刚(2005). 考虑弹塑性耦合的单轴压缩岩样梯度塑性分析，西北农林科技大学学报(自然科学版)，第9期.

赵冰，李宁(2005). 软化岩土介质的应变局部化研究进展—意义，现状，应变梯度，岩土力学，第3期.

殷有泉(1986). 奇异屈服面弹塑性本构关系的应力空间表述与应变空间表述，力学学报，第1期.

殷有泉(1981). 岩体介质渐进破坏的弹塑性本构关系，固体力学学报，第1期.

殷有泉，曲圣年(1981). 岩石和混凝土一类材料结构有限元分析中的本构关系，北京大学学报，第1期.

殷有泉，曲圣年(1982). 弹塑性耦合和广义正交法则，力学学报，第1期.

王仁，殷有泉(1981). 工程岩石类介质的弹塑性本构关系，力学学报，第1期.

曲圣年，殷有泉(1981). 塑性力学的德鲁克公设和伊留辛公设，力学学报，第5期.

李广信(1985). 土的三维本构关系的探讨与验证，清华大学博士论文.

李广信(1995). 土的本构关系的试验与理论研究的发展，岩土力学与工程，大连理工大学出版社.

李广信，郭瑞平(2000). 土的卸载体缩与可恢复剪胀，岩土工程学报，第2期.

姚仰平，路德春，周安楠等(2004). 广义非线性强度理论及其变换应力空间，中国科学(E辑). 第11期.

姚仰平，路德春，周安楠(2005). 岩土材料的变换应力空间及其应用，岩土工程学报，第1期.

路德春，江强，姚仰平(2005). 广义非线性强度理论在岩石材料中的应用，力学学报，第6期.

姚仰平，侯伟，周安楠(2007). 基于Hvorslev面的超固结土模型，中国科学(E辑). 第11期.

姚仰平，侯伟(2008). K_0超固结土的统一硬化模型，岩土工程学报，第3期.

姚仰平 (2008). 统一硬化模型及其发展，工业建筑，第8期.

张建民(2000). 砂土的可逆与不可逆剪胀规律，岩土工程学报，第1期.

张嘎，张建民(2004). 循环荷载作用下粗粒土与结构接触面变形特性的试验研究，岩土工程学报，第2期.

殷建华(2000). 土的三模量增量非线性模型及其推广，岩土力学，第1期.

殷宗泽(1984). 剪胀土与非剪胀土的应力应变关系，岩土工程学报，第6期.

殷宗泽(1988). 一个土体的双屈服面应力-应变模式，岩土工程学报，第4期.

陈生水，沈珠江，郦能惠(1995). 复杂应力路径下无粘性土的弹塑性数值模拟，岩土工程学报，第5期.

周正明(1987). 土坝蓄水期变形特性研究(硕士论文). 南京水利科学研究院.

窦宜(1981). 关于塑性势问题的讨论，岩土工程学报，第2期.

龚晓南(1986). 软黏土地基各向异性初步探讨，浙江大学学报，第4期.

黄文熙(1979). 土的弹塑性应力-应变模型理论，清华大学学报.

黄文熙(1980). 硬化规律对土弹塑性应力-应变模型影响的研究，岩土工程学报，第1期.

黄文熙，濮家骝，陈愈炯(1980). 土的硬化规律和屈服函数，岩土工程学报，第1期.

濮家骝，李广信(1986). 土的本构关系及其验证与应用，岩土工程学报，第1期.

钱寿易，章根德(1983). 岩石介质模量的弹塑性本构关系，应用数学与力学，第3期.

王正宏(1980). 应力路径和应变路径法，华北水利电力学院学报，第2期.

魏汝龙(1964). 正常压密黏土的塑性势，水利学报，第6期.

魏汝龙(1981). 正常压密黏土的本构定律，岩土工程学报，第3期.

熊文林(1986). 非关联粘塑性切线刚度矩阵的对称表示，应用数学与力学，第11期.

阎明礼(1981). 重塑饱和亚黏土应力应变关系的非线性模型，岩土工程学报，第4期.

刘怀恒(1982). 岩石的临界状态模型，西安矿业学院学报，第1期.

刘祖德(1983). 土石坝变形计算的若干问题，岩土工程学报，第1期.

张振西(1985). 混凝土在应变空间的三维特性及拱坝的应力重分布，清华大学博士论文.

冯吉利，韩国城. 应变空间表述的土体双屈服面模型，岩土力学与工程，大连：大连理工大学出版社，1995

俞茂宏(1994). 岩土类材料的统一强度理论及其应用，岩土工程学报，第2期.

辛克维兹著，钱伟长译(1982). 广义塑性力学和地力学的一些模型，应用数学与力学，第3期.

王志良，王余庆，韩清宇(1980). 不规则循环剪切荷载作用下土的粘弹塑性模型，岩土工程学报，第3期.

汪闻韶(1962). 饱和砂土振动孔隙水压力试验研究，水利学报，第2期.

章根德(1994). 地质材料本构模型的最近进展，力学进展，24(3).

窦宜，段勇(1990). 主应力方向偏转条件下黏性土的变形特性，水利水运科学研究，第4期.

孙吉主，施戈亮(2007). 循环荷载作用下接触面的边界面模型研究，岩土力学，第2期.

魏星，黄茂松(2007). 天然结构性黏土的各向异性边界面模型，岩土工程学报，第8期.

魏星，黄茂松(2006). 黏土的各向异性边界面模型，水利学报，第7期.

迟明杰，赵成刚，李小军(2008). 剪胀性砂土边界面模型的研究，工程地质学报，第3期.

郭少华(2005). 各向异性广义塑性力学的规范空间理论，岩石力学与工程学报，第13期.

周风玺，米海珍，胡燕妮(2005). 基于广义塑性力学的黄土湿陷变形本构关系，岩土力学，第11期.

刘洋，周健，吴顺川(2007). 循环荷载下砂土变形的细观数值模拟Ⅰ：松砂试验结果，岩土工程学报，第7期.

刘洋，周健，吴顺川(2007). 循环荷载下砂土变形的细观数值模拟Ⅱ：密砂试验结果，岩土工程学报，第11期.

李亮，杜修力，赵成刚等(2005). 饱和砂土弹塑性动本构模型研究，岩石力学与工程学报，第18期.

李亮，赵成刚(2004). 饱和土体动力本构模型研究进展，地震工程学报，第1期.

方火浪(2002). 饱和砂土循环流动的三维多重机构模型，岩土工程学报，第3期.

栾茂田，张晨明，王栋等(2004). 波浪作用下海床孔隙水压力发展过程与液化的数值分析，水利学报，第2期.

栾茂田，许成顺，何杨等(2006). 复杂应力条件下饱和松砂单调与循环剪切特性的比较研究，地震工程与工程振动，第1期.

栾茂田，齐剑峰，聂影等(2007). 循环应力下饱和黏土剪切变形特性试验研究，海洋工程，第2期.

郭莹，栾茂田，许成顺等(2003). 主应力方向变化对松砂不排水动强度特性的影响，岩土工程学报，第6期.

郭莹，栾茂田，何杨等(2005). 主应力方向循环变化对饱和松砂不排水动力特性的影响，岩土工程学报，第4期.

何杨，栾茂田，张振东(2008). 排水循环剪切条件下砂土体变特性试验研究，大连理工大学学报，第2期.

杨林德，张向霞(2005). 基于广义塑性力学的Cam-clay模型的改进，科学技术与工程，第18期.

杨林德，张向霞(2005). 岩土本构模型研究的回顾与讨论，河北建筑科技学院学报，第4期.

张坤勇，殷宗泽，梅国雄(2005). 土体两种各向异性的区别和联系，岩石力学与工程学报，第9期.

张坤勇，殷宗泽，梅国雄(2004). 土体各向异性研究进展，岩土力学，第9期.

蔡正银，李相菘(2004). 砂土的变形特性与临界状态，岩土工程学报，第5期.

蔡正银，李相菘(2007). 砂土的剪胀理论及其本构模型的发展，岩土工程学报，第8期.

王靖涛(2004). 岩土本构关系的特殊性和统一性，华中科技大学学报(城市科学版)，第4期.

王靖涛(2006). 论岩土塑性体应变与剪应变的相互作用原理，中国工程科学，第9期.

鲁晓兵，谈庆明，王淑云等(2004). 饱和砂土液化研究新进展，力学进展，第1期.

Anandarajah A, Dafalias Y F. Bounding surface plasticity. Part Ⅲ: Application to anisotropic cohesive soils. Journal of Engineering Mechanics, 1986, 112(12):1292～1318

Anandarajah A, Sobhan K & Kuganenthira N. Incremental stress-strain behavior of granular soil. Journal of Geotechnical Engineering, 1995,121(1):57～68

Atkinson J H, Bransby P L. The Mechanics of Soils. Mc Graw Hill Book Company Limited, 1978

Aubry D, Des Croizph. Numerical Algorithm for an Elastoplastic Constitutive Equation with Two Yield Surface, Numerical Methods in Geomechanics. Vol. 1, 1979

Balasubramanian A S, Chaudhry A R. Deformation and Strength Characteristics of Soft Bangkok Clay. Journal of Geotechnical Engineering Division, ASCE, GT9, 1978

Casey J, Lin H H. Calculated Hardening Softening and Perfectly Plastic Responses of a Special Class of Materials, Acta Mechanica Vol. 55, 1984

Casey J, Naghdi P M. ON the Nonequivalence of the Stress Space and Strain Space Formulations of Plasticity Theory. J Appl Nech, ASME Vol50,1983

Chandler. A Plasticity Theory without Drucker′s Postulate Suitable for Granular Materials. J Mech Phys Solids, Vol 33, No 3, 1985

Chen W F. Limit Analysis and Soil Plasticity, Elsevier Scientific Publishing Company.

Chen W F. Plasticity in Reinforced Concrete,1982

Christian J T. Plane Strain Deformation Analysis of Soils. Ph D Thesis, Department of Civil Engineering, Massachusetts Insitute of Technology. Cambrige, Mass, 1966

Chen W F. Constitutive Equation for Engineering Materials: (I) Plasticity and Modeling. New York: Wiley-Inter science, 1982

Chu J. Asymptotic Behaviour of Granular Soil in Strain Path Testing, Geotechnique, Vol 44, No. 1, 1994

Collins I F, Houlsby G. T. Application of thermomechanical principles to themodelling of geotechnicalmaterials. Proceeding of Royal Society of London, 1997, Ser A 453: 1975～2001.

Collins I F, Kelly P A. A thermomechanical analysis of a family of soilmodels. Geotechnique, 2002, 52 (7):507～518.

Collins I F, Hilder T. A theoretical framework for constructing elastic/plastic constitutivemodels of triaxial tests. International Journal for Numerical and Analytical Methods in Geomechanics, 2002, 26(11): 1313～1347.

Collins I F. A systematic procedure for constructing critical statemodels in three dimensions. International Journal of Solids and Structures, 2003, 40(8):4379～4397.

Collins I F. Elastic/plasticmodels for soils and sands. International Journal of Mechanical Science, 2005, 47: 493～508.

Collins I F. The concept of stored plastic work or frozen elastic energy in soilmechanics. Geotechnique,

2005, 55(5):373～382.

Dafalias Y F, Herrmann L R. Bounding Surface Formulation of Soil Plasticity, Soil Mechanics-Transient and Cyclic Loads, 1982

Desai C S, Gallagher R H. Mechanics of Engineering Materials. London: J Wiley and Sons, 1984

Desai C S, Somasundaram S, Frantyiskonis G. A Hierarchical Approch for Constitutive Modelling at Geologic Materials, Int. J. Num. Analy. Math. In Geomech. , Vol. 10,No. 3, 1986

Duncan J M, Chang C Y, Nonlinear Analysis of Stress and Strain in Soils, J. Soil Mech. Found. Div. ASCE, Vol 96, No. SM5, 1970

Dafalias Y F. Elasto-Plastic Coupling within a Thermodynamic Strain Space Formulation of Plasticity. Int. J. Nonlinear Mechanics. V12, 1977

Dafalias Y F, Herrmann L R. A Bounding Surface Soil Plasticity Model, Int. Symp. On soils under Cyclic and Transient Loading, Swansea. U K,1980

Dafalias Y F. Bounding surface plasticity. Part I: Mathematical foundation and hypoplasticity. Journal of Engineering Mechanics, 1986, 112(9):966～987

Dafalias Y F, Herrmann L R. Bounding surface plasticity. Part Ⅱ: Application to isotropic cohesive soils. Journal of Engineering Mechanics, 1986, 112(12):1263～1291

Desai C S. Constitutive Model for Geological Materials. J. Eng. Mech. Div. Vol 110 No. 9, 1985

Dimaggio F L, Sandler I S. Material Model for Granular Soil. J. Eng. Mech. Division, ASCE, June, 1971

Domaschuk L, Valliappan P. Nonlinear Settlement Analysis by Finite Element Journal of Geotechnical Engineering Div. ASCE. 101(GT7). July, 1975

Drucker D C. Limit Analysis of Two and Three Dimensional Soil Mechanics Problems, J. Mech. Phys. Solids. No. 1, 1953

Ducker D C, Prager W. Soil Mechanics and Plastic Analysis or Limit Design. Q. Appl. Math. No. 10, 1952

Drucker D C, Gibson R E, Henkel D H. Soil Mechanics and Work-Hardening Theoris of Plasticity. Trans. ASCE, Vol. 122, 1957

Duncan J M, Chang C Y. Non linear Settlement Analysis by Finite Element. Journal of Geotechnical Eng. Division. ASCE Vol 101, No. GT5, July,1975

Duncan J M, Wong K S, Mabry P. Report No. UCB/GT/SO-01, University of California,1980

Hagmann A J. Prediction of Stress and Strain under Drained Loading Conditions. MIT Dept, Civ. Eng. R71, 3, 1971

Hardin B C, Drnevich V P. Shear Modulus and Damping in Soil. JSMFD, ASCE, Vol. 102, No. SM7, 1972

Hashiguchi K. Subloading surfacemodel in unconventional plasticity. Int. J. Solids Structure, 1989, 25 (8):917

Hashiguchi K. Mechanical requirement and structures of cyclic plasticity. International Journal of Plasticity, 1993, 9(6):721

Hashiguchi K. Foundamentals in constitutive equation: continuity and smoothness conditions and loading criterion. Soils and Foundations, 2000, 40(4):155

Hashiguchi K, Chen Z P. Elastoplastic constitutive equation of soils with the subloading surface and rotational hardening. Int J Numer Anal Meth Geomech, 1998, 22:197

Iai S, Matsunaga Y, Kaneoka T. Strain space Plasticitymodel for cyclicmobility. Soils and Foundations,

1992, 32(2):1～15

Khosla V K, Wu T H. Stress Strain Behavior of Sand, Journal of Geotechnical Eng. Division, Vol. 102, No. GT4, April, 1976

Konder R L. Hyperbolic Stress Strain Response: Cohesive Soils. Journal of the Soil Mechanics and Foundations Division, ASCE, Vol. 89, No SM1, Feb, 1963

Kim M K, Lade P V. Single Hardening Constitutive Model for Frictional Materials. I. Plastic Potential Function, Computers and Geotechnics, 5 (4). 1988

Lade P V. Elasto Plastic Stress Dilatancy Relation based on Friction. Geotechnique, 26(3). 1976

Lade P V, Duncan J M. Cubical Triaxial Tests on Cohesionless Soil. Journal of the Soil Mechanics foundation division, ASCE, Vol 99, No. SMIO, Oct, 1975

Lade P V, Duncan J M. Elastoplastic Stress Strain Theory for Cohesionless Soil. Journal of Geotechnical Eng. Division, ASCE Vol, No. GT10, Oct,1975

Lade P V, Kin M K. Single Harding Constitutive Models for Frictional Materials. Ⅱ, Yield Criterion and Plastic Work Contours, Computer and Geotechnics, 6(1). 1988a

Lade P V, Kin M K. Single Harding Constitutive Models for Frictional Materials. Ⅲ, Comparisons with Experimental Data, Computers and Geomechnics, 6(1). 1988b

Lade P V. Single Harding Constitutive Model and Prediction of 3-D undrained Tests on Clay. Advances in Constitutive Laws for Engineering Materials. Internatiomal Acadimic Publishers, 1989

Lade P V. Modeoling Yield Surface for Granular in Three Dimensions, Computer Methods and Advances in Geomechanics. A. A. BALKEMA/ROTTERDAM /BROOKFIELD, 1997

Liu Yuanxue, Zheng Yingren. Decomposition of Stress increment and the General Stress Strain Relation of Soils, Computer Methods and Advances in Geomechanics. A. A. BALKEMMA/ROTTERDAM/BROOKFIELD, 1997

Martin G R, Finn W D L, Seed H B. Fundamentals of Liquefection under Cyclic Loading. JGED, ASCE, Vol 101, No. GT5,1975

Matsuoka H, Suyuki Y, Murata T. A Constitutive Model for Soils Evaluating Principal Stress Rotation and Its Application to some Deformation Problems. Soils and Foundations, Vol 30, No. 1, 1990

Matsuoka H, Iwata Y, Sakakibara K. A Constitutive Model of Sands and Clays for Evaluationg the influence of Rotation of the Principal Stress Axes. Proc. Of 2nd Int. Symp. On Numerical Models in G ecmechanics, 1986

Matsuoka H etc. A Constitutive Equation for Sands and its Application to Analysis of Rotational Stress Paths and Liquefaction Resistance, Soils and Foundations, 25(10). 1985

Matsuoka H, Sakakibara K. A Constitutive Model for Sands and Clays Evaluating Principal Stress Rotation, Soils and Foundations, Vol. 27, No. 4, 1987

Maier G, Hueckel T. Non Associated and Coupled Flow Rules of Elastoplasticity for Rock-like Materials. In. J. Rock. Mech Min. Sci, V16, 1979

Mitchell J K. Foundamentals of Soil Behaviour, John Wiley and Sons, 1976

Morz Z, Norris V A, Zienkiewicz O C. Application of an Anisotropic Hardening Model in the Analysis of Elastoplastic Defomation of Soils. Geotechnigue, 29, 1979

Morz Z, Norris V A, Zienkiewicz O C. Simulation of Behaviour of Soils under Cyclic Loading by Using amore General hardening Rule. Research Report, Department of Civil Engineering University of Wales. Swansea. U K, 1980

Najjar Y M, Zaman M M, Tabbaa. Constitutive Modeling of Sand: A Comparative Study, Computer

Methods and Adrances in Geomechanics, Vol 1, 1994

Paster M, Zienkiewicz O C, Chan A H C. Generalized plasticity and themodelling of soil behavior. Int J Numer Anal Meth Geomech, 1990, 14:151～190

Paul, Michelis. Polyaxial Yielding of Granular Rock. J. Eng. Mech. Vol 111. No. 8, 1985

Pradel D, Lade P V. Plastic Flow and Stability of Granular Materials, Numerical Models in Geomechanics. NUMOG, London and New York, 1989

Prevost J H. Mathematical Modelling of Monotonic and Cyclie Undrained Clay Behaviour. Int. J. for Numerical and Analytical Methods in Geomechanics, 1977

Prevost J H, Hoeg K. Effective Stress Strain Strength Model for Soils. Journal of the Geotechnical Engineering Division. ASCE. Vol 101, No. GT3. March, 1975

Provest J H. A simple plastic theoty for frictional cohesionless soils. Soil Dynamics and Eathquake Engineering, 1985, 4(1):9～17

Randolph M F, Houlsby G T. The Limiting Pressure on a Circular Pile Loaded Laterally in Cohesive Soil Geotechnique, 34, No. 4, 1984

Resende L, Hohn B, Martin M. Formulation of Drucher Prager Cap Model. J. Eng. Mech. Div. , 1985

Reyes S F. Elastic-Plastic Analysis of Underground Openings by the Finite Element Method. Ph. D. thesis. University of Illionois, Urbana, 1966

Roscoe K H, Burland J B. On the Generalized Stress Strain Behavior of "Wet" Clay, Engineering Plasticity. Ed. By J Hoyman and F A Leekie, Cambridge Univ. Press, 1968

Roscoe K H, Schofield A W. Mechanical Behavior of an Idealized "Wet" Clay. Proc. 2th European Conference on Soil Mech. and Foundation Eng. 1, 1963

Roscoe K H, Schofield A N, Thurairajah. Yielding of Clays in States Wetter than Critical. Geotechnique 13, 1963

Roscoe K H, Schofield A N, Wroth C P. On the Yielding of Soils. Geotechnique, Vol. 8, No. 1, 1958

Saada A S. Strain Stress Relations and Failure of Anisotropic Clays. Journal of the Soil Mechanics and Foundations Div. ASCE. 99 (SM12). Dec, 1973

Salencan J. Applications of the Theory of Plasticity in Soil Mechanics. John Wiley and Sons, 1977

Sandler I S, Dimaggio F L, Baladi G Y. Generalized Cap Model for Geological Materials. Journal of Geotechnical Eng. Division, ASCE. Vol. 102 GTT, July, 1976

Schofield A N, Wroth C P. Critical State Soil Mechanics. McGraw-Hill Book Company Limited, 1968

Sun D A, Matsuoka H. An Elastoplastic Model for c-φMaterials under Complex loading. 9th Int. Conf. on Computer Methods and Advances in Geomechanics, Balkema, 1997

Tang Xiaosong, Zheng Yingren. Analytic solution of phreatic surface in the slope of reservoir bank. Engineering Sciences, 2008, Vol. 6 (3)

Tang Xiaosong, Zheng Yingren. The effect on stability of slope under drawdown conditions. Journal of Highway and transportation research and development. 2008, Vol. 3 (1)

Terzaghi K. Theoretical Soil Mechanics, John Wiley and Sons, Inc, 1943

Verdugo Ishihara K. Steady State of Sandy Soil. Soil and Foundation, Vol. 36, No. 2, 1996

Wang Yujie, Yin Jianhua and Lee C F. The influence of a non-associated flow rule on the calculation of the factor of safety of soil slopes. International journal for numerical and analyticalmethods in geomechanics. 2001, 25:1351-1359.

Worth C P, Houlsby G T. Soil Mechanics-Property Characterization and Analysis Procedures. Proc. Of 11th ICSMFE, (1). 1-55, 1985

Yang Guanghua. A New Elastoplastic Constitutive Model For Soil. Proc of the International Conference on Soft Soil Engineering，1993

Yang Guanghua. A New Strain Space Elaetoplaetic Constitutive Model for Soil. Proc. of Second Internatinal Conferences on Soft Soil Engineering，1996

Yao Y P，Sun D A. Application of Lade's criterion to Cam-claymodel. Journal of Engineering Mechanics，ASCE，2000，126(1)：112～119

Yao Yangping，Hou Wei，Zhou Annan. Three-dimensional unified hardeningmodel for over-consolidated clays，Geotechnique，2008

Yao Y P，Zhou A N，Lu D C. Extended Transformed Stress Space for Geomaterials and Its Application. Journal of Engineering Mechanics，ASCE，2007，133(10)：1115～1123

Yin Jianhua，Wang Yujie and Selvadurai A P S. Influence of non-associativity on the bearing capacity of a strip footing[J]. Journal of geotechnical and geoenvironmental engineering. 2001，127(11)：985～989

Zheng Yingren，Liu Yuanxue. Development of Plastic Potential Theory and Its Application in Constitutive Models of Geomaterials. Computer Methods and Advances in Geomechanics，A A BALKEMA/ROTTERDAM/BROOKFIELD，1997

Zheng Yingren，Yan Dejun. Multi-Yield Surface Model for Soils on the Basis of Test Fitting. Computer Methods and Advances in Geomechenics，A A BALKEMA/ROTTERDAM/BROOKFIELD，1994

Zheng Yingren. Multi Yield Surfaces Theory for Soils. Computer Methods and Advances in Geomechanics，A A BALKEMA/ROTTERDAM/BROOKFIELD，1991

Zheng Yingren，Xu Gancheng. Further Research on Plastic Yield Criterion for Rock Soil Material. Advances in Constitutive Laws for Engineering Materials，1989

Zheng Yingren，Yan Dejun. Theory of Multiple Yield Surfaces for Soil Material. Advances in Constitutive Laws for Engineering Material，(Ⅱ). International Academic Publishers，1989

Zheng Yingren，Chu Jian，Xu Zhenhong，Strain Space Formulation of the Elasto-Plastic Theory and its Finite Element Implementation. Computer and Geotechnics，No. 2：373～388，1986

Zheng Yingren，Wang Cheng，Zhang Decheng. Back Analysis from Measured Displacements Based on Elastoplastic Theory in Strain Space. Proceedings of International Symposiam on Geomechanics，Bridges and Structures，1987

Zheng Yingren，Shi Weimin，Kong Weixue. Determination of the phreatic-line under reservoir drawdown condition，Geo-Frontiers 2005，ASCE，Austin，Texas，USA，January 2005.

Zhemh Yingren，Kong Liang. Generalized plasticmechanics and its application，Engineering Sciences，2006，Vol. 4 (1).

Zheng Yingren，Deng Chujian，Zhao Shangyi. Development of finite element limiting analysis method and its applications in geotechnical engineering，Engineering Sciences，2007，Vol. 5 (3).

Zienkiewicz O C. The Fintie Element Method in Engineering Science. Mcgraw-Hill London，1979

Zienkiewicz O C，Naylor D J. Discussion on the Adaption of Critical State. Soil Mechanics Theory for Use Infinite Element. Stress Strain Behavicr of Soils. Roscoe Memorial Symposium，Cambrige Univ.，1971

Zienkiewiez O C. 广义塑性力学和地力学的一些模型. 应用数学与力学，1982，3(3)：267～280

龙岗文夫，石原研而. Yielding of Sand in Triaxial Compression，Soils and Foundations. Vol 14，No. 2，1974

附　　录

A　广义塑性势公式的数学力学基础

A.1　应力空间与应变空间

应力空间是一个虚拟的六维空间，在此空间的每一个点都表示一个应力状态，即此空间的每一个点的六个坐标值分别为应力的六个分量。一般称应力空间的点为应力点，应力点的位矢记作 $\vec{\sigma}$，称为应力状态矢，它是应力点的坐标的函数，也是应力的六个分量的函数。

$$\vec{\sigma}=\vec{\sigma}(\sigma_{ij})\quad i,j=1,2,3 \tag{A.1}$$

主应力空间是一个虚拟的三维空间，它与实际的物理空间的维数相同，便于形象的用几何图像来建立理论。在主应力空间内，如同在物理空间中一样，可以采用不同的坐标系，如

$$\vec{\sigma}=\vec{\sigma}(\sigma_1,\sigma_2,\sigma_3)=\vec{\sigma}(\sigma_{\mathrm{m}},\tau_{\pi},\theta_{\sigma})=\vec{\sigma}(I_1^{\sigma},I_2^{\sigma},I_3^{\sigma}) \tag{A.2}$$

式中（σ_1，σ_2，σ_3）为正交直线坐标系（笛卡尔坐标系），（σ_{m}，τ_{π}，θ_{σ}）为正交曲线坐标系，相当于圆柱坐标系，（I_1^{σ}，I_2^{σ}，I_3^{σ}）为曲线坐标系。如采用笛卡尔坐标系，则应力点的三个坐标值相当于三个主应力 σ_1，σ_2，σ_3，记这个坐标系的基矢为 $\tilde{e}_i$（$i=1，2，3$），它是单位常矢量，则有

$$\vec{\sigma}=\sigma_1\tilde{e}_1+\sigma_2\tilde{e}_2+\sigma_3\tilde{e}_3 \tag{A.3}$$

$$\mathrm{d}\vec{\sigma}=\mathrm{d}\sigma_1\tilde{e}_1+\mathrm{d}\sigma_2\tilde{e}_2+\mathrm{d}\sigma_3\tilde{e}_3 \tag{A.4}$$

由上式可见，在主应力空间内，$\mathrm{d}\vec{\sigma}$ 只与主应力增量 $\mathrm{d}\sigma_i$ 有关，所以不能反映应力主方向的旋转。因此，尽管在主应力空间建立理论有很大的方便，但它只能用于应力主轴不旋转的情况。此时应力增量主方向与应力全量主方向一致，即共轴。如果要考虑应力主轴旋转的影响，则要加以修正，另外加入补充项。当然，这种方法只适用于小变形，可用叠加原理的场合。

与之对应，在主应变空间，可以设置正交直线坐标系（笛卡尔坐标系），正交曲线坐标系，相当于圆柱坐标系，曲线坐标系。如采用笛卡尔坐标系，则有

$$\vec{\varepsilon}=\varepsilon_1\tilde{e}_1+\varepsilon_2\tilde{e}_2+\varepsilon_3\tilde{e}_3 \tag{A.5}$$

$$\mathrm{d}\vec{\varepsilon}=\mathrm{d}\varepsilon_1\tilde{e}_1+\mathrm{d}\varepsilon_2\tilde{e}_2+\mathrm{d}\varepsilon_3\tilde{e}_3 \tag{A.6}$$

同样，应变主空间不能反映应变主方向的旋转，当 $\tilde{\varepsilon}$ 与 $\tilde{\sigma}$ 共轴时，则可以将主应变空间与主应力空间重合，将其笛卡尔坐标系重合，则有

$$\mathrm{d}\vec{\varepsilon}\,\mathrm{d}\vec{\sigma}=\mathrm{d}\varepsilon_{ij}\mathrm{d}\sigma_{ij}=\mathrm{d}\varepsilon_1\mathrm{d}\sigma_1+\mathrm{d}\varepsilon_2\mathrm{d}\sigma_2+\mathrm{d}\varepsilon_3\mathrm{d}\sigma_3 \tag{A.7}$$

将主塑性应变空间与主应力空间重合，将其笛卡尔坐标系重合，则有

$$\mathrm{d}\vec{\varepsilon}^{\mathrm{p}}\mathrm{d}\vec{\sigma}=\mathrm{d}\varepsilon_{ij}^{\mathrm{p}}\mathrm{d}\sigma_{ij}=\mathrm{d}\varepsilon_1^{\mathrm{p}}d\sigma_1+\mathrm{d}\varepsilon_2^{\mathrm{p}}\mathrm{d}\sigma_2+\mathrm{d}\varepsilon_3^{\mathrm{p}}\mathrm{d}\sigma_3 \tag{A.8}$$

A.2　广义塑性势公式的充要条件

广义塑性势公式可写成

$$d\varepsilon_{ij}^{p} = d\lambda_K \frac{\partial I_K^{\sigma}}{\partial \sigma_{ij}} \quad K = 1,2,3 \tag{A.9}$$

式中 $d\lambda_K$ 为塑性乘子，I_K^{σ} 为彼此独立的应力不变量。以下以（$\widetilde{*}$）表示张量（矢量），设二阶对称张量 $\widetilde{A}$ 和 $\widetilde{B}$ 分别代表塑性应变增量 $d\widetilde{\varepsilon}^{p}$ 和应力 $\widetilde{\sigma}$，式（A.9）化为

$$A_{ij} = \lambda_K \frac{\partial B_K}{\partial B_{ij}} \tag{A.10}$$

式中 B_K 为 $\widetilde{B}$ 的三个独立的不变量。下面我们来分析广义塑性势公式成立的充要条件。

由张量分析，可设二阶对称张量 $\widetilde{B}$ 的各向同性标量函数 $\varphi = f(\widetilde{B})$，于是

$$f'(\widetilde{B}) = \frac{df(\widetilde{B})}{d\widetilde{B}} \tag{A.11}$$

为 $\widetilde{B}$ 的各向同性二阶张量函数，即 $\widetilde{B}$ 与 $f(\widetilde{B})$ 共轴，这就证明了式（A.9）成立是应力主轴与塑性应变增量主轴共轴的充分条件。但反之则不一定成立，那么还需要什么条件，我们利用张量理论进行分析：

根据张量理论，张量 $\widetilde{A}$，$\widetilde{B}$ 共轴的充要条件为

$$\widetilde{A} \cdot \widetilde{B} = \widetilde{B} \cdot \widetilde{A}, A_{ij} \cdot B_{jk} = B_{ir} \cdot A_{rk} \tag{A.12}$$

设式（A.10）成立，张量 $\widetilde{A}$，$\widetilde{B}$ 共轴的充要条件变为

$$\lambda_K \frac{\partial B_K}{\partial B_{ij}} B_{jk} = B_{ir} \lambda_K \frac{\partial B_K}{\partial B_{rk}} \tag{A.13}$$

或者 $\lambda_K dB_K B_{jk} dB_{rk} = \lambda_K dB_K B_{ir} dB_{ij}$

约去标量 $\lambda_K dB_K$，得到

$$B_{jk} dB_{rk} = B_{ir} dB_{ij} \tag{A.14}$$

上式即

$$\widetilde{B} d\widetilde{B}^{T} = \widetilde{B}^{T} \widetilde{B} \tag{A.15}$$

也就是

$$\widetilde{\sigma} d\widetilde{\sigma} = d\widetilde{\sigma} \widetilde{\sigma} \tag{A.16}$$

即 $\widetilde{\sigma}$ 与 $d\widetilde{\sigma}$ 必须共轴，这说明式（A.10）是张量 $\widetilde{A}$，$\widetilde{B}$，$d\widetilde{B}$ 共轴的充要条件。也就是说除应力与塑性应变增量共轴外，还需要应力增量主轴和应力主轴共轴。

只有在不考虑应力主轴旋转的情况下，应力才与应力增量共轴。由此可见无论是经典塑性势理论还是广义塑性势理论，都是在应力主轴不旋转的情况下成立。这表明广义塑性势理论既要求应力主轴与塑性应变增量主轴共轴，还要求应力主轴不旋转。基于这一假设，广义塑性势理论可在主应力空间与主应变空间中表述。因此式（A.9）是没有考虑应力主轴旋转的广义塑性势理论，如果要考虑应力主轴旋转，还需要补充其他内容。

A.3 不同坐标系下，广义塑性力学的塑性因子 $d\lambda_K$ 的推导

当材料各向同性时，应力状态可用三个应力不变量表示，此时应力状态与应力主轴的旋转无关，与三个应力不变量的次序无关，例如

$$I_K^{\sigma} = \varphi_K(\sigma_1, \sigma_2, \sigma_3) = \varphi_K(\sigma_2, \sigma_1, \sigma_3) = \varphi_K(\sigma_2, \sigma_3, \sigma_1) \tag{A.17}$$

在主应力空间内，坐标原点与应力点的连线称为应力空间的矢径，记作 $\vec{\sigma}$，它是坐标的函数：

$$\vec{\sigma}=\vec{\sigma}(\sigma_1,\sigma_2,\sigma_3)=\vec{\sigma}(\sigma_{\mathrm{m}},\tau_\pi,\theta_\sigma)=\vec{\sigma}(I_1^\sigma,I_2^\sigma,I_3^\sigma) \tag{A.18}$$

式中（σ_1，σ_2，σ_3）为正交直线坐标系，（σ_{m}，τ_π，θ_σ）为正交曲线坐标系，相当于圆柱坐标系，（I_1^σ，I_2^σ，I_3^σ）为曲线坐标系。它们都对应于各向同性材料，在主空间不同坐标系内，矢径的微分为

$$\begin{aligned}\mathrm{d}\vec{\sigma}&=\mathrm{d}\sigma_1\tilde{e}_1+\mathrm{d}\sigma_2\tilde{e}_2+\mathrm{d}\sigma_3\tilde{e}_3\\&=\mathrm{d}\sigma_{\mathrm{m}}\tilde{g}_{\mathrm{m}}+\mathrm{d}\tau_\pi\tilde{g}_\pi+\mathrm{d}\theta_\sigma\tilde{g}_\theta\\&=\mathrm{d}I_1^\sigma\tilde{g}_1+\mathrm{d}I_2^\sigma\tilde{g}_2+\mathrm{d}I_3^\sigma\tilde{g}_3\end{aligned} \tag{A.19}$$

式中（$\tilde{e}_1$，$\tilde{e}_2$，$\tilde{e}_3$）是正交标准基，为常矢量；（$\tilde{g}_{\mathrm{m}}$，$\tilde{g}_\pi$，$\tilde{g}_\theta$）是正交基，不是常矢量；（$\tilde{g}_1$，$\tilde{g}_2$，$\tilde{g}_3$）为一般坐标系的基矢量。由上式得

$$\left.\begin{aligned}\tilde{g}_{\mathrm{m}}&=\frac{\partial\sigma_1}{\partial\sigma_{\mathrm{m}}}\tilde{e}_1+\frac{\partial\sigma_2}{\partial\sigma_{\mathrm{m}}}\tilde{e}_2+\frac{\partial\sigma_3}{\partial\sigma_{\mathrm{m}}}\tilde{e}_3\\\tilde{g}_\pi&=\frac{\partial\sigma_1}{\partial\tau_\pi}\tilde{e}_1+\frac{\partial\sigma_2}{\partial\tau_\pi}\tilde{e}_2+\frac{\partial\sigma_3}{\partial\tau_\pi}\tilde{e}_3\\\tilde{g}_{\theta_\sigma}&=\frac{\partial\sigma_1}{\partial\theta_\sigma}\tilde{e}_1+\frac{\partial\sigma_2}{\partial\theta_\sigma}\tilde{e}_2+\frac{\partial\sigma_3}{\partial\theta_\sigma}\tilde{e}_3\end{aligned}\right\} \tag{A.20}$$

同理可建立 $\tilde{g}_i$ 与 $\tilde{e}_i$ 的关系。当前应用最多的是（σ_{m}，τ_π，θ_σ）正交曲线坐标系，下面建立 $\mathrm{d}\sigma_1$，$\mathrm{d}\sigma_2$，$\mathrm{d}\sigma_3$ 与 $\mathrm{d}\sigma_{\mathrm{m}}$，$\mathrm{d}\tau_\pi$，$\mathrm{d}\theta_\sigma$ 之间的关系。

已知（σ_1，σ_2，σ_3）和（σ_{m}，τ_π，θ_σ）的变换关系：

$$\begin{Bmatrix}\sigma_1\\\sigma_2\\\sigma_3\end{Bmatrix}-\begin{Bmatrix}\sigma_{\mathrm{m}}\\\sigma_{\mathrm{m}}\\\sigma_{\mathrm{m}}\end{Bmatrix}=\sqrt{\frac{2}{3}}\tau_\pi\begin{bmatrix}\sin(\theta_\sigma+\frac{2}{3}\pi)\\\sin\theta_\sigma\\\sin(\theta_\sigma-\frac{2}{3}\pi)\end{bmatrix}=\begin{Bmatrix}s_1\\s_2\\s_3\end{Bmatrix} \tag{A.21}$$

由上式知（σ_{m}，τ_π，θ_σ）变换到（σ_1，σ_2，σ_3）的变换关系。

由 $\mathrm{d}\sigma_{\mathrm{m}}$ 引起，即（σ_1，σ_2，σ_3）沿 σ_{m} 坐标线的变化为

$$\begin{Bmatrix}\mathrm{d}\sigma_1\\\mathrm{d}\sigma_2\\\mathrm{d}\sigma_3\end{Bmatrix}_{\sigma_{\mathrm{m}}}=\begin{Bmatrix}1\\1\\1\end{Bmatrix}\mathrm{d}\sigma_{\mathrm{m}} \tag{A.22}$$

由 $\mathrm{d}\tau_\pi$ 引起，即（σ_1，σ_2，σ_3）沿 τ_π 坐标线的变化为

$$\begin{Bmatrix}\mathrm{d}\sigma_1\\\mathrm{d}\sigma_2\\\mathrm{d}\sigma_3\end{Bmatrix}_{\tau_\pi}=\sqrt{\frac{2}{3}}\begin{bmatrix}\sin(\theta_\sigma+\frac{2}{3}\pi)\\\sin\theta_\sigma\\\sin(\theta_\sigma-\frac{2}{3}\pi)\end{bmatrix}\mathrm{d}\tau_\pi=\begin{Bmatrix}\mathrm{d}s_1\\\mathrm{d}s_2\\\mathrm{d}s_3\end{Bmatrix}_{\tau_\pi} \tag{A.23}$$

由 $\mathrm{d}\theta_\sigma$ 引起，即（σ_1，σ_2，σ_3）沿 θ_σ 坐标线的变化为

$$\begin{Bmatrix}\mathrm{d}\sigma_1\\\mathrm{d}\sigma_2\\\mathrm{d}\sigma_3\end{Bmatrix}_{\theta_\sigma}=\sqrt{\frac{2}{3}}\tau_\pi\begin{bmatrix}\cos(\theta_\sigma+\frac{2}{3}\pi)\\\cos\theta_\sigma\\\cos(\theta_\sigma-\frac{2}{3}\pi)\end{bmatrix}\mathrm{d}\theta_\sigma=\begin{Bmatrix}\mathrm{d}s_1\\\mathrm{d}s_2\\\mathrm{d}s_3\end{Bmatrix}_{\theta_\sigma} \tag{A.24}$$

于是，可求得相应基的模：

$$\left.\begin{aligned}|\tilde{g}_{\mathrm{m}}| &= \left[\left(\frac{\partial\ \sigma_1}{\partial\ \sigma_{\mathrm{m}}}\right)^2+\left(\frac{\partial\ \sigma_2}{\partial\ \sigma_{\mathrm{m}}}\right)^2+\left(\frac{\partial\ \sigma_3}{\partial\ \sigma_{\mathrm{m}}}\right)^2\right]^{1/2}=\sqrt{3}\\ |\tilde{g}_{\pi}| &= \left[\left(\frac{\partial\ \sigma_1}{\partial\ \tau_{\pi}}\right)^2+\left(\frac{\partial\ \sigma_2}{\partial\ \tau_{\pi}}\right)^2+\left(\frac{\partial\ \sigma_3}{\partial\ \tau_{\pi}}\right)^2\right]^{1/2}=1\\ |\tilde{g}_{\theta_\sigma}| &= \left[\left(\frac{\partial\ \sigma_1}{\partial\ \theta_\sigma}\right)^2+\left(\frac{\partial\ \sigma_2}{\partial\ \theta_\sigma}\right)^2+\left(\frac{\partial\ \sigma_3}{\partial\ \theta_\sigma}\right)^2\right]^{1/2}=\tau_{\pi}\end{aligned}\right\} \tag{A.25}$$

记 $\delta\tau_\pi=\sqrt{\mathrm{d}s_{ij}\,\mathrm{d}s_{ij}}=\sqrt{\mathrm{d}s_1\mathrm{d}s_1+\mathrm{d}s_2\mathrm{d}s_2+\mathrm{d}s_3\mathrm{d}s_3}$ 为 τ_π 的总变化，于是

$$(\delta\tau_\pi)_{\tau_\pi}=(\mathrm{d}s_1\mathrm{d}s_1+\mathrm{d}s_2\mathrm{d}s_2+\mathrm{d}s_3\mathrm{d}s_3)_{\tau_\pi}^{1/2}=\mathrm{d}\tau_\pi \tag{A.26}$$

$$(\delta\tau_\pi)_{\theta_\sigma}=(\mathrm{d}s_1\mathrm{d}s_1+\mathrm{d}s_2\mathrm{d}s_2+\mathrm{d}s_3\mathrm{d}s_3)_{\theta_\sigma}^{1/2}=\tau_\pi\mathrm{d}\theta_\sigma=\sqrt{\frac{2}{3}}q\mathrm{d}\theta_\sigma \tag{A.27}$$

记 $\tilde{g}_{\mathrm{m}}=|\tilde{g}_{\mathrm{m}}|\tilde{i}_{\mathrm{m}}$，$\tilde{g}_\pi=|\tilde{g}_\pi|\tilde{i}_\pi$，$\tilde{g}_\theta=|\tilde{g}_\theta|\tilde{i}_\theta$，（$\tilde{i}_{\mathrm{m}}$，$\tilde{i}_\pi$，$\tilde{i}_\theta$）是局部正交标准化基，则有

$$\begin{aligned}\mathrm{d}\vec{\sigma} &= \mathrm{d}\sigma_1\tilde{e}_1+\mathrm{d}\sigma_2\tilde{e}_2+\mathrm{d}\sigma_3\tilde{e}_3\\ &= \mathrm{d}\sigma_{\mathrm{m}}\tilde{g}_{\mathrm{m}}+\mathrm{d}\tau_\pi\tilde{g}_\pi+\mathrm{d}\theta_\sigma\tilde{g}_{\theta_\sigma}\\ &= \sqrt{3}\mathrm{d}\sigma_{\mathrm{m}}\tilde{i}_{\mathrm{m}}+\mathrm{d}\tau_\pi\tilde{i}_\pi+\tau_\pi\mathrm{d}\theta_\sigma\tilde{i}_\theta\end{aligned} \tag{A.28}$$

由于 $\mathrm{d}\tilde{\varepsilon}^{\mathrm{p}}$ 和 $\tilde{\sigma}$ 共轴，塑性应变增量空间与应力空间重合，因此可导出与应力空间平行的公式：

$$\begin{aligned}\mathrm{d}\vec{\varepsilon}^{\mathrm{p}} &= \mathrm{d}\varepsilon_1^{\mathrm{p}}\tilde{e}_1+\mathrm{d}\varepsilon_2^{\mathrm{p}}\tilde{e}_2+\mathrm{d}\varepsilon_3^{\mathrm{p}}\tilde{e}_3\\ &= \mathrm{d}\varepsilon_{\mathrm{m}}^{\mathrm{p}}\tilde{g}_{\mathrm{m}}+\mathrm{d}\varepsilon_\pi^{\mathrm{p}}\tilde{g}_\pi+\mathrm{d}\theta_\varepsilon\tilde{g}_{\theta_\varepsilon}\\ &= \sqrt{3}\mathrm{d}\varepsilon_{\mathrm{m}}^{\mathrm{p}}\tilde{i}_{\mathrm{m}}+\mathrm{d}\varepsilon_\pi^{\mathrm{p}}\tilde{i}_\pi+\varepsilon_\pi^{\mathrm{p}}\mathrm{d}\theta_\varepsilon\tilde{i}_\theta\end{aligned} \tag{A.29}$$

式中（$\tilde{e}_1$，$\tilde{e}_2$，$\tilde{e}_3$）与主应力空间相同，$\tilde{g}'_{\mathrm{m}}/\!/\tilde{g}_{\mathrm{m}}$，$\tilde{g}'_\pi/\!/\tilde{g}_\pi$，$\tilde{g}'_{\theta_\varepsilon}/\!/\tilde{g}_{\theta_\sigma}$，

$$\mathrm{d}\varepsilon_\pi^{\mathrm{p}}=(\mathrm{d}e_{ij}^{\mathrm{p}}\mathrm{d}e_{ij}^{p})_{\varepsilon_\pi^{\mathrm{p}}}^{1/2}=\mathrm{d}\bar{\gamma}_{\mathrm{q}}^{\mathrm{p}} \tag{A.30}$$

$$\delta\varepsilon_\pi^{\mathrm{p}}=(\mathrm{d}e_{ij}^{\mathrm{p}}\mathrm{d}e_{ij}^{\mathrm{p}})^{1/2}=\mathrm{d}\bar{\gamma}^{\mathrm{p}} \tag{A.31}$$

其中 $\tilde{g}'_{\mathrm{m}}=|\tilde{g}'_{\mathrm{m}}|\tilde{i}_{\mathrm{m}}$，$\tilde{g}'_\pi=|\tilde{g}'|\tilde{i}_\pi$，$\tilde{g}'_\theta=|\tilde{g}'_\theta|\tilde{i}_\theta$，于是

$$\left.\begin{aligned}|\tilde{g}'_{\mathrm{m}}| &= \left[\left(\frac{\partial\ \varepsilon_1^{\mathrm{p}}}{\partial\ \varepsilon_{\mathrm{m}}^{\mathrm{p}}}\right)^2+\left(\frac{\partial\ \varepsilon_2^{\mathrm{p}}}{\partial\ \varepsilon_{\mathrm{m}}^{\mathrm{p}}}\right)^2+\left(\frac{\partial\ \varepsilon_3^{\mathrm{p}}}{\partial\ \varepsilon_{\mathrm{m}}^{\mathrm{p}}}\right)^2\right]^{1/2}=\sqrt{3}\\ |\tilde{g}'_\pi| &= \left[\left(\frac{\partial\ \varepsilon_1^{\mathrm{p}}}{\partial\ \varepsilon_\pi^{\mathrm{p}}}\right)^2+\left(\frac{\partial\ \varepsilon_2^{\mathrm{p}}}{\partial\ \varepsilon_\pi^{\mathrm{p}}}\right)^2+\left(\frac{\partial\ \varepsilon_3^{\mathrm{p}}}{\partial\ \varepsilon_\pi^{\mathrm{p}}}\right)^2\right]^{1/2}=1\\ |\tilde{g}'_{\theta_\sigma}| &= \left[\left(\frac{\partial\ \varepsilon_1^{\mathrm{p}}}{\partial\ \theta_\varepsilon}\right)^2+\left(\frac{\partial\ \varepsilon_2^{\mathrm{p}}}{\partial\ \theta_\varepsilon}\right)^2+\left(\frac{\partial\ \varepsilon_3^{\mathrm{p}}}{\partial\ \theta_\varepsilon}\right)^2\right]^{1/2}=\varepsilon_\pi^{\mathrm{p}}\end{aligned}\right\} \tag{A.32}$$

$$(\delta\,\varepsilon_\pi^{\mathrm{p}})_{\varepsilon_\pi}=[(\mathrm{d}e_1^{\mathrm{p}})^2+(\mathrm{d}e_2^{\mathrm{p}})^2+(\mathrm{d}e_3^{\mathrm{p}})^2]_{\varepsilon_\pi}^{1/2}=|\tilde{g}'_\pi|\mathrm{d}\varepsilon_\pi^{\mathrm{p}}=\mathrm{d}\varepsilon_\pi^{\mathrm{p}}=\sqrt{\frac{2}{3}}\mathrm{d}\bar{\gamma}_{\mathrm{q}}^{\mathrm{p}} \tag{A.33}$$

$$(\delta\,\varepsilon_\pi^{\mathrm{p}})_{\theta_\varepsilon}=[(\mathrm{d}e_1^{\mathrm{p}})^2+(\mathrm{d}e_2^{\mathrm{p}})^2+(\mathrm{d}e_3^{\mathrm{p}})^2]_{\theta_\varepsilon}^{1/2}=|\tilde{g}'_\theta|\mathrm{d}\theta_\varepsilon=\varepsilon_\pi^{\mathrm{p}}\mathrm{d}\theta_\varepsilon=\sqrt{\frac{2}{3}}\mathrm{d}\bar{\gamma}_\theta^{\mathrm{p}} \tag{A.34}$$

$$\begin{aligned}\delta\varepsilon_\pi^{\mathrm{p}} &= [(\mathrm{d}e_1^{\mathrm{p}})^2+(\mathrm{d}e_2^{\mathrm{p}})^2+(\mathrm{d}e_3^{\mathrm{p}})^2]^{1/2}=[(\mathrm{d}\gamma^{\mathrm{p}})_{\gamma_{\mathrm{q}}}^2+(\mathrm{d}\gamma^{\mathrm{p}})_{\theta_\varepsilon}^2]^{1/2}\\ &= \sqrt{\frac{3}{2}}[(\mathrm{d}\bar{\gamma}_{\mathrm{q}}^{\mathrm{p}})^2+(\mathrm{d}\bar{\gamma}_\theta^{\mathrm{p}})^2]^{1/2}=\sqrt{\frac{3}{2}}\mathrm{d}\bar{\gamma}^{\mathrm{p}}\end{aligned} \tag{A.35}$$

由上可以得到

$$\tau_\pi d\bar{\gamma}_q^p = q d\bar{\gamma}_q^p \tag{A. 36}$$

$$\begin{aligned} d\vec{\varepsilon}^p d\vec{\sigma} &= d\varepsilon_{ij}^p d\sigma_{ij} = d\varepsilon_1^p d\sigma_1 + d\varepsilon_2^p d\sigma_2 + d\varepsilon_3^p d\sigma_3 \\ &= 3 d\sigma_m d\varepsilon_m^p + d\tau_\pi d\bar{\gamma}_q^p + \tau_\pi d\bar{\gamma}_q^p d\theta_\sigma d\theta_\varepsilon \\ &= dp d\varepsilon_v^p + dq d\bar{\gamma}_q^p + q d\theta_\sigma d\bar{\gamma}_\theta^p \end{aligned} \tag{A. 37}$$

上式表明 $d\vec{\varepsilon}^p d\vec{\sigma}$ 是独立的三项之和，由广义塑性势（A. 9），得

$$d\sigma_{ij} d\varepsilon_{ij}^p = d\vec{\sigma} d\vec{\varepsilon}^p = d\lambda_K dI_K^\sigma \tag{A. 38}$$

通常 I_1^σ，I_2^σ，I_3^σ 取（σ_1，σ_2，σ_3）和（σ_m，τ_π，θ_σ），即

$$d\lambda_K dI_K^\sigma = d\lambda_1 d\sigma_1 + d\lambda_2 d\sigma_2 + d\lambda_3 d\sigma_3 = \sqrt{3} d\lambda_1 d\sigma_m + d\lambda_2 d\tau_\pi + d\lambda_3 \tau_\pi d\theta_\sigma \tag{A. 39}$$

因为 $d\lambda_1$ 本就是个待定的塑性因子，所以可将系数$\sqrt{3}$写入其中，并注意到 $\tau_\pi = \sqrt{\frac{2}{3}} q$，则可写成

$$d\lambda_K dI_K^\sigma = d\lambda_1 dp + d\lambda_2 dq + d\lambda_3 q d\theta_\sigma \tag{A. 40}$$

广义塑性势在主空间这两种坐标系内分别为

$$d\varepsilon_{ij}^p = d\lambda_1 \frac{\partial \sigma_1}{\partial \sigma_{ij}} + d\lambda_2 \frac{\partial \sigma_2}{\partial \sigma_{ij}} + d\lambda_3 \frac{\partial \sigma_3}{\partial \sigma_{ij}} \tag{A. 41}$$

$$d\varepsilon_{ij}^p = d\lambda_1 \frac{\partial p}{\partial \sigma_{ij}} + d\lambda_2 \frac{\partial q}{\partial \sigma_{ij}} + d\lambda_3 q \frac{\partial \theta_\sigma}{\partial \sigma_{ij}} \tag{A. 42}$$

这两种坐标系内的塑性因子分别为

$$d\lambda_1 = d\varepsilon_1^p, d\lambda_2 = d\varepsilon_2^p, d\lambda_3 = d\varepsilon_3^p \tag{A. 43}$$

$$d\lambda_1 = 3 d\varepsilon_m^p = d\varepsilon_v^p, d\lambda_2 = d\bar{\gamma}_q^p, d\lambda_3 = d\bar{\gamma}_\theta^p \tag{A. 44}$$

三个塑性因子 $d\lambda_K$ 由相应屈服面来确定，以圆柱坐标系为例，要确定 $d\lambda_i$，即要确定塑性体应变，q 方向塑性剪切应变与 θ_σ 方向塑性剪应变的等值面。

B 应力主轴旋转时应力增量的分解

将应力增量分为共轴增量和旋转增量两部分，有

$$[d(\tilde{\sigma})] = \begin{bmatrix} d\sigma_1 & 0 & 0 \\ 0 & d\sigma_2 & 0 \\ 0 & 0 & d\sigma_3 \end{bmatrix} + \begin{bmatrix} 0 & (\sigma_1 - \sigma_2) d\theta_3 & (\sigma_3 - \sigma_1) d\theta_2 \\ (\sigma_1 - \sigma_2) d\theta_3 & 0 & (\sigma_2 - \sigma_3) d\theta_1 \\ (\sigma_3 - \sigma_1) d\theta_2 & (\sigma_2 - \sigma_3) d\theta_1 & 0 \end{bmatrix} \tag{B. 1}$$

其中

$$d\tau_{ij} = (\sigma_i - \sigma_j) d\theta_k \quad i,j,k = 1,2,3 \tag{B. 2}$$

下面我们应用连续介质力学中关于 Cauchy 应力张量的客观性导数概念，求证上式。二阶张量 $\tilde{B} = B^{ij} \tilde{g}_i \otimes \tilde{g}_j$ 的物质时间导数为

$$\dot{\tilde{B}} = \dot{B} \tilde{g}_i \otimes \tilde{g}_j + B^{ij} \dot{\tilde{g}}_i \otimes \tilde{g}_j + B^{ij} \tilde{g}_i \otimes \dot{\tilde{g}}_j \tag{B. 3}$$

$\dot{\tilde{g}}_i$ 表示 $\tilde{g}_i$ 的旋转率，可写作 $\dot{\tilde{g}}_i = \tilde{\Gamma} \tilde{g}_i$，$\tilde{\Gamma}$ 是某种旋转率，是反对称张量，于是

$$\dot{\widetilde{B}} = \dot{B}^{ij}\widetilde{g}_i \otimes \widetilde{g}_j + \widetilde{\Gamma}\widetilde{B} + \widetilde{B}\widetilde{\Gamma}^{\mathrm{T}} = \dot{B}^{ij}\widetilde{g}_i \otimes \widetilde{g}_j + \widetilde{\Gamma}\widetilde{B} - \widetilde{B}\widetilde{\Gamma} \tag{B.4}$$

上式第一项相当于 $\widetilde{B}$ 不旋转，为共轴部分增量。后两项相当于 $\widetilde{B}$ 旋转增量两部分。$\widetilde{\Gamma}$ 根据客观性选取，其中最简单的是 Jaumann 应力率：

$$\widetilde{\Gamma} = \widetilde{\Omega}, \Omega_{ij} = \frac{1}{2}(v_{i,j} - v_{j,i}) \tag{B.5}$$

注意到

$$\widetilde{\Omega}\mathrm{d}t = W(\mathrm{d}\widetilde{u}) \tag{B.6}$$

$$W_{ij} = \frac{1}{2}(\mathrm{d}u_{i,j} - \mathrm{d}u_{j,i}) = -e_{ij\mathrm{k}}\mathrm{d}\theta_{\mathrm{k}} \tag{B.7}$$

式中 $\mathrm{d}\widetilde{u}$ 为 $\mathrm{d}t$ 时刻的位移增量，$\mathrm{d}\theta_{\mathrm{k}}$ 为绕 x_{k} 的微小转角，于是

$$\left.\begin{aligned} \mathrm{d}\theta_1 &= -\frac{1}{2}(\mathrm{d}u_{2,3} - \mathrm{d}u_{3,2}) \\ \mathrm{d}\theta_2 &= -\frac{1}{2}(\mathrm{d}u_{3,1} - \mathrm{d}u_{1,3}) \\ \mathrm{d}\theta_3 &= -\frac{1}{2}(\mathrm{d}u_{1,2} - \mathrm{d}u_{2,1}) \end{aligned}\right\} \tag{B.8}$$

取 $\widetilde{B}$ 为 Cauchy 应力，设应力主轴为 $\widetilde{n}^{(t)}$，$i=1$，2，3，并以 $\widetilde{n}^{(i)}$ 为局部正交标准化基，则在此主轴坐标系内

$$\sigma_{ij} = \widetilde{\sigma}_i\delta_{ij} \tag{B.9}$$

于是

$$\begin{aligned} \mathrm{d}(\widetilde{\sigma}) &= \mathrm{d}(\widetilde{\sigma}_i)\widetilde{n}^{(i)} \otimes \widetilde{n}^{(i)} + \widetilde{W}\widetilde{\sigma} - \widetilde{\sigma}\widetilde{W} \\ &= \mathrm{d}(\widetilde{\sigma}_i)\widetilde{n}^{(i)} \otimes \widetilde{n}^{(i)} + (W_{ij}\sigma_{\mathrm{k}j} - \sigma_{i\mathrm{k}}W_{\mathrm{k}j})\widetilde{n}^{(i)} \otimes \widetilde{n}^{(i)} \end{aligned} \tag{B.10}$$

$$W_{ij}\sigma_{kj} = W_{i\mathrm{k}}\delta_{\mathrm{k}i}\widetilde{\sigma}_{\mathrm{k}} = W_{ij}\widetilde{\sigma}_j = -e_{ij\mathrm{k}}\widetilde{\sigma}_j\mathrm{d}\theta_{\mathrm{k}} \tag{B.11}$$

式中

$$\sigma_{i\mathrm{k}}W_{\mathrm{k}j} = \widetilde{\sigma}_i\delta_{i\mathrm{k}}W_{\mathrm{k}j} = W_{ij}\widetilde{\sigma}_j = -e_{ij\mathrm{k}}\widetilde{\sigma}_i\mathrm{d}\theta_{\mathrm{k}}$$

式中 $\mathrm{d}\theta_{\mathrm{k}}$ 为绕 σ_{k} 的微小转角，最后可得

$$\mathrm{d}(\widetilde{\sigma}) = \mathrm{d}(\widetilde{\sigma}_i)\widetilde{n}^{(i)} \otimes \widetilde{n}^{(i)} + e_{ij\mathrm{k}}(\widetilde{\sigma}_i - \widetilde{\sigma}_j)\mathrm{d}\theta_{\mathrm{k}}\widetilde{n}^{(i)} \otimes \widetilde{n}^{(i)} \tag{B.12}$$

应力主轴坐标系内，上式的矩阵表示即为式（B.1）。

C 广义塑性力学的应用范围

广义塑性力学是在连续介质力学框架内，对经典塑性力学的重大推广。它可以在较大范围内应用于岩土类摩擦材料。然而，岩土类摩擦材料的变形机制是十分复杂的，例如在岩土的三相问题，土体的结构性等问题中，能否适用或者如何应用都需要作进一步研究。下面的两种情况需要注意：

（1）小变形条件。如果超出小变形条件，则

$$\varepsilon_{ij} = \varepsilon_{ij}^{\mathrm{e}} + \varepsilon_{ij}^{\mathrm{p}} \tag{C.1}$$

$$\varepsilon_{\mathrm{v}} = \varepsilon_1 + \varepsilon_2 + \varepsilon_3 \tag{C.2}$$

$$W = \int \sigma_{ij}\,\mathrm{d}\varepsilon_{ij} \tag{C.3}$$

均不成立。例如，在大变形条件下，Cauchy 应力 $\tilde{\sigma}$ 就不存在与之功共轭的应变，（C3）就失去了意义。因而不能适用于大变形情况。

（2）广义塑性力学中，广义塑性势公式适用于笛卡儿坐标系，或圆柱坐标系的正交标准化基，一般情况下应写成下式：

$$\mathrm{d}\varepsilon_{ij}^{\mathrm{p}} = \mathrm{d}\lambda_{\mathrm{K}}\frac{\partial I_{\mathrm{K}}^{\sigma}}{\partial \sigma_{ij}} \tag{C.4}$$

D　广义塑性梯度理论简介

大量实验表明，岩土试样在变形曲线的峰值前后常常会出现应变局部化现象（即原来的均匀变形模式被一种局限在狭窄的带状区域内的急剧不连续的位移梯度所代替的现象）。包括广义塑性力学在内的传统塑性理论在描述应变局部化带的宽度和倾角，解释尺寸效应，避免计算时的病态网格依赖性等问题时遇到了困难。究其原因，是因为传统塑性理论的塑性乘子是硬化模量的显式表达式（即在均匀应力场作用下，塑性乘子在分析域内各处是一致）。而岩土体在进入了局部化变形模式后，体积塑性乘子和剪切塑性乘子在分析域内各处的解是关于坐标的微分表达式，实验和理论发生了冲突。应变梯度理论在解释上述困难时取得了较为满意的解答，广义塑性力学在描述岩土介质最基本的力学性质尤其独特的优势。为此，有必要将广义塑性力学同应变梯度理论结合起来，在本构方程中引入应变梯度项对广义塑性力学进行完善，建立广义塑性梯度模型，在反映岩土介质最基本的力学性质的同时也反映应变局部化的影响。

D.1　广义塑性势

仍然采用从固体力学原理直接导出不计应力主轴旋转的广义塑性位势理论

$$\mathrm{d}\varepsilon_{ij}^{\mathrm{p}} = \sum_{k=1}^{3}\mathrm{d}\lambda_{\mathrm{k}}\frac{\partial Q_{\mathrm{k}}}{\partial \sigma_{ij}} \tag{D.1}$$

作为研究的起始，采用简化后的广义塑性势：不计洛德角的影响、应力主轴的旋转，取式（D.1）中 $Q_1=Q_{\mathrm{v}}=\bar{p}$ 为平均应力，$Q_2=Q_{\mathrm{q}}=\bar{q}$ 为广义剪应力。分别记 $n'_{\mathrm{v}}=\dfrac{\partial \bar{p}}{\partial \sigma}$，$n'_{\mathrm{q}}=\dfrac{\partial \bar{q}}{\partial \sigma}$为体积塑性势函数梯度矢量和剪切塑性势函数梯度矢量，则总的塑性应变率为 $\dot{\varepsilon}^{\mathrm{p}}=\dot{\lambda}_{\mathrm{v}}\dfrac{\partial \bar{p}}{\partial \sigma}+\dot{\lambda}_{\mathrm{q}}\dfrac{\partial \bar{q}}{\partial \sigma}$，按照其物理意义有 $\dot{\lambda}_{\mathrm{v}}=\varepsilon_{\mathrm{v}}^{\mathrm{p}}$，$\dot{\lambda}_{\mathrm{q}}=\dot{\gamma}_{\mathrm{q}}^{\mathrm{p}}$，式中：$\dot{\lambda}_{\mathrm{v}}$ 和 $\dot{\lambda}_{\mathrm{q}}$ 分别为体积塑性乘子率和剪切塑性乘子率。

D.2　梯度依赖的双屈服面

在广义塑性理论双屈服面模型的剪切屈服面 f_{q} 和体积屈服面 f_{v} 中分别以剪切塑性应变 $\gamma_{\mathrm{q}}^{\mathrm{p}}$ 和体积塑性应变 $\varepsilon_{\mathrm{v}}^{\mathrm{p}}$ 为硬化参量，然后分别引进 $\gamma_{\mathrm{q}}^{\mathrm{p}}$ 和 $\varepsilon_{\mathrm{v}}^{\mathrm{p}}$ 的拉普拉斯项$\nabla^2\gamma_{\mathrm{q}}^{\mathrm{p}}$，$\nabla^2\gamma_{\mathrm{v}}^{\mathrm{p}}$，以此建立了基于双屈服面模型的塑性梯度双屈服面：

$$f_q = f_q(\sigma, \gamma_q^p, \nabla^2 \gamma_q^p) \tag{D.2}$$

$$f_v = f_v(\sigma, \varepsilon_v^p, \nabla^2 \varepsilon_v^p) \tag{D.3}$$

上两式除了依赖于通常的硬化参量 γ_q^p 和 ε_v^p 以外，还依赖于硬化参量的拉普拉斯算子。这是为了反映介质屈服后，应变在相当小体积上呈现的高次非线性变化。屈服函数中应变梯度项的出现反映了这样的事实：某种尺度下的微结构相互作用使得变形是非局部的。

D.3 控制方程

由式（D.2），式（D.3）的一致性条件得

$$n_v^T \dot{\sigma} - h_v \dot{\lambda}_v + c_v \nabla^2 \dot{\varepsilon}_v^p = 0 \tag{D.4}$$

$$n_q^T \dot{\sigma} - h_q \dot{\lambda}_q + c_q \nabla^2 \dot{\gamma}_q^p = 0 \tag{D.5}$$

式中 $h_v = -\dfrac{1}{\dot{\lambda}_v}\dfrac{\partial f_v}{\partial \varepsilon_v^p}\dot{\varepsilon}_v^p$ 和 $h_q = -\dfrac{1}{\dot{\lambda}_q}\dfrac{\partial f_q}{\partial \gamma_q^p}\dot{\gamma}_q^p$ 分别为体积硬化模量和剪切硬化模量，$n_q = \dfrac{\partial f_q}{\partial \sigma}$ 和 $n_v = \dfrac{\partial f_v}{\partial \sigma}$ 分别为体积屈服面梯度矢量和剪切屈服面梯度矢量，$c_v = \dfrac{\partial f_v}{\partial \nabla^2 \varepsilon_v^p}$ 和 $c_q = \dfrac{\partial f_q}{\partial \nabla^2 \gamma_q^p}$ 为局部化参数。对于等向线性强化，有：$\dot{\varepsilon}_v^p = \alpha_v \dot{\lambda}_v$，$\dot{\gamma}_q^p = \alpha_q \dot{\lambda}_q$（$\alpha_v$，$\alpha_q$ 为常数）。令 $\bar{c}_v = \alpha_v c_v$，$\bar{c}_q = \alpha_q c_q$，则式（D.4）和式（D.5）可分别表示为

$$n_v^T \dot{\sigma} - h_v \dot{\lambda}_v + \bar{c}_v \nabla^2 \dot{\lambda}_v = 0 \tag{D.6}$$

$$n_q^T \dot{\sigma} - h_q \dot{\lambda}_q + \bar{c}_q \nabla^2 \dot{\lambda}_q = 0 \tag{D.7}$$

在这里，由于梯度项的加入，塑性乘子已不再是关于硬化模量的显式表达式，而成为一个关于硬化模量的微分方程。由虚功方程得

$$\int_V \delta\dot{\varepsilon}^T D(\dot{\varepsilon} - \dot{\lambda}_v n'_v - \dot{\lambda}_q n'_q)\mathrm{d}V - \int_S \delta\dot{u}^T \dot{t}\,\mathrm{d}S = 0 \tag{D.8}$$

式中 t 为应力边界条件的力，D 为弹性矩阵。

式（D.6）—式（D.8）共同构成了分析域的控制方程。将空间网格的节点位移向量 a、节点体应变塑性乘子向量 Λ_v 和节点偏应变塑性乘子向量 Λ_q 作为控制方程基本未知量在空间进行离散，得：

$$[K]\begin{Bmatrix} \dot{a} \\ \dot{\Lambda}_v \\ \dot{\Lambda}_q \end{Bmatrix} = \begin{Bmatrix} f_e \\ 0 \\ 0 \end{Bmatrix} \tag{D.9}$$

其中，$[K]$ 为广义刚度矩阵，f_e 为节点荷载向量。于是，问题最后归结为求解式（D.9）的非线性方程组。

D.4 算例

试样下端固定，顶部作用一个垂直作用的指定位移，做平面应变分析，试样宽度 B＝5cm，试样高度 L＝10cm。弹性模量 E＝2.00×10^{7}Pa，泊松比 ν＝0.30，黏聚力 c＝60kPa，内摩擦角 φ＝35°。初始网格如图 D-1 所示，图中阴影单元为弱单元，弹性模量降

低 5%，以触发应变局部化；图 D-2 是轴向应变分别为 3%和 8%时试样的变形网格图。图 D-3 是轴向应变为 8%时试样的等效塑性剪切应变和等效塑性体积应变等值线图。

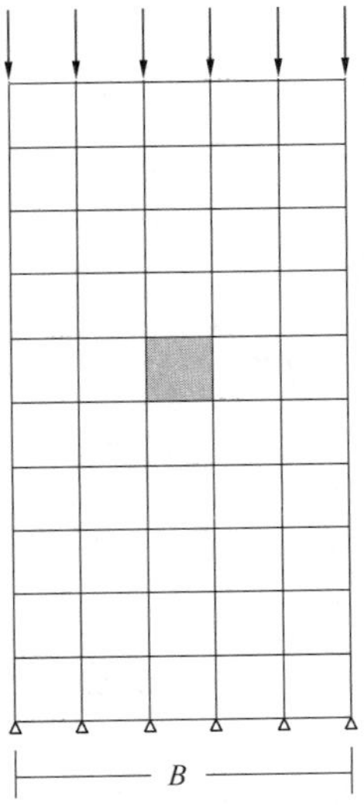

图 D-1　试样的初始网格

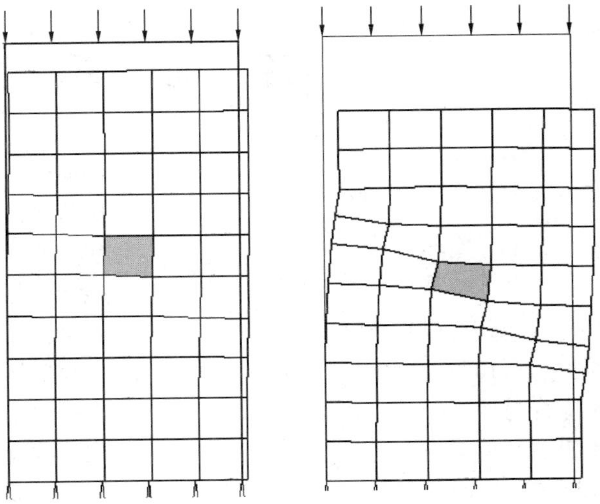

(a)　(b)

图 D-2　试样的变形网格图（变形放大 2 倍）
（a）轴向应变为 3%；（b）轴向应变为 8%

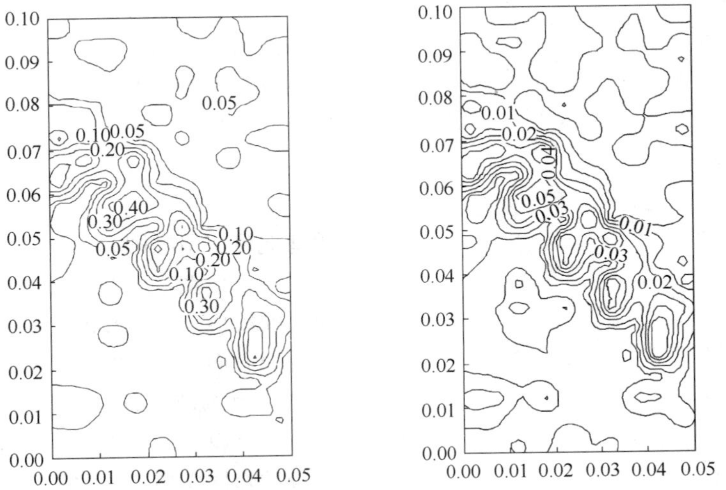

(a)　(b)

图 D-3　轴向应变为 8%时的应变等值线图
（a）等效塑性剪切应变；（b）等效塑性体积应变

从图中可以看出，在双屈服面中引进塑性梯度项导致：发生应变局部化时，塑性剪切应变和塑性体积应变将都主要集中在应变局部化带中。这与人们对岩土介质体积应变产生机制的感性认识是相符的。初步验证了广义塑性梯度模型的合理性和可行性。

名词索引

外国作者中译名

外文名	中译名
Bauschinger	包辛格
Bland	布兰特
Bridgman P. W.	勃里奇曼
Brown	布　朗
Burland J. B.	布尔兰特
Cauchy	哥　西
Chen W. F.	陈惠发
Collins F. I.	柯林斯
Coulomb C. A.	库　仑
Dafalias Y. F.	达法略斯
Drucker D. C.	德鲁克
Desai C. S.	德　赛
Domaschuk L.	德马舒克
Drnerich	德讷芮奇
Duncan J. M.	邓　肯
Fellenius	弗雷尼斯
Finn W. D. L.	芬　恩
Frydman	弗瑞德门
Green G. E.	格　林
Gudehus G.	古德豪斯
Hardin	哈　丁
Hashiguchi K.	乔口宫一
Hencky H.	汉　基
Herrmann L. R.	赫尔曼
Hoek	霍　克
Houlsby G. T.	休斯比
Hill R.	希　尔
Hvorslev	伏斯列夫
Iwan W. D.	伊　万
Janbu N.	江　布
Kondner R. L.	考特纳
Lade P. V.	拉　德
Levy M.	列　维
Lode W.	洛　德
Martin G. R.	马　丁
Masing	曼　辛
Matsuoka K.	松冈元
Mohr O.	莫　尔
Mroz Z.	姆罗兹
Nadai A.	那达依
Paster M.	帕斯特
Pande G. N.	潘　德
Poorooshasb	普鲁夏斯
Prandtl L.	普朗特尔
Prager W.	普拉格
Provest J. H.	普若沃斯特
Rankine W. J. M.	朗　肯
Reuss A.	路埃斯
Roscoe K. H.	罗斯科
Rowe P. W.	罗　威
Saint-venant B. D.	圣维南
Seed H. B.	西　特
Sokolovskii V. V.	索柯洛夫斯基
Taylor	泰　勒
Terzaghi K.	太沙基
Tresca H.	屈瑞斯卡
Von Mises R.	米赛斯
Weald	韦尔特
Ziegler H.	辛格勒
Zienkiewicz O. C.	辛克维兹
Ильющин A. A.	伊留辛